K 科学计量与知识图谱系列丛书　　　丛书主编：李　杰

Handbook of Scientometrics

科学计量学手册

李　杰　张　琳　黄　颖 ◎ 主　编
陈　悦　胡志刚　杨思洛 ◎ 副主编

Scientometrics:
Making the scientific system
more open and transparent!

科学计量学：
让科学系统更开放、更透明！

首都经济贸易大学出版社
Capital University of Economics and Business Press
·北　京·

图书在版编目（CIP）数据

科学计量学手册/李杰，张琳，黄颖主编. -- 北京：首都经济贸易大学出版社，2024.1

ISBN 978-7-5638-3590-4

Ⅰ.①科… Ⅱ.①李… ②张… ③黄… Ⅲ.①科学计量学-手册 Ⅳ.① G301-62

中国国家版本馆 CIP 数据核字（2023）第 180245 号

科学计量学手册

李杰　张琳　黄颖　主编

KEXUE JILIANGXUE SHOUCE

责任编辑	杨丹璇
封面设计	砚祥志远·激光照排　TEL：010-65976003
出版发行	首都经济贸易大学出版社
地　　址	北京市朝阳区红庙（邮编 100026）
电　　话	（010）65976483　65065761　65071505（传真）
网　　址	http://www.sjmcb.com
E - mail	publish@cueb.edu.cn
经　　销	全国新华书店
照　　排	北京砚祥志远激光照排技术有限公司
印　　刷	唐山玺诚印务有限公司
成品尺寸	185 毫米 ×260 毫米　1/16
字　　数	1247 千字
印　　张	51.25
版　　次	2024 年 1 月第 1 版　2024 年 1 月第 1 次印刷
书　　号	ISBN 978-7-5638-3590-4
定　　价	248.00 元

图书印装若有质量问题，本社负责调换

版权所有　侵权必究

谨以此书献给我国科学计量学的先驱赵红州先生，献给耕耘在科学计量学一线的学者们，献给正在和将要学习科学计量学的青年学生们！

To all the scientometricians!

《科学计量学手册》编委会

（*表示按姓氏拼音首字母排序）

顾问委员会（advisory committee）*：
Ronald Rousseau　Howard White
樊春良　冯长根　胡小君　蒋国华　梁立明　刘　潜
邱均平　王曰芬　叶　鹰　赵丹群　赵蓉英　吴晨生

项目总策划（project planning）：
李　杰（学术策划）
杨　玲（出版策划）

项目负责人（principal investigator）：
李　杰

主编（editor in chief）：
李　杰　张　琳　黄　颖

副主编（associate editor）：
陈　悦　胡志刚　杨思洛

编委（editorial board members）*：
白如江　步　一　陈　光　陈　悦　陈云伟　杜　建　付慧真　耿　哲　侯剑华
贺　颖　胡志刚　黄　萃　黄　伟　黄　颖　贾　韬　李际超　李　杰　李　睿
李自力　刘维树　刘晓娟　刘筱敏　柳美君　鲁　晓　马　峥　毛进宁　笔
欧阳昭连　沈哲思　史东波　舒　非　宋艳辉　王　洋　魏瑞斌　吴登生　吴金闪
吴　强　伍军红　徐　硕　杨冠灿　杨国梁　杨立英　余厚强　俞立平　袁军鹏
翟羽佳　曾　安　曾　利　张　琳　张　巍　章成志　赵　星　赵　勇　郑晓龙

学术支持（academic supports）：
北京科学技术情报学会　元科学专业委员会
中国科学学与科技政策研究会　科学计量学与信息计量学专业委员会
中国科学学与科技政策研究会　科学学理论与学科建设专业委员会

词条撰写与审校者

（按姓氏拼音首字母排序）

白如江
山东理工大学

白松冉
中国科学院自动化研究所

白 云
南京大学

步 一
北京大学

曹 喆
武汉大学

岑咏华
天津师范大学

朝乐门
中国人民大学

陈 安
中国科学院科技战略咨询研究院

陈超美
美国德雷塞尔大学

陈福佑
中国科学院文献情报中心

陈国梁
武汉大学

陈洪侃
北京大学

陈仕吉
杭州电子科技大学

陈姝颖
浙江大学

陈思源
武汉大学

陈 挺
中国科学院科技战略咨询研究院

陈 悦
大连理工大学

陈云伟
中国科学院成都文献情报中心

程 铭
武汉大学

程齐凯
武汉大学

初景利
中国科学院文献情报中心

崔 雷
中国医科大学

崔林蔚
大连理工大学

崔梓凝
北京工业大学

戴 婷
武汉大学

翟羽佳
天津师范大学

丁洁兰
中国科学院文献情报中心

杜 建
北京大学

杜杏叶	**何善平**
中国科学院文献情报中心	武汉大学
樊春良	**贺　颖**
中国科学院科技战略咨询研究院	天津师范大学
方志超	**侯剑华**
中国人民大学	中山大学
付慧真	**胡传鹏**
浙江大学	南京师范大学
傅　慧	**胡丽云**
武汉大学	复旦大学
傅　坦	**胡小君**
中山大学	浙江大学
高　畅	**胡志刚**
中国社会科学评价研究院	大连理工大学
高道斌	**化柏林**
大连理工大学	北京大学
高明珠	**黄　萃**
华东师范大学	浙江大学
耿　哲	**黄　福**
复旦大学	桂林电子科技大学
苟震宇	**黄海瑛**
武汉大学	湘潭大学
顾立平	**黄航斌**
中国科学院文献情报中心	大连理工大学
管铮懿	**黄　楠**
中国科学院文献情报中心	中山大学
韩景怡	**黄　山**
苏州大学	武汉大学
韩　盟	**黄　伟**
大连理工大学	北京语言大学
韩钰馨	**黄　颖**
武汉大学	武汉大学
韩正琪	**霍朝光**
中国政法大学	中国人民大学

贾 韬
西南大学

蒋国华
中国管理科学研究院

蒋思雯
浙江大学

李海波
齐鲁工业大学

李海博
中国有研科技集团有限公司

李际超
国防科技大学

李 杰
中国科学院文献情报中心

李美玲
西安交通大学

李墨馨
西安交通大学

李 祺
天津师范大学

李 睿
四川大学

李思佳
武汉大学

李 信
华中科技大学

李 岩
天津师范大学

梁国强
北京工业大学

梁立明
河南师范大学

梁以安
中山大学

梁镇涛
武汉大学

林歌歌
大连理工大学

林嘉亮
厦门大学

刘爱原
集美大学

刘 兵
清华大学

刘春江
中国科学院成都文献情报中心

刘春丽
中国医科大学

刘桂锋
江苏大学

刘海涛
浙江大学

刘鸿霞
中国政法大学

刘慧晖
中国科学院科技战略咨询研究院

刘建华
北京万方数据股份有限公司

刘俊婉
北京工业大学

刘启巍
大连理工大学

刘维树
浙江财经大学

刘小玲
天津师范大学

刘晓娟
北京师范大学

刘晓婷
武汉大学

刘筱敏
中国科学院文献情报中心

刘雪立
新乡医学院

刘玉仙
同济大学

刘　镇
北京工业大学

柳美君
复旦大学

楼　雯
华东师范大学

鲁　晓
中国科学院科技战略咨询研究院

栾春娟
大连理工大学

罗昭锋
中国科学院基础医学与肿瘤研究所

马　峥
中国科学技术信息研究所

马　卓
《现代情报》编辑部

毛　进
武汉大学

毛雨亭
武汉大学

孟　平
Journal of Data and Information Science 编辑部

闵　超
南京大学

穆荣平
中国科学院科技战略咨询研究院

倪超群
美国威斯康星大学麦迪逊分校

宁　笔
科睿唯安

欧阳昭连
中国医学科学院医学信息研究所

彭希珺
《数据分析与知识发现》编辑部

祁　凡
武汉大学

潜　伟
北京科技大学

邱均平
杭州电子科技大学

任　珩
中国科学院西北生态环境资源研究院

尚海茹
北京理工大学

沈梦菲
北京语言大学

沈哲思
中国科学院文献情报中心

施顺顺
武汉大学

石　晶
《情报资料工作》编辑部

时慧敏
中国科学院文献情报中心

史冬波
上海交通大学

舒　非
杭州电子科技大学

宋博文
大连理工大学

宋恩梅
《图书情报知识》编辑部

宋昊阳
中山大学

宋　凯
大连理工大学

宋欣雨
南京大学

宋艳辉
杭州电子科技大学

宋瑶瑶
首都经济贸易大学

宋宜嘉
浙江大学

苏金燕
中国社会科学评价研究院

孙蓓蓓
武汉大学

孙　兰
《科学学与科学技术管理》编辑部

孙梦婷
武汉大学

孙紫涵
天津师范大学

唐　娟
武汉大学

唐　莉
复旦大学

佟　彤
南京大学

涂子依
武汉大学

万　敬
爱思唯尔

汪乾坤
武汉大学

王　超
山东理工大学

王传毅
清华大学

王聪聪
北京工业大学

王　公
中国科学院自然科学史研究所

王国燕
苏州大学

王海燕
中国科学技术信息研究所

王宏鑫
信阳师范大学

王　康
大连理工大学

王　乐
复旦大学

王露荷
武汉大学

王　鹏
山东青年政治学院

王　萍
《科研管理》编辑部

王续琨
大连理工大学

王艳辉
《科学学研究》编辑部

王　洋
西安交通大学

王译晗
复旦大学

王玉奇	**席芳洁**
大连理工大学	浙江大学
王　媛	**肖宇凡**
清华大学图书馆	武汉大学
王曰芬	**谢　靖**
天津师范大学	中国科学院文献情报中心
王泽林	**谢前前**
武汉大学	莱顿大学
王智琦	**谢迎花**
大连理工大学	中山大学
王忠军	**邢李志**
《情报理论与实践》编辑部	北京工业大学
魏瑞斌	**熊文靓**
安徽财经大学	浙江大学
魏志鹏	**徐　畅**
《图书与情报》编辑部	武汉大学
文庭孝	**徐　芳**
中南大学	中国科学院科技战略咨询研究院
吴登生	**徐　硕**
中国科学院科技战略咨询研究院	北京工业大学
吴玲玲	**徐亚男**
大连理工大学	《情报资料工作》编辑部
吴梦佳	**许海云**
悉尼科技大学	山东理工大学
吴　强	**许家伟**
中国科学技术大学	北京大学
吴胜男	**杨冠灿**
山西医科大学	中国人民大学
吴小兰	**杨光飞**
南京师范大学	大连理工大学
伍军红	**杨国梁**
《中国学术期刊光盘版》电子杂志社有限公司	中国科学院科技战略咨询研究院
武夷山	**杨嘉敏**
中国科学技术发展战略研究院	大连理工大学

杨立英
中国科学院文献情报中心

杨瑞仙
郑州大学

杨思洛
武汉大学

杨依宁
浙江大学

姚　怡
复旦大学

叶冬梅
武汉大学

叶　瞳
南京审计大学

游晟奕
中国科学院文献情报中心

于　媛
《信息资源管理学报》编辑部

于思妍
大连理工大学

余德建
南京审计大学

余厚强
中山大学

余云龙
杭州电子科技大学

俞立平
浙江工商大学

虞逸飞
武汉大学

袁济方
清华大学

袁　佳
武汉大学

袁军鹏
中国科学院文献情报中心

岳卫平
科睿唯安

曾　安
北京师范大学

曾　利
国防科技大学

张碧晖
中国科学学与科技政策研究会

张　慧
武汉大学

张丽华
山西财经大学

张连峰
《情报科学》编辑部

张　琳
武汉大学

张灵欣
华东师范大学

张　婷
中国医学科学院医学信息研究所

张　薇
《情报杂志》编辑部

张　杨
西安交通大学

张　嶷
悉尼科技大学

张颖怡
苏州大学

张跃富
北京工业大学

张志杰
爱思唯尔

张子恒
中国科学院文献情报中心

章成志
南京理工大学

赵丹群
北京大学

赵蓉英
武汉大学

赵文静
北京大学

赵　星
复旦大学

赵雅洁
天津师范大学

赵一鸣
武汉大学

赵　勇
中国农业大学

郑尔特
中国人民大学

郑晓龙
中国科学院自动化研究所

周春雷
郑州大学

周春彦
美国硅谷三螺旋研究所

周乐心
武汉大学

周清清
南京师范大学

周秋菊
中国科学院科技战略咨询研究院

周双双
天津师范大学

周文杰
中国人民大学

Bernd Markscheffel
Technischen Universität Ilmenau

Wolfgang Glänzel
KU Leuven

Preface

When studying science, the main actors are scientists. As authors, they produce scientific documents such as books and articles, as inventors they acquire patents, or they are active as programmers, engineers, and independent thinkers. They usually work at an institute (such as a university, independent research lab, industrial lab, hospital, funding institute, think tank, or ministry) that is situated in a city, in a region (such as a state or province), in a country, in a continent or part thereof.

In their work, they handle concepts fitting (or not yet fitting) in theories. Such theories can be part of a discipline or a larger field of science.

All this is time-dependent: a theory develops over time, while an article can be said to exist from a specific time on.

Each of the concepts mentioned above can act as a node in a network. Authors can form an author network in which links indicate co-authorship. Articles can form an article network in which links indicate a citation relation, a co-citation relation, or a bibliographic coupling relation, giving just the best-known examples. On a higher level, countries can be nodes in a network in which links denoted co-occurrence in the byline of articles.

Networks can also consist of different types of nodes such as article-concept networks, where articles are connected to concepts discussed in them. Clearly, there are legion possibilities here, and the whole of science is a complex network.

Hence the study of science, including scientometrics, involves mathematical concepts, in particular those concepts used in the study of complex networks.

Unfortunately, many colleagues scientometricians (bibliometricians, informetricians) have in the past narrowly focused on indicators and applications used for research evaluation. Indicators and research evaluation are not bad as such, because evaluation is one way to learn from one's mistakes and to be pushed to do better, but pure bean-counting may easily lead to misuse and displacement of the real purpose of science, which should be performed for the benefit of mankind. Nevertheless, evaluation is ubiquitous in science and for this reason, all scientists even those not performing evaluation exercises need to be metric-wise in order not to become victims of their naiveté. I define the concept of being metric-wise as being knowledgeable about the indicators used in evaluation exercises, i.e., to know the correct mathematical formula of indicators, their consequences, and the context in which they can be used (or misused).

Yet, one should realize that all indicators are probably approximately correct (in short: PAC). Indeed, no database (as the origin of the data used to calculate indicators) is complete, and most contain errors. Some indicators, such as the h-index, occasionally lead to counter intuitive results and each evaluation is time-dependent.

In this context, a book such as this handbook led by my colleague Jie Li, and completed by the Chinese scientometric community will undoubtedly play an important role in the education of the young (while also older colleagues may learn a few things).

Ronald Rousseau
2023.6.30

序

作为一位几乎为中国的科学学/科学计量学事业奋斗了一辈子的老科学工作者，今年遇到的最高兴的一件事就是得知中国科学院文献情报中心李杰博士组织主编了一本《科学计量学手册》。行将付梓之际，李博士还热情地迭致电话，恳请老朽为之写个序文。

古人云："气同则从，声比则应。"李博士之邀，说句心里话，我是非常乐意的。一是借以对科学计量学在中国的诞生与发展，作为过来人，有个简单的回顾，这对于年轻后辈或许是有益的；二是趁机对我国科学计量学的今天和明天做个短评，以俟有志于科学学/科学计量学研究的青年才俊参阅、批评和辩论。当然，若能成为学术批判的"靶子"，亦不失好事一桩。

钱老是我国科学界明确提出开展科学学研究的第一人。

研究表明，作为我国最早著文倡导开展科学学研究的大科学家，早在1977年12月9日，钱老就在《人民日报》发表了题为《现代科学技术》的著名论文，其中指出："当现代科学技术已经发展到高度综合而又有基础到应用的严密结构的体系，就应该有一门代替消亡了的自然哲学的学问，它专门研究科学技术体系的组织结构，研究体系的逻辑性和严谨性，研究科学技术与哲学的联系等。这也可以称为'科学的科学'。这门学问在以前不会有，因为自然科学没有形成体系，当然也不会有研究体系的学问。"[1]

那么，明确支持我国科学界开展科学计量学研究的第一人又是谁呢？其实，还是钱老！

众所周知，中国科学学的早期组织是1978年全国科学大会后，1979年春夏之交，先后成立的隶属中国科学院学部办公室的"科学学全国联络组"[2]和隶属北京技术经济和管理现代化研究会的"科学学研究组"[3]。前者是其时主持中国科学院日常工作的常务副院长兼党组书记李昌和副院长钱三强指导下成立的管理组织，下设办公室，由赵文彦、李秀果、任丰平负责，工作人员有赵红州、蒋国华、汪佩君；后者则是北京科协下属新兴研究会创设的研究组织，该研究组共计39人，该研究会会长、清华大学教授霍俊任组长，王兴成、李秀果、杨沛霆、金良浚、周文森任副组长。记得"科学学全国联络组"成立不久后的一次碰头会上，赵文彦非常高兴地把国防科工委钱学森办公室寄来的一个厚厚的资料袋交给了赵红州，打开一看是普赖斯的名著《小科学，大科学》[4]（Little Science, Big Science）的复印件。钱老的简短附言告诉我们，该书是普赖斯本人亲自寄赠给他的，现在把复印件转赠给我们。此后，在征得钱老同意的情况下，我们给普赖斯写了一封信。没想到，普赖斯很快就回了信，从此开始了我们和普赖斯（默顿和加菲尔德在普赖斯身后联名敬称他为"科学计量学之父"）之

---

[1] 蒋国华. 钱老的创新思想引领科学学研究：追忆钱老指导科学学与科学计量学研究二三事 [N]. 科学时报，2009-12-17（A03）.

[2] 李秀果，中国科学学与科技政策研究会早期组建过程的回忆，2022年9月20日私人通信获知。

[3] 北京技术经济与管理现代化研究会（成立于1979年夏）科学学研究组成员：王兴成、段合珊、李惠国、范岱年、杨沛霆、郑慕琦、韩秉承、丁元煦、刘仲春、柴本良、骆茹敏、贾新民、徐耀宗、符志良、刘泽芬、李汉林、李莲馥、莫慧芳、任亚玲、赵红州、王敏慧、李秀果、曹听生、桂树声、崔佑铣、胡乐真、蔡文熙、李延高、金良浚、霍俊、邸鸿勋、王通讯、雷祯孝、朱新民、许立达、王士德、蒋国华。资料来源：早期油印原件，蒋国华存稿。

[4] PRICE D J S. Little Science, Big Science and Beyond[M]. New York: Columbia University Press, 1986.

间差不多四年的交往和友谊，直到他不幸心脏病突发，于1983年9月3日辞世。正是普赖斯告诉我们，匈牙利科学院于1978年创办了《科学计量学》（Scientometrics）杂志并建议我们投稿。由此足见，钱老亦是我国科学界开展科学计量学研究引路的第一人。

此外，当年赵红州听说有科学计量学这门新学问，特别兴奋。这是因为他还在中国科学院河南罗山干校时，便以艰难得到的《复旦大学学报》刊登的"自然科学大事年表"，靠做卡片和纸笔计算，1974年独立发现了后来才知道的世界科学中心转移现象，即"汤浅现象"[1]。红州曾对我说："咱们做的不就属于科学计量学范畴吗？！"他兴冲冲地按普赖斯的建议，把他书稿中的"科学劳动的智力常数"一节译成英文，寄给了《科学计量学》（Scientometrics）编辑部执行主编布劳温。有趣的是，布劳温又将红州的文章直接寄给普赖斯评审。普赖斯不久即回信称，他通过了大作评审，而且就英文文字做了些许理顺工作。经普赖斯亲自修改后，红州的文章很快刊登了[2]。随后，没有想到的是，索要抽印本的明信片像雪片一样从世界各地飞来。据我记忆，索要抽印本的明信片有五六十张，涉及全球20多个国家和地区的大学/研究所。

初战的胜利总是非常鼓舞人的。红州曾多次对我说过，今后主要研究方向就是科学计量学了[3]。此后，红州与我们所做的主要工作简述如下：

（1）红州连续在《科学计量学》杂志上发表了多篇重要论文（包括我俩合作的2篇），以至于1987年11月25日，普赖斯去世后原创刊"四主编"架构撤销、升任该刊唯一主编的布劳温来信，邀请赵红州出任该刊编委。

（2）创新和开辟科学计量学研究新课题、新领域，诸如知识单元的智荷及其表示方法、科学知识的波谱结构、物理定律静智荷值分布规律的分维表征、知识结晶学研究、阶梯指数规律研究、科学发现的动力学模型、科学发现的采掘模型、物理定律的知识熵表示问题、科学发现年龄定律的威布尔分布，等等。必须指出，由于我俩的数学功底不足，有几项研究及论文是和我国著名科学计量学家梁立明教授、唐敬年教授和物理学家刘易成教授、王国忠教授合作完成的。

（3）获得了国家自然科学基金资助项目，开创了科研量化评价的新领域。

（4）首创开发了中国的大学排行榜。这是在1987年，只比美英晚了几年！我们用北图购买的纸质版的加菲尔德《科学引文索引》（SCI），对我国高校科学论文产出做计量排序，当时并不知道美国《新闻与世界报道》于1983年在全球首创搞起了美国的大学排行榜。不过，后来我们才知道，他们的第一份排行榜指标只依据"大学声誉"的问卷调查，与科学计量学不沾边[4]。

（5）进行了科学计量学的拓展研究[5]。

（6）成为科学计量学国际交流的开拓者和引领者。普赖斯不仅两次邀请我们去夏威夷美国东西方中心出席国际研讨会（因为外事手续问题，我始终没能成行），他还热情介

---

[1] 赵红州.科学能力学引论[M].北京：科学出版社，1984：192.
[2] ZHAO H Z. An Intelligence Constant of Scientific Work[J]. Scientometrics, 1984, 6(1): 9-17.
[3] 蒋国华.科学学的起源[M].石家庄：河北教育出版社，2001：374.
[4] 中国管理科学研究院科学学研究所.我国科学计量指标的排序[N].科技日报，1987-09-13.
[5] 蒋国华，方勇，孙诚，等.科学计量学指标在职称评审中的应用：石油大学案例研究[J].科学学与科学技术管理，1999（02）：25-28.

绍了多位极富创新能力的学者与我们相识与交流。原本红州设想，1983年9月夏威夷会议拜见普赖斯时，要亲自邀请他次年来华访问。给中国科学院外事报告、筹措接待经费等都准备得差不多了，没想到普顿斯突然去世了。于是，我们转而于1985年邀请了贝尔纳的嫡传弟子、英国皇家学会会员、伦敦大学教授马凯[①]，1986年邀请了布劳温，二人成功访华[②]。布劳温口才了得，符志良教授权充匈牙利文翻译，语言准确、流畅、幽默，在友谊宾馆的连续几场报告，座无虚席，轰动一时。这段时间与我们建立起密切交往的还有德国科学学家万英加特，瑞典科学学家厄尔英加，印度科学学家拉赫曼，苏联科学学家纳里莫夫、多勃罗夫、马列茨基、格列诺伊、海通，等等。特别是纳里莫夫，他是莫斯科大学科学理论国家实验室主任，"Наукометрия"（Scientometrics/科学计量学）一词的创立者。他在1969年出版了世界上第一本科学计量学专著——《科学计量学：把科学作为信息过程来研究科学的发展》[③]。海通在1983年也出版了一本专著《科学计量学：现状与前瞻》[④]。

红州去世之后，我和金碧辉、梁立明、武夷山、邱均平、郑文艺、李志仁、孙诚等携手，发挥科学计量学研究团队的力量，继承红州的科学创新精神，在中国科学学与科技政策研究会历届领导吴明瑜、冯之浚、方新、穆荣平、张碧晖等的鼓励和支持下，把中国科学计量学国际交流事业继续推向前进。

1998年12月4—6日，在北京首次召开了"大学科研评价量化问题国际研讨会暨第五次全国科学计量学与信息计量学学术年会"，成功邀请了鲁索、克雷奇默、埃格赫等国际著名科学计量学家来京参会交流，由此开启了我国科学计量学工作者国际交流的新篇章[⑤]。重要标志就是经申请成功的第9届国际科学计量学与信息计量学大会（International Society for Scientometrics and Informetrics，简称ISSI）于2003年8月25—29日在北京成功举办[⑥]。尤其值得在中国科学计量学发展史上大书一笔的是我国著名情报学家、文献计量学家邱均平教授，他不仅把我们在北京首办的"全国科学计量学与信息计量学学术年会"承接过去，连续举办至今，而且经他精心策划和组织，2017年10月17日由中国科学学与科技政策研究会主办、武汉大学承办的第16届国际科学计量学与信息计量学大会（International Conference on Scientometrics & Informetrics）在武汉顺利举行，近200名参会代表来自33个国家和地区。此外，特别值得提的还有几件事。首先是1989年中国科学院文献情报中心与国家自然科学基金委员会联合研发的中国科学引文数据库（Chinese Science Citation Database，CSCD）。CSCD收录了我国数学、物理、化学、天文学、地学、生物学、农林科学、医药卫生、工程技术和环境科学等领域出版的中英文科技核心期刊和优秀期刊千余种，自提供使用以来深受用户好评，被誉为"中国的SCI"。其次是中国科学技术信息研究所，该所不仅建有我国最早中文数据库之一的"万方"、中国科技论文引文数据库

---

① 赵红州，蒋国华．在科学的交叉处探索科学：从科学学到科学计量学[M]．北京：红旗出版社，2002：622-633.
② 司俏．科学计量学家布劳温教授访问中国[J]．科学学研究，1986（4）：109-110.
③ НАЛИМОВ В．В.，МУЛЬЧЕНКО З．М.，Наукометрия:изучение развития науки как информационного ороцесса[M]．Москва：Наука，1969.
④ ХАЙТУН，С. Д.，Наукометрия：Состояние и Перспективы[M]．Москва：Наука，1983.
⑤ 蒋国华．科研评价与指标[M]．北京：红旗出版社，2000.
⑥ JIANG G H，ROUSSEAU R，WU Y S. Proceedings of the 9th International Conference on Scientometrics and Informetrics[C]. Dalian University of Technology Press，2003.

（CSTPCD），还和科睿唯安（原汤森路透知识产权与科技事业部）联合创办了科学计量学实验室（成立于2008年12月9日），设立有开放基金研究项目，以推进科学计量与科技评价工作。再次是大连理工大学，在刘则渊领导下，创建了网络–信息–科学–经济计量（WISE）实验室，带领WISE实验室团队在中国开拓了知识计量学与知识图谱研究的新方向。

记得在26年前，我应命写过一篇综述性文章，题目就取作《科学计量学与信息计量学：今天和明天》[1]。今天恰似历史重复一般，又应命为《科学计量学手册》写个序。前面，有关"科学计量学在中国的诞生与发展"之"简单的回顾"写完了，行文至此，疑似也要对"明天"说几句话。

现在学界公认，科学计量学已是一门对科学自身进行定量研究的显学。这里的"科学"不仅指作为人类知识体系的科学，也包括作为社会活动、社会建制和社会产业的科学。自莫斯科大学纳里莫夫提出"科学计量学"这个学科术语以来，已经半个多世纪过去了。当我们回首过往，科学计量学做了些什么呢？毋庸讳言，绝大多数研究基本是研究作为后者的"科学"，对于前者的"科学"，对不起，所做研究真可谓凤毛麟角。尽管科学计量学之父普赖斯作为1978年匈牙利科学院科学计量学杂志创始四位主编之一，在其"主编寄语"中说过，用论文对科学进行计量要远比用货币对经济进行计量准确得多[2]。但显而易见的是，论文内容本身才构成和反映人类知识体系，而科学论文的数量、引文、研究人员数、研究经费数、普赖斯指数、h指数、洛特卡定律、布拉福德定律、齐普夫定律，等等，基本上与科学的社会活动存在正相关关系，其相对于作为知识体系的科学来说，只能算作一种折射。

《三国志·蜀书·庞统传》裴松之注引《江表传》有云："天下智谋之士所见略同耳。"非常荣幸的是，我国科学计量学工作者非常熟悉又备受尊敬的鲁索教授，在其为《科学计量学手册》的序文中恰恰也有相似的表述。鲁索写道："因此，研究包括科学计量学在内的科学，必须聚焦数学概念，特别是适用于研究复杂系统的概念。遗憾的是，我们许多的科学计量学/文献计量学/信息计量学研究同仁，一段时间以来都把眼光窄窄地盯着用于评估的指标及其应用上了。"这个提醒其实在20世纪60年代，普赖斯在为纪念贝尔纳《科学的社会功能》发表25周年的撰文中就指出过。普赖斯告诫说："'科学的科学'如果把那个应用目的作为自己的主要目标，它将会破产。这里，我们应当记住这个历史教训，并且必须懂得，所以要探索这些知识，就是为了获得知识所提供的全新认识，而不管它把我们带到哪里。"[3]

《科学计量学手册》从策划到词条撰写都非常好，堪称佳作。尤其是李杰博士还邀请了17位"普赖斯奖章"得主，为青年科学计量学研究者写了热情洋溢的鼓励寄语，可谓锦上添花。

际此《科学计量学手册》付梓问世，谨向该书的主编们、一众青年才俊致谢！致敬！

蒋国华
（Guohua Jiang）
2023年10月24日于北京

---

[1] 蒋国华. 科学计量学与信息计量学：今天和明天 [J]. 科学学与科技管理，1997（7-11）.
[2] PRICE D S D. Editorial statements. Scientometric[J]. Scientometrics, 1987, 1（1）: 3-8.
[3] 戈德史密斯，马凯. 科学的科学：技术时代的社会 [M]. 赵红州，蒋国华，译. 北京：科学出版社，1985：244.

德瑞克·德索拉·普赖斯纪念奖章
(the Derek de Solla Price Memorial Medal)

特殊序言：普赖斯奖获得者给年轻学者的寄语
Special Preface: To the younger generation from the Price Memorial Medal awardees*

Please take over our great field and improve it! Write papers that develop new, more powerful methods! Criticise the work of the older generation and do better! Find new topics to research that we have overlooked! In this way the field can move forward and provide ever increasing value to science.

Mike Thelwall (University of Sheffield, UK)
2023.6.11

迈克·塞沃尔
Mike Thelwall
(1965 —)
(UK)

---

* 2023年6月9日起，《科学计量学手册》主编李杰博士陆续联系了在世的20位普赖斯奖获得者，并邀请各位学者撰写"给青年一代的寄语"以作为《科学计量学手册》的特殊序言，共收到17位普赖斯奖获得者的寄语。本部分按照收到的时间进行了排序。其中，鲁索教授帮忙联系了利欧·埃格赫（Leo Egghe）教授。

Handbook of Scientometrics

罗纳德·鲁索
Ronald Rousseau
(1949 —)
(Belgium)

Since the 1930s scientists, beginning in Poland (Ossowska and Ossowski, 1935), are studying science itself. But even these scholars had predecessors such as de Candolle (Switzerland), Galton (UK), Lotka (USA), and Gross & Gross (USA). Moreover, techniques used in fields such as economics (Pareto), linguistics (Zipf) and geography (Auerbach) were later used in scientometrics and bibliometrics. Unfortunately, over the years scientometrics and bibliometrics became more and more focused on evaluation, not only on a large scale (countries, universities) but even on individuals. Not surprisingly, the use of quantitative indicators was abused by some (playing the numbers game), leading to calls to abandon bibliometrics (by those who did not understand the purpose of the field as a whole). It is my sincere hope that young students when reading this book, will understand the richness of our field, whatever its name (science of science, scientometrics, bibliometrics, informetrics).

Ronald Rousseau (KU Leuven & University of Antwerp, Belgium)
2023.6.12

利欧·埃格赫
Leo Egghe
(1952 —)
(Belgium)

It is important to take a course on mathematics (at least bachelor degree) before starting informetric research. This is the only way to upgrade the field of informetrics to a real science instead of merely a field of data gathering and making superficial conclusions based on it. It is also important to have knowledge of neighboring fields (such as econometrics, biometrics, ...) so that one can avoid drawing conclusions that have been made before in these other fields.

Leo Egghe (Hasselt University, Belgium)
2023.6.13

In the half century since we wrote *Evaluative Bibliometrics* (Narin 1976) the data available for scientometrics has expanded exponentially, the methodologies have expanded hundred folds, but the challenge of policy relevance remains. Our continued access to public funding requires that we demonstrate relevance to public policy. We must strive for indicators that capture the essence of important research advances, the tops of the distributions, the science that is really important, rather than try to learn more and more about less and less. We should aim for indicators that are understandable to users, both academic and policy, and outside as well as inside of our community. There is still much of importance that we can do to foster scientific advance: to do so we must make our findings clear and our indicators relevant. I am reminded of the statement by the Nobel laureate Peter Medawar in his book 'Advice to a young scientist': "any scientist of any age who wants to make important discoveries must study important problems" (Medawar 1979: 13).

Francis Narin (Retired President, CHI Research, USA)
2023.6.13

弗朗西斯·纳林
Francis Narin
(1934 —)
(USA)

Welcome to the new generation of bibliometricians/scientometricians. My best advice, to young and old, is to value serendipity when it offers you an opportunity, a chance for collaboration, a new or previously unrecognized data source and the like. Think laterally – if you encounter something interesting, could it be applied to your research? Could a technique from one discipline be brought into yours, to add to your tool kit and bring new insights? What is going on in a subject field that would be interesting to explore using the quantitative tools we have? And don't forget about the scholars who are producing the literature and other data sources we study. Small scale studies looking at interesting phenomena in a field where you can chat with the participants can be as valuable as another rummage through that mega-data set.

Katherine W. McCain (Drexel University, USA)
2023.6.13

凯瑟琳·W. 麦凯恩
Katherine W. McCain
(1944 —)
(USA)

亨瑞·斯莫尔
Henry Small
(1941 —)
(USA)

The advice I would give young scientometricians and those new to the field is to try to think of some way to expand the boundaries of the field. Scientometrics has many different subareas from studies of individual papers or scientists to studies of research areas or disciplines to analyses of institutions, countries, and science policy. Whatever your focus, study the existing literature and try to come up with some new point of departure. Perhaps it is a new mathematical tool or uses a method imported from some other field. Or it might be a new kind of data or a combination of existing data sources.

Ask yourself what you are interested in finding out. For example, I have been interested in the history and philosophy of science, and what makes scientific knowledge different from other forms of knowledge, what leads scientists to reach a consensus, how does scientific knowledge change, and how are scientific findings confirmed? Of course, these are very old problems and much has been written about them. The challenge is to find some new point of departure that no one else has attempted. If you were trained in science, you can start by picking an area that is familiar to you and where you have insight or expertise. Or start from another field such as economics or psychology and think how it impacts science. Another approach is to critique some previous school of thought such as Mertonian norms, social construction of knowledge, the use of citation counts for evaluation, or the interpretation of maps of science. Don't be afraid to offend other researchers but always have good reasons for your criticisms.

Scientometrics has traditionally dealt with databases of scientific papers. But your approach may take you beyond counts of papers or citations to the detailed consideration of scientific ideas or institutions. Other sources of data might include interviews with scientists, social media, full text analyses, including citation contexts, or even new large language models and software. AI offers many new methods including classification and summarization. Many researchers are now interested in social issues such as gender studies or minority representation in science. I would avoid trendy topics unless you have new ideas or novel data that can be brought to bear. These are the kinds of expansions of boundaries that I believe scientometrics needs and will foster the growth and increase the vitality of the field. Good luck.

Henry Small (SciTech Strategies Inc, USA)
2023.6.14

卢多·瓦特曼
Ludo Waltman
(1982 —)
(The Netherlands)

The research system plays a crucial role in satisfying human curiosity, promoting technological progress, and addressing global societal challenges. Given the huge scale of the scientific enterprise and the large amounts of resources invested, proper management of the system is absolutely critical. By providing quantitative data-driven insights into the current state of the research system and its ongoing development, scientometrics (or quantitative science studies) offers essential information to manage the system and to steer it in new directions. I consider it a big privilege to be in the position to contribute to this. Let's all work together to keep improving the data sources and the methods that we use in our scientometric work, and let's make sure we serve the research system, and society at large, in the best possible way!

Ludo Waltman (CWTS, Leiden University)
2023.6.17

凯文·博亚克
Kevin W. Boyack
(1962 —)
(USA)

理查德·克拉凡斯
Richard Klavans
(1948 —)
(USA)

There are many crucial steps in bibliometric analysis where mistakes are often made. Here we mention three. First, the problem you are trying to solve should be both important and well posed. Second, the data you use must be the right data for the problem rather than just the data that are available. Third, analysis and observations can rarely be extrapolated with any robustness. These three principles lead to some do's and don'ts in bibliometric analysis.

Regarding problems, DO work on problems that matter, where the results can lead to action that creates positive change in the world. DO think deeply about your research problems and anticipate ways to increase robustness and trust in your results. DON'T work on problems just because you have a particular dataset.

Regarding data, DO identify what data is needed for analysis. DON'T settle for using the data you can get easily - it may not be sufficient. DO the hard work to understand what your data can and can't do. DO learn about how your data sources were created. DO get your hands dirty - work manually with the data and develop a gut-level understanding of its strengths and limitations. DON'T trust data you get from others until you have examined it closely.

Regarding analysis, DO try to disprove your results. DON'T believe them at first. If your analysis is field-specific, DO restrict your observations and conclusions to that field. DON'T extrapolate without justification. DO look for the reasons underlying the phenomena you see - this greatly increases the robustness of the analysis. DON'T just report numbers without looking for the underlying stories.

We wish you success in your future endeavors.

Kevin Boyack and Richard Klavans(SciTech Strategies Inc,USA)
2023.6.18

特殊序言：普赖斯奖获得者给年轻学者的寄语

All statistical analysis, in general, and scientometric analysis, in particular, can be compared to the preparation of a meal. The main elements are the raw materials, the preparation methods (cooking, baking), and the serving. In scientometrics, the raw materials are the bibliographic data sources and the raw data sets that can be extracted from them. Data preparation is as important as properly marinating meat or baking pasta; cooking is the use of "recipes" or algorithms to determine indicators. Finally, serving is the presentation of the final results.

安德拉斯·舒伯特
András Schubert
(1946 —)
(Hungary)

The choice of which dish to prepare from a cookbook may depend on the raw materials available, of course, but the choice of raw materials and recipes depends above all on the purpose of cooking: a quick and nutritious meal for oneself, a spectacular meal for one's guests, or a special dietary meal for a convalescent. Nathan Myhrvold, the "pope of modernist cooking," warns: Good food can only come from good ingredients. There was a time when this basic truth was appreciated only by the finest chefs. Today, it seems that the entire food world is placing more and more emphasis on the quality of ingredients.

A truth worth considering. Even the most sophisticated algorithms cannot compensate for the shortcomings of the original data. Analyses using data from free databases can, at best, provide approximate results.

But it is also worth remembering the admonition of the statistician John W. Tukey: It is much better to have an approximate answer to a vaguely formulated but correct question than an exact answer to a precisely formulated but incorrect question.

András Schubert (Hungarian Academy of Sciences, Budapest, Hungary)
2023.6.19

米歇尔·齐特
Michel Zitt
(1947 —)
(France)

"Bibliometrics" is an attempt to capture science networks that are generated by research activity and to then help to understand the dynamics of knowledge in its political and socio-economic environment, which is the object of scientometrics. Evaluation comes as an application among others of this multi-network of actors and related aspects: affiliation, collaboration, citation, linguistic/semantic contents, etc. The magic of numbers can hide data and methods biases - handling of very skew distributions with strong influence of micro events on macro states (e.g. pioneers' oeuvre) with also visibility biases, a dark side of the Matthew effect, mostly observed in other social networks. Many obstacles can hinder the international knowledge system, such as external constraints on circulation of information, citations, etc. Scientometrics can shed light on that treasure of universal communication, including on the "strength of weak ties", which is so vital for interdisciplinarity and breakthroughs. Another upcoming issue is that of monitoring the potential of artificial intelligence in the shaping of knowledge, with the open question: will AI enhance creativity or favour conformism? There is no doubt that AI is a challenge for scientometrics, too.

Michel Zitt (Lereco lab, Nantes, France)
2023.6.19

本·马丁
Ben Martin
(1952 —)
(UK)

Scientometrics offers a powerful set of tools for understanding how the world of science (or research more widely) operates. But never forget that bibliometric data are merely imperfect or partial indicators of a complex reality, and considerable work is needed to clarify exactly what concepts they relate to and how and to what extent. They should be used carefully and, wherever possible, in combination with other approaches, in particular interviews, before attempting to arrive at conclusions as to what is happening in science.

Ben Martin (University of Sussex Business School, UK)
2023.6.20

特殊序言：普赖斯奖获得者给年轻学者的寄语

Scientometrics is not limited to the natural sciences nor to the mathematics of bibliographic core-and-scatter distributions. The literatures of all fields generate such distributions, and they consist not only of numeric data but of verbal data as well. That is, they consist of bibliographic sources ranked high-to-low by counts of the items they produce in response to a seed term, and those sources have names. Names have meanings, and the names brought together by the rankings can often be interpreted jointly. For that reason, I have referred to core-and-scatter distributions as "bibliograms"—as messages that can be read for their human interest. For instance, in the English-speaking West there is a literary field called redology, which is the academic study of Cao Zuequin's Dream of the Red Chamber (in Chinese and in English or other translations). If the name of that novel is entered as a subject-heading into one version of WorldCat (OCLC's international union catalog), it retrieves the books with that heading ranked by how many OCLC member libraries hold each book. That result shows which editions of the novel and which critical and historical monographs on it are most widely held—the library "best sellers" of redology, so to speak. There's a study in that! I mention all this simply to convey my own take on scientometrics, which you may not have considered—its potential relevance to non-quantitative people in the social sciences and even the humanities.

霍华德·怀特
Howard White
(1936 —)
(USA)

Howard White (Drexel University, USA)
2023.6.21

Handbook of Scientometrics

彼得·温克勒
Péter Vinkler
(1941 —)
(Hungry)

The future of societies depends primarily on the social and economic development that is strongly influenced by science and technology. The advance of science can be followed by scientometric methods quantitatively. Accordingly, scientometrics is a science on science for science.

From practical aspects one of the most important fields of scientometrics is the evaluation of scientific performance of individuals, teams, countries, fields, etc. This means primarily the assessment of quantity and impact of scientific publications.

The essence of scientometrics (primarily: that of evaluative scientometrics) is the indicator. The mission of scientometricians is to offer relevant data, methods and indicators for scientists, science politicians and managers for making appropriate decisions when initiating new research directions, selecting relevant topics, nominating research heads or distributing grants, etc. A country or a university should grant promising research fields and talented scientists because "giants on the shoulder of giants could see further" (Newton) than dwarfs on dwarfs.

It is often neclected that any evaluation requires: setting goals, selecting appropriate data and elaborating relevant indicators. One has to keep in mind that numbers are not data and data are not indicators. The bibliometric conditions of the evaluated items may be rather different, consequently, relative indices and appropriate reference standards are needed.

The basic assumptions in evaluative scientometrics—information unit of sciences is the scientific paper and unit of impact is the citation - are crude approximations, but they work in most science fields in practice.

Each scientometric system (i.e. publications, citations, etc. of an individual, team, institute, country, topic, field, etc.) is unique. Therefore the general rules should be adopted to the special systems to be assessed.

I am conviced, responsibility of scientometricians for the correctness of their results is high as they may strongly influence the future of science.

Péter Vinkler (Research Centre for Natural Sciences, Hungary)
2023.6.27

The quantitative study of science is mostly referred to as scientometrics. Within scientometrics, the research on scientific communication, particularly with data from publications, patents, citations, and journals is called bibliometrics. The development of a relatively new field such as scientometrics as an 'accepted' field within the academic community goes hand in hand with the rise and flourishing of institutes and research groups that shape the field. Without such an institutionalization, a field will disappear from the academic scene or swallowed up by other fields. Scientometric research was tremendously stimulated by the most crucial breakthrough in the history of the quantitative studies of science, the creation of the Science Citation Index (SCI). This unprecedented availability of data stimulated the development of scientometric analytical methods, particularly advanced bibliometric research performance indicators and science maps. This development had and still has the clear goal to identify, within the enormous amount of current research work all over the world, those researchers and their scientific activities that really matter in advancing our knowledge, not seldom pioneering work hidden in the mass.

It is interesting to find out to what extent all the new databases that have been developed since the SCI are providing us really new data with substantial added values for the above formulated goal. At the same time the indicators and maps originally developed for application offer us a set of effective instruments for basic research on the development of the science system. Provided of course that we (we = all scientometrics researchers, including the newcomers…) are well educated and experienced in mathematical methods and, particularly, in statistics. And given that scientometrics is a data-intensive field, that we are supported by computer science experts and relevant facilities. And also, crucially important, that we have the ability to connect scientometrics successfully with fields such as economics, psychology, physics, urban studies, and other fields of science that may inspire to new approaches, new methods, new kind of data. But also, earlier literature is still a gold mine of fascinating topics that have never been followed up on, problems that have gone unaddressed.

We have to guard against tendencies to use scientometric methods primarily for 'steering' science in directions that are prescribed by current, often political correctness-driven goals. Certainly, most of these goals are socially legitimate but such a use of scientometrics must not work to the detriment of fundamental research. Besides all the discussions about relevance to our society, it is interesting to take a look at the scientific knowledge that is rejected or ignored by the same society. In other words, the gap between what we know and what we do. For all fields of science, and also for scientometrics, the most important ability is to find and to work on the crucial problems. An example are science maps: what do they really represent, why are they 'flat', how to construct continuous time-series of maps. And in the interface between science and technology, particularly the role of instrumentation in the advancement of science. Enough unknown territory is waiting to be explored...

Anthony van Raan (CWTS, Leiden University, the Netherlands)
2023.6.28

特殊序言：普赖斯奖获得者给年轻学者的寄语

Some young scientists may have the great luck and honour to meet or even collaborate with pioneers in the field of their activity. As a young scientist, I was one of these privileged persons and learning from the first generation of scientometricians have had a decisive influence on my professional career. This first generation, renowned scientists with professional backgrounds from various fields, in which they were still working but, at the same time, conducting professional scientometric research, have come up with visions and ideas for quantifying and measuring various aspects of scientific research and scholarly communication. They often used models, methods and ways of thinking brought in from their own fields and incorporated those into the new contexts of interdisciplinary research in information science. And they often collected and prepared the necessary data themselves, sometimes even manually. What I learned from the first generation is mainly two-fold. The first issue is, that retrieving, cleaning and processing appropriate data for the use in quantitative science studies is a long and stony road that demands modesty and patience. The second one is more complex as this regards interdisciplinarity in more general terms. Becoming a researcher is not only the result of purposefully studying but is also shaped by specific socialisation processes that may differ from field to field. Collaborating with scientists form other fields does therefore not only broaden the own professional horizon but also helps better understand the subjects to which scientometrics is applied and that models and techniques may not simply be migrated and applied to other contexts without the necessary adjustments.

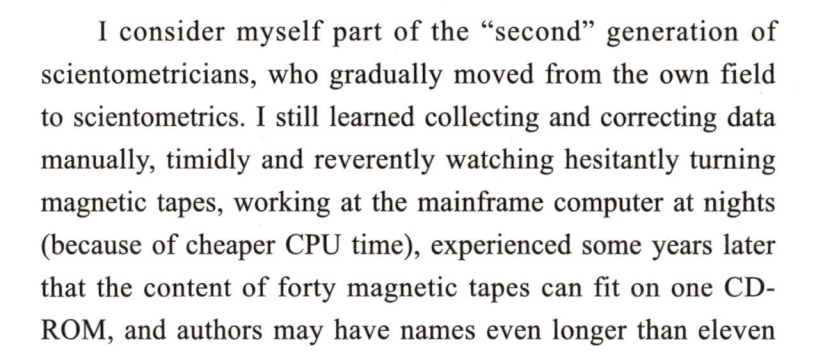

沃尔夫冈·格兰泽
Wolfgang Glänzel
(1955 —)
(Germany/Hungary)

I consider myself part of the "second" generation of scientometricians, who gradually moved from the own field to scientometrics. I still learned collecting and correcting data manually, timidly and reverently watching hesitantly turning magnetic tapes, working at the mainframe computer at nights (because of cheaper CPU time), experienced some years later that the content of forty magnetic tapes can fit on one CD-ROM, and authors may have names even longer than eleven characters. Finally, the time arrived when source data became part of a huge global data network with nearly unlimited storage place. This spectacular evolution went hand in hand with the development of scientometric tools and the associated software. Finally, this second generation also largely contributed to the institutionalisation of the field so that apart from the institutionalised scholarly communication (with journals, books, workshops, conferences), the field has become part of higher education as well. The members of the "third" generation have increasingly become scientists skilled in scientometrics, informetrics or closely related fields.

My advice to young researchers in our field is based on my own experience, namely, to consider these achievements a gift, an offer but also a challenge that deserves the necessary respect. The retrieval, preparation of clean and proper data, the choice of appropriate models, the development and application of sound methodology and contributing with meaningful and valid outcomes is a hard job but is still imperative in doing research in scientometrics. Despite the breath-taking development we have witnessed during the last decades, the experiences and insights of the previous generations in this respect still hold for present-day research too.

Wolfgang Glänzel (KU Leuven, Belgium)
2023.7.11

特殊序言：普赖斯奖获得者给年轻学者的寄语

When carrying out scientometric (including webometric and altmetric) analyses the gathering of data is crucial to the analytic outcome. From the 60es manual as well as (semi) automatic information retrieval (IR) is hence applied to online databases of various kinds and, in recent decades, also to the WWW. Aside from citation databases like Scopus and Web of Science, field-dependent and institutional repositories as well as Web crawlers are used to gather data – depending on the purpose of the scientometric analysis. In such cases IR involves a high degree of knowledge of field structures and retrieval possibilities in the databases used. However, often the IR options are made very limited due to commercial secrecies, e.g., in search engines like Google and Bing; one hardly knows why the retrieval outcome looks the way it does. One should remember that Google originally (and falsely) in 1998 assumed web inlinks to be like citations, that is, the more inlinks to an object, the more recognized it is, and thus assumed (again falsely) more relevant. But it worked. Later on Google began to mix many other parameters to produce its ranked lists of objects. Bing's retrieval algorithms was originally based on text-based IR research and relevance as understood in IR; other parameters are supposedly also included. In addition, the two search engines' crawlers are retrieving different data when crawling the Web. Hence, it is always a good idea to search both engines for the same query, download the data and find the overlap as well as separate information. Another important limitation is the question of coverage of the data source used. In the cases of the large and recognized field-dependent and citation databases one may argue that the latter cover almost all the central journals in the academic landscape, although there are smaller differences detected in some academic fields between Scopus and Web of Science. Hence, one can argue that the extraction from those sources does not constitute a sample but is the actual population. This can be seen in contrast to most webometric and altmetric measures for which analyses commonly operate with samples of unknown populations. Thus, coverage, sampling and the way data is combined in the scientometric analysis influence the way statistics should be carried out.

彼得·英格森
Peter Ingwersen
(1947 —)
(Denmark)

Finally, one should not overlook the possibilities lying in the application of citations to IR, mainly investigated in recent years (Belter, 2017). In contrast to web links real academic citations have a purpose following a social scientific code, for the most part of neutral or positive nature and generated by humans. One may see a citation as a representation of an interpretation (anchor text, Garfield, 1979) by the citer on the cited work, additional to other kinds of representation and other interpretations, e.g. by other citers, human or artificial indexers, abstract generators, etc. (poly representation, Ingwersen & Jarvelin, 2005; Ingwersen, 2012). The assumption is that citations (and in particular the immediate citing context surrounding the reference placed in the citing text) may have 'something' to do with relevance of (parts of) the cited document and hence be applied as a tool for (re)ranking of documents (Larsen, 2002). There are important issues and limitations to be tested in this approach to IR: The time issue: how far back do we have to go? – perhaps using citing/cited half-life? Using cited journal and/or citing journal impact factor for re-ranking of retrieval results? Using total citations to cited items as well as author and/or citing author impact (h-index) in addition – or should citation scores be limited to recommendation of documents? Can co-citation be usefully applied, e.g. in pseudo relevance feedback? How does un-citedness (up to 70 % in a field) and multi-disciplinarity influence the retrieval outcome when applying citations? There are many questions to be tested in the future.

Peter Ingwersen（University of Copenhagen, Denmark）
2023. 9.16

目 录

学者篇（scholars）

1. 阿尔弗雷德·詹姆斯·洛特卡（Alfred James Lotka） ········ 3
2. 艾伦·林赛·马凯（Alan Lindsay Mackay） ········ 6
3. 艾伦·普里查德（Alan Pritchard） ········ 9
4. 安德拉斯·舒伯特（András Schubert） ········ 11
5. 安东尼·范瑞安（Anthony van Raan） ········ 13
6. 奥利·佩尔松（Olle Persson） ········ 15
7. 贝尔韦尔德·格里菲斯（Belver Griffith） ········ 17
8. 贝特拉姆·克劳德·布鲁克斯（Bertram Claude Brookes） ········ 19
9. 本·马丁（Ben Martin） ········ 21
10. 彼得·温克勒（Péter Vinkler） ········ 23
11. 彼得·英格森（Peter Ingwersen） ········ 25
12. 布莱斯·克罗宁（Blaise Cronin） ········ 27
13. 德瑞克·约翰·德索拉·普赖斯（Derek John de Solla Price） ········ 29
14. 蒂博尔·布劳恩（Tibor Braun） ········ 31
15. 弗朗西斯·纳林（Francis Narin） ········ 33
16. 亨克·莫德（Henk Moed） ········ 35
17. 亨瑞·斯莫尔（Henry Small） ········ 38
18. 霍华德·怀特（Howard White） ········ 40
19. 简·弗拉奇（Jan Vlachý） ········ 42
20. 蒋国华（Jiang Guohua） ········ 44
21. 金碧辉（Jin Bihui） ········ 46
22. 凯瑟琳·麦凯恩（Katherine McCain） ········ 48
23. 凯文·博亚克（Kevin Boyack） ········ 50
24. 理查德·克拉凡斯（Richard Klavans） ········ 52
25. 利欧·埃格赫（Leo Egghe） ········ 54
26. 梁立明（Liang Liming） ········ 56
27. 刘则渊（Liu Zeyuan） ········ 58

28. 卢茨·博曼（Lutz Bornmann） …… 60
29. 卢多·瓦特曼（Ludo Waltman） …… 62
30. 路特·莱兹多夫（Loet Leydesdorff） …… 64
31. 罗伯特·金·默顿（Robert King Merton） …… 66
32. 罗纳德·鲁索（Ronald Rousseau） …… 68
33. 迈克·塞沃尔（Mike Thelwall） …… 70
34. 迈克尔·莫拉夫奇克（Michael Moravcsik） …… 72
35. 米歇尔·齐特（Michel Zitt） …… 74
36. 乔治·金斯利·齐普夫（George Kingsley Zipf） …… 76
37. 邱均平（Qiu Junping） …… 79
38. 萨缪尔·克莱门特·布拉德福（Samuel Clement Bradford） …… 81
39. 托马斯·塞缪尔·库恩（Thomas Samuel Kuhn） …… 83
40. 瓦西里·瓦西列维奇·纳利莫夫（Vasiliy Vasilevich Nalimov） …… 85
41. 沃尔夫冈·格兰泽（Wolfgang Glänzel） …… 88
42. 武夷山（Wu Yishan） …… 90
43. 叶鹰（Fred Y. Ye） …… 92
44. 尤金·加菲尔德（Eugene Garfield） …… 94
45. 约翰·戴斯蒙德·贝尔纳（John Desmond Bernal） …… 97
46. 约翰·欧文（John Irvine） …… 99
47. 赵红州（Zhao Hongzhou） …… 101
48. 朱迪特·巴伊兰（Judit Bar-Ilan） …… 103

术语篇（terminologies）

1. BERT模型（bidirectional encoder representations from transformers model） …… 107
2. CPM算法（clique percolation method） …… 110
3. DIKW模型（data-information-knowledge-wisdom model） …… 113
4. ESI高影响力论文（ESI top papers） …… 115
5. e指数（e-index） …… 116
6. g指数（g-index） …… 118
7. HITS算法（hyperlink induced topic search algorithm） …… 120
8. h指数（h-index） …… 122
9. PageRank算法（PageRank algorithm） …… 125

10. PI指数（productivity index）……127
11. p指数（p-index）……129
12. R指数（R-index）……131
13. Scimago期刊排名（Scimago journal rank）……133
14. VOS算法（visualization of similarities algorithm）……135
15. w指数（w-index）……137
16. Y指数（Y-index）……138
17. z指数（z-index）……140
18. π指数（π-index）……142
19. 埃尔德什数（Erdős number）……143
20. 标准化影响系数（source normalized impact per paper）……145
21. 波普尔"三个世界"理论（Popper's three world）……148
22. 布拉德福定律（Bradford's law）……150
23. 参考文献出版年谱（reference publication year spectroscopy）……152
24. 词频分析（word frequency analysis）……154
25. 词频-逆文档频率（term frequency and inverse document frequency）……157
26. 大数据（big data）……159
27. 颠覆性技术（disruptive technology）……161
28. 颠覆性指数（disruption index）……163
29. 点互信息（point mutual information）……165
30. 多层网络分析（multi-layer network analysis）……167
31. 多维尺度分析（multidimensional scaling）……169
32. 多样性测度指标（diversity measurement index）……171
33. 多源文献数据融合（multi-source literature data fusion）……174
34. 二分图（bipartite graph）……176
35. 分数计数（fractional counting）……178
36. 复杂网络（complex networks）……182
37. 概率主题模型（probabilistic topic model）……184
38. 共词分析（co-word analysis）……186
39. 共现分析（co-occurrence analysis）……188
40. 共引分析（co-citation analysis）……190
41. 关联分析（association analysis）……192
42. 关联数据（linked data）……194

43. 核心期刊（core journals）……………………………………………… 197
44. "黑天鹅"文献与"白天鹅"文献（black and white swans publications）…… 199
45. 互信息（mutual information）…………………………………………… 201
46. "灰犀牛"技术（grey-rhino technologies）…………………………… 203
47. 回归分析（regression analysis）………………………………………… 206
48. 活跃度指数（activity index）…………………………………………… 208
49. 火花型文献（sparking foundational publications）…………………… 210
50. 机器学习（machine learning）…………………………………………… 212
51. 基尼系数（Gini coefficient）…………………………………………… 214
52. 计量语言学（quantitative linguistics）………………………………… 216
53. 计算社会学（computational sociology）………………………………… 219
54. 技术会聚（technology convergence）…………………………………… 221
55. 技术挖掘（technology mining）………………………………………… 223
56. 加菲尔德文献集中定律（Garfield's law of concentration）…………… 225
57.《旧金山宣言》（The San Francisco Declaration）……………………… 227
58. 巨型期刊（mega journal）……………………………………………… 230
59. 距离测度（distance measures）………………………………………… 232
60. 聚类分析（cluster analysis）…………………………………………… 236
61. 卷积神经网络（convolutional neural networks）……………………… 238
62. 开放存取（open access）………………………………………………… 241
63. 开放科学（open science）……………………………………………… 243
64. 开放数据（open data）…………………………………………………… 244
65. 开放同行评议（open peer review）……………………………………… 246
66. 开放引文（open citation）……………………………………………… 248
67. 科技政策学（science of science policy）……………………………… 249
68. 科学编史学（historiography of science）……………………………… 251
69. 科学传播（science communication）…………………………………… 253
70. 科学叠加图（science overlay maps）…………………………………… 255
71. 科学发现的采掘模型（excavating models of scientific discovery）…… 258
72. 科学发展节律指标（indicator of the rhythm of science）…………… 261
73. 科学范式（scientific paradigm）………………………………………… 263
74. 科学合作（scientific collaboration）…………………………………… 265
75. 科学基金（science funding）…………………………………………… 268

76. 科学计量学（scientometrics）··········270
77. 科学-技术关联（science-technology linkage）··········272
78. 科学家声望（scientist reputation）··········274
79. 科学交流（scientific communication）··········276
80. 科学经济学（economics of science）··········278
81. 科学社会学（sociology of science）··········280
82. 科学史（history of science）··········282
83. 科学学（science of science）··········284
84. 科学研究的智力常数（intelligence constant of scientific work）··········287
85. 科学哲学（philosophy of science）··········289
86. 科学知识图谱（map of science）··········291
87. 科研评价（research evaluation）··········294
88. 空间科学计量学（spatial scientometrics）··········297
89. 跨学科、多学科与超学科（interdisciplinary, multidisciplinary and transdisciplinary）··········299
90. 莱顿网络聚类算法（Leiden network cluster algorithm）··········302
91.《莱顿宣言》（The Leiden Manifesto）··········305
92. 链路分析（link analysis）··········308
93. 链路预测（link prediction）··········310
94. 领域加权引用影响力（field-weighted citation impact）··········312
95. 鲁汶网络聚类算法（Louvain network cluster algorithm）··········314
96. 掠夺性期刊（predatory journals）··········316
97. 轮廓系数（silhouette coefficient）··········318
98. 论文致谢（acknowledgement）··········320
99. 逻辑斯蒂曲线（logistic curve）··········322
100. 洛特卡定律（Lotka's law）··········324
101. 马太效应（Matthew effect）··········326
102. 幂律分布（power-law distribution）··········328
103. 帕累托分布（Pareto distribution）··········330
104. 普赖斯指数（Price index）··········332
105. 期刊超越指数（field normalized citation success index）··········334
106. 期刊分区（journal division）··········336
107. 期刊即时指数（immediacy index）··········338

108. 期刊引证报告（Journal Citation Reports） 339
109. 期刊引证分数（CiteScore） 341
110. 期刊引证指标（journal citation indicator） 343
111. 期刊影响力指数（clout index） 345
112. 期刊影响因子（journal impact factor） 347
113. 齐普夫定律（Zipf's law） 349
114. 潜语义分析（latent semantic analysis） 352
115. 潜在狄利克雷分配模型（latent dirichlet allocation model） 356
116. 情感分析（sentiment analysis） 358
117. 全文引文分析（full-text citation analysis） 361
118. 人工智能（artificial intelligence） 364
119. 人工智能生成内容（artificial intelligence generated content） 366
120. 三螺旋模型（triple helix model） 369
121. 熵（entropy） 371
122. 社会网络分析（social network analysis） 373
123. 社区发现（community detection） 375
124. 深度学习（deep learning） 377
125. 神经网络（neural network） 379
126. 数据包络分析（data envelopment analysis） 382
127. 数据挖掘（data mining） 384
128. 数字对象标识符（digital object identifier） 387
129. 汤浅现象（Yuasa phenomenon） 389
130. 特征因子分数（eigenfactor score） 391
131. 替代计量学（altmetrics） 394
132.《替代计量学宣言》（Altmetrics：A Manifesto） 396
133. 同行评议（peer review） 399
134. 突发检测算法（burst detection algorithm） 401
135. 图机器学习（graph machine learning） 403
136. 团队科学学（science of team science） 405
137. 王冠指数（crown indicator） 407
138. 网络计量学（webometrics） 409
139. 网络密度（network density） 412
140. 网络模块化Q值（modularity Q） 414
141. 网络中心性（network centrality） 416

142. 文献计量学（bibliometrics）……419
143. 文献老化定律（literature aging law）……421
144. 文献类型（document type）……423
145. 文献耦合分析（bibliographic coupling analysis）……425
146. 文献网络结构变异分析（references network structural variation analysis）……427
147. 文章处理费用（article processing charge）……430
148. 无标度网络（scale-free network）……432
149. 无向网络（undirected networks）……434
150. 无形学院（Invisible College）……436
151. 物理-事理-人理方法论（wuli-shili-renli system approach）……438
152. 小世界网络（small-world network）……441
153. 新兴技术（emerging technology）……443
154. 信息计量学（informetrics）……446
155. 信息检索（information retrieval）……448
156. 学科分类（category of disciplines）……450
157. 学科规范化引文影响力（category normalized citation impact）……453
158. 学术话语权（power of academic discourse）……454
159. 学术链（science chain）……456
160. 学术年龄（academic age）……459
161. 学术型发明人（academic inventor）……462
162. 学术影响力（academic influence）……464
163. 研究前沿（research fronts）……466
164. 一阶科学与二阶科学（first-order science and second-order science）……468
165. 异质性网络（heterogeneous network）……469
166. 引文半衰期（citation half-life）……471
167. 引文分析（citation analysis）……473
168. 引文桂冠奖（Citation Laureate）……476
169. 引文俱乐部效应（citation club effect）……478
170. 引文空间模型（citation space model）……480
171. 引用动机（citation motivation）……482
172. 引用认同（citation identity）……485
173. 引用延迟（citation delay）……487
174. 优先连接（preferential attachment）……490

175. 有向网络（directed network） 492
176. 有向引文网络（directed citation network） 493
177. 语义网（semantic web） 495
178. 预印本（preprints） 498
179. 元分析（meta-analysis） 500
180. 元科学（metascience） 502
181. 元数据（metadata） 504
182. 战略坐标图（strategic diagram） 507
183. 整数计数（full counting） 509
184. 政策计量学（policymetrics） 510
185. 政策信息学（policy informatics） 512
186. 支持向量机（support vector machine） 514
187. 知识共享许可协议（creative commons licenses） 517
188. 知识计量学（knowledgometrics） 520
189. 知识图谱（knowledge graph） 522
190. 知识网络（knowledge network） 524
191. 知识系统工程（knowledge systems engineering） 525
192. 指数随机图模型（exponential random graph model） 527
193. 智库DIIS理论方法（DIIS Theory and Methodology in Think Tanks） 529
194. 智库双螺旋法（Double Helix Methodology in Think Tanks） 531
195. 主路径分析（main path analysis） 534
196. 主谓宾三元组分析（subject-action-object） 538
197. 专利分类（patent classification） 540
198. 专利计量学（patentometrics） 542
199. 专利家族（patent family） 544
200. 专利权人合作网络（patent assignees' collaboration networks） 546
201. 专利引文网络（patent citation network） 547
202. 自然语言处理（natural language processing） 549
203. 自然指数（nature index） 552
204. 综合集成方法学（meta-synthesis approach） 554
205. 综合影响指标（integrated impact indicator） 556
206. 作者贡献分配（authorship credit allocation） 558

组织机构篇（organizations）

1. 北京科学技术情报学会元科学专业委员会（Metasciences Committee, Beijing Science & Technology Information Society）· 563
2. 比利时研发监测中心（Centre for Research & Development Monitoring，Belgium）· 565
3. 大连理工大学WISE实验室（Webometrics-Informetrics-Scientometrics-Econometrics Lab，Dalian University of Technology）· 567
4. 复旦大学国家智能评价与治理实验基地（National Experiment Base for Intelligent Evaluation and Governance，Fudan University）· 568
5. 国际科学计量学与信息计量学学会（International Society for Scientometrics and Informetrics）· 569
6. 杭州电子科技大学中国科教评价研究院（Chinese Academy of Science and Education Evaluation, Hangzhou Dianzi University）· 572
7. 加拿大科学计量公司（Science-Metrix，Canada）· 573
8. 莱顿大学科学技术元勘中心（Center for Science and Technology Studies，Leiden University）· 574
9. 美国科技战略公司（SciTech Strategies，USA）· 578
10. 美国科学信息研究所（Institute for Scientific Information，USA）· 580
11. 全球跨学科研究网络（COLLNET）· 582
12. 萨塞克斯大学科技政策研究中心（Science Policy Research Unit，University of Sussex）· 584
13. 武汉大学科教管理与评价中心（Center for Science, Technology & Education Assessment，Wuhan University）· 585
14. 武汉大学中国科学评价研究中心（Research Center for Chinese Science Evaluation，Wuhan University）· 586
15. 西班牙Scimago实验室（Scimago Lab，Spain）· 588
16. 中国科学技术信息研究所（Institute of Scientific and Technical Information of China）· 590
17. 中国科学学与科技政策研究会科技管理与评价专业委员会（Committee on Science and Technology Management and Evaluation，Chinese Association of Science of Science and S&T Policy Research）· 592
18. 中国科学学与科技政策研究会科学计量学与信息计量学专业委员会（Scientometrics and Informetrics Professional Committee，Chinese Association of Science of Science and S&T Policy Research）· 593
19. 中国科学院成都文献情报中心科学计量与科技评价研究中心（Scientometrics & Evaluation Research Center, National Science Library [Chengdu], Chinese Academy of Sciences）· 596

20. 中国科学院文献情报中心计量与评价部（Center of Scientometrics, National Science Library, Chinese Academy of Sciences）·· 598
21. 中国社会科学评价研究院（Chinese Academy of Social Sciences Evaluation Studies）·· 600
22. 中国政法大学法治科学计量与评价中心（Scientometrics and Evaluation Center for Rule of Law, China University of Political Science and Law）····················· 602

期刊会议篇（journals and conferences）

学术期刊篇（journals）

1. 《COLLNET 科学计量学与信息管理》（COLLNET Journal of Scientometrics and Information Management）·· 607
2. 《科学计量学》（Scientometrics）·· 609
3. 《科学计量学研究》（Journal of Scientometric Research）······················· 611
4. 《科学学研究》（Studies in Science of Science）···································· 613
5. 《科学学与科学技术管理》（Science of Science and Management of S.&T.）······ 615
6. 《科研管理》（Science Research Management）···································· 617
7. 《量化科学元勘》（Quantitative Science Studies）································· 619
8. 《情报科学》（Information Science）·· 621
9. 《情报理论与实践》（Information studies：Theory & Application）············ 623
10. 《情报学报》（Journal of The China Society for Scientific and Technical Information）·· 625
11. 《情报杂志》（Journal of Intelligence）··· 627
12. 《情报资料工作》（Information and Documentation Services）················ 629
13. 《数据分析与知识发现》（Data Analysis and Knowledge Discovery）········· 631
14. 《数据科学与信息计量学》（Data Science and Informetrics）·················· 633
15. 《数据与情报科学学报》（Journal of Data and Information Science）········ 635
16. 《替代计量学杂志》（Journal of Altmetrics）······································ 636
17. 《图书情报工作》（Library and Information Service）·························· 638
18. 《图书情报知识》（Documentation，Information & Knowledge）············ 640
19. 《图书与情报》（Library & Information）·· 642
20. 《文献工作杂志》（Journal of Documentation）·································· 643
21. 《现代情报》（Journal of Modern Information）·································· 645
22. 《信息计量学学报》（Journal of Informetrics）··································· 647

23.《信息科学学报》（Journal of Information Science）·················· 649
24.《信息科学与技术学会会刊》（Journal of the Association for Information
　　Science and Technology）·················· 651
25.《信息资源管理学报》（Journal of Information Resources Management）·················· 653
26.《学术计量与分析前沿》（Frontiers in Research Metrics and Analytics）·················· 655
27.《研究评价》（Research Evaluation）·················· 657
28.《研究政策》（Research Policy）·················· 659

学术会议篇（conferences）

29. COLLNET会议（COLLNET Meeting）·················· 661
30. 北欧文献计量与研究政策研讨会（Nordic Workshop on Bibliometrics and
　　Research Policy）·················· 664
31. 国际科学计量学与信息计量学学会会议（International Conference on Scientometrics
　　and Informetrics）·················· 667
32. 国际科学技术与创新指标会议（International Conference on Science,
　　Technology and Innovation Indicators）·················· 670
33. 科学计量与科技评价天府论坛（Chengdu Conference on Scientometrics &
　　Evaluation）·················· 673
34. 全国科技评价学术研讨会（National Symposium on Science and
　　Technology Evaluation）·················· 674
35. 全国科学计量学与科教评价研讨会（National Conference on Scientometrics and
　　Scientific Evaluation）·················· 676
36. 中国情报学年会（China Information Science Annual Conference）·················· 678

数据库、工具与奖励篇（databases, tools and prizes）

数据库篇（databases）

1. Altemetric数据库（Altmetric Database）·················· 681
2. arXiv预印本数据库（arXiv Database）·················· 683
3. Crossref数据库（Crossref Database）·················· 685
4. Dimensions数据库（Dimensions Database）·················· 687
5. incoPat专利数据库（incoPat Patents Database）·················· 688
6. Lens数据库（Lens Database）·················· 689
7. OpenAlex数据库（OpenAlex Database）·················· 690
8. Overton政策引文数据库（Overton Policy Citation Database）·················· 691
9. PATSTAT数据库（PATSTAT Database）·················· 693

10. PlumX数据库（PlumX Database） ··· 695
11. PubMed数据库（PubMed Database） ·· 697
12. Scopus索引数据库（Scopus Abstract & Citation Database）·················· 699
13. Web of Science数据库（Web of Science Database） ··························· 701
14. 德温特创新平台（Derwent Innovation） ·· 702
15. 万方数据库（Wanfang Database） ·· 703
16. 智慧芽全球专利数据库（Zhihuiya Patents Database） ························· 704
17. 中国科学引文数据库（Chinese Science Citation Database） ················· 705
18. 中国知网（China National Knowledge Infrastructure） ······················· 706
19. 中文社会科学引文索引（Chinese Social Sciences Citation Index） ········ 707

工具篇（tools）

20. BibExcel软件（BibExcel Software） ··· 708
21. Bibliometrix R工具包（Bibliometrix R Package） ······························· 711
22. CiteSpace软件（CiteSpace Software） ·· 714
23. CitNetExplorer软件（CitNetExplorer Software） ································ 718
24. CRExplorer软件（CRExplorer Software） ··· 721
25. HistCite软件（HistCite Software） ··· 724
26. Publish or Perish软件（Publish or Perish Software） ························· 727
27. Sci2软件（Sci2 Software） ·· 730
28. SciMAT软件（SciMAT Software） ·· 733
29. VOSviewer软件（VOSviewer Software） ·· 738

奖项篇（prizes）

30. ISSI年度论文奖（ISSI Paper of the Year Award） ······························· 743
31. 德瑞克·德索拉·普赖斯纪念奖章（the Derek de Solla Price Memorial Medal）······ 745
32. 邱均平计量学奖（Qiu Junping Metrology Award） ····························· 748
33. 尤金·加菲尔德博士论文奖（Eugene Garfield Doctoral Dissertation Award） ········ 749
34. 尤金·加菲尔德引文分析创新奖（Eugene Garfield Award for Innovation in Citation Analysis） ··· 750

词条中文索引（index of articles in Chinese） ··· 752
词条英文索引（index of articles in English） ·· 758
后记（afterword） ··· 765

学者篇

1. 阿尔弗雷德·詹姆斯·洛特卡（Alfred James Lotka）

学者关键词：统计学；生物数学；物理化学；人口统计学；文献计量学；洛特卡定律

阿尔弗雷德·詹姆斯·洛特卡（Alfred James Lotka，1880—1949），美国数学家、物理化学家和统计学家。他先后担任美国人口协会主席（1938—1939）、美国统计协会主席（1942）、科学调查人口问题联盟副主席、美国国家联合委员会主席，他还是美国公共卫生协会会士、数理统计学会会士。洛特卡在生物物理学、生物进化中的能量学、人口统计学和公共卫生、文献计量学等多个学科领域做出了重要贡献。在文献计量学领域，洛特卡提出的一条定律被称为"洛特卡定律"，它是文献计量学三大定律之一。因此，洛特卡被视为文献计量学奠基者之一。

洛特卡1880年3月2日生于奥地利莱伯格（现为乌克兰的利沃夫），他的父亲雅克·洛特卡和母亲玛丽·洛特卡是来自美国的外籍传教士。洛特卡于1901年在英国伯明翰大学获得学士学位，1901—1902年在德国莱比锡大学攻读研究生课程；1902—1908年移居美国期间，担任通用化学公司的助理化学家；1909年担任美国专利局审查员并在康奈尔大学获得物理学硕士学位；1909—1911年担任美国标准局助理物理学家；1911—1914年担任《科学美国人》副刊主编；1912年在英国伯明翰大学获得博士学位；1914—1919年在通用化学公司工作；1922—1924年在约翰霍普金斯大学工作；1924年加入大都会人寿保险公司，担任统计部主管；1925年出版了《生物物理学的元素》；1925年与达布林共同发表了论文《关于自然增长率的真实速率》；1926年在《华盛顿科学院杂志》上发表了论文《科学生产率的频度分布》，该文后来引起学术界的关注，文中提出的科学

3

文献按著者的分布规律被称为洛特卡定律；1934年晋升为大都会人寿保险公司的助理统计学家；1938—1939年担任美国人口协会主席；1942年担任美国统计协会主席；1948年从大都会人寿保险公司退休。1949年12月5日卒于美国新泽西州雷德班克。

洛特卡擅长统计研究，在科学上的兴趣集中在生物体总数的动态状况研究。他的早期工作是研究气体混合物的动力学。1910年，他在化学反应研究中提出了捕食者-猎物模型（洛特卡-沃尔特拉模型），该模型是生态学中许多用于分析人口动态的模型的基础。洛特卡-沃尔特拉模型起源于比利时数学家皮埃尔·弗朗索瓦·韦尔赫尔斯特提出的逻辑方程，用来描述定义在有限空间内的种群数量增长情况。1920年，该模型被洛特卡扩展后，亦可分析植物和食草动物。

洛特卡在人口统计学上的最大贡献是提出了稳定人口模型。早在1907年，他按照特定的生命表，说明了按固定增长率增长的封闭人口之年龄结构是一定的，出生率和死亡率也是一定的，即所谓的"稳定人口"。1911年，他在和达布林一起合著的论文中进一步运用数学方法，设定了稳定人口的几个最重要的函数关系式，并开始把它应用到实际人口分析中。后来，洛特卡还把稳定人口模型和"逻辑斯蒂曲线"模型结合起来，运用于人口分析。他提出的稳定人口模型是人口再生产分析的重要工具，使人口再生产研究进入一个新阶段。这一模型在人口分析和人口预测中已被广泛使用。二十多年间，洛特卡在《科学》和《美国科学杂志》上发表了几十篇关于数理人口统计学方面的文章，最终形成了专著《生物群丛的分析理论》（*Analytical Theory of Biological Associations*），该书第1部分的标题为"原理"，共45页，于1934年出版；第2部分标题为"种群分析，特别应用于人类物种"，共149页，于1939年由赫尔曼与西出版社出版。

在对疟疾传播的数学模型产生兴趣之后，洛特卡在1925年出版了巨著《生物物理学的元素》，该著作是数理生物学的基础之一。在该著作中他提出了一种新的进化理论，该理论在很大程度上受到他的化学知识的影响，即能量在进化中发挥关键作用，最终进化是由生物为争夺环境中可用的能量而进行的不断斗争：生存下来的生物是最能捕获和利用其环境中可用能量的生物。洛特卡将他的能量学框架扩展到了人类社会。他特别建议，从依赖太阳能到依赖不可再生能源之变迁将对社会构成独特和根本性的挑战。这些理论使得洛特卡成为生物物理经济学和生态经济学的重要先驱。

1926年，洛特卡研究了科学文献数量与著者数量之间的关系，创造性地提出了"科学生产率"（scientific productivity）的概念，并在《华盛顿科学院杂志》上发表了论文《科学生产率的频度分布》。所谓"科学生产率"，是指科学家（科研人员）在科学上所表现出的能力和工作效率，通常用其生产的科学文献的数量来衡量。洛特卡从"科学生产率"概念出发，着手统计和分析科研人员的论著数量，不仅定量地说明了科学生产率的不平衡性，还首次揭示了科学文献按著者的分布规律。洛特卡研究得出以下规律性结论：发表n篇论文的作者数量大约是只发表了一篇论文的作者数的$1/n^2$。仅发表一篇论文的作者人数占作者总数的比例大约是60%，这就是著名的洛特卡定律的文字表述。由于多种原因，洛特卡定律沉睡了30多年，后来经由科学计量学创始人、美国科学史家普赖斯等人的发掘，自20世纪60年代起引起人们的重视。今天，洛特卡定律仍然经常被科学学家、情报学家等引证和研究。

代表作（key publications）：

［1］LOTKA A. Relation between birth rates and death rates［J］. Science, 1907, 26: 121-130.

［2］SHARPE F R, LOTKA A.A problem in age distribution［J］. Philosophical Magazine, 1911, 21: 435-438.

［3］LOTKA A. Quantitative studies in epidemiology［J］. Nature, 1912, 88: 497-498.

［4］LOTKA A.A contribution to quantitive epidemiology［J］. Journal of the Washington Academy of Sciences, 1919, 3（9）: 73-75.

［5］LOTKA A.Contribution to the energetics of evolution［J］. Proceedings of the National Academy of Sciences of the United States of America, 1922, 8（6）: 147-151.

［6］LOTKA A.Natural selection as a physical principle［J］. Proceedings of the National Academy of Sciences of the United States of America, 1922, 8（6）: 151-154.

［7］LOTKA A.Contribution to the analysis of malaria epidemiology［J］. The American Journal of Hygiene, 1923, 3: 1-121.

［8］Lotka A J. ELEMENTS OF PHYSICAL BIOLOGY. Science Progress in the Twentieth Century（1919-1933）［J］.1926, 21（82）: 341-343.

［9］LOTKA A.The Frequency Distribution of Scientific Productivity［J］. Journal of the Washington Academy of Sciences, 1926, 16: 317-323.

［10］LOTKA A. Théorie Analytique des Associations Biologiques translated in 1998 as Analytical Theory of Biological Populations［M］. New York: Plenum Press, 1939.

（袁军鹏 撰稿/武夷山 审校）

2. 艾伦·林赛·马凯
（Alan Lindsay Mackay）

学者关键词：结晶学；科学学；伦敦大学伯克贝克学院

艾伦·林赛·马凯（Alan Lindsay Mackay，1926— ），出生于英国伍尔弗汉普顿市。1944年至1947年就读于剑桥大学三一学院，主修物理和化学，也学习电子学、矿物学和数学；1947年至1949年在飞利浦电气有限公司的结晶学实验室工作，在此期间，以校外学生的身份获得伦敦大学伯克贝克学院物理学学士学位（1948年）；1949年至1951年在伦敦大学伯克贝克学院跟随贝尔纳（Bernal）攻读研究生，并获得物理学博士学位，此后，一直在伦敦大学伯克贝克学院物理学和结晶学系任教；1986年，在伦敦大学伯克贝克学院获得了结晶学和科学学的博士学位；同年，被任命为晶体学教授，并于1991年成为名誉教授；1988年当选为英国皇家学会（FRS）会员，于2002年成为伦敦大学伯克贝克学院荣誉院士。

马凯在材料结构方面做出了重要的科学贡献：1962年，他发表了一份手稿，展示了如何以二十面体方式堆积原子，这是迈向材料科学五重对称性的第一步。这些排列现在被称为"马凯二十面体"（Mackay icosahedra）。他将五重对称性引入材料科学，于1981年发表的《五角雪花》（De Nive Quinquangula）一文中预测了准晶体，在该论文中，他使用二维和三维的彭罗斯镶嵌（Penrose tiling）来预测准晶体，这是无法用传统晶体学解释的新型有序结构。1982年，他对装饰有原子的二维彭罗斯拼贴进行了光学傅里叶变换，获得了具有尖点和五重对称性的图案。这使得通过衍射识别材料中准周期顺序具有了可能性。丹·谢德曼教授（2011年诺贝尔化学奖获得者）及其同事于1984年发现了具有二十面体对称性的准晶体，这个重大发现证实了马凯对准晶体有序但非周期结构存在的预言。2010年，美国物理学会给马凯授予了奥利弗·巴克利凝聚态奖，以表彰马凯对准晶体理论的开创性贡献。

在伦敦大学伯克贝克学院贝尔纳的领导下，马凯一直沉浸在自由的学术氛围中，他寻求着学科之间的联系，对科学的社会功能有着浓厚的兴趣，喜欢研究科学的组织及其社会关系。1964年，马凯与Maurice Goldsmith组织世界上十五位诺贝尔奖获得者和著名科学家撰写论文，出版了论文集《科学的科学：技术时代的社会》，以纪念贝尔纳的科学学奠基之作《科学的社会功能》发表二十五周年。1965年，他代表贝尔纳在华沙举行的第11届国际科学史大会上作了题为"在通向科学学的道路上"的报告，概述了科学学是什么、为什么需要科学学以及科学学的研究方法。

马凯兴趣广泛，他编写了一本科学引文的著作 A dictionary of scientific quotations（1991年），并与 Eric Lord 和 S. Ranganathan 合著了一本关于几何的书 New geometries for new materials（2006年），他还写了一本诗集 The floating world of science（1980年），并翻译了德国博物学家恩斯特·海克尔（Ernst Haeckel）的最后一本书《水晶湖》并附有评论（Ernst Haeckel and Biological Form, 1917）。他化名为"Sho Takahashi"创作受科学启发的视觉艺术，一些3D打印的极小曲面设计可以在他的 shapeways 商店找到（Alan Mackay's Designs on Shapeways）。

此外，马凯还对中国哲学、技术史有较深入的了解，研究过《九章算术》，熟悉《道德经》《孙子兵法》和《论语》等内容。他于1985年、1987年、1998年以及2000年先后四次访华，不仅给中国科学学界带来了重要的科学学思想，为推动中国科学学研究和实践发展发挥了重要的作用，还为推动东西方学术交流做出了积极的贡献，他的走访是中国科学学学科体系化发展的重大事件。1985年，马凯及其夫人先后到北京、武汉、重庆、成都进行了为期一个月的讲学，向中国的科学学学者详细普及了贝尔纳及其科学学思想，就贝尔纳与科学学、科学学的未来发展、社会物理学、发展战略的研究、科学与社会等主题作了报告，对科学学起源、科学的功能以及交叉研究提出了宝贵的见解，让科学学成为东西方文化交流的一座桥梁。1985年，马凯受聘为华中工学院社会科学系的客座教授。1987年，马凯夫妇在江苏无锡为企业管理人员作有关工业发展的报告，详细讲述了什么是科技孵化器、科技孵化器在驱动产业发展与工业化过程中的功能和作用，以及应该怎么建设科技孵化器和科学公园。后应原上海科协副主席刘吉（后任中国社会科学院副院长）邀请，访问了上海。1998年，马凯应邀参加在北京召开的"大学评价量化国际研讨会暨第五届全国计量科学讨论会"，并作大会报告"科学的气氛"，指出当时科学和世界所发生的巨大变化，如苏联解体、互联网的发展，给世界科学发展带来了巨大且深远的影响，因而需要重新评估作用于科学的重要影响因素。2000年，马凯受邀访问了广州番禺职业技术学院，作了题为"科学与艺术"的报告，与中国科学学界交流了贝尔纳学派关于科学与艺术关系的观点。

代表作（key publications）：

[1] GOLDSMITH M, MACKAY A L. The science of science: society in the technological age [M]. London: Souvenir Press, 1964.

[2] BERNAL J D, MACKAY A L. Towards a Science of Science [J]. Organon, 1966, 3: 9-17.

[3] MACKAY A L. The climate for science [J].

Research Evaluation and Its Indicators, Beijing, 2000, 82.

[4] MACKAY A L. J D Bernal: his legacy to science and to society [J]. Journal of Physics: Conference Series, 2007, 57: 1-16.

[5] Mackay A L. Utopianism, Scientific and Socialist [EB/OL]. (1993-09-10) [2023-06-01]. For a meeting in China on Mao Ze-dong and Science. https://citeseerx.ist.psu.edu/viewdoc/download?doi=10.1.1.464.2632&rep=rep1&type=pdf.

[6] GOLDSMITH M, MACKAY A L, WOUDHUYSEN J. Einstein: the first hundred years [M]. Elsevier, 2013.

（吴玲玲 陈悦 撰稿/张碧晖 审校）

3. 艾伦·普里查德
（Alan Pritchard）

学者关键词：文献计量学；历史学研究；宗教；炼金术书目研究

艾伦·普里查德（Alan Pritchard，1941—2015），是一位著名的研究人员和炼金术文献编目学家，于2015年9月5日星期六因癌症去世，享年74岁。他是一位博学多才的学者，研究兴趣广泛，涵盖了图书馆学、地理数据以及炼金术等，且对不同领域的学术和专业知识都有较为深入的了解。

1953—1960年，他在阿宾顿中学（Abingdon School）求学。中学毕业后，他进入了赫尔大学（University of Hull）攻读化学专业，在图书馆馆长Philip Larkin的启发下，他决定到North Western Polytechnic School of Librarianship学习图书馆学。与此同时他在Watford Technical College找了一份兼职工作。这一决定标志着他对图书馆学兴趣的产生和个人职业道路的转变，为他日后在图书馆和信息领域的发展奠定了基础。1969年，他转到了新兴的国家计算中心担任图书馆副馆长，在此岗位上他参与了多个项目，其中包括计算机术语词库和计算机期刊目录的建设，这些项目在个人电脑时代之前正处于快速发展阶段。

1969年，普里查德在 *Journal of Documentation* 上发表了论文，首次提出了"Bibliometrics"（文献计量学）这一术语，并将其定义为"将数学和统计方法应用于分析书籍和其他传播媒介"（the application of mathematics and statistical methods to books and other media of communication）。这个术语至今仍被广泛使用，"文献计量学"也被公认为图书馆学与信息科学的主要研究方向之一。他于1969年撰写的 *A Guide to Computer Literature* 是第一本指导研究人员获取该行业数据和信息来源的书籍，并在1972年出版了第二版。1972年，普里查德前往伦敦城市理工学院（City of London

Polytechnic），担任图书馆副馆长，并一直任职至1988年。在理工学院，他承担和管理了多个编目项目，并负责管理福塞特（Fawcett）图书馆（现为妇女图书馆），该图书馆于1977年由理工学院接管。普里查德还制作了BiblioFem，这是一种关于福塞特图书馆和平等机会委员会图书馆的联合目录和文献目录的微缩胶片。1984年，他获得了哲学硕士学位（MPhil），其论文研究了信息传输网络的结构（structure of information transfer networks）。普里查德在1988年离开理工学院，成立了自己的公司ALLM GeoData。他在很早就认识到地理数据在计算机应用中的重要作用，并捕捉到为开发地理相关软件的机构提供邮政编码、地名、经纬度数据和电话区号等数据集的市场需求。他的先见之明使得他的公司在这一领域取得了相当大的商业成功。

在工作之外，普里查德担任了Bushey地区学校家长教师协会的主席，并成为Bushey博物馆友好协会的首任主席。该协会后来成为英国最大的友好协会。2008年退休后，他继续从事个人项目，开始重修他的里程碑式著作《炼金术：英文著作书目》（*Alchemy. A bibliography of English-language*），该书曾获得图书馆协会的Besterman奖，被评为最佳目录。经过重大修订和扩充，《炼金术：英文著作书目》新版于2016年出版。普里查德运用自己的技能，为持续更新的杜威十进制分类法（Dewey decimal classification，一种标准图书分类系统）提供支持，并在伯恩茅斯主图书馆（Bournemouth's main library）承担义务编目工作。

代表作（key publications）：

[1] PRITCHARD A. Statistical bibliography or bibliometrics [J]. Journal of Documentation, 1969, 25（4）:348-349.

[2] PRITCHARD A. A guide to computer literature: An introductory survey of the sources of information [M]. Bingley, 1969.

（李杰 时慧敏 撰稿/黄海瑛 审校）

4. 安德拉斯·舒伯特（András Schubert）

学者关键词：科学计量分布；科学计量网络；科学计量指标；h型指数

安德拉斯·舒伯特（András Schubert，1946—），匈牙利科学院教授，1993年普赖斯奖获得者。舒伯特主要研究方向为科学计量指标的构建与分析，科研社群网络结构研究。

舒伯特于1946年出生于布达佩斯，1976年在布达佩斯技术大学（Technical University of Budapest）获得化学博士学位。之后，出于对科学计量学的研究兴趣，舒伯特转而投身于科学计量学的研究中，并于1979年加入匈牙利科学院信息科学与科学计量学研究所（The Information Science and Scientometrics Research Unit，ISSRU）。

舒伯特与其合著者在分析科学家合作网络演化的研究中发现了网络的无标度性质，以及优先依附（preferential attachment）对网络演化的影响效应；与合作者共同提出了多个著名的科学计量指标，如平均观察引文率（mean observed citation rate，MOCR）、平均预期引文率（mean expected citation rate，MECR）、相对引文率（relative citation rate，RCR）、h型指数（h-type index）等，这些指标被广泛应用于科学评价中。此外，舒伯特自1978年开始担任《科学计量学》（Scientometrics）编辑，为期刊的发展做出了卓越的贡献。

舒伯特的科研成果丰硕，他已发表论文两百余篇，曾多次入选高被引学者名单（ISI Highly Cited Researchers）。除化学和科学计量学之外，舒伯特兴趣广泛。在音乐方面，舒伯特成立了Medvecukor爵士乐队，并担任单簧管演奏家。在文学创作方面，舒伯特在2010年出版了儿童书《蓬松的羊毛衫和他的朋友们》（Fluffy cardigan and his friends）。舒伯特是个多才多艺的科学计量学家和化学家。

代表作（key publications）：

[1] GLÄNZEL W, TELES A, SCHUBERT A.

Characterization by truncated moments and its application to Pearson-type distributions [J]. Zeitschrift für Wahrscheinlichkeitstheorie und verwandte Gebiete, 1984, 66: 173-183.

[2] SCHUBERT A, GLÄNZEL W, BRAUN T.Scientometric datafiles: a comprehensive set of indicators on 2649 journals and 96 countries in all major science fields and subfields 1981-1985 [J]. Scientometrics, 1989, 16 (1-6): 3-478.

[3] BARABÂSI A L, JEONG H, NÉDA Z, et al. Evolution of the social network of scientific collaborations [J]. Physica A: Statistical mechanics and its applications, 2002, 311 (3-4): 590-614.

[4] SCHUBERT A, GLÄNZEL W. A systematic analysis of Hirsch-type indices for journals [J]. Journal of informetrics, 2007, 1 (3): 179-184.

[5] KORN A, SCHUBERT A, TELCS A. Lobby index in networks [J]. Physica A: statistical mechanics and its applications, 2009, 388 (11): 2221-2226.

[6] GLÄNZEL W, SCHUBERT A. From Matthew to Hirsch: A Success-Breeds-Success Story [M]. C. Sugimoto. Theories of Informetrics and Scholarly Communication. Berlin: De Gruyter Saur, 2016: 165-179.

[7] SCHUBERT A, SCHUBERT G. All along the h-Index-related literature: a guided tour [M]. GLÄNZEL W, MOED H F, SCHMOCH U, et al. Springer handbook of science and technology indicators. Cham: Springer, 2019: 301-334.

（黄颖 刘晓婷 撰稿/张琳 审校）

5. 安东尼·范瑞安
（Anthony van Raan）

学者关键词：文献计量学；研究绩效评估；引文影响；睡美人现象；科学图谱

安东尼·范瑞安（Anthony van Raan，1945— ），荷兰莱顿大学名誉教授，莱顿大学科学技术元勘中心（CWTS）创始主任，1995年普赖斯奖获得者。

范瑞安在乌得勒支大学（University of Utrecht）学习数学、物理和天文学，1969年获得理学硕士学位，1973年获得物理学博士学位；1969—1973年担任乌得勒支大学初级讲师和研究助理；1973—1977年在德国比勒费尔德大学（University of Bielefeld）任博士后研究员（助理教授）；自1977年起在莱顿大学担任高级讲师和研究员。他曾在美国、英国和法国的多所大学和研究所进行访问交流。从1985年开始，其研究领域从物理学逐渐转向科学与技术研究（science and technology studies），1986年担任高级讲师（副教授）并被任命为CWTS的创始主任，1991年担任正教授，主要研究领域是定量科学研究，2010年从CWTS退休后担任名誉教授。

范瑞安主要关注科学技术方面的定量指标的设计、构建和应用，涉及科技发展的分析和科学绩效的评估。他还关注指标的统计属性以及科学和技术的映射，特别是与社会经济问题有关的研究以及科学"自我组织"认知生态系统等问题。面对复杂的研究问题时，他擅长将物理学和数学的知识应用到科学计量学的研究中，从跨学科思维中寻找问题的解决方案。范瑞安于2004年首次把曾长期被忽略的学术成果比作睡美人（sleeping beauties），这一概念引发相关领域学者的广泛关注和认同，相关研究成果为推进对文献增长与老化规律的认识做出了重要贡献。

范瑞安发表了近30篇物理学文章和100多篇科学技术研究方面的文章，1988年作为主编出版了《科学技术定量研究手册》(*Handbook of Quantitative Studies of Science and Technology*)。同时，他还担任*Research Evaluation*、*Scientometrics*和*Journal of Informetrics*等国际期刊的编辑委员会成员。他的咨询建议经常被荷兰政府以及欧盟成员国、欧盟委员会和其他欧洲科学组织采用。

代表作（key publications）：

[1] VAN RAAN A F J. German cities with universities: Socioeconomic position and university performance [J]. Quantitative Science Studies, 2022, 3（1）: 265-288.

[2] VAN RAAN A F J. Measuring Science: Basic Principles and Application of Advanced Bibliometrics [M]. In: Glänzel W, Moed H F, Schmoch U, Thelwall M.（eds）Springer Handbook of Science and Technology Indicators. Springer Handbooks. Springer, Cham. 2019: 237-280.

[3] VAN RAAN A F J. Sleeping beauties cited in patents: Is there also a dormitory of inventions? [J]. Scientometrics, 2017, 110（3）: 1123-1156.

[4] VAN RAAN A F J. Comparison of the Hirsch-index with standard bibliometric indicators and with peer judgment for 147 chemistry research groups [J]. Scientometrics, 2006, 67（3）: 491-502.

[5] VAN RAAN A F J. Fatal attraction: Conceptual and methodological problems in the ranking of universities by bibliometric methods [J]. Scientometrics, 2005, 62（1）: 133-143.

[6] VAN RAAN A F J. Sleeping beauties in science [J]. Scientometrics, 2004, 59（3）: 467-472.

[7] VAN RAAN A F J. On growth, ageing, and fractal differentiation of science [J]. Scientometrics, 2000, 47（2）: 347-362.

（黄颖 王露荷 撰稿/张琳 李杰 审校）

6. 奥利·佩尔松
（Olle Persson）

学者关键词：科学知识图谱；科学指标；科学合作；BibExcel软件

奥利·佩尔松（Olle Persson，1949—），瑞典著名文献计量学家，于默奥大学（Umeå universitet）社会学系教授，主要从事文献计量学研究。1975年，他与Lars Höglund在社会学系创立了Inforsk研究小组，将图书情报学（LIS）作为其主要研究方向，该机构是北欧国家（瑞典、挪威、丹麦和芬兰）科学计量学研究的先驱和阵地。

佩尔松的研究方向主要集中在国际科研合作和科学知识图谱领域。他曾对国际科研合作的模式进行了深入的探讨和测度，并在自己的科研工作中很好地践行了国际化原则。他的合作者除了来自北欧国家外，还有很多来自欧洲其他国家、美国、印度和中国等国家的学者。在科学知识图谱领域，他是较早利用引文分析方法来识别知识基础（intellectual base）和研究前沿（research fronts）的研究者之一，还对作者共被引分析进行了技术改进。

佩尔松最重要的贡献是他在20世纪90年代开发的Bibexcel软件，这是最早的文献计量专业分析工具之一。利用该软件研究人员无须编程也能基于Web of Science等数据库中下载的文献题录数据进行计量分析和共现网络绘制（可视化需结合Pajek或Ucinet等软件，据说佩尔松本来打算开发一个Bibmap的绘图工具，但因故未实现）。该软件大大推进了文献计量方法在各学科领域的广泛应用。正如佩尔松自己所说的，"我的名气一半来自论文写作，一半来自编程"。

截至2023年5月，佩尔松共发表了各类学术论文170余篇，被引超过7 000次，h指数（Google Scholar）高达32。佩尔松还是*Scientometrics*编委和ISSI的重要参与者之一，曾作为大会主席参与承办了2005年的ISSI会议。2009年，ISSI专门组织编写了佩尔松60周年纪念文集。

代表作（key publications）：

[1] LUUKKONEN T, PERSSON O, SIVERTSEN G. Understanding patterns of international scientific collaboration [J]. Science, Technology, & Human Values, 1992, 17（1）: 101-126.

[2] MELIN G, PERSSON O. Studying research collaboration using co-authorships [J]. Scientometrics, 1996, 36（3）: 363-377.

[3] PERSSON O. All author citations versus first author citations [J]. Scientometrics, 2001, 50（2）: 339-344.

[4] PERSSON O, GLÄNZEL W, DANELL R. Inflationary bibliometric values: The role of scientific collaboration and the need for relative indicators in evaluative studies [J]. Scientometrics, 2004, 60（3）: 421-432.

[5] PERSSON O, DANELL R, SCHNEIDER J W. How to use Bibexcel for various types of bibliometric analysis [J]. Celebrating scholarly communication studies: A Festschrift for Olle Persson at his 60th Birthday, 2009, 5: 9-24.

[6] PERSSON O. Are highly cited papers more international? [J]. Scientometrics, 2010, 83（2）: 397-401.

[7] PERSSON O. The intellectual base and research fronts of JASIS 1986–1990 [J]. Journal of the American Society for Information Science, 1994, 45（1）:31–38.

（胡志刚 李杰 撰稿/陈悦 审校）

7. 贝尔韦尔德·格里菲斯
（Belver Griffith）

学者关键词：信息科学；科学计量学；科学交流的模式

贝尔韦尔德·格里菲斯（Belver Griffith，1931—1999），美国人，美国科学促进会（American Association for the Advancement of Science）院士，美国心理学会（American Psychological Association）科学信息交流项目负责人，德雷塞尔大学（Drexel University）信息科学与技术学院教授。格里菲斯是信息科学领域的先驱，也是世界著名的科学计量学家，因其在科学交流模式、引文分析、文献计量学和心理学等方面的贡献而受到国际认可。他曾在1980年获得德雷塞尔大学"研究成就奖"，1982年获得美国科学情报学会（ASIS）授予的"杰出教师奖"（The ASIS Outstandfsyg Information Science Teacher Award），1997年获得普赖斯奖。

格里菲斯于1951年获得弗吉尼亚大学（University of Virginia）心理学学士学位，于1957年获得康涅狄格大学（University of Connecticut）心理学博士学位。他的早期研究涉及心理学和语言学，且颇有影响力，其中一篇关于"音位界限内外语音"的研究因其高被引而成为ISI数据库的"引文经典"。1961年格里菲斯在心理学研究过程中逐渐进入信息科学领域，担任美国国家科学基金会赞助的"美国心理学会科学信息交流项目"的主任。1969年，他被聘任为德雷塞尔大学信息科学系教授，1992年转为研究教授（research professor）和荣誉教授（professor emeritus）。

格里菲斯一生著作颇丰，共发表了约70篇期刊文章，撰写了36份技术报告和两本专著。他的作品被翻译成德语、中文、葡萄牙语、捷克语、俄语等多种语言并得以广泛传播。格里菲斯与许多著名科学家进行合作研究，曾与加维（William

Garvey）共同提出普遍存在于自然科学和社会科学中由正式和非正式交流行为构成的科学交流系统模式（Garvey-Griffith pattern）；与斯莫尔（Henry Small）创建共被引测度指标；与穆林斯（Nicholas C. Mullins）在 Science 杂志发表关于"无形学院"的研究；与德罗特（Carl Drott）探讨科学期刊、布拉德福定律以及文献老化问题；与怀特（Howard D. White）共同提出作者共被引分析，为理解学科的知识结构提供了新技术。

格里菲斯是一名卓越的教师，他主要讲授信息科学系统、信息使用和科学文献建模，将"引导法"引入教学过程，指导完成的多篇博士论文获得国家级奖项。他的学生比尔曼（Toni Carbo Bearman）曾在信中写道："格里菲斯有一种独特的能力，能够激励学生不断前行并将他们的思想延伸到新的领域。他善于引导学生发挥自身的潜力，而不是教条似的说教。他不需要借助噱头或华而不实的技巧，就可以激发学生在课堂上高质量的思考。"格里菲斯也曾担任科学计量学期刊委员会委员、非营利性政府机构与咨询小组顾问、私人公司顾问等。

格里菲斯在他几十年的研究生涯中探索了科学交流的系统模式、科学社会研究、文献计量学和心理学等领域，他在这些领域中的贡献是具有开创性的，在学术界具有深远的国内和国际影响力。

代表作（key publications）：

[1] GARVEY W D, GRIFFITH B C. Scientific communication: Its role in the conduct of research and creation of knowledge [J]. American psychologist, 1971, 26（4）:349.

[2] GRIFFITH B C, SMALL H G, STONEHILL J A, et al. The structure of scientific literatures II: Toward a macro-and microstructure for science [J]. Science studies, 1974, 4（4）:339-365.

[3] GRIFFITH B C, NICHOLAS C M. Coherent Social Groups in Scientific Change: "Invisible colleges" may be consistent throughout science [J]. Science, 1972.

[4] GARVEY W D, GRIFFITH B C. Scientific communication as a social system: The exchange of information on research evolves predictably and can be experimentally modified [J]. Science, 1967, 177（4053）:959-964.

[5] WHITE H D, GRIFFITH B C. Authors as markers of intellectual space: Co-citation in studies of science, technology and society [J]. Journal of documentation, 1982, 38（4）: 255-272.

[6] GARVEY W D, GRIFFITH B C. Scientific Information Exchange in Psychology: The immediate dissemination of research findings is described for one science [J]. Science, 1964, 146（3652）:1655-9.

（陈悦 王玉奇 撰稿）

学者篇

8. 贝特拉姆·克劳德·布鲁克斯（Bertram Claude Brookes）

学者关键词：情报学；信息科学；哲学；布鲁克斯公式

贝特拉姆·克劳德·布鲁克斯（Bertram Claude Brookes，1910—1991），英国著名情报学家，是情报计量学的重要开拓者和奠基者之一。布鲁克斯在信息检索、科学文献老化、信息科学的基础理论及其哲学等多个学科领域都有所建树。他在情报学领域研究非常广泛，几乎涉及情报学的每一个分支，其中，在情报计量学和情报学基础理论方面做出了重要贡献。他将卡尔·波普尔（Karl Popper）的"三个世界"理论作为情报学的理论基石，创造性地提出了"情报学基本方程"、"布鲁克斯公式"和"对数透视原理"等情报学基础理论，于1989年获得普赖斯奖。

布鲁克斯出生于英格兰北安普顿的威灵巴勒，第一次世界大战中父亲阵亡在伊拉克战场上，年幼的他从小协助母亲一起承担家庭的责任，造就了他坚忍不拔的性格。布鲁克斯从小就是一位品学兼优的学生，11岁（1920年）就进入Burton-on-Trent文法学院就读中学，1928—1932年进入牛津大学学习数学和物理，在大学期间，布鲁克斯为了拓展自己的知识面，涉猎了许多非数理科学的知识，并对哲学产生了浓厚的兴趣，以优异的成绩获得数学和物理学学士学位。大学毕业后，他在从事中学数学和物理教学工作的同时攻读硕士学位，并于1935年获得了理学硕士学位。1941年，他辞去教师的工作投军于英国皇家空军，在服役期间曾担任技术情报员，做过理论研究和武器设计。1946年布鲁克斯重返中学教授统计学，同时在伦敦大学学院（University College London）电机工程系兼职讲授"技术情报表达"课程，1947年任该系讲师，1954年在该校跨系交流研究中心任执行委员，1956年晋升为高级讲师。在此期间，他与狄克（Dick）合编的《统计方法导论》出版（1951年），该书备受好评，成为英国学校的标准教科书。

1966年，布鲁克斯受邀到伦敦大学学院图书馆学档案学研究院（后更名为图书馆学、档案学和情报学研究院）任教，成为该院第一位情报研究高级讲师，此后的20多年里，他全身心投入情报学理论研究和教学当中，做了大量的工作。1968年，布鲁克斯发表了他的第一篇关于"布拉德福定律"的论文，在学术界引起了广泛讨论，从而开启了对文献计量分布的深入研究。他利用自己深厚的数理基础，用图形法进一步提出了具有实际应用价值的布鲁克斯公式。1975年，他在伦敦大学学院组织了首届"国际情报学研讨会"（IRFIS），探讨情报学理论方面的问题，此后每一届研讨会他都积极投稿并参会讨论，极大地推动了情报学科的建设。1977年，布鲁克斯从伦敦大学学院退休，但他仍然活跃在情报学研究的各个领域，比如赴世界各地讲学、参加各类情报学会议。1980年布鲁克斯任加拿大西安大略大学客座教授，1983年起任伦敦城市大学客座教授，持续从事科研并指导研究生。20世纪80年代，布鲁克斯把更多的注意力转向了哲学问题，他是最先主张重视情报科学认识论的学者之一，在卡尔·波普尔的"三个世界"理论影响下，他认为情报学最本质的研究对象是知识，情报的功能是使人类的知识结构发生改变。1980年，他在《情报学的基础》系列论文中对情报学的哲学认识做了深刻和系统的阐述。

布鲁克斯一生还参加过许多学术团体：1948—1968年任英国情报交流协会的秘书和主席；1955—1965年任英国科学哲学学会的秘书，1964年由英国文化委员会派往西巴基斯坦访问并讲学；1965—1974年任英国《文献工作杂志》编委会委员（1970—1974年任该编委会主席）；1970—1980年任国际文献联合会情报学理论委员会的英国委员，且担任英国情报科学家协会的高级会员。此外，布鲁克斯还先后担任两个重要学术期刊*Journal of Documentation*和*Journal of Information Science*的编委主席和副主编。

他一生著述颇丰，在肖（A. Shaw）1990年列出的书目中就有123项，先后被翻译成多种文字，在世界各国得以传播，对情报学的发展产生了广泛而深远的影响。1989年，鉴于布鲁克斯在情报学领域的杰出贡献，*Scientometrics*编委会授予他两年一度的普赖斯奖章。

代表作（key publications）：

[1] BROOKES B C, DICK W F L. Introduction to Statistical Method [M]. London: Heinemann, 1951.

[2] BROOKES B C. The foundations of information science. Part I. Philosophical aspects [J]. Journal of information science, 1980, 2 (3-4): 125-133.

[3] BROOKES B C. Information science [M]. Toronto: University of Toronto, 1980.

[4] BROOKES B C. Bradford's law and the bibliography of science [J]. Nature, 1969, 224: 953-956.

[5] BROOKES B C. Numerical methods of bibliographic analysis [J]. Library Trends, 1973, 22:18-43.

（陈悦 宋凯 撰稿/李杰 审校）

9. 本·马丁
（Ben Martin）

学者关键词：科学政策；科研评估；技术前瞻；科研合作；科研诚信

本·马丁（Ben Martin，1952—），萨塞克斯大学教授，*Research Policy*编辑，1997年普赖斯奖获得者。他长期从事科学政策研究，致力于开发集成系统性信息的方法以支持科学、政策与商业等方面的评估和决策工作。

马丁在剑桥大学学习物理学，获得自然科学学士学位，而后在曼彻斯特大学学习科学政策，获得理学硕士学位。1997—2004年他担任萨塞克斯大学科技政策研究中心（Science Policy Research Unit，SPRU）主任和剑桥大学贾奇商学院商业研究中心的高级访问研究员。他在1993—2000年是英国展望计划（UK Foresight Programme）指导小组的成员，2001—2004年是EPSRC技术机会小组（Technical Opportunities Panel，TOP）的成员。2004—2005年，他担任欧盟高级专家组副主席，就建立欧洲研究理事会向欧盟委员会提供咨询。2008—2009年，马丁担任由欧洲科学基金会（European Science Foundation，ESF）、德国研究基金会（German Research Foundation，DFG）、英国经济和社会研究理事会（Economic and Social Research Council，ESRC）、荷兰研究理事会（Dutch Research Council，NWO）和法国国家科研署（Agence Nationale de Recherche，ANR）成立的国际小组主席，审查建立社会科学和人文科学文献计量数据库的可能性。2009—2010年，他成为英国皇家学会"好奇心的果实"（Fruits of Curiosity）咨询小组的成员，负责研究科学的经济和社会价值，以及制定英国研究政策和长期投资方向。此外，他还担任上议院科学和技术委员会的专家顾问。

马丁擅长构建各种评价机制，对各类科学技术相关问题加以评估，并分析其背后的影响因素。他采用不同的指标对"大学科"和"小学科"的建设进行评估,研究技术的"附带利益"并评估培训的效益,分析女性在科学领域的地位以及影响职业发展的因素。在早期工作中,马丁与和其共同获得普赖斯奖的萨塞克斯大学的约翰·欧文(John Irvine)教授一起构建了科学实验室和研究项目的评估框架,提出了"融合科学指标"(converging scientific indicators)的方法,即使用访谈和基于调查的数据,加上文献计量分析,以评估不同主体的科学产出。此外,他们率先提出了"技术预见"(technology foresight)的概念,作为研究科学和技术长期未来的工具,用以分析未来可能产生最大经济或社会效益的战略研究领域和新兴通用技术。马丁还对政府相关政策及其与科研的关系进行了深入的研究,对政府战略和应用研究计划的影响与支持机制进行评估,编制了第一个关于政府资助学术和相关研究的真正可比的国际统计数据,他领导的SPRU团队还为英国财政部编写了关于政府资助基础研究的收益的审查报告。

代表作(key publications):

[1] MARTIN B R, IRVINE J. Assessing basic research: some partial indicators of scientific progress in radio astronomy [J]. Research policy, 1983, 12(2): 61-90.

[2] MARTIN B R, IRVINE J. Research foresight: priority-setting in science [M]. London: Pinter Publishers, 1989.

[3] MARTIN B R. The use of multiple indicators in the assessment of basic research [J]. Scientometrics, 1996, 36(3): 343-362.

[4] KATZ J S, MARTIN B R. What is research collaboration? [J]. Research policy, 1997, 26(1): 1-18.

[5] SALTER A J, MARTIN B R. The economic benefits of publicly funded basic research: a critical review [J]. Research policy, 2001, 30(3): 509-532.

[6] MARTIN B R. The evolution of science policy and innovation studies [J]. Research policy, 2012, 41(7): 1219-1239.

[7] ROTOLO D, HICKS D, MARTIN B R. What is an emerging technology? [J]. Research policy, 2015, 44(10): 1827-1843.

(黄颖 王露荷 撰稿/张琳 审校)

10. 彼得·温克勒
（Péter Vinkler）

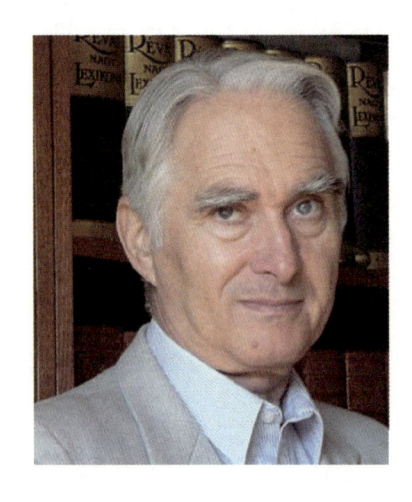

学者关键词：出版物评价；引用动机；合著者贡献度分配；科学计量指标；科学与科学政策的结构

彼得·温克勒（Péter Vinkler，1941—），匈牙利科学院化学研究中心的化学家和文献计量学家，2009年普赖斯奖获得者。温克勒的研究领域涉及有机化合物的结构研究，科学计量学工具、方法和指标系统等。

温克勒于1941年出生于匈牙利塞格德，1966年和1974年分别获得阿蒂拉·尤若夫大学（József Attila University）的硕士学位和哲学博士学位。1966—1982年期间担任匈牙利科学院化学科学研究员；1982—1988年担任高级研究员，于1987年成为部门主任。2003年，温克勒获得匈牙利科学院博士学位（匈牙利最高博士学位）。

温克勒是领域内罕见的"独狼"之一，他很少有合著者，其发表的与科学计量学有关的论文大多为独著。20世纪70年代后期，应匈牙利科学院化学研究中心目录委员会的要求，温克勒开始开发科学计量评估工具，以辅助研究团队分配研究经费。由此，他的研究开始转向科学计量学。1984年，他在 Scientometrics 期刊上用匈牙利语发表了他的第一篇与科学计量学有关的论文，此后，他在科学计量学出版物和国际期刊论文集上发表了大量的文章。一方面，温克勒以团队成员和合著者的身份继续参与化学研究；另一方面，他成功地将化学家的观点和方法融入科学计量学领域，以跨学科视角开展研究，开发了各种加权、标准化和综合指标，用于评估不同聚合水平的研究工作。此外，温克勒在个人、研究团体和机构评估方面的研究也具有开创性贡献。

温克勒的研究主要集中在出版活动和引文影响指标的理论和应用问题上，同时，他还关注科学现象背后的原因，尝试探索一个国家的科学发展水平与其经济生产水平之间是否存在因果关系。他研究了化学领域中的科学技术联系，是文献计量学领域最早进行专利分析的学者之一。他引入ISI-S模型，将科学信息和知识系统描述为一个相互依存的信息和知识集群的全球网络，用于描述科学信息的制度化过程，改善了传统的科学计量模型。此外，为了测度科学期刊的知名度，比较和评估相关学科领域较为活跃的科学家，他还提出一种名为π指数（π-index）的新指标，强调高被引论文的重要性，弥补了h指数对最具影响力的论文引用增加不敏感的缺陷。

代表作（key publications）：

［1］VINKLER P. Comparative investigation of frequency and strength of motives toward referencing. The reference threshold model［J］. Scientometrics, 1998, 43（1）: 107-127.

［2］VINKLER P. Correlation between the structure of scientific research, scientometric indicators and GDP in EU and non-EU countries［J］. Scientometrics, 2008, 74（2）: 237-254.

［3］VINKLER P. The π-index: A new indicator for assessing scientific impact［J］. Journal of Information Science, 2009, 35（5）: 602-612.

［4］VINKLER P. The evaluation of research by scientometric indicators［M］. Oxford Chandos Publishing, 2010.

［5］VINKLER P. Core indicators and professional recognition of scientometricians［J］. Journal of the Association for Information Science and Technology, 2017, 68（1）: 234-242.

［6］VINKLER P. Structure of the scientific research and science policy［J］. Scientometrics, 2018, 114: 737-756.

［7］VINKLER P. Impact of the number and rank of coauthors on h-index and π-index. The part-impact method［J］. Scientometrics, 2023, 128（4）: 2349-2369.

（黄颖 唐娟 撰稿/李杰 张琳 审校）

11. 彼得·英格森
（Peter Ingwersen）

学者关键词：信息检索交互；网络计量学；作为IR排名方法的多元表征

彼得·英格森（Peter Ingwersen，1947—），1965年在弗雷德里克斯堡的圣约根斯（St. Jørgens Gymnasium）学习数学和物理，1966—1968年在奈斯韦德的加德胡萨团（Gardehusar Regiment, Næstved）担任上士。1973年他从丹麦哥本哈根皇家图书情报学院［Royal School of Library and Information Science, University of Copenhagen（Denmark），RSLIS］毕业，担任图书管理员。1991年，英格森从哥本哈根商学院（Copenhagen Business School，CBS）获得博士学位。1981—1984年，英格森作为欧洲空间局研究员加入了欧洲空间局信息检索服务（European Space Agency-Information Retrieval Service，ESA-IRS）的在线服务工作团队，并在意大利弗拉斯卡蒂从事服务工作。1990—1993年，回到丹麦后，英格森组织并成为哥本哈根皇家图书情报学院（RSLIS）图书馆与信息科学硕士课程的负责人。1993年伊始，英格森成为RSLIS信息检索理论系的系主任，该系于1999年与信息研究系合并。1996—2000年，英格森担任RSLIS信息计量研究中心（Centre for Informetric Studies，CIS）的高级研究员。2001年1月，英格森成为信息科学领域的研究型教授，并于2006年成为正教授。2010年，他从哥本哈根皇家图书情报学院（现已与哥本哈根大学合并）退休，成为荣誉退休教授。

英格森的主要研究方向包括信息检索交互、信息检索模型、信息计量学等。英格森在信息计量学领域提出了许多重要的理论概念，例如信息检索过程中的信息需求和信息行为模型，以及用于描述信息检索性能的评价指标。在情境信息检索方面，他重点关注如何在不同的情境下有效地满足用户的信息需求。英格森提出了"认知控制"模型,该模型描述了用户如何调整其信息检索行为以适应不同的情境。此外,他还开发了许多用于评估信息检索系统性能的方法和科学计量学指标,例如R-prec、nDCG和ERR等。

在认知信息检索领域,英格森的研究呈现出高度的系统性和完整性。自20世纪90年代初期开始,他不断开展研究,从认知观到信息检索交互再到认知信息检索交互,经过三十余年的不懈探索,最终在2005年与其研究团队确定了信息查寻与检索集成认知模型,使得其认知信息检索理论得以进一步完善,整体主义认知观也得到全面发展。在认知信息检索理论研究中,多元表征理论也是其重要的理论成果之一。自2005年以来,英格森及其团队致力于认知理论的实践研究,其中多元表征理论备受重视。与此同时,世界各地的信息检索领域和地理信息系统领域的学者也展开了一系列与多元表征理论相关的实践研究。

英格森还担任了多所高校的兼职教授或客座教授,主要有哥本哈根奥尔堡大学(Aalborg University)、芬兰图尔库奥博大学学院(Åbo University Academy)、美国罗格斯大学(Rutgers, The State University of New Jersey, 1987)、日本东京庆应义塾大学(1996)、南非共和国比勒陀利亚大学(1997)、芬兰坦佩雷大学(1999—2002)、中国上海图书馆(2003)和中国科学院(2008)、印度班加罗尔印度科学院国家科学信息中心(2010)、挪威奥斯陆大学(University of Oslo)(2010—2013)。他曾于西班牙马德里卡洛斯三世大学(Universidad Carlos III de Madrid)担任了六个月的杰出教授主席(2011—2012)。此外,英格森曾担任多个欧洲ESPRIT项目的专家顾问及若干国际学术会议的组委会主席,是《信息科学与技术学会会刊》(*JASIST*)等多家世界顶尖期刊的编委。他曾获ASIS&T杰出教师奖、科学计量学杂志与国际科学计量学与信息计量学学会颁发的普赖斯奖、丹麦汤姆森路透卓越研究奖、美国信息科学与技术学会年度研究奖等。

代表作(key publications):

[1] INGWERSEN P. Information retrieval interaction [M]. London, UK: Taylor Graham, 1992.

[2] INGWERSEN P. Scientometric indicators and webometrics–and the polyrepresentation principle in information retrieval [M]. Delhi, India: Ess Ess Publications, 2012.

[3] INGWERSEN P, JÄRVELIN K. The turn: Integration of information seeking and retrieval in context [M]. Dordrecht, the Netherland: Springer, 2005.

[4] INGWERSEN P. The calculation of web impact factors [J]. Journal of Documentation, 1998, 54(2): 236-243.

[5] INGWERSEN P. Cognitive perspectives of information retrieval interaction: Elements of a cognitive IR theory [J]. Journal of Documentation, 1996, 52(1): 3-50.

[6] INGWERSEN P. Information and information science in context [J]. Libri, 1992, 42(2): 99-135.

[7] INGWERSEN P. The international visibility and citation impact of Scandinavian research articles in selected social science fields: The decay of a myth [J]. Scientometrics, 2000, 49(1): 39-61.

[8] ALMIND T C, INGWERSEN P. Informetric analyses on the world wide web: Methodological approaches to "webometrics" [J]. Journal of Documentation, 1997, 53(4): 404-426.

(黄海瑛 撰稿/李杰 审校)

12. 布莱斯·克罗宁（Blaise Cronin）

学者关键词：科学交流；网络计量学；竞争和战略情报；学术奖励制度

布莱斯·克罗宁（Blaise Cronin，1949—），美国著名信息科学家和教育工作者，曾任美国信息科学学会教育委员会主席，英国城市大学、布莱顿大学、曼彻斯特大学、爱丁堡内皮尔大学的访问教授，现为美国印第安纳大学鲁迪信息科学荣誉退休教授。本科阶段，克罗宁在都柏林学习哲学、法语和德语。之后，他前往贝尔法斯特，在那里获得了教育学和图书馆与信息研究方向的研究生学位。1983年，他博士毕业于北爱尔兰贝尔法斯特女王大学信息科学专业；1998年在贝尔法斯特女王大学获得社会科学博士学位（D.S.Sc.）。克罗宁曾在苏格兰格拉斯哥斯特拉斯克莱德大学商学院担任信息科学系主任和教授6年（1985—1991）。之后，他被任命为印第安纳大学图书馆与信息科学学院院长，并在此岗位工作近19年。

克罗宁著作颇丰，已经发表论文、专著、技术报告以及会议论文等300余篇，开展学术报告350多场。克罗宁主要从事科学合作、学术交流、引文分析、学者研究、学术评价、信息科学基础理论与实践、知识管理、学术奖励制度、网络计量学等领域研究，代表作有《引文过程》（*Citation Process*，1984）、《后专业化》（*Post-professionalism*，1988）、《信息管理要素》（*Elements of Information Management*，1991）、《学者的礼节》（*The Scholar's Courtesy*，1995）、《知识的网络》（*The Web of Knowledge*，2000）、《科学之手》（*The Hand of Science*，2005）、《超越文献计量学》（*Beyond Bibliometrucs*，2014）以及《显微镜下的学术度量》（*Scholarly Metrics Under the Microscope*，2015）等。此外，他还发表了数篇关于信息战争（information warfare）、信息和知识管理、竞争分析和战略情报等论文。克罗宁曾担任*Journal of the Association for Information Science* and Technology 主编，是 Annual Review of Information Science and Technology、Journal of Informetrics 和 Scientometrics 等 22 本国际期刊的编委会成员。

克罗宁在 30 多个国家进行了教学、研究或咨询工作，客户包括世界银行、北约、亚洲开发银行、联合国教科文组织、美国司法部、巴西科技部、欧洲委员会、英国文化协会、惠普公司、英联邦农业局、化学文摘服务和信息管理协会等。他曾在国内外数十个会议上作主题报告或被邀请发言。克罗宁曾是 Crossaig 电子出版创业公司的创始董事，该公司总部位于苏格兰，于 1992 年被位于费城的科学信息研究所（ISI）收购。1997 年，因其在信息科学领域的学术贡献，克罗宁教授被授予爱丁堡玛格丽特女王大学荣誉文学博士（D.Litt.，荣誉学位）。2006 年，他获得了美国信息科学与技术协会最高荣誉——最佳贡献奖（Award of Merit）。2013 年，他因在定量科学研究领域的贡献获得了科学计量学领域的最高奖——普赖斯奖。

代表作（key publications）：

[1] CRONIN B. The citation process: the role and significance of citations in scientific communication [M]. London: Taylor Graham, 1984.

[2] CRONIN B, MCKENZIE G, STIFFLER M. Patterns of acknowledgement [J]. Journal of Documentation, 1992, 47 (2): 107–122.

[3] CRONIN B. Hyperauthorship: A postmodern perversion or evidence of a structural shift in scholarly communication practices? [J]. Journal of the American Society for Information Science and Technology, 2001, 52 (7): 558-569.

[4] CRONIN B. Bibliometrics and beyond: Some thoughts on web-based citation analysis [J]. Journal of Information Science, 2001, 27 (1): 1-7.

[5] DING Y, CRONIN B. Popular and/or prestigious? Measures of scholarly esteem [J]. Information processing & management, 2011, 47 (1): 80-96.

[6] CRONIN B. The Need for a Theory of Citing [J]. Journal of Documentation, 1981, 37 (1): 16-24.

[7] LEE C J, SUGIMOTO C R, ZHANG G, et al. Bias in peer review [J]. Journal of the American Society for Information Science and Technology, 2013, 64 (1): 2-17.

（李杰 余云龙 撰稿/倪超群 任珩 审校）

13. 德瑞克·约翰·德索拉·普赖斯（Derek John de Solla Price）

学者关键词：科学计量学；科学政策；普赖斯定律；引文网络；科学学

德瑞克·约翰·德索拉·普赖斯（Derek John de Solla Price，1922—1983），英国物理学家、科学史家和情报科学家，他因研究古希腊行星计算机 Antikythera 装置以及对科学出版物的定量研究而闻名。普赖斯出生于英国伦敦，1942年获得伦敦大学的物理和数学学士学位，1946年获实验物理学博士学位，1947年在美国联邦基金会支持下赴美国匹兹堡和普林斯顿，1948年赴新加坡莱佛士学院（Raffles College）工作，教授应用数学。工作期间他深受历史学家 C. Northcote Parkinson 的影响，对历史产生了浓厚兴趣。在大学图书馆整理《英国皇家学会哲学汇刊》时，他发现文献数量同发表时间存在一定的指数关系，逐渐形成了科学指数增长理论。普赖斯于1954年获得剑桥大学科学史博士学位；1957年移民美国担任史密森尼学会的顾问，并任职于普林斯顿高等研究院；1959年之后一直在耶鲁大学任职，曾担任科学史的阿瓦隆讲座教授，以及科学史、技术史和医学史的系主任。1984年，因在信息科学领域的杰出贡献，普赖斯被追授ASIS研究奖；1984年之后，国际科学计量学和信息计量学会向在科学定量研究领域做出杰出贡献的科学家颁发普赖斯纪念奖章。

普赖斯于1956年在国际科学联盟理事会（ICSU）旗下创建了国际科学技术历史与哲学联合会（IUHPS）以及国际科学政策研究理事会（International Council for Science Policy Studies）。1959年，普赖斯首次提出科学人文学（the scientific humanities）构想。20世纪60年代，普赖斯成为美国国家科学基金会（NSF）科学信息委员会成员，这项工作让他有机会对大量的科学文献进行深入研究，成为他后来的科学计量学研究的重要奠基工作，也使他有条件分析各种科学政策，开展科学学研究。分别在1961年和1963年出版的 *Science Since Babylun* 和 *Little Science, Big Science* 是普赖斯科学学研究的经典之作。1965年，他在皇家学会开展了题为 "Scientific foundations of science policy"（科学政策的科学基础）的讲座，阐述其对科学学的理解，讲座报告同年于 *Nature* 杂志发表。

1969年后，科学计量学和文献计量学两个学科逐渐兴起，普赖斯在科学计量学的理论化、系统化研究方面做出重大贡献。1976年，他发表了 "A general theory of bibliometric and other cumulative advantage process"，该论文斩获《美国信息学会杂志》（*JASIS*）年度最佳论文奖，同年，还发表文章 "Lotka's law: A problem in its interpretation and application、Transience and continuance in scientific authorship、The relation between source author and cited author and cited author populations"，系统阐述了科学计量学的理论和方法。1978年，他担任 *Scientometrics* 期刊主编，标志着普赖斯在科学学范式下开创的科学计量学已经成熟并走入国际学术界。此后，他于1978—1983年发表了 "Ups and downs in the pulse of science and technology" "The revolution in mapping of science" 等经典文章，进一步丰富与完善了对科学学及科学计量学的理论研究。1981年，普赖斯荣获贝尔纳奖。1983年，*Scientometrics* 期刊创设了普赖斯奖（Derek de Solla Price Medal），以奖励在科学计量学领域做出杰出贡献的学者。

代表作（key publications）：

［1］PRICE D J. Little Science, Big Science［M］. New York: Columbia University Press, 1963.

［2］PRICE D J. Science Since Babylun［M］. New Haven: Yale University Press, 1961.

［3］PRICE D J. Networks of scientific papers［J］. Science, 1965（149）: 510-515.

［4］PRICE D J. Scientific foundations of science policy［J］. Nature, 1965, 206: 233-238.

［5］PRICE D J. The exponential curve of science［J］. Discovery, 1956, 17: 240-243.

［6］PRICE D J. The science of science［J］. Bulletin of the Atomic scientists, 1965, 21（8）: 2-8.

［7］PRICE D J. Ups and downs in the pulse of science and technology［J］. Sociological Inquiry, 1978, 48: 162-171.

（陈悦 高道斌 撰稿/蒋国华 审校）

14. 蒂博尔·布劳恩
（Tibor Braun）

学者关键词：科学计量学；分析化学；跨学科研究；h型指数

蒂博尔·布劳恩（Tibor Braun，1932—2022），曾任罗兰大学教授，布达佩斯信息科学与科学计量学研究所所长，Scientometrics期刊创始人兼首任主编。布劳恩在20世纪80年代设计并推出了科学计量学与信息计量学国际最高荣誉——普赖斯奖（The Derek de Solla Price Memorial Award），并于1986年获得该奖项。布劳恩主要从事科学计量学领域的研究，将图形学、运筹学和社会科学等领域的知识融入科学计量的研究之中，并与自己所从事的化学领域研究相结合。

布劳恩于1932年出生在罗马尼亚卢戈斯，1954年获得罗马尼亚克卢日大学（University Cluj）理学硕士学位，1968年获得布达佩斯学院（Academy Budapest）哲学博士学位，1980年获得布达佩斯学院理学博士学位，2006年获得罗马尼亚克卢日-纳波卡技术大学（Technical University of Cluj-Napoca）名誉博士学位。1957—1963年他在罗马尼亚布加勒斯特原子物理研究所（Institute Atomic Physics，Bucharest）担任研究员，1963—1968年在罗兰大学（Eötvös Loránd University）任化学系助理教授，1968—1980年任副教授，1980年晋升为教授。

布劳恩不仅是科学计量学领域的先驱，还是分析化学领域的杰出研究人员，是一个极其罕见的有着两种平行且完整科学生涯的人，作为化学家和科学计量学家，他在两个科学领域都享有极高的国际声誉。他在1996年被授予国际放射分析和核化学领域的最高奖——赫维西奖（George Hevesy Medal Award）。通过将化学和科学计量学这两个领域结合起来，他从跨学科研究的视角为推动科学计量学发展做出了重大贡献。

1978年，布劳恩和普赖斯（Price）、加菲尔德（Garfield）等一起创办了 *Scientometrics* 期刊，担任该期刊的创刊主编至2013年，此后一直担任该期刊的名誉编辑直至2022年去世，是科学计量学界的"不老翁"。布劳恩还创立了全球最早致力于科学计量学研究的机构之一——信息科学与科学计量学研究所（Information Science and Scientometrics Research Unit，ISSRU），系统地促进了科学计量学的制度化。

代表作（key publications）：

［1］SCHUBERT A，BRAUN T. Relative indicators and relational charts for comparative assessment of publication output and citation impact［J］. Scientometrics，1986，9（5）：281-291.

［2］SCHUBERT A，GLÄNZEL W，BRAUN T. Scientometric datafiles. A comprehensive set of indicators on 2649 journals and 96 countries in all major science fields and subfields 1981-1985［J］. Scientometrics，1989，16（1）：3-478.

［3］SCHUBERT A，BRAUN T. International collaboration in the sciences 1981-1985［J］. Scientometrics，1990，19（1）：3-10.

［4］BRAUN T，SCHUBERT A，ZSINDELY S. Nanoscience and nanotecnology on the balance［J］. Scientometrics，1997，38（2）：321-325.

［5］BRAUN T，SCHUBERT A. A quantitative view on the coming of age of interdisciplinarity in the sciences［J］. Scientometrics，2003，58（1）：183-189.

［6］BRAUN T，GLÄNZEL W，SCHUBERT A. A Hirsch-type index for journals［J］. Scientometrics，2006，69（1）：169-173.

（黄颖 王露荷 撰稿/张琳 审校）

15. 弗朗西斯·纳林
（Francis Narin）

学者关键词：专利计量；技术创新；链接分析；科学技术评估

弗朗西斯·纳林（Francis Narin，1934—），美国学者，被誉为"国际专利计量之父"，出生于宾夕法尼亚州费城。纳林的大学本科就读于富兰克林与马歇尔学院（Franklin and Marshall College，F&M）化学专业，后来获得北卡罗来纳州立大学（North Carolina State College）核工程专业硕士学位和瓦尔登大学（Walden University）文献计量学专业博士学位。

纳林曾在美国国家核安全局（National Nuclear Security Administration，NNSA）下属的洛斯阿拉莫斯国家实验室（Los Alamos National Laboratory，LANL）工作了四年。在那里，他编写了一个核火箭系统动力学数字模拟程序，并指导了一个大规模数字数据处理系统。此后他在伊利诺伊理工学院（Illinois Institute of Technology，IIT）研究所工作，担任技术-社会研究中心的高级科学家；在此期间，他是开创性研究技术回顾及科学关键事件（Technology in Retrospect and Critical Events in Science，TRACES）的首席研究员，开发了许多当今使用的科学和技术评估工具。作为科学计量学领域的先驱，纳林于1968年创立了CHI（Computer Horizon Inc.），旨在为政府和私人客户提供"指标服务"，例如衡量他们的研发资金是否得到很好的利用。1976年，纳林和Pinski首次提出linkage分析算法，即把期刊引证以矩阵形式表示，从而转为特征值问题，而特征值有助于了解图谱结构及每一个节点的相对重要性。纳林与其合作者宾斯基基于尤金·加菲尔德（Eugene Garfield）的期刊引文分析系统，发表了信息领域内非常有影响力的文章"Citation Influence for Journal Aggregates of Scientific Publications：Theory，with

Application to the Literature of Physics"。20世纪80年代，纳林开始对专利进行评估，致力于研究文献与专利之间的关系。20世纪90年代，他致力于研究专利技术及其对股票市场表现的影响。在金融领域，他是CHI基于技术指标选择股票投资组合的方法这一专利的共同发明人。现已退休的纳林为美国国家科学基金会和一些杂志做评论，此外，他仍在与几位欧洲同事一起做研究。

纳林是公认的世界领先的科学技术分析专家之一，多次受邀前往美国国家科学基金会（National Science Foundation, United States）、澳大利亚研究委员会（Australian Research Council）、许可执行协会（Licensing Executives Society）和化学研究委员会（Council for Chemical Research）等机构作演讲。他在CHI的工作也被《纽约时报》（*New York Times*）、《商业周刊》（*Business Week*）和《麻省理工科技评论》（*MIT Technology Review*）等媒体广泛报道。纳林在各种期刊上发表了125篇研究论文，期刊包括《金融分析师杂志》（*Financial Analysts Journal*）、《科学计量学》（*Scientometrics*）、《研究政策》（*Research Policy*）和《专利世界》（*Patent World*）。

1988年，纳林被授予普赖斯奖（Derek de Solla Price）奖章，以表彰他在科学计量学和专利计量学领域的杰出贡献。

代表作（key publications）：

[1] NARIN F, HAMILTON K S, OLIVASTRO D. The increasing linkage between U.S. technology and public science [J]. Research policy, 1997, 26 (3): 317-330.

[2] ALBERT M B, AVERY D, NARIN F, et al. Direct validation of citation counts as indicators of industrially important patents [J]. Research policy, 1991, 20 (3): 251-259.

[3] NARIN F, NOMA E, PERRY R. Patents as indicators of corporate technological strength [J]. Research policy, 1987, 16 (2-4): 143-155.

[4] DENG Z, LEV B, NARIN F. Science and technology as predictors of stock performance [J]. Financial analysts journal, 1999, 55 (3): 20-32.

[5] PINSKI G, NARIN F. Citation influence for journal aggregates of scientific publications: theory, with application to the literature of physics [J]. Information processing & management, 1976, 12 (5): 297-312.

（黄海瑛 撰稿/李杰 审校）

16. 亨克·莫德
（Henk Moed）

学者关键词：科研评价；引文分析；科研绩效；SNIP；莱顿大学CWTS

亨克·莫德（Henk Moed，1951—2021），出生于荷兰韦斯普（Weesp），一个距离阿姆斯特丹大学只有15公里的小镇。从1957年开始，他就读于当地的一所小学；1963年到阿姆斯特丹开始中学生活；1969年考取了荷兰阿姆斯特丹大学的天文物理系，主修数学和科学哲学，并在两年半后获得学士学位。1972—1978年，莫德在阿姆斯特丹大学数学和计算机系攻读数学硕士学位，主修物理与环境学科（专业为数学生物学）。在阿姆斯特丹大学求学期间，莫德担任了该物理天文系一年级医学生的实验教学助理以及学生助理。毕业后，1978—1981年，莫德在该系作为项目工作人员，承担了该系学士和硕士的课程。

自1981年开始，莫德到莱顿大学工作，并担任该校大学教育和研究事务管理部初级研究员，从事政策研究工作。从1986年到2010年，莫德一直就职于莱顿大学科学技术元勘中心（CWTS），并在1989年获得了科学元勘（Science Studies）研究领域的博士学位（博士论文：The use of bibliometric indicators for the assessment of research performance in the natural and life sciences: aspects of data collection, reliability, validity and applicability），导师分别为P. Vinken和Anthony van Raan（1995年普赖斯奖获得者）。该博士论文也被认为是该研究机构关于科学指标研究的首篇学位论文。同年，莱顿大学成立了科学技术元勘中心（Centrum voor Wetenschaps- en Technologiestudies），即后来知名的CWTS中心，莫德也成了该中心的创建者之一和核心研究人员。在获得博士学位的次年（1990年），莫德被任命为 *Scientometrics*

期刊副主编。1999年，鉴于莫德在科学计量领域做出的卓越贡献，他被授予了科学计量学的最高奖——普赖斯奖。他是继Eugene Garfield、Francis Narin、Robert K. Merton、Henry Small等学者之后的第十届获奖者，也是莱顿大学CWTS的第二位获奖者。2004年莫德与Wolfgang Glänzel和Ulrich Schmoch共同编辑了《定量科学与技术研究手册》(Handbook of Quantitative Science and Technology Research)，并于2005年出版了专著《科研评价中的引用分析》(Citation Analysis in Research Evaluation)，这是该领域为数不多的经典著作。

2010年，莫德从CWTS离职，并在当年的2月1日加入了爱思唯尔(Elsevier)，担任阿姆斯特丹爱思唯尔的高级科学顾问以及爱思唯尔产品部信息计量学研究小组主任，开启了他的第二段职业生涯。在爱思唯尔工作期间，莫德继续致力于通过引文数据库，特别是爱思唯尔的Scopus来进行科研评估。在此期间，莫德担任爱思唯尔电子出版物Research Trends主编，并继续在ISSI的相关会议中担任要职。莫德在爱思唯尔工作期间，创立了"爱思唯尔公司文献计量学研究计划"(EBRP)，同时与我国科学计量学界建立了合作与联系。2012年9月27日，中国科学技术信息研究所(ISTIC)和爱思唯尔(Elsevier)联合实验室"ISTIC-ELSEVIER期刊评价研究中心"建立，莫德在其中做了不少工作。在爱思唯尔工作近5年后，莫德选择重新回到大学从事研究工作。2014年，莫德作为访问教授(visiting professor)和独立科学顾问加入意大利罗马第一大学(Sapienza University of Rome)。2017年，莫德作为访问学者又加入西班牙的格拉纳达大学(University of Granada)，在该机构从事了1年的客座研究工作，并出版了《实用评价型信息计量学》(Applied Evaluative Informetrics)一书。2018年莫德与Wolfgang Glänzel和Ulrich Schmoch共同编辑了《定量科学与技术研究手册》第二版。从其职业生涯不难看出，莫德是一位优秀且勤奋的学者，科学研究是其一生的核心。正如大家对他的印象一样，他是一位害羞谨慎但敢于讨论学术问题和发表自己观点的学者，是一位在生活上内向但在科学研究中外向的学者。在去世前的两年，莫德还在积极地从事科学研究工作。从2018年开始，他开始担任西班牙Scimago Research Group的科学顾问。2019年，在开放获取的浪潮下，莫德牵头创建了新的开放获取期刊《学术评估报告》(Scholarly Assessment Reports)，由Levy Library Press出版，并被scopus收录。2021年10月20日，莫德去世，享年70岁。莫德一生对所从事的科学计量学执着追求，贡献卓著，是一位值怀念和学习的学者。

代表作(key publications)：

[1] VAN LEEUWEN T N, MOED H F, TIJSSEN R J W, et al. Language biases in the coverage of the science citation index and its consequences for international comparisons of national research performance [J]. Scientometrics, 2001, 51 (1): 335-346.

[2] MOED H F, DEBRUIN R E, VANLEEUWEN T N. New bibliometric tools for the assessment of national research performance-database description, overview of indicators and first applications [J]. Scientometrics, 1995, 33 (3): 381-422.

[3] MOED H F, BURGER W J M, FRANKFORT J G, et al. The use of bibliometric data for the measurement of university-research performance [J]. Research policy, 1985, 14 (3): 131-

49.

[4] MOED H F. Measuring contextual citation impact of scientific journals [J]. Journal of informetrics, 2010, 4 (3): 265-77.

[5] GLANZEL W, MOED H F. Journal impact measures in bibliometric research [J]. Scientometrics, 2002, 53 (2): 171-93.

[6] MOED H F. Citation analysis in research evaluation [M]. Dordrecht: Springer Science & Business Media, 2005.

（李杰 谢前前 谢靖 撰稿/杜建 审校）

17. 亨瑞·斯莫尔
（Henry Small）

学者关键词：文献共被引；科学图谱；引文语境分析；科学史；科学确证；科学发现

亨瑞·斯莫尔（Henry Small，1941—），美国著名科学计量学家，就职于美国科技战略公司（SciTech Strategies Inc）。1960年，斯莫尔与加菲尔德（Garfield）共同创立美国科学信息研究所（Institute for Science information，ISI）。该研究所专门从事科学文献和引文索引分析，先后推出了科学引文索引（Science Citation Index，SCI）、社会科学引文索引（Social Science Citation Index，SSCI）、期刊引用报告（Journal Citation report，JCR）等具有开拓意义的创新性成果，为科学计量学的诞生和发展奠定了必要的数据基础。斯莫尔于1972年至1994年担任 ISI公司（1992年ISI被Thomson公司收购）总裁和首席执行官。1973年，斯莫尔最早提出了共被引分析（co-citation analysis）方法，开创了引文分析研究的新范式。1987年，斯莫尔被ISSI授予科学计量学最高奖——普赖斯奖。

斯莫尔是引文分析方法的重要开拓者之一，他的工作为科学计量学中的很多关键概念和方法的发展奠定了基础。他于1973年发表在 JASIS 期刊上的一篇论文，被公认为是共被引分析方法的开山之作，是科学计量学领域被引次数最高的论文之一。共被引分析方法的提出对于绘制科学知识图谱、理解科学知识的结构和动态发展具有革命性的价值。

斯莫尔因其在引文分析领域的开创性贡献而获得了许多奖项和荣誉。除了普赖斯奖，1998年，斯莫尔被美国信息科学与技术学会（American Society for Information Science & Technology，ASIS&T）授予杰出奖（Award of Merit）。截至2023年5月，斯莫尔共发表论文100余篇，被引次数高达1.6万余次，h指数为42，在科学计量学和文献计量学上有着很高的学术影响力。

代表作（key publications）：

［1］SMALL H. Co-citation in the scientific literature: a new measure of the relationship between two documents［J］. Journal of the American society for information science, 1973, 24（4）: 265-269.

［2］SMALL H, GRIFFITH B C. The structure of scientific literatures I: identifying and graphing specialties［J］. Science studies, 1974, 4（1）: 17-40.

［3］SMALL H. Visualizing science by citation mapping［J］. Journal of the American society for information science, 1999, 50（9）: 799-813.

［4］SMALL H G. Cited documents as concept symbols［J］. Social studies of science, 1978, 8（3）: 327-340.

［5］SMALL H. Tracking and predicting growth areas in science［J］. Scientometrics, 2006, 68（3）: 595-610.

［6］SMALL H, BOYACK K W, KLAVANS R. Identifying emerging topics in science and technology［J］. Research policy, 2014, 43（8）: 1450-1467.

［7］SMALL H. Co-citation context analysis and the structure of paradigms［J］. Journal of documentation, 1980, 36（3）: 183-196.

［8］SMALL H. Paradigms, citations, and maps of science: a personal history［J］. Journal of the American society for information science and technology, 2003, 54（5）: 394-399.

［9］SMALL H. The confirmation of scientific theories using Bayesian causal networks and citation sentiments［J］. Quantitative science studies, 2022, 3（2）: 393-419.

［10］SMALL H. The synthesis of specialty narratives from co-citation clusters［J］. Journal of the American society for information science, 1986, 37（3）: 97-110.

［11］SMALL H. Bayesian history of science: the case of Watson and Crick and the structure of DNA［J］. Quantitative science studies, 2023: 1-23.

（胡志刚 李杰 撰稿/陈悦 审校）

18. 霍华德·怀特（Howard White）

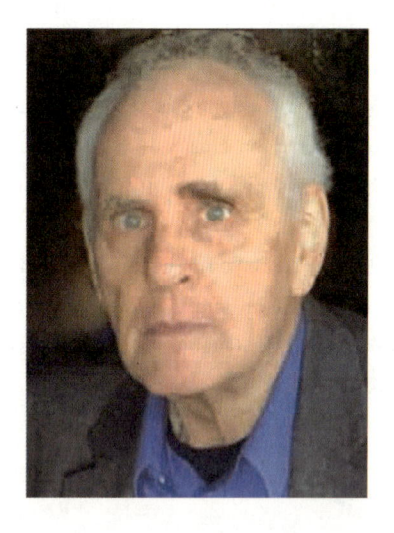

学者关键词：引文分析；文献计量学；馆藏评价；作者图谱；关联理论

霍华德·怀特（Howard White，1936— ），美国德雷塞尔大学（Drexel University）图书情报学专业教授，2005年普赖斯奖获得者。怀特研究兴趣广泛，研究方向涵盖文献信息系统、文献计量学、馆藏开发、在线搜索等，他尤其关注术语共现数据的自动可视化研究。

怀特于1936年出生于美国犹他州盐湖城，1956年获得犹他大学（University of Utah）英语学士学位，于1969年、1974年分别获得加利福尼亚大学伯克利分校（University of California，Berkeley）图书馆学硕士学位和博士学位。随后，他在美国德雷塞尔大学图书情报学专业任教27年，2001年退休后仍兼任德雷塞尔大学信息科学与技术学院名誉教授和客座教授。

20世纪80年代，怀特通过对引文特征的研究分析，提出了作者共引分析（author co-citation analysis，ACA）的方法。此后，他利用作者共引分析绘制了情报科学领域120位最杰出贡献者的代表作者的地图。2001年，怀特首次提出引用认同（citation identity）的概念，并分析了情报学领域8位专家各自的引用认同，该概念的提出有助于完善引文分析理论、建立作者索引等情报实践工作。

怀特的科研成果丰硕，他已发表论文100余篇，主要著作包括《面向情报专家：参考文献和书目工作的解读》（*For Information Specialists*：*Interpretations of Reference and Bibliographic Work*）（1992）和《馆藏能力简要测试：一种适用于各类图书馆的检测方法》（*Brief Tests of Collection Strength*：*A Methodology for All Types of Libraries*）（1995）等。

1993年，怀特被美国情报科学与技术学会（American Society for Information

Science and Technology，ASIST）授予图书情报学领域研究奖。1998年，他与凯瑟琳·W.麦凯恩（Katherine W. McCain）合作的论文《1972—1995年情报学领域作者共引分析的可视化研究》（Visualizing a Discipline：An Author Co-citation Analysis of Information Science，1972 to 1995）获评JASIS最佳论文奖。2004年，怀特获得ASIST职业成就最高荣誉奖——功绩奖（Award of Merit）。

代表作（key publications）：

［1］WHITE H D, BOELL S K, YU H, et al. Libcitations：a measure for comparative assessment of book publications in the humanities and social sciences［J］. Journal of the American society for information science and technology, 2009, 60（6）: 1083-1096.

［2］WHITE H D. Combining bibliometrics, information retrieval, and relevance theory, part 1：first examples of a synthesis［J］. Journal of the American society for information science and technology, 2007, 58（4）: 536-559.

［3］WHITE H D. Better than brief tests：coverage power tests of collection strength［J］. College & research libraries, 2008, 69（2）: 155-174.

［4］WHITE H D. Pennants for Garfield：bibliometrics and document retrieval［J］. Scientometrics, 2018, 114（2）: 757-778.

［5］WHITE H D. Co-cited author retrieval and relevance theory：examples from the humanities［J］. Scientometrics, 2015, 102（3）: 2275-2299.

［6］WHITE H D. Authors as citers over time［J］. Journal of the American society for information science and technology, 2001, 52（2）: 87-108.

［7］WHITE H D. Relevance theory and citations［J］. Journal of pragmatics, 2011, 43（14）: 3345-3361.

（黄颖 唐娟 撰稿/张琳 李杰 审校）

19. 简·弗拉奇
（Jan Vlachý）

学者关键词：科学计量学；物理学；洛特卡定律

简·弗拉奇（Jan Vlachý，1937—2010），捷克斯洛伐克人，科学计量学领域先驱，专注于对物理学论文和物理学期刊的定量研究。弗拉奇是最早全面收集、存储和分析物理学领域文献数据的学者之一，他的工作继承了物理数据编译器的传统，在没有大型计算机支持的情况下，他用纸、笔和热情收集材料并进行系统化，却能产生如此多的增值数据，并且这些数据和曲线呈现了无与伦比的想象力和创造性，为理解物理现象做出了重要贡献。弗拉奇的工作似乎代表了科学计量学的一个纬度，即为了处理和理解科学中的信息流而进行的"无计算机"（computerfree）思考和行动。1989年弗拉奇被授予普赖斯奖（Derek de Solla Price），以表彰他为科学定量研究所做出的重要贡献。

20世纪50年代，弗拉奇在布拉格的查尔斯大学（Charles University）学习核物理。毕业后，他在捷克斯洛伐克科学院（Czechoslovak Academy of Sciences，CˇSAV）固体物理研究所工作了5年。实际上，他分别在捷克斯洛伐克科学院（CˇSAV）和斯洛伐克科学院（Slovak Academy of Sciences，SAV）下的不同机构和不同岗位上工作了近30年。20世纪60年代后期，弗拉奇把注意力转向了社会科学的定量研究，开始发表关于科学生产力的文章，此后，他一直活跃在该领域。简·弗拉奇一生发表了400余篇论文，在1967—1986年担任《捷克斯洛伐克物理学杂志B》（Czechoslovak Journal of Physics B，CJPB）执行编辑期间发表了至少80余篇论文，主要是关于物理学定量研究的短通信文章，研究内容涵盖了捷克斯洛伐克物理学（人力、出版产出、趋势）以及捷克斯洛伐克物理学期刊的定量研究（主题、规模、成本、出版趋势、编辑政策、论文作者、被引用等）。在此期间，他还组织编辑了*CJPB*的一期特刊，其中包含44篇专门讨论欧洲和世界物理学科学计量学问题的论文。他在*Scientometrics*期刊上发表了一系列单一主题的书目文章，这些主题包含洛特卡定律、科学流动性（科学家职业迁移、领域流动、国际学术流通和人才流失）、诺贝尔奖、物理学领域流动性等。弗拉奇自1972年起对洛特卡定律进行系统研究，在科学地阐述自己主张的同时发现了影响洛特卡分布的两个因素，即研究者所处的时代或环境和论文作者的数量。他的最后一篇科学计量学论文于1994年发表在*Scientometrics*期刊上。

弗拉奇的成就几乎是凭一己之力取得的。他发表的大部分论文都是独立完成的，尽管他在科学计量学研究社区中有很多联系人，但只有4位合作者，因此他是科学计量学界为数不多的"孤独者"。

代表作（key publications）：

[1] VLACHÝ J. Frequency distributions of scientific performance：A bibliography of Lotka's law and related phenomena [J], Scientometrics, 1978, 1（1）107-130.

[2] VLACHÝ J. Citation histories of scientific publications：The data sources [J], Scientometrics, 1985, 7（3-6）：505-528.

[3] VLACHÝ J. World Publication Output in Particle Physics [J], Czechoslovak Journal of Physics, 1982, 32（9）：1065-1072.

[4] VLACHÝ J. Publication output in physics subfields [J]. Czechoslovak Journal of Physics, 1979, 29（7）：829-836.

[5] VLACHÝ J. Physics journal in retrospect and comparisons [J]. Czechoslovak Journal of Physics, 1970, 20（4）：501-526.

[6] VLACHÝ J. Scientometrics—What to do? [J]. Scientometrics, 1994, 30（2-3）：521-527.

（陈悦 于思妍 王智琦 撰稿）

20. 蒋国华
（Jiang Guohua）

学者关键词：科学计量学；科学学；教育计量学；科教评估；城市科学

蒋国华（Jiang Guohua，1944—），笔名石价，江苏无锡人，中国科学计量学创始人之一。蒋国华1964—1970年就读于清华大学电机工程系发电厂电力网电力系统专业；1970—1981年就职于北京二七机车车辆厂北厂二动力车间技术科；1981—1985受聘为北京科技情报所科学学研究室助研；1985—1987年任北京科学学研究中心助研；1987—1991年任中国管理科学研究院研究员、副秘书长，兼科学学研究所副所长；1991—2002年任中央教育科学研究所研究员；2002—2007年任第十一届、十二届民进北京市委常委、秘书长；2007—2011年任北京吉利大学专家咨询委员会委员、教育研究所所长兼科研处处长；2011年至今任北京吉利大学教育研究所名誉所长；2012年至今，任中国民办教育协会网站总编辑。

蒋国华是中国第一个科学学研究组织——北京技术经济和管理现代化研究会"科学学研究组"创始成员之一，是在钱三强关怀下成立的"中国科学院全国联络组"成员，在1980年11月30日合肥稻香楼联合举办的科学学人才学未来学（即"三学会"）任大会会务组负责人。在赵红州指导下，他为中国科学学与科技政策研究会早期的国际交流发挥了独特的作用，做了大量与普赖斯、马凯、布劳温、纳里莫夫、厄尔英加和万英加特等国际著名科学计量学家的联络工作。作为中国科学计量学之父赵红州的学生、同事和合作者，在20年合作期间，蒋国华与赵红州共同发表了大量科学研究成果：提出了知识单元概念，为科学增长的指数规律提供了有意义的解释；提出了知识结晶学概念，对知识生产的量化研究做了有益探索；首倡国家建立科学基金制，为中国科学院基金制的设置和稍后的国家自然科学基金委建立起到了理论先导和咨询作用；组织和研制了我国第一个大学排行榜，推动了科技评价研究的发展。蒋国华继承了赵红州先生的学术遗产，继续在科学学/科学计量学深耕，是我国科学学领域论文高产作者之一，创造性地将科学计量学与高教研究相结合，提出了"教育计量学"概念，指出了世界大学"1∶99现象（定律）"，即研究型大学数量约占大学总数的1%，而99%的大学为"职业培训站型"。

蒋国华曾任多个学术兼职：中国科学学与科技政策研究会理事会常务理事，科学计量学与信息计量学专业委员会主任和顾问，第18届太平洋科学大会中方主席，中国社会科学院城市发展研究中心特约副总干事，番禺职业技术学院教育交流中心副主任，第一届、第二届、第三届科研量化评价国际研讨会大会主席，中国科普作家协会第四届、第五届理事会科普翻译专业委员会副主任，ISSI 2003年大会主席，中国民办教育研究院副院长，河南师范大学、温州医科大学等机构客座教授。

鉴于蒋国华在科学计量学与科学学等方面的贡献，2022年4月24日第十三届全国科学计量学与科教评价研讨会上，他获得了由"邱均平计量学奖"评审委员会和全国科学计量学信息计量学专业委员会授予的科学计量学"终身成就奖"和"杰出计量学家"称号。2022年12月25日，在中国科学学与科技政策学术年会上，蒋国华被研究会授予"终身成就学者"。

代表作（key publications）：

[1] 蒋国华, 赵红州. 论科学基金会 [J]. 红旗杂志（内部文稿），1983, 15.

[2] 赵红州, 蒋国华. 科学计量学的历史和现状 [J]. 科学学研究, 1984（04）: 26-37.

[3] 赵红州, 蒋国华. 知识结晶学, 科技新闻报, 1986-03-27.

[4] 赵红州, 蒋国华. 格森事件与科学学起源 [J]. 科学学研究, 1988（1-2）.

[5] 蒋国华. 科学计量学和情报计量学：今天和明天 [J]. 科学学与科学技术管理, 1997（7-11）.

[6] 蒋国华. 科学学的起源 [M]. 石家庄：河北教育出版社, 2001.

[7] 赵红州, 蒋国华. 在科学的交叉处探索科学——从科学学到科学计量学 [M]. 北京：红旗出版社, 2002.

（李杰 陈悦 撰稿/蒋国华 审校）

21. 金碧辉
（Jin Bihui）

学者关键词：引文分析；文献计量指标；科学计量学；h指数；科技评价；中国科学引文数据库（CSCD）；中国科学院文献情报中心期刊分区表

金碧辉（1953—），浙江宁波人，1978年毕业于复旦大学，获得经济学学士学位；中国科学院文献情报中心研究馆员、博士生导师、国务院特殊津贴获得者；曾担任《科学观察》主编、河南师范大学兼职教授、中国科学学与科技政策研究会理事、国家自然科学基金和国家社会科学基金评审专家、《中国科技期刊研究》和《科学学与科学技术管理》杂志编委会成员、JASIST和Scientometrics等国际著名学术刊物审稿专家。

金碧辉长期聚焦引文分析、文献计量指标、科技评价研究，主持完成了30多项国家自然科学基金项目、科技部课题，发布了在中国科研管理部门具有重要影响力的《世界科学中的中国》系列报告和一系列受到国际同行高度关注的学术成果，其中关于h指数、R指数、AR指数等科学计量学指标的研究成果持续引起国际同行的高度关注，多次入选ESI高被引论文榜、热点论文榜。

金碧辉的重要贡献之一是将学术研究成果开创性地应用于实践中，她的两项工作在中国科研界家喻户晓：一是作为中国科学引文数据库（CSCD数据库）的主要开创者，建设完成了CSCD数据库，这是中国自然科学领域最重要的核心期刊论文库，被誉为"中国的SCI"；二是开创性地提出等级划分、金字塔模型，创建了中国科学院文献情报中心期刊分区表，这是中国科研界具有广泛影响力的期刊评价标准。

代表作（key publications）：

[1] JIN B, ROUSSEAU R. Evaluation of Research Performance and Scientometric Indicators in China [M]. In: Moed, H.F., Glänzel, W., Schmoch, U. (eds) Handbook of Quantitative Science and Technology Research. Dordrecht:

Springer, 2004.

[2] JIN B H, LI M, ROUSSEAU R, et al. The R-and AR-indices: Complementing the h-index [J]. Chinese Science Bulletin, 2007, 52(6): 855-863.

[3] JIN B H, ZHANG J, CHEN D, et al. Development of the Chinese Scientometric Indicators (CSI) [J]. Scientometrics, 2002, 54: 145-154.

[4] JIN B H, WANG B. Chinese science citation database: Its construction and application [J]. Scientometrics, 1999, 45: 325-332.

[5] JIN B H, ROUSSEAU R, SUN X. Key Labs and Open Labs in the Chinese scientific research system: Their role in the national and international scientific arena [J]. Scientometrics, 2006, 67: 3-14.

[6] 金碧辉, 汪冰. 中国科学引文数据库的研建及其应用 [J]. 中国科技期刊研究, 2000, 11(01): 14-16.

[7] 金碧辉, 汪寿阳. SCI期刊等级区域的划分及其中国论文的分布 [J]. 科研管理, 1999(02): 2-8.

（杨立英 撰稿）

22. 凯瑟琳·麦凯恩（Katherine McCain）

学者关键词：科学知识图谱；知识结构；作者共被引；图书馆与信息科学；信息计量学与数据科学

凯瑟琳·麦凯恩（Katherine McCain，1944— ），美国著名文献计量学家，德雷塞尔大学（Drexel University）教授。麦凯恩本科毕业于路易斯安那州立大学动物学专业（BS, Zoology, Louisiana State University），硕士毕业于西华盛顿大学无脊椎动物学和海洋生物学专业（MS, Invertebrate Zoology & Marine Biology, Western Washington University）。她先是生物专业图书馆的管理员，后来师从霍华德·怀特（Howard White）教授攻读情报学博士学位，研究方向为学术交流与信息资源管理。1985年获得博士学位后，麦凯恩开始转入情报学领域，与怀特教授一起从事文献计量学研究。

麦凯恩最具代表性的成果主要集中在引文分析领域。20世纪80—90年代，麦凯恩围绕作者共被引分析、期刊共被引分析、引文内容与引用动机分析等问题展开了深入的实证分析和研究，是将引文分析方法应用于科学知识领域结构分析的先驱者之一。早在她的博士学位论文（题目为 Longitudinal Cocited Author Mapping and Intellectual Structure：A Test of Congruence in Two Scientific Literatures）中，她就通过高超的可视化技术，进一步深化了怀特教授提出的作者共被引分析方法。她还最早提出了期刊共被引（journal co-citation analysis）方法，这一方法是1991年麦凯恩在对经济学进行领域图谱绘制（science mapping）的时候首次采用的。在该研究中，麦凯恩基于Journal Citation Report中的数据，利用多维尺度分析和聚类分析等可视化技术，绘制了经济学期刊的二维分布图，展现经济学的领域分布。

近年来，麦凯恩的研究兴趣主要集中在对学科领域及其文献的结构和变化的定量研究，主要包括对研究领域的演变模式研究、跨学科领域的出现机制研究，以及创新成果如何随时间在不同学科领域中进行扩散等问题。截至2023年4月，麦凯恩的论文被谷歌学术收录了100余篇，被引8 000余次，h指数为35。鉴于其在科学计量学领域的杰出贡献，2007年麦凯恩获得了科学计量学领域的最高奖——普赖斯奖。

代表作（key publications）：

［1］MCCAIN K W. Cocited author mapping as a valid representation of intellectual structure［J］. Journal of the American society for information science，1986，37（3）：111-122.

［2］WHITE H D，MCCAIN K W. Visualizing a discipline：An author co-citation analysis of information science，1972-1995［J］. Journal of the American society for information science，1998，49（4）：327-355（Received ASIS Best Paper Award，1998）.

［3］MCCAIN K W. Using tricitation to dissect the citation image：Conrad Hal Waddington and the rise of evolutionary developmental biology［J］. Journal of the American Society for Information Science and Technology，2009，60（7）：1301-1319.

［4］MCCAIN K W. Obliteration by Incorporation. In Beyond Bibliometrics：Metrics-based Evaluation of Research（Eds. Blaise Cronin & Cassidy R. Sugimoto）［M］. Cambridge，MA：MIT Press，2014.

［5］MCCAIN K W. Communication, competition, and secrecy：The production and dissemination of research-related information in genetics［J］. Science，Technology，& Human Values，1991，16（4）：491-516.

［6］MCCAIN K W. Beyond Garfield's Citation Index：an assessment of some issues in building a personal name Acknowledgments Index［J］. Scientometrics，2018，114：605-631.

［7］MCCAIN K W，SALVUCCI L J. How influential is Brooks' law? A longitudinal citation context analysis of Frederick Brooks' The Mythical Man-Month［J］. Journal of Information Science，2006，32（3）：277-295.

［8］MCCAIN K W. Mapping economics through the journal literature：An experiment in journal cocitation analysis［J］. Journal of the American Society for Information Science，1991，42（4）：290-296.

（胡志刚 李杰 撰稿/陈悦 审校）

23. 凯文·博亚克
（Kevin Boyack）

学者关键词：科学结构图；引文分析；新兴主题预测

凯文·博亚克（Kevin Boyack，1962— ）。1985年9月—1990年3月，博亚克在犹他州的布里格姆扬大学（Brigham Young University）攻读化学工程学位，并于1990年获得博士学位。1990年3月—2007年7月，博亚克就职于美国桑迪亚国家实验室（Sandia National Laboratories），从事燃烧实验和建模、社会经济战争博弈以及科学图谱等方面的工作。自2007年夏季以来，博亚克担任美国科技战略公司（SciTech Strategies，inc.）总裁。博亚克的工作和研究重点在于绘制更精确的全球科学地图，其目前的研究兴趣主要包括科学知识图谱、新兴主题预测以及先进计量指标的开发等主题。博亚克曾作为访问学者到莱顿大学科学技术元勘中心从事研究。2023年，因其在科学计量学研究中的卓越贡献，被授予科学计量学领域的最高奖——普赖斯奖。

代表作（key publications）：

[1] BÖRNER K, CHEN C, BOYACK K W. Visualizing knowledge domains. Annual Review of Information Science and Technology, 2003, 37（1）: 179-255.

[2] BOYACK K W, KLAVANS R, BÖRNER K. Mapping the backbone of science [J]. Scientometrics, 2005, 64: 351-374.

[3] KLAVANS R, BOYACK K W. Toward a consensus map of science [J]. Journal of the American Society for Information Science and Technology, 2009, 60（3）: 455-476.

[4] BOYACK K W, KLAVANS R. Co-citation analysis, bibliographic coupling, and direct citation: Which citation approach represents the research front most accurately? [J]. Journal of the American Society for Information Science and Technology, 2010, 61（12）: 2389-2404.

[5] SMALL H, BOYACK K W, KLAVANS R. Identifying emerging topics in science and

technology [J]. Research Policy, 2014, 43 (8): 1450-1467.

[6] KLAVANS R, BOYACK K W. Research portfolio analysis and topic prominence [J]. Journal of Informetrics, 2017, 11 (4): 1158-1174.

[7] KLAVANS R, BOYACK K W, MURDICK D. A novel approach to predicting exceptional growth in research [J]. PLoS One, 2020, 15 (9): e0239177.

（李杰 管铮懿 撰稿/陈挺 审校）

24. 理查德·克拉凡斯（Richard Klavans）

学者关键词：科技战略；科学结构图；竞争情报

理查德·克拉凡斯（Richard Klavans，1948—），美国信息分析学者和企业家。克拉凡斯1971年本科毕业于美国塔夫茨大学工程学专业，1978年硕士毕业于麻省理工学院斯隆管理学院，1989年博士毕业于宾夕法尼亚大学沃顿商学院。

1990—2005年，克拉凡斯主要参与竞争情报从业者协会（Society for Competitive Intelligence，SCIP）的相关工作，1993—1996年当选为SCIP董事会成员，并在1994年开始担任该组织的主席。1999年，他获得了竞争情报领域成就和贡献的最高奖项——杰出贡献奖。2005年，为了与对研究的组织和演进有深入兴趣的研究人员，特别是Kevin Boyack在研究上进行互动，克拉凡斯加入了国际科学计量学与信息计量学学会（ISSI）。在这种环境下，他与Kevin Boyack在研究中展开了高度密切的合作，发表了大量基于科学计量学的科学结构图谱研究论文，并在2023年与Kevin Boyack共同获得了科学计量学的最高荣誉——普赖斯奖。此外，克拉凡斯在1991年创立了美国科技战略公司（SciTech Strategies，inc.），以利用全球科学文献模型进行战略规划和竞争情报，识别基于研究的机遇。克拉凡斯拥有丰富的咨询服务背景，为大量的客户提供了前瞻性的研究和咨询服务。

代表作（key publications）：

[1] KLAVANS R，BOYACK K W. Toward a consensus map of science [J]. Journal of the American Society for Information Science and Technology，2009，60（3）：455-476.

[2] KLAVANS R，BOYACK K W. Which type of citation analysis generates the most accurate taxonomy of scientific and technical knowledge?

[J]. Journal of the Association for Information Science and Technology, 2017, 68(4): 984-998.

[3] KLAVANS R, BOYACK K W. The research focus of nations: Economic vs. altruistic motivations [J]. PloS one, 2017, 12(1): e0169383.

[4] KLAVANS R, BOYACK K W. Mapping altruism [J]. Journal of Informetrics, 2014, 8(2): 431-447.

[5] KLAVANS R, PERSSON O, BOYACK K W. Coco at the Copacabana: Introducing cocited author pair co-citation (coco) analysis [C]. 12th International Conference of the International Society for Scientometrics and Informetrics. Rio de Janeiro, Brazil: 2009: 265-269.

[6] KLAVANS R, BOYACK K W. Research portfolio analysis and topic prominence [J]. Journal of Informetrics, 2017, 11(4): 1158-1174.

[7] KLAVANS R, BOYACK K W, MURDICK D A. A novel approach to predicting exceptional growth in research [J]. Plos one, 2020, 15(9): e0239177.

（李杰 游晟奕 撰稿/吴登生 审校）

25. 利欧·埃格赫（Leo Egghe）

学者关键词：信息计量学；情报学；洛特卡分布；g指数；h指数；影响力分析

利欧·埃格赫（Leo Egghe，1952— ），比利时安特卫普大学教授。埃格赫师从普赖斯奖获得者Bertram Claude Brookes，并于2001年获得普赖斯奖。埃格赫是 Journal of Informetrics 创刊主编、g指数提出者，研究主要涉及信息理论、引文分析、信息检索、协作理论、信息科学中的数学模型等领域。

埃格赫自1974年起供职于比利时哈塞尔特大学（University of Hasselt），1978年在安特卫普大学（University of Antwerp）获得数学博士学位。1984年起埃格赫在林堡大学（Limburg University）图书馆工作，1992—2011年在鲁汶大学（KU Leuven）任职，2006—2016年在安特卫普大学任职，2017年退休。埃格赫自1987年开始多次担任国际科学计量学和信息计量学会议的议程主席、区域主席等职务。此外，他还曾担任比利时皇家图书馆馆长。

埃格赫在科学计量学领域拥有广泛的研究兴趣，在相关领域发表学术论文近300篇，出版著作10余部，包括《信息计量学导论：图书馆、文献和信息科学中的定量方法》（Introduction to Informetrics. Quantitative Methods in Library, Documentation and Information Science）（1990）、《信息计量学与科学计量学讲座》（Lectures on Informetrics and Scientometrics）（2000）、《信息生产过程中的幂律：洛特卡式信息计量学》（Power Laws in the Information Production Process: Lotkaian Informetrics）（2005）等。2006年，埃格赫在h指数的基础上提出了g指数，该指数考虑了学者以往发表的论文对其后续学术生涯的影响，体现了知识的累积性和继承性，弥补了h指数对高被引文献缺乏敏感度的缺陷，完善与改进了学术影响力的评价指标。值得一提的是，埃格赫和鲁索（Rousseau）在科学计量学领域合作十分紧密，他们在科学计量学领域的合作研究，尤其在引文网络、科学合作网络、科学评价和学者影响力分析等方面有大量高水平合作产出，在学术界享有很高的声誉。2001年7月，埃格赫和鲁索双双走上普赖斯奖领奖台，二人在致谢发言中都回顾了双方合作的历史，都称对方是自己最好的合作伙伴，成为领域内一段佳话。

代表作（key publications）：

［1］EGGHE L, ROUSSEAU R. Introduction to informetrics: quantitative methods in library, documentation and information science［M］. Amsterdam: Elsevier Science Publishers, 1990.

［2］EGGHE L. Power laws in the information production process: Lotkaian informetrics［M］. Amsterdam: Elsevier Science Publishers, 2005.

［3］EGGHE L. Theory and practise of the g-index［J］. Scientometrics, 2006, 69（1）: 131-152.

［4］EGGHE L, ROUSSEAU R. An informetric model for the Hirsch-index［J］. Scientometrics, 2006, 69（1）: 121-129.

［5］EGGHE L, LEYDESDORFF L. The relation between Pearson's correlation coefficient r and Salton's cosine measure［J］. Journal of the American society for information science and technology, 2009, 60（5）: 1027-1036.

［6］EGGHE L. The Hirsch index and related impact measures［J］. Annual review of information science and technology, 2010, 44（1）: 65-114.

（黄颖 唐娟 撰稿/李杰 张琳 审校）

26. 梁立明
（Liang Liming）

学者关键词：科学计量学；科学技术指标；STS问题的量化研究；科技发展规律与机制研究

梁立明（Liang Liming，1949—），汉族，中共党员，北京人，博士，教授。梁立明于1982年1月毕业于新乡师范学院（现河南师范大学）数学系，毕业后留校任教至今，曾在华东师范大学专修自然辩证法与自然科学史研究生课程。20世纪80年代末期，梁立明追随中国科学计量学奠基人赵红州先生进入科学计量学研究领域，在该领域探索至今，研究涉及科学计量学理论与应用研究、科技发展规律与机制研究、科技管理与科技政策研究以及科学技术与社会（STS）问题的量化研究。梁立明师从普赖斯奖获得者R. Rousseau教授，在比利时安特卫普大学攻读科学计量学博士学位，主攻科学计量学指标和模型研究。她长期担任国际科学计量学与信息计量学专业期刊 *Scientometrics* 和 *Journal of Informetrics* 编委会成员，国际科学计量学与信息计量学学会（ISSI）、国际科学技术与创新指标会议（STI）和COLLNET大会学术委员会成员及地区主席，中国科学学与科技政策研究会常务理事和科学计量学专业委员会副主任。

梁立明于1995年被评为教授，并长期担任科学技术哲学省级重点学科和河南省高校文科基地科技与社会研究所第一学术带头人与科技与社会研究所所长和政治与管理科学学院院长。同时，梁立明还是河南省优秀专家，河南省特聘教授，并享受国务院政府特殊津贴；是大连理工大学和上海交通大学兼职教授；并在2004年和2008年先后被评聘为大连理工大学和上海交通大学兼职博士生导师。曾获国际EMERALD/EFMD杰出博士研究奖，中国科学学与科技政策研究会"杰出贡献奖"；主持5项国家自然科学基金项目，评估结果为4项"特优"、1项"优秀";与德国、澳大利亚、西班牙学者合作完成6项国际合作项目,其中德国科学基金会(DFG)4项;发表学术论文150余篇,其中SCI/SSCI收录国际期刊论文30余篇;独著、合著学术专著7部。

代表作(key publications):

[1] 梁立明.科学计量学:指标·模型·应用[M]. 北京:科学出版社,1995.

[2] LIANG L. H-index sequence and h-index matrix: constructions and applications[J]. Scientometrics,2006(69):153-159.

[3] LIANG L. R-sequences: relative indicators for the rhythm of science[J]. Journal of the American society for information science and technology,2005,56(10):1045-1049.

[4] LIANG L, ROUSSEAU R, ZHONG Z. Non-English journals and papers in physics and chemistry: bias in citations?[J]. Scientometrics. 2013,95(1):333-350.

[5] 梁立明.带头学科理论的数学解释[J].自然辩证法研究,1989(1):42-49.

[6] 梁立明,赵红州.科学发现年龄定律是一种威布尔分布[J].自然辩证法通讯,1991(1):28-36.

[7] 梁立明,林晓锦,钟镇,等.迟滞承认:科学中的睡美人现象:以一篇迟滞承认的超弦理论论文为例[J].自然辩证法通讯,2009,31(1):39-45+111.

(李杰 撰稿/梁立明 审校)

27. 刘则渊
（Liu Zeyuan）

学者关键词：科学学；科学知识图谱；科学计量学；CiteSpace；技术科学

刘则渊（Liu Zeyuan，1940—2020），湖北恩施人，我国著名科学学家和科学计量学家；先后担任大连理工大学自然辩证法教研室副主任，科学学教研室主任，科学技术与社会发展研究所所长，人文社会科学学院院长；2010年荣获"全国优秀科技工作者"荣誉称号；2017年荣获中国科学学与科技政策研究会"杰出贡献奖"。

刘则渊是我国科学学事业的开创者之一，为我国科学学学科发展和建设做出了重要贡献。刘则渊继承和发展了由贝尔纳、普赖斯、赵红州等人所开拓的定量科学学的研究范式，发展了以马克思主义为基本理论依据的中国科学学理论体系，发现了"哲学—数学—科学—技术—经济"大周期转化规律，构建了以知识价值论为核心的知识活动系统理论，提出了基于"技术科学"的新巴斯德象限理论和科技强国战略。他创办了我国第一个科学学与科技管理博士点，在科学学先驱者和继承者之间扮演着代际传承的重要角色，培养了大批中国科学学人才，为中国科学学事业做出了杰出的贡献。

刘则渊在提出"知识计量学"构想的基础上，率先在中国命名和引入科学知识图谱的概念，推动了我国科学计量学的理论、方法和应用研究。科学知识图谱是基于文献知识单元之间的关系对科学知识及其结构进行绘制的一种信息可视化方法，具有直观、客观和美观等优点，已成为科学计量研究的重要范式，并在科学学、情报学、管理学等领域得到广泛应用。2004年4月，刘则渊通过《参考消息》上的一则报道"Mapping knowledge domains"，敏锐地发现了"知识计量学"的突破口，从而开启了科学知识图谱的探索之路。2005年，刘则渊与著名科学计量学家Hildrun

Kretschmer博士共同创建大连理工大学WISE实验室。2007年，刘则渊团队在国内率先引进著名信息可视化专家陈超美教授开发的CiteSpace信息可视化工具。并多次举办科学知识图谱的高级研讨班，为科学知识图谱方法在国内的推广和繁荣做出了重要贡献。

此外，刘则渊在技术科学、技术哲学、发展战略理论等领域也有重要贡献。他曾获得陈昌曙技术哲学发展基金会首届技术哲学贡献奖，被称为技术哲学东北学派四大领军人物之一；曾长期担任大连市人大代表、市政府咨询委员、市社科联和市科协的成员，为大连的改革开放与发展战略提出重要建议；两次被大连市委、市政府授予"大连市优秀专家"称号；曾获得大连理工大学第二届"感动大工"年度人物、"建校70周年功勋教师"等荣誉称号。

代表作（key publications）：

[1] 刘则渊, 王海山. 近代世界哲学高潮和科学中心关系的历史考察[J]. 科研管理, 1981（1）: 9-23.

[2] 刘则渊. 技术范畴：人对自然的能动关系：兼论广义工艺学[J]. 科学学研究, 1983（2）: 44-52.

[3] 刘则渊. 发展战略学[M]. 杭州：浙江教育出版社, 1988.

[4] 刘则渊, 刘凤朝. 关于知识计量学研究的方法论思考[J]. 科学学与科学技术管理, 2002（8）: 5-8.

[5] 刘则渊. 科学学理论体系建构的思考：基于科学计量学的中外科学学进展研究报告[J]. 科学学研究, 2006（1）: 1-11.

[6] 刘则渊, 陈悦, 侯海燕, 等. 科学知识图谱方法与应用[M]. 北京：人民出版社, 2008.

[7] 刘则渊, 陈悦, 侯海燕, 等. 技术科学前沿图谱与强国战略[M]. 北京：人民出版社, 2012.

（胡志刚 李杰 撰稿/陈悦 审校）

28. 卢茨·博曼
（Lutz Bornmann）

学者关键词：文献计量学；科学计量学；同行评议；研究评估；替代计量学；社会影响力

卢茨·博曼（Lutz Bornmann，1976—），德国著名科学计量学家和科学社会学家，目前就职于德国马克斯·普朗克科学研究所（Max Planck Society）行政总部的科学与创新研究部门。2000年之后，博曼在卡塞尔国际高等教育研究中心（INCHER-Kassel）和瑞士苏黎世联邦理工学院（ETH Zurich）开始了科学计量学研究。博曼的科学计量学研究涉猎广泛，涵盖了科研评价、引文分析、同行评议、替代计量学和科研合作诸多领域。截至2023年4月，博曼共发表各类论文近600篇，被引2.6万余次，h指数高达82次，是科学计量学领域发文量和被引量最高的学者之一。2019年，博曼因其在科学计量学领域的卓越贡献荣获科学计量学领域最高奖——普赖斯奖。

博曼主要的研究方向是科研评价中的问题和方法：①对各类科研评价指标的可用性和适用性进行深入的理论和实践研究，发表了多篇高学术影响力的研究综述，包括引用行为（citing behavior）、h指数及其变体、期刊影响因子、学科归一化引用指标、替代计量指标等。②在既有评价指标的基础上，设计开发了多个新的科研评价指标或评价方法，如CSNCR（citation score normalized by cited references）、引用速率指数（citation speed index）、t-factor、b-index以及作者影响力射束图分析（author impact beamplots）等。这些指标从学科、时间、数据和算法等不同视角，对传统的科研评价指标中的问题和缺陷进行了极具建设性的弥补。③对科研评价中的另一种重要方法——同行评议方法进行了细致的讨论，并将心理学中的启发式方法（heuristic）率先引入科技评价领域。

博曼还作为主要成员开发了参考文献

的出版年谱分析Cited References Explorer工具（CRExplorer，www.crexplorer.net），该工具可以基于Web of Science或Scopus的数据，对科研机构、科研人员、学科领域或研究主题的发展脉络进行溯源和可视化展现，从而探索一个学科领域的根源文献和里程碑文献等。该工具也使得他提出的参考文献年份光谱分析方法（reference publication year spectroscopy，RPYS）可以方便快捷地实现。

博曼是*Quantitative Science Studies*、*PLOS ONE*、*Scientometrics*等期刊的编委会成员，《EMBO报告》（Nature出版集团）的咨询编辑委员会成员。他与很多重要的科学计量学家都保持着密切的合作，其最主要的合作者包括荷兰科学计量学学者Loet Leydesdorff、瑞士学者Hans-Dieter Daniel。在国内，他的合作者主要包括浙江大学的周萍教授和南京大学的叶鹰教授。

代表作（key publications）：

[1] BORNMANN L, GANSER C, TEKLES A. Anchoring effects in the assessment of papers: an empirical survey of citing authors [J]. PLOS ONE, 2023, 18（3）: e0283893.

[2] BORNMANN L, HAUNSCHILD R, BOYACK K, et al. How relevant is climate change research for climate change policy? An empirical analysis based on Overton data [J]. PLOS ONE, 2022, 17（9）: e0274693.

[3] TEKLES A, AUSPURG K, BORNMANN L. Same-gender citations do not indicate a substantial gender homophily bias [J]. PLOS ONE, 2022, 17（9）: e0274810.

[4] TAHAMTAN I, BORNMANN L. The social systems citation theory（SSCT）: a proposal to use the social systems theory for conceptualizing publications and their citations links [J]. Profesional de la información, 2022, 31（4）: e310411.

[5] BORNMANN L, HAUNSCHILD R, MUTZ R. Growth rates of modern science: a latent piecewise growth curve approach to model publication numbers from established and new literature databases [J]. Humanities and social sciences communications, 2021, 8（1）: 1-15.

（胡志刚 李杰 撰稿/陈悦 审校）

29. 卢多·瓦特曼
（Ludo Waltman）

学者关键词：科学计量学；科研评估；同行评议；学术交流；开放科学

卢多·瓦特曼（Ludo Waltman，1982—），出生于荷兰多德雷赫特市。2005年，瓦特曼在荷兰鹿特丹伊拉斯姆斯大学（Erasmus University Rotterdam）获得硕士学位，硕士论文题目为《概率模糊系统的理论分析》（A Theoretical Analysis of Probabilistic Fuzzy Systems），同年在该校计量经济研究所攻读博士学位，并于2011年获得博士学位，其博士论文的题目为《有限理性建模的计算和博弈论方法》（Computational and Game-Theoretic Approaches for Modeling Bounded Rationality）。2008年10月，瓦特曼与Nees Jan Van Eck在荷兰莱顿大学科学技术元勘中心（CWTS）参加了普赖斯奖获得者安东尼·范瑞安（Anthony van Raan）组织的学术讲座"测量科学"，讲座中范瑞安发现他们具有很强的学术潜力。2009年，两位青年学者成为CWTS的兼职研究人员，科学计量学成为他们的主要研究方向。2011年，在范瑞安的努力下，他们正式加入了CWTS团队，继续从事科学知识图谱和学术评价的研究。

2014年9月，瓦特曼被任命为科学计量学领域权威期刊 *Journal of Informetrics* 的主编，后来因与该期刊出版商爱思唯尔集团在开放引文（Open Citations）上的分歧，于2019年辞去主编一职。在国际科学计量学和信息计量学学会（ISSI）的支持下，瓦特曼成立了新会刊 *Quantitative Science Studies*，并担任创刊主编。2018年7月，36岁的瓦特曼被莱顿大学任命为"科学、技术与创新"方向的教授，并带领团队从事量化科学的研究。同年9月，瓦特曼被任命为CWTS副主任（deputy director），并从2019年1月开始负责CWTS的量化科学研究事业。

截至2023年，瓦特曼已发表期刊论文100余篇，其中5篇发表在*Nature*和*Science*上，第一作者论文47篇，论文总被引频次超过11 000次，h指数超过40，主要研究信息科学与图书馆学、计算机科学与跨学科应用等方向。瓦特曼的研究成果具有广泛的学术影响力，2018—2022年连续五年入选科睿唯安社会科学领域高被引学者。瓦特曼被引频次最高的一篇文章为"Software survey：VOSviewer, a computer program for bibliometric mapping"，在Web of Science平台被引频次超过5 000次，合作者为Nees Jan Van Eck，论文内容是关于两位学者所开发的科学知识图谱工具VOSviewer的介绍。该软件自2009年开发以来获得了广泛关注，目前在Web of Science平台中利用此软件开展研究的论文超过3 500篇。除VOSviewer软件外，瓦特曼还参与开发了科学文献引文网络工具CitNetExplorer，该工具可用于大规模科学引文数据的分析和可视化，功能丰富、易用，在一定程度上促进了科学计量学的实践和普及。

瓦特曼积极推动科学计量学的实践与学科发展，在2014年荷兰莱顿召开的国际会议上参与探讨合理利用科学评价指标的七条原则，后来扩充为十条，形成了2015年4月在*Nature*期刊发表的《莱顿宣言》（Leiden Manifesto）。2018年，他与网络科学家Albert-László Barabási等多位学者合作在*Science*上发表了"科学学"的综述，全面介绍了科学学（the science of science）的研究格局，产生了广泛的影响。2021年，鉴于其在科学计量学研究上的卓越贡献，被授予了科学计量学领域的最高奖——普赖斯奖。瓦特曼也成为自1989年该奖项设立以来最年轻的获奖者。

目前，瓦特曼致力于开放科学的研究，积极推动开放引文、开放同行评议的进程。自2019年开始，瓦特曼担任致力于提升科学研究效率和影响力的国际性研究联盟（Research on Research Institute，RoRI）副主任与开放引文倡议活动（Coordinator of the Initiative for Open Abstracts，I4OA）协调员，2020年担任开放引文国际顾问委员会主席，2022年成为由科学家推动的非营利组织ASAPbio（Accelerating Science and Publication in Biology）的董事会成员。

代表作（key publications）：

[1] VAN ECK N J, WALTMAN L. Software survey：VOSviewer, a computer program for bibliometric mapping [J]. Scientometrics, 2010, 84（2）：523-538.

[2] WALTMAN L, VAN ECK N J. A new methodology for constructing a publication-level classification system of science [J]. Journal of the American society for information science and technology, 2012, 63（12）：2378-2392.

[3] HICKS D, WOUTERS P, WALTMAN L, et al. The Leiden Manifesto for research metrics [J]. Nature, 2015, 520（7548）：429-431.

[4] TRAAG V A, WALTMAN L, VAN ECK N J. From Louvain to Leiden：guaranteeing well-connected communities [J]. Sci Rep, 2019, 9.

[5] WALTMAN L, KALTENBRUNNER W, PINFIELD S, et al. How to improve scientific peer review：four schools of thought [J]. Learned Publishing, 2023, 36：334-347.

（李杰 谢前前 撰稿/付慧真 审校）

30. 路特·莱兹多夫
（Loet Leydesdorff）

学者关键词：科学计量学；三螺旋模型；多样性测度；叠加图分析

路特·莱兹多夫（Loet Leydesdorff，1948—2023），荷兰阿姆斯特丹大学教授，科学计量学与信息计量学国际最高荣誉——普赖斯奖（The Derek de Solla Price Award）获得者（2003年），终身致力于多角度、多学科视角思考和探索科学计量学、科学传播等领域的理论建构和方法论问题。他将熵的概念作为科学计量学演算的基础，代表作《科学计量学的挑战》一书曾被翻译为中文和日文，是科学计量学领域的经典著作之一。他与美国社会学家亨利·埃茨科维茨（Henry Etzkowitz）共同提出了三螺旋模型，阐释了知识经济时代大学、产业、政府三方的协同创新关系，成为创新管理领域的新研究范式。

1948年莱兹多夫出生于荷属印度群岛的雅加达，1965年进入阿姆斯特丹大学生物化学专业学习，分别于1969年和1973年获得化学学士和生物化学硕士学位。求学期间，莱兹多夫开始关注科学与社会的关系，并于1972—1973年兼任阿姆斯特丹大学哲学系助教，硕士毕业后他成为乌特勒支大学科学与社会系助理教授。1977年莱兹多夫获得哲学硕士学位，之后担任阿姆斯特丹大学科学技术动力学系高级讲师，主要研究雇员与技术创新政策间的关系，1984年获得社会学博士学位。在博士论文中，莱兹多夫研究了雇员和技术创新政策之间的关系，他发现在雇员所在单位并未观察到知识引导式发展，这引起他对"如何衡量科学发展的影响"问题的关注，也使其开始步入科学计量学研究领域。

莱兹多夫具有生物化学、哲学、社会学等多学科教育背景，其学术思想的根源可以追溯至科学哲学、科学社会学、数学、信息科学等学科领域。他借用的方法之多和汲取营养的学科之广，在当代科学计量学家中罕有其匹。莱兹多夫在学术研究中传承了科学计量学先驱者普赖斯和加菲尔德的学术思想，同时通过跨学科知识转移，不断创新和拓展科学计量学的知识体系，再加上他的量化分析能力，使其可以跨越社会科学与自然科学的界限，从更广阔的学术视野审视科学和技术发展进程中的基础性问题。莱兹多夫是社会科学领域最为高产的作者之一，他的学术成果丰硕，特别是其利用定量方法开展科学研究的经验尤为丰富，共计发表500余篇学术论文并出版多部专著，2014—2019年连续被评为Web of Science社会科学领域高被引学者。其学术著作和研发工具都免费发布在个人主页上（www.leydesdorff.net），这些内容是科学计量学界的知识宝库，也是他留给我们的精神遗产。

自1987年以来，莱兹多夫长期担任 *Scientometrics*、*Journal of Informetrics*、*Social Science Information*、*Quantitative Science Studies*、*Science and Public Policy* 等数十本国际学术期刊的编委会成员，2015年受聘为世界三螺旋与未来研究协会（WATEF）名誉主席，2016年当选为国际三螺旋协会名誉会长。莱兹多夫与来自20多个国家的百余名学者存在合作研究关系。他曾先后受聘为英国萨塞克斯大学、英国伦敦大学、中国科学技术信息研究所、浙江大学、日本东京国立科学技术政策研究所等多所高校和研究所的客座教授或名誉教授，为推进国际科学计量学的发展贡献了毕生精力，做出了重大贡献。

代表作（key publications）：

［1］LEYDESDORFF L. The Challenge of Scientometrics The Development, Measurement, and Self-Organization of Scientific Communications［M］. Universal-Publishers, 2001.（洛埃特·雷迭斯多夫.科学计量学的挑战［M］.乌云其其格，等译，武夷山审校.北京：科学技术文献出版社，2003.）

［2］LEYDESDORFF L. The challenge of scientometrics: The development, measurement and self-organization of scientific communications［M］. Leiden: DSWO Press, Leiden University, The Netherlands.1995.

［3］LEYDESDORFF L, RAFOLS I., A global map of science based on the ISI subject categories［J］. Journal of the American Society for information science and technology, 2009, 60: 348-362.

［4］ETZKOWITZ H, LEYDESDORFF L. The dynamics of innovation: from National Systems and "Mode 2" to a Triple Helix of university–industry–government relations［J］. Research Policy, 2000, 29（2）: 109-23.

［5］LEYDESDORFF L. The Knowledge-based Economy: Modeled, Measured, Simulated［M］. Boca Raton, Florida: Universal Publishers, 2006.

［6］LEYDESDORFF L. The Evolutionary Dynamics of Discursive Knowledge: Communication-Theoretical Perspectives on an Empirical Philosophy of Science［M］. In: Qualitative and Quantitative Analysis of Scientific and Scholarly Communication（Wolfgang Glänzel and Andrasz Schubert., Eds.）. Cham, Switzerland: Springer Nature, 2021.

（赵勇 张琳 李杰 撰稿/武夷山 审校）

31. 罗伯特·金·默顿（Robert King Merton）

学者关键词：科学社会学；马太效应

罗伯特·金·默顿（Robert King Merton，1910—2003），美国哥伦比亚大学教授，著名社会学家，科学社会学之父，美国国家科学奖章获得者。

默顿出生于美国费城南部的一个平民家庭，1931年获得坦普尔大学（Temple University）学士学位，后进入哈佛大学，师从著名社会学家P.A.索罗金、T.帕森斯和科学史家G.A.L.萨顿，1936年获得社会学博士学位。他在其博士论文《十七世纪英格兰的科学、技术与社会》中，开始采用定量分析和定性分析相结合的方法，对科学技术在诞生初期的社会历史背景进行了深刻的分析和诠释，是最早将科学、技术与社会（science，technology and society，STS）三个词组合在一起的人，这为他后来提出并发展专门的科学社会学（sociology of science）奠定了基础。

博士毕业之后，默顿先后就职于哈佛大学、图兰恩大学，1941年后就职于哥伦比亚大学直到退休。在这里，他培养了包括哈里特·朱克曼（Harriet Zuckerman）、斯蒂芬·科尔（Stephen Cole）、乔纳森·科尔（Jonathan Cole）、科尔曼（Coleman）等一批卓有贡献的科学社会学学者，这批学者被称为默顿学派。从20世纪60年代到90年代，默顿学派将科学看作一种相对独立的社会制度或系统，深入研究了科学系统自身的结构与功能，并对科学界的规范体系、科学家的行为模式、科学共同体的活动及其组织、科学界的社会分层等各类问题都进行了系统的分析和探讨，将科学社会学正式确立为具有独立研究对象、问题及方法的学科领域。

默顿在科学社会学领域最重要的贡献之一是提出了科学家的行为规范（norms of science），也被称为默顿规范（Mertonian norms）。他指出，科学家们在进行研究时会遵守一系列规范，例如普遍主义（universalism）、公有性（communism）、无私利性（disinterestedness）、有组织的怀疑主义（organized skepticism）等。这些规范有助于确保科学研究的可靠性和有效性，并促进了科学知识的积累和传播。默顿认为这些规范是科学活动中的核心价值观，也是推动科学发展的重要因素。默顿的另一个重要贡献是提出了科学界的马太效应（Matthew effect）。马太效应描述了科学研究领域中的优势累积现象，即赢者通吃，过往的成功孕育新的成功，从而导致科学家之间的差距越来越大。默顿认为，一些科学家和研究机构因其早期拥有更多的资源和机会，更有可能在未来获得成功和声誉，而这可能导致一些本来有潜力的科学家或研究机构被忽略或边缘化，从而阻碍了科学研究的发展。默顿的很多研究对于科学计量学领域也有重要影响，比如他提出的科学界的马太效应、科学奖励系统、科学的社会分层等理论在科学计量学界都是非常重要的理论基础和研究课题。1995年，默顿被ISSI授予科学计量学最高奖——普赖斯奖。

除了科学社会学领域的贡献之外，默顿还是一位杰出的社会学家，曾担任美国社会学会主席（1957年）、美国东部社会学协会主席（1968—1969年）等。他是结构功能主义流派的代表性人物之一，提出了负功能（dysfunction）、功能替代等观点，并将其用于对官僚机制的研究。他还提出了"中层理论"的社会学研究范式，构架起社会学理论研究与经验分析的桥梁。

代表作（key publications）：

[1] MERTON R K. Science, technology and society in seventeenth century England [J]. Osiris, 1938, 4: 360-632.

[2] MERTON R K. Social theory and social structure [M]. Free press, 1968.

[3] MERTON R K. The sociology of science: theoretical and empirical investigations [M]. Chicago: University of Chicago press, 1973.

[4] MERTON R K. The Matthew effect in science: the reward and communication systems of science are considered [J]. Science, 1968, 159 (3810): 56-63.

[5] MERTON R K. On social structure and science [M]. Chicago: University of Chicago Press, 1996.

[6] MERTON R K. The sociology of knowledge [J]. ISIS, 1937, 27 (3): 493-503.

（胡志刚 李杰 撰稿/陈悦 审校）

32. 罗纳德·鲁索（Ronald Rousseau）

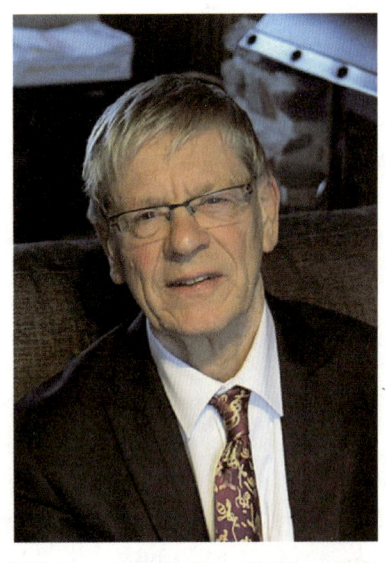

学者关键词：引文分析；h指数；信息计量；计量指标；科研评价

罗纳德·鲁索（Ronald Rousseau，1949—），生于比利时安特卫普，国际著名信息计量学专家，国际信息计量学与科学计量学会创始人之一，被誉为"信息计量学之父"。主要研究领域为文献计量学、科学计量学、信息计量学和网络计量学（bibliometrics, scientometrics, informetrics and webometrics）等。

1977年在KU Leuven大学获得数学专业博士学位后，鲁索入职比利时布鲁日-奥斯坦德天主教高等教育学院（Catholic School for Higher Education Bruges-Ostend, KHBO），教授工程数学方面的课程（该校后来并入了KU Leuven大学）。1992年鲁索获得Antwerp图书情报学博士学位后，开始在Antwerp大学教授图书情报方面的课程、并依托该校培养图书情报方向的博士。在KU Leuven成立比利时研发监测中心（ECOOM）后，他依托该中心开展科学计量学方面的研究工作。

1990年，鲁索和Leo Egghe共同编写了《信息计量学导论》（Introduction to informetrics）。2001年，他获得了国际科学计量学领域最高荣誉普赖斯奖（Derek de Solla Price）。该奖项是为纪念"科学计量学之父"普赖斯而由《科学计量学》（Scientometrics）杂志的执行主编蒂博尔·布劳温提议设立的，授予在相对较长时间内对科学计量学学科建设有杰出贡献的学者们。

鲁索共撰写了500多篇正式发表的学术论文，其中300多篇被Web of Science（WoS）收录，与全球250多位合作者有良好合作。截至2023年2月，他在Web of Science中的h指数为41，在Google Scholar中的h指数是61，内容涉及数学、数学教育、科学计量学、信息计量学、生态学、经济学等诸多领域。鲁索是两届（2007—2011，2011—2015）国际科学计量学与信息计量学学会主席，中国科学学与科技政策研究会的外籍会员，浙江大学及河南师范大学的名誉教授，Antwerp大学、印度达瓦德科学计量研究所（the Institute of Scientometrics, Dharwad）及中国中科院文献情报中心、武汉大学中国科学评价研究中心等国内外多所科研院所的客座教授或兼职研究员。此外，鲁索担任中国科学计量指标库的顾问，是《数据与情报科学学报》（Journal of Data and Information Science）的共同主编，《信息计量学学报》（Journal of Informetrics）、《美国信息科学技术学会会刊》（Journal of the American Society for Information Science and Technology）、《网络计量学》（Cybermetrics）、《评价与管理》《情报学报》等杂志的编委会成员以及《科学计量学》（Scientometrics）期刊顾问委员会成员。

鲁索与中国有着密切的联系，他担任多所院校的客座教授，曾多次来华参加科学计量学的各种国际学术会议，并且与许多科学计量学学者如金碧辉、梁立明、武夷山、山石、刘则渊、邱均平、方勇等建立了深厚的友谊。他与中国学者合作并多次在国际著名刊物上发表论文，在中国科学计量学国际化发展方面发挥了重要的桥梁作用。自2001年起，鲁索先后被聘为河南师范大学、浙江大学的名誉教授，以及中国科学院国家科学图书馆和大连理工大学的客座教授。除此之外，鲁索还与国家自然科学基金委、中国科学技术信息研究所、武汉大学、上海大学等科研院所保持了密切的联系。2020年鲁索获得了浙江省人民政府颁发的"西湖友谊奖"。

代表作（key publications）：

[1] ROUSSEAU R. Sitations: an exploratory study [J]. Cybermetrics, 1997, 1（1）: 1-7.

[2] EGGHE L, ROUSSEAU R. Introduction to informetrics. Quantitative methods in library, documentation and information science [M]. Elsevier Science Publishers, 1990.

[3] OTTE E, ROUSSEAU R. Social network analysis: a powerful strategy, also for the information sciences [J]. Journal of information Science, 2002, 28（6）: 441-453.

[4] AHLGREN P, JARNEVING B, ROUSSEAU R. Requirements for a cocitation similarity measure, with special reference to Pearson's correlation coefficient [J]. Journal of the American Society for Information Science and Technology, 2003, 54（6）: 550-560.

[5] ROUSSEAU R, EGGHE L, GUNS R. Becoming metric-wise. A bibliometric guide for researchers [M]. Chandos（Elsevier）, 2018.

（唐莉 胡丽云 撰稿/刘玉仙 胡小君 审校）

33. 迈克·塞沃尔（Mike Thelwall）

学者关键词：科学计量学；替代计量学；机器学习；研究评估；社交媒体

迈克·塞沃尔（Mike Thelwall，1965—），英国学者，现为英国谢菲尔德大学（University of Sheffield）教授，曾担任英国伍尔弗汉普顿大学（University of Wolverhampton）数据科学专业教授，主要从事网络计量学、社会媒体计量学和情感分析等方面的研究。他从人文与社会科学角度将数据科学方法应用于社交媒体度量、情感分析、网络计量等领域，为Twitter、Youtube等开发了网络量化方法，为联合国开发计划署（The United Nations Development Programme，UNDP）等组织开展了影响力评估。他是英国负责任研究指标论坛（the UK Forum for Responsible Research Metrics）成员、统计网络计量学和科研评估小组（Statistical Cybermetrics and Research Evaluation Group）负责人，连续五年被评为全球社会科学高被引研究者（2017—2021年），入选斯坦福大学发布的全球前2%顶尖科学家榜单，在Information & Library Science分类榜单中排名前二。

塞沃尔于1986年获得英国兰卡斯特大学数学理学学士学位，于1989年获得英国兰卡斯特大学纯数学博士学位，并加入英国伍尔弗汉普顿大学。他的学术贡献主要在于从信息科学视角开发、提取和分析网络数据，探索了许多新兴的研究领域，并解决了链接分析、引文分析、替代计量分析和情感分析方面的学术问题，还为科学计量学和文献计量学的定量方法做出了贡献。塞沃尔开发和评估了多款用于系统收集和分析网络和社交网络数据的免费计算机应用程序：Webometric Analyst（替代计量学、网络引用和网络计量学数据收集器和分析器）、SocSciBot（网络爬虫和超链接分析器）、Mozdeh（Twitter时间序列分析器）以及SentiStrength（情绪强度检测软件）等，这些工具帮助科研人员和学生收集和分析来自各种网络资源的数据，例如Bing搜索引擎、YouTube、Twitter、Mendeley、Google Books、Online Syllabi、Academia、ResearchGate、Worldcat等。

塞沃尔于2000年创建的统计网络计量学和科研评估小组已获得包括欧盟和联合国在内的多个资助机构近150万英镑的研究资金，2015年获得了伍尔弗汉普顿大学卓越研究奖，2014年英国高校学术研究排名中（REF）该小组几乎所有已发表的研究都被评为"世界领先"或"国际优秀"。

塞沃尔对网络计量学和科学计量学领域的贡献不仅限于科学研究。他还为伍尔弗汉普顿大学的本科生和研究生设计了网络计量课程，将数学、计算、信息科学和实用的网络计量技术相结合，以收集和分析网络对象。塞沃尔曾在中国、俄罗斯、德国、西班牙和美国的博士课程和暑期学校做过演讲，曾指导过多名博士后研究员和访问学者，与17个国家的140多位学者合作发表论文，培养多名优秀的网络计量学和科学计量学领域的博士研究生。

代表作（key publications）：
［1］THELWALL M, KOUSHA K, STUART E, et al. In which fields are citations indicators of research quality？［J］. Journal of the association for information science and technology, 2023, 74（8）: 941-953.

［2］THELWALL M, KOUSHA K, WILSON P, et al. Predicting article quality scores with machine learning: the UK research excellence framework［J］. Quantitative science studies, 2023, 4（2）: 547-573.

［3］THELWALL M, KOUSHA K, MAKITA M, et al. In which fields do higher impact journals publish higher quality articles？［J］. Scientometrics, 2023, 128: 3915-3933.

［4］THELWALL M, KOUSHA K, ABDOLI M, et al. Why are coauthored academic articles more cited: higher quality or larger audience？［J］. Journal of the association for information science and technology, 2023, 74（7）: 791-810.

［5］THELWALL M, KOUSHA K, ABDOLI M, et al. Do altmetric scores reflect article quality? Evidence from the UK research excellence framework 2021［J］. Journal of the association for information science and technology, 2023, 74（5）: 582-593.

［6］THELWALL M, SUD P. Scopus 1900—2020: growth in articles, abstracts, countries, fields, and journals［J］. Quantitative science studies, 2022, 3（1）: 37-50.

［7］THELWALL M, ABDULLAH A, FAIRCLOUGH R. Researching women and men 1996—2020: is androcentrism still dominant？［J］. Quantitative science studies, 2022, 3（1）: 244-264.

（陈悦 崔林蔚 撰稿/李杰 审校）

34. 迈克尔·莫拉夫奇克
（Michael Moravcsik）

学者关键词：物理学；科学计量学；引文指标；第三世界

迈克尔·莫拉夫奇克（Michael Moravcsik，1928—1989），是出生于匈牙利的美国理论物理学家、科学计量学家、音乐评论家和科学大使，是科学政策与发展、科学计量学和科学学等领域非常活跃的研究人员，曾任福特基金会、联合国教科文组织、美国科学促进会和美国国家科学基金会的科学政策顾问。他因为在发展中国家的科学政策、科学方法论和科学计量学领域的重要贡献，尤其是在引文指标和引文测度方面的突出研究表现，于1985年获得科学计量学领域的最高奖——普赖斯奖。

莫拉夫奇克于1928年出生在匈牙利布达佩斯，1948年在布达佩斯大学（University of Budapest）完成了两年的物理和数学专业学习后移民美国，继续学习物理和数学，1951年在哈佛大学（Harvard University）获得物理学学士学位，1956年在康奈尔大学获得理论物理学博士学位。1956年至1958年，他在布鲁克海文国家实验室（Brookhaven National Laboratory）担任助理研究员，随后加入加州大学利弗莫尔分校劳伦斯辐射实验室（Lawrence Berkeley National Laboratory）理论物理系，并成为基本粒子和核理论小组的负责人。1967年莫拉夫奇克前往俄勒冈大学（University of Oregon）物理系和理论科学研究所任教授职位，并于1969年至1972年担任该研究所所长。

莫拉夫奇克在物理学上的贡献集中在强相互作用理论上，核心是在场论模型中研究介子光产生的动力学。在20世纪60年代中期，他开始研究核子-核子相互作用。他在这项工作中的合作者包括Henry Stapp、Malcolm MacGregorand和H. Pierre Noyes。该研究确定了介子-核子的耦合常数（著名的$g^2/4\Pi \approx 15$），并在强相互作用的粒子交换模型中取得了进展。随后他的研究主题转向极化测量之间的关系以及反应振幅的自旋依赖性。

在劳伦斯辐射实验室工作期间，莫拉夫奇克在巴基斯坦拉合尔原子能中心担任国际原子能机构的客座教授（1962—1963年）。在这里，他对第三世界国家的科学政策和发展产生了浓厚兴趣。1969年，他发起了"物理学面试计划"，该计划每两年派两名物理学家到发展中国家面试美国研究生院的准学生，该项目使数百名学生受益。他深信推动科学的理解和应用对经济发展和现代化至关重要，在这个主题上写了大量的文章，关于科学发展的一些著作被收录在三本书中：《科学发展》（1975年）、《如何发展科学》（1980年）和《走向世界科学之路：对科学发展的贡献》（1988年）。这些文章奠定了他在这一领域的权威地位。

由于莫拉夫奇克不满意关于发展中国家科学进步的轶事报道和价值判断，他开始积极开发科学增长、有效性和生产率的量化指标，即科学计量学或科学社会研究。在研究脉络上，1973年他开始涉足科学计量学，发表了《科学增长的测度》（Measures of Scientific Growth）一文，提出对日渐流行的科学出版和引用测度方法的批评。1975年他开始从事关于科学家和科学传播的实证社会研究，成为引文定量分类的先驱。他用"有机"（organic）和"进化"（evolutionary）等术语进行分类，反映他对基础研究和科学发展动机以及区分重要引用和非重要引用的研究兴趣。1982年他首次尝试对发展中国家的科学产出进行文献计量学研究，使用来自美国科学信息研究所（ISI）地址目录的论文作者数据，寻找论文产量随时间变化的趋势。他还思考了传播研究成果和促进更多参与基础科学项目的最佳制度；他提出了许多改善科学界做法的建议，包括改善高能物理学的预印本分发、向发展中国家的物理系提供期刊，以及倡导降低发展中国家的图书馆图书和期刊成本等。

代表作（key publications）：

[1] MORAVCSIK M. On the road to worldwide science: contributions to science development [M]. World scientific, 1988.

[2] MORAVCSIK M. How to grow science [M]. New York: Universe Books, 1980.

[3] MORAVCSIK M. Creativity in science education [J]. Science education, 1981, 65: 221-227.

[4] POOVANALINGAM M, MICHAEL J. MORAVCSIK. Variation of the nature of citation measures with journals and scientific specialties [J]. Journal of the American society for information science, 1978, 29: 141-147.

[5] MORAVCSIK M, POOVANALINGAM M. Some results on the function and quality of citations [J]. Social studies of science, 1975, 5(1): 86-92.

[6] MORAVCSIK M. Measures of scientific growth [J]. Research policy, 1973, 2(3): 266-275.

（陈悦 吴玲玲 撰稿）

35. 米歇尔·齐特（Michel Zitt）

学者关键词：科学计量学；科学国际化；科学映射；引文分析；科学技术关联

米歇尔·齐特（Michel Zitt, 1947— ），法国莱雷科实验室室（Lereco lab）的高级研究员（已退休），法国巴黎科技观测站（Observatoire des Sciences et des Techniques，OST）的科学计量学与研发顾问，2009年普赖斯奖获得者。

1975年，齐特加入国家农业研究所（Instituto Nacional de Investigación Agronómica，INRI），开展科学计量学的相关研究。1977年进入安格尔-南特经济研究所（Laboratoire d'Études et de Recherches Économiques，LERECO）工作。自1991年起，他在巴黎科技观测站负责研究相关科学指标的研制与应用。截至目前，齐特已发表近百篇文章，也是*Scientometrics*期刊的编辑委员会成员。

齐特具有工程学专业背景，同时拥有管理科学博士学位和经济学博士学位，因此能够熟练地从跨学科视角思考问题。他曾基于论文与专利数据进行了科学与技术关系的深入分析，还探索过科学合作的国际化机制。1991年，他在*Scientometrics*期刊上发表了其在科学计量学领域的处女作，提出使用词法分析（lexical analysis）来探究话题的历史变迁与动态演化。齐特还尝试基于数据源的特点研究科学计量"绩效"指标，开发出了一系列新指标。他提出的融合词法分析和引文网络的方法不仅适用于科学地图的构建，还可以用来改善复杂研究领域的学科划分。

代表作（key publications）：

[1] ZITT M, BASSECOULARD E, OKUBO Y. Shadows of the past in international cooperation: collaboration profiles of the top five producers of science [J]. Scientometrics, 2000, 47（3）: 627-657.

[2] ZITT M, RAMANANA-RAHARY S, BASSECOULARD E. Correcting glasses help fair comparisons in international science

landscape: country indicators as a function of ISI database delineation [J]. Scientometrics, 2003, 56 (2): 259-282.

[3] ZITT M, RAMANANA-RAHARY S, BASSECOULARD E. Relativity of citation performance and excellence measures: from cross-field to cross-scale effects of field-normalisation [J]. Scientometrics, 2005, 63 (2): 373-401.

[4] ZITT M, BASSECOULARD E. Delineating complex scientific fields by an hybrid lexical-citation method: an application to nanosciences [J]. Information processing & management, 2006, 42 (6): 1513-1531.

[5] ZITT M, BASSECOULARD E. Challenges for scientometric indicators: data demining, knowledge-flow measurements and diversity issues [J]. Ethics in science and environmental politics, 2008, 8 (1): 49-60.

[6] ZITT M, SMALL H. Modifying the journal impact factor by fractional citation weighting: the audience factor [J]. Journal of the American society for information science and technology, 2008, 59 (11): 1856-1860.

[7] ZITT M, LELU A, BASSECOULARD E. Hybrid citation-word representations in science mapping: portolan charts of research fields? [J]. Journal of the American society for information science and technology, 2011, 62 (1): 19-39.

（黄颖 唐娟 撰稿/张琳 审校）

36. 乔治·金斯利·齐普夫
（George Kingsley Zipf）

学者关键词：齐普夫定律；（最）省力原则；计量语言学

乔治·金斯利·齐普夫（George Kingsley Zipf，1902—1950），美国语言学家，哈佛大学教授。他的语言学思想和研究成果为现代计量语言学的诞生奠定了坚实的基础。因为他对词频分布规律的深入研究，以及在对其进行科学解释与跨学科应用方面的卓越贡献，人们以他的名字命名了"齐普夫定律"（Zipf's law）。该定律反映了结构单位的频次和频序之间的统计规律，这种规律广泛存在于人类语言现象以及诸多自然与社会现象之中。

1902年，齐普夫出生于美国伊利诺伊州的一个德裔家庭。他高中毕业后进入哈佛大学学习，于1924年毕业，次年前往德国柏林大学和波恩大学深造。之后他回到哈佛大学，于1929年获得博士学位。此后，他在哈佛大学担任德语教师，1936年任助理教授。1939年，因为在跨学科研究方面的卓越成就，他被聘为哈佛大学讲席教授（university lecturer）。1950年，他因"对特定市场行为进行定量研究，揭示了潜在的统计规律"而获得古根海姆奖（Guggenheim Fellowship）。然而，在古根海姆奖例行的健康体检中，齐普夫发现自己身患癌症。他接受了一次手术，但为时已晚，术后几个月病逝，终年48岁。齐普夫在短暂的一生中留下了6本专著和36篇论文（其中3篇与他人合作）。这些学术成果贡献巨大、影响广泛，几乎涉及人类社会的各个领域。

在德国学习期间，齐普夫开始视语言为一种自然现象，并且通过定量方法研究语言。此后他一直致力于建立一个类似于自然科学的语言科学学科。他所提倡的基于频率主义（frequentism）的语言研究被后人称为齐普夫范式（Zipfian paradigm），现代计量语言学早期也被称为齐普夫语言学（Zipfian linguistics）。1929年，他获得博士学位的论文题目是《相对频率作为语音变化的决定因素》（Relative Frequency as a Determinant of Phonetic Change）。1932年，齐普夫出版了第一本专著《语言中的频率原则研究选编》（Selected Studies of the Principle of Relative Frequency in Language），从跨语言的角度描写了英语、汉语、拉丁语等不同语言文本中的词频分布特征。1935年，他又出版了专著《语言之心理生物学——动态语文学导论》（The Psycho-Biology of Language：An Introduction to Dynamic Philology）。该书以古罗马剧作家普劳图斯的拉丁文作品为语料，系统地阐述了文本中的词频分布规律（齐普夫定律），并对使用的模型进行了合理的语言学解释。作为德语教师，他在教学方面的工作也得到了大学和学生们的赞扬。他强调将学习重点转移到词汇上，得益于此，那些仅学习了一年的学生就已经可以借助词典阅读德语文献了。他在1938年发表的论文《语法规则问题与"普通语言"的学习》（On the Problem of Grammatical Rules and the Study of 'General Language'）阐述了这种重视词汇（特别是高频词）的教学理念与方法。现代计量语言学的开创者、德国语言学家阿尔特曼（Altmann）评价说，就重要性而言，齐普夫之于语言学，堪比牛顿之于物理学。然而，在齐普夫逝世后的半个多世纪里，他的学术思想与贡献并没有得到语言学界的足够重视。今天，人们对齐普夫的了解与崇敬大多源于"齐普夫定律"在其他学科领域的广泛应用。齐普夫的讣告发布在社会学期刊《美国社会评论》（American Sociological Review）而不是语言学期刊上，就是一个明证。

虽然齐普夫不是最早发现文本频率结构特定规律的人，但是他的贡献是最大的。他不仅验证和解释了这种规律，还将它扩展到了其他学科领域，比如社会学。1941年，他出版了专著《国家的统一与分裂——作为生物-社会有机体的国家》（National Unity and Disunity. The nation as a bio-social organism），将统计方法应用于城市规模和人口迁移研究。1949年，他在专著《人类行为与省力原则——人类生态学引论》（Human Behavior and the Principle of Least Effort：An Introduction to Human Ecology）中，进一步将统计方法和模型应用于语义学、心理学、社会学和地理学等领域，并提出了著名的"省力原则"（the principle of least effort），用于解释齐普夫定律。"省力原则"认为，人在使用语言进行交际时，语言受到两个方向相反的力的作用，一个是统一化力（force of unification），另一个是多样化力（force of diversification）。说话者期望编码负担最小化，即用尽可能少的语言形式表达尽可能多的意义，极端的情况是只用一个形式编码所有意义。听话者期望解码负担最小化，即所有需要传达的意义要使用尽可能多的语言形式来表达，极端的情况是语言形式与意义一一对应。交际双方的需求是矛盾的，只有在两个方向的作用力相互妥协、形成动态平衡的情况下，交际双方才真正达到了省力的目的。这种妥协与平衡造成了语言单位的幂律分布特征。"省力原则"和"统一化力与多样化力的平衡"为语言研究打开了系统之门，打破了自结构主义以来静态语言学一统天下的局面，已成为当代语言学中重要的学术思想，引领并推动了动态语言学的发展。"省力原则"也成为解释人类诸多行为的一条基本准则。

早在现代系统论出现之前，齐普夫就

以不同的方式阐述了关于自组织、语言经济原则和语言规律基本性质的创新思想。世界著名的数学家曼德博（Mandelbrot）从理论上证明了齐普夫定律后，齐普夫的学术思想快速浸润到了社会学、地理学、经济学、物理学、生物学、信息计量学等各种科学学科。美国心理学家米勒（Miller）说，齐普夫属于为数不多的、能够激发人类思考的学者，他失败的成果也比大多数人成功的成果更有意义。

代表作（key publications）：

[1] 齐普夫. 最省力原则：人类行为生态学导论 [M]. 薛朝凤, 译. 上海：上海人民出版社, 2016.

[2] ZIPF G K. Relative frequency as a determinant of phonetic change [J]. Harvard studies in classical philology, 1929, 40: 1-95.

[3] ZIPF G K. Selected studies of the principle of relative frequency in language [M]. Cambridge: Harvard University Press, 1932.

[4] ZIPF G K. The psycho-biology of language: an introduction to dynamic philology [M]. Boston: Houghton-Mifflin, 1935.

[5] ZIPF G K. On the problem of grammatical rules and the study of 'General Language' [J]. Modern language journal, 1938, 22 (4): 243-249.

[6] ZIPF G K. National unity and disunity; The nation as a bio-social organism [M]. Bloomington, Ind., Principia Press, Inc., 1941.

[7] ZIPF G K. Human behavior and the principle of least effort. An Introduction to human ecology [M]. Cambridge, Massachusetts: Addison-Wesley Press Inc., 1949.

（黄伟 撰稿/李杰 刘海涛 审校）

37. 邱均平
（Qiu Junping）

学者关键词：文献计量学；信息计量学；知识计量学；科学评价；大学评价；期刊评价

邱均平（1947—），湖南省涟源市人，是我国著名情报学家和评价管理权威专家、"文献计量学"和评价科学的主要奠基人、"五计学"的开创者，被学术界誉为"计量泰斗，评价鸿钧"。1969年，邱均平毕业于武汉大学化学系；1979年1月考入武汉大学科技情报专业师资班学习两年；1981年留校任教；1996年被聘为教授；2008年被聘为二级教授。邱均平曾为武汉大学珞珈杰出学者，图书情报与档案管理、管理科学与工程和教育学等学科博士生导师，已培养博士、硕士达220余人；曾获得国务院学位委员会和教育部颁发的"全国百篇优秀博士论文指导教师奖"，武汉大学"研究生教育杰出贡献奖"，第四届"我心目中的好导师"第一名；曾被评为有突出贡献的中青年专家和享受国务院特殊津贴专家。

邱均平现任杭州电子科技大学资深教授、博士生导师、中国科教评价研究院院长、浙江高等教育研究院院长、数据科学与信息计量研究院院长、高教强省发展战略与评价研究中心（浙江智库）主任、*Data Science and Informetrics*和《评价与管理》杂志主编；兼任教育部高等教育教学评估专家、CSSCI指导委员会原委员、中国索引学会原副理事长、中国科技情报学会原常务理事、中国社会科学情报学会原常务理事、中国科学学与科技政策研究会原常务理事兼全国科学计量学与信息计量学专业委员会主任等。

邱均平的主要研究方向为信息计量与科教评价、信息管理与信息系统、评价科学与科教管理等。邱均平率先在国内出版《文献计量学》，该书被誉为文献计量学的奠基之作；开设相关本科和研究生课程，首次构建了理论、方法、应用三结合的内容体系；出版专著《评价学：理论·方法·实践》，该专著是评价学的奠基之作；出版了我国第一部《知识管理学》专著，从理论的高度和学科的角度构建了知识管理学的内容体系；组织开设的"信息计量学"课程入选"国家精品课程"和"国家精品资源共享课程"；主编的《信息计量学概论》是国家"十二五"规划教材，《知识管理学概论》是国家"十一五"、"十二五"规划教材；出版国内第一部《信息资源管理学》专著，完成从信息资源管理到信息资源管理学的发展；作为总编组织和出版"现代信息资源管理丛书"（18个分册），具有里程碑意义；在国内组建包括图书、情报、档案在内的统一的学术交流平台"信息资源管理西湖论坛"，是我国信息资源管理学的开创者之一。

邱均平主持并完成国家或省部级课题40余项，其中，国家社科基金重大项目2项、重点项目1项、国家自科基金项目7项；获得国家级或省部级奖励15项，其中，国家社科基金重点项目优秀成果奖1项，教育部科学研究（人文社会科学）优秀成果二等奖1项、三等奖1项，湖北省社会科学研究优秀成果一等奖3项，科技进步奖2项等；出版著作90余部。邱均平首创"金平果排行榜"（中评榜）国内外著名评价名牌，并拥有知识产权；在国内外重要期刊如 Scientometrics、《中国图书馆学报》、《情报学报》等发表论文620余篇（被引7 570次以上）。据中国科技信息研究所统计和发布，其被引次数和学术影响力在"图书情报与档案管理"和"科研管理"（含情报学）学科领域均名列前三名，并被收入英国剑桥《世界名人录》、美国国际《世界名人录》等十多种大型辞书中。

代表作（key publications）：

［1］邱均平.评价学：理论方法实践［M］.北京：科学出版社，2010.
［2］邱均平.文献计量学［M］.北京：科学技术文献出版社，1988.
［3］邱均平.信息计量学［M］.武汉：武汉大学出版社，2007.
［4］邱均平，赵蓉英，董克.科学计量学［M］.北京：科学出版社，2016.
［5］邱均平.知识计量学［M］.北京：科学出版社，2014.
［6］邱均平.网络计量学［M］.北京：科学出版社，2010.
［7］邱均平.中国大学及学科专业评价报告：2010—2011［M］.北京：科学出版社，2010.
［8］邱均平.中国研究生教育及学科专业评价报告［M］.北京：科学出版社，2012.

（杨思洛 撰稿/邱均平 审校）

38. 萨缪尔·克莱门特·布拉德福 (Samuel Clement Bradford)

学者关键词：文献计量学；图书馆与信息科学；布拉德福定律

萨缪尔·克莱门特·布拉德福（Samuel Clement Bradford，1878—1948），英国文献学家，出生在伦敦，早年专攻化学，后来进一步学习取得了学士学位。1899年，布拉德福在位于南肯辛顿的英国科学博物馆工作后，开始致力于文献信息的研究。1901年他调入该馆图书馆工作，并在工作期间（1922年）获得英国伦敦大学科学博士学位，1925年起任科学博物馆图书馆副馆长，1930年担任图书馆馆长，一直到1938年退休。任职期间他将科学博物馆图书馆逐步建设成国家科学图书馆，使之成为当时欧洲最大的科学文献收藏中心。

布拉德福是英国改进科技情报管理的热心支持者，并为文献计量学研究的发展做出了重要贡献。接受过科学培训和对化学的终身兴趣使布拉德福能够亲身体验到科学研究工作者所面临的困难。他加入图书馆工作时，发现科研人员需要一个足够详细的文献分类系统来作为指南，以便在当时科学文献迅速增长的情况下快速找到参考资料，尤其是在纯理论和应用科学领域。1900年，他建议将通用十进分类法（UDC）用于科学图书馆的主题目录，但他的建议被驳回了。1927年，布拉德福发起成立英国国际文献学会（British Society for International Bibliography），并对负责修订、发展通用十进制图书分类法的国际目录研究所（International Institute of Bibliography，国际文献工作联合会前身）的工作给予支持，主张全球都应该采用此方法为图书分类。1939年起，布拉德福任英国国际文献学会机关刊物《英国国际文献学会会刊》主编，1945年继A. F. C.波拉德教授之后任该学会主席。1946年11月，布拉德福出席了国际文献学联合会战后首次会议，在会上当选为副主席，并担任分类国际委员会主席一职。

在科学研究和文献工作中，布拉德福观察到科学文献在期刊上的离散分布。他发现，一个学科的论文出现在其他学科的期刊杂志上是屡见不鲜的，关键在于如何找出科学文献分散的规律性。他认为，从科学统一性原则出发，文献分散规律可以在理论上定性地推导出来；也可以在相关期刊所载论文的数量统计基础上推导出定量的结果。20世纪30年代初，布拉德福收集了应用地球物理学和润滑学两个学科的期刊上发表的论文进行分析，并于1934年1月在《工程》周刊的"图书与文献"栏目里发表了题为《特定主题的情报源》（Sources of Information on Specific Subjects）一文，首次公开提出定量描述文献分散规律的经验定律——布拉德福定律，即如果将科学期刊按某一给定学科的论文刊载量以递减顺序排列起来，就可以将这些期刊分成专门论述该学科的核心区和另外几个区，其中每个区期刊的载文量与核心区期刊的载文量相等，这时各区的期刊数成 $1:n:n^2\cdots$，n为布拉德福常数，$n>1$。

布拉德福定律的应用相当广泛，对于确定核心期刊、制定文献采购策略和馆藏政策、优化馆藏、检验工作情况、了解读者阅读倾向、检索利用文献等事项都有一定的指导作用。有人认为布拉德福定律可以看作社会科学中普遍存在的"二八律"的一种表现：20%的核心期刊上刊载了80%的重要论文。

布拉德福著述颇多，仅关于文献工作的著作就有35种。他在1948年将发表过的文献学相关论文辑成《文献学》（Documentation）一书，遗憾的是，他也于同年病逝。布拉德福在英国文献学领域做出了巨大的贡献，他将永远被铭记为科学博物馆图书馆信息服务中心的创立者、英国国际文献学会主席和通用十进分类法的捍卫者。

代表作（key publications）：

[1] BRADFORD S C. Sources of Information on Specific Subjects [J]. Engineering：An Illustrated Weekly Journal（London），1934，26，85–86.

[2] BRADFORD S C. Documentation [M]. Washington, D.C.：Public Affairs Press，1950.

（袁军鹏 撰稿/武夷山 审校）

39. 托马斯·塞缪尔·库恩
（Thomas Samuel Kuhn）

学者关键词：科学范式；科学史；科学革命；科学哲学

托马斯·塞缪尔·库恩（Thomas Samuel Kuhn，1922—1996），美国科学史家、科学哲学家，是西方科学哲学领域历史——社会学派的核心人物，是20世纪最有影响力的科学哲学家之一，曾任美国科学史学会主席、美国科学哲学协会主席，是美国科学院院士。1982年10月，库恩被授予萨顿勋章。他还获得各大学和机构授予的荣誉学位，其中包括圣母大学、哥伦比亚大学、芝加哥大学、帕多瓦大学等。库恩的学术生涯始于物理学，然后转向科学史，再转向科学哲学。库恩17岁时进入哈佛大学学习物理学。20世纪初物理学发展引起的变革经常使年轻的库恩激动不已，他于1943年在哈佛大学获得物理学学士学位，并在John Van Vleck（1997年诺贝尔物理学奖获得者）的指导下分别于1946年和1949年获得物理学硕士学位和博士学位（学位论文：《关于量子力学在固态物理学中的应用》）。对库恩一生的学术生涯产生决定性影响的事情是他于1947年受邀参加一期为社会科学家举办的讲述物理学发展的讲座，这使他暂时中断了正在进行的博士学位论文的写作，转而研究伽利略、牛顿、亚里士多德等人的力学理论。在哈佛大学校长科南特（James Conant）的建议下，库恩于1948—1956年在哈佛大学教授科学史课程，随后任教于加州大学伯克利分校哲学系和历史系，在这里他撰写并出版了《科学革命的结构》这本传世之作，并于1961年被聘为科学史教授。1964—1979年他被聘为普林斯顿大学哲学和科学史教授，1979—1991年加入麻省理工学院担任哲学教授。

库恩的科学思想新颖，为社会科学提出许多新概念，他的"范式"、"范式转换"和"不可通约性"等概念改变了人们思考科学的方式。与以往的科学家不同，库恩认为科学历史主义是立足于科学史的，科学的发展并不是经验与理论是否一致的问题。库恩构建的科学知识发展的逻辑结构为后面学者填补科学本身的历史与社会历史之间的鸿沟搭建了桥梁，推动了科学史的发展。深受路德维克·弗莱克（Ludwik Fleck）基础工作的影响，库恩在其传世之作《科学革命的结构》一书中，以近代以来从哥白尼到牛顿再到爱因斯坦的科学发展历程为基础，分析了科学动态变化过程，阐明科学发展是一种复杂结构，是由历史的社会形式、科学共同体形成和遵从共同的范式（paradigm）而展开的。范式的更替导致常规科学发生危机，进而引发科学革命，这被称为历史主义的科学发展模式，该理论模型影响巨大而深远。

20世纪70—80年代是库恩学术生涯的巅峰时期，他在任教过程中积累了丰富的知识，完成了多本著作。经过15年的潜心研究，在1962年，库恩发表了科学哲学著作《科学革命的结构》，该书以范式概念为中心，系统论述了科学知识增长的模式，这是20世纪最被广泛阅读、引用、讨论和争论的科学哲学经典著作。这本书的出版引起了科学哲学界的震动，从而为库恩赢得了世界性的声誉。后来在普林斯顿大学任教期间，库恩把自己的思想重新理顺，于1977年出版了论文集《必要的张力》，历史性总结了自己科学观形成的前后思想活动以及发展的全部过程。1978年，库恩还出版了一部科学史专著《黑体理论与量子的不连续性》，深入探讨了19世纪和20世纪之交的"量子革命"，并提出革命需要经由一个格式塔转换，需要有一个世界观的彻底变革。在这些专著里，库恩通过一系列的科学史事件分析，进一步补充阐释了他在《科学革命的结构》一书中对科学革命和范式的理解。库恩前期研究倾向于用"词典"一词取代"范式"一词，认为科学革命实际上是科学词典结构的改革，也就是用新词典取代旧词典。库恩晚年在《结构之后的路》一文中提出，自己的观点是后达尔文式康德主义。

代表作（key publications）：

[1] KUHN T S. The structure of scientific revolutions [M]. Chicago: University of Chicago Press, 1962.

[2] KUHN T S. The copernican revolution: planetary astronomy in the development of western thought [M]. Cambridge: Harvard University Press, 1957.

[3] KUHN T S. The essential tension: selected in scientific tradition and chance [M]. Chicago: University of Chicago Press, 1977.

[4] KUHN T S, GOLDBERG S. Black-body theory and the quantum discontinuity [M]. New York: Oxford University Press, 1978.

[5] KUHN T S. The road since structure [M]. Chicago: University of Chicago Press, 2000.

（陈悦 于思妍 撰稿）

学者篇

40. 瓦西里·瓦西列维奇·纳利莫夫
（Vasiliy Vasilevich Nalimov）

学者关键词：科学计量学；科学学；数学；哲学；信息科学

瓦西里·瓦西列维奇·纳利莫夫（Vasiliy Vasilevich Nalimov，1910—1997），苏联-俄罗斯学者，1996年当选为俄罗斯自然科学院院士。纳利莫夫在量化分析、化学控制、试验数学理论、科学计量学等多个学科领域均有所建树。他的科学研究领域虽然分布较广，但基本主题一直是"用概率论来描述外部世界"。纳利莫夫在科学计量学方面的重要贡献是首创了"科学计量学"（scientometrics）这一学科名称，并出版了相关专著，成为苏联的科学计量学开拓者和奠基者。他曾获得普赖斯奖（1987年）、美国科学信息研究所（ISI）"经典引文奖"（1990年）、俄罗斯自然科学院"科学与经济发展功绩"荣誉徽章（1996年）等。

纳利莫夫前半生曾遭受到迫害和磨难。他于1929年进入莫斯科国立大学物理数学系，1930年由于为一位因出身问题而被学校开除的学生鸣不平，被开除了学籍，被迫到全俄电力学院就任实验室助理，后担任实验室工程师。平静的生活和工作仅仅持续到1936年10月22日，他又因参加无政府组织而被捕，被判在劳改营进行5年"改造"。从营地释放后，他被流放到哈萨克斯坦北部冬季异常寒冷的铁米尔套，被安置在钢铁厂从事技术工作。1947年，他回到莫斯科，但由于无居住权，在1949年再次被捕并被"永久"流放到哈萨克斯坦。1954年，他因特赦而被释放，次年返回莫斯科开始在信息科学学院光学研究所工作。他对工作和学习的态度感动了研究所负责人，1957年2月评审委员会破例允许他在没有大学文凭的情况下参加副博士论文答辩。1959年，被调到国家稀有金属研究所后，他创建了数学研究方法实验室，从事化学和冶金方面的数学研究，为发展新的科学领域——试验数学理论奠定了坚实的基础。同年，他晋升为莫斯科国立大学概率论与数理统计系教授。

纳利莫夫虽然获得了人身自由并返回到莫斯科，但尚未得到正式平反。他一边搞科研，一边为自己的冤案申述奔波。1960年冤案得以平反，他才卸下所有包袱，开启了一段硕果累累的研究生涯。1962—1997年，他与著名数学家格涅坚科（Gnedenko）共同创办了《工厂实验室》杂志的"数学研究方法"专栏；1965—1975年，担任莫斯科国立大学统计方法跨学科实验室第一副主任。1975—1988年，担任莫斯科国立大学生物学院数学实验理论实验室主任；1993年起任莫斯科国立大学生物系统生态学实验室首席研究员。

纳利莫夫从事科学研究活动的时期正是苏联科学技术平稳、快速发展的时期，苏联学术界对科学管理问题的研究热情不断高涨。1966—1969年，纳利莫夫多次参加苏联和波兰学者联合召开的科学学研讨会。普赖斯文献增长曲线的建立深深地吸引和启发了纳利莫夫和多勃罗夫（G. M. Dobrov），他们是苏联最早从事科学计量学研究的代表人物，都十分注重对科学进行概率测度。纳利莫夫指出，科学学的主要任务是研究科学知识的生产过程、科学组织形式的优化、科研工作的效率，解决这些问题必须综合运用描述和数量分析方法，因此，数量分析方法应该在科学学研究中得到广泛应用。1969年，纳利莫夫及其学生穆里钦科（Z. M. Mulechenko）共同出版了《科学计量学：作为信息过程的科学发展研究》，此书是世界上第一部运用数学方法研究科学发展历程的专著，首创"科学计量学"这一学科名称（俄文为Наукометрия）。

20世纪60—70年代是纳利莫夫学术生涯的出彩时期，他带领年轻人并同他们一起从事科学研究工作。他与切尔诺娃合作（N. A. Chernova）发表了关于极值试验规划专题报告，勾画了在1950—1965年文献数量增长指数曲线；与格兰诺夫斯基（Yu. V. Granovsky）和阿德列尔（Yu. Adler）合作论述了试验数学理论信息体系是文献增长曲线的理论基础；与穆里钦科合著《科学与生物圈：两种体系的比较尝试》一书；与科尔顿（E. Colton）合作撰写《科学信息的地理分布》，阐述计量方法在科学学中的作用。1971年，纳利莫夫与普赖斯在莫斯科召开的国际科学史大会上首次会面，在学术上做了面对面的热烈交流。1987年，鉴于纳利莫夫在科学计量学领域的突出成就，他被Scientometrics编委会授予普赖斯奖章。纳利莫夫的科学计量学研究得到了国际的认可。

纳利莫夫的新思想和求实精神深得周围人的信赖，使他具有很强的凝聚力。他担任主席的苏联科学院"试验数学理论"部包括近10个研究机构和分布在列宁格勒、基辅、哈尔科夫、明斯克、奥德萨、利沃夫、新西伯利亚等地的分支机构。以纳利莫夫为核心而形成的"无形团队"规模之大、影响之深，在科学历史上是前所未有的，从海参崴到波罗的海、从中亚到高加索再到摩尔曼斯克，各种讨论会、圆桌会议、学习班将"无形团队"的成员紧密联系在一起，对于促进科学家的学术交流发挥了积极的作用。

代表作（key publications）：

[1] NALIMOV V V. Mulechenko, Naukometriya, Izuchenie nauki kak informatsionnogo protsessa [M]. Moscow：Nauka Publishers, 1969.

[2] NALIMOV V V, CHERNOVA N A. Statistical

Methods for Design of Extremal Experiments [R]. Foreign Technology Div Wright-Patterson AFB OHIO, 1968.

[3] NALIMOV V V. Teoriya eksperimenta [M]. Moscow: Nauka Publishers, 1971.

[4] NALIMOV V V, CHERNOVA N A. Statistical methods of extreme experiments planning [J]. Moscow: Science, 1965.

[5] NALIMOV V V.Veroyatnostnaya model yazyka [M]. Moscow: Nauka Publishers, 1974.

[6] NALIMOV V V. Faces of Science [M]. Philadelphia: ISI Press, 1981.

[7] NALIMOV V V.Space, Time, and Life: The Probabilistic Pathways of Evolution [M]. Philadelphia: ISI Press, 1985.

（陈悦 杨嘉敏 撰稿/王续琨 审校）

41. 沃尔夫冈·格兰泽
（Wolfgang Glänzel）

学者关键词：科学信息建模；概率分布理论；科学计量学；研究评估

沃尔夫冈·格兰泽（Wolfgang Glänzel，1955—），出生于德国法兰克福。格兰泽曾在匈牙利布达佩斯学习数学并在1979年获得数学硕士学位（研究方向为概率论与数理统计）；1984年获得了匈牙利罗兰大学（Eötvös Lorand University）数学博士学位，1997年获得了荷兰莱顿大学（Leiden University）社会科学博士学位（博士论文题目为：On a stochastic approach to citation analyses: a bibliometric methodology with applications to research evaluation；导师：Prof. Dr. A. F. J. van Raan）。他在匈牙利科学院图书馆工作了20年，并在德国担任了两年亚历山大·冯·洪堡基金会学者（Alexander von Humboldt Fellow）。

自2002年以来，他在比利时鲁汶居住和工作。沃尔夫冈·格兰泽现任比利时鲁汶大学全职教授、比利时佛拉芒政府研发监测中心主任（Centre for R&D Monitoring，ECOOM）、著名国际科学计量学和信息计量学权威期刊 Scientometrics 主编，是多家国际权威期刊编委会成员。自1996年以来，他担任国际科学计量学与信息计量学学会（ISSI）秘书长（secretary-treasurer）。格兰泽的研究领域横跨各类定量科学研究，尤以量化科技评价著称。格兰泽已发表300余篇被Web of Science核心合集收录的论文，总被引达到了11 000次，h指数达到60。此外，他还主持和参与了多项欧盟重大科研项目。2013年起，格兰泽连续入选美国汤森路透集团ESI（基本科学指标数据库）Top1%世界最有影响科学家。1999年，因其在定量科学研究中的杰出贡献，格兰泽荣获科学计量学领域最高荣誉——普赖斯奖。

沃尔夫冈·格兰泽与我国学者建立了广泛的联系，担任华北水利水电大学、大连理工大学、浙江大学、山西医科大学以及武汉大学等高校客座教授。

代表作（key publications）：

［1］GLÄNZEL W, MOED H F, SCHMOCH U, et al. (Eds.) Springer Handbook of Science and Technology Indicators [M]. Berlin, Heidelberg: Springer International Publishing, 2019.

［2］GLÄNZEL W. National characteristics in international scientific co-authorship relations [J]. Scientometrics, 2001, 51 (1): 69-115.

［3］GLÄNZEL W. Co-authorship patterns and trends in the sciences (1980-1998): A bibliometric study with implications for database indexing and search strategies [J]. Library trends, 2002, 50 (3): 461-473.

［4］GLÄNZEL W, MOED H F. Journal impact measures in bibliometric research [J]. Scientometrics, 2002, 53 (2): 171-193.

［5］GLÄNZEL W, SCHUBERT A. A new classification scheme of science fields and subfields designed for scientometric evaluation purposes [J]. Scientometrics, 2003, 56 (3): 357-367.

［6］PERSSON O, GLÄNZEL W, DANELL R. Inflationary bibliometric values: The role of scientific collaboration and the need for relative indicators in evaluative studies [J]. Scientometrics, 2004, 60 (3): 421-432.

［7］GLÄNZEL W, TELCS A, SCHUBERT A. Characterization by truncated moments and its application to Pearson-type distributions [J]. Zeitschrift für Wahrscheinlichkeitstheorie und verwandte Gebiete, 1984, 66: 173-183. (Correction: Probab. Th. Rel. Fields, 74, 1987, 317.)

（李杰 张子恒 撰稿/Wolfgang Glänzel 张琳 审校）

42. 武夷山
（Wu Yishan）

学者关键词：科学计量学；科技政策；美国研究

武夷山（Wu Yishan，1958—），江苏人，1982年1月毕业于南京工学院（现东南大学）电子工程系，获得工学学士学位；1985年1月毕业于中国科学技术情报研究所情报学专业，获得理学硕士学位；二级研究员。武夷山曾两次受科技部委派赴中国驻美国大使馆工作，担任科技外交官（1987—1989年，1994—1996年）；曾担任中国科学学与科技政策研究会科学计量学与信息计量学专业委员会主任委员，中国科学技术信息研究所总工程师、副所长，中国科学技术发展战略研究院副院长，《情报学报》主编，中国科学技术信息研究所硕士生导师、博士后合作导师，兼任南京大学信息管理学院博士生导师；目前担任《中国软科学》杂志常务副主编，主要从事科学计量学研究、科技政策研究、美国科技问题研究和科普研究；主持或参与完成7项国家自然科学基金面上项目，主持完成"国外科普工作状况调研"等多项科技部课题；已发表著作、译著、编著20余部，发表学术论文及其他报刊文章逾千篇，其中SCI或SSCI收录论文21篇；曾担任国家中长期科学技术发展规划（2006—2020年）领导小组办公室综合组副组长，获得国家中长期科学技术发展规划领导小组颁发的荣誉证书；曾担任JASIST、Scientometrics等国际著名学术刊物审稿专家，国际科学计量学和信息计量学大会程序委员会委员，国家自然科学基金和国家社会科学基金评审专家，爱思唯尔基金会董事会成员（是董事会成员中唯一来自发展中国家的学者）。

代表作（key publications）：

[1] 武夷山，梁立明，潘云涛.中国科技期刊发展之路［M］.北京：科学技术文献出版社，2014.

［2］潘云涛，梁立明，高继平，武夷山.论文零被引面面观［M］.北京：科学技术文献出版社，2018.

［3］雷迭斯多夫.科学计量学的挑战［M］.乌云其其格，等译.武夷山审校.北京：科学技术文献出版社，2003.

［4］盖斯勒.科学技术测度体系［M］.周萍，等译.武夷山，校译.北京：科学技术文献出版社，2004.

［5］WU Y S，et al. China Scientific and Technical Papers and Citations（CSTPC）：History，impact and outlook［J］. Scientometrics，2004，60（3）：385-397.

［6］武夷山.一个情报学者的前瞻眼光［M］.武汉：湖北科学技术出版社，2014.

［7］Herbert Simon（司马贺）.人工科学：复杂性面面观［M］.武夷山，译.上海：上海科技教育出版社，2004.

（李杰 撰稿/武夷山 审校）

43. 叶鹰
（Fred Y. Ye）

学者关键词：h指数；科学测度；智能信息处理；跨学科研究

叶鹰（Fred Y. Ye 或 Ying Ye），字福翔，1962年生，1982年7月毕业于南京大学化学系，获得理学学士学位，1987年7月毕业于华东师范大学图书情报系，1988年获得文学硕士学位，后任职于浙江大学图书馆，1992年赴德国做访问学者，1995年12月毕业于中山大学哲学系，获得哲学博士学位。2000—2001年赴美做Fulbright研究学者（Fulbright research scholar），2002—2012年任浙江大学教授，2002年起任上海交通大学兼职教授，2010年赴德国做访问学者，2012—2022年任南京大学教授、数据工程与知识服务重点实验室主任，2014年当选为欧洲文理科学院院士（Fellow, European Academy of Sciences and Arts）。叶鹰是国际科学计量学与信息计量学学会（ISSI）终身会员，全国专利信息领军人才，Journal of Informetrics、Journal of Data and Information Science、《情报学报》、《中国图书馆学报》、《信息资源管理学报》等专业期刊编委。

叶鹰主要从事定量分析学、数据分析和跨学科测度等方面的研究，主持完成3项国家自然科学基金面上项目和1项国家自然科学基金国际合作项目；在JASIST、Scientific Reports、Scientometrics等国际学术期刊上发表和合作发表论文近60篇，在国内学术期刊上发表论文60余篇；出版有Scientific Metrics、《h指数和h型指数研究》等专著。叶鹰教授在科学计量学领域的主要研究贡献表现在发展科学测度学并用于跨学科研究、创新h型测度之网络应用、以波动-扩散方程组表述信息运动机理。

代表作（key publications）：

[1] YE F Y. Scientific metrics: towards analytical

and quantitative sciences［M］. Berlin: Springer & Science Press，2017.

［2］YE F Y. Wealth expanding theory under the principle of efficiency-equity equilibrium［M］. Hershey: IGI Global，2022.

［3］YE F Y. Vortex field theory with new principles for approaching physical unification［M］. New York: Barnes & Noble Press，2022.

［4］YE F Y. A theoretical approach to the unification of informetric models by wave-heat equations ［J］. Journal of the American society for information science and technology，2011，62（6）: 1208-1211.

［5］WANG R W，YE F Y. Simplifying weighted heterogeneous networks by extracting h-structure via s-degree［J］. Scientific reports，2019，9（1）: 18819.

［6］WANG J J，SHAO S X，YE F Y. Identifying seed papers in sciences［J］. Scientometrics，2021，126（7）: 6001-6011.

［7］叶鹰.试论图书情报学的主干知识及有效方法：兼论双证法和模本法之效用［J］.中国图书馆学报，2021，47（3）: 58-66.

（耿哲 佟彤 撰稿/赵星 审校）

44. 尤金·加菲尔德
（Eugene Garfield）

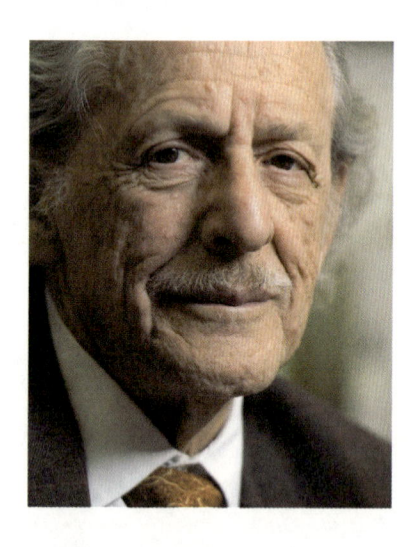

学者关键词：SCI数据库；ISI；期刊影响因子；引文分析；Web of Science；HistCite；Current Contents

尤金·加菲尔德（Eugene Garfield，1925—2017），是信息学和科学计量学开拓者、美国科学信息研究所（Institute for Scientific Information，ISI）创始人、*The Scientist*杂志创始人、科学计量学与信息计量学最高奖项普赖斯奖首届获得者（1984年）、信息科学与技术学会（Association for Information Science & Technology）前主席（2000年），被称为"SCI之父"。

1925年，加菲尔德在纽约出生，原名为Eugene Eli Garfinkle，其母亲是立陶宛犹太人。1949年，加菲尔德获得哥伦比亚大学化学学士学位；1954年，获得哥伦比亚大学图书馆学硕士学位；1961年，获得宾夕法尼亚大学获结构语言学博士学位，其博士论文为《一种将化学名称翻译成分子式的算法》（An Algorithm for Translating Chemical Names to Molecular Formulas）。大学毕业后，加菲尔德从事信息加工和信息管理工作。1954年，加菲尔德成立DocuMation公司，1956年更名为加菲尔德学会（Eugene Garfield Associates），此后又于1960年更名为科学信息研究所（Institute for Scientific Information，ISI）。1992年，汤姆森公司收购了ISI。汤姆森于2008年与路透社合并，成立汤森路透。2016年，汤森路透的知识产权与科技业务（包括前ISI的产品和服务）被分拆，并更名为科睿唯安，于2019年在纽约上市。目前ISI作为科睿唯安的一个研究部门，继续开展科学计量学的研究。

加菲尔德一生对信息学和科学计量学领域做出了非凡贡献，其中最突出的贡献是发明了引文索引和引文检索。1955年，加菲尔德在*Science*上发表题为"Citation

Indexes for Science: A New Dimension in Documentation through Association of Ideas"的文章，提出了引文索引（citation index）的概念，随后ISI研究和开发出计算机辅助编制的引文索引，作为一种新的文献检索工具，突破了传统主题检索和分类检索的局限性，不但可以将一篇文献作为检索字段从而跟踪一个"科学灵感"的发展过程，还能够检索出关于某主题分散在不同学科领域的相关文献，帮助科研人员通过引文链接找到与其科研工作最密切相关的研究成果。1964年，ISI正式出版科学引文索引（science citation index，SCI）；1973年，ISI推出社会科学引文索引（social sciences citation index，SSCI）；1978年，ISI推出人文艺术引文索引（arts & humanities citation index，AHCI）。随着科学技术的发展，引文索引的载体也经历了从印刷本、磁带、软盘、光盘到互联网数据库的发展历程。加菲尔德的发明成果在基于互联网的Web of Science平台上得到充分体现和拓展，并继续为广大科研界提供可靠和有效的数据支持。

1955年，加菲尔德在文章中首次提出了影响因子（impact factor）这一专用术语，用以反映学术论文的影响力，并提及可用于评估期刊的重要性。1963年，加菲尔德与Irving H. Sher一起发明了期刊影响因子，当时的主要目的是为SCI进行选刊。只根据期刊的论文量或单一的引文量都不足以揭示其影响力，于是基于篇均被引频次的期刊影响因子概念应运而生。1972年，加菲尔德在Science杂志上发表题为"Citation Analysis as a Tool in Journal Evaluation: Journals can be ranked by frequency and impact of citations for science policy studies"的文章，系统提出用引文分析进行期刊评价的原理及方法。1975年，ISI推出第1版期刊引证报告（Journal Citation Reports，JCR），之后每年发布的JCR提供了全球数千种学术期刊的影响因子和针对期刊的文献计量学指标，成为学术界使用期刊描述性数据和定量指标评估世界高质量学术期刊的重要参考依据。1979年，加菲尔德的专著《引文索引法的理论及应用》（Citation Indexing: Its Theory and Application in Science, Technology, and Humanities）正式出版，美国科学社会学创始人罗伯特·默顿（Robert Merton）专门为此书作序。2004年，北京图书馆出版社出版此书中文版，由南京农业大学的侯汉清教授等翻译。加菲尔德分别于1982年、2002年和2009年三次访问中国，与中国的文献计量学和科学计量学界进行大量学术交流，他也是中国科学技术大学和大连理工大学的名誉教授。

加菲尔德开发的引文索引不但为信息检索领域带来了革命性的创新，也为科学史和科学社会学的量化研究奠定了基础，并最终催生了科学计量学。加菲尔德还与合作者共同开发了文献引文分析软件HistCite，帮助科研人员快速掌握某一领域的文献历史发展，发现核心研究和关键学者。以加菲尔德命名的加菲尔德文献集中定律（Garfield's law of concentration，有时也称加菲尔德引文集中定律）描述了科学引文在科技期刊中呈现的集中与离散分布特征，指出相对较少的核心期刊（10%~20%）获得了大部分的（80%~90%）引用，并且这些核心期刊经常被多学科引用。加菲尔德文献集中定律也一直是Web of Science核心合集期刊遴选所遵循的重要原则。此外，1960年，加菲尔德推出了ISI的第一个产品Index Chemicus，收录期刊上发表的新化合物的结构信息，并支持化学结构检索。Current Contents是加菲尔德博士早期最成功的产品之一，是与SCI齐名的ISI旗舰产品。在信息标引和加工流程极其耗时的年代，加菲尔德敏锐地捕捉到了科研人员的需求，以最快的速度从出版商获取学术期刊文献的题录信息，出版了七个版本的文献速报Current Contents，满足科研人员对最新文献信息获取的需求。加菲尔德一生致力于促进学术交流，1986年，创立了*The Scientist*杂志，面向科研人员报告生命科学与技术领域的最新进展。

加菲尔德的引文索引思想对谷歌的搜索引擎算法PageRank有非常直接的启发作用，PageRank算法的学术论文和核心专利（题为"Method for node ranking in a linked database"）均引用了加菲尔德的论文，因此加菲尔德也被称为"Google的祖父"。为纪念加菲尔德的卓越贡献，科睿唯安从2017年起设立学术奖项尤金·加菲尔德引文分析创新奖（Eugene Garfield Award for Innovation in Citation Analysis），每年颁发一次，用来奖励相关创新性的研究。

代表作（key publications）：

[1] GARFIELD E. Citation indexes for science-a new dimension in documentation through association of ideas [J]. Science, 1955, 122 (3159): 108-111.

[2] GARFIELD E, SHER I H. New factors in evaluation of scientific literature through citation indexing [J]. American documentation, 1963, 14 (3): 195-201.

[3] GARFIELD E. Science citation index-new dimension in indexing-unique approach underlies versatile bibliographic systems for communicating + evaluating information [J]. Science, 1964, 144 (361): 649-654.

[4] GARFIELD E. Citation indexing for studying science [J]. Nature, 1970, 227 (5259): 669-671.

[5] GARFIELD E. Citation analysis as a tool in journal evaluation-journals can be ranked by frequency and impact of citations for science policy studies [J]. Science, 1972, 178 (4060): 471-479.

[6] GARFIELD E. Is citation analysis a legitimate evaluation tool [J]. Scientometrics, 1979, 1 (4): 359-375.

[7] GARFIELD E. Citation indexing: its theory and application in science, technology, and humanities [M]. Hoboken: Wiley, 1979. (加菲尔德. 引文索引法的理论及应用 [M]. 侯汉清, 等译. 刘煜, 等校. 北京：北京图书馆出版社, 2004.)

（宁笔 撰稿/李杰 岳卫平 审校）

45. 约翰·戴斯蒙德·贝尔纳
（John Desmond Bernal）

学者关键词：科学学；X射线晶体学；物理学家；思想家；社会活动家

约翰·戴斯蒙德·贝尔纳（John Desmond Bernal，1901—1971），1901年5月10日出生于爱尔兰内纳（Nenagh），1971年9月15日卒于英国伦敦，是著名X射线晶体学家、分子生物学家、科学学创始人。1919年，贝尔纳进入剑桥大学伊曼纽学院（Emmanuel College）学习。1922年毕业后，应威廉·亨利·布拉格（William Henry Bragg，1862—1942）邀请，他来到英国皇家研究所（Royal Institute）的法拉第实验室开始从事X射线晶体学研究工作，直至1927年重回剑桥大学担任结构晶体学讲师，后任卡文迪许实验室副主任。1934年，他首次获得蛋白质晶体结构的X射线照片，并最先研究出烟草花叶病病毒的结构。1937年，贝尔纳成为英国皇家学会会员，并开始担任伦敦大学伯克贝克学院（Birkbeck College）物理学、晶体学教授，直至去世。

贝尔纳于1939年出版了《科学的社会功能》（The Social Function of Science）一书，这是举世公认的科学学奠基性著作，开创了"科学学"这一新的学科。书的副标题"科学是什么？科学能干什么？"概括了全书的主题，其重要意义很快被全世界所认同，此书被译为多种文字。贝尔纳对科学史的研究集中体现于两本著作：《19世纪的科学和工业》（Science and Industry in the Nineteenth Century）和《历史上的科学》（Science in History），后者被译成许多国家的文字，先出版了俄文译本，后出版了中文译本。

贝尔纳应用科学的方法研究"科学"本身有三大特点：一是进行定量的研究，为科学计量学奠定了基础；二是进行理论模式的探索，他曾将科学隐喻为一个不断增长的金字塔或一棵不断分叉的大树，深化了对科学发展的理解；三是分析了科研工作中的政策和管理问题，为科研管理、科研决策、科学规划、科学发展的战略研究作了开拓性的工作。贝尔纳和马凯（Mackay）共同撰写的《在通向科学学的道路上》，将科学学的研究方法概括为统计研究方法、关键事例研究方法、结构研究方法、试验研究方法、分类研究方法。正因为如此，普赖斯（Prize）认为贝尔纳是科学学的奠基人："贝尔纳正是以其1939年出版的不朽巨著，而成为广泛地开拓'科学地分析科学'的第一人""它作为一位大科学家关于在世界范围内有必要合理地规划科学的权威论述，已经变成一部基础文献"。

贝尔纳有浓烈的中国情结并对我国科学发展产生了一定影响。1939年出版的《科学的社会功能》引起了世界的关注，贝尔纳在其中专门有两段文字谈及中国的科学。1954年中华人民共和国成立五周年之际，"科学圣徒"贝尔纳作为唯一的西方科学家代表赴北京参加了一系列国庆活动，并到各个科学院所拜访，在北京图书馆进行了5个小时关于"科学的社会功能"的演讲。1959年秋季，作为世界科学工作者协会副主席和世界和平理事会执委会主席的贝尔纳应中国科学技术协会邀请参加中华人民共和国成立十周年的庆典活动，毛泽东和他聊了他的新书《历史上的科学》，那时这本书刚刚被翻译成中文。

总体来说，中国的科学学按照贝尔纳的提议分为理论分支和应用分支。理论分支旨在促进科学理论和方法论发展，以增进对科学和科学家工作方式的理解，主要包括科学社会学和科学计量学。中国的科学社会学和科学计量学研究起步于同一时期，但在科学研究中却走上了不同的道路。中国科学社会学学者引进和研究约翰·德斯蒙德·伯纳尔（John Desmond Bernal）、德里克·德·索拉·普莱斯（Derek de Solla Price）、罗伯特·K·默顿（Robert K. Merton）、托马斯·S·库恩（Thomas S. Kuhn）等著名学者的理论和研究。相反地，应用分支使用科学理论和方法来制定战略，利用科学学来满足人类社会的需求。这些探索包括科学政策与管理研究、科学法律研究和科学教育研究。20世纪90年代以来，中国科学界重视技术创新和科技创新政策的研究。近年来，中国不断强调全面实施创新驱动发展战略，创新成为经济社会发展的第一引擎。国家在科学学研究证据的基础上不断改革其科学技术体系。总体来说，近40年来，贝尔纳的科学思想在中国得到了吸收和发展。坚持贝尔纳的科学学思想是中国科学学发展的原动力，科学学的研究也深刻影响了中国的科技创新进程。

代表作（key publications）：

[1] BERNAL J D.The social function of science [M]. London：Routledge，1939.

[2] BERNAL J D.History in Science [M]. London：C.A. Watts，1954.

[3] BERNAL J D. Mackay A.L. Towards a Science of Science [J]. Organon，1966(3)：9-17.

[4] BERNAL J D.The transmission of scientific information：a user's analysis [C]. in Proceedings of the International Conferenceon Scientific Information, Washington, DC, 16-21. November 1958, National Academy of Sciences-National Research Council, Washington, DC, 1959, 77-95.

[5] BERNAL J D. On the Interpretation of X-Ray, Single Crystal, Rotation Photographs [J]. Proceedings of the Royal Society of London，1926，113(763)：117–160.

（赵勇 李杰 撰稿/樊春良 审校）

46. 约翰·欧文
（John Irvine）

学者关键词：科学计量学；科学评价；科技预测；科学政策和创新研究

约翰·欧文（John Irvine，1951— ），英国学者，英国萨塞克斯大学（University of Sussex）科学政策研究中心（SPRU）高级研究员，主要从事科学计量、科学评价、科技预测、科学政策和创新研究等方向的研究，于1977年获得普赖斯奖，曾被"马奎斯世界名人录"（Marquis Who's Who）评为世界著名的科学分析师（science analyst）。

约翰·欧文于1973年获得英国拉夫堡大学（Loughborough University）社会科学与技术理学学士学位，于1974年获得英国萨塞克斯大学（University of Sussex）科学政策科学硕士学位。1976—1978年任英国帝国理工学院（Imperial College London）管理学院讲师。1978年，约翰·欧文回到硕士母校英国萨塞克斯大学，入职科学政策研究中心，并在该机构历任研究员、讲师、研究中心主任、高级研究员等。入职不久，约翰·欧文和同事本·马丁（Ben Martin）便清楚地找到了二人未来的研究方向：用于评估科学绩效的"聚合科学指标"构建研究。

作为一名科学分析师，约翰·欧文在研究中异常努力，且对待工作十分严谨认真，也具备向外部世界展示工作成果并筹集资金的能力，曾承担过一系列重要科学评估工作，包括：结合访谈、调查数据、文献计量分析方法以及具体案例，比较了高能物理和射电天文学大型装置的科学产出；围绕欧洲核子研究组织（European Organization for Nuclear Research，CERN）的科学研究，多样化地开发了评估小型应用科学活动的方法，并对基础研究的投入和产出进行了国际比较，该研究成果成为参考标准，引发公众对英国科学状况的辩论；受英国贸易和工业部（Department of Trade and Industry）委托，在调查了20多个开展科学研究评估的日本组织后，撰写出 Evaluating Applied Research：Lessons from Japan 一书，详细描述了各大日本公共资助机构和公司当前的一些评估实践案例，在当时引起了广泛的学术关注和讨论。

此外，约翰·欧文受聘承担科学评估相关工作，兼任过英国帝国理工学院管理学院访问研究员（1994年起）、英国霍夫科学政策研究顾问公司董事（1990年起）、英国贸易和工业部顾问（1987—1988年）等职务；也曾服务过壳牌石油公司（1988—1990年）、联合国教科文组织（1989年）、澳大利亚总理科学委员会（1989年）、英国石油公司（1990年）、欧盟委员会（1990年）、世界银行（1991—1993年）、南非研究发展基金会（1992年）、加拿大国家研究委员会（1993年）、日本研究开发公司（1994—1995年）等十几个重要机构。同时，约翰·欧文曾是国际科学政策基金会（International Science Policy Foundation）管理委员会成员，以及 Science and Public Policy、Research Policy 和 Scientometrics 杂志的编委会成员。

1997年6月18日，在耶路撒冷举办的第六届国际科学计量学和信息学会议上，约翰·欧文同本·马丁和贝尔韦尔·格里菲斯（Belver Griffith）共同荣获普赖斯奖。

代表作（key publications）：

［1］IRVINE J, MARTIN B, PEACOCK T, et al. Charting the decline in British science［J］. Nature, 1985, 316（6029）: 587-590.

［2］IRVINE J. Evaluating applied research: lessons from Japan［M］. London: Pinter Publishers, 1988.

［3］IRVINE J, MARTIN B, ISARD P. Investing in the future: an international comparison of government funding of academic and related research［M］. London: Edward Elgar Publishing, 1990.

［4］MARTIN B, IRVINE J. Spin-off from basic science: the case of radio astronomy［J］. Physics in technology, 1981, 12（5）: 204-212.

［5］MARTIN B, IRVINE J. Women in science: the astronomical brain drain［J］. Women's studies international forum, 1982, 5（1）: 41-68.

［6］MARTIN B, IRVINE J. Basic research in the east and west: a comparison of the scientific performance of high-energy physics accelerators［J］. Social studies of science, 1985, 15（2）: 293-341.

（陈悦 韩盟 撰稿）

47. 赵红州
（Zhao Hongzhou）

学者关键词：科学计量学；科学学；科学中心转移；科学发现最佳年龄；科学发现采掘模型；中国科学计量学创始人

赵红州（1941—1997），原名赵庆和，河南省温县人，中国著名科学学家、科学计量学家。1964年于南开大学物理系毕业后，赵红州进入中央马列主义研究院及中共中央政研室工作，1974—1985年在中国科学院物理研究所工作，1985—1987年在中国科协科技培训研究中心工作，1987年调到刚刚成立的中国管理科学研究院，先后任职院党委委员、副院长、学术委员会副主任和科学学研究所所长。他还兼任中国科学学与科技政策研究会第一届常务理事、理论科学学专委会主任，曾是 Scientometrics 和 Technology Analysis & Strategic Management 等期刊的国际编委会成员。

赵红州是中国科学学事业的创始人之一，是我国科学计量学研究的先驱。他于1984年出版的《科学能力学引论》被认为是中国第一部科学学和科学计量学专著。钱学森对这本书给予了很高的评价，将"科学能力学"列为科学学的三个分支学科之一。赵红州在科学计量学领域的主要学术成就包括：①独立发现了世界科学中心转移现象，即以日本科学史家汤浅光朝名字命名的"汤浅现象"。②发现了"科学发现最佳年龄定律"，为促进我国科学家年轻化的相关科技政策提供了有力判据。③提出了科学发现采掘模型，成功预言并解释了二十世纪七八十年代凝聚态物理（如高温超导发现）新进展。④首次发现科学知识的波谱结构，可为科学的知识分类和人才选择提供参考。由于其出色的学术研究工作，赵红州在1981年、1983年两次受普赖斯举荐，作为著名专家访问美国，出席科学规划和理解大自然的学术讨论会。作为有杰出贡献的科学家、教育家和学者，他先后被选入美国《马奎斯世界名人传》和英国剑桥世界名人录中，荣获1993年度国际普赖斯科学计量学奖提名奖。此外，赵红州还是众多交叉科学领域的先驱和学科带头人，包括潜科学、领导科学、政治科学学、社会物理学、科学文艺学等。

赵红州喜欢借用物理学的科学概念来描述科学现象和社会现象，喜欢将现象进行定量化并从中提炼出假说或规律，这些都与他早年间学习物理和数学时练就的思维模式是分不开的。他的论文中总是充满了数学公式和图表，他最重要的创见和假说几乎都是由生动直观、令人印象深刻的图表来展现的。赵红州的国际视野广阔，他与普赖斯常有书信往来，曾邀请马凯来华访问讲学，也亲自访问美国、苏联和乌克兰，极大地开拓了中国科学学界的视野。赵红州一生著作颇丰，主要出版物有《科学能力学引论》（1984年）、《科学的科学——技术时代的社会》（英文合译，1985年）、《大科学观》（1988年）、《计划未来》（合著，1992年）、《政治科学现象》（合著，1993年）、《科学和革命》（1994年）、《现代教育》（合著，1999年）、《科学史数理分析》（2001年）、《在科学的交叉处探索科学》（合著，2002年）等。赵红州还是国内学者中在 Scientometrics 期刊上最早发表国际学术论文的作者之一，开辟了中国科学计量学研究的国际化道路。

代表作（key publications）：

[1] 赵红州. 科学能力学引论［M］. 北京：科学出版社，1984.

[2] 赵红州. 大科学观［M］. 北京：人民出版社，1988.

[3] 赵红州. 大科学年表［M］. 长沙：湖南教育出版社，1992.

[4] 赵红州，蒋国华. 在科学交叉处探索科学 从科学学到科学计量学［M］. 北京：红旗出版社，2002.

[5] 赵红州. 科学史数理分析［M］. 石家庄：河北教育出版社，2001.

[6] ZHAO H, JIANG G. Shifting of world's scientific center and scientists' social ages［J］. Scientometrics, 1985, 8: 59-80.

[7] ZHAO H, JIANG G. Life-span and precocity of scientists［J］. Scientometrics, 1986, 9: 27-36.

（胡志刚 李杰 陈悦 撰稿/蒋国华 审校）

48. 朱迪特·巴伊兰
（Judit Bar-Ilan）

学者关键词：科学计量学；搜索引擎；信息行为；替代计量学

朱迪特·巴伊兰（Judit Bar-Ilan，1958—2019）是以色列巴伊兰大学信息科学系教授、前系主任，拥有数学硕士和计算机科学博士学位。巴伊兰出生在布达佩斯，15岁随父母移民到以色列，因此，她能说流利的匈牙利语、希伯来语和英语。巴伊兰在耶路撒冷希伯来大学获得计算机科学博士学位，并于20世纪90年代中期在耶路撒冷希伯来大学图书馆和信息科学学院开始研究信息科学，主要负责开发信息系统、在线数据库信息检索和高级教学技术课程。2004年巴伊兰应巴伊兰大学信息科学系的邀请担任该系主任并任职数年，2010年，她被授予正教授职位。巴伊兰指导了相当多的博士生，其中一些也逐渐成长为大学教师。巴伊兰的研究领域主要是信息科学，特别是科学计量学，她的原创性研究几乎涵盖了该领域发展的每一步：从文献计量学到科学计量学、网络计量学、h指数以及替代计量学。

她在十多个国家和国际科学组织中担任领导职务，包括计算机协会（Association for Computing Machinery，ACM）、美国信息科学和技术协会（American Society for Information Science and Technology，ASIST）、以色列互联网协会（Israeli Internet Society，ISOC-IL）、国际科学计量学和信息计量学学会（International Society for Scientometrics and Informetrics，ISSI）等。同时，她是 *JASIST*、*Scientometrics*、*Journal of Informetrics*、*PLOS ONE*、*Online Information Review* 和 *Frontiers in Research Metrics and Analysis* 等期刊编委会成员。巴伊兰于2015年获得了巴伊兰大学著名研究成就奖，2017年荣获科学计量学普赖斯奖，以表彰她对科学定量研究的贡献，2018年

获得美国信息科学与技术协会奖。

巴伊兰所发表的论文展现了信息科学、文献计量学和信息计量学领域多年来的发展历程。起初她在博士毕业后主要专注于计算机科学领域的工作，但很快就转向信息科学，主要专注于与网络搜索引擎和信息发现有关的各种课题，利用计算机科学方面的知识，从算法的角度研究搜索引擎的效率、稳定性和可发现性，并使用计算方法来确定当时主要搜索引擎的优势和劣势。正是因为她在计算机科学与科学计量学领域的研究专长，巴伊兰成为网络替代计量学新兴领域的先驱。她的论文"Search engine results over time：A case study on search engine stability"发表于1998年，是该领域最早的论文之一。

除了在文献计量学、科学计量学以及网络计量学领域的工作，巴伊兰在担任巴伊兰大学图书馆和信息科学学院的教授时还在《图书馆科学》上发表了若干高影响力文章，包括《网络上的现代希伯来文学》《欧洲和以色列之间的学术合作》等。此外，巴伊兰还关注了用户信息行为、数字民主、社交媒体的政治利用和图书馆计量学等研究主题。

作为一名活跃的学者，巴伊兰与世界各地的研究人员进行了合作。她与英国作者特别是Mark Levine和Mike Thelwall合作发表了几篇侧重研究指标（chi-index，rec-index）的数学和算法分析的文章。尤其是在替代计量学方面，她与欧洲学者发表了一系列研究论文。

代表作（key publications）：

［1］BAR-ILAN J. Non-cryptographic fault-tolerant computing in constant number of rounds of interaction［C］// Proceedings of the eight annual ACM Symposium on principles of distributed computing，Association for computing machinery，New York，1989：201-209.

［2］BAR-ILAN J. Search Engine Results over Time：A Case Study on Search Engine Stability［J］. Cybermetrics，1999，2/3（1）.

［3］BAR-ILAN J. Data collection methods on the Web for infometric purposes — A review and analysis［J］. Scientometrics，2001.

［4］BAR-ILAN J. How much information do search engines disclose on the links to a web page? A longitudinal case study of the 'cybermetrics' home page［J］. Journal of Information Science，2002，28（6）：455-466.

［5］BAR-ILAN J. A microscopic link analysis of academic institutions within a country — the case of Israel［J］. Scientometrics，2004，59（3）：391-403.

（赵勇 李杰 撰稿/魏瑞斌 审校）

术语篇

1. BERT模型
（bidirectional encoder representations from transformers model）

基于变换器的双向编码器表示技术（bidirectional encoder representations from transformers，BERT）是Google于2018年发布的一种应用于自然语言处理领域的预训练模型。该模型通过对左右上下文的结合，从未标记的文本中学习预训练深度的双向表示。因此，BERT可以使用较少的资源在特定任务上进行微调，将预训练得到的通用语言表示应用到具体的下游任务上。自2020年10月起，谷歌搜索中几乎每一个基于英语的查询都由BERT处理。

从结构上来看，BERT是由多个编码器（encoder）堆叠而成的，其中每个编码器都采用了transformer架构，编码的层数和自注意力头的数量可变。BERT的预训练过程在两个任务上进行，分别是掩码语言建模（从上下文中推断所掩盖的词语）和下一句预测（判断两个句子是不是连续的）。通过该过程，BERT学习到了每个单词的上下文嵌入。预训练完成后，针对具体的语言任务如智能问答、语言推理等，BERT利用一个额外的输出层在通用的语言表示上进行微调，生成最新的模型，以提高在这些任务上的性能。BERT的预训练和微调框架如图1所示。

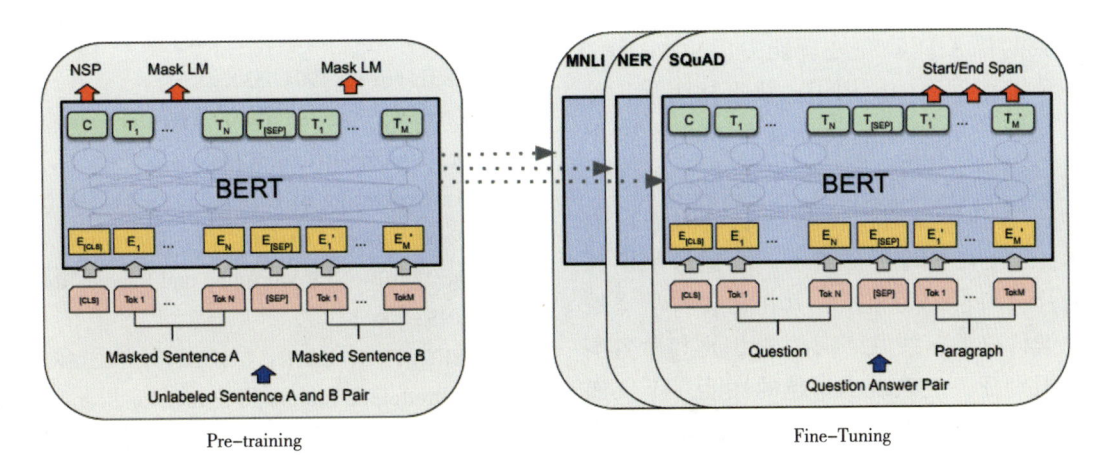

图1 BERT的预训练和微调框架

最初的BERT模型包括BERTBASE和BERTLARGE，两者都是基于Books Corpus和英语维基百科语料库训练得到的，单词量分别是8亿个和25亿个。根据不同的数据集以及任务目标，研究人员和开发者进一步改进和扩展了BERT模型。例如，RoBERTa模型通过更大规模的预训练数据和更长的训练时间进一步提升了模型的性能。

针对科学领域的自然语言处理任务中获取大规模标注数据成本高昂等问题，BERT模型通过使用科学领域的特定数据集进行预训练，提高在科学领域任务上的性能。目前，科学领域的BERT改进模型主要集中在生物医学领域。BioBERT是第一个专门用于生物医学文本处理和理解的BERT模型，它在预训练阶段采用了PubMed摘要和PubMed Central全文等生物医学文本数据，能够学习到更具有生物医学背景的语言表示。ClinicalBERT则专门用于临床医学领域，它使用临床医学文献、医疗记录和医学数据库等数据进行预训练，在临床文本分类、命名实体识别、关系抽取等任务中显示出良好的效果。BlueBERT使用BERT的预训练参数对其进行初始化，然后在PubMed摘要和临床笔记等生物医学语料库中进一步训练。

用于科学领域的BERT改进模型的预训练文本也在不断拓展。艾伦人工智能研究所（Allen Institute for AI）于2019年提出的SCIBERT用于提供对科学文献和学术领域的深入理解和处理能力。SCIBERT在预训练过程中使用了大量生物医学、计算机科学等领域的科学文献和学术数据集，包括科学论文、学术期刊、预印本等，学习到更适用于科学领域的语言表示。SSCIBERT则提供了一个经过预训练的社会科学语言模型，其在社会科学文献的学科分类、抽象结构-功能识别和命名实体识别任务上表现出卓越的性能。不仅如此，DrBERT基于在法国生物医学语料库NACHOS上预训练的RoBERTa架构，将预训练科学文本的语种拓展到了法语。

参考文献（references）：

[1] DEVLIN J, CHANG M W, LEE K, et al. Bert: Pre-training of deep bidirectional transformers for language understanding［C］. Conference of the North American Chapter of the Association for Computational Linguistics: Human Language Technologies, 2019.

[2] SCHWARTZ B. Google: BERT now used on almost every English query［EB/OL］. ［2023-06-15］. Search Engine Land. https://searchengineland.com/google-bert-used-on-almost-every-english-query-342193.

[3] ANNAMORADNEJAD I, ZOGHI G. ColBERT: Using Bert sentence embedding for humor detection［EB/OL］.［2023-06-15］.https://arxiv.org/abs/2004.12765.

[4] LIU Y, OTT M, GOYAL N, et al. RoBERTa: A robustly optimized bert pretraining approach［EB/OL］.［2023-06-15］. https://arxiv.org/abs/1907.11692.

[5] LEE J, YOON W, KIM S, et al. BioBERT: a pre-trained biomedical language representation model for biomedical text mining［J］. Bioinformatics, 2020, 36（4）: 1234-1240.

[6] ALSENTZER E, MURPHY J R, BOAG W, et al. Publicly available clinical BERT embeddings［EB/OL］.［2023-06-15］.https://arxiv.org/abs/1904.03323.

[7] PENG Y, YAN S, LU Z. Transfer Learning in Biomedical Natural Language Processing: An Evaluation of BERT and ELMo on Ten Benchmarking Datasets［C］. Proceedings of the 18th BioNLP Workshop and Shared Task, 2019: 58-65.

[8] BELTAGY I, LO K, COHAN A. SciBERT: A Pretrained Language Model for Scientific Text［C］.Proceedings of the 2019 Conference on Empirical Methods in Natural Language Processing and the 9th International Joint Conference on Natural Language Processing（EMNLP-IJCNLP）, 2019: 3615-3620.

[9] SHEN S, LIU J, LIN L, et al. SsciBERT: A pre-trained language model for social science

texts [J] . Scientometrics, 2023, 128 (2): 1241-1263.

[10] LABRAK Y, BAZOGE A, DUFOUR R, et al. DrBERT: A Robust Pre-trained Model in French for Biomedical and Clinical domains [EB/OL] . [2023-06-15] .https：//www.biorxiv.org/content/10.1101/2023.04.03.535368v1.abstract.

（吴登生 撰稿/徐硕 审校）

2. CPM算法
（clique percolation method）

CPM算法（clique percolation method），又称派系过滤算法，是一种最早应用于复杂网络中的重叠社区结构发现算法。Gergely Palla、Imre Derényi、Illés Farkas和Tamás Vicsek于2005年在 *Nature* 杂志上发表论文"Uncovering the Overlapping Community Structure of Complex Networks in Nature and Society"，首次提出CPM算法。CPM算法的核心思想是找到拥有一定数量节点的派系（clique），算法将这些派系作为基本单位，通过合并重叠的派系来识别社区结构。其中派系是任意两点都相连的节点集合，即完全子图。算法发现社区内部节点之间连接密切，边密度高，容易形成派系。因此，社区内部的边有较大可能形成大的派系，而社区之间的边几乎不可能形成较大的派系，从而可以通过找出网络中的派系来发现社区。该算法共有4个步骤（如图1所示），CPM算法首先将原始图转换为派系重叠矩阵，然后通过设置的 k 来构建 k-clique 邻接矩阵，最后在 k-clique 邻接矩阵中识别连通区域，并将结果映射为原始图。

CPM算法的具体步骤如下：①算法首先识别网络中所有的 k-clique，其中 k-clique 表示网络中含有 k 个节点的完全子图，即派系中的每个节点都与该派系中的其他节点相连，图2展示了3-clique、4-clique和5-clique的连接关系；②算法接下来构建一个聚合图，图中的每个节点代表一个 k-clique，反之视为不连通，同时使用如图1所示的派系重叠矩阵来表示聚合图，其中派系重叠矩阵中的每一行（列）的序号表示一个派系ID，矩阵中的元素则代表原始网络中两个不同派系之间的共同节点数，对角线中元素代表派系在原始网络中所拥有的节点个数；③算法根据预先设定的 k 值，对步骤②中的派系重叠矩阵进行变换，派系重叠矩阵中所有元素小于（k-1）的数值变为0，反之设置为1，变换后的矩阵被称为派系邻接矩阵，用于表示不同派系之间的邻接关系；④算法基于派系邻接矩阵识别其中的连通区域，同时将这些连通区域映射回原始网络，用以识别原始网络中的重叠社区。事实证明，CPM算法可以有效检测现实世界各种网络中的重叠社区，而且对噪声和孤立节点具有较好的鲁棒性。但是，它的缺点是需要预先设定 k 值，而且对于大规模图的计算复杂度较高。由于 k 是输入参数，其取值将会影响CPM算法的社区发现结果，k 取值越小社区规模越大，社区结构越稀疏。但是实验证明 k 的取值影响不是很大，一般取值为4到6。然而，由于该算法基于完全子图，因此比较适用于完全子图较多的网络，即边密集的网络，对于稀疏网络的适用性会很低，且该算法无法分配完全子图外的顶点。

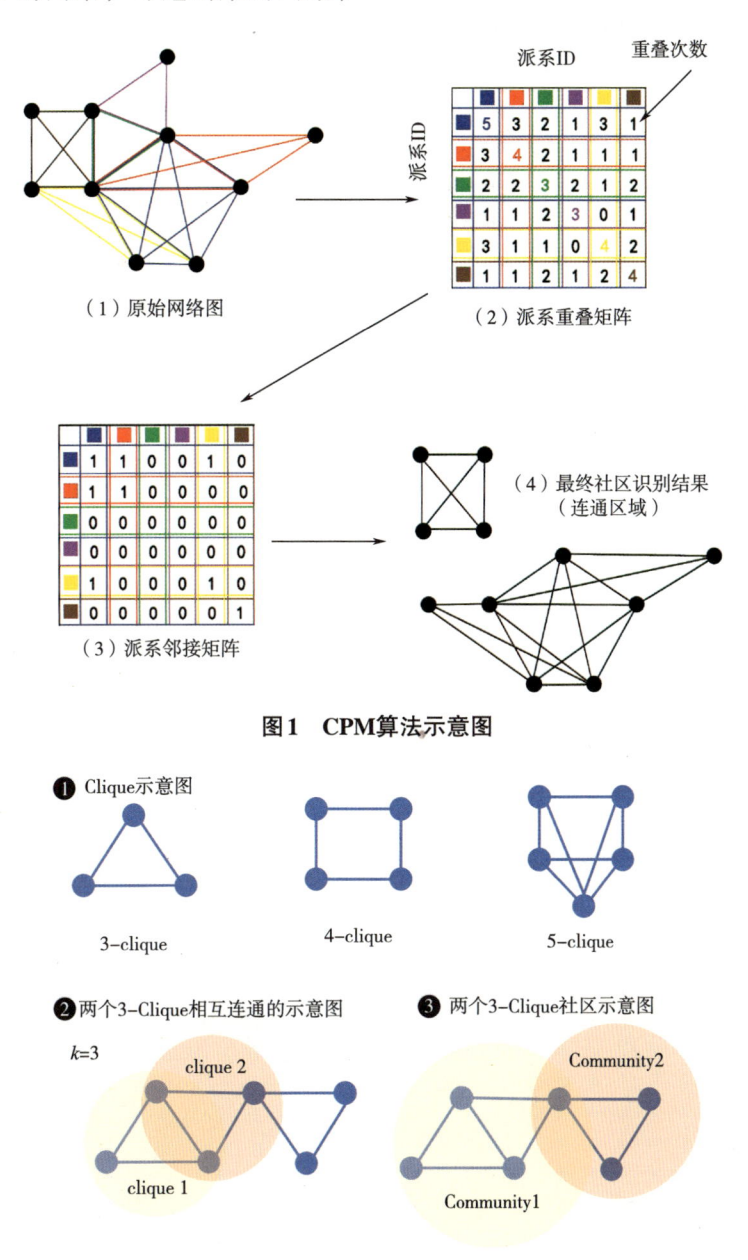

图1　CPM算法示意图

图2　示例

尽管存在上述问题，但由于CPM算法是第一个重叠社区挖掘算法，因此后续大量的研究工作建立在此算法基础上。且该算法集成于著名的社区挖掘算法工具CFinder中，在实际工作中得到了广泛的应用。

111

参考文献(references):

[1] PALLA G, DERÉNYI I, FARKAS I, et al. Uncovering the overlapping community structure of complex networks in nature and society [J]. Nature, 2005, 435 (7043): 814-818.

[2] BLONDEL V D, GUILLAUME J L, LAMBIOTTE R, et al. Fast unfolding of communities in large networks [J]. Journal of statistical mechanics: theory and experiment, 2008 (10): P10008.

[3] PALLA G, BARABÁSI A L, VICSEK T. Quantifying social group evolution [J]. Nature, 2007, 446 (7136): 664-667.

[4] FARKAS I, ÁBEL D, PALLA G, et al. Weighted network modules [J]. New journal of physics, 2007, 9 (6): 180.

(曾利 撰稿/李杰 王洋 审校)

3. DIKW模型
（data–information–knowledge–wisdom model）

数据-信息-知识-智慧模型（data-information-knowledge-wisdom model），简称DIKW模型。学界对其思想的最早提出者，目前尚无确定依据。已有文献记录表明，该模型最早可以追溯到英国诗人T.S.艾略特（T. S. Eliot，1888—1965）1934年发表的诗作*The Rock*中的诗句"Where is the wisdom we have lost in knowledge? / Where is the knowledge we have lost in information?"。学术界目前认为DIKW最早是由R.L. 阿柯夫（R. L. Ackoff）在其1989年的论文"From data to wisdom"中提出的，即要从数据中提取有用的信息，从信息中提取知识，知识经过进一步的加工与萃取将形成智慧。DIKW自提出以来，已经成为知识管理和情报分析中的重要概念模型之一。

DIKW模型系统地刻画了从数据到智慧转化的全过程。在该模型中，数据（data）是加工和提取信息的原料，未经处理的数据仅仅是客观存在，不能直接体现其价值（know noting）；信息（information）是经过处理且有价值的数据，可用来呈现对象"是什么"的问题（know what）；知识（knowledge）是可以回答"为什么"的数据和信息，可以用来解决"是怎样的"的问题（know how）；智慧（wisdom）则是解决"为什么"的问题（know why）。DIKW模型中（如图1所示），每一层均比下一层更富特质，展示了数据如何一步步转化为信息、知识、智慧。

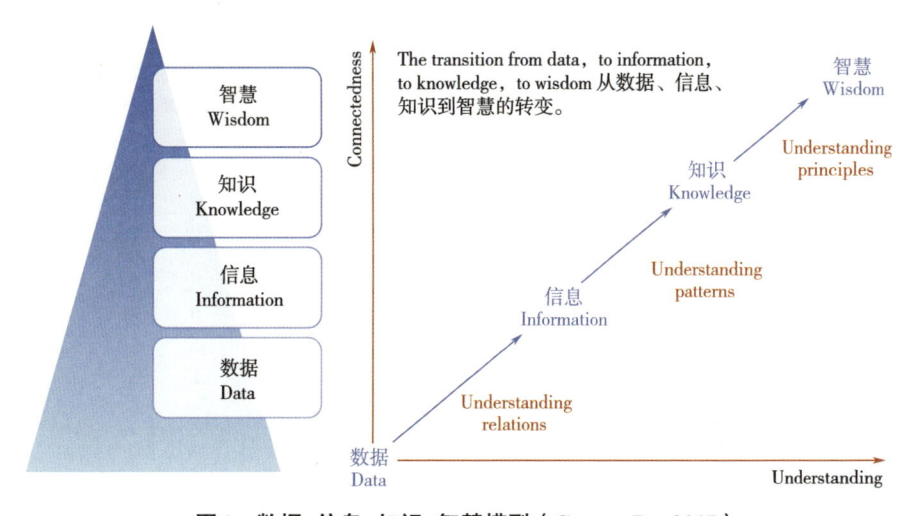

图1 数据–信息–知识–智慧模型（Cooper P，2017）

DIKW模型提出以后，学界在其基础上进行了不同程度的发展、完善，研发了数据驱动的新兴模型。例如：R.L.阿柯夫在K和W之间补充了"理解"U（understanding），形成了DIKUW模型。1999年，日本知识管理学者Nonaka在DIKW的基础上增加了"道德"（morality），形成了data-information-knowledge-wisdom-morality（简称DIKWM）。他认为DIKW不应该停留在智慧上，最终应该停留在道德上。在数据要素化的背景下，DIKWM模型对于数据的合理化应用有重要的价值。2017年，在DIKW模型的基础上，结合数据驱动的范式和科技智库发展与建设的需求，来自中国科学院的潘教峰研究员提出了收集信息（data）-揭示信息（information）-综合研判（intelligence）-形成方案（solution）的DIIS智库研究方案，并在此基础上提出了科技智库研究的双螺旋法。

参考文献（references）：

[1] NIKHIL S. The Origin of Data Information Knowledge Wisdom（DIKW）Hierarchy, 2008[EB/OL].[2023-04-10].https://www.researchgate.net/publication/292335 202_The_Origin_of_Data_Information_Knowledge_Wisdom_DIKW_Hierarchy.

[2] ACKOFF R L. From data to wisdom[J]. Journal of Applied Systems Analysis, 1989, 16（1）: 3-9.

[3] ZELENY M. From Knowledge To Wisdom: On Being Informed And Knowledgeable, Becoming Wise And Ethical[J]. International Journal of Information Technology & Decision Making, 2006, 5（4）: 751-762.

[4] COOPER P. Data, information, knowledge and wisdom[J]. Anaesthesia & Intensive Care Medicine, 2017, 18（1）: 55-56.

[5] JIFA G. Data, Information, Knowledge, Wisdom and Meta-Synthesis of Wisdom-Comment on Wisdom Global and Wisdom Cities[J]. Procedia Computer Science, 2013, 17: 713-719.

[6] NONAKA I, TOYAMA R, HIRATA T, et al, Managing Flow: A Process Theory of the Knowledge-Based Firm[M]. New York: PalgraveMacmillan, 2008.

[7] 潘教峰，杨国梁，刘慧晖.智库DIIS理论方法[C]//中国优选法统筹法与经济数学研究会，南京信息工程大学，中国科学院科技战略咨询研究院，《中国管理科学》编辑部.第十九届中国管理科学学术年会论文集.2017: 10-23.

（李杰 陈安 撰稿/赵丹群 审校）

4. ESI高影响力论文（ESI top papers）

基本科学指标（essential science indicators，ESI）是由全球著名学术信息出版机构科学信息研究所（Institute for Scientific Information，ISI）"研究服务组"于2001年推出的衡量科学研究绩效、跟踪科学发展趋势的基本分析评价工具（https://esi.clarivate.com）。ESI收录了Web of Science核心合集中被科学引文索引（science citation index，SCI）和社会科学引文索引（social science citation index，SSCI）检索的研究论文（article）和综述论文（review）。ESI从引文分析的角度，针对22个专业领域，分别对国家、研究机构、期刊、论文以及学者进行统计分析和排序。用户可以从该数据库中了解在一定排名范围内的学者、研究机构（大学）、国家（城市）和学术期刊在某一学科领域的发展和影响力，确定关键的科学发现，评估研究绩效，掌握科学发展的趋势和动向。

ESI数据库提供了基于长达10年的滚动文献数据（每两个月更新一次）的排名数据，包含高被引作者的排名（前1%）、论文排名（前1%）、国家排名（前50%）和期刊排名（前50%）等数据，还提供了"研究前沿"（research fronts）的专业领域列表。

ESI高影响力论文（ESI top papers）是对高被引论文（high-cited papers）和热点论文（hot papers）取并集后的论文集合。其中，高被引论文是指同一年同一个学科领域中发表的论文，按被引用次数由高到低排序排在前1%的论文。在WoS核心数据库中检索所要查询的论文，若该论文被赋予奖杯标志（ 🏆 ），则该论文为高被引论文。热点论文是指某个学科领域最近两年发表的，按照在最近两个月内的被引次数由高到低排序排在前0.1%的论文。在WoS核心数据库中检索所要查询的论文，若该论文被赋予火焰标志（ 🔥 ），则该论文为热点论文。值得注意的是，只有当引文数据来自SCI、SSCI和艺术与人文科学引文索引（arts & humanities citation index，A&HCI）收录的期刊论文时，ESI才将其作为引文数据进行计算。

（张琳 施顺顺 撰稿/宁笔 曹喆 审校）

5. e指数
（e–index）

　　e指数（e-index）是由中国科学院院士、天津大学教授张春霆于2009年提出的、用来解决h指数（h-index）引用信息丢失和分辨率较低的问题。引用信息丢失是指h指数会忽略研究人员的部分引用信息，仅基于h指数的比较可能会产生误导，因为h指数较低的研究人员实际上可能拥有比h指数较高的研究人员更多的引用；h指数分辨率较低是指对拥有相近或相同的h指数的一组研究人员难以进行直接的比较。

　　基于h指数的这两项缺陷，张春霆教授提出了e指数这一概念，即将h核（h-core）内多于h^2的引文称为过剩引文量（excess citations），记为e^2，将第j篇论文的被引次数记为cit_j，该值以降序排列。e指数的计算如下：

$$e^2 = \sum_{j=1}^{h}(cit_j - h) = \sum_{j=1}^{h}cit_j - h^2$$

　　e指数的图形表示如图1所示。坐标系的横坐标表示论文排序，纵坐标表示引文量，浅蓝色部分代表符合h指数定义的所有论文的总引用量，即h^2，y轴与曲线之间的白色部分代表被h指数忽略的引用信息，即e^2。

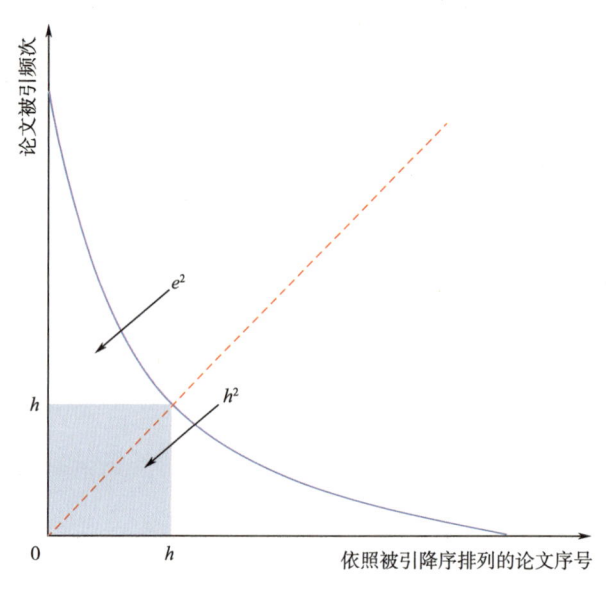

图1　e指数的几何解释

e指数作为对h指数的补充，在对高被引科研人员进行评价或者精确地比较一组具有相同h指数的科研人员的科研产出时有一定的适用性。e^2代表h核中所有论文的过剩引文量，e越小，过剩引文量越小，h指数越可靠；e越大，过剩引文量越大，使用h指数作为单一计量标准时，引用信息的丢失越严重。在一种极端的情况下，当$e=0$，此时h指数完全描述了h核中的引用信息，但这种情况在现实中几乎不存在。在绝大多数情形中$e \neq 0$，此时，e指数对h指数忽视的引用信息进行了很好的补充。

参考文献（references）：

[1] ZHANG C T. The e-index, complementing the h-index for excess citations [J]. PLOS ONE, 2009, 4（5）: e5429.

（黄颖 汪乾坤 撰稿/李杰 张琳 审校）

6. g指数
（g–index）

g指数（g-index）由比利时信息计量学家利欧·埃格赫（Leo Egghe）于2006年提出，用于评估科研人员学术产出数量和产出水平。该指数是对"h指数"的改进，从属于"h型指数"的大家庭。其含义为论文按照被引次数从高到低排序后，相对排前的累积被引至少g^2次的最大论文序次g，亦即第$(g+1)$序次论文对应的累积被引次数将小于$(g+1)^2$。例如，某科研人员共发表5篇论文，各论文的被引次数按降序排列有：$[9,5,3,1,0]$，其中，前4篇论文的被引次数总和为$18>16=4^2$，前5篇论文的被引次数总和为$18<25=5^2$，因此该科研人员的g指数为4。

g指数的形成机理如下：设r是按被引次数降序排列的论文的序次，TC_r是论文r的被引次数，CC_r是论文r从1到r的累积被引次数，则有以下序列：

$$r=(1,2,\cdots,r,\cdots,z)$$
$$TC=(TC_1, TC_2,\cdots,TC_r,\cdots,TC_z)$$
$$TC_1 \geqslant TC_2 \geqslant \cdots \geqslant TC_r \geqslant \cdots \geqslant TC_z$$
$$CC=(CC_1, CC_2, \cdots, CC_r, \cdots, CC_z)$$

其中，$CC_1=TC_1$，$CC_r=\sum_{i=1}^{r}TC_i$。

g指数在理论上表示为$g^2=\max\{r^2: r^2 \leqslant CC\}$，即按被引从高到低排列的前序论文累积被引次数（$CC$）大于等于$r^2$时对应的最大序数$r$。也可表示为：$g^2 \leqslant \sum_{i \leqslant g}TC_i$，也即$g \leqslant \frac{1}{g}\sum_{i \leqslant g}TC_i$（$g$值为满足算式的最大整数），如图1所示。图中横坐标表示按被引次数从高到低排列的论文排名，纵坐标表示论文的平均被引次数，图中柱形表示前z篇论文的平均被引次数（z为对应的横坐标论文排名），角平分线与图中柱形最后一个相交点所对应的横坐标值即为g值。图中星型图标代表论文的原始被引次数，从而可以进行g指数与h指数的比较。从图中示例可以看出g指数为11，h指数为8。

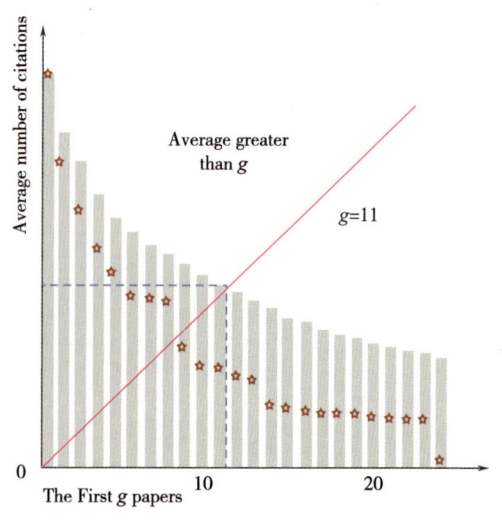

图1　g指数与h指数示意（根据Wikipedia绘制）

g指数的提出旨在改进h指数对高被引论文不敏感的缺点,更强调高被引论文在评估学者学术影响力中的作用。表1示例中,作者A1和作者A2各发表了5篇论文,作者A1排名前2的论文被引次数更多。经计算可知,二者的h指数均为3,但作者A1的g指数更高,在一定程度上反映出g指数充分考虑高被引论文影响的优势。

表1　h指数和g指数的比较（表中p值为被引次数）

作者/论文	p1	p2	p3	p4	p5	h指数	g指数
A1	9	5	3	1	0	3	4
A2	4	4	3	1	0	3	3
A3	18	0	0	0	0	1	4

g指数具有奖励"集中性"的特点,侧重测量学术生产核心(即高被引论文)的影响,因而当论文集合的总被引次数固定时,各论文被引用次数分布越不均匀,即前g篇高被引论文的被引次数总和越大,由g指数所测度出的学术产出表现水平越高。与大多数h型指数存在的局限相似,g指数忽视了g篇核心(高被引)论文以外的其他论文,由于g指数需要计算前g篇论文被引次数的总和,g指数奖励极端高被引论文、忽视非高被引论文的这一局限更为突出,如表1中作者A3只有一篇极端高被引论文(被引次数为18),其g指数($g_{A3}=4$)仍高于作者A2的g指数($g_{A2}=3$)。当使用g指数评价顶尖学者时(论文数量多、高被引论文多),g指数在数值上接近该作者总被引次数的平方根。

参考文献(references):

[1] EGGHE L. Theory and practise of the g-index [J]. Scientometrics, 2006, 69(1): 131-152.

[2] DE VISSCHER A. What does the g-index really measure? [J]. Journal of the American society for information science and technology, 2011, 62(11): 2290-2293.

[3] SCHREIBER M. Do we need the g-index? [J]. Journal of the American society for information science and technology, 2013, 64(11): 2396-2399.

[4] ABRAMO G, D'ANGELO C A, VIEL F. The suitability of h and g indexes for measuring the research performance of institutions [J]. Scientometrics, 2013, 97(3): 555-570.

(耿哲 张琳 苟震宇 撰稿/李杰 黄颖 审校)

7. HITS算法
（hyperlink induced topic search algorithm）

HITS算法（hyperlink induced topic search algorithm）是一种基于链接分析进行网页排序的算法，由美国康奈尔大学的Jon Kleinberg博士于1999年提出。该算法受学术期刊排名方法启发，其核心思想是在页面链接关系的基础上设计改进链接结构，具有计算简单且效率高的特点，近年来被广泛应用在学者网络、引文网络等科学网络分析领域，也是系统论在科学计量学问题上的一个经典应用框架。

在HITS算法中，每个页面节点被赋予两个属性：hub属性（链接权威度）和authority属性（内容权威度）。具有上述两种属性的网页分为两种：hub页面和authority页面。hub页面类似于一个分类器，为包含很多指向高质量authority页面链接的网页；authority页面类似于一个聚类器，为与某个领域或某个话题相关的高质量网页。

HITS算法认为对每一个网页应该将其authority属性和Hub属性分开来考虑，在对网页内容权威度做出评价的基础上再对页面的链接权威度进行评价，然后给出该页面的综合评价。内容权威度与网页自身直接提供内容信息的质量相关，被越多网页所引用的网页，其内容权威度越高；链接权威度与网页提供的超链接页面的质量相关，引用的高质量网页越多，其链接权威度越高。hub页面与authority页面间链接关系如图1所示。

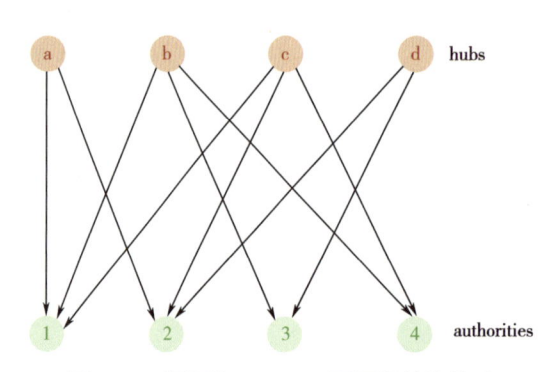

图1　hub页面与authority页面间链接关系

通常使用e_{ij}表示i页面与j页面间的链接情况，如果所有网页构成的网络图中，i页面有指向j页面的链接，则$e_{ij}=1$，否则$e_{ij}=0$。网页的authority属性和hub属性是互相依存、互相影响的，其计算方式由以下公式给出：

$$\begin{cases} auth_i = \sum_{j=1}^n e_{ij} \cdot hub_j \\ hub_i = \sum_{j=1}^n e_{ij} \cdot auth_j \end{cases}, \quad i \neq j \in N^+$$

该算法执行一系列迭代过程，每个迭代包含两个基本步骤，即authority属性更新和hub属性更新。其基本算法流程如下：

（1）初始化。设定网络中的所有网页节点的authority属性和hub属性分别为$auth(i)$和$hub(i)$，其中$i=0,1,2,\cdots,n$。

（2）迭代过程。在第k步迭代过程中（$k \geqslant 1$）和先后进行如下三种操作：

- Authority属性更新：

$$auth_i'(k+1) = \sum_{j=1}^n e_{ij} \cdot hub_j(k), \quad i=1,2,\ldots,n$$

- Hub属性更新：

$$hub_i'(k+1) = \sum_{j=1}^n e_{ij} \cdot auth_j(k), \quad i=1,2,\ldots,n$$

- 归一化处理：

$$\begin{cases} auth_i(k) = \dfrac{auth_i'(k)}{\| auth_i'(k) \|} \\ hub_i(k) = \dfrac{hub_i'(k)}{\| hub_i'(k) \|} \end{cases}, \quad i=1,2,\ldots,n$$

参考文献（references）：

[1] KLEINBERG J M. Authoritative sources in a hyperlinked environment [J]. Journal of the ACM, 1999, 46（5）: 604-632.

[2] HENZINGER M R. Hyperlink analysis for the web [J]. IEEE Internet computing, 2001, 5（1）: 45-50.

[3] FLAKE G W, LAWRENCE S, GILES C L, et al. Self-organization and identification of web communities [J]. Computer, 2002, 35（3）: 66-70.

[4] SUN K, BAI F. Mining weighted association rules without preassigned weights [J]. IEEE transactions on knowledge and data engineering, 2008, 20（4）: 489-495.

（李际超 撰稿/李杰 审校）

8. h指数
(h–index)

h指数（又被称为Hirsch指数或者赫希指数）最早由美国物理学家乔治·赫希（Jorge Hirsch）于2005年提出，用以测度科研人员的个人学术成就，后续应用也拓展至评价期刊、机构乃至国家。根据赫希对h指数的定义，一位科研人员的h指数满足这样一种条件：在他/她发表的n篇论文中，有h篇论文每篇获得了不少于h次的引文数，而剩下的$(n-h)$篇论文中每篇论文的引文数都小于h。例如，如果一位科研人员的h指数为30（$h=30$），即意味着该人员至多有30篇论文被引次数不少于30。为了直观衡量h指数，可以依据个人所发表学术论文的引用情况对论文进行分类，如图1所示。横坐标表示按被引次数从高到低排列的论文排名，纵坐标表示论文被引频次，图中曲线表示论文数量和被引频次的分布，角平分线与该曲线的交点即为h值，曲线与两坐标轴围成的区域即为论文的总被引次数，引用次数大于h值的论文集合被称为h核（h-core），对于不属于h核的论文集合，用h尾（h-tail）来表示。

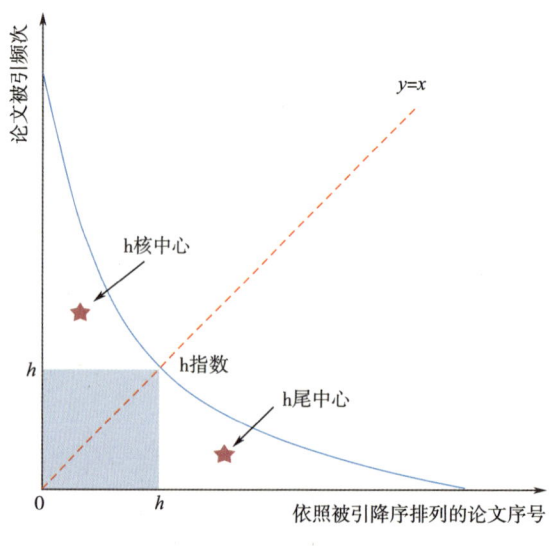

图1　h指数示意

h指数会随着统计年限 n 的增加而增加，但不同的科研人员对应的h指数增加的快慢则有很大不同。赫希通过一系列假设和数学推导，发现h指数会呈现近似线性的增长趋势。对于一位在其科研生涯中以稳定速率发表质量类似论文的科学工作者来说，存在线性关系：$h \propto mn$。

其中，参数 m 即为函数 h 的斜率，年限 n 为变量。参数 m 的高低为比较不同资历、不同水平的科研人员提供了一个很有用的标准。赫希通过对物理学家被引记录的调查，认为不同的 m 值具有不同的含义：①当 $m \approx 1$ 时，从事20年科研活动后h指数达到20的科研人员可以被认为是一位成功的科研人员；②当 $m \approx 2$ 时，从事20年科研活动后h指数达到40的科研人员可以算得上是一位杰出的科研人员，他们很可能是在顶级大学或重点实验室工作的科研人员；③当 $m \approx 3$ 或更大时，从事20年科研活动后h指数达到60或30年后h指数达到90的科研人员可被视为真正的科学精英。

h指数的计算前提是将论文按照被引次数从高到低排序，设 r 是按照被引次数降序排列的论文序次，TC_r 是论文 r 的被引次数，则有以下序列：

$$r = (1, 2, \cdots, r, \cdots, z)$$
$$TC = (TC_1, TC_2, \cdots, TC_r, \cdots, TC_z)$$

h指数在理论上表示为：$h = \max\{r: r \leq TC\}$，即把一位科研人员的论文按照其被引次数（TC）从高到低排序后，h指数等于单篇论文被引次数（TC）大于等于 r 时对应的最大序数 r。

利欧·埃格赫（Leo Egghe）和罗纳德·鲁索（Ronald Rousseau）基于洛特卡定律（Lotka's law）推导出h指数的数学模型如下：

$$h = T^{1/\alpha}$$

其中，T 为科研人员论文总数，α 为Lotka指数。

此后，埃格赫进一步结合指数老化模型推导出动态h指数的数学模型：

$$h = ((1-a^t)a^{-1}T)^{1/\alpha}$$

其中，a 为老化速率。

h指数把握了信息学中常见的幂律现象，综合平衡数量及影响，计算方法简洁精巧，但存在一定不足之处，例如：当h指数相等时，不能区分论文被引频次相差悬殊的情况；h指数是一个在数值上只上升不下降的指标，在时间序列上缺乏波动性；大规模自引会影响h指数的大小；没有考虑合著论文中作者的数量及排序；没有考虑学科因素，不适用于跨学科的比较等。对于h指数存在的不足，很多学者对其进行修正并进一步拓展，形成类h指数。类h指数大体上可以分为h指数的变体和h型指数。h指数的变体是在h指数基础上对细节进行修改的指数，包括h（2）指数、h_f指数、h_t指数、h_m指数、实h指数、有理h指数、连续h指数、锥形h指数、现时h指数、趋势h指数、h序列与h矩阵等；h型指数是指类似h指数或与h指数有关的新指数，包括g指数、h_g指数、A指数、AR指数、R指数、e指数、w指数、m指数、q^2指数、h（hbar）指数、h_w指数、动态h指数等。

参考文献（references）：

[1] HIRSCH J E. An index to quantify an individual's scientific research output [J]. Proceedings of the national academy of sciences, 2005, 102 (46): 16569-16572.

[2] ROUSSEAU R. Hirsch 指数研究的新进展 [J]. 科学观察, 2006, 1 (4): 23-25.

[3] YE F, ROUSSEAU R. Probing the h-core: an investigation of the tail-core ratio for rank distributions [J]. Scientometrics, 2010, 84 (2): 431-439.

[4] BRAUN T, GLÄNZEL W, SCHUBERT

A. A Hirsch-type index for journals [J]. Scientometrics, 2006, 69 (1): 169-173.
[5] EGGHE L, ROUSSEAU R. An informetric model for the Hirsch-index [J]. Scientometrics, 2006, 69 (1): 121-129.
[6] 叶鹰, 唐健辉, 赵星. h指数与h型指数研究 [M]. 北京: 科学出版社, 2011.
[7] LIANG L. h-index sequence and h-index matrix: constructions and applications [J]. Scientometrics, 2006, 69 (1): 153-159.

（耿哲 袁佳 撰稿/李杰 黄颖 审校）

9. PageRank算法
（PageRank algorithm）

PageRank（PR）算法，又称网页排名算法、Google左侧排名算法，是Google搜索在其搜索引擎结果中对网页进行排名的算法。它由谷歌创始人之一的拉里·佩奇（Larry Page）命名。PageRank是一种衡量网站页面重要性的方法。根据谷歌的说法，PageRank算法起源于一种基于图论的排序算法。它将万维网上所有的网页视作节点（node），而将超链接视作边（edge），指向某网页的超链接被视为"对该网页的投票"（a vote of support）。PageRank通过计算页面链接的数量和质量（这里指的不是额外的网页质量方面的数据，而是通过这个链接来自哪里来看质量，也就是说，并不是每一个链接的权重都相同）来粗略估计分析网站的重要性。

PageRank算法的原理实际上与学术论文引用相似。通常，衡量一篇学术论文的质量高低时，引用次数是最常见、最经典的指标。高引用量的论文通常意味着高质量。此外，相比于质量较低的文章而言，质量较高的文章的参考文献一般也有着较高的质量。与此学术论文引用关系同理，网页的重要性也同样遵循上述规律。总结起来，PageRank的核心思想有两点（结合图1说明）：①一般来说，如果一个网页被越多的其他网页所链接，则说明这个网页越重要，也就是说该网页所对应的PageRank值越高。例如，在图1中，与节点（网页）B相比，节点D被更多的节点所链接，所以节点D具有更大的PageRank权值或重要性；②如果一个页面被具有较高的PageRank权值的页面所链接，则该页面也应具有较强的重要性。如图1所示，有三个页面（B、C和I）同时指向页面E，而只有两个页面（D和I）指向页面H。但相比于页面E，页面H具有更高的重要性。

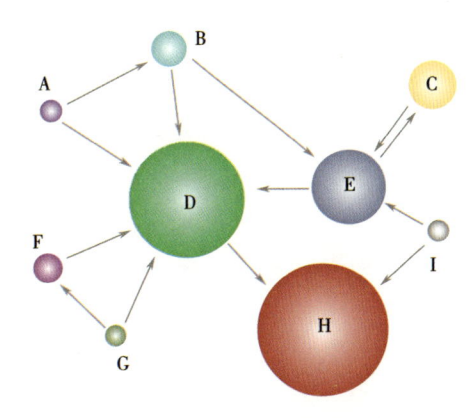

图1 一个具有9个节点的有向网络，节点大小正比于PageRank权值

对于一个包含N个节点的有向图G来说，图1中节点的PageRank值计算公式

如下：

$$PR(i) = \frac{1-\alpha}{N} + \alpha \sum_{j \in n(i)} \frac{PR(j)}{L(j)}$$

其中，α 为算法的可调节参数，这个参数通常被翻译成阻尼系数，意思为任意时刻浏览者访问到某页面后继续访问下一个页面的概率，在Larry Page和Sergey Brin的论文中，α 通常被设置为0.85。$n(i)$ 表示图 G 中所有链接到网页 i 的网页的集合。$L(j)$ 表示从节点 j 链接出去的节点数目。可见，每个网页的权重值大小被递归地定义，取决于所有链接该页面的权重值。

PageRank算法自首次被发表至今，早已不是Google用于对搜索结果进行排序的唯一算法，但它是该公司使用的第一个算法，也是最著名的和最重要的算法。PageRank算法目前已被广泛应用于各个学科领域，学者们根据原始版本的PageRank算法开发了一系列适用于不同问题和场景的变种算法，这也表示PageRank算法依旧拥有较高的学术研究价值。例如，一般来说，学术论文的影响力不仅取决于它的被引次数，还取决于它被哪些论文所引用，这与PageRank的机理相吻合，因此PageRank算法在科学计量学中也有着广泛的研究和应用。在引文网络上计算PageRank时，算法会为网络中的每个节点（论文）分配一个初始分数，并在每个迭代步骤中根据上述公式进行更新，最终的稳定分数可以被用来表示一篇学术论文的重要性。

参考文献（references）：

[1] PAGE L, BRIN S, MOTWANI R, et al. The PageRank citation ranking: Bringing order to the web [R]. Stanford InfoLab, 1999.

[2] LANGVILLE A N, MEYER C D. Google's PageRank and beyond: The science of search engine rankings [M]. Princeton university press, 2006.

[3] GLEICH D F. PageRank beyond the web [J]. siam REVIEW, 2015, 57 (3): 321-363.

[4] ZENG A, SHEN Z, ZHOU J, et al. The science of science: From the perspective of complex systems [J]. Physics reports, 2017, 714: 1-73.

（曾安 撰稿/吴金闪 李杰 审校）

10. PI指数
（productivity index）

PI指数（productivity index）是由中国科学院上海生命科学信息中心提出的"生命科学与基础医学"科研产出评价指数，由于英文缩写发音与圆周率π相同，故简称π指数。π指数聚焦"生命科学与基础医学"领域，结合现有评价指标和该领域特点，立足同行评议、论文影响力、作者贡献度等定性定量指标建立算法模型。

π指数具有两方面的特点和优势：一方面，考虑到生命科学和基础医学均属于基础研究领域，科研产出以期刊论文为主要载体，故π指数未将专利等与实际应用紧密相关的产出形式列入评价范围。另一方面，π指数突破了仅靠影响因子来判断期刊影响力大小的传统思维，采用由各领域专家联合评议推荐高质量期刊群的做法，邀请生命科学和基础医学、图书情报、科研评价领域的专家、学者和科技期刊编辑等成立咨询专家组，联合评议推荐相应领域的高质量期刊并形成列表，再通过问卷咨询专家，形成高质量期刊群并对期刊影响力权重赋值。π指数亦根据领域发展情况和特定需求对数据来源进行调整。

目前，π指数包括π值、π商、论文量3个核心指标，以及π因子、π5值、π值基线、π商基线等基于π值的扩展指标。

其中，π值的计算基于期刊影响力评分标准和作者贡献度权重标准，算法如下：

$$PIV_{article} = S_{jour} \times S_{org}$$

$$S_{jour} = \sqrt{m_{0.5} \times IF}$$

$$S_{org} = \max(Sfi_{rst} + Sc_{orr},\ Sot_{her})$$

上式中，S_{jour} 为期刊影响力，期刊影响力评分标准依据专家咨询组评议评分，将入选的期刊影响力按照学科领域分为5个档次，并赋予不同的权重；S_{org} 为作者贡献度，作者贡献度权重标准考虑了第一作者（含并列第一作者）、通信作者以及署名作者排序不同而贡献不同等因素。其中 Sfi_{rst} 与 Sc_{orr} 分别为第一作者和通信作者的贡献分值，数值为0.5，Sot_{her} 指其他作者的贡献分值，从第2位到第n位递减，递减幅度为0.2到0.1。

上海生命科学信息中心自2016年起每年发布π指数年度报告，旨在客观反映生命科学与基础医学领域内科研机构的科研产出数量、质量和贡献，为科研评估和创新决策提供参考。π指数依托该中心自建的科研评价语义数据知识服务平台，基于资源描述框架（RDF）、知识本体（ontology）、关联数据（linked data）、知识图谱（knowledge graph）等语义技术驱动

π指数报告的发布，解决了人名消歧、机构规范等问题，为构建数据智能时代面向内容和知识的细分领域多维度的评价体系奠定基础。

参考文献（references）：
[1] 张永娟，张丽雯，阮梅花，等.生命科学与基础医学全球科研机构产出评价π指数分析报告[J].智库理论与实践，2019，4（1）：86-96.
[2] 邓小茹，陈颖瑜.构建生命科学与医学多维指标分析评价体系模型的实证研究：基于ESI、自然指数和π指数联用视角[J].图书馆杂志，2020，39（9）：95-103.

（黄颖 陈思源 撰稿/于建荣 张永娟 审校）

11. p指数
（p–index）

p指数（p-index）是由印度学者Gangan Prathap于2010年提出的一个用来测度学术产出与影响力的指标，其全称为performance index，也可称之为"表现指数"。该指标被认为具有替代或者模拟h指数的能力，也被该学者称为"模拟h指数"（mock h index，h_m index）。p指数的计算公式为：

$$p = \left(\frac{C^2}{N}\right)^{\frac{1}{3}}$$

其中，C表示论文总被引次数，N表示论文数量。与h指数相类似，该指标也兼顾了论文的数量（N）和引文影响力（C/N）两个维度。Gangan Prathap将p指数的计算方式与动力学中动能及电学中电能的计算方式进行了类比，认为C^2/N可被视为一种学术势能，其物理意义与动能、电能类似（如表1所示），能够体现目标物的内在潜能。

表1　不同领域"能量"度量指标类比

领域	"能量"度量指标			
动力学	质量 m	速度 v	动量 $q = mv$	动能 $2E = mv^2 = q^2/m$
电学	电阻 R	电流 i	电压 $V = Ri$	电能 $E = iV = Ri^2 = V^2/R$
文献计量学	论文数 N	被引率 i	被引次数 $C = Ni$	学术势能 $E = iC = Ni^2 = C^2/N$

p指数与h指数及其部分改进指标（如g指数）的显著区别在于：h指数、g指数等指标的计算方法中包含对目标对象的排序，即主要关注排在前列的、较高被引的一部分核心论文；而p指数的计算方法中不包含排序操作，其目标对象涵盖全部论文及其被引次数，同时关注核心论文和"长尾"部分被引次数较少的论文。由于p指数的计算不依赖论文被引频次的排序，其结果不会受到论文数量的直接限制。例如，对于

一位发表了3篇论文的学者，即使这3篇论文的被引次数非常大，这位学者的h指数也不会大于3；而尽管该学者的p指数同样会被论文数量所影响，但其计算结果也与论文被引次数的绝对数值密切相关，不会局限于由论文数量所确定的某一区间。此外，p指数能够通过论文总被引次数和论文数直接计算得到，在操作层面更加简单方便；p指数的值域为正实数，而h指数等只能取自然数，因而p指数在比较不同对象之间的细微差异时更具有优势，这在一定程度上弥补了h指数区分度低的缺陷。

参考文献（references）：

[1] PRATHAP G. The 100 most prolific economists using the p-index [J]. Scientometrics, 2010, 84（1）: 167-172.

[2] PRATHAP G. Is there a place for a mock h-index? [J]. Scientometrics, 2010, 84（1）: 153-165.

[3] PRATHAP G. The iCE approach for journal evaluation [J]. Scientometrics, 2010, 85（2）: 561-565.

[4] WEI S X, TONG T, ROUSSEAU R, et al. Relations among the h-, g-, ψ-, and p-index and offset-ability [J]. Journal of informetrics, 2022, 16（4）: 101340.

（张琳 苟震宇 撰稿/黄颖 审校）

12. R指数
（R-index）

金碧辉和罗纳德·鲁索（Ronald Rousseau）等学者于2007年提出了R指数（R-index），以弥补h指数缺乏灵敏度和区分度的不足。R指数是指h核内论文的被引频次之和的平方根，其中h核指引用量大于h指数的论文集合。R指数中的"R"代表平方根（square root）中的"r"。其数学公式如下：

$$R = \sqrt{\sum_{j=1}^{h} cit_j}$$

式中，cit_j表示第j篇论文的被引频次，该值以降序排列；h代表h指数。cit_j大于等于h，在极个别情况下，cit_j恰好等于h，此时R指数与h指数一致。

采用h指数测度科研人员的绩效时会出现大量相同的h，而R指数测量了h核的引用强度，解决了h指数对h核内的变化缺乏灵敏度的问题。在h指数和R指数结合使用的过程中，两个指数各自发挥不同的作用。h指数的主要功能是根据科研人员的论文总量和被引频次总量来划定h核的界面或大小。h指数上升的主要动力来自h核外部论文影响力的变化。R指数的主要功能是测度h核内论文影响力的变化。R指数在不改变h核形态的前提下，通过对h核内部每篇论文被引频次总量平方根的计算，可以对同值h指数且不同强度的h核进行测度，其测度结果是区分同值h指数的主要依据。h核内外部的变化在h指数与R指数的结合使用中能够得到全面测度。有研究表明，R指数有利于被引频次集中在少数几篇文章中的科研人员，但没有给拥有更多分散引用的科研人员带来比较优势。

为克服h指数只增不减的缺陷，金碧辉和鲁索进一步提出了AR指数（AR-index）。AR指数是指h核内每篇论文的年均被引频次总和的平方根，数学公式如下：

$$AR = \sqrt{\sum_{j=1}^{h} \frac{cit_j}{a_j}}$$

式中，a_j为论文j的发表年龄。AR指数是在R指数的基础上引入"论文发表年龄"这一参数，将论文的被引频次与论文的发表年龄两个参数组成"论文年均被引频次"这一因变量，进而对h指数形成一种辅助性的上升和下降的机制。

通过AR指数的测度，那些不再被人引用的论文会导致AR指数的下降。在年均被引频次这一因变量的作用下，h核内形成了新陈代谢的机制，随着论文发表年龄和新增被引频次的变化，AR指数出现上升或下降。在这样一种机制下，要保持AR指数不断上升，就需要h核内的论文随着时间的推移不断获得新的被引频次。一旦h核内某年发表的论文不再有新的被引频次，那么，随着时间的推移，AR指数会逐渐衰减。AR指数的波动性是对科学家个人科研绩效涨落起伏的有效反映，可以作为h指数功能扩展的补充指标。但是，AR指数只将h核论文纳入统计中，没有考虑h尾论文及其被引情况，这会导致科研人员的影响力被低估。

参考文献（references）：

[1] 金碧辉，鲁索. R指数、AR指数：h指数功能扩展的补充指标[J]. 科学观察，2007, 2（3）: 1-8.

[2] JIN B H, LIANG L M, ROUSSEAU R, et al. The R- and AR-indices: complementing the h-index[J]. Chinese science bulletin, 2007, 52（6）: 855-863.

（黄颖 虞逸飞 撰稿/李杰 张琳 审校）

13. Scimago期刊排名
（Scimago journal rank）

Scimago期刊排名（Scimago journal rank，SJR）是由西班牙的Scimago研究小组于2007年提出的衡量学术期刊影响力的指标，其核心概念来自Google的PageRank算法。SJR通过期刊被引用频次与这些施引来源的重要性或声望来衡量期刊的影响力，因此被声望高的期刊所引用，对声望的提升应较被一般期刊引用的效果更显著。此演算方式突破了传统期刊指标单纯计算引用次数而无法反映个别引用"价值"的缺陷。例如，在总被引频次相等的情况下，被Nature或Science引用和只被一些低水平期刊引用的论文的影响力实际上是不相同的，一种期刊越多地被高声望期刊所引用，该期刊的声望也会越高。

SJR的含义为某期刊过去三年发表的文献在统计年中收到的加权引文的平均值，为了防止过多的期刊自引现象，SJR将期刊的自引比例限制在33%以下。该指标的演算逻辑基于期刊的引文网络，其中节点代表Scopus数据库收录的学术期刊，节点之间的有向连接代表期刊之间的引用关系，假设A期刊被B、C期刊引用，A期刊的SJR值则来自B和C期刊的总和。但C期刊又引用了B期刊，因此C期刊有两个引用，所以C期刊只有一半的值算到PageRank里。按照这样的逻辑经过不断的重复计算，SJR得分将在迭代过程中被重新分配，期刊通过引文连接将它们获得的声望相互转移。最后，当连续迭代的SJR得分之间的差异不超过预先设定的阈值时，计算过程结束。图1是SJR指标演算示意图。

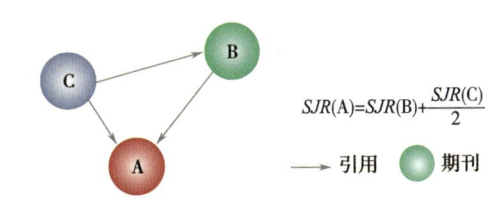

$$SJR(A)=SJR(B)+\frac{SJR(C)}{2}$$

→ 引用　● 期刊

图1　SJR指标演算示意图

SJR的计算共分为两个阶段，第一阶段的计算公式如下所示，该公式由三个部分组成，第①部分和第②部分在整个迭代过程中保持不变，共同组成期刊的基础声望值。其中，第①部分取决于期刊总数，第②部分表示根据数据库收录的论文数量计算得出某期刊的出版声望值，第③部分表示根据从其他期刊收到的引文数量和质量所计算得出的引文声望值。$PSJR_i$表示期刊i的$PSJR$值；C_{ji}表示期刊j引用期刊i的次数；C_j表示期刊j的参考文献数；N表示期刊总数；Art_j表示期刊j的论文总数；Dangling-nodes表示整个期刊引文网络中的孤立节点，与其他期刊没有任何引文关系；d和e为常数，通常取$d=0.9$，$e=0.0999$。

$$PSJR_i = \overbrace{\frac{(1-d-e)}{N}}^{①} + \overbrace{e \cdot \frac{Art_i}{\sum_{j=1}^{N} Art_j}}^{②} + \overbrace{d \cdot \sum_{j=1}^{N} \frac{C_{ji} \cdot PSJR_i}{C_j} \cdot \frac{1 - \left(\sum_{k \in \{Dangling-nodes\}} PSJR_k\right)}{\sum_{h=1}^{N} \sum_{k=1}^{N} \frac{C_{kh}}{C_k} \cdot PSJR_k} + d \cdot \left[\sum_{k \in \{Dangling-nodes\}} PSJR_k\right] \cdot \frac{Art_i}{\sum_{j=1}^{N} Art_j}}^{③}$$

第一阶段计算的$PSJR$是一个依赖期刊论文规模的指标，不适合进行期刊之间的比较，第二阶段将使用期刊论文数量对$PSJR$进行标准化，其计算公式如下：

$$SJR_i = c \cdot \frac{PSJR_i}{Art_i}$$

用户可以在Scimago Journal & Country Rank官网（https://www.scimagojr.com/）中对期刊的SJR指标进行查询，并且可以按主题领域（27个主题领域）、主题类别（309个特定主题类别）或国家对期刊进行分组。与期刊影响因子相比，SJR指数的期刊来源范围更广，引用窗口延长为3年，且可以免费检索获得。

2012年，Scimago团队在SJR的基础上进一步做出改进，设计出SJR2指标。该指标增强了共被引期刊之间的影响，使得相同主题的期刊之间声望值转移比例更高。SJR2与SJR的主要区别为：①SJR2既根据引用期刊的声望来衡量引文，也考虑到施引和被引期刊的主题相关程度；②SJR2限制了计算过程中期刊声望值通过引文网络的转移比例，即声望转移的最高限额为被转移期刊声望值的50%；③在数据来源上，SJR2利用某期刊刊载的文献数量占所有期刊的文献总数的比例对期刊影响力进行标准化，而SJR则直接使用某期刊刊载的文献数量对期刊影响力进行标准化。

参考文献（references）：

[1] GONZÁLEZ-PEREIRA B, GUERRERO-BOTE V P, MOYA-ANEGÓN F. A new approach to the metric of journals' scientific prestige: the SJR indicator [J]. Journal of informetrics, 2010, 4 (3): 379-391.

[2] GUERRERO-BOTE V P, MOYA-ANEGÓN F. A further step forward in measuring journals' scientific prestige: the SJR2 indicator [J]. Journal of informetrics, 2012, 6 (4): 674-688.

（张琳 程铭 撰稿/黄颖 审校）

14. VOS算法
（visualization of similarities algorithm）

VOS算法（visualization of similarities algorithm，即相似可视化算法），是由荷兰莱顿大学Nees Jan van Eck研究员和Ludo Waltman教授于2006年共同提出的一种类似于MDS多维尺度分析的科学文献知识单元映射与布局算法。具体来说，VOS算法将知识单元的空间布局建模为最小化以下目标函数：

$$V(x_1, \cdots, x_n) = \sum_{i<j} s_{ij} d_{ij}^2 - \sum_{i<j} d_{ij} \quad (1)$$

式（1）中，参数s_{ij}表示节点i和节点j之间的相似度，在文献网络中通常可以使用节点间的关联强度来进行度量，即：

$$s_{ij} = \frac{2mc_{ij}}{c_i c_j} \quad (2)$$

式（2）中的c_{ij}表示节点i和节点j之间加权连边次数，而c_i表示与节点i相连的加权边次数之和，m则表示网络中总的连接次数，很显然它们之间满足以下关系：

$$c_{ij} = \sum_{i \neq j} c_{ij} \text{ 且 } m = \frac{1}{2} \sum_i c_i \quad (3)$$

式（1）中，参数d_{ij}则表示节点i和节点j之间的距离，该距离在网络布局（VOS mapping）阶段可以表示为节点i和节点j之间的欧式距离：

$$d_{ij} = \|x_i - x_j\| = \sqrt{\sum_{k=1}^{p}(x_{ip} - x_{jp})^2} \quad (4)$$

与此同时，VOS算法的目标函数式（1）可以统一解释为节点间引力和斥力的平衡。式（1）中等号右边的第一项代表引力，第二项代表斥力。两个节点之间的关联强度越高，它们之间的引力就越强。由于两个节点之间的斥力不取决于节点的关联强度，所以两种力的总效应是：具有高关联强度的节点相互吸引，而具有低关联强度的节点相互排斥。基于该视角，式（1）在后续的优化中，被作者加入了吸引参数α和排斥参数β，用以调节引力和斥力之间的权重，式（1）此时被推广为式（5）。通常情况下，算法要求吸引参数α大于排斥参数β，同时传统的VOS算法推荐参数$\alpha = 2$，$\beta = 1$。

$$L(x_1, \cdots, x_n) = \frac{1}{\alpha}\sum_{i<j} s_{ij} d_{ij}^\alpha - \frac{1}{\beta}\sum_{i<j} d_{ij}^\beta \quad (5)$$

Nees Jan van Eck和Ludo Waltman基于上述算法，于2009年开发了著名的科学知识图谱工具VOSviewer，该工具是一款功能强大且易于使用的文献计量学和科学文献可视化软件，结果如图1所示。该工具可以帮助研究者更好地了解文献集合中的研究领域、研究方向和研究热点，从而提高研究效率和质量。

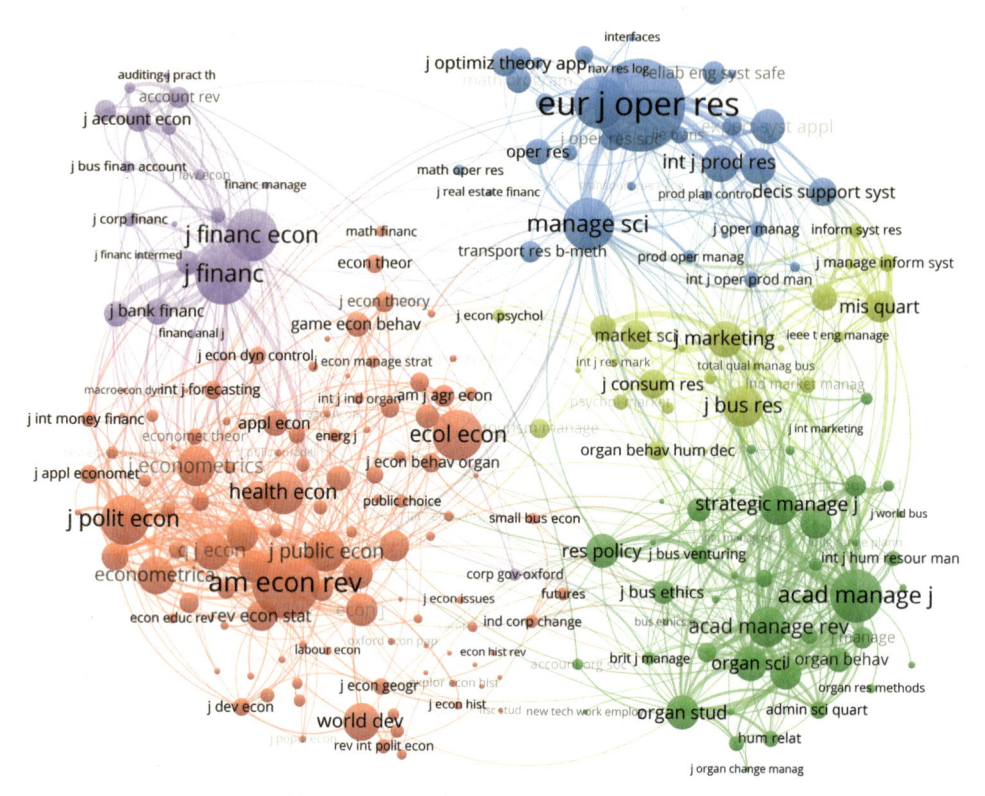

图 1　VOS算法效果图（颜色表示节点所属聚类，节点之间的距离反映节点之间的相似性，当前的连线表示期刊的共被引关系）

参考文献（references）：

[1] VAN ECK N J, WALTMAN L.VOS: A New Method for Visualizing Similarities Between Objects [EB/OL].[2023-07-01].ERS-2006-020-LIS. ERIM Report Series Research in Management Erasmus Research Institute of Management. Erasmus Research Institute of Management. 2006. http://hdl.handle.net/1765/7654.

[2] VAN ECK N J, WALTMAN L. VOS: A new method for visualizing similarities between objects [C]//Advances in Data Analysis: Proceedings of the 30 th Annual Conference of the Gesellschaft für Klassifikation eV, Freie Universität Berlin, March 8–10, 2006. Springer Berlin Heidelberg, 2007: 299-306.

[3] VAN ECK N J, WALTMAN L. Software survey: VOSviewer, a computer program for bibliometric mapping [J]. scientometrics, 2010, 84（2）: 523-538.

[4] VAN ECK N J, WALTMAN L, DEKKER R, et al. A comparison of two techniques for bibliometric mapping: Multidimensional scaling and VOS [J]. Journal of the American Society for Information Science and Technology, 2010, 61（12）: 2405-2416.

[5] WALTMAN L, VAN ECK N J, NOYONS E C M. A unified approach to mapping and clustering of bibliometric networks [J]. Journal of informetrics, 2010, 4（4）: 629-635.

[6] VAN ECK N J. Methodological Advances in Bibliometric Mapping of Science [D]. Rotterdam: Erasmus Research Institute of Management, 2011.

（曾利 李杰 撰稿/张嶷 审校）

15. w指数
（w–index）

w指数（w-index）是中国科学技术大学吴强于2008年在预印本系统arXiv.org上提出的用于评价科研人员科研绩效的指标，它是一种h指数的变形。如果将一位科研人员的所有论文按其被引频次降序排列，有 w 篇文章至少有 $10w$ 个引用，且其他论文每篇引用次数都低于 $10(w+1)$ 次，则该科研人员的指数为 w。例如，如果一个人的w指数为24，那么在其所有产出论文中，有24篇论文每篇至少被引用了240次。w指数图示见图1。

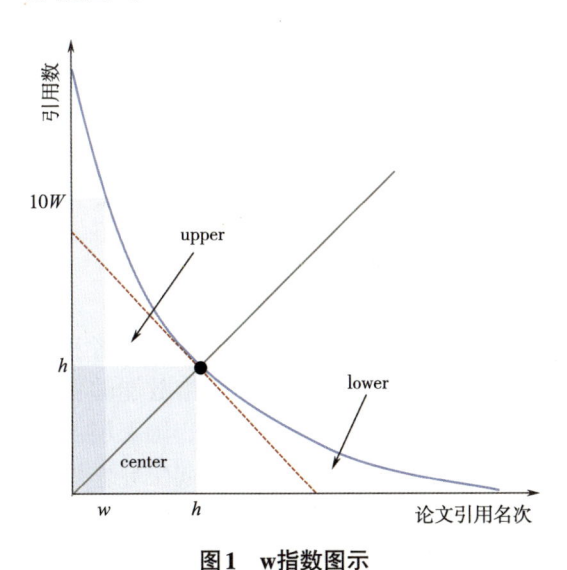

图1 w指数图示

研究表明，h指数的平均值大约是w指数平均值的4倍，即h≈4w。结合h指数研究结果，吴强提出了若干假设：科研人员的w指数为1或2，表示其具备领域的基本知识；科研人员的w指数为3或4，表示其具有了一定学术造诣；科研人员的w指数为5代表其是成功的科研人员；科研人员的w指数达到10及以上代表其是杰出的科研人员；w指数在20年内达到15或者在30年内达到20代表其是顶尖科研人员。

w指数在保留h指数简洁易懂特点的同时，更关注高被引频次的论文，可广泛用于科研人员、期刊、研究机构等不同层级的评价。但w指数依旧取决于引用次数，引文滞后性、数据库差异性等问题都会限制其应用范围和评价效果。

参考文献（references）:

[1] WU Q. The w-index：a measure to assess scientific impact by focusing on widely cited papers[J]. Journal of the American society for information science and technology, 2010, 61（3）: 609-614.

[2] BIHARI A, TRIPATHI S, DEEPAK A. A review on h-index and its alternative indices[J]. Journal of information science, 2023, 49（3）: 624-665.

（黄颖 虞逸飞 撰稿/李杰 吴强 审校）

16. Y指数
（Y-index）

Y指数（Y-index）是我国台湾学者何玉山（Ho Yuh-Shan）教授于2012年提出的考虑被评价对象贡献角色的评价指标。该指标主要针对科研绩效评价的常用指标普遍将合著论文中的所有作者同等看待，容易忽略实际中多作者合著论文中不同作者的贡献程度差异的问题。该指标聚焦在研究中发挥主导作用的核心作者，以期更加科学地衡量个人、机构、国家的科研绩效。

基于科学界的普遍共识，即论文中的第一作者和通讯作者发挥着主要作用，何玉山定义了考虑论文作者贡献的$Y(j,\theta)$指数。假设科研人员以第一作者身份发表论文的数量为FP，以通讯作者身份发表论文的数量为RP，则：

$$j = \sqrt{FP^2 + RP^2} \quad (1)$$

$$\theta = \tan^{-1}\left(\frac{RP}{FP}\right) \quad (2)$$

$Y(j,\theta)$指数可以以极坐标的形式进行直观呈现和比较（如图1所示），用极径j和极角θ两个参量表示坐标系中的点。其中，极径j表示个人、机构或国家的生产力，j越大，说明作为第一作者或通讯作者发表的论文数量越多。极角θ用于区分个人、机构或国家的贡献特征，当$\theta > 0.7854$时，意味着个人、机构或国家更多以通讯作者身份发表文章，在研究中角色更倾向于研究构思和指导；当$\theta < 0.7854$时，意味着个人、机构或国家更多以第一作者身份发表文章，在研究中角色更倾向于数据分析、论文初稿撰写等具体工作。

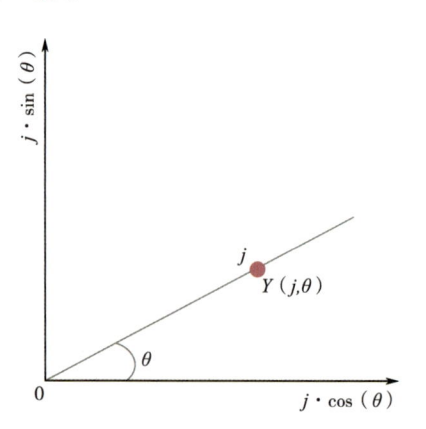

图1 $Y(j,\theta)$指数的极坐标示意图

由于仅考虑科研人员以第一作者和通讯作者身份发表的论文，Y指数能够更好地评估科研人员个体或机构、国家层面的科研人员群体在科学研究中起主导作用的实质性贡献，在如今的大科学时代具有较高的应用价值。Y指数也存在一定的局限性：该指标更适合评估高产作者的科研贡献，对于发文量较低的作者，容易出现Y

指数相同的情况，区分度较低。

参考文献（references）：

[1] HO Y S. Top-cited articles in chemical engineering in science citation index expanded: a bibliometric analysis [J]. Chinese journal of chemical engineering, 2012, 20 (3): 478-488.

[2] FU H Z, HO Y S. Top cited articles in adsorption research using Y-index [J]. Research evaluation, 2014, 23 (1): 12-20.

（张琳 涂子依 撰稿/付慧真 李杰 审校）

17. z指数
（z-index）

z指数是印度学者Gangan Prathap在2010年提出p指数后，为了改进p指数不能反映引文分布特征的缺陷，于2014年提出的一个新型三维评价指标，其参考了Doug Laney提出的"3V"模型，设计了综合考虑数量（quantity）、质量（quality）和一致性（consistency）因素的三维模型。Prathap借鉴了热力学领域的理论，使用第三个维度"一致性"来补充质量和数量这两个常用的评价维度，以期更好地对科研绩效进行评估。其中，数量维度用论文集所包含的论文数量P来表征；质量维度用论文的篇均被引频次i来表征，假设c_k表示单篇论文的被引频次，论文集总被引次数为$C = \sum c_k$，$k = 1, \cdots, P$，则篇均被引频次$i = C/P$；一致性则被定义为论文集中所有论文被引次数分布的均匀程度，用字母η表示。

Prathap借鉴了热力学领域的能量（energy，E）概念，并提出"放能"（exergy，X）这一新术语，将一致性指标η定义为放能X和能量E的比值，即$\eta = X/E$。在这个公式中，能量$E = \sum c_k^2$，$k = 1, \cdots, P$。其中，c_k^2表示单篇论文的能量；根据Prathap的观点，类比动力学中的动能及电学中的电能两个概念，可以定义放能

$X = iC$为一种学术势能，表示所有论文所能释放的能量总和。由此可知，如果论文集中论文的被引频次都一致，论文集的引文均匀分布，即设所有论文（m篇论文）的被引频次都为常数n，则有放能$X = iC = n \times (n \times m) = m \times n^2$，能量$E = \sum c_k^2 = \sum n^2 = m \times n^2$，两者的比值为1（即$\eta = 1$）；而引文分布越不均匀，由上式可得，在放能$X$保持不变的情况下，能量$E$的数值越大，二者的比值（即$\eta$）越小，因而$\eta$能够表征"一致性"维度，即论文集中各篇论文被引频次分布的均匀程度。

基于此，Prathap综合数量、质量和一致性三个维度提出z指标，并定义其计算方法如下：

$$z = Z^{\frac{1}{3}}$$

$$Z = \eta X = \eta^2 E = \frac{\left(\dfrac{C^4}{P^2}\right)}{\sum c_k^2}$$

z指数旨在对h指数和p指数进行改进，继承了二者兼顾学者科研产出数量和质量的特征，并在一定程度上弥补了二者没有考虑论文引文分布的缺陷。Prathap曾对三个指标进行比较分析，发现当论文引文分布从较为均衡（η较小）变为高度集中（η较大）时，相较h指数和p指数，z指数

能对这种变化做出更加灵敏的反应，随着论文引文分布一致性的增加，综合考虑论文数量、质量和一致性三个维度的z指数也会逐步提高。

诚然，z指数也存在一定不足。由于z指数依赖每篇文章的被引情况，计算z指数的工作量相对较大；此外，与h指数和p指数相类似，z指数只考虑了文章被引用的次数，而没有考虑被引用的时间因素，一篇文章在很短的时间内获得很多引用，和一篇文章在很长时间内慢慢累积相同的引用，其影响力是不同的。如何反映这些随时间因素变化的特征，并提高指标计算的便捷性，仍有待未来进一步研究。

参考文献（references）:

[1] PRATHAP G. Is there a place for a mock h-index? [J]. Scientometrics, 2010, 84（1）: 153-165.

[2] PRATHAP G. The energy-exergy-entropy（or EEE）sequences in bibliometric assessment [J]. Scientometrics, 2011, 87（3）: 515-524.

[3] PRATHAP G. Quasity, when quantity has a quality all of its own—toward a theory of performance [J]. Scientometrics, 2011, 88（2）: 555-562.

[4] PRATHAP G. Quantity, quality, and consistency as bibliometric indicators [J]. Journal of the association for information science and technology, 2014, 65（1）: 214-214.

[5] PRATHAP G. A three-class, three-dimensional bibliometric performance indicator [J]. Journal of the association for information science and technology, 2014, 65（7）: 1506-1508.

[6] PRATHAP G. The Zynergy-index and the formula for the h-index [J]. Journal of the association for information science and technology, 2014, 65（2）: 426-427.

[7] PRATHAP G. Single parameter indices and bibliometric outliers [J]. Scientometrics, 2014, 101（3）: 1781-1787.

（张琳 涂子依 撰稿/黄颖 审校）

18. π指数
（π–index）

π指数（π-index）是由匈牙利科学院化学研究中心彼得·温克勒（Péter Vinkler）于2009年提出的，用于评估学者的学术影响力的指标。与h指数及其变体不同的是，π指数通过计算学者前P_π篇"精英论文"（elite set of papers）集合的总被引频次来评估学者的学术影响力。其中，"精英论文"的概念借鉴了洛特卡定律（Lotka's law）的平方根算法思想：将目标学者的论文（共P篇）按被引频次降序排列，前$P_\pi=\sqrt{P}$篇高被引论文即被视为"精英论文"。

π指数则被定义为"精英论文"被引频次总和的0.01倍，即有：

$$\pi-\text{index} = 0.01 \times C(P_\pi)$$

式中，$P_\pi=\sqrt{P}$，P为目标学者发表论文的总数；$C(P_\pi)$表示按照被引频次降序排列前P_π篇论文的总被引频次。例如，某学者共发表100篇论文，高被引"精英论文"的数量（P_π）则等于总论文数的平方根，即$P_\pi=\sqrt{100}=10$；将100篇论文按照被引频次递减排列，假设前10篇高被引"精英论文"的被引频次依次为30、20、15、12、11、10、9、8、7、6，总和为128，则$\pi-\text{index}=0.01\times128=1.28$。

π指数综合考虑了学者的发文数量和被引频次，相对于单一评价指标能更全面地反映学者的学术影响力。同时，π指数倾向于评估学者在高被引论文方面的表现，优化了h指数对高被引论文不敏感的缺陷，提供了一种评估学者学术影响力的新视角，更适用于评价发表了高被引论文但论文产出总量偏少的学者，有助于发现具有突出被引频次的研究成果的学者。当然，作为一种学术影响力评价指标，π指数强调"精英论文"的被引频次，可能无法在综合考虑目标学者的所有成果基础上对其学术影响力进行整体评估，也没有考虑到不同学科之间在发文量、被引频次等方面的差异性，仍然具有一定的局限。

参考文献（references）：

[1] VINKLER P. The π-index: a new indicator for assessing scientific impact [J]. Journal of information science, 2009, 35（5）: 602-612.

（黄颖 张慧 撰稿/李杰 孙梦婷 审校）

19. 埃尔德什数
（Erdős number）

埃尔德什数（Erdős number，简称"埃数"）是根据匈牙利数学家埃尔德什·帕尔（Paul Erdős，1913—1996）命名的。埃尔德什是当今发表数学论文数量最多的数学家，共发表论文1 525篇，合著者多达511人。这一惊人的数字刺激了数学家们，他们尝试根据自己的合作关系网络，寻找与埃尔德什的社交距离，即埃尔德什数。数学家戈夫曼（Goffman）最早正式定义了埃尔德什数，但埃尔德什数早已在数学界中以不成文的方式流行。

埃尔德什数的定义是：保罗·埃尔德什本人的埃数是0；他的每一位合作者的埃数是1；与埃数为1的作者合作但未与埃尔德什本人合作的作者，其埃数为2；以此类推。埃尔德什数是小世界理论（small-world theory）和六度分隔理论（six degrees of separation）在科学界的应用。六度分隔理论认为，世界上任何互不相识的两人，只需要很少的中间人就能够建立起联系。1967年，哈佛大学心理学教授斯坦利·米尔格拉姆（Stanley Milgram）根据这个理论做了一次连锁信实验，发现平均只需要6步就可以将两个互不相识的人联系起来。埃尔德什数可以通过专门的网站查询（网址：https://mathscinet.ams.org/），如图1所示。

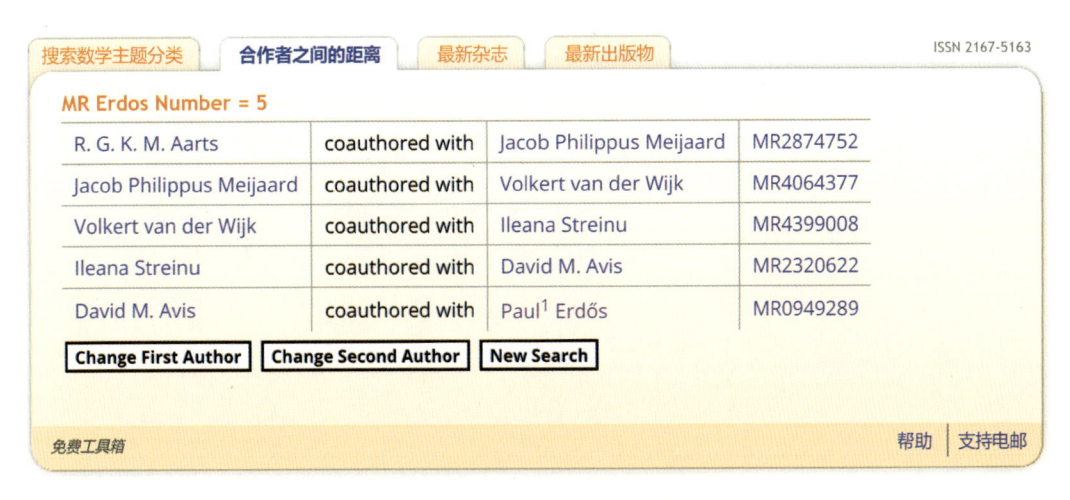

图1 美国数学会mathscinet数据库

在其他一些领域也存在类似的"埃尔德什数"。例如，在演艺界，可以计算一个演员的贝肯数。凯文·贝肯（Kevin Bacon，1958— ）是美国好莱坞演员，出演过很多的影视作品。有人统计，88%的演员都可以计算出自己的贝肯数，而且一个演员的贝肯数越小，往往越出名。在围棋界，则可以计算棋手的秀策数，这是根据日本棋圣（本因坊秀策，1829—1862）命名的一个数字。在科学计量学领域，利欧·埃格赫（Leo Egghe）于2022年提出了鲁索数（the Rousseau number）的说法，即计算与国际科学计量学与信息计量学学会（ISSI）前会长、比利时科学计量学家罗纳德·鲁索（Ronald Rousseau，1949）的合作网络距离。

参考文献（references）：

［1］GOFFMAN C. And what is your Erdös number?［J］. The American mathematical monthly, 1969, 76（7）: 791-791.

［2］BALABAN A T, KLEIN D J. Co-authorship, rational Erdös numbers, and resistance distances in graphs［J］. Scientometrics, 2002, 55: 59-70.

［3］GROSSMAN J W. Paul Erdős: the master of collaboration［J］. The Mathematics of Paul Erdős II, 2013: 489-496.

［4］MILGRAM S. The small world problem［J］. Psychology today, 1967, 2（1）: 60-67.

［5］EASLEY D, KLEINBERG J. Networks, crowds, and markets: reasoning about a highly connected world［M］. Cambridge: Cambridge university press, 2010.

［6］EGGHE L. The Rousseau number: an informetric version of the Erdös number［J］. ISSI newsletter, 2022（18）: 45-50.

［7］GLÄNZEL W, ROUSSEAU R. Erdös distance and general collaboration distance［J］. ISSI Newsletter, 2005（1）: 4-5.

（胡志刚 李杰 撰稿/陈悦 审校）

20. 标准化影响系数
（source normalized impact per paper）

标准化影响系数（source normalized impact per paper，SNIP）是由荷兰莱顿大学（University of Leiden）科学技术研究中心（Centre for Science and Technology Studies，CWTS）亨克·莫德（Henk Moed）于2010年提出的期刊评价指标。SNIP旨在从篇均引文数的角度减少不同主题领域期刊的引用行为的差异对引文评价指标的影响，从而突破传统影响因子无法对不同研究领域的引用情形进行直接比较的难题。例如，两个学科期刊影响因子相差较大，但是SNIP比较接近，说明这两个期刊在各自领域内的影响力近似。

SNIP根据某学科领域的总引用次数确定引用权重。因此，一条引用出现在引用可能性低的主题领域时，所能造成的影响较大，SNIP会赋予其比较高的数值；反之，则赋予其比较低的数值。SNIP最大的特色在于让不同领域期刊的被引情形标准化（normalized），将原始的期刊影响因子透过其所属领域的引用潜力（citation potential）换算，以合理的方式将高引文领域期刊的SNIP值缩小、低引文领域的值放大，以便于跨领域的比较。

原始SNIP指标被定义为期刊的每篇论文原始影响力（raw impact per paper，RIP）与期刊的相对数据库引用潜力（relative database citation potential，RDCP）的比值，即：

$$SNIP = \frac{RIP}{RDCP}$$

原始影响力（RIP）是某一期刊每篇文章平均被引用次数，以三年内出版文章的引用量为基础。例如，如果一本期刊在2018—2020年发表了100篇论文，如果这些论文在2021年一共被引用了200次，该期刊2021年的RIP值为200/100=2。在计算RIP值时，引用和被引用的论文仅包括研究论文（article）、会议论文（conference paper）和综述论文（review）。RIP指标反映了期刊论文的平均引用影响，没有校正科学领域之间引用实践的差异。由于没有对领域差异进行归一化处理，无法跨域比较RIP值。通过将期刊的RIP值除以其$RDCP$值，$SNIP$提供了引文影响的衡量标准，以便进行有意义的领域间比较。计算期刊的$RDCP$值的公式为：

$$RDCP = \frac{DCP}{\text{median}(DCP)}$$

其中，DCP表示期刊在数据库中的引用潜力，median（DCP）表示数据库中所有期刊的DCP值的中位数。在数学上，期刊的DCP值可以表示为：

$$DCP = \frac{r_1 + r_2 + \cdots + r_i}{n}$$

式中，n表示该期刊主题领域的论文数量，r_i表示第i份论文中对数据库所涵盖期刊前三年发表的论文的引用数量。

在SNIP推出之后，莱顿大学科学技术研究中心的卢多·瓦特曼（Ludo Waltman）等学者发现了SNIP存在两个有悖常理的问题：①假设某期刊增加了一篇引用论文，如果该施引论文有较多的活跃参考文献，那么这篇论文的引用行为可能会降低期刊的SNIP值；②两期刊合并后产生的新期刊的SNIP值并不在原来两期刊的SNIP值之间。因此在2012年，学者们针对SNIP的不足进行了一些改进，使之更加科学合理。

与原始SNIP指标相比，修订后的SNIP指标进行了三个重要的修改，包括：①DCP值计算为谐波（harmonic）平均值，而不是算术平均值；②DCP值的计算不仅考虑了施引文献中有效参考文献的数量，还考虑了在施引期刊中至少有一篇有效参考文献的论文的比例；③不再区分DCP和RDCP值之间的区别。修正后的计算公式如下：

$$SNIP' = \frac{RIP}{DCP}$$

修订后的SNIP指标中的RIP值的计算方法与原始SNIP指标的计算方法相同，即对于给定的分析年份，期刊的RIP值等于该期刊前三年的论文在该分析年度被引用的平均次数。原始SNIP指标的期刊的DCP值等于属于该期刊主题领域的论文中活跃参考文献（活跃参考文献是目标期刊主题领域内论文的参考文献，并且它是目标期刊前三年收录的论文）的算术平均数。在修订SNIP指标的情况下，计算期刊的DCP值为：

$$DCP = \frac{1}{3} \times \frac{n}{\frac{1}{p_{1_{r_1}}} + \frac{1}{p_{2_{r_2}}} + \frac{1}{p_{3_{r_3}}} \cdots + \frac{1}{p_{n_{r_n}}}}$$

式中，n表示该期刊主题领域的论文数量，r_i表示该期刊主题领域第i篇论文的有效参考文献数量。引用密度高的领域（如细胞生物学）中，p_i通常会接近1，因为在这些领域的大多数期刊的大部分论文都有活跃参考文献。另一方面，在低引用密度领域（例如数学），很大一部分论文可能会没有活跃参考文献，这样p_i值会小于1。

修订后的SNIP是对原始SNIP的继承和发展，其优点主要有三个方面：①期刊的主题领域的界定并非根据事先定义的期刊分类方法，将之分至各主题类别，而是基于论文与论文之间的引用关系，可以减少人为操纵性的影响，提高期刊评价的公平性；②采用标准化的方法，校正了不同主题领域间引用行为的差异性问题和数据库覆盖问题；③规避了原始SNIP两个不合常理的特征，即引用次数提高而SNIP值下降问题和合并后期刊SNIP值的非一致性问题。

尽管修订后的SNIP修正了原始SNIP存在的一些不足，但其仍存在以下几个局限性：①修订后的SNIP实现标准化基于三个假设，即不存在跨领域间的引用、期刊每年的论文总数保持不变、每篇论文都有活跃参考文献；②修订后的SNIP既要统计引用论文活跃参考文献的数量，又要统计引用期刊中至少含有一篇活跃参考文献的论文所占的比例，计算量相对较大；③修订后的SNIP和大多数期刊评价指标一样，表示期刊中每篇论文的平均引用影响，但是对于那些高被引论文，仍然具有较高的敏感性；④主题领域的界定方法可能会使那些原本属于某主题领域，却因为没有引用特定期刊的论文被漏掉，影响统计结果的准确性；⑤利用修订后的SNIP进行期刊排名与同行评议所得期刊排名的相关性，有待进一步研究。

参考文献（references）：

[1] MOED H F. Measuring contextual citation impact of scientific journals [J]. Journal of Informetrics, 2010, 4（3）: 265-277.

[2] WALTMAN L, VAN ECK N J, VAN LEEUWEN T N, et al. Some modifications to the SNIP journal impact indicator [J]. Journal of informetrics, 2013, 7（2）: 272-285.

[3] LEYDESDORFF L, OPTHOF T. Scopus's source normalized impact per paper（SNIP）versus a journal impact factor based on fractional counting of citations [J]. Journal of the American society for information science and technology, 2010, 61（11）: 2365-2369.

[4] 邓佳，詹华清.基于引文的期刊评价指标SNIP及其改进 [J].情报科学，2015，33（5）: 72-75.

（黄颖 肖宇凡 撰稿/张琳 李杰 审校）

21. 波普尔"三个世界"理论
（Popper's three world）

英国科学哲学家波普尔（Popper，1902—1994）在《客观知识》一书中提出了"三个世界"理论（见图1）：客观的物质世界为"世界1"，即第一世界，还可以再分为无机自然界（a）和有机自然界（b）；人的主观世界包括人的意识、心理、智慧和情感等，为"世界2"，即第二世界，可以再分为感性世界（c）和理性世界（d）；客观知识世界为"世界3"，即第三世界，是人的主观精神活动的产物，包括语言、文艺、宗教、科学、理论等抽象的知识世界（e），以及机器、建筑等具体的知识世界，即我们所说的物化知识世界（f）。世界1和世界2之间，世界2和世界3之间可以直接相互作用，世界1和世界3之间不能直接相互作用，只能通过世界2而间接相互作用。三个世界的生成关系为：1→2→3，由此形成"上向因果关系a—b—c—d—e—f"。三个世界的逆向作用3→2→1形成"下向因果关系f—e—d—c—b—a"。

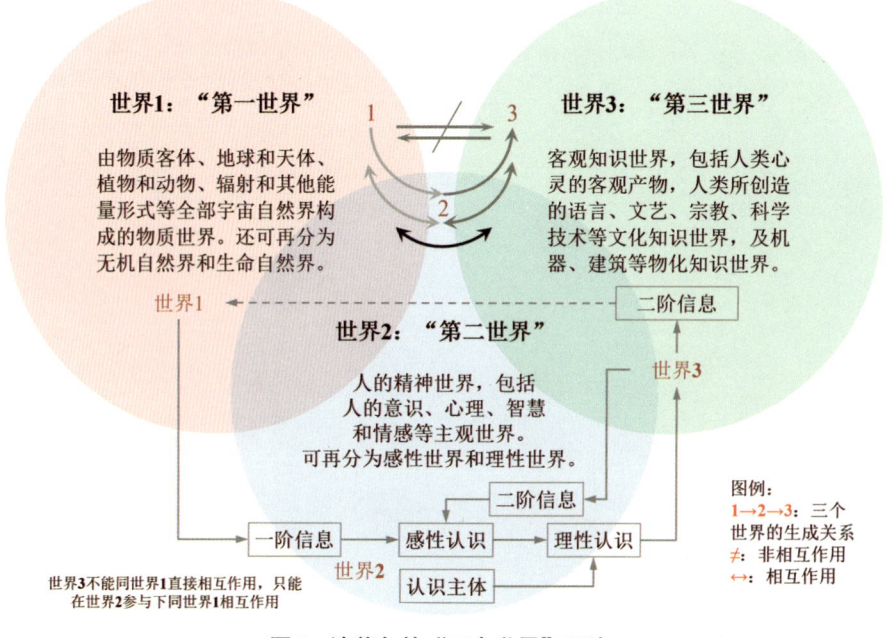

图1　波普尔的"三个世界"理论

从最广泛的意义上说，科学学的研究对象就是波普尔"三个世界"理论中的"世界3"。按照普赖斯的科学学思想，我们从世界1获得的一阶信息，经过加工而形成世界3中的自然科学与社会科学知识，而主观精神世界本身形成世界3中的精神科学即人文科学知识。世界3通过与世界2相互作用，把抽象的科学知识转化为具体的技术知识。因此，科学学的研究对象主要是来自由科学知识和技术知识构成的世界3提供的二阶信息。

科学计量学和科学知识图谱是通过第三世界进行知识建构的方法，通过对科技文献中的论文/专利、作者/发明人/知识产权所有者、机构、国家和研究主题等的综合分析，重新对世界1进行认知。传统认识世界的方法主要是通过感性认识和理性认识（归纳方法和假设检验）实现并完成世界1→世界3的认知关系，通过理性认识（演绎方法）来实现世界3→世界1的映射，而科学学、科学计量学和科学知识图谱等方法丰富了世界3→世界1的认知方法，从而大大扩展了人类认识自然界的方式和方法，并能够促进科学技术知识的增长。

参考文献（references）：

[1] 波普尔. 客观知识：一个进化论的研究[M]. 舒炜光，卓如飞，周柏乔，等译. 上海：上海译文出版社，2015.

[2] ERMEL APC, LACERDA DP, MORANDI MIWM. et al. Literature reviews: modern methods for investigating scientific and technological knowledge[M]. Cham: Springer, 2021.

（陈悦 撰稿）

22. 布拉德福定律
（Bradford's law）

布拉德福定律又称布拉德福文献分散定律、布氏定律，由英国文献学家S.C.布拉德福（S. C. Bradford，1878—1948）于1934年1月26日在 Engineering 上提出。它是对某一学科领域论文数量在相关期刊中分布规律的定量描述，其基本原理由区域描述和图像描述两个部分组成。

（1）如果将科学期刊按某一学科的论文刊载量递减顺序排列，那么可把这些期刊分为专门论述该学科的核心区和另外几个相关度依次递减的区，使每个区的相关论文数量相等，这时各区期刊数（n_1、n_2、n_3…）成以下数量关系：

$$n_1 : n_2 : n_3 : \cdots = 1 : a : a^2 : \cdots \quad (a > 1)$$

式中，a为布拉德福常数或称比例系数，值约为5.0。

（2）取上述等级排列的期刊数量的对数$\lg n$为横坐标，以相应论文累积数$R(n)$为纵坐标进行图像描述，便可得到一条曲线（见图1），该曲线即为布拉德福分散曲线。

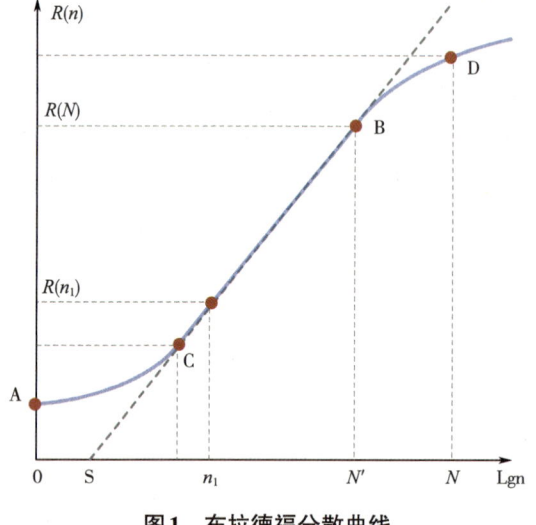

布拉德福分散曲线包括曲率渐增的曲线、直线、曲率渐减的曲线3个部分，分别代表核心区、相关区和离散区。拐点C为核心区与其他区的分界点。由曲线图像分析可得到另一组数量关系：$n_1 : (n_1 + n_2) : (n_1 + n_2 + n_3) = 1 : b : b^2$（$b$为分散系数）。

图1 布拉德福分散曲线

布拉德福定律虽在1934年就已提出，但当时并未引起学界注意。直到1948年布拉德福在专著《文献工作》中进一步论述后，该定律才逐渐引起学界重视，吸引其他学者研究和完善。其中，以英国学者维克里（Vickery）和布鲁克斯（Brookes）为代表，维克里最早推广和修正布拉德福定律，使布拉德福文献分散图像与定律在结构上得到统一、形式上趋于完整；布鲁克斯以数学公式严密描述布拉德福定律，并进一步发展图像分析方法，为其实际应用开拓新路。

布拉德福定律揭示了文献情报的集中分散规律，成为科学计量学、信息计量学和文献计量学的基础理论之一，促进了情报学理论体系发展，在统计学等其他相关学科领域也具有很高的理论价值。布拉德福定律的应用相当广泛，在确定核心期刊、制定文献采购策略和藏书政策、优化馆藏、检验工作情况、了解读者阅读倾向、检索利用文献等方面都有一定的指导作用。

布拉德福定律最初由经验观测数据推理得到，经过不断发展日趋完善，但仍具有一定局限性，它必须充分满足几个条件才能成立：① 论文的学科领域或主题范围应清楚划定；② 被分析的学科领域或主题的期刊清单，以及对这些期刊刊载的相关论文的统计应是充分的；③ 被分析期刊的时间应清楚限定，以便使这些期刊刊载的相关论文都被纳入计算，保证文献数据统计的一致性。因此，布拉德福定律的应用常受上述条件限制。

参考文献（references）：

[1] BRADFORD S C. Sources of information on specific subjects [J]. Engineering, 1934, 137 (3550): 85-86.

[2] VICKERY B C. Bradford's law of scattering [J]. Journal of documentation, 1948, 4 (3): 198-203.

[3] LEIMKUHLERF F. The Bradford distribution [J]. Journal of documentation, 1967, 23 (3): 197-207.

[4] BROOKES B C. The derivation and application of the Bradford-Zipf distribution [J]. Journal of documentation, 1968, 24 (4): 247-265.

（余厚强 傅坦 撰稿/李杰 审校）

23. 参考文献出版年谱
（reference publication year spectroscopy）

参考文献出版年谱（research publication year spectroscopy，RPYS）起源于英国皇家气象学和物理海洋学历史特别兴趣小组主席Malcolm Walker在2010年提出的一个问题："Which old papers have been cited most in meteorology?"同年，德国斯图加特马克斯-普朗克研究所的Werner Marx受此问题的启发正式提出RPYS方法，其相关工作在第十四届国际科学计量学和信息计量学会议（ISSI 2013）上首次被学术界所熟知。该方法是一种新兴的学科领域历史根源探究方法。与传统的HistCite引文历史网络方法相比较，RPYS从参考文献角度出发、类比物理学领域"谱线"的直观呈现方式，将文献融入时代背景之中进行可视化比较，能较为准确地识别对学科领域的产生起到重要作用的根源文献或里程碑式文献。

从形态上来看，参考文献出版年谱，指以某一个学科领域的全部相关文献所引用的全部参考文献的"出版年份"（RPY）为横轴，以每年全部被引参考文献的"总被引频次"为纵轴而形成的分布图。对于不同的学科领域，其参考文献出版年谱具有以下共同特点：①参考文献的出版年份均包含学科领域产生之前的年份和学科领域产生之后的年份；②在学科领域产生之前，每年参考文献的数量和总被引频次远小于学科领域产生之后；③学科领域产生前后，其参考文献出版年谱（RPYS）上一般会出现一个或多个峰值。

利用参考文献出版年谱对某一个学科领域的历史根源进行分析、探索的过程，即为参考文献出版年谱分析（简称"RPYS分析"）。其基本原理是：在一个学科领域的所有参考文献集合中，往往只有一小部分参考文献是在该学科领域产生之前发表的；并且在这小部分参考文献中，通常存在几篇参考文献的被引用频次远高于同年或前后几年内发表的其他参考文献；那么，这几篇参考文献很可能就是对该学科领域的产生具有重要作用的根源文献。同时，满足上述条件的文献在参考文献出版年谱上出现的位置一定是年谱上的某个峰值。因此，通过对参考文献出版年谱在学科领域产生之前的峰值年份进行分析，就有可能找到该学科领域的历史根源文献。为了准确地识别有效峰值年份，Marx和Bornmann采用了"中心化处理"的方法，即将某参考文献出版年（RPY）的参考文献总被引频次减去近5年（前1年、前2年、该RPY、后一年、后两年）的平均值，记为"5年偏差值"。若某一RPY的5年偏差值大于0，则说明该RPY为有效峰值年份。图1是基于Web of Science绘制的元宇宙研究的参考文献出版年谱。

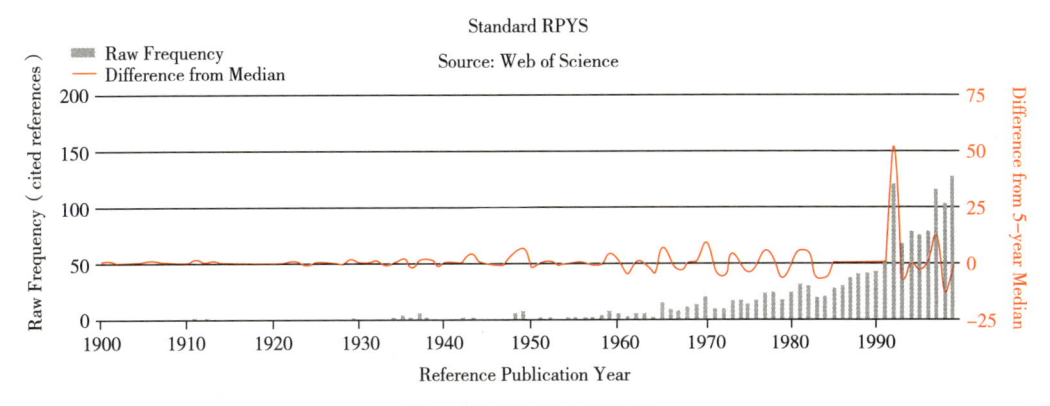

图1　参考文献出版年谱

注：元宇宙研究的参考文献出版年谱。横轴是参考文献出版年份（reference publication year，RPY），左边的纵轴是在特定RPY上所有参考文献的总被引频次（cited references，CRs），右边的纵轴是某个RPY的CRs值相对于前后两个RPY的5年偏差值（difference from 5-year median）。

需要注意的是，通过RPYS方法识别的文献还只是候选文献，必须经过领域专家鉴定才能确定为最终的学科领域历史根源文献。目前，RPYS方法在学术界已经被成功应用于多个学科领域，例如摩擦学、全球定位系统、健康素养、引文分析等。在时间维度上，有学者将RPYS分析扩展到学科领域产生之后，用于识别对学科领域发展和成长起到重要作用的文献。在研究对象上，有学者利用RPYS来分析优秀学者在其学术生涯中的里程碑文献。在方法维度上，Multi-RPYS、RPYS-CO等新术语相继被提出，丰富了RPYS相关的方法体系。在工具维度，RPYS.exe、CRExplorer、RPYS i/o、MetaKnowledge、RootCite等开源RPYS分析软件或平台先后发布，为RPYS相关的研究、应用和推广提供了基础。

参考文献（references）：

[1] MARX W, BORNMANN L, BARTH A, et al. Detecting the historical roots of research fields by reference publication year spectroscopy（RPYS）[J]. Journal of the association for information science and technology, 2014, 65(4): 751-764.

[2] BORNMANN L, HAUNSCHILD R, LEYDESDORFF L. Reference publication year spectroscopy（RPYS）of Eugene Garfield's publications [J]. Scientometrics, 2018, 114: 439-448.

[3] HAUNSCHILD R, MARX W, THOR A, et al. How to identify the roots of broad research topics and fields? The introduction of RPYS sampling using the example of climate change research [J]. Journal of information science, 2020, 46(3): 392-405.

[4] COMINS J A, LEYDESDORFF L. RPYS i/o: software demonstration of a web-based tool for the historiography and visualization of citation classics, sleeping beauties and research fronts [J]. Scientometrics, 2016, 107: 1509-1517.

（李信 撰稿/李杰 审校）

24. 词频分析
（word frequency analysis）

词是语言的基本结构单位，也是承载信息的基础单位。词频，即词在文本或话语中出现的频次，与许多语言和信息问题有关。词频分析通过统计分析文本（语料库）或文献（数据库）中的词频分布特征，揭示相关学科的知识与规律，是语言学、图书情报学、信息计量学等领域普遍使用的一种研究方法。词频分析历史悠久，早在公元1世纪，古印度语言学家在研究婆罗门教经典《吠陀经》时就使用了统计单词数目的方法。为了给语言教学提供词表，人们在词频分析的基础上编纂各种频率词典，例如世界上第一部频率词典《德语频率词典》（1898年出版）。我国最早的现代意义上的汉语词频研究著作是语言学家黎锦熙于1922年发表的《国语基本语词的统计研究》。

词频分析关注词的频次分布特征，根据词频的大小将文本中的词大致划分为高、中、低频三部分。处于不同词频区间的词所携带的信息和所具有的功能不同。齐普夫定律（Zipf's law）揭示词频分布符合幂律，即词频具有"长尾分布"（heavy-tailed distributions）特征，少数高频词被经常使用，大部分低频词很少被使用。齐普夫定律很好地描述了中高频词的分布规律，但是由于低频词部分同频词数量大幅度增加，齐普夫定律描述的分布与实际词频分布相差很大。低频词的分布特征通常使用齐普夫第二定律描述。词频分布规律及其成因可以使用"省力原则"（the principle of least effort）进行解释。

齐普夫定律是语言学中具有核心地位的语言规律，也是信息计量学的基本定律之一。以齐普夫定律为代表的词频分析被广泛应用于信息计量学、图书情报学、语言学、文学、社会学等领域。不同领域倾向于选用不同方法界定词频区间，并且由于研究目标与具体问题不同，关注的词频区间也不相同。在信息计量学中，确定高频词的阈值是开展信息计量分析的基础。高频词阈值的选取方法主要分为自定义法和公式法两类。自定义法最为常用，由研究者自行规定词频最高的前若干项（频次大于等于特定数值，或累积频率达到特定百分比）为高频词。常用工具软件CiteSpace与VOSViewer就纳入了这类筛选高频主题词的方法，并允许研究者根据需要自行调整。另一类是采用公式计算高低频词阈值。例如，Donohue于1973年提出的以齐普夫第二定律为基础的高低频词界定公式，采用词频为1的词数来决定临界值。普赖斯公式最早被用于计算高被引文献数量，后来也被应用于确定领域中的核心关键词、核心作者等，该公式采用词频最高值来计算临界值。这两个公式使用的都是特定词数或词频，计量语言学则基于词频分布特征及其语言学意义来确定高中低频词的区间。如图1所示，圆点代表文本中的一个词，纵坐标是这个词的频次（fr），横坐标是当前词在文本中所有词频降序排列中的次序［简称为频序（r）］。h点为词频分布曲线与直线$fr=r$的交点，即h点的坐标为（h, h）。h点将词频分布曲线分成高频词与中低频词两部分。h点之前的高频词大多为功能词（如助词、介词），之后的中低频词主要是实词（如动词、名词、形容词）。但是，在h点之前通常也会有少量实词，这些实词往往能够反映文本主题，因此被称为主题词。h点借自信息计量学中的h指数，该指数还有二十几种衍生指标，例如Egghe于2006年提出的g指数。g指数也可以用于确定高低频词的分界，CiteSpace就将修正后的g指数纳入了筛选高频关键词的标准中。词频分布是词频分析的一个重要方面，可以借助许多计算机软件工具完成。

词频分析的过程主要包括准备材料、统计词频、分析数据三个步骤，使用计算机软件工具可以大大降低工作难度。第一，收集电子形式的语言材料，清理不必要的内容，建立文本语料库或文献数据库。汉语文本缺少词项分隔标记，还需要借助自然语言处理工具进行自动分词（和词性标注）。第二，统计语言材料中每个词的出现频次，生成词频表。此过程可以借助AntConc、WordSmith等语料库分析工具提供的词频统计与排序功能来完成。第三，根据研究需要分析并呈现数据结果，例如：使用词云工具将词频数据可视化；使用单变量离散数据概率分布拟合工具Altmann-Fitter分析数据的词频分布规律、计算拟合模型的参数和拟合优度；使用计量指标文本分析器QUITA计算h点、词频熵、单现词（hapax）占比、词汇丰富度等词频计量指标，分析词频分布特征；使用词频-逆文本频率（term frequency-inverse document frequency，TF-IDF）算法完成信息检索、文本挖掘或自动分类等自然语言处理任务；使用CiteSpace等工具进行关键词频次统计与可视化等。

计算机技术的发展和大规模语料库、数据库的建立为词频分析提供了技术支撑和数据基础，使词频分析的应用范围逐渐扩大。人们可以根据词频分布特征探究语言规律，从而构建词汇协同模型等语言学理论、分析比较文本语言风格、指导词典编撰与教学大纲制定、衡量学习者的语言产出水平、探究语言教学与习得规律等；也可以用词频分布特征分析特定时空领域的研究热点、预测发展趋势，或对文献进行自动标引和自动分类，分析检索行为，制定馆藏策略等。词频分析虽然基于简单的词项计数，但是人们能挖掘出词频波动中所蕴含的丰富的语言信息与社会信息。

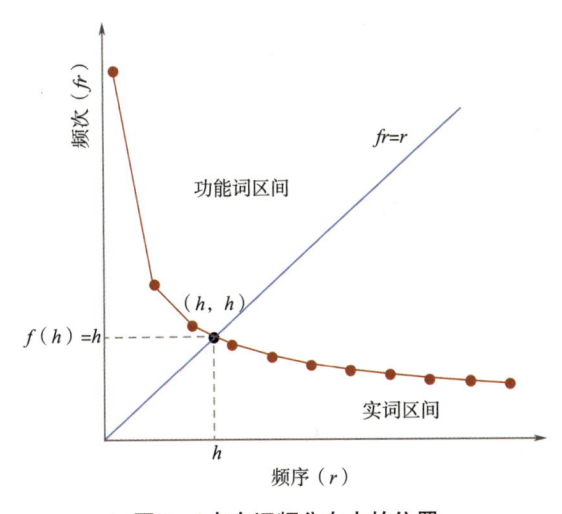

图1　h点在词频分布中的位置

随着数据基础和算法、技术的不断发展，词频分析将具有更广阔的应用空间和发展前景。

参考文献（references）：

[1] BAAYEN R H. Word frequency distributions [M]. Berlin：Springer Science & Business Media，2001.

[2] EGGHE L. Theory and practice of the g-index [J]. Scientometrics，2006，69（1）：131-152.

[3] POPESCU II. Word frequency studies [M]. Berlin：De Gruyter Mouton，2009.

[4] ZIPF G K. The psycho-biology of language：an introduction to dynamic philology [M]. Boston：Houghton-Mifflin，1935.

[5] 科勒.协同语言学：词汇的结构及其动态性 [M]. 王永，译.北京：商务印书馆，2020.

[6] 刘海涛.计量语言学导论 [M]. 北京：商务印书馆，2017.

（黄伟 沈梦菲 撰稿/刘海涛 李杰 审校）

25. 词频-逆文档频率
（term frequency and inverse document frequency）

词频-逆文档频率（term frequency and inverse document frequency）是文本挖掘和信息检索等领域中对词语进行权重计算的经典方法，用来评估词语的重要性。

在文本挖掘和信息检索等领域，文本表示是一项基础技术，主要任务是将原始文本转换为计算机能理解的形式。向量空间模型（vector space model，VSM）是最为经典的一种文本表示方法，由Salton等人于20世纪60年代末提出。在此模型中，文本被表示为一个向量，每个维度代表一个单词。该模型通过预设权重来表示每个维度的重要性，即为向量的每个维度赋予特定的值。较为常用的权重计算方法包括词频（term frequency，TF）、逆文档频率（inverse document frequency，IDF）和词频-逆文档频率（TF-IDF）等。

词频是衡量某个词语在特定文本中出现频率的权重计算方法，通常用于度量词语在文本中的代表性。它假设一个词在文本中出现的次数越多，其重要性就越大。对于文本集合D中第j个文本D_j中的第i个词语$w_{i,j}$，其词频的计算公式如下：

$$TF(w_{i,j}) = Frequency(w_{i,j})$$

在篇幅较长的文本中，少数词语的频率可能会远超文本中的平均词频，这可能导致这些词语对文本表示的影响过大，从而影响后续的文本处理任务，如文本分类、聚类等。为了降低这种影响，一些变种的方法被经常使用，如对数词频计算方法，其计算公式为：

$$TF(w_{i,j}) = \log_2(Frequency(w_{i,j})+1)$$

逆文档频率是文档频率（document frequency，DF）的倒数。词语的文档频率是指包含该词的文本总数。这种权重计算方法主要用于度量词语的区分性。如果一个词的文档频率越高，它的区分性就越低，反之，文档频率越低的词语，其区分性越高。在文本集合D中，词语w_i的逆文档频率的计算公式如下：

$$IDF(w_i) = \log_2\left(\frac{|D|}{DF_i}\right)$$

其中，$|D|$是文本集D中的总文本数，DF_i是文本集D中包含词语w_i的文本数量。

$TF-IDF$是词频和逆文档频率的乘积，对于文本集合D中第j个文本D_j中的第i个词语$w_{i,j}$，其$TF-IDF$的计算公式如下：

$$TF-IDF(w_{i,j}) = TF(w_{i,j}) \times IDF(w_i)$$

总体来说，TF-IDF计算方法认为，一个词语在文本中的重要性是由其在文本中的代表性和在文本集合中的区分性共同决定的。换句话说，如果一个词语在某个文本中出现的频率高，并且在其他文本中很少出现，那么这个词语被认为对该文本的重要性较高。

TF-IDF广泛应用于科学计量学领域，用于提取与分析论文、专利或其他科学文献中的关键词。它能有效帮助研究人员洞察研究趋势、识别热点话题，以及揭示各研究领域的核心问题。通过TF-IDF，我们可以量化一个关键词在特定论文或者在一个研究领域的文献集合中的重要程度。这种量化能力使我们能更加深入地理解某个关键词在特定领域的重要性，以及其研究热度随时间的变化趋势。

参考文献（references）：

[1] BAEZA-YATES R, RIBEIRO-NETO B. Modern information retrieval[M]. New York: ACM Press, 1999.

[2] SALTON G, WONG A, YANG C S. A vector space model for automatic indexing[J]. Communications of the ACM, 1975, 18（11）: 613-620.

[3] 苏新宁, 夏立新.2000—2009年我国数字图书馆研究主题领域分析：基于CSSCI关键词统计数据[J].中国图书馆学报, 2011, 37（4）: 60-69.

[4] 章成志. 主题聚类及其应用研究[M]. 北京: 国家图书馆出版社, 2013.

[5] 宗成庆, 夏睿, 张家俊. 文本数据挖掘[M]. 北京: 清华大学出版社, 2019.

（章成志 撰稿/徐硕 审校）

26. 大数据
（big data）

大数据（big data）广义上是指传统信息技术和软硬件工具无法在可容忍时间内感知、获取、管理和处理的数据集合。早在2001年，Gartner的分析师用3Vs模型定义了数据增长带来的挑战和机遇，即volume（体量巨大）、velocity（时效性高）和variety（类型繁多）；而IDC（International Data Corporation）于2011年发布报告，认为"大数据描述了新一代的技术和体系结构，旨在通过高速捕获、发现或分析，实现从海量的各种数据中提取价值"。该定义强调了大数据的意义和必要性，受到广泛认可。因此现阶段大数据核心特征主要包括四个方面：volume（体量巨大）、variety（类型繁多）、velocity（时效性高）和value（价值高密度低），即4Vs模型。目前，大数据的来源主要有三种：传统数据、网络数据和传感器数据。传统数据主要是指在企业、政府机关等领域中产生的数据，如销售数据、财务数据、人力资源数据等；网络数据主要指在互联网上产生的数据，如网页数据、社交媒体数据、移动应用程序数据等；传感器数据则是指通过传感器或物联网设备获取的数据，如气象数据、交通数据、健康监测数据等。

大数据通常涵盖数据处理与存储、分析、可视化等多个环节，实现对大规模、高维度、复杂结构的数据的处理和分析。其中，大数据处理与存储主要有三种工具，即批处理工具、流处理工具和混合处理工具。批处理将数据中的文件转换为批处理视图，为分析用例做好准备。它负责调度和执行批量迭代算法，如排序、搜索、索引等。流处理以近实时方式处理源源不断的流数据。混合处理将二者结合，使用批处理将历史数据处理为批视图，然后再使用流处理将实时数据加入批视图中进行处理，从而获得更加全面和准确的结果。此外，大数据分析技术包括机器学习/数据挖掘技术、云计算、数理和统计技术等多个方面。数据挖掘和机器学习技术是一组人工智能技术，设计算法从经验数据中提取隐藏的知识和有价值的信息（模式）。云计算提供面向服务的计算并从客户端或用户那里抽象出配备软件的硬件基础设施。统计技术利用变量之间的相关关系和因果关系等，支持数据管理和分析中的决策制定。大数据可视化技术用于理解数据并通过创建表格、图像等方式来进行直观的解释。

大数据的发展也在不断地推动着各个领域的创新和进步。通过大数据可以实现智能化的决策支持、智能客服、智能制造等，推动产业数字化、网络化、智能化的发展。未来，大数据还将不断发展和创新，例如在严格遵守安全法的条件下让普通社会大众可以共享访问数据集、有效处理半结构化或非结构化信息、减少数据中心的能源消耗等。因此，需要不断研究和创新，开发更加高效、可靠、灵活的大数据技术，为各个行业提供更好的服务和支撑。

参考文献（references）：

[1] CHEN M, MAO S, LIU Y. Big data: a survey [J]. Mobile networks and applications, 2014, 19（2）: 171-209.

[2] KHAN N. et al. Big data: survey, technologies, opportunities, and challenges [J]. The scientific world journal, 2014, 2014: 712826.

[3] OUSSOUS A, BENJELLOUN F Z, AIT L A. et al. Big data technologies: a survey [J]. Journal of King Saud University-computer and information sciences, 2018, 30（4）: 431-448.

[4] ABDALLA H B. A brief survey on big data: technologies, terminologies and data-intensive applications [J]. Journal of big data, 2022, 9（1）: 107.

[5] MOHAMED A, NAJAFABADI M K, WAH Y B, et al. The state of the art and taxonomy of big data analytics: view from new big data framework [J]. Artificial intelligence review, 2020, 53（2）: 989-1037.

（郑晓龙 白松冉 撰稿/李杰 审校）

27. 颠覆性技术
（disruptive technology）

颠覆性技术（disruptive technology）是指能够改变主流技术范式或商业模式，形成跳跃式性能提升，对产业或市场格局产生破坏性、颠覆性影响的一类技术。该概念最早由Bower和Christensen于1995年在《颠覆性技术：抓住潮流》（*Disruptive Technologies：Catching the Wave*）中提出，引起了学术界、产业界以及政府部门的广泛关注。图1描述了颠覆性技术从起初的低效能轨道慢慢侵蚀主流技术，并逐步提高技术效能，最后占据主要市场份额，从而带来颠覆性效果的过程。

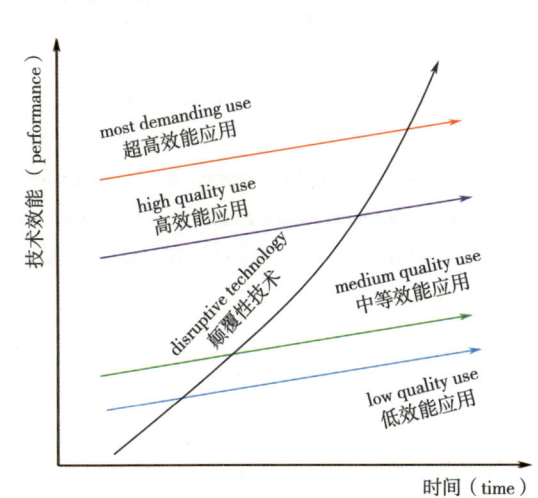

图1　颠覆性技术

"颠覆性""变革性""根本性""突破性"等常与"创新""技术""研究"等组合形成多种创新概念，如"颠覆性创新""变革性创新""变革性技术""变革性研究""根本性创新""突破性创新"等，这些概念大致对应基础研究、技术创新和产品市场开发三个方面。其中，"颠覆性创新"更注重市场影响与市场创新。

颠覆性技术的特点在于其不仅仅是对现有技术的改进和升级，还打破了旧的技术、产品、服务、产业链、商业模式等一系列固有的规则和约束，引发了全新的市场需求和商业机会。这种技术的应用和推广会对整个产业产生重大的影响，可能会引起产业结构变革和格局重构。颠覆性技术的案例非常丰富，例如互联网、移动互联网、社交媒体、云计算、人工智能、区块链、3D打印、新能源等。这些技术都有一个共同点，就是通过对传统技术或服务的颠覆和创新，产生极大的商业价值和社会价值。

当前，颠覆性技术的研究方向主要包括案例分析、机理特征、识别预测方法、社会影响以及培育机制等几个方面。其中，机理特征是对案例分析的总结和提炼，是对颠覆性技术理论的探索；识别预测方法以机理特征为基础，是社会影响和培育机制研究的前提，也是颠覆性技术研究的重要方向。目前，对颠覆性技术特征的认知还处于探索阶段，尚未形成统一的标准。颠覆性技术已经被广泛认可的特征包括新颖性、增长性、长期性、前瞻性、高影响力和不确定性等。对这些特征的研究有助于深入了解颠覆性技术的本质，预测技术的发展趋势和影响，并为相关决策提供科学依据。

颠覆性技术的研究方法主要分为两类：定性分析和定量分析。定性分析主要基于专家判断和主观评估，通过对技术的影响、市场需求、商业模式等方面的研究，预测技术的发展趋势和影响。常用的分析方法包括德尔菲法、情景规划、技术路线图、多指标评估等。定量分析则基于数据的挖掘分析，通过对专利、论文、企业、市场等多方面数据进行统计和分析，提取出技术的特征和趋势，预测技术的发展方向和商业机会。常用的分析方法包括指标模型分析、引文网络分析、机器学习、主题突变监测分析、文本挖掘、社会网络分析等。

颠覆性技术的研究和识别方法旨在更好地了解和应对这些技术的影响和趋势。通过研究颠覆性技术的特征和机理，可以更好地预测和应对市场和产业的变化，以及掌握商机和发展方向。定性和定量分析方法在不同方面都有其优势和局限性，因此在实际应用中需要根据具体情况选择合适的方法和工具。随着技术的不断发展和数据的不断积累，颠覆性技术的研究和识别方法也将不断更新和改进，以适应新的需求和挑战。

参考文献（references）：

[1] CHRISTENSEN C M, RAYNOR M E, MCDONALD R. What is disruptive innovation? [J]. Harvard business review, 2015, 93 (12): 44-53.

[2] TEECE D J. Profiting from innovation in the digital economy: enabling technologies, standards, and licensing models in the wireless world [J]. Research policy, 2018, 47 (8): 1367-1387.

[3] BOWER J L, CHRISTENSEN C M. Disruptive technologies: catching the wave [J]. Harvard business review, 1995, 73 (1): 43-53.

[4] FRENKEN K, SCHOR J. Putting the sharing economy into perspective [J]. Environmental innovation and societal transitions, 2017, 23: 3-10.

[5] CHESBROUGH H W. Business model innovation: opportunities and barriers [J]. Long range planning, 2010, 43 (2-3): 354-363.

[6] WEST J, BOGERS M. Leveraging external sources of innovation: a review of research on open innovation [J]. Journal of product innovation management, 2014, 31 (4): 814-831.

[7] CHRISTENSEN C M. The innovator's dilemma: when new technologies cause great firms to fail [M]. Boston, MA: Harvard Business School Press, 1997.

（许海云 王超 撰稿/李杰 审校）

28. 颠覆性指数
（disruption index）

颠覆性指数（disruption index）作为衡量创新性的重要指标之一，自提出以后备受科学计量学界学者们的关注。颠覆性指数有诸多不同指标，其中关注度较高的颠覆性 D 指数最初由罗素·芬克（Russell Funk）等于2017年提出并应用于专利分析，吴令飞（Lingfei Wu）等于2019年将该指数拓展于论文、计算机程序的计算中，并发现小团队的研究成果更具有颠覆性、大团队的研究成果更具有发展性的科学活动规律。颠覆性指数的计算方法如图1所示。

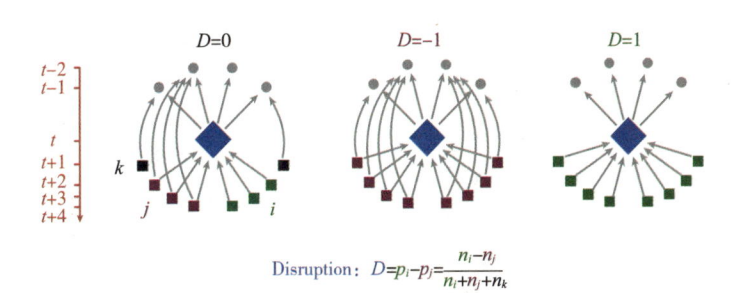

$$\text{Disruption}: D = p_i - p_j = \frac{n_i - n_j}{n_i + n_j + n_k}$$

图1 颠覆性指数的计算

在上图中，所有统计量的统计时间节点均是焦点论文（即被评价的论文）发表之后。吴令飞（Lingfei Wu）等把焦点论文发表之后的研究分为三类：第一类是只引用焦点论文而不引用焦点论文的参考文献，记为 i 类；第二类是既引用焦点论文又引用焦点论文的参考文献，记为 j 类；第三类是只引用焦点论文的参考文献而不引用焦点论文，记为 k 类。基于此，颠覆性指数被定义为 i 类研究和 j 类研究的占比之差。上式中的 P_i 表示 i 类施引文献的概率，P_j 表示 j 类施引文献的概率，上式中的 n_i、n_j、n_k 分别指 i 类、j 类和 k 类施引论文的数量。D 的取值范围为 $[-1,1]$，$D>0$，表示焦点论文偏颠覆性；$D<0$，表示焦点论文偏发展性。当 $n_j = n_k = 0$ 时，$D=1$，表示焦点论文完全颠覆原有研究；当 $n_i = n_k = 0$ 时，$D=-1$，表示焦点论文完全巩固了原有研究；当 $n_i = n_j$ 时，$D=0$，表示焦点论文中立。

虽然颠覆性指数得到了广泛运用与认可，但原始颠覆性指标存在一些局限。相关学者在此基础上进行了进一步研究和发展。例如，Ruan等指出D指数只适用于拥有足够参考文献的论文，不适用于跨学科和跨语言的比较，且D的数值受引用数量的影响等。Wu指出D原式中的以n_k作为判定颠覆性的标志是存在矛盾的，当$n_i-n_j>0$，较高的n_k会削弱焦点论文的颠覆性；而当$n_i-n_j<0$，较高的n_k会增强焦点论文的颠覆性。因此，任何基于回归拟合团队规模和颠覆性指数之间的关系的结论都可能是不可靠的。另外，基于Wu和Funk等提出的颠覆性指数，只有少数论文由于n_k非常小而具有较高的颠覆性，但与公式中的其他条件相比，n_k通常非常大。为此，Bu等将n_k排除在外，基于第二类（j类）引文的比例度量焦点论文对其参考文献的依存系数（Dein）；Bornmann等提出了一种替代颠覆性指标DI_5，将原公式中的n_k项删除；Wu和Yan提出了颠覆性指数的变体SC（solo citations）、DC（duet citations）、PC（prelude citations）和一般的评价公式。Deng等考虑到焦点论文参考文献中热点论文（前1%高被引）对后续文献的吸引力，将这些j类引用转变为i类引用，重新定义了颠覆性系数，并针对诺贝尔奖得主验证了该修正系数的鲁棒性。

参考文献（references）：

[1] FUNK R J, OWEN-SMITH J. A dynamic network measure of technological change [J]. Management science, 2017, 63（3）: 791-817.

[2] WU L, WANG D, EVANS J A. Large teams develop and small teams disrupt science and technology [J]. Nature, 2019, 566（7744）: 378-382.

[3] RUAN X, LYU D, GONG K, et al. Rethinking the disruption index as a measure of scientific and technological advances [J]. Technological Forecasting and Social Change, 2021, 172: 121071.

[4] WU S, WU Q. A confusing definition of disruption. [EB/OL]［2023-07-01］. https://osf.io/preprints/socarxiv/d3wpk/.

[5] BU Y, WALTMAN L, HUANG Y. A multidimensional perspective on the citation impact of scientific publications [J]. Quantitative science studies, 2021, 2（1）: 155-183.

[6] BORNMANN L, DEVARAKONDA S, TEKLES A, et al. Are disruption index indicators convergently valid? The comparison of several indicator variants with assessments by peers [J]. Quantitative Science Studies, 2020, 1（3）: 1242-1259.

[7] WU Q, YAN Z. Solo citations, duet citations, and prelude citations: New measures of the disruption of academic papers [EB/OL]［2023-07-01］. https://arxiv.org/abs/1905.03461.

[8] DENG N, ZENG A. Enhancing the robustness of the disruption metric against noise [J]. Scientometrics, 2023, 128（4）: 2419-2428.

（黄颖 傅慧 撰稿/贾韬 李杰 审校）

29. 点互信息
（point mutual information）

在统计学、概率论和信息论中，点互信息（point mutual information或pointwise mutual information，PMI），又称点间互信息，是一种用来衡量两个随机变量之间相关性的指标。在定义点互信息时，需要考虑两个事件是否独立，因为两个事件的相关性与它们是否独立有关。如果两个事件相互独立，它们之间就没有相关性，点互信息值为0；如果它们是相关的，点互信息值就会大于0。因此，点互信息的定义需要考虑两个事件同时发生的概率，以便准确地衡量两个事件之间的相关性。

点互信息现已成为自然语言处理领域中一个重要的概念，用于度量两个词之间的联系。数学上形式化描述为：PMI量化了一对离散随机变量 x 和 y 的联合分布的概率和假设独立的个体分布之间的差异，公式为：

$$PMI(x, y) = \log_b \left[\frac{p(x \& y)}{p(x)p(y)} \right]$$

其中，b 表示对数所用的底，通常是2、自然常数或10。

与点互信息相关的另外一个概念是互信息（mutual information，MI）。互信息度量了两个事件集合之间的相关性，是从一个事件中获取关于另一事件的信息量，单位是bit。

从信息熵的角度分析，点互信息可以理解为从一个事件中获取关于另一事件的信息量。信息熵是用来衡量一个随机变量的不确定性的指标。假设有两个随机变量 X 和 Y，联合概率分布为 $P(X, Y)$，那么它们的信息熵分别为 $H(X)$ 和 $H(Y)$。如果 X 的取值已知，那么 Y 的不确定性就会减少，可以通过计算 Y 在 X 给定的条件下的条件熵 $H(Y|X)$ 来衡量这种减少的不确定性。点互信息 $I(X;Y)$ 就是 X 的取值所提供的关于 Y 的信息量，可以通过以下公式计算：

$$I(X;Y) = H(Y) - H(Y|X)$$

其中，$H(Y)$ 是 Y 的信息熵，$H(Y|X)$ 是在 X 给定的条件下 Y 的条件熵。点互信息表示了 X 和 Y 之间的关联程度，如果 $I(X;Y)$ 大于0，说明 X 和 Y 之间有一定的关联性，如果 $I(X;Y)$ 等于0，说明 X 和 Y 之间独立。

随机变量和的点互信息包括所有可能的结果，是点互信息的期望值。通过期望值来定义随机变量和的点互信息是因为它可以更全面地描述随机变量之间的关系。随机变量和的点互信息是指两个随机变量之和的分布与它们各自分布的乘积之间的差异。它包括了所有可能的结果，从而能够更准确地描述这两个随机变量之间的关系。点互信息结果是对称的，如下式所示：

$$PMI(x, y) = PMI(y, x)$$

PMI可以取正值或者负值，但如果随机变量 x 和 y 相对独立，PMI值就等于0，将下式代入PMI公式即可得到：

$$p(x \& y) = p(x)p(y)$$

虽然PMI可能是负值或者正值，但所有事件的期望结果是正值。当随机变量 x 和 y 完全相关时（ $p(x|y)=1$ 或者 $p(y|x)=1$ ），PMI最大化，因为log函数单调增，概率最大值为1。PMI值的上下界如下式所示：

$$-\infty \leqslant PMI(x, y) \leqslant \min\left[-\log_b p(x), -\log_b p(y)\right]$$

点互信息具有下面的传递规则：

$$PMI(x, yz) = PMI(x, y) + PMI(x, z|y)$$

证明如下：

$$PMI(x, y) + pmi(x, z|y)$$
$$= \log \frac{p(x, y)}{p(x)\ p(y)} + \log \frac{p(x, z|y)}{p(x|y)\ p(z|y)}$$
$$= \log \left[\frac{p(x, y)}{p(x)\ p(y)} \frac{p(x, z|y)}{p(x|y)\ p(z|y)}\right]$$
$$= \log \frac{p(x|y)\ p(y)\ p(x, z|y)}{p(x)\ p(y)\ p(x|y)\ p(z|y)}$$
$$= \log \frac{p(x, yz)}{p(x)\ p(yz)}$$
$$= PMI(x, yz)$$

点互信息原理常用于自然语言处理领域以计算两个词语之间的相关性，现已形成一种点互信息算法，公式如下：

$$PMI(word_1, word_1) = \log_2\left[\frac{p(word_1 \& word_2)}{p(word_1)\ p(word_2)}\right]$$

其中， $p(word_1 \& word_2)$ 一般表示文档集中两个单词同时出现的概率，通过这两个单词同时出现的文档频次除以总文档数计算； $p(word_1)$ 表示 $word_1$ 出现的概率； $p(word_2)$ 表示 $word_2$ 出现的概率。

两个词的PMI值可用来分析两个词的相关性：当 $PMI > 0$ 时，PMI值越大表示两个词越相关；若 $PMI = 0$ ，表示两个词独立，不相关也不互斥；若 $PMI < 0$ ，表示两个词是不相关且互斥的。

参考文献（references）：

[1] CHURCH K, HANKS P. Word association norms, mutual information, and lexicography [J]. Computational linguistics, 1990, 16（1）: 22-29.

[2] BUTTE A J, KOHANE I S. Mutual information relevance networks: functional genomic clustering using pairwise entropy measurements [M] //Biocomputing 2000. 1999: 418-429.

[3] KRASKOVA, STÖGBAUER H, GRASSBERGER P. Estimating mutual information [J]. Physical review E, 2004, 69（6）: 066138.

[4] BOUMA G. Normalized（pointwise）mutual information in collocation extraction [J]. Proceedings of GSCL, 2009, 30: 31-40.

（李际超 撰稿/李杰 毛进 审校）

术语篇

30. 多层网络分析
（multi-layer network analysis）

多层网络分析是一种对复杂网络进行建模的分析方法。与传统的单层网络不同，多层网络由多个网络层组成，每个网络层可以包含不同类型的节点或边（见图1）。这些网络层中的节点和边可以是同质的（同一类型），也可以是异质的（不同类型），层与层之间亦可以存在不同类型的联系。多层网络分析的目标是揭示多层网络的全局和局部结构特性、网络动态演化过程以及层间和层内交互对整体网络结构的影响。按分析角度来划分，多层网络分析通常包括以下几个方面的内容：

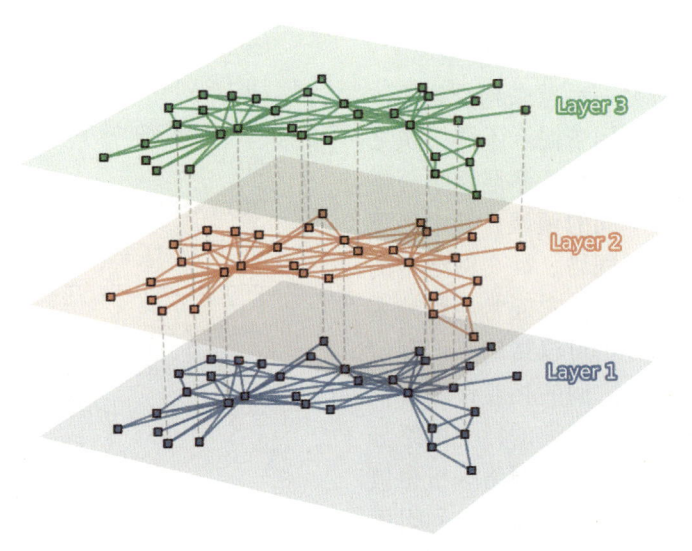

图1 多层网络示例

（1）层内分析。层内分析关注单个网络层内部的特性，此类分析方法通常将该层当作独立网络，并分析其节点度分布、聚类系数、中心性测算、权重分布等。将多层网络拆解成每个层进行独立分析，能够帮助我们了解组成多层网络的网络单个层的独立特性。

（2）层间分析。层间分析主要关注不同层之间的互动关系。例如，研究不同层之间节点的相似性，网络中不同层之间的

167

相互作用、依存规律和信息传递机制等。层间分析可以帮助我们了解网络各个网络层之间的关系，这对于研究网络层与层之间的耦合联系、交互机制和多层网络构成原因至关重要。

（3）跨层分析。跨层分析主要研究节点和边在多个层面上的联合特性。例如节点在多个层面上的属性分布，节点在不同层面之间的转化规律，边在多个层面上的方向、权重变化等。通过分析跨越不同层的节点和边之间的联系，跨层分析可以帮助我们理解节点和边在多个层面上的综合特性，并为多层网络模型的构建提供基础。

（4）多层网络模型构建。多层模型构建着眼于将真实世界的复杂网络实例建模成为多层网络，来进行进一步的分析并揭示其数据规律。根据研究对象和目的的不同，可以将多层网络模型的构建分类为静态多层网络模型、动态多层网络模型、跨层多层网络模型和多元多层网络模型等。

多层网络分析是一种越来越受到关注的分析方法，它可以用于揭示不同层次之间的相互作用和依赖关系。多层网络分析的应用涵盖了许多不同的领域，其中最重要的领域之一是社交网络。社交网络中的人际关系不是单层次的，它通常会跨越多个层次。多层网络分析可以帮助人们理解社交网络中不同层次之间的相互作用和依赖关系，进而设计更加精细的社交网络分析方法和算法。此外，多层网络分析也被广泛应用于脑网络、交通网络、专利引用网络和生态网络等领域。在脑网络领域，多层网络分析可以帮助人们了解大脑的复杂性和多层次结构，进而揭示不同层次之间的相互作用和依赖关系。在交通网络领域，多层网络分析可以帮助人们理解不同层次之间的交通流量和交通拥堵等问题。在专利引用网络领域，多层网络分析可以更好地捕捉到不同视角下技术之间存在的关系和差别。在生态网络领域，多层网络分析可以帮助人们理解生态系统中不同层次之间的相互作用和依赖关系，进而为保护和管理生态系统提供有力的理论支持。

参考文献（references）：

[1] KIVELÄ M, ARENAS A, BARTHELEMY M, et al. Multilayer networks [J]. Journal of complex networks, 2014, 2（3）: 203-271.

[2] Matplotlib-multilayer-network [EB/OL]. [2023-06-25]. https://github.com/jkbren/matplotlib-multilayer-network.

[3] DE DOMENICO M. Multilayer networks: analysis and visualization [M]. Berlin: Springer Nature, 2022.

[4] HIGHAM K, CONTISCIANI M, DE BACCO C. Multilayer patent citation networks: a comprehensive analytical framework for studying explicit technological relationships [J]. Technological forecasting and social change, 2022, 179: 121628.

（张巍 吴梦佳 撰稿/李杰 曾安 审校）

31. 多维尺度分析
（multidimensional scaling）

多维尺度分析（multidimensional scaling，MDS）是一种基于分析对象之间的相似度或距离，将研究对象在低维空间表示出来，进行聚类分析的方法。MDS起源于心理学，最早由Warren S. Torgerson于1952年提出。1964年，J. B. Kruskal对该方法进行了扩展。MDS可以揭示分析对象之间的关系，通过可视化的方式，展示对象的空间聚类情况，帮助用户在直观的可视环境中探索和发现信息，理解复杂数据集中的趋势，揭示潜在的复杂模式。

以文本分析领域为例，MDS算法的输入数据是文本中词条的邻近矩阵$M_{n \times n}$，输出数据是词条在低维空间中的坐标矩阵X。MDS算法的核心贡献在于通过引入数量积矩阵、计算数量积矩阵的特征值和特征向量，将高维度向量空间中词条的邻近关系转换成了低维度的坐标矩阵，投影到可视空间，并尽可能地保留了原始邻近关系的拓扑结构。

使用MDS算法对邻近矩阵$M_{n \times n}$进行降维和投影的步骤依次为：①构建给定词条的邻近矩阵$M_{n \times n}$；②计算$M_{n \times n}$的平方$M_{n \times n}^2$；③使用双中心测量的方法生成数量积矩阵$B_{n \times n}$；④确定可视空间的维数m（m=2或3）；⑤计算$B_{n \times n}$的特征值和特征向量，选择前m个最大的特征值及对应的特征向量，定义Q_m为$B_{n \times n}$的m个特征向量组成的矩阵，定义Λ_m为$B_{n \times n}$的m个最大特征值构成的对角线矩阵；⑥使用等式$X_{n \times m} = Q_m \Lambda_m^{1/2}$生成低维空间中的坐标矩阵$X_{n \times m}$；⑦将坐标矩阵$X_{n \times m}$表示的词条投影在$m$维的可视空间中。

MDS的优势主要体现在：①对原始数据集的数据分布规律没有限制和要求，不需要满足正态分布等统计分布。MDS还适用于顺序数据、间隔数据及比率数据等各种测度类型的数据。因此，可以采用不同的特征表示方法提取文本集的特征，并进行比较。②允许用户根据自己的兴趣点，在不同深度上观察主题的内容。MDS生成的空间图让用户可以很快寻找到自己感兴趣的主题，在可视空间中放大其感兴趣的主题，并聚焦到主题的内部观察主题的构成和规律，用户可以依据个人对该领域的认识与了解程度，从熟悉或感兴趣的主题方向出发，获得所需要的知识。③为知识发现提供了一种交互的方式。MDS的空间显示使用户可以从多个角度观察对象之间的关系，超越了传统统计方法的局限。用户不仅可以从全局观察主题之间的联系，还可以调整观测的角度，结合文本集的内容，从多个方面寻找并解释目标主题与邻近主题的关系。

由于多维尺度分析方法可以基于对象之间的邻近性来揭示对象间隐含的关系和联系，使其被用于信息研究的诸多领域，比如作者共被引分析（见图1）、期刊共被引分析、文献共被引分析以及网页共被引分析等。

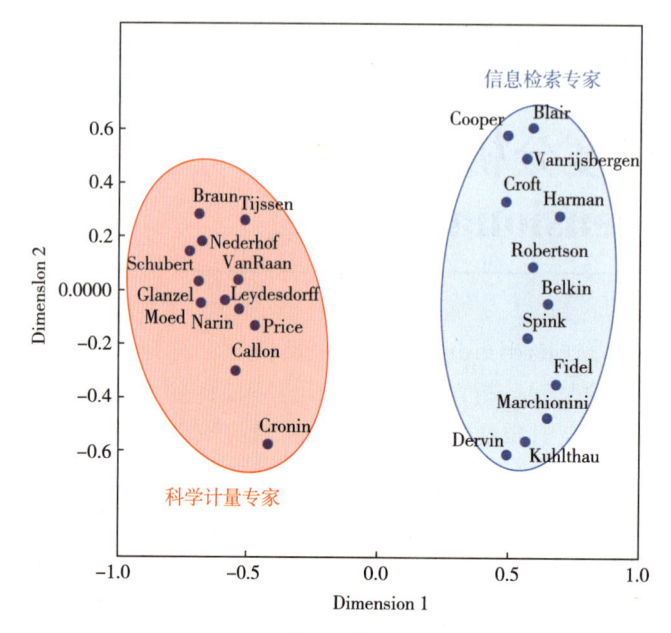

图1　MDS方法对作者共被引矩阵的可视化

参考文献（references）：

［1］KRUSKAL J B. Multidimensional scaling by optimizing goodness of fit to a nonmetric hypothesis［J］. Psychometrika，1964（29）：1-27.

［2］KRUSKAL J B. Nonmetric multidimensional scaling：a numerical method［J］. Psychometrika，1964（29）：115-129.

［3］TORGERSON W. Multidimensional scaling：I. theory and method［J］.1952，17（4）：401-419.

［4］ZHOU Q，LEYDESDORFF L. The normalization of occurrence and co-occurrence matrices in bibliometrics using cosine similarities and ochiai coefficients［J］. journal of the association for information science & technology，2015.

［5］赵一鸣.基于多维尺度分析的潜在可视化研究［M］.武汉：武汉大学出版社，2015：64-75.

［6］张进.信息检索可视化［M］.陆伟，夏立新，沈吟东，译.北京：科学出版社，2009：109-117.

（赵一鸣 撰稿/李杰 周秋菊 审校）

32. 多样性测度指标
（diversity measurement index）

多样性测度指标（diversity measurement index）是用来衡量某一领域、生态系统、社会群体等系统多样性程度的数值指标，其最早出现于自然科学领域，常被用来衡量生态系统中物种的多样性情况。最初的多样性测度指标大多是计数型指标，即统计系统中不同元素种类的数量，系统中包含的元素种类越多，该系统的多样性也就越强。这种计数指标提供了一个清晰而明确的度量标准，易于理解和计算，在多样性测度研究中应用广泛。但该指标存在一个明显的局限——忽略了不同元素之间的分布情况，不能区分一些元素占主导地位的系统和元素分布均匀的系统之间的多样性差异。

为了解决这一局限，诸多学者将系统中不同元素的占比纳入考量，进一步提出了一系列多样性测度指标。其中，较为常用的指标包括香农熵（Shannon entropy）和辛普森多样性指数（Simpson's diversity index）。

1948年，克劳德·香农（Claude Shannon）将热力学中的熵值概念引入信息论，提出了用于度量不确定性的香农信息熵指标。香农熵的计算公式如下所示：

$$SH = -\sum p_i \ln(p_i) \quad (1)$$

式中，p_i表示第i个元素在系统中所占的比重。

辛普森多样性指数是爱德华·辛普森（Edward Simpson）于1949年提出的用于测度生态系统多样性的指标，该指数度量了一个系统中元素多样性的集中程度。它与香农熵指数相反，更侧重描述元素的优势度，即某些元素在系统中的相对重要性。辛普森指数的计算公式如下所示：

$$SI = 1 - \sum p_i^2 \quad (2)$$

式中，p_i表示第i个元素在系统中所占的比重。辛普森指数的取值范围为0到1之间，越接近0表示元素多样性越高，系统中的元素分布更为均匀；而接近1则表示元素多样性较低，可能存在某些元素的相对丰度较高。

随着现实社会问题的愈加复杂和学科之间的融合发展，多样性测度指标在不同历史时期借鉴并融合了生物学、信息科学、网络科学、经济学、物理学等多学科理论与方法，经历了由单一学科指标向综合性多维度指标发展的渐进过程，2000年后迎来大发展期，迄今为止已形成四十余项指标。21世纪初，多样性（跨学科性）测度方法迅猛发展，研究者将多样性、均衡性与科学学领域衡量研究对象差异性的方法相结合，提出综合测度方法，如图1所示。

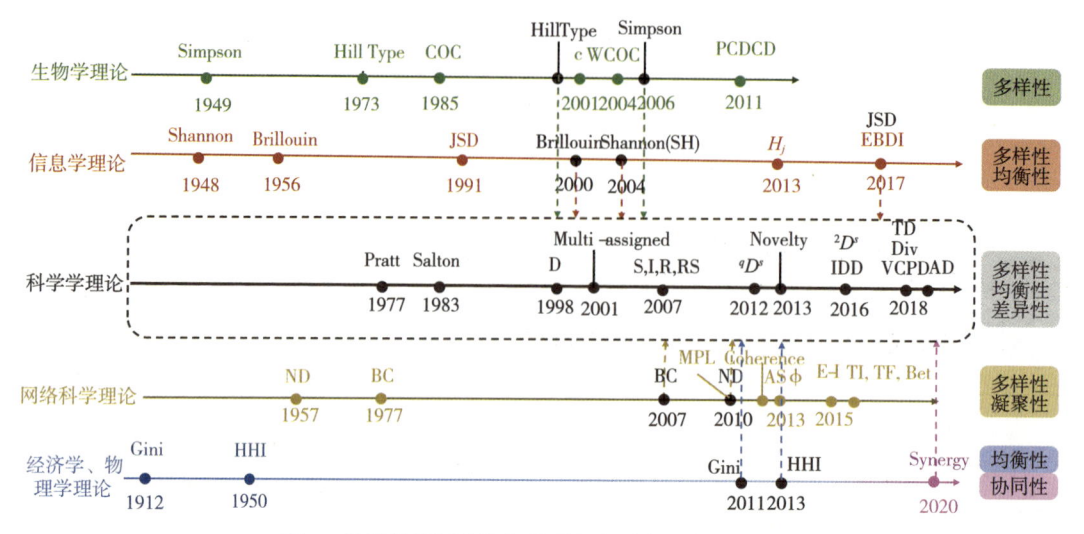

图1　跨学科性测度指标发展历程（熊文靓，2022）

注：彩色节点的指标代表始创于其相应领域，同名黑色节点为引入科学学领域的时间。

在科学计量学领域，通过对相关研究主体（如论文、作者、期刊等）涉及的学科进行多样性测度来表征其学科交叉属性是多样性概念的重要应用场景之一。诸多科学计量学者基于"学科多样性"这一衍生概念，对多样性测度指标有了更进一步的改进。如，Stirling提出了Rao-Stirling多样性指标［简称RS指标，式（3）］，将不同元素（学科）之间的距离纳入了多样性测度体系。以满足生物多样性测度的6个基本条件的Hill型多样性指数［式（4）］为基础，Leinster和Cobbold将学科距离添加到Hill指标中［式（5）］。张琳等经过对比和验证，进一步取$q=2$提出了$^2D^S$指标［式（6）］，使指标值之间具备了可量化的可比性。Loet Leydesdorff通过将学科多样性测度的三个维度，即丰富度（variety）、均匀度（balance）和差异度（disparity）进行组合，提出了DIV多样性测度指标［式（7）］。

$$RS = \sum_{i,j} d_{ij}^{\alpha}(p_i p_j)^{\beta} \quad (3)$$

$$Hill = \left(\sum_{i=1}^{S} p_i^q\right)^{1/(1-q)} \quad (4)$$

$$^qD^S = \left(\sum_{i=1}^{n} p_i \left(\sum_{j=1}^{n} s_{ij} p_j\right)^{q-1}\right)^{1/(1-q)} \quad (5)$$

$$^2D^S = 1/\left(1 - \sum_{\substack{ij \\ (i \neq j)}} p_i p_j d_{ij}\right) \quad (6)$$

$$Div = (S/N) \times (1 - Gini_c) \times \sum_{\substack{i=S \\ j=S \\ i \neq 1, \\ i \neq j}} d_{ij} / [S^*(S-1)] \quad (7)$$

在以上公式中，d_{ij}是第i个和第j个元素在距离矩阵中的距离，p_i表示元素i所占的比重，S为系统中元素的个数，N表示该元素全部种类的数目（不限于某一具体系统），α和β为权重参数。

在使用多样性测度指标时，还需要注意以下几点：

首先，多样性测度指标的结果会受到分类体系的影响。以学科多样性测度为例，学科分类体系的选择——使用Web of Science学科分类体系和OECD学科分类体系会对测度结果有一定影响。即使选择同一分类体系，不同的分类粒度同样也会对结果造成影响。

其次，不同维度的多样性测度指标只能反映该系统某一视角下的多样性特征。例如，在对科研成果进行学科多样性测度时，基于学科数目的多样性测度和基于香农熵、$^2D^s$等指标的多样性测度可能会得到不一致甚至完全相反的结果。然而，结果之间的不一致并不意味着某种方法一定是错误的，系统的多样性是一个复杂的概念，不同的方法和指标是对这一复杂概念不同角度的理解和揭示。任何一个单一的多样性测度指标都难以刻画系统的完整信息，基于多种方法和指标的综合分析体系才能更全面、立体地研究该系统的多样性特征，因此在使用时需要格外注意指标的可解释性和可利用性。

最后，多样性测度指标得出的测度结果仅仅是从指标量化层面对系统多样性的描述，要更深入地了解系统的多样性，不仅需要用多样性测度指标进行量化分析，还需要结合具体情况与内容信息，对该系统多样性的形成过程进行理解。

参考文献（references）：

[1] SHANNON C E. A mathematical theory of communication [J]. The Bell system technical journal, 1948, 27（3）：379-423.

[2] STIRLING A. A general framework for analysing diversity in science, technology and society [J]. Journal of the royal society interface, 2007, 4（15）：707-719.

[3] HILL M O. Diversity and evenness：a unifying notation and its consequences [J]. Ecology, 1973, 54（2）：427-432.

[4] ZHANG L, ROUSSEAU R, GLÄNZEL W. Diversity of references as an indicator of the interdisciplinarity of journals：taking similarity between subject fields into account [J]. Journal of the association for information science and technology, 2016, 67（5）：1257-1265.

[5] LEYDESDORFF L, WAGNER C S, BORNMANN L. Interdisciplinarity as diversity in citation patterns among journals：Rao-Stirling diversity, relative variety, and the Gini coefficient [J]. Journal of informetrics, 2019, 13（1）：255-269.

[6] 张琳，黄颖.交叉科学：测度、评价与应用 [M].北京：科学出版社，2019.

[7] PORTER A, CHUBIN D. An indicator of cross-disciplinary research [J]. Scientometrics, 1985, 8（3-4）：161-176.

[8] WANG Q, SCHNEIDER J W. Consistency and validity of interdisciplinarity measures [J]. Quantitative science studies, 2020, 1（1）：239-263.

[9] 熊文靓，付慧真.交叉科学研究测度理论、维度与应用 [J].图书情报工作，2022,66（21）：132-144.

（张琳 韩钰馨 孙蓓蓓 撰稿/黄颖 付慧真 审校）

33. 多源文献数据融合（multi-source literature data fusion）

多源文献数据融合（multi-source literature data fusion）是指通过一定的方法和工具把不同来源、不同类型、不同结构文献数据合并到一起的过程。多源文献数据融合通过构建更为全面的数据集可以支持更为复杂和精细的分析和决策，弥补单一数据在揭示研究对象属性与关联缺失等方面的不足。该方法的雏形是20世纪70年代美国康涅狄格大学著名系统科学家Y.Bar-Shalom提出的概率数据互联滤波器（probabilistic data association filter，PDAF）算法。自此以军事应用为主的多源数据融合技术在全世界范围内迅速发展，后续在地理空间、情报分析等多个领域得到了应用与发展。多源数据融合的技术原理是将来自不同数据源的数据进行整合，生成一组更加完整、准确和有用的数据。常用的数据融合方法包括基于加权平均、基于模型、基于决策、基于概率等的融合方法。不同的数据融合方法适用于不同的数据类型和应用场景。在实际应用中，多源数据融合通常涉及多种数据类型和来源，如传感器数据、实验室数据、地理信息数据、社交网络数据、专利数据、论文数据、标准数据等。

多源文献数据融合可以按照融合粒度的不同划分为宏观融合、中观融合和微观融合（见图1）。宏观融合是将不同来源或不同结构的数据在数据库级别上直接融合，中观融合是指在考虑文献元数据特征和文本主题特征的基础上进行数据融合，微观融合则是更细粒度的决策级融合。①宏观融合，是根据融合任务需求，将多源数据中结构相同和主题相似的数据直接融合，即将不同来源的数据在同一主题的指导下拼接组合，可以看作数据集的扩大。在宏观融合中面临着多源数据异构性强、数据不完备等问题，需要对异构的数据进行归一对齐后融合。美国国防高级研究计划局（DARPA）的"洞悉"（insight）项目，通过综合各类传感器的多源信息，集成烟囱式的信息，形成统一的情报图景。②中观融合考虑了多源数据的元数据信息，比如作者、题名、机构以及文本主题内容特征，从篇章的逻辑结构和篇章单元之间的主题关系出发，挖掘更深层次的语义和结构信息。例如主题各异的政策文献看似是离散的，在内容上缺乏相关性，而实际上却具有深层次的联系，能够综合利用产生政策合力。这时，可将多源数据的不同主题进行融合，生成关于全局数据的新的更加抽象的特征，以此揭示数据的深层次规律，作出前瞻性、价值高的判断。③微观融合是最细粒度的融合，利用自然语言处理技术将多源文献中的研究方法、研究目的、实验方法、创新点等细粒度知识抽取出来，进行实体消歧对齐后，在知识元层面进行多源文献数据融合。微观融合所考虑的内容语义特征更加全面，所得到的结果也更加准确。但是在多源数据进行交互时，知识的共享性、动态性决定了知识的构建过程中不可避免地会遇到知识异构的问题。南京大学开发的众包知识融合系统FactChain，解决了知识时效性更新、多源知识间冲突的问题，为知识的多源共享与融合提供了指导。

图1 多源文献数据融合的不同融合粒度

多源数据融合在科学计量学中也有着广泛的应用。例如，在学术评价中，可以使用多源数据融合方法将来自不同数据源的学术成果数据进行整合，提高学术评价的准确性和实用性；在学科交叉研究中，可以使用多源数据融合方法将来自不同学科的数据进行整合和处理，发现学科之间的交叉点。通过多源文献数据融合的异质网络，对多源学术成果进行整合，能够支持更为复杂和精细的分析和决策。清华大学唐杰教授团队建立的科技情报大数据挖掘与服务系统平台AMiner，融合了科研人员、科技文献、学术活动等三类数据，构建关联关系，深度融合分析，面向全球科研机构及相关工作人员提供学者、论文文献等学术信息资源检索以及科技文献成果评价等知识服务。

参考文献（references）：

[1] BAR-SHALOM Y, TSE E. Tracking in a cluttered environment with probabilistic data association [J]. Automatica, 1975, 11（5）: 451-460.
[2] XU H Y, YUE Z H, WANG C, et al. Multi-source data fusion study in scientometrics [J]. Scientometrics, 2017, 111（2）: 773-792.

（白如江 撰稿/李杰 许海云 审校）

34. 二分图
（bipartite graph）

二分图（bipartite graph或bipartite network），又称二分网络、二部图或二部网络，是一种顶点可以分为两个互斥的独立集合的图论模型，其使得每一条边都分别连接两个集合中的点。此模型的一种描述方式为：设$G=(V, E)$是一个无向图，其中V与E分别表示顶点与边的集合。顶点集V可以被划分为两个互不相交的子集A和B，边集E中的每条边所对应的两个顶点，i和j分别属于这两个不同的子集，则G被称为二分图。如果集合A与B中的元素个数相等，则G被称为平衡二分图（balanced bipartite graph）。如果A以及B的顶点分别有相同的度数，则被称为双正则二分图（biregular bipartite graph）。如果A中的所有顶点都与B中的所有顶点相连，则G被称为完全二分图（complete bipartite graph）。

二分图类型见图1。

（a）二分图（平衡二分图） （b）双正则二分图 （c）完全二分图

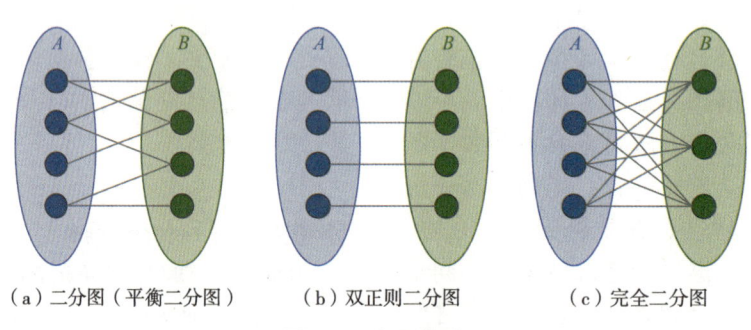

图1　二分图类型

判定无向图为二分图的一个充分必要条件是G至少有两个顶点，且它的所有回路的长度均为偶数。其中，任何无回路的图均为二分图。实现二分图判定通常通过染色法，该算法使用两种不同的颜色对图G的所有顶点逐个染色，通过识别相邻两点的颜色异同来判断图G是否为二分图。当图G的所有顶点已经进行染色，并且没有出现相邻顶点颜色相同的情况，则该图被判定为一个二分图。

二分图中的匹配问题是一类重要的组合优化和图论问题。在给定二分图G的一个子图M中，若M的边集中的任意两条边都不依附于同一个顶点，则M被称为一个匹配。其中边数最多的匹配被称为图 G 的最大匹配（maximum matching），选择最大匹配的问题为图的最大匹配问题。若一个匹配的每个顶点都与某条边相关联，则该匹配为完全匹配（complete matching），也称作完备匹配。若存在一个匹配包含二分图的所有顶点，则称其为完美匹配（perfect matching）。若考虑二分图的权重，则某个使得匹配边的权值和最大的匹配被称为最大权匹配（maximum weight matching）。若该最大权匹配同时为完备匹配，则称为最优匹配（optimal matching）。基于这些匹配，一些扩展性问题同时被提出。若二分图中存在一个最大的点集，使得该点集内的任意两个节点互不相连，则称其为最大独立集（maximum independent set）。若二分图中存在一个点集，用最少的点使得所有的边都至少和一个点有关联，则称其为最小点覆盖（minimum vertex cover）。对于二分图，最大流算法、匈牙利算法、Kuhn-Munkres算法等方法常被用于解决各类匹配问题。

参考文献（references）：

[1] MUNKRES J. Algorithms for the assignment and transportation problems [J]. Journal of the society for industrial and applied mathematics, 1957, 5（1）: 32-38.

[2] EDMONDS J. Paths, trees, and flowers [J]. Canadian journal of mathematics, 1965, 17: 449-467.

[3] ASRATIAN A S, DENLEY T M J, HÄGGKVIST R. Bipartite graphs and their applications [M]. Cambridge: Cambridge University Press, 1998.

（余德建 叶暄 撰稿/李杰 审校）

35. 分数计数
（fractional counting）

分数计数（fractional counting）是指对于合著论文（或其他科研产出物），在将论文贡献分配给署名的多个主体（研究人员、机构或者国家）时，论文的总份额为1，每个主体按设定的规则只获得一部分份额，即总份额的分数。由于整数计数在统计合著论文时存在计数膨胀问题，许多计量学者认为这扭曲了研究人员、机构或者国家的实际产出，进而提出分数计数方法来统计不同主体论文数量。

对于每个主体获得份额的确定方式，基于不同的计数单元和研究对象，设计不同的得分函数，就衍生出多种不同的分数计数方案。计数单元是计分的基本单位，可以是作者、地址、机构、国家。研究对象是得分主体，由研究问题而定，如研究的是作者产出绩效，研究对象就是作者，研究的是国家科研产出，研究对象就是国家。得分函数是指如何给每个计数单元分配得分。

得分函数使用最广泛的是由普赖斯提出的"平均分配"，即若总共有n个计数单元，每个计数单元获得$1/n$的份额。普赖斯较早意识到合著者的贡献不能与独著者同等对待，提出了对论文数或被引次数进行平均分配的观点。比如当以作者为计数单元时，假定每个作者的贡献相同，如果一篇文章中有N个作者，那么每个作者的份额就为$1/N$；如果其中一个作者分属于A个机构（国家），那么单个机构（国家）得到的份额就被平均分配为$1/(N \times A)$。也有学者认为每个合著者对论文的贡献并不一定相等，第一作者或通讯作者是论文最主要的贡献者，提出了第一作者计数法和通讯作者计数法。第一作者计数法为第一作者分配份额为1，其他作者的份额均为零；通讯作者计数法为通讯作者分配份额为1，其他作者的份额均为零。也有学者考虑署名顺序，提出了更为复杂的得分函数，以期更真实地反映合著者的论文贡献，如调和计数（harmonic counting）、算术计数（arithmetic counting）、几何计数（geometric counting）等；这些计数方法共同的特点是作者署名位置越靠后，其得到的份额越低，所有作者的份额相加为1。还有学者提出给署名第一位和最后一位的作者最大权重，中间作者较小的权重，因为作为团队领导者的通讯作者往往在最后署名。现实中，科研署名情况因学科领域、国家、科技政策等因素的不同而有较大的差异，因此得分函数的选择和设计需要根据实际研究问题而定。

举例说明基于不同计数单元、不同研

究对象的分数计数方法的具体计算过程：假设1篇论文包括6名作者，每名作者的地址如表1所示。其中，作者1是第一作者，作者6是通讯作者。不同地址所对应的机构和国家如表2所示。从表2中可以看出，该篇论文的作者来自3个国家的4个不同机构。在这里，除第一作者计数和通讯作者计数外，得分函数采用平均分配思想。

以作者为研究对象，不同分数计数方法的计算结果见表3。当研究对象是作者时，有第一作者计数、通讯作者计数以及作者层分数计数三种方法。在作者层分数计数中，计数单元为作者。每名作者的份额相等，于是所有作者的计数均为1/6。

以机构为研究对象，不同分数计数方法的计算结果见表4。当研究对象是机构时，除第一作者计数、通讯作者计数、作者层分数计数外，还包括机构层、地址层分数计数。从表1和表2中可以看出，机构1中包括作者1和作者3，而作者3同时属于机构1和机构2，根据分数计数原理，作者3在机构1和机构2中的份额相同，均为（1/6）/2=1/12。于是机构1的计数结果为1/6+1/12=3/12。其他机构的计算方法同理。在地址层分数计数中，计数单元是地址。论文包含的5个地址份额相同，均为1/5，机构2包括2个地址，因此其计数为2/5，而其他3个机构仅包含1个地址，因此其计数均为1/5。在机构层分数计数中，计数单元是机构。该篇论文共包含4个机构，每个机构的份额相同，4个机构的计数均为1/4。

以国家为研究对象，可分别以作者、地址、机构、国家作为计数单元，不同分数计数方法的计算结果见表5，计算过程与表4类似。

表1 论文作者与地址对应表

作者	地址
作者1（第一作者）	地址1
作者2	地址2
作者3	地址1、地址2
作者4	地址3
作者5	地址3、地址4
作者6（通讯作者）	地址5

表2 论文地址与机构、国家对应表

地址	机构	国家
地址1	机构1	国家1
地址2	机构2	国家2
地址3	机构2	国家2
地址4	机构3	国家3
地址5	机构4	国家3

表3 以作者为研究对象各种计数方法计算结果

	作者1	作者2	作者3	作者4	作者5	作者6	总计数
第一作者计数	1	0	0	0	0	0	1
通讯作者计数	0	0	0	0	0	1	1
作者层分数计数	1/6	1/6	1/6	1/6	1/6	1/6	1

表4　以机构为研究对象各种计数方法计算结果

	机构1	机构2	机构3	机构4	总计数
第一作者计数	1	0	0	0	1
通讯作者计数	0	0	0	1	1
作者层分数计数	3/12	6/12	1/12	2/12	1
地址层分数计数	1/5	2/5	1/5	1/5	1
机构层分数计数	1/4	1/4	1/4	1/4	1

表5　以国家为研究对象各种计数方法计算结果

	国家1	国家2	国家3	总计数
第一作者计数	1	0	0	1
通讯作者计数	0	0	1	1
国家层分数计数	1/3	1/3	1/3	1
机构层分数计数	1/4	1/4	2/4	1
地址层分数计数	1/5	2/5	2/5	1
作者层分数计数	3/12	6/12	3/12	1

研究人员、机构或国家的论文数量和引用数量会受计数方法的影响，在此基础上的排名也会有所差异。整体而言，计数方法对国家排名的影响较小，对机构和研究人员的影响较大。大多数文献计量学者认为，相比于整数计数，分数计数方法更能反映研究对象的真实水平。许多数据库和研究报告对于论文贡献的计算也使用了分数计数的方法，例如，Nature Index数据库追踪全球机构和国家在高质量期刊中的研究产出数量，使用的份额（share）指标就是以作者为计数单位、以机构或国家作为研究对象的分数计数。

参考文献（references）：

[1] PRICE D D. Multiple authorship[J]. Science, 1981, 212（4498）: 986-986.

[2] BURRELL Q, ROUSSEAU R. Fractional counts for authorship attribution: a numerical study[J]. Journal of the American society for information science, 1995, 46（2）: 97-102.

[3] VAN HOOYDONK G. Fractional counting of multiauthored publications: consequences for the impact of authors[J]. Journal of the American society for information science, 1997, 48（10）: 944-945.

[4] GAUFFRIAU M, et al. Publication, cooperation

and productivity measures in scientific research [J]. Scientometrics, 2007, 73 (2): 175-214.

[5] GAUFFRIAU M, et al. Comparisons of results of publication counting using different methods [J]. Scientometrics, 2008, 77 (1): 147-176.

[6] WALTMAN L, VAN ECK N J. Field-normalized citation impact indicators and the choice of an appropriate counting method [J]. Journal of informetrics, 2015, 9 (4): 872-894.

[7] WALTMAN L. A review of the literature on citation impact indicators [J]. Journal of informetrics, 2016, 10 (2): 365-391.

（吴登生 撰稿/贾韬 审校）

36. 复杂网络
（complex networks）

顶点通过连边相连构成网络。顶点代表对象，连边代表关系。复杂网络的字面含义就是比较复杂的网络。顶点数量往往比较多，连边也往往不是简单的、规则的或者全连接的，因此不能由简单的数学规则来描述。由于这些超越简单数学规则的特征，复杂网络还往往涌现出来一些结构，例如具有自组织、自相似、吸引子、小世界、无标度中部分或全部性质。它可以将物理世界中的对象抽象为一个个节点，将节点之间的关系抽象为边，从而构成像社交网络、引文网络、交通网络和大脑网络等各种各样的复杂网络。复杂网络可以用邻接矩阵 A 来表示，即一个 $n \times n$ 的矩阵，矩阵中的每个元素 A_{ij} 表示网络中节点 i 和 j 之间的边的数量。复杂网络中节点之间存在复杂的相互依赖关系。这些相互依赖关系可以是物理、社会、生物或其他类型的联系，它们使得复杂网络的行为非常难以预测和理解。复杂网络的研究涉及许多不同的学科，包括数学、物理、计算机科学、社会学、生物学等。研究复杂网络的一些主要应用包括社交网络分析、交通网络、蛋白质相互作用网络等。由于其在众多领域中都有广泛的应用，近年来复杂网络的结构和特性引起了许多科学家和研究人员的广泛兴趣。图1为互联网的复杂网络图，其中每个节点代表网络的IP地址。

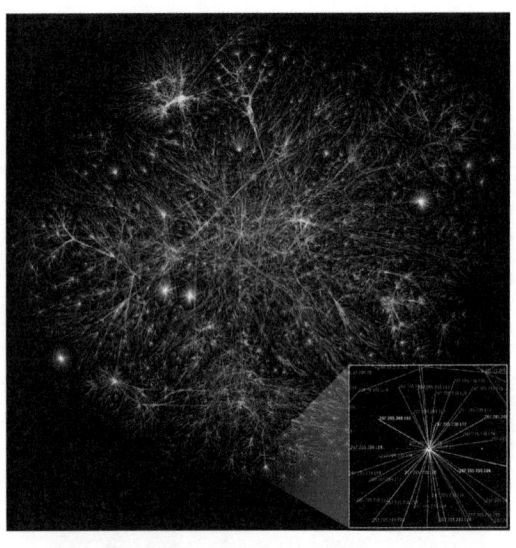

图1 复杂网络（互联网网络）

复杂网络中的节点和边的结构可以形成各种形态，例如随机网络（random network）、小世界网络（small world network）和无标度网络（scale free network）等。随机网络中的节点和边之间的连接是随机的，这意味着节点的度数（即与之相连的边的数量）在整个网络中是相似的。小世界网络中节点之间的连接不是随机的，网络中大部分的节点彼此并不相连，但绝大部分节点之间经过少数几步就可到达。小世界网络具有高集聚系数和低平均路径长度的主要特征。无标度网络是一种高度不均衡的网络结构，其中只有少数节点与大部分节点连接，而大多数的节点只与很少的节点连接。

在复杂网络中有许多重要的概念和工具，例如网络拓扑结构、聚类系数、节点中心性、社区检测和动力学建模等。这些基本概念和工具可用于研究和理解复杂网络的结构和行为，例如在引文网络中可以通过构建文章间的复杂网络来研究科学家间的发表行为以及合作行为等。

参考文献（references）：
[1] ALBERT R, BARABÁSI A L. Statistical mechanics of complex networks [J]. Reviews of modern physics, 2002, 74（1）: 47.
[2] NEWMAN M. Networks [M]. Oxford: Oxford university press, 2018.
[3] BARABÁSI A L, BONABEAU E. Scale-free networks [J]. Scientific American, 2003, 288（5）: 60-69.
[4] WATTS D J, STROGATZ S H. Collective dynamics of 'small-world' networks [J]. Nature, 1998, 393（6684）: 440-442.
[5] 汪小帆, 李翔, 陈关荣. 复杂网络理论及其应用 [M]. 北京: 清华大学出版社, 2006.

（曾安 撰稿/吴金闪 李杰 审校）

37. 概率主题模型
（probabilistic topic model）

从历史渊源来说，人们对概率主题模型（probabilistic topic model）的研究始于1983年由Salton和McGill提出的TF-IDF（term frequency and inverse document frequency，词频-逆文档频率）模型，该模型的主要思想是：如果某个词项在一篇文档中出现的频率较高，而在其他文档中却很少出现，则认为该词项具有很好的类别区分能力。这样，TF-IDF模型可以方便地过滤掉区分能力较弱的词项，从而压缩文档的长度，但该模型所减少的文档幅度非常有限而且不能揭示文档之间的统计结构。

为了克服TF-IDF模型的缺陷，潜在语义分析（latent semantic analysis，LSA）模型或潜在语义索引（latent semantic indexing，LSI）模型应运而生。该模型不仅能够大幅度压缩文档的长度，而且能够简单区分同义词和多义词。但是LSA模型不是概率生成模型，因此，难以利用成熟的贝叶斯理论对其进行解释。1999年，Hofmann利用潜变量成功将统计技术引入LSA模型中，将其重新命名为pLSA（probabilistic LSA）模型。模型中的每个变量以及相应的概率分布都被赋予了明确的物理解释。然而，依据贝叶斯理论的pLSA模型仍然不够完备，而且模型的参数随着文档的增加呈线性增长，使得该模型更易产生过拟合现象。

在这之后，国内外学者对pLSA模型做了不少的改进和扩展，但在业界的影响都非常有限，主要原因很可能是鲜有后续工作触及pLSA模型的根本问题——不完备性。2002年，Blei等人提出的LDA（latent dirichlet allocation）模型彻底解决了这一根本问题，使其成为第一个完备的贝叶斯网络模型。实际上LDA模型可以看成对pLSA模型进行贝叶斯化处理，使得参数具备了概率分布，变成了随机变量，这样可将pLSA模型作为特例纳入LDA模型的框架内。

LDA模型是一种生成式（generative）非监督机器学习技术，不仅可以识别大规模文档集合中潜在的领域深层主题信息，即估计每篇文档中主题的混合比例以及每个主题中词项的混合比例，而且可以自动生成文档。具体生成过程如下：对每篇需要生成的文档，首先从主题多项式分布中抽取一个主题，然后根据选定的主题，从对应的词项多项式分布中抽取一个单词，重复上述过程直到满足文档中的长度为止。

相比于以往的模型和方法，LDA模型的优点无疑非常突出，但缺点也不容忽视。

比如，它仅限于分析文档的内部特征，而不考虑外部特征，使得适用范围大打折扣。为提高LDA模型的适用范围，国内外学者们以LDA模型为基础，衍生出了不少更符合实际需求的模型，比如融合作者信息的AT模型、AToT模型以及AT^{credit}模型，融合时间信息的DTM模型和ToT模型，融合参考文献信息的CIM模型、Pairwise-Link-LDA模型，融合领域实体信息的CorrLDA2模型和CCorrLDA2模型。值得一提的是，随着深度学习技术的快速发展，神经主题模型（neural topic model）也得到了快速发展。

概率主题模型的参数估计一般采用近似推断的方法，比如变分期望最大化（variational expectation maximization）、期望传播（expectation-propagation）、Collapsed 吉布斯（Gibbs）采样和随机变分推断（stochastic variational inference）等。每种参数估计方法都各有利弊，选择一种合适的近似算法要在效率、复杂性、准确性和概念简洁性之间综合考虑。

概率主题模型广泛应用于科学计量学领域，用于揭示学术论文、专利文献、科技政策等资源中的主题结构。它能有效帮助研究人员洞察主题间的联系、科研人员的研究兴趣、科研机构的研发重点、母体文献的刊文主题，以及研究热点的兴起、成熟到逐渐衰退的过程，也可以用于刻画新兴技术和新兴主题的特征等。

参考文献（references）：

[1] BLEI D M, NG A Y, JORDAN M I. Latent Dirichlet Allocation [J]. Journal of machine learning research, 2003, 3: 993-1022.

[2] GIROLAMI M, KABÁN A. On an equivalence between PLSI and LDA [C]. Proceedings of the 26th annual international ACM SIGIR conference on Research and development in information retrieval. ACM, 2003: 433-434.

[3] BLEI D M. Probabilistic Topic Models [J]. Communications of the ACM, 2012, 55 (4): 77-84.

[4] 张晗，徐硕，乔晓东. 融合科技文献内外部特征的主题模型发展综述 [J]. 情报学报，2014, 33 (10): 1108-1120.

[5] ZHAO H, PHUNG D, HUYNH V, et al. Topic Modelling Meets Deep Neural Networks: A Survey [C]. Proceedings of the 13th International Joint Conference on Artificial Intelligence, 2021: 4713-4720.

（徐硕 刘镇 撰稿/章成志 审校）

38. 共词分析
（co-word analysis）

共词分析（co-word Analysis或co-terms analysis）是通过分析同一个文本对象中的关键词共现关系来发现科学领域学科结构的一种分析方法。共词分析方法的假设是：文献中的语词元素能够反映科学研究的真实情况，未来相关领域的研究会认可并受到当前语词元素选择的影响。共词分析方法的基本原理是通过统计文献集中的词汇对（term coupling）或名词短语的共现关系来反映关键词之间的关联强度，进而确定这些词所代表的学科或领域的研究热点、构成和范式，横向和纵向分析学科领域的发展过程和结构演化。共词分析可以帮助研究者发现文本中的隐含关系和模式，从而更好地理解文本内容。

假设考察的论文集合为 $P = (p_1, p_2, \cdots, p_n)$，这些论文中的关键词构成了关键词集合 $K = (k_1, k_2, \cdots, k_m)$。构建论文-关键词矩阵 A，A 共有 n 行 m 列，行标识代表一篇论文，列标识代表一个关键词。A 的第 i 行第 j 列元素 A_{ij} 定义为：

$$A_{ij} = \begin{cases} 1, & \text{如果论文}p_i\text{使用了关键词}k_j \\ 0, & \text{如果论文}p_i\text{未使用关键词}k_j \end{cases}$$

通过矩阵乘法可得到共词矩阵：$K = A^T A$。共词分析即针对 K 进行的后续分析。

共词分析方法是由法国文献计量学家M. Callon最早提出的。1986年，法国国家科学研究中心的M. Callon、J. Law和A. Rip出版了第一本关于共词分析的学术专著 *Mapping the Dynamics of Science and Technology*，用于绘制环境酸化研究的政策和科学变化图。共词分析的思路来自文献计量学的引文耦合分析与共被引分析的概念。在此基础上，研究中采用包容指数、接近指数、等价指数等方法，以衡量研究对象各要素的相关强度，设计并生成包容地图和接近地图，揭示研究领域的中心、热点和研究问题关系（示例见图1）。目前，共词分析的研究并不局限于科学计量学领域，它在人工智能、信息检索、生物信息学等诸多领域得到了广泛的应用。

常见的共词分析有四种：①共词聚类分析；②共词关联分析；③共词词频分析；④突发词监测。利用共词分析法对文献信息进行分析和研究，主要可以分为六个步骤：①确定研究问题，即确定分析的领域和问题；②确定分析的语词单位，如确定关键词和主题词等；③确定分析对象，一般以词的出现频次为依据；④确定词对的共现次数或系数，建立共词矩阵；⑤对数据进行综合处理，如对共词进行聚类处理，

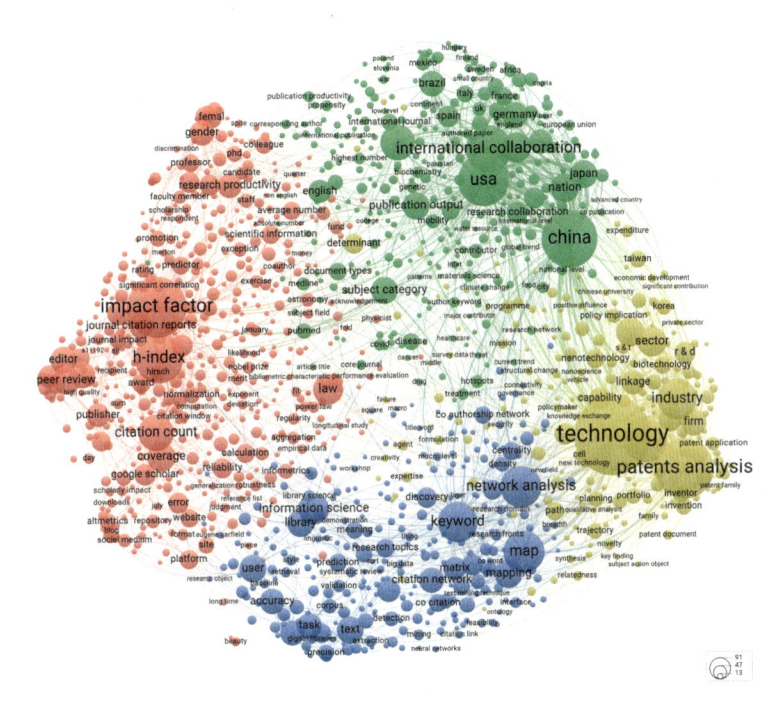

图1　*Scientometrics*期刊刊文（1978—2021）共词网络

对结果进行可视化处理等；⑥分析和解释共词的结果。

　　共词分析也存在一些不足之处，特别是对关键词的选取非常敏感。作者的选词习惯、不规范的关键词、代表论文内容完整性的关键词等因素都可能造成结论的模糊和晦涩。同一主题内容可能由不同的关键词来代表，或者同一关键词可能代表不同的主题内容。因此，得出的结论可能不完全符合客观事实。

参考文献（references）：

[1] HE Q. Knowledge discovery through co-word analysis [J]. Library trends, 1999, 48（1）: 133.

[2] CALLON M, LAW J, RIP A. Mapping the dynamics of science and technology: sociology of science in the real world [M]. London: The Macmillan Press, 1986.

[3] KIPP M E I, CAMPBELL D G. Patterns and Inconsistencies in collaborative tagging systems: an examination of tagging practices [J]. Proceedings of the American society for information science and technology, 2006, 43（1）: 1-18.

（侯剑华 李杰 撰稿/步一 审校）

39. 共现分析
（co-occurrence analysis）

共现现象是自然界常见的一种现象，其本质上是一种协同机制。以科学文献为对象的共现分析（co-occurrence analysis）则是一种探测文献知识元关联的方法。它对各种信息载体中的共现信息进行定量研究，揭示信息的内容关联和特征项所隐含的共现关系，从而发现研究对象之间的关联关系，特别是挖掘和发现隐藏的或潜在的知识及其关联，揭示研究对象所代表的学科或课题的结构和变化。其方法论基础是心理学中的邻近联系规则、知识结构和映射原理。共现分析法的研究对象广泛，包括汇编成文献的词汇、索引词、分类符号和其他有意义的字段以及文本中的文献描述等。根据研究对象的不同，共现分析可分为作者共现、机构共现、主题共现、文献共现等，还可以进一步细分为文献共被引（references co-citation）、作者共被引分析（author co-citation analysis）、作者的合著（co-author analysis）、共链分析（co-link analysis）、文献耦合（documents bibliographic coupling）、作者文献耦合分析（author bibliographic coupling analysis）等。

按照分析方法和研究目的，共现分析的研究过程可分为三步（见图1）：①数据抽取，包括全文直接抽取和字段间接抽取两种抽取方法。全文直接抽取是指利用专门的软件工具，从全文中直接抽取分析对象，分析词与词之间的关系。字段间接抽取是从书目描述的字段中抽取信息，用来分析书目内容的关联。②构建共现矩阵或词汇向量。建立共现矩阵需要统计文献中的词汇相似度信息。由于词汇总量往往比较庞大，无法对文献中所有词汇对的相似度进行计算，需要根据一定的规则选择一定数量的词汇进行比较。构建词汇向量时，要注意那些具有代表性的文献或概念特征的索引词，计算主要索引词的词汇向量。③数据分析。主要分析方法有两种，一种是利用概率模型进行统计建模，另一种是分析词性关联程度。

术语篇

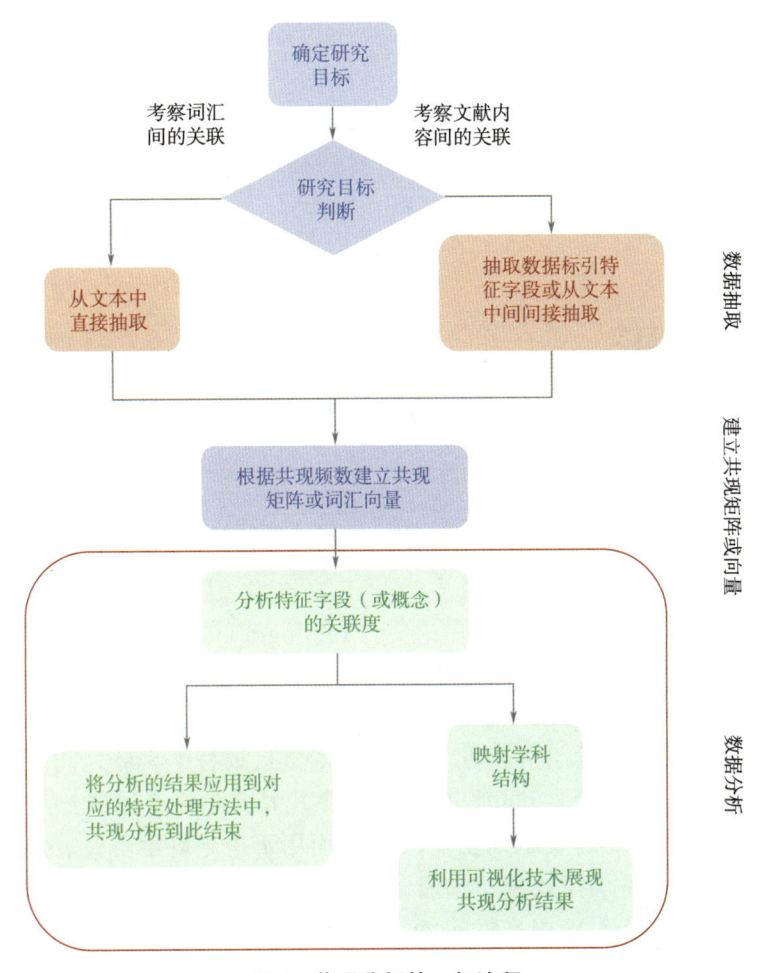

图1 共现分析的一般流程

参考文献（references）：

[1] CALLON M, LAW J, RIP A. Mapping the dynamics of science and technology: sociology of science in the Real World [M]. London: The Macmillan Press, 1986.

[2] KESSLER M M. Bibliographic coupling between scientific papers [J]. Journal of the association for information science & technology, 1963, 14 (1): 10-25.

[3] SMALL H. Co-citation in the scientific literature: a new measure of the relationship between two documents [J]. Journal of the American society for information science, 1973, 24 (4): 265-269.

（侯剑华 李杰 撰稿/宋艳辉 审校）

40. 共引分析
（co-citation analysis）

共引分析（co-citation analysis）又称同被引分析，是引文分析的一个重要分支。1973年，美国情报学家Henry Small在论文"Co-citation in the scientific literature: A new measure of the relationship between two documents"中首次提出了共引分析方法。在文献层面，假如论文i和论文j同时出现在另外一篇施引文献X的参考文献列表中，那么i和j就存在共引关系。在数据库中遍历所有文献，统计有多少篇施引文献的参考文献中同时出现了i和j，这一频次即为i和j的共引强度（co-citation strength）。具体地，在一个引文网络的邻接矩阵A中，定义其元素A_{ij}的含义如下：

$$A_{ij} = \begin{cases} 1, & \text{如果论文} j \text{引用了论文} i \\ 0, & \text{如果论文} j \text{未引用论文} i \end{cases}$$

假设论文i和j都出现在论文k的参考文献列表中（即同时被论文k引用），则有$A_{ik}A_{jk}=1$，否则$A_{ik}A_{jk}=0$。将数据库中所有同时引用i和j的论文汇总，就可以得到i和j的共引强度C_{ij}：

$$C_{ij} = \sum_{k=1}^{n} A_{ik} A_{jk} = \sum_{k=1}^{n} A_{ik} A_{kj}^{\mathrm{T}}$$

这里，A_{jk}^{T}是A的转置矩阵A^{T}对应的元素。接着，定义$n \times n$的共引矩阵$C = AA^{\mathrm{T}}$，这里C为对称矩阵，即$C^{\mathrm{T}} = (AA^{\mathrm{T}})^{\mathrm{T}} = AA^{\mathrm{T}} = C$。

与共引分析对应的是耦合分析（bibliographic coupling analysis），用两篇论文参考文献列表的重合程度代表文献耦合强度。共引分析的主要目的是通过寻找学术文献集合中实体之间的共引关系，来绘制出特定学科（领域）的学科结构图谱，进而用于指导科学研究。大量实证研究结果表明，共引关系所具有的动态性和展望性使得共引分析方法对于评估学科发展状况、揭示（或发现）学科内部结构或子学科分布状况等具有较强的有效性和适用性。

在文献共引分析的启发下，美国德雷塞尔大学情报学家Howard White和Belver Griffith于1981年提出了作者共引分析（author co-citation analysis），将文献共引分析扩展到了作者层面；1991年，同属德雷塞尔大学的情报学家Katherine McCain进一步将文献和作者共引分析扩展到了期刊层面，提出了期刊共引分析。至此，根据分析对象的不同，由文献、作者和期刊共引分析构成的共引方法体系初步形成。典型的共引分析研究步骤一般可归纳如下：选取研究样本；搜集共引数据；建立原始（共引）矩阵；将原始矩阵转化为相关矩阵；数据（聚类）分析；结果解读（及同行验证)。尽管共引强度的计算较为简单直接，但科学计量学者们针对上述步骤进行了诸多讨论与探索，如在原始矩阵中融入更多描述型元数据、使用自然语言处理技术提高原始共引矩阵信息量、相关矩阵转化的方法讨论等，以提高科学知识图谱的绘制精度。图1展现了《自然》期刊150年来论文构成的共引网络。

图1 《自然》期刊150年来论文构成的共引网络

参考文献（references）：

[1] SMALL H. Co-citation in the scientific literature：a new measure of the relationship between two documents [J]. Journal of the American society for information science, 1973, 24（4）: 265-269.

[2] WHITE H D, GRIFFITH B C. Author cocitation：a literature measure of intellectual structure [J]. Journal of the American society for information science, 1981, 32（3）: 163-171.

[3] MCCAIN K W. Mapping authors in intellectual space：a technical overview [J]. Journal of the American society for information science, 1990, 41（6）: 433.

[4] MCCAIN K W. Mapping economics through the journal literature：an experiment in journal cocitation analysis [J]. Journal of the American society for information science, 1991, 42（4）: 290.

[5] JEONG Y K, SONG M, DING Y. Content-based author co-citation analysis [J]. Journal of informetrics, 2014, 8（1）: 197-211.

[6] AHLGREN P, JARNEVING B, ROUSSEAU R. Requirements for a cocitation similarity measure, with special reference to Pearson's correlation coefficient [J]. Journal of the American society for information science and technology, 2003, 54（6）: 550-560.

[7] BAKER N. A network of science：150 years of Nature papers [J]. Nature, 2019. https://www.nature.com/articles/d41586-019-03325-6.

（步一 陈洪侃 撰稿/李杰 审校）

41. 关联分析
（association analysis）

关联分析（association analysis）是数据挖掘的核心技术之一，用于发现数据集中不同数据项之间潜在的关联性或相关性。该方法最初由IBM公司Almaden研究中心的Agrawal R研究员于1993年首次提出，并给出求解算法AIS。关联分析的主要作用是发现数据之间的关联关系，并用于推荐系统、市场营销、信息检索等领域。例如，在推荐系统中，关联分析可以基于用户的历史购买记录，推荐相似的商品或服务；在市场营销中，关联分析可以帮助企业了解客户需求、定位市场和制定营销策略等。

在关联分析中，有一个常被引用的案例，即"啤酒和尿布"。这个案例源自一种流传已久的说法，超市管理人员分析销售数据时发现一个令人难以理解的现象：在某些特定情况下，"啤酒"和"尿布"两件看上去毫无关系的商品会经常出现在同一购物篮中，这种独特的销售现象引起了管理人员的注意。经过调查后发现：父亲们在购买尿布时经常会顺便购买啤酒。尽管这两种商品看似无关，但实际上揭示了消费者购买行为中的潜在关联性——啤酒和尿布的销售往往同时增加。

关联分析工作流程主要分为两个阶段：第一阶段是发现满足最小支持度阈值的所有项集，即寻找频繁项集；第二阶段是从频繁项集中抽取出满足最小置信度的强关联规则，具体步骤如图1所示。其中，频繁项集的挖掘是关联分析效率的主要影响阶段，因此，许多研究学者先后对频繁项集挖掘算法进行了研究，Agrawal R等人于1994年提出了基于两阶段频繁集思想的递推算法，即Apriori算法。当数据集很大的时候，Apriori算法需要不断扫描数据集，从而导致运行效率降低。为了缩短挖掘时间，加快关联规则找寻速度，Han Jiawei等人于2000年提出了基于频繁模式树（frequent pattern tree，FP-tree）的发现频繁模式算法FP-growth。同年，Zaki M J提出了一种基于集合交集的深度优先搜索算法Eclat。与Apriori和FP-growth算法不同，Eclat算法加入了倒排的思想，大大减少了挖掘规则所需要的时间，从而进一步提高了挖掘关联规则的效率。除了发现频繁项集外，关联分析还可以挖掘出更为复杂的关联规则，例如序列模式挖掘、时间序列挖掘等。

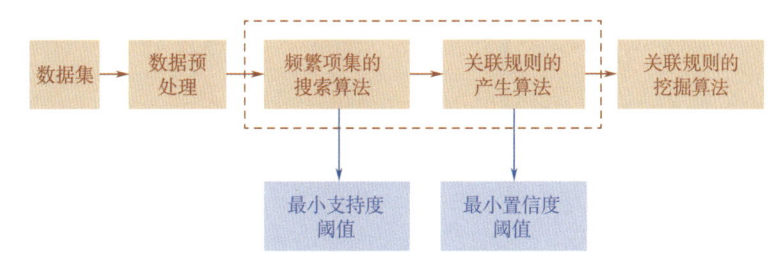

图1　关联分析工作流程

关联分析在科学计量学中也有着广泛的应用。例如，在科学合作网络分析中，可以使用关联分析方法挖掘科学家之间的合作模式和合作关系；运用关联规则模型或算法对科研论文的引用关系、关键词、主题词、作者等数据进行关联分析，能够揭示文献之间的知识关联、评估学者的学术影响力、发现各个领域的研究主题和研究热点等。使用关联分析能够使得数据分析从单维分析向完整的多维度分析转变，实现对文献内部知识单元的深入研究和洞察知识单元之间的相互联系。

参考文献（references）：

［1］AGRAWAL R，IMIELIŃSKI T，SWAMI A. Mining association rules between sets of items in large databases［J］. ACM SIGMOD record，1993，22（2）：207-216.

［2］AGRAWAL R，SRIKANT R. Fast algorithms for mining association rules［C］//Proceedings of the 20th international conference on very large data bases.San Francisco：Morgan Kaufmann Publishers Inc，1994：487-499.

［3］HAN J，PEI J，YIN Y. Mining frequent patterns without candidate generation［C］//Proc of ACM SIGMOD international conference on management of data. New York：ACM Press，2000：1-12.

［4］ZAKI M J. Scalable algorithms for association mining［J］. IEEE transactions on knowledge and data engineering，2000，12（3）：372-390.

（白如江 撰稿/朝乐门 审校）

42. 关联数据
（linked data）

关联数据（linked data）是语义网的主题之一，国际互联网协会（W3C）推荐其作为一种规范，在万维网上发布和链接各类数据、信息和知识，以借助互联网发现更多相互关联的信息。关联数据由互联网之父Tim Berners-Lee在2006年的语义网项目设计说明中首次提出。关联数据采用资源描述框架（resource description framework，RDF）数据模型，利用统一资源标识符（URI）命名数据实体，在网络上发布和部署实例数据和类数据，从而可以通过超文本传输协议（HTTP）揭示并获取这些数据，同时强调数据的相互关联、相互联系以及有益于人和计算机所能理解的语境信息。

关联数据的核心思想是让数据之间建立丰富、多样、准确的语义链接，使得数据之间的关联关系可以被计算机自动处理和理解。这种链接数据的方式使得不同数据源中的数据可以被整合和重复利用，提高数据的效率和价值。而关联数据的发布需要相关的原则、模式与实现机制支撑。

蒂姆·伯纳斯·李（Tim Berners-Lee）于2006年在"Linked Data"一文中提出了关联数据四个原则：①使用URI作为对象的名称；②使用HTTP URI，使任何人都可以定位到具体的对象；③通过查询对象的URI，可以提供有意义的信息（采用RDF、SPARQL标准）；④提供相关的URI链接，以便发现更多的对象。Tim Berners-Lee在2009年进一步进行了阐释：①所有概念性的东西都应该有一个以HTTP开头的名称；②查找HTTP名称应该以标准格式返回与对象相关的有用数据；③同一个对象通过其数据与之相关的任何其他对象也应该被赋予一个以HTTP开头的名称。

发布关联数据时采用以上基本原则，使关联数据能够简化数据的互操作性和重用。然而，遵守关联数据的原则并不意味着放弃现有的数据管理系统和业务应用程序，只增加了额外的技术层，将这些系统和应用连接到数据网中。图1展示了最常见的关联数据发布模式，体现的是结构化数据或文本型数据转化为发布到网络的关联数据的过程。

基于发布模式中的数据来源层、数据准备层、数据存储层与数据发布层等四个层级，关联数据的发布实现机制为：首先，数据来源层中数据在宏观上被划分为结构化数据与文本型数据两大类。其次，数据准备层中结构性数据通过RDF映射工具实现格式转换，而文本型数据则需要通过关联数据实体抽取器将其转换成为RDF文件形式。再次，数据存储层主要针对不同数据源提供相应的存储方式。最后，数据发布层针对不同的数据原始类型与存储结构提供多样化的发布方式，其中关系型数据库主要通过D2R封装器或CMS内容管理系统发布关联数据；对于API数据源，则需要针对API特定的数据结构与查询机制分别开发针对性的客户端关联数据封装器；对于RDFStore中存储的静态文件，需构建相应的用户交互界面与数据访问查询接口；由文本型数据直接转化而来的RDF文件直接通过传统的web服务器提供各类数据服务。

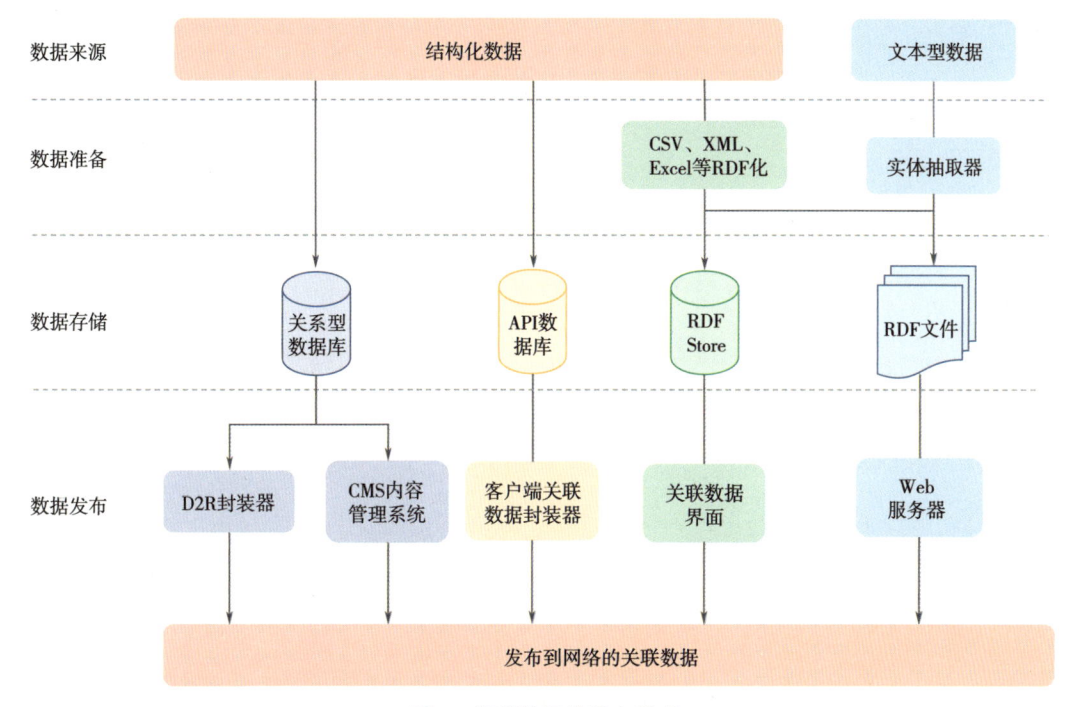

图1　关联数据的发布模式

关联数据的主要作用在于解决web上数据孤岛的问题，使数据更容易被发现、集成和重复使用。关联数据研究在相关行业内是一个重要的方向，其应用领域由最早开始的图书情报、计算机领域延伸至气象科学、生命科学、地理科学等不同学科与企业、政府、商业等多个行业领域，这对于推动数据共享、数据整合和知识发现等都具有重要的意义。当前，关联数据的发展已经进入一个快速发展的阶段，越来越多的组织机构和个人意识到关联数据的重要性，采用关联数据来促进不同层级数据的共享、整合和重复使用，推动web的智能化发展。

参考文献（references）：

［1］BERNERS-LEE T. Linked data［EB/OL］.（2006-07-27）［2020-12-18］. https：//www.w3.org/DesignIssues/LinkedData.html.

［2］BIZER C，HEATH T，BERNERS-LEE T. Linked data-the story so far［J］. International Journal on semantic web and information systems，2009（3）：5.

［3］BIZER C. The emerging web of linked data［J］.

IEEE intelligent systems, 2009, 24(5): 87-92.

[4] BERNERS-LEE T. Linked data [J]. International journal on semantic web and information systems, 2006.

[5] BERNERS-LEE T. The next web of open, linlced data [M]. TED, 2009.

[6] HEATH T, BIZER C. Linked data: evolving the web into a global data space [J]. Molecular ecology, 2011, 11(2): 670-684.

（翟羽佳 孙紫涵 撰稿/王日芬 李杰 审校）

43. 核心期刊
（core journals）

核心期刊是指针对某一学科或专业领域来说，刊载大量专业论文和利用率较高的少数重要期刊，具有客观性、相对性和动态性等主要特点。核心期刊仅对于某一学科而言，如果面向另一学科，该期刊便可能不是核心期刊；核心期刊的确定也会随着学科发展而不断变化，因而核心期刊的测定需要周期性开展。

英国著名文献学家塞缪尔·布拉德福（Samuel Bradford）于1934年正式公开提出描述文献分散规律的经验定律，他提出"如果将科学期刊按其登载某个学科的论文数量的多少，以递减顺序排列，可以把期刊分为专门面向这个学科的核心区和包含着与核心区同等数量论文的几个区，这些分区内的期刊数量$n_1:n_2:n_3$成$1:a:a^2$（$a>1$）的关系。"那么期刊数量最少的区域便对应着核心期刊区域。

测定核心期刊的方法众多，但主要分为两种。一是直接利用科学计量的工具和指标选取各学科的核心期刊，例如使用期刊引证报告（Journal Citation Reports，JCR）中的期刊影响因子等指标直接确定核心期刊。二则是以布拉德福定律为主要思路，根据期刊排列方法的不同衍生出更多方法，比如按一次文献的引用频率递减排列的引文法、按相关载文量多少递减排列的累积百分比法、按文献二次摘录频率递减排列的文摘法等测度方法。当然，核心期刊的测定也催生了众多的核心期刊遴选体系，在文献检索、科研评价等方面具有参考价值，表1中列举了目前国内外常见的核心期刊遴选体系。

表1 国内外常见的核心期刊遴选体系

分类	核心期刊遴选体系
国内体系	中文社会科学引文索引（CSSCI）
	中文核心期刊要目总览（GCJC）
	中国科学引文数据（CSCD）
	中国人文社会科学期刊综合评价报告（AMI）
	中国科技论文统计源（CJCR）
	中国核心学术期刊（RCCSE）

续表

分类	核心期刊遴选体系
国外体系	科学引文索引（SCI-E）
	社会科学引文索引（SSCI）
	艺术与人文科学引文索引（AHCI）
	新兴资源引文索引（ESCI）
	工程索引（EI）

伴随着科研评价改革日益深入，教育部和科技部联合印发《关于规范高等学校SCI论文相关指标使用树立正确评价导向的若干意见》，指出应当准确理解SCI论文及相关指标、完善学术同行评价并规范各类评价活动。单纯依靠文献计量方法开展核心期刊遴选的体系日渐式微，倡导定量测度和定性分析相结合的核心期刊评价方法日益走进学界的视野，并逐步为科研评价改革做出更多贡献。

参考文献（references）:

[1] BRADFORD S C. Sources of information on specific subjects [J]. Engineering, 1934, 137（3550）: 85-86.

[2] HUANG Y, LI R, ZHANG L, et al. A comprehensive analysis of the journal evaluation system in China [J]. Quantitative science studies, 2021, 2（1）: 300-326.

（张琳 何善平 撰稿/黄颖 审校）

44. "黑天鹅"文献与"白天鹅"文献（black and white swans publications）

"黑天鹅"文献与"白天鹅"文献（black and white swans publications）代表一种将高品质论文集合与科学突破论文相关联的特殊引文模式，由南京大学叶鹰教授团队于2017年提出（Carl J. zeng等, 2017）。"黑天鹅"（balck swans）文献指的是某一科学领域中颠覆已有科学观点并产生促进科学进步的突破性发现的文献。相对应地，"白天鹅"（white swans）文献指的是促成该重大科学发现的高品质论文的集合。经研究发现，"黑天鹅"文献的出现会改变"白天鹅"文献原有的引文形态，二者形成一对特殊的引文组合，可为判别具有科学突破性质的成果提供一种鉴别思路。

"黑天鹅"文献与"白天鹅"文献的命名源于科学发现中的"黑天鹅事件"（black swan events）。16世纪在澳大利亚发现了第一只黑天鹅，从此颠覆了人们关于天鹅只有白色的认知，学界将这一现象称作"黑天鹅事件"，以此隐喻不可预测的重大稀有事件。在经济和社会领域中，"黑天鹅事件"多代指出乎预料且带有消极影响的重大事件，含有贬义。科学研究领域赋予其褒义用法，以"黑天鹅"文献代指颠覆已有科学观点并促进科学进步的突破性发现的文献；以"白天鹅"文献代指"黑天鹅"文献发表前的高被引论文集合，且被"黑天鹅"文献所引用。"白天鹅"文献为一组文献集合，被引数量排在前2位的文献为代表性"白天鹅"文献。

从科学计量学的视角出发，"黑天鹅"文献一经发表，被引量将高涨并导致"白天鹅"文献的被引量下降，二者呈现此消彼长的状态。"黑天鹅"-"白天鹅"文献交互作用模型如图1所示。其中，横坐标T为论文发表年份，纵坐标C为引文量，W_1、W_2分别是具有代表性的两篇"白天鹅"文献，B为"黑天鹅"文献。T_s为"黑天鹅"文献发表年份，T_s-5和T_s+5分别代表"黑天鹅"文献发表前的第5年和发表后的第5年，T_w为"白天鹅"文献发表年份中的极小值（$T_w=\min\{T_1, T_2\}$）。"黑天鹅"文献与"白天鹅"文献之间的关联强度可用天鹅指数（sw index）来测度。

$$S_w = \frac{Cb}{C_{w_1} + C_{w_2}}$$

其中，Cb是指黑天鹅文献发表后5年内的总引文量，C_{w1}和C_{w2}分别为"白天鹅"文献W_1和"白天鹅"文献W_2在"黑天鹅"文献发表年份（Ts）之前5年的引文总量。由此构成各类天鹅测度参数，如表1所示。其中，将$S_w=1$对应的情形称为"标准黑天鹅",此时"黑天鹅"文献的被引用总量等于两篇代表性"白天鹅"文献的被引次数之和。$S_w>1$代表"强壮黑天鹅",$0.5<S_w<1$代表"弱小黑天鹅"。如果$S_w<0.5$或$T_s-T_w<5$,则"黑天鹅"文献与"白天鹅"文献区分不典型,被称为"灰天鹅"文献。

"黑天鹅"文献与"白天鹅"文献的隐喻兼顾了论文质量和引用数量,把科学发现与科学计量结合起来,从一个特别的角度平衡了质性判断与量化分析,为识别科学研究历史中具有突破性的科学发现提供了一种分析思路。

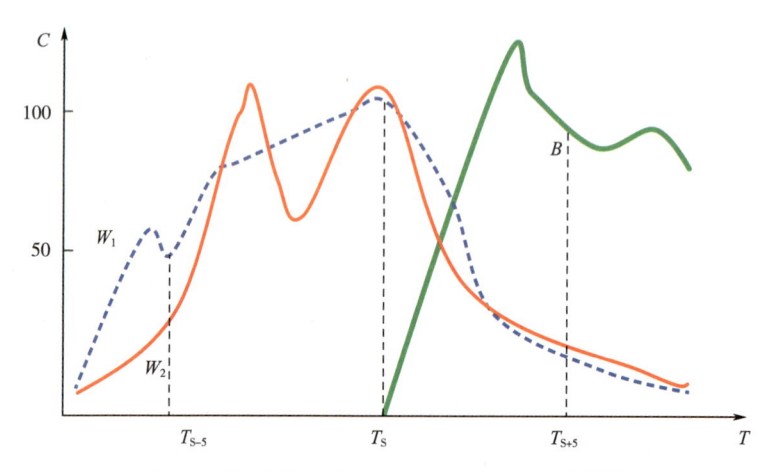

图1 "黑天鹅"-"白天鹅"文献交互作用模型

表1 "黑天鹅"-"白天鹅"文献测度参数

类型	Cb	Cw	T_s-T_w	Sw
黑天鹅	>100		≥5	>0.5
白天鹅		>50		
灰天鹅			<5	<0.5

参考文献(references):

[1] TALEB N N. Black swans: the impact of the highly improbable [M]. New York: Penguin Books, 2007.
[2] NUÑEZ M, LOGARES R. Black swans in ecology and evolution: the importance of improbable but highly influential events [J]. Ideas in ecology & evolution, 2012, 5: 16-21.
[3] ZENG C J, QI E P, LI S S, et al. Statistical characteristics of breakthrough discoveries in science using the metaphor of black and white swans [J]. Physica A, 2017, 487: 40-46.
[4] VAN RAAN A F J. Sleeping beauties in science [J]. Scientometrics, 2004, 59(3): 467-472.
[5] 曾继城,张家榕,叶鹰.天鹅展翅:高品质论文的引文模式探析[J].大学图书馆学报,2019, 37(2): 83-87+112.

(耿哲 佟彤 撰稿/赵星 叶鹰 审校)

术语篇

45. 互信息
(mutual information)

在信息论中,互信息衡量的是两个随机变量之间相互关联的程度,即从一个随机变量中可以获得的关于另一个随机变量的信息量。信息量通常用信息熵(information entropy)进行衡量,随机变量的不确定性越高,其信息熵越大。互信息也可以理解为确定一个随机变量的取值后,另一随机变量不确定性的减少程度。如果两个随机变量相互独立,则其中任一随机变量都无法为另一随机变量提供任何信息,因此两个独立随机变量的互信息为零。反之,若两个随机变量是确定性函数的关系,即给定其中任一随机变量的取值都能确定另一随机变量的取值,则这两个随机变量的互信息为其信息熵。

两个随机变量之间的关系如图1所示,其中,左侧红圈(包括中间紫色交集)代表随机变量X的信息量$H(X)$,右侧蓝圈(包括中间紫色交集)代表随机变量Y的信息量$H(Y)$,$H(X, Y)$表示两随机变量的联合熵(图中所有面积)。两随机变量各自的部分(即纯红色和纯蓝色部分,不包含中间紫色部分)用条件熵$H(X|Y)$和$H(Y|X)$表示,互信息是两随机变量信息量的交集$I(X; Y)$。

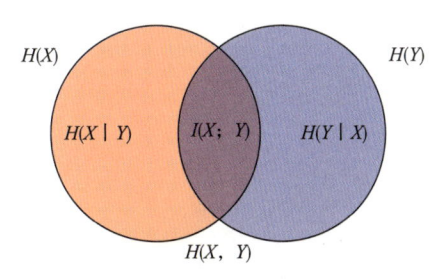

图1 两个随机变量及其信息熵、联合熵、条件熵、互信息的示意图

根据上图关系,两个随机变量的互信息的计算可以等价地表示成:

$$I(X; Y) = H(X) - H(X|Y)$$
$$= H(Y) - H(Y|X)$$
$$= H(X) + H(Y) - H(X, Y)$$
$$= H(X, Y) - H(X|Y) - H(Y|X)$$

其具体计算方法如下所示(以两个离散随机变量为例),即衡量其联合分布$p(x, y)$与边缘分布$p(x)$、$p(y)$的乘积的差异。

$$I(X; Y) = \sum_{y \in Y} \sum_{x \in X} p(x, y) \log\left(\frac{p(x, y)}{p(x) p(y)}\right)$$

参考文献 (references):

[1] COVER T M. Elements of information theory [M]. New York: John Wiley & Sons, 1999.

[2] KRASKOV A, STÖGBAUER H, GRASSBERGER

P. Estimating mutual information [J]. Physical review E, 2004, 69 (6): 066138.

[3] VERGARA J R, ESTÉVEZ P A. A review of feature selection methods based on mutual information [J]. Neural computing and applications, 2014, 24: 175-186.

（毛进 梁镇涛 撰稿/步一 审校）

46. "灰犀牛"技术
（grey-rhino technologies）

"灰犀牛"技术（grey-rhino technologies）由南京大学叶鹰教授团队于2023年提出，以"灰犀牛"代指处于技术发展早期、但预测会在未来产生重大影响的技术，使用专利文献进行识别。"灰犀牛"技术侧重揭示未来预计可以产生重大深远影响的技术在初始阶段的特征，从而在技术发展早期进行识别，抢抓技术发展机遇。"灰犀牛"技术的命名源于社会学和经济学中常用的隐喻"灰犀牛事件"（grey-rhino events）。2016年由美国经济学家Michele Wucker在《灰犀牛：如何应对大概率危机》（*The Gray Rhino*: *How to Recognize and Act on the Obvious Dangers We Ignore*）一书中提出。灰犀牛的特点是身形巨大，一般难以忽视，但如果没有立刻避开，一旦突然向人类狂奔袭来，再想躲避就为时已晚，故以此隐喻大概率会发生、易产生重大影响但早期容易被忽略的事件。在经济和社会领域中，"灰犀牛"常代指发生概率大且影响巨大的潜在危机事件，需要在早期预警并规避风险。技术领域采用其褒义用法，指在未来可能产生重大影响的关键核心技术。

从科学计量学的视角出发，专利文献一般可用于测度技术发展动态。依据世界经济合作与发展组织（OECD）的定义，欧洲专利局、日本专利局、美国专利与商标局均提出申请的同一项发明专利为三方同族专利，三方同族专利在经济和技术方面通常具有较高价值。此外，基于技术生命周期理论，专利技术发展过程可以分为技术萌芽期、技术成长期、技术成熟期和技术饱和期四个阶段。一般而言，技术萌芽期的技术发展速度相对缓慢。进入技术成长期后，边际技术进步是正的，技术迅速发展。而进入技术成熟期后，边际技术进步是负的。进入技术饱和期，技术发展速度缓慢且需要大量的研发投入。因此，技术成长期是技术生命周期中最关键的发展阶段，可以认为是"灰犀牛"技术到来的时间点。

基于三方同族专利和技术生命周期理论，为量化测度"灰犀牛"技术，设计"灰犀牛"指数如下：

$$R_{hi} = \frac{ST_i}{SP_i} \quad \{R_{hi} \mid R_{hi}, \ i=1,2,\cdots\}$$

其中，ST代表某一技术三方同族专利的累积数量，SP代表同一技术的所有专利家族的累积数量，i代表三方同族专利申请年份，将第一个三方同族专利申请年的i值设为1，此后依序类推。序列$\{R_h\}$代表随时间发

展 R_h 值的变化，可以绘制出随时间发展的"灰犀牛"指数变化曲线。

"灰犀牛"技术识别模型的理想曲线如图1所示。其中，左纵坐标代表某一技术三方同族专利占所有专利家族的比例，右纵坐标代表某一技术所有专利家族的累计数量。蓝色曲线为技术发展S形曲线，浅蓝色曲线代表"灰犀牛"指数变化曲线。参数k是技术发展S形曲线的渐近极限，横坐标t代表专利申请年份，t_{10}、t_{50}和t_{90}分别是技术发展水平到达$10\%k$、$50\%k$和$90\%k$所需要的时间，以此来划分技术萌芽期、技术成长期、技术成熟期及技术饱和期四个阶段。此外，图1中Rae代表三方同族专利在专利家族中占比的平均水平。经研究发现，化学和生物技术领域的三方同族专利在专利家族中的占比大约是其他技术领域的2倍，故将技术领域划分为两类，即高水平技术领域和低水平技术领域。其中，高水平技术领域包含化学和生物技术领域，低水平技术领域为其他技术领域。设定高水平技术领域的Rae为0.08，低水平技术领域的Rae为0.04。

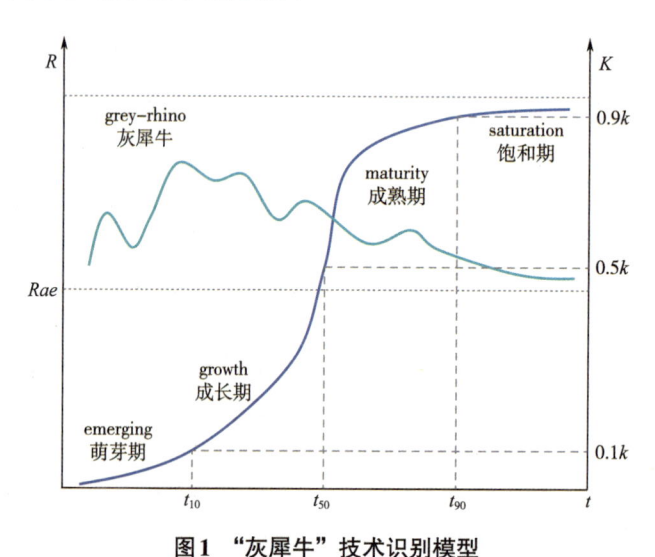

图1 "灰犀牛"技术识别模型

基于以上研究，可以从定性和定量两方面定义"灰犀牛"技术。从定性角度看，"灰犀牛"技术会产生重大深远影响；从定量角度看，在技术萌芽阶段，"灰犀牛"指数$Rh \geq Rae$（高水平技术领域Rae为0.08，低水平技术领域Rae为0.04）。同时考虑到技术发展早期专利数据可能存在的不稳定性，在技术萌芽阶段，"灰犀牛"指数序列$\{R_h\}$中至少存在三个值大于等于Rae，且至多存在三个值小于Rae，即可认定其符合"灰犀牛"技术的定量标准。"灰犀牛"模型提供了一种定性和定量相结合的测度方式，在技术发展早期识别出在未来可能产生重大影响的关键核心技术，从而为基于专利分析测评重要技术提供方法论以识别技术发展机遇。

参考文献（references）：

[1] WUCKER, M. The grey-rhino: how to recognize and act on the obvious dangers we ignore [M]. London: St. Martin's Press, 2016.

[2] LIN J H, CHANG C P, CHEN S. A simple model of financial grey rhino under insurer

capital regulation: an extension [J]. Applied economics letters, 2021, 28 (21): 1872-1876.

[3] HUANG F W. A simple model of financial grey rhino under insurer capital regulation [J]. Applied economics letters, 2020, 52 (46): 5088-5097.

[4] CHEN S, HUANG F W, LIN J H. Effects of cap-and-trade mechanism and financial gray rhino threats on insurer performance [J]. Energies, 2022, 15 (15): 20.

[5] WEI S X, ZHANG H H, WANG H Y, et al. Identifying grey-rhino in eminent technologies via patent analysis [J]. Journal of data and information science, 2023, 8 (1): 47-71.

（耿哲 佟彤 撰稿/赵星 叶鹰 审校）

47. 回归分析
（regression analysis）

回归分析（regression analysis）是一种研究变量之间关系的统计方法，旨在研究自变量与因变量之间的关系。自变量是一个或多个已知的变量，而因变量是需要预测或解释的变量，通过回归分析可以由给出的自变量估计因变量的条件期望。回归分析最早可以追溯到19世纪，英国数学家和统计学家弗朗西斯·高尔顿（Francis Galton）在研究祖先与后代身高之间的关系时发现，身高较高的父母，他们的孩子也较高，但这些孩子的平均身高并没有他们父母的平均身高高；身高较矮的父母，他们的孩子也较矮，但这些孩子的平均身高却比他们父母的平均身高高。高尔顿把这种后代的身高向中间值靠近的趋势称为"回归现象"。后来，经统计学家和数学家的深入探究和发展，回归分析逐渐成了现代统计学中非常重要的一个研究领域。

回归分析的核心原理是建立一个数学模型来描述自变量和因变量之间的关系。按照自变量个数，回归分析可以分为一元回归和多元回归。按照自变量与因变量是不是线性关系，回归分析可以分为线性回归和非线性回归，线性回归模型假设自变量和因变量之间的关系是线性的，并使用最小二乘法来拟合模型；非线性回归模型则假设自变量和因变量之间的关系是非线性的，并使用其他方法来拟合模型。回归分析常用的方法还包括多项式回归、贝叶斯线性回归和逻辑回归等。图1展示了回归分析示例。

回归分析的步骤包括：①对数据进行探索性分析，包括检查数据的质量、处理异常值和缺失值、观察变量间的关系等；②根据自变量与因变量的现有数据以及关系，初步设定回归方程；③求出合理的回归系数；④进行相关性检验，确定相关系数；⑤在符合相关性要求后，即可根据已得的回归方程与具体条件相结合，来确定事物的未来状况，并计算预测值的置信区间。常用的回归分析方法有线性回归（linear regression）、逻辑回归（logistic regression）、多项式回归（polynomial regression）、逐步回归（stepwise regression）、岭回归（ridge regression）、套索回归（lasso regression）、弹性回归（elastic net regression）等。拟合回归线最常用的方法是最小二乘法，它通过最小化误差的平方和寻找数据的最佳拟合函数匹配。在拟合过程中需要注意过拟合和欠拟合问题。

回归分析在信息资源管理学科有着广泛的应用。在科学计量学领域，回归分析可以用于分析学术文章的引用次数与其影响力之间的关系，以及预测学术期刊的影响因子；在图书馆学研究领域，通过回归分析可以预测发现哪些因素对读者满意度有显著影响，从而提高图书馆的服务质量和用户体验；回归分析也可以用于研究信息资源使用与用户行为之间的关系，分析信息资源的使用趋势和预测未来的使用需求，以支持信息资源的合理采购和管理等。

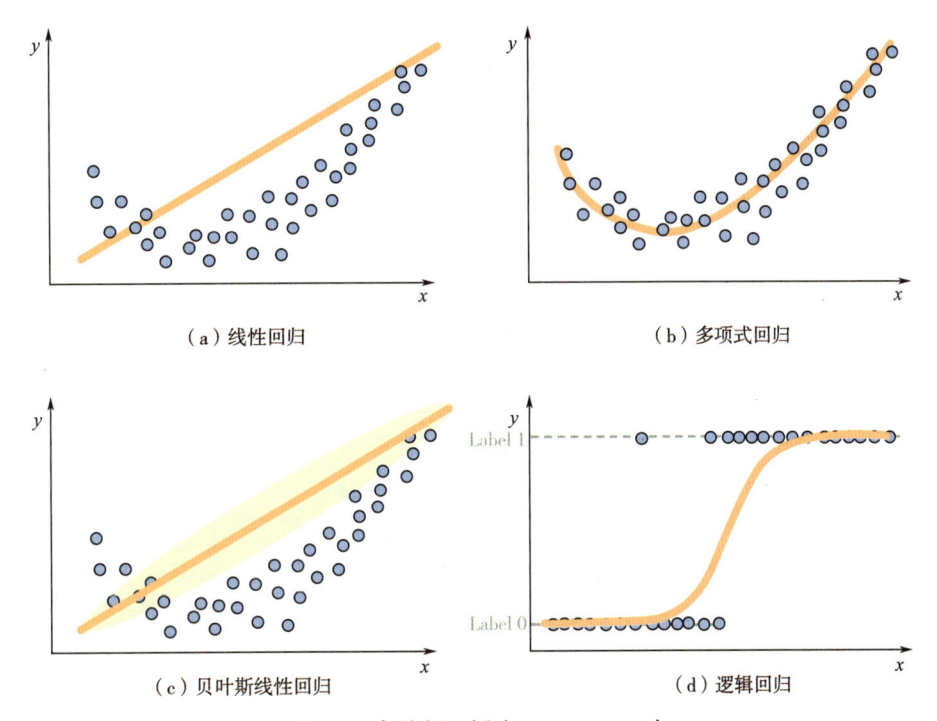

（a）线性回归　　（b）多项式回归

（c）贝叶斯线性回归　　（d）逻辑回归

图1　回归分析示例（Aqeel Anwar）

参考文献（references）:

[1] FRANCIS G. Regression towards mediocrity in hereditary stature [J]. The journal of the anthropological institute of Great Britain and Ireland.1886（15）: 246-263.

[2] DRAPER N R, SMITH H. Applied regression analysis [M].New York: Wiley, 1998.

[3] YADOLAH D. The concise encyclopedia of statistics [M]. New York: Springer, 2008: 450-452.

（白如江 撰稿/朝乐门 审校）

48. 活跃度指数（activity index）

活跃度指数（activity index，AI）是用来评估某个国家在某个特定领域相对贡献度的指标。1977年，美国华盛顿大学费姆·戴维森（Frame Davidson）在信息计量学领域引入活跃度指数，并将其描述为某国在某领域的科研产出占其总量的份额与相应世界标准的比值。根据指标的描述，在给定的时期 P 内，国家 C 对于给定领域 F（以及相对于世界 W）的活跃度指数被定义为：

$$AI(C, F, W, P) = \frac{\text{某国在给定领域}F\text{的世界出版产量中的份额}}{\text{某国在所有领域的世界出版产量中的份额}}$$

其实，早在1965年，贝拉·巴拉萨（Bela Balassa）在国际经济学领域计算某国在某类产品的相对优势或劣势时使用的显示性比较优势指数（revealed comparative advantage index，RCA），形式上和活跃度指数（AI）相同，其计算过程也与活跃度指数（AI）一致。基于RCA指数的计算思路，活跃度指数（AI）的计算公式被定义为：

$$AI(C, F, W, P) = \frac{s(C, F)/t(C)}{v(F)/w}$$
$$= \frac{s(C, F) \cdot w}{t(C) \cdot v(F)}$$
$$= \frac{s(C, F)/v(F)}{t(C)/w}$$

其中，$s(C, F)$ 表示C国在 F 领域的出版产量，$t(C)$ 表示C国在各个领域的出版产出总量，$v(F)$ 表示世界上 F 领域发表的出版物总数，w 表示世界上各个领域的出版物总数。例如，英国在医学领域的活跃度指数（AI）计算过程为：首先计算英国医学领域在英国所有领域中的出版产量占比，其次计算世界医学领域在世界各个领域中的出版物总数占比，最后求出两次计算结果的比值。AI值的下限为0，无上限。一般来说，某个国家在某个领域AI值越大，其对应的相对贡献度就越大，反之同理。

需要注意的是，活跃度指数只是一种用来评价相对贡献度的指标，并不能完全反映某国在某领域产出活动的绝对变化。例如，美国在化学领域的活跃度指数提升，可能是因为中国或其他国家在生物学领域发文量增加，导致世界各个领域总发文量（w）增加，进而使得化学领域发文量在世界各个领域总发文量占比（$v(F)/w$）减少，而非美国本身化学领域产出（$s(C, F)$）提升。因此，在使用活跃度指数（AI）时，应该结合其他评价指标综合考量，以全面评估某国在某领域贡献度的表现。

参考文献（references）:

[1] BALASSA B. Trade liberalisation and "revealed" comparative advantage 1 [J]. The manchester school, 1965, 33 (2): 99-123.

[2] FRAME J D. Mainstream research in Latin America and the Caribbean [J]. Interciencia, 1977, 2 (3): 143-148.

[3] ROUSSEAU R, YANG L. Reflections on the activity index and related indicators [J]. Journal of informetrics, 2012, 6 (3): 413-421.

[4] ROUSSEAU R. The-measure for research priority [J]. Journal of data and information science, 2018, 3 (1): 1-18.

（张琳 陈国梁 撰稿/黄颖 审校）

49. 火花型文献
（sparking foundational publications）

火花型文献（sparking foundational publications）是指低被引但有影响力的文献，这类文献虽然自身没有获得高被引，但引发了一系列重要的后续研究。具有该类现象的文献最早由胡小君、Ronald Rousseau在2016年发现并定义。

在认识火花型文献之前，先来了解一下它的"兄弟"燃烧型文献。燃烧型文献是指一经发表即获得大量引用的文献（见图1）。换句话说，燃烧型文献可以直接在学术共同体中展现耀眼光芒，而这可以通过其获得的引文数量反映出来。但现实中存在另一种情况：一些有重要影响力的先驱性工作论文没有得到充分引用，但引发了系列重要的后续研究，起到了类似"总开关"的作用。在引文网络中，它们往往没有很大可见度，却像火花一样，先点燃重要引火线，继而激发一系列重要的后续研究（见图2）。多个实证研究发现，诺贝尔奖成果中有相当比例的获奖论文属于火花型文献。因此，在评估科学工作的原创价值时，不仅要考虑直接引用，也要考虑间接引用。具体来说，火花型文献有以下三个特点：①论文A获得一定数量引用（这是判断有影响力的基本要求）；

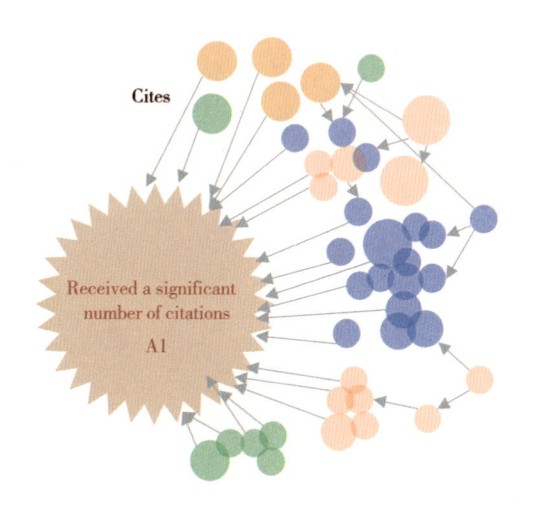

图1　燃烧型文献

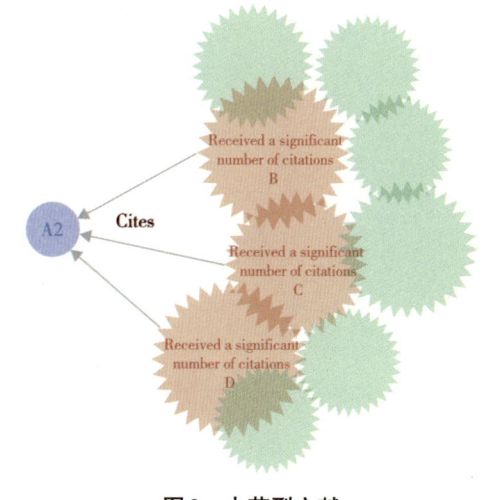

图2　火花型文献

②论文A的系列引用论文（第二代引文）被大量引用（间接影响力的表征）；③在满足上述两个条件的前提下，原始论文A获得的引用少于预期（被低估）。

2017年，胡小君、Ronald Rousseau提出的火花指数（sparking index）可以用来判断火花型文献。如果有某篇论文A的直接被引次数大于200，则它的火花指数可以用以下公式计算：

$$S_1 = TOPCM_3(A) = \frac{2}{3}\mu_1 + \frac{1}{3}\mu_2$$

S_1是论文A在1%水平上的火花指数，涉及三代引用。μ_1代表文献A第一代引文的前1%论文获得引用次数的中位数，反映了第二代引用的情况；μ_2是第二代引用文献前1%论文集合中获得引用次数的中位数，反映了第三代引用的情况。

如果论文A的火花指数S_1比该领域同一年被引数量位于前1%的文献（文献类型为article）的被引频次高，并且比论文A的直接被引频次高，则论文A被认为是火花型文献。

假设论文A直接被引次数大于20并且小于200，则选用论文A在10%水平上的火花指数S_{10}：

$$S_{10} = TOPCM_3(A) = \frac{2}{3}\lambda_1 + \frac{1}{3}\lambda_2$$

这里，λ_1和λ_2代表前10%的论文获得引用次数的中位数。

如果论文A的火花指数S_{10}高于该领域同一年被引次数位于前10%的文献（文献类型为article），且比论文A的直接引用次数高，则称其为10%水平的火花型文献。

火花型文献的发现提醒我们，不应该仅仅通过直接引用数量来判断一项科学工作的重要性，或者依据这样的标准来决定奖励制度、项目资助或职位晋升。对于研究成果的考量和评价不能仅基于短期数据，而应该兼顾长远效应。

参考文献（references）：

[1] HU X J, ROUSSEAU R. Scientific influence is not always visible: the phenomenon of under-cited influential publications [J]. Journal of informetrics, 2016, 10（4）: 1079-1091.

[2] HU X J, ROUSSEAU R. Nobel Prize winners 2016: igniting or sparking foundational publications [J]. Scientometrics, 2017, 110（2）: 1053-1063.

[3] HU X J, LUO J H, ROUSSEAU R. A warning for Chinese academic evaluation systems: short-term bibliometric measures misjudge the value of pioneering contributions [J]. Journal of Zhejiang University-Science B, 2018, 19（1）: 1-5.

[4] HU X J, ROUSSEAU R, CHEN J. On the definition of forward and backward citation generations [J]. Journal of informetrics, 2011, 5（1）: 27-36.

[5] HU X J, ROUSSEAU R. Do citation chimeras exist? The case of under-cited influential articles suffering delayed recognition [J]. Journal of the association for information science and technology, 2019, 70（5）: 499-508.

（胡小君 席芳洁 撰稿/李杰 审校）

50. 机器学习
（machine learning）

机器学习（machine learning）是人工智能领域的一个分支，是计算机从大量样本数据中自动学习规律，并根据学习到的规律预测未知数据的过程。机器学习的概念最早是由美国计算机科学家Arthur Samuel于1959年提出的，用于描述在不进行显著式编程的情况下赋予计算机学习能力的一个研究领域。美国计算机科学家Tom Mitchell给机器学习提供了一种更正式的定义："机器学习是一种让计算机能够通过经验来改善任务性能的领域，对于某类任务T和性能度量P，如果计算机程序在T上以P衡量的性能随着经验E而自我完善，就称之为该计算机程序从经验E中学习"。

机器学习最早可以追溯至20世纪50年代，起初主要采用基于统计学的算法，例如线性回归算法和逻辑回归算法以解决分类和回归问题。随着计算机技术的发展，机器学习在20世纪80年代至90年代得到了进一步的发展和应用，出现了神经网络、决策树、支持向量机算法等，奠定了现代机器学习的基础。21世纪以来，机器学习得到了快速发展，深度学习作为一种新型机器学习技术迅速崛起，并在语音识别、图像识别、自然语言处理等领域取得了重大突破。同时，强化学习、迁移学习等方法成为机器学习领域新的研究方向。随着技术的不断进步，机器学习成为人工智能领域的重要支柱。

机器学习算法按照其学习方式可以分为有监督学习、无监督学习、半监督学习、强化学习四类（如图1所示）。有监督学习是指计算机从有标记的训练数据中学习一个模型，然后根据该模型对未知样本进行预测。有监督学习算法包括回归、决策树和随机森林算法等，通常用于分类和回归问题，例如可以利用有监督学习算法来进行垃圾邮件过滤、图像分类等任务。无监督学习是指向计算机提供未标记的数据，算法通过将类似的数据点聚在一起或降低数据的维度来学习识别数据中的模式或结构。无监督学习算法包括聚类、降维和关联规则挖掘等，通常用于探索性分析、异常检测和数据压缩，例如可以利用聚类算法来对大规模数据进行分类和分组，以及应用降维算法对高维数据进行可视化等。半监督学习综合了有监督学习和无监督学习的理念，通过寻找标记样本中可靠的内部结构信息来标记未标记的样本，再通过扩充后的标记样本训练集训练出一个更好的分类器或回归系统。强化学习是指模型通过与环境的互动，对其行动的奖励或惩罚来进行学习，目标是随着时间的推移使其累积奖励最大化。强化学习通常用于需要在试验和错误中学习的场景，例如自动驾驶、机器人控制、游戏智能等领域。

深度学习作为机器学习领域一种新的

研究方向，本质上是一种通用的特征学习方法，核心思想是提取底层特征，组合形成更高层的抽象标识，以发掘数据中的潜在模式和规律。深度学习的概念来源于人工神经网络，涉及多层人工神经网络的任务，可以学习并根据大型数据集做出预测。深度学习已经成功应用于各种任务，如图像和语音识别、自然语言处理和自动驾驶。

机器学习中的迁移学习可以看作跨越监督学习、无监督学习和半监督学习的一种学习方式。在迁移学习中，模型会利用源领域中学习到的知识来协助目标领域的任务，两个领域中可以是同一种类型的任务，也可以是不同类型的任务。目前迁移学习主要应用在文本分类、文本聚类、情感分类、图像分类、协同过滤推荐等方面。

① 人工智能：通过计算机模拟人类思维过程，从而实现人类智能行为的技术。
② 机器学习：计算机从大量样本数据中自动学习规律，并根据学习到的规律预测未知数据的过程。
③ 深度学习：使用类似于人类大脑的神经网络结构来自动学习输入数据的表示，从而实现任务的自动化。

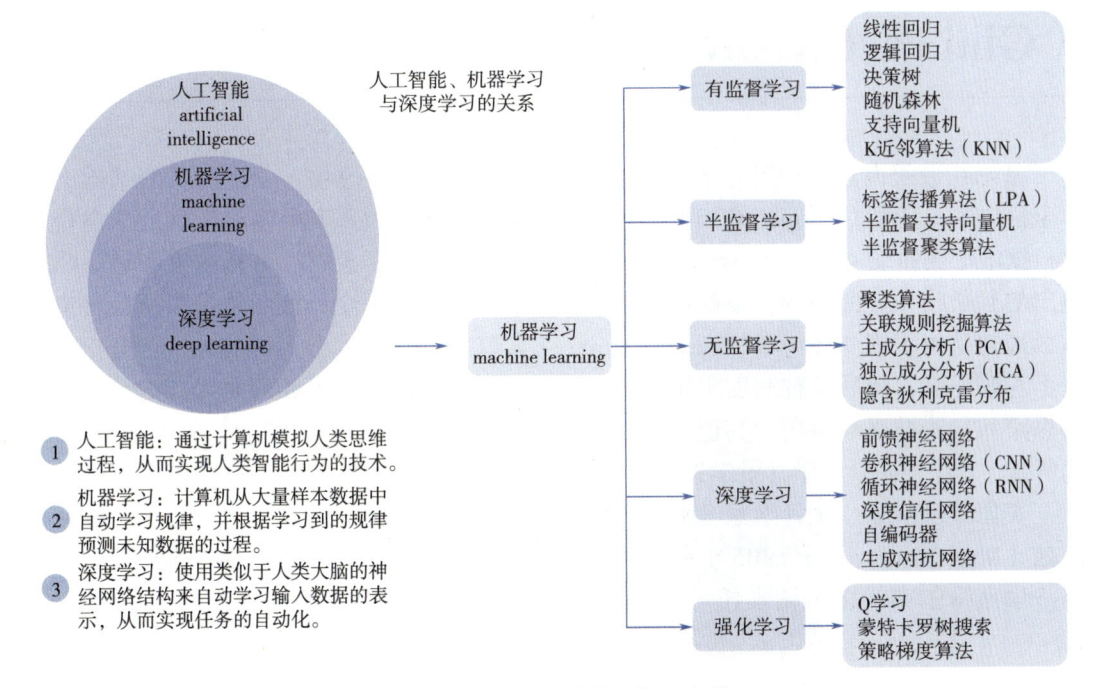

图1 人工智能、机器学习与深度学习

参考文献（references）：

［1］MITCHELL T. Machine Learning［M］. New York：McGraw Hill，1997.

［2］LE Q V，RANZATO M，MONGA R，et al. Building high-level features using large scale unsupervised learning［C］. 2013 IEEE International Conference on Acoustics，Speech and Signal Processing，Vancouver，BC，Canada，2013，8595-8598.

［3］BISHOP C M. Pattern Recognition and Machine Learning［M］. New York：Springer，2006.

［4］JORDAN M I，MITCHELL T M. Machine learning：Trends，perspectives，and prospects［J］. Science，2015，349（6245）：255-260.

［5］ZHANG Z，CHEN Y，SALIGRAMA V. Efficient Training of Very Deep Neural Networks for Supervised Hashing［C］. 2016 IEEE Conference on Computer Vision and Pattern Recognition，2015：1487-1495.

［6］HINTON G，VINYALS O，DEAN J. Distilling the Knowledge in a Neural Network［J］. Computer Science，2015，14（7）：38-39.

（耿哲 高明珠 撰稿/赵星 李杰 审校）

51. 基尼系数
（Gini coefficient）

基尼系数是由意大利统计学家、社会学家科拉多·基尼（Corrado Gini）于1912年根据洛伦兹曲线（Lorenz curve）进一步提出的判断收入分配平等程度的指标。该系数最初是为了观测经济学领域的收入分配不均等程度，随后这种测度不均等现象的思路和方法被逐渐借用于其他学科领域的研究，其中便包括科学计量学领域。

美国经济学家、统计学家马克斯·洛伦兹（Max Lorenz）于1905年在意大利经济学家维尔弗雷多·帕累托（Vilfredo Pareto）提出的收入分配公式的基础上绘制成的描述收入和财富分配性质的洛伦兹曲线，可用于观察、分析国家和地区收入分配的均等程度。该曲线是以从最贫穷的人口一直到最富有人口的人口百分比对应收入百分比的点组成的曲线，揭示了社会中底层$X\%$的人口所拥有的$Y\%$的社会收入，如图1的曲线所示。图中直线代表的是收入绝对平均分配曲线，这种情况一般在实际中不存在。实际分配曲线即洛伦兹曲线一般位于绝对平均分配曲线的下方。

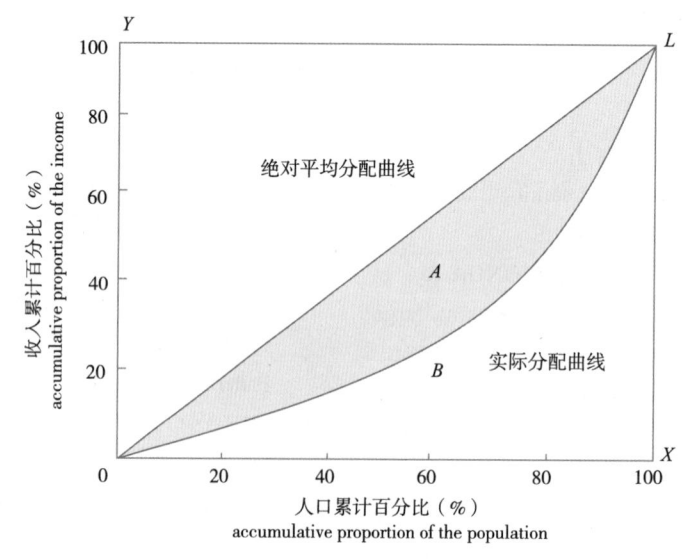

图1 洛伦兹曲线与基尼系数

基尼系数则被认为是洛伦兹曲线中绝对平均分配曲线与实际分配曲线之间的面积（图中标记为A）与绝对平均分配曲线下方的总面积（图中标记A和B）之比，即$G=A/(A+B)$。因而洛伦兹曲线越弯曲，A的面积越大，基尼系数越大，该地区的收入分配越不均等。一般认为基尼系数低于0.2表示收入分配过于平均；0.2~0.3表示比较平均；0.3~0.4表示比较合理；0.4~0.5表示收入差距过大；0.5以上表示收入差距悬殊。

基尼系数所测度的资源分配不均等现象不只存在于经济领域，这种测度资源分配不均等的思路也被广泛应用于科学计量学领域，比如研究引文的不均等现象（研究人员倾向于引用权威学者的研究成果）、科研基金资源的分配问题等。

参考文献（references）：

[1] GINI C. Variabilità e mutabilità: contributo allo studio delle distribuzioni e delle relazioni statistiche [M]. Bologna: Tipogr. di P. Cuppini, 1912.

[2] LORENZ M O. Methods of measuring the concentration of wealth [J]. Publications of the American statistical association, 1905, 9 (70): 209-219.

（张琳 何善平 撰稿/黄颖 审校）

52. 计量语言学
（quantitative linguistics）

语言学（linguistics）是研究语言的本质、结构与演化规律的学科。计量语言学（quantitative linguistics）是语言学的一个分支，它以真实语言交际活动中出现的各种语言现象为材料，以语言的结构、属性及它们之间的关系为研究对象，通过概率论、随机过程、微分与差分方程、函数论等定量数学方法，进行精确的测量、观察、模拟、建模和解释，寻找语言现象背后的数理规律，揭示各种语言现象形成的内在原因，探索语言系统的自适应机制和语言演化的动因。

对语言现象进行定量研究的思想可以追溯到 2 500 多年前。早期的语言计量研究主要源于人们在经典整理、语文教育和速记等方面的需要。随着统计学的创立和发展，到 19 世纪中后期，概率统计等数学思想和方法进入了语言学的视野，世界各地涌现出了大量的语言计量研究与成果。1935 年，美国语言学家乔治·金斯利·齐普夫（George Kingsley Zipf）的专著《语言之心理生物学——动态语文学导论》（The Psycho-Biology of Language: An Introduction to Dynamic Philology）出版，书中发现的词频分布规律（即后来以他的名字命名的齐普夫定律）标志着一个新的语言学分支学科诞生。这本书的副标题"动态语文学"，即今天的计量语言学。1949 年，齐普夫又出版了《人类行为与省力原则——人类生态学引论》（Human Behavior and the Principle of Least Effort）一书，提出"省力原则"（the principle of least effort）来解释齐普夫定律。齐普夫关于语言的定量研究为计量语言学奠定了科学基础，他因此被称为"计量语言学之父"。与此同时，英国语言学家、统计学家古斯塔夫·赫尔丹（Gustav Herdan）、德国等离子物理学家威廉·福克斯（Wihelm Fucks）等学者所做的工作也为现代计量语言学的发展做出了重要贡献。第一次使用"计量语言学"这个术语的人就是赫尔丹，1964 年他以该术语为书名出版了一本专著。20 世纪 70 年代起，以德国语言学家加布里埃尔·阿尔特曼（Gabriel Altmann）为核心的阿尔特曼学派逐渐形成。他们开展了大量的语言计量研究工作，提出了"语言是一个动态自调节系统"的观点。德国语言学家莱茵哈德·科勒（Reinhard Köhler）将系统科学与协同学引入语言学研究，建立了词汇协同模型与句法协同模型等语言理论雏形。阿尔特曼学派开创了现代计量语言学这个语言学的新分支。今天，计量语言学在世界上许多国家和地区都得到了快速发展。它与计算语言学（自然语言处理）、语料库语言学、心理语言学、病理语言学、语言教学等领域有着密切的联系，已经成为一个具有广泛影响的学科。

计量语言学将语言视为一个类似于生物有机体的进化系统，而不仅仅是一组具有特定结构的句子。现代计量语言学的一个观点是：语言是一个由人驱动的复杂适应系统。语言系统以实现交际功能为目的，由多种结构及其关系组成；语言系统与其他复杂系统一样具有涌现性，系统整体大于部分之和；语言系统具有自组织性与自适应性，能够产生新的结构、状态、功能来应对系统外界环境（包括交际需求）的变化；同时，语言系统受到人的生理、心理和认知能力的约束，以及人类所处自然与社会环境的影响。计量语言学同语言学其他分支学科一样，都以构建具有解释力的语言理论为终极目标。虽然人们经常使用"理论"这个术语来指称语言学中的一些概念、定义、理念、方法、描述手段或形式体系，但是计量语言学坚持科学哲学关于理论的定义，致力于构建由经过验证的、具有普适性的定律（和假设）构成的语言理论。计量语言学具有真实、精确、动态的学科特点，强调使用定量数学方法研究语言的定量特征，通过定量特征描述和理解语言系统及其组成部分的功能和发展。在研究范式与流程上，计量语言学与一般的实证科学相同，即观察现象、形成假设、收集数据、验证假设、得出结论、解释结果。

计量语言学已经发现了一些具有普适性的语言定律。这些定律可以分为三种类型。第一类是分布定律，用于描述语言单位在语言系统和语言使用中的定量特征。例如，齐普夫定律（Zipf's law）描述了文本中词的出现频次符合幂律分布的特性。齐普夫-阿列克谢耶夫模型（Zipf-Alekseev model）不仅可以描述语言中词长的分布规律，还有望成为一个描述不同层级语言单位长度分布的统一模型。第二类是函数定律，用于描述语言结构及其属性间的相互关系。例如，门策拉-阿尔特曼定律（Menzerath-Altmann law）描述了语言成分的长度是结构长度的函数，即一种语言结构越长，构成它的成分就越短。第三类是演化定律，是用于描述语言性质变化的动力学模型。例如，皮奥特洛夫斯基-阿尔特曼定律（Piotrowski-Altmann law）描述了因语言接触而产生的借词数量增加、形态变化等语言演化现象中，新、旧形式交替出现随时间而变化的函数关系。计量语言学有两种构建语言理论的途径，体现了归纳与演绎相结合的学科特点。一种是协同语言学（synergetic linguistics），采用协同学理论与方法将已经得到验证的定律和有待验证的假设组合为一个复杂的模型。另一种是"统一理论"（unified theory），从一般的微分（或差分）方程与基本假设出发，推导出能够描述与解释语言现象的模型。目前已经发现的绝大多数语言学定律都可以从统一理论中推导出来。统一理论推导出的结果能够很好地从语言学角度进行解释，并且与协同语言学的结果一致。计量语言学致力于发现语言定律和构建语言理论的同时，其研究范围还包括：使用定量方法解决有关语言、符号和文本的特定问题，如莫尔斯电码、速记、加密与解密等；帮助解决相邻学科的语言定量特征问题，如心理语言学、病理语言学、语言教育中的文本易读性、可理解性等；描写与比较不同文本的语言特征，回答有关语体、文体、文学等方面的风格计量学（stylometrics）问题。

国际计量语言学协会（International Association of Quantitative Linguistics，IQLA）是计量语言学领域的国际性学术组织，成立于1994年，协会网站地址为www.iqla.org。同年创刊的《计量语言学学报》（*Journal of Quantitative Linguistics*）是IQLA的会刊，自2007年起被SSCI、A&HCI收录。计量语言学专业刊物还有《语言计量学》（*Glottometrics*）与《语言理论》（*Glottotheory*）两本期刊，以及"计量语言学"（*Quantitative Linguistics*）丛书和"计量语言学研究"（*Studies in Quantitative Linguistics*）丛书。第一套丛书自1978年起已出版73本，目前由德国德古意特出版社（De Gruyter Mouton）出版。第二套丛书自2008年起已出版30本，由德国RAM出版社出版。国内自2018年起，由浙江大学出版社出版"计量语言学研究进展"丛书。IQLA的学术年会（International Quantitative Linguistics Conference，QUALICO）创始于1991年，目前每两年举办一届，截至2022年已举办11届。

参考文献（references）：

[1] 科勒. 协同语言学：词汇的结构及其动态性[M]. 王永，译. 北京：商务印书馆，2020.

[2] 刘海涛. 计量语言学导论[M]. 北京：商务印书馆，2017.

[3] 伊藤雅光. 计量言语学入门[M]. 东京：大修馆书店，2002.

[4] ALTMANN G. The art of quantitative linguistics [J]. Journal of quantitative linguistics, 1997, 4 (1-3): 13-22.

[5] BEST K-H, ROTTMANN O A. Quantitative linguistics, an invitation [M]. Lüdenscheid: RAM-Verlag, 2017.

[6] HERDAN G. Quantitative linguistics [M]. London: Butterworth, 1964.

[7] TĚŠITELOVÁ M. Quantitative linguistics [M]. Amsterdam/Philadelphia: Benjamins Publishing Company, 1992.

[8] KÖHLER R, ALTMANN G, PIOTROVSKI R G. Quantitative linguistik: ein internationales Handbuch [M]. Berlin/New York: De Gruyter Mouton, 2005.

（黄伟 撰稿/刘海涛 李杰 审校）

53. 计算社会学
（computational sociology）

计算社会学（computational sociology）是一门综合计算机科学和社会学的学科领域，旨在运用计算机技术和大数据分析方法来研究社会现象、社会结构和人类行为。它借助计算工具和算法，对大规模的社会数据进行收集、整理、分析和模拟，以揭示社会系统的模式、趋势和动态。该概念由以Lazer为代表的一批学者于2009年在 *Science* 杂志上联名提出，此后引起了学术界的强烈共鸣。

计算社会学的发展源于对社会科学研究方法的不断探索和创新。传统的社会学研究主要依赖问卷调查、访谈和实地观察等方法，受限于样本数量和调查对象。与传统定量社会科学以小数据和强模型驱动的研究方法不同，计算社会学以大数据为驱动，通过数据挖掘、信息抽取、模式识别以及动力学建模等多种方法和路径解析社会现象或社会问题背后的内在逻辑，更加注重数据与算法的深度融合，从数据视角发现社会现象和理解社会过程，并对潜在的社会风险和重大社会问题进行预测和预警。计算社会学的研究方法主要包括网络分析、文本分析、机器学习和模拟仿真等。网络分析方法主要用于揭示社交网络的拓扑结构以及网络的动态演化过程。文本分析方法用于处理和分析大量的文本数据，如社交媒体上的帖子、评论和新闻报道等，以挖掘其中的社会观点、情感倾向和话题演化。机器学习方法在计算社会学中被广泛应用于数据分类、预测和模式识别等任务中，以发现潜在的规律和趋势。模拟仿真方法则通过构建计算模型和模拟实验，模拟社会系统的行为和演化，以验证理论假设和预测社会现象。

此外，计算社会学也面临着一些挑战和问题。现有的研究在微观个体认知层面和群体网络结构解析方面的工作较多，很少有研究关注中观群体协同行为或系统级行为，比如金融系统的系统性风险、大规模群体行为、新发传染病传播和社会组织运动等动态过程等。这些均是传统社会科学一直以来关注的重要难题。这些研究工作需要综合运用多种研究方法和理论知识，例如多模态数据处理、计量统计方法、社会学和心理学理论、经济和金融理论、实验和田野调查方法、档案分析以及实践经验等。受现有的专业性和学术训练的限制，大部分研究人员只掌握其中一种或少数几种专业理论和技术，较少学者能够胜任这方面的研究工作。为此，需要由社会科学、计算机科学、统计物理学、经济管理以及其他领域的研究人员组成智力群体，在社会计算和计算社会学这一领域联合起来共同迎接这些研究挑战。

参考文献（references）

[1] LAZER D M J, et al. Computational social science: obstacles and opportunities [J]. Science, 2020, 369（6507）: 1060-1062.

[2] HOFMAN J M, et al. Integrating explanation and prediction in computational social science [J]. Nature, 2021, 595（7866）: 181-188.

[3] WAGNER C, et al. Measuring algorithmically infused societies [J]. Nature, 2021, 595（7866）: 197-204.

[4] BUYALSKAYA A, GALLO M, CAMERER C F. The golden age of social science [J]. Proceedings of the national academy of sciences, 2021, 118（5）: e2002923118.

（郑晓龙 白松冉 撰稿/李杰 审校）

54. 技术会聚
（technology convergence）

当前，技术交叉与会聚的趋势日益明显，单一技术与产业难以应对复杂的社会经济问题，需要对新兴技术和颠覆性技术进行交叉培育，产生具有会聚特征的关键技术以应对复杂性挑战。因此，技术会聚被视为推动未来技术创新和发展的重要力量。在技术创新管理方面，技术会聚可以提升科研基金资助效率，并帮助企业降低不确定性；在科技政策制定方面，早期识别技术会聚趋势可以帮助政策制定者随时调整政策工具；在技术竞争情报方面，技术会聚趋势预测是判断企业、国家技术竞争力的重要依据。

世界主要国家高度重视技术会聚相关研究，将其作为提升国家科技创新能力和产业核心竞争力的重要途径。2001年，美国商务部技术管理局、国家科学基金会和国家科技委员会共同发起了"提升人类技能的会聚技术"专题研讨会，并首次提出了"纳米技术、生物医药、信息技术和认知科学会聚技术"（Nano-Bio-Info-Cogno，NBIC）的概念。欧盟于2003年底成立探讨会聚技术的专家组，并执行"欧洲知识社会的会聚技术"规划。2019年，美国国家科学基金会启动了会聚技术加速器计划，将学术界的理论和研发基金政策目标结合起来，旨在推进技术会聚以解决国家层面所要应对的社会问题。这些举措足以显示研究的重要价值与意义。

技术会聚的研究可以追溯到20世纪60年代，由Rosenberg等学者提出，最初被视为基于现有技术和工艺的重新组合来推动新产品的研发和产业扩展的方法。从20世纪80年代开始，人们开始意识到技术会聚在推动产业发展和技术创新方面具有重要作用，并从不同角度对其进行研究。从产业演化的角度看，技术会聚是知识会聚向技术创新潜力的转化，在此过程中也会伴随产业知识的溢出，以实现新的技术整合。从技术重组的角度看，技术会聚是对现有不同领域技术的组合或重组，并通过整合现有的技术，使先前彼此分离的技术之间的边界逐渐模糊并彼此交叉，从而推动技术创新。从应用共享的角度看，技术会聚是将不同应用领域的技术转化为新的共享技术单元的过程。

在技术会聚研究中，常见的相似概念还包括技术融合（technology fusion）。Curran和Leker等学者对技术会聚与技术融合的概念进行了相关辨析。根据Curran等人的描述，技术会聚与技术融合在技术元素移动方向上存在一个重要的区别，即技术会聚强调的是两个技术元素向"一个新的共同位置"移动的过程，而技术融合则强调的是两个技术元素向"至少一个技术元素旧有位置"移动的过程。然而，在多数研究者的研究中，技术会聚与技术融合并未表现出明显区别，甚至在某些情况下意义互通。需要说明的是，现有相关技术融合研究通常不限制技术元素的移动方向，严格意义上来说更加贴近技术会聚的概念，技术会聚相关研究通常也隐含技术融合的含义。

技术会聚是一个跨学科的问题解决方法，其含义有着多学科的理论支撑。与技术会聚研究最为相关的理论有三种：技术重组理论、技术协同演化理论以及会聚链理论。技术重组理论认为技术会聚是一个涉及不同技术元素相互作用和融合的复杂过程；技术协同演化理论认为市场需求和技术变革是引领技术会聚的关键要素；会聚链理论指出会聚是建立在时间序列假设之上的，从科学或知识开始，跨知识的引用将会推动科学的融合，进而形成新的产品和市场会聚。这三种理论提供了观察技术会聚动态过程的三种不同视角：技术重组理论从微观视角出发，通过观察技术元集合的重组与耦合揭示技术会聚的形成机制；技术协同演化理论从中观视角出发，通过观察技术内部与外部因素之间的共生与驱动关系揭示技术会聚的演化模式；会聚链理论从宏观视角出发，通过在更高的时间维度上观察会聚的形成链路揭示由知识到行业的四阶段会聚过程。这些理论有助于我们更全面地理解技术会聚的驱动力。

目前，技术会聚研究经历了三个阶段：探索阶段、模式识别阶段和预测阶段。在探索阶段（2000—2010年），主要探讨技术会聚的内部形成机制和外部驱动因素，但缺乏有效的量化分析手段。在模式识别阶段（2011—2018年），采用量化手段探究和测量技术会聚模式，但缺乏相对统一的框架和深层探讨，导致先前的技术会聚理论与具体量化识别方法的脱节。在预测阶段（2019年至今），关注利用大数据、人工智能技术，发挥技术会聚预测在动态竞争环境中对企业和国家技术竞争力的作用。其中，链路预测是主要采用的方法，但需要对现有标准的链路预测方法进行改进，以考虑多技术元重组与链接之下的技术会聚情况。

参考文献（references）：

[1] CURRAN C S, LEKER J. Patent indicators for monitoring convergence-examples from NFF and ICT [J]. Technological forecasting & social change, 2011, 78 (2): 256-273.

[2] HACKLIN F. Management of convergence in innovation: strategies and capabilities for value creation beyond blurring industry boundaries [M]. Heidelberg: Springer science & business media, 2007.

[3] National Science Foundation. Convergence accelerator [EB/OL]. [2022-11-09]. https://beta.nsf.gov/funding/initiatives/convergence-accelerator.

[4] ROCO M C, BAINBRIDGE W S. Converging technologies for improving human performance: integrating from the nanoscale [J]. Journal of nanoparticle research, 2002, 4 (4): 281-295.

[5] SAN KIM T, SOHN S Y. Machine-learning-based deep semantic analysis approach for forecasting new technology convergence [J]. Technological forecasting and social change, 2020, 157: 120095.

（杨冠灿 撰稿/李睿 审校）

55. 技术挖掘
（technology mining）

技术挖掘（technology mining）强调运用文本挖掘的理论、方法与工具，分析科技情报数据（如期刊论文、专利、技术报告等），以获取技术创新情报。20世纪90年代后期，源于技术分析与技术管理领域的学者对于应用信息技术获取技术研发机会的巨大需求，技术挖掘理论与方法得以构建。具有代表意义的技术机会包括：特定技术的核心技术组件及其相关关系，核心技术持有国家、地区、机构以及持有者，技术持有者的技术优劣势及相似互补关系，技术演化特征，等等。技术挖掘通常分为三个阶段与九个步骤，如表1所示。

表1 技术挖掘的三个阶段与九个步骤

技术挖掘的三个阶段	技术挖掘的九个步骤
阶段一：（情报收集）计划并获取数据	步骤一：定义问题 步骤二：选择数据源 步骤三：定义与提炼检索策略，完成数据萃取
阶段二：（设计与分析）通过数据获取知识	步骤四：数据清洗 步骤五：基础分析（如：统计分析） 步骤六：深度分析（如：机器学习与文本挖掘）
阶段三：（选择）推荐备选方案并针对目标用户选择最佳技术机会及方案	步骤七：数据表征与可视化 步骤八：解读 步骤九：应用

技术挖掘以科学技术创新领域的具体问题为导向，构建了由13个科技创新问题、29个科技创新任务以及约200个科技创新指标组成的多对多关系的技术挖掘体系，如：科技创新问题（如何预测新兴技术？）；科技创新任务（新兴技术的前沿领域包括哪些？新兴技术的潜在发展路径是什么？）；科技创新指标（新兴技术技术组件图谱、新兴技术技术发展建模以及新兴技术技术组件演化时序等）；等等。

针对技术挖掘的具体任务与侧重，技术挖掘广泛整合了技术管理领域的核心概念与方法，例如：技术监测（剖析与解读技术发展活动）；技术竞争情报（定义核心竞争者、核心技术以及两者关系）；技术预测（预测未来技术发展路径）；技术路线图（追踪技术演化路径及其内外部影响因素）；技术评估（预测技术变革所产生的影响）；技术预见（侧重技术角色与优先级的战略规划）；技术流程管理（面向技术的决策过程以及科学技术指标）；刻画技术能力；等等。

技术挖掘的产出由四部分组成：①产品（基于技术挖掘报告信息、知识与分析结果）；②流程（与技术分析师产生交互的技术挖掘结果分析与解读）；③预测（基于推断模式的未来技术发展路径预测）；④方案（针对未来技术与商业发展模式的战略规范、倡导及规划）。技术挖掘概览见图1。

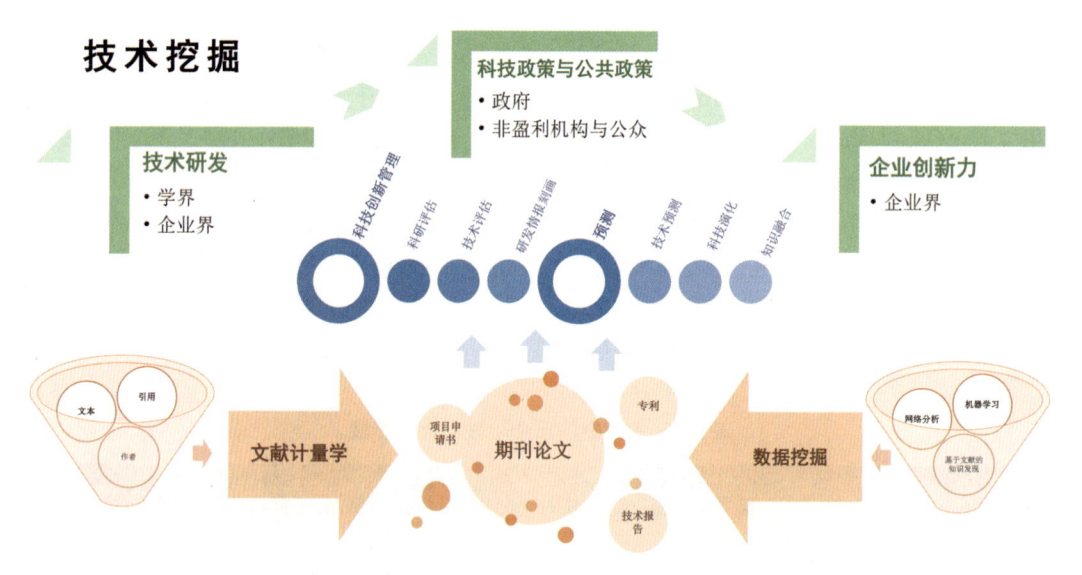

图1 技术挖掘概览（Zhang Y，Porter A，2021）

参考文献（references）：

[1] PORTER A L, CUNNINGHAM S W. Tech mining: Exploiting new technologies for competitive advantage [M]. John Wiley & Sons, 2004.

[2] PORTER A L, DETAMPEL M J. Technology opportunities analysis [J]. Technological Forecasting and Social Change, 1995, 49（3）: 237-255.

[3] ZHANG Y, PORTER A L. Panel Talk - Professionalism: Is TechMining a "job" or a "profession"? [R]. Global Tech Mining Conference, 2021.

（张巍 吴梦佳 撰稿/李杰 审校）

术语篇

56. 加菲尔德文献集中定律
（Garfield's law of concentration）

加菲尔德文献集中定律（Garfield's law of concentration，也称加菲尔德引文集中定律），描述了引文在科技期刊中呈现集中与离散分布特征，指出相对较少的核心期刊（10%~20%）获得了大部分的（80%~90%）引用，并且这些核心期刊经常被很多学科引用。

1971年8月4日，加菲尔德在第17期 Current Contents 上发表了题目为《调换期刊列表的奥秘——从布拉德福文献分散定律到加菲尔德文献集中定律》的评论性文章，文章假设了一个有趣的场景：不同专业的图书馆员各自拿着自己的500~1 000种"本专业"的期刊清单准备采购，遭遇突发情况，期刊清单不知不觉被调换了，一阵混乱后图书馆员们用别人的书单完成了采购工作，但他们都相信这就是自己要采购的。为什么呢？这是因为高度的学科交叉。这些清单本来就是一样的，有区别的只是期刊的顺序而已。文章从引文的角度拓展了布拉德福文献分散定律，大胆提出加菲尔德文献集中定律。此定律也被理解为：所有学科领域的期刊引用符合帕累托法则（Pareto principle），即20%左右的核心期刊获得了80%左右的引用。加菲尔德文献集中定律是把所有学科领域作为一个整体考虑的，而布拉德福文献分散定律通常是针对特定学科的。具体到特定学科，依据加菲尔德文献集中定律，会出现一种现象：本学科的"尾部期刊"构成了其他学科的核心期刊。当时ISI（Institute for Scientific Information）的研究表明大约500~1 000种涵盖各学科知名学术期刊的列表构成了所有学科的核心期刊，而且其对总论文量和参考文献量的占比都很高。1996年加菲尔德的文章再一次印证了文献集中效应：其对1994年的SCI光盘版收录的3 400种期刊论文数据进行统计，发现其中500种期刊贡献了数据库中约50%的论文和超过70%的参考文献，而2 000种期刊贡献了约85%的论文和95%的参考文献。

加菲尔德文献集中定律，即所有学科的核心文献和引文都可能集中在相对较少的期刊上，反映的都是文献发表和使用的集中性特点，多年以来，也一直是Web of Science核心合集期刊遴选流程中所遵循的重要原则。

参考文献（references）：

[1] Garfield E. The mystery of the transposed journal lists-wherein Bradford's law of scattering is generalized according to Garfield's law

of concentration, Current Contents [J]. 1971, 17. Reprinted in: Essays of an information scientist 1962-73 [M]. p222-223. Philadelphia: ISI press, 1977.

[2] GARFIELD E. The significant scientific literature appears in a small core of journals [J]. The scientists, 1996, 10 (17): 13.

（宁笔 撰稿/岳卫平 李杰 审校）

57.《旧金山宣言》
（The San Francisco Declaration）

《关于科研评价的旧金山宣言》（The San Francisco Declaration on Research Assessment，DORA，简称《旧金山宣言》），呼吁社会各界正确看待引文数据及其分析在科研评价相关领域的作用。

随着网络时代的发展和科研环境的变化，科研成果类型日益丰富多样，包括用以报道新知识的论文、数据、试剂、软件、知识产权以及经过严格训练的青年科学家。无论是资助机构、科研机构还是科学家自身，都迫切需要对科研成果的质量和影响进行评价。因此，准确恰当地评价科研成果极为重要。继同行评议等方法之后，引文分析、期刊影响因子等科研评价工具越来越广泛地被应用于科研成果评价之中，但是评价过程中暴露了一些问题：第一，期刊的引文分布高度不平衡；第二，期刊影响因子有很强的学科领域属性；第三，期刊影响因子可以被出版政策操纵或"设计"；第四，用以计算期刊影响因子的数据既不透明也不可公开获取。

针对引文指标在科研评价中的弊端，2012年12月16日，在美国旧金山举办的美国细胞生物学学会年会上，一些学术期刊和出版商共同提出了一系列建议，形成了《旧金山宣言》。宣言共有18条，第1条为总体建议，第2~3条为对资助机构的建议，第4~5条为对科研机构的建议，第6~10条为对出版机构的建议，第11~14条为对计量指标提供方的建议，第15~18条为对研究人员的建议。宣言的基本原则有三点：第一，在资助、聘用和晋升科研人员时，要摒弃基于期刊的计量指标，例如期刊影响因子；第二，要评价研究工作本身的价值，而非出版物所在期刊的价值；第三，要充分利用在线出版的机会，突破传统科学交流的局限，例如放宽对于论文字数、数据和参考文献等不必要的限制，并探索评价重要性与影响力的新指标。

《旧金山宣言》发布之后受到全球各地的热烈响应，迄今已有159个国家的22 762个研究组织和研究人员签署了这份宣言。众多资助机构、科研机构、出版机构和科研人员已经开始应用新的方式进行评价，包括利用反映科研成果影响的定性指标、开发测度科研成果对政策和社会实践影响的新指标等，这些措施正逐步促进科研评价方法向着更加科学合理的方向发展。

参考文献（references）：
[1]旧金山科研评价宣言［EB/OL］.［2023-03-03］. https://sfdora.org.

[2] 鲁索,全薇.期刊影响因子,旧金山宣言和莱顿宣言:评论和意见[J].图书情报知识,2016(1):4-14.

[3] 叶继元.近年来国内外学术评价的难点、对策与走向[J].甘肃社会科学,2019(3):61-67.

[4] PULVERER B. Dora the brave[J]. Embo journal, 2015, 34(12): 1601-1602.

[5] WALTMAN L, TRAAG V, et al. Is the nature index at odds with DORA?[J]. Nature, 2017, 545(7655): 412-412.

附:《旧金山宣言》全文译文

一、总体建议

1. 停止使用基于期刊的计量指标(如期刊影响因子)作为替代指标评价单个研究文献的质量,或用以评估科学家个体的贡献,或作为聘用、晋升、资助等方面的决策依据。

二、对资助机构的建议

2. 明示用于评估资助申请者科学生产力的标准,并明确强调(尤其是对于早期生涯的研究人员),一篇文献的科学内容要比出版物计量指标或所发表期刊的地位重要得多。

3. 针对科研评估,应考虑包括研究论文在内的所有研究产出(包括数据集和软件)的价值与影响,并考虑更广泛的影响测度方法,包括对研究影响的定性指标,如对政策和实践的影响。

三、对研究机构的建议

4. 明示在聘用、终身聘用、晋升决策中所使用的标准,明确强调(尤其是对于早期生涯的研究人员)一篇文献的科学内容要比出版物计量指标或所发表期刊的地位重要得多。

5. 针对科研评估,应考虑包括研究论文在内的所有研究产出(包括数据集和软件)的价值和影响,并考虑更广泛的影响测度方法,包括对研究影响的定性指标,如对政策和实践的影响。

四、对出版机构的建议

6. 大幅减少将期刊影响因子作为重点促销工具的行为。理想情况应当是停止推广影响因子,或者只在众多基于期刊的计量指标集合(如5年期影响因子、特征因子、Scimago期刊排名、H指数、编辑与出版时间等)中加入这一指标,这样可以更多维的视角来评价期刊的表现。

7. 提供基于论文的计量指标,促使评价更侧重科学内容本身,而非其发表期刊的出版物计量指标。

8. 鼓励作者责任化的署名做法,并提供每一位作者特定贡献的信息。

9. 无论该期刊属于开放获取还是订阅制,都应取消对于研究论文参考文献列表进行再利用的限制,按照"创作公共公用领域使用协议"(creative commons public domain dedication)授权公开利用。

10. 取消或减少对研究论文参考文献数量的限制,并在任何可行的情况下,要求引用原始文献而非二手评述文献,以便把贡献归功于首次报道科研成果的团队。

五、对计量指标提供方的建议

11. 开放透明地提供用于计算所有计量指标的数据与方法。

12. 如果可能,许可对于计量数据的无限制再利用,并提供计算机可读形式的计量数据。

13. 要明确对于计量指标的不适当操纵是不能被容忍的;还要明确什么样的行为将构成不适当操纵,为打击不适当操纵将采取什么样的措施。

14. 在进行对于计量指标的使用、汇总统计和比较时,对于不同文献类型(如评述与研究论文)及学科领域要予以说明。

六、对研究人员的建议

15. 在参与资助、聘用、终身聘用或晋升有关的决策委员会时，要基于科学内容而不是期刊计量指标进行评价。

16. 在任何可行的情况下，要引用首次报道科研成果的原始文献而不是评述文献，以便把贡献归功于应该享有它的人。

17. 在个人陈述和支持陈述中要使用多种关于论文的计量指标，以证明个人发表论文或其他研究产出所产生的影响。

18. 要反对不适当地依赖期刊影响因子作为科研评估指标的做法，推广和传播那些关注具体科研产出的价值与影响的最佳实践。

（余厚强 黄楠 撰稿/李杰 审校）

58. 巨型期刊
（mega journal）

巨型期刊（译为mega journal、megajournal或megajournal），是指远超于传统期刊出版量、文章接受率高的经过同行评议并实行完全开放获取出版的学术期刊。此类期刊由于通过对被接受文章进行低选择性的筛选，其规模远大于传统期刊而得名，并且仅通过网络出版，无印刷版本。巨型期刊通常具有以下特征：①广泛涵盖不同学科领域或某个较大的学科领域；②根据文章的科学性而不是重要性来选择文章发表；③使用文章处理费来支付期刊出版成本。此外，快速审查和出版过程、快速周转时间、学术编辑或庞大的学术编辑编委会代替专业编辑，可以根据这些特征对巨型期刊进行辨别。

巨型期刊由 *PLOS ONE* 首创，早期巨型期刊只有 *PLOS ONE* 和 *Scientific Reports* 两种。此种出版模式的"高收益性"使得其很快被其他出版商效仿，使得一些"掠夺性"开放获取出版商也开始使用巨型期刊出版模式。虽然mega journal与掠夺性期刊具有一些相似的特点，如出版量大、快速出版和向作者收取文章处理费（article processing charge，APC）等，但掠夺型期刊的重点是以收取不合理高昂的APC和保证发表（pay to publish）等方式来欺瞒作者投稿，故巨型期刊与掠夺性期刊是不能被简单同等看待的。此外，虽然巨型期刊发表的文章数量远超于传统期刊，但其仍然能够保持文章质量，期刊影响因子也保持在稳定水平。然而，mega journal出版模式也带来了一些不良影响，如巨额利润扰乱出版商文章处理费市场、出版模式可能无法激励审稿人、广泛覆盖的学科领域令其可能失去特定领域研究人员的重视等。目前，巨型期刊的原型 *PLOS ONE* 已做出改变，开始将相关文章打包成特定主题的文集进行出版。

常见的巨型期刊有：*PLOS ONE*、*ACS Omega*、*Scientific Reports*、*SAGE Open*、*Royal Society Open Science*、*RSC Advances*、*BMJ Open*、*PeerJ*、*Medicine*（Lippincott Williams & Wilkins journal）、*Biology Open*、*IEEE Access*、*FEBS Open Bio*、*AIP Advances*、*Genes*、*Genomes*、*Genetics*、*Open Library of Humanities*、*De Gruyter Open imprint*、*Heliyon*（Elsevier）、*IET The Journal of Engineering*、*Sustainability*、*International Journal of Environmental Research and Public Health* 等。

参考文献（references）：

[1] BURIAK J M. Mega-Journals and Peer Review: Can Quality and Standards Survive? [J]. Chemistry of Materials, 2015, 27 (7): 2243-2243.

[2] WAKELING S, WILLETT P, CREASER C, et al. Open-Access Mega-Journals: A Bibliometric Profile [J]. PLoS ONE, 2016, 11 (11): e0165359.

[3] SOLOMON D J. A survey of authors publishing in four mega-journals [J]. PeerJ, 2014, 2: e365.

[4] WELLEN R. Open Access, Megajournals, and MOOCs: On the Political Economy of Academic Unbundling [J]. SAGE Open, 2013, 3 (4): 215824401350727.

（贺颖 刘小玲 撰稿/李杰 王曰芬 审校）

59. 距离测度
（distance measures）

在许多监督学习和无监督学习的机器学习算法中，距离测度起到了重要作用。欧氏距离和余弦相似度经常用于KNN、UMAP、HDBSCAN等算法。KNN算法通常使用欧式距离度量数据相关性。当数据维度较高时，需要检验欧式距离有效性。当数据中包含地理空间信息时，半正弦（Haversine）距离更适合度量数据相关性。为此，Maarten总结了九种距离测度方法（Maarten，2021），具体如下：

（1）欧氏距离（Euclidean distance）。欧氏距离是指一个n维度的空间里的两点距离。该距离值一定为正，形式简单，由毕达哥拉斯定理从点的笛卡尔坐标计算得出。n维的欧式距离计算公式如下所示，其中，x,y分别表示要计算距离的两个n维度向量，x_i和y_i表示第i个分量。

欧式距离是一种常见的距离度量，但不是尺度不变，这意味着计算的距离可能会根据特征的单位而倾斜（见图1）。因此在使用此距离度量之前需要对数据进行归一化。此外，当数据维数增加到一定程度时，会产生不适用于二维或三维空间的维度灾难，这是影响欧氏距离泛化性的重要原因。

图1　欧氏距离

$$D(x,y)=\sqrt{\sum_{i=1}^{n}(x_i-y_i)^2}$$

（2）余弦相似度（cosine similarity）。余弦相似度常用于解决不适合欧式距离处理的高维问题。余弦相似度是两个向量之间夹角的余弦值（见图2）。方向完全相同的两个向量的余弦相似度为1，而两个完全相反的向量的相似度为-1。由于向量是对余弦相似度方向的度量，所以向量通常被归一化为大小为1的向量。

$$D(x,y)=\cos(\theta)=\frac{x\cdot y}{\|x\|\|y\|}$$

图2　余弦相似度

余弦相似度的一个主要缺点是没有考虑向量的大小，只考虑方向。这意味着数据价值量的差异没有得到充分考虑。例如，在推荐系统中余弦相似度不会考虑不同用户之间评分量表的差异。当高维数据并且向量的大小不重要时，我们经常使用余弦相似度。

（3）汉明距离（Hamming distance）。汉明距离是两个向量之间不同值的数量。它通常用于比较两个长度相等的二进制字符串。它还可以通过计算字符串之间不同的字符数来比较它们的相似程度（见图3）。

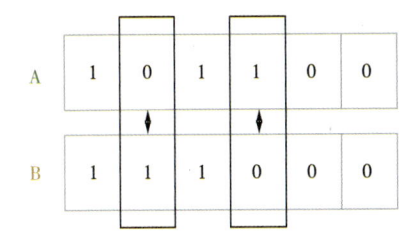

图3　汉明距离

当两个向量的长度不相等时，很难使用汉明距离。汉明距离通常用于两个相同长度向量的相互比较，以了解哪些位置不匹配。此外，汉明距离只会考虑向量中每个值是否相等，不考虑每个值的具体大小。因此，当向量中的权重起到重要作用时，不适用汉明距离。典型的应用包括数据通过计算机网络传输时的纠错。它可用于确定二进制字中失真的位数，作为估计错误的一种方式。此外，还可以使用汉明距离来衡量分类变量之间的距离。

（4）曼哈顿距离（Manhattan distance）。曼哈顿距离通常被称为出租车距离或城市距离，计算实值向量之间的距离，例如网络地图或棋盘型地图上的两个向量。由于在这种类型地图上只能移动直角，所以计算距离时不涉及对角线的长度运算（见图4）。曼哈顿距离相比欧式距离更简单，只要把两个点坐标对应分量坐标值相减再求和就可得到：

$$D(x,y) = \sum_{i=1}^{k} |x_i - y_i|$$

图4　曼哈顿距离

由于曼哈顿距离是一种比欧式距离更不直观的度量，在计算高维数据的距离时，曼哈顿距离可能会产生比欧氏距离更高的距离值，因为曼哈顿距离本质上不是两点之间的最短距离。曼哈顿距离常用于数据集具有离散和二进制属性时的情况，因为它考虑了在这些属性值内实际可以采用的路径。但欧氏距离只能在两个向量之间创建一条直线，现实中这种计算方法很多时候不可行。

（5）切比雪夫距离（Chebyshev distance）。在数学中，切比雪夫距离是向量空间中的一种度量，两个点之间的距离定义为各坐标数值差绝对值的最大值。从数学观点看，切比雪夫距离是由一致范数（或称为上确界范数）所衍生的度量，是超凸度量的一种。切比雪夫距离定义为两个向量沿任何坐标维度的最大差异，是沿一个轴的最大距离（见图5）。切比雪夫距离也被称为棋盘距离，因为国王从一个方格走到另一个方格所需的最少步数等于切比雪夫距离。若两个向量和的坐标分量分别为和，则两者之间的切比雪夫距离定义如下：

$$D(x,y) = \max(|x_i - y_i|)$$

图5　切比雪夫距离

切比雪夫距离度量的泛化性远低于欧氏距离和余弦距离。如前所述,切比雪夫距离可用于提取从一个方格到另一个方格所需要的最少移动次数。此外,在允许不受限制的8向移动的游戏中,它可能是一个有用的衡量标准。实际上,切比雪夫距离经常用于仓库物流,因为它的计算方法非常类似于计算桥式起重机移动物体所需时间的方法。

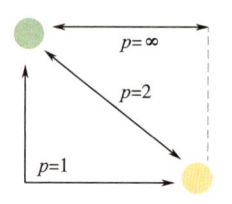

(6)闵可夫斯基距离(Minkowski distance)。闵可夫斯基距离比大多数距离更复杂一些,它是在规范向量空间(N维实空间)中使用的度量,这意味着它可以在距离表示为具有长度的向量空间中使用,具体有以下三个要求:

①零向量。零向量的长度为零,而其他所有向量的长度均为正。从一个地方到另一个地方的距离总是正的。从一个地方到它本身的距离为零。

②标量因子。当向量乘以正数时,其长度会发生变化,同时保持其方向不变。在一个方向上走了一定距离并添加相同的距离,则方向不会改变。

③三角不等式。两点之间直线最短。闵可夫斯基距离的公式如下所示:

参数P可以使闵可夫斯基距离转化为其他距离:当$P=1$时,表示曼哈顿距离;当$P=2$时,表示欧氏距离;当$P=\infty$时,表示切比雪夫距离(见图6)。

$$D(x,y) = \left(\sum_{i=1}^{n}|x_i - y_i|^p\right)^{\frac{1}{p}}$$

闵可夫斯基距离与它能转化的距离具有相同的缺点,因此充分理解曼哈顿距离、欧式距离和切比雪夫距离对决定选用闵可夫斯基距离的时机非常重要。此外,使用该参数实际上可能很麻烦,因为根据不同的应用场景,很难找到准确的值来描述。在大多数情况下,参数P可以通过迭代来寻找最优的距离度量,这使得其在计算不同

数据点之间的距离时具有很大的灵活性。

图6 闵可夫斯基距离

(7)杰卡德指数(Jaccard index)。杰卡德指数是一种用于计算样本集相似性和多样性的指标,用交集的大小除以样本集并集的大小(见图7)。实际上,它是集合之间相似实体的总数除以实体总数。例如,如果两个集合有1个共同实体,总共有5个不同实体,则杰卡德指数将为1/5=0.2。要计算杰卡德距离,需从1中减去杰卡德指数,公式如下:

$$D(x,y) = 1 - \frac{|x \cap y|}{|y \cup x|}$$

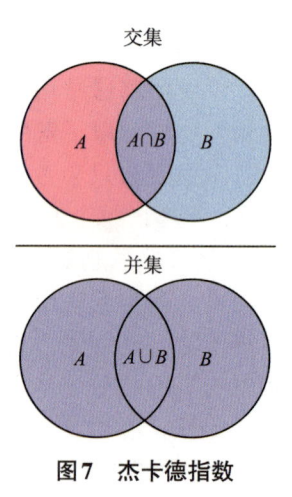

图7 杰卡德指数

杰卡德指数的一个主要缺点是它受数据量的大小影响很大。大型数据集会对结果产生重大影响,因为它可以显著增加并集,同时保持交集相似。杰卡德指数通常用于使用二进制或二值化数据的应用程序中。例如当用深度学习模型来预测图像的片段时,可以使用杰卡德指数来计算给定真实标签的预测片段

的准确性。同样，它可以用于文本相似性分析，以衡量文档之间有多少单词选择重叠。

（8）半正弦（Haversine）。半正弦距离是给定经度和纬度的球体上两点之间的距离。它与欧式距离非常相似，因为它计算的是两点之间的最短线。这种距离测量的一个缺点是假设点位于球体上（见图8）。实际上，球体形状比较少见。地球不是完美的球形，因此用于椭圆体的Vincenty距离能更好计算地球上两点之间的距离。半正弦距离经常用于导航。例如，可以用它来计算两个国家之间飞行时的距离。但当两个国家之间的距离不大时，半正弦就不太适合，因为此时曲率不会造成很大影响。半正弦距离计量公式如下：

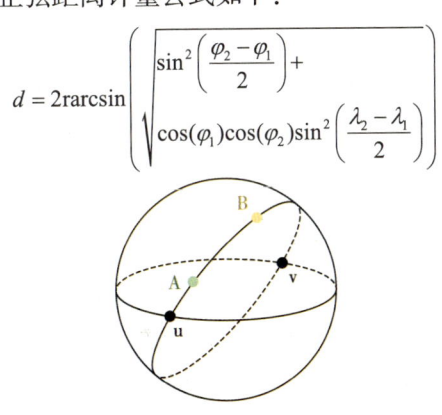

$$d = 2r\arcsin\left(\sqrt{\sin^2\left(\frac{\varphi_2 - \varphi_1}{2}\right) + \cos(\varphi_1)\cos(\varphi_2)\sin^2\left(\frac{\lambda_2 - \lambda_1}{2}\right)}\right)$$

图8 半正弦

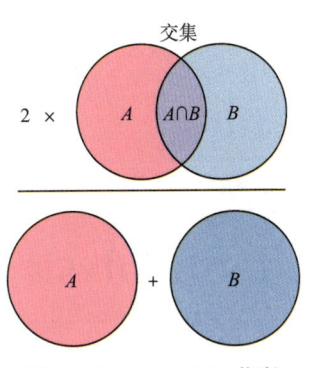

（9）Sørensen-Dice指数（Sørensen-Dice index）。Sørensen-Dice指数与杰卡德指数非常相似，它衡量的是样本集的相似性和多样性。虽然它们的计算方式类似，但Sørensen-Dice指数更直观一些，因为它可以看作两个集合之间重叠的百分比（见图9），是一个介于0和1之间的值。计算公式如下：

$$D(x, y) = \frac{2|x \cap y|}{|x| + |y|}$$

与杰卡德指数一样，Sørensen-Dice指数夸大了几乎没有或没有基本真实正集的集合的重要性。因此，这种距离计算方法会使每个项目的加权与相关集合的大小成反比，而不是平均计算。Sørensen-Dice指数的应用范围与杰卡德指数相似，通常用于图像分割任务或文本相似性分析。

图9 Sørensen–Dice指数

参考文献（references）：

[1] GRAGER A A, SUPPAKITPAISARN V. Semimetric properties of sørensen-dice and tversky indexes [C]//WALCOM：Algorithms and Computation：10th International Workshop，WALCOM 2016，Kathmandu，Nepal，March 29–31，2016，Proceedings 10. Springer International Publishing，2016：339-350.

[2] KRUPPA K. Applying Rational Envelope curves for skinning purposes [J]. Frontiers of Information Technology & Electronic Engineering，2021，22（2）：202-209.

[3] LEE S. Improving jaccard index for measuring similarity in collaborative filtering [C]// Information Science and Applications 2017：ICISA 2017 8. Springer Singapore，2017：799-806.

[4] MAARTEN G. Nine Distance Measures in Data Science [EB/OL].[2023-06-20]. https：//www.maartengrootendorst.com/blog/distances/

[5] TAN P N，STEINBACH M，KARPATNE A，et al.Introduction to Data Mining [M]. 2nd ed. Pearson，2018.

（李际超 撰稿/李杰 曾安 审校）

60. 聚类分析
（cluster analysis）

聚类分析（cluster analysis）是一种基于相似性度量的数据挖掘技术，它将数据集中的对象按照相似性进行分组，每个组被称为一个簇。在聚类分析中，不需要预先定义类别，而是通过计算对象之间的相似性度量，将相似的对象归为同一簇，是一种无监督学习（unsupervised learning）方法。

聚类分析是数据挖掘领域中的一个重要技术，可追溯到20世纪30年代，Tryon在论文中提到与因子分析有关的聚类分析方法。20世纪60年代，有关聚类分析的研究开始呈现爆炸式增长。层次聚类法（hierarchical clustering）是较早的聚类方法，出现于1963年，它将对象分为递归的层次，直到每个对象都成为一个簇。1967年，k-means算法出现，此后出现了大量的改进算法，并有大量成功的应用。k-means算法是所有聚类算法中变种最多的。1977年，EM算法诞生，它不光被用于聚类问题，还被用于求解机器学习中带有缺失数据的各种极大似然估计问题。1995年，基于密度的聚类算法如Mean Shift和DBSCAN开始被广泛应用。谱聚类算法是聚类算法家族中年轻的小伙伴，诞生于2000年左右，它将聚类问题转化为图切割问题，这一思想提出之后，出现了大量的改进算法。随着聚类算法的不断演进，为更好地适应数据的复杂性以及不确定性，混合聚类（hybrid clustering）的方法开始涌现，原理是将不同类型的聚类方法组合起来。对比使用单种聚类算法，混合聚类在实际应用中能够获得更高的准确性和鲁棒性。总体来讲，目前聚类算法分为层次聚类算法、划分聚类算法、谱聚类算法等，均是基于相似性度量的算法，常用的相似性度量包括欧式距离（Euclidean distance）、曼哈顿距离（Manhattan distance）、余弦相似度（cosine similarity）等。

聚类算法的具体工作流程包括数据收集、数据预处理、特征提取和选择、相似性度量、聚类算法选择、聚类结果评估、聚类结果表示等。具体来说，需要先对数据进行预处理，例如去重、缺失值处理等，然后使用相似性度量方法计算对象之间的相似性，再使用聚类算法将相似的对象归为同一簇，最后评估聚类结果的可靠性和实用性。

聚类分析的主要作用是发现数据集中的内在结构和模式，常用于数据挖掘、模式识别、图像分析等领域。例如，在图像分析中，可以使用聚类分析将相似的像素归为同一簇,从而实现图像分割和目标识别等;在模式识别中,可以使用聚类分析将相似的样本归为同一类别,从而实现分类和识别等。

聚类分析在科学计量学中也有着广泛的应用。例如,在学术文献聚类分析中,可以使用聚类分析方法将相似的文献归为同一簇,从而发现文献之间的内在结构和模式;在学科知识图谱构建中,可以使用聚类分析方法发现学科之间的相互关系和内在结构。总体来说,聚类分析可以在科学计量学领域中帮助研究人员更好地理解某个领域的研究动态和趋势,发现主题和热点,具有广阔的应用前景。

参考文献(references):

[1] JAIN A K, DUBES R C. Algorithms for clustering data [M].Upper Saddle River: Prentice Hall, Inc., 1988.

[2] TRYON R C. Cluster analysis [M]. Ann Arbor, Mich.: Edwards brothers, inc., lithoprinters and publishers, 1939.

[3] WARD J H. Hierarchical Grouping to Optimize an Objective Function [J]. Journal of the American Statistical Association, 1963, 58 (301): 236-244.

[4] MACQUEEN J B. Some Methods for classification and Analysis of Multivariate Observations [C] // Proceedings of 5th Berkeley Symposium on Mathematical Statistics and Probability. California: University of California Press, 1967: 281-297.

[5] DEMPSTER A P, LAIRD N M, RUBIN D B. Maximum Likelihood from Incomplete Data via the EM Algorithm [J].Journal of the Royal Statistical Society, 1977, 39(1): 1-38.

[6] CHENG Y Z. Mean Shift, Mode Seeking, and Clustering [J]. IEEE Transactions on Pattern Analysis and Machine Intelligence, 1995, 17 (8): 790-799.

[7] SHI J B, MALIK J. Normalized Cuts and Image Segmentation [J]. IEEE Transactions on Pattern Analysis and Machine Intelligence, 2000, 22 (8): 888-905.

[8] JAIN A K, MURTY M N, FLYNN P J. Data clustering: a review [J]. ACM computing surveys, 1999, 31 (3): 264-323.

(白如江 撰稿/朝乐门 审校)

61. 卷积神经网络
（convolutional neural networks）

卷积神经网络（convolutional neural networks，CNN）是一种包含卷积计算的深度前馈神经网络，是深度学习的代表算法之一。卷积神经网络可以根据网络特有的层次结构对输入信息进行平移不变的分类。因此，卷积神经网络也被称为平移不变人工神经网络。卷积神经网络最初专门针对像素数据而设计，用于图像识别，后来在人脸识别、图像分类、图像分割、医学图像分析、脑机接口、自然语言处理和金融时间序列分析等领域得到了广泛应用。

卷积神经网络的发展历史可以追溯到20世纪80年代。1979年日本学者福岛邦彦仿造生物的视觉皮层（visual cortex）设计了名为"neocognitron"的神经网络，该网络部分实现了卷积神经网络中卷积层和池化层的功能，被认为是对卷积神经网络的开创性研究。1987年Alexander Waibel等提出的时间延迟网络被普遍认为是第一个关于卷积神经网络的工作。1989年Yann LeCun构建了应用于计算机视觉问题的卷积神经网络，即LeNet的最初版本。LeNet包含2个卷积层、2个全连接层，共计6万个可学习参数，在结构上与现在的卷积神经网络十分接近。之后LeCun对LeNet权重进行随机初始化后，使用了随机梯度下降算法进行学习，并首次使用了"卷积"一词，"卷积神经网络"也由此得名。随着研究的不断深入，一些新的卷积神经网络架构和技术也被提出，如ResNet、Inception、VGG等，这些模型的出现大大提高了卷积神经网络在各个领域的表现。

一般来说，卷积神经网络的基本组成包括输入层、卷积层、池化层、激活函数、全连接层和输出层（见图1）。

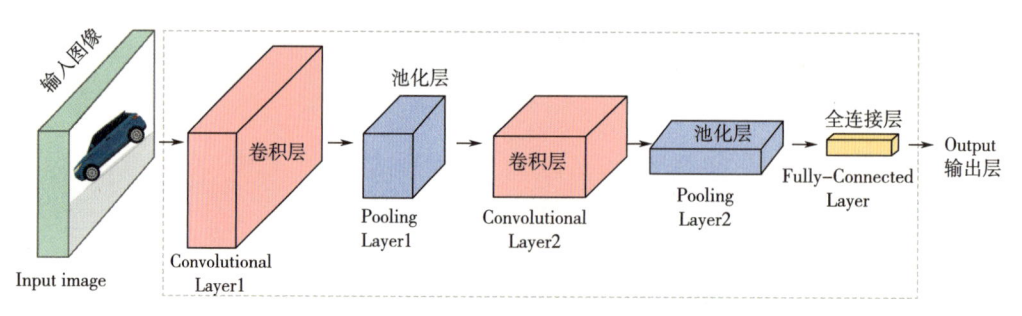

图1　卷积神经网络典型结构图

术语篇

输入层是卷积神经网络的第一层，负责接收原始输入数据，如图像、音频或文本等。输入层将输入数据转化为神经网络可以处理的形式，为后续各层（如卷积层、池化层和全连接层）提供输入特征。在图像处理任务中，输入层通常接收一个形状为（height，width，channels）的三维张量，其中height和width分别表示图像的高度和宽度，而channels表示图像的颜色通道数（例如，彩色图像通常具有3个通道，分别表示红、绿和蓝色；灰度图像则只有1个通道）。输入层不对数据进行任何计算，只将原始数据传递给后续的卷积层进行特征提取。对于其他类型的输入数据，如文本或音频等，输入层需要对数据进行适当的预处理，将其转换为适合神经网络处理的形式。例如，在自然语言处理任务中，输入层需要将文本数据转换为词向量，而在音频处理任务中，输入层需要将原始音频信号转换为时频特征。

卷积层是卷积神经网络的核心组成部分，用于提取输入层特征。每个卷积层包含多个卷积核，每个卷积核用于从输入层中提取一种特定特征。通过卷积核与输入层中的卷积运算可以得到特征图，每个特征图对应一个特征。多个卷积层的组合可以得到高层次的特征表示。

池化层用于对特征图进行降采样，从而减少特征图的大小和数量，降低模型的复杂度。常见的池化操作有最大池化（max pooling）和平均池化（average pooling）。

全连接层是卷积神经网络中的一个重要组成部分，通常位于网络末端，负责将前面各层（如卷积层和池化层）提取的特征信息进行整合和分类。全连接层的每个神经元与前一层的所有神经元全部连接在一起，这种紧密的连接方式有助于捕捉输入特征之间的复杂关系。全连接层的主要作用是将卷积层和池化层提取的局部特征进行组合，学习特征之间的全局关系。在全连接层中，神经元之间的连接权重和偏置参数需要通过在训练过程中学习得到。为了增加网络的非线性表达能力，全连接层的输出通常会经过一个激活函数，常见的激活函数有ReLU、sigmoid或tanh等。

输出层是卷积神经网络的最后一层，负责将前面（如全连接层）得到的信息整合，生成最终的预测结果。输出层通常根据不同的任务类型设计不同的结构。在分类任务中，输出层的节点数量通常与分类的类别数量相同。对于多分类任务，输出层通常使用Softmax函数对全连接层的输出进行归一化，将其转换为概率分布。在回归任务中，输出层通常只包含一个节点，用于输出连续值。这种情况下，激活函数可以是恒等函数，即直接输出全连接层的结果，也可以是其他可用于回归任务的激活函数，如ReLU等。

卷积神经网络的训练过程通常采用反向传播算法，通过最小化损失函数来调整神经网络的权重和偏置。常用的损失函数包括交叉熵损失和均方误差损失等。交叉熵损失可以表示为：$L = -\sum_{i} y_i \log(\hat{y}_i)$，其中$y_i$是真实标签，$\hat{y}_i$是预测标签。

在文献计量学中，卷积神经网络也被广泛应用于文本分类、主题建模、作者识别和引文网络分析等任务中。

参考文献（references）：

[1] 福岛邦彦. 位置ずれに影响されないパターン认识机构の神经回路モデル―ネオコグニトロン―[J]. 电子情报通信学会论文志 A, 1979, 62（10）: 658-665.

[2] FUKUSHIMA K. Neocognitron: A self-organizing neural network model for a

mechanism of pattern recognition unaffected by shift in position [J]. Biological Cybernetics, 1980, 36 (4), 193-202.

[3] WAIBEL A. Phoneme recognition using time-delay neural networks [C]. Meeting of the Institute of Electrical, Information and Communication Engineers (IEICE), Tokyo, Japan, December 1987.

[4] WAIBEL A, HANAZAWA T, HINTON G, et al. Phoneme recognition using time-delay neural networks [J]. IEEE transactions on acoustics, speech, and signal processing, 1989, 37 (3): 328-339.

[5] ZHANG W, TANIDA J, ITOH K, et al. Shift-invariant pattern recognition neural network and its optical architecture [C] //Proceedings of annual conference of the Japan Society of Applied Physics, 1988: 2147-2151.

[6] LECUN Y, BOSER B, DENKER J S, et al. Backpropagation applied to handwritten zip code recognition [J]. Neural computation, 1989, 1 (4): 541-551.

（曾利 撰稿/程齐凯 审校）

62. 开放存取
（open access）

开放存取（open access，OA，也译作开放获取）是一套让科研成果没有成本或其他访问障碍，并可以在线出版、合法共享和重复使用的原则与实践，其目的在于保障学术研究的公平性、质量、可用性和可持续性。2002年《布达佩斯开放存取先导计划》（Budapest Open Access Initiative，BOAI）、2003年6月《关于开放存取出版的百斯达声明》（Bethesda Statement on Open Access Publishing）以及2003年《开放存取柏林宣言》（Open Access to Knowledge in the Sciences and Humanities）均促进了开放存取理念的大规模传播。开放存取的图标见图1。

图1 open access 图标（originally designed by Public Library of Science）

开放存取旨在克服传统订阅制下期刊出版模式的诸多弊端。20世纪90年代末，随着出版商的不断兼并，学术出版愈趋垄断，学术期刊的订阅费随之大幅上涨，严重阻碍了科学交流与科研创新。此外，学术成果著作权的归属存在激烈的争议与争夺。1988年的"自由扩散科学成果运动"（Campaign for the Freedom of Distribution of Scientific Work）中，作者们要求减少学术成果版权条约中的限制条款，反对将作品复制权从作者转移给出版商。与此同时，随着网络技术在20世纪末的快速发展，出版流程大为简化，共享、开放的存储技术逐渐成熟，开放存取推广的物理限制大为减弱，开放存取演化为席卷全球的广泛运动。

开放存取为科研工作者带来了便捷的、低成本的学术信息获取与学术成果出版，有利于减轻科研压力，加快科研进度，提升科研质量。对于作者而言，开放存取有利于扩大学术成果的影响力、提升学术声誉。此外，开放存取出版大幅度地降低了读者和图书情报机构获取文献资料的成本。

当下，开放存取已发展出以下的模式：①"钻石"开放存取（diamond open access）。"钻石"开放存取模式是指读者可以免费访问、作者可以免费发表、出版商不收取作者任何文章处理费用的出版模式。②"绿色"开放存取（green open access）。"绿色"开放存取模式下，作者的文章放入某一特定的数据库，读者可以自由阅读。此时，文章著作权通常归出版商所有，并有特定的条款规定了文章的阅读条件。③"金色"开放存取（gold open access）。"金色"开放存取模式下，期刊的出版商提供学术成果的免费和即时在线阅读，但在出版流程中需向作者收取文章处理费用。文章的著作权应用知识共享许可，指定文章合法使用的条款。④"混合"开放存取（hybrid open access）。"混合"开放存取模式下，读者需支付订阅费用才可以阅读相应的文献。作者也可选择支付额外费用使文章开放存取，读者无须支付订阅费用便可阅读文章全文。⑤"青铜"开放存取（bronze open access）。"青铜"开放存取模式指没有获得许可的文章。这种开放方式对著作权没有做出明确的界定，并不完全合乎法律规定。⑥"黑色"开放存取（black open access）。"黑色"开放存取是指通过非法站点获取文章。

参考文献（references）：

[1] Open access as a means to promote academic publishing [EB/OL].[2023-05-30]. https://www.budapestopenaccessinitiative.org/read/.

[2] EYSENBACH G. Citation advantage of open access articles [J]. PLOS biology, 2006, 4: e157.

[3] SCHROTER S, TITE L. Open access publishing and author-pays business models: a survey of authors' knowledge and perceptions [J]. Journal of the royal society of medicine, 2006, 99（3）: 141-148.

[4] GADD E, TROLL C D. What does 'green' open access mean? Tracking twelve years of changes to journal publisher self-archiving policies [J]. Journal of librarianship and information science, 2019, 51（1）: 106-122.

[5] BJÖRK B C. Gold, green, and black open access [J]. Learned publishing, 2017, 30（2）: 173-175.

（余厚强 梁以安 撰稿/李杰 宁笔 审校）

63. 开放科学
（open science）

开放科学（open science）是近年来不断兴起、发展并被广泛推荐的学术交流和科学研究的形式。开放科学承自打破学术交流高昂付费墙的"开放获取"运动和互联网的开源精神，并在此基础上吸纳可重复性问题带来的新型科学实践，力图将科研全过程变得更加开放、透明和包容。科学全过程包括至少三个方面：①科研共同体应该更加具有包容性；②从研究设计到研究结果的全过程透明与开放（包括研究设计、材料、代码/软件和结果数据）；③研究成果/学术论文的透明与开放（包括开放获取、预印本平台和发表后评审）。

联合国教科文组织大会第四十一届会议正式通过发布的《UNESCO开放科学建议书》（UNESCO Recommendation on Open Science），是目前国际上较为通用的开放科学解释规范："开放科学被定义为一个集各种运动和实践于一体的包容性架构，旨在实现人人皆可公开使用、获取和重复使用多种语言的科学知识，为了科学和社会的利益增进科学合作和信息共享，并向传统科学界以外的社会行为者开放科学知识的创造、评估和传播进程。开放科学涵盖所有科学学科与学术实践的各个方面，包括基础科学和应用科学、自然科学和社会科学以及人文科学，并建基于以下主要支柱之上：开放式科学知识、开放科学基础设施、科学传播、社会行为者的开放式参与以及与其他知识体系的开放式对话。"该定义包含三个层面的内涵：①开放科学是一个包容性架构。这意味着开放科学包容接纳科学交流过程中不断产生的需求变化、技术更迭以及制度区别等造成的不同的开放共享形式。开放科学的范围和实践也有着包容性和多元性。②开放科学的实现经历三阶段，从开放获取和重用科学知识，到增进科学合作和信息共享，最后到扩展至全社会科学素养的提升。③《UNESCO开放科学建议书》从五个方面阐述了开放科学的具体可实践路径，行动参与者可从不同角度参与到开放科学的建设中来。

参考文献（references）：

[1] WOELFLE M, OLLIARO P, TODD M H. Open science is a research accelerator [J]. Nature Chemistry, 2011, 3 (10): 745-748.

[2] HAMPSON G, DESART M, STEINHAUER J, et al. Open Science Roadmap: Recommendations to UNESCO [R]. Open Scholarship Initiative Proceedings, 2020.

[3] UNESCO, Canadian Commission for UNESCO. An introduction to the UNESCO Recommendation on Open Science [R].2021. https://unesdoc.unesco.org/ark:/48223/pf0000379949.

（顾立平 李海博 撰稿/胡传鹏 审校）

64. 开放数据
（open data）

开放数据（open data）是一类可以被任何人免费使用、再利用、再分发的数据，数据所有者至多只能要求署名和相同方式共享。从开放的具体含义上看，开放数据应满足：①可获取性和可访问性。作品应当能够被完整获取，并且所需的花费应当不超过合理的重制费用。②再利用和再分发。数据应当使用允许再利用和再分发的许可协议。③普遍参与性。每一个人都应当能够使用、再利用、再分发数据。④互用性。互用性指的是不同系统和组织间协同工作（协同操作）的能力，这里指的是协同操作或者混合不同数据集的能力，数据需要实现在整体开放系统中与其他开放资料能够互相整合。从数据的用途和来源上看，开放数据可分为多种类型，包括政府数据、科学数据、商业数据等。开放数据并非指个人数据，以上这些类型的数据也不应该包含特定个人的数据。

目前开放数据已被国内外研究科学发展、学术交流、开放科学领域的学者所关注。相关研究涵盖了多个主题，包括开放数据的政策、开放数据的标准、数据质量控制、数据安全、数据重用等。在实践方面，许多国家和地区已出台相关法律和政策，推动和促进开放科学数据的发展。2013年美国推出"开放数据计划"，促进政府数据重用。2019年欧盟发布《开放数据和重用指令》，要求欧盟成员开放公共领域数据。在开放科研数据方面，2018年欧盟发布的《欧盟开放科学云行动计划》要求成员国机构将科研数据、出版物和软件进行开放共享。2019年澳大利亚推出"澳大利亚开放科学计划"，其中明确规定政府资助的科研项目需要在一定时间内开放数据，并计划建立数据共享平台。此外，Open Data Institute和Data.gov等组织机构和数据平台提供开放数据资源和相关服务，用以推动开放数据生态系统的完善。Open Data Institute由万维网之父、Web科学家Tim Berners-Lee以及数据专家Nigel Shadbolt共同创立，旨在推广开放数据应用与发展，促进数据共享，最终实现科学创新、经济增长和社会发展。

参考文献（references）：

[1] DAVIES T, WALKER S B, RUBINSTEIN M, et al. The state of open data: histories and horizons [M]. California: African Minds, 2019.

［2］Open data institute［EB/OL］.［2023-04-26］. https：//theodi.org/.

［3］The data spectrum［EB/OL］.［2023-04-26］. https：//theodi.org/about-the-odi/the-data-spectrum/.

（顾立平 李海博 撰稿）

65. 开放同行评议
（open peer review）

同行评议（peer review）概念通常应用于对科研成果的评价，是指由某特定领域的一组专家对研究成果或即将发行的出版物进行评价的过程。开放同行评议是在开放科学背景下产生的新的同行评议形式，旨在解决目前传统同行评议出现的缺陷，实现同行评议更加科学、透明和规范。开放同行评议的形式通常有三种：①开放评议者身份，在评议过程中作者和评议者知晓对方身份信息；②开放评议内容，科研论文的同行评议记录与相关论文一起公开发布；③开放式参与，让更广泛的群体参与对论文的评议，评议者不仅为邀请的同行评议专家。开放同行评议案例如图1所示。

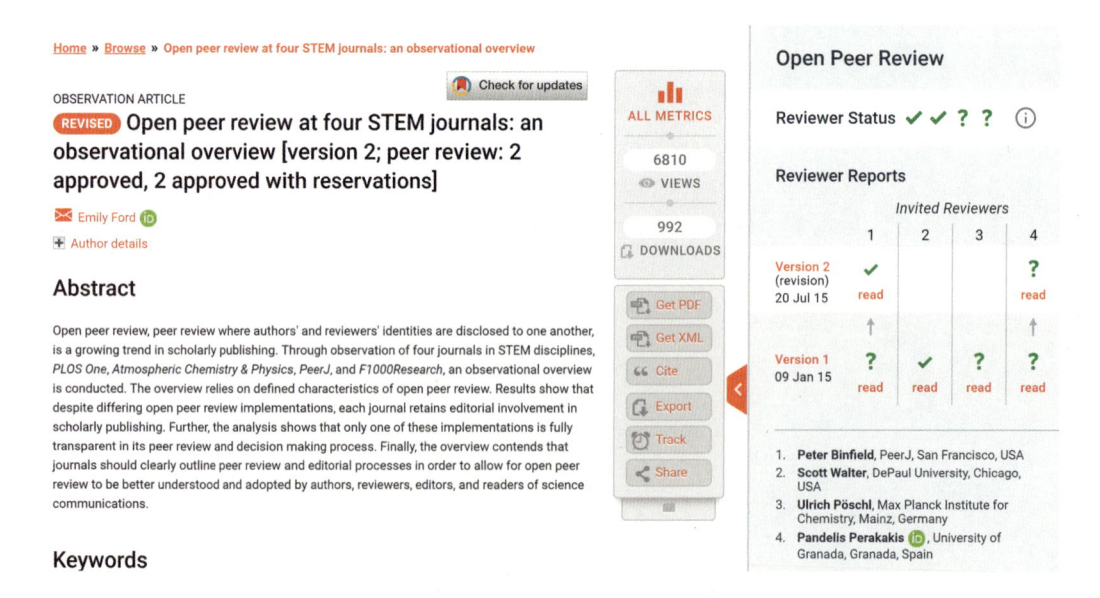

图1　开放同行评议案例截图

目前，开放同行评议正在成为学术出版的新的同行评议模式，其因开放透明的评议理念和评议机制，越来越受到学术界的认可。一些科技期刊已试点采用开放同行评议。例如，国际出版商威立（Wiley）与Publons和ScholarOne合作推出"透明同行评议"项目（Transparent Peer Review），参与试点的期刊论文的同行评议记录和修订过程会被存储于Publons上并予以公开。

参考文献（references）:

[1] Pros and cons of open peer review [J]. Nature neuroscience, 1999, 2（3）: 197-198.

[2] FORD E. Open peer review at four STEM journals: an observational overview [J]. F1000 research, 2015, 4（6）: 1-18.

（顾立平 李海博 撰稿）

66. 开放引文
（open citation）

开放引文（open citation）指的是对引文数据实现开放共享。引文数据包含科学出版物（期刊论文、专著、报告等）、公开发布的数据集等科研成果的引用信息。引文数据可用以分析特定研究领域的研究趋势、知识传播情况、作者影响力情况以及学术交流偏好等。开放引文数据的共享可以促进学术交流、科学研究和创新发展，也有助于提高学术出版物的可见性和影响力，促进科学知识的传播。

从开放方式上看，开放引文数据共享方式包括运用搜索引擎和引文数据库进行共享。Web of Science是目前较大的跨学科引文数据库，但目前该数据库尚未完全开放共享。谷歌学术（Google Scholar）是具有代表性的学术搜索引擎，提供引文数据的索引和检索。一些大型国际出版商也提供开放引文数据服务，例如Elsevier的Scopus数据库等。此外，随着开放科学的持续发展，学术界也产生了针对引文数据免费开放共享的倡议。2016年由维基媒体基金发起的开放引用协议（initiative for open citations，I4OC），联合学术出版商免费开放论文的引用数据。目前，几乎所有主流出版商均支持I4OC。Open Citations还推出了用于书目引用的全球唯一持久标识符（PID）系统——开放引用标识符Open Citation Identifiers（OCIs）。

参考文献（references）：

[1] PERONI S，SHOTTON D. Open citations，an infrastructure organization for open scholarship [J]. Quantitative science studies，2020，1（1）：428-444.

[2] SHOTTON D. Open citations [J]. Nature，2013，502（7471）：295-297.

[3] PERONI S，DUTTON A，GRAY T，et al. Setting our bibliographic references free：towards open citation data [J]. Journal of documentation，2015，71（2）：253-277.

[4] SHOTTON D. Funders should mandate open citations [J]. Nature，2018，553：129.

（顾立平 李海博 撰稿）

67. 科技政策学
（science of science policy）

科技政策学（science of science policy；science of science and innovation policy；science of science, technology and innovation policy）是研究科技政策的性质、产生和发展及相关问题的新兴跨学科研究领域，其研究目标是为科技政策制定者、科技管理者和研究人员的相关活动提供严谨的理论和数据支撑。科技政策学的概念最早于2006年由时任美国科技政策办公室主任、美国总统科技顾问的John H. Marburger提出。科技政策学的概念一经提出，就受到了美国政府的重视，美国国家科学基金会（NSF）也启动了"科技创新政策学"（Science of Science and Innovation Policy，SciSIP）专项研究计划，为美国科技政策学发展提供基金支持。2008年，美国相关政府部门主导发布了科技政策学研究报告《科技政策学：联邦研究路线图》，报告提出了包含三大研究主题和十大关键科学问题的美国科技政策学研究框架（见表1），确立了科技政策学的主要研究内容。

表1　科技政策学的研究主题和科学问题

三大主题	十大科学问题
第一类主题：关于对科学和创新的理解 Theme 1: understanding science and innovation	问题1：科学创新的行为学基础是什么？ Q1: What are the behavioral foundations of innovation? 问题2：如何解释技术开发、采用和扩散的机制？ Q2: What explains technology development, adoption and diffusion? 问题3：科学和创新共同体是如何形成和演进的？为什么？ Q3: How and why do communities of science and innovation form and evolve?
第二类主题：关于科学和创新的投资 Theme 2: investing in science and innovation	问题4：国家对科学的公共投资价值何在？ Q4: What is the value of the nation's public investment in science?

续表

三大主题	十大科学问题
第二类主题：关于科学和创新的投资 Theme 2: investing in science and innovation	问题5: "预测科学发现"是否可能？ Q5: Is it possible to "predict discovery"?
	问题6: 描述科学发现对创新的影响是否可能？ Q6: Is it possible to describe the impact of discovery on innovation?
	科学问题7: 影响投资效益主要有哪些因素？ Q7: What are the determinants of investment effectiveness?
第三类主题：应用科学政策解决国家优先需求 Theme 3: using the science of science policy to address national priorities	问题8: 科学对创新和竞争力会产生哪些影响？ Q8: What impact does science have on innovation and competitiveness?
	问题9: 美国科学人力资源具有多大的竞争力？ Q9: How competitive is the U.S. scientific workforce?
	问题10: 科学政策中不同的政策工具其相对重要性是怎样的？ Q10: What is the relative importance of different policy instruments in science policy?

受美国科技政策学发展的影响，日本也从国家层面尝试推动科技政策学发展，并在文部科学省设置了专项支持计划。我国学者也从多个视角对科技政策学进行了多项本土化研究，拓展了国际科技政策学的一般研究框架。例如，2011年，清华大学刘立构建了一个包含五种研究进路的科技政策学整合性研究框架，用以指导科技政策学研究，主要包括：①概念、方法和理论；②历史演进论；③政策过程论；④政策工具论；⑤创新系统论。2018年，中国科学学与科技政策研究会从学科视角出发，组织相关专家编著了《2016—2017科技政策学学科发展报告》，该报告对2016—2017年全球科技政策学的发展情况进行了整体评估和专题探讨，为国内科技政策学的发展提供了重要支撑。

参考文献（references）：

[1] MARBURGER J H.Wanted: better benchmarks [J].Science, 2005, 308 (5725): 1087-1087.

[2] Interagency Task Group (ITG).The Science of Science Policy: A Federal Research Roadmap [R].2008.

[3] 刘立.科技政策学研究[M].北京：北京大学出版社, 2011.

[4] 李晓轩, 杨国梁, 肖小溪.科技政策学(SoSP)：科技政策研究的新阶段[J].中国科学院院刊, 2012, 27 (05): 538-544.

[5] 樊春良.科技政策学的知识构成和体系[J].科学学研究, 2017, 35 (02): 161-169+254.

[6] 杜建, 武夷山.我国科技政策学研究态势及国际比较[J].科学学研究, 2017, 35 (09): 1289-1300.

[7] 迟培娟, 宋秀芳, 冷伏海.美国科技政策科学研究计划的成果及影响力分析[J].科学学研究, 2021, 39 (01): 73-82.

[8] 中国科学学与科技政策研究会.2016-2017科技政策学学科发展报告[M].北京：中国科学技术出版社, 2018.

（李海波 撰稿/胡志刚 审校）

68. 科学编史学
（historiography of science）

科学史可以理解为以科学为特殊研究对象的历史学分支，而科学编史学即是对科学史（history of science）进行的编史学（historiographical）研究。在英语中，historiography一词通常有两种含义：其一是指人们所写出的历史；其二是指人们对于历史这门学问的发展的研究，包括作为学术的一般分支的历史的历史（history of history），或对特殊时期和问题的历史解释的研究。除了编史学之外，国内尚有不同的译法，如"史学"或"历史编纂学"等。在英语世界中，历史学家在两种意义上使用编史学这一术语。在广义上，它指一般的被人们写出的历史或撰写历史的活动，在某些场合，编史学家（historiographer）甚至可以是历史学家（historian）的同义词，但这种用法现已较为少见。现在它已被另一个更简短但又多义的词——"历史"（history）所取代。在狭义上，编史学这一术语在英语中指对于历史的撰写历史研究的方法、解释和争论的研究。随着史学职业化，对历史解释的争论也逐渐增多，人们愈发感到需要一个专门的术语来表示对史学争论的研究。这样，编史学一词便更多地在第二种意义上为人们所使用。

在随后的发展中，编史学的研究范围延伸到当代，包括分析和研究历史学中的各种思潮，力图帮助史学家们发现他们的研究兴趣、方法等与范围更广的思潮的联系。在某种程度上，编史学也成了一种"批判的工具"，并与历史哲学（philosophy of history）的研究范围有了很多的重叠。在中国，学术界常用"史学理论"一词来指那些非原初意义上的历史研究但又与一些史学基础性问题（包括历史哲学）有关的研究。这种"元"史学（meta-history）的研究与编史学的所指是相近的。关于科学编史学是否可成为一个独立的学科，还存在一些争议。与一般历史学相比（如从作为独立的学科确立的时间和研究者的人数等方面来比较），科学史的确可以说是历史学中一个晚生的小的分支学科。而与科学史的发展相比，科学编史学研究的发展就更有滞后性。但即使如此，科学编史学仍是一个范围相当广阔的领域，其理论来源和研究方法涉及多门相关学科或领域，除一般编史学外，还包括科学哲学、科学社会学、科技政策、科学文化、STS等，有众多重要的课题需要进行认真的研究。

从研究对象来看，可以将科学、科学史以及科学编史学的不同以图1给出说明。可以看出，如果把科学家对自然界的研究作为一阶研究的话，科学史就是二阶研究，它有些类似于对科学和科学家进行哲学研究的科学哲学（philosophy of science）。相应地，科学编史学则是三阶研究。因而从分类上来看，科学编史学与科学史又有所不同，并具有一定的独立性。

任何学科在发展到一定程度后都可以有其独立性和自主性。研究者都可以专业化，而不必按其上一阶的标准来要求。就像并不要求文学评论家一定要直接创作文学作品一样，科学史家并不一定要从事科学研究，而科学编史学家也同样可以凭其自身特殊的训练和资格对科学史和科学史家进行研究，也可以具有独立于其研究对象本身的价值判断，这也是学科发展专业化的需要。

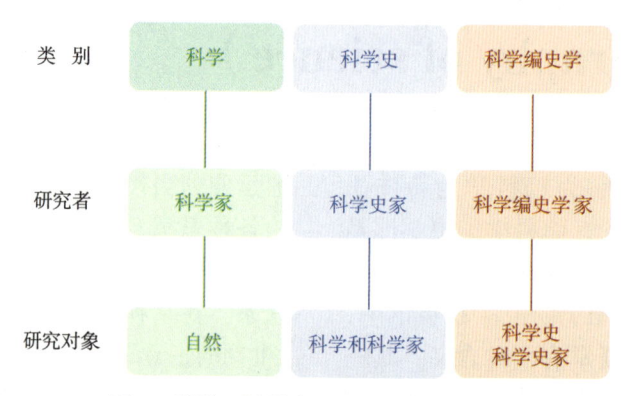

类别	科学	科学史	科学编史学
研究者	科学家	科学史家	科学编史学家
研究对象	自然	科学和科学家	科学史 科学史家

图1　科学、科学史和科学编史学的不同

科学史家在进行科学史研究时是无法回避其所带有的科学史观以及所采用的科学史方法论的。那些关心科学编史学的科学史家对于在其研究中起作用的科学史观和科学史方法论等内容是有着自觉的意识的，可以主动地调整和利用；反之，那些对科学编史学持拒斥态度的科学史家依然无法在其研究中回避那些立场、观点和方法的作用，只不过以一种朴素、模糊、不自觉的方式在受其影响而已。除此之外，类似于科学哲学对于科学家和关心科学的人的价值一样，科学编史学也可以帮助研究科学史和关心科学史的人们更好地理解科学史本身，以及相应的价值判断。

参考文献（references）：

［1］KRAGH H. An introduction to the historiography of science［M］. Cambridge：Cambridge University Press，1987.

［2］AGASSI J. Towards an historiography of science［M］. The Hague：Mouton & Co.，1963.

［3］OLBY R C. et al eds. Companion to the history of modern science［J］. Routledge，1990.

［4］库恩. 必要的张力［M］. 纪树立，等译. 福州：福建人民出版社，1981.

［5］刘兵. 克丽奥眼中的科学：科学编史学初论［M］. 3版. 北京：商务印书馆，2021.

（刘兵　撰稿）

69. 科学传播
（science communication）

科学传播（science communication）一般是指与科学有关的议题的大众传播，其研究对象是与科学技术相关的传播行为，以及在传播科学信息过程中所建立起来的人与社会的关系。由此发展出"科学传播学"及相关的专业领域，包括科学展览、科技新闻、科技政策及科普内容制作等。在汉语语境下，"科学传播"经常与"科技传播""科学普及"等术语混用。产生"科技传播"这种称谓是因为中国的科学与技术经常同时被提及，"科学普及"则来自我国长期自上而下的单向传播模式。在学科体系上，科学传播是一个跨学科研究领域，长期以科学社会学为主要研究范式，在欧洲和中国多源于科学哲学和科学史相关学科，在北美则更多地将其作为传播学的一个新兴领域。

英国物理学家、科学学研究鼻祖J.D.贝尔纳（1901—1971）在20世纪30年代出版的《科学的社会功能》一书中，首次将"science communication"作为一项重要的社会功能提出，该书第11章讨论了科学传播（scientific communication）的问题，主要提出"这就需要对科学交流的整个问题进行严肃思考。这种交流不仅是指科学家之间的交流，也包括公众之间的交流"。黄时进对科学传播的概念进行了较为完整的表述：科学共同体和公众通过"平等"与"互动"的沟通，通过各种有效的媒介，将人类在认识自然和社会实践中所产生的科学、技术及相关的文化知识，在包括科学家在内的社会全体成员中传播与扩散，引发人们对科学的兴趣和理解，倡导科学方法，传播科学思想，弘扬科学精神，并促进民主理念的启蒙。

科学传播模型主要有缺失模型、对话模型、参与模型，这三种模型之间存在着互补的关系，在科学传播实践当中，人们往往根据具体的传播情境和传播目标，策略性地选择一种模型或多种模型的组合。国内学者基于中国的科学传播实践总结出科学传播的三种模型，分别是中心广播模型、缺失模型、对话模型。中心广播模型是从中国的传统科普实践中提炼而成的。上述模型虽然分析了政府、媒体、公众等主体在科学传播链条中处于何种位置，但从技术变革的角度来对科学传播主体角色变迁的探讨还较少。因此，以上模型虽具有一定的指导性和预见性，但是随着时代不断发展，面对当前社会技术快速迭代、公众全时全域参与传播的现状，其解释力有待验证。

参考文献（references）：

［1］贝尔纳.科学的社会功能［M］.王文浩，译.北京：商务印书馆，2023.

［2］侯强，刘兵.科学传播的媒体转向［J］.科学对社会的影响，2003（4）：45-49.

［3］黄时进.科学传播导论［M］.上海：华东理工大学出版社，2010.

［4］刘华杰.科学传播的三种模型与三个阶段［J］.科普研究，2009，4（2）：10-18.

［5］吴文汐.构筑信任　寻求共识　争议性科技议题的科学传播［M］.北京：人民出版社，2021.

（王国燕 韩景怡 撰稿）

70. 科学叠加图
（science overlay maps）

科学叠加图是在全域科学图谱（global science map）的基础上，为图谱中的元素映射特定信息而形成叠加层（overlays）的可视化方法。科学叠加图的概念与方法最早由Ismael Rafols、Alan L. Porter和Loet Leydesdorff三位学者在《科学叠加图：研究政策与图书馆管理的新工具》（Science overlay maps: A new tool for research policy and library management）一文中定义和阐释。科学叠加图为呈现和比较不同研究对象在全域科学图谱中的位置与分布提供了一种更加直观的可视化方式。

科学叠加图的绘制过程主要包括两个步骤：①基于某类元素间的关系绘制全域科学图谱作为底图（basemap）。构建底图所依赖的元素关系一般有两种，一是期刊关系，例如通过JCR中所有期刊的引证关系绘制期刊地图；二是论文关系，例如由科学计量学领域权威研究机构——荷兰莱顿大学科学技术研究中心（Centre for Science and Technology Studies，CWTS）研发的WoS全学科体系论文聚类图谱。该图谱是基于论文引用关系，利用莱顿算法，对WoS核心库近20余年收录的共计约2 980万篇论文进行聚类而得到的层级式学科主题图谱。②在全域科学图谱的各元素之上映射、叠加特定信息，便可实现科学叠加图的绘制。由此既保留了全域科学图谱中元素在整体结构中的关系与地位，又突出了特定信息在元素间的分布。例如，通过VOSviewer工具可以将研究对象的数据映射到全域科学图谱之上，以了解不同研究对象的研究产出特征或跨学科特征。

如下式所示，科学叠加图的底图可视为一个包含n个节点的集合，这n个节点之间的链接通过一个$n \times n$的邻接矩阵B来表示，向量x和y表示节点在二维空间中的坐标，而向量c则表示节点所属的聚类。其中的节点即元素，可以是作者、专利发明者、机构、城市，或期刊、专利类型、学科、主题等，而节点间的链接可以表征元素间的社会关系、相似性等。

$$B = \begin{pmatrix} b_{11} & b_{12} & \cdots & b_{1n} \\ b_{21} & b_{22} & \cdots & b_{2n} \\ \vdots & \vdots & \ddots & \vdots \\ b_{n1} & b_{n2} & \cdots & b_{nn} \end{pmatrix}; x = \begin{pmatrix} x_1 \\ x_2 \\ \vdots \\ x_n \end{pmatrix}; y = \begin{pmatrix} y_1 \\ y_2 \\ \vdots \\ y_n \end{pmatrix}; c = \begin{pmatrix} c_1 \\ c_2 \\ \vdots \\ c_n \end{pmatrix}$$

如下式所示，科学叠加图的叠加层O_T是在特定观测时间点T上，表征底图中各节点特定信息的值O_{nT}的集合。当存在多组不同时间点的节点值时，相应的科学叠加图集合反映了全域科学图谱中各元素在叠加的特定信息视角下的时间变化趋势。

$$\boldsymbol{o}_1 = \begin{pmatrix} o_{11} \\ o_{21} \\ \vdots \\ o_{n1} \end{pmatrix}, \boldsymbol{o}_2 = \begin{pmatrix} o_{12} \\ o_{22} \\ \vdots \\ o_{n2} \end{pmatrix}, \cdots, \boldsymbol{o}_t = \begin{pmatrix} o_{1t} \\ o_{2t} \\ \vdots \\ o_{nt} \end{pmatrix}, \cdots, \boldsymbol{o}_T = \begin{pmatrix} o_{1T} \\ o_{2T} \\ \vdots \\ o_{nT} \end{pmatrix}$$

科学叠加图已被较广泛地应用于科学计量学研究中，尤其是分析特定研究对象的"跨学科性"，以及发掘和展示特定研究对象的相关科研产出在论文、专利类别、期刊、学科、主题、地区等各层次元素构成的全域性地理空间、社会空间或认知空间中的分布与演变状况。例如，科学叠加图已被运用于分析特定作者、机构、主题的论文的期刊分布，分析企业的专利分布，探测新兴技术等。图1分别将中国科学院、哈佛大学、德国马普学会、清华大学、北京大学在2010—2019年的论文产出映射在CWTS全域学科主题图谱上，得到各自的科学叠加图。从整体结构来看，中国科学院、马普学会结构较为相似，论文产出比例较高的主题集中在物质科学和工程、生命与地球科学领域，说明这两个机构的论文产出偏重这两个领域；清华大学的论文产出偏重物质科学和工程、数学和计算机科学领域；哈佛大学和北京大学较为相似，论文产出偏重生物医学和健康科学领域。

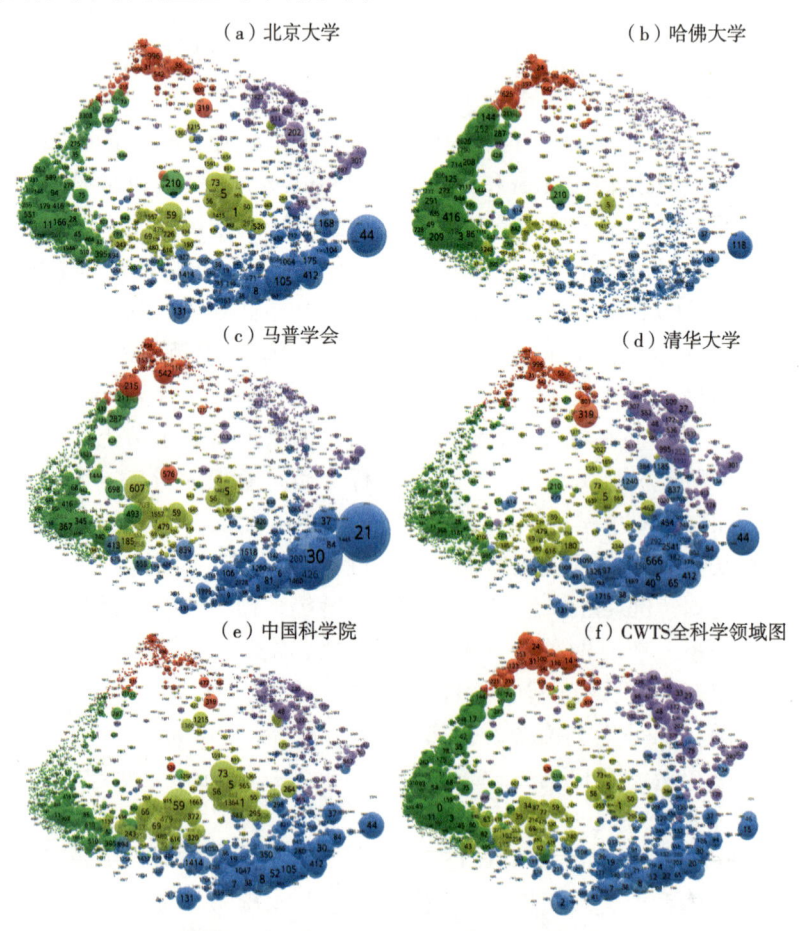

（a）北京大学　　　　　　（b）哈佛大学

（c）马普学会　　　　　　（d）清华大学

（e）中国科学院　　　　　（f）CWTS全科学领域图

图1　CWTS全域科学叠加图应用案例

注：图中不同颜色代表主题的领域大类，红色为人文社会科学（social sciences and humanities），紫色为数学和计算机科学（mathematics and computer science），蓝色为物质科学和工程（physical sciences and engineering），黄色为生命与地球科学（life and earth sciences），绿色为生物医学和健康科学（biomedical and health sciences）。

为便利科学叠加图的实现,其提出者之一Loet Leydesdorff教授开发了一系列程序工具并分享在个人网站（https：//www.leydesdorff.net/software/index.htm）。当前较流行的文献计量学可视化分析软件亦内置了科学叠加图生成功能,如：通过CiteSpace可实现地理数据的叠加、期刊的全科学地图叠加以及网络图的叠加；通过VOSviewer的"overlay visualization"视图功能,可实现知识单元时间发展趋势或影响力信息的叠加；通过SCI2工具可以实现全科学领域期刊的叠加分析。

参考文献（references）：

[1] RAFOLS I, PORTER A L, LEYDESDORFF L. Science overlay maps: A new tool for research policy and library management [J]. Journal of the American society for information science and technology, 2010, 61（9）: 1871-1887.

[2] WALTMAN L, VAN ECK N J. A new methodology for constructing a publication-level classification system of science [J]. Journal of the American society for information science and technology, 2012, 63（12）: 2378-2392.

[3] ROTOLO D, RAFOLS I, HOPKINS M M, et al. Strategic intelligence on emerging technologies: scientometric overlay mapping [J]. Journal of the association for information science and technology, 2015, 68（1）: 214-233.

[4] ROTOLO D, HICKS D, MARTIN B R. What is an emerging technology? [J]. Research policy, 2015, 44（10）: 1827-1843.

[5] CHEN C, LEYDESDORFF L. Patterns of connections and movements in dual-map overlays: a new method of publication portfolio analysis [J]. Journal of the American society for information science and technology, 2014, 65（2）: 334-351.

（方志超 丁洁兰 撰稿/李杰 审校）

71. 科学发现的采掘模型
（excavating models of scientific discovery）

科学发现的采掘模型（excavating models of scientific discovery）是我国科学计量学创始人赵红州教授于1980年首次提出的科学计量学隐喻模型，用以揭示科学发展的规律和特征。该模型的思想源自苏联科学史家、哲学家和科学学家凯德洛夫（Кедров，В.М，1903—1985）的"带头学科"（лидерской дисциплине）理论，并受到其"科学的突破点往往发生在社会需要和科学内在逻辑的交叉点上"的思想启发。赵红州教授认为，人们认识自然界的过程很像开采矿藏，由表及里，由浅入深，是一个逐层开采的过程。首先是人们"开采"宏观层次的机械运动规律，其次是"开采"分子层次的热运动规律，再次"开采"原子分子层次的化学运动规律，从次是"开采"原子层次的电磁运动规律，最后是"开采"核层次或亚核层次的强、弱相互作用的规律（见图1）。因此，在不同的历史年代，总有一个物质层次中的某种运动级别是人们重点要认识的对象，也总有一门或几门学科是科学发现的"当采学科"。不同历史时期"当采学科"的成果产出证明了"当采学科"应该是成果累累的学科。赵红州教授进一步对比了"当采学科"与凯特洛夫的"带头学科"，认为"当采学科"对应的是"常态科学"，"带头学科"则是革命性学科。"当采学科"是科学发展中量的积累所造成的特殊现象，而"带头学科"则是科学发展过程中质的飞跃造成的特殊学科（赵红州，1981）。

基于采掘模型的理论研究，1985年赵红州与蒋国华对《自然科学大事件年表》中的1 376项微观方面的成果，根据它们所属的空间层次和能量级别进行模糊的分类，共分为Ⅰ~Ⅴ类：Ⅰ为宏观层次机械能；Ⅱ为分子层次热能；Ⅲ为原子层次化学能；Ⅳ为原子层次电磁能；Ⅴ为核层次核能。他们将上述各类成果按照时间序列进行排序，并计算出每个年代各类成果占同期总成果的比例，得到了微观方面科学成果的编年曲线（如图1所示）。研究结果显示，每一项科学成果都有其自身的高峰区，即在特定历史时期，会出现一个科学成果的"富矿区"。此外，不同层次的高峰区按照经典力学→热→化学→电磁学→核物理与粒子物理……的顺序出现。这种现象表明科学发展的过程类似于采掘过程（赵红州、蒋国华，1985），进而从实证的角度对科学发现的采掘模型进行进一步的说明。

在采掘模型中，"当采学科"的转移方

术语篇

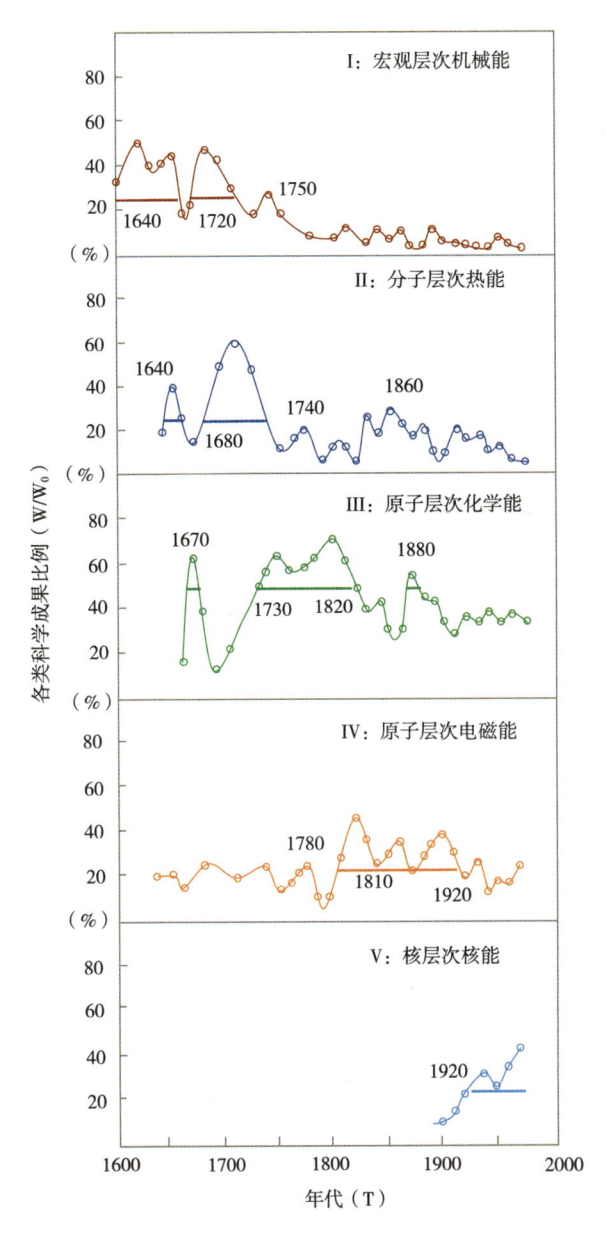

图1 微观科学成果的编年曲线

注：1975年上海人民出版社出版的《自然科学大事年表》提供了2 080项近现代科学成果，这些重大成果都是1500—1960年科学史上公认的成就。其中，有1 955项是非生命物质的科学成就；1 376项成就来自微观方面；579项来自宇观方面。赵红州和蒋国华对1 376项微观方面的成果按照所属的空间层次和能量级别进行模糊的分类，共分为Ⅰ~Ⅴ类。

向并不总是由浅而深地向前发展的，有时，"当采学科"亦会向完全相反的方向发展。或者说，有时研究者不去采掘更深层次，相反地回到早期已经开采过的层次进行大规模的"回采"。例如，在图1中，在曲线的"主峰"之后会出现一个较小的峰值，这是"回采"的直接表现。科学发现中的"回采"现象有多重复杂的原因。首先，进行更深层次的研究可能会揭示上一层次更深刻的本质，从而使得人们有可能重新审视搁置许久的难题，并沿新的思路重新进行研究。其次，当"当采"方向遇到困难，长期无法向更深层次掘进时（也就是说在大部分换能效应被发现以前），科学家不得不进行大规模的转移，或者将现有的科学方法移植到其他学科，或者返回原来的层次进行大规模的回采。在研究中，赵红州等人根据科学发现当采活动的规律，基于当采速度取决于各个物质层次及结合能的数量级分析，认为人类对一个物质层的探索存在着从"试采"到"当采"再到"回采"的采掘周期，平均周期大约为230年（赵红州、蒋国华，1985）。1990年，赵红州应钱学森的建议，利用采掘模型对"冷核聚变"现象的学术热点做了科学学的解释（刘则渊，1999）。此外，利用该模型，我国科学学研究人员成功预测了一段时期凝聚态物理和核物理作为"回采学科"和"当采学科"的突破性进展，对我国重点学科的战略选择，无疑产生了积极的影响。

参考文献（references）：

[1] 赵红州,蒋国华.再论科学发现的采掘模型[J].科学学研究,1985(1):40-52.

[2] 赵红州.论科学发现的采掘模型（下）[J].科学学与科学技术管理,1981(3):34-38.

[3] 赵红州.论科学发现的采掘模型（上）[J].科

学学与科学技术管理，1981（2）：3-5.
[4] 刘则渊.赵红州与中国科学计量学[J].科学学研究，1999（4）：104-109.
[5] 蒋国华.科学学的起源[M].石家庄：河北教育出版社，2001.
[6]《自然科学大事年表》编写组.自然科学大事年表[M].上海：上海人民出版社，1975.
[7] 张文彦，支继军，张继光.自然科学大事典[M].北京：科学技术文献出版社，1992.

（李杰 蒋国华 撰稿）

72. 科学发展节律指标
（indicator of the rhythm of science）

科学发展节律指标（indicator of the rhythm of science）是2005年由梁立明教授率先提出，梁立明、鲁索（Rousseau）、埃格赫（Egghe）三位教授共同发展完善的科学引文指标。

当我们用传统的引文指标对一个科学对象的经年绩效进行评价时会面临两个问题：第一，不同年份发表的论文引文窗口长度不同，因而不能直接比较；第二，论文发表后一般经由一个从低被引到高被引再到低被引的过程，因而不同时期发表的论文不能直接比较。这样，经典引文指标，例如引文总数、篇均引文数、基于可被引年数计算的篇均引文数，都会失效。为解决这些问题，2005年梁立明创建了科学发展节律指标，使比较不同年份发表论文的引文绩效成为可能。科学发展节律指标是基于发文-引文矩阵（publication-citation matrix，简称p-c矩阵）构建的（如表1所示）。矩阵中P_i表示第i年的发文数量，C_{ij}表示第i年发表的论文在发表后第j年的被引频次。$j=1$指向发文当年。

表1 p-c矩阵示例

Publication year i and number of publications P_i			Citing year j and citations C_{ij}								
			2012	2013	2014	2015	2016	2017	2018	2019	2020
			1	2	3	4	5	6	7	8	9
2012	1	P_1	C_{11}	C_{12}	C_{13}	C_{14}	C_{15}	C_{16}	C_{17}	C_{18}	C_{19}
2013	2	P_2		C_{22}	C_{23}	C_{24}	C_{25}	C_{26}	C_{27}	C_{28}	C_{29}
2014	3	P_3			C_{33}	C_{34}	C_{35}	C_{36}	C_{37}	C_{38}	C_{39}
2015	4	P_4				C_{44}	C_{45}	C_{46}	C_{47}	C_{48}	C_{49}
2016	5	P_5					C_{55}	C_{56}	C_{57}	C_{58}	C_{59}
2017	6	P_6						C_{66}	C_{67}	C_{68}	C_{69}
2018	7	P_7							C_{77}	C_{78}	C_{79}
2019	8	P_8								C_{88}	C_{89}
2020	9	P_9									C_{99}

考虑时限 n（表1中 $n=9$），科学发展节律指标 R 被定义为一个时间序列，$R_i = O_i / E_i (i=1, \cdots, n)$。其中，分子 O_i 是第 i 年发表论文的引文观察值（实际引文数值），分母 E_i 是第 i 年发表论文的引文期望值。

$$O_i = \sum_{j=i}^{n} C_{ij}$$

$$E_i = P_i \sum_{k=1}^{n-i+1} C_k$$

计算 E_i 用到的 C_k 是构建 R 指标的关键变量。C_k 表示所有论文发表后第 k 年的篇均被引频次，$k=1, \cdots, n, k=1$ 表示发文当年。

$$C_k = \frac{\sum_{j=1}^{n-k+1} C_{j, j+k-1}}{\sum_{j=1}^{n-k+1} P_j}$$

时间序列 $R_i = O_i / E_i (i=1, \cdots, n)$ 反映各发文年份实际引文数值相对于期望引文数值的偏差。$R_i > 1$ 表明第 i 个发文年发表论文的实际引文频次 O_i 大于期望引文频次 E_i，$R_i < 1$ 表明第 i 个发文年发表论文的实际引文频次 O_i 不及期望引文频次 E_i。$R_i = 1$ 表明观察值 O_i 和期望值 E_i 相等。时间序列 R_i 随发文年 i 的推移形成了一种波动，即各发文年所发论文其引文绩效经年变化的节律，我们将之作为一种新的引文指标，称作科学发展节律指标。

2005年科学发展节律指标创建之后，梁立明教授与鲁索教授基于p-c矩阵的变形及对观察值和期望值的重新诠释，将该指标扩展到参考文献及一切可构建p-c矩阵的科学对象的研究，并和埃格赫教授一起从纯数学的角度探讨了该指标的基本属性。科学发展节律指标已经被应用于国家、科学期刊、科学家等科学单元引文绩效的研究。

参考文献（references）：

［1］LIANG L. The R-sequence：a relative indicator for the rhythm of Science［J］. Journal of the American society for information science and technology，2005，56：1045-1049.

［2］LIANG L，ROUSSEAU R，FEI S. A rhythm indicator for science and the rhythm of science［J］. Scientometrics，2006，68：535-544.

［3］LIANG L，ROUSSEAU R. Transformations of basic publication-citation matrices［J］. Journal of informetrics，2007，1：249-255.

［4］EGGHE L，LIANG L，RONALD R. Fundamental properties of rhythm sequences［J］. Journal of the American society for information science and technology，2008，59（9）：1469-1478.

［5］LIANG L，ROUSSEAU R. Measuring a journal's input rhythm based on its publication-reference matrix［J］. Journal of informetrics，2010，4：201-209.

［6］LIANG L，ZHONG Z，CHEN Y. A Chinese professor's academic career rhythm［J］. Scientometrics，2021，126：6169-6186.

［7］梁立明，侯长红.由论文和引文复合指标表征的科学家学术研究节律：以Tibor Braun为例［J］.情报学报，2010，29（6）：1116-1124.

（梁立明 撰稿/李杰 审校）

73. 科学范式
（scientific paradigm）

科学范式（scientific paradigm）是科学哲学家托马斯·库恩（Thomas Kuhn）在其经典著作《科学革命的结构》一书中提出的，用来代指"特定的科学共同体从事某一类科学活动所必须遵循的公认的'模式'，它包括共有的世界观、基本理论、范例、方法、手段、标准等与科学研究有关的所有东西"。库恩认为，在科学发展历程中，每一个科学发展阶段都有其特殊的内在结构，而体现这种结构的模型即范式。范式可以看作本体论、认识论和方法论的综合体，是特定时期、特定领域的科学家群体所共同接受的一组假说、理论、准则和方法的总和，为科学研究者在一段时期内提供了一套统一的模型问题和解决方案，包括哪些科学事实应该被观察和检验、哪些问题应该被提出或得到解答、问题应该如何组织、科学结论应该如何解释等。

科学范式是库恩科学哲学思想的理论核心，具有重要的价值和意义。库恩认为，一套实际的科学习惯和科学传统，对于有效地开展科学研究是非常必要和非常重要的，它不仅是一个科学共同体团结一致、协同探索的纽带，也是其进一步研究和开拓的基础，不仅能赋予任何一门新学科独特性，而且决定着它的未来和发展。而科学范式的转移（paradigm shift）则标志着基本理论和科学假设的根本性改变，标志着新的科学革命的到来。科学革命的结构与范式转移见图1。

库恩之后，范式的概念被不断深化和阐释，并从科学哲学领域扩散到其他社会科学领域，被用来指代在某个科学领域中的思维方式、心智模式或共同信念等。英国学者玛格丽特·玛斯特曼（Margaret Masterman）将库恩使用的21种不同含义的范式概括为三种类型：首先是哲学范式，作为一种信念和形而上学思辨；其次是社会学范式，作为一种研究习惯、学术传统或科学成就；最后是人工范式或构造范式，作为一种具有示范性的求解疑难问题的方法或工具。社会学家乔治·瑞泽尔（George Ritzer）认为，范式是存在于某一科学领域内关于研究对象的基本意向，它可以用来界定什么应该被研究、什么问题应该被提出、如何对问题进行质疑，以及在揭示我们获得的答案时该遵循什么样的规则。此外，科学范式的概念还被泛化，指代整个科学研究的基本方法。美国国家标准技术研究所于2015年发表的七卷大数据参考框架（NIST big data reference architecture，NBDRA）就将数据科学界定为在理论科学、实验科学和计算科学之后的第四科学范式。科学知识图谱工具CiteSpace的开发者陈超美教授也对科学范式尤其是范式转移的概念非常推崇，并在CiteSpace中通过图谱的颜色、结构等信息来揭示科学范式转移的规律和方向。陈超美教授认为科学知识图谱可以勾勒一个科学领域随时间发生的结构性变化，而这就是对范式转移规律的直观展现。

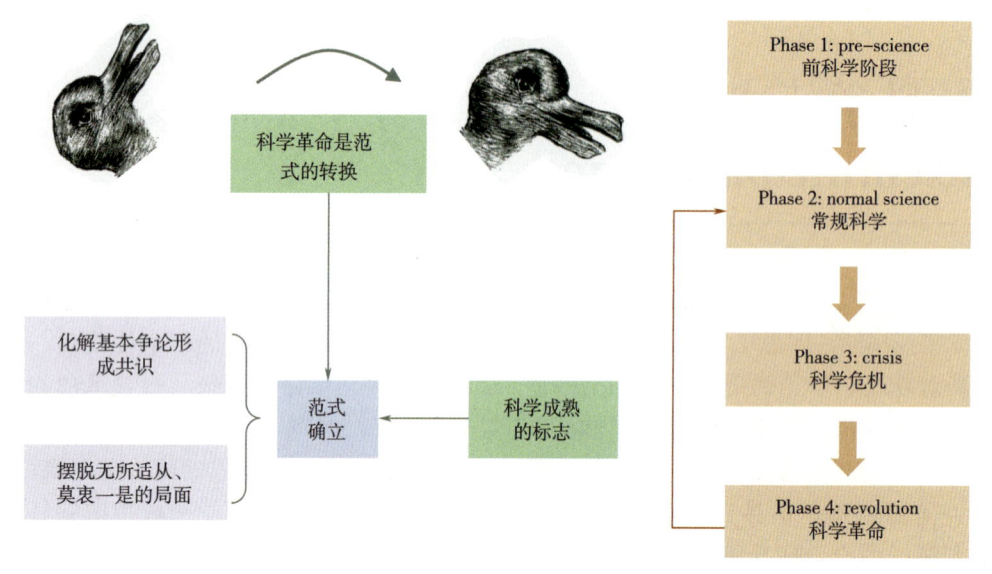

图1 科学革命的结构与范式转移

参考文献（references）：

[1] KUHN T. The Structure of Scientific Revolutions [M]. Chicago: University of Chicago Press, 1962. 中译本: 库恩.科学革命的结构[M]. 金吾伦, 胡新和, 译.北京大学出版社, 2003/库恩.科学革命的结构[M]. 张卜天, 译. 北京: 北京大学出版社, 2022.

[2] MASTERMAN M. The nature of a paradigm. 59-90. I. Latakos, and A. Musgrave Criticism and the growth of knowledge, eds. [C]. Cambridge University Press, 1970.

[3] 邓仲华, 李志芳.科学研究范式的演化——大数据时代的科学研究第四范式[J].情报资料工作, 2013（04）: 19-23.

[4] 郑杭生, 李霞.关于库恩的"范式"——一种科学哲学与社会学交叉的视角[J].广东社会科学, 2004（02）: 119-126.

[5] 李醒民.库恩在科学哲学中首次使用了"范式"（paradigm）术语吗?[J].自然辩证法通讯, 2005（04）: 105-107.

[6] 曾令华, 尹馨宇."范式"的意义——库恩《科学革命的结构》文本研究[J].武汉理工大学学报（社会科学版）, 2019, 32（06）: 72-77.

[7] 林学俊.试论库恩的范式及其在科学认识中的作用[J].科学技术与辩证法, 1997（01）: 37-40.

[8] CHEN C. Searching for intellectual turning points: Progressive knowledge domain visualization [J]. Proceedings of the National Academy of sciences, 2004, 101（suppl）: 5303-5310.

（胡志刚 李杰 撰稿/陈悦 审校）

74. 科学合作
（scientific collaboration）

科学合作（scientific collaboration）可以定义为：在一定社会背景下，两个或多个科研主体之间为了完成共同的任务，互相协助，共享资源，最终实现目标最大化。科学计量学家凯兹（Katz）和马丁（Martin）将科学合作定义为：研究者为生产新的科学知识这一共同目的而在一起工作。早在1963年，科学计量学奠基人普赖斯（Price）在其著作《小科学，大科学》中对科学合作问题展开了研究，由此开创了科学合作研究的先河。随后，比弗（Beaver）和罗森（Rosen）在《科学计量学》（Scientometrics）期刊上连续发表论文探究科学合作产生的根源，指出科学合作为科学家提供了获取科学资源和建立科学界精英之间学术交流网络的有效途径。计量学领域还专门成立了全球性跨学科和科学合作的虚拟机构COLLNET，由德国克里奇默博士担任协调者。国内有关科学合作的研究则起源于1984年，主要围绕科研合作的动机、科学合作的类型、科学合作关系强度等方面进行研究。

科学合作存在多种多样的形式，从空间层面来看，科学合作可以划分为：微观层次科学家之间的合作（authors' collaboration network）、中观层次机构之间的合作（institutions' collaboration network）以及宏观层次国家或地区之间的合作（regions' collaboration network）。从学科层面来看，科学合作可以划分为同一学科内部的科学合作和跨学科科学合作。同一学科内部的科学合作是指合作的每个参与者来自相同的学科或领域，因此，产生的新知识同属一个学科或领域。跨学科科学合作是由来自不同学科的参与者一起工作，其目的是深度整合并超越各自学科的方法和知识，从根本上产生新的概念框架、理论、模型和应用程序。

纽曼（Newman）将"共同署名发表论文"的作者之间视为具有关联关系，此关联定义被广泛用于科学合作研究中。科学计量学领域通常使用合作指数与合著率衡量合作主体之间的合作度。合作指数是指某个地区、机构、学科或期刊所发表论文的篇均作者数，用CI表示；合著率是指合著论文占全部论文的百分比，用DC表示。

$$CI = \sum_{i=1}^{k} \frac{if_i}{N}$$
$$DC = 1 - \frac{f_1}{N}$$

其中，f_i表示合著者人数为i的论文数；k表示合著者人数的最大值；N表示论文总数。

此外，学者们通常采用合作强度衡量国家（地区）、研究机构或科学家之间合作的紧密程度，计算合作强度的常用指标有Salton指数（s_{ij}）和Jaccard指数（j_{ij}）等。

$$s_{ij} = \frac{n_{ij}}{\sqrt{n_i n_j}}$$

$$j_{ij} = \frac{n_{ij}}{(n_i + n_j - n_{ij})}$$

其中，n_{ij}表示作者i与j合作的论文数；n_i，n_j分别表示作者i和j发表的论文数。

除文献计量方法外，社会网络分析方法也被广泛应用于科学合作研究中。社会网络分析法通过对合作网络中节点之间的联系进行可视化建模，将合作网络数据以图形化方式进行展示，有助于认识合作网络的内部结构。在作者合作网络中，网络节点是论文作者，如果两个作者合作发表过一篇文章，则他们之间形成一条连边（如图1所示）。该类方法的代表性学者有M. E. J. Newman、A.L. Barabâsi、H.Kretschmer等。M. E. J. Newman发表了一系列关于合作网络研究的经典论文，指出了合作网络的基本特性，如幂律分布和小世界特性，以及合作网络中的权值网络、中心性等问题。A.L. Barabâsi还揭示了数学和神经科学领域两个领域科学家合作网络的动态演化机制。该项研究指出其所研究领域的科学合作网络是一种无标度网络，网络中大多数"普通"节点拥有较少的连接，而少数"热门"节点拥有较多的连接；且该网络遵从优先连接机制，即新节点在加入网络时优先选择与高度数的节点连接。此外，M. E. J. Newman和Barabâsi的研究都发现了科学合作网络存在高聚集性（strong clustering effect）。实际上，很多论文是由三个或者更多作者合作完成的，每一篇这样的论文都会形成一个全连接子图（fully connected graph）。研究发现，科学家合作网络包含很多全连接子图，每个全连接子图都具有很高的聚类系数（cluster coefficient），从而提高了整个网络的平均聚类系数。

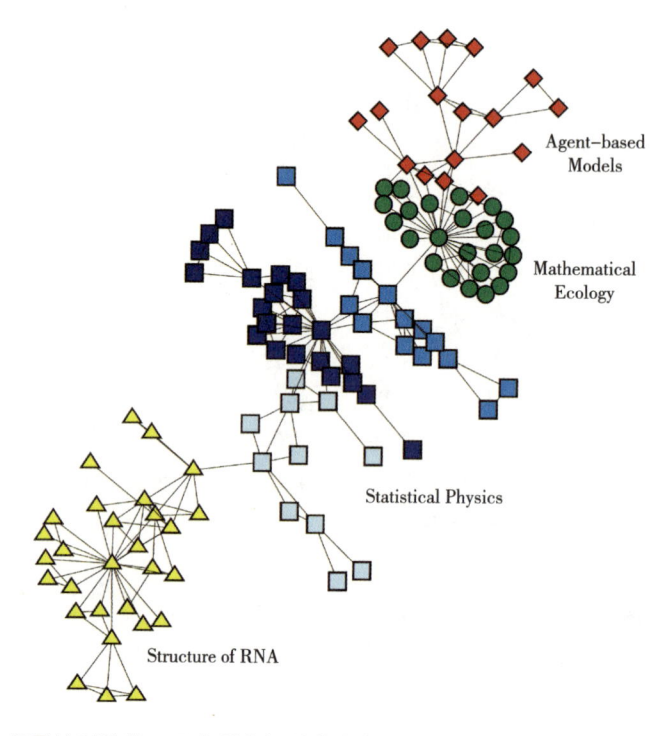

图1　纽曼绘制的某一研究所内部科学家合作网络（M. E. J. Newman，2004）

在合作网络动力学的研究中有网络生长和偏好连接两种基本模型。合作网络与引文网络的不同之处在于：第一，引文网络中新的连边伴随着新节点的加入而产生，合作网络中新的连边可能是原有节点之间的连接。Barabâsi将这两种连接分别称为外部连接和内部连接。第二，合作网络是有权重的，两位作者合作论文的频次即为网络连边的权重。

科学合作目前的研究集中在科学合作网络结构与演化、科学合作模式研究、科学合作影响测度、跨学科科学合作研究等方面。从科学合作网络还衍生出了针对群体智慧（collective intelligence）的定量分析，例如群体多样性和创新性的测度等。随着科技的持续发展，科学研究活动变得愈加复杂，科学合作相关研究正在走向成熟和完善。未来，各种层面的科学合作与交流必将成为科学研究活动的主要产出方式之一，而科学合作领域研究也必将成为科学计量学和科学学领域研究的重要研究方向之一。

参考文献（references）：

[1] SONNENWALD D H. Scientific collaboration [J]. Annual Review of Information Science and Technology, 2007, 41（1）: 643-681.

[2] KATZ J S, MARTIN B R. What is research collaboration? [J]. Research policy, 1997, 26（1）: 1-18.

[3] PRICE D. Little science, big science [J]. Von Der Studi erstube Zur, 1963, 7（3-6）: 443-458.

[4] BEAVER D, ROSEN R. Studies in scientific collaboration: Part I. Theprofessional origins of scientific co-authorship [J]. Scientometrics, 1978, 1（1）: 65-84.

[5] NEWMAN M E J. The Structure of Scientific Collaboration Networks [J]. Proceedings of the National Academy of Sciences of the United States of America, 2001, 98（2）: 404-409.

[6] NEWMAN M E J. Scientific collaboration networks. I. Network construction and fundamental results [J]. Physical review E, 2001, 64（1）: 016131.

[7] NEWMAN M E J. Scientific collaboration networks. II. Shortest paths, weighted networks, and centrality [J]. Physical review E, 2001, 64（1）: 016132.

[8] NEWMAN M E J. Coauthorship networks and patterns of scientific collaboration [J]. Proceedings of the National Academy of Sciences, 2004, 101（suppl_1）: 5200-5205.

[9] BARABÂSI A L, JEONG H, NÉDA Z, et al. Evolution of the social network of scientific collaborations [J]. Physica A: Statistical mechanics and its applications, 2002, 311（3-4）: 590-614.

[10] BARABÂSI A L, ALBERT R. Emergence of scaling in random networks [J]. science, 1999, 286（5439）: 509-512.

（刘俊婉 崔梓凝 撰稿/李杰 杨瑞仙 审校）

75. 科学基金
（science funding）

科学基金（science funding）是一种旨在支持科学研究、技术发展和创新的资金来源，通常由政府、私人机构或慈善组织提供。科学基金的资助形式有直接经费支持、提供研究设备和场所以及为研究人员提供培训等。

目前世界范围内主要的科学基金资助机构简介如下：

美国国家科学基金会（National Science Foundation，NSF）：美国政府主要的科学研究资助机构之一，成立于1950年。NSF主要资助基础研究、教育和创新，涵盖了自然科学、社会科学、工程学等多个领域。

中国国家自然科学基金委员会（National Natural Science Foundation of China，NSFC）：中国政府主要的自然科学基金资助机构，成立于1986年。NSFC主要资助基础研究、高技术研究和人才培养，共设置了数理科学、化学、生命科学、地球科学、工程与材料科学、信息科学、管理科学、医学和交叉科学9个科学部。

欧洲研究委员会（European Research Council，ERC）：欧盟主要的科学研究资助机构之一，成立于2007年。ERC主要资助优秀的基础科学研究项目，涵盖了自然科学、社会科学、人文学科等多个领域。

日本学术振兴会（Japan Society for the Promotion of Science，JSPS）：日本唯一的独立科研经费资助机构，成立于1932年。JSPS主要为日本国内的科研人员提供经费支持、研究机会、学术交流活动等服务，同时也与国外的学术机构和研究者开展广泛的合作与交流。

科学基金的产出形式主要包括科学论文、专利、研究报告、新技术和新产品等。科学基金的资助有助于推动科学技术的进步，促进学术交流和合作，并为未来的发现和创新奠定基础。例如，美国国家科学基金会曾资助过谷歌搜索引擎的前身——PageRank算法的研究；中国国家自然科学基金委员会曾资助过屠呦呦等科学家的青蒿素研究，为疟疾治疗做出了重要贡献。

科学基金使用过程中也存在一些问题，其中最主要的问题是项目审批和资金分配的公正性问题。科学基金的资助项目通常需要经过严格的审批程序，但是审批过程中存在人为因素，如审批人员的主观性、科研领域的偏见等，可能导致某些优秀的研究项目被忽视或者被低估。此外，科学基金的使用需要高度的透明度和责任心，需要严格的监督和管理，确保资金使用符合规定且能达到预期效果，避免不良使用行为。

　　总体来说，科学基金是促进科学研究和技术创新的重要动力来源，不同国家的科学基金资助机构也在不断发展和改进。科学基金的资助形式和产出形式多样化，但是在使用过程中需要注意审批和资金分配的公正性问题，同时遵守科学道德和规范，确保资金使用符合规定和预期效果，避免不良使用行为。

参考文献（references）：

[1] BOL T，DE VAAN M，VAN DE RIJT A. The Matthew effect in science funding[J]. Proceedings of the national academy of sciences of the United States of America，2018，115（19）：4887-4890.

[2] FEDDERKE J W，GOLDSCHMIDT M. Does massive funding support of researchers work?Evaluating the impact of the South African research chair funding initiative[J]. Research policy，2015，44（2）：467-482.

[3] HAND E，WADMAN M. 222 NIH grants：22 researchers[J]. Nature，2008，452（7185）：258-259.

[4] LARIVIÈRE V，GINGRAS Y. The impact factor's Matthew effect：a natural experiment in bibliometrics[J]. Journal of the American society for information science and technology，2010，61（2）：424-427.

[5] MERTON R K. The Matthew effect in science：the reward and communication systems of science are considered[J]. Science，1968，159（3810）：56-63.

（吴登生 撰稿/杜建 审校）

76. 科学计量学
（scientometrics）

科学计量学是以社会环境为背景，运用数学方法计量科学研究的成果，描述科学体系结构，分析科学系统的内在运行机制，揭示科学发展的时空特征，探索科学活动的定量规律的一门学科。科学计量学以科学本身作为对象进行定量研究。这里所说的"科学"，不仅指作为知识体系的科学，也包括作为社会活动的科学。

科学计量学是伴随着科学学在现代科学技术革命的历史背景下孕育形成的，它的诞生既是当代科学产业化的结果，又是情报学、图书馆学与科学学相结合的产物。人类对科学本身的定量研究可以上溯到19世纪下半叶，到20世纪60年代得到广泛的发展。1873年，瑞士植物学家A.德堪多发表的《二百年科学和科学家的历史》被认为是科学计量学研究的先驱著作，也是科学学的早期经典。1961年，美国科学史家普赖斯发表了《巴比伦以来的科学》，为科学计量学的诞生奠定了基础。他通过对科学杂志、文献等的统计研究，论证了科学知识指数增长规律。由此他被誉为"科学计量学之父"。1963年，美国费城科学信息研究所的加菲尔德博士创立"科学引文索引"（SCI），为科学计量学研究提供了数据基础。1969年，苏联学者弗·纳利莫夫提出了"科学计量学"（HaycoMerpus）这一术语，转译为英文scientometrics。20世纪70年代，我国的科学学工作者开始全面、系统地将国外有关科学计量学的研究成果介绍到国内，使科学计量学研究在我国蓬勃发展起来；在促进科学学理论研究和影响国家科学政策方面，科学计量学已经初显身手，并且正在发挥着越来越大的作用。

科学计量学博采各种数据分析和数理统计技术，诸如统计分析、矩阵分析、网络分析、图论和聚点分析等，应用于科学学研究，从而为制定国家科学政策和进行大科学的科研管理提供可靠的定量依据。科学计量学的研究领域十分广泛，不仅研究科学本身的问题，还研究社会生产、其他上层建筑与科学的关系。科学计量学的主要研究内容包括科学数量化、构建指标模型、揭示科学发展规律，以及在科技管理、科学评价、科研管理决策中的应用等。

在大数据环境下，科学计量分析的数据规模越来越大，传统的分析方法已难以满足这一需求，开发新的研究工具实现大规模数据的分析逐渐成为科学计量学发展的一个趋势。随着科学计量学的不断发展，传统浅层次的分析无法满足科学计量学对精度的要求，利用更多的技术手段（如文本挖掘）提升科学计量学研究深度成为重要的发展趋势。例如，传统引文分析的分析单元主要是引证和被引证文献，随着越来越多科学文献全文的数字化和开放获取，基于全文的科学计量分析逐渐受到重视。

参考文献（references）：

［1］NALIMOV V V, MULCHENKO B M. Scientometrics. Studies of science as a process of information［J］. Science, Moscow, 1969.

［2］赵红州, 蒋国华. 科学计量学的历史和现状［J］. 科学学研究, 1984（4）: 26-37.

［3］梁立明, 武夷山. 科学计量学: 理论探索与案例研究［M］. 北京: 科学出版社, 2006.

［4］邱均平, 等. 科学计量学［M］. 北京: 科学出版社, 2017.

（杨思洛 撰稿/邱均平 审校）

77. 科学-技术关联
(science–technology linkage)

科学(science)来源于拉丁文scientia,技术(technology)来源于古希腊语techne。科学强调知识的发现与创造,技术关注将知识应用于实践活动;科学借助技术来获取知识,技术借助科学知识来完善自己。科学与技术作为决定科技创新走向的两股力量,相互渗透、相互交织。为了理解科学与技术间的关联(简称为科学-技术关联,science-technology linkage),人们从面向技术创新过程的角度提出了线性或管道(pipeline)模型和双螺旋模型(double helix model)等。线性或管道模型认为科学的新发现激发了技术灵感,进一步促使企业研发新技术,然后产业化。而更为合理的双螺旋模型揭示了科学与技术之间双向、动态的关联结构模式,二者在信息交互中螺旋上升发展,共同交织形成科技创新演化趋势(如图1所示)。

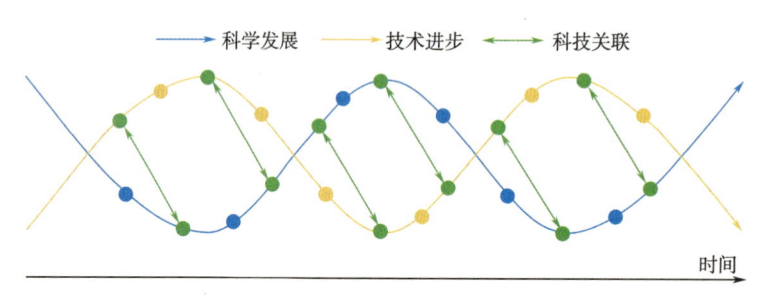

图1 科学与技术双螺旋式发展模式示意图

学术论文通常表征科学,被用于测度基础科学研究活动的水平,而专利文献通常表征技术,被用于测度产业技术的创新水平。因此,这两种资源之间应该存在某种潜在的联系和排斥关系。根据多任务学习(multi-task learning)理论,同时分析源于同一领域的多种资源比仅分析单一资源更有优势,这促进了科学-技术关联分析研究工作,Narin及其合作者是这项研究的先驱。大量研究表明,科学-技术关联有助于探测技术机会、理解产学政关系、度量创新水平以及构建高质量路线图等。目前,科学-技术关联研究可大致分为以下三个层面:①宏观层面的关联。专利文献中的非专利引文(non-patent reference,NPR)为分析科学-技术关联提供了有效途径,Narin等最早从专利引用论文的维度探讨科技关联,揭示了科学和技术之间存在着多方面的相互作用，且不同领域强弱不同。相比于专利对论文的引用，论文引用专利的数量要少得多，主要集中在化学、药物和医学领域。Glänzel等从论文引用专利角度出发，建立了基础学科与技术领域间的联系，发现技术关联度高的应用型学科更具影响力。②中观层面的关联。学术论文与专利文献外部特征项间的对应从中观层面反映了科学与技术之间的互动。Verbeek等通过建立专利IPC类目与被引期刊的学科分类号间的映射，以此反映技术创新与科学研究间的知识关联与结构。除类目映射之外，学术型发明人（academic inventor）也是常用的外部特征，特指横跨科学界和技术界的学者，通常被定义为同时发表论文和申请专利的研究人员，此维度最早由Coward等提出。③微观层面的关联。微观层面的关联主要聚焦于学术论文和专利文献中的主题对应。Callon等将科技文献划分为侧重基础科学研究与侧重技术开发的两类集合，分别进行共词聚类分析，通过聚簇中相同词汇的数量来计算聚簇主题间的相似度，以此揭示科学与技术间的对称型关联。Xu等所构建的科技主题关联是非对称型的，类似于超链接，揭示了科学与技术间存在的相互影响和排斥关系，并绘制了主题关联图谱。

在科学-技术关联的基础上，进一步揭示科学与技术互动中的时间关联关系，以时间先后顺序细分科学与技术互动模式。比如，Huang等分析了科学主题与技术主题在时间轴上的分布情况，发现研究主题存在科学先于技术、技术先于科学、科技同步发展等不同形式。

参考文献（references）：

[1] CARPENTER M P, NARIN F. Validation Study: Patent Citations as Indicators of Sciences and Foreign Dependence [J]. World Patent Information, 1983, 5（3）: 180-185.

[2] RIP A. Science and technology as dancing partners [Z]. Technological development and science in the industrial age: New perspectives on the science-technology relationship, 1992: 231-270.

[3] NARIN F, NOMA E. Is technology becoming science? [J] Scientometrics, 1985, 7（3-6）: 369-381.

[4] GLÄNZEL W, MEYER M. Patent cited in the scientific literature: An exploratory study of 'reverse' citation relations [J]. Scientometrics, 2003, 58（2）: 425-428.

[5] VERBEEK A, DEBACKERE K, LUWEL M, et al. Linking science to technology: Using bibliographic references in patents to build linkage schemes [J]. Scientometrics, 2002, 54（3）: 399-420.

[6] COWARD H R, FRANKLIN J J. Identifying the science-technology interface: Matching patent data to a bibliometricmodel [J]. Science, Technology, & Human Values, 1989, 14（1）: 50-77.

[7] CALLON M, COURTIAL J P, LAVILLE F. Co-word analysis as a tool for describing the network of interactions between basic and technological research: the case of polymer chemistry [J]. Scientometrics, 1991, 22（1）: 155-205.

[8] XU S, ZHAI D, WANG F, et al. A novel method for topic linkages between scientific publications and patents [J]. Journal of the Association for Information Science and Technology, 2019, 70（9）: 1026-1042.

[9] HUANG M H, CHEN S H, LIN C Y, et al. Exploring temporal relationships between scientific and technical fronts: A case of biotechnology field [J]. Scientometrics, 2014, 98（2）: 1085-1100.

（徐硕 张跃富 撰稿/李睿 审校）

78. 科学家声望
（scientist reputation）

科学家声望（scientist reputation）是指科学家因专业知识、研究成果、学术贡献、研究经验在学术界和社会公众中产生的信誉和威望。声望的定义通常是主观的，并且可以因不同领域、不同国家、不同时代和不同观点而有所不同。Merton在1942年就提出科学家应该遵循科学研究道德和方法论原则，以获得同行的认可和尊重，并提高他们在科学界的声望和地位。1963年Price揭示了科学家如何通过科学成果的数量和质量来建立声望。Laudel于2002年研究了合著对科学家声望的影响，并提出了"合著人气指数"来衡量科学家合著成果的影响力。长期以来，科学家的声望主要基于他们在学术界的成就和荣誉，例如发表的论文数量和质量、获得的奖项、担任的学术职位等。然而，随着科学技术的发展和社会变革，科学家的声望定义逐渐向更广泛的领域如公众形象、科技创新、团队合作等扩展，但学术成就仍然是评估科学家声望的重要指标之一。

科学家的声望通常通过多种指标来衡量，除了上述提到的发表论文数量和质量、获得的奖项外，还有被引用次数、担任期刊编委和评审员以及在国际会议或者领域内的顶级会议上发表演讲等。2005年，美国物理学家Hirsch提出了一种新的计量方法，即h指数（h-index）法，该方法从数量和影响力两个维度评价学者个人的学术成就。此外，比利时著名科学计量学家Egghe在分析h指数的评价效果时，提出了一种基于学者以往贡献的g指数。2010年，Priem在推文中首次采用"altmetrics"这个术语，用于测量科研成果的社会影响力。上述指标以期刊为主，测度的是学术共同体内的短期影响，忽略书籍这一重要知识载体。已有研究将文化组学分析引入科研评估，基于谷歌收录的1.26亿篇文献（3 600万多本数字化书籍和9千多万篇学术文章），通过学者-关键词的共词分析甄别了科学家声望及其主要学术贡献的关联。

科学家的声望可以影响其在学术界、政府机构、企业和社会组织等场合中的地位和影响力，以及获得研究经费和资源等方面的优势。因此，科学家有可能采用不当手段来提高自己的声望，如不当自我引用、引用互换、论文造假等。为了维护学术界的公正纯洁性，建立一个公正、透明、有效的科学家声望评价体系是至关重要的。

参考文献（references）：
[1] PRICE D J. Little science, big science...

and beyond [M]. New York: Columbia University Press, 1986.

[2] MERTON R K. The normative structure of science [M]. In: Storer NW (ed.) The Sociology of Science: Theoretical and Empirical Investigations. Chicago, IL: University of Chicago Press, 1973: 267–278.

[3] LAUDEL G. What do we measure by co-authorships? [J]. Research Evaluation, 2002, 11 (1): 3-15.

[4] HIRSCH J E. An index to quantify an individual's scientific research output [J]. Proceedings of the National Academy of Sciences, 2005, 102 (46): 16569-16572.

[5] EGGHE L. Theory and practise of the g-index [J]. Scientometrics, 2006, 69 (1): 131-152.

[6] PRIEM J, HEMMINGER B H. Scientometrics 2.0: New metrics of scholarly impact on the social Web [J]. First Monday, 2010, 15 (7). https://doi.org/10.5210/fm.v15i7.2874.

[7] WANG G, HU G, LI C, TANG L. Long live the scientists: Tracking the scientific fame of great minds in physics [J]. Journal of Informetrics, 2018, 12 (4): 1089-1098.

（刘维树 胡丽云 唐莉 撰稿/李杰 审校）

79. 科学交流
（scientific communication）

科学交流（scientific communication），又称学术交流（scholarly communication），是指在人类社会中通过正式渠道与非正式渠道提供、传递和获取科学信息的过程总和，是科学赖以存在和发展的基本机制。科学交流最早可追溯至科学革命之前，17世纪以来的科学革命产生了学会和学术期刊，前者是一种新的科学交流组织形态，后者是一种新的科学交流工具载体。随着专业学会互动日益频繁以及科技论文数量的不断增加，科学交流机制也发生了变化。20世纪50至70年代，美国心理学家W.加维和B.格里菲思、美国情报学家兰开斯特和L.C.史密斯通过考察科学交流的正式与非正式渠道和科学信息流，提出了不同的科学交流模型。1971年联合国教科文组织（UNESCO）和国际科学联盟理事会（ICSU）共同提出UNISIST科学交流模型，将正式渠道置于科学交流中心，以凸显科学文献系统对科学交流的支撑作用。

科学交流的基本过程包括：①科研人员之间关于其研究或研制的面对面交谈；②参观同行的实验室或科学技术展览等；③对某些听众作口头讲演；④交换书信、出版物预印本和单行本；⑤科研成果发表前的准备工作；⑥为发表科研成果所必需的编辑出版和印刷过程；⑦科学出版物的发行过程；⑧相关的图书馆书目工作和档案事务；⑨科学情报工作本身。前五种基本过程都带有明显的个体性质，美国社会学家H.门泽尔将它们统称为非正式过程，以区别于以科学出版物为基础的正式过程，广义的科学交流系统如图1所示。

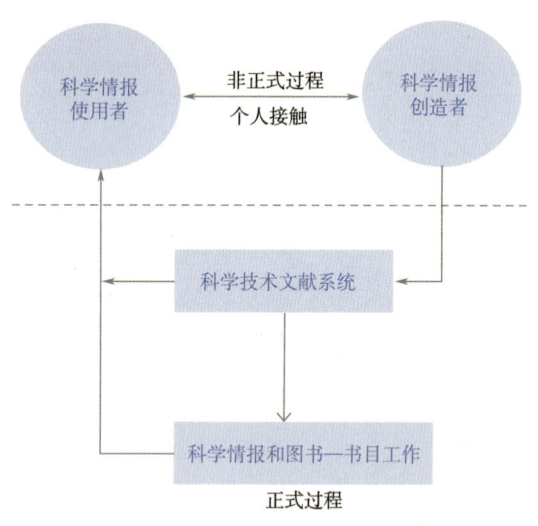

图1 广义的科学交流系统

在非正式渠道中，科研人员不受时间、地域或原有社交结构的限制，可以直接沟通交流，进行科研信息的交换和思维想法的碰撞，形成互动密切的科学共同体交流网络，这也是"无形学院"（invisible college）的存在价值。而在正式渠道中，科研人员依据不同的研究阶段，选择合适的载体方式进行科研成果公开发表，包括期刊论文、会议论文、专利、手稿等类型，在网络环境下，很多科研人员也选择诸如电子预印本、电子手稿、电子期刊等网络载体进行最新科研成果发布。总体来说，非正式渠道与正式渠道可以形成良好互补，非正式渠道具有渠道选择多、传播速度快、传播成本低、针对性强、反馈及时、互动丰富等优势，但存在易发生成果剽窃、不利于科学信息积累、难检验科学信息内容质量等问题，而正式渠道的科学信息积累性好、科学信息可靠程度高。

随着网络通信技术的飞速发展，科学交流持续变革，逐步走向数字化和网络化。网络终端、电子邮件、在线数据库、讨论列表和新闻组、视频会议、数字图书馆甚至"知识机器人"等新技术已经渗入科学交流的基本过程，科学交流正逐步形成基于网络技术的新型范式，影响整个科学知识生产方式。网络时代的科学交流具有开放、透明、多样化的突出特点，具体表现有：出版物越来越开放，诞生于20世纪末的开放获取运动支持开放出版、反对商业垄断；交流形式越来越多样，手稿、演示、代码和数据在网上共享，研究想法和结果在博客等社交媒体上得到公开讨论和批评；社交媒体平台在科学交流中的使用和作用受到高度关注，成为替代计量学研究的重要数据来源；评议越来越透明，后同行评议形成与发展，允许文章在公开发表后由匿名或非匿名审稿人进行评估。

参考文献（references）：

[1] 科学交流与情报学［M］. 徐新民，等译. 北京：科学技术文献出版社，1980.

[2] 丁大尉. 网络时代的科学交流体系研究［M］. 北京：中国社会科学出版社，2017.

[3] HAUSTEIN S, SUGIMOTO C, LARIVIÈRE V. Guest editorial：social media in scholarly communication［J］. Aslib journal of information management. 2015, 67（3）.

[4] PALI U K, CANDACE K. Scientific scholarly communication the changing landscape［M］. Berlin：Springer International Publishing, 2017.

[5] HARLEY D. Scholarly communication：cultural contexts, evolving models.［J］. Science, 2013, 342（6154）：80-82.

（余厚强 傅坦 撰写/李杰 审校）

80. 科学经济学
（economics of science）

科学经济学（economics of science）又被称为"科学研究经济学""科技经济学"，是探讨科学研究领域生产关系的一门学问，由科学学和经济学交叉而成，即从经济学的角度探讨科学研究领域的经济现象和经济规律，也关注科研领域与社会上其他领域间的生产关系。总体来说，科学经济学研究社会科学知识的生产、交换与消费相关问题。科学经济学这一术语最早由苏联经济学家提出，苏联科学院经济研究所所长加托夫斯基与列夫·马尔科维奇于1965年在苏联《经济问题》杂志上刊登的论文《经济科学与技术进步的若干问题》中首次使用了这一术语，并论述了科技领域中应该注意的经济学问题。后来，这篇文章被称为科学经济学的重要"奠基著作"。

科学经济学以科研领域中的经济问题为研究对象，其研究内容主要包括科学研究领域的基本经济特点及经济规律的具体表现形式、科学技术与国民经济的协调发展及相互关系、科研活动的经济效益评价、科研活动的经济管理秩序、方法、原则等，但其核心是科研工作的效率问题。科学经济学的研究体现了理论科学与应用科学的双重属性，在理论方面涉及科学劳动与生产的特点、科学产品的属性、经济规律在科研领域中的作用等，在应用方面涉及科研成果经济效益的计算、科研机构的评价、科研经费的分配、科研效率的评价等。

科学经济学的发展经历了旧科学经济学和新科学经济学时期。早在科学经济学被正式提出之前，亚当·斯密、卡尔·马克思、约瑟夫·熊彼特等均已经有了经济学中有关科学的论述，美国实用主义的奠基人皮尔斯于1879年在文章《关于研究的经济学理论的笔记》（Note on the Theory of the Economy of Research）中就已经尝试关于科研项目选择的经济学模型研究。20世纪50年代到80年代中期是科学经济学发展的第一个阶段，也可以说是旧科学经济学的发展时期，这一时期新古典主流经济学中抽象的"经济人"假设和政府与市场在资源配置中的不同角色对科学经济学产生了深刻影响，使旧科学经济学表现为一种简单的线性模型特征。从20世纪80年代末开始，由于非线性经济学和经济动力学取得了较大的发展，科学经济学家逐渐摆脱新古典理论范式的限制，从更加动态的角度对科学进行研究，深入研究了科学技术与经济增长之间的重要联系，这被誉为新科学经济学发展阶段的开始。

目前，科学经济学仍然处在不断发展

之中，理论界对该学科体系持有不同的看法，有的认为科学经济学是科学学的重要分支之一，有的认为科学经济学既是科学学的组成部分也是部门经济学的一员。在西方科学经济学没有独立成为一门学科，往往处于科学政策研究的范围之内。中国的科学经济学研究起步较晚，学科体系也在不断丰富完善之中。

参考文献（references）:

［1］ГАТОВСКИЙ Л М. Отдельные вопросы экономического научно‐технического прогресса［J］. Вопросы Экономики，1965（12）：17.

［2］PEIRCE C S. Note on theory of the economy of researchin MIROWSKI P and SENT E M（eds），Science bought and sold：essays in the economics of science［C］.Chicago：The University of Chicago Press，2002.

［3］NELSON R R. The Simple Economics of Basic Scientific Research［J］.Journal of Political Economy，1959，67（3）：297-306.

［4］陆建人.简论科学经济学及当前的研究课题［J］.管理工程学报，1986（01）：42-46.

［5］王兴成.科学经济学的对象［J］.国外社会科学，1982（01）：71-73.

［6］贾根良，刘辉锋.科学经济学的兴起与最新发展［J］.国外社会科学，2003（02）：32-38.

（俞立平 撰稿/袁军鹏 审校）

81. 科学社会学
（sociology of science）

科学社会学，又被称为科学知识社会学（sociology of scientific knowledge），是对科学作为一种社会活动的研究，特别关注科学的社会条件和影响，以及科学活动的社会结构和过程。科学社会学是社会学的一个分支，建立于20世纪30年代，是用社会学方法研究科学这一社会建制、科学共同体和科学知识的一门学科。

19世纪后期，英国社会学家、哲学家Herbert Spencer在其《社会学原理》一书中将科学列为社会学研究的内容。早期的科学社会学研究主要是在知识社会学的范围内进行的，把科学当作一种社会职业来研究，为科学社会学的诞生奠定了基础。Karl Heinrich Marx和Friedrich Engels有关科学与社会的关系的论述对科学社会学理论的形成也有重要的影响。德国社会学家Max Weber于1919年发表了《作为一种职业的科学》的论文，突出了科学作为一种社会建制的自主性，论述了科学的社会功能。该文被看作科学社会学研究的起点。1935年，美国社会学家Robert King Merton在《十七世纪英国的科学、技术和社会》的博士论文中第一次提出把科学作为一个社会系统，明确了科学社会学的研究领域和根本方法，被认为开创了科学的社会学研究。1939年，英国科学家、科学社会学的创始人John Desmond Bernal的《科学的社会功能》一书从马克思主义的立场出发，全面阐述了科学的外部关系与内部问题。他的研究不仅形成了科学社会学的英国传统，还吸引着许多经过自然科学训练的学者进行跨学科的研究。

20世纪中叶以来，科学技术的巨大进展对社会、经济、政治、军事、思想意识等方面产生日益重要的影响，也给人类带来了许多严重的社会问题，科学向人类社会提出了挑战，科学、技术与社会的关系日益成为人们关心的重要课题。科学研究活动进入国家规模，成为"大科学"；科学家成为重要的社会角色，科学成为一种重要的社会建制。科学内部的社会关系和社会结构更加复杂，吸引了更多的学者进行科学社会学的研究。科学社会学在这种形势下迅速发展起来。1962年，美国科学史家和科学哲学家Thomas Samual Kuhn在《科学革命的结构》一书中论述了科学发展的规律及科学进步与社会发展的关系，提出了一系列具有进行经验研究潜力的概念，并将科学革命与科学共同体的动态过程联系起来，成为具有较大影响力的科学社会学研究范式。

科学社会学可以从宏观和微观两个角度研究。宏观的科学社会学主要研究、探讨科学对社会的影响、社会对科学的控制，以及科学发展的社会条件和社会后果；微观的科学社会学主要研究科学家们在知识生产中的价值观念和行为规范，以及科学作为一个社会系统的内部运动规律。科学社会学的研究内容主要包括：①对科学与社会的关系的研究，包括科学的社会功能，科学进步对社会发展的影响和造成的问题，科学作为一种社会建制与其他社会建制的关系，社会、经济、文化、心理等要素对科学的影响等。②对科学本身的研究，研究构成科学的基本科学思想、科学方法论、科学的作用、科学的动员和奖励制度4个要素。③对科学界的研究，包括科学共同体、科学界内部的人际关系和行为规范、科学家的社会角色等。④对科学技术政策的研究。

科学社会学与以科学为研究对象的其他学科，如科学史、科学哲学、科学经济学、科学伦理学，特别是科学学有着密切的联系：科学社会学是科学学的一个组成部分，科学学在揭示科学功能和发展的一般规律和整个机制方面利用了科学社会学的成果。二者的主要区别是：科学学着重研究作为一个系统的科学的功能和发展，科学社会学着重研究科学和其他社会系统相互作用的功能和发展。科学社会学的研究有助于人们认识科学发展的基本规律，了解科学发展所带来的社会问题，为制定科技发展政策、经济社会发展战略提供理论依据，并对相邻学科的发展起促进作用。

参考文献（references）：

[1] MERTON R K. The sociology of science：theoretical and empirical investigations [M]. Cambridge：University of Chicago Press，1973.

[2] BEN-DAVID J，SULLIVAN T A. Sociology of science [J]. Annual review of sociology，1975，1（1）：203-222.

[3] KUHN T S. The structure of scientific revolutions [M]. Cambridge：University of Chicago Press，2012.

[4] 刘珺珺. 科学社会学 [M]. 上海：上海科技教育出版社，2009.

（柳美君 撰稿/闵超 审校）

82. 科学史
（history of science）

科学史即自然科学史，正像人类的各种活动均有其历史一样，科学活动的变化过程也形成了它的历史。狭义的科学史指人类对自然的认识发展史，主要分析自然科学理论体系的发展过程，后来被称为"内史"，而晚近发展的"外史"则侧重研究科学理论及相关技术产生的思想源流和社会背景。在广义语境下，科学史也包含技术史，被称为科学技术史（简称"科技史"）。

几乎从科学（当然是广义的科学）诞生一开始，历史的描述和分析就伴随着科学的发展而发展起来。从18世纪开始，一些细致的学科史研究开始出现，此时的学者们受到"启蒙思想"的影响，开始用进步主义观念观察社会运行，而科学的发展史则是这种进步主义观念最好的体现。进入19世纪，随着科学的进一步发展，综合性的科学史也开始形成和发展，其中的代表人物是英国学者休厄耳（W. Whewell）、法国学者孔德（A. Comte）和坦纳里（P. Tannery）。休厄耳先后著有《归纳科学史》（1837）、《科学思想史》（1858）等。孔德在其著作《实证哲学讲义》（1830）中提出"综合科学史，不是各门科学的历史加起来，而是整个科学的历史，他本身就是一门科学"。坦纳里继承了孔德的思想，他致力于促使科学史专业化，甚至期望科学史家能保有一种独立的历史意识，使自己区别于职业科学家。进入20世纪，科学史终于成为一门现代的、独立的专业学科，萨顿（G. Sarton）被认为是现代科学史学科的创始人。萨顿是比利时人，早年受到过孔德、坦纳里等人的影响，1913年，萨顿取得物理学博士学位两年后，在比利时创办了第一份科学史杂志《爱西斯》（*Isis*）。一战爆发后，萨顿移居美国，在哈佛大学开设科学史课程，1924年推动成立了美国科学史学会，并以毕生精力写作《科学史导论》（三卷本）。1916年，在哈佛大学攻读博士学位的中国留学生竺可桢和赵元任分别旁听和选修了萨顿的科学史课程，这对后来中国科学史学科发展产生了很大影响。

科学史不是一门静止不变的学科，而是随着科学自身的发展和社会因素的改变而不断变化的。1938年，默顿（R. K. Merton）发表了长篇论著《17世纪英格兰的科学、技术与社会》，被认为是科学社会史的开山之作。1939年，柯瓦雷（Koyré）出版了著作《伽利略研究》，被认为是科学思想史研究的一个高峰。1959年，英国学者斯诺（C.P. Snow）在剑桥大学发表了讲演《两种文化与科学革命》，提出了时代所面临的两种文化分裂的问题。科学史学科的奠基人萨顿也认为，科学需要人文主义化，科学史就是这种人文主义化的重要手段。斯诺和萨顿都认为，科学史是连接科学和人文的桥梁。1962年，库恩（Kuhn）出版著作《科学革命的结构》，提出"范式"和"范式转变"的概念，为科学史和科学哲学的研究开辟了新的思路。此后，科学史与科学哲学、科学社会学等相关学科一直有着紧密的互动，"内史"和"外史"的界限也逐渐被消解。

现代科学史在中国的出现始于新文化运动，中国科学社的创始人任鸿隽在1915年创刊号《科学》杂志上发表了"说中国无科学之原因"，叶企孙、竺可桢、李俨等第一批的中国科学史学者先后发表了多篇论著。抗日战争期间，李约瑟访问中国，提出了著名的"李约瑟之问"，中西科技发展历史比较研究受到中外学术界的关注。中国科学史学科的建制化始于新中国成立之后。1954年8月1日，竺可桢阅读李约瑟《中国科学技术史》第一卷后，在《人民日报》发表文章《为什么要研究我国古代科学史》。在竺可桢等人的推动下，科技史学科发展在1956年被纳入《1956—1967年科学技术发展远景规划》，中国科学院中国自然科学史研究室于1957年元旦在北京正式成立，室主任李俨为1955年学部委员（院士）。1980年10月，在中国科学技术协会和中国科学院的支持下，第一次全国科学技术史大会在北京召开，会上宣布成立中国科学技术史学会。1997年，国务院学位委员会采纳科技史界的建议，将科学技术史作为理学门类下独立的一级学科设置。2008年，由中国科学院前院长卢嘉锡任总主编的《中国科学技术史》（26卷本）出版，这是中国科学技术史界一部系统、完整的大型著作。

当下，科学史除了和科学哲学、科学社会学等传统相关学科一直保持紧密联系，也和科学技术与社会（STS）、科技政策、科技战略、科技教育、科技伦理、科学文化、科学传播、数字人文等研究领域有着紧密的互动关系，这促使科学史用多重视角关注科学技术的发展，其自身也在不断的发展变化中。

参考文献（references）：

[1] 刘兵，鲍鸥，游战洪，等. 新编科学技术史教程[M]. 北京：清华大学出版社，2011.

[2] 《中国大百科全书》第三版 网络版[EB/OL]. (2022-01-20)[2023-04-15]. https://www.zgbk.com/ecph/words?SiteID=1&ID=245314&Type=bkzyb&SubID=137841.

[3] 伊东俊太郎. 科学技术史词典[M]. 樊洪业，译. 北京：光明日报出版社，1986.

[4] MERTON R K. Science, technology and society in seventeenth century England[J]. Osiris, 1938, 4(2): 360-632.

[5] KOYRÉ A. Études galiléennes[M]. Paris: Hermann, 1939.

[6] KUHN T S. The structure of scientific revolutions[M]. Chicago: University of Chicago Press, 1962.

（王公 撰稿）

83. 科学学
(science of science)

科学学（science of science），这一术语最早来自波兰语"nauka o nauce"，是由波兰哲学家柯塔尔宾斯基（Tadeusz Kotarbiński）在1927年提出的，后被波兰社会学家奥氏夫妇（Ossowska et al., 1936）译为英文，并加以系统地阐述，之后被贝尔纳和普赖斯等人认同并采纳。尽管贝尔纳认为无需给"科学学"一个严格的定义（Bernal et al., 1966），因为科学本身就是永无休止地变化着的，但作为一个学科研究领域，还是可以梳理出关于科学学定义的几条线索，以把握科学学的内涵。

贝尔纳基于马克思关于科学与社会统一的理论，以事物的成熟标志来定义科学学，强调科学学的反身性（reflective nature）。贝尔纳一再强调科学学这一术语的反身性，强调科学的自我意识，"重复使用'科学'一词就是强调我们要全面地综合看待科学，就像物理学、心理学、宗教学等所要求的，综合认识主体与客体、观察者与被观察者、创造者与被创造物、粒子和波，即这里的每一对术语都形成一个独立的有机系统，科学也必须研究它自身"（Bernal et al, 1966）。贝尔纳所指的科学可以作为"一种建制、一种方法、一种积累的知识传统、一种维持或发展生产的主要因素、构成我们的诸信仰和对宇宙与人类的诸态度的最强大势力之一"（贝尔纳，1957）。

普赖斯在继承和发展贝尔纳科学学研究的定量研究、理论模型、政策和管理研究三大特点的基础上，以学科外延来定义科学学，强调用科学的方法来研究科学。普赖斯认为科学学是"科学、技术、医学等的历史、哲学、社会学、心理学、经济学、政治学、运筹学等"（Price, 1964），这是一个外延式定义，涵盖了奥氏夫妇在1935年提出的科学的科学研究纲要（Ossowska et al., 1935）。科学学的研究对象不限于科学，还包括技术、医学等，是一个广义的科学范畴；而研究科学的科学部门也包含许多门学科。普赖斯强调以定量分析方法为主要途径，以反映科学活动的主体和客体为研究对象，描述科学发展过程，揭示科学发展内在机理，预测科学发展趋势，为科学管理工作提供支持依据。正确合理的科学指标与准确完整的统计数据是定量研究科学规律、获得可靠结果的前提条件。普赖斯在其晚年曾提醒我们要清醒地把握科学学的应用研究与基础研究之间的关系，我们之所以要探索科学学，就是为了"能对科学所提供的所有知识获得全新认识，而不管它把我们带到哪里"。

钱学森基于现代科学技术体系的思考，以事物的内涵来定义科学学，强调科学学的社会科学性质。钱老将英国人称的science of sciences和美国人称的sociology of science都视为科学学。他在《关于建立和发展马克思主义的科学学的问题》（1980）中写道："什么是科学学？我认为：科学学是把科学技术作为人类社会活动来研究的，研究科学技术活动的规律，它与整个社会发展的关系。"钱学森的科学学思想源于他的技术科学理论与实践，正是认识到技术科学在基础科学与工程技术之间的中介作用，从而演绎形成现代科学技术体系思想，阐发了科学学产生的必然性。钱老提出的技术科学思想体现了"科学—技术—创新"之间的内在逻辑和丰富内涵，是构建开放的现代科学技术体系的重要理论基础。

基于强调用科学的方法来研究科学这一基本观点，有学者将科学学视为元研究（meta-research）。科学学，即元研究的一种手段和方法（Tracey，2021）。元研究，即用科学的方法来研究科学本身，是对研究本身，包括方法、报告、可重复性、评价和动机进行研究（Ioannidis，2018）。由于科学是人类进步的重要驱动力，因此提升科研的效率、获取更可信和更有用的研究结论是有利于其转化成更大的社会福利的。元科学考虑问题的出发点和宗旨与贝尔纳倡导的科学学是一致的，但其研究更侧重科学研究本身，而非在社会背景中的科学整体。元科学也强调定量分析，但普赖斯的定量研究的对象更偏重科学产出的各要素（如论文、作者、机构等），而元研究的对象更偏重科学生产过程中的各要素（如方法、步骤、可重复性等）。随着科研人员数量的迅速增长，知识和创新的机会不断增加，研究的有效性和科学完备性备受挑战，各新学科的兴起也对其提出了不同的标准和挑战，这些都难免使得科学研究受到很大的干扰。元研究就是要使用跨学科的研究方法，促进和捍卫科学的鲁棒性。

新兴的数据科学家们基于大规模科学数据的可获取性和可分析性，认为科学学是一个定量的、数据驱动的研究领域。通过科学计量学（如引文分析）、语义分析、社交网络分析以及大数据分析、网络分析和数据挖掘等方法分析可以获取到数字化科学文本，从而探索科学结构及其演变的驱动因素。科技史、科学哲学和科学社会学也研究科学结构及其演变，只是它们更面向历史、强调阐释性和案例分析，而数据科学家眼中的科学学更强调其定量和数据驱动的一面，尤其关注当代科学的大规模现象，这既是科学学新的发展趋势，也是对科技史、科技哲学和科学社会学的有益补充。尤其是随着大数据时代的到来，相对完整规范的科学大数据的可获取性导致擅长信息检索和分析的图书情报科学家、擅长数据挖掘的计算机专家、擅长仿真建模的复杂性科学学者以及从事社会计算的社会学家都快速涌入科学学领域，进而形成了基于数据获取、处理和分析的大数据驱动的科学学研究新范式。不同于传统的以数理统计和建模为长的定量科学学研究，这种范式通常使用社会网络分析（social network analysis，SNA）、仿真建模（agent-based model）、机器学习（machine learning），以及高级计量模型或实验等手段对多源复杂的科学大数据进行分析。

目前国内外对科学学的不同定义或理解源于学者们不同的学术背景，但其核心议题是遵从贝尔纳的科学学研究理念，即在社会的、历史的和文化的情境中讨论科学技术的创造、发展以及后果，研究方法也都是强调科学的实证方法，即数据化和数量化研究。即使是新近出现的元研究和大数据驱动研究，其实质上仍属于科学计量学的范畴，是对传统的以数理统计和引文分析为主的科学计量学的丰富和发展。*Scientometrics*学术期刊创办伊始就公开申明其主旨是：涵盖科学学、科学交流/科学传播（science communication）和科技政策的所有定量研究。这意味着关于科学学的定量研究都属于科学计量学，科学计量学是科学学的量化研究方法。

参考文献（references）：

[1] OSSOWSKA M，OSSOWSKI S.Nauka o nauce（The science of science）[J].Nauka Polska（Polish Science），1935，20（3）：1-12.

[2] BERNAL J D，MACKAY A L. Towards a science of science [J]. Organon，1966，3：9-17. Lecture presented at the opening session of the XIth International Congress of the History of Science，Warsaw August 24 1965.

[3] PRICE D J. 1964. The science of science [A]. The Science of Science [C].Goldsmith M，Mackay A L.（London：Souvenir Press，195-208；Science and Public Policy，June 1985，16（3）：152-158.

[4] 钱学森.关于建立和发展马克思主义的科学学的问题—为《科研管理》创刊而作[J].科研管理，1980（01）：3-8.

[5] 刘则渊.科学学理论体系建构的思考——基于科学计量学的中外科学学进展研究报告[J].科学学研究，2006（01）：1-11.

[6] FORTUNATO S，BERGSTROM C T，BÖRNER K，et al. Science of science [J]. Science，2018，359（6379）：eaao0185.

[7] 陈悦，王智琦.数据迷雾下渐行渐近的科学学[J].科学学与科学技术管理，2022，43（10）：70-82.

（陈悦 撰稿）

84. 科学研究的智力常数
（intelligence constant of scientific work）

"智力常数"是一定历史时期人们发现一项重大科学成果所消耗创造力的大小，由于它在相当长的历史时期保持不变，故被称为"智力常数"或"科学劳动的智力常数"。我国著名科学学和科学计量学家赵红洲先生于1980年在《科学劳动的智力常数》一文率先提出了"智力常数"概念。

科学劳动是一种创造性劳动，它需要消耗人们大量的科学创造力，而创造力大小往往与科学家的生理年龄相关，由此引发大量关于科学发明年龄规律的研究，即探究科学家生理年龄与科学成果数、科学家人数间关系的规律。其中，科学家取得重要（或其最重要）成果的生理年龄（区间）被称为"最佳年龄区间"。对科学家群体的最佳年龄进行统计分析，其曲线峰值被称为"最佳峰值年龄"，即科学家创造产出水平最高峰时的生理年龄。研究认为，在任何时代、任何国家，科学家群体当前的年龄越远离"最佳峰值年龄"（包括过于年轻或者年老），其科学创造力普遍越小，由此提出使用科学家的当前生理年龄和"最佳峰值年龄"的差值来表示科学创造力的特征函数。

对于不同的个人、民族、专业来说，科学劳动的"最佳年龄区间"是各不相同的。但是对于全世界大多数人来讲，这个"最佳年龄区间"又是相对确定的。比如，从1500年到1960年，对1 249名杰出科学家和1 928项重大成果统计计算发现，科学发明的最佳年龄区间是25~45岁，最佳峰值年龄在37岁左右。然而，有趣的是，最佳峰值年龄是随着历史的推移而向增大的方向移动的。图1给出历史上全世界杰出科学家平均年龄、成名年龄（发表首次成果的生理年龄）和最佳峰值年龄的移动情况。

科学发明最佳峰值年龄的增大反映科学劳动困难程度的增大，反映不同时代科学劳动所消耗的创造力的增加。根据科学发明年龄规律，赵红洲提出科学家队伍创造力因子Q有以下函数形式：

$$Q = \frac{N}{A-a}$$

其中，N为一定历史年代的科学家数目，A为平均生理年龄，a为当时的最佳峰值年龄。利用《自然科学大事件年表》提供的数据可以验证，任何时代、任何国家的科学劳动，其重大科学成果数（W）总和创造力因子（Q）成正比，即Q值越大，科学家队伍创造力越高，则科学成果数目W越多：

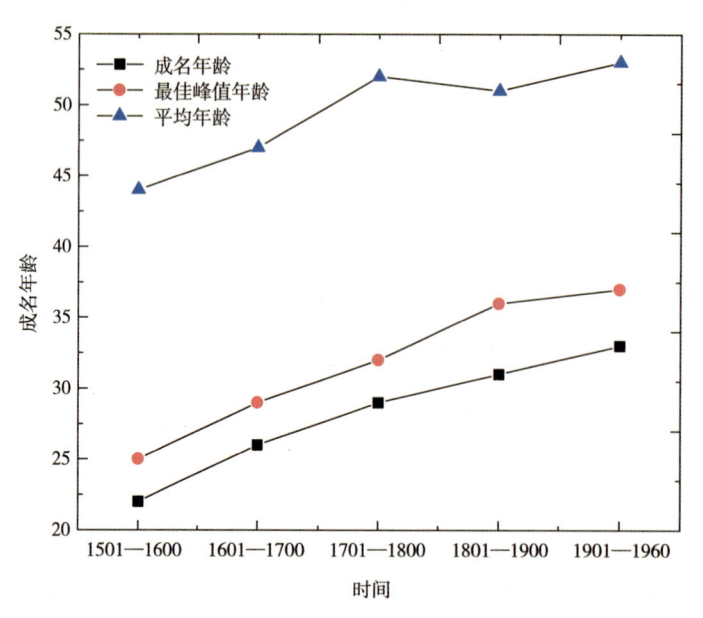

图1 杰出科学家平均年龄、成名年龄和最佳峰值年龄情况

$$W = K \times Q$$

其中，K为比例常数。那么，$Q/W = 1/K$，令 $R = 1/K$，得 $R = Q/W$。R表示科学劳动中每取得一项重大科学成果所消耗的科学创造力的大小。因此，R为科学劳动的智力常数，其大小可以描述不同时代的科学劳动的复杂程度，也能够预测未来科学劳动所消耗的创造力的大小。

参考文献（references）：

[1] 赵红州.科学劳动的智力常数［J］.自然杂志，1980（3）：172-174+171.

[2] 赵红州.关于科学家社会年龄问题的研究［J］.自然辩证法通讯，1979（4）：29-44.

[3] ZHAO H. An intelligence constant of scientific work［J］. Scientometrics，1984，6：9-17.

（张琳 施顺顺 撰稿/黄颖 审校）

术语篇

85. 科学哲学
（philosophy of science）

科学哲学（philosophy of science）是研究科学本身的一门哲学分支学科，主要基于本体论、认识论、方法论和价值论等视角，对科学的本质是什么、科学理论是如何形成的、科学是如何发展的等元科学问题进行诠释。对于这些问题的回答，科学哲学中存在很多争论，比如科学是唯名还是唯实的、是先验的还是后验的、是分析的还是综合的、是还原的还是整体的、是归纳的还是演绎的，而这些争论也深化了我们对科学本质的认识。

科学哲学作为一门学科诞生于20世纪20年代，是伴随着逻辑实证主义的提出而逐渐发展形成的。逻辑实证主义是由莫里兹·石里克（Moritz Schlick）、鲁道夫·卡尔纳普（Rudolf Carnap）等人提出的一种经验主义和归纳主义的科学方法论，它融合了传统的经验主义和罗素的逻辑主义，认为科学理论应该以科学事实（包括观察和实验）为基础，以逻辑为工具，进行归纳推理得到。逻辑实证主义利用这一原则，将科学与神学等形而上学区分开来，第一次为科学进行了划界。逻辑实证主义之后，科学哲学领域又先后出现了批判理性主义（波普尔）、历史相对主义（库恩）、科学研究纲领方法论（拉卡托斯）、无政府主义（费耶阿本德）等新的科学方法论。这些方法论中的一些概念，如波普尔提出的"猜想与反驳"和"可证伪性"，库恩提出的"范式转移"和"科学革命"，费耶阿本德的"反对方法"等概念，对逻辑实证主义进行了深刻的颠覆，从而完成了对科学的解构和祛魅。

国内科学哲学的兴起与自然辩证法学科在中国的发展紧密相关。自然辩证法是马克思主义的自然观和自然科学观。20世纪80年代，随着中国自然辩证法研究会的成立和《自然辩证法通讯》（1979年）、《自然辩证法研究》（1985年）、《科学技术与辩证法》（1984年）（后更名为《科学技术哲学研究》）等专业性学术期刊的陆续创办，建制化的自然辩证法学科逐渐建立起来。1987年，为了更好地推进学科向专业化方向发展，教育部将研究生哲学专业下属的二级学科目录"自然辩证法"调整为"科学技术哲学"，标志着中国的科学哲学进入一个与国际接轨的新阶段。

科学哲学为科学计量学提供了重要的理论基础。科学计量学中很多研究问题和工具实现都借鉴了科学哲学中的概念。例如，陈超美教授开发的科学知识图谱工具CiteSpace中，就通过网络结构和节点颜色信息来展现范式转移的程度和方向；而共词分析的方法和呈现与科学哲学中本体论和唯名论也有相通之处。此外，世界科学中心的转移理论、马太效应、科学技术发展的双螺旋结构都在科学计量学中得到了证实或体现。

参考文献（references）：

［1］查尔默斯. 科学究竟是什么［M］. 3版. 鲁旭东，译. 北京：商务印书馆，2007.

［2］亨普尔. 自然科学的哲学［M］. 张华夏，译. 北京：中国人民大学出版社，2006.

［3］刘大椿. 科学技术哲学在中国的兴起与自然辩证法［J］. 自然辩证法研究，2020，36（10）：3-11.

［4］史密斯. 科学哲学指南［M］. 成素梅，殷杰，译. 上海：上海科技教育出版社，2006.11.

［5］赖欣巴哈. 科学哲学的兴起［M］. 北京：商务印书馆，2009.

［6］奥卡莎. 科学哲学［M］. 南京：译林出版社，2013.

（胡志刚 撰稿/陈悦 审校）

86. 科学知识图谱
（map of science）

科学知识图谱（英文表达有knowledge mapping、bibliometric/scientometric mapping、mapping knowledge domain、mapping science、map of science、science mapping等）是一种利用网络分析与可视化技术，基于科学文献数据揭示和展现科学知识结构、关系和演化过程的分析方法，具有客观、直观、美观等特点，代表了科学计量学从数学表达转向图形表达的新趋势。科学知识图谱可用于展现学科领域的知识单元和知识结构，揭示科学研究的热点和前沿，勾勒科学技术演进的模式和特点。因此，科学知识图谱在开展信息检索和知识服务、展示领域发展动态、实现系统综述和荟萃分析、辅助知识发现和技术预见等方面具有重要的价值。

科学知识图谱绘制（mapping knowledge domains）源于2003年5月美国国家科学院组织的一次研讨会，多位知名的科学计量和数据可视化领域的专家学者参加了此次会议，如史蒂夫·莫利斯（Steven Morris）、陈超美（Chaomei Chen）、尤金·加菲尔德（Eugene Garfield）以及凯蒂·博纳（Katy Börner）等。会议的议题主要包括：Session 1：data bases, data format & access（数据库、数据格式和存取）；Session 2：data analysis algorithms（数据分析算法）；Session 3：visualization & interaction design（可视化与交互设计）；Session 4：promising applications（应用前景）（如图1所示）。

在国内，大连理工大学刘则渊教授团队最早将"mapping knowledge domains"译为"科学知识图谱"，用来指称"显示科学知识的发展进程与结构关系的一种图形"。2004年4月，刘则渊教授看到《参考消息》中一篇题为"科学家拟绘制科学门类图"的消息，受此启发，在国内率先带领团队开始了"科学知识图谱"的研究工作，并创建了WISE（webmetrics-informetrics-scientometrics-econometrics）实验室，为我国培养了一批专门从事科学知识图谱理论、方法和实践研究的专业人才。2007年之后，该团队还引入由美国德雷塞尔大学陈超美教授开发的CiteSpace科学知识图谱绘制工具，并在国内率先开展了大量的应用研究。此后，科学知识图谱开始在各个学科领域广泛应用，在国内掀起了一场经久不衰的"科学知识图谱热"。随着计算机和信息技术的不断发展，科学知识图谱的绘制变得越来越智能化，许多软件工具已经实现了科学知识图谱绘制的一体化和自动化，从而大大降低了用户学习和操作的成本。

一般而言，科学知识图谱的绘制过程涉及文献检索和数据下载、文献数据预处理、知识单元和关系提取以及数据的可视化和图谱解读等步骤。

在数据来源方面，科学知识图谱一般基于文献数据库或开源数据集的各类科学文献数据，包括期刊论文、会议论文、专利文献、图书或报纸文章等。常用的科学文献数据来源包括：①商业的文献数据库，如Web of Science、Scopus、PubMed、Dimensions、CNKI、CSSCI等；②开源数据集，如Crossref、OpenAlex、Europe PMC等。

在绘制工具方面，科学知识图谱工具分为专用型和通用型，专业的科学知识图谱工具可以直接导入科技文献数据集进行分析，而通用的可视化工具则需要研究者首先对科技文献数据进行预处理，以转换成可支持的数据格式。常用的科学知识图谱绘制工具主要包括：①专业的科学知识图谱绘制工具，如CiteSpace、VOSviewer、HistCite、SCI2、Biblioshiny、CitNetExplorer、BibExcel、RefViz、VantagePoint等；②通用的信息可视化软件工具，如Gephi、Pajek、Ucinet、NetDraw、Cytoscape、Tulip、GraphViz、InfoMap（mapequation）、D3、Tableau等。

在图谱类型方面，根据分析对象，科学知识图谱可以分为以下三类：①对科学知识主体的可视化，例如国际合作图谱、机构合作图谱和科学家合作图谱等；②对科学知识客体的可视化，例如关键词共现图谱和主题词共现图谱等；③对科学知识载体的可视化，例如文献引用图谱、文献共被引图谱、文献耦合图谱和期刊共被引图谱等。研究者可以根据研究需求选择绘制所需的图谱类型。

图1 Richard Shiffrin和Katy Börner在美国科学院组织的mapping knowledge domains会议主题（2003年5月9日–11日）

值得一提的是，科学知识图谱有时被简称为知识图谱，但其内涵与谷歌（google）公司于2012年提出的知识图谱（knowledge graph）概念不同。谷歌公司提出的知识图谱以结构化的数据形式（如RDF）描述客观世界中概念、实体及其关系的概念，是语义网技术的新发展，可以看作基于符号计算的人工智能的基础，已经在搜索引擎、推荐系统、问答系统、深度学习等领域展现出了强大的能力。

参考文献（references）：

［1］BOYACK K W. Mapping knowledge domains: characterizing PNAS［J］. Proceedings of the national academy of sciences of the United States of America, 2004, 101: 5192-5199.

［2］CHEN C. Searching for intellectual turning points: progressive knowledge domain visualization［J］. Proceedings of the national academy of sciences, 2004, 101: 5303-5310.

［3］GINSPARG P, HOULE P, JOACHIMS T, et al. Mapping subsets of scholarly information［J］. Proceedings of the national academy of sciences of the United States of America, 2004, 101: 5236-5240.

［4］GRIFFITHS T L, STEYVERS M. Finding scientific topics［J］. Proceedings of the national academy of sciences of the United States of America, 2004, 101: 5228-5235.

［5］MANE K K, BÖRNER K. Mapping topics and topic bursts in PNAS［J］. Proceedings of the national academy of sciences, 2004, 101: 5287-5290.

［6］MENCZER F. Evolution of document networks［J］. Proceedings of the national academy of sciences of the United States of America, 2004, 101: 5261-5265.

［7］MORRIS S A, YEN G G. Crossmaps: visualization of overlapping relationships in collections of journal papers［J］. Proceedings of the national academy of sciences, 2004, 101: 5291-5296.

［8］SHIFFRIN R M, BÖRNER K. Mapping knowledge domains［J］. Proceedings of the national academy of sciences, 2004, 101: 5183-5185.

（胡志刚 李杰 撰稿/陈悦 审校）

87. 科研评价
（research evaluation）

科研评价（research evaluation）指根据明确的目的，由专业评估机构或专家组遵循一定的原则和标准，运用规范的程序和科学的方法，对科技政策、科技计划、科技项目、科技成果、科技发展领域、科技机构、科技人员以及与科技活动有关行为和要素所开展的专业化的咨询与评判活动，旨在分析和判断科技创新水平、提升科技活动管理绩效、优化科技管理决策、提高科技活动实施效果和财政支出绩效。

科研评价的基本要素包括评价主体、评价目的、评价对象、评价内容、评价方法、评价标准、评价制度、评价结果的表达与应用等。科研评价对象包括科研人员、科研团队、科研机构、研究领域、科研项目、科研计划、科技政策乃至一个国家的科技创新能力等。根据评估目的与背景、需求、对象、时间节点、条件等情况，不同评估活动的评估内容和重点有所不同，一般包括对目标定位、任务部署、资源条件、组织管理、实施进展、成果产出、能力水平、质量、价值、贡献、绩效、效果、影响力等方面的评价。在评价时通常需要确定相应的评价维度和标准，如学术成果维度（论文、专利、专著、报告等出版物）、学术影响力维度（学术引用、合作与交流、学术社交媒体影响力等）、科研贡献维度（科研项目数量和经费、学术奖项和荣誉、人才培养等）、社会影响力维度（科技转化和应用成果、政策咨询和决策支持、社会服务和社会参与度等）。当前对科学研究的社会影响力评价备受关注，社会影响力是指科技成果给经济、社会、文化、公共政策、公共服务、医疗、环境或生活品质带来的影响、改变或效益，其评价面临着有时滞、变化快、追溯难、类型多、举证难等挑战，常见的社会影响力评价方法包括制定指标、案例研究、用户调查、学界外引用等。相较于学术影响力评价，社会影响力评价更加复杂，有助于实现对科技成果的全面评价。

科研评价的基本准则包括独立、客观、公正、科学、专业、可信、有用、尽责、规范和尊重。常见的科研评价方法包括定性评价（如同行评议、访谈、问卷调查法、案例研究、历史回溯方法、预见等）、定量评价（如文献计量学方法、指标定量评价、标杆评比法、记分牌法、经济学和统计学方法等）以及定量定性相结合的综合评价方法。科研评价中所采用的方法和指标十分丰富，具体方法和指标的选取取决于不同维度的被评价对象，并且服务于评价目标，以期揭示被评价对象的真实价值。Francis Narin（1978）从客观程度与科学进展的真实价值的距离两个维度对科研评价中的各种指标和方法进行详细阐述（见图1）。非结构化的同行评议通常被认为是最能衡量被评价对象真实价值的方法，但客观性较低；论文数量尽管最客观，但与被评价对象的真实价值相差较大，具体选择时需要在这两个维度中进行权衡。为促使科研评价回归科研工作本身，2012年《旧金山科研评价宣言》（DORA）呼吁根据科学研究本身的价值来进行科学评价。自DORA提出后，众多政府机构、出版社、科研单位和研究学者等纷纷签署。2015年《莱顿宣言》发布，提出基于量化指标的科研评价的十项原则，包括：量化的评价应支持而非取代质化的专家评审；科研绩效的考量应基于机构、团队以及个人的科研使命；保护卓越的本土化研究；数据采集和分析过程应公开、透明、简单；允许被评估者检验相关数据和分析；考虑发表和引用的学科差异；对学者个人的评估应基于对其综合作品的质性评价；避免评估指标的不当的具体性和虚假的精确性；认清科技指标对科研系统的影响；定期审查指标并更新。

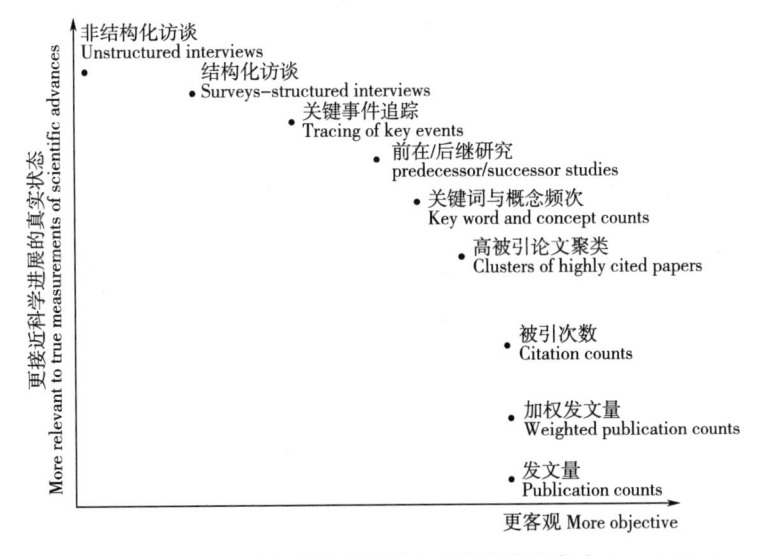

图1 科研评价指标的客观程度与科学进展的真实价值的距离（Francis Narin，1978）

随着科技自身的发展和管理科学化的发展，科研评价经历了自由式科技评价时期、自发式管理评价时期和制度化评价时期三个阶段：①阶段一。近代科学发展早期，科研评价是科学共同体对研究成果的认定，主要包括通过科学出版物确立优先权、通过同行评议判断研究结果的真伪和质量。②阶段二。二战以后，政府与公众对科研活动的资助加大，这一时期，政府资助的科研经费分配、研究机构的调整等成为西方主要发达国家科学政策的重要内容。对这些科技政策进行预测、分析与评价成为政府制定和改进决策的重要途径之一。以美国为代表的各国科研机构纷纷自发开展管理评价。③阶段三。20世纪90年代以后，信息技术的广泛应用使得评价所需的数据采集、统计、处理与建模越来越简单易行，为科研评价的开展提供了基础。科研评价进入国家和政策层面的制度化评价阶段。

21世纪以来，科研评价已经成为科技管理工作的重要组成部分，是推动国家科技事业持续健康发展、促进科技资源优化配置、提高科技管理水平的重要手段和保障。为适应科技高质量发展和国家战略发展需求，当前我国正在积极推进科研评价体系的改革，坚持以质量、绩效、贡献为核心的评价导向，在实践中充分考虑科研机构、科研人员、学术界、政府和社会公众等各方的利益和需求，探索分类评价、综合评价、代表作评价、长周期评价等方法和制度，全面准确评价科技成果的科学、技术、经济、社会、文化价值，以期进一步发挥科研评价这一"指挥棒"在科技创新和经济社会发展中的作用。

参考文献（references）：

［1］科技部科技评估中心. Q/NCSTE 1002-2018 科技评估基本准则［S］.

［2］科技部科技评估中心. Q/NCSTE 1001-2018 科技评估基本术语［S］.

［3］国家市场监督管理总局，中国国家标准化管理委员会. GB/T 40148-2021 科技评估基本术语［S］.

［4］付慧真，张琳，胡志刚等.基础理论视角下的科研评价思考［J］.情报资料工作，2020，41（02）：31-37.

［5］PENFIELD T，BAKER M J，SCOBLE R，et al. Assessment，evaluations，and definitions of research impact：A review.［J］. Research Evaluation，2014，23（1）：21-32.

［6］NARIN F. Objectivity versus relevance in studies of scientific advance［J］. Scientometrics，1978，1（1）：35-41.

［7］HICKS D，WOUTERS P，WALTMAN L，et al. Bibliometrics：the Leiden Manifesto for research metrics［J］. Nature，2015，520（7548）：429-431.

［8］DORA. San Francisco Declaration on Research Assessment［Z］. 2012.

（徐芳 王译晗 宋欣雨 撰稿/李杰 付慧真 审校）

88. 空间科学计量学（spatial scientometrics）

空间科学计量学（spatial scientometrics）是科学计量学（scientometrics）的重要研究领域之一，是在大科学时代跨机构、跨区域和跨国家之间科学交流活动日益频繁背景下应运而生的，主要用于探讨科学系统、科研活动等领域地理空间方面的相关问题，以期探索科学活动的空间分布特征与内在规律，从而为科技工作者、机构管理者、政策制定者等提供必要参考。空间科学计量学于2009年由Koen Frenken、Sjoerd Hardeman和Jarno Hoekman在论文《空间科学计量学：迈向累积的研究计划》（Spatial scientometrics: Towards a cumulative research program）中首先提出，并建议将科学计量学中研究科学地理方面的内容，如学术论文和引文的空间分布、科研主体选择合作伙伴的空间偏好、不同科研合作对科研成果的影响力、研究人员的流动等研究主题纳入空间科学计量学的研究范畴中。

空间科学计量学的研究主题目前主要集中在科研产出、引文分析、科研合作及知识流动等方面：科研产出方面，主要包括科研产出的地理空间分布特征、根据科研产出评估国家或地区的科研实力以及科学知识的传播扩散等；在引文分析方面，主要围绕引文的空间特征展开，如科学领域机构距离与引文的关系、引文网络中作者的地理位置属性、引文地理位置和引文排序等；在科研合作方面，可以根据论文合著者地理属性探讨国际合作、国内合作、机构合作等不同模式对科研绩效的影响，以及分析地理距离对科研合作的影响；在知识流动方面，主要围绕科研人员的空间流动性及其对流入地的影响、地理距离对知识流动的影响等展开。

空间科学计量学的研究方法包括科学计量方法、多属性评价方法、网络分析方法、基于模型和统计的分析方法、可视化方法等。科学计量方法主要基于论文数、奖项数等科研产出类指标和篇均被引频次、高被引科学家等引用类指标了解国家或地区的科研表现情况，探索科研活动的空间分布规律；多属性评价方法主要通过构建综合评价指标进行科技评价及不同国家、地区或机构间的比较分析；网络分析方法在分析不同空间单元的网络特征，以及地理距离对科研合作、知识流动的影响时应用得较多，通过科研主体的节点位置以及中心度、网络密度、聚集系数等参数进行综合分析；基于模型和统计的分析方法在研究知识流动地理因素的影响中应用较多,如引力模型(gravity model)、假设检验(hypothesis test)、描述统计(descriptive statistics)、回归分析(regression analysis)等。

在空间科学计量学的众多研究方法中,可视化方法的应用得到越来越多的关注,通过地理数据的可视化分析能够更为直观地观察到一些空间特征。目前主流的可视化工具主要包括ArcGIS、CiteSpace、VOSviewer、Pajek、Gephi、Ucinet等。可以通过可视化方法在地图上展示优秀的研究领域,对世界范围内的优秀研究成果进行直观的对比分析,如Bornmann等在2011年就曾提出了一种在全球范围内绘制卓越科学中心的方法,该方法主要根据优秀论文的产量给世界范围内的城市着色。随着空间科学计量学与信息技术的不断发展,可视化方法的应用变得更为普遍,已经成为空间科学计量学研究不可或缺的重要方法。

参考文献(references):

[1] PRICE D J D S. Networks of scientific papers [J]. Science, 1965, 149 (3683): 510-515.

[2] FRENKEN K, HARDEMAN S, HOEKMAN J. Spatial scientometrics: towards a cumulative research program [J]. Journal of Informetrics, 2009, 3 (3): 222-232.

[3] BORNMANN L, LEYDESDORFF L, WALCH-SOLIMENA C, et al. Mapping excellence in the geography of science: an approach based on Scopus data [J]. Journal of informetrics, 2011, 5 (4): 537-546.

(俞立平 撰稿/袁军鹏 审校)

89. 跨学科、多学科与超学科（interdisciplinary, multidisciplinary and transdisciplinary）

跨学科/交叉科学（interdisciplinary）：交叉科学和跨学科是交叉科学领域最为常用的概念，其对应的英语术语均为interdisciplinary / interdisciplinarity。这两个概念虽然不能完全等同，但在实际应用中通常被当作同义词，经常相互替代使用。目前，交叉科学或跨学科并没有广泛认可的、有效可信的定义，许多学者根据各自的理解赋予交叉科学或跨学科不同的概念和定义。跨学科或交叉科学的含义通常是指通过两门及两门以上的学科交叉融合以有效解决单一学科无法解决的问题。当然，无论是跨学科还是交叉科学都不是两门或两门以上学科简单的拼凑组合，而是理论、方法或技术的整合，即交叉科学或跨学科创造了自己统一的理论、概念和方法，因此对某个问题的解决更具有连贯性和完整性。美国国家科学院Facilitating Interdisciplinary Research报告中把交叉科学或跨学科的定义为：跨学科研究是一种团队或个人相互融合的研究模式，这种模式整合了来自两个或两个以上学科或专业知识领域的观点/概念/理论、工具/技术、信息/数据。根据这个定义，知识整合是跨学科研究的本质，而跨学科性可以被理解为跨学科研究所涉及的知识整合程度。这里的学科或专业领域通常以Web of Science的主题类、Scopus主题类以及Science-Metrix分类系统为代表。这个定义也被广泛应用于跨学科研究的绩效评价和影响力评价。

多学科（multidisciplinary）：多学科也是交叉科学研究经常涉及的一个概念，其对应的英文术语是multidisciplinary或multidiscplinarity。多学科通常指将两门或多门学科的见解并置在一起，所研究的主题是从不同的角度、使用不同的学科视角来研究的，即多学科研究中涉及不止一门学科，其中每门学科都有贡献。然而，无论是理论视角还是各学科的研究成果，最终都没有得到整合。多学科强调从两门或两门以上的学科或知识领域中获取信息，运用多元化视角全面认识复杂事物，但是由于各个学科通常只专注于本领域内的研究问题，局限于本学科话语系统中，因而学科之间交流多限于时度上的协调，较少有不同学科理论和方法的整合。与跨学科和超学科以问题为中心的研究模式不同，多学科围绕某一特定主题展开研究，不同学科就这一主题提供不同的观点或建议，并未突破学科的藩篱。

超学科（transdisciplinary）：超学科的概念由Jantsch最早提出，他认为"超学科"是在一个普遍的公理和新兴认识论模式的基础上对系统中所有学科和交叉科学的协调。在较老的术语使用中，超学科被定义为跨学科的元理论视角，就像结构主义。Gibbons等人对超学科提出了新的解释。他们认为跨学科的特点是明确制定统一的、超越学科的术语或共同的方法，而超学科则更进一步，因为它基于共同的理论理解，并且必须伴随着学科认识论的相互渗透。在这种观点下，一个超学科领域有一个同质化的理论。超学科的首要特征是解决问题，以现实中复杂和多维的问题为重要研究对象，同时涉及理论或概念层面问题的研究。与交叉科学相比，超学科的主要区别在于合作研究的参与者不同：超学科研究要求专业研究者与利益相关者共同参与决策，通过多维度价值观的整合最大程度地促进问题的解决。在方法论上，超学科旨在对不同学科的方法进行整合，Gibbons等认为只有科学研究建立在共同的理论理解的基础上，并伴随着认识论的相互渗透，超学科才会产生。

跨学科/交叉科学现象受到多个学科关注，如社会学和科技哲学。随着文献计量学的发展，基于文献计量的跨学科研究也逐渐受到广泛关注，利用文献数据库（如Web of Science/Scopus）分析跨学科研究现象已成为跨学科研究的重要内容。基于文献计量的跨学科研究主要涉及跨学科性度量（或学科交叉度）、跨学科知识交流、跨学科研究的学术影响力及计量评价、科学的跨学科演化以及新兴学科交叉主题探测等，其中跨学科度量是跨学科现象定量分析的基础。跨学科度量通常指跨学科研究所涉及的知识整合程度，一般可以从学科多样性和网络结构的角度来衡量。学科多样性的概念包括三个属性：variety、balance和disparity（如图1所示）。variety指学科的数量，balance是学科分布的均匀程度，disparity是学科与学科间在认知上的差异程度，也被称为学科距离。早期的跨学科指标通常只涉及variety或balance属性（典型的指标有信息熵、Simpson多样性和布里渊指数等），这类指标的特点是综合了Variety和balance。近年来的研究倾向于发展综合variety、balance和disparity三种属性的综合性指标，典型的指标有Rao-Stirling多样性（RS），Leinster-Cobbold（或$^2D^s$）多样性指数（LCDiv）和DIV。此外，常见的用于跨学科性测度的网络结构指标有介数中心性（betweenness centrality）和聚合度（coherence）指标。介数中心性是社会网络分析中的概念，是一种基于网络拓扑结构的度量方法，用于描述节点在整个网络中的重要程度。聚合度是论文引用网络紧密程度，通常可以用平均路径长度或聚类系数来衡量。

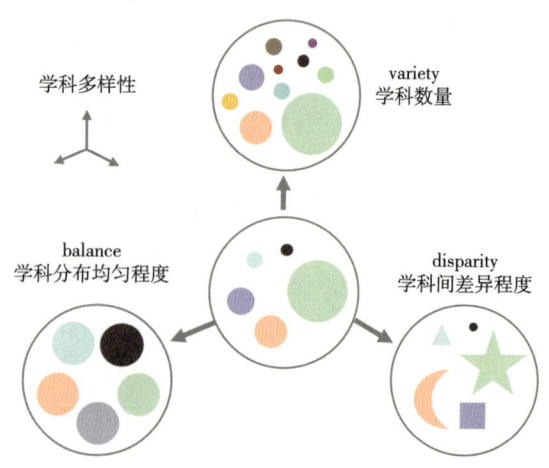

图1 学科多样性的variety、balance和disparity三种属性

参考文献（references）:

[1] 张琳, 黄颖. 交叉科学: 测度、评价与应用[M]. 北京: 科学出版社, 2021.

[2] BESSELAAR P V D, HEIMERIKS G. Disciplinary, Multidisciplinary, Interdisciplinary-Concepts and Indicators[Z]. the 8th conference on Scientometrics and Informetrics-ISSI2001. Sydney, Australia. 2001.

[3] National Academy of Sciences. Facilitating interdisciplinary research[M]. Washington, D.C: National Academies Press, 2005.

[4] THOMPSON K J. Interdisciplinarity - history, theory, end practice[M]. Detroit: Wayne State University Press, 1990.

[5] RAFOLS I, MEYER M. How cross-disciplinary is bionanotechnology? Explorations in the specialty of molecular motors[J]. Scientometrics, 2007, 70(3): 633-50.

[6] STIRLING A. A general framework for analysing diversity in science, technology and society[J]. Journal of the royal society, interface / the royal society, 2007, 4(15): 707-19.

[7] ZHANG L, ROUSSEAU R, GLÄNZEL W. Diversity of references as an indicator of the interdisciplinarity of journals: taking similarity between subject fields into account[J]. Journal of the association for information science and technology, 2016, 67(5): 1257-65.

[8] MUGABUSHAKA A-M, KYRIAKOU A, PAPAZOGLOU T. Bibliometric indicators of interdisciplinarity: the potential of the Leinster-Cobbold diversity indices to study disciplinary diversity[J]. Scientometrics, 2016, 107(2): 593-607.

[9] LEYDESDORFF L. Diversity and interdisciplinarity: how can one distinguish and recombine disparity, variety, and balance?[J]. Scientometrics, 2018, 116(3): 2113-21.

（陈仕吉 撰稿/李杰 审校）

90. 莱顿网络聚类算法
（Leiden network cluster algorithm）

莱顿网络聚类算法（以下简称"莱顿算法"）是一种针对大型复杂网络进行社区检测的算法，由荷兰莱顿大学的V.A. Traag、L. Waltman和N. J. van Eck三位学者共同于2019年提出，并将其命名为莱顿算法。针对社区检测领域著名的鲁汶算法（Louvain algorithm）运行时可能出现随意不良连接社区的问题，该算法通过优化节点之间的边界流动来提高社区检测的准确性和稳定性。莱顿算法相较于其他社区检测算法在处理大型网络时表现更为优异，已被广泛应用于社会网络分析、自然语言处理、文献计量分析等领域。

在复杂网络中节点会聚集并形成相对密集的群组通常被称为社区。网络中的社区结构一般难以事先获得，需要通过社区检测算法进行挖掘。而衡量社区检测质量的重要指标是模块度。模块度（modularity）通过衡量社区内实际边数与预期边数之间的差异来评价一个社区挖掘算法的质量。模块度计算是通过所谓的配置模型来定义预期边数的，具体公式如下：

$$Q = \sum_c \left(\frac{e_c}{m} - \left(\frac{K_c}{2m} \right)^2 \right)$$

式中，m是网络中的总边数，$2m$是网络中的总度数，e_c是社区c中实际存在的边数，K_c是社区c中节点的度数之和。$\frac{e_c}{m}$表示社区c中实际边数与网络中总边数的比率，而$\left(\frac{K_c}{2m} \right)^2$表示社区$c$中预测的节点链接比率。该公式用于衡量社区内部的紧密程度与社区之间的松散程度，模块度值越高，表示社区结构越显著，社区内部节点之间的联系更加紧密，社区之间的联系更加稀疏。

在鲁汶算法（Louvain algorithm）中，每个节点都被赋予一个社区标签，并通过最大化模块度的方法将节点归入不同的社区。然而，鲁汶算法在处理大型网络时可能会产生所谓的"分辨率限制"（resolution limit）问题，也就是将较小的社区合并为一个大的社区，同时在节点数量较少的社区中产生随意的错误连接。这些错误连接可能导致社区结构计算不准确，从而影响社区检测的结果。

图1展示了鲁汶算法可能产生不良连接社区的过程。具体来说，当鲁汶算法在优化过程中将节点0划分到其他社区后，此时红色社区内部将会变得不连通。在此情况下，鲁汶算法认为节点1到6所处的社区仍然是局部最优解，因此这些节点将继续留在红色社区中，从而识别出内部断开的社区。特别地，当迭代运行后，上述问题会更加严重。

术语篇

为了弥补上述缺陷，莱顿算法集成了节点局部移动、快速局部移动和平均邻居移动等几个改进，从而优化了节点在边界之间的流动，提高了社区检测的准确性和稳定性。如图2所示，莱顿算法由三个阶段组成：

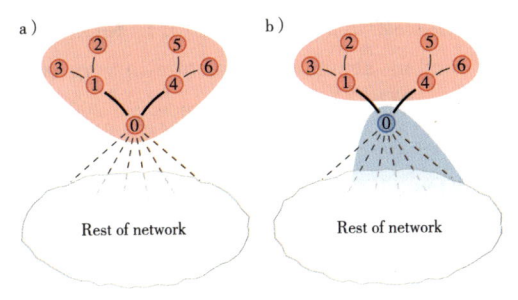

图1 鲁汶算法产生的不良连接社区过程示意

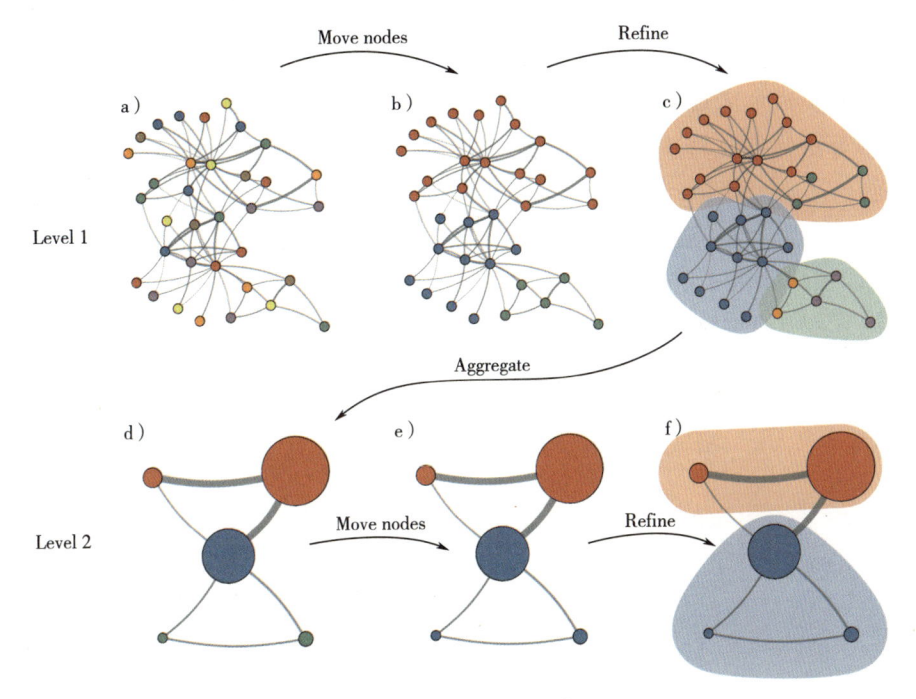

图2 莱顿算法过程示意图

（1）在节点局部移动阶段，莱顿算法中思想是识别一个比鲁汶算法中局部划分更细化的划分$P_{refined}$。在$P_{refined}$中，P中的社区可能被分成多个子社区。聚合网络基于划分$P_{refined}$创建。聚合网络的初始划分与鲁汶算法一样基于P。莱顿算法通过基于$P_{refined}$而不是P创建聚合网络，从而更有可能来识别高质量的划分。

（2）在社区划分细化阶段，细分的社区划分$P_{refined}$被设置为一个单元分区，其中每个节点都在自己的社区中。然后，算法在$P_{refined}$中进行局部合并：$P_{refined}$在中处于单独社区的节点可以与不同的社区合并，且合并仅在划分P的每个社区内执行。此外，仅当节点与P中的社区连接良好时，节点才会与$P_{refined}$中的社区合并。细化阶段结束后，P中的社区通常会被分成多个$P_{refined}$中的社区。同时在细化阶段，节点不一定会被贪婪地合并到使得产生质量函数增加最大的社区中。相反，节点可以与任何质量函数增加的社区合并。与节点合并的社区是随机选择的。质量函数增加的幅度越大，选择该社区的可能性就越大。

（3）在聚合阶段，基于在局部移动阶

段获得的分区来创建聚合网络。此分区中的每个社区都成为聚合网络中的一个节点。算法不断地重复进行局部移动和聚合，直到质量函数不能进一步增加。莱顿算法和鲁汶算法的另一个重要区别是局部移动阶段的实现。与鲁汶算法不同，莱顿算法在这一阶段使用了快速的局部移动过程，此时算法只访问邻居发生变化（被移动到其他社区）的节点，而在鲁汶算法中则需要不断访问网络中的所有节点，直到没有更多的节点移动来增加质量函数。通过这种方式，莱顿算法比鲁汶算法更有效地实现了局部移动。

参考文献（references）：

[1] FORTUNATO S. Community detection in graphs [J]. Physics reports, 2010, 486 (3-5): 75-174.

[2] CLAUSET A, NEWMAN M E J, MOORE C. Finding community structure in very large networks [J]. Physical review E, 2004, 70 (6): 066111.

[3] BLONDEL V D, GUILLAUME J L, LAMBIOTTE R, et al. Fast unfolding of communities in large networks [J]. Journal of statistical mechanics: theory and experiment, 2008, (10): P10008.

[4] TRAAG V A, WALTMAN L, VAN ECK N J. From Louvain to Leiden: guaranteeing well-connected communities [J]. Scientific reports, 2019, 9 (1): 5233.

[5] WALTMAN L, VAN ECK N J. A smart local moving algorithm for large-scale modularity-based community detection [J]. The European physical journal B, 2013, 86: 1-14.

（曾利 撰稿/李杰 程齐凯 审校）

91.《莱顿宣言》
（The Leiden Manifesto）

《关于科研指标的莱顿宣言》（The Leiden Manifesto For Research Metrics），简称《莱顿宣言》，凝练了基于量化指标的科研评价的基本原则，呼吁评估者规范使用量化指标。2014年，在荷兰莱顿举行的国际科学技术指标会议上，美国佐治亚理工学院公共政策学院教授Diana Hick和莱顿大学科学技术元勘中心主任Paul Wouters等学者提出了合理利用科研指标进行评价的原则，后经整理于2015年4月发表在Nature期刊上，主要内容共十条。

在全球范围内，科研评价活动越来越依赖量化指标，建立在量化指标基础上的科研评价系统已经取代原本的同行评议成为主流。这种趋势由诸多因素导致，包括科研成果数量的指数级增长、科学知识领域的不断细分等。量化指标评价解决了部分问题的同时，也带来了新问题。许多量化指标虽然经过精心设计，但并非总被透彻合理地理解，而且经常被错误地使用。最常见的滥用情形包括：大学执着于各大高校排行榜中的位次，科研机构通过考察h指数来遴选候选人，科研管理者通过论文所在期刊的影响因子决定科研人员的晋升，资助机构依据研究者的个人影响指数分配科研经费或奖励在高影响因子期刊上发表论文。

针对科研评价中滥用量化指标的弊端，《莱顿宣言》提出了十项原则，旨在推动科研评价在科学发展和社会进步中发挥更好的作用。《莱顿宣言》在肯定量化指标在科研评价中的积极作用的同时，强调量化指标要与面向研究内容的质量评价有机结合。《莱顿宣言》的主要内容可以概括为四个方面：第一，基于量化的评价应该是辅助性的，其结果应用于支撑而非取代质化的专家评价；第二，量化评价可以一定程度上减少同行评议中的偏见；第三，要明确科研评价的目标，在评价过程中关注社会、经济、文化、地域、学科、个体等各方面的差异，保护卓越的本地化研究；第四，在个人评价方面，不能仅关注h指数，要基于其研究内容的质量进行综合评价。

《莱顿宣言》在发表之后得到了社会各界的积极响应，成为开展量化指标研究和实践所遵循的指导性原则。该宣言厘清了量化科研指标的定位、作用和应用路径，为构建科学合理的科研评价体系做出了重要贡献。

参考文献（references）：

[1] 莱顿宣言［EB/OL］.［2023-05-30］. http：//www.leidenmanifesto.org，2023-03-03.

[2] HICKS D, WOUTERS P, WALTMAN L, et al. The Leiden Manifesto for research metrics [J]. Nature, 2015, 520（520）：429-431.
[3] ADAMS J. Beyond Bibliometrics：Harnessing Multidimensional Indicators of Scholarly Impact [J]. Nature, 2014, 510（7506）：470-471.
[4] 叶继元.近年来国内外学术评价的难点、对策与走向[J].甘肃社会科学, 2019（03）：61-67.
[5] 鲁索, 全薇.期刊影响因子, 旧金山宣言和莱顿宣言：评论和意见[J].图书情报知识, 2016（01）：4-14.

附：《莱顿宣言》全文译文

一、量化的评估应当支持而非取代质化的专家评审。量化指标可以降低同行评议中的偏见并促进更为深入的审议。量化指标可以提高同行评议的质量，因为在没有充足信息的情况下评价别人是非常困难的。但是评估者的判断不应让位于数字。量化指标不应取代建立在充分信息基础之上的判断。评估者仍应对其评估负责。

二、科研绩效的考量应基于机构、团队，以及个人的科研使命。应当首先明确评估的目标，采用的指标也应切合这些目标。同时，指标的选择和应用的方式应该考虑更为广泛的社会、经济、文化环境。科学家有着各种各样的科研使命，着眼于探索未知的尖端基础研究和立足于解决社会问题的应用研究有着截然不同的任务。在某些情况下，评估者应该考虑研究的社会和经济价值而非其科学价值。世上没有一个评估方法适用于所有的情况。

三、保护卓越的本地化研究。在很多地方，研究的卓越性等同于在国际期刊上发表英文论文。比如，西班牙法律明文鼓励发表于高影响力的英文期刊的论文。然而期刊影响因子所依赖的 Web of Science 数据库以英文期刊为主。这一数据库覆盖期刊的偏差对社会和人文学科造成了尤为严重的后果，而在这些领域很多研究是关于本国或者当地的课题。在很多其他的领域也有偏重本地化的题目，比如撒哈拉以南非洲的 HIV 流行病学。

这些本地化的课题往往并不为高影响因子的英文期刊所青睐。那些在 Web of Science 数据库中取得较高引用率的西班牙社会学家往往从事于抽象模型研究或者分析美国数据。西班牙语期刊的论文则通常关注更为相关的本地课题：本地劳动法、老年人家庭医疗以及外来劳工等。只有基于高质量本地语言期刊的指标才能正确评价和推动卓越的本地化研究。

四、数据采集和分析过程应公开、透明、简单。数据库的建立应该遵循明确的规则，而这些规则应在评估之前就清晰阐述。这是以往数十年来相关学术单位和商业机构的惯例。而他们的数据处理的流程也发表在同行评议的文献中。这样透明的流程保证了复查的可能性。比如 2010 年荷兰莱顿大学科学技术研究中心（CWTS）所创建的一项指标引发了一场学术争论，而这一指标随后被修改。这一领域的新进机构也应遵守此标准。我们不能接受评估中的暗箱操作。

对于指标而言，简单就是美，因为简单可以增强透明性。但简单化的指标可能会导致偏颇的结论。因此评估者应竭力保持平衡，采用的指标应足够简单明了且不会曲解复杂的问题。

五、允许被评估者检验相关数据和分析。为保证数据质量，所有的被评估者应当有机会查证评估所用的数据是否准确全面地包括他们的相关研究产出。评估者则应通过自行验证或者第三方审查来确保数据的准确性。大学可以在他们的科研信息系统中执行这一原则，并以此作为一项重要标准来选择信息系统提供商。精确和高质量的数据需要耗费时间和经费去搜集和处理，因此需要足够的预算。

六、考虑发表和引用的学科差异。最好能提供一套指标让不同的领域各取所需。几年前，一组欧洲的历史学家在全国的评审中得到了较差的结果，因为他们出版书籍而不是在被Web of Science索引的期刊中发表论文，另外他们被划在了心理学系。历史学家和社会科学家往往要求学术评审考虑书籍和本国语言的论文，而计算机科学家则往往要求在评审时加入会议论文。

不同领域的引用率也有差别：数学期刊最高的影响因子大概是 3，细胞生物学却高达 30。因而相关指标需要根据学科来标准化，最可靠的学科标准化方法是采用百分位数：每一篇论文的得分取决于其在整个学科的被引次数分布中的位置（比如说最高的1%、10%或者20%）。在使用百分位数方法时，个别极其高被引的论文将略微地提高其大学的排名，但在使用被引次数均值时却可能会将其大学的排名从中等提高到顶级。

七、对于学者个人的评估应基于对其整个作品辑的质化的评判。学者年龄越大，其h指数越高，即使在没有新论文发表的情况下。h指数在不同的领域也有所不同：生命科学家可高达200，物理学家最高为100，而社会学家最多只有 20 到 30。这也取决于数据库：有些计算机科学家在 Web of Science中的h指数只有10，但在Google Scholar中却有20到30。研读和评判一位学者的论文要远比仅仅依靠一个数字合适。即使在比较很多学者时，能够综合考虑多方面的信息更为适宜，比如个人专长、经验、活动、影响等。

八、避免不当的具体性和虚假的精确性。科技指标不可避免地会在概念上有些模糊和不确定，并且建立在一些很强但并不普适的假设的基础之上。比如说，对于被引次数到底代表了什么这一问题就存在很大的争议。因此最好使用多个指标来提供一个更为可靠和多元的呈现。如果不确定性和潜在错误可以被量化，那么应该在发表指标结果的同时提供置信区。若潜在错误率不可量化，那么研究人员至少不应盲目追求精确度。比如，官方发表的期刊影响因子精确到小数点后三位数，这样可以避免期刊之间打成平手。但考虑到被引次数存在的概念上的模糊性和随机误差，实在没有必要在相差不大的期刊之间分个伯仲。在此情形下，避免虚假的精确度意味着精确到小数点后一位就已经足够了。

九、认清科技指标对科研系统的影响。科技指标改变研究人员的动机进而改变整个科研系统，对这样的结果我们应有充分的预期。这意味着一套指标总胜于单个指标，因为单个指标更易于被操纵，也更容易取代真正的目标成为驱动研究的指挥棒。举例来说，在20世纪90年代，澳大利亚政府根据各高校的论文数量来分配经费，而大学可以估算出一篇论文的经济价值：在2000年一篇论文大约可以换来900澳元（折合450美元）的经费。可以预料的是澳大利亚的高校发表论文数据显著增加，但多发表于低被引的期刊，意味着论文质量的下降。

十、定期审查指标并更新。研究的使命和评估的目标会随着时间而改变，科研体系也在不停地变化演进。曾经有用的指标可能会变得不那么合适，而新的指标也会不停出现。指标体系也应随之调整。意识到不良后果后，澳大利亚政府在 2010 年推出了更为复杂的科研评估体系，而这一体系更重视科研质量。

（余厚强 黄楠 撰稿/李杰 审校）

92. 链路分析
（link analysis）

链路分析（link analysis）是一类网络分析的方法，它通过分析网络中连接节点之间的链接关系，揭示网络的重要节点、节点与节点之间的关系以及网络之中的社区结构。链路分析最早被应用于信息检索的搜索引擎上，用以识别最相关和最受欢迎的网站。其代表算法为Jon Kleinberg于1999年提出的超链接指数（hyperlink-induced topic search，HITS）算法和谷歌公司提出的PageRank算法。此两项代表算法均着眼于网页之间的链接关系，将每个网页视作一个节点，将其超链接关系视作连接节点的边，通过对网页间超链接的分析，给出网页权威性、重要性等指标排名。

HITS算法通过分析网页之间的链接关系，对网页评估给出枢纽性（hub）和权威性（authority）两类指标。一个高质量的网页应该被其他网页所指向（即具有较高的权威性），也应该包含指向其他高质量网页的链接（即具有较高的枢纽性）。具体来说，算法先将每个网页的枢纽性和权威性值初始化为1，之后在每一次的迭代中，根据枢纽性得分更新权威性得分，再根据更新后的权威性得分更新枢纽性得分，直到两项得分收敛，获得最后的枢纽性和权威性值。

PageRank算法的核心思想是：一个网页的重要性取决于它被其他重要网页所链接的数量和质量。具体来说，每个网页的PageRank值等于所有指向该网页的其他网页的PageRank值之和，确定PageRank值需要按照对应链接的权重进行加权。此外，还要考虑到网页自身的权重因素，即一个网页的PageRank值还应该受到自身权重的影响，通常可以通过设置一个阻尼系数来实现。

链路分析可以帮助理解和识别网络中的重要节点和关键路径，除搜索引擎之外，此类方法还被广泛地应用于社交网络分析、知识图谱构建、金融欺诈检测、学术合作分析及恐怖主义和犯罪网络等领域。例如：在社交网络分析中通过分析个体之间的关系来识别关键人物或者事件的传播力、影响力；在犯罪调查中通过分析犯罪嫌疑人之间的通话记录、银行转账记录等数据来识别犯罪嫌疑人之间的异同点和关系；在金融欺诈检测中分析账户之间的资金转移记录来发现账户之间存在的不正常的交易行为，以便银行和金融机构及时采取行动来防止欺诈。此外，链路分析还可以帮助发现和分析网络中的子群体和社区结构。通过分析节点之间的链接，可以确定网络中的子群体和社区，这些子群体和社区通常具有相似的特征和行为模式，可以帮助学者更好地理解网络中的结构和功能。

参考文献（references）:

[1] THELWALL M, THELWALL M A. Link analysis: An information science approach [M]. Elsevier, 2004.

[2] KLEINBERG J M. Authoritative sources in a hyperlinked environment [J]. Journal of the ACM (JACM), 1999, 46 (5): 604-632.

[3] MANNING C D. Introduction to information retrieval [M]. Cambridge University Press, 2009.

（张嶷 吴梦佳 撰稿/李杰 审校）

93. 链路预测
（link prediction）

链路预测是网络分析中的一项重要任务，其任务内容是基于网络中已有的节点和链接信息来预测未相连的节点之间存在链接的可能性（见图1）。狭义上的预测任务指的是预测未来可能形成新的链路，而广义上的链路预测任务还包括预测缺失/虚假/消失链路等。针对不同的网络类型和特性（权重、方向、二部图等），研究人员已经开发了不同的链路预测算法来实现该项任务。但总体来说，链路预测的主流算法可以分为以下三类。

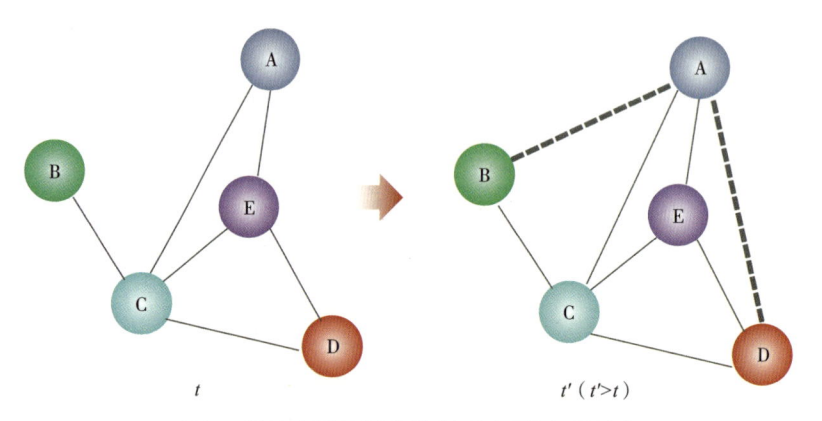

图1 链路预测示例（用来预测可能的链接）

（1）基于相似性的方法：该方法主要根据网络中节点的相似性来预测节点之间的链接关系。该类方法主要通过计算节点之间的相似性指标，如节点之间的距离、相似度、相关性等，来确定节点之间链接关系的可能性。其中，相似性指标既可以基于节点的属性信息（如年龄、性别、职业等），也可以基于节点之间的结构信息（如节点之间的共同邻居、路径等）。其中基于共同邻居的算法因泛化性能较好被广泛地使用和作为基线方法在研究中被比较，这类代表算法所衍生的指标包括共同邻居计数、杰卡德指标、preferential attachment指标、Adamic and Adar指标和resource allocation指标以及其他基于共同邻居的方法等。

（2）基于概率模型的方法：该方法主要利用概率模型，根据已有的链接信息来预测未来可能出现的链接。此类方法主要包括随机游走、贝叶斯网络、矩阵分解等方法。其中，随机游走方法主要利用随机游走过程来预测节点之间链接关系的概率大小，贝叶斯网络方法则通过构建节点之间形成链接的概率模型来预测节点之间的链接关系，矩阵分解方法则将网络表示为邻接矩阵形式，通过对该矩阵进行矩阵分解来补全矩阵，从而预测节点之间的链接关系。

（3）基于深度学习和图神经网络的方法：此类方法通过基于深度学习或图神经网络的图表达学习技术，将网络中的组件（如节点、边、子图等）进行特征表达，然后将链路预测作为表达学习的下游任务，使用这些特征进行有监督或无监督的链路预测。相比前两类方法，此类方法能更有效利用融合多类节点和边的属性特征以及多模态信息进行特征表达，但消耗的计算资源和数据量也很巨大，在实际应用中需要权衡计算资源和预测准确性之间的关系。

链路预测在真实世界的网络数据中有很广泛的应用，如社交网络、物流网络、知识图谱等。其应用场景涉及推荐系统、疾病传播预测、社交关系分析等领域，如社交网络中的好友推荐、物流网络中的物流路径推荐、知识图谱中的关系预测等。例如，社交网络中的好友推荐就可以利用链路预测方法，根据用户的属性信息、社交关系等来预测用户之间的好友关系，从而为用户推荐潜在的好友；物流网络中的路径推荐则可以根据历史运输记录、货物信息等数据来预测最佳的运输路径，从而提高物流效率。

参考文献（references）：

[1] LÜ L, ZHOU T. Link prediction in complex networks: A survey [J]. Physica A: Statistical Mechanics and its Applications, 2011, 390 (6): 1150-1170.

[2] Liben-Nowell D, Kleinberg J. The link prediction problem for social networks [C]. Proceedings of the twelfth International Conference on Information and Knowledge Management. 2003: 556-559.

[3] ZHOU T, LÜ L, ZHANG Y C. Predicting missing links via local information [J]. The European Physical Journal B, 2009, 71: 623-630.

[4] AHMAD I, AKHTAR M U, NOOR S, et al. Missing link prediction using common neighbor and centrality based parameterized algorithm [J]. Scientific Reports, 2020, 10 (1): 1-9.

[5] BACKSTROM L, LESKOVEC J. Supervised random walks: Predicting and recommending links in social networks [C]. Proceedings of the fourth ACM International Conference on Web Search and Data Mining. 2011: 635-644.

[6] MENON A K, ELKAN C. Link prediction via matrix factorization [C]. Machine Learning and Knowledge Discovery in Databases: European Conference, ECML PKDD 2011, Athens, Greece, September 5-9, 2011, Proceedings, Springer Berlin Heidelberg, 2011: 437-452.

[7] GROVER A, LESKOVEC J. Node2vec: Scalable feature learning for networks [C]. Proceedings of the 22nd ACM SIGKDD international conference on Knowledge Discovery and Data Mining, 2016: 855-864.

[8] HU Z, DONG Y, WANG K, et al. Heterogeneous graph transformer [C]. Proceedings of the Web Conference, 2020: 2704-2710.

（张巍 吴梦佳 撰稿/李杰 曾安 审校）

94. 领域加权引用影响力（field-weighted citation impact）

领域加权引用影响力（field-weighted citation impact，FWCI）是Elsevier公司旗下SciVal平台的标准化指标，用来衡量学术成果影响力。该指标在科技评价场景中有着广泛的应用，如爱思唯尔高被引学者、高校或国家的整体研究水平等。

FWCI指标的定义如下：论文的被引频次与相同类型、出版年份和学科领域的文献被引频次均值的比值。比值等于1代表论文被引频次与全球平均水平相当，大于1代表高于全球平均水平，小于1代表低于全球平均水平。假如一个研究人员的FWCI为2.15，代表该研究者的引用影响力比全球平均高出115%。该指标考虑了被引量随时间的累积差异、不同文献类型的被引频次差异以及学科特定的被引频次差异。FWCI指标值的计算公式如下：

$$FWCI = \frac{c}{e}$$

其中，c表示论文在发表年份及其后3年内收到的总被引频次，e表示相同时间段内具备相同文献类型和发表年份，并且属于同一全学科期刊分类系统（all science journal classification，ASJC）学科的论文平均被引次数。如果一篇文章属于多个ASJC学科，将使用分数计数法进行计算。例如，论文i同时属于学科A和B，在计算论文数量时，它将在学科A和学科B中各被计算为0.5篇（论文），在计算平均被引频次e时，也将使用两个学科中被引频次的调和平均值。e值的计算公式如下：

$$e = \frac{2}{\frac{1}{e_A}+\frac{1}{e_B}}$$

其中，e_A和e_B分别表示A学科论文和B学科论文的篇均被引次数。目前，Scopus数据库的FWCI指标与Web of Science数据库的CNCI指标和NIH（national institutes of health）开发的RCR（relative citation ratio）指标并称为论文层级的三大引文归一化指标。其中，FWCI指标与CNCI指标之间的差异在于：当一组论文属于多个学科时，FWCI指标采用的是调和平均值，而CNCI指标采用的是被引频次的算术平均值。

FWCI指标可用于不同学科间文献影响力的比较分析，也可以用于评估某个研究小组或个人在其所属学科中的贡献。FWCI也可以与其他指标和方法（如h指数、引文网络分析法等）结合使用，从而更全面地评估学术成果的影响力。

在SciVal数据库任意模块的结果显示页面中，点击Overview模块的Summary按钮，即可查询FWCI指标值。此外，Scopus数据库也提供FWCI指标查询功能，具体查询方法为：检索所需查询的论文，点击论文题目展开论文详情页，即可获得FWCI指标值。

参考文献（references）

[1] AMRITA P, ELEONORA P, HOLLY J, et al. Comparison of two article-level, field-independent citation metrics: field-weighted citation impact (FWCI) and relative citation ratio (RCR)[J]. Journal of informetrics, 2019, 13 (2): 635-642.

（张琳 祁凡 撰稿/黄颖 审校）

95. 鲁汶网络聚类算法
（Louvain network cluster algorithm）

鲁汶网络聚类算法（以下简称"鲁汶算法"）是一种基于模块度优化（modularity optimization）的高效社区挖掘算法，又被称为Fast Unfolding算法，由比利时鲁汶大学的Vincent Blondel教授于2008年提出并命名。鲁汶算法计算复杂度较低且结果较为稳定，在社区挖掘领域得到了广泛应用。

如图1所示，鲁汶算法的主要思想是通过贪婪优化网络模块度来发现社区结构，其详细步骤为：

（1）初始化。将每个节点分配为单独的社区。

（2）局部优化。遍历每个节点，将其从当前社区移除，并将其添加到其邻居节点所在的社区。在每次移动中，计算模块度的变化。选择使模块度最大化的社区，并将节点移动到那个社区。重复此过程，直到模块度不再增加。

（3）社区聚合：在局部优化步骤完成后，将同一社区的节点聚合成一个新节点，形成一个新的网络。网络中的边权重是原始网络中相应社区间边的权重总和。

（4）重复步骤（2）和（3），直到网络的模块度不再增加，或者网络结构不再改变。

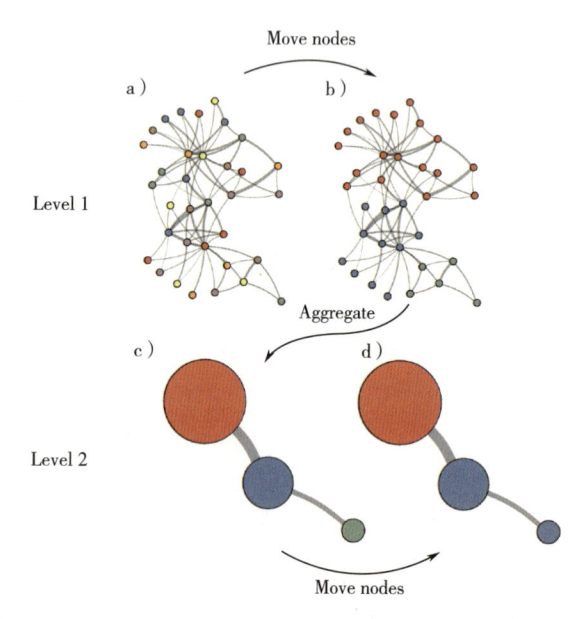

图1 鲁汶算法示意图

模块度的计算公式如下：

$$Q = \frac{1}{2m} \sum_{ij} \left[A_{ij} - \frac{k_i k_j}{2m} \right] \delta(c_i, c_j)$$

式中，Q是模块度，取值范围在[-1，1]，值越大表示分区质量越高；A_{ij}是节点i和节点j之间的连接权重（若不存在连接则为0）；k_i和k_j分别是节点i和节点j的度（若为加权网络，则表示与其他节点连接的权重之和）；m表示网络中所有连接权重之和；c_i和c_j分别表示节点i和节点j所属的社区；

$\delta(c_i, c_j)$ 是一个指示函数，当$c_i=c_j$时取1，否则取0。

鲁汶算法的结果是一个社区层次结构。算法的时间复杂度取决于网络规模和密度，通常为$O(n)$到$O(n^2)$之间。如图2所示，Papadopoulos S.等通过实验表明，在主流社区挖掘算法中，鲁汶算法在运行时间和内存消耗上都有较大的优势，可以在3个小时内完成亿级节点百亿连边规模超大型复杂网络的社区挖掘，同时内存占用不超过10GB（见图2）。许多著名的社区发现软件，如Gephi、igraph、NetworkX等，都使用了鲁汶算法。

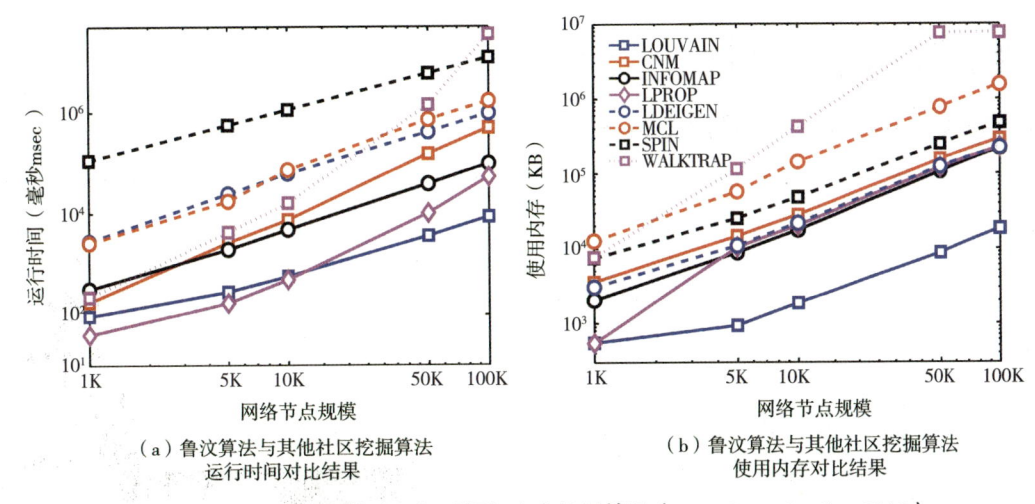

（a）鲁汶算法与其他社区挖掘算法运行时间对比结果

（b）鲁汶算法与其他社区挖掘算法使用内存对比结果

图2 主流社区挖掘算法运行时间与内存使用情况（Papadopoulos S., 2012）

参考文献（references）：

[1] BLONDEL V D, GUILLAUME J L, LAMBIOTTE R, et al. Fast unfolding of communities in large networks [J]. Journal of statistical mechanics: theory and experiment, 2008 (10): P10008.

[2] FORTUNATO S, HRIC D. Community detection in networks: A user guide [J]. Physics reports, 2016, 659: 1-44.

[3] PAPADOPOULOS S, KOMPATSIARIS Y, VAKALI A, et al. Community detection in social media: Performance and application considerations [J]. Data mining and knowledge discovery, 2012, 24: 515-554.

[4] TRAAG V A, WALTMAN L, VAN ECK N J. From Louvain to Leiden: guaranteeing well-connected communities [J]. Scientific reports, 2019, 9 (1): 5233.

（曾利 撰稿/李杰 王洋 审校）

96. 掠夺性期刊
（predatory journals）

掠夺性期刊（predatory journals）也称掠夺性出版（predatory publishing）、欺诈性期刊（deceptive journals/fraudulent journals），是一种剥削性的学术出版商业模式，包括向作者收取出版费而不检查文章的质量和合法性，也不提供合法学术期刊提供的编辑和出版服务，无论其是不是开放获取的形式。这类期刊的出版目的在于收取高昂版面费获利，而不是科研成果的传播，它已经对学术出版、学术评价以及科学研究本身产生了严重不良影响。掠夺性期刊具有以下特征：①在几乎没有同行评审或质量控制的情况下快速接受文章，包括恶作剧和荒谬的论文；②只有在论文被接受后才通知作者文章刊发费用；③以激进方式征稿或扩充编辑委员会成员；④未经学者许可，将其列为编委会成员；⑤编造虚假编辑委员会名单；⑥仿冒合法期刊的名称或网站风格；⑦对出版操作做出误导性声明，例如虚假定位；⑧ISSN使用不当；⑨引用虚假或不存在的影响因子；⑩吹嘘自己被学术社交网站（如ResearchGate）和标准标识符（如ISSN和DOI）"检索"，假装自己被享有盛誉或声誉良好的数据库收录。David Parkins形象地描述了这一现象（如图1所示）。

图1　David Parkins描绘的掠夺性期刊漫画

掠夺性期刊的概念最早由美国科罗拉多大学丹佛分校的图书馆员杰弗里·比尔（Jeffrey Beall）于2012年提出，比尔在其博客上发布掠夺性期刊和掠夺性出版商的名单（potential, possible, or probable predatory scholarly open access publishers），此名单也被称为"Beall清单"。随后掠夺性期刊这一问题逐渐引起学者及科研管理部门的关注。为了区分掠夺性期刊与正规开放获取期刊，产生了Beall's List（https://beallslist.net/）、Cabell's List（http://www2.cabells.com）等国际期刊预警名单和开放获取期刊指南（https://doaj.org/）等白名单。

参考文献（references）：

[1] BEALL J. Predatory publishers are corrupting open access[J]. Nature, 2012, 489(7415): 179.

[2] BEALL J. Predatory publishing is just one of the consequences of gold open access[J]. Learned publishing, 2013, 26(2): 79-84.

[3] GRUDNIEWICZ A, MOHER D, COBEY K D, et al. Predatory journals: no definition, no defence[J]. Nature, 2019, 576(7786): 210-212.

[4] VÍT M, MARTIN S. Predatory publishing in Scopus: evidence on cross-country differences[J]. Quantitative science studies, 2022, 3(3): 859-887.

（贺颖 刘小玲 撰稿/李杰 王曰芬 审校）

97. 轮廓系数
（silhouette coefficient）

理想的聚类效果应该是具有最小的簇内凝聚度（cohesion）和最大的簇间分离度（separation）——前者度量簇内样本点的相似程度，后者度量簇间样本点的相异程度，并且两者之间并不是独立的，单纯使用一种指标分析聚类的有效性是不严谨的。轮廓系数（silhouette coefficient）是在综合凝聚度和分离度的基础上描述聚类后各个簇轮廓清晰度的指标，轮廓系数越大意味着聚类效果越好。

轮廓系数的计算过程如下：假设已经通过某种算法（例如K-means算法）将待分类数据进行了聚类，那么对于簇A中的一个样本点i来说（如图1所示），轮廓系数可以通过式（1）计算：

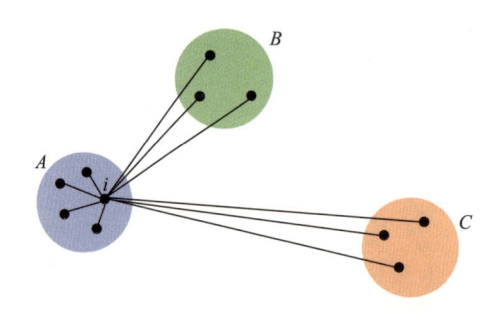

图1 计算轮廓系数$S(i)$过程的要素描述，其中样本点i属于簇A

$$S(i) = \frac{b(i) - a(i)}{\max\{a(i), b(i)\}} \quad (1)$$

式（1）中：$S(i)$为样本点i的轮廓系数；$a(i)$表示样本点i与簇A其他所有样本点之间距离的平均值；令$D(i, C)$为样本点i与簇C所有样本点之间距离的平均值，则$b(i) = \min_{C \neq A}\{D(i, C)\}$。轮廓系数$S(i)$的公式可以分解为以下形式：

$$S(i) = \begin{cases} 1 - \dfrac{a(i)}{b(i)} & a(i) < b(i) \\ 0 & a(i) = b(i) \\ \dfrac{b(i)}{a(i)} - 1 & a(i) > b(i) \end{cases} \quad (2)$$

式（2）中，当$a(i) < b(i)$时，簇内距离小于簇间距离，聚类效果紧凑，$S(i)$越趋近于1，则轮廓越明显；当$a(i) = b(i)$时，簇内外距离无差异，存在

簇重叠现象。当 $a(i)>b(i)$ 时，簇内距离大于簇间距离，聚类效果松散。换言之，轮廓系数 $S(i)$ 的取值范围为 $[-1,1]$，数值越趋近于1代表凝聚度和分离度越好，越趋近于-1，则聚类效果越差，即样本点更适合簇 B。

在样本点轮廓系数的基础上，可以通过式（2）测度聚类算法的效果：

$$S_K = \frac{1}{N}\sum_{i=1}^{N}S(i) \qquad (3)$$

式（3）中：S_K 为聚类轮廓系数，N 为数据集中样本点个数，K 为聚类数。

在设定聚类数 K 之后，可以通过 S_K 进行聚类有效性分析，比如进行最佳聚类数的选择，即对所有可能的聚类数求 S_K 的最大值，此时的 K 即为最佳聚类数，最大的 S_K 被称为最佳聚类轮廓系数。

需要注意的是：首先，簇结构为凸的数据轮廓系数较高，而簇结构为非凸的数据轮廓系数较低，因此轮廓系数不能在不同的聚类算法之间进行比较；其次，公式中所述的"距离"是对相异性的度量；最后，如果簇内只有一个样本点，那么轮廓系数 $S(i)=0$。

参考文献（references）：

[1] ROUSSEEUW P J. Silhouettes: A Graphical Aid to the Interpretation and Validation of Cluster Analysis [J]. Journal of computational and applied mathematics, 1987, 20: 53-65.

[2] KAUFMAN L, ROUSSEEUW P J. Finding Groups in Data: An Introduction to Cluster Analysis [M]. New York: John Wiley & Sons, 1990.

[3] MASUD M M, GAO J, KHAN L, et al. Classification and Novel Class Detection in Concept-Drifting Data Streams under Time Constraints [J]. IEEE Transactions on Knowledge and Data Engineering, 2011, 23: 859-874.

（邢李志 撰稿/李杰 审校）

98. 论文致谢
（acknowledgement）

论文致谢（acknowledgement）通常出现在学位论文或研究论文的结尾，是论文作者对某些组织或个人表达感谢的一段文字，这些组织和个人虽然可能没有做出直接贡献，但是间接地对论文提供了基金支持或其他形式的帮助。在学术写作中，承认他人的贡献是负责任学术和研究伦理的重要方面。

在学位论文和学术论文中，致谢对象有所不同。在学位论文中，致谢对象更多的是导师、答辩委员会成员、同学或者其他提供情感支持的个人，如支持作者学术追求的家人、朋友或同事。而在研究论文中，致谢对象通常是基金项目、资助机构、匿名评审专家、提出修改意见或提供技术支持的机构或个人。致谢不同于作者署名，作者署名必须是那些对研究项目做出实质性贡献的个人，例如进行实验、分析数据或撰写论文的部分内容的人。在英文论文中，致谢通常用来标注基金信息，因此很多科学计量学家会通过对致谢内容的分析来开展资助基金方面的计量研究。在中文学术论文中，致谢不太常见，除非有特别的需要。

致谢可以采取各种形式，从简短的感谢笔记到详细说明每个人具体贡献的长段落等。在学位论文中，致谢通常作为单独的部分列出，篇幅一般为一页及以上。在中文学位论文中，致谢内容主要包括对导师的感激或者评价，"治学态度严谨""知识渊博""悉心指导""诲人不倦"是学生对导师最常用的致谢表述，有些致谢内容还会包括自己学位攻读中的艰辛经历。研究论文中的致谢往往较短，也很少进行情绪化的表述，仅简单罗列基金资助的信息。

作为论文中的有机组成部分，致谢内容作为科学计量学的研究对象从20世纪90年开始出现。Cronin等人研究了论文致谢的样式和规律，认为致谢分析应与引文分析具有同等重要性。Paul-Hus等人分析了不同的致谢类型，包含基金支持、技术支持，以及同事、编辑和审稿人等的贡献。此外，在对学位论文致谢的研究方面，国外学者针对不同学科和文化的语步（moves）差异性研究出现得较早。Hyland K.分析了论文致谢中的语步分类，即对"学术支持""提供资源""精神支持"3个方向的感谢内容。Smirnova N.对四个不同领域的致谢文本进行了综合性分析，并检验了致谢对象的数量与被引次数之间的关系。在国内，李娟分析了不同学科、不同时期的我国博士论文致谢语句，对致谢中蕴含的职业身份、社会身份和个人身份等三种不同身份的动机进行区分。杨奕虹等对我国百篇优秀博士论文致谢进行了文本分析，多角度统计了博士论文致谢中对象类别、博士和导师的性别差异、基金资助对优秀博士论文的支撑作用等问题。梁晗等人对致谢文本中多个因素与毕业后学术成果数量进行组态视角因果分析，探究博士生对导师行为理解程度与其日后学术成果的关系。

参考文献（references）：

[1] CRONIN B, MCKENZIE G, STIFFLER M. Patterns of acknowledgment [J]. Journal of Documentation, 1992, 48(2): 107-122.

[2] PAUL-HUS A, DÍAZ-FAES A A, SAINTEMARIE M, et al. Beyond funding: acknowledgement patterns in biomedical, natural and social sciences [J]. Plos One, 2017, 12(10): e0185578.

[3] HYLAND K. Graduates' gratitude: the generic structure of dissertation acknowledgements [J]. English for Specific Purposes, 2004, 23(3): 303-324.

[4] KUMAR V, SANDERSON L J. The effects of acknowledgements in doctoral theses on examiners [J]. Innovations in Education & Teaching International, 2020, 57(3): 285-295.

[5] SMIRNOVA N, MAYR P. A comprehensive analysis of acknowledgement texts in Web of Science: a case study on four scientific domains [J]. Scientometrics, 2023, 128: 709–734.

[6] 李娟. 语用身份视角下的博士论文致谢语研究 [J]. 外语研究, 2016, 33(2): 33-38.

[7] 杨奕虹, 万小影, 武夷山. 2012年中国百篇优秀博士论文致谢内容分析 [J]. 情报杂志, 2014, 33(1): 62-66.

（胡志刚 梁晗 撰稿/陈悦 审校）

99. 逻辑斯蒂曲线
（logistic curve）

在科学计量领域，逻辑斯蒂曲线（logistic-curve）是一种测量领域成熟度、识别领域生命周期阶段、预测领域发展趋势的经典拟合曲线模型。逻辑斯蒂曲线也常被称作S曲线，美国学者Richard Foster于《S曲线：创新技术的发展趋势》一书中提出，技术的发展阶段符合S曲线特征，通过S曲线可以阐明技术在其生命周期各阶段之间的相互关系。德国学者Holger Ernst在1997年进一步将技术生命周期概念与TRIZ理论相结合形成了S曲线模型，并提出可以利用量化的专利指标来代表技术性能的衡量指标。成熟度预测的核心思想是运用技术成熟度理论，通过逻辑斯蒂曲线对当前领域的累积发文情况进行拟合分析，评估该领域所处的发展时期（一般包括萌芽期、发展期、成熟期、衰退期），进而预测该领域未来的发展趋势。

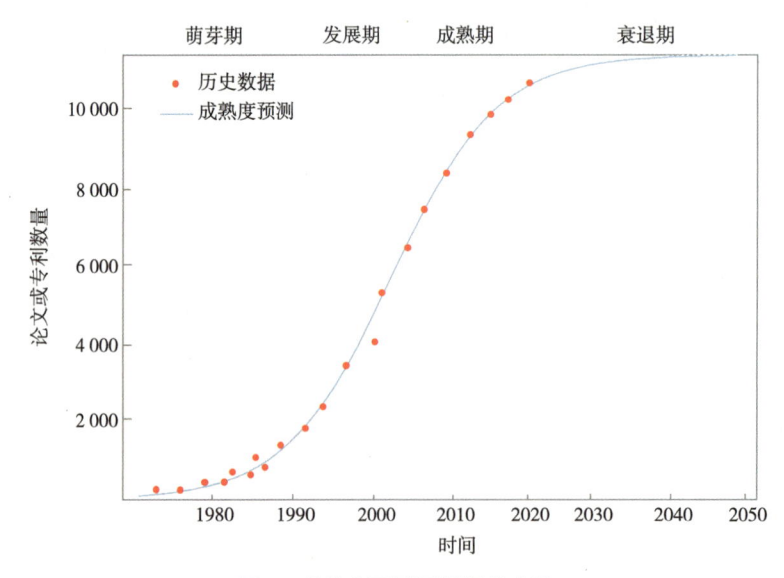

图1　成熟度预测逻辑斯蒂曲线

成熟度预测逻辑斯蒂曲线如图1所示，横轴是该领域成果的出版年份（articles/

patents publication year），纵轴是领域论文或专利数量（the number of publications）。

成熟度预测逻辑斯蒂曲线通常采用简单逻辑模型（simple logistic model，SLM）进行拟合，其数学公式如下：

$$N(t) = \frac{K}{1+e^{-\alpha(t-b)}}$$

其中，$N(t)$表示在t时刻领域内发文累积数量，α表示领域生命周期曲线的增长率（如$\alpha=0.19$表示每个时间分数的增长率约为19%），b表示到生命周期曲线的转折点（曲线中点）所对应的时间，即该领域由发展期进入成熟期的时间；k表示生命周期曲线的饱和值，即领域发文量的上限值，通常将$[k \times 10\%, k \times 90\%]$定义为领域由发展期到成熟期经历的时间长度。此外，针对不同特征的数据，亦可利用主成分逻辑模型（component logistic models）以及逻辑替代模型（logistic substitution models）等进行拟合。

领域发展生命周期各阶段的主要特征表现如下：

（1）萌芽期：领域刚刚开辟，许多问题尚待研究，机构和学者的现有知识无法解决关键性问题，发文量在较长一段时间处于低位状态；

（2）发展期：领域关键性问题得到解决，研究水平快速提升，更多机构和学者进入领域，发文量快速上涨；

（3）成熟期：现有研究或专利已基本攻克了领域中的大部分难题，研究覆盖范围不断扩大，发文量持续增加；

（4）衰退期：领域进入发展极限期，无论怎样加大研究力度与投入，领域的边界也难以扩展，发文量停滞不前，领域开始逐步衰退。

成熟度预测逻辑斯蒂曲线已逐步成为了解领域发展现状、掌握领域发展规律的重要应用方法之一。虽然该模型起源于对技术生命周期的判断和趋势预测，但目前也广泛应用于科学计量领域在文献、机构、作者等多维度的成熟度判断与预测，辅助研究决策。

参考文献（references）：

[1] FOSTER R N. Working The S-Curve: Assessing Technological Threats [J].Research Management, 1986, 29 (4): 17-20.

[2] ALTSHULLER G S. Suddenly the inventor appeared: TRIZ, the theory of inventive problem solving [M].Technical Innovation Center, Inc., 1996.

[3] ERNST H. The Use of Patent Data for Technological Forecasting: The Diffusion of CNC-Technology in the Machine Tool Industry [J]. Small Business Economics, 1997, 9 (4): 361-381.

[4] KUCHARAVY D, DE GUIO R. Logistic substitution model and technological forecasting [J].Procedia Engineering, 2011 (9): 402-416.

（毛进 黄山 撰稿/李杰 审校）

100. 洛特卡定律
（Lotka's law）

洛特卡定律（Lotka's law）是文献信息计量学的经典定律之一。美国著名统计学学者洛特卡（Lotka）于1926年6月19日在《华盛顿科学院杂志》上发表了题为《科学生产率的频率分布》（The frequency distribution of scientific productivity）的论文，发现在科学领域，论文的作者频率与论文数量之间存在着一定的关系，从而最早提出"科学生产率"概念，并基于化学与物理学领域中作者频率与论文数量分布规律的描述与分析阐明了科学生产率的平方反比律。该研究当时并未引起学术界的重视。直到1949年，洛特卡的研究结论才被称为"洛特卡定律"。

研究认为，洛特卡定律的基本内容包括文字表述和图像描述两个部分。

一、文字表述

设 $f(x)$ 为写了 x 篇论文的作者数占作者总数的比例，则洛特卡定律的一般形式可表示为：

$$f(x) = \frac{C}{x^a} \quad (1)$$

即"倒幂法则"，式中 C 为某主题领域的特征常数。根据洛特卡统计的数据，$a=2$，则式（1）变为：

$$f(x) = \frac{C}{x^2} \quad (2)$$

这就是科学生产率的"平方反比律"的表达式。对于式（2），我们可以这样来确定常数 C：$f(1) = C/1^2$；通过推导和级数求和可得 $C=6/\pi^2=0.6079=60.79\%$。显见 C 在数值上等于 $f(1)$，式（2）即变为：

$$f(x) = \frac{f(1)}{x^2}$$

若在上式两边同乘上统计的作者总数，则有：

$$y(x) = \frac{y(1)}{x^2} \quad (3)$$

式中，$y(x)$ 表示写了 x 篇论文的作者数，$y(1)$ 表示写了1篇论文的作者数。在实际中，式（3）应用起来更为方便。

根据统计分析数据，洛特卡得出以下规律性结论：写2篇论文的作者数量大约是写1篇论文作者数的1/4（$1/2^2$）；写3篇论文的作者数量大约是写1篇论文作者数的1/9（$1/3^2$）；写 n 篇论文的作者数量大约是写1篇论文的作者数 $1/n^2$。写1篇论文的作者所占比例大约是60%。

二、图像描述

根据科学生产率的统计数据，洛特卡用图像描述了作者与论文之间的数量对应关系。以 x 轴表示一个作者所写的论文数，y 轴表示写了 x 篇论文的作者数量，并以对数刻度描绘其关系曲线（如图1所示）。洛特卡分布曲线的图形基本上是一条直线，用最小二乘法计算该拟合直线的斜率近似为-2。

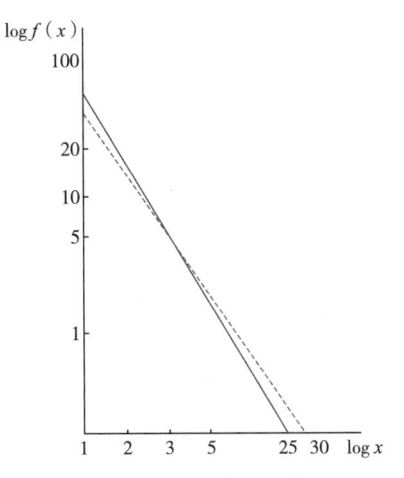

图1 洛特卡分布曲线

20世纪60年代初期，由于普赖斯的两部重要著作《巴比伦以来的科学》(*Science since Babylon*)和《小科学、大科学》(*Little Science, Big Science*)的出版，洛特卡的研究工作和成果得以广泛传播，有力地推动了这一定律的研究和发展。研究者对洛特卡定律的研究主要集中在三个方面：洛特卡定律一般公式的；洛特卡定律适用性和K-S检验；洛特卡定律的机理。在洛特卡定律的基础上，普赖斯进一步研究了科学家人数与科学文献数量、不同能力层次的科学家之间的定量关系，提出了著名的普赖斯定律和一些其他重要结论。

利用洛特卡定律，我们可以掌握文献的增长趋势，便于进行文献情报的科学管理以及情报学的理论研究等工作，可以预测科学家数量的增长和科学发展的规模及趋势等，可以判断各个学科的科研动态，了解科学研究发展规模。

参考文献 (references):

[1] LOTKA A J. The Frequency Distribution of Scientific Productivity [J]. Journal. Washington Academy of Sciences, Washington, D. C, 1926, 19（12）: 317-323.

[2] POTTER W G. Lotka's Law revisited [J]. Library Trends, 1981, 30(1): 21-39, 1981.

[3] EGGHE L. Relations between the continuous and the discrete Lotka power function [J]. J. Am. Soc. Inf. Sci., 2005, 56（7）: 664-668.

[4] ROUSSEAU B, ROUSSEAU R. LOTKA: A program to fit a power law distribution to observed frequency data [J]. Cybermetrics, 2000, 4（1）: 1-6.

（魏瑞斌 撰稿/李杰 王宏鑫 审校）

101. 马太效应
（Matthew effect）

马太效应（Matthew effect）在社会学中指权力、财富或资源的拥有者将有更多的机会产生后续的权力、财富或资源，体现为"富者愈富"的现象。马太效应最早由罗伯特·默顿于1968年提出，其思想出自《圣经》中的一段话："凡有的，还要加给他叫他有余；没有的，连他所有的也要夺去。"

马太效应在许多领域中被观察到，如社交网络、科学合作网络、经济市场等。例如，互联网总优先选择人们经常访问的网站作为超链接，随着时间的演进，网络会逐渐呈现出一种"富者愈富"的现象。

在科研人员学术生涯背景下，马太效应意味着科学家的地位和声誉能带来额外的关注和认可。以上现象说明，科学家的学术地位不仅在对其工作可信度和评估方面发挥着重要作用，还会转化为有形资产，强化科研资助资金增加的路径依赖。科学家最初的成功可能会给科学家提供额外的名声，提高同伴对其的评价，提高其社会地位，吸引资源和优质合作者，而这些回报都进一步增加了科学家继续获得声誉的概率。

马太效应认为，成功本身就会增加未来成功的可能性，但另一种解释认为：未来的成功属于那些更早取得成功的人，因为更早的成功表明一种潜在的才能。这就提出了一个问题：成功本身还是才能或品质决定了结果？

随机实验为回答此问题提供了最佳方法。例如：Restivo等人利用维基百科进行了一项随机试验，他们从位于维基百科贡献生产力前1%的编辑中随机选择受试者，并将他们随机划分为实验组和对照组，然后向实验组颁发了"barnstars"——用于表彰杰出的编辑的奖项，而没有发给对照组。如图1所示，水平轴的零点表示两组人被授予"barnstars"的时间，圆圈显示编辑在颁奖后何时获得了额外奖励。到90天观察期结束时，实验组受试者的生产率是实验前总生产率的2.94倍，而对照组为2.21倍。且实验组的12名受试者共获得14个奖项，而控制组下的2名受试者共获得3个奖项。由于对照组和实验组在"实验"前无能力上的差异，因此之后两组人的差异只能源于先前的成功，该自然实验也就证明了"马太效应"的存在。

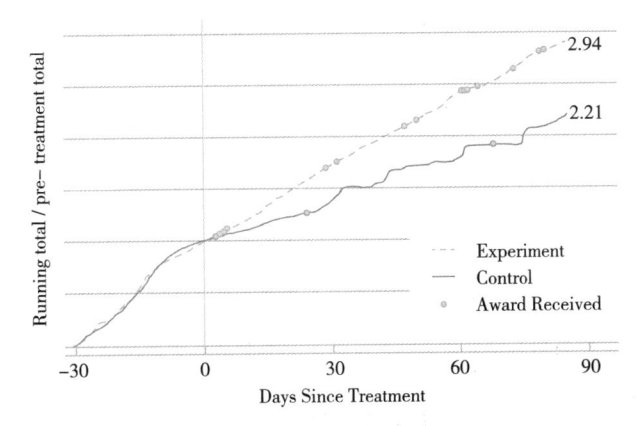

图1 马太效应——来自现场实验的证据

科学学中存在反向马太效应（reverse matthew effect），例如学术丑闻导致的撤稿对有声望的科学家惩罚更小，不太知名的科学家则面临大量引用下降的情况。

参考文献（references）：

[1] MERTON R K. The Matthew Effect in Science [J]. Science, 1968, 159 (3810): 56-63.

[2] POSFAI M, BARABÁSI A-L. Network Science [M]. Cambridge University Press, 2016.

[3] ALTSZYLER E, BERBEGLIA F, BERBEGLIA G, et al. Transient dynamics in trial-offer markets with social influence: Trade-offs between appeal and quality [J]. PLOS ONE, 2017, 12 (7): e0180040.

[4] WANG D, BARABÁSI A-L. The science of science [M]. Cambridge University Press, 2021.

[5] RESTIVO M, VAN DE RIJT A. Experimental Study of Informal Rewards in Peer Production [J]. PLOS ONE, 2012, 7 (3): e34358.

[6] AZOULAY P, BONATTI A, KRIEGER J L. The career effects of scandal: Evidence from scientific retractions [J]. Research Policy, 2017, 46 (9): 1552-1569.

[7] JIN G Z, JONES B, LU S F, et al. The Reverse Matthew Effect: Catastrophe and Consequence in Scientific Teams [J]. National Bureau of Economic Research Working Paper Series, 2013, No. 19489.

（李美玲 撰稿/王洋 审校）

102. 幂律分布
（power-law distribution）

幂律分布（power-law distribution）是指一个物理量的概率密度函数服从幂函数，表现为在双对数坐标下的一条斜率为负数的直线，公式表示为：

$$p_k \sim k^{-\gamma} \qquad (1)$$

其中，指数γ称为幂指数。幂律分布是一种特殊的胖尾分布或长尾分布（fat-tail distribution）。在统计学中，长尾分布函数形成一条"长尾"。幂律分布与长尾分布的区别在于前者可被幂律曲线所拟合，符合"二八原理"，而后者相对前者的尾部数据跨越了几个数量级，尾部概率相较于主体数据的概率而言并不是微乎其微的。

在网络科学最初探讨万维网中每一个网页的度的分布情况时，Barabasi等假设万维网是一个ER随机网络，即万维网中节点的度服从泊松分布。然而，泊松分布并不适用于拟合万维网的度分布。相反，在双对数坐标下，万维网的度分布近似于一条直线，服从幂律分布。对式（1）的等号左右两边取对数可以得到：

$$\log p_k = -\gamma \log k + C \qquad (2)$$

如果式（2）成立，则$\log p_k$和$\log k$呈线性关系，斜率即为幂指数γ（见图1）。

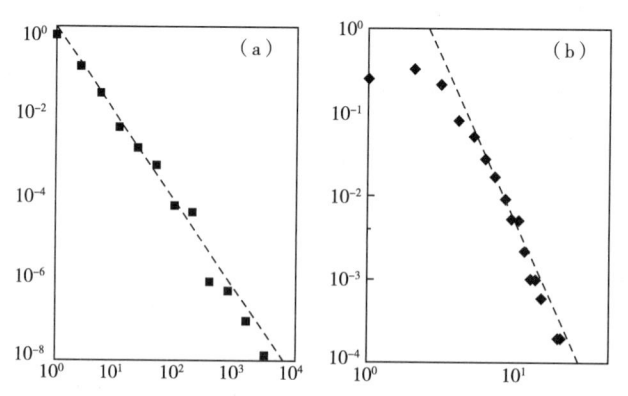

图1 万维网双对数坐标下的入度分布（a）和出度分布（b）（Barabási A-L，1999）

Albert和Barabasi 1999年发表在Science的论文对万维网的度分布进行了定量衡量，$P(k_{out})$表示一个随机选择的网页出度为k_{out}的概率，$P(k_{in})$表示一个随机选择的网页入度为k_{in}的概率。在万维网这个例子中，$P_{k_{in}}$和$P_{k_{out}}$都可以近似为幂律分布，即$P_{k_{in}} \sim k^{-\gamma_{in}}$和$P_{k_{out}} \sim k^{-\gamma_{out}}$，其中，$\gamma_{in}$和$\gamma_{out}$分别是入度分布和出度分布的度指数。一般来说，$\gamma_{in}$和$\gamma_{out}$可以不相同，例如，图1中$\gamma_{in} \approx 2.1$和$\gamma_{out} \approx 2.45$。另外，图1也显示了泊松函数在双对数坐标下的分布情况，通过对比幂律分布和泊松分布发现，万维网的度分布服从幂律分布。

有研究将度分布服从幂律分布的网络称为无标度网络（scale-free networks）。对无标度网络而言，顶点的度往往可以跨越多个数量级。幂律分布可分为离散和连续两种形式。离散形式中，由于节点的度是正整数，$k=0, 1, 2, \cdots$，因此，表示一个节点有k个链接的概率p_k是一种离散形式的幂律分布，即$p_k = Ck^{-\gamma}$，其中常数C由$\sum_{k=1}^{\infty} p_k = 1$归一化条件来确定。

连续形式方面，假设度是任意正实数，幂律分布则为$p(k) = Ck^{-\gamma}$，使用条件$\int_{k_{min}}^{\infty} p(k) \mathrm{d}k = 1$进行归一化，其中，$k_{min}$是幂律分布保持成立的最小度。连续形式幂律分布中具有物理意义的只有$p(k)$的积分，例如，对于一个随机选择的节点，其度介于k_1和k_2之间的概率为$\int_{k_2}^{k_1} p(k) \mathrm{d}k$。

参考文献（references）：

[1] BARABÁSI A-L, ALBERT R. Emergence of Scaling in Random Networks [J]. Science, 1999, 286: 509-512.

[2] POSFAI M, BARABÁSI A-L. Network Science [M]. Cambridge University Press, 2016.

[3] EASLEY D, KLEINBERG J. Networks, Crowds, and Markets [M]. Cambridge University Press, 2010.

（李美玲 撰稿/王洋 审校）

103. 帕累托分布
（Pareto distribution）

帕累托分布（Pareto distribution）最早由意大利经济学家、社会学家维尔弗雷多·帕累托（Vilfredo Pareto）提出，也被称作布拉德福分布。1882年，帕累托在研究英国的财富分布情况时发现，社会的大部分财富由少部分个体获得，而大多数个体仅获得少部分财富。帕累托分布对应现实社会中分布不均匀的现象，从数学的定义来说，给定随机变量X，帕累托分布说明X大于某一值x的概率为$P(X \geq x) \sim x^{-\gamma}$，其中$\gamma$通常被称作幂指数。若随机变量$X$满足帕累托分布，则大多数值较小，少部分值较大，其分布展现出与正态分布差异较大的胖尾分布。

帕累托分布描述了大量真实世界中的幂律分布情况，虽然最早在经济学领域被发现，但它被广泛应用于其他领域，如管理学、工程学、地质学等。1965年，Price发现科研论文的被引频次服从幂律分布（power-law distribution），而随着20世纪末网络科学的发展，有大量的研究表明实际网络的度分布满足幂律分布。此外，在研究文本中词频的规律时，哈佛大学语言学家齐夫于1949年发现了普遍存在的规律，即：在自然语言的语料库里，一个单词出现的频率与它在频率表里的排名成反比。帕累托分布、幂律分布与齐夫定律之间的关系如下：

具体来说，给定随机变量的概率密度函数$p(x)$，该随机变量的互补累积分布函数可以写为：

$$P(x) = \int_x^\infty p(x') \, dx' \quad (1)$$

若$p(x) = Cx^{-\alpha}$，即满足幂律分布，且$\alpha > 1$，则：

$$P(x) = C\int_x^\infty x'^{-\alpha} dx' = \frac{C}{\alpha - 1} x^{-(\alpha-1)} \quad (2)$$

不难发现，幂律分布的互补累积分布函数就是帕累托分布，幂律分布的幂指数α与帕累托分布的幂指数γ相差1，即$\gamma = \alpha - 1$。

帕累托分布与齐夫定律是互换坐标轴的关系。假设文本中词频x的互补累积分布函数为$P(x)$，则$P(x)$代表文本中出现频次大于或等于x的词的比例。若在英文文本中最常出现的词the的出现频次为x_1，则出现频次大于或等于x_1的词的数量为1；若第二常出现的词of的出现频次为x_2，则出现频次大于或等于x_2的词的数量为2；依此类推，对于第r常出现的词，若在文本中出现频次大于或等于它的单词数量正好为r，则互补累积分布函数$P(x)$与词频排序成正比。如果将文本中每个词按频次降序排列，并画出词频与排名之间的关系，齐夫定律表明，词频x与其排序r存在幂律分布关系$x(r) \sim r^{-b}$，而帕累托分布则表明$P(x) \sim x^{-\gamma}$，则$\gamma = 1/b$。

当考虑拥有100万个节点的Barabasi-Albert网络时，其度分布服从幂指数为3的幂律分布，即$P(K=k) \sim k^{-3}$见图1（1），则其互补累计函数是幂指数为2的帕累托分布，即$P(K \geq k) \sim k^{-2}$见图1（2），而如果将顶点的度按照从高到低的倒序排列并画出度k与其排序r的关系，则满足$k \sim r^{-1/2}$见图1（3）。可以看到，帕累托分布、幂律分布与齐夫定律描述的是一种普遍存在的现象。

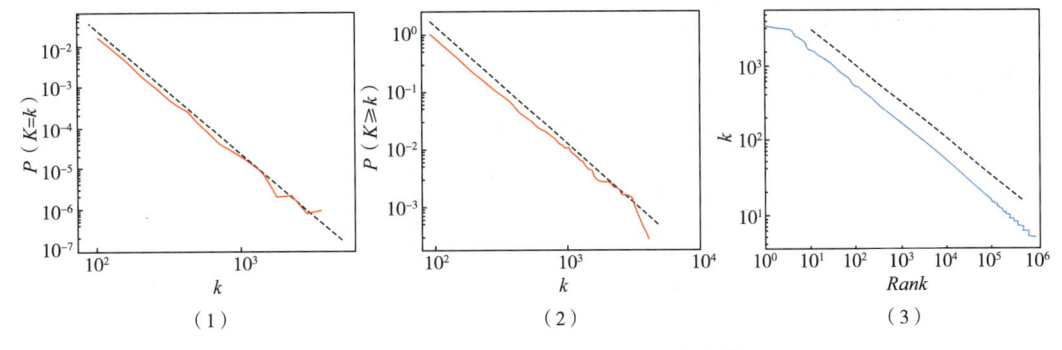

图1　幂律分布、帕累托分布与齐夫定律

在现实中，帕累托分布对应帕累托法则，即"80/20"法则，该法则说明只有20%的因素影响了80%的结果。虽然现实生活中的分布很难精确地出现80%和20%，但是帕累托法描述的分布不均匀现象存在于各个领域。例如：在社会收入分配中，20%最富裕的个体获得了全社会80%的收入；在企业管理领域，企业80%的利润往往由其20%的员工创造，80%的决定往往在20%的会议时间内做出；在网络科学领域，80%的连边链接了20%的节点；在科学研究领域，80%的产出往往由20%的科研人员产出。

参考文献（references）：

[1] PARETO V. Cours d'économie politique[M]. Librairie Droz, 1964.

[2] PRICE D J. Little science, big science... and beyond[M]. New York: Columbia University Press, 1986.

[3] NEWMAN M E J. Power laws, Pareto distributions and Zipf's law[J]. Contemp Phys, 2005, 46（5）: 323-351.

[4] POSFAI M, BARABÁSI A-L. Network Science[M]. Cambridge University Press, 2016.

[5] BARABÁSI A-L, ALBERT R. Emergence of scaling in random networks[J]. science, 1999, 286（5439）: 509-512.

[6] RADICCHI F, CASTELLANO C. Analysis of bibliometric indicators for individual scholars in a large data set[J]. Scientometrics, 2013, 97（3）: 627-637.

（王洋 撰稿/李杰 审校）

104. 普赖斯指数
（Price index）

1971年，德瑞克·普赖斯（Derek Price）提出了一个衡量各个知识领域文献老化的数量指标——普赖斯指数（Price index），即在某一个知识领域内，把对年限不超过5年的文献的引文数量与引文总数之比当作一个指标，用以量度文献的老化速度与程度。其计算公式为：

$$P_r(\text{普赖斯指数}) = \frac{\text{出版年限不超过5年的被引文献数量}}{\text{被引文献总量}} \times 100\%$$

普赖斯在对科学引文索引（science citation index，SCI）所做的统计分析中发现，在被调查的一年内所发表文献的全部参考文献中有一半是在近5年内发表的。受该结果的启示，普赖斯认为可以用5年作为划分文献情报利用程度的标准，出版年限小于5年的文献被称为"现时有用"的文献，出版年限超过5年的被称为"档案性"文献。

一般来说，某一学科或领域的普赖斯指数越大，其半衰期越短，文献老化速度就越快。"普赖斯指数"和"半衰期"是既有关联又有区别的两个衡量科学文献老化的定量指标，它们都从文献被利用的角度出发，以不同的方式来反映文献老化的情况和影响老化因素的相关关系。普赖斯认为，普赖斯指数要优于半衰期和引文中值年龄，文献的"半衰期"只能笼统地衡量某一学科领域全部文献的老化情况，而"普赖斯指数"既可以用于某一领域的全部文献，也可用于评价某种期刊、某一机构甚至某一作者或某篇文献的老化特点。半衰期的概念可以适用于一般的情报老化，而普赖斯指数只适用于文献情报。

引文半衰期与普赖斯指数成反比变化，在数量上确实存在一定的相关性。需要特别说明的是，普赖斯指数的计算一般采用5年之内的文献，当然也可以推广到3年之内，其中的 N 并不是固定不变的。若将 N 年之内的普赖斯指数标记为 $P(N)$，引文半衰期与普赖斯指数的相关程度的强弱会因普赖斯指数 $P(N)$ 中 N 值的不同而变化。

目前文献老化研究一般从历时法和共时法两个角度展开。历时法通过对某一年发表的文献按一定的时间间隔观察并统计发表后的被引用情况，而共时法在给定的一段时间内以不同年限文献的被利用测度为基础观察其时序分布。可以从文献老化的历时与共时角度将普赖斯指数的概念进行推广。

文献 X 的历时普赖斯指数为：

$$\forall X \in \chi, \ P_r(X) = \frac{\sum_{t=0}^{4} Pt(X)}{\sum_{t=0}^{\infty} Pt(X)}$$

选定某一观测时刻，文献 X 的共时普赖斯指数为：

$$\forall X \in \chi, \ X = \{X(t) | t = 0, 1, 2, \cdots, K\},$$

$$P_r(X) = \frac{\sum_{t=0}^{4} Pt(X(t))}{\sum_{t=0}^{K} Pt(X(t))}$$

参考文献（references）：

[1] PRICE D J S. Little science, big science [M]. New York: Columbia University Press, 1963.

[2] PRICE D J S. Citation measure of hard science: soft science, technology & nonscience [J]. Communication among scientist & engineers, health lexington, 1970（4）: 3-22.

[3] PRICE D J S. Little science, big science…and beyond [M]. New York: Columbia University Press, 1986.

[4] PRICE D J S, GÜRSEY S. Studies in scientometrics transience and continuance in scientific authorship [J]. International forum on information and documentation, 1976, 1（2）: 17-24.

[5] EGGHE L. Price index and its relation to the mean and median reference age [J]. Journal of the American society for information science, 1997, 48（6）: 564-573.

（黄颖 傅慧 撰稿/张琳 审校）

105. 期刊超越指数
（field normalized citation success index）

期刊超越指数（field normalized citation success index，FNCSI）于2018年由中国科学院文献情报中心首次提出，用于取代影响因子指标作为期刊分区依据，以解决影响因子数学性质缺陷对评价结果的干扰。期刊超越指数采用美国印第安纳大学斯塔沙·米洛耶维奇（Staša Milojević）等学者提出的citation success index（CSI）算法，而CSI的思想最早可追溯到2008年美国西北大学迈克尔·斯金格（Michael Stringer）等学者的工作。期刊超越指数进一步融合了论文主题层面的考量，基于引用关系和文本相似性生成论文主题体系，将每篇论文都划分到一个主题中，最终得到主题归一化的CSI指数（CSI指数是一本期刊上随机抽取的论文比另一本期刊上随机抽取的论文有更多引用的概率）。期刊超越指数的计算机制是：随机从期刊A选择一篇论文，其引用数大于其他期刊中一篇相同主题、相同文献类型论文的引用数的概率。具体计算公式如下：

$$S_A = P(c_a > c_o | a \in A, o \in O) = \sum_{t,d} P(A^{t,d}) P(c_a > c_o | a \in A^{t,d}, o \in O^{t,d})$$

期刊A在主题t上的超越指数为：

$$S_A^t = \frac{1}{N_{A^t}} \sum_d N_{A^{t,d}} \left[\frac{\sum_{a \in A^{t,d}, o \in O^{t,d}} 1(c_a > c_o) + \sum_{a \in A^{t,d}, o \in O^{t,d}} 0.5(c_a = c_o)}{N_{A^{t,d}} N_{O^{t,d}}} \right]$$

汇总得到的期刊A的期刊超越指数为：

$$S_A = \frac{1}{N_A} \sum_t N_{A^t} S_A^t$$

其中，c_a表示期刊A中一篇论文的被引次数，O表示其他期刊O，$t \in \{topic_1, topic_2, topic_3, \ldots\}$，$d \in \{article, review\}$，$N_{A^t}$表示期刊$A$中主题为$t$的发文量，$A^{t,d}$表示期刊$A$中主题为$t$、类型为$d$的论文集合。

从公式可以看出，其核心围绕该期刊包含的主题、文章类型（原创论文、综述），这种方式可以将期刊细化到每种主题、类型上，避免了以往期刊因为某一篇或几篇超高影响的被引论文而被拉高影响因子的整体平均值，同时有力地避免了通过发表大量综述性论文来快速提高期刊影响力的人为影响因素，更能客观反映一本期刊的整体水平。论文层级的主题体系能更好地体现学科交叉特点，更精准地揭示期刊载文的多学科性，有助于更加客观地进行分类比较，一定程度上能规避追逐热点造成的评价偏倚，为冷门研究方向提供更为合理、公平的评价权重。

参考文献（references）：

［1］STRINGER M J，SALES-PARDO M，NUNES A L A. Effectiveness of journal ranking schemes as a tool for locating information［J］. PLOS ONE，2008，3（2）：e1683.

［2］MILOJEVIĆ S，RADICCHI F，BAR-ILAN J. Citation success index：an intuitive pair-wise journal comparison metric［J］. Journal of informetrics，2017，11（1）：223-231.

［3］SHEN Z，YANG L，WU J. Lognormal distribution of citation counts is the reason for the relation between impact factors and citation success index［J］. Journal of informetrics，2018，12（1）：153-157.

（张琳 戴婷 撰稿/沈哲思 审校）

106. 期刊分区
（journal division）

学术期刊是推动学术交流的重要工具，而学术期刊的评价也是科学计量领域关注的重要方向。期刊分区作为学术期刊定量评价的重要手段，尤其受到科研管理部门和学者们的关注。早在1955年，科学计量学的重要奠基人尤金·加菲尔德（Eugene Garfield）便在Science杂志中首次提出科学引文索引（science citation index，SCI）和影响因子（impact factor，IF）的概念，为开展学术期刊分区奠定了基础。

期刊分区核心思路是使用"分区代替分值"。开展学术期刊分区主要包括学科分类、期刊排名和区域划分三个步骤。学科分类是将所有待评价期刊按照标准划分到不同学科类别之中，随后在学科内按照某一期刊定量评价指标（比如期刊影响因子）对学术期刊进行排名，最后对排名完成的所有期刊划分区域，在实际操作中一般分为四个区域（等级）。

期刊引证报告（Journal Citation Reports，JCR）是目前开展期刊评价和引文分析的重要工具，也是目前国际上公认的权威期刊评价工具。JCR最初是美国科学情报研究所（Institute for Scientific Information，ISI）于1975年开始编辑出版的产品，属于SCI的衍生品，目前已由科睿唯安（Clarivate）继承出版。JCR的JIF Quantile（四分位数）将所有期刊划分学科领域后，根据期刊影响因子的高低顺序将所有期刊划为四个分区（Q1—Q4），每个分区的期刊数量均占25%，就是所谓的"JCR期刊分区"。

《中国科学院文献情报中心期刊分区表》（CAS Journal Ranking）则是我国科研界和科研管理部门使用较为广泛的期刊分区工具，是大家日常所说的"中科院分区表"。中科院分区表由中国科学院文献情报中心在2004年首发，在学科内按3年平均影响因子将期刊划分成4个区，规则如下：1区期刊为top 5%，2区所有期刊的3年平均影响因子之和等于3区之和，也等于4区之和。最终各区期刊数量呈金字塔形。2019年基于期刊超越指数的中科院分区表升级版发布，揭示更多基础研究和冷门研究的优秀期刊。

升级版的中科院分区表的期刊分区与期刊引证报告的期刊分区之间存在明显差异。从历史发展的角度而言，中科院分区表在1999年发现了"不同影响力等级期刊数量的集中与分散规律"，基于此率先推行了"期刊等级代替分值"和"跨学科对比"的期刊评价方案（即期刊分区表），在最初进行学科分类时使用了大、小两种学科分类体系分别进行分区，从2019年开始使用期刊超越指数代替三年期刊影响因子进行期刊排名，同时通过论文的引用关系和语义关系构建更为精细的学科体系（单篇文章层级的归一化分类体系），从而打破了期刊边界，基于论文层级数据实现期刊分区。从结果而言，二者之间较为明显的差异还有各区域的期刊数量占比不同。中科院分区表在最后划分区域的环节虽然也划分了四个分区（1—4区），但不像JCR分区一样按照25%的比例进行平均划分，而是根据期刊影响力指标得分的分布划分每个分区的数量的，期刊数量从1区到4区逐区增多，其1—4区的期刊数量占比分别约为5%、15%、30%和50%，呈现金字塔形。

此外，爱思唯尔（Elsevier）旗下的Scopus数据库和Scimago团队主导的Scimago期刊与国家排名平台（Scimago Journal & Country Rank）也提供期刊分区。前者主要基于CiteScore引用分区，该指标是类似于期刊影响系数（impact factor）的期刊影响力指标，计算方式于2020年更新为以4年区间（先前为3年）为基准来计算每个期刊的平均被引用次数。计算公式中引用数（分子）和文献数（分母）仅统计经过同行评审后出版的文献（研究论文、综述论文、会议论文、书籍章节和数据论文）。Scopus数据库也使用JCR相同的分区方法，按照学科领域将期刊划分为4个区（Q1—Q4）。后者主要基于期刊Scimago排名（Scimago Journal Rank，SJR）的结果，衡量标准包括期刊的被引用次数以及引用期刊的名声或水平，引用时间窗为3年。根据SJR数值大小，该平台按照学科领域将期刊均分成四个分区（Q1—Q4）。

开展学术期刊分区具有重要的意义，但仍需要学界和业界审慎对待。一方面，开展期刊分区评价有利于科研学者了解本领域学术期刊的影响力，从而规划自身的学术投稿与产出，有利于推动学术期刊改进自身的办刊水平，有利于帮助科研管理部门优化科研决策部署。另一方面，期刊分区在实际使用中经常被不合理地用于"以刊评文"；期刊分区表也仅从定量数据出发而未纳入学者对期刊的定性评价意见。学界和业界在进行科研评价时应当注意充分结合定性评价和定量评价方法，推动建立更加科学合理的多元评价机制。

参考文献（references）：

[1] GARFIELD E. Citation Indexes for Science: A new dimension in documentation through association of ideas [J]. Science, 1955, 122 (3159): 108-111.

[2] 金碧辉，汪寿阳.SCI期刊等级区域的划分及其中国论文的分布[J].科研管理，1999（2）：2-8.

[3] LANCHO-BARRANTES B S, GUERREROBOTE V P, MOYA-ANEGÓN F.What lies behind the averages and significance of citation indicators in different disciplines? [J]. Journal of Information Science, 2010, 36 (3): 371-382.

（张琳 何善平 撰稿/黄颖 陈福佑 审校）

107. 期刊即时指数（immediacy index）

期刊即时指数（immediacy index）是期刊引证报告（Journal Citation Reports，JCR）中用于衡量期刊文章被引用的速度的指标。该指标也可以针对某个领域进行测算，相当于把该领域内的所有期刊视为一个整体，如此可以获知某个领域内文章被引用的速度。

期刊即时指数的计算方法是将某一期刊在该报告年份（JCR year）发表文章获得的总引用数量除以该期刊当年发表文章的总量：

$$\text{immediacy index} = \frac{\text{citations from JCR year to items in JCR year}}{\text{citable items in JCR year}}$$

可以看到，期刊即时指数与影响因子（impact factor，IF）的计算方式有一定相似之处，都是论文引用量与论文发表量的比值。两者的区别在于：影响因子的计算方式是某一期刊前两年发表的论文在该报告年份（JCR year）中被引用总次数除以该期刊在这两年内发表的论文总数，而即时指数的论文引用量与论文发表量都被限定在该报告年份（JCR year）。因此，和影响因子相比，即时指数的优势在于可以直观地了解某一期刊当年的被引情况，尤其对于那些专门从事前沿研究的期刊而言，即时指数可以提供一个直观有效的视角用于期刊比较。

需要注意的是，期刊即时指数呈现的是每篇论文的平均值，因此往往低估了大型期刊相对于小型期刊的优势；再者，年末发表的论文几乎不可能在年底前获得引用，年末发表的论文和年初发表的论文两者的引用窗口是不同的。此外，论文到达引用高峰通常需要数年时间，期刊即时指数可能无法预测论文最终的引用表现。

（黄颖 汪乾坤 撰稿/张琳 审校）

术语篇

108. 期刊引证报告
（Journal Citation Reports）

期刊引证报告（Journal Citation Reports™，JCR）是科睿唯安运营的学术期刊数据库，每年更新一次。JCR的统计分析数据取自科睿唯安的引文数据库Web of Science核心合集。除了期刊基本信息外，JCR数据库还提供期刊影响因子（journal impact factor）、期刊引文指标（journal citation indicator）、总被引频次（total citations）、即年指标（immediacy index）和被引用半衰期（cited half-life）等丰富的针对期刊的文献计量学指标。JCR自1975年起每年发布，已成为学术界使用期刊描述性数据和定量指标评估全球高质量学术期刊的重要参考依据。

1955年，"SCI之父"尤金·加菲尔德（Eugene Garfield）在Science发表题为"Citation Indexes for Science: A New Dimension in Documentation through Association of Ideas"的文章，提出了引文索引（citation index）的概念并阐述了创建引文索引的原理。文章中首次提出了影响因子（impact factor）这一专用术语，用以反映学术论文的影响力，并提及可用于评估期刊的重要性。1963年，加菲尔德与Irving H. Sher一起发明了期刊影响因子，当时的主要目的是为科学引文索引（Science Citation Index，SCI）进行选刊。只根据期刊的论文量或单一的引文量都不足以揭示其影响力，于是基于篇均被引次数的期刊影响因子的概念应运而生。1972年，加菲尔德在Science上发表题为"Citation Analysis as a Tool in Journal Evaluation: Journals can be ranked by frequency and impact of citations for science policy studies"的文章，系统提出用引文分析进行期刊评价的原理及期刊影响因子的具体计算方法。

1975年，JCR第1版作为SCI的一部分正式出版，只有自然科学版，即只收录SCI期刊；1977年，JCR社会科学版出版，开始收录Social Sciences Citation Index（SSCI）期刊。因此多年以来，只有SCI（后来的Science Citation Index Expanded（SCIE））或SSCI期刊才会获得期刊影响因子。2021年起，JCR对期刊的分析扩展到Arts & Humanities Citation Index（AHCI）和Emerging Sources Citation Index（ESCI）收录的期刊。从2023年起，AHCI和ESCI期刊也会获得期刊影响因子。

JCR不但在收录范围上进行了扩展，也不断发展完善其分析指标，逐步推出了一系列更加丰富的计量指标：2004年推出了去除自引的期刊影响因子（journal impact factor without self cites）；2009年推出了五年期刊影响因子（5 year journal impact factor），加入了特征影响因子（eigenfactor score）和论文影响力（article influence score）；2015年推出了期刊影响因子百分位（the jif percentile）；2020年正式引入开放获取数据，以提高学术出版中开放获取模式的透明度；2021年添加Early Access（在线发表的论文最终版本）的内容。同时，按照一贯的政策，科睿唯安持续评估期刊的发展情况，对有可能影响公平的一些信息保持敏感，自2005年起每年对那些自引数据较高或互引数据较高的期刊都会不公布其影响因子以示警告。

JCR的主要使用对象有出版社、图书馆和研究人员等。出版社通过JCR了解期刊的表现，并可与其他同学科期刊进行比较。图书馆通过JCR了解期刊，并用于期刊采购。科研人员利用JCR选择投稿期刊。JCR及其重要指标期刊影响因子也被用于科研评价，但"以刊评文"、跨学科简单比较期刊影响因子绝对值等现象的存在导致了对期刊影响因子的误用。2019年，科睿唯安发布《全面画像，而非简单指标》（Profiles，not metrics）的报告，呼吁合理使用期刊影响因子，并提倡利用JCR中期刊的丰富数据即期刊的全面画像而非单一的期刊影响因子指标来全方位地揭示期刊的影响力。

参考文献（references）：

[1] GARFIELD E. Citation Indexes for Science：A New Dimension in Documentation through Association of Ideas [J]. Science，1955，122（3159）：108-111.

[2] GARFIELD E，SHER I H. New Factors in Evaluation of Scientific Literature Through Citation Indexing [J]. American Documentation 1963，14（3），195-201.

[3] GARFIELD E. Citation Analysis as a Tool in Journal Evaluation：Journals can be ranked by frequency and impact of citations for science policy studies [J]. Science，1972，178（4060）：471-479.

[4] GARFIELD E. Journal Citation Reports：A Bibliometric Analysis of References Processed for the 1974 Science Citation Index [J]. Science Citation Index，1975，9，[2023-02-24]. http：//garfield.library.upenn.edu/papers/jcr1975introduction.pdf.

[5] GARFIELD E. How to Use Journal Citation Reports，Including a Special Salute to the Johns Hopkins Medical Journal [J]. Essays of an Information Scientist，1983，6：131-138.

（宁笔 撰稿/岳卫平 李杰 审校）

109. 期刊引证分数（CiteScore）

期刊引证分数（CiteScore）是爱思唯尔公司（Elsevier）于2016年12月发布的一个基于Scopus数据库的期刊评价指标。CiteScore的计算方式为某期刊近四年发表文献的被引次数除以该期刊近四年内发表的文献总数。其中文献类型包括研究论文（article）、综述论文（review article）、会议论文（proceeding paper）、书籍章节（book chapters）、数据论文（data paper）。以CiteScore 2022为例进行说明，其计算公式如图1所示。

$$CiteScore_{2022} = \frac{A}{B}$$

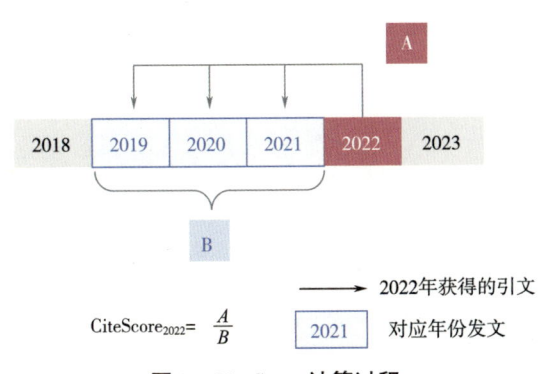

图1　CiteScore计算过程

其中，A表示某期刊在2019—2022年发表的文献在2019—2022年收到的总被引次数，B表示某期刊在2019—2022年发表文献的总数。该指标的计算方式于2020年进行了更新，更新的内容主要包括以下两个方面：①更改了计入统计的文献类型。更新之前，总被引次数（分子）和发表文献总数（分母）将所有类型的文献都纳入了计算范围，包括非同行评审的文献类型，如社论、新闻条目、快报和笔记等。更新后，分子和分母仅统计经过同行评审的文献（即研究论文、综述、会议论文、书籍章节、数据论文），这一改进使期刊之间的对比更加合理。②更改了引用时间窗口的计算方式。更新之前，总被引次数（分子）仅计数统计当年的引用数量，例如，Citescore 2022计算时分子为期刊发表文献在2022年收到的总被引次数。更新后，总被引次数（分子）将从发表年份起累积至计算时间窗口结束，最长可达四年。这意味着期刊发表的文献在此期间收到的所有引用都将被计入CiteScore的计算中，同时，仅出版一年的期刊也能获得CiteScore分数，可以让许多新的期刊提早一年获得影响力指标。

除CiteScore之外，爱思唯尔还提出其他七个与CiteScore相关的指标，其中包括：

（1）CiteScore追踪指标（CiteScore tracker）：该指标是一个按月更新的指标，与CiteScore的计算方式相同，随着文献被引次数的增加，指标计算公式的分子（总被引次数）会逐月累积。

（2）CiteScore排名（CiteScore rank）：该指标表示某期刊基于CiteScore的值在其所属学科领域中的绝对排名。

（3）CiteScore百分位数（CiteScore percentile）：该指标表示某期刊基于CiteScore的值在其所属学科领域中的相对排名，例如CiteScore百分位值为98%意味着期刊在其学科领域中处于前2%。

（4）CiteScore四分位数（CiteScore quartile）：该指标设计理念类似于JCR中的期刊分区，主要应用于不同学科期刊之间的比较。四个分区分别为期刊的CiteScore百分位值介于75%~99%、期刊的CiteScore百分位值介于50%~74%、期刊的CiteScore百分位值介于25%~49%、期刊的CiteScore百分位值介于0%~24%。

（5）总被引次数（citation count）：CiteScore计算公式中的分子，即某期刊近四年发表的文献（研究论文、综述论文、会议论文、书籍章节、数据论文）在四年内的总被引次数。

（6）发表文献总数（document count）：CiteScore计算公式中的分母，即某期刊近四年内发表文献（研究论文、综述论文、会议论文、书籍章节、数据论文）的总数。

（7）引用百分比（percentage cited）：引用百分比是指CiteScore计算公式中，分母（发表文献总数）所涉及的文献中至少被引用1次的文献所占的比例。

（张琳 程铭 黄颖 撰稿/李杰 刘雪立 审校）

110. 期刊引证指标
（journal citation indicator）

期刊引证指标（journal citation indicator，JCI）是科睿唯安2021年6月发布的期刊引证报告（Journal Citation Reports，JCR）中推出的一个全新的期刊评价指标。JCI是指某期刊前三年出版的所有研究论文（articles）和综述论文（reviews）的学科规范化引文影响力的平均值。学科规范化引文影响力（category normalized citation impact，CNCI）是一项论文级别的影响力评价指标，它从学科领域、文献类型、出版年份三个方面对单篇论文的影响力进行归一化处理，因此可以通过CNCI对不同学科、不同文献类型、不同年代的论文的影响力进行比较。以CNCI为基础，JCI计算了特定时间内一本期刊上所有原创论文和综述论文的CNCI平均值，因此JCI可以看作CNCI的延伸，即将学科规范化的引文影响力从论文级别的评价延伸到了期刊级别的评价。从本质上说，JCI提供了一个领域标准化的引文影响衡量标准，其中值为1.0意味着对于某本期刊，其已发表的论文收到的平均引文数量相当于该学科领域论文的平均引文数。当期刊引文指标高于1.0时，即表明该期刊超过全球平均引用水平，当期刊引文指标低于1.0时，即表明未达到平均引用水平。JCI的计算公式如下：

$$K_{\mathrm{JCI}} = \frac{\alpha_{\mathrm{CNCI\text{-}1}} + \alpha_{\mathrm{CNCI\text{-}2}} + \cdots + \alpha_{\mathrm{CNCI\text{-}}N}}{N}$$

其中，N为某期刊刊载的原创论文和综述论文的数量；α_{CNCI}为某期刊刊载的研究论文和综述论文中的某一篇论文的CNCI。

以计算某一本期刊2020年的JCI为例，其计算方式为该刊2017—2019年发表的原创论文和综述论文的CNCI平均值，文献发表时间窗口为3年。计算CNCI所使用的被引频次是该论文从发表到2020年末的累计被引频次，即文献引证时间窗口为4年（2017—2020年）。

该指标是对期刊影响因子的重要补充，与影响因子相比，JCI在以下几个方面有所不同：

（1）JCI可以实现不同学科的期刊的比较和评价。期刊影响因子的计算方式为某期刊过去两年发表的论文在当前统计年份获得的总被引次数与该期刊过去两年发表的论文总数的比值。由于不同学科中论文的引文累积的速度和数量分布不同，所以不能直接使用期刊影响因子对不同学科的期刊进行比较。在计算JCI时，所涉及的被引频次在学科领域、文献类型和出版年份3个方面进行了标准化处理，因此该指标更便于实现不同学科之间期刊影响力水平的比较。

（2）JCI延长了论文发表时间窗口。在期刊影响因子计算中，论文的发表时间窗口通常为2年，即期刊前2年发表的论文及其被引频次参与计算。而在JCI的计算中，论文的发表时间窗口是3年，即期刊前3年发表论文的CNCI参与计算。

（3）JCI改变了论文被引频次的计数方法。期刊影响因子计算被引频次时采用的是文献在当前统计年份中获得的被引频次，而JCI和CNCI计算被引频次时采用的是文献从发表到统计年份的累计被引频次。

（4）JCI扩大了期刊的学科覆盖范围。期刊影响因子及其相关指标仅覆盖了SCI和SSCI来源期刊，而2021年度JCR中的JCI指标覆盖了SCI、SSCI、A&HCI和ESCI等WoS核心合集收录的全部期刊，增加了JCR的效用，从而帮助研究人员和图书管理人员在没有期刊影响因子的情况下能够直观地了解、对比期刊的影响力水平。

（张琳 程铭 撰稿/黄颖 宁笔 审校）

111. 期刊影响力指数（clout index）

期刊影响力指数（clout index，CI）是由中国知网中国科学文献计量评价研究中心于2013年提出的期刊综合评价指标，该指标充分考虑了期刊载文量和办刊历史带来的有效影响力——总被引频次（total cites，TC），以及反映篇均论文质量的代表性指标——影响因子（impact factor，IF），以在一定程度上改善使用影响因子或总被引频次单指标带来的期刊评价片面化问题。CI自提出以来，其基本原理、计算方法和结果得到了国内外学术界和期刊界的基本认可，连续多年应用于中国国际影响力品牌学术期刊的遴选及科技期刊世界影响力指数（WJCI）中。

CI是对统计年的期刊IF和TC双指标进行组内线性归一后，向量平权计算所得的数值，计算公式为：

$$CI = \sqrt{2} - \sqrt{(1-A)^2 + (1-B)^2}$$

式中：A是IF的标准化归一值，B是TC的标准化归一值。

$$A = \frac{IF_{个刊} - IF_{组内最小}}{IF_{组内最大} - IF_{组内最小}}$$

$$B = \frac{TC_{个刊} - TC_{组内最小}}{TC_{组内最大} - TC_{组内最小}}$$

以IF归一值A值计算方法为例，式中$IF_{个刊}$为某刊影响因子的原值，$IF_{组内最大}$为组内期刊影响因子最大值，$IF_{组内最小}$为组内期刊影响因子最小值，经标准化后，IF和TC值均在[0，1]。

CI的几何意义如图1所示，将同一个学科内经过线性归一后的期刊的IF、TC（即A、B值）映射到一个二维空间，称为"期刊影响力排序空间"。该空间是一个平面正交的坐标系，横坐标为归一后的IF，纵坐标为归一后的TC。学科内各期刊根据（A，B），在该空间都对应为一个点。在"期刊影响力排序空间"内，（1，1）为"期望点"，代表该学科内IF和TC都达到最高值的期刊，各刊与（1，1）点距离相等的点连成的线为"期刊影响力等位线"，显然，等位线就是以（1，1）为圆心的圆弧。等位线上的期刊具有相同的CI值，其含义代表了某刊物与该领域内期刊影响力最优状态的接近程度。

期刊的影响力发展路径可以看作从（0，0）点出发，以达到（1，1）点为目标。不同期刊的发展路径可能不同，有的追求先扩大总被引频次，有的追求先提高影响因子，但只有影响因子和总被引频次都高的期刊才是真正有质有量的高影响力期刊，例如*The New England Journal of Medicine*。

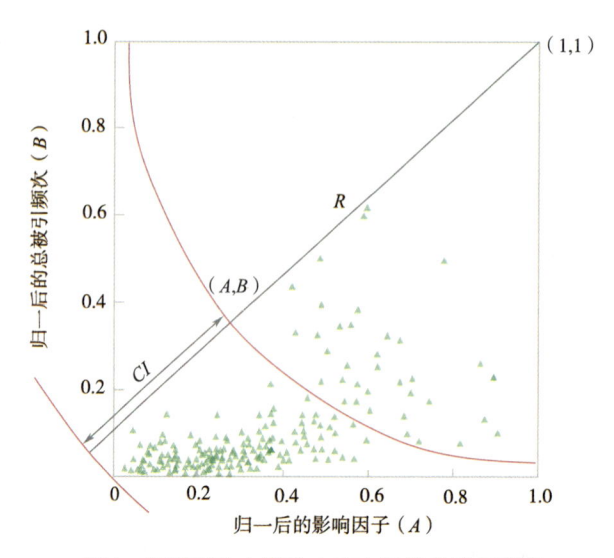

图1　期刊影响力指数（CI）及等位线示意图

尽管CI利用IF和TC的互补性克服了单一指标评价的片面性，使同学科期刊的学术影响力指标具备了较好的可比性，但学科内期刊在"期刊影响力排序空间"内的分布并不均匀，CI代表了与最高值的相对距离，最高值点的随机性造成CI不可用于跨学科比较。为解决这一问题，中国科学文献计量评价研究中心于2018年开展世界期刊的同源、同标准评价时，提出世界学术影响力指数（world academic journal clout index，WAJCI），WAJCI是期刊CI除以世界本学科CI中位数得到的比值（WAJCI＝期刊CI值/学科期刊CI中位值），反映了期刊在学科内学术影响力的相对位置，因而可以跨学科、跨年度比较，具有更广的使用范围。

除CI和WAJCI之外，中国科学文献计量评价研究中心2020年提出科技期刊世界影响力指数（world journal clout index，WJCI），该指数由基于引证数据的WAJCI和基于网络使用数据的WI指数共同构建。WI指数可有效描述期刊在数字出版环境下的网络传播影响力，一定程度反映期刊的社会影响力。但无论是CI、WAJCI还是WJCI，都只是期刊影响力水平的测度，并不能直接评判期刊内容质量和单篇学术成果的优劣。

参考文献（references）：

［1］WU J，XIAO H，SHENG S，et al.The Research Purpose, Methods and Results of the "Annual Report for International Citations of China's Academic Journals", 15th International Conferenceon Scientometrics and Informetrics［C］.July 2015：978-987.

［2］伍军红，肖宏，张艳，等.科技期刊国际影响力评价指标研究［J］.编辑学报，2015，27（03）：214-218.

［3］肖宏，潘云涛，伍军红，等.科技期刊世界影响力评价实证分析——以WJCI为例［J］.科技与出版，2023（05）：49-57.

（伍军红 撰稿/李杰 审校）

112. 期刊影响因子（journal impact factor）

期刊影响因子（journal impact factor，JIF）最早由美国科学信息研究所（Institute for Scientific Information，ISI）创始人尤金·加菲尔德（Eugene Garfield）于1955年提出，用以评价某一期刊在所属学科领域的学术影响力。JIF目前已经成为衡量学术期刊影响力的一个重要指标。自1975年以来，期刊影响因子由科睿唯安（原汤森路透）公司旗下的期刊引证报告（Journal Citation Reports，JCR）每年定期发布。

Web of Science期刊影响因子具体是指某期刊前两年发表的所有类型文献在统计当年的被引次数（citations）除以该期刊前两年发表的可被引文献数（仅包括article和review）。计算公式表示如下：

$$IF_y = \frac{((TCP)_{y-1}+(TCP)_{y-2})_y}{(P_{A+R})_{y-1}+(P_{A+R})_{y-2}}$$

其中，$(TCP)_{y-1}$表示期刊在（y-1）年所有类型文献的总被引次数，$(P_{A+R})_{y-1}$表示（y-1）年article和review类型的论文的总量。上式的分子可以总结为某期刊（y-1）和（y-2）年的所有文献在y年的被引总次数，分母则表示（y-1）和（y-2）年所发表article和review类型论文的总量。例如：*Scientometrics*期刊2021年的影响因子是该刊在2020年和2019年发表的所有类型文献在2021年的被引频次除以该期刊2020年和2019年发表的研究论文和综述文献数，其影响因子的计算如下：

$$IF_{2021} = \frac{\text{citations in 2021 to items published in}}{\text{number of citable items in}} \frac{2019(1\,174)+2020(1\,593)}{2019(270)+2020(458)}$$

$$= \frac{2\,767}{728} = 3.801$$

尽管期刊影响因子是一个较为客观的期刊评价指标，反映了某期刊在学术界的影响力，但是影响因子也存在一些缺点。一方面，期刊自身引用可能会对期刊的影响因子产生影响，期刊自身引用是指一个期刊的某篇文章被该期刊自身刊载的其他文章所引用。为了避免这种影响，期刊他引影响因子（去除自引）这一概念被提出。另一方面，一些研究指出期刊影响因子以2年时间窗口统计被引频次进行计算，引证时间窗口太短，导致影响因子不能合理地测度慢移动学科期刊的影响力。为了解决这一问题，汤森路透于2009年1月22日推出了加强版2007年JCR，增加了5年期刊影响因子（5-year journal impact factor，5JIF），通过延长引证时间窗口可以更准确地反映大多数学科期刊的长期影响力，弥补了引文影响力在短期内波动性强的弱点，可以更好地评估那些发表论文的被引用周期相对较长的领域中特定期刊的影响力。因此，期刊5年影响因子被认为是一种更加稳定和可靠的衡量期刊影响力的指标。他引影响因子和5年影响因子在评估期刊的影响力时提供了不同的侧重信息，研究人员可以根据具体的需求选择合适的指标来评估期刊的学术影响力。

期刊影响因子在诞生之初的主要目的是帮助图书馆在有限资金的条件下购买最符合其需求的学术文献，进行馆藏的管理。但随着运用的扩展，其逐渐被用于科研评估中。如今，期刊影响因子已经成为全球公认的评价期刊学术影响力的重要指标；但是因为引文的偏态分布，影响因子并不适用于对单篇文献和单个科研人员的成果质量和创新性进行评价。JIF只能用于学术期刊影响力评价，在其他方面的应用都属于滥用和误用。

参考文献（references）：

[1] GARFIELD E. Citation indexes for science: a new dimension in documentation through association of ideas [J]. Science, 1955, 122 (3159): 108-111.

[2] GARFIELD E. Citation analysis as a tool in journal evaluation [J]. Science, 1972, 178 (4060): 471-479.

[3] GARFIELD E. The history and meaning of the journal impact factor [J]. JAMA, 2006, 295 (1): 90.

[4] GARFIELD E. Citation indexing for studying science [J]. Nature, 1970, 227 (5260): 870-870.

（黄颖 陈思源 撰稿/李杰 刘雪立 审校）

113. 齐普夫定律
（Zipf's law）

齐普夫定律是一个关于秩频分布（rank-frequency distribution）的经验定律，它描述的是一种符合幂律的离散型概率分布。齐普夫定律最初来自语言学：在一定规模的文本中，词的出现频次与其按照频次降序排列得到的频序符合幂函数关系。近百年来，不同学科领域的学者纷纷发现，这种秩频分布规律广泛存在于各种自然与社会现象之中。

1916年，法国速记学家艾思杜（J. Estoup）发现，在较长的文本中，如果将词按照频次（记为f_r）降序排列，得到的频序记为r，则频次与频序的乘积大致稳定于一个常数，即：$f_r r = K$。1928年，美国物理学家贡东（E. Condon）根据杜威（Dewey）和艾尔斯（Ayres）的词频统计资料，以横坐标表示频序的对数（$\log r$），以纵坐标表示频次的对数（$\log f_r$），绘制了词频分布图，发现$\log f_r$和$\log r$的关系接近一条直线（记为AB，见图1）。

令直线AB与横轴夹角为α，$\gamma = \tan \alpha$，直线AB的表达式为：$\log f_r = -\gamma \log r + K$，其中$K$为常数。经过推导可得：$f_r = K r^{-\gamma}$。贡东进行多次实验发现，直线$AB$与横轴的夹角$\alpha = 45°$，$\gamma = 1$。因此，$f_r = K r^{-1}$，此公式即词的频次分布公式。如果将文本中所有词的频次之和记为N，那么，词的频率 $P_r = f_r / N = K / N \cdot r^{-1}$。当样本足够多时，频率$P$,即词在文本中出现的概率。因$K$为常数，$N$在文本确定时也为常数，令 $C = \dfrac{K}{N}$，由此可得词的频率分布公式为：$P_r = C r^{-1}$。贡东根据词频统计数据计算出$C = 0.102$。但是他尚不确定C是不是一个常数，希望有人能用更多的文本材料进行检验。

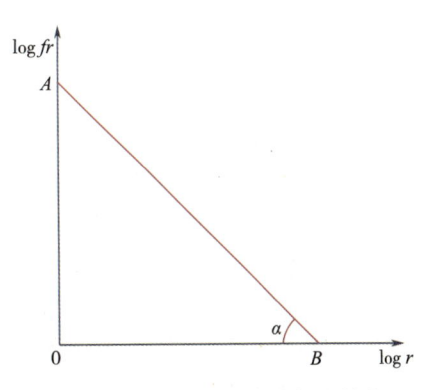

图1 双对数坐标下频次与频序的关系

1935年，美国语言学家齐普夫（G. K. Zipf）在专著《语言之心理生物学——动态语文学引论》（*The Psycho-Biology of Language：An Introduction to Dynamic*

Philology）中以大量文本统计数据对词频分布规律进行了系统研究。他按照贡东的公式 $P_r = Cr^{-1}$ 估计 C 值。在此式中，当 $r=1$ 时，$P_r = C$，即 C 是频序 $r=1$ 的词的概率。根据实验，他得出 $C = 0.1$，认为 C 是一个常数。后来更多词频统计结果表明，在印欧语系的各种语言中，频次最高的词的频率一般都小于 0.1。因此，齐普夫随后指出，C 不是一个常数，而是一个参数，它的取值范围是：$0 < C < 0.1$。对于 $r = 1 \sim n$（n 为文本中的词型数），这个参数 C 使得：$\sum_{r=1}^{n} P_r = 1$。此后，齐普夫又根据一些其他文本的词频数据反复测算，进一步验证了词频分布符合幂律。1949 年，齐普夫出版《人类行为与省力原则——人类生态学引论》(Human Behaviour and the Principle of Least Effort: An Introduction to Human Ecology) 一书，提出"省力原则"（the principle of least effort）来解释人类语言中词频分布规律的形成机制，并将"省力原则"视为人类诸多行为的根本性支配原则。为了纪念他在发现与解释这一规律方面的卓越贡献，人们把词频分布规律命名为齐普夫定律。

在齐普夫所做工作的基础上，美国语言学家朱斯（M. Joos）和法国数学家曼德博（B. Mandelbrot）相继对齐鲁夫定律进行了修正和扩展。

1936 年，朱斯指出，单参数词频分布公式 $P_r = Cr^{-1}$ 中，不仅 C 是一个参数，r 的负指数也是一个参数（以 b 表示），且 b 随文本词数的多少呈正比变化。即图 1 中，$\alpha \neq 45°$，$\gamma \neq 1$，直线 AB 的斜率不是 -1，而是一个参数。他提出了一个双参数词频分布公式：$P_r = Cr^{-b}$，其中，$b > 0$，$C > 0$，对于 $r = 1 \sim n$，参数 b、C 要使 $\sum_{r=1}^{n} P_r = 1$。

1952 年，曼德博运用信息论原理和概率论方法研究词的频率分布规律。通过严格的数学推导，他从理论上提出了三参数的词频分布公式：$P_r = C(r+a)^{-b}$，其中，$0 \leq a < 1$，$b > 0$，$C > 0$，对于 $r = 1 \sim n$，参数 a、b、C 要使 $\sum_{r=1}^{n} P_r = 1$。在曼德博的公式中，当 $a = 0$，$P_r = Cr^{-b}$，即双参数公式。当 $a = 0$，$b = 1$，$P_r = Cr^{-1}$，即单参数公式。无论是单参数公式还是双参数公式，都是三参数公式的特殊情况。在语言学和图书情报学领域的大部分文献中，齐普夫定律通常指单参数形式的词频分布规律。在计量语言学中，为了兼顾模型的拟合优度和参数的语言学意义的可解释性和易解释性，一般采用双参数公式。匈牙利学者布依德索（I. Bujdoso）曾考察 21 种自然语言的词频分布，不仅发现了齐普夫定律的参数 b 在不同语言中具有不同取值，而且发现这个参数反映了语言的亲属关系，同属一种类型的语言的 b 值更为接近。

齐普夫定律描述了词频变化的规律，许多语言问题和现象都与词频有关（如激活时间、信息量、词长、语法等），词频在语言系统中占有重要地位。因此，齐普夫定律成为现代计量语言学作为独立学科的基础，是构成语言科学理论"语言协同模型"的重要定律之一。除了词的频次分布，语言学家还研究了语音、文字等语言子系统中语言单位的频次分布，发现许多语言单位都能够使用齐普夫定律描述其分布。齐普夫定律在几乎所有被验证过的自然语言以及人造语言中都具有普适性，对词表编制、文本特征分析、作者著述特征分析、文本自动分类等具有重要作用，能够为语言学习和教材编写提供积极的帮助。

齐普夫定律定量地揭示了词在文本中

的分布规律，因此也成了信息计量学的基本定律之一，在图书情报领域产生了重要影响。在词表编制过程中，可借助齐普夫定律描述的词频分布特征确定选词标准与范围，从而提高词表质量。在自动标引、标引加权、信息检索以及确定馆藏位置等方面，齐普夫定律也能够发挥积极作用。齐普夫定律与一些其他定律存在着相关性。信息计量学中的"洛特卡定律"（Lotka's law）和"布拉德福定律"（Bradford's law）在数学形式上都与齐普夫定律有着密切的联系，洛特卡定律可以从齐普夫定律推导出来。齐普夫分布有时被当作泽塔分布（Zeta distribution）的同义词，虽然它与泽塔分布并非完全一致。齐普夫分布有时也被称为离散帕累托分布（Pareto's distribution），因为它与连续帕累托分布相似。齐普夫定律能够描述许多自然和社会现象中的幂律关系，如地震灾害的规模、月球坑的直径、物种数量、城市人口规模、企业规模（人数、市场、收益）、个人存款、互联网访问量、基因转录、地理与经济相关现象等，被用于20多个学科的相关研究中。

参考文献（references）：

［1］刘海涛.计量语言学导论［M］.北京：商务印书馆，2017.

［2］冯志伟.齐普夫定律的来龙去脉［J］.情报科学，1983（2）：37-42.

［3］CONDON E U. Statistics of Vocabulary［J］. Science, 1928, 67：300.

［4］ESTOUP J. Gamme stenographiques［M］. Paris, Privately printed for the Institute Stenographique, 1916.

［5］JOOS M. Review of Zipf's the Psycho-biology of language［J］. Language, 1936（12）: 196-210.

［6］MANDELBROT B. An informational theory of the statistical structure of languages［J］. Communication Theory, 1953, 4（4）：486-502.

［7］ZIPF G K. Human Behavior and the principle of least effort：an Introduction to human ecology［M］. Cambridge, Massachusetts：Addison-Wesley Press Inc., 1949.

［8］ZIPF G K. The psycho-biology of language：an introduction to dynamic philology［M］. Boston：Houghton-Mifflin, 1935.

（黄伟 撰稿/刘海涛 李杰 审校）

114. 潜语义分析
（latent semantic analysis）

潜语义分析（latent semantic analysis，LSA）或潜语义索引（latent semantic indexing，LSI）是在向量空间模型（vector space model，VSM）的基础上发展起来的，由Deerwester等人于1988年提出，致力于解决VSM无法处理一词多义和多词一义（即同义词）的问题。

LSA将文本语料表示为 $m×n$ 的单词-文档矩阵，矩阵的行表示语料中的单词，矩阵的列表示语料中的文档。对该矩阵进行奇异值分解（singular value decomposition，SVD），最多可得到 $p=\min(m,n)$ 个奇异值，而且矩阵的大部分信息与较大的几个奇异值有关。LSA正利用了奇异值分解的这两个性质，将原始矩阵映射到语义空间，减少了原始矩阵的信息冗余问题，实现了降维的目的。具体地，文本语料的单词-文档矩阵 X 可表示为：

$$X = \begin{bmatrix} x_{1,1} & \cdots & x_{1,j} & \cdots & x_{1,n} \\ \vdots & & \vdots & & \vdots \\ x_{i,1} & \cdots & x_{i,j} & \cdots & x_{i,n} \\ \vdots & & \vdots & & \vdots \\ x_{m,1} & \cdots & x_{m,j} & \cdots & x_{m,n} \end{bmatrix} = \begin{bmatrix} \vec{t}_1^{\mathrm{T}} \\ \vdots \\ \vec{t}_m^{\mathrm{T}} \end{bmatrix} = \begin{bmatrix} \vec{d}_1 & \cdots & \vec{d}_n \end{bmatrix} \quad (1)$$

其中，x_{ij} 表示单词 i 对文档 j 中的重要程度（比如单词 i 在文档 j 中出现的频次）。在矩阵 X 中，每行代表一个词向量 $\vec{t}_i^{\mathrm{T}}$，该向量表示该词与所有文档的关系；每列代表一个文档向量 $\vec{d}_j$，该向量表示该文档与所有单词的关系。XX^{T} 表示所有词向量间的点积，$X^{\mathrm{T}}X$ 表示所有文献向量间的点积。需要说明的是，点积实际上是未归一化版本的相似度，因此 XX^{T} 和 $X^{\mathrm{T}}X$ 可理解为相似度矩阵。

接下来，对单词-文档矩阵 X 进行奇异值分解，可将矩阵分解为三个矩阵的乘积，如式（2）所示：

$$X = U\Sigma V^{\mathrm{T}} \quad (2)$$

其中，U 是一个正交矩阵，表示文档的潜在语义空间；Σ 是一个对角矩阵，对角线元素为奇异值；V^{T} 是一个正交矩阵，表示单词的潜在语义空间。

这样，单词与文档的相似度矩阵可分别表示为：

$$XX^T = (U\Sigma V^T)(U\Sigma V^T)^T = (U\Sigma V^T)(V\Sigma U^T) = U\Sigma^2 U^T \quad (3)$$

$$X^T X = (U\Sigma V^T)^T (U\Sigma V^T) = (V\Sigma U^T)(U\Sigma V^T) = V\Sigma^2 V^T \quad (4)$$

其中，Σ^2仍然为对角矩阵，对角线元素为矩阵Σ对应元素值的平方。因此，U是由XX^T的特征向量组成的矩阵，V是由$X^T X$的特征向量组成的矩阵，这些特征向量对应的特征值为Σ^2的对角线元素。因此，单词-文档矩阵X可表示为式（5）。也就是说，单词-文档矩阵X可被分解为图1所示的三个矩阵的乘积。

$$X = U\Sigma V^T = \begin{bmatrix} \vec{u}_1 & \cdots & \vec{u}_p \end{bmatrix} \begin{bmatrix} \sigma_1 & \cdots & 0 \\ \vdots & \ddots & \vdots \\ 0 & \cdots & \sigma_p \end{bmatrix} \begin{bmatrix} \vec{v}_1 \\ \vdots \\ \vec{v}_p \end{bmatrix} \quad (5)$$

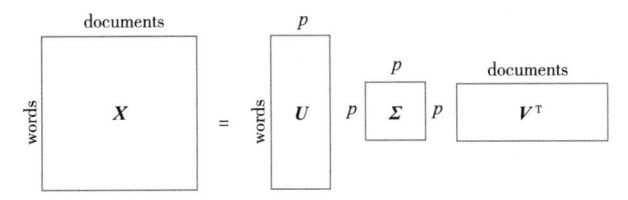

图1 单词-文档矩阵X可分解为三个矩阵的乘积

其中，$\sigma_1,\cdots,\sigma_p$表示奇异值，$\vec{u}_1,\cdots,\vec{u}_p$和$\vec{v}_1,\cdots,\vec{v}_p$分别表示左奇异向量和右奇异向量。

经过奇异值分解后，LSA的关键步骤是降维，在一定程度上可以解决原始单词-文档矩阵过于稀疏的问题。通过降维，LSA能够将语义相似的单词合并在一起，这样既可以减轻同义词的问题，又可以部分解决一词多义问题。在降维中，选择前K个最大的奇异值，以及U和X矩阵中对应的K阶矩阵，这样原始矩阵X可被近似表示为式（6）。类似地，单词-文档矩阵X可被近似分解为图2所示三个矩阵的乘积。

$$X \approx U_K \Sigma_K V_K^T \quad (6)$$

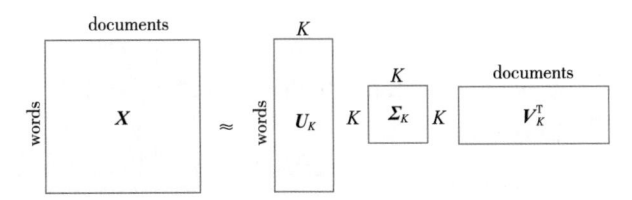

图2 单词-文档矩阵X可被近似分解为三个矩阵的乘积

LSA通过奇异值分解将文本数据映射到一个低维的语义空间，在一定程度上能够捕捉到文本数据的语义相关性。为了将LSA扩展为生成式模型，Hofmann于1999年提出了概率潜在语义分析（probabilistic latent semantic analysis，pLSA）或概率潜在语义索引（probabilistic latent semantic indexing，pLSI）。pLSA致力于建模数据本身的生成过程，通过最大似然估计进行概率推断，提供了更好的可解释性。

pLSA是一种三层产生式模型，分别用来表示文档、主题和词汇，它的概率图模型表示如图 3 所示。为叙述方便，令 M 表示文档数量，K 表示主题数量，V 表示文档中不同单词的数量，$n(d_m, w_{m,n})$ 表示单词 $w_{m,n}$ 在文档 d_m 中出现的频次。在概率图模型中，d_m 表示文档，$z_{m,n}$ 表示主题，$w_{m,n}$ 表示词汇。pLSA 通过以下过程来生成一篇文档 m：

（1）以概率 $Pr(d_m)$ 采样一篇文档的序号 d_m；

（2）对于文档中的单词序号 $n \in \{1, \cdots, N_m\}$，以概率 $Pr(z_{m,n} | d_m)$ 采样一个主题 $z_{m,n}$；

（3）以概率 $Pr(w_{m,n} | z_{m,n})$ 采样一个单词 $w_{m,n}$。

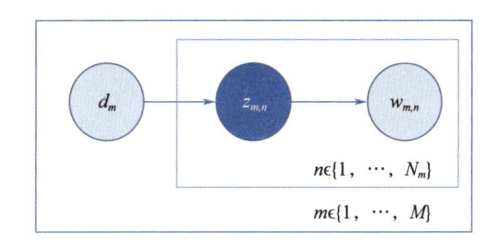

图3 pLSA的概率图模型表示

因此，文档-词汇的联合概率 $Pr(d_m, w_{m,n})$ 的联合概率分布表示如下：

$$\begin{aligned} Pr(d_m, w_{m,n}) &= \sum_{k=1}^{K} Pr(d_m, w_{m,n}, z_{m,n} = k) \\ &= \sum_{k=1}^{K} Pr(w_{m,n} | d_m, z_{m,n} = k) Pr(d_m, z_{m,n} = k) \\ &= \sum_{k=1}^{K} Pr(w_{m,n} | z_{m,n} = k) Pr(d_m, z_{m,n} = k) \\ &= \sum_{k=1}^{K} Pr(w_{m,n} | z_{m,n} = k) Pr(d_m | z_{m,n} = k) Pr(z_{m,n} = k) \end{aligned} \quad (7)$$

容易看出，pLSA 需要同时估计 K 个 $Pr(z_{m,n} = k)$ 参数、$M \times K$ 个 $Pr(d_m | z_{m,n} = k)$ 参数和 $V \times K$ 个 $Pr(w_{m,n} = v | z_{m,n} = k)$ 参数。经过推导，这三组参数可被分别表达为：

$$Pr(w_{m,n} = v | z_{m,n} = k) = \frac{\sum_m Pr(z_{m,n} = k | d_m, w_{m,n} = v) n(d_m, w_{m,n} = v)}{\sum_m \sum_n Pr(z_{m,n} = k | d_m, w_{m,n} = v) n(d_m, w_{m,n} = v)} \quad (8)$$

$$Pr(d_m | z_{m,n} = k) = \frac{\sum_n Pr(z_{m,n} = k | d_m, w_{m,n}) n(d_m w_{m,n})}{\sum_m \sum_n Pr(z_{m,n} = k | d_m, w_{m,n}) n(d_m, w_{m,n})} \quad (9)$$

$$Pr(z_{m,n} = k) = \frac{1}{N_m} \sum_m \sum_n n(d_m, w_{m,n}) Pr(z_{m,n} = k | d_m, w_{m,n}) \quad (10)$$

其中，

$$Pr(z_{m,n} = k | d_m, w_{m,n}) = \frac{Pr(w_{m,n} | z_{m,n} = k) Pr(d_m | z_{m,n} = k) Pr(z_{m,n} = k)}{\sum_k Pr(w_{m,n} | z_{m,n} = k) Pr(d_m | z_{m,n} = k) Pr(z_{m,n} = k)} \quad (11)$$

容易看出，式（8）~式（10）的求解依赖式（11），而式（11）的求解也依赖式（8）~式（10），因此 pLSA 的参数非常适合采用期望最大化算法（expectation-maximization，EM）进行估计：在 E 步骤（expectation step）中，根据当前的参数估计计算隐藏变量（即主题）的后验概率分布。在 M 步骤（maximization step）中，通过最大化对数似然函数来更新模型参数。这个迭代过程会持续进行，直到达到收敛条件。

尽管 pLSA 在 LSA 的基础上引入概率机制，并将文本数据建模为一个概率生成过程，但是由于 pLSA 显式地建模了文档序

号的概率分布 $Pr(d_m)$，通常会出现过拟合的现象，即在训练文档集上能够获得较好的推断效果，却不能很好地推广到训练集合外的文档。此外，它还存在缺乏先验概率、数据稀疏性、模型复杂度高等问题。为了解决以上缺陷，Blei等人进一步提出了潜在狄利克雷分配模型（latent dirichlet allocation，LDA）。

LSA最初应用于信息检索领域，用于改进文本的表示和检索方法，以更好地处理语义相关性和理解文本的含义。随着计量学的快速发展和LSA的扩展应用，LSA被广泛应用于科学计量领域，例如文本相似度计算、文献聚类、主题分析、科学知识图谱构建、文本挖掘和信息抽取等。LSA的这些应用展示了其在科学计量学领域中的潜力，通过利用语义分析，它能够帮助学者更好地理解和组织科学文献，并从中获取有价值的信息。

参考文献（references）：

[1] DEERWESTER S, DUMAIS S T, LANDAUER T K, et al. Improving information retrieval with latent semantic indexing [J]. In Proceedings of the 51st annual meeting of the American society for information science, 1988, 25: 36-40.

[2] SUSAN T D. Latent semantic analysis [J]. Annual Review of Information Science and Technology, 2005, 38: 188-230.

[3] HOFMANN T. Probabilistic latent semantic analysis [C]. Proceedings of the 15th conference on Uncertainty in artificial intelligence. Morgan Kaufmann Publishers Inc. 1999.

[4] DEMPSTER A P, LAIRD N M, RUBIN D B, Maximum likelihood from incomplete data via the EM algorithm [J]. Journal of the royal statistical society. Soc. Ser. B, 1977, 39: 1–38.

[5] BLEI D M, NG A Y, JORDAN M I. Latent Dirichlet allocation [J]. The Journal of Machine Learning Research, 2003, 3: 993-1022.

（徐硕 刘镇 撰稿/章成志 审校）

115. 潜在狄利克雷分配模型（latent dirichlet allocation model）

潜在狄利克雷分配模型（latent dirichlet allocation model，LDA）是David M. Blei 等在2003年提出的一种针对海量文档集进行主题识别的三层贝叶斯产生式概率模型。该模型通过无监督学习，生成"文档-主题"和"主题-词语"概率分布，被用于识别大规模文档集或语料库（corpus）中潜藏的主题信息。它采用了词袋（bag of words）模型，即认为一篇文档是由一组词构成的集合，词与词之间没有先后顺序关系，一篇文档可以包含多个主题，文档中每一个词语都由其中一个主题生成。

LDA是常用的主题模型（topic model）。主题模型是以非监督学习的方式对文档的隐含语义结构（latent semantic structure）进行聚类（clustering）的统计模型。最早的主题模型是潜在语义分析（latent semantic analysis，lsa，又称潜在语义索引，latent semantic indexing，由Deerwester等人于1990年提出）。LSA可实现文本降维，但存在"一词多义"问题。1999年由Hofman等人提出的概率潜在语义分析（probabilistic latent semantic analysis，pLSA）可以在一定程度上改善"一词多义"问题，但随着文档数量的增加，容易导致模型的过拟合问题。2003年，Blei等人在pLSA模型的基础上引入了Dirichlet先验分布，解决了过拟合问题，形成了LDA主题模型。

LDA采用了三层贝叶斯概率模型，包括词语、主题和文档三层结构，其图模型如图1所示。对于由M个文档组成的语料集，假定整个语料集共有K个主题，每个主题z被表示成词汇表中V个单词的一个多项式分布，记这个多项式分布为φ，而每个文档对应K个主题也有一个多项式分布，记这个多项式分布为θ。多项式分布φ和θ是分别带有超参数β和α的Dirichet先验分布，即$\varphi \sim \text{Dir}(\beta)$和$\theta \sim \text{Dir}(\alpha)$，那么LDA模型生成的一篇文档过程为：①对于一个文档d，首先选择N，$N \sim \text{Poiss}(\xi)$，这里N代表文档的单词个数；②对于文档d中的每一个单词，从文档d对应的多项式分布θ中抽取一个主题z，从主题z对应的多项式分布φ中抽取一个单词w。重复上述过程N次，就生成了该文档d。

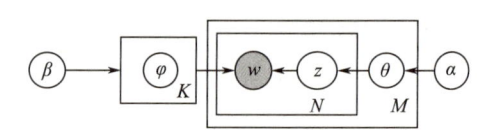

图1　LDA图模型

LDA图模型中z是隐藏变量，N是文档d的单词总数，图中阴影圆圈表示可观察变量（observed variable），非阴影圆圈表示潜在变量（latent variable），箭头表示两个变量间的条件依赖（conditional dependency），方框表示重复抽样，其右下角K、N、M分别代表重复次数。LDA模型中有两个参数需要推断（infer）："文档-主题"分布θ和K个"主题-词语"分布φ。通过学习（learn）这两个参数，便可以知道文档中的主题，以及每篇文档所涵盖的主题比例等。θ和φ推断方法主要有Blei等提出的EM算法和常用的Gibbs抽样法。

LDA建模过程中需要设定主题数目，通常文档集合越大，主题数目越多。大量的实践研究证明，LDA模型的主题聚类效果与潜在主题数量K直接相关，最优主题数目设定多采用主题一致性（coherence）和困惑度（perplexity）指标来实现。其中，主题一致性是衡量给定LDA主题模型的人类可解释性的有用度量，更高的一致性表示模型有更强的可解释性；困惑度是将数据拆分为训练集和测试集来衡量模型拟合程度，更好的模型具有更低的困惑度。

自LDA模型提出以来，大量学者对其进行了扩展和应用，出现了多种LDA变体应用模型，如适用于作者主题分析的ATM模型（author-topic model）、加入时序的动态主题模型（dynamic topic models，DTM）等。目前，LDA模型已成为实践中最成功的主题模型之一，被广泛应用于文本聚类、文本表示、文本分类中。在科学计量学领域中，LDA被用于学科文献内容的主题建模，包括主题分析、热点主题发现以及主题内容的演化分析等；此外，还在基于专利标题和摘要的专利领域新热点和专利企业技术地位挖掘、基于政策文本建模的政策内容及演化规律分析、基于科研项目的主题发展趋势挖掘等方面得到了实践应用。

参考文献（references）：

[1] DEERWESTER S, DUMAIS S T, FURNAS G W, et al. Indexing by Latent Semantic Analysis [J]. Journal of the American society for information science, 1990, 41 (6): 391-407.

[2] HOFMANN T. Probabilistic Latent Semantic Indexing [C]. Proceedings of the 22nd annual international ACM SIGIR conference on Research and development in information retrieval. 1999: 50-57.

[3] BLEI D M, NG A Y, JORDAN M I. Latent Dirichlet Allocation [J]. Journal of Machine Learning Research, 2003, 3: 993-1022.

[4] BLEI D M. Probabilistic topic models [J]. Communications of the ACM, 2012, 55 (4): 77-84.

[5] GRIFFITHS T L, STEYVERS M. Finding Scientific Topics [J]. Proceedings of the National academy of Sciences of the United States of America, 2004, 101 (Suppl 1): 5228-5235.

[6] YAU C K, PORTER A, NEWMAN N, et al. Clustering Scientific Documents with Topic Modeling [J]. Scientometrics, 2014, 100: 767-786

[7] WANG B, LIU S, DING K, et al. Identifying Technological Topics and Institution-Topic Distribution Probability for Patent Competitive Intelligence Analysis: a case Study in LTE Technology [J]. Scientometrics, 2014, 101: 685-704.

（吴小兰 章成志 撰稿/李杰 审校）

116. 情感分析
（sentiment analysis）

情感分析（sentiment analysis）是指利用自然语言处理（natural language processing）和文本挖掘技术（text mining），对带有情感色彩的主观性文本进行分析、处理和抽取的过程。自2000年以来，情感分析已经成为自然语言处理中最活跃的研究领域之一，被广泛地应用于用户对商品或服务喜好的识别、社交媒体上用户情感倾向的判断、网络舆情处理等方面。

情感分析任务按其分析粒度可以分为篇章级（document level）、句子级（sentence level）和属性级（aspect level）等。篇章级情感分析是指以整个文档（如产品评论）作为分析对象，将其分为正面、负面或中性的情感倾向。句子级情感分析是指以句子为单位进行分析，判断一个句子所表达的情感倾向。通常在进行句子级情感分析时，首先需要进行主观性判断，即判断句子是否为主观句。一般情况认为主观句才表达观点或态度，但现有研究表明客观句也会隐藏情感。属性级情感分析首先需要识别出观点/评价的目标（通常为一个实体）并抽取该实体被提及的各个属性（以手机为例，可以是手机的电池、屏幕等），然后判断用户对于该目标不同属性的情感倾向。

情感分析的方法主要可以分为两类：一类是基于机器学习的方法（通常是监督学习的方法），另一类是基于情感词典的无监督的方法。此外，在一些情况下也会采用介于两者之间的半监督分析方法。基于机器学习的方法一般流程见图1。这类方法的研究重点在于如何发现有效的特征并进行特征的高效选择与融合。常用的特征提取方法包括信息增益（information gain，IG）、CHI 统计量（Chi-square，CHI）、文档频率（document frequency，DF）等。随着语义特征信息的加入，如各类神经网络技术、深度学习算法的优化，以及训练语料库的发展，基于机器学习的方法将会持续优化。基于情感词典的方法一般流程见图2。这类方法的前提与基础是情感词典的构建，通常在通用情感词典的基础上结合文本中的程度副词、否定词、领域词等构建基于语料的情感词典，从而提高情感分析的准确性。同时，对识别出的情感词赋予不同的情感强度，进而加权求和得到文本的情感倾向性计算结果。最终，通过与设置的阈值进行比较以确定情感倾向。与基于机器学习的情感分析相比，基于情感词典的方法属于粗粒度的倾向性判断方法，但该方法不依赖标注好的训练集，实现相对简单,能够满足多数通用领域文本的情感分析需求。而基于机器学习的情感分析通常能够得到更加可靠的分析结果,但语料标注的成本不可忽视。近年来,情感分析在科学计量领域的应用日渐增多,已经成为"引文内容"分析的重要方向。例如:通过对文献在社交媒体中的评论文本进行情感分析,进而度量文献的价值或影响力;对文献的引文内容进行情感分析以识别虚假引用或负面引用;等等。

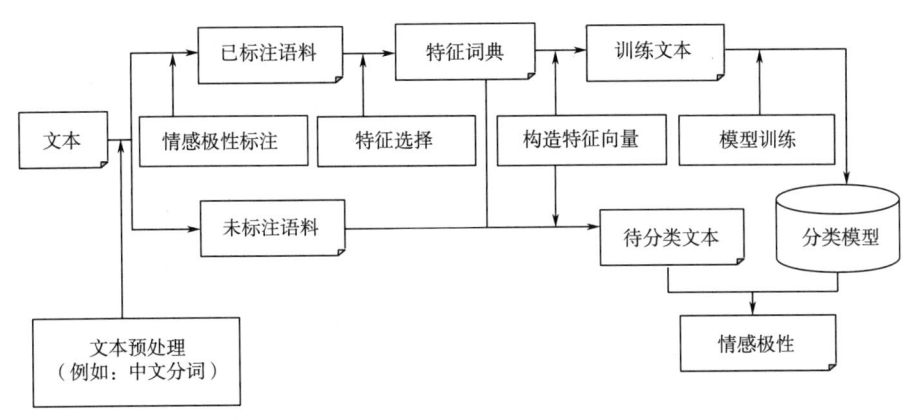

图1 基于机器学习的情感分析研究思路

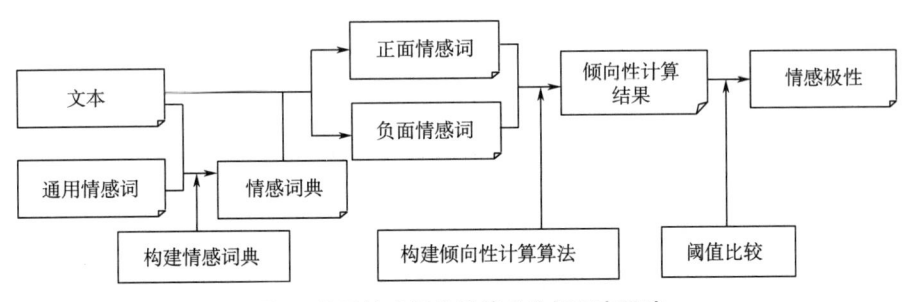

图2 基于情感词典的情感分析研究思路

值得注意的是,现阶段的情感分析主要集中于显式情感的判断,对隐式情感分析的研究还处于起步阶段。同时,对于复杂文本的情感分析需要进一步完善,如反讽、隐喻等。此外,在文本数据之外,多模态数据已被用于情感分析,如何将多个模态中的情感信息进行提取和融合是重要的研究方向。

参考文献(references)

[1] BO P, LEE L, VAITHYANATHAN S. Thumbs up? Sentiment Classification using Machine Learning Techniques [C]. Proceedings of the ACL-02 conference on Empirical methods in natural language processing. 2002, 79-86.

[2] HU M, BING L. Mining and summarizing customer reviews [C]. Proceedings of the Tenth ACM SIGKDD International Conference on Knowledge Discovery & Data Mining. 2004, 168-177.

[3] BO P, LEE L. Opinion Mining and Sentiment Analysis [J]. Foundations and Trends in Information Retrieval, 2008, 2(1–2): 130-135.

[4] DING X, LIU B, YU P S. A holistic lexicon-based approach to opinion mining [C]. Proceedings of the International Conference on Web Search and Web Data Mining, 2008, 231-240.

[5] MELVILLE P, GRYC W, BLDG W, et al. Sentiment analysis of blogs by combining lexical knowledge with text classification [C]. Proceedings of the 15th ACM SIGKDD International Conference on Knowledge Discovery and Data Mining, 2009, 1275-1284.

[6] BING L. Sentiment Analysis and Opinion Mining [M]. Morgan & Claypool, 2011.

[7] THELWALL M, BUCKLEY K, PALTOGLOU G. Sentiment in Twitter events [J]. Journal of the Association for Information Science & Technology, 2011, 62 (2): 406-418.

（周清清 章成志 撰稿/李杰 审校）

117. 全文引文分析
（full-text citation analysis）

全文引文分析（full-text citation analysis），又被称为基于内容的引文分析（content-based citation analysis），是指基于学术论文正文中的引用上下文信息，对施引文献的引用行为或动机进行识别、分类、计量与可视化的一种引文分析方法，它是引文分析发展的新阶段。传统的引文分析基于学术论文的题录数据，即论文末尾的参考文献列表，只关注被引用的对象，而忽略了施引文献在引用时的具体形式、内容和类型等。全文引文分析则在采集学术论文正文中的引用标注信息（in-text citation, or mentions）的基础上，从引用位置、引用强度、引用语境等视角，对施引文献的引用行为和动机进行分析。

全文引文分析的关注和研究兴起于2012年前后。随着21世纪以来开放获取运动的兴起和自然语言处理技术的发展，全文引文分析所需的数据和方法条件逐渐成熟。在数据层面，许多主流全文数据库如PubMed Central、PLOS和Elsevier，提供了导出和下载XML格式的论文全文数据，为获取引用信息数据提供了条件，也为全文引文分析的开展提供了数据基础。在方法层面，自然语言处理和机器学习技术不断迭代和发展，使得从非结构化的学术论文正文中提取结构化的引用信息变得更为容易，在实现难度和完成效果上都有了很大的进步，这为大规模的实证研究提供了技术实现的可能性。在这种技术背景下，包括全文引文分析在内的全文本分析方法悄然兴起，使得文献计量学正从基于题录数据的传统范式转向一个基于全文数据的新模式。

在研究框架和内容层面，全文引文分析一般可分为引用位置分析、引用强度分析和引用语境分析等。引用位置分析主要分析引用在施引文献正文中出现的位置，包括引用出现的章节、出现的先后顺序等。例如，在图1所示的引用位置分析的研究案例中，作者基于*Journal of Informetrics*期刊论文全文数据，直观展现了引用在正文中的位置分布情况。引用强度分析主要分析引用在正文中出现的形式（多篇引用还是单篇引用）和次数（单次引用、再次引用、多次引用等），以评价引文在施引文献中的重要程度。引用语境分析则主要基于引用时的上下文内容，即施引文献对被引文献的描述性或评论性文字，对引用行为进行内容分析、情感分析和动机划分。

在学术价值和意义层面，全文引文分析可以应用到科技评价、前沿探测、文献检索与引文推荐等领域，发挥引用富文本信息的功能和作用。例如，通过综合考虑学术论文被引用时的位置、语境、情感和类型，可以有效解决传统基于被引次数的唯量化倾向和滞后性问题，从而更公正、准确地评价学术论文，并更早地预见未来的研究热点和学术前沿。此外，通过对引用语境的提取和索引，可以进一步拓展引用检索数据库的功能，提升引文推荐的能力和水平，更好地辅助科学研究和学术论文的写作。近年来，一些新型的引用语境检索网站已经开始出现，例如Scite_、Semantic Scholar（2015）和 WOS Enriched Cited References（2022），展现出了令人期待的应用前景。

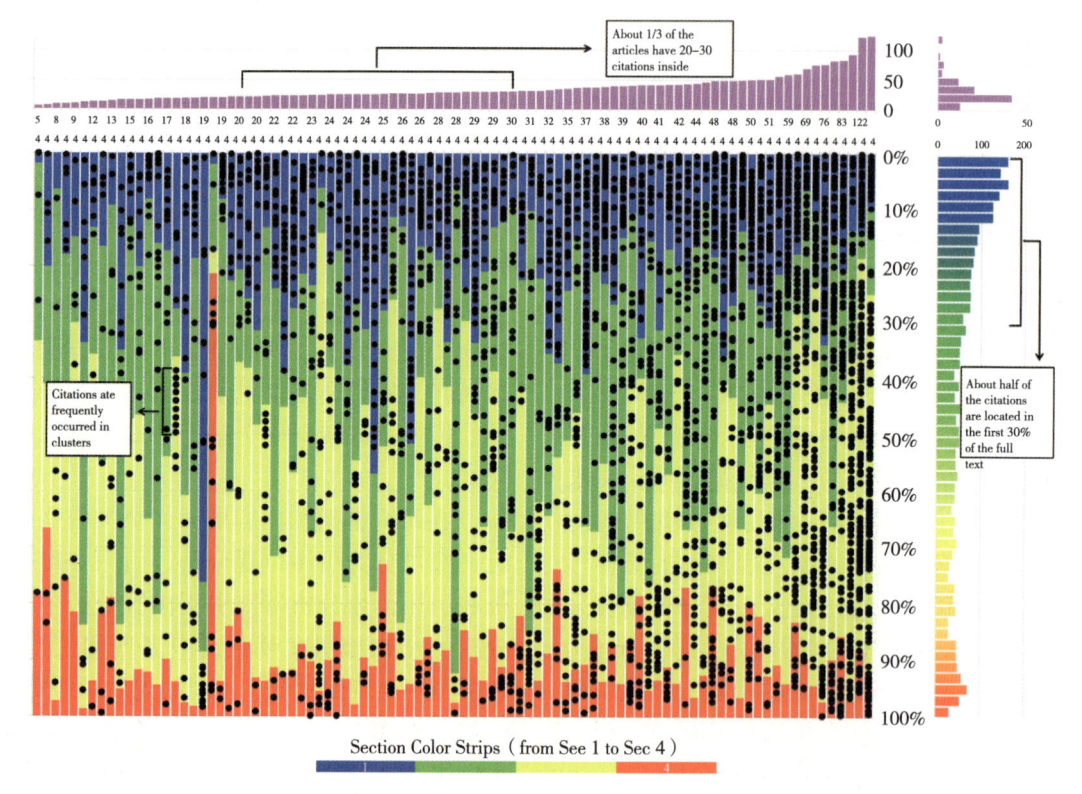

图1　引用在正文中的分布图（Hu Zhigang，2013）

参考文献（references）：

[1] BROOKS T A. Private acts and public objects：An investigation of citer motivations [J]. Journal of the American Society for Information Science，1985，36（4）：223-229.

[2] MCCAIN K，TURNER K. Citation context analysis and aging patterns of journal articles in molecular genetics [J]. Scientometrics，1989，17（1-2）：127-163.

[3] TEUFEL S，SIDDHARTHAN A，TIDHAR D. Automatic classification of citation function [C]. Proceeding EMNLP'06 Proceedings of the 2006 Conference on Empirical Methods in Natural Language Processing. 2006：103-110.

[4] LIU X，ZHANG J，GUO C. Full-text citation analysis：enhancing bibliometric and scientific publication ranking [C]. Proceedings of the 21st ACM international conference on

Information and knowledge management. 2012: 1975-1979.

[5] LIU X, ZHANG J, GUO C. Full-text citation analysis: A new method to enhance scholarly networks [J]. Journal of the American Society for Information Science and Technology, 2013, 64 (9): 1852-1863.

[6] HU Z G, CHEN C M, LIU Z Y. Where are Citations Located in the Body of Scientific Articles? A Study of the Distributions of Citation Locations [J]. Journal of Informetrics. 2013: 7 (4): 887-896.

[7] ZHAO D Z, STROTMANN A. In-text author citation analysis: Feasibility, benefits, and limitations [J]. Journal of the Association for Information Science and Technology, 2014, 65 (11): 2348-2358.

[8] DING Y, ZHANG G, CHAMBERS T, et al. Content-based citation analysis: The next generation of citation analysis [J]. Journal of the American Society for Information Science and Technology, 2014, 65 (9): 1820-1833.

[9] 胡志刚. 全文引文分析方法与应用 [D]. 大连: 大连理工大学, 2014.

[10] 赵蓉英, 曾宪琴, 陈必坤. 全文本引文分析——引文分析的新发展 [J]. 图书情报工作, 2014, 58 (9): 129-135.

（胡志刚 撰稿/陈悦 李杰 审校）

118. 人工智能
（artificial intelligence）

人工智能（artificial intelligence，AI）是计算机科学的一个分支，是一种通过计算机模拟人类思维过程从而实现人类智能行为的技术。计算机科学家John McCarthy首次提出人工智能的概念，并将人工智能定义为"制造智能机器的科学和工程"。美国国家科学技术委员会（NSTC）将人工智能定义为"由机器执行通常需要人类感知、认知和决策能力任务的能力"。

从人工智能的发展历史来看，人工智能的思想和研究可以追溯到20世纪40年代和50年代早期（见图1）。19世纪50年代初，"计算机科学之父"Alan Turing提出了著名的"图灵测试"：如果一位测试者在一场屏蔽会话对象的在线测试中无法分辨出会话对象是人类还是机器，则说明被测试的机器具有了智能。这个测试在后来也被用作衡量计算机智能的标准。1956年，达特茅斯会议上，John McCarthy等来自不同领域的研究人员讨论如何将机器设计成能够模拟人类思维的设备，并将此次会议命名为"人工智能夏季研讨会"，标志着人工智能研究的开端。1957年，美国心理学家Frank Rosenblatt发明了感知器算法，可以通过训练来识别模式，证明机器可以通过训练从数据中学习。在20世纪60—70年代，研究人员开始开发专家系统，使得原本需要人类专业知识来解决的问题能够通过计算机程序的知识和规则来解决。最著名的专家系统之一是由美国计算机科学家Edward Shortliffe开发的MYCIN，用来诊断细菌感染和推荐治疗方法。20世纪70—80年代，受限于当时计算机的内存容量和处理速度，人工智能的发展遭遇瓶颈。20世纪80—90年代，能够从数据中学习的机器学习算法兴起，这使得研究人员能够解决传统编程技术难以解决的复杂问题。进入21世纪后，深度学习作为机器学习的一个子领域得到迅速发展，深度学习专注于训练具有多个层次的神经网络，实现了人工智能领域的许多突破，如图像识别和语音识别。2016年，DeepMind基于深度学习技术和强化学习算法开发出的围棋AI程序——AlphaGo击败了世界围棋冠军李世石，证明了人工智能可以在复杂、抽象的游戏中胜过人类。2022年，大型语言模型ChatGPT的出现展示了深度学习在自然语言处理中的能力，为探索语言模型的前景和局限性开辟了新的途径，也展示了深度学习在改变人机互动方式方面的潜力。

经过几十年的探索和研究中，人工智能迅猛发展，广泛应用于医疗保健、金融、交通、娱乐等领域。除此之外，人工智能在科学研究中也产生了巨大影响，AI for science（人工智能驱动的科学研究）成为科研新范式，人工智能与机器学习算法

术语篇

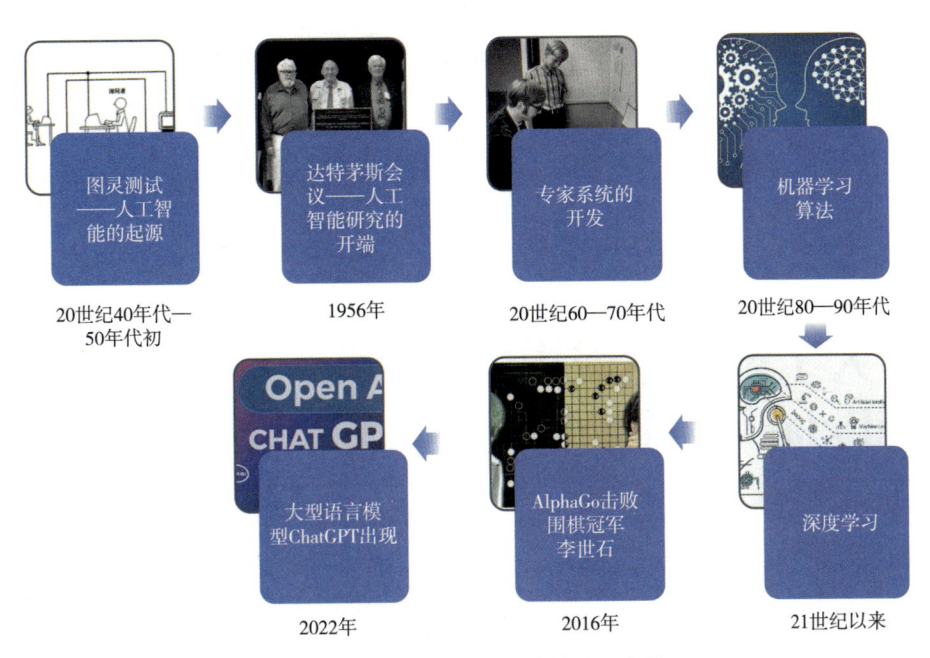

图1 人工智能发展历程中的重要事件

等方法通过处理和分析大规模数据,从而高效发现数据之间的关联,更快、更准确地理解复杂的自然现象和社会现象。例如,在生命科学领域,人工智能技术被用于分析基因组数据等;在材料化学领域,人工智能技术被用于预测材料性能、优化化学反应等。未来,人工智能在科学研究中的应用将更加普及,尤其是在生命科学和医学领域,包括更多地使用深度学习技术、发展更先进的自然语言处理算法、构建更大规模的数据集等。人工智能是一项极具潜力的技术,可协助人类解决多项实际问题,但开发和应用人工智能必须注意其潜在的风险和影响,如隐私保护、数据伦理等问题。因此,在技术应用过程中应充分利用人工智能的优势,同时进行监督管理以控制其负面影响。

参考文献(references):

[1] RUSSELL S J, NORVIG P. Artificial Intelligence: A Modern Approach[M]. 3rd ed. Prentice Hall Press, 2010.

[2] MCCARTHY J, MINSKY M L, ROCHESTER N, et al. A Proposal for the Dartmouth Summer Research Project on Artificial Intelligence[J]. AI Magazine, 1955, 27(4): 12-14.

[3] LECUN Y, BENGIO Y, HINTON G. Deep Learning[J]. Nature, 2015, 521(7553): 436-444.

[4] SILVER D, HUANG A, MADDISON C J, et al. Mastering the game of Go with deep neural networks and tree search[J]. Nature, 2016, 529(7587): 484-489.

[5] TOPOL E J. High-performance medicine: the convergence of human and artificial intelligence[J]. Nature Medicine, 2019, 25(1): 44-56.

[6] HAIN D, JUROWETZKI R, LEE S, et al. Machine learning and artificial intelligence for science, technology, innovation mapping and forecasting: Review, synthesis, and applications[J]. Scientometrics, 2023, 128(3): 1465-1472.

(耿哲 高明珠 撰稿/赵星 李杰 审校)

119. 人工智能生成内容（artificial intelligence generated content）

AIGC（artificial intelligence generated content）是人工智能生成内容的简称，是继PGC（专业生成内容）、UGC（用户生成内容）之后提出的新型内容生产方式。AIGC的核心思想是利用人工智能技术和算法，依据给定的主题、关键词、风格等约束条件，自动生成文本、图像、视频、音频等内容。在人工智能生成内容的过程中，计算机系统可以通过学习和模仿人类的创作方式和风格，自动产生具有一定创意和质量的内容，AI写作、AI绘画等都属于AIGC的分支。

AIGC的发展可以追溯至20世纪50年代，起初仅限于小范围的实验。1957年美国伊利诺伊大学香槟分校的Lejaren Hiller和Leonard Isaacson通过将计算机程序中的控制变量换成音符的方式，完成了人类历史上第一支由计算机创作的音乐作品《伊利亚克组曲》（Illiac Suite）。1966年，麻省理工学院计算机科学家Joseph Weizenbaum和Kenneth Colby采用基于规则的方法，创造了世界上第一款可进行人机对话的机器人ELIZA。20世纪80年代末至90年代，受限于高昂的系统成本，AIGC并未取得重大突破。进入21世纪后，随着深度学习算法的快速发展，AIGC技术得到很大程度的提升。2007年，世界上第一部由人工智能创作的小说 *1 the road* 问世。2014年起，随着以生成式对抗网络（generative adversarial network，GAN）为代表的深度学习算法的提出和更新迭代，AIGC发展迎来了新机遇。2014年Google开源的DeepDream演示了深度学习技术生成艺术风格图像的潜力，引起广泛关注。2018年，人工智能生成的画作《埃德蒙·贝拉米画像》（Portrait of Edmond Belamy）在佳士得拍卖行成交，成为世界上首个出售的人工智能艺术品。2022是AIGC技术真正引发大众讨论和关注的元年，其原因有三点：①基础的生成算法模型的不断突破创新，从生成式对抗网络模型GAN用于生成图像、语音和视频等内容，到随后的Transformer、基于流的生成模型（flow-based models）、扩散模型（diffusion model）等深度学习的生成算法相继涌现。②预训练模型的技术积累引发了AIGC技术能力的质变。作为AI技术发展变革的驱动者，预训练模型基本包括自然语言处理预训练模型，如OpenAI的GPT系列、计算机视觉预训练模型以及微软的Florence和多模态预训练模型，能整合文字、图片、音频视频等多种内容形式。③多模态AI技术的逐渐成熟使AIGC的生成内容不断丰富。在多模态技术的支持下，模型可以实现对文字、图像、音视频的关联。

作为AIGC发展到目前阶段的典型代表，ChatGPT于2022年11月30日由OpenAI发布。ChatGPT是OpenAI继GPT-2和GPT-3之后推出的一款大语言模型，它是GPT-3的改进版。GPT-3具有强大的语言理解和生成能力，ChatGPT则是GPT-3的一个更小、更可控的版本，可以在更小的硬件资源上运行，同时保持了良好的性能。ChatGPT可以用于各种NLP（自然语言处理）任务，包括文本分类、文本生成、语言翻译、问答系统等。2023年3月14日，使用多模态预训练大模型的GPT-4被发布，输入输出数据的类型不限于文字，还可以是图像、音频和视频，在全世界引发又一阵新的热潮。GPT技术及其ChatGPT类应用直接引发了新一轮的生产力爆发。未来随着技术的不断创新和数据的大量积累，AIGC有望提高内容的产出效率并为人们带来更多实用、有创意的内容。但同时，AIGC的发展面临着一系列风险和挑战，例如虚假信息、隐私泄露、信息茧房等问题，特别是人工智能内生安全问题。因此，在利用AIGC时，需要平衡技术的潜力和伦理的考量，以确保其应用的合理性和可持续性。

Chat GPT生成的"人工智能生成内容"解释见图1。

> **Q**: what is "Artificial Intelligence Generated Content"?
>
> Artificial Intelligence Generated Content (AIGC) refers to any content, such as text, images, audio or video, that has been created or produced using artificial intelligence (AI) techniques. AIGC is generated by computer algorithms that are designed to mimic human intelligence and create content that is original and sometimes indistinguishable from human-generated content.
>
> AIGC is used in a wide range of applications, including marketing and advertising, news and media, entertainment, and e-commerce. For example, some companies use AIGC to automatically generate product descriptions, social media posts, and personalized recommendations for customers. News organizations use AIGC to produce news articles and summaries quickly and efficiently. Some artists and musicians also use AIGC to create new works of art and music.
>
> However, AIGC also raises some concerns and challenges, such as the ethical and legal implications of using AI to create content, the potential for AIGC to spread misinformation or fake news, and the impact of AIGC on human employment and creativity.

图1　ChatGPT生成的"人工智能生成内容"解释

参考文献（references）：

［1］GARNTER. Generative AI，Machine Customers and AR/VR are Expected to Transform Sales in the Next Five Years［EB/OL］.（2022-10-10）［2023-03-31］. https：//www.gartner.com/en/newsroom/press-releases/2022-10-10-gartner-identifies-seven-technology-disruptions-that-willimpact-sales-through-2027.

［2］GOODFELLOW I，POUGET-ABADIE J，MIRZA M，et al. Generative adversarial networks[J]. Communications of the ACM, 2020, 63(11): 139-144.

[3] RAMESH A, DHARIWAL P, NICHOL A, et al. Hierarchical Text-Conditional Image Generation with CLIP Latents[EB/OL].[2023-06-21]. abs/2204.06125.

[4] ROMBACH R, BLATTMANN A, LORENZ D, et al. High-Resolution Image Synthesis with Latent Diffusion Models[C]. 2022 IEEE/CVF Conference on Computer Vision and Pattern Recognition(CVPR), 2021: 10674-10685.

[5] BROCKMAN G, CHEUNG V, PETTERSSON L, et al. OpenAI Gym[EB/OL].[2023-06-21]. abs/1606.01540.

[6] 中国信息通信研究院,京东探索研究院.人工智能生成内容白皮书[EB/OL].(2022-09-02)[2023-05-19].http://www.caict.ac.cn/sytj/202209/t20220913_408835.htm.

（耿哲 佟彤 撰稿/赵星 李杰 审校）

120. 三螺旋模型
（triple helix model）

三螺旋模型是用来描述大学（university）—产业（industry）—政府（government）三个主体相互作用形成创新动力的动态模型。这些创新主体既保持相对独立又在功能上相互重叠。三螺旋模型以非线性的螺旋模型重塑了政府、产业、大学三方的相互关系和角色，颠覆了早期产学研线性创新模式，揭示了三个基本创新主体相互作用的机理和持续创新的动力机制及定量测度方法，在学术界引起积极的反响。其本质是创业型大学和知识经济的兴起带来创新主体关系和相互作用模式的变化。

三螺旋模型由美国学者亨利·埃茨科威兹（Henry Etzkowitz）和荷兰学者路特·莱兹多夫（Loet Leydesdorff）于1995年首次提出，但可以追溯到埃茨科威兹在1983年创业型大学概念的提出和1984年对太阳能和核能开发过程中政府作用的研究。在理论上，三螺旋模型来源于20世纪初美国新英格兰（波士顿）地区和40年代后硅谷的区域创新实践。它源于实践而归于实践，被用于设计和规划区域创新体系，深受发展中国家和地区的喜爱。在国际上，三螺旋模型已成为科技管理学、公共管理学、管理社会学等领域的创新研究主流理论之一。特别是基于信息论发展出三螺旋模型的定量分析方法之后，三螺旋模型的理论研究和实证应用更加活跃。

在三螺旋模型中（见图1），大学（university或academia，简记为U）作为知识生产的机构，保证新知识和新技术的来源和溢出，是知识经济的生产力要素；产业（industry或business，简记为I）是生产的场所，提供产品的生产和服务；政府（government，简记为G）则通过立法等手段来调节和维护市场上的契约关系者，保证稳定的相互作用与对等交换。在理论上，三螺旋理论认为大学、产业和政府均可对创新起主导作用，成为创新的组织者或发起者。正是它们的相互作用影响和塑造了创新过程。

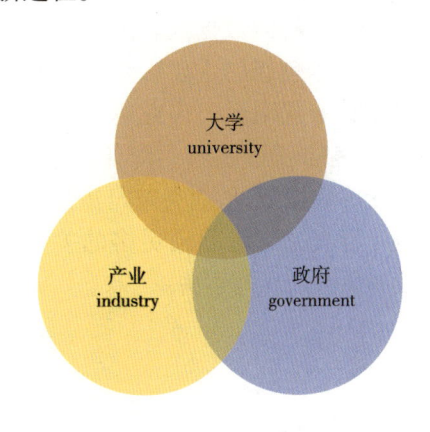

图1　三螺旋模型

从运作机理看，三螺旋模型至少可细分为Ⅰ型、Ⅱ型和Ⅲ型三类。

（1）Ⅰ型三螺旋模型：政府包含大学和产业并指挥着二者的关系，其中跨界交互作用媒介有产业联络、技术转移、合同办公室。

（2）Ⅱ型三螺旋模型：大学、产业、政府三个创新主体独立存在，但每个独立主体带有清晰的边界，并高度地限制了这些层面的联系。

（3）Ⅲ型三螺旋模型：大学、产业、政府三者角色可互换，关系可交融，在三者交叉叠加区域形成三边网络混合组织。

随着知识经济的发展，三螺旋模型已演化为动态化模式，强调三个创新主体功能的"交迭"及相互作用，由此推动创新螺旋上升。

关于大学、产业和政府三螺旋关系的测定，Leydesdorff提出了用来测度大学-产业-政府（UIG）三螺旋动态关系的Triple Helix算法（简称"TH算法"），该算法以信息论为基础，通过分析创新系统中三方参与者之间的不确定性，来研究整个创新系统网络合作关系的紧密程度。这一算法的提出开辟了三螺旋定量研究的新方法，很多学者运用该算法进行定量研究。大学-产业-政府三螺旋关系测定的数据来源主要为数据库引文检索数据或者专利数据，并不能涵盖技术创新的主要影响因素，使得研究结果具有局限性，因此越来越多的学者探索更多的创新数据（例如技术交易、技术转让等数据），从而突破定量数据带来的局限。除此之外，目前更多的关于三螺旋测度的研究还在探索中。

参考文献（references）：

[1] ETZKOWITZ H，LEYDESDORFF L. The triple helix-university-industry-government relations：a laboratory for knowledge based economic development [J]. EASST review，1995，14（1）：14-19.

[2] ETZKOWITZ H，ZHOU C. The triple helix：university-industry-government innovation and entrepreneurship [M]. New York：Routledge，2017.

[3] ETZKOWITZ H. Entrepreneurial scientists and entrepreneurial universities in American academic science [J]. Minerva，1983，21（2-3）：198-233.

[4] ETZKOWITZ H. MIT and the rise of entrepreneurial science [M]. New York：Routledge，2002.

[5] ETZKOWITZ H. Solar versus nuclear energy：autonomous or dependent technology? [J]. Social problems，1984，31（4）：417-434.

[6] LEYDESDORFF L，ETZKOWITZ H. The triple helix as a model for innovation studies [J]. Science and public policy，1998，25（3）：195-203.

[7] LEYDESDORFF L. The mutual information of university-industrygovernment relations：an indicator of the triple helix dynamics [J]. Scientometrics，2003，58（2）：445-467.

[8] 埃茨科威兹. 国家创新模式：大学、产业、政府"三螺旋"创新战略 [M]. 增补版. 周春彦，译. 北京：东方出版社，2014.

（周秋菊 周春彦 撰稿/李杰 审校）

121. 熵
（entropy）

熵（entropy），在信息论中是指一个概率分布中所包含的信息平均量，物理学也用它来描述系统状态的有序量度。这个系统可以是自然科学所研究的物质系统，也可以是社会科学领域所研究的人类社会系统。熵最早由德国物理学家和数学家鲁道夫·尤利乌斯·埃马努埃尔·克劳修斯（Rudolf Julius Emanuel Clausius）于1865年提出。最初熵的概念仅仅是一个通过热量改变过程来定义的物理量，随着统计物理学以及后来的信息论的发展，熵作为一个基于概率分布而定义的表示系统内在有序程度的物理量才被人们探究清楚。除了物理学和信息论，熵还应用于控制论、天文学、生物学和经济学等多个领域。

1948年，克劳德·艾尔伍德·香农（Claude Elwood Shannon）将热力学的熵引入信息论，因此熵又被称为香农熵（Shannon entropy）或信息熵（information entropy）。在信息论里面，熵是对不确定性的测量。熵越高，则能传输的信息越多；熵越低，则意味着传输的信息越少。熵的表达式为：

$$S(p_1, p_2, \cdots, p_n) = -K \sum_{i=1}^{n} p_i \log_b p_i$$

其中，i 表示概率空间中的所有可能样本，p_i 表示该样本的出现概率，K 是单位选取相关的任意常数，b 表示对数所用的底。

数学上，可以证明熵具有以下良好性质：

（1）连续性。系统的熵值是连续的，当 p_i 有微小变化时，熵的变化也是微小的。

（2）对称性。样本重新排序后，该度量应保持不变，即：
$$S(p_1, p_2, \cdots, p_n) = S(p_{i_1}, p_{i_2}, \cdots, p_{i_n})$$
其中，$\{i_1, \cdots, i_n\}$ 是 $\{1, \cdots n\}$ 的一个任意排列。

（3）极值性。当所有样本等概率时，系统的熵达到最大，即：
$$S(p_1, p_2, \cdots, p_n) \leqslant S\left(\frac{1}{n}, \frac{1}{n}, \cdots, \frac{1}{n}\right)$$

（4）可加性。熵值与系统变化过程的划分无关，可以通过子系统的相互作用关系来计算系统的熵值。给定一个含有 n 个样本均匀分布的集合，该集合分为 k 个子集（子系统），分别含有 $b_1, \cdots, b_k$ 个样本。原集合的熵值等于各个子集的熵的和，每个子集的权重为该子集中样本数占总样本数的比例，即：

$$S_n\left(\frac{1}{n}, \cdots, \frac{1}{n}\right) = S_k\left(\frac{b_1}{n}, \cdots, \frac{b_k}{n}\right) + \sum_{i=1}^{k} \frac{b_i}{n} S_{b_i}\left(\frac{1}{b_i}, \cdots, \frac{1}{b_i}\right)$$

其中，S 的脚标对应概率空间的样本

点个数。

除以上四条基本性质以外，熵还具有以下推论。

推论一：增减一个不可能事件不改变熵值。

$$S_{n+1}(p_1,\cdots p_n,0) = S_n(p_1,\cdots p_n)$$

推论二：可以用琴生（Jensen）不等式证明：

$$S(X) = E\left[\log_b\left(\frac{1}{p(X)}\right)\right] \leq \log_b\left(E\left[\frac{1}{p(X)}\right]\right)$$
$$= \log_b(n)$$

具有均匀概率分布的信源符号集可以有效地达到最大熵 $\log_b(n)$：所有可能的事件是等概率的时候，不确定性最大。

推论三：计算 (X,Y) 的熵等于进行两次连续实验得到熵值，先计算 X 或先计算 Y，结果一样。

$$S(X,Y) = S(X|Y) + S(Y) = S(Y|X) + S(X)$$

推论四：如果 $Y = f(X)$，其中 f 是确定性的，则 $S(f(X)|X) = 0$。由上一条推论知：

$$S(X) + S(f(X)|X) = S(f(X)) + S(X|f(X))$$

所以 $S(f(X)) < S(X)$，因此当后者是通过确定性函数传递时，变量的熵只能降低。

推论五：如果 X 和 Y 是两个独立实验，那么 Y 的值对 X 的值没有任何影响。

$$S(X|Y) = S(X)$$

推论六：两个事件同时发生的熵不大于事件单独发生的熵的总和，当且仅当两事件是独立事件时相等。

$$H(X,Y) \leq H(X) + H(Y)$$

参考文献（references）：

[1] CLAUSIUS R. Ueber verschiedene für die Anwendung bequeme Formen der Hauptgleichungen der mechanischen Wärmetheorie [J]. Annalen der Physik, 1865, 201 (7): 353-400.

[2] SHANNON C E. A mathematical theory of communication [J]. The Bell system technical journal, 1948, 27 (3): 379-423.

[3] SREDNICKI M. Entropy and area [J]. Physical Review Letters, 1993, 71 (5): 666.

[4] BRILLOUIN L. Science and information theory [M]. Courier Corporation, 2013.

（李际超 撰稿/李杰 审校）

122. 社会网络分析
（social network analysis）

社会网络分析（social network analysis，SNA），也称结构分析法（structural analysis），是以图论（graph theory）的视角来研究社会网络和社会关系的一种研究方法。它将社会实体（个人、组织、国家等）及其关系表现为网络里的节点和边，并分析识别网络中的关键节点、路径和社区结构，以发现社会现象的整体和局部模式（示例见图1）。社会网络分析作为一项系统的研究方法被提出，最早可以追溯到由David Knoke和James H. Kuklinski在1982年所撰写的《网络分析》（Network Analysis）。

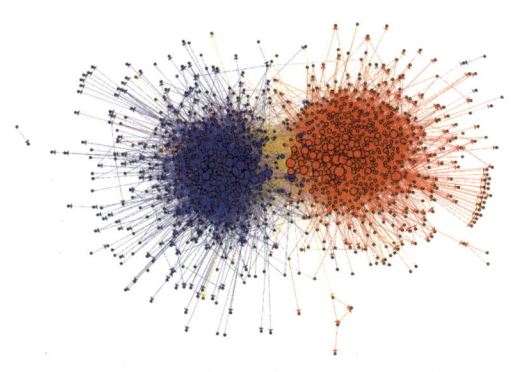

图1 2004年美国大选期间民主党和共和党博客的可视化（Lada Adamic）

从定义上来理解，相较于参与者（节点）的属性，社会网络分析更关注链接这些参与者的关系（边）及这些关系对参与者行为产生的影响。Wellman和Berkowitz等人在1988年总结了社会网络分析的五个方法论特征：①根据社会结构对参与者行动的制约而不是参与者本身的属性来解释参与者行为；②关注不同参与者之间的关系分析而不是参与者本身的内在属性归类；③集中考虑多维度因素构成的关系模式影响参与者的行为，不局限于二维关系；④将社会结构看成由网络组成的网络，这些网络可属于也可不属于具体的群体；⑤直接对有规律的、自然形成的社会结构进行分析，目的在于补充甚至取代将个体样本视作互相独立的主流统计学方法。在此基础上，Wasserman和Faust于1994年补充了四个特点：①参与者和他们的行为是互相关联而非独立的；②参与者之间的关系纽带是资源转移或者流动的渠道；③关注个体的网络模型，将网络结构环境视作个体产生行为的机会或制约；④网络模型将社会结构概念化为参与者之间持久的关系模式。这些定义总体构成了社会网络分析的方法论基础。

作为一种融合了社会学、数学和计算机科学的交叉学科方法，社会网络分析目前已经广泛应用于心理学、管理学、信息科学和经济学等各个领域。Evelien Otte 和 Ronald Rousseau 在2002年系统分析中回顾了社会网络分析的定义，分析模式及其在信息科学领域的应用。从方法角度来讲，社会网络分析的主要代表方法有节点中心度测算（centrality measure）、图属性测算（如网络密度和直径）、小世界（又称六度空间理论）效应（small-world/six degrees of separation phenomenon）凝聚子群（cohesive subgroups）分析、核心-边缘（core-periphery）结构分析、社区发现（community detection）和链路预测（link prediction）等。这些方法中除中心度测算是针对网络节点个体的分析指标外，其余方法均用于揭示网络的整体属性和结构特征。在信息科学领域，社会网络分析的应用主要包括社交媒体分析、电子商务推荐和销售、组织网络分析、知识图谱构建、信息检索与推荐、搜索引擎优化、科学合作和引文网络分析等。近年来，随着人工智能和神经网络模型的兴起，社会网络分析也逐渐与图嵌入和图神经网络等技术相融合，形成复杂/大型网络分析方法、图表示学习等新的研究方向。

参考文献（references）：

[1] KNOKE D, KUKLINSKI H J. Network Analysis[M]. SAGE Publishing, 1982.

[2] LADA A. Adamic and Natalie Glance. The Political Blogosphere and the 2004 U.S. Election: Divided They Blog. LinkKDD-2005, Chicago, IL, Aug 21, 2005. (presented earlier at the 2nd Annual Workshop on the Weblogging Ecosystem: Aggregation, Analysis and Dynamics, WWW2005, Japan.)

[3] WELLMAN B, BERKOWITZ S D. Social structures: A network approach[M]. Cambridge University Press. 1988.

[4] WASSERMAN S, FAUST K. Social network analysis: Methods and applications[M]. Cambridge University Press. 1994.

[5] OTTE E, ROUSSEAU R. Social network analysis: A powerful strategy, also for the information sciences[J].Journal of Information Science, 2002, 28(6): 441-453.

（张嶷 吴梦佳 撰稿/李杰 曾安 审校）

123. 社区发现
（community detection）

社区发现（community detection），也称社区检测，是一种用于发现网络中的子群体或者社区结构的方法，旨在将网络划分成内部具有紧密联系但与其他社区联系不紧密的子群社区。网络中的社区结构现象最早由Girvan和Newman系统总结和提出，他们发现社会网络总呈现社区结构属性（也被称作聚类属性），如在社交网络中由兴趣或背景所聚集形成的社会群体社区、引文网络中研究不同主题的论文簇群社区、代谢网络中的代表循环和功能组的社区等。

网络社区发现过程见图1。

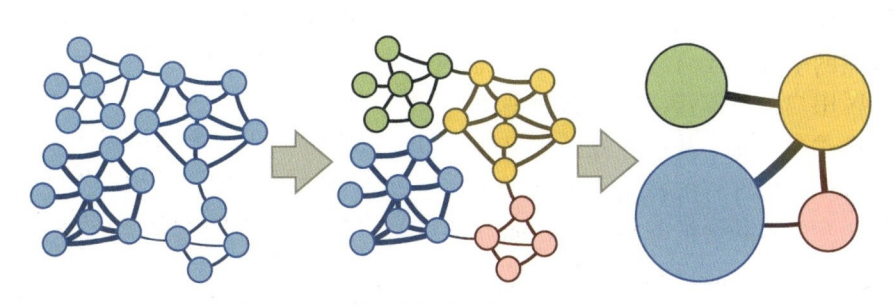

图1　网络社区发现过程（Martin Rosvall）

经过二十余年的发展，目前社区发现的主流方法主要包括以下几个大类。

（1）基于目标函数优化的方法：此类算法采用目标函数来衡量网络的社区划分结果的质量，并通过优化目标函数来获得最优的社区划分结果，其目标函数值越大，代表社区划分结果越优。模块度（modularity）是其中最为常用的目标函数，它衡量网络划分后每个社区内的连接边的数量优于随机模型的程度。纽曼贪心模块度最大化算法（fast Newman）、鲁汶算法（Louvain method）和莱顿算法（Leiden method）是此类方法中使用最广泛的代表算法。

（2）基于统计推断的方法：此类方法认为社区结构是网络形成的原始动力，两个节点之间形成边的概率仅由其属于的社区所决定，通过最优化社区内和社区间形成边的概率则可以得到理想的社区划分结果。随机块模型（stochastic block model）及该模型的各类变体是这类方法的主要代表算法。

（3）基于网络动态过程的方法：由于网络多为稀疏连接，该类方法假设信息的流动（主要以动态游走算法表示）大概率会发生在同一个社区结构之内，因此通过随机游走最大化每个社区内部和最小化社区之间的信息流（以香农信息熵表示）即可得到理想的社区划分。InfoMap是这类方法的主要代表算法。

（4）其他类型算法：其他类型算法主要包括标签传播算法、树分割算法、流动社区发现算法等。相比主流算法，这些算法一般存在着泛化性能和算法复杂度等方面的局限性。此外，随着机器学习和神经网络等技术的发展，目前已经产生一些基于图神经网络来提取节点和边的特征并通过聚类或分类算法进行社区划分的社区发现方法。

社区发现在信息科学领域具有广泛的应用，除上述提到的社交网络、引文网络和生物代谢网络外，还可应用于推荐系统以给同社区用户生成推荐，在数据挖掘任务中发现模式和关联，并通过社区分组信息实现更直观、易理解的数据可视化。此外，将社区发现和其他任务相结合，如节点属性预测、传播节点识别、优化信息传播路径，已经成为一个让社区发现实际发挥应用价值和效果的研究方向。

参考文献（references）：

[1] GIRVAN M, NEWMAN M E. Community structure in social and biological networks [J]. Proceedings of the National Academy of Sciences, 2002, 99（12）：7821-7826.

[2] ROSVALL M. Maps of networks [EB/OL]. [2023-05-17]. https：//www.martinrosvall.com/maps-of-networks.html.

[3] FORTUNATO S, NEWMAN M E. 20 years of network community detection [J]. Nature Physics, 2022, 18（8）：848-850.

[4] NEWMAN M. E. Modularity and community structure in networks [J]. Proceedings of the National Academy of Sciences, 2006, 103（23）：8577-8582.

[5] NEWMAN M E, GIRVAN M. Finding and evaluating community structure in networks [J]. Physical Review E, 2004, 69（2）：026113.

[6] BLONDEL V D, GUILLAUME J L, LAMBIOTTE R, et al. Fast unfolding of communities in large networks [J]. Journal of Statistical Mechanics：Theory and Experiment, 2008,（10）：10008.

[7] TRAAG V A, WALTMAN L, VAN ECK N J. From Louvain to Leiden：Guaranteeing well-connected communities [J]. Scientific Reports, 2019, 9（1）：5233.

[8] HOLLAND P W, LASKEY K B, LEINHARDT S. Stochastic blockmodels：First steps [J]. Social Networks, 1983, 5（2）：109-137.

[9] ROSVALL M, AXELSSON D, BERGSTROM C T. The map equation [J]. The European Physical Journal Special Topics, 2009, 178（1）：13-23.

（张巍 吴梦佳 撰稿/李杰 曾安 审校）

术语篇

124. 深度学习
（deep learning）

深度学习（deep learning）是机器学习领域的一个研究方向，其目标是使用类似人类大脑的神经网络结构来实现复杂的任务。深度学习使用多层神经网络来自动学习输入数据，从而实现任务的自动化。深度学习的架构通常由多层非线性运算单元组成，通过提取底层的特征组合形成更高层的抽象表示，从而在大量输入数据中学习有效的特征表示。"深度"即指神经网络学习得到的函数中非线性运算组合的数量。

深度学习的历史可以追溯到20世纪80年代，当时学者们提出了一些深度学习的关键技术，如反向传播算法、卷积神经网络、循环神经网络等，但由于硬件和数据的限制，并未引起广泛关注。2006年，计算机科学家Geoffrey Hinton研究团队提出深度置信网络（deep belief networks），有效地解决了深度神经网络的训练问题，自此，深度学习开始迅速发展并得到广泛应用。

深度学习的工作原理如下：首先，创建由多层相互连接的节点或神经元组成的人工神经网络，每个神经元接收输入，并将一个数学函数应用于该输入。然后，该函数的输出被传递到下一层神经元，重复这个过程。神经网络的第一层是输入层，最后一层是输出层，在这两个层之间有多个隐藏层，它们负责处理数据和识别模式。深度学习算法使用反向传播过程来调整神经元的权重，从而将预测输出和实际输出之间的差异最小化，该过程不断重复，直到神经网络可以准确预测输出为止。深度学习的过程见图1。

目前已经提出的深度网络模型有深度信任网络（deep belief network，DBN）、卷积神经网络（convolutional neural network，CNN）、循环神经网络（recurrent neural network，RNN）、生成对抗网络（generative adversarial network，GAN）等。深度学习由于能够处理大量的非结构化数据，如文本、图像和视频等，已在自然语言处理、计算机视觉、语音识别和推荐系统等诸多领域得到广泛应用。在自然语言处理领域，深度学习可以进行语言翻译、情感分析和文本分类等。在计算机视觉领域，深度学习可以完成图像分类、物体检测和分割等任务。在语音识别领域，深度学习可以提高语音到文本的准确性。深度学习应用于推荐系统，可以改善个性化推荐。深度学习在近年来已经取得了巨大的进展，也正在被越来越多的领域所应用。未来，随着技术的发展，深度学习模型可能将会具有更高的可解释性，变得更加自适应、灵活和普及。

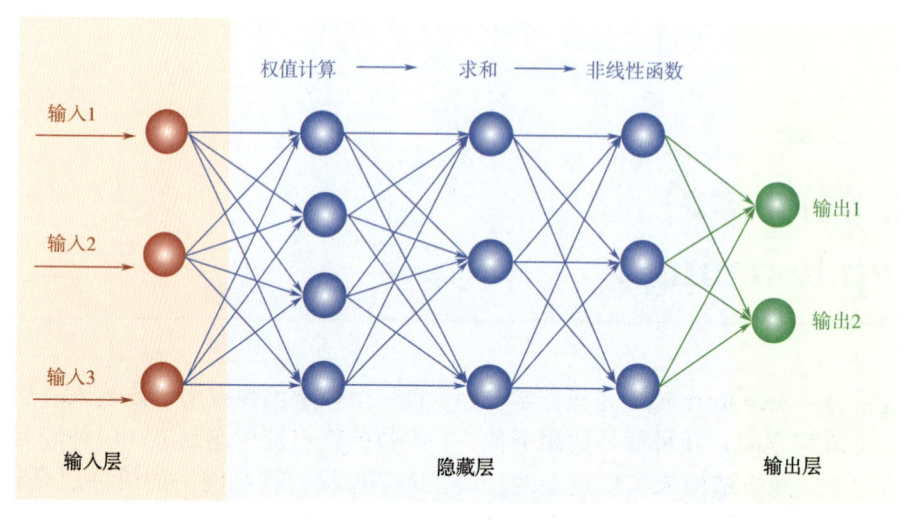

图1 深度学习的过程示意图

参考文献（references）：

［1］GOODFELLOW I, BENGIO Y, COURVILLE A. Deep learning［M］. Cambridge, Massachusetts: MIT press, 2016.

［2］LECUN Y, BENGIO Y, HINTON G. Deep learning［J］. Nature, 2015, 521（7553）: 436-444.

［3］SCHMIDHUBER J. Deep learning in neural networks: An overview［J］. Neural Networks, 2015, 61: 85-117.

［4］CHOLLET F. Deep learning with Python［M］. Shelter Island, New York: Manning Publications, 2018.

［5］JORDAN M I, MITCHELL T M. Machine learning: Trends, perspectives, and prospects［J］. Science, 2015, 349（6245）: 255-260.

（耿哲 高明珠 撰稿/赵星 李杰 审校）

125. 神经网络
（neural network）

从生物学角度看，神经网络（neural network，NN）是指由中枢神经系统（脑和脊髓）及周围神经系统（感觉神经、运动神经等）所构成的错综复杂的神经网络，即生物神经网络（biological neural network，BNN）。从计算机和通信角度看，神经网络可理解为人工神经网络（artificial neural network，ANN），指模拟人脑神经系统的结构和功能、运用大量简单处理单元经广泛连接而组成的人工网络系统。神经网络相关概念、模型与方法应用于科学计量领域时主要涉及后者。

人工神经网络起源于20世纪40年代，其发展主要可以分为三个阶段：

第一阶段：1943年，McCulloch、Pitts具有里程碑意义地提出了人工神经网络的概念及人工神经元的数学模型。1958年，Rosenblatt提出了两层神经元构建的网络，即感知机（perceptron）。尽管简单，但感知机基本拥有如今神经网络的主要构件与思想，在一定程度上推动了神经网络的发展。由于结构缺陷，第一代神经网络在提出后并没有得到足够的关注，相关研究停滞了近二十年。

第二阶段：1986年，Rumelhart、Hinton和Williams提出了误差反向传播算法（back propagation，BP），通过设置多层感知器解决了神经网络模型中的线性不可分问题，推动了神经网络研究的再次兴起。1989年，Lecun等人实现了一个7层卷积神经网络LeNet-5，实现了对银行支票手写体字符的有效识别。在这段时间内，一大批学者和研究人员围绕Hopfield提出的人工神经网络方法展开了进一步研究，掀起了20世纪80年代中期以来人工神经网络的研究热潮。此后由于人工智能特别是机器学习算法的兴起，神经网络研究陷入第二次低谷。

第三阶段：2006年，Hinton等利用限制玻尔兹曼机对神经网络的连续层进行建模，使用逐层预训练的方法抽取模型数据中的高维特征，继而提出了深度信念网络。随着算力和算法的提升，深度信念网络的隐层可不断增加。由此以Hinton为代表的研究人员重新将人工神经网络定义为深度学习（deep learning）并进行推广。

神经网络的基本元素为神经元，又称激活单元。神经网络一般由多个激活单元构成，并且从层次结构上分为输入层、隐藏层和输出层，其中，隐藏层可以由多层组成。神经网络的结构包括前馈型（见图1（a））和反馈型（见图1（b））。前馈神经网络又称前向神经网络，每一层的神经元可以接收前一层神经元的信号，并产生信号输出到下一层，层间没有反馈信号。

常见的前馈神经网络有BP神经网络和卷积神经网络。反馈神经网络中神经元不但可以接收其他神经元的信号，还可以接收自己的反馈信号。反馈神经网络中的神经元具有记忆功能，在不同时刻具有不同的状态。常见的反馈神经网络有循环神经网络和Hopfield网络。

（a）

（b）

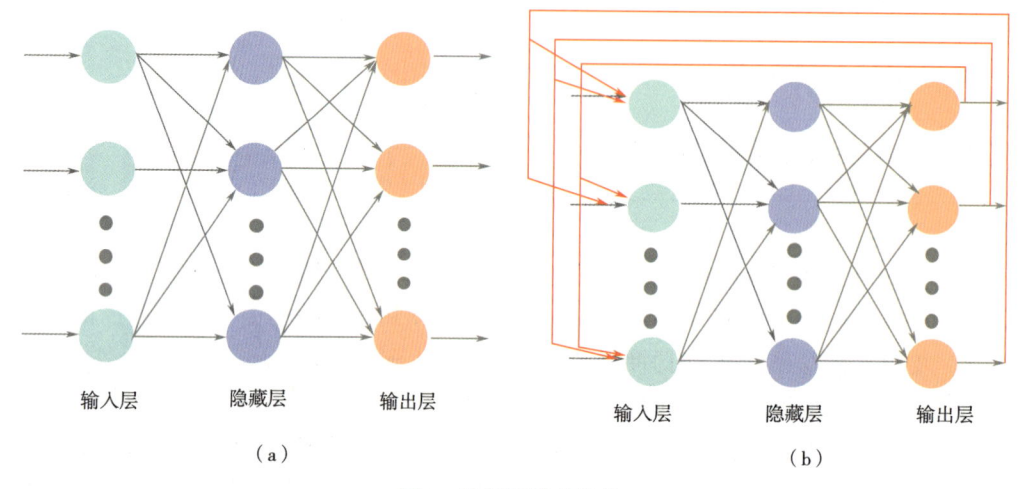

图1　神经网络的结构

神经网络具有以下特点：①结构方面，神经网络在信息处理上具有并行性，在信息存储上具有分布性，信息处理单元具有互联性，并且在结构上具有可塑性；②性能方面，神经网络具有高度的非线性、良好的容错性和计算的非精确性，即当输入模糊信息时，通过处理连续的模拟信号及不精确的信息逼近解而非精确解；③能力方面，神经网络具有自学习、自组织与自适应性，可以根据外部环境变化通过训练或感知，调节参数适应变化（自学习），并可按输入刺激调整构建神经网络（自组织）。

神经网络主要有以下功能：模式分类、聚类、回归与拟合、优化计算和数据压缩。神经网络在不同领域中有不同的应用，如生活领域中的无人驾驶和语言识别、医疗领域中的智慧医疗和金融领域的货币价格预测和资产评估等。

参考文献（references）：

[1] MCCULLOCH W S, PITTS W. A logical calculus of the ideas immanent in nervous activity [J]. The Bulletin of mathematical biophysics, 1943, 5（4）: 115-133.

[2] ROSENBLATT F. The perceptron: a probabilistic model for information storage and organization in the brain [J]. Psychological review, 1958, 65（6）: 386-408.

[3] RUMELHART D E, HINTON G E, WILLIAMS R J. Learning representations by back propagating errors [J]. Nature, 1986, 323（6088）: 533-536.

[4] LECUN Y, BOSER B, DENKER J S, et al. Backpropagation applied to handwritten zip

code recognition [J]. Neural computation, 1989, 1(4): 541-551.

[5] HINTON G E, OSINDERO S, TEH Y W. A fast learning algorithm for deep belief nets [J]. Neural computation, 2006, 18(7): 1527-1554.

(岑咏华 李祺 撰稿/王曰芬 审校)

126. 数据包络分析
（data envelopment analysis）

数据包络分析（data envelopment analysis，DEA）方法是基于数学规划模型，利用投入产出数据开展决策单元（decision making unit，DMU）相对有效性评价的非参数方法。该方法的基本思想起源于1957年，Farrell在生产率的研究中综合考虑了多种投入和多种产出，并把生产率拓展到生产效率（efficiency）。基于效率的概念，Charnes、Cooper和Rhodes于1978年提出基于规模收益不变假设的DEA模型，即CCR模型。1984年，Banker、Charnes和Cooper基于规模收益可变假设提出了BCC模型。此后，为了适应不同应用场景的需要，新的DEA模型不断涌现（如随机DEA、网络DEA、锥结构DEA等），DEA方法体系也得以不断完善和发展。随着理论研究的进一步深入，DEA方法逐渐成为经济和管理领域强有效的分析工具。中国学者对DEA方法的研究开始于1986年，魏权龄教授在1988年出版的专著《评价相对有效性的DEA方法——运筹学的新领域》一书中系统地介绍了DEA方法，开启了国内DEA研究的先河。

DEA方法具有无须事先假定生产函数具体形式和参数分布的优点，克服了传统绩效评价方法中人为设置权重对评价结果的主观影响，有效避免了传统计量模型设定中存在误差的可能。应用DEA方法开展评价的过程主要包括确定评价目标、选择决策单元、建立投入产出指标体系、选择DEA模型、模型结果测算、判断评价结果是否符合实际和分析评价结果，当评价结果与现实差别较大时，可根据实际情况对指标和模型进行更换，具体步骤如图1所示。

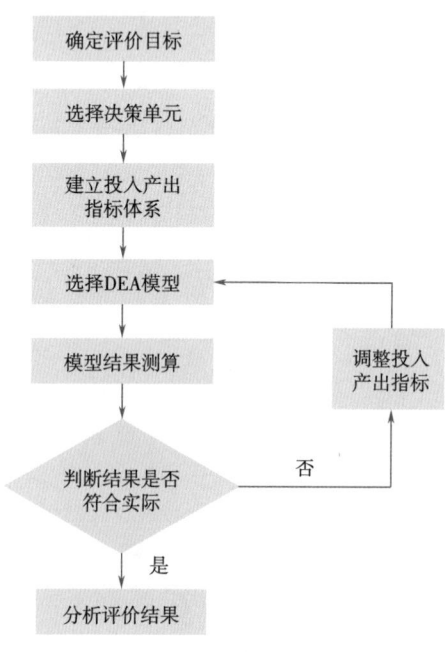

图1　DEA方法应用步骤

目前，DEA方法已经被应用于大量的实践场景，如公共部门运行效率评价、商业银行效率评价、科技创新效率评价、环境效率评价等，充分说明了DEA方法在现实问题中的实用性。同时，DEA方法以数学规划为基础，兼具经济学、统计学和运筹学理论背景，同样受到相关领域学者的关注，促进了多学科交叉发展。在DEA理论体系不断完善和DEA方法应用范围持续扩大的同时，该方法仍然存在很大的改进和探索空间，在理论模型和实践应用中不断加强与其他方法的结合，探索更多研究方向。

参考文献（references）：

[1] FARRELL M J. The measurement of productive efficiency [J]. Journal of the Royal Statistical Society, Series A (General), 1957, 120 (3): 253-290.

[2] CHARNES A, COOPER W W, RHODES E. Measuring the efficiency of decision making units [J]. European Journal of Operational Research, 1978, 2 (6): 429-444.

[3] BANKER R D, CHARNES A, COOPER W W. Some models for estimating technical and scale inefficiencies in data envelopment analysis [J]. Management Science, 1984, 30 (9): 1078-1092.

[4] FÄRE R, GROSSKOPF S. Network DEA [J]. Socio-Economic Planning Sciences, 2000, 34: 35–49.

[5] TONE K. A slacks-based measure of efficiency in data envelopment analysis [J]. European Journal of Operational Research, 2001, 130: 498–509

[6] 魏权龄. 评价相对有效性的DEA方法——运筹学的新领域 [M]. 北京：中国人民大学出版社，1988.

（杨国梁 宋瑶瑶 撰稿/李杰 审校）

127. 数据挖掘
（data mining）

数据挖掘（data mining）是指从大量的、不完全的、有噪声的、模糊的、随机的实际应用数据中，发现隐含的、规律性的、人们事先未知的，但潜在有用的并且最终可理解的信息和知识的非平凡过程。这是一个多学科交叉研究领域，包括统计学、数据库、模式识别和人工智能、可视化、优化以及高性能和并行计算等。

数据挖掘起始于20世纪下半叶。当时，随着数据库技术的发展应用，数据的积累不断增加，传统统计方法已经无法满足企业的商业需求，急需一些革命性的技术去挖掘和洞悉数据背后的信息。与此同时，计算科学尤其是机器学习等领域取得了巨大进展。在这一多学科发展背景下，1989年，Gregory Piatetsky-Shapiro在第11届国际人工智能联合会议的专题讨论会上首次提出"数据库中的知识发现"（knowledge discovery in databases，KDD），旨在将数据库技术、统计学方法和机器学习技术结合起来，用数据库管理系统存储数据，用计算机分析数据，并且尝试挖掘数据背后的信息。1995年，第一届"知识发现和数据挖掘"国际学术会议召开，将知识发现与数据挖掘放在同等的概念体系中。同年美国计算机ACM年会将数据挖掘（data mining，DM）视为数据库中知识发现的一个基本步骤（如图1所示）。此后，数据挖掘和知识发现在大多数时候被学者和实践者交换使用，两者之间并没有严格的意义分割。ACM SIGKDD专委会也在之后成立，国际数据挖掘与知识发现大会（ACM SIGKDD Conference on Knowledge Discovery and Data Mining）每年召开一次，成为数据挖掘领域的国际顶级会议。

数据挖掘过程的总体目标是从一个数据集中提取信息，并将其转化成可理解的结构，以进一步使用。除基本分析步骤之外，该过程还涉及数据库和知识管理、数据预处理、模型与推断、兴趣度度量、复杂度等方面的考量以及发现结果可视化与在线更新等后续处理。数据挖掘包括模型学习、模型评估和模型使用等三个关键步骤。模型学习是将一种算法应用于组（或类）属性已知的数据以产生分类器或从数据中学习分类模型，比较经典的算法有C4.5算法、K-mean算法、KNN算法、支持向量机（SVM）、Apriori算法、期望最大化算法、

Adaboost算法、朴素贝叶斯算法等。模型评估是通过包含具有已知属性的数据（即独立评估集）来测试分类器或者分类模型的性能。模型的分类与目标属性的已知类别一致的程度可以用于确定模型的分类准确性。当模型足够精确，其可用于对目标属性未知的数据进行分类。

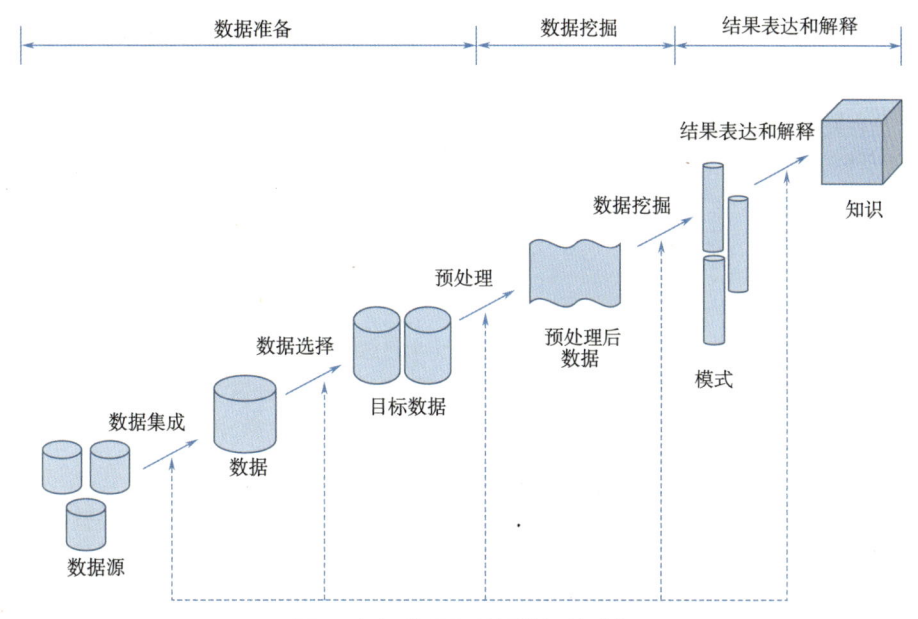

图1　知识发现与数据挖掘的过程

根据已知信息（属性）的类型和从数据挖掘模型中寻求的知识类型，数据挖掘可分为预测建模、描述建模、模式挖掘和异常检测等四个基本功能类型。当挖掘目标是估计特定目标属性的值并且存在已知该属性值的样本训练数据时，使用预测建模。预测模型主要包括分类和回归。当不存在样本训练数据但需要对样本数据集合的特征进行刻画时，可使用描述建模，如聚类分析。模式挖掘主要用于识别描述数据中特定模式的规则，在实际应用中经常采用关联式规则和序列挖掘方法。异常检测是指发现不寻常的数据实例和不符合任何既定模式的数据样本。其他数据挖掘技术还包括时间序列数据中的模式发现、流数据挖掘以及关系学习等。

数据挖掘有时候会涉及个人隐私、商业机密甚至国家安全之类的问题。数据挖掘的风险往往并非来自技术和方法本身，而来自信息的滥用或不当披露。不同国家都对数据挖掘进行了必要的规范，亦重视对隐私保护下的数据挖掘技术的研究和应用，以加密数据、降低相关的风险因素。数据挖掘技术广泛应用于工业、科学、工程和政府等领域，并被广泛认为将对社会产生深远的影响。数据挖掘可以提供对大型数据集的有价值的洞悉，但是它不是万能药，我们必须像对待任何统计分析技术一样谨慎地看待挖掘结果。

参考文献（references）：

[1] HAN J, KAMBER M, PEI J. Data mining: Concepts and techniques [M].San Francisco,

CA, USA: Morgan Kaufmann Publishers Inc., 2011.
[2] FAYYAD U, PIATETSKY-SHAPIRO G, SMYTH P. From data mining to knowledge discovery in databases [J]. AI Magazine, 1996, 17 (3): 37-37.
[3] WU X, ZHU X, WU G Q, et al. Data mining with big data [J]. IEEE Transactions on Knowledge and Data Engineering. 2013, 26 (1): 97-107.
[4] KANTARCIOGLU M, JIN J, CLIFTON C. When do data mining results violate privacy? [C]. Proceedings of the 10th ACM SIGKDD International Conference on Knowledge Discovery and Data Mining. New York, United States: Association for Computing Machinery, 2004: 599-604.

（岑咏华 周双双 撰稿/王曰芬 审校）

128. 数字对象标识符
（digital object identifier）

数字对象标识符（digital object identifier，DOI）是由一系列数字、字母或其他符号组成的字符串，是任何类型对象的持久唯一数字标识，目前广泛应用在数字资源的标识中。通过DOI可以持久链接到网络中的数字资源，克服了使用URL对网络资源进行标识时易产生的"死链"问题。1998年，国际DOI基金会发起成立DOI系统（https://www.doi.org/），该基金会是DOI系统的管理主体，负责DOI的推广应用。中国科技信息研究所和下属北京万方数据股份有限公司以及中国知网等机构是中国DOI注册和管理机构。

每个DOI号码是一个唯一的"数字"，仅用于标识一个实体。每个DOI号码由前缀（分配给特定的DOI注册人）和后缀（由该注册人为某一特定实体提供）两部分组成，前后部分用"/"分割，并且前缀以"."再分割为两个部分，它们都没有字符长度限制。由"."分割的DOI号码前缀的两部分分别为"目录指示符"（directory indicator）和"注册人代码"（registrant code）。其中目录指示符为"10"，用于在解析系统里识别特定字符串为DOI号码；注册人代码是分配给注册人的唯一字符串。DOI组成示意图见图1。

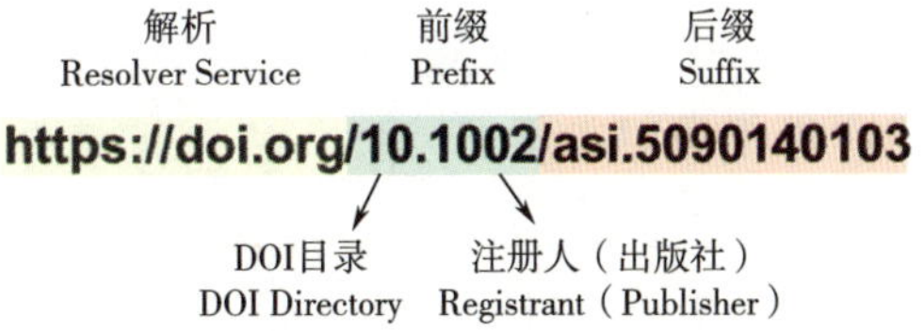

解析 前缀 后缀
Resolver Service　Prefix　Suffix
https://doi.org/10.1002/asi.5090140103
DOI目录　注册人（出版社）
DOI Directory　Registrant（Publisher）

图1　DOI组成示意图

DOI是一个完整的唯一标识符注册与服务系统，包括DOI的命名、互联网解析、数据模型、管理政策等四部分，提供DOI的注册、解析、管理以及多种增值服务。DOI广泛应用在数字资源的标识中，相比Scopus中的EID（electronic identifier）以及Web of Science Core Collection中的Accession Number（入藏号）这两大平台依赖型的内部唯一标识符，DOI是跨平台的数字身份证，便于数字资源的精准查找和匹配。大量期刊对早期发表记录的DOI进行了追溯赋值，但在Scopus以及Web of

Science Core Collection数据库中仍然存在大量文献缺失DOI号码。

参考文献（references）：

[1] CHANDRAKAR R. Digital object identifier system: an overview [J]. The electronic library, 2006, 24 (4): 445-452.

[2] GORRAIZ J, MELERO-FUENTES D, GUMPENBERGER C, et al. Availability of digital object identifiers (DOIs) in Web of Science and Scopus [J]. Journal of informetrics, 2016, 10 (1): 98-109.

[3] The DOI Foundation. The Identifier DOI Handbook [EB/OL]. (2019-12-19) [2023-03-18]. https://www.doi.org/the-identifier/resources/handbook/.

（刘维树 撰稿/李杰 唐莉 审校）

129. 汤浅现象
(Yuasa phenomenon)

汤浅现象是指近代科学活动中心转移的现象。1962年，日本神户大学的科学史家汤浅光朝在对《科学技术编年表1501—1950》里记录的科学成果和《韦伯斯特人物传记》里编选的有代表性的科学家进行统计处理和研究时发现，自哥白尼革命以来，世界科学活动中心发生了五次转移（见图1）：从意大利（1540—1610年）、英国（1660—1730年）、法国（1770—1830年）、德国（1810—1920年）转移到美国（1920年至今）。每一次转移的平均周期为80年。这一现象被称为"汤浅现象"，从而验证了英国物理学家贝尔纳在1954年的著作中最先提出的"技术和科学活动中心"的时空演化的经验性论断。

意大利
(1540–1610)　　　法国
　　　　　　　(1770–1830)　　　美国
　　　　　　　　　　　　　(1920–?)

英国
(1660–1730)　　　德国
　　　　　　　(1810–1920)

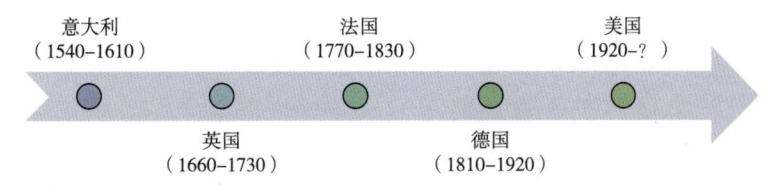

图1　世界科学活动中心的五次转移

汤浅光朝对"科学中心"的定义是：当一个国家的科技成果数量在一定时期内超过世界科技成果总数的25%时，可以认为这个国家是当时世界科技活动的中心。一个国家占据科学活动中心的持续时间被称为科学兴隆周期。

汤浅现象揭示了世界科技发展的跳跃性和不平衡性，即在一定的社会历史条件下，一些科技发展相对落后的国家可以在短时间内赶上甚至超过科技发展相对发达的国家，从而成为世界科学活动的中心。汤浅现象的成因相对复杂，涉及社会的多个层面，特别是科学发展的内因和外因，经济的快速增长、文化的冲击、社会的变化、新学科的出现、科学人才的流动、科学教育的发展都是导致科学中心转移的因素。

值得一提的是，我国科学学学者赵红州先生在未了解汤浅光朝研究结果的情况下，利用《复旦大学学报》刊载的《自然科学大事记》（即后来由上海人民出版社出版的《自然科学大事年表》），于1974年也独立地发现了这一现象。

参考文献（references）:

[1] BERNAL J D. Science in History [M]. Watts & Co, 1954: 930-931.

[2] 赵红州. 未来的科学中心 [J]. 未来与发展, 1980（1）: 29-35+25.

[3] YUASA M. Center of scientific activity: Its shift from the 16th to the 20th century [J]. Japanese Studies in the History of Science, 1962, 1（1）: 57-75.

[4] ZHAO H Z, JIANG G H. Shifting of world's scientific center and scientists' social ages [J]. Scientometrics, 1985, 8: 59–80.

[5] 刘钒. "汤浅现象"内涵解析及其现实意义 [J]. 社会科学论坛（学术研究卷）, 2007, No.145（7）: 4-8.

（侯剑华 李杰 撰稿/陈悦 审校）

130. 特征因子分数
（eigenfactor score）

特征因子分数（eigenfactor score）是由华盛顿大学（University of Washington）卡尔·伯格斯特龙（Carl Bergstrom）于2007年提出的一种用于期刊评价的指标。其基本假设是：该期刊如果多次被高学术影响力的期刊引用，则该期刊的学术影响力较高。其工作原理类似于Google的"网页排名"（Page Rank）算法。特征因子分数考虑了许多因素，包括过去5年在该期刊上发表的文章总数、文章的被引次数以及他引期刊的重要性。

2006年的期刊引证报告（Journal Citation Reports，JCR）索引了7 611种自然科学和社会科学的"源"期刊的引文。从这些数据中提取一个5年的交叉引用矩阵 Z，Z_{ij} 是2001—2005年发表在期刊 i 上的文章在2006年被期刊 j 引用的次数。

在构建 Z 时，省略所有自引，将这个矩阵的所有对角线元素设为0。通过列和（即每个期刊的施引引文总数）对 Z 进行归一化处理，以建立一个列随机矩阵（column-stochastic matrix）H。

$$H_{ij} = \frac{Z_{ij}}{\sum_k Z_{kj}}$$

计算一个文章向量 a，其中 a_i 是指在5年的时间段中期刊 i 发表的文章数量除以所有来源于期刊在同一个5年发表的文章总数。归一化 a_i，使其总和为1，它的第 i 项在归一化后表示一个比例值，即所有发表的文章中来自期刊 i 的部分。

H 矩阵中的一些期刊是悬空节点（dangling node），即没有引用任何其他期刊的期刊。若 H 矩阵中某一列的元素都是0，该列即为悬空节点。用 a 向量替换 H 中所有这样的列，产生一个新的修正矩阵 H'。这个做法是为了在下面的PageRank算法中保证稳定性和准确性。

按照PageRank算法，定义一个新的随机矩阵（stochastic matrix）P，该矩阵对应马尔可夫过程（Markov process），该过程以概率 α 在期刊引文网络上随机行走，并以概率 $(1-\alpha)$ 按各期刊发表文章数量的比例"传送"（teleport）到一个随机期刊，写为：

$$P = \alpha H' + (1-\alpha) a \cdot e^T$$

这里 e^T 是一个1的行向量，因此 $A = a \cdot e^T$ 是一个具有相同列的矩阵，每一列等于文章向量 a。

将期刊影响向量 π^* 定义为 P 的主特征向量（leading eigenvector），其提供了加权引文值的权重。根据随机过程的解释，π^* 向量对应 P 中代表的每个期刊所花费的时间的稳态部分。EF_i即期刊i的特征因子分数，被定义为期刊i从7 611本源刊中获得的总加权引文的百分比，写为：

$$EF = 100 \frac{H\pi^*}{\sum_i [H\pi^*]_i}$$

这里使用的H是没有悬空节点列的修正矩阵，即使用文章向量a替换了悬空节点的矩阵。

与特征因子分数相似的有一个名为论文影响分数（article influence score）的评价指标，论文影响分数是基于特征因子分数计算所得的，每本期刊i的论文影响分数AI_i泛指该期刊中每篇文章的引文影响力，其计算方法为：

$$AI_i = 0.01 \times \frac{EF_i}{a_i}$$

其中，EF_i是期刊i的特征因子分数，a_i是归一化的文章向量的第i项。

在这两个指标中，论文影响分数的使用频率更高，因为它以期刊的发行规模（即每年出版的文章数量）为标准，衡量的是文章的平均影响力，类似于影响因子（impact factor）计算方法中除以文章数量的方式。

特征因子分数则是期刊影响力的总体表现，大的期刊往往有更大的特征因子分数，在其他条件相同的情况下，特征因子分数将随着期刊发行规模的增加而增加，正如原始引文数一样。同时，特征因子分数是可叠加的，这意味着可以将不同期刊的特征因子分数加在一起，得到一个总的影响力分数。

多年来，特征因子分数的作者团队发现用户在理解"特征因子分数"时有困难，原因是JCR中全部期刊的特征因子分数总值为100分，而一些知名的高被引期刊（如*Nature*和*Science*）占据这100分中的很大一部分，这就导致了其他大多数期刊的分值都非常小，用户很难理解并区分这些差别不大的分值。

为了提高可解释性并减少分数上的小数位数，作者团队在特征因子分数的基础上作出了修改，提出了标准化特征因子分数（normalized eigenfactor（nEF）score），即将每个特征因子分数乘以1/100，然后将这些数字乘以JCR中的期刊总数。这样，用户就可以把期刊的分数简单地理解为JCR中平均分数（即1）的倍数。例如，如果一本期刊的标准化特征因子分数为5，这就意味着该期刊的影响力是JCR中平均期刊水平的5倍。这一修改使分数更容易理解，并与论文影响分数的解释相类似。该修改并不改变期刊的相对顺序，因为新的修改只是在原始特征因子分数的基础上乘以一个常数，所以序数排名是一样的。

特征因子分数和Scimago Journal Rank有较高相似度，两者均为评估期刊影响力的指标。其相同点在于两个指标均采用引用次数作为评估的基础，且对于来自高影响力期刊的引用会被赋予更高的权重。不同点除了具体的计算方法外，主要在数据源、引用时间窗口和自引控制上。从数据源上看，特征因子分数采用的数据来自JCR，Scimago Journal Rank的数据则来自Scopus。从引用时间窗口上看，特征因子分数是5年，Scimago Journal Rank则为3年。从自引控制上看，特征因子分数在计算时去掉了所有期刊的自引，而Scimago Journal Rank则将自引比例限制在33%以下。

参考文献（references）：

[1] BERGSTROM C. Eigenfactor: Measuring the value and prestige of scholarly journals [J]. College & Research Libraries News, 2007, 68 (5): 314-316.

[2] WEST J D, BERGSTROM T C, BERGSTROM

C T. The Eigenfactor Metrics™: A network approach to assessing scholarly journals [J]. College and Research Libraries, 2010, 71 (3): 236-244.

[3] WEST J D, BERGSTROM T C, BERGSTROM C T. Big Macs and Eigenfactor scores: Don't let correlation coefficients fool you [J]. Journal of the American Society for Information Science and Technology, 2010, 61 (9): 1800-1807.

[4] WEST J D, JENSEN M C, DANDREA R J, et al. Author-level Eigenfactor metrics: Evaluating the influence of authors, institutions, and countries within the social science research network community [J]. Journal of the American Society for Information Science and Technology, 2013, 64 (4): 787-801.

（张琳 林嘉亮 撰稿/黄颖 毛雨亭 审校）

131. 替代计量学（altmetrics）

替代计量学（altmetrics）又称补充计量学。广义的替代计量学强调研究视角的变化，旨在用面向学术成果的具有全面影响力的指标体系替代依靠引文指标的定量科研评价体系，同时促进开放科学和在线科学交流的全面发展。狭义的替代计量学专门研究相对传统引文指标的在线新型计量指标及其应用，尤其重视基于社交网络数据的计量指标，诸如使用（下载率、浏览量、图书馆藏、馆际互借和原文传递）、获取（喜欢、收藏、保存、读者）、提及（博客帖子、新闻报道、维基百科文章、评论和评议）和社交媒体（推文、朋友、点赞、共享和评级）等。

altmetrics的英文术语本身经过了不断的演化，在其发展过程中相关术语相继出现并有所差异，主要包括usage metrics、article-level metrics、social media metrics、influmetrics等。其中，usage metrics有着更悠久的历史，体系较成熟，尤其在图书馆工作中发挥着重要作用，它偏向于下载量和阅读量分析；article-level metrics着重于单篇论文影响力的评价；social media metrics侧重基于社交媒体平台的计量；influmetrics则着重于影响力的测度。2010年，J. Priem提出altmetrics一词，以弥补article-level metrics等术语缺乏内涵多样性的不足。altmetrics是alternative metrics的缩写，最初拟用alt-metrics。"-metrics"的含义比较明确，是指"计量学"，仿照"informetrics""webometrics"等以"-metrics"结尾。简洁起见，J. Priem等人去除了连接符，使术语成为现在广泛使用的altmetrics。关于altmetrics，国内学者提出的译名不尽一致。2012年，刘春丽将altmetrics引入国内，译为"选择性计量学"，引起业内的关注，但该译法较少被采纳。2013年，邱均平等人和由庆斌等人先后从不同的角度综述了altmetrics，并分别译为"替代计量学"和"补充计量学"。

替代计量学内容体系一般由理论、方法、应用三个部分构成：理论部分包括替代计量学的理论基础和理论体系；方法部分即替代计量学的数据来源、指标体系、方法体系和工具体系；应用部分涉及替代计量学的应用体系和相关案例分析。具体来说，其内容体系主要包括以下几个方面：

（1）替代计量学的理论基础研究，探讨替代计量学所依赖的学科理论基础，如替代计量学的产生与web2.0技术、社交媒体、科学交流的在线化及学术成果的网络传播的关系；此外还涉及网络计量学、信息行为理论、开放数据与大数据科学等学科理论基础。

（2）替代计量学的理论体系研究，包括：替代计量学的产生背景与发展阶段研究；研究目的与意义、研究对象、名称争议、学科定义、研究内容及五计学之间关系等学科体系研究；替代计量学的国内外发展现状、问题与趋势研究。

（3）替代计量学的数据来源研究，包括各种类型数据源平台的创建情况、功能使用、数据类型、数据获取方式等。作为研究对象的数据源平台有替代计量学的专业数据库，Mendely、CiteULike、微博、微信等在线文献管理工具，F1000等同行评议网站，Google+、Research Gate、科学网等学术社交网站。

（4）替代计量学的指标体系研究。与传统的计量学相比，替代计量学的优势体现在众多的可用指标及其相关研究。指标体系研究包括指标类型分类、指标的作用、指标的适用范围、指标的可信度等方面。

（5）替代计量学的方法体系研究，包括信息计量学方法、网络数据采集方法、数据挖掘方法、数据统计方法、数据可视化方法在替代计量分析中应用的原理、适用性和操作程序，以及必要的修正、改进和完善等。

（6）替代计量学的应用体系研究，包括：①替代计量学在科学评价中的应用，如应用于论文、期刊、机构、学者影响力评价的研究中；②替代计量学在信息资源管理方面的应用，如应用于信息发现、信息检索、信息收集与整理、用户研究等；③在信息检索与服务方面的应用；④在科技管理与预测方面的应用，如应用于学术成果推荐、科技预测、学科发展预测等研究中。

参考文献（references）：

[1] PRIEM J, Hemminger B H.Scientometrics 2.0: New metrics of scholarly impact on the social Web [J]. First Monday, 2010, 15（7）: 37-42.

[2] PRIEM J, TARABORELLI D, GROTH P, et al. Altmetrics: A manifesto（v 1.01）[EB/OL].[2023-05-25]. http://altmetrics.org/manifesto.

[3] THELWALL M, HAUSTEIN S, LARIVIÈRE V, et al. Do altmetrics work? Twitter and ten other social web services [J]. PloS one, 2013, 8（5）: e64841.

[4] 邱均平, 余厚强. 替代计量学的提出过程与研究进展 [J]. 图书情报工作, 2013, 57（19）: 5-12.

（杨思洛 撰稿/邱均平 审校）

132.《替代计量学宣言》（Altmetrics：A Manifesto）

《替代计量学宣言》（Altmetrics：A Manifesto），亦称《补充计量学宣言》《选择性计量学宣言》，由美国北卡罗来纳大学教堂山分校的Priem Jason、维基百科基金会的Taraborelli Dario、阿姆斯特丹大学的Groth Paul和科学技术设施委员会的Cameron Neylon于2010年10月发表在专门网站（http://altmetrics.org/manifesto）上，呼吁关注互联网环境下围绕学术成果的新型计量研究和应用。《替代计量学宣言》的主要内容包括四点：①既有科学交流和科技评价存在的诸多问题；②替代计量数据的规模、来源、特点和采集渠道；③替代计量学在促进科学交流和改善科技评价方面的优势；④替代计量学未来的发展路线。

《替代计量宣言》的发表有两个时代背景，一是传统科学交流和科技评价面临诸多挑战，二是科研活动网络化和多样化的趋势。科学交流和科技评价的挑战突出表现在三个方面：①同行评议过程太慢，鼓励因循守旧，难以保证评审公正，而且无法控制科学文献总量；②引文分析时效性差，忽视了研究成果在学术界以外的影响力，也忽视了引用的情境和原因；③期刊影响因子是评价期刊的指标，却经常被错误地用于评价单篇论文的影响力。期刊影响因子不仅计算过程细节涉及商业机密，难以公开透明，而且容易受到不合理的人为操纵。

科研活动电子化和网络化成为必然趋势，特别是web 2.0时代，科学知识交流和传播形式发生了重大变化。许多学者通过网络工具和平台进行科研活动和科学交流，围绕学术成果产生了海量、迅捷、多类型的交互数据，形成了替代计量学的数据基础，为研究科学交流和评价提供了新的思路。替代计量学拓展了人们对影响力本身的认识，也拓展了作为计量对象的学术成果的范畴，被视作引发了科学计量学的革命。《替代计量学宣言》在发表以后获得了学术界和实业界的高度关注。基于该宣言中描述的愿景，一批从事替代计量数据业务的公司涌现，汇聚了致力于替代计量研究的学术群体，因而该宣言被视作替代计量学的经典文献。

附：《替代计量学宣言》全文译文

没有人可以阅读所有文献，我们依赖过滤器（filters）去筛选学术文献，但是狭窄的传统过滤器已经不堪重负。新型在线学术工具的增长让我们可以创造新的过滤器。替代计量数据反映不断繁荣的生态系统中学术成果更广泛、更迅捷的影响力。因此，我们呼吁创建更多基于替代计量学的工具、开展更多替代计量学研究。

随着学术文献的爆炸式增长，学者依靠过滤器从海量文献中选取最相关和最有价值的文献。不幸的是，当前主要的三种过滤器都在逐渐失效。第一，同行评议发挥着良好作用，但是开始呈现"老态"。同行评议很慢，鼓励因循守旧，难以保证评议者都是负责任的。此外，鉴于所有的论文最终都会得到发表，同行评议没能有效控制住文献总量。第二，引文分析评价是有用的，但是不够充分。像h指数这样的文献计量指标甚至比同行评议还要慢：学术成果可能要等上数年才能获得第一条引文。引文评价是狭隘的，有影响力的成果可能从来未被引用过。这些指标忽视了学术界以外的影响力，也忽视了引文的情境和原因。第三，期刊影响因子（journal impact factor，JIF）用于测度期刊中论文的篇均引文量，却经常被错误地用于评价单篇论文的影响力。期刊影响因子的计算过程细节是商业机密，这是有问题的，而且对期刊影响因子的操纵相对容易。

一、未来的过滤器：替代计量学

学者日益将日常工作转移到网络上。在线参考文献管理平台Zotero和Mendeley都声称存储了4 000多万篇文献（比PubMed的总量还大），多达三分之一的学者活跃在Twitter上，越来越多的学者在使用学术博客。

这些新形式的行为和数据反映并传递着学术影响力："折了书角"（表明被阅读过但没被引用）的文章以往待在书架上，现在被"摆进"了Mendeley、CiteULike或者Zotero，我们可以阅读和统计；走廊上讨论近期新发现的谈话转移到了博客和社交网络上，现在我们可以"听"到；过去本地存储的基因数据集现在转移到了在线机构知识库，我们可以追踪；这些多样化的活动形成了反映影响力的复合式痕迹（composite trace），远大于以往可获得的范围，我们称这种痕迹的元素为替代计量数据。

替代计量学拓展了我们对影响力本身的认识，也拓展了我们对于什么内容能够产生影响力的认识。这很重要，因为学术的表达变得多元化，除了论文之外，还有诸多形式，包括而不限于"原始科学"（raw science）如数据集、代码和实验设计的分享；语义出版或"元出版"，其中可引用的单元是一段陈述或信息，而不是整篇文章；广泛流行的自出版，通过博客、微博和对已有成果的评论或注释。

因为替代计量数据本身是多样化的，所以非常适用于测度多样化学术生态系统中的影响力。事实上，替代计量学对于筛选这些新形式的学术成果至关重要，因为这些学术成果都在传统过滤器的作用范围之外。这种多样性也可以用于测度研究机构（research enterprise）本身的聚合影响力。

替代计量数据十分迅捷，利用开放的API可以在数天或数周内收集到数据。替代计量学是开放的，不仅数据是开放的，收集和解释这些数据的脚本和算法也是公开的。替代计量学看重计数以外的东西，强调语义内容例如用户名、时间戳和标签。替代计量学不是引文，也不是网络计量学，尽管这两者的方法与替代计量学相近，但是它们是相对缓慢、非结构化和封闭的。

二、替代计量学如何改进既有过滤器

有了替代计量学，我们可以实现众包同行评议。与等待数月仅获得两条评审意见不同，一篇论文的影响力可能在一周内由上千个对话和书签来评价，因此短期内可以对传统同行评议构成补充，也许能促进期刊如 PLOS ONE、BMC Research Notes 或 BMJ Open 的快速评审。未来，更高的参与度和更佳的专家贡献识别系统将使同行评议完全通过替代计量学实现成为可能。与期刊影响因子不同，替代计量学反映论文本身的影响力，而不是它所在期刊的影响力。与引文指标不同，替代计量指标将追踪学术界之外的影响力、有影响力却没被引的学术成果的影响力和没有经过同行评议的学术成果的影响力。有些人说替代计量指标太容易被操纵，我们认为恰好相反。期刊影响因子被操纵的程度已经到了骇人的地步，成熟的替代计量系统将会更加稳健，充分利用替代计量数据的多样性和大数据的统计性力量去通过算法探测和纠正欺诈活动，这种方法已经成功应用于在线广告商、社会新闻网站、维基百科和搜索引擎。

替代计量数据的迅捷提供了建立实时推荐和合作过滤系统的机遇：不用订阅几十个栏目的内容，研究者就能获得本周其领域内最有影响力成果的推送。和"替代性出版"如博客或预印本服务相结合时将变得更加强大，将会把交流周期从数年缩短到数周或数天。替代计量学在资助和晋升决策中也将发挥重要作用。

三、替代计量学的路线图

对替代计量的思索已经开始产生实证研究和研究工具，Priem等人和Groth等人分别在微博和博客上发现引文。ReaderMeter根据在线参考文献管理平台中的阅读数据来计算影响力指标，Datacite则促进了对数据集的计量。未来工作将继续围绕这些路线展开。

研究者会问替代计量学是否真的反映影响力，抑或仅是没用的噪声？未来替代计量学研究应当探究替代计量指标与现有计量指标之间的关联，用替代计量指标去预测引文指标，并且将替代计量指标与专家评价结果做比较。应用程序设计者要继续构建系统来展示替代计量数据和指标，开发探测和修复数据操纵的方法，创建面向数据利用和重用的计量指标。最终，我们的工具应当利用替代计量学中丰富的语义数据去问"怎样做和为什么？"以及"有多少？"。

替代计量尚在发展初期，许多问题还有待回答。但是鉴于既有过滤系统面临的危机和学术交流的快速发展，迅捷、丰富和广阔的替代计量学将值得投入。

参考文献（references）：

[1] PRIEM J, TARABORELLI D, GROTH P, et al. Altmetrics：A manifesto, 26 October 2010. [EB/OL]. [2023-05-25]. http://altmetrics.org/manifesto, 2023-03-08.

[2] THELWALL M, HAUSTEIN S, LARIVIÈRE V, et al. Do altmetrics work? Twitter and ten other social web services [J]. PLoS ONE, 2017, 8（5）：e64841.

[3] HAUSTEIN S. Grand challenges in altmetrics：heterogeneity, data quality and dependencies [J]. Scientometrics：An International Journal for All Quantitative Aspects of the Science of Science Policy, 2016.

[4] BORNMANN, LUTZ. Scientific Revolution in Scientometrics：The Broadening of Impact from Citation to Societal. Theories of Informetrics and Scholarly Communication, edited by Cassidy R. Sugimoto [M]. Berlin, Boston：De Gruyter Saur, 2016, 347-359. https://doi.org/10.1515/9783110308464-020.

[5] HAUSTEIN S, PETERS I, BAR-ILAN J, et al. Coverage and adoption of altmetrics sources in the bibliometric community [J]. Scientometrics, 2014, 101（2）：1145-1163.

（余厚强 黄楠 撰稿/李杰 审校）

133. 同行评议
（peer review）

同行评议（peer review）指将作者的成果或项目等交由同一领域、能力同等或接近的专家进行独立判断与评价的过程。一般情况下，同行评议指学术界由评审专家对各类稿件、基金项目等学术成果进行审议以评估其质量的流程。

同行评议的最早记录见于公元10世纪叙利亚阿尔·拉哈地区的伊斯哈普·本阿里·阿尔拉维（Ishap bin Ali Al Rahwi）所著的《医生伦理》（*Ethics of the Physician*）一书，医生委员会将依据诊疗记录裁定医生是否按照时行的医疗标准对病人进行治疗。1731年由爱丁堡皇家学会出版的《医学论文与观察》（*Medical Essays and Observation*）明确了将来稿交由相关领域的专家进行评议并隐匿评议人身份与评议过程，这是第一本同行评议的论文集。1831年，英国剑桥大学科学史教授胡威立（Whewell，见图1）建议《哲学汇刊》（*Philosophical Transactions*）对所有投稿的论文开展同行评议，邀请知名学者撰写评议报告。

第二次世界大战前，同行评议因其封闭性与规范性的不足而仅仅应用于小范围的学术圈。绝大多数科学家并不知晓同行评议，甚至对同行评议感到意外和抵触。

图1　胡威立（William Whewell）：同行评议的先驱

例如：1936年，爱因斯坦向国际物理学权威杂志《物理学评论》（*Physical Review*）投稿，主编结合专家意见返回了一份评议书，爱因斯坦深感吃惊，并拒绝回复匿名评审意见，此后终生未再向该期刊投稿。二战结束后，科研成果与项目的数量呈指数式增长，促使期刊与出版商寻找一种高效、低成本的科技评价模式，同行评议因而得以大规模推广。迄今为止，同行评议是最为普遍使用的科技评价方式之一。

同行评议的主要类型有单盲（single

blind）、双盲（double-blind）和开放式同行评议（open peer review），此外还有结构化同行评议（structured peer review）、透明同行评议（transparent peer review）、合作同行评议（collaborative peer review）和出版后同行评议（post publication peer review）。单盲即单向匿名，指评议者的身份不向作者公开，而评议者了解作者的身份。双盲即双向匿名，指作者和评议人双方均不知道对方的身份。然而，由于评审专家能力的不足、时间与精力限制、个人偏好差异、学术关系网而产生的偏颇、学派偏见等问题，传统的同行评议存在着一定局限性，如主观性强、影响学术成果时效性、压制创新等。在此背景下，学界呼吁改革传统同行审议，催生了新型的同行评议方式。开放式同行评议针对同行评议的开闭性，是指在作者和评议专家的同意的情况下，部分或者完全地公开作者与评议专家身份及整个同行评议过程，包括评议意见及建议、作者的修改及回复、评议结果等方面的评审制度。结构化同行评议针对评审的形式，是指在同行评议过程中，对作者、评议专家、编辑的行为提出明确要求和详细规范的评审制度。透明同行评议将评审意见与论文一道发表，评审人可选择是否披露身份。合作同行评议允许两名或多名评审人共同撰写评审意见。出版后同行评议则允许论文在正式出版后继续获得评审意见，作为出版前同行评议的补充。

无论何种方式的同行评议，均在科学发展中发挥着重要作用。第一，同行评议促进了科学交流，可证实与激励优质科研成果与项目、过滤出重复或质量尚未达标的成果与项目，是现代学术期刊出版工作中重要的质量控制机制。第二，同行评议避免了评审垄断，回应了公众的信任需求，是维护期刊与学术声誉的重要手段。第三，同行评议通过向外邀请评审人降低了期刊办刊成本；同时可对外宣传学术期刊与出版商，是保证学术出版流程正常运作的有效方式。

参考文献（references）：

[1] CSISZAR A. Peer review: Troubled from the start [J]. Nature, 2016, 532（7599），306-308.

[2] SPIER R. The history of the peer-review process. [J]. Trends in Biotechnology, 2002, 20（8）: 357-358.

[3] BENOS J D, BASHARI E, CHAVES J M, et al. The ups and downs of peer review [J]. Advances in Physiology Education, 2007, 31（2）: 145-152.

[4] BREZIS E S, BIRUKOU A. Arbitrariness in the peer review process [J]. Scientometrics, 2020, 123（1）: 393-411.

[5] FORD E. Open peer review at four STEM journals: an observational overview [J]. F1000Research, 2015, 4: 6.

[6] DANIEL K. Einstein Versus the Physical Review [J]. Physics Today, 2005, 58, 43-48.

（余厚强 梁以安 撰稿/李杰 审校）

134. 突发检测算法（burst detection algorithm）

突发检测算法（burst detection algorithm）是指对时间序列中显著异于基准状态（baseline）的突发状态（burst）进行建模和识别的方法。例如，给定某个词语在各年份科学论文中的词频时间序列，突发检测要从中识别出词频显著高于其他时间的时间片段。Jon Kleinberg认为，人们对事物发展过程中的注意力并非均匀分布在每时每刻，而由其中一些集中出现的标志性活动所刻画，这些标志性活动可以被描述为高强度的事件或情境（intensity）。因此，突发检测也被广泛应用于主题识别和跟踪（topic detection and tracking，TDT）研究中，用于描述主题发展过程中的标志性阶段，尤其在社交媒体、新闻报道、科学论文等具有较强时序特点的数据源中。

早期的突发检测往往采用阈值设定和趋势拟合的方法，但对先验知识和后续处理存在较大依赖性，不易于推广到一般的任务场景。为此，Jon Kleinberg首次提出了使用状态机（state machine）来建模基准状态q_0和突发状态q_1的转移，利用指数分布$f_i(x) = \alpha_i e^{-\alpha_i x}$来建模不同状态下事件发生的时间间隔。其中，状态机以一定的概率p改变当前状态，当状态机处于突发状态时，事件发生的时间间隔相较于基准状态更短。

突发检测问题可被定义为：给定观测到的一组事件发生时间间隔$x = (x_1, x_2, \cdots, x_n)$，求使得条件概率$Pr(q|x)$最大化的状态序列$q = (q_1, q_2, \cdots, q_n)$，即最小化成本函数$c(q|x) = b\ln\left(\frac{1-p}{p}\right) + \left(\sum_{t=1}^{n} \ln f_{it}(x_i)\right)$。其中，$b$是状态序列中发生状态转移的次数。Jon Kleinberg的突发检测算法还可进一步推广到具有多个不同强度突发状态的层次场景（见图1）以及事件成批依次发生的场景。

图1为对文本中包含"prelim"关键词的邮件应用突发检测算法。其中，(a)为邮件原始的时间序列；(b)为算法所识别到的具有不同强度的突发状态片段；(c)为使用树状图对具有不同强度的突发状态进行可视化（图片来自参考文献[1]）。

在科学计量研究中，突发检测算法常用于新兴主题和研究前沿的识别，著名的科学计量工具CiteSpace与SCI2均集成了Kleinberg的突发检测算法。大批学者也开发出了一系列独特的突发检测算法和分析框架，相关研究工作主要包含以下几个方面：①改进的突发检测算法，包括非参数回归、多变量时间序列建模、动态网络分析等方法，对突发检测算法的灵敏度、特异度、连贯性等方面进行提升；②突发检测的推广使用。将突发检测应用到更丰富的时间序列中，包括词频、引用、合作以及多维特征融合的序列，以揭示科学发展过程中的多种突发现象；③突发检测作为模型组件。将研究对象的突发特征，如时间、强度等，作为模型输入特征或决策支持要素，以提升下游任务的性能。

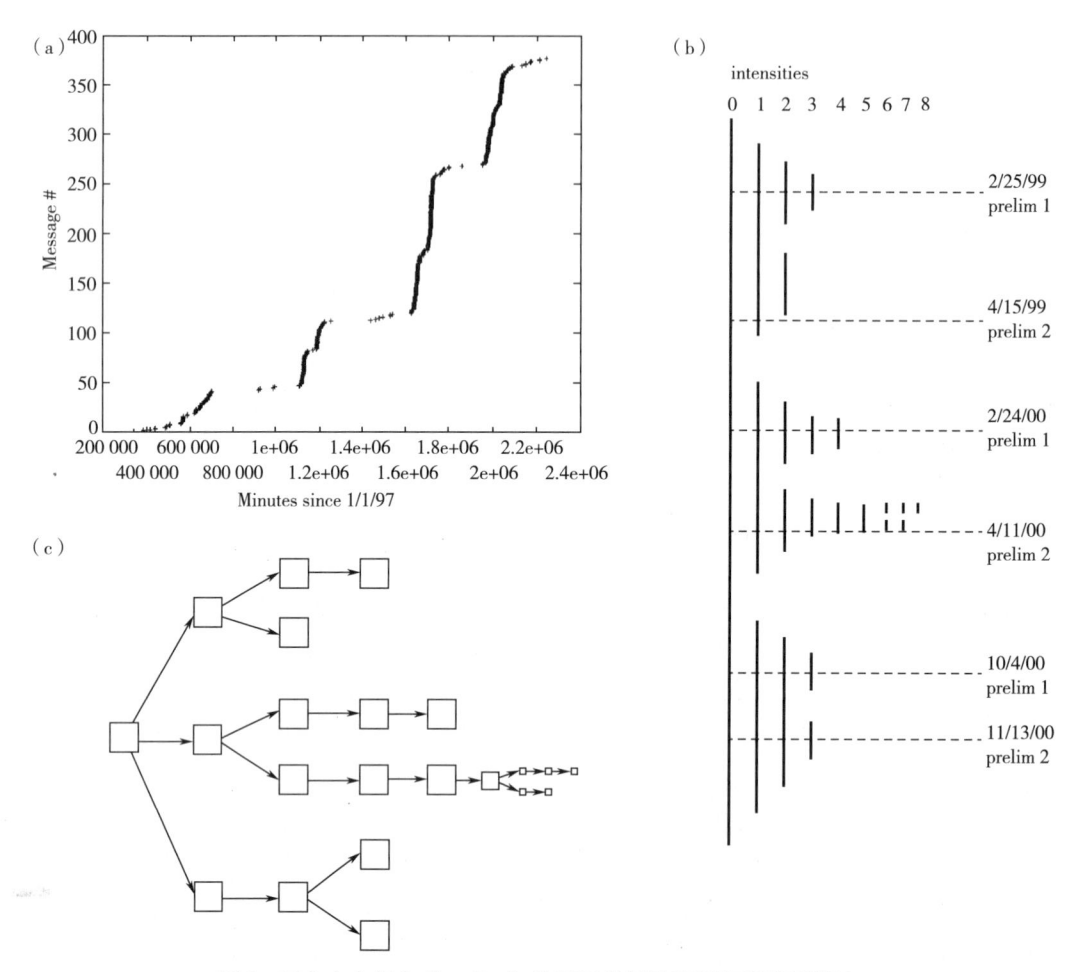

图1　对文本中包含"prelim"关键词的邮件应用突发检测算法

参考文献（references）：

[1] KLEINBERG J. Bursty and hierarchical structure in streams [J]. Data mining and knowledge discovery, 2003, 7（4）: 373-397.

[2] CHEN C. CiteSpace II: detecting and visualizing emerging trends and transient patterns in scientific literature [J]. Journal of the American society for information science and technology, 2006, 57（3）: 359-377.

[3] KE Q, FERRARA E, RADICCHI F, et al. Defining and identifying sleeping beauties in science [J]. Proceedings of the national academy of sciences, 2015, 112（24）: 7426-7431.

[4] ROTOLO D, HICKS D, MARTIN B R. What is an emerging technology? [J]. Research policy, 2015, 44（10）: 1827-1843.

（毛进　梁镇涛　撰稿/李杰　审校）

135. 图机器学习
（graph machine learning）

图机器学习（graph machine learning）是一类在图上进行的机器学习模型和算法。图（graph）又称网络（network），通常由两个集合定义，即节点集和连边集，节点表示图形中的实体，连边表示这些实体之间的关系，如社会网络、生物网络、专利网络、交通网络、引文网络、知识网络等。Node2vec和GraphSAGE的提出者是斯坦福大学著名学者Jure Leskovec，他在2019年于其课程中首次提出"graph machine learning"概念，并联袂众多学者推动图机器学习发展。与传统的机器学习相比，图机器学习以图数据为研究对象并将事物间的关联作为重点考虑因素，打破了传统机器学习独立同分布的基础假设，引发了新的学习理论和范式，成为机器学习一个新的分支。图机器学习强调利用节点之间的相关关系，尤其擅长捕获复杂关系，已经成为图挖掘的主流方法，是处理图数据的利器。

图机器学习相关内容概要见图1。

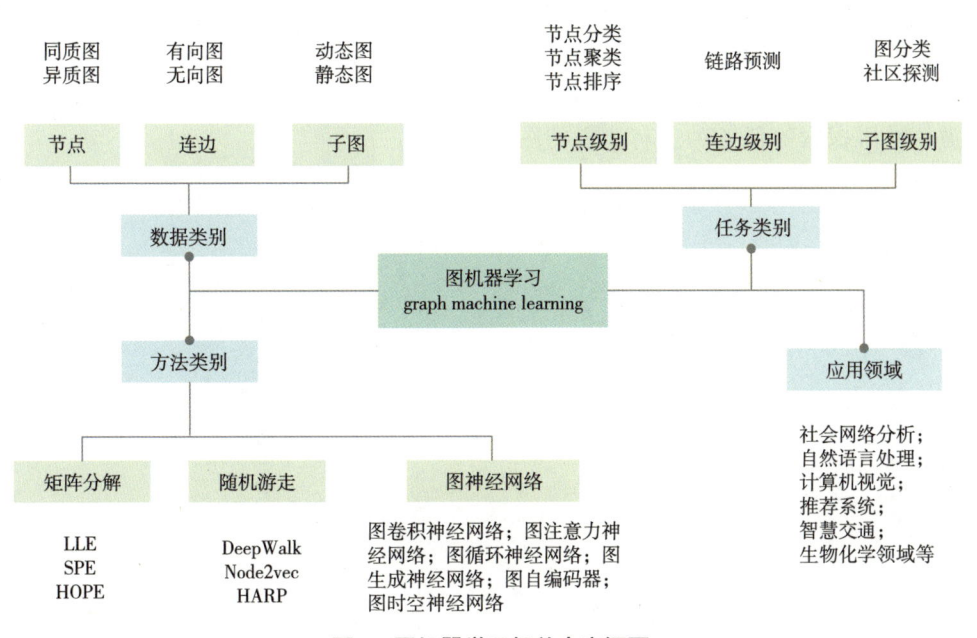

图1 图机器学习相关内容概要

图机器学习方法主要包括图嵌入学习和图神经网络两大类。图嵌入（graph embedding）的中心思想是通过生成映射函数将网络中的每个节点、连边转为低维特征向量，保持结构信息降维，并用于后续各种机器学习任务，如基于矩阵分解、随机游走等方式。图神经网络（graph neural network，GNN）的中心思想是在图上进行深度学习，将图论和深度学习紧密结合在一起，充分利用结构信息，克服传统深度神经网络学习带来的局限性，主要包括图卷积神经网络（graph convolutional network，GCN）、图注意力神经网络（graph attention network，GAT）、图循环神经网络（graph recurrent network，GRN）、图生成神经网络（graph generative network，GGN）、图时空神经网络（spatial-temporal GNN）等。

根据任务属性，图机器学习可以划分为有监督的图机器学习和无监督的图机器学习。无监督的图机器学习是无监督学习在图上的应用，是一种不使用目标标签、只使用包含在图中的信息执行任务的学习方法，无监督的图机器学习的目标包括寻找集群、异常检测等，被用于节点分类、图聚类、社区探索等任务中。有监督的图机器学习可以使用目标标签进行学习，对于图结构来说，标签可以是节点、边或整图，有监督的图机器学习的目标是学习一个函数，使模型输出最接近实际标签，常用于图预测和节点预测等。

参考文献（references）：

［1］STAMILE C，ALDO M，ENRICO D. Graph Machine Learning：Take graph data to the next level by applying machine learning techniques and algorithms［M］. Packt Publishing Ltd，2021.

［2］宣琦.图机器学习［M］.北京：高等教育出版社，2022.

［3］吴凌飞，崔鹏，裴健，等.图神经网络：基础、前沿与应用［M］.北京：人民邮电出版社，2022.

［4］WU Z，PAN S，CHEN F，et al. A comprehensive survey on graph neural networks［J］. IEEE transactions on neural networks and learning systems，2020，32（1）：4-24.

［5］XIA F，SUN K，YU S，et al. Graph Learning：A Survey［EB/OL］.［2023-06-01］. https：//arxiv.org/abs/2105.00696.

（霍朝光 撰稿/吴登生 审校）

136. 团队科学学
（science of team science）

团队科学学（science of team science，SciTS），又被国内部分学者称为科研团队学，指的是采用实证研究方式考察科研团队如何形成、组织、交流和开展科研活动的新兴跨学科领域。随着经济、社会和科技问题日益复杂，跨学科、跨组织和跨地域的协作被认为是解决复杂问题的有效方法。"团队"的概念起源于美国，1972年，美国经济学家Armen Albert Alchian和Harold Demsetz在《生产、信息、费用与经济组织》一文中首次提出团队生产理论，首次提出了"团队"概念。Stephen P. Robbins在1994年提出，团队是为了实现某一目标而由相互协作的个体所组成的正式群体。

美国国家卫生研究院（NIH）将团队科学定义为：在不同医药健康领域接受过培训的、具有一定专长的团队成员一起工作，并在工作的过程中将他们的知识、技能和观点整合到临床研究项目中。该定义也被很多学者视为团队科学的黄金标准。2006年10月，美国国立卫生研究院（NIH）下属的美国国家癌症研究所（NCI）发起了国际团队科学学年会，会议目标是讨论和解决该领域中的分歧和空白，促进团队科学学领域知识的融合，并确定关键研究问题。该会议标志着团队科学学成为一个具有独立研究方向的新分支。自此，团队科学学领域的研究人员开始通过调研专家和关键利益相关者的意见制定该领域的研究议程，并不断产生相关文献，推动了该领域的快速发展。在团队科学学范畴中，"团队"指的是"研究团队"、"科学团队"或"科研团队"，即团队成员通过组织和合作形成一个整体，通过共享信息、资源和专业知识，以发现新现象、新事物，提出新理论和新观点。

大量相关研究成果的产生推动了团队科学学的不断发展。研究显示，自2001年以来，团队科学领域的出版物大幅增长。团队科学学研究主要涉及复杂网络、文献计量分析和数据挖掘等定量研究方法。重要的研究工具包括Team science toolkit、Toolbox project、Teamscience.net、VIVO等。在实际研究中，研究人员倾向于从产出的角度出发，将一篇文章的共同作者视为一个科研团队；部分学者设置一些与合作相关的阈值来限制和缩小合作者的范围，进而识别团队成员。此外，出现了有关团队科学主题的重要会议，例如国际团队科学学会议（International Science of Team Science Conference），以及对应的国际型学术组织INSciTS（International Network for the Science of Team Science）。

团队科学学的研究内容较为广泛，包括团队的测量与评价、定义与模型、制度支持与专业发展、结构与环境、管理与组织、特征与动态发展等。团队的内部特征及运行过程是影响团队合作过程及效果的根本因素，包括团队的组成、形成和运行。团队合作也会被外部环境影响，例如制度和组织因素、培训与教育等。团队科学学的重点是理解和加强团队合作的过程和成果，因此对团队科研活动效果的测量和评价是团队科学学的研究重点。目前可测量和评估的团队产出因素包括出版物数量、引用、质量、社会效益和创新等。

参考文献（references）

[1] COOKE N J, HILTON M L. Enhancing the Effectiveness of Team Science [M]. ERIC, 2015.

[2] STOKOLS D, HALL K L, TAYLOR B K, et al. The science of team science: overview of the field and introduction to the supplement [J]. American journal of preventive medicine, 2008, 35（2）: 77-89.

[3] WUCHTY S, JONES B, UZZI B. The increasing dominance of teams in production of knowledge [J]. Science, 2007, 316（5827）: 1036—1039.

[4] YU S, BEDRU H D, LEE I, et al. Science of scientific team science: A survey [J]. Computer Science Review, 2019, 31: 72-83.

[5] 黄颖，李瑞婻，刘晓婷，等.科研团队学：内涵、进展与展望 [J].图书情报工作，2022，66（04）: 45-55.

[6] 王飞跃.SciTS: 21世纪科技合作的灯塔? [J]. 科技导报，2011，29（12）: 81.

（柳美君 撰稿/闵超 审校）

137. 王冠指数
（crown indicator）

王冠指数由荷兰莱顿大学科学技术研究中心（Centre for Science and Technology Studies，CWTS）提出，是致力于解决不同学科引文差异水平问题的归一化学术评价指标的特有称呼。2005年，CWTS发布的《量化科学技术研究手册》（*Handbook of Quantitative Science and Technology Research*）一书中将CPP/FCS$_m$指标称为"王冠指数"（crown indicator），王冠指数由此得名。该指标也被称为皇冠指数、皇冠指标、王冠指标或the Leiden methodology（LM）。2011年，卢多·瓦特曼（Ludo Waltman）等人证实了标准化机制具有更加坚实的理论基础，并将平均归一化引文分数（mean normalized citation scores，MNCS）称为新皇冠指数（new crown indicator），来更加公平地评估涵盖不同领域论文的期刊学术影响力。

旧王冠指数（CPP/FCS$_m$）和新王冠指数（MNCS）的具体含义如下：

（1）旧王冠指数：旧王冠指数早在20世纪90年代由de Bruin等（1993）和Moed等（1995）提出，于2005年被CWTS采用并冠以"王冠指数"。该指数的具体含义为：假设对象集合共有N篇论文，C_i表示论文i的被引次数，e_i表示论文i的预期被引次数，即与论文i同领域、同年发表的其他所有论文的平均被引次数，则有计算方法如下：

$$CPP/FCSm = \frac{\frac{\sum_{i=1}^{N} C_i}{N}}{\frac{\sum_{i=1}^{N} e_i}{N}} = \frac{\sum_{i=1}^{N} C_i}{\sum_{i=1}^{N} e_i}$$

（2）新王冠指数：新王冠指数的基本思想是用所有论文的被引次数除以其预期被引次数比值之和的平均值。假设目标对象共有N篇论文，C_i表示论文i的被引次数，e_i表示论文i的预期被引次数，则有计算方法如下：

$$MNCS = \frac{1}{N} \sum_{i=1}^{N} \frac{C_i}{e_i}$$

无论是旧王冠指数（CPP/FCSm）还是新王冠指数（MNCS），其都旨在通过领域标准化等方式对引文指标进行归一化处理，从而使得不同学科领域的引文指标评价结果具有相对可比性，以服务于科研评价活动，更全面、客观地评估一组出版物（学者、机构等）的学术影响力。

旧王冠指数采取的是RS方式（ratio of sums），即先求出研究实体论文集的平均被引频次，再除以对应参照标准的期望被引频次以获得相对影响指标。新王冠指数采取的是MR方式（mean of ratios），即先通过论文的被引频次除以对应参照标准的期望被引频次获得每篇论文的相对被引频次，再求其平均相对被引频次获得相对影响指标。两者计算方式虽然不同，但其计算思想具有相似性，新王冠指数可以认为是旧王冠指数的数学推广形式，因而旧王冠指数和新王冠指数呈相关关系。但将王冠指数用于科研评价仍存在一些局限性：①王冠指数采用领域标准化的思想，其评价效果受到学科领域划分的直接影响，过粗粒度或过细粒度的领域划分都不利于做出客观的评价；②王冠指数的基础仍是引文计数，没有考虑引文质量或文献的其他因素，将其用于科研评价活动时仍需谨慎解读，应结合其他指标及评价对象的特点和现实情况开展综合评价。

参考文献（references）：

[1] DE BRUIN R E, KINT A, LUWEL M, et al. A study of research evaluation and planning: the University of Ghent [J]. Research evaluation, 1993, 3 (1): 25-41.

[2] MOED H, DE BRUIN R, VAN LEEUWEN T H. New bibliometric tools for the assessment of national research performance: database description, overview of indicators and first applications [J]. Scientometrics, 1995, 33 (3): 381-422.

[3] WALTMAN L, VAN ECK N J, VAN LEEUWEN T N, et al. Towards a new crown indicator: an empirical analysis [J]. Scientometrics, 2011, 87 (3): 467-481.

[4] 陈仕吉, 史丽文, 李冬梅, 等. 论文被引频次标准化方法述评 [J]. 现代图书情报技术, 2012, 28 (4): 54-60.

（黄颖 傅慧 撰稿/张琳 审校）

138. 网络计量学
（webometrics）

网络计量学是采用数学、统计学等各种定量方法，对网上信息的组织、存贮、分布、传递、相互引证和开发利用等进行定量描述和统计分析，以便揭示其数量特征和内在规律的一门新兴学科。网络计量学是主要由网络技术、网络管理、信息资源管理与信息计量学等相互结合、交叉渗透而形成的一门交叉性边缘学科，也是信息计量学的发展方向和重要的研究领域之一。

网络计量学研究始于20世纪90年代后期，最初表现为文献计量学在网络中的应用。1997年阿曼德等在 *Journal of Documentation* 上发表了《万维网上的信息计量分析：网络信息计量学方法探讨》一文，首次提出了webometrics一词。这一概念很快得到了国际学术界的积极响应，迅速掀起了网络计量学研究的热潮，并引起了社会各界的广泛关注。1997年，以研究网络信息计量学为核心的网络电子期刊 *Cybermetrics* 在西班牙马德里创刊，标志着网络计量学作为一门独立的新兴学科从传统的信息计量学研究中独立出来。随后以cybermetrics和webometrics为主题的研究大量出现。网络影响因子（web impact factor）是网络计量学的重要指标，由丹麦信息计量学家英格文森（Ingwersen）提出。网络影响因子的数学定义是：假设某一时刻链接到网络上某一特定网站或区域的网页数为 a，而这一网站或区域本身所包含的网页数为 b，那么其网络影响因子的数值可以表示为 $WIF=a/b$（网页数之和并非指链接次数的和，而是所链接的网页数目之和）。后来，英国学者M. 塞沃尔（Mike Thelwall）重新把网络影响因子定义为链接到某网站或特定区域的网页数与该网站或区域的大小之比。该网站或区域的大小并不一定局限于该网站的网页数，也可以用其他指标来衡量，如对学术机构的网站进行研究时也可以采用该机构的研究人员数、该机构的研究经费或全日制学生数量等。在两种定义中，英格文森的提法要容易理解一些，但塞沃尔的提法则严谨一些，因为后者还考虑到网络链接的特殊性。

网络计量学的内容体系由理论、方法和应用研究三个部分构成。理论是基础，方法是手段，应用是目的，三者相辅相成，不可偏废。与之相对应，在纵向上，网络计量学分为理论网络计量学、技术网络计量学和应用网络计量学三个部分，它们共同构成网络计量学的内容体系结构。

理论网络计量学主要研究网络计量学赖以形成和发展的各种理论问题。由于不同的科学家共同体的学术观点不同，网络计量学的理论研究形成了不同的学派，从而构成不同的理论体系。但无论属于什么学派，一个完整的理论体系都包括两个不可或缺的逻辑部分：

（1）网络计量学学科体系构建中的基本理论问题，包括学科定义、学科性质、学科体系、研究对象、研究内容、研究目的、研究意义、与相关学科的关系、专用术语和相关概念等问题。这部分的研究内容对于明确网络计量学的学科概念和研究内容、指导网络计量学的发展方向有十分重要的意义，是网络计量学作为一门学科存在而须解决的基本问题。

（2）网络计量学的基础理论问题，包括理论基础、哲学基础、方法论以及各种基本原理和推论。作为研究者思维高度抽象的结晶，基础理论是客观物质本质的规律性的反映，是科学研究工作的基石。

技术网络计量学主要研究网络信息计量研究过程中的各种技术、方法和实现手段等问题。从网络信息计量研究的具体过程来看，其研究方法和技术主要包括：

（1）数据收集方法。对于计量科学来说，所要研究数据的收集整理工作是其开展各项研究工作的基本前提。由于数据的查全率和查准率直接影响研究结果的可靠性和合理性，对数据收集方法本身所做的研究也成为网络计量学研究的重要内容。

（2）数据分析方法。与理论基础一样，网络计量学的数据分析方法同样有两个主要来源。首先，从某种意义上来说，网络计量学就是文献计量学、科学计量学在网络上的一门应用学科，在文献计量学、科学计量学中得到广泛应用的文献信息统计分析法、数学模型分析法、引文分析法、书目分析法、系统分析法、关键词词频分析法、关联数据分析法（包括聚类分析、共词分析、同域分析等）、计算机辅助文献信息计量分析法等定量方法在网络信息计量研究中都得到了广泛应用。其次，网络计量学作为网络技术、统计学、文献计量学理论相结合的产物，涉及计算机、人工智能、拓扑学、社会学和图论等众多学科和研究领域，来自这些学科领域的研究方法和技术手段丰富了网络计量学方法体系，促进了网络信息计量研究工作的发展。

应用网络计量学主要研究网络计量学理论和技术在不同领域的应用和发展。网络计量学是一门应用性特征十分明显的学科，"应用"始终是网络计量学的重要研究内容。网络计量学应用研究的根本目的是探讨网络计量学的基本原理、研究数据、指标和结论在不同领域的应用，通过对相关网络信息资源的分布、结构、质量、利用率和影响力等情况进行分析，发现问题，分析原因，得出结论，提出相应的改进建议和管理对策，从而提高网络管理水平，实现网络信息资源的有效配置，深化网络信息资源的开发利用，促进其经济效益和社会效益的充分发挥，推动社会信息化、网络化的健康发展。

参考文献（references）：

[1] ALMIND T C, INGWERSEN P. Informetric analyses on the world wide web: methodological approaches to 'webometrics' [J]. Journal of documentation, 1997, 53 (4): 404-426.

[2] BJÖRNEBORN L, INGWERSEN P. Toward a basic framework for webometrics [J]. Journal of the American society for information science

and technology, 2004, 55 (14): 1216-1227.

[3] THELWALL M, VAUGHAN L, BJÖRNEBORN L. Webometrics [J]. Annual review of information science and technology, 2005, 39 (1): 81-135.

[4] INGWERSEN P. The calculation of web impact factors [J]. Journal of documentation, 1998, 54 (2): 236-243.

[5] 邱均平, 等. 网络计量学 [M]. 北京: 科学出版社, 2010.

（杨思洛 撰稿/邱均平 审校）

139. 网络密度
（network density）

网络密度是复杂网络的重要指标之一，用于描述和衡量网络中节点互相连接的紧密和稠密程度。从定义上来讲，网络密度是网络中实际存在边的数量和网络中可能存在最大边的数量的比值，也就是网络中已有连接的节点对数占全部可能连接节点对数的比例。

对于无向网络而言，其计算公式如下：

$$d(G) = \frac{L}{\frac{n(n-1)}{2}} = \frac{2L}{n(n-1)}$$

对有向网络而言，其计算公式为：

$$d(G) = \frac{L}{n(n-1)}$$

其中 $d(G)$ 是图 G 的密度，L 是图 G 中边的条数，n 是图 G 中的节点总数。网络密度计算示例如图1所示。

由公式可以得出，网络密度的取值范围是 [0, 1]，密度为0时代表网络中不存在连边，该网络为空网络或者无连接网络；网络密度为1时代表该网络为全连接网络，即任意两个节点之间均有连边。网络中的节点之间连接越频繁、紧密，那么其网络密度也会越高；反之，节点之间连接稀疏、松散，那么其网络密度也会越低。在社交网络、信息传播网络、交通网络等各种真实世界的网络中，网络密度的高低也反映了网络中的社交关系强弱、交流频繁程度、信息传递效率高低、交通便利程度等方面的特征。

$d(G) = \frac{2 \times 1}{2} = 1$　　$d(G) = \frac{1}{2} = 1$

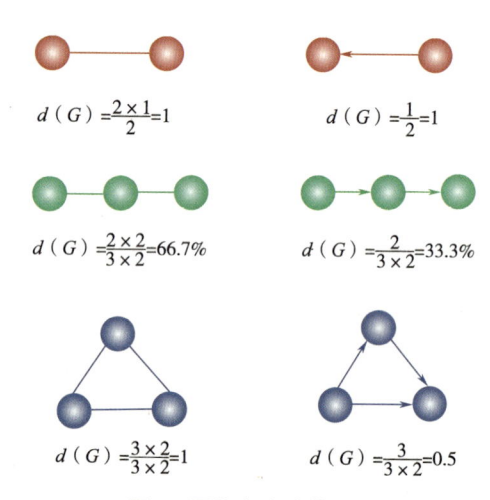

$d(G) = \frac{2 \times 2}{3 \times 2} = 66.7\%$　　$d(G) = \frac{2}{3 \times 2} = 33.3\%$

$d(G) = \frac{3 \times 2}{3 \times 2} = 1$　　$d(G) = \frac{3}{3 \times 2} = 0.5$

图1　网络密度计算示例

在信息科学领域，信息在高密度的网络中传播更快。高密度的社交网络所产生的传播路径多而广，在这样的网络中信息在短时间内可以被大量的个体所接收，而同样的信息传递在低密度网络中则要耗费更长的时间。在实际应用中，网络密度可以用于对比不同个体网络的结构特征，以了解不同个体网络之间的差异性和相似性，还可用于研究网络演化过程中不同阶段连接情况的变化和趋势。但不同数据规模的网络密度不可直接作比较，一般来说，真实世界中大规模网络的密度普遍要比小规模网络的密度小。

参考文献（references）：

[1] KNOKE D, KUKLINSKI H J. Network analysis [M]. New York: SAGE Publishing, 1982.

[2] WELLMAN B, BERKOWITZ S D. Social structures: a network approach [M]. Cambridge: Cambridge University Press, 1988.

（张嶷 吴梦佳 撰稿/李杰 曾安 审校）

140. 网络模块化Q值
（modularity Q）

网络模块化Q值是一种衡量复杂网络社群划分质量的主流评判标准，其概念最早由Mark Newman提出。2004年，Newman基于此概念提出了经典的模块度最大值化社群发现方法；2006年，Newman提出了基于模块化Q值的特征谱优化算法。迄今为止，在社群发现领域网络模块化Q值仍被广泛使用。

要理解网络模块化Q值的含义，首先需要理解网络中社群的含义。网络中的社群可以理解为一组在结构上连接紧密的节点的集合，即，处于同一个社团结构内的节点之间联系紧密，而不同社团之间的联系比较稀疏，表现为一种"高内聚，低耦合"的状态。计算一个网络的模块化Q值需要构造一个具有相同节点度分布的随机网络作为参照（空模型）。通俗地来说，网络的模块化Q值的物理含义是：在社团结构内实际的边密度与随机模型的边密度的差值。差距越大，说明社群内部密集程度越高于随机情况，社群划分的质量越好。具体公式如下：

$$Q = \frac{1}{2m}\sum_{v_i,v_j}\left(A_{i,j} - \frac{k_ik_j}{2m}\right)\delta(C_{v_i}, C_{v_j})$$

式中，i 和 j 是网络中的任意两个节点，当两个节点直接相连时 $A_{i,j}=1$，否则 $A_{i,j}=0$；k_i 代表的是节点 i 的度，m 为网络中边的数量；$\delta(C_{v_i}, C_{v_j})$ 用来判断节点 i 和 j 是否在同一个社团内，在同一个社团内时，$\delta(C_{v_i}, C_{v_j})=1$，否则 $\delta(C_{v_i}, C_{v_j})=0$。

Q值的取值范围为[-1, 1]，Q值越大说明网络中的社团结构越明显。在实际网络中，该值通常位于[0.3, 0.7]。事实上，模块度函数Q既可以当作社群划分算法的优化目标，又可以当作社群划分算法的评价指标。

当模块度函数Q被认可后，后续很多社群发现算法都以最大化模块度Q为目标，它们的目的是找到使得模块化Q最大的划分方法，将社群发现转化成了最优化的问题。因为查找全局最优的Q是一个NP-hard问题，穷举所有可能的分组十分困难，所以实际的算法大多采用近似优化方法。例如，Newman提出了模块度最大化的贪婪算法 Fast Newman（FN），其原理是找出每个局部最优值，最终将局部最优值整合成整体的近似最优值。此外，Vincent Blondel等人基于Q最大值法的原理提出了Louvain算法，大大降低了算法的时间复杂度。然而，利用模块化Q来划分社群也有一些众所周知的局限性：一是随机网络中也能得到较高的值，不能判断一个网络是否有较强的社群结构；二是无法识别规模充分小的社群结构，也就是分辨率限制。

总而言之，网络模块化Q值给出了理解网络社群结构的一个原理。事实上，它把一系列基本问题表达成一个简洁的形式，包括如何定义社群、如何选择合适的零模型，以及如何度量一个划分的优劣。因此，最优化模块化Q值在复杂网络社团识别中仍然扮演着核心角色。

参考文献（references）：

[1] NEWMAN M E J, GIRVAN M. Finding and evaluating community structure in networks[J]. Physical Review E, 2003, 69（2）: 026113.

[2] NEWMAN M E J. Fast algorithm for detecting community structure in networks[J]. Physical Review E, 2004, 69（6）: 066133.

[3] NEWMAN M E J. Modularity and community structure in networks[J]. Proc Natl Acad Sci USA, 2006, 103（23）: 8577-82.

[4] BLONDEL V D, GUILLAUME J-L, et al. Fast unfolding of communities in large networks[J]. Journal of Statistical Mechanics: Theory and Experiment, 2008, 2008（10）: P10008.

[5] FORTUNATO S, BARTHELEMY M. Resolution limit in community detection[J]. Proceedings of the National Academy of Sciences, 2006, 104: 36-41.

（李墨馨 撰稿/王洋 审校）

141. 网络中心性
（network centrality）

网络中心性，也称网络中心度，是一组度量网络中节点中心位置或重要程度的指标，在研究网络结构和衡量节点重要性上具有重要应用。以下是四类最常见的网络中心性指标介绍和计算示例（均以图1中的无向无权图为例）。

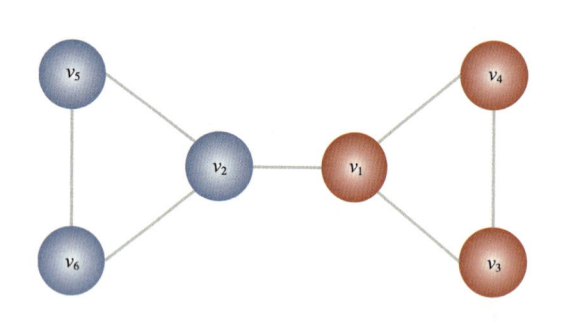

图1 算例及临界矩阵

注：左图为计算示例网络 G，右图为该网络的临界矩阵 A。

（1）度中心性（degree centrality）：度中心性指节点在网络中的度数，即与该节点相连的边数。度中心性表示节点在网络中的重要性，其度中心性越高，代表与该节点连接的节点越多，其影响力也就越大。为消除网络规模变化对度中心性大小变化的影响并进行标准度量，一般对度中心性进行标准化，其计算公式如下：

$$D(v_i) = \frac{\sum_{j=1}^{n} A_{v_i v_j} (i \neq j)}{n-1}$$

式中，v_i 和 v_j 是网络中的节点，$D(v_i)$ 表示节点 v_i 的度中心性，A 是该网络的邻接矩阵表示，n 是网络中的节点数量。

算例中（如图2所示），v_1 与三个节点直接相连，度数为3，由上述公式计算可得：

$$D(v_1) = \frac{3}{6-1} = 0.6$$

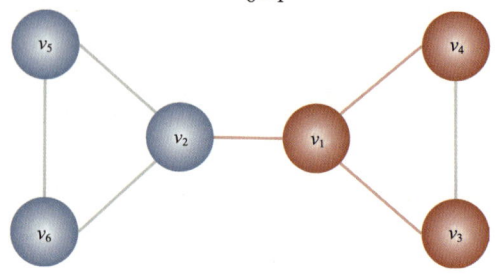

图2 算例

（2）接近中心性（closeness centrality）：接近中心性是指节点到网络中其他所有节点平均距离的倒数。具有高接近中心性的节点具有强大的全局网络通信能力，在网络全局信息传递中占据重要地位。其计算公式如下：

$$C(v_i) = \frac{n-1}{\sum_{j=1}^{n} d(v_i, v_j)(i \neq j)}$$

式中，$C(v_i)$ 表示节点 v_i 的接近中心性，$d(v_i, v_j)$ 表示节点 v_i 到节点 v_j 的最短距离，n 是网络中的节点数量，(n-1) 为从 v_i 出发可以到达的节点数量。

算例中（如图3所示），v_1 到各节点的最短路径为：

$v_1 - v_2 : 1$
$v_1 - v_3 : 1$
$v_1 - v_4 : 1$
$v_1 - v_5 : 2 (v_1 - v_2 - v_5)$
$v_1 - v_6 : 2 (v_1 - v_2 - v_5)$

由此可得：

$$C(v_1) = \frac{6-1}{1+1+1+2+2} \approx 0.714$$

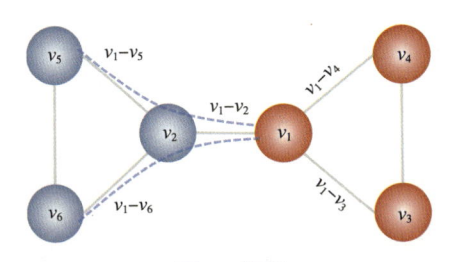

图3 算例

（3）介数中心性（betweenness centrality）：介数中心性是指节点在网络中所有最短路径中出现的概率。具有高介数中心性的节点被看作网络中重要的中介者，起着连接网络信息和促进信息传递的作用。其计算公式如下：

$$C_B(v_i) = \sum_{v_m, v_n \in V} \frac{\sigma(v_m, v_n | v_i)}{\sigma(v_m, v_n)}$$

式中，$C_B(v_i)$ 表示节点 v_i 的介数中心性，V 表示所有节点的集合，$\sigma(v_m, v_n)$ 是节点 v_m 到节点 v_n 的最短路径的数量，$\sigma(v_m, v_n | v_i)$ 是节点 v_m 到节点 v_n 经过 v_i 的最短路径的数量。如果 $m = n$，则 $\sigma(v_m, v_n) = 1$，如果 $i \in \{m, n\}$，则 $\sigma(v_m, v_n | v_i) = 0$。

算例中，除 v_1 外的各两两节点之间的最短路径条数和经过 v_1 的最短路径条数分别为：

$v_2 - v_3 : 1, 1$ $v_2 - v_4 : 1, 1$ $v_2 - v_5 : 1, 0$
$v_2 - v_6 : 1, 0$ $v_3 - v_4 : 1, 0$
$v_3 - v_5 : 1, 1$ $v_3 - v_6 : 1, 1$ $v_4 - v_5 : 1, 1$
$v_4 - v_6 : 1, 1$ $v_5 - v_6 : 1, 0$

由此可得：

$$C(v_1) = \frac{6}{10} = 0.6$$

（4）特征向量中心性（eigenvector centrality）：特征向量中心性是指节点与其他重要节点而非所有节点的连接程度。节点的重要性取决于其邻居节点的数量，也取决于其邻居节点的重要性。特征向量中心性更强调节点所处的周围环境，从传播角度看适合描述节点的长期影响力。节点 v_i 的特征向量中心性是由下述公式所计算得到向量 x 的第 i 个元素。

$$Ax = \lambda x$$

式中，A 是网络的邻接矩阵表示，而 λ 代表该邻接矩阵的特征值。根据Perron-Frobenius原理，当 λ 是该矩阵最大特征值时，x 存在唯一所有元素均为正数的向量解。

网络中心性指标在信息科学领域有着广泛和重要的应用，如在社交网络中识别关键人物或者领袖角色、在生物网络中遴选关键基因和重要蛋白质、在交通网络分析中定位交通枢纽、在引文网络中突出关键文献等。此外，网络中心性指标还可以与社区检测、链接预测等任务相结合，以更准确地识别社区和预测新兴链接，发挥其实际应用价值。

参考文献（references）:

[1] NEWMAN M E. The mathematics of networks [J]. The New Palgrave Encyclopedia of Economics, 2008, 2 (2008): 1-12.

[2] BAVELAS A. A mathematical model for group structure [J]. Applied Anthropology, 1948, 7: 16-30.

[3] WASSERMAN S, FAUST K. Social network analysis: Methods and applications [M]. Cambridge University Press, 1994.

[4] BAVELAS A. Communication patterns in task-oriented groups [J]. The Journal of the Acoustical Society of America, 1950, 22 (6): 725-730.

[5] FREEMAN L C. A set of measures of centrality based on betweenness [J]. Sociometry, 1977, 40 (1): 35-41.

[6] BONACICH P. Factoring and weighting approaches to status scores and clique identification [J]. Journal of Mathematical Sociology, 1972, 2 (1): 113-120.

（张巍 吴梦佳 撰稿/李杰 张婷 审校）

142. 文献计量学
（bibliometrics）

文献计量学是以文献体系和文献计量特征为研究对象，采用数学、统计学等的计量方法，研究文献情报的分布结构、数量关系、变化规律和定量管理，并进而探讨科学技术的结构、特征和规律的一门分支学科。早在1934年，Paul Otlet（如图1所示）已提出bibliométrie的概念，并将其定义为"对图书和其他文献的阅读和出版等所有方面的测度"。文献计量学的概念被提出后，得到了图书、情报、信息界的积极响应。文献计量学已经形成一门独立的学科，并得到了国际学术界的广泛承认。

图1　Paul Otlet（1868—1944）

对文献的定量化研究可以追溯到20世纪初。1917年，文献学家F.J.科尔和N.B.伊尔斯首次采用定量方法研究了1543—1860年发表的比较解剖学文献，对有关图书和期刊论文进行统计，并按国别加以分类。1922年，英国图书馆学家E.W.休姆在其编著的《统计目录学与现代文明增长的关系》一书中首次使用了"统计目录学"（statistical bibliography）的名称。1969年，英国情报学家A.普里查德针对统计目录学名称的缺陷，提出用术语"文献计量学"（bibliometrics）取代"统计目录学"。这一名称的出现标志着文献计量学的正式诞生。在文献计量学的基础上，相继产生了科学计量学、信息计量学、网络计量学和知识计量学（简称"五计学"）。它们既有联系又有区别，相辅相成，已发展成为一个完整的计量学学科群，而文献计量学则在其中发挥着基础性作用，同时为文献学、情报学提供理论基础和特征方法。

文献计量学的内容体系包括理论、方法和应用三个部分。其理论部分包括"三大规律、三大定律"，即科学文献的增长规律、老化规律、引证规律、布拉德福定律、齐普夫定律和洛特卡定律。其主要方法有文献统计分析法、引文分析法、数学模型分析法和计算机辅助分析法等。这些方法的共同特点是定量性、综合性、移植性。文献计量学的应用十分广泛，主要应用在两个领域：①在图书情报与档案领域的应用，例如，发展与完善图书馆学情报学理论，期刊评价，出版物评价，热点预测，考察文献利用率，设计更科学、更经济的情报系统和网络，提高信息处理能力和效率，实现图书情报部门的定量化科学管理等；②在科学学与科技管理等相关领域的应用，例如研究科技史、科技发展战略、学科产生和发展过程与规律、科技政策、人才政策、科技评价、科技预测、趋势展望等。

文献计量学是一门定量的科学，必须建立一套具有"量"的规范化概念。但由于影响文献计量过程和结果的因素既有客观因素，又有社会、心理等人为控制的主观因素，所以其定量在某些情况下只能是近似的、随机的和模糊的。文献计量学的发展有赖于数学工具、统计方法、计算机技术、智能化处理技术的进步和支持，因此移植或利用更先进的技术、工具和方法，将是其重要的发展方向。

参考文献（references）：

[1] PRITCHARD A. Statistical bibliography or bibliometrics [J]. Journal of documentation, 1969, 25: 348-349.

[2] GROSS P L K, GROSS E M. College libraries and chemical education [J]. Science, 1927, 66 (1713): 385-389.

[3] HICKS D, WOUTERS P, WALTMAN L, et al. Bibliometrics: the Leiden Manifesto for research metrics [J]. Nature, 2015, 520 (7548): 429-431.

[4] 邱均平. 文献计量学 [M]. 北京：科学技术文献出版社，1988.

[5] ROUSSEAU R. Forgotten founder of bibliometrics [J]. Nature, 2014, 510 (7504): 218-218.

（杨思洛 撰稿/邱均平 审校）

143. 文献老化定律
（literature aging law）

文献老化定律（literature aging law）是指一篇文献的引用量会随着时间的推移而逐渐降低的规律。最早研究文献老化定律的是美国纽约大学的戈斯内尔（C.F.Gosnell）。1943年，他围绕该理论撰写了博士论文，并于次年3月发表在美国《大学与研究机构图书馆》杂志上，题为《大学图书馆中文献老化问题》。文献老化定律的研究方式包括文献半衰期、普赖斯指数和数学模型等。

（1）半衰期。1958年，贝尔纳（J. D. Bernal）首先提出用半衰期表征文献情报老化速度，表示已发表的文献情报中有一半已不使用的时间，适用于老化的历时观察；1960年，巴尔顿（R. E. Burton）和开普勒（R. W. Kebler）将其定义为某学科（专业）现时尚在利用的全部文献中较新的一半是在多长一段时间内发表的（共时半衰期）。JCR综合两种定义提出引用半衰期（citing half-life）和被引半衰期（cited half-life）。

（2）普赖斯指数。普赖斯指数是由普赖斯（D.Price）于1970年提出的，他认为可以将5年作为划分文献情报利用程度的标准，即：在某一个知识领域内，把对年限不超过5年的文献的引文数量与引文总量之比当作指数，用以量度文献的老化速度和程度。其计算公式为：

$$Pr(普赖斯指数) = \frac{出版年限不超过5年的被引文献数量}{被引文献总量} \times 100\%$$

（3）数学模型。文献老化定律可以用某些数学模型来描述，例如负指数模型、巴尔顿-开普勒老化方程、布鲁克斯老化方程等。

负指数模型是由贝尔纳于1958年提出的，可表示为：

$$C(t) = Ke^{-at}$$

上式中，t为文献的出版年龄（以10年为单位）；$C(t)$表示t年所发表的文献的引用频率；K为常数，随不同学科而异；e为自然对数的底，等于2.71818…；a为文献的老化率。文献老化曲线见图1。

巴尔顿-开普勒老化方程是由巴尔顿（R. E. Burton）和开普勒（R. W. Kebler）于1960年提出的，可表示为：

$$y = 1 - \left(\frac{a}{e^x} + \frac{b}{e^{2x}}\right)$$

上式中，$a+b=1$；y为经过一定时间该学科领域尚在利用的文献的相对数量；x为时间，以10年为单位。

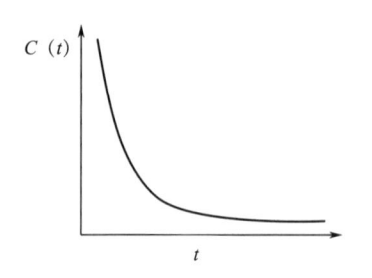

图1 文献老化曲线

Brookes积累指数模型是由布鲁克斯（B. C. Brookes）于1971年提出的，在负指数模型中设：$b=e^{-a}$，$M=K(1+b+b^2+...)$，则累计指数模型为：

$$Y(t)=Mb^t$$

上式中，$Y(t)$为引文中t年以前（包括t年）发表的论文数（被引文献年龄≥t）；M为常数，等于引文总量；b为老化系数；$0<b<1$。

文献老化定律是文献信息流的基本规律之一，是科学计量学与文献计量学的重要课题，也是信息计量学的重要课题。它从文献利用率随时间流逝而衰减的角度揭示了文献工作的规律和科学发展的特征。文献老化定律在指导馆藏优化、评价推荐文献等方面具有重要价值，能够为制定合理的文献工作原则提供依据，从而更好地提高文献利用率和服务效益。

参考文献（references）：

[1] BERNAL J D. The transmission of scientific information: a user's agenda [J]. Proceedings of the national academy of sciences, 1958, 1(21): 77-95.

[2] BROOKES B C. The growth, utility and obsolescence of scientific periodical literature [J]. Journal of documentation, 1970, 26(4): 283-294.

[3] BURTON R E, KEBLER R W. The "half-life" of some scientific and technical literatures [J]. American documentation, 1960, 11(1): 18-22.

[4] GOSNELL C F. Obsolescence of books in college libraries [J]. College & research libraries, 1944, 5(2): 115-225.

[5] PRICE D S. Citation measure of hard science: soft science, technology and nonscience [J]. Communication among scientists and engineers, 1970, 4: 3-22.

（宋艳辉 撰稿/李杰 审校）

144. 文献类型（document type）

文献类型一般有两种常见的含义。其一是将文献按照出版形式进行的分类，主要分为图书（专著、工具书、教科书、史书、古籍等）、连续出版物（期刊、报纸）、特种文献（专利文献、会议文献、学位论文、标准文献、科技报告、政府出版物等）等。其二是指学术论文的文献类型，这也是文献计量学研究中文献类型常指的含义。不同类型的文献在不同学科的学术交流中发挥不同的作用（见表1）。

表1　2001—2020年Web of Science核心合集中的主要文献类型

序号	文献类型（中文）	文献类型（英文）	记录数	占比（%）
1	论文	article	29 414 593	61.14
2	会议录论文	proceeding paper	6 825 887	14.19
3	会议摘要	meeting abstract	5 196 941	10.80
4	社论材料	editorial material	2 407 800	5.00
5	书籍章节	book chapters	1 789 544	3.72
6	书籍评论	book review	1 675 559	3.48
7	综述论文	review article	1 674 245	3.48
8	信函	letter	909 024	1.89
9	新闻	news item	433 022	0.90
10	修订	correction	287 308	0.60
11	书籍	book	127 625	0.27
12	书目项目	biographical-item	117 660	0.25
13	诗歌	poetry	112 873	0.24
14	艺术展览评论	art exhibit review	53 199	0.11

续表

序号	文献类型（中文）	文献类型（英文）	记录数	占比（%）
15	电影评论	film review	34 546	0.07
16	录制内容评论	record review	33 605	0.07
17	音乐表演评论	music performance review	21 986	0.05
18	小说、创意散文	fiction, creative prose	14 665	0.03
19	戏剧评论	theater review	10 454	0.02
20	再版	reprint	10 317	0.02

注：数据范围为SCIE（1900年至今）、SSCI（1900年至今）、A&HCI（1975年至今）、CPCI（1990年至今）、BKCI（2005年至今）、ESCI（2005年至今）。

科睿唯安Web of Science核心合集中将其收录的文献分为article（论文）、book（书籍）、book chapter（书籍章节）、book review（书籍评论）、editorial material（社论材料）、letter（书信）、meeting abstract（会议摘要）、proceedings paper（会议录论文）、review（评论）等数十种文献类型。Scopus将其收录的文献分为article（论文）、book（书籍）、chapter（书籍章节）、conference paper（会议论文）、editorial（社论）、letter（书信）、note（短评）、review（评论）等十余种文献类型。虽然Web of Science核心合集和Scopus的文献类型分类模式类似，但二者的分类标准并不完全一致，同一篇文献在两个数据库中可能被分配不同的文献类型。因文献类型对期刊影响因子等引用相关指标具有一定的影响，部分期刊可能会发表大量的综述论文和非研究型论文来提升自身影响因子。因科研评价政策、科学文化以及学科结构的影响，不同国家学者发表成果的文献类型分布也存在显著差异。

参考文献（references）：

[1] MARTIN B R. Editors' JIF-boosting stratagems-Which are appropriate and which not?［J］. Research policy, 2016, 45（1）: 1-7.

[2] ZHANG L, ROUSSEAU R, GLÄNZEL W. Document-type country profiles［J］. Journal of the American society for information science and technology, 2011, 62（7）: 1403-1411.

（刘维树 撰稿/李杰 唐莉 审校）

145. 文献耦合分析
（bibliographic coupling analysis）

文献耦合分析（又称书目耦合分析）由美国科学家M. Kessler于1963年首次提出。论文A和论文B存在文献耦合关系是指这两篇论文的参考文献列表含有共同的内容，即它们同时引用了至少一篇论文。两篇论文的耦合强度则进一步表明它们的参考文献列表的重合程度。具体地，在一个引文网络的邻接矩阵 A 中，定义其元素 A_{ij} 的含义如下：

$$A_{ij}=\begin{cases}1, & \text{如果论文}j\text{引用了论文}i\\ 0, & \text{如果论文}j\text{未引用论文}i\end{cases}$$

假设论文 i 和 j 同时引用了论文 k，则有 $A_{ki}A_{kj}=1$，否则 $A_{ki}A_{kj}=0$。将数据库中所有 i 和 j 共同引用的论文进行汇总，就可以得到 i 和 j 的耦合强度 B_{ij}：

$$B_{ij}=\sum_{k=1}^{n}A_{ki}A_{kj}=\sum_{k=1}^{n}A_{ik}^{\mathrm{T}}A_{kj}$$

这里，A_{ik}^{T} 是 A 的转置矩阵 A^{T} 对应的元素。接着，定义 $n\times n$ 的耦合矩阵 $B=A^{\mathrm{T}}A$，这里 B 为对称矩阵。

Kessler认为，两篇论文的文献耦合强度越大，表示它们的语义距离越小。依据这一假设，可以通过文献耦合分析量化文献之间的语义距离，并进行科学知识图谱的绘制。与文献耦合分析对应的是文献共引分析，即两篇论文共同出现在其他论文的参考文献列表中，用出现的次数代表共引强度。尽管文献耦合分析和共引分析是对称的，但长久以来人们在科学知识图谱绘制等场景中更倾向于使用共引分析而非文献耦合分析。这在很大程度上是因为文献耦合分析的结果往往反映的是科学研究的"静态"（static）关系，即两篇论文只要发表，它们的参考文献就已经固定，因此它们的书目耦合强度就固定了。然而，论文之间的语义距离可能会随着时间发生变化，因此这一问题限制了文献耦合分析的进一步发展。

为了解决文献耦合分析静态性的问题，2008年，加拿大阿尔伯特大学情报学家Dangzhi Zhao将文献耦合分析扩展到作者层次，提出作者的文献耦合分析（author bibliographic coupling analysis）。在这一方法中，只要作者还继续发表论文，那么两位作者的文献耦合强度就可能动态变化。通过对作者的文献耦合分析和作者共引分析的比较，Zhao发现作者共引分析偏向于历史性分析（historical analysis），而作者文献耦合分析则偏向于研究前沿分析（current research front analysis）；结合作者共引分析和作者的文献耦合分析，可以进行研究前沿的预测。

文献耦合分析和共引分析的比较见图1。

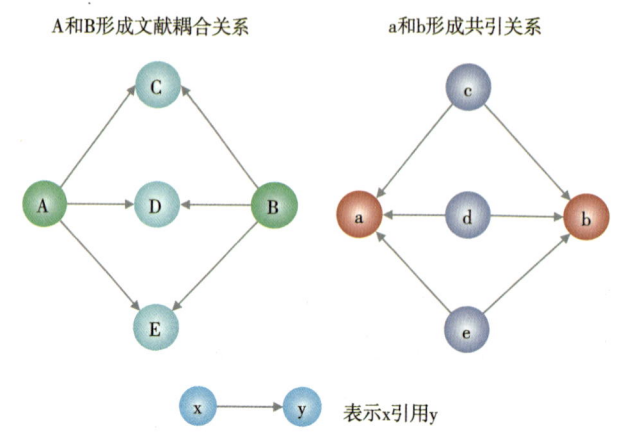

图1 文献耦合分析和共引分析的比较

不过，文献耦合分析也存在着不少局限性。例如，不论是文献层面还是作者层面，文献耦合分析只关注共同享有多少参考文献，而不关注这些参考文献的差异（如发文年份、主题、重要性等）。换句话说，文献耦合分析假设所有共享的参考文献都是"均质"的。这一问题还有待未来科学计量学研究的不断关注。

参考文献（references）：

［1］KESSLER M M. Bibliographic coupling between scientific papers［J］. American documentation, 1963, 14（1）: 10-25.

［2］ZHAO D, STROTMANN A. Evolution of research activities and intellectual influences in Information science 1996-2005: introducing author bibliographic coupling analysis［J］. Journal of the American society for information science and technology, 2008, 59（13）: 2070-2086.

［3］ZHAO D, STROTMANN A. The knowledge base and research front of information science 2006—2010: an author co-citation and bibliographic coupling analysis［J］. Journal of the association for information science and technology, 2014, 65（5）: 996-1006.

［4］BU Y, NI S, HUANG W. Combining multiple scholarly relationships with author cocitation analysis: a preliminary exploration on improving knowledge domain mappings［J］. Journal of informetrics, 2017, 11（3）: 810-822.

（步一 陈洪侃 撰稿/李杰 审校）

146. 文献网络结构变异分析（references network structural variation analysis）

网络结构变异（network structural variation）是在引文网络视角上将科学知识发展理念映射到知识基础引文网络结构与新发表论文之间的引文关系上，识别新文献向知识基础网络空间引入新的引文链接，通过其对原有网络结构所产生的改变、边界跨越效应在具体研究领域间产生的新联系来预测新文献的潜在价值和影响。Chaomei Chen教授将网络结构变异分析嵌入其开发的CiteSpace可视化软件中，并通过模块度变化率（modularity change rate，MCR）、聚类连接（cluster linkage，CL）和中心性散度（centrality divergence，C_{KL}）三个计量指标测度文献是否具有结构变异的潜力，这三个指标分别测度研究施引文献导致知识基础网络连线增加的情况、施引文献导致基础网络节点连线在不同聚类之间的跨度情况、施引文献导致的基础网络中节点的中介中心性分布的变化程度三个方面。科学知识系统变化的建模见图1。

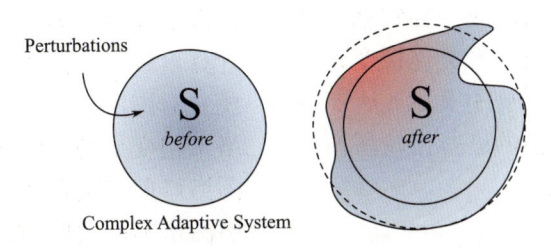

图1 科学知识系统变化的建模（知识网络的结构变异）

（1）模块度变化率的含义是指由于文献系统中新增了一篇或多篇论文a，使原来的文献系统中增加了新的连接，从而引起的文献网络模块度的变化比值。例如，在一个文献共被引的基准网络中，节点n_i和n_j没有连接。当a论文在参考文献中同时引用了n_i和n_j，那么将在n_i和n_j之间会产生一个新的连接，并添加到新的共被引网络中。在一个网络中新添加的连接，会引起网络模块性的变化。这种变化并不是单调的，而是根据连接添加的位置不同而使模块性增加或者降低。模块性变化率是指在新文献加入参考基准网络后所引起的相对网络结构变化。因此，可以通过模块性变化率的数值大小衡量施引文献对网络结构变异的影响程度，这一指标的数值越大，施引文献对网络结构变异的影响越大，施引文献导致学科发展发生变革的潜在影响力越大。计算公式如下：

$$\text{MCR}(a) = \frac{Q(G_{\text{baseline}}, C) - Q(G_{\text{baseline}} \oplus G_a, C)}{Q(G_{\text{baseline}}, C)} \cdot 100$$

式中：G_{baseline} 为基准网络，$G_{\text{baseline}} \oplus G_a$ 是由论文 a 信息更新后的基准网络。$Q(G, C)$ 按照 $Q(G, C) = \frac{1}{2m} \sum_{i,j=0}^{n} \delta(c_i, c_j) \cdot \left(A_{ij} - \frac{\deg(n_i) \cdot \deg(n_j)}{2m} \right)$ 计算。其中，m 是网络 G 边的总数；n 是 G 中节点总数；$\delta(c_i, c_j)$ 为克罗内克增量，若 n_i 和 n_j 属于相同的集群，则 $\delta(c_i, c_j) = 1$，否则 $\delta(c_i, c_j) = 0$，其中 $Q(G, C) \in [-1, 1]$。

（2）聚类连接变化率与网络结构分割程度有关，在新的施引文献加入后，基准网络中的不同聚类之间产生新的连接，从而导致原来的网络结构发生变异。聚类连接变化率的数值越大，表示施引文献的引文链接在不同聚类之间的跨度越大，也就表明施引文献吸收了多学科主题知识基础，交叉属性更强，更有可能成为导致基准网络结构变化的潜在力量。聚类连接变化率的计算，可以基于新增施引文献 α 所产生的聚类间新连接与之前的进行比较所产生的区别。计算公式为：

$$CL(\alpha) = \Delta \text{Linkage}(\alpha) = \\ \text{Linkage}(G_{\text{baseline}} \oplus G_a, C) - \text{Linkage}(G_{\text{baseline}}, C)$$

其中，$\text{Linkage}(G + \Delta G) \geq \text{Linkage}(G)$，因此 CL 是非负的。式中，$\text{Linkage}(G, C)$ 为连接计量指标，计算如下：

$$\text{Linkage}(G, C) = \frac{\sum_{i \neq j}^{n} \lambda_{ij} e_{ij}}{K}, \quad \lambda_{ij} = \begin{cases} 0, n_i \in c_j \\ 1, n_i \notin c_j \end{cases}$$

λ_{ij} 为边函数，它与 $\delta(c_i, c_j)$ 的定义相反。若一条边穿过不同的聚类，那么 $\lambda_{ij} = 1$；对于同一个聚类中的边来说 $\lambda_{ij} = 0$。与模块性相反，λ_{ij} 主要将注意力放在聚类之间的联系上，而不去考虑相同聚类内部的联系。聚类连接这一新的计量指标是所有聚类间连线 e_{ij} 被 K 等分之后的权重总和，K 是网络的聚类总数。

（3）中心性散度与网络的分割程度无关，主要用来测度施引文献导致的基准网络中节点的中介中心性分布的变化程度。中心性散度的数值越大，施引文献对基准网络中原有节点的中心度分布的影响则越大，即对基础网络结构变异的影响力就越大。中心性散度是根据基准网络节点 v_i 的中介中心性 $Cb(v_i)$ 分布的散度来进行测度，即通过文献 a 所引起的 $Cb(v_i)$ 分布的分散度来进行计算。计算公式如下：

$$C_{KL}(G_{\text{baseline}}, a) = \sum_{i=0}^{n} p_i \cdot \log\left(\frac{p_i}{q_i}\right)$$

其中，$p_i = C_B(v_i, G_{\text{baseline}})$，$q_i = C_B(v_i, G_{\text{updated}})$；对于 $p_i = 0$ 或 $q_i = 0$ 的节点，为了避免出现 $\log(0)$ 的情况，将其设置为一个很小的数

在进行网络结构变异分析时，需要注意以下几点：第一，由于网络结构变异的计算量较大，需要控制基准引文网络的规模并对图谱进行修剪；第二，在对具有网络结构变异潜质的文献的识别时，不同的图谱修剪方法存在一定差异；第三，共被引图谱不同阈值的设置也会影响对有网络结构变异潜质的文献的识别。

参考文献（references）：

[1] CHEN C M. Predictive effects of structural variationoncitation counts [J]. Journal of the American society for information science and technology, 2012, 63(3): 431-449.

[2] CHEN C M. Science mapping: a systematic review of the literature [J]. Journal of data and information science, 2017, 2(2): 1-40.

[3] CHEN C M, SONG M. Visualizing a field of research: a methodology of systematic scientometric reviews [J]. PLOS ONE, 2019, 14 (10): e0223994.

[4] CHEN C M. A Glimpse of the first eight months of the COVID-19 literature on microsoftacademic graph [J]. Frontiers in Research metrics and analytics, 2020, 12 (5): 607286.

[5] CHEN C M. Mapping scientific frontiers [M]. London: Springer, 2013.

（侯剑华 李杰 撰稿/胡志刚 审校）

147. 文章处理费用
（article processing charge）

开放获取（open access，OA）出版采取作者或机构付费、读者免费的出版模式，促进科研成果的快速传播，对于提升科研成果的创新度和深度再利用具有积极意义。其中OA论文发表费也称作OA论文处理费（article processing charge，APC），指的是论文从加工处理到最终发表的费用总和，一般包含稿件在线处理系统的使用费、排版费（文字编辑、图表制作、排版、校对等成本）、内容加工费（同行评议、语言润色等成本）、出版费（在线预出版、出版后论文推送服务、向国际检索系统推介服务、论文的长期存档等成本）等整个出版过程中发生的各种成本。从实践来看，论文处理费一般由作者、作者机构或研究资助机构支付。

从开放获取期刊目录（Directory of Open Access Journals，DOAJ）的数据来看，18 659种期刊注册为OA期刊，其中大多数期刊不收取论文处理费，而5 818种期刊采用了论文处理费付费方式（数据来源于2022/12/03 DOAJ官方网站）。不同期刊的APC金额相差很大，通常介于1 000~3 000美元。当前，世界OA论文数量的快速增长，世界主要国家APC费用也达到了一定的规模。其中，中国2021年的APC费用总额支出达到4.4亿美元；从篇均APC费用来看，中国为2 301.9美元，略低于美国（2 625.8美元/篇）和德国（2 538.6美元/篇）（见表1）。

表1　2021年中国、美国、德国OA论文的APC费用

国家/地区	论文数	OA论文	OA论文	APC总额（亿美元）	篇均APC（美元）
中国	596 414	193 030	32.4%	4.443 4	2 301.9
美国	387 904	106 229	27.4%	2.789 4	2 625.8
德国	97 018	52 802	54.4%	1.340 4	2 538.6

注：OA论文指为金色与混合OA论文，数据范围为Web of Science数据库的SCIE/SSCI论文，文献类型为article，review。OA论文比例指国家/地区OA论文占该国家/地区所有论文的比例。通讯作者统计口径。

参考文献（references）:

[1] 程维红,任胜利.世界主要国家SCI论文的OA发表费用调查[J].科学通报,2016,61(26):2861-2868.

[2] 郁林羲,姚思卉,邢爱敏,等.开放获取论文收取论文处理费情况调查与分析[J].科技与出版,2021(09):41-45.

[3] 余敏.欧美出版社开放存取期刊论文处理费研究[J].出版科学,2016,24(05):106-110.

[4] 王丽杰,朱江,李纯.开放出版中的论文处理费模式探讨[J].四川图书馆学报,2022,250(06):80-86.

[5] WARE M, MABE M. The STM report: an overview of scientific and scholarly journal publishing [R]. Hague: International Association of Scientific, Technical and Medical Publishers. 2015.

[6] SOLOMON D J, BJÖRK B C. A study of open access journals using article processing charges [J]. Journal of the American society for information science and technology, 2012, 63(8): 1485-1495.

[7] BJÖRK B C, SOLOMON D. Article processing charges in OA journals: relationship between price and quality [J]. Scientometrics, 2015, 103: 373-385.

（丁洁兰 毛进 撰稿/李杰 审校）

148. 无标度网络
（scale-free network）

无标度网络是度分布遵循幂律分布（power law distribution）的一类复杂网络。那为什么称为无标度呢？因为一个幂率分布函数通常没有一个有限的平均值（以及一个有限的方差），也就是说，这个分布函数没有一个特征尺度特征大小，也就是没有标度。反过来，如果是正态分布，则方差和均值是有限的。许多现实世界中的复杂网络，如互联网、社交网络、科学引用网络等，都具有无标度这一属性。比如，Derek J.de Solla Price在1965年发现：学术论文的被引用次数服从重尾的帕累托分布（Pareto distribution）或者幂律分布，由此得出引文网络是一种无标度网络。通俗来说，在无标度网络中（如图所示为一个典型的具有无标度属性的小型社交网络，网络中的链接表示存在社交关联），仅有极少数的节点拥有较大的连接数（一般被称为Hub节点），大部分节点的连接数极小。但是，Hub节点出现的概率远远大于其在正态分布中出现的频率。无标度网络中节点拥有的连接数（度Degree）服从幂律分布（如下式）：

$$P(k)=k^{-\gamma}$$

其中，k是网络中节点的连接数（节点的度Degree），$P(k)$是网络中连接数为k的节点的频数，γ是一个值通常在$2<\gamma<3$的参数。幂律网络如图1所示。

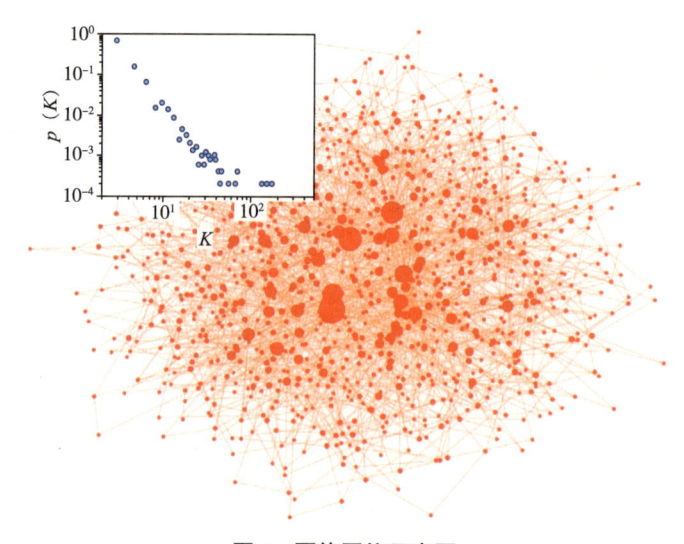

图1 幂律网络示意图

注：网络中节点的尺寸正比于节点的总连接数，子图中展示了该网络的度分布为幂律分布。

目前认为，造成网络无标度属性出现的机制有两个，一个是增长机制，另一个是优先链接（preferential attachment）机制。增长机制指的是复杂网络的动态增长过程，在这个过程中，新的节点随时间不断加入网络中。而优先链接机制指的是这些新加入的节点更倾向于链接到那些已有连接数较大的节点。

参考文献（references）：

[1] ALBERT R, BARABÁSI A L. Statistical mechanics of complex networks [J]. Reviews of modern physics, 2002, 74（1）: 47.

[2] CLAUSET A, SHALIZI C R, NEWMAN M E J. Power-law distributions in empirical data [J]. SIAM review, 2009, 51（4）: 661-703.

[3] PRICE D J D S. Networks of scientific papers: the pattern of bibliographic references indicates the nature of the scientific research front [J]. Science, 1965, 149（3683）: 510-515.

[4] BARABÁSI A L, BONABEAU E. Scale-free networks [J]. Scientific American, 2003, 288（5）: 60-69.

[5] BARABÁSI A L, OLTVAI Z N. Network biology: understanding the cell's functional organization [J]. Nature reviews genetics, 2004, 5（2）: 101-113.

[6] BARABÁSI A L, ALBERT R. Emergence of scaling in random networks [J]. science, 1999, 286（5439）: 509-512.

（曾安 撰稿/吴金闪 李杰 审校）

149. 无向网络
（undirected networks）

无向网络（undirected networks）是由一组节点和一组无方向的边组成的拓扑结构。在无向网络中，两个节点之间的边是相互连接的，这意味着两个节点之间的关系是对称的。与有向网络不同，有向网络中的边具有方向性，这也是无向网络和有向网络间最基本的区别。无向网络中节点代表实体，而边则代表实体之间的关系，该关系只表示连接关系，无方向的概念。因此，无向网络表示每一条边的顶点对是无序的，可以看作有向网络中的两条边——正向反向连接同时存在，这些关系是双向的、对称的。例如：道路交通网络，单行道相当于有向边，分开（不管物理分开还是通过习惯和规则来分开）两侧的双行道合起来可以看作无向边，但是真正的无向边是不分开的双行道。例如，图1是一个由七个节点构成的无向网络，每个节点代表一个实体（比如一篇文章），它们之间的边代表它们之间的相互关系（比如文章间的引用关系），并且这些关系都是无方向的。

无向网络可以使用邻接矩阵 A 来表示，即一个 $n \times n$ 的矩阵，其中每个元素 A_{ij} 表示节点 i 和 j 之间的边的数量。由于无向网络中边之间的关系是无向的，所以在无向网络中 $A_{ij} = A_{ji}$。研究无向网络的方法有很多种，例如度分布、聚类系数等。度分布反映了节点度数的分布情况，聚类系数反映了网络中节点的群聚程度。这些方法可以帮助研究者更好地理解复杂网络的结构和特征。

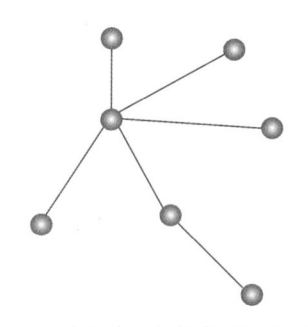

图1　一个包含7个节点的无向网络

无向网络被广泛应用于许多领域，包括社交网络、引文网络、生物网络、交通网络等。在许多实际应用中，无向网络的分析和建模通常需要结合实际背景和问题的需求来进行。例如，在社交网络中，我们可以使用无向网络来表示用户之间的关系，从而研究社交网络中的社区结构、信息传播和用户行为等。在生物网络中，我们可以使用无向网络来表示基因之间的相互作用，从而研究生物系统的功能和调控机制等。总之，无向网络是一种重要的网络结构形式，它可以被应用在许多研究领域，具有广泛的应用前景和研究价值。

参考文献（references）：

［1］NEWMAN M. Networks［M］. Oxford University Press, 2018.

［2］ALBERT R, BARABÁSI A L. Statistical mechanics of complex networks［J］. Reviews of modern physics, 2002, 74（1）: 47-97.

［3］孙玺菁，司守奎. 复杂网络算法与应用［M］. 北京：国防工业出版社, 2015.

（曾安 撰稿/吴金闪 李杰 审校）

150. 无形学院
（Invisible College）

无形学院（Invisible College）是由一群有共同兴趣和目的的精英科学家自发组成的、旨在进行科学交流的非正式团体。无形学院的成员虽然不是同事和合作者，但是在学科领域内经常沟通和交流，形成了彼此联系紧密的小群体。他们是某个研究领域的中坚力量，具有极强的科学产出和传播能力，从而在一定程度上决定着该学科的研究方向。

"无形学院"一词最早出现在罗伯特·波义耳（Robert Boyle）于1646年和1647年写的两封信中，用来描述当时由十余名杰出科学家组成的一个小群体，科学家通过聚会交谈、私人通信、书信传阅等方式在这个小群体中分享自己的研究成果和科学发展的最新信息，这个无形学院也就是英国皇家学会（British Royal Society）的前身。后来，普赖斯（Derek John de Solla Price）在《小科学、大科学》一书中借用了"无形学院"的概念来指称科学共同体中非正式的交流团体，以区分那些正式的社会组织（如学科与专业）。1972年默顿学派的代表人物、美国著名科学社会学家戴安娜·克兰（Diana Crane）对无形学院进行了系统研究，在其成名作《无形学院：知识在科学共同体的扩散》（*Invisible Colleges：Diffusion of Knowledge in Scientific Communities*）中，克兰把库恩的范式理论和科学共同体学说、普赖斯的科学指数增长规律与她自己关于学科社会组织的研究结合起来，从而提出了科学知识增长的四阶段模型。该模型产生了科学发展过程中的四个阶段特征：第一阶段，出现一个具有创新意义的新范式，吸引少数科学家跟进，知识开始平缓增长；第二阶段，范式得到承认，进入到常规科学时期，大量科学家进入，其中少数精英科学家形成无形学院；第三阶段，学科社会组织因为专业上的分化而分裂，社会互动减弱，学科危机出现，知识增速下降；第四阶段，可解决的问题耗尽，学科最终走向衰落，社会组织成员减少。在克兰提出的这一科学知识增长模型中，由少数高产科学家组成的无形学院在促进科学交流和创新扩散方面扮演着关键性的作用。

随着信息技术的进步，无形学院的形式也在不断变化和发展。新的非正式交流渠道，如在线社区、网络会议、社交媒体、预印本平台等，为科学家提供了更多交流载体，科学家结识同行、建立人脉的方式有了新的渠道，而无形学院对于学科领域的发展所起的作用也变得日趋重要。

参考文献（references）：

[1] DE SOLLA PRICE D J, BEAVER D. Collaboration in an invisible college [J]. American psychologist, 1966, 21 (11): 1011.

[2] ZUCCALA A. Modeling the invisible college [J]. Journal of the American society for information science and technology, 2006, 57 (2): 152-168.

[3] WAGNER C S. The new invisible college: science for development [M]. Brookings Institution Press, 2009.

[4] CRONIN B. Invisible colleges and information transfer a review and commentary with particular reference to the social sciences [J]. Journal of documentation, 1982, 38 (3): 212-236.

[5] CRANE D. Invisible Colleges: diffusion of knowledge in scientific communities [M]. Chicago: University of Chicago Press. 1972. [美] 黛安娜·克兰.刘珺珺，顾昕，王德禄，译.无形学院：知识在科学共同体的扩散 [M].北京：华夏出版社，1988.

[6] 刘珺珺.关于"无形学院"[J].自然辩证法通讯，1987（2）：33-41.

（胡志刚 撰稿/陈悦 审校）

151. 物理-事理-人理方法论
（wuli–shili–renli system approach）

物理-事理-人理系统方法论（wuli-shili-renlisystem approach），简称WSR系统方法论，是由我国系统科学家中国科学院数学与系统科学研究院顾基发教授在访问英国霍尔大学（University of HULL）期间，与朱志昌博士在1994年首次提出，并在1995年正式发表的软系统科学研究方法。WSR的思想源自我国老一代系统科学家钱学森、许国志以及王如松等人前期的探索。1978年，钱学森在文汇报发文《组织管理技术——系统工程》，首次提出了相对于物理的事理概念。1979年，美国国家工程院院士李耀滋在钱学森和许国志关于"物理"和"事理"的致信中，建议加入"人理"（motivation）。1987年，王如松院士在城市系统识别研究中提出，应从物、事、人三个方面着手，进而提炼了"物理""事理"和"人理"方法论思想，但未将此思想推广为更为普适的系统科学方法论。在前人的探索基础上，顾基发教授对WSR思想进行了集成与实践，系统性形成了WSR系统科学方法论。由于WSR是在东方的背景下发展起来的，以东方的哲学观为指导，因而具有明显的东方特色，已经成为东方系统科学方法论的代表，在实际的问题解决中得到了广泛的应用。

WSR系统科学方法论的哲学思想认为，社会事态由物、事、人组成，因此处理这类事态的项目都应从机能整体性的角度考虑这三个要素。在该方法论中，顾基发教授认为：①"物理"（wuli）是指涉及物质运动的机理，它既包括狭义的物理，还包括化学、生物、地理和天文等。通常要用自然科学的知识回答"物"是什么。物理需要的是客观真实性，研究客观实在。②"事理"（shili）是指做事的道理，主要解决如何去安排所有的设备、材料、人员。通常要用到运筹学与管理科学方面的知识来回答"怎样去做"。③"人理"（renli）指做人的道理，通常要用人文与社会科学的知识去回答"应当怎样做"和"最好怎么做"的问题。实际生活中处理任何"事"和"物"都离不开人去做，而判断这些事和物是否得当，也由人来完成。因此，系统实践必须充分考虑人的因素。在具体的实践中，要综合考察"人理""物理"和"事理"，而不能"厚此薄彼"，要"懂物理、明事理、通人理"。

WSR系统科学方法论的工作过程通常包含七个步骤：①理解意图；②制定目标；③调查分析；④构造策略；⑤选择方案；⑥协调关系；⑦实现构想。在实际的应用中，顾基发教授提出了四个原则：①综合原则，综合各种知识，听取各方意见；②参与原则，全员参与，或不同小组成员之间参与沟通；③可操作原则，选用的方法要紧密地结合实践，实践的结果需要为用户所用；④迭代原则，运用WSR的过程是迭代的过程。

目前，WSR已经在多个领域和特定项目中进行了实践应用。涉及的研究领域包含了系统科学、信息科学、评价科学、管理科学以及安全科学等。此外，顾基发教授也带领团队，将其应用到了"区域水资源管理决策支持系统""商业设施与技术装备标准体系制定""科技周转金项目评价"以及"大学评价"等方面的项目中。目前，科学计量学在向更细粒度的知识实体计量方向发展，可以借助物理-事理-人理的系统理论来分类识别知识实体，并形成基于WSR实体关联的知识系统，以更好地认识知识系统的内在结构和互动机制。物理-事理-人理的解释、工作过程与原则见图1。

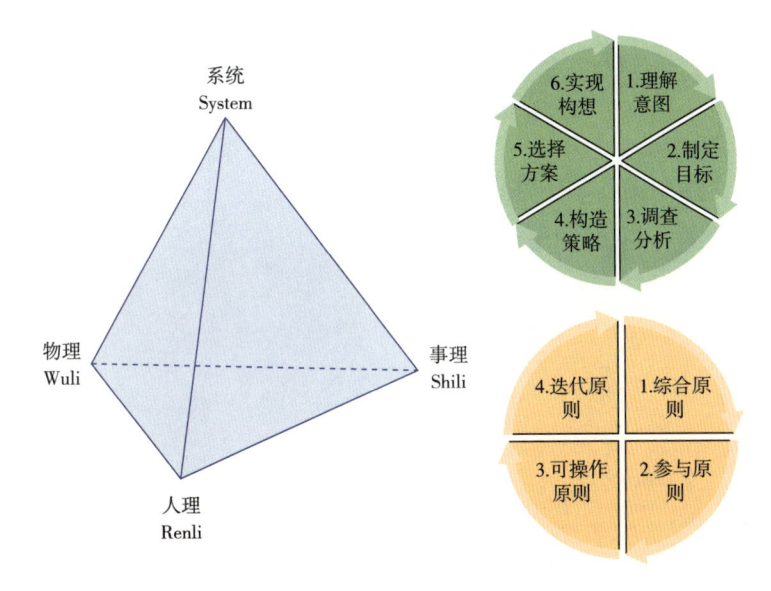

图1 物理-事理-人理的解释、工作过程与原则

参考文献（references）：

[1] GU J F, ZHU Z C. The wu-li shi-li ren-li approach（WSR）: an oriental systems methodology [A]. In Midgley GL., Wiley J. eds. Systems Methodology: Possibilities for Cross-Cultural Learning and Integration [C]. University of Hull, UK, 1995.

[2] GU J F, ZHU Z C. Knowing wuli, sensing shili, caring for renli: methodology of the WSR approach [J]. Systemic practice and action research, 2000, 13: 11–20.

[3] 顾基发, 唐锡晋. 物理—事理—人理系统方法论：理论与应用 [M]. 上海：上海科技教育出版社, 2006.

[4] 顾基发. 物理事理人理系统方法论的实践 [J]. 管理学报, 2011, 8（03）: 317-322+355.

[5] 顾基发, 唐锡晋, 朱正祥. 物理-事理-人理系统方法论综述 [J]. 交通运输系统工程与信息, 2007（06）: 51-60.

[6] 赵丽艳, 顾基发. 物理-事理-人理（WSR）系统方法论及其在评价中的应用 [C]. 中国系统工程学会. 管理科学与系统科学进展——全国青年管理科学与系统科学论文集（第4卷）.《电子科技大学学报》编辑部, 1997:

198-201.

[7] ZHU Z C. WSR 2.0（2）：wuli-shili-renli notions [J]. Systems research and behavioral science，2022，39（6）：1076-1098.

[8] ZHU Z C. WSR 2.0（1）：history and present [J]. Systems research and behavioral science，2022，39（6）：1059-1075.

（李杰 陈安 撰稿）

术语篇

152.小世界网络
（small-world network）

小世界现象指的是在世界中经常会发现我的朋友的朋友经常也是我的朋友，以及在世界中随机选两个人，发现竟然通过几次朋友关系就能够联系起来。这也是我们感叹"这世界真小啊"时候所指的意思。小世界网络指的就是具有小世界现象的网络。用数学语言说，就是网络的集聚系数很高的同时平均距离也很短。

Watts和Strogatz的小世界网络模型是基于规则网络的基础上加上少量的随机连边构成的。在这类图中，绝大多数节点互相并不相邻，但任一给定节点的邻居们却很可能彼此是邻居，并且在这类图中节点之间的链接距离较短，这种属性意味着一些彼此并不相邻的节点，可以通过一条很短的邻居关系链条被串联在一起。

小世界网络理论可以追溯到美国社会心理学家Stanley Milgram在1967年提出的著名的"六度分离"理论。简单来说，该理论认为在社交网络中，任意两个陌生人只需要通过最多五个朋友就能在彼此之间建立联系。这个十分有趣的发现，引起了科学家们的关注。他们研究发现世界上许多网络都具有极相似的"六度分离"结构，例如经济活动中的商业联系网络结构、生态系统中的食物链结构，甚至人类脑神经元结构，以及细胞内的分子交互作用网络结构。

1998年，美国康奈尔大学的博士生Duncan Watts和他的导师Steven Strogatz在Nature上发表了一篇名为"Collective dynamics of the 'Small World' networks"的论文并提出了著名的"小世界网络"理论（同时提出了WS小世界模型Watts-Strogatz model）。他们把"六度分离"这种现象归类为某一类复杂网络的特性。他们注意到这类复杂网络可以使用局部聚类系数和节点间的平均路径长度这两个独立的结构特性来进行区分（见图1）。

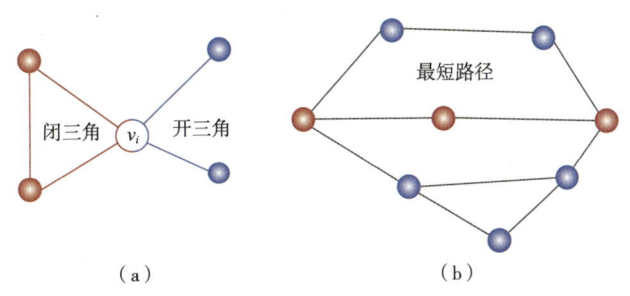

（a） 闭三角 v_i 开三角

（b） 最短路径

图1　局部聚类系数和路径长度示意图

给定一个网络 $G=(V,E)$，其中 V 是顶点的集合，E 是连边的集合。则网络（a）中顶点 i 的局部聚类系数定义为：

$$C(i) = \frac{\lambda_G(v_i)}{\tau_G(v_i) + \lambda_G(v_i)}$$

其中，$\lambda_G(v_i)$ 表示网络中所有包含顶点 v_i 的闭三角结构的数量（如上图（a）中左侧的红色闭三角结构）。$\tau_G(v_i)$ 表示 G 中所有的包括了顶点 v_i，并且满足两条边都与 v_i 相连的开三点组的数量（如上图（a）中右侧的蓝色开三角结构）。得到了图中 G 每一个顶点的局部聚类系数后，可以根据下述公式计算整个图的平均聚类系数：

$$\bar{C} = \frac{1}{n}\sum_i C(i)$$

网络的平均路径长度定义为网络中任意两个顶点之间（不包含自身到自身）最短路径（shortest path）的长度（如上图（b）中的红色路径。同时，两顶点之间的距离也被称为测地距离）的平均值。需要注意的是两个顶点之间的最短路径可能并不唯一。如果两个顶点之间不存在路径（即它们不连通），那么一般来说它们的距离被定义为无穷大。

一般来说，小世界网络的两个主要特点是具有较大的局部聚类系数和较短的平均路径长度。在现实世界的很多现象中，都能够看到小世界属性，这包括网络中的导航菜单、食物网、电力网络、代谢处理网络、脑神经网络、选民网络、电话呼叫图、社交影响网络等。文化网络与单词共现网络也被证明是小世界网络。

参考文献（references）：

[1] WATTS D J, STROGATZ S H. Collective dynamics of 'small-world' networks [J]. Nature, 1998, 393 (6684): 440-442.

[2] ALBERT R, BARABÁSI A L. Statistical mechanics of complex networks [J]. Reviews of modern physics, 2002, 74 (1): 47-97.

[3] BARTHÉLÉMY M, AMARAL L A N. Small-world networks: Evidence for a crossover picture [J]. Physical review letters, 1999, 82 (15): 3180.

[4] WATTS D J. Small worlds: the dynamics of networks between order and randomness [M]. Princeton university press, 2004.

（曾安 撰稿/李杰 吴金闪 审校）

153. 新兴技术
（emerging technology）

自2000年宾夕法尼亚大学沃顿学院出版标志性著作 *Wharton on Managing Emerging Technologies* 以来，新兴技术识别、跟踪、预测和管理一直受到广泛关注。新兴技术最初被定义为：基于科学的、有可能创立新行业或改造现有行业的创新。目前，学术界对新兴技术概念的内涵与外延尚没有达成共识，比较有影响力和代表性的定义由Rotolo等给出，即新兴技术是一种具有根本性创新且相对快速发展的技术，其特点是伴随时间推移会保持一定程度的连贯性，具备对社会经济产生巨大影响的潜力。

为准确识别新兴技术，特别是处于萌芽阶段的技术，刻画其应该具备的特征至关重要。根据Rotolo等的观点，新兴技术应该具有以下五个特征：①增长性；②连贯性；③影响力；④创新性；⑤不确定性和模糊性。新兴技术的演化大致分为三个阶段：萌芽阶段、新兴阶段和成熟阶段，而新兴技术的特征在这三个阶段表现出不同的强度，其中，处于萌芽阶段的技术相对增长速度较慢、技术本身发展不连贯、影响力较低，但极具创新性，不确定性和模糊性也较高，如图1所示。

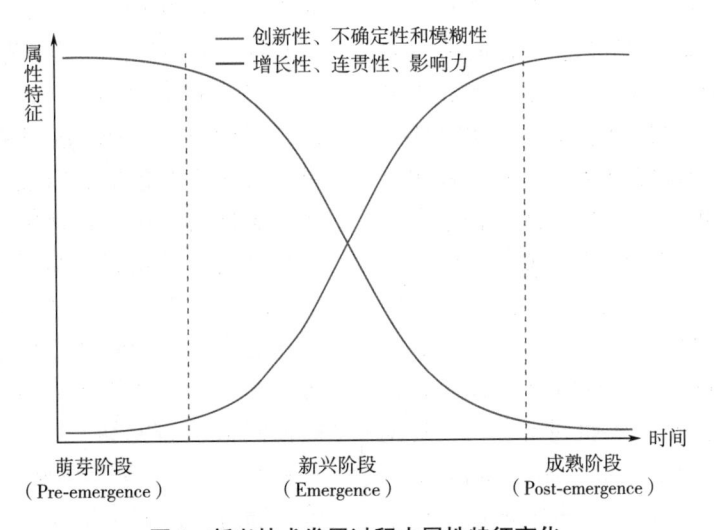

图1　新兴技术发展过程中属性特征变化

增长性是指在新兴技术发展过程中，一般会呈现出比其他技术更快的增长趋势。连贯性是指相应技术不是突然出现的，而是需要经过一段时间，但在具体含义上相对稳定，区别于仍处于波动状态的技术。影响力是指新兴技术具备某种改变现有产业"行事方式"（acting）的"潜力"。但这种潜力目前尚未完全展现出来，将在未来发挥重要作用。不确定性和模糊性是指新兴技术的可能产出和用途是难以预期的、不规律的，其中也包含跨学科性、技术领域间与科研实践社群间的模糊性。

至于创新性，国外文献所采用的英文表述多为novelty，早期研究主要关注时间维度的新旧程度（newness）。当前研究更多强调从创新或原创的角度分析novelty，因为具有相对快速增长性的技术一般在时间维度上都比较新，这使得增长性与时间维度的新颖性具有较强的相关性。理解新兴技术创新性（innovation）的关键是技术本质，著名经济学家Arthur在《技术的本质》一书中对其做过清晰阐述：所有技术都来自其他次级技术的组合，元初技术是对自然现象及其效应的捕获。这样，新兴技术可被视为采用全新的科学原理或对已有功能或方法进行的重新组合（recombination），由此产生了新的、不同于原有母体技术的路径结果。自2001年以来，Lee认为技术创新主要是通过重新组合已有元素或将现有元素与新概念相结合而产生的。因此，重组创新性视角受到了学者们的青睐，开展了大量研究工作：IPC分类号组合、科学型非专利文献（science Non-Patent Reference，sNPR）所属学科领域组合、参考文献所属期刊组合、关键词组合、多元语法（n-gram）组法和MeSH术语组合等。另外，新兴技术常依赖于科学基础的突破。Shibayama等将原创性定义为"科学发现为后续研究所提供知识的独特程度"，提出利用参考文献与后续学术论文之间的直引网络估计科学发现的原创性。类似地，Funk等根据引文网络结构所设计的颠覆性指标也是对原创性的一种测度。

新兴技术识别对于科学计量学、科技政策制定以及知识管理等方向均具有至关重要的作用。自开放获取（OA）运动以来，大规模深加工的科技信息资源为新兴技术识别工作提供了数据保障。随着面向大规模数据处理的网络分析、文本挖掘和机器学习等方法逐步趋于成熟，有助于揭示新兴技术涌现的规律，使得开展深层次、大范围的新兴技术识别成为可能。早期的识别方法主要依靠专家的主观判断和决策者的智慧，例如同行评议、德尔菲法、问卷调查法、技术定义法、情景分析法和技术路线图等。随着技术创新周期的不断缩短，学者们开始采用定量方法从学术论文、专利文献、社交媒体、科技政策等数据中识别新兴技术。所采用的定量方法主要包括科学计量分析、文本挖掘和机器学习等。正如Cozzens等所言，以往大多属于回溯型研究，即事后衡量技术新兴性，而不是事先识别。自2010年以后，研究重点从技术新兴性的事后评估向其事先识别转移。

新兴技术识别后，仅少数研究对结果进行了验证。目前，验证新兴技术识别结果的方法主要包括资料佐证法、专家调查法、定性与定量混合评价法。资料佐证法是指利用公开发表的第三方资料，对研究结果的可靠性进行验证的方法。这种验证方式的优势在于验证的结果较为可靠、经济成本较低，劣势在于利用已有资料进行验证降低了研究结果的价值性和时效性。专家评估法是借助领域专家的知识和经验，通过对研究结果综合评估来实现探测结果验证的一种方法。专家评估法的优势在于研究结果较为可靠,验证后的研究结论具备一定的时效性和价值性。但是,通常难以广泛征求专家意见,基于少数专家意见得到的验证结果可能存在偏差,而且专家意见相左时,验证过程可能耗时耗力。定性与定量混合评价法是结合专家智慧和定量指标的评价方法。比如,佐治亚理工大学的Porter教授于2019年底发起了"全球新兴技术预测"竞赛(Measuring Tech Emergence Contest)。该竞赛以10年"合成生物学"领域文献数据(2003—2012)积累为基础,预测未来两年(2013—2014)影响该领域发展的10项新兴技术。作为竞赛组织方,为评判参赛团队提交结果的优劣,Porter教授团队利用自然语言处理(NLP)技术从未来两年实际发表文献中提取了技术列表,以此作为定量评估的主要依据,同时参考专家评估团队的意见。

参考文献(references):

[1] GEORGE S D, PAUL J H S, ROBERT E G. Wharton on managing emerging technologies [M]. New York: Wiley & Sons, Inc, 2000.

[2] ROTOLO D, HICKS D, MARTIN B R. What is an emerging technology [J]? Research policy, 2015, 44(10): 1827-1843.

[3] FLEMING L. Recombinant uncertainty in technological search [J]. Management science, 2001, 47(1): 117-132.

[4] SHIBAYAMA S, WANG J. Measuring originality in science [J]. Scientometrics, 2020, 122(1): 409-427.

[5] FUNK R J, OWEN-SMITH J. A dynamic network measure of technological change [J]. Management science, 2017, 63(3): 791-817.

[6] COZZENS S, GATCHAIR S, KANG J, et al. Emerging technologies: quantitative identification and measurement [J]. Technology analysis &strategic management, 2010, 22(3): 361-376.

[7] PORTER A L, CHIAVETTA D, NEWMAN N C. Measuring tech emergence: a contest [J]. Technological forecasting &social change, 2020, 159: 120176.

(徐硕 王聪聪 撰稿/李杰 许海云 审校)

154. 信息计量学（informetrics）

信息计量学主要是应用数学、统计学等定量方法来分析和处理信息过程中的种种矛盾，从定量的角度分析和研究信息的动态特性，并找出其中的内在规律。

信息计量学，原称情报计量学，最早出自德文"informetrie"，由德国学者奥托·纳克（Otto Nacke）于1979年提出，用以概括数学方法在信息学领域的应用。在其后的文献中很快就出现了与之对应的英文术语"informetrics"。有人认为这个英文单词最早见于1980年美国科学基金会公布的年度研究项目的标题中，也有人认为是由非英语国家的日本杂志《情报管理》与苏联杂志《情报科学文摘》将其转译成英文。1980年9月，在德国法兰克福召开了第一次信息计量学（含科学计量学）研讨会，纳克在会上宣传了他提出的信息计量学这一术语。1981年，在国内期刊上出现了上述德文和英文术语，并将其译为情报计量学。"informetrics"一词不仅在英语国家迅速流传，而且得到国际文献联合会（FID）的认可，标志着一门新兴分支学科的兴起。

信息计量学的研究目的是引进"量"的概念和定量分析方法，进一步揭示信息单元的体系结构和数量变化规律，从理论上提高情报学及信息管理学科的科学性和精确性，向定量阶段发展；同时，为改善信息情报系统提供定量依据，达到高效能的科学管理，使信息交流系统经常处于最佳运行状态，提供最优化的信息服务，以便更好地解决信息服务工作中的基本矛盾，克服"信息危机"，使信息管理工作更有效地为科学技术、经济和社会发展服务。信息计量学的研究意义是从理论上继续总结各种经验定律，使经验层次上的信息（情报）"工作"上升到理论层次上的信息（情报）"科学"，从而充实其理论的广度和深度，将各种经验定律在新的信息单元条件下进行检验和修正，探讨它新的适用性，从而大大提高情报学及信息管理学科的科学性，为实际工作提供理论指导。

信息计量学的内容体系一般由理论、方法和应用三个部分构成。具体地说，其内容体系主要包括七个方面：①信息计量学若干基本问题的探讨。包括信息概念的数学描述，学科研究的对象、内容、范围与相关学科的关系，以及学科的形成和发展等。②信息的基本测度。建立了信息量等一整套测度指标，确定信息计量的准绳；关于比特、知识单元、信息熵、信息场、信息势等计量概念的讨论。③几个基本定律的研究。包括布拉德福定律、齐普夫定律、洛特卡定律等。④信息流模型的研究。如文献增长、老化、离散、引文分布等模型的建立与评价。⑤信息计量化方法的探讨。如等级排序方法、对数透视原理及方法，以及模糊数学、信息论、集合论等的应用，情报利用和效益的定量评价等。⑥信息计量方法和工具的自动化方面的研究。如聚类、相关分析、引文数据库、计量信息管理系统，以及词频统计等的计算机处理问题。⑦在图书情报工作、信息资源管理、信息检索、信息分析与预测、科学学与科学评价等领域的应用。

参考文献（references）：

[1] WILSON C S. Informetrics [J]. Annual review of information science and technology (ARIST), 1999, 34: 107-247.

[2] BAR-ILAN J. Informetrics at the beginning of the 21st century—A review [J]. Journal of informetrics, 2008, 2 (1): 1-52.

[3] EGGHE L, ROUSSEAU R. Introduction to informetrics. Quantitative methods in library, documentation and information science [M]. Elsevier science publishers, 1990.

[4] QIU J, ZHAO R, YANG S, et al. Informetrics: theory, methods and applications [M]. Singapore: Springer, 2017.

（杨思洛 撰稿/邱均平 审校）

155. 信息检索
（information retrieval）

信息检索（information retrieval）又称情报检索、信息存储与检索，是指按一定的方式组织信息，并根据用户的需要找出相关信息的过程和技术。广义的信息检索包括信息"存"和"取"两个环节；狭义的信息检索则指从信息集合中找出所需信息的过程，也就是信息查询（information search或information seek）。根据检索对象的性质，信息检索的类型可分为文献检索、事实检索、数据检索、图像检索等。

信息检索过程始于信息需求——用户需要某些信息来回答问题或执行任务。伴随着文献载体的不断演化，信息检索的方式经历了从手工式文献检索到计算机化信息检索的演化过程。1950年，莫尔斯（Calvin N. Mooers）在《非数字信息的数字处理理论及其对机器经济学的启示》一书中最早使用"信息检索"（information retrieval）一词。计算机通过将文本表示为ASCII字符，可以与文档中的字符串匹配，表述为字符串的查询。第一个基于穿孔卡的计算机信息检索系统出现在1950年代，紧随其后的是1960年代基于磁带存储数据库的系统。直到1990年代中期，信息检索技能还仅限于少数训练有素的研究人员、图书馆员、信息科学家、计算机科学家和工程师所掌握。随着互联网的迅速普及，使用搜索引擎进行信息检索已成为大部分公众可以从事的活动。

一般的信息检索系统有八个组件（见图1）：①检索界面；②检索处理器；③索引文件；④索引引擎；⑤一个或多个文档集合；⑥结果列表；⑦结果显示；⑧系统的用户或检索者。多年来，信息检索的标准方法是布尔检索。在布尔检索中，查询命令是通过将搜索词与布尔运算符（AND、OR和NOT）组合构造的。检索系统返回与搜索词和逻辑约束相匹配的文档。

信息检索技术不断发展，互联网搜索引擎已将自然语言、超链接、关键词搜索整合于一体。人工智能的发展正在改变信息检索的模式，提供信息检索新技术。

术语篇

图1 信息检索系统的组件

参考文献（references）：

[1] 高崇谦，朱孟杰.文献检索基础[M].北京：书目文献出版社，1983.

[2] JOUIS C. Next generation search engines: advanced models for information retrieval [M]. Hershey, PA: Information Science Reference, 2012.

[3] RUSSELL D M. The joy of search [M]. Cambridge, MA: MIT Press, 2019.

[4] MOOERS C N. The theory of digital handling of non-numerical information and its implications to machine economics [M]. Zator Company, 1950.

（王媛 撰稿/李杰 审校）

156. 学科分类
（category of disciplines）

学科（discipline）一词最初源于印欧字根，即希腊文中的didasko（教）和拉丁文中的disco（学）。学科是知识分化的结果，是按照学问的性质而划分的门类。正如华勒斯坦所言，一个研究范围之所以成为一门学科，是基于普遍接受的方法和真理。

学科不仅是知识的分类体系，也是大学中得到制度化的知识劳动组织，还是福柯所强调的兼具"知识"和"权力"属性的规训制度。尽管discipline词源含义繁杂，但在本源意义上，知识的分类是学科的本质特征。

学科具有边界，正如华勒斯坦指出："学科制度化进程的一个基本方面就是，每个学科都试图对它与其他学科之间的差异进行界定，尤其要说明它与最相近的学科之间究竟有何区别。"因此，学科分类可被定义为不同分类主体针对不同的应用场景，依据知识的本质属性和显著特征所研制的规划方案，以满足特定目的和需求。

目前，国内外有以下几种具有代表性的学科分类体系。Web of Science数据库根据其收录文献数据的特点和范围制定学科分类体系，其收录的期刊和图书都属于其中一个或多个学科类别。基于期刊引证报告（Journal Citation Reports），学科领域被划分为21个大类（group）、254个小类（categories）。Web of Science分类体系的初衷是便于收录文献的组织和检索，随着Web of Science数据库及其衍生产品的广泛使用，这一分类体系已成为国际科学评价实践中广泛使用的分类体系之一。Elsevier开发了近似的ASJC分类体系用于旗下数据库。基于出版物的发行目标、涵盖范围和详细内容，学科被划分为医疗保健、生命科学、自然科学与工程学和社会科学与人文科学四大类，并进一步细化为27个领域以及334个子领域。

各国科学基金管理部门也编制了相应的学科分类体系，用以明确资助体系，强化科研导向。中国国家自然科学基金委建立起包含四大板块、九大科学部、51个科学处以及更加细致的研究领域、细分方向在内的五级学科体系，其中科学部、研究领域、细分方向构成了三级基金申请代码体系。作为支持基础研究的主渠道，该分类体系体现出突出原创、鼓励探索的资助导向。美国国家科学基金会（National Science Foundation，NSF）下设七大委员会和32个部门，并通过在委员会下设立相应办公室突出对前沿学科领域和多学科交叉融合的重点关注。

教育主管部门设置了国家层面的学科专业目录，为高校人才培养确立规格和标准。学科目录适用于学士、硕士、博士的学位授予与人才培养，并用于学科建设和教育统计分类等工作，在人才培养和学科建设中发挥着指导作用和规范功能。目前，我国的《研究生教育学科专业目录》分为学科门类、一级学科两级。

除此之外，标准化组织也会建立学科分类体系，用于图书、论文等信息的分类、共享和交换。我国国家质量监督检验检疫总局、国家标准化管理委员会于2009年发布《中华人民共和国国家标准学科分类与代码》，将学科分为自然科学、农业科学、医药科学、工程与技术科学、人文与社会科学五大门类，门类下属62个一级学科或学科群、672个二级学科或学科群、2382个三级学科。典型学科分类体系见表1。

表1 典型学科分类体系

分类主体	应用场景	目的和需求	典型分类
信息分析、出版机构	数据库建设	文献组织与检索	Web of Science分类体系 Scopus分类体系
科学基金管理部门	建立基金申请资助体系	明确资助体系，强化科研导向	中国国家自然科学基金委员会分类体系 美国国家科学基金会分类体系
教育主管部门	学生招录与学位授予等	人才培养管理	《研究生教育学科专业目录》
标准化组织	信息分类、共享与交换	科研政策规划与科研统计管理	《学科分类与代码》（GB/T 13745—2009）

高度专业化和制度化的学科分类体系，在信息分析、科学管理和政策制定领域具有很强的实践意义。数据库学科分类体系改进了文献检索的方式，将知识分类的视角纳入了庞大的引文索引之中，为不同领域科学计量研究的开展奠定了基础，并将其价值迅速延伸至科学政策领域。出于对前沿、重大科技事业的关注，各国对学科领域进行现状监控与战略规划，学科分类体系因此成为自上而下树立问题导向、开展科研评价、建立资助体系、制定发展政策的有力工具。

学科分类体系在文献计量学领域具有显著的应用价值。分类体系通过将学术文献归到相应的学科领域，描述了不同学科的内在结构，从而帮助研究者更好地了解和掌握某一领域的发展历史、发展趋势和研究热点；将科研成果进行分类，考察了评价对象（如期刊、学科、国家/地区、科研机构、科研团队、学者等）的产出情况，进一步满足更加广泛的科学评价需求。除此之外，在鼓励跨学科研究的政策背景下，学科之间交叉的强度与广度、知识跨学科的流向、跨学科研究成果的产量与影响等特征成为文献计量学领域重要的研究问题，交叉学科与学科交叉相关研究的开展依赖于学科分类体系的确立。

参考文献（references）：

[1] 中国社会科学院语言研究所词典编辑室.现代

汉语词典［M］.北京：商务印书馆，2001.
［2］华勒斯坦，等.学科·知识·权力［M］.北京：生活·读书·新知三联书店，1999.
［3］侯怀银，王茜.我国高等教育学学科体系、学术体系和话语体系建设［J］.现代教育管理，2023，394（01）：12-21.
［4］周朝成.大学跨学科研究组织冲突与治理对策：新制度主义的视角［J］.教育发展研究，2014，34（09）：40-45.
［5］WHITLEY R. Umbrella and polytheistic scientific discipline and their elites［J］. Social studies of science, 1976（6）：471-497.
［6］BECHER T. Academic tribes and territories: intellectual enquiry and the cultures of disciplines［M］. Bristol, PA: The Society for Research into Higher Education and Open University Press, 1989: 24.
［7］FOUCAULT M. Power/knowledge. C. Gordon (Ed.), (c. Gordon, L. Marshall, & K. Soper, trans.)［M］. New York: Pantheon Books, 1980: 1-8.
［8］ARAM J D. Concepts of interdisciplinarity: configurations of knowledge and action［J］. Human relations, 2004, 57（4）：379–412.
［9］BERNINI M, WOODS A. Interdisciplinarity as cognitive integration: auditory verbal hallucinations as a case study［J］. Cognitive science, 2014, 5（5）：603-612.

（王传毅 袁济方 撰稿/步一 审校）

157. 学科规范化引文影响力
（category normalized citation impact）

论文的被引次数是测度学术影响力的一个重要指标，然而不同研究领域论文的被引次数存在着显著差异，发表年代和文献类型的不同也会影响论文实际的被引次数。基于上述问题，科睿唯安在InCites平台上推出了学科规范化引文影响力（Category Normalized Citation Impact，CNCI）。

CNCI指标的定义如下：一篇论文的CNCI值是通过其实际被引次数除以同文献类型、同出版年、同学科领域文献的平均被引次数（也称期望被引频次，expected citation count）获得的。对于一篇只被划归至一个学科领域的论文，其CNCI指标值的计算公式如下：

$$CNCI = \frac{C}{E_{ftd}}$$

对于一篇被划归至多个学科领域的论文，其CNCI为每个学科领域实际被引次数与期望被引次数比值的平均值：

$$CNCI = \frac{\sum \frac{C}{E_{f(n)td}}}{n} = \frac{\frac{C}{E_{f(1)td}} + \frac{C}{E_{f(2)td}} \cdots + \frac{C}{E_{f(N)td}}}{n}$$

其中C表示该论文的被引次数，E表示期望引用率或基线，f为该论文所在的学科领域，t为该论文的出版年份，d为该论文的文献类型，n为论文被划归的学科领域数。

CNCI指标在一定程度上消除了出版年、学科领域与文献类型差异对论文被引量造成的影响，因而可以实现不同学科间论文学术影响力的比较，此外，还能将论文的学术影响力与全球平均水平对标：如果CNCI>1，说明该论文的学术表现超过了全球平均水平，反之则说明该论文的学术表现低于全球平均水平。例如某篇论文的所属学科领域为化学（chemistry），文献类型为综述论文（review），出版年为2017年，被引次数为409次。而在全球范围内，与该论文同样所属学科领域为化学（chemistry）、文献类型为综述论文（review）、出版年为2017年的论文平均被引次数为28.38次，因此这篇论文的CNCI指标值即为409/28.38=14.41。

CNCI消除了出版年、学科领域和文献类型对被引频次的影响，可以进行跨出版年、学科、文献类型的论文引文影响力的比较。不过在使用该指标时需要注意三点：①当样本量较小时，例如某个学者个人的出版物，CNCI值可能会被一篇高被引论文显著影响；②CNCI是一个平均值，因此即使样本量足够大，例如某机构的全部出版物，少数高被引论文也可能对CNCI的值产生巨大影响；③出版当年的基线值通常很低，因此出版当年的CNCI值可能产生高于预期的波动。

（张琳 祁凡 撰稿/黄颖 审校）

158. 学术话语权
（power of academic discourse）

学术话语权是特定主体（个人、组织、国家）在一定的时空范围内、在特定学术领域或议题中所拥有的主导性、支配性的影响力。

法国哲学家米歇尔·福柯在1970年当选法兰西学院院士时发表的演说《话语的秩序》（L'ordre du discours）中第一次提出了"话语权"（discourse power）。当时，法国正在经历政治、文化和社会变革。福柯认为，在这种社会和政治变革背景下，掌握话语权的人或机构有权发表言论、控制话语、定义话语范围，并以此影响社会中的权力关系。

学术话语权内涵的界定和评价测度体系尚未形成共识。早期观点之一基于话语"权利"的认同，认为学术话语权是对学术问题的言说与表达，是知识创造主体所具有的话语自由。近年来学界多倾向于"权力"或"影响力"的界定，即权威话语者对客体的多方面影响。还有学者提出学术话语权应该是学术领域中话语表述权利和权力的统一。作为当前学界的一项重要研究议题，国际学术话语权和自主话语知识体系建设是国内学术话语权研究的热门方向。已有研究提出话语权产生机理应涵盖学术话语主体、话语内容、话语传播平台及守门人、话语受众及对受影响者产生后果；话语权建设应以理论支撑和实证研究"双轮"驱动，定性评价与定量指标相结合，从话语生产力、话语影响力和话语塑造力三个维度进行探索。学术话语权5W要素理论分析框架见图1。

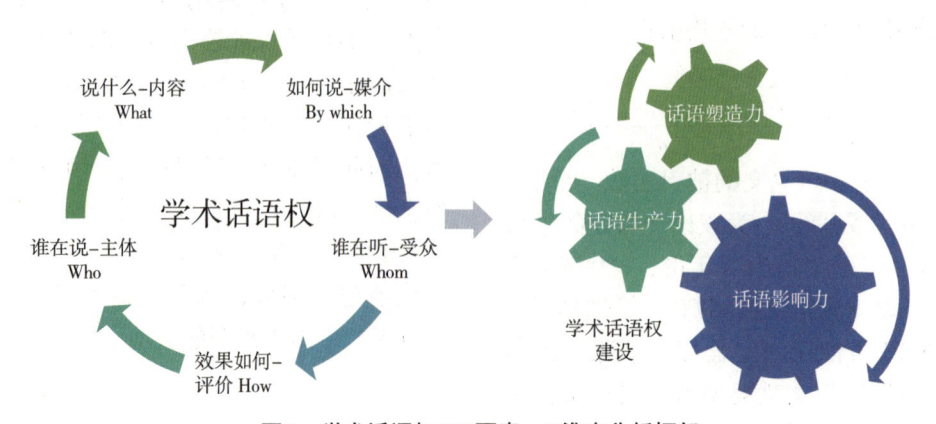

图1 学术话语权5W要素—3维度分析框架

参考文献（references）：

[1] FOUCAULT M. Orders of discourse [J]. Social science information, 1971, 10（2）: 7-30.

[2] 拉斯韦尔.社会传播的结构与功能 [M]. 展江, 何道宽, 译.北京：中国传媒大学出版社, 2013.

[3] 唐莉.中国社会科学国际影响力与学术话语权研究——现状、理论分析框架及展望 [J].科学学与科学技术管理, 2022, 43（05）: 3-17.

[4] 赵蓉英, 刘卓著, 张兆阳, 等.论学术话语权及其评价 [J].图书情报工作, 2022, 66（11）: 14-23.

[5] 郑杭生.学术话语权与中国社会学发展 [J].中国社会科学, 2011（02）: 27-34.

[6] 杨晓畅, 孙国东.话语何以成为权力——中国社会科学走向世界的政治哲学分析 [J].探索与争鸣, 2022（06）: 159-169+180.

（唐莉 胡丽云 刘维树 撰稿/赵蓉英 审校）

159. 学术链
（science chain）

当重大科研问题得到解决并发表以后，一定是这样的图像：后一篇论文（所反映）的工作把前一篇论文的工作往前推进了一步。科研领域知识创新与学科发展存在着大量呈"链"状模式相继传承的现象和规律，通过知识创新的联结、传递和延伸，形成了一条条通向学科前沿的学术传递链，从而使科学知识得以积累，学术创新得以延续，可以将其定义为"学术链"（science chain）。这说明，任何人的学术研究总是以前人的成果为起点再向前推进的，学术创新必然包含着对前人成果适度、合理的继承。学术论文被引用的本质是学术传承。学术传承应该成为研究学术评价方法新的指导思想，"学术链"的研究则是发现和呈现这种传承关系的重要途径。

学术链（science chain）的概念最早由我国学者刘绍怀教授于2011年提出，并在理论上进行了较为深入的讨论。2013年7月17日，北京理工大学冯长根教授注意到"虽然学术论文中的引用是科技界的主流。然而，更有分量的引用是在传世专著中被引用"，由此提出了"你有这样的专著来引用有价值的论文吗？如何反映这类引用？"在研究中，冯长根教授进一步受到Leydesdorff L等关于"长期引用"和"短期引用"的启发，带领团队进一步从学术传承、学术创新、学术话语权以及学术评价等维度对学术链进行了系统的研究讨论和实践。学术链具体是指：在科学研究活动中，科研工作者会自然而然地引用那些"里程碑"性质的成果，并对成果的科学意义进行评价和讨论，先后发表（或逐年发表）的学术论文而形成学术传承的"链条"。在具体的学术链研究中，冯长根教授根据学术链的基础组成要素，分别提出了施评文献、被评文献、学术评论句的概念及其判断标准。例如，学术链中的学术评论句是指在一篇学术论文中对于另一篇（不是同一作者自己的）学术论文的具有显性评论性质的句子。即，学术评论句要求在句子中包括3个要素和1个必要条件：①被评文献的发表年份；②被评文献的作者姓名或姓氏；③评论研究成果的特殊词汇或标志词（例如：使用"首次""提出了""first proposed"等标志词对被引文献进行了评价）；④学术评论句提及的被评文献以及被列入的参考文献须是同一篇论著。在整个评论体系中，给出学术评论句的论文称为"施评文献"，被评价的文献称为"被评文献"，如图1所示。

术语篇

在学术评论句、被评文献以及施评文献的基础上，冯长根教授团队进一步提出了学术链用于学术评价三个指数：①第一指数F1，即如果一篇学术论文在发表后得到了后续学术论文的学术传承性评价，那么前一篇学术论文的第一指数F1就是1。一位专家、一个机构有几篇这样的论文，F1就是几。F1指数是对"被评文献"影响力的测度。科研主体的F1是随着时间增加的，但增加的速度是最慢的。②第二指数F2涉及一个具体课题在逐年发展和推进中形成的"学术链"的节点，具体是指某一论文在发表以后出现后续"节点"的数量。即，该文献后续节点数之和就是该文献对应的F2数值。F2指数是对位于学术链上的F1文献的进一步评价。某成果可能不是该领域的开山鼻祖，但可以位于推动该领域发展的学术链上。一篇论文发表后，F2的值会随着时间的变化而增加，增加的速度越快则该领域的知识更新越快，创新能力越强。③F3指数是对施评文献的影响力的测度，一篇论文中出现的学术评论句越多，则表明该论文在学术传承中发挥的作用越大，F3越大。学术链学术评价方法本质上是近年来兴起的引用内容评价的发展，是研究成果被同行的实质性评价，而不是通过简单的引用次数进行的学术评价。

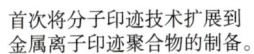

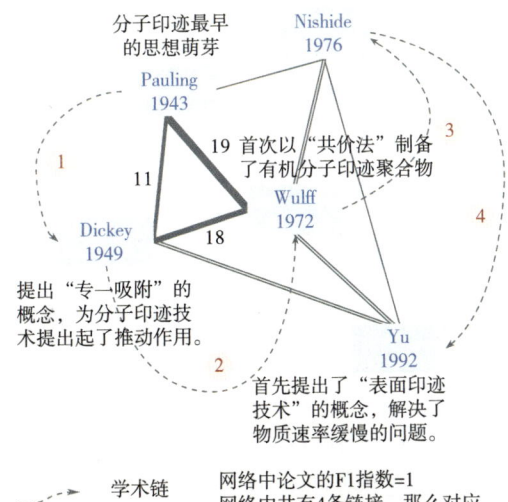

施评文献：李敏. 新型功能化吸附材料制备及对镉、铟离子的识别性能[D]. 北京：北京理工大学，2016.

学术评论句：明确的分子印迹和分子印迹聚合物研究工作是德国的Wulff和Sarhan1972年开展的，他们首次报道以共价法成功制备了有机分子印迹聚合物。

被评文献：Wulff G，Sarhan A. Use of polymers with enzyme-analogous structures for resolution of racemates[J]. Angewandte Chemie-International Edition，1972，11（4）：341-344.

离子印迹聚合物研究的学术链

图1 学术链与学术链共评价网络（离子印迹聚合物研究）

参考文献（references）：

[1] 冯长根. 一种自然而然的科技成果评价方法值得推广[N]. 人民日报，2017-03-15（018）.

[2] 冯长根. 重视"口口相传"赢得的科研声誉[J]. 科学新闻，2021，23（03）：13-14.

[3] 刘绍怀. 学术链：客观存在的学术关系形态[J]. 思想战线，2011，37（01）：1-3.

[4] 尚海茹，冯长根，孙良. 用学术影响力评价学术论文——兼论关于学术传承效应和长期引用的两个新指标[J]. 科学通报，2016，61（26）：2853-2860.

[5] 张冬梅，闫蓓. 对话冯长根：用学术影响力评价学术论文[J]. 科学通报，2016，61（26）：2851.

[6] LEYDESDORFF L, BORNMANN L, COMINS J, et al. Citations: indicators of quality? The impact fallacy [J]. Frontiers in research metrics and analysis, 2016, 1 (1): 1-15.

[7] 尚海茹.用学术影响力评价学术论文兼论关于学术传承效应和长期引用的两个新指标 [D]. 北京：北京理工大学博士后研究工作报告, 2016.

（李杰 撰稿/尚海茹 审校）

术语篇

160. 学术年龄
（academic age）

学术年龄（academic age），又被称为科学年龄（scientific age），指的是科学家在研究领域中从事研究工作的时间。当前大多数主流文献数据库没有系统收集科学家的年龄信息，缺乏反映科学家年龄的系统数据成为开展个体层面科学计量研究的阻碍之一。此外，有学者认为，与生理年龄相比，学术年龄更能反映科学家所处的学术生涯发展阶段。基于以上两个原因，在科学计量学的研究中，学者使用"学术年龄"作为测量科学家实际年龄的代理变量。第一种测量是计算从科学家首次发表论文的年份到当前的时间跨度。因此，学术年龄也被称为发表年龄（publishing age）或文献年龄（bibliometric age）。学术年龄的第二种重要测量是科学家获得博士学位的年份到当前的时间跨度，因此学术年龄也被称为科学家的职业年龄（professional age）。基于位于魁北克地区的13 626位研究者信息，学者发现研究者的出生年份、首次发文年份以及博士学位获得年份之间存在一定相关性，首次发文年份与博士学位获得年份之间存在较高相关性，验证了基于首次发文年份测量科学家学术年龄的科学性和重要性。近几年，基于学者首次发文年份的学术年龄逐渐在科学计量研究中应用，成为个体层面研究的重要指标。

在实践层面，学术年龄成为某些基金申请的重要限制条件。例如，欧洲研究委员会（ERC）的若干资助计划限定了申请者的学术年龄，包括starting grants、consolidator grants以及advanced grants等。美国国立卫生院（NIH）的院长创新奖也限制了申请者的学术年龄。

了解科学家年龄与重大科学发现之间的联系有利于揭示创造力的本质、科学进步的机制以及机构如何支持科学家职业发展、推动重大科技突破的产生。科学发现的最佳年龄指的是科学家产生重大科学发现的年龄或者年龄区间。探究产生重大科学发现的最佳年龄也有利于为人口老龄化、教育政策以及经济增长等领域或话题提供政策启示。因此，聚焦于重大科学发现的最佳年龄成为科研领域学者以及政策制定者关注的话题。由于一些重大科学突破（例如相对论和微积分的发明、万有引力的发现、自然选择理论的提出等）均产生于科学家的青年时期，因此传统观点认为年龄与科学生产力或科学创造力之间是负向关系。

科学家年龄与科学产出之间的关系研究由来已久，最早可追溯到1874年Beard

对最佳科学家年龄的估计。Beard发现，在科学界以及艺术界，最重大的产出一般发生于在35到40岁。此后，科学家年龄与重大科学发现或科学生产力的关系研究成为科学学和科学计量学领域的研究重点。我国科学计量学家赵红洲先生于1979年首次提出"科学创造最佳年龄"。通过对1928项重大科学成果统计分析，他发现科学家个体发展存在最佳年龄规律，即杰出科学家重大贡献的最佳年龄在25到45岁。此外，大量研究表明，科学产出的数量与质量跟年龄之间呈现非线性关系，重大科学突破一般产生于中年时期，即科学产出的数量和质量先随年龄的增长而增加，在某个时期达到顶峰以后逐渐降低。这一模式存在于不同领域或不同国家。此外，也有研究发现年龄-科学生产力的关系曲线具有学科差异。例如在诺贝尔奖获得者中，与化学家和医学家相比，物理学家完成诺贝尔奖研究的年龄最小；理论家完成重大科学突破的年龄比实证家平均小四岁。基于诺贝尔奖获得者数据以及发明家数据，Jones发现重大科学突破通常出现在科学家的中年时期，并且产生重大科学突破的平均年龄自20世纪早期以来逐渐提高（见图1）。

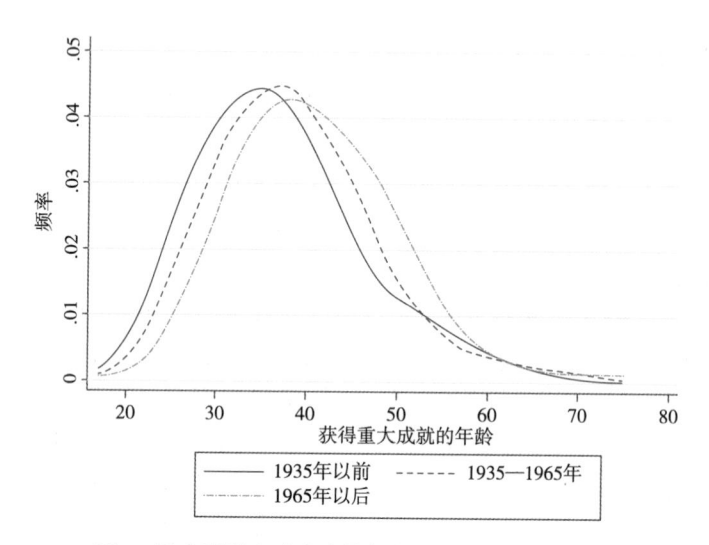

图1 重大科学突破产生的年龄分布（Jones，2010）

参考文献（references）：

[1] OROMANER M. Professional age and the reception of sociological publications: a test of the Zuckerman-Merton hypothesis[J]. Social studies of science, 1977, 7(3): 381-388.

[2] SUGIMOTO C R, SUGIMOTO T J, TSOU A, et al. Age stratification and cohort effects in scholarly communication: a study of social sciences[J]. Scientometrics, 2016, 109: 997-1016.

[3] BEARD G M. Legal responsibility in old age: based on researches Into the relation of age to work: read before the Medico-legal society of the City of New York at the regular meeting of the society, March, 1873; republished with notes and additions from the transactions of the society[M]. Russells' American steam printing house, 1874.

[4] COLE S. Age and scientific performance[J]. American journal of sociology, 1979, 84(4): 958-977.

[5] STEPHAN P, LEVIN S. Age and the Nobel Prize revisited [J]. Scientometrics, 1993, 28 (3): 387-399.

[6] JONES B F. Age and great invention [J]. The review of economics and statistics, 2010, 92 (1): 1-14.

(柳美君 撰稿/李杰 审校)

161. 学术型发明人（academic inventor）

学术型发明人（academic inventor）特指横跨科学界和技术界的学者，通常被定义为同时发表论文和申请专利，但受雇于科学型机构（比如大学或研究所）的学者。与之相关的另外一个概念是技术型科学家（technological scientist），通常被定义为同时发表论文和申请专利，但受雇于技术型机构（比如企业）的学者。学术型发明人研究方向最初由Coward等提出，但在文献中有多种术语表述方式，比如：发明者-作者（inventor-author）、作者-发明者（author-inventor）、同时申请专利和发表论文的科学家（patenting–publishing scientist）等。

开展学术型发明人相关研究的第一步是确定哪些学者为学术型发明人，目前主要策略有三种：①职称/学历头衔搜索法，Czarnitzki等观察到德国学者在申请专利时，发明人姓名前经常添加"Prof."或"Dr."等职称/学历头衔，因此这些头衔可作为判断学术型发明人的线索词；②名单匹配法，当科学型机构的研究人员名单可用时，可以将该名单中的人员与专利文献中的发明者进行匹配；③直接关联法，将学术论文的作者直接与专利文献中的发明者进行关联。容易看出，第一种策略不太适用于其他国家，第二种策略受限于能否获得科学型机构的研究人员完整名单，而第三种策略的适用范围最广泛。无论采用哪种策略识别学术型发明人，发明人甚至作者的姓名都需要进行消歧处理。

学术型发明人作为横跨科学界和技术界的学者，在科学-技术关联（science-technology linkage）中扮演着桥梁的角色。因此，他们在合著网络中拥有更为中心和良好连接性的位置特征，这些显著的特征归功于学术型发明人在科学-技术交互中扮演的守门员角色。然而，Xu等发现相对于只发表论文和只申请专利的研究人员来说，学术型发明人的兴趣多样性最低，主要集中在科学与技术关联的研究主题上。另外，多项实证研究（比如Crespi等，2011）表明科学研究和技术创新相结合的工作方式并没有使学术型发明人顾此失彼，专利申请与论文发表之间呈现倒U形的模式。具体来说，专利申请的增加最初会促进学术论文发表的数量和质量，直到达到一个峰值后开始降低学术论文发表的数量和质量。

参考文献（references）：
［1］COWARD H R, FRANKLIN J J. Identifying the science-technology interface：Matching patent data to a bibliometric model［J］.

Science, Technology, & Human Values, 1989, 14 (1): 50-77.

[2] CZARNITZKI D, DOHERR T, HUSSINGER K, et al. Knowledge creates markets: The influence of entrepreneurial support and patent rights on academic entrepreneurship [J]. European Economic Review, 2016, 86: 131-146.

[3] BOYACK K W, KLAVANS R. Measuring science-technology interaction using rare inventor–author names [J]. Journal of Informetrics, 2008, 2 (3): 173-182.

[4] BALCONI M, BRESCHI S, LISSONI F. Networks of inventors and the role of academia: an exploration of Italian patent data [J]. Research policy, 2004, 33 (1): 127-145.

[5] XU S, LI L, AN X. Do academic inventors have diverse interests [J]? Scientometrics, 128 (2): 1023-1053.

[6] CRESPI G, D'ESTE P, FONTANA R, et al. The impact of academic patenting on university research and its transfer [J]. Research Policy, 2011, 40 (1): 55-68.

（徐硕 张跃富 撰稿/李杰 审校）

162. 学术影响力
（academic influence）

学术影响力（academic influence或译为academic impact、scientific impact）是科研管理工作中进行科研绩效评估的重要指标之一，通常用于衡量学术活动主体、成果及载体在学术界的覆盖范围和重要性，以及它们被同行认知、认可和利用的程度。由于科研活动的复杂性，学术影响力具有丰富的内涵和多样化的测度方法。

从学术活动主体的范围来看，学术影响力可以分为国家或区域学术影响力、机构学术影响力、学者学术影响力等；从学术活动成果来看，学术影响力包括论文学术影响力、图书学术影响力、专利学术影响力、软件学术影响力等；从影响力所产生的场域来看，学术影响力包含传统媒体影响力、网络影响力等。也有学者从学术影响力的产生过程进行剖析，将其分为原生影响力和次生影响力，线下影响力和在线影响力等。从测度方法上来看，目前学术影响力评价主要包括两大方面：一是以同行评议（peer review）为代表的定性方法；二是以科学计量方法（scientometrics）为代表的定量方法。尽管学术影响力有多种类型，但对其的测度都需落到可观察、可评阅的具体形式上，通常是学术活动的产出成果，特别是其中最为重要和常见的论文。对于论文的学术影响力，可以通过同行专家从专业及学术角度对其创新性、科学性和应用价值等展开评价，也可以通过发表刊物、论文类别、被转载、被引用、被收录、被使用以及获奖等表现形式来加以测量。对于国家或区域、机构、学者、期刊等学术影响力评估对象，往往是在学术成果评价的基础上，结合评估对象的其他特征和测度目标，从科研管理的角度构建多样化的指标。

学术影响力的界定和测度是科研管理工作中的重要组成部分，也是科学评价关注的重要因素。但由于其复杂性，目前并无统一定论，与科研评估类似，在实践中也需要考虑到学科差异、数据的局限性、技术和社会环境变化等因素。

参考文献（references）：
[1] VAN HOUTEN B A, PHELPS J, BARNES M, et al. Evaluating scientific impact [J]. Environmental health perspectives, 2000, 108（9）: A392-A393.
[2] 曹艺, 王曰芬, 丁洁. 面向学术影响力评价的科技文献引用与下载的相关性研究 [J]. 图

书情报工作,2012,56(08):56-64.

[3] 郭凤娇,赵蓉英,孙劭敏.基于科学交流过程的学术论文影响力评价研究——以中国社会科学国际学术论文为例[J].情报学报,2020,39(04):357-366.

(刘晓娟 撰稿/赵蓉英 审校)

163. 研究前沿
（research fronts）

研究前沿（research fronts）是科学研究中特定时期内新兴的、活跃的研究方向或研究主题。该概念最初由"科学计量学之父"Derek J. de Solla Price 在1965年提出，他将研究前沿描述为科学生长的"尖端"或"表皮层"，是科学家近期经常引用的一组文献。

在Derek J. de Solla Price研究前沿理论的基础上，科学计量学者提出了应用文献共被引分析进行研究前沿探测的方法，该方法的代表性学者有Henry Small、Belver C. Griffith、Eugene Garfield以及陈超美等。在基于共被引分析法探测研究前沿的实践中，中国科学院与科睿唯安基于文献共被引技术和ESI数据库发布的《研究前沿》系列报告，以及陈超美开发的CiteSpace软件颇具行业影响力。除此之外，文献耦合和直接引文分析法也是研究前沿探测的常用方法，例如：Steven A. Morris就采用文献耦合的方法对炭疽病领域的文献进行聚类分析，通过时间线视图揭示该领域研究前沿的发展、消亡趋势；MuHsuan Huang等利用文献耦合联合滑动时间窗的方法对研究前沿进行探测等。而直接引文分析探测研究前沿的学者主要有Eugene Garfield、Richard Klavans、Naoki Shibata等，通过文献间的直接引用的相关特征来识别研究前沿。除了上述基于引文的方法外，共词分析、词频分析、突发词检测、LDA主题模型等也是研究前沿识别的常用方法。共词分析法以词与词在同一篇文献中出现的次数为基础，对词对的亲疏关系进行分析，从而进行研究前沿的识别；而词频分析法则通过跟踪主题词词频指标的变化来识别研究前沿。在研究前沿数据源方面，由最开始的论文数据逐步向基金项目数据、规划文本数据等多源数据发展。在研究前沿类型方面逐步出现了潜在研究前沿、新兴研究前沿、热点研究前沿等概念。

不同的研究前沿识别方法各有利弊：例如，采用共被引分析法得到的研究前沿存在一定的滞后性，而且容易遗漏处于结构洞位置或边缘地带的文献；文献耦合分析法虽能从一定程度上降低共被引分析法的滞后性，但被引文献在耦合文献中所起到的作用可能不同甚至相反，而且耦合关系一经确定，则很难发生变化。直接引文分析能够及时获得最新的研究前沿，但获取足够文献通常耗费时间比较长。词频分析法比较简单，但容易受到学者用词习惯等人为因素和分词技术等的影响，而共词分析法虽然可以快速对某一主题领域进行聚类，但同样无法避免词频分析法的弊端。

在科学知识发展的过程中，研究前沿并不是静态的，而是随时间不断演化的。除了对研究前沿进行探测外，科学计量学者也展开了对其发展演化规律的探索，例如研究前沿的迁移、研究前沿随时间线的变化、研究前沿结构变换模型等。目前，研究前沿的追踪、演化已被应用于监测和分析科学研究的发展脉络、识别科技创新突破口和生长点。

值得注意的是，情报学意义上的研究前沿更倾向于研究热点，与自然科学领域的研究前沿（research frontier）存在差别。为促成共识，情报学家进一步将研究前沿细分为热点研究前沿、新兴研究前沿、潜在研究前沿、衰弱研究前沿，或新兴前沿、增长前沿、稳定前沿、收缩前沿、退出前沿等，目前有关研究前沿的探索仍是科学计量学领域面临的重大难题。

参考文献（references）：

[1] PRICE D J D S. Networks of scientific papers [J]. Science, 1965, 149（3683）: 510-515.

[2] SMALL H, GRIFFITH B. The structure of scientific literatures I: identifying and graphing specialties [J]. Science studies, 1974, 4（1）: 17-40.

[3] MORRIS S A, YEN G, WU Z, et al. Time line visualization of research fronts [J]. Journal of the American society for information science and technology, 2003, 54（5）: 413–422.

[4] GARFIELD E. Research fronts [J]. Current contents, 1994, 41（10）: 3-7.

[5] PERSSON O. The intellectual base and research fronts of JASIS 1986–1990 [J]. Journal of the American society for information science, 1994, 45（1）: 31-38.

（梁国强 周秋菊 撰稿/白如江 李杰 审校）

164. 一阶科学与二阶科学
（first-order science and second-order science）

一阶科学（first-order science）是指以自然界所构成的物质世界和精神世界为研究对象的科学，如研究物质最一般的运动规律和物质基本结构的物理学研究，在原子、分子水平上研究物质的组成、结构、性质、转化及其应用的化学研究，探索生命现象和生命活动规律的生物学，研究行为和心理活动的心理学研究等自然科学与人文社会科学研究。

二阶科学（second-order science）是以一阶科学为研究对象，在一阶科学研究的基础上进行二次研究，类似于二阶导数是对一阶导数求导。科学学和科学计量学的学科性质都属于典型的二阶科学。普赖斯曾指出："科学的科学，如同历史的历史一样，是一项具有头等重要性的二阶主题（second-order subject）。"它不是直接研究自然和社会一阶信息或一阶主题，而是对科技活动及其管理活动的特定社会现象二阶信息作为二阶主题进行分析，其中往往要透过科技活动的结果即科技文献等二阶信息来考察现实的科技活动。

参考文献（references）：

[1] PRICE D J D. The science of science [J]. Discovery, 1956, 17：159-180.
[2] UMPLEBY S A. Second-order science：logic, strategies, methods [J]. Constructivist foundations, 2014, 10(1)：16-23.
[3] MÜLLER K H, RIEGLER A. Second-order science：avast and largely unexplored science frontier [J]. Constructivist foundations, 2014, 10（01）：7-15.
[4] MÜLLER K H. Second-order science：the revolution of scientific structures [M]. Wien：edition echoraum, 2016.
[5] MALNAR B, MÜLLER K H. Surveys and reflexivity：a second-order analysis of the European social survey（ESS）[M]. Wien：edition echoraum, 2015.

（陈悦 撰稿）

165. 异质性网络
（heterogeneous network）

异质性网络（heterogeneous network）也称异构网络，是由多种不同类型的节点和连接组成的复杂网络。在异质性网络中，节点可以是不同的实体，如人、物、事件、地点等，而连接可以是不同的关系，如引用、合作、购买、评论、赞等关系。与同质性网络相比，异质性网络包含更丰富的信息和更复杂的结构，这使得异质性网络研究有着更加丰富的应用，但同时也存在着更大的挑战。

异质性网络广泛存在于社交网络、引文网络、蛋白质相互作用网络、交通网络、电影网络、互联网和工程等领域。例如，在社交网络中，用户、帖子和评论可以被视为网络的节点，它们之间的关系构成了网络的连接；在引文网络中，作者、论文、机构可以被视为节点，它们之间的相互关系构成异质网络中的连接；在电影网络中，演员、电影和导演可以被视为网络的节点，它们之间的相互作用则构成了网络的连接；异质性网络中节点和连接关系的复杂性和多样性使得异质性网络具有了很多研究和应用的价值。异质性网络如图1所示。

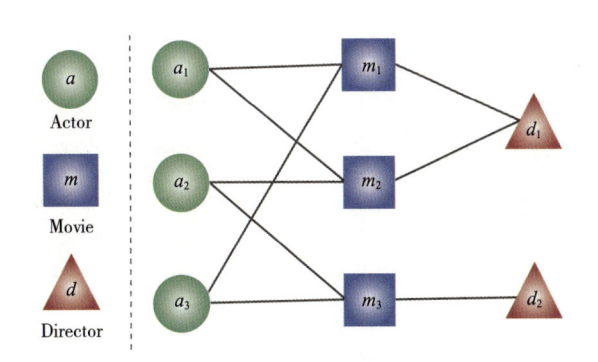

图1　异质性网络示意图（电影网络）

异构网络中节点和连接的异质性给网络的建模和分析带来了挑战，传统的网络分析方法难以直接应用于异构网络。尽管当作一个一级近似我们可以忽略顶点和连边的异质性先完全按照同质网络先来完成初步分析，更多的问题需要考虑到异质性的分析方法来回答。因此，如何有效地表示异构网络中的节点和连接，成为异构网络研究的核心问题。近年来，深度学习技术的发展为异构网络研究带来了新的思路。研究人员提出了一系列基于深度学习的异构网络表示学习方法。这些方法通过将异构网络中的节点和连接映射到低维向量空间，实现了异构网络的表示学习。通过学习到的向量表示，我们可以对异构网络进行分类、聚类、预测和推荐等任务。

异构网络作为复杂网络的一种形式，具有广泛的应用前景。随着复杂网络的不断发展，异构网络的表示学习方法将会在更多的应用领域得到应用。

参考文献（references）：

［1］WANG X，JI H，SHI C，et al. Heterogeneous graph attention network［C］. The world wide web conference. 2019：2022-2032.

［2］WANG K，SHEN Z，HUANG C，et al. A review of microsoft academic services for science of science studies［J］. Frontiers in big data，2019，2：45.

［3］SHI C，LI Y，ZHANG J，et al. A survey of heterogeneous information network analysis［J］. IEEE transactions on knowledge and data engineering，2016，29（1）：17-37.

（曾安 撰稿/吴金闪 李杰 审校）

166. 引文半衰期
（citation half-life）

1958年美国学者约翰·贝尔纳（John D. Bernal）首先提出用"半衰期"（half life）来衡量文献老化速度。所谓"半衰期"，是指某学科领域尚在利用的全部参考文献中的一半是在多长一段时间内发表的。文献的"半衰期"因其学科性质、学科稳定性、文献类型不同而有不同的值。从引证的角度看，引文半衰期可分为引用半衰期和被引半衰期两大类。

引用半衰期（citing half-life）是指该期刊引用的全部参考文献中，较新一半是在多长一段时间内发表的。引用半衰期反映的是文献老化的速度。引用半衰期较长，说明期刊本身引用的参考文献年代更为久远。计算期刊文献引用半衰期的一般方法为：在给定时间窗口（统计年）中，由后往前计算该期刊在统计年所刊载文献引用其他文献（即参考文献）的逐年累计频次。

被引半衰期（cited half-life）是测度期刊老化速度的一种指标，指某一期刊在某年被引用的全部次数中较新的一半引文文献发表的时间跨度。一般来说，最新发表的文献总是引起最多研究者的关注和引用，但随着时间的推移，人们对它的关注程度会逐渐弱化，其被引率会逐渐减少，也就意味着期刊的生命力会逐渐衰退。被引半衰期的计算方法和引用半衰期的方法类似，只是计算对象不同而已。

在统计某种期刊的被引频次时，有一点值得注意的是：该期刊的某篇文献被同一篇引证文献不论引用了多少次，一般来说都以一次计算。引用半衰期可以从不同角度了解一份期刊与其同行的关系，包括哪些期刊被它引用最多以及这种施引关系延伸到多远。被引半衰期可代表该期刊文章影响力衰退的速度，数值越大则代表影响力持续时间越久，数值越小则代表影响力持续时间越短。通常社会科学领域期刊的被引半衰期相对较长；研究型期刊被引半衰期相对较长，时效性期刊被引半衰期相对较短。

参考文献（references）:
[1] BERNAL J D. The transmission of scientific information: a user's analysis [C]. Proceedings of the International Conference on Scientific Information, Washington, DC. 1958, 1: 77-95.
[2] BURTON R E, KEBLER R W. The "half-life" of some scientific and technical literatures [J]. American documentation, 1960, 11 (1): 18-22.

[3] EGGHE L, RAO I, ROUSSEAU R. On the influence of production on utilization functions: obsolescence or increased use? [J]. Scientometrics, 1995, 34 (2): 285-315.

（黄颖 肖宇凡 撰稿/张琳 步一 审校）

167. 引文分析
（citation analysis）

引文分析（citation analysis）是综合运用数学、统计学方法以及比较、归纳、抽象、概括等逻辑方法，对科学期刊、论文、著者等各种分析对象的引用与被引用现象进行分析，旨在揭示其数量特征和内在规律的一种文献计量分析方法。一般来说，科学知识之间存在关联，具有继承性、累积性和创新性等特点，科学文献之间的相互关系突出地表现在相互引用方面。例如，学术论文或著作往往都会通过尾注或脚注等形式列出其"参考文献"或"引用书目"。

作为文献计量学领域的经典方法，引文分析拥有着悠久的历史。1873年，"谢泼德引文"（Shepard's Citation）在美国出版，是世界上最早出现的引文索引。1917年，科尔（F. J. Cole）和伊尔斯（N. B. Eales）将引文分析方法应用于文献计量研究。1927年，P.L.K. Gross等人对化学教育杂志引文进行了分析，评价了期刊的重要性。1955年，加菲尔德（E. Garfield）在 Science 上发表了题为"科学引文索引"（Citation Indexes for Science）的论文，系统地提出了通过引文索引来对科技文献进行检索的方法；随后编撰了科学引文索引（Science Citation Index，SCI；1963）、社会科学引文索引（Social Science Citation Index，SSCI；1973）和艺术与人文科学引文索引（Arts & Humanities Citation Index，A&HCI；1978）等，开启了从引文角度来研究文献及科学发展动态的新阶段。开放网络环境下，PubMed、Embase、CiteSeerX、Scopus、Google Scholar等数据库相继创立，引文分析进入新时代，出现了基于内容的引文分析、全文本引文分析等新内容。

引文网络（citation network）是科学文献之间通过相互引证所形成的一种关系结构，主要包括共被引网络、引文耦合网络、互引网络、自引网络等。1965年，借助于刊行不久的《科学引文索引》，普赖斯在 Science 上发表论文"Networks of Scientific Papers"，创造性地研究了科学论文之间的引证和被引证关系，以及由此形成的"引证网络"。1979年E.Garfield提出了"引文集中现象"，就当时的统计数据，认为对于整个自然科学来说，各学科的核心期刊总和不会超过1 000种，甚至可能只有500种。对于单一学科来说，则集中的程度因学科、专业而异。一个学科所需要的"尾部期刊"，绝大多数构成其他学科的核心期刊。

自20世纪20年代产生以来，引文分析法获得了普遍重视和应用。特别是SCI和JCR的问世，为其应用提供了极为有利的条件和工具。具体应用包括：测定学科的影响和重要性；研究学科结构；研究学科情报源分布；确定核心期刊；研究科学交流和传递规律；研究文献老化和利用规律；研究情报用户的需求特点；科学水平和人才的评价；等等。在现代学术研究中，引文分析已成为一项不可或缺的研究方法和学术评价手段。引文分析的基本步骤通常包括：①选取研究对象。根据研究目的，选择有代表性、具有权威性的文献，例如重要期刊、高引用率的论文等。②收集引文数据。对选定的研究对象进行引文收集，包括引文数量、引文出版年份、引文文献类型、引文作者自引数量等信息。③进行引文分析。对引文数据进行统计和分析，包括引文量的分布、集中趋势和离散趋势分析，引文量随时间增长的趋势分析等。同时，还可从引文作者、国别、语言等方面进行分析。④作出结论。根据引文分析结果，作出相应的结论，评价文献的学术质量、研究水平、学术影响等。此外，还可以通过引文分析预测研究趋势、发现新的研究方向等，为学术研究提供指导和支持。

但是，引文分析系列问题不容忽视，例如基础理论的不完善、引用过程中存在的不足、指标和数据库的缺陷、引文分析应用与实践的局限等。具体来说：①文献被引证并不完全等于重要。例如，有些具有错误观点或结论的论文，后人出于批评商榷，被引次数可能很高。被引次数较少的文献也不能一概认为不重要，它受到许多因素的限制，如发表的时间、语种、学科专业等。②作者选用引文受到可获得性的影响。已有研究指出，著者引证的文献，大部分是个人收藏的文献，小部分是就近可得的资料。著者选用参考文献以方便为准则，同时还要受到著者语言能力、文献本身年龄和流通状况的影响。③引文关系上假联系的影响。两篇论文可能出于完全不同的原因或从不同的角度引证同一篇早期文献，一篇可能是引证其方法，另一篇可能是引证其结果，那么这两篇文献在内容上的联系就可能是虚假的。在目前的引文分析中，对它们都是同等看待、不加区分的。这样也容易造成假关系。④马太效应的影响。一种期刊因为发表名人的文章而为众人所引证，以至于引起连锁反应，结果其被引率很高。这种马太效应的心理作用掩盖和影响着文献引证的真实性。

随着结构化数据的出现和开放获取运动的兴起，引文分析不断深化和拓展，从引文分析1.0到引文分析3.0演进。①引文分析1.0。20世纪60年代前，主要为手工统计和小规模数据的计量分析。②引文分析2.0。20世纪60年代后，大规模引文索引数据库的相继创建大大便利了引文分析的研究和应用。③引文分析3.0。21世纪以来，随着全文本数据库的蓬勃兴起，基于全文本的引文分析得以快速发展，其最显著的特征是依托全文科学文本中的引文空间信息，反映施引文献全文与其被引文献之间交集内容的知识流动，并拓展为完整的引文时空结构与分布理论。

参考文献（references）：

[1] COLE F J, EALES N B. The history of comparative anatomy: Part I.—a statistical analysis of the literature [J]. Science progress (1916-1919), 1917, 11 (44): 578-596.

[2] GARFIELD E. Citation indexes for science [J]. Science, 1955, 122 (3159): 108-111.

[3] PRICE D J D S. Little science, big science [M]. Columbia University Press, 1963.

[4] SMALL H. Co-citation in the scientific literature: a new measure of the relationship between two documents [J]. Journal of the American society for information science, 1973, 24 (4): 265-269.

[5] WHITE H D, GRIFFITH B C. Authors as markers of intellectual space: co-citation in studies of science, technology and society [J]. Journal of documentation, 1982, 38 (4): 255-272.

[6] MCCAIN K W. Cocited author mapping as a valid representation of intellectual structure [J]. Journal of the American society for information science, 1986, 37 (3): 111-122.

[7] 胡志刚. 全文引文分析 [M]. 北京：科学出版社, 2016.

[8] 邱均平. 信息计量学 [M]. 武汉：武汉大学出版社, 2007.

[9] GROSS P L K, GROSS E M. College libraries and chemical education [J]. science, 1927, 66 (1713): 385-389.

[10] PRICE D J D S. Networks of scientific papers: The pattern of bibliographic references indicates the nature of the scientific research front [J]. Science, 1965, 149 (3683): 510-515.

（林歌歌 杨思洛 撰稿/李杰 审校）

168. 引文桂冠奖
（Citation Laureate）

引文桂冠奖（Citation Laureate，https：//clarivate.com/citation-laureates/）是科睿唯安专门用于预测诺贝尔奖及表彰诺奖级科学家的奖项，包括物理学奖、化学奖、生理学或医学奖和经济学奖。2002—2022年，引文桂冠奖共颁发给395人（396人次，日本科学家Yoshinori Tokura因不同研究成果2次获得引文桂冠奖），其中71人已经获得了诺贝尔奖（截至2022年诺贝尔奖颁布后的统计）。

引文桂冠奖的基本原理是：反映学术影响力的引用记录与同行评议之间高度关联。有大量实证研究指出，引用数据和同行评议结果正相关。科学社会学创始人罗伯特·默顿（Robert Merton）在科学引文索引（Science Citation Index，SCI）创始人尤金·加菲尔德博士的专著《引文索引法的理论及应用》（Citation Indexing：Its Theory and Application in Science，Technology，and Humanities）的序言中指出：引用是通过公开承认利用过别人著作这一唯一形式来偿还知识上的债务（repay intellectual debts in the only form in which this can be done：through open acknowledgment of them）。此书中文版于2004年在北京图书馆出版社出版，南京农业大学的侯汉清教授等译。某种意义上可以说，引用行为本身也是一种同行评议。

统计数据表明，被引次数超过1 000次的文章是稀少的。截至2022年中，Web of Science核心合集数据库中1970—2021年的论文（研究性论文和会议论文），引用次数超过1 000次的不到30 000篇（0.05%左右），引用次数超过2 000次的不到8 000篇（0.01%左右）。自2002年以来，科睿唯安的分析师们每年都会基于Web of Science平台上的论文和引文数据，遴选诺贝尔奖奖项所涉及的生理学或医学、物理学、化学及经济学领域中全球最具影响力的顶尖研究人员。首先关注那些被引频次极高的论文，综合学科差异及引文的时间趋势分布等因素，分析集中在某一项成果的引文，评估研究成果的意义，然后识别其中的主要贡献者，再辅助以"风向标"的各类奖项，如生理学或医学领域的拉斯克奖（Lasker Awards），从而将"引文桂冠奖"授予这些领域最具影响力的科学家和经济学家。获选科学家的研究成果的被引用频次通常排在全球前万分之一（0.01%），他们对科学发展作出了变革性的甚至革命性的贡献。通常认为，引文桂冠奖获得者已经做出了诺贝尔奖级别的研究成果，其在当年或未来若干年后有可能获得诺贝尔奖。

表1　1970—2021年Web of Science中论文的引用分布

编号	被引分布	论文量	累计论文量	占比%
1	100 000–254 085	4	4	0.000 007 2%
2	50 000–99 999	15	19	0.000 034 3%
3	10 000–49 999	371	390	0.000 704 2%
4	5 000–9 999	981	1 371	0.002 475 4%
5	3 000–4 999	2 195	3 566	0.006 438 7%
6	2 000–2 999	4 031	7 597	0.013 716 9%
7	1 000–1 999	20 906	28 503	0.051 464 3%
8	0–999	55 355 574	55 384 077	100.000 000 0%

截至2022年底，12位华人获得引文桂冠奖。其中，钱永健先生在2008年获得引文桂冠奖，并于当年获得了诺贝尔化学奖。其他11位华人是：杨培东（2014年，物理）、张首晟（2014年，物理）、邓青云（2014年，化学）、钱泽南（2014年，生理学或医学）、王中林（2015年，物理）、张锋（2016年，化学）、卢煜明（2016，化学）、张远（2017年，生理学或医学）、戴宏杰（2020年，物理）、李文渝（2022年，生理学或医学）以及鲍哲南（2022年，化学）。

参考文献（references）：

[1] VAN NOORDEN R, MAHER B, NUZZO R. The top 100 papers [J]. Nature news, 2014, 514（7524）: 550.

[2] GUENTHER C, LEHMANN E E, DAVID B. Audretsch: Clarivate Citation Laureate 2021 [J]. Small business economics, 2022: 1-6.

[3] GARFIELD E, MALIN M V. Can Nobel Prize winners be predicted? p.1-17, 1968. Presentation（Unpublished）, No: 166. Paper presented at 135th Annual Meeting, AAAS, Dallas, TX, USA. December 26-31, 1968.

[4] GARFIELD E, WELLJAMS-DOROF A. Of Nobel class: A citation perspective on high impact research authors [J]. Theoretical medicine, 1992, 13（2）: 117-135.

（宁笔 撰稿/李杰 岳卫平 审校）

169. 引文俱乐部效应（citation club effect）

"引文俱乐部效应"（citation club effect）这一概念最初出现在关于精英科学家大量引用对方成果的研究中，被用于描述科研人员互相引用形成引用"小圈子"的现象。这些研究人员可能是彼此认识或在同一个研究项目中工作而彼此熟悉对方的研究。该俱乐部内部成员的大规模相互引用（可能基于学术价值或关系，也可能两者兼具）以及互相推荐彼此的研究成果，可以在学术发表中形成一个"引文俱乐部"。引用可能来自俱乐部中的作者本身（self-citation）或者其他俱乐部成员（within-institute citation或within-country citation）。引文俱乐部效应不仅提高了俱乐部成员的个体学术声誉，也提升了俱乐部自身的整体学术影响力。已有研究从谁引用的视角研究发现，中国论文成果的引用存在较强的"俱乐部互引"效应，从而提出了中国学术影响力快速上升的另一个可能性解释。

引文俱乐部是一个复杂的现象，其在知识扩散和科研评估方面可能会产生双向影响。一方面，这种现象可以促进知识的传播和共享，并帮助学者确定研究热点和前沿。另一方面，引文俱乐部也可能导致一些问题。例如，俱乐部内的部分论文被频繁引用，而俱乐部外的其他优秀但相对冷门的论文则被忽略或被忽视。这种现象可能会导致学术成果的多样性和创新性受到限制。此外，一些学者和机构可能会故意制造引文俱乐部效应，如在某些强调引用相关指标的国家和地区，引文俱乐部效应的发生可能暗示着群体内部的不当自引。

因此，引文俱乐部有助于扩大研究成果的影响力，提高研究成果在学术界和社会中的认可度；但它也可能导致引用偏差或不同领域、学派、观点之间的信息孤岛现象，导致学者忽视某些重要的研究成果，甚至进一步影响学术研究的严谨性。俱乐部成员之间的不当内部引用，也会给定量文献计量指标的可靠性带来严重威胁。

参考文献（references）：

[1] OPSAHL T, COLIZZA V, PANZARASA P, et al. Prominence and control: the weighted rich-club effect [J]. Physical review letters, 2008, 101 (16): 168702.

[2] COLIZZA V, FLAMMINI A, SERRANO M A, et al. Detecting rich-club ordering in complex networks [J]. Nature physics, 2006, 2 (2): 110-115.

[3] TANG L, SHAPIRA P, YOUTIE J. Is

there a clubbing effect underlying Chinese research citation increases？［J］. Journal of the association for information science and technology，2015，66（9）：1923-1932.

［4］GAIN M，SONI N，BHAVANI S D. Detection of potential citation clubs in bibliographic networks［M］. In：Saraswat, M., Roy, S., Chowdhury, C., Gandomi, A.H.（eds）Proceedings of international conference on data science and applications. Lecture notes in networks and systems，287. Springer，Singapore.2022.

（唐莉 胡丽云 刘维树 撰稿/李杰 审校）

170. 引文空间模型
（citation space model）

引文空间模型（citation space model）是由美国德雷塞尔大学陈超美教授于2006年提出的，基于参考文献共被引网络与施引文献之间的关联关系所建立的研究前沿（research fronts）与知识基础（intellectual bases）之间的映射关系模型，如图1所示。在该理论模型的基础上，陈超美设计了若干指标以识别文献网络中的重要变化，开发了著名的CiteSpace引文空间分析软件，并以生物灭绝和全球恐怖主义论文数据进行了实证研究，使得引文空间任务的快速分析成为现实。目前，引文空间分析模型已经广泛地应用在领域知识基础、研究前沿、科技态势以及智库研究中。

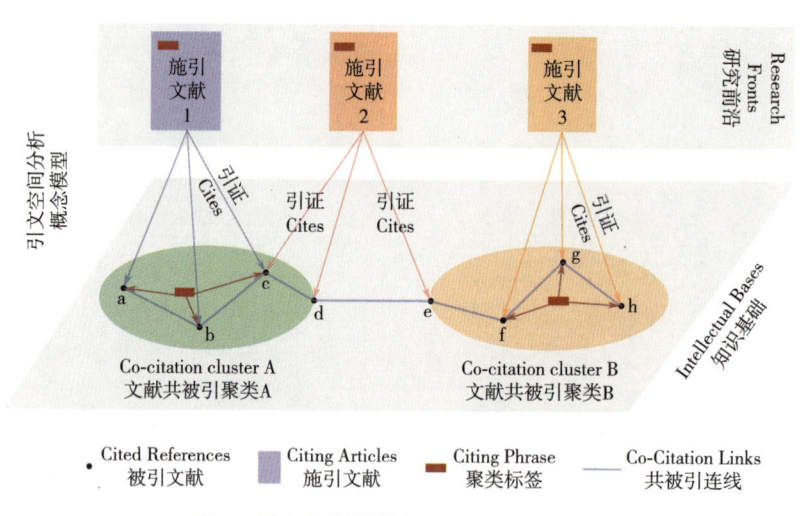

图1 引文空间模型（Chen CM，2016）

引文空间理论具体可以表述为：一个研究领域可以被概念化成一个从研究前沿 $\Psi(t)$ 到知识基础 $\Omega(t)$ 的时间映射 $\Phi(t)$，即 $\Phi(t): \Psi(t) \to \Omega(t)$。CiteSpace实现的功能就是能够识别和显示 $\Phi(t)$ 随时间发展的趋势或者突变。$\Psi(t)$ 是一组在 t 时刻与新趋势和突变密切相关的术语（term，也称为主题词），这些术语被称为前沿术语。$\Omega(t)$ 由前沿术语出现的文章所引用的大量参考文献组成，对它们之间的关系总结如下：

$$\Phi(t): \Psi(t) \rightarrow \Omega(t)$$

$$\Psi(t) = \left\{ term \middle| \begin{array}{l} term \in S_{Title} \cup S_{Abstract} \cup S_{descriptor} \cup S_{indentifier} \\ \wedge IsHotTopic(term,t) \end{array} \right\}$$

$$\Omega(t) = \left\{ article \middle| \begin{array}{l} term \in \Psi(t) \wedge term \in article_0 \\ \wedge article_0 \rightarrow article \end{array} \right\}$$

式中，S_{Title} 表示一系列从标题中提取的专业术语，$IsHotTopic(term,t)$ 表示布尔函数，$article_0 \rightarrow article$ 表示 $article_0$ 引用 $article$。

引用空间模型自提出和嵌入CiteSpace软件以来，在科学研究领域已经得到了广泛的应用，所应用的领域不仅涉及科学计量学、科技政策以及学科情报等领域，且已经逐渐成为其他领域学者基于文献信息进行领域综述分析和前沿态势感知的重要模型。

参考文献（references）：

[1] CHEN C. Searching for intellectual turning points: progressive knowledge domain visualization [J]. Proceedings of the national academy of sciences, 2004, 101 (suppl): 5303-5310.

[2] CHEN C. CiteSpace II: detecting and visualizing emerging trends and transient patterns in scientific literature [J]. Journal of the American society for information science and technology, 2006, 57 (3): 359-377.

[3] CHEN C, IBEKWE-SANJUAN F, HOU J. The structure and dynamics of cocitation clusters: a multiple-perspective cocitation analysis [J]. Journal of the association for information science & technology, 2010, 61 (7): 1386-1409.

（李杰 撰稿/胡志刚 审校）

171. 引用动机
（citation motivation）

引用是科学信息传播的重要形式，出版物之间的科学引用行为已长期存在。早期引文规范理论认为，引用是科学家在交流中运用信息的核心环节，科学家通过引用某出版物，一方面寻找具有支持力的证据和被认可的权威，使读者认可其论述知识内容；另一方面则给予赞誉，对出版物产生正向影响。然而，一些社会学家和心理学家对引文过程的规范性假设提出质疑，重新审视并评估引文的有效性。Martyn（1975）提出了主观性和引用行为的关系问题，尽管引用表明该出版物与其参考文献存在关联，但作者的引用动机尚不明确。很多研究学者也持类似观点，认为对基于不同引用动机的引用行为一视同仁失之偏颇，科学家在尚未清楚地理解复杂引用动机的前提下，难以评估其引用影响，应在明确引用动机的基础上研究引用行为，以免得出错误结论。

引用动机（citation motivation）指的是引用方为实现某种目标，在一定的价值评估基础上引用其他人（或出版物）观点、思想、方法，以帮助其实现既定目标的行为。1962年，Garfield根据引用在文本中出现的位置、语言内容、其使用方式的变化、差异和规律性等详细列举了15种引用动机，分别是：①向先驱者表示敬意；②给予相关作品荣誉和赞赏；③识别方法等；④提供背景资料；⑤修改作者本人的研究；⑥修改他人的研究；⑦评论前人的研究；⑧证实本人的论点；⑨展望研究前景；⑩对缺乏传播或未引用的研究提供指导；⑪证明事实数据及事实等级；⑫确认原出版物；⑬识别原出版物描述一个用人命名的概念或项目；⑭否认他人的研究或观点；⑮与前人观点形成讨论。Lipetz（1965）在此基础上进一步提出了引文动机的28种分类。以上引文动机分类均出于对引文目的充分肯定，即在引证过程中不同程度地反映科学发展、信息交流、知识继承、发展与利用的客观情况，为引用动机研究奠定了概念性基础。

后续研究通过继续挖掘引用在施引文献中的位置及内容，对引用动机按照由浅入深的类别进行了区分，如图1所示。大量研究者的引用行为出现于文章的背景内容位置，即引用他人文献作为历史性背景信息，如描述相关工作、列举相关案例、对相关工作给予尊重和敬意等，其引用的重要程度略低于文章理论、方法、和结论位置引用。在理论与方法位置引用的动机强度明显提升，其引用内容可以视为当前研究的主要思想指导或方法支撑。在结论位置的引用尤为重要，通过比较、讨论、证实或证伪等，影响施引文献形成新结论、新观点和新贡献。

浅

背景引用
1. 提供历史背景资料
2. 给相关工作以赞赏
3. 描述其它有关作品
4. 对开拓者表示尊重
5. 提供研究者现有作品
6. 对未被传播、很少被标引或未被引证的文献提供向导
7. 核对原始资料中某个观点或概念是否被讨论过
8. 核对原始资料或其他著作中的起因人物的某个概念或名词
9. 目录学指导
10. 记叙
11. 事例
12. 将目前的工作和以前的工作联系起来

理论/方法/数据引用
1. 理论性因素的利用
2. 方法论利用
3. 信息或数据利用
4. 与已有数据进行比较
5. 与已有理论形成讨论
6. 与已有方法形成讨论
7. 提出一个理论或方法，或不适用、或是否最佳选择

结论引用
1. 修改作者本人的作品
2. 修改他人的作品
3. 评论前人的作品
4. 证实自己的论点
5. 与他人观点形成讨论
6. 证明事实数据及事实等级
7. 否认他人的作品或观点
8. 核对原始资料中某个观点或概念是否被讨论过
9. 深入细致讨论自己的观点
10. 对他人的优先权要求提出争议
11. 与他人作品进行比较，突出该作品贡献
12. 展望研究前景

深

图1　基于位置的引用动机分类

基于情感倾向的分类是当前另一种引用动机分类的重要方式，一般分为肯定性引文、否定性引文、混合性引文（既表达肯定又表达否定的情况）和中立性引文（既不作明确的认可也不作完全否定）。此外，逐渐出现褒扬引用、敬意引用、赞同引用、加强论证、反驳引用、启发引用等包含情感倾向的细分引用动机。

有研究学者认为引用行为并非均遵循学术出版程序和相关约定，受到多种因素共同作用，包括：①社会环境，如目标受众、期刊导向、出版要求等；②个人因素，如研究者个人的偏见、态度、观点、学科知识储备、跨学科知识背景等；③利益驱动，如为阿谀某人的引用、以自诩为目的的引用、为相互吹捧而带有偏见的引用、为支持某一观点的引用、为维护某一学术研究派别利益的不正常引用，以及因迫于某种压力的引用等。

参考文献（references）：

[1] BROOKS T A. Evidence of complex citer motivations [J]. Journal of the American society for information science, 1986, 37 (1): 34-36.

[2] CHUBIN D E, MOITRA S D. Content analysis of references: adjunct or alternative to citation counting? [J]. Social studies of science, 1975, 5 (4): 423-441.

[3] CRONIN B. The Citation process. The role

and significance of citations in scientific communication [M]. London: Taylor Graham, 1984.

[4] CULLARS J. Citation characteristics of Italian and Spanish literary monographs [J]. The library quarterly, 1990, 60 (4): 337-356.

[5] DUNCAN E B. Qualified citation indexing: its relevance to educational technology [EB/OL]. [2023-05-25]. https://eric.ed.gov/?id=ED207567.

[6] GARFIELD E. Can citation indexing be automated? [J]. Essays of an information scientist, 1962, 1: 84-90.

[7] LIPETZ B A. Problems of citation analysis: critical review [J]. American documentation, 1965, 16 (381-390): 10.

[8] LIU M. A study of citing motivation of Chinese scientists [J]. Journal of information science, 1993, 19 (1): 13-23.

[9] MARTYN J. Citation analysis [J]. Journal of documentation, 1975, 31 (4): 290-297.

[10] OPPENHEIM C. Do citations count? Citation indexing and the research assessment exercise (RAE) [J]. Serials: The Journal for the Serials Community, 1996, 9 (2): 155-161.

[11] SNYDER H W, BONZI S. An enquiry into the behavior of author self citation [C]. ASIS. 1989, 89: 147-151.

[12] WEINSTOCK M. Citation indexes. Encyclopaedia of library and information science [M]. New York: Marcel Decker, 1971.

（付慧真 熊文靓 撰稿/李杰 审校）

172. 引用认同
（citation identity）

引用认同（citation identity）是指某作者引用的所有作者的集合（the set of all authors whom an author cites is defined as that author's citation identity）。2001年，美国科学计量学家H.D.White在论文"Authors as citers over time"中首次提出引用认同概念。引用认同如图1所示。

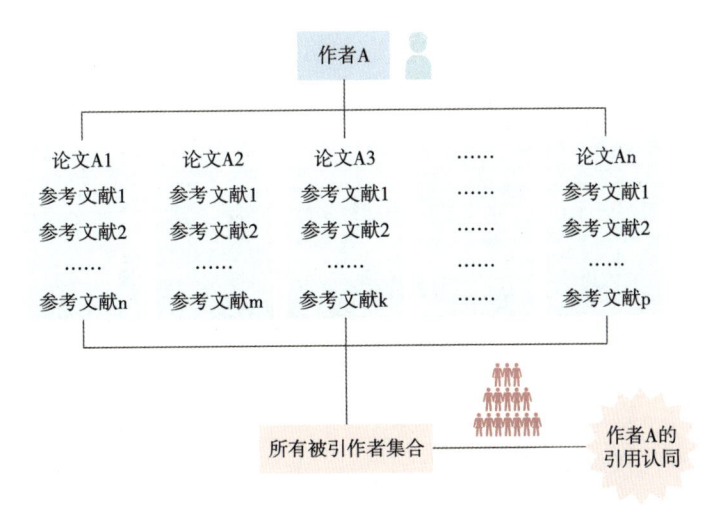

图1　引用认同示意图

引用认同是一种以人为中心的分析思路，具有深厚的科学社会学底蕴，强调了论文作者在参考文献形成过程中的关键作用和主观能动性，能帮助分析者更好地考察研究对象在学术界受谁影响、认可谁，为引文分析研究开辟了新的视角。目前，这一术语已成为引文分析理论中的基础性概念，为我们更好地理解施引者与被引者的关系提供了一个简单但深刻的思考框架。在作者影响力研究中，综合使用高被引作品、引用认同、引用形象（citation image）、合作者、施引群体等概念进行分析能让我们获得比单纯使用被引次数更加丰富的认识。

这一概念最初并未在国内学术界引发关注，直到2009年9月16日武夷山研究员在科学网发表博文并撰文推介方引起重视。在引用认同概念的基础上，相关学者先后提出了学术授信的概念以及学术授信评价理论与方法，并在普赖斯奖获得者群体中进行了实证研究。

参考文献（references）：

[1] WHITE H D. Authors as citers over time [J]. Journal of the American society for information science and technology, 2001, 52（2）：87-108.

[2] 马凤，武夷山.引用认同——一个值得注意的概念 [J].图书情报工作，2009，53（16）：27-30+115.

[3] ZHOU C L, KONG X Y, LIN Z P.Research on Derek John de Solla Price Medal prediction based on academic credit analysis [J]. Scientometrics, 2019, 118（1）：159-175.

（周春雷 撰稿/李杰 审校）

173. 引用延迟
（citation delay）

科学史表明，一些重大的科学发现没有被当时的科学共同体及时认可而受到忽视，多年后才被人们重新发现，这种现象常被称为"延迟承认"（delayed recognition）。荷兰科学计量学家Van Raan将记载这类成果的文献称为科学中的"睡美人"（sleeping beauty papers）：一篇论文如果在发表后的相当长一段时期内处于零被引或低被引状态，仿佛睡美人在沉睡，而在之后一段时间突然获得高被引，就像格林童话中的睡美人被唤醒了一样。唤醒睡美人的文献称为"王子"（prince papers），因为童话中的睡美人是在获得王子的深情一吻后苏醒的。睡美人文献和王子文献都是科学的隐喻，与之对应的科学计量学的概念可理解为引用延迟。与引文曲线表现为昙花一现型或常规型的文献相比，睡美人文献因其"初始长期未被引，而后突然高被引"的典型特征对于发掘重大科学发现、揭示科技发展规律提供了新途径。

（1）从现象和本质理解相关概念。从哲学上说，我们应该区分事物的现象和本质。延迟承认和文献睡眠是现象，而导致这一现象的本质是研究的超前性或变革性。超前性研究往往超前于现有认知领域，科学共同体不知其存在或意识不到其潜在知识价值，因此易被忽视；变革性研究由于颠覆现有研究范式，科学共同体对此保持较大的心理距离，从而低估其知识价值，因此往往抵制这类研究。因忽视和抵制导致的延迟承认现象往往与重大科学发现相关联，相关的引文曲线表现为"睡美人"特征。睡美人文献通过动态反映文献被引的时序特征和历史过程，从科学计量学角度对科学社会学领域的延迟承认现象作了定量描述。

（2）睡美人文献和王子文献的测度。睡美人文献的识别方法可以总结为三类：曲线拟合法、人为参数设定法和无参数指标法。曲线拟合是指通过数学表达式或适当的曲线类型拟合单篇文献被引次数的年度分布，以此划分睡美人类型的引文曲线。曲线拟合方法尽管简单易用，但对于大样本文献，需人工观察曲线形状并分类，效率较低，无法精准识别睡美人文献。人为参数设定是指对睡眠期文献之被引次数分布进行人为设定，多数学者将"发表之初"界定为3~5年，并采用一个平均数或累计数定义"突然高被引"的程度。无参数指标以美人指数（beauty coefficient，B）为代表，通过比较每年引文曲线上各点与"由发表当年及被引次数、被引最大值年及其被引次数决定的一条参考线上"各点的距离计算得出（见图1）。当一篇文献睡眠时间越长，睡眠深度越深，而后又突然获得越多的被引量时，相应的B值就会越高。这种方法识别出的睡美人文献量远高于以往人为设定阈值的方法，使得睡美人文献不再是个别罕见事件。有学者将B进行了改进，将B中的年度被引次数替换为年度累积被引次数百分比，能够规避B对于引文曲线中被引峰值高度依赖的缺点，解决了不同学科领域因被引规模差异难以统一定义引用延迟的问题。

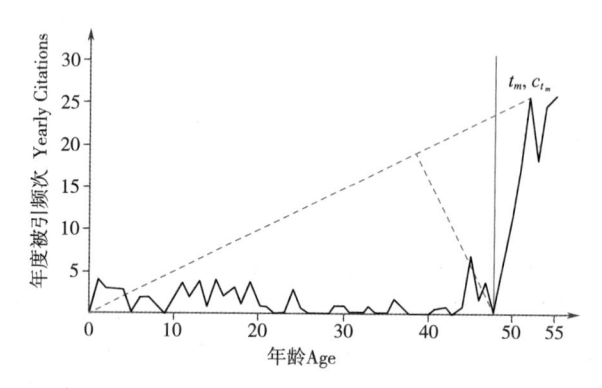

图1 美人指数的示意图

"美人指数"由以下几个参数决定。c_t 是论文发表后第 t 年的被引次数，t 代表了论文年龄。论文发表当年的被引次数为 c_0，年度被引次数达到最大值时的 t 记为 t_m，被引次数为 c_{t_m}。首先从"论文发表当年被引次数的点"（$0, c_0$）向"论文被引次数达到最大值的点"（t_m, c_{t_m}）画一条线，称为参考线（记为 ℓ），B 值即通过比较引文曲线和这条参考线得出。

$$\ell_t = \frac{C_{t_m} - c_0}{t_m} \cdot t + c_0$$

（$C_{t_m} - c_o$）/t_m 是参考线的斜率，对于任意 $t < t_m$，计算 $\ell_t - c_t$ 与 $\max\{1, c_t\}$ 的比值。然后，将 $t=0$ 到 $t=t_m$ 的比值相加，得到的值即为 B。

$$B = \sum_{t=0}^{t_m} \frac{\frac{c_{t_m} - c_0}{t_m} \cdot t + c_0 - c_t}{\max\{1, c_t\}}$$

根据这一定义，当论文发表当年被引次数达到最大值，或者论文的年度被引次数曲线为直线（$c_t = \ell_t$）时，B 为 0。当引文曲线是论文年龄的凹函数时，B 为非正值。

目前，关于王子文献的识别，主要有两种观点：一是王子文献必须引用过睡美人文献，或将首次引用睡美人的文献称为王子文献。二是王子文献不一定直接引用过睡美人文献，强调两者同时被后继者引用，即共被引。在此基础上，学界提出一个文献计量学框架，用于识别王子文献：①发表于被引突增的附近年份；②本身被引次数较高；③与睡美人文献的同被引次数高；④在年度被引次数曲线上，王子文献对睡美人文献的"牵引"作用应非常显著，即在睡美人文献被引突增的临近年份，王子文献的年度被引次数应高于睡美人文献。这类诱导文献对睡美人文献的科学价值、重要性或实用性发现起到了"唤醒"作用。

睡美人文献和王子文献的相关研究迄今热度不减，而且拓展到了睡美人专利文献的测度。但在当前高度发达和便捷的文献提供和学术交流环境下，睡美人文献的发生频度与过去相比是否在下降？这个问题有待讨论和回答。

参考文献（references）：

[1] VAN RAAN A F J. Sleeping beauties in science [J]. Scientometrics, 2004, 59（3）: 467-472.

[2] BRAUN T, GLÄNZEL W, SCHUBERT A. On sleeping beauties, princes and other tales of citation distributions [J]. Research Evaluation, 2010, 19(3): 195-202.

[3] LI J, SHI D, ZHAO S X, et al. A study of the "heartbeat spectra" for "sleeping beauties" [J]. Journal of Informetrics, 2014, 8（3）: 493-502.

[4] KE Q, FERRARA E, RADICCHI F, et al. Defining and identifying sleeping beauties in science. [J]. Proceedings of the national academy of sciences of the United States of America, 2015, 112（24）: 7426-7431.

[5] DU J, WU Y S. A parameter-free index for identifying under-cited sleeping beauties in science [J]. Scientometrics, 2018, 116（2）: 959-971.

[6] DU J, WU Y S. A bibliometric framework for identifying "princes" who wake up the "sleeping beauty" in challenge-type scientific discoveries [J]. Journal of data and information science, 2016, 1(1): 50-68.

（杜建 撰稿/武夷山 审校）

174. 优先连接
（preferential attachment）

优先连接（preferential attachment）指网络中新加入的节点更倾向于与度值较高的节点相连接的概率化机制，对于任意一个加入网络的新节点，其选择度值为k_i的节点进行连接的概率为：

$$\Pi(k_i) = \frac{k_i}{\sum_j k_j} \quad \#(1)$$

Barabasi和Albert引入优先连接一词来解释无标度网络的形成。Barabasi-Albert模型表明，网络增长和优先连接这两个机制是无标度网络形成的原因。通常来说，学者们通过测量真实网络中的$\Pi(k)$函数来实证检验优先连接是否存在。假设节点i的度在这两个时间间隔内发生了变化，度的变化记为$\Delta k_i = k_i(t+\Delta t) - k_i(t)$，可得出顶点$i$的度的相对变化量$\Delta k_i / \Delta t$为$\frac{\Delta k_i}{\Delta t} \sim \Pi(k_i)$，其中第一个时刻记为$t$，第二个时刻记为$t+\Delta t$。基于得到的$\Delta k_i / \Delta t$曲线可能包含噪声，测量累积优先连接函数：

$$\pi(k) = \sum_{k_i=0}^{k} \Pi(k_i) \quad \#(2)$$

其中，当优先连接不存在时，$\Pi(k_i)$是常数，也即$\pi(k) \sim k$；当存在优先连接时，$\Pi(k_i) = k_i$，即$\pi(k) \sim k^2$。

图1展示了4个真实网络中的$\pi(k)$。每个网络都得到比线性增长快的$\pi(k)$，表明优先连接是存在的，图1还表明$\pi(k)$可以近似为$\Pi(k_i) \sim k^\alpha$。图1每个子图中有两条辅助线，虚线对应线性优先连接的情况（$\pi(k) \sim k^2$），实线对应不存在优先连接的情况（$\pi(k) \sim k$）。

对于互联网和引文网络而言，$\alpha \approx 1$，即$\Pi(k)$与k存在线性关系。对于科学合作网络和演员网络而言，最佳拟合结果是$\alpha = 0.9 \pm 0.1$。测量的结果表明，优先连接概率依赖于节点的度：在有些系统中，优先连接是线性的；而在另一些系统里，优先连接是亚线性的。

鉴于优先连接在真实网络演化中的关键作用，可以提出一个问题，即优先连接从哪里来？这个问题又可以分为两个更具体的问题：为什么$\Pi(k)$会依赖于k？为什么$\Pi(k)$和k的依赖关系是线性的？

关于这些问题有两类思路完全不同的答案。第一类认为优先连接仅依赖于随机事件，是随机事件与网络结构性质之间相互作用的产物，不需要网络全局信息，称之为局部或随机机制。第二类认为假设每个新节点或新链接的形成都是在平衡一些相互矛盾的需求，往往取决于成本利益分析。这类模型通常需要知道全局网络信息，且依赖于理性决定和优化方法，即全局或优化机制。

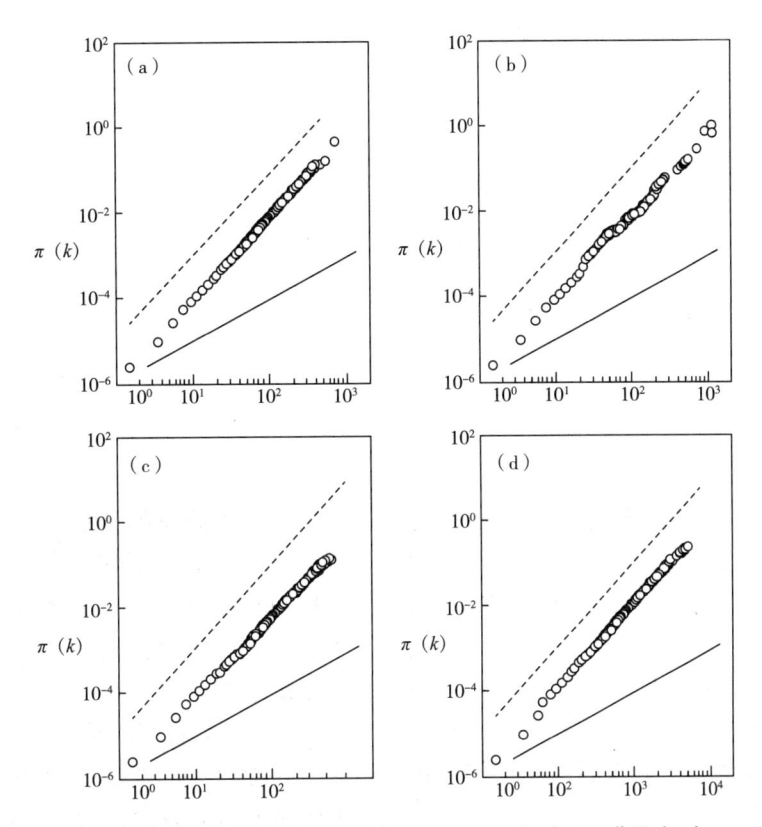

图1 优先连接存在于真实网络中的引文网络（a）、互联网（b）、神经科学领域的科学合作网络（c）和演员网络（d）

参考文献（references）:

[1] POSFAI M, BARABASI A-L. Network science [M]. Cambridge University Press, 2016.

[2] JEONG H, NÉDA Z, BARABÁSI A L. Measuring preferential attachment in evolving networks [J]. Europhysicsletters, 2003, 61 (4): 567-572.

[3] BARABÁSI A-L, ALBERT R. Emergence of scaling in random networks [J]. Science, 1999, 286 (5439): 509-512.

[4] PASTOR-SATORRAS R, SMITH E, SOLÉ R V. Evolving protein interaction networks through gene duplication [J]. Journal of theoretical biology, 2003, 222 (2): 199-210.

[5] BARABÁSI A L, JEONG H, NÉDA Z, et al. Evolution of the social network of scientific collaborations [J]. Physica A: statistical mechanics and its applications, 2002, 311 (3): 590-614.

（李美玲 撰稿/王洋 审校）

175. 有向网络
（directed network）

网络是一组相互连接在一起的节点（或顶点）的集合。节点之间的连接称为边或链接。如果网络中的连边是有方向的，即从一个节点指向另一个节点，那么这类网络称为有向网络（有时简称有向图）。在数学中，有向图实际为一组有序的节点对，它不同于无向网络，因为后者是根据无序的顶点对定义的。

有向网络和无向网络的邻接矩阵表示也不相同。给定一个由节点集合 V 和连边集合 E 组成的简单网络 G 时，其邻接矩阵 A 是一个 $n \times n$ 的矩阵。当 G 中存在从节点 i 到节点 j 的边时，其元素 A_{ij} 为 1，当不存在连边时为 0。可见，对于无向网络来说，其邻接矩阵是一个对称方阵，而对于有向图来说，其邻接矩阵是一个非对称方阵。

在绘制有向网络时，通常使用指示箭头来标注连边的方向，如图1中的图（a）所示。如果所有连边都是无向的，则网络是无向网络（或无向图），如图1中的图（b）所示。

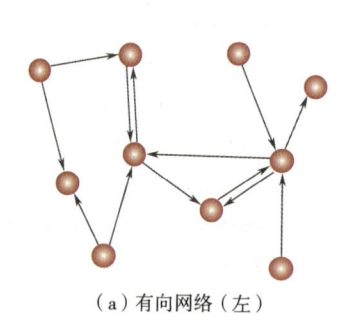

（a）有向网络（左）　　（b）无向网络（右）

图1　有向网络和无向网络示意图

参考文献（references）:
[1] BANG-JENSEN J, GUTIN G Z. Digraphs: theory, algorithms and applications [M]. Springer science & business media, 2008.
[2] NEWMAN M E J. The structure and function of complex networks [J]. SIAM review, 2003, 45（2）: 167-256.
[3] NEWMAN M E, BARABÁSI A L E, WATTS D J. The structure and dynamics of networks [M]. Princeton university press, 2006.

（曾安 撰稿/李杰 吴金闪 审校）

176. 有向引文网络
（directed citation network）

有向引文网络（directed citation network 或 directed citation graph）是一个以科学计量实体（如论文、作者、期刊等）为节点、以实体之间引用关系为有向边的网络。以论文为例，在一个有向引文网络的邻接矩阵 A 中，定义其元素 A_{ij} 的含义如下：

$$A_{ij} = \begin{cases} 1, & \text{如果论文}j\text{引用论文}i \\ 0, & \text{如果论文}j\text{未引用论文}i \end{cases}$$

如图1所示，图（a）中，假设每个节点表示一篇论文，那么该网络的邻接矩阵 A 可以表示为图（b）。一般说来，A 往往是非对称的。

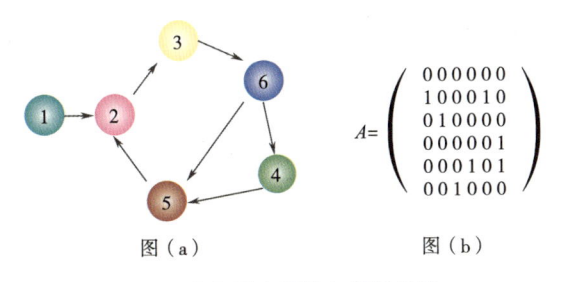

$$A = \begin{pmatrix} 0 & 0 & 0 & 0 & 0 & 0 \\ 1 & 0 & 0 & 0 & 1 & 0 \\ 0 & 1 & 0 & 0 & 0 & 0 \\ 0 & 0 & 0 & 0 & 0 & 1 \\ 0 & 0 & 0 & 1 & 0 & 1 \\ 0 & 0 & 1 & 0 & 0 & 0 \end{pmatrix}$$

图（a）　　　　　图（b）

图1　有向引文网络与邻接矩阵

一般说来，有向引文网络不包含闭环结构（图中"2-3-6-5-2"、"2-3-6-4-5-2"均构成了闭环结构），因为我们一般假设施引文献的出版时间晚于被引文献。然而，在预印本的兴起和出版方式多样化的大潮下，近年来A引用B、B也引用A，或者A、B、C形成闭环结构等情况愈发常见。

当有向引文网络的节点表示论文时，A_{ij} 的取值只能为0或1。但是当节点表示作者、期刊、国家等其他计量实体时，有向边则有权重，A_{ij} 的定义方式为：

$$A_{ij} = \begin{cases} k, & \text{如果实体}j\text{引用了实体}i\text{共}k\text{次} \\ 0, & \text{如果实体}j\text{从未引用过实体}i \end{cases}$$

比如，当在作者层面构建有向引文网络时，节点为作者，有向边表示作者 j 对作者 i 的引用，边的权重即为作者 j 引用作者 i 的次数，一般用作者 i 全部论文的参考文献列表中包含作者 j 论文的总频次来度量。

此外，当有向引文网络的节点表示为作者、期刊等论文以外的计量实体时，邻接矩阵对角线的定义方式需要格外注意。对角线元素 A_{ii} 一般被定义为该计量实体自引的次数，而非自引次数的两倍（前一个 i 引用后一个 i，后一个 i 引用前一个 i）。

在很多科学计量学研究中，构建有向引文网络是开展后续工作的基础。有向引文网络意义重大，不仅科学计量学研究给予其广泛关注，复杂网络与系统等多个领域的学者也对其进行了诸多探索。在这些探索中，最为典型的就是对于有向引文网络中节点度数分布的探讨。美国印第安纳大学复杂网络与系统科学家Filippo Radicchi等人通过大量实证数据发现，在控制了论文所属学科、发文时间等因素后，有向引文网络节点入度（即论文的被引次数）的分布呈现十分典型且高度一致的对数正态分布（log-normal distribution）。此外，人们对于有向引文网络的研究还关注网络结构（如有向引文网络中的连接性、"三角形"出现概率、类团与社区形态等）、动态建模、使用有向引文网络辅助排名与学术评价等议题。

参考文献（references）：

［1］NEWMAN M. Networks［M］. Oxford University Press，2018.

［2］RADICCHI F, FORTUNATO S, CASTELLANO C. Universality of citation distributions：toward an objective measure of scientific impact［J］. Proceedings of the national academy of sciences，2008，105（45）：17268-17272.

［3］YAN E, DING Y. Scholarly network similarities：how bibliographic coupling networks, citation networks, cocitation networks, topical networks, coauthorship networks, and coword networks relate to each other［J］. Journal of the American society for information science and technology，2012，63（7）：1313-1326.

（步一 许家伟 撰稿/李杰 审校）

177. 语义网
（semantic web）

语义网（semantic web）是Web3.0的特征产物之一，由Tim Berners-Lee在1998年首次提出，他是万维网的发明者，也是万维网联盟（W3C）的主任，该联盟负责监督拟议语义网标准的开发。关于语义网最早的记载可以追溯到1968年，心理学家Ross Quillian基于语义特征分析提出语义网络（semantic network），认为语义网络由节点、连线与定义二者之间的推理规则组成，节点表示一个概念，连线表示概念的特征及概念之间的关系。

在Tim Berners-Lee出版的 *Weaving the Web: The Original Design and Ultimate Destiny of the World Wide Web* 一书中提到"语义网是对万维网本质的变革"。万维网致力于为用户提供流畅舒适的使用体验，追求更高的可操作性，关键在于通过统一资源标识符（URI）、超文本传输协议（HTTP）及超文本标记语言（HTML）的联动为用户前端操作提供便利。语义网是对万维网的延伸，核心在于通过对万维网上的网页添加计算机能够处理的数据与逻辑关系，为信息赋予明确的元数据（metadata），从而使计算机能够理解用户每一步操作的目的，更好地实现人机合作。区别于万维网的是，语义网更注重于如何有效整合网络信息，借助可扩展标记语言（eXtensiblemarkup language，XML）、资源描述框架（resource description framework，RDF）及本体（ontology）使计算机更好地理解用户操作的底层逻辑，加强对数据及处理逻辑的描述以提高系统的互操作性。语义网的兴起与发展实际上是基于人工智能领域中的自然语言处理技术，也依赖于后来和文本标记（text-markup）与知识表示（knowledge representation）的综合。

语义网通常被认为是知识表示的一种形式，是基于人类的共同认知而构建的。当人们试图将知识理解为一组相互关联的概念时，就会用到语义网。语义网的构建的关键是找到网络中的中心词和主题群，具体过程包括识别文本中的关键词、计算共现频率、分析网络等。语义网在实际运用中存在大量典例，其中一个是词网（WordNet），词网是英语中的一个词典数据库，将英语单词分组为同义词集，提供简短的定义，并记录这些同义词集之间的各种语义关系。

语义网将实现对网页中全部数据的结构化，计算机通过跟踪关键定义的超链接和对其进行逻辑推理的规则，理解网页数据的语义。用户可以通过使用协助语义标记的软件,编写语义网页并添加新的概念和规则,即使用户执行复杂的任务,漫游的各级代理仍能通过统一的数据编码逻辑规则快速为用户提供服务。由此产生的基础设施将刺激自动化网络服务的发展,例如高功能代理等。

为语义网发展提供支持的三项基础技术包括:1XML是一种元标记语言,允许个人定义和使用自己的标签,但没有内置机制来向其他用户传达新标签的含义。2RDF用于定义网络信息,并提供了一种技术,使得以计算机能够随时处理的形式来表达概念的含义成为可能。RDF可以使用XML作为其语法和URI来指定实体、概念、属性和关系。但是由于缺乏对规则、变量和推理的支持,作为知识表示语言XML和RDF都非常受限制,因此引入了本体的概念。3本体是一种能在语义和知识层次上描述信息系统的概念模型的建模工具,是用RDF等语言编写的语句集合,这些语句定义了概念之间的关系,并指定了进行推理的逻辑规则。本体具有结构化的特点,能够对语义网中的概念及其相互之间的关系提供更适合计算机系统理解使用的形式化表达。

Tim Berners-Lee在2000年XML2000会议上正式提出了语义网的七层结构,自上而下各层功能逐渐增强。语义网的各层是以XML为基础来构建的,建立了一个在合作用户群中共享的受信任信息的网络。技术层次架构如图1所示,是目前应用最多的关于语义网结构的层次模型,或称协议栈(protocol stack)。其中:第一层:统一编码(unicode)和统一资源标识符(URI),是整个语义Web的基础。unicode用来处理资源的编码,URI负责标识资源。第二层:XML+命名空间+XML Schema模式,用于表示数据的内容和结构。第三层:RDF+RDF Schema模式,用于描述资源及其类型。第四层:本体层(ontology),本体技术是语义网的核心,计算机将通过跟踪指定本体的链接来理解网页上语义数据的含义。第五层:逻辑层(logic),提供公理和推理规则的描述手段。第六层:证明层(proof),通过运用一些规则进行逻辑推理和求证。第七层:信任层(trust),结合数字签名为应用程序提供一种机制,确保资源的交互安全可靠。

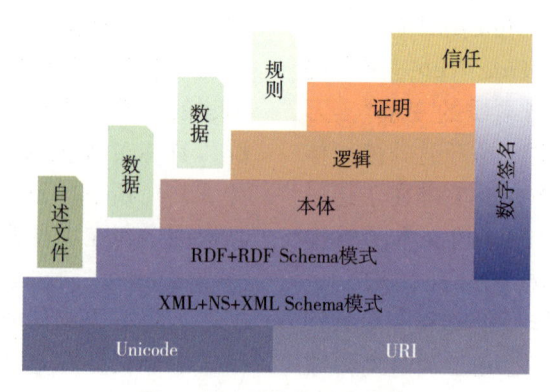

图1 语义网结构层次模型

参考文献(references):

[1] BERNERS-LEE T, FISCHETTI M. Weaving the web: the original design and ultimate destiny of the World Wide Web by its inventor [M]. Harper: San Francisco, 1999.

[2] BERNERS-LEE T, HENDLER J, LASSILA

O. The semantic web - a new form of web content that is meaningful to computers will unleash a revolution of new possibilities [J]. Scientific American, 2001, 284 (5): 35-43.

[3] BERNERS-LEE T, HENDLER J. Publishing on the semantic web: the coming Internet revolution will profoundly affect scientific information [J]. Nature, 2001, 410 (6832): 1023–1024.

[4] SHADBOLT N, BERNERS-LEE T, HALL W. The semantic web revisited [J]. IEEE intelligent systems, 2006, 21 (3): 96–101.

[5] BERNERS-LEE T, HALL W, HENDLER J, et al. Creating a science of the web [J]. Science, 2006, 313 (5788): 769-771.

（翟羽佳 赵雅洁 撰稿/王曰芬 李杰 审校）

178. 预印本
（preprints）

预印本是科研工作者自愿公开发布和开放共享的完整的科学文献，通常是经过期刊同行评审发表之前的任一论文版本，也包含没有发表在任何正式出版物上的科学文献。传统期刊出版交流模式由于发表周期长、交流成本高和传播范围有限等弊端，一定程度上阻碍了知识传播和科学发展，预印本的诞生是科学家群体为了满足自身交流需求而探索出来的在期刊出版之外的一种补充交流方式。预印本科学交流系统具备独立且完整的科学知识发布流程，同时与传统期刊科学交流系统形成了有机协同的关系，是当前科学交流系统中不可或缺的重要组成部分（见图1）。

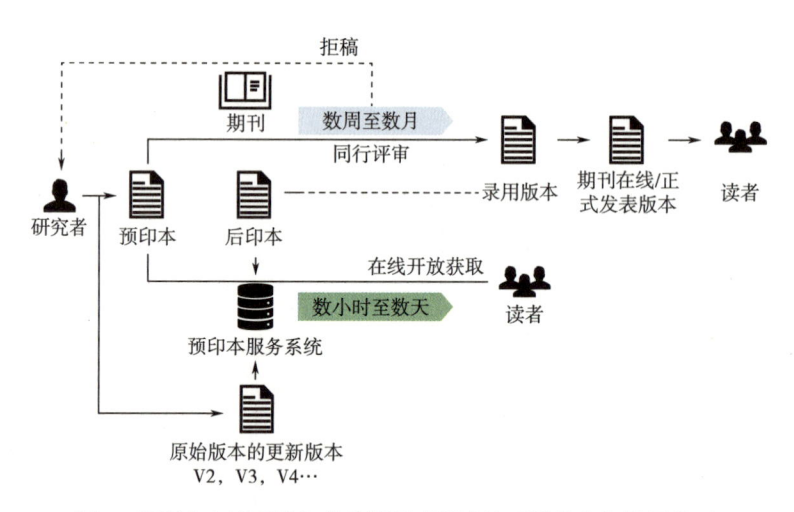

图1 预印本交流系统与传统期刊出版交流系统的有机协同关系

预印本作为一种以"无同行评审发表"、"快速免费发布"、"开放获取"和"作者自存档"为主要特征的科学交流模式，长期以来在物理学、数学和计算机科学领域的科学交流中发挥着重要作用，而近年来在其他学科领域中的地位也日益突出，服务不同学科的预印本平台纷纷建立，传统学术期刊的功能部分让位于预印本，并继续发挥着作用，二者之间形成了有机协同的关系。预印本在科学交流中发挥着加速知识传播、扩大传播范围、推动学界自治等重要功能，驱动了科学交流系统的变革和重组。

预印本早在19世纪70年代就已出现。当时的高能物理学科学家将尚未出版的论文手稿通过邮寄的方式与同行交流，这些纸质手稿通常会在6个月甚至1年以后发表在期刊上，这就是早期的预印本。19世纪80年代计算机技术的发展驱动了电子版预印本的诞生，物理科学家们通过电子邮件集中收集、散发预印本，交流速度和成本大幅度降低，而此时电子期刊还未出现。欧洲核物理研究中心（CERN）图书馆最早分类收藏预印本资料，并建立了CERN Document Server（CDS）系统进行管理；而1991年在美国洛斯阿拉莫斯国家实验室（Los Alamos National Laboratory）建立的arXiv预印本数据库（arXiv.org）则最早实现了预印本在互联网上的开放共享，并迅速在物理学、数学领域和计算机科学等领域流行起来，截至2023年3月，arXiv平台已发布超过220万篇学术论文。

开放获取和开放科学运动进一步助推了预印本的繁荣发展。2013年11月建立的生物医学领域预印本平台bioRxiv被美国*Science*杂志评为2017年十大科学突破之一，被认为是"学术交流中的重大文化变革"。预印本在新冠疫情暴发期间为科学抗疫创造了一个快速、有效的科学交流渠道，在世界范围内再次受到高度关注。越来越多的期刊出版商和科研资助机构开始支持和鼓励作者将论文在正式发表之前提交预印本平台公开发布和开放获取，从而加速科研成果传播和交流，增加其可见性。

目前国际上主流的预印本数据库包括arXiv、bioRxiv、medRxiv、chemRxiv、Research Square和Preprint.org等。我国也在积极推进预印本平台的建设和发展，2016年建立中国科学院科技论文预发布平台ChinaXiv至今（2023年3月15日）已发布超过1.8万篇论文，并且与国内多个权威期刊建立了合作关系，合作期刊公开声明支持论文在投稿期刊前后将论文的投稿版本发布在ChinaXiv中，助力推动建设中国特色的学者自治、规范可靠、开放共享的科研论文交流体系。

预印本在迎来繁荣发展的同时也面临着诸多挑战，例如如何更好地控制预印本的质量，以及如何有效激励科研工作者积极参与预印本交流实践等，促进预印本的可持续健康发展需要社会各界的共同努力。

参考文献（references）：

[1] GINSPARG P. First steps towards electronic research communication [J]. Computers in physics, 1994, 8 (4): 390-396.

[2] GINSPARG P. Lessons from arXiv's 30 years of information sharing [J]. Nature reviews physics, 2021, 3 (9): 602-603.

[3] KURTZ M J, EICHHORN G, ACCOMAZZI A, et al. The effect of use and access on citations [J]. Information processing &management, 2005, 41 (6): 1395–1402.

[4] BDILL R J, BLEKHMAN R. Tracking the popularity and outcomes of all bioRxiv preprints [J]. eLife, 2019, 8: e45133.

[5] FRASER N, BRIERLEY L, DEY G, et al. The evolving role of preprints in the dissemination of COVID-19 research and their impact on the science communication landscape [J]. PLoS biology, 2021, 19 (4): e3000959.

（王智琦 撰稿/陈悦 审校）

179. 元分析
（meta-analysis）

元分析（meta-analysis），又称荟萃分析，是一种针对已有研究结果进行分析的统计学方法。1976年，该术语由美国心理学家Glass在美国教育研究联合会上首次提出，其目的在于对大规模的研究结果进行统计分析。至此，元分析方法广泛应用于教育学、心理学、管理学等诸多领域。2009年，Borenstein在其专著*Introduction to meta-analysis*（《元分析导论》）中进一步对元分析方法做出了较为完善的定义：采用一套确定且透明的文献取舍标准，就某一研究主题选取大量相关的研究，使用统计分析方法从这些分散的研究结果中整合出该研究主题的客观结论。

元分析的实质是定量分析，该方法的主要目标是计算出已有研究的平均效应值（effect size）。元分析的主要步骤可划分为：①确定研究问题。首先需要提出一个有研究意义的问题，并制定研究方案。②检索研究文献。此步骤包含识别信息来源、确定检索词以及实施检索策略。③录入研究数据。从筛选出的研究中提取变量的相关内容，并对数据进行编码和归档，以便进行后续分析。④评估研究质量。对于纳入元分析的每一篇研究，评估其研究质量和可能存在的偏差，以便在后续分析中进行控制。⑤讨论研究结果。此步骤主要解释和讨论收集分析的研究数据如何为研究问题提供信息。

在进行元分析之前，需要对研究间的异质性进行评估和检验。异质性是指不同研究之间的效应量存在差异，这种差异可能由研究对象、方法、样本量等方面的差异所致。齐性检验是检验效应量是否存在显著差异的统计方法之一，根据齐性检验结果，以确定是否适用固定效应模型或随机效应模型（见图1）。固定效应模型假设每个研究都有相同的真实效应量，其假设研究存在随机抽样误差。而随机效应模型假设每个研究的真实效应量是不同的，同时也假设研究存在随机抽样误差。

基于元分析开发的统计软件主要有两类：一类针对学术和商业用途，主要有由Borenstein开发的Comprehensive Meta-Analysis（CMA）2.0和Metawin等；另一类针对医学领域，包括RevMan 5.0、Review Manager、Stata和Epimeta等。

元分析的优点主要在于设计较为严密，有明确的样本筛选标准和分析流程，提供了一种定量统计文献成果的科学方法，分析结果具有很强的客观性。但是该方法仍存在一些不足，部分学者指出大量研究因存在对结果的选择性报道，描述不完整甚至存在错误的分析而不能被利用，从而降低了元分析的综合能力。

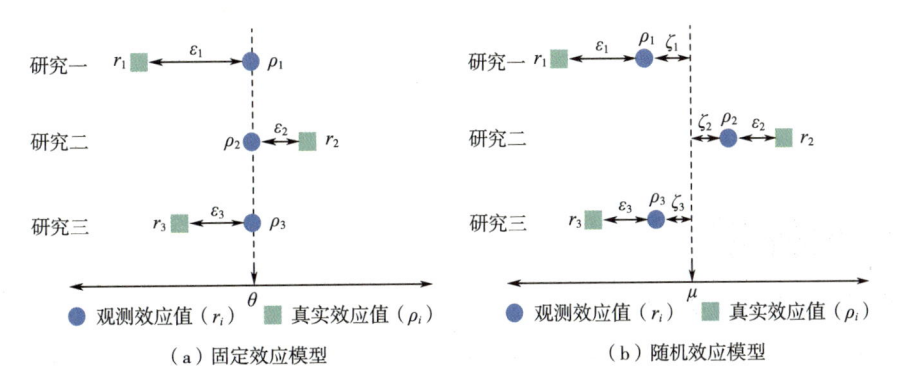

（a）固定效应模型　　（b）随机效应模型

图1　固定效应和随机效应模型

参考文献（references）：

［1］GLASS G V. Primary, secondary, and meta-analysis of research［J］. Educational researcher, 1976, 5（10）: 3-8.

［2］BORENSTEIN M, HEDGES L V, HIGGINS J P T, et al. Introduction to meta-analysis［M］. John Wiley & Sons, 2021.

［3］张骁，胡丽娜.创业导向对企业绩效影响关系的边界条件研究——基于元分析技术的探索［J］.管理世界, 2013（06）: 99-110+188.

（余德建 叶瞳 撰稿/李杰 审校）

180. 元科学
（metascience）

元科学（metascience）是以科学为研究对象，研究其性质、特征、形成和发展规律的一门学问，是现代科学整体化趋势的理论表现。"元科学"的概念最先由以石里克（Moritz Schlick）和卡尔纳普（Rudolf Carnap）等为代表的逻辑实证主义维也纳学派提出以形式方式谈论研究对象，即验证科学本身要对科学的体系范式、概念范畴进行整体分析，因而它并不是关于客观世界的知识体系，而是研究科学的本质和科学研究方法的元研究。

这种"科学"的"元研究"（meta-research）实际上就是对"科学研究"的"研究"、对"科学研究"的"思考"，也就是哲学所强调的"反思"。从哲学里分离出来的各个专门科学由于不断地专业化和技术化，而使其日益狭隘，各门学科的联合、交叉和整合成为必然。对联合、交叉和整合后的体系进行反思，已不是原来意义上的哲学，这门新学问称之为元科学。它以某个理论或知识体系为研究对象，是关于思想的思想以及关于理论的理论。

元科学为不同领域的知识体系提供了共同的语言和工具，不仅有助于知识的统一，更激发了各专业科学的发展，以及孤立学科之间的知识转移。因此，元科学有三个重要功能：允许在更高的抽象层次上描述相关学科的共同基础；为不同专业领域的科学家和技术人员提供共同的语言；能够将在某个领域的知识转化为其他相关领域的知识。

科学社会学家约翰·齐曼（John Ziman）通过科学社会学模型建构，将"元科学"研究传统转向对科学的社会学考察。科学知识的特殊性在于其本身被认为是科学生产的主要产品和目的，这不仅塑造了科学知识的内部结构和它的社会定位，还强烈地影响着科学生产的知识类型。研究科学与社会的各种复杂关系对于我们理解科学本身具有非常重要的意义。例如齐曼在《元科学导论》（1984）一书中，从认识论与方法论角度阐述了科学研究过程和科学认识过程中的一些根本性问题。《元科学导论》因其在书中使用了"science of sciences"的概念，也被一部分学者认作是科学学专业的主要教材之一。

科学哲学、元科学、科学学之间相互重叠、交错、互补，都是关于科学的元理论。科学哲学（philosophy of science）是20世纪兴起的一个哲学分支，主要关注科学的基础、方法和含义，研究科学的本性、科学理论的结构。而科学学不仅涉及科学知识的内部问题，还涉及科学家的学术活动、科学的社会作用等问题，从而使科学的自我反思从科学自身扩展到了与社会的关系上。因此，科学哲学、科学学与元科学并不能看作是等同的概念，狭义的元科学可以指科学哲学，即用哲学的方法反思科学。广义的元科学则是指科学学，即"科学的科学"，可以用多种方法对科学进行反思。所以元科学的学科可以包括科学史、科学哲学、科学社会学、创造心理学、科学研究经济学等。

元科学的意义在于促进了人们对科学表象和科学价值的认识。元科学的研究需要跨学科技能，例如来自工程学、计算机科学、图书馆学和心理学的工具和概念应该与对数学等基础科学的理解相结合，这能让我们站在科学的彼岸俯视科学之全貌，引导、评估科学的功能和发展，从而剥去科学神圣而神秘的外衣，去展现科学的真实面貌。

参考文献（references）：

[1] OTTEN K, DEBONS A. Towards a metascience of information: informatology [J].Journal of the American society for information science, 1970, 21（1）: 89-94.

[2] ZIMAN J. An introduction to science studies [M]. Cambridge: Cambridge University, 1984.

[3] KUHN T. The structure of scientific revolutions [M]. Chicago: University of Chicago Press, 1962.

[4] RANTALA V. The old and the new logic of metascience [J]. Synthese, 1978, 39（2）: 233-247.

[5] PEARCE D, RANTALA V. New foundations for metascience [J]. Synthese, 1983, 56（1）: 1-26.

（陈悦 于思妍 撰稿/李杰 审校）

181. 元数据（metadata）

元数据（metadata）最早出现于美国航空与宇宙航行局的《目录交换格式》（Directory of Interchange Format，DIF）手册中，指描述和限定其他数据的数据，用以支持诸如指示存储位置、历史数据、资源查找、文件记录等功能。迄今为止，元数据还没有完全统一的定义，最常用的定义是：元数据是关于数据的数据（data about data）。基于此，一些专家和学者对其加以扩展和深化，形成了以下几种具有代表性的定义：①元数据指任何用于帮助网络电子资源识别、描述和定位的数据；②元数据是关于数据的结构化的数据（structured data about data）；③元数据是与对象相关的数据，此数据使其潜在的用户不必预先具备对这些对象的存在或特征的完整认识；④元数据是对信息包（information package）的编码描述（例如用MARC编码的AACR2记录、都柏林核心记录、GILS记录），其目的在于提供一个中间级别的描述，使得人们可以据此做出选择，从而确定想要浏览或检索的信息包，避免检索大量不相关的全文文本；⑤元数据，即代表性的数据，通常被定义为数据之数据，包含用于描述信息对象的内容和位置的数据元素集，促进了网络环境中信息对象的发展和检索。整体来说，元数据被定义为提供有关数据的一个或多个方面的信息的数据，即用于总结有关数据的基本信息，使用户可以更轻松地跟踪和处理特定数据。

1968年，Philip Bagley在 *Extension of Programming Language Concepts* 一书中，提出了"元数据"这一术语，其具体含义为"描述数据容器的数据"，也就是结构性元数据。自那时起，信息管理、图书馆学与地理信息系统等领域广泛接受了该术语，并将其定义为"关于数据的数据"。在20世纪80年代图书馆将其目录数据转换为电子数据库之前，"元数据"一直被用于表示图书馆的卡片目录。1995年，由在线计算机图书馆中心（OCLC）和美国国家超级计算应用中心（NCSA）联合在美国俄亥俄州的都柏林镇召开的第一届元数据研讨会上，来自图书馆学、计算机、网络等研究领域的52名专家共同制定了一个精简的元数据集——都柏林核心元素集（Dublin Core ElementSet），简称DC。它是元数据的一种应用，包括主题（subject）、题名（title）、作者（author）、出版者（publisher）、出版日期（data）、描述（description）等15个核心元素。直到

21世纪初，随着数据和信息越来越多地以数字方式存储，学者们开始使用元数据标准对其进行描述。

元数据有六种不同类型，分别为：①描述性元数据，描述对象的特征并提供检索点，用于发现和识别信息。它包括标题、摘要、作者和关键字等元素。②结构性元数据，关于数据容器的元数据，揭示复合对象是如何组合在一起的，例如如何对页面进行排序以形成章节。它描述了数据的类型、版本、关系和其他特征。③管理性元数据，提供帮助管理数据的信息，例如创建数据的时间和方式、文件类型和其他技术信息，以及谁有权限访问它。④参考性元数据，有关统计数据内容和质量的信息。⑤统计性元数据，也称为过程数据，可以描述收集、处理或产生统计数据的过程。⑥法律性元数据，提供有关创作者、版权所有者和公共许可的信息。

元数据也是一种电子式目录，为了达到编制目录的目的，必须描述并收藏数据的内容或特色，进而达成协助数据检索的目的。为了将各领域内的异构数据库有机地整合起来，需要构建一个数据库元数据目录服务，使用户能够以统一访问接口透明地访问不同数据库中的资源。为实现该服务，首先需要将各个数据库的位置和元数据信息注册到元数据目录中，使数据库成为元数据目录结构中的一个节点，然后用户通过目录服务便可查询到所需要的数据库资源位置和元数据信息，最后用户根据需要去访问各个数据库，其执行过程如图1所示。

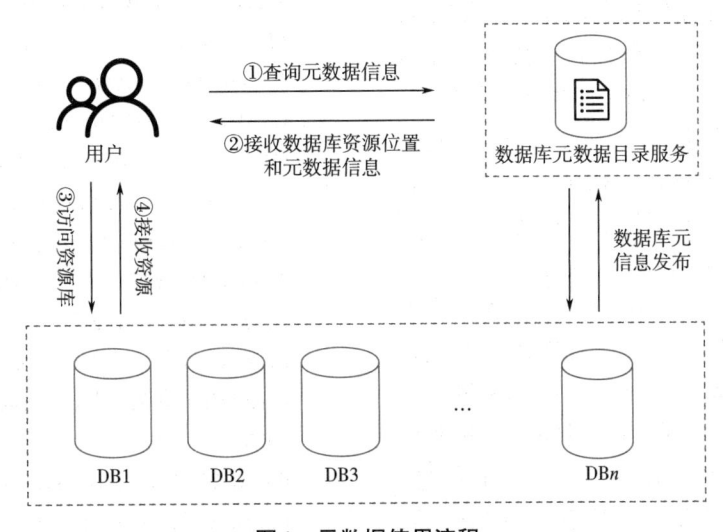

图1　元数据使用流程

显而易见，元数据具有传统目录的"著录"功能，目的在于使资源的管理维护者及其使用者可以通过元数据了解并识别资源，进而利用和管理资源，为由形式管理转向内容管理奠定必要的基础。元数据的使用有着非常重要的意义，如可以用于识别资源、评价资源、追踪资源在使用过程中的变化，实现简单高效地管理大量网络化数据，实现信息资源的有效发现、查找、一体化组织和对使用资源的有效管理。具体来说，元数据可以帮助用户查找相关信息和发现资源，还可以帮助组织电子资源、提供数字标识以及归档和保存资源。同时，也允许用户通过相关标准找到资源、识别资源以及将相似资源聚集在一起、区分不同资源并给出位置信息来访问资源。

元数据，或者描述为用来组合元数据陈述句的词汇，通常依据明确定义的元数据方案（包括元数据标准和元数据模型）的标准化概念构建而成，诸如控制词汇表、分类法、叙词表、数据字典和元数据注册库等工具可用于元数据进一步的标准化。元数据的语法是指为构建元数据的字段或元素而创建的规则。一个单一的元数据方案可以用多种不同的标记或编程语言来表达，每一种都需要不同的语法。例如，Dublin Core可以用纯文本、HTML、XML和RDF表示。

元数据也可以通过自动信息处理或手动工作创建。计算机捕获的基本元数据可以包括有关对象的创建时间、创建者、上次更新时间、文件大小和文件扩展名的信息。其中，对象指的是实体物品（例如书籍、CD、DVD、纸质地图、椅子、桌子、花盆等）和电子文件（例如数字图像、数码照片、电子文档、程序文件、数据库表等）。

元数据引擎是一种用于管理和处理元数据的软件工具，它可以帮助用户有效地管理数据资源和信息资产。简单来说，就是帮助用户收集、存储、组织、分析和维护有关域内使用的数据和元数据的信息。可以执行以下任务：①数据发现和分类，通过扫描、解析和分析数据源来识别和分类数据资源；②元数据管理，提供一个中心化的元数据仓库，用于存储和管理元数据信息；③元数据血统分析，跟踪和记录数据的源头和流向，以支持数据审计和合规性检查；④数据质量管理，监控和评估数据的质量，以支持数据质量管理；⑤数据分析和报告，提供可视化和报告工具，以帮助用户分析和理解数据资源。总的来说，元数据引擎可以帮助用户更好地理解、管理和利用其数据资源，从而提高数据质量、数据价值和数据治理水平。

参考文献（references）：

[1] DEMPSEY L, HEERY R. Metadata: a current view of practice and issues [J]. Journal of documentation, 1998, 54 (2): 145-172.

[2] BROOKS T A. The organization of information [J]. Journal of academic librarianship, 1999, 25 (5): 413-414.

[3] RILEY J. Understanding Metadata: What is Metadata, and What is it For? [M]. Baltimore, MD: National Information Standards Organization (NISO), 2017.

[4] WEIBEL S, GODBY J, MILLER E, et al. OCLC/NCSA Metadata Workshop Report [C]. Dublin Core Metadata Initiative, Online Computer Library Centre, Dublin, 1995.

[5] BARGMEYER B E, GILLMAN D W. Metadata standards and metadata registries: An overview [C]. International Conference on Establishment Surveys II, Buffalo, New York. 2000.

[6] BAGLEY P R. Extension of programming language concepts [M]. Philadelphia: University City Science Center, 1968.

（翟羽佳 李岩 撰稿/王曰芬 审校）

182. 战略坐标图
（strategic diagram）

战略坐标（strategic diagram）是Law J.在1988年提出的，用来描述某一研究领域内部主题联系情况以及领域间的相互影响情况的坐标图，可以用来判断热点主题的核心度和成熟度。战略坐标是以聚类的密度（density index）为纵坐标，以向心度（centrality index）为横坐标而构建的二维图（如图1所示）。密度代表单个主题聚类中关键词之间的关联强度。某主题密度值越大，表明知识群维持和发展自身的能力越强，该主题成熟度越高。向心度用来衡量某类团与同一研究领域中其他类团联系的紧密程度。某主题向心度值越大，则表明该主题与其他主题联系较为紧密，该主题处于所有研究主题的核心位置。

图1 战略坐标图示意图

以纵轴为密度，横轴为向心度，将直角坐标系分为四个象限。第Ⅰ象限为motor themes，即成熟度高的核心主题；第Ⅰ象限中的词团密度和向心度都较高，说明词团内部联系紧密并且该词团与其余各词团有广泛的联系，即该词团处于所有研究主题的核心，处于该象限的聚类是主题领域高度发展和重要的主题。第Ⅱ象限为developed and isolated themes，即成熟度高的孤立主题。第Ⅱ象限分布的主题内在联系强，但外部关系弱，虽然处于边缘位置，但已经受到关注，并且被很好地研究过。

第Ⅲ象限的主题emerging or disappearing themes，即新主题或即将消失的主题，这个象限的主题是低密度和低中心性，处于整个研究领域的边缘，研究尚不成熟。第Ⅳ象限为basic and transversal themes，即成熟度低的基础主题，这一象限中词团的向心度很高，但是密度很低，说明这一象限的词团结构薄弱，发展不成熟，但是向心度程度说明了它们在整个研究领域中的重要地位，这个象限的主题可能成为研究热点或未来发展的趋势。

密度和向心度的计算方式有很多种，密度可以利用聚类的类团内所有关键词间两两共现频次总和的均值、中位数或者平方和来表示。向心度的计算可以用某一类团中关键词与其余类团中的关键词两两出现频次的总和，平方和或者平方根来表示。研究中，密度和向心度的计算主要利用如下公式：

$$\text{Density}(密度) = \frac{\sum_{i,j\in\varphi_s} E_{ij}}{n-1}(i\neq j)$$

其中，$E_{ij} = \frac{C_{ij}}{C_i * C_j}$，$C_{ij}$代表关键词$W_i$和$W_j$在文献集合中共现的频次，$C_i$代表着关键词$W_i$在文献集合中出现的总频次，$C_j$代表着关键词$W_j$在文献集合中出现的总频次，$E_{ij}$的值阈为[0, 1]。$\varphi_s$代表着一类关键词的集合，$\varphi$代表着整个关键词网络。

在某学科的研究中，其主题领域的向心度和密度不是一成不变的。随着对学科某个主题领域研究的成熟，有关该领域的科学研究论文可能会减少，或由于新的知识点的出现，该领域的研究向新的主题演化。这些因素都可致原本属于第Ⅰ象限的主题经过一段时间的发展，被其他更稳定更成熟的主题所替代，从而滑落到第Ⅱ象限或更低的象限中去。以时间段为纵向的考察范围，研究不同时间段中主题领域的演化情况，有助于对本学科内在这一时间段的研究热点的认识，从而探究主题变迁的过程及主题变化的原因。因此，该方法显著的优点在于：能判断热点主题的核心度和成熟度；能够展示学科结构演变的过程及原因。其不足之处是受聚类结果的限制，有时聚类归类的效果不好，会涉及人为归类，因此，存在一定的人为因素。

参考文献（references）：

[1] HE Q. Knowledge discovery through co-word analysis [J]. Library trends, 1999, 48（1）: 133-159.

[2] LAW J, BAUIN S, COURTIAL J P, et al. Policy and the mapping of scientific change: a co-word analysis of research into environmental acidification [J]. Scientometrics, 1988, 14（3-4）, 251-264.

[3] COBO M J, LÓPEZ-HERRERA A G, VIEDMA E H, et al. SciMAT: a new science mapping analysis software tool [J]. Journal of the American society for information science and technology, 2012, 63（8）: 1609-1630.

[4] 赵蓉英, 吴胜男. 基于战略坐标图的我国馆藏资源研究主题分析 [J]. 图书与情报, 2013（2）: 88-92.

[5] 杨颖, 崔雷. 基于共词分析的学科结构可视化表达方法的探讨 [J]. 现代情报, 2011, 31（1）: 91-96.

（吴胜男 撰稿/赵蓉英 崔雷 审校）

183. 整数计数
（full counting）

整数计数（full counting），又称全计数，用以统计某主体（研究人员、机构、国家）的科技产出物（如论文）数量或引用数量，是科学评价中最早被提出、使用最广泛的一种计数方法。整数计数将出版物作为一个整体，分配给署名的每个研究人员、机构或国家，而无需任何归一化或加权。这种方法基于这样一种假设，即出版物的数量是衡量科学生产力的简单客观的指标。

例如，采用整数计数统计国家科技论文数量时，只要一篇论文有至少一个作者来自某个国家，则该国的论文数量就获得1个整值。整数计数不考虑论文有多少合著者，意味着一篇论文若存在多个合著国，那这些国家的计数都将增加1。因此，对于合著论文，由于存在上述重复计算，每篇论文在计数系统中的权重并不相同，即存在计数膨胀问题。这也导致在使用整数计数的值计算相对数量时，除以论文总篇数并非真实的相对数量，分母应当是所有论文的权重之和。整数计数会夸大有较多合作者但自身实力较弱的主体的科学贡献。

尽管整数计数存在显著缺陷，它仍被认为是一个原始和透明的科学生产力衡量方法，提供了一个比较研究人员、机构和国家绩效的基线衡量标准。现有的机构或国家科学生产力报告中，经常使用基于整数计数的统计结果，如中国科学技术信息研究所定期发布的《中国科技论文统计报告》。许多数据库也采用整数计数法统计研究人员、机构或国家的文献数量，如著名的科睿唯安（Clarivate）旗下的Web of Science、InCites数据库。

参考文献（references）：

[1] LINDSEY D. Production and citation measures in the sociology of science: the problem of multiple authorship [J]. Social studies of science, 1980, 10 (2): 145-162.

[2] HUANG M H, et al. Counting methods, country rank changes, and counting inflation in the assessment of national research productivity and impact [J]. Journal of the American society for information science and technology, 2011, 62 (12): 2427-2436.

（吴登生 撰稿/贾韬 审校）

184. 政策计量学
（policymetrics）

政策计量学（policymetrics），又称为政策文献量化研究（quantitative study of policy documents），是一种以政策主体、政策目标、政策工具、政策引用等政策系统要素为研究对象，借鉴统计学、运筹学、计算机科学等学科的知识和方法，通过对政策文献内容和形式特征的实证性分析，结合特定政策系统所处的历史、制度和社会环境，以揭示政策工具的选择与运用、政策变迁的内在逻辑和历史规律、政策过程中的利益分配与博弈、政策组合构建机制与优化理论的新兴研究范式。政策计量学是公共管理学、政策科学和科学计量学的交叉领域，将微观研究与宏观研究、定性研究与定量研究有机融合。它能够为质性政策解读提供客观的、可重复、可验证的经验证据，从而提升政策研究的信度和效度。政策计量学不仅为公共政策研究提供了新范式和新视角，也拓展了传统政策研究领域。2015年，黄萃、苏竣等学者在《公共管理学报》组织了"政策文献量化研究"专题，从此这一概念更多地为学界所熟知。

政策计量学的逻辑起点是对政策文本属性特征的研究。政策文本指的是政府机关履行职能、处理公务的具有特定效力和规范体式的文本，是政策活动的物化载体。政策文本具有标题、发文机构、发文时间、正文、实施时间等特定文献结构，同时展现出独特的统计特征与规律。这是研究者将计量方法引入政策科学并结合政策场景的特殊性进行针对性改造和创新的基础。

广义的政策计量学涵盖了政策文献内容量化分析和政策文献计量两个领域。前者聚焦于政策文献的内容特征，旨在通过定性和定量相结合的方法，在特定的研究框架下系统地测量政策文献内容中重要的特征变量，发掘隐藏于文字背后的关于政策选择和政策变迁的科学规律，测量政策内容中本质性的事实和趋势，是一个"从公开中萃取秘密"的过程。政策文献内容量化分析的典型场景包括政策工具（组合）特征测量、政策主题变迁研究、政策创新与再生产研究等。后者更多借鉴了科学计量学的理论方法，聚焦于政策文献的主题词、发文单位、引用关系等外在形式特征，通过综合运用网络科学、计算语言学、数据可视化等方法对上述特征进行计量分析，以揭示政策演化的逻辑与路径，解释政策之间复杂的逻辑关系、价值规律和传导机制。政策文献计量的典型研究场景包括政策扩散分析、政策关联分析、府际关系分析等。

　　政策计量学的发展离不开大规模政策文献数据库的建设。当前，国内外均已形成若干有代表性的政策数据库。在国内层面，黄萃等学者建设了iPolicy政策智能分析系统，该系统覆盖了自1949年以来中国各级政府发表的230余万份政策数据。该系统还配套开发了政策网络图谱、政策组合匹配、政策相似度分析、政策引用等高阶分析功能，在科技、教育、能源环境、人工智能等领域梳理形成细化的专题政策数据库。在国际层面，Overton数据库是于2019年创建的一个重要数据库，包含了来自30000多个组织的450万条政策。该数据库的数据来源更广泛，覆盖了国际组织等更广泛政策主体。Overton数据库重点解析了政策对不同信息来源的引用关系，对跨领域知识流动等问题的研究具有重要价值。

　　随着复杂性科学、计算机科学等前沿学科的发展，政策计量学也面临着新的发展机遇。首先，自然语言处理技术的发展使得研究者能够更加准确、深入、高效地提取政策工具、政策目标等深度语义信息，这有助于进一步研究政策组合、政策工具网络等政策科学的前沿命题，推动着政策文献内容量化与政策文献计量两大分支的深度融合，并逐步构建了基于多元异构网络视角的公共政策分析体系。其次，数字化时代的来临推动了政府发声、政民互动和公共政策参与渠道的多元化。政府网站、政务新媒体等场景为政策计量学研究提供了更加丰富的场景和数据基础。此外政策文本与社交媒体、科学研究等不同领域之间复杂的知识流动也日益成为研究者关注的前沿议题。最后，社会科学正经历着百年未有的"因果革命"。政策计量学也应当乘势而上，将非结构化语义提取等描述性研究与因果推断相结合，不断提升计量方法在公共管理和公共政策研究中的应用深度。

参考文献（references）：

[1] HUANG C, YANG C, SU J. Identifying core policy instruments based on structural holes: a case study of China's nuclear energy policy [J]. Journal of informetrics, 2021, 15 (2): 101145.

[2] SZOMSZOR M, ADIE E. Overton: a bibliometric database of policy document citations [J]. Quantitative science studies, 2022, 3 (3): 624-650.

[3] 黄萃, 吕立远. 文本分析方法在公共管理与公共政策研究中的应用 [J]. 公共管理评论, 2020, 2 (04): 156-175.

[4] 黄萃, 任弢, 张剑. 政策文献量化研究: 公共政策研究的新方向 [J]. 公共管理学报, 2015, 12 (02): 129-137+158-159.

[5] 黄萃. 政策文献量化研究 [M]. 北京: 科学出版社, 2016.

[6] 李江, 刘源浩, 黄萃, 等. 用文献计量研究重塑政策文本数据分析——政策文献计量的起源、迁移与方法创新 [J]. 公共管理学报, 2015, 12 (02): 138-144+159.

（黄萃 撰稿）

185. 政策信息学
（policy informatics）

政策信息学（policy informatics）是计算机科学、公共管理与公共政策、经济学等多个学科的交叉领域。该领域最早由Erik Johnston和Kim等美国学者于2011年提出。政策信息学旨在充分利用数字时代信息技术快速发展所积累的海量社会数据，基于计算方法更好地分析和解决复杂公共政策和行政问题，促进更加广泛的利益相关方参与，推进以证据为导向的政策设计以及治理流程创新，实现公共管理和公共政策研究范式转型。近年来，美国学者Erik Johnston和我国学者曾大军、张楠、马宝君、孟庆国等先后出版政策信息学相关学术专著和研究文章，推动了该概念逐渐为学界所熟知。

作为政策信息学概念的首创者，Johnston在2015年发表的学术专著中对政策信息学的研究体系进行了系统界定。根据Johnston的观点，政策信息学正逐渐形成分析（Analysis）、管理（Administration）和治理体系（Governance Infrastructure）三大分支。首先，分析层面的研究关注通过信息颗粒度的细化和建模方法的改进，更好地解释复杂政策系统中涌现的新问题和新现象。典型研究场景包括异构信息集合及其关系的可视化、基于仿真模拟方法的管理行为和政策干预有效性评估等。其次，管理层面的研究关注具体场景下的管理实践和管理策略问题，通过引入仿真模拟方法，系统研究引入新兴的技术变量将如何改变不同利益相关者在政策过程中的行动逻辑，挖掘更加有效的协同决策方案。典型研究场景包括教育、创新等场景下的政策方案与策略设计等。最后，治理体系层面的研究强调数字时代政策问题的系统性和利益相关方行为的关联性，着重探讨新技术的引入如何改变社会结构和管理流程，重点探讨如何在公共卫生、公共危机、群体沟通等场景下构建更具开放性、协同性、智能化的公共治理体系，实现对于复杂公共管理和公共政策问题的分布式治理。

政策信息学具有若干方面的鲜明特征。首先，它呈现学科交叉性。政策信息学领域的学术专著很少由作者独著，而大多由各个分支领域的作者合著而成。早期的政策信息学研究主要关注环境、健康政策等领域的多主体社会仿真模型研究，随后逐渐扩展到自动文本分析、社会网络分析、复杂性分析等其他计算社会科学研究的经典领域。其次，政策信息学具有范式变革性。早期的政策信息学研究更加聚焦提升基于信息科学的复杂政策问题态势感知能力，但这并不能完全反映政策信息学的全貌。政策信息学发展的根本目的在于改变以直觉、经验、小样本人际接触、民意调查和传统媒体等渠道为基础的传统政策决策模式，并提供一种基于海量数据和人机混合智能的新兴决策范式框架，最终实现由传统的"政策信息"到新型的"政策智能"的跃迁。

经过十余年发展，国内外已经形成若干政策信息学研究主题。作为政策信息学概念的首创者，Erik Johnston所创立的亚利桑那大学政策信息学研究中心在该领域一直享有盛誉。2020年10月，国家自然科学基金委员会组织召开了题为"政策信息学与政策智能"的双清论坛，随后"政策智能理论与方法研究"正式获批2022年国家自然科学基金重大项目，标志着政策信息学在国内学术界的影响力不断扩大。此外，日本政策情报协会（Association for Policy Informatics）等学术组织亦在政策信息学研究领域具有一定的影响力，共同推动着本领域的繁荣发展。

尽管过去十余年间，政策信息学研究者已经在不同领域取得了较为显著的研究进展，但仍然面临着一系列亟须解决和进一步探索的科学问题。首先，研究者需要进一步发展针对多源、海量、高维、多模态数据的实时获取、高效融合和情境感知技术，从海量的社会数据中进一步挖掘对政策决策真正有价值的关键知识。其次，研究者需要进一步关注数据和信息技术对管理流程和政策过程全生命周期的重塑，研究不同干预策略与管理实践在真实世界中的反馈效应和对于不同群体的差异化影响。最后，研究者需要进一步分析、梳理和提炼公共政策过程中不同类型、不同层级主体间的互动和博弈机制。在融合多渠道信息评估政策效果的同时，进一步运用多智能体仿真等方法开展数字孪生环境中的政策效果推演预测，分析政策推演与实际演化轨迹差异的影响因素，真正实现从知情决策（informed policy making）向智能决策（smart policy making）的范式跃迁。

参考文献（references）：

[1] JOHNSTON E, KIM Y. Introduction to the special issue on policy informatics [J]. The innovation journal, 2011, 16 (1): 1-4.

[2] 曾大军, 霍红, 陈国青, 等. 政策信息学与政策智能研究中的关键科学问题 [J]. 中国科学基金, 2021, 35 (05): 719-725.

[3] JOHNSTON E. Governance in the information era: theory and practice of policy informatics [M]. Routledge, 2015.

[4] ZENG D. Policy informatics for smart policy-making [J]. IEEE intelligent systems, 2015, 30 (06): 2-3.

[5] 张楠, 马宝君, 孟庆国. 政策信息学：大数据驱动的公共政策分析 [M]. 北京：科学出版社, 2020.

（黄萃 撰稿）

186. 支持向量机
（support vector machine）

支持向量机（support vector machine，SVM）由Vapnik于1995年提出，是统计学习理论（statistical learning theory，SLT）的具体实现，即在有限样本条件下对统计学习中的VC维（vapnik-chervonenkis dimension）理论和结构风险最小化原理的实现。与人工神经网络（artificial neural network，ANN）相比，支持向量机以结构风险代替了传统的经验风险，求解的是一个凸二次规划问题，从理论上说，得到的解是全局最优解，解决了在人工神经网络中无法避免的局部极值问题；支持向量机的拓扑结构是由支持向量决定的，避免了人工神经网络拓扑结构需要经验试凑的问题。类似于人工神经网络，支持向量机也能以任意精度逼近任意函数，其因出色的学习性能而被认为是人工神经网络的替代方法，在解决小样本、非线性及高维模式识别问题中表现出许多优势，并有较好的泛化性能。根据解决问题的不同，可将支持向量机分为支持向量分类机（support vector classifier，SVC）及支持向量回归机（support vector regressor，SVR）。下面主要介绍支持向量分类机的工作原理，可类似推导出支持向量回归机的工作原理。

支持向量分类机是从线性可分情况的最优分类面（在二维空间，被称为最优分类线）发展来的，它的基本思想可用图1加以说明，其中，H为任一分类线，H_1、H_2分别为过每类中距分类线H最近的样本点且平行于H的直线，它们之间的距离被称为分类间隔（margin）。

如果采用规范化的形式，这三条直线的方程可分别表示为：

直线H_1：$w, x + b = +1$ （1）

直线H_2：$w, x + b = -1$ （2）

直线H：$w, x + b = 0$ （3）

此时，分类间隔的大小可表示为$2/\|w\|$。所谓最优分类线，就是要求分类线H不但能将两类完全分开，而且分类间隔要求最大，这就是常说的最大间隔法。

由于实际给定的训练数据经常会受到噪声不同程度的污染，为保证学习机具有良好的泛化能力，需要"软化"对间隔的要求。用数学语言可正式描述为：给定训练样本集 $T = \{(x_1, y_1), (x_2, y_2), \cdots, (x_l, y_l)\} \in (X \times Y)^l$，求解满足下列条件的权重向量w和截距b：

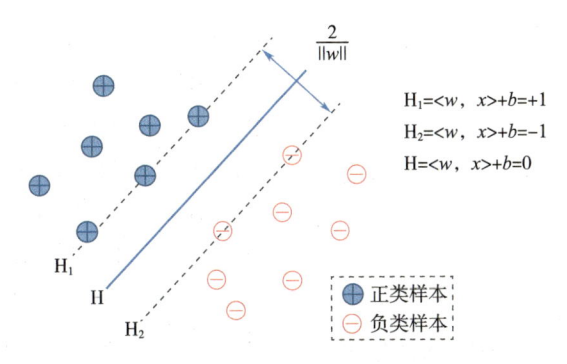

图1 二维空间中的最优分类线示意图

$$\min_{w,b,\xi} \frac{1}{2}w^2 + C\sum_{i=1}^{l}\xi_i \qquad (4)$$

$$s.t. \quad y_i(w,x_i+b) \geq 1-\xi_i, i=1,\cdots,l \qquad (5)$$

$$\xi_i \geq 0, i=1,\cdots,l \qquad (6)$$

其中，$\xi_i \geq 0 (i=1,\cdots,l)$ 为松弛变量，C 为惩罚参数（正则化参数），是为了避免 ξ_i 取值过大而引入的。因为当 ξ_i 充分大时，样本点总可以满足约束条件（5）。

式（4）~式（6）通常被称为原始问题，为了有效求解该问题，需要利用Lagrange方程将其转换为相应的对偶问题，通过求解对偶问题达到求解原始问题的目的。原始问题（4）~（6）对应的Lagrange方程为：

$$L(w,b,\alpha) = \frac{1}{2}w^2 + C\sum_{i=1}^{l}\xi_i - \sum_{i=1}^{l}\alpha_i\left(y_i(w,x+b)-1+\xi_i\right) - \sum_{i=1}^{l}\mu_i\xi_i \qquad (7)$$

其中，Lagrange乘子满足 $\alpha_i \geq 0, \mu_i \geq 0$，$(i=1,\cdots,l)$。分别对 w，b，ξ_i 求偏导或梯度并令它们为0，得：

$$\nabla_w L(w,b,\alpha) = w - \sum_{i=1}^{l}\alpha_i y_i x_i = 0 \qquad (8)$$

$$\nabla_b L(w,b,\alpha) = -\sum_{i=1}^{l}y_i\alpha_i = 0 \qquad (9)$$

$$\nabla_{\xi_i} L(w,b,\alpha) = C - \alpha_i - \mu_i = 0, i=1,\cdots,l \qquad (10)$$

将式（8）~式（10）代入式（7），整理并对它关于 $\alpha = (\alpha_1,\ldots,\alpha_l)^T$ 求极大，可得对偶问题：

$$\min_{\alpha} \frac{1}{2}\sum_{i=1}^{l}\sum_{j=1}^{l}y_i y_j \alpha_i \alpha_j x_i, x_j - \sum_{j=i}^{l}\alpha_j \qquad (11)$$

$$s.t. \quad \sum_{i=1}^{l}y_i\alpha_i = 0 \qquad (12)$$

$$0 \leq \alpha_i \leq C, i=1,\cdots,l \qquad (13)$$

这是一个凸二次规划问题，可以证明存在唯一解 $\alpha^* = (\alpha_1^*,\ldots,\alpha_l^*)^T$，而且大部分分量为0，这就是所谓的稀疏性。称训练集 T 中的输入 x_i 为支持向量，如果它对应的 $\alpha_i^* > 0$，记支持向量集为 SV，那么根据对偶问题的解可直接得到原始问题的解 w^*，b^*：

由式（8）知

$$w^* = \sum_{i=1}^{l}\alpha_i^* y_i x_i = \sum_{x_i \in SV}\alpha_i^* y_i x_i \qquad (14)$$

根据KKT条件，解 α_i^* 必须满足

$$\alpha_i^*\left(y_i(w,x_i+b)-1\right) = 0, i=1,\cdots,l \qquad (15)$$

对 $\alpha_j^* > 0$，式（15）意味着

$$y_j(w^*, x_j + b^*) - 1 = 0 \qquad (16)$$

将式（14）代入式（16），得

$$b^* = y_j - \sum_{x_i \in SV}\alpha_i^* y_i x_i, x_j \qquad (17)$$

从计算稳定性的角度考虑，一般 b^* 取满足等式（16）的所有 b^* 的平均值。

由式（14）和式（17）可知，w^* 和 b^* 只依赖于训练集 T 中对应于非零 α_i^* 的那些样本，而与其他样本无关。此时，最优分类超平面的方程为：

$$g(x) = \langle w^*, x \rangle + b^* = \sum_{x_i \in SV} \alpha_i^* y_i x_i, x = 0 \quad (18)$$

决策函数为

$$f(x) = thresh(g(x)) \quad (19)$$

其中，$thresh(x)$为阈值函数，如果x大于或等于某个给定的阈值，则$thresh(x)$取值为+1，否则取值为-1。

对非线性问题，可以通过某一事先选择好的非线性函数$\Phi: \chi \to H$将输入空间χ的样本映射到一个特征空间H，然后在这个空间内构造一个最优分类超平面。这个特征空间H可以是有限维空间，也可以是无穷维空间，一般来说，它是一个Hilbert空间。然而，这种映射变换可能比较复杂，一般情况下不易实现。

幸运的是，无论对偶问题的目标函数（11）还是决策函数（19）都只涉及输入空间χ中的样本点之间的内积运算x, z。不难想象，在特征空间χ中也应该只涉及像之间的内积运算$\Phi(x), \Phi(z)$，而这种内积运算可以利用输入空间χ中的函数$K(\cdot, \cdot)$来实现，甚至不需要知道映射的具体形式。这样，通过选择不同的函数$K(\cdot, \cdot)$，就相当于实现了不同的非线性分类器，而计算复杂度却没有明显增加，从而很好地克服了"维数灾难"（curse of dimension）的问题。

根据泛函的有关理论，只要函数$K(\cdot, \cdot)$满足Mercer条件，它就对应某一特征空间中的内积。实际上，满足Mercer条件的函数很多，统称为核函数或核。目前比较常用的核函数有：（1）线性核函数，$K(x, z) = \langle x, z \rangle$；（2）多项式核函数，$K(x, z) = (\gamma \langle x, z \rangle + r)^d, \gamma > 0$；（3）RBF（radius basis function）核函数，$K(x, z) = \exp(-\gamma |x - z|^2), \gamma > 0$；（4）sigmoid核函数，$K(x, z) = \tanh(\gamma \langle x, z \rangle + \lambda)$。

在使用支持向量机解决实际问题时，选择适当的核函数是一个关键因素。实际上，除了上面列出的几种常用的核函数外，常常需要根据具体问题构造相应的核函数。值得一提的是，上面的介绍主要针对两类分类问题的，而对于多类分类，通常采用以下几种策略：1对其他（One vs. Others）、1对1（One vs. One）、有向无环图SVM（DAG SVM）、纠错输出码法（error-correcting output codes）等。另外，软件LibSVM和SVM^{light}集成了主流的SVM分析方法，为相关研究提供了强有力的支撑。

参考文献（references）：

[1] CORTES C, VAPNIK V. Support-vector networks[J]. Machine learning, 1995, 20（3）: 273-297.

[2] SHAWE-TAYLOR J, CRISTIANINI N. Kernel methods for pattern analysis[M]. Cambridge University Press, 2004.

[3] HSU C-W, LIN C-J. A comparison of methods for multiclass support vector machines[J]. IEEE transactions on neural networks, 2002, 13（2）: 415-425.

[4] 邓乃扬, 田英杰. 数据挖掘中的新方法: 支持向量机[M]. 北京: 科学出版社, 2004.

（徐硕 刘镇 撰稿/李杰 审校）

187. 知识共享许可协议
（creative commons licenses）

知识共享许可协议（creative commons licenses，CC协议）由知识共享组织（国际非营利组织）于2002年发布，是为全球作者免费提供的一种针对网站、学术、音乐、电影、摄影、文学和教材等类型内容进行开放共享的一系列版权许可协议。CC协议创设目的是为了解决传统版权保护制度中"保留所有权利"导致的作品使用受限问题，通过倡导作者"保留部分权利"，使作品在特定条件下可以被自由传播共享，形成网络环境下的合理、灵活的新型版权体系。据统计，目前全球已经有20亿以上的作品使用CC协议进行开放共享。

CC协议先后有四个版本，2013年公布的CC4.0为最新版本，在国际范围内通用。CC协议有效期至作品版权保护期届满为止，一经发布，不可撤销。CC协议共有三种表示形式：普通文本（对许可协议进行通俗、简洁的文字和图片说明，帮助使用者理解相应法律文本的含义，但本身不具有法律效力）、法律文本（确保许可协议在法院具有法律效力的完整协议文本）、机器阅读文本（将许可协议转换为机器可读的形式，使作品能够被搜索引擎以及其他应用程序查找）。

CC协议有"署名"（attribution，BY）、"非商业性使用"（noncommercial，NC）、"禁止演绎"（noderivs，ND）和"相同方式共享"（sharealike，SA）四个关键版权要素。CC2.0以后的版本中，"署名"成为CC协议中的默认选项，由于"相同方式共享"和"禁止演绎"两个版权要素相互排斥不能同时选择，因此CC协议形成常见的六种核心协议，简称CC BY协议：署名—非商业使用—禁止演绎（CC BY-NC-ND）、署名—非商业性使用—相同方式共享（CC BY-NC-SA）、署名—非商业性使用（CC BY-NC）、署名—禁止演绎（CC BY-ND）、署名—相同方式共享（CC BY-SA）、署名（CC BY）。此外，还有一种常见的知识共享公共领域许可协议（CC0），使用该协议意味着作者放弃所有版权，作品进入公共领域。协议详细释义下表所示，协议开放程度按排序逐渐降低。

使用者一旦违反CC协议的授权要求，协议立即自动终止。但CC 4.0增加了违规行为纠正期，如果使用者在违规行为发生后的30天内进行纠正，可继续使用CC协议许可的作品。如果作者发现有使用者违反协议要求，可直接或通过律师与使用者联系，要求纠正错误。知识共享许可协议详细释义见表1。

表1　知识共享许可协议详细释义

编号	协议名称	版权要素及缩写	释义
1	CC 0	public domain（0）	作品进入公共领域，使用者可以任何方式和任何目的使用此作品
2	CC BY	attribution 署名（BY）	使用者可以复制、发行、展览、表演、放映、广播或通过信息网络传播此作品，但必须按照作者或许可人指定的方式对作品进行署名
3	CC BY-NC	noncommercial 非商业性使用（NC）	使用者可以复制、发行、展览、表演、放映、广播或通过信息网络传播此作品，但必须按照作者或许可人指定的方式对作品进行署名，并且不得为商业目的而使用本作品
4	CC BY-ND	no derivative works 禁止演绎（ND）	使用者可以复制、发行、展览、表演、放映、广播或通过信息网络传播此作品，但必须按照作者或许可人指定的方式对作品进行署名，并且不得改变、转变或变更本作品
5	CC BY SA	sharealike 相同方式共享（SA）	使用者可以复制、发行、展览、表演、放映、广播或通过信息网络传播此作品，但必须按照作者或许可人指定的方式对作品进行署名，若改变、转变或变更本作品，必须遵守与本作品相同的授权条款才能传播由本作品产生的演绎作品
6	CC BY-NC-SA	noncommercial 非商业性使用（NC） sharealike 相同方式共享（SA）	使用者可以复制、发行、展览、表演、放映、广播或通过信息网络传播此作品，但必须按照作者或许可人指定的方式对作品进行署名，并且不得为商业目的而使用本作品，若改变、转变或变更本作品，必须遵守与本作品相同的授权条款才能传播由本作品产生的演绎作品
7	CC BY-NC-ND	noncommercial 非商业性使用（NC） no derivative works 禁止演绎（ND）	使用者可以复制、发行、展览、表演、放映、广播或通过信息网络传播此作品，但必须按照作者或许可人指定的方式对作品进行署名，并且不得为商业目的而使用本作品，也不得改变、转变或变更本作品

参考文献（references）：

[1] Creativecommons [EB/OL]. [2023-05-04]. https: //creativecommons.org/.

[2] 知识共享中国大陆 [EB/OL]. [2023-05-04]. https: //creativecommons.net.cn/.

[3] LESSIG L. Free culture-how big media uses technology and the law to lock down culture and control creativity [M]. The Penguin Press, 2004.

[4] 王春燕.数字时代下知识创新与传播的解决方案[J].电子知识产权，2009，214（6）：33-36.

[5] 赵昆华. 开放版权许可协议研究[M]. 北京：知识产权出版社，2017.

（赵昆华 撰稿/李杰 审校）

188. 知识计量学（knowledgometrics）

知识计量学是以人类的知识体系和知识活动作为研究对象，采用计量学方法对知识载体、知识内容、知识活动及其影响等进行定量研究的交叉性学科。

20世纪90年代以来，随着科学技术的飞速发展，知识化已成为当前科技、经济和社会发展的重要因素和显著特征。国外科学界、学术界、管理界和企业界很早就开始关注知识本身及其价值的计量问题，并在各自的研究领域内形成了相对独立的理论和方法体系。知识计量学（knowledgometrics）最早是大连理工大学刘则渊教授在1998年北京举办的"科研评价暨科学计量学与情报计量学国际研讨会"上提出的。武汉大学邱均平教授对知识计量学进行系统深入研究，并于2014年出版专著《知识计量学》，首次系统地构建和阐述了知识计量学的基本内容：理论部分包括知识计量学的理论基础、学科构建、知识计量单元和知识计量的内容等；方法部分包括各学科的知识计量方法和工具；应用部分包括知识计量学的应用、知识计量实证分析、专利知识计量、知识测度、隐性知识计量与显性知识计量、宏观知识计量和微观知识计量。

知识计量是一个综合性研究课题，不同的学科和不同的研究者从各自的需求出发，对知识计量问题进行了不同程度的研究，提供了多维的研究思路和坚实的理论基础。信息管理学、信息科学、经济学、管理学、科学学和计算机科学等学科为知识计量研究提供了多学科视角。知识计量的基础是知识单元，知识单元的这一概念经历了从文献单元、信息单元到知识单元的发展演变过程。知识计量研究也经历了以文献单元为基础的文献计量研究时期、以信息单元为基础的信息计量研究时期和以知识单元为基础的知识计量研究时期3个发展阶段。与此同时，知识计量在对象维度、层次维度、内容维度、学科维度、特征维度、领域维度等方面也取得了不同程度的研究进展。

知识计量的研究内容分为两个层次：①宏观层次。从宏观上计量知识体系的知识投入与产出、知识存量与流量、知识生产与应用、知识的分配与转移，知识对国家经济的整体贡献以及知识产业和知识产业链在整个国民经济体系中所占的比重等。②微观层次。从微观上计量组织、个人和知识成果的知识存量、流量与价值、知识的数量与质量以及知识的价格与价值等。

知识计量的研究内容包括4个方面：

①知识量的计量，包括知识总量、知识增长量、知识存量、知识流量、知识量的结构特征以及知识量的时空分布等；②知识质量的计量，即对知识成果中知识的含量、水平、层次、创新度和影响度等进行计量；③知识成果的价值和价格计量，包括知识和知识成果的经济价值和社会价值、知识成本和效益、知识投入和产出、知识生产和分配、知识创新和转移、知识产品或商品的价值和价格等；④知识关系与知识网络的计量，分析知识主体和知识单元之间存在的各种复杂网络关系。知识计量的研究内容围绕两类对象展开：①显性知识计量，是可编码知识的计量，如文献等载体。②隐性知识计量，是不可编码知识的计量，如经验、技能。

知识计量学的内容体系包括3个方面：①知识计量学的理论问题研究，是研究知识计量的基本原理、基本理论、一般规律和应用理论等内容。根据其理论研究深度及与实践的紧密程度不同，知识计量学理论可以再细分为知识计量学基础理论与知识计量学应用理论两个部分，包括知识计量单元的确定，知识链接、知识关联与知识网络研究，不同学科领域知识计量的研究，知识计量学的学科构建研究等。②知识计量学的工具与方法研究，包括基于知识单元的知识库的设计与开发，知识发现与知识挖掘软件的设计与开发，知识产品和研究成果中知识创新点检测与发现的软件设计与开发，知识单元间隐含知识关联的发现与挖掘工具的开发，文献计量学、科学计量学、信息计量学、网络计量学、经济学、管理学等学科领域中有关知识计量方法的比较与分析，知识计量学方法与模型的构建研究等。③知识计量学的应用与实证研究，是将知识计量学理论、知识计量学技术方法以及相关学科的原理与技术方法应用到某一方面的知识计量实践活动中而形成的知识计量学分支体系内容，包括知识计量学在知识管理、知识创新、知识组织与检索、科学评价、学术规范、科技管理与决策等领域的应用。

参考文献（references）：

[1] 刘则渊，刘凤朝.关于知识计量学研究的方法论思考[J].科学学与科学技术管理，2002（08）：5-8.

[2] 邱均平.知识计量学[M].北京：科学出版社，2015.

[3] 侯海燕，陈超美，刘则渊，等.知识计量学的交叉学科属性研究[J].科学学研究，2010，28（03）：328-332+350.

（杨思洛 撰稿/邱均平 审校）

189. 知识图谱
（knowledge graph）

知识图谱（knowledge graph）指事实的结构化表示，由实体、关系和语义描述组成。实体可以是现实世界的对象或抽象概念，实体之间的关系具有明确定义的类型和属性。此概念由语义网、知识库等发展而来，自2012年Google首次提出"知识图谱"并应用于搜索引擎后，知识图谱被广泛应用于各种商业和科学领域（见图1）。

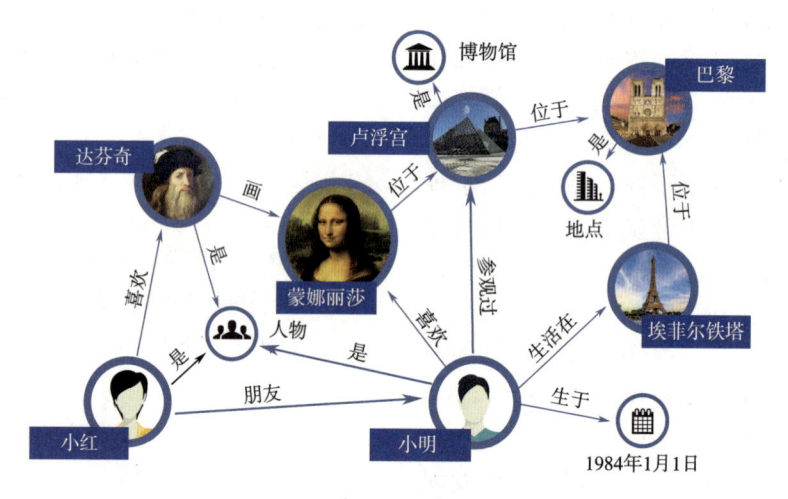

图1　典型知识图谱案例

在资源描述框架（RDF）下，知识可以用事实三元组的形式表达为（头实体，关系，尾实体）或（主体，谓词，客体），同时它也可以表示为一个有向图，其中节点代表实体，边代表关系。基于知识图谱的研究主要包含知识图谱嵌入（KGE）、知识获取等。其中KGE技术的主要目标是在连续的低维向量空间中创建图谱的密集表示（即嵌入图），然后可将其用于机器学习任务，嵌入维度是固定的并且通常很低（如50—1 000）。通常，KGE由每个节点的实体嵌入以及每个边缘的关系嵌入组成，这些嵌入向量的总体目标是抽取并保留图中的潜在结构。此外，知识获取任务通常分为三类，即知识图谱补全（KGC）、实体抽取和关系抽取。KGC用于扩展现有知识图谱，而实体抽取和关系抽取用于从文本中发现新知识。KGC主要分为基于嵌入的排序、关系路径推理、基于规则的推理和元关系学习等内容。实体抽取包括实体识别、语义消歧、对齐等步骤。关系抽取模型则主要利用注意力机制、图卷积网络（GCN）、对抗训练（AT）等方法识别实体之间的语义关联关系。

受益于异构信息的融合、丰富的知识表示本体和语义知识，现实中的许多应用如推荐系统、问答系统等都因集成知识图谱而具有一定常识理解和推理能力，进而发展迅速。知识图谱作为组织或社区内知识的基础，随着时间的推移逐渐实现知识的表示、积累、管理和传播，未来基于知识图谱的应用趋势包括：①使用知识图谱整合和利用大规模不同来源的数据；②结合演绎（规则、本体等）和归纳技术（机器学习、分析等）来表示和积累知识。

参考文献（references）

[1] HOGAN A, et al. Knowledge graphs [J]. ACM computing surveys, 2021, 54（4）: 1-37.

[2] PAULHEIM H. Knowledge graph refinement: a survey of approaches and evaluation methods [J]. Semantic web, 2017, 8: 489-508.

[3] ZOU X. A survey on application of knowledge graph [J]. Journal of physics: conference series, 2020, 1487（1）: 12016.

[4] WANG Q, MAO Z, WANG B, et al. Knowledge graph embedding: asurvey of approaches and applications [J]. IEEE transactions on knowledge and data engineering, 2017, 29（12）: 2724-2743.

[5] JI S, PAN S, CAMBRIA E, et al. A survey on knowledge graphs: representation, acquisition, and applications [J]. IEEE transactions on neural networks and learning systems, 2022, 33（2）: 494-514.

[6] What is knowledge graph? [EB/OL]. [2023-04-27]. https://www.atulhost.com/what-is-knowledge-graph.

（郑晓龙 白松冉 撰稿/李杰 审校）

190. 知识网络
（knowledge network）

知识网络（knowledge network）的概念是由现代教育心理学家罗伯特·加涅（Robert M.Gagné，1916—2002）明确提出的。在情报学和信息管理领域，知识网络的研究始于文献关系网络。知识网络是一个知识集合的概念，指的是与知识、信息和知识之间的联系有关的一类网络。不同的学者从不同的理解和不同的应用领域对知识网络的界定差异很大。在科学计量学和文献计量学等研究领域，知识网络主要关注科学研究活动中知识的组织、存储、检索和利用，利用社会网络分析和复杂网络分析，揭示引文网络、文献共词网络、关键词网络、机构合作网络、专利网络、作者合作网络、共引网络等维度的结构和演化。

一般来说，知识网络是由知识节点或知识单元和节点链接（知识关联）组成的网状结构。节点（vertex）一般表示知识单元的存储单元，不同的单元可以被不同的检查粒度所取；边（edge）表示知识单元之间的连接关系。知识网络是由一定数量的知识节点及其相互联系组成的。一般采用知识网络广度、知识网络深度、知识关联强度和知识链接方向四个重要指标来反映和衡量知识网络中知识单元的关联程度。

参考文献（references）：

[1] 赵蓉英.知识网络及其应用[M].北京：北京图书馆出版社，2007：74

[2] PLUM O, HASSINK R. Comparing knowledge networking in different knowledge bases in Germany [J]. Papers in regional science, 2011, 90 (2): 355-371.

[3] LIM H, PARK Y. Identification of technological knowledge intermediaries [J]. Scientometrics, 2010, 84 (3): 543-561

[4] SHARDA R, FRANKWICK G L, TURETKEN O. Group knowledge networks: a framework and an implementation [J]. Information systems frontiers, 1999, 1 (3): 221-239.

[5] PHELPS C, HEIDL R, WADHWA A. Knowledge, networks, and knowledge networks: a review and research agenda [J]. Journal of management, 2012, 38 (4): 1115-1166.

（侯剑华 李杰 撰稿/赵蓉英 审校）

术语篇

191. 知识系统工程
(knowledge systems engineering)

"知识系统工程(knowledge systems engineering)是对知识进行组织管理的技术",是利用系统工程的思维方式和研究方法,对知识系统进行研究的系统工程学科新学科分支,是"一门应用性的技术层次的学科"。这一概念主要由我国著名系统工程与工程管理专家、大连理工大学教授、中国工程院院士王众托于20世纪90年代末提出并倡导。

知识系统工程的提出受益于现代系统工程学科和知识管理学科的发展。彼时,王众托院士通过对知识管理研究主线进行分析,发现知识管理研究缺少"总体上的把握",亟需展开整体性研究。加之"知识需要管理,而知识的生产、传播与利用又形成了一个系统",那么基于系统工程思维和方法对知识系统进行整体性研究便具有了研究的逻辑起点。随后王众托院士借鉴现代系统工程学科在信息系统工程等领域的应用范例,进一步将"知识系统的研究提到系统工程的高度",知识系统工程得以建构。

知识系统工程是从系统整体视角对知识管理问题进行研究的一种新探索,是基于实践视角对知识系统进行研究的一种新尝试。目前,国内学界已有学者从不同的视角对知识系统工程的思想进行了应用。近年来,为了更好地促进知识系统工程学科的发展,中国系统工程学会于2019年成立了数据科学与知识系统工程专业委员会。该专委会挂靠大连理工大学经济管理学院,致力于打造国内知识系统工程学科的学术交流和成果展示平台,极大地助力了国内知识系统工程学科的发展。整体而言,国内外知识系统工程学科大致上仍处于发展的初级阶段,其核心思想可见诸于《知识系统工程(第二版)》一书,并在军用系统工程管理、知识和系统科学交叉学科研究、知识协调管理等领域初步取得一些研究进展,研究进程尚需进一步推进。

参考文献(references):

[1] 王众托.知识系统工程:知识管理的新学科[J].大连理工大学学报,2000,40(S1):115-122.

[2] 王众托.关于知识管理若干问题的探讨[J].管理学报,2004,1(01):18-24+2.

[3] 王众托.创建知识系统工程学科[J].中国工程科学,2006,8(12):1-9.

[4] 王众托.知识系统工程[M].2版.北京:科学出版社,2016.

[5] NAKAMORI Y. Fusing systems thinking

with knowledge management [J]. Journal of systems science and systems engineering, 2020, 29 (3): 291-305.

[6] YANG G F. Multidisciplinary studies in knowledge and systems science [M]. Hershey, PA: IGI Global, 2013.

（王鹏 撰稿/杨光飞 宋昊阳 审校）

192. 指数随机图模型
（exponential random graph model）

指数随机图模型（exponential random graphmodel，ERGM）关注复杂网络中整体结构特征，以关系形成为研究对象，深入了解网络的复杂性、关联性和随机性，为多个领域提供支持。ERG模型始于1959年的伯努利图分布，逐步发展为二元关系模型（p1模型），并在1986年引入马尔科夫依赖考虑更多网络特征。1996年，Wasserman将模型扩展为ERGM/p*模型，1999年，Anderson提出参数化估计方法，促使模型进展。如今，ERG模型正处于快速发展期。

ERGM基于关系数据和依赖性假设，分析局部结构以揭示网络整体特征。局部结构是模型关键部分，描述网络结构不同方面，如点对、三元闭包、k-星等，用于描述群体效应、平衡、传播等现象。研究者需从文献提取概念、假设、算法和指标等特征，建立与ERG模型局部网络结构的映射关系。

基础的ERGM是一个可以根据研究内容进行调整的扩展模型，其最一般的形式为：

$$\Pr(Y=y) = \left(\frac{1}{\kappa}\right) \exp\left\{\sum_A \eta_A g_A(y)\right\}$$

其中，求和是包含所有的配置A的加总，η_A是对应的配置A的参数，$g_A(y) = \prod_{y_{ij} \in A} y_{ij}$是对应配置的网络统计量，$\kappa$是标准化常数，确保公式为适当的概率分布。

构建一个完成ERG模型，研究者通常需要遵循以下步骤：①数据收集。收集和整理关系数据，例如社交网络中的朋友关系、合作网络中的合作关系等。数据通常以图的形式表示，节点表示实体（如个体、企业等），边表示实体之间的关系。②确定局部结构。根据研究目的，选择合适的局部结构（如点对、三元闭包、k-星等）来描述网络的特定方面。局部结构的选择应基于理论依据和现有文献。③建立ERG模型。依据所选的局部结构，构建ERG模型的概率分布公式。ERG模型是一个可根据研究内容进行调整的扩展模型，可以根据不同的研究目的进行定制。④参数估计。使用最大似然估计（MLE）或马尔科夫链蒙特卡洛（MCMC）方法等技术来估计ERG模型的参数。参数估计的目标是找到一组参数，使得给定的网络数据出现的概率最大。⑤模型评估。评估ERG模型的拟合程度和解释力。常用的模型选择方法包括赤池信息量准则（AIC）和贝叶斯信息量准则（BIC）。模型诊断主要关注模型的拟合程度，包括残差分析和模型效果检验等。⑥结果解释。根据参数估计结果和模型评估，解释ERGM对复杂网络的统计推断。研究者可以通过分析局部结构对应的参数值，深入理解网络中的关系形成及其对整体网络结构的影响。⑦应用与拓展。将ERG模型的研究成果应用于实际问题，如社会政策制定、网络安全防护等。此外，研究者还可以探索将ERG模型与其他方法（如动态网络分析、社区发现等）结合，以解决更复杂的网络问题。

综上，ERGM是一种强大的网络分析工具，可以揭示复杂网络的整体结构特征，帮助研究者更好地理解网络中的关系形成和演化过程。

参考文献（references）：

［1］LUSHER D，KOSKINEN J，ROBINS G. Exponential random graph models for social networks［M］. New York，USA：Cambridge University Press，2012：16-28.

［2］ROBINS G，PATTISON P，KALISH Y. An introduction to exponential random graph（p*）models for social networks［J］. Social networks，2007，29（2）：173-191.

［3］ROSE K J Y，HOWARD M，COX P E. Understanding network formation in strategy research：exponential random graph models［J］. Strategic management journal，2016，37（1）：22-44.

（杨冠灿 撰稿/徐硕 审校）

193. 智库DIIS理论方法
（DIIS Theory and Methodology in Think Tanks）

智库DIIS理论方法（DIIS Theory and Methodology in Think Tanks）是由中国科学院科技战略咨询研究院潘教峰研究员于2017年首次提出的解决智库问题的系统性研究方法。智库DIIS理论方法的思想源自潘教峰研究员在国家高端科技智库建设实践和长期从事科技发展战略研究过程中，通过分析智库研究对象的特点、总结提炼智库问题研究的一般性规律而探索形成，最早以"科技智库研究的DIIS理论方法"为题发表于《中国科学报》"智库栏目"的开篇文章。随后，潘教峰研究员带领团队研究人员通过集中研讨、专题研究、报告交流、实践应用等方式，对智库DIIS理论方法进行深化完善，提出智库研究的基本逻辑体系、智库DIIS三维理论模型、多规模智库DIIS理论方法，为智库研究提供体系化的理论分析。

智库研究的基本逻辑体系重点解决智库研究中"为什么""是什么""怎样做""如何评"的问题。①"为什么"：智库研究是为了什么？其根本目的之一是服务国家治理体系和治理能力现代化。②"是什么"：智库研究的来源和特征是什么？智库研究一方面来源于社会实践的决策需求，另一方面来源于社会发展的内在逻辑演进，并具有学科交叉性、相互关联性、政策实用性、社会影响性、创新性、不确定性的六性会聚特征。③"怎样做"：如何开展智库研究？要遵循问题导向、证据导向、科学导向，把握收集数据、揭示信息、综合研判、形成方案四个环节，注重思想性、建设性、科学性、前瞻性、独立性的要求，做到政治性和思想性、学术性和政策性、理论性和实践性、前瞻性和建设性、独立性和纪律性的有机统一。④"如何评"：高水平智库成果如何评价？需要从发展理念和战略，法律法规和方法，体制机制，政策，举措五个层面对智库成果进行系统的评价和考察。

智库DIIS理论方法指出，一个完整的智库问题研究过程需要遵循三个导向，经历四个环节。具体而言，问题导向要求智库研究者通过问题来切入，既可以是现实的问题，也可以是潜在的重大战略和政策问题；证据导向要求论之有据，能提供有说服力的客观事实、科学证据和数据支撑；科学导向是指研究问题要遵循规律，采用科学的研究方法和工具，对综合复杂的智库问题进行科学综合系统的研究。四个环节依次为：①收集数据（data），根据智库问题分解形成的子问题集，全面收集相关数据，这里的数据包含数据资料、科学知识、实践经验等多种类型的知识，如网络数据、统计数据、图像、概念、公式、定理、案例、认知等。②揭示信息（information），对收集的数据进行专业化的数据挖掘、整理、分析，形成事物的客观认知和知识，也是价值发现的过程。③综合研判（intelligence），引入相关专家学者的智慧对客观认知进行趋势预测预判，综合集成专家的判断，最大限度地凝练共识，得到新认识、新框架和新思路。④形成方案（solution），根据上述研究形成符合实际发展要求的解决方案或政策建议，最终为宏观决策提供高质量、有建设性的智库研究报告。智库研究的基本逻辑体系与DIIS模型见图1。

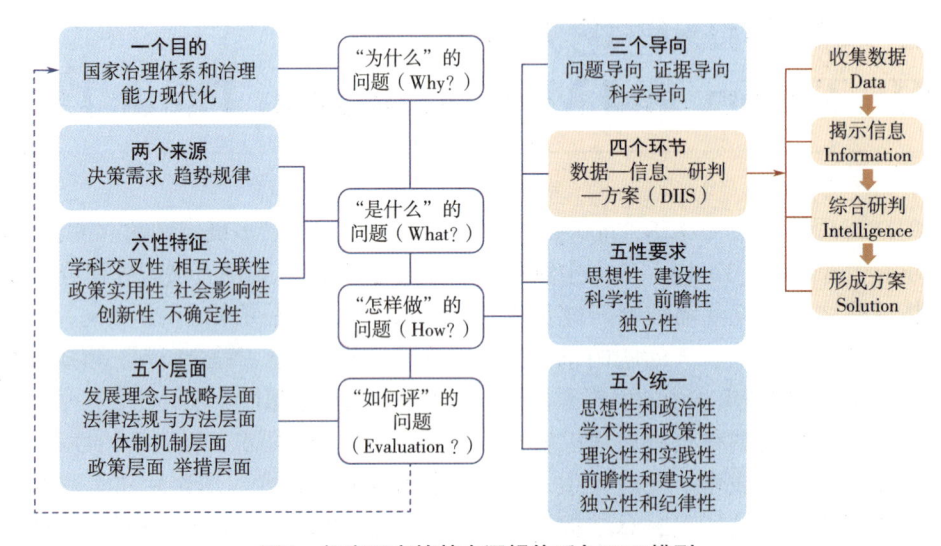

图1 智库研究的基本逻辑体系与DIIS模型

目前，智库DIIS理论方法已应用于科技路线图、科技评估、第三方评估、关键技术识别、应急管理等多个领域。此外，潘教峰研究员也带领团队将其应用于国家自然科学基金应急项目"应对新科技革命与产业变革进程的政策研究"、国家社会科学基金"国家治理与全球治理"重大研究专项项目和多个国家高端智库课题的研究工作中。

参考文献（references）：

［1］潘教峰.科技智库研究的DIIS理论方法［N］.中国科学报，2017-01-09.

［2］潘教峰，等.智库DIIS理论方法［M］.北京：科学出版社，2019.

［3］潘教峰，鲁晓.关于智库研究逻辑体系的系统思考［J］.中国科学院刊，2018，33（10）：1093-1103.

［4］潘教峰，杨国梁，刘慧晖.智库DIIS理论方法［J］.中国管理科学，2017，25（S）：1-14.

［5］潘教峰，杨国梁，刘慧晖.智库DIIS三维理论模型［J］.中国科学院刊，2018，33（12）：1366-1373.

［6］潘教峰，杨国梁，刘慧晖.多规模智库问题DIIS理论方法［J］.中国科学院刊，2019，34（7）：785-796.

［7］潘教峰，杨国梁，刘慧晖.科技评估DIIS方法［J］.中国科学院刊，2018，33（1）：68-75.

（刘慧晖 撰稿/鲁晓 审校）

194. 智库双螺旋法
（Double Helix Methodology in Think Tanks）

智库双螺旋法（Double Helix Methodology in Think Tanks）是由中国科学院科技战略咨询研究院潘教峰研究员于2020年首次提出的智库研究理论框架和方法论体系。智库双螺旋法的思想最早起源于2017年潘教峰研究员提出的智库DIIS理论方法，该方法从研究环节角度为智库研究提供一般性的研究流程，又称为DIIS过程融合法。考虑到智库研究的逻辑和内涵涉及机理、影响和政策问题，潘教峰研究员进一步从研究逻辑角度出发提出MIPS逻辑层次法，并在DIIS和MIPS的基础上形成智库双螺旋法。围绕如何运用智库双螺旋法，潘教峰研究员带领团队成员进一步研究提出促进智库研究的"六个转变"以及智库双螺旋法的"十个关键问题"和"四层模型"，为智库研究实践提供一套系统性的方法论和可操作化工具。

智库双螺旋法在问题导向、证据导向和科学导向的内在要求下，始于研究问题，终于解决方案，形成外循环和内循环的整体体系。具体而言，面对复杂的智库问题，首先进行解析，将其分解为一系列子问题，然后结合各类知识对子问题进行融合研究，最后进行综合还原，提出解决方案，整体遵循"解析—融合—还原"的逻辑，构成外循环。外循环的实现则需要依据内循环开展研究，即基于"收集数据（data）—揭示信息（information）—综合研判（intelligence）—形成方案（solution）"的DIIS过程融合法和"机理分析（mechanism analysis）—影响分析（impact analysis）—政策分析（policy analysis）—形成方案（solution）"的MIPS逻辑层次法，描述出智库研究循环迭代、螺旋上升的过程。智库双螺旋法对智库研究范式进行系统思考，为促进智库研究从经验式向科学化、零散式向系统性、随机式向规范性、偏学术型向学术实践型、静态向稳态、学科单一向融合贯通的"六个转变"提供了具体的方法路径。

从智库研究面临的共性问题、未来趋势、发展方向出发，提出智库双螺旋法的"十个关键问题"。"智库问题的解析"是开启智库研究的第一步。面对经济社会未来发展的不确定性和复杂性，需要开展"智库问题牵引下的情景分析""智库问题研究的不确定性分析""智库问题研究的政策模拟分析"。智库研究中需要循环迭代、定量与定性结合，实现研究过程与逻辑的契合，并引入新的技术手段，需要开展"智库研究的循环迭代""DIIS与MIPS的耦合关系""人机结合的智库问题研究支持系统""客观分析与主观判断的结合"。智库研究中专家的作用极其重要，成果质量更是智库生存的生命线，因此"智库研究的专家组织与管理""智库产品质量管理"是智库研究的重要问题。

为使智库双螺旋法更具操作性和科学性，将"十个关键问题"及其采用的方法工具与智库双螺旋法的主要内容进行归纳提炼，构成智库双螺旋法的"四层模型"：第一层为外循环，第二层为内循环DIIS和MIPS，第三层为"十个关键问题"，第四层为方法集工具箱。"四层模型"不仅从认识论、方法论、实践论出发为智库研究提供新的认知视角，而且蕴含系统论中结构、功能和演化的思想，为智库研究所面对的复杂系统问题提供一种新的思维方法、指导方法和操作方法。智库双螺旋法的组成要素见图1。

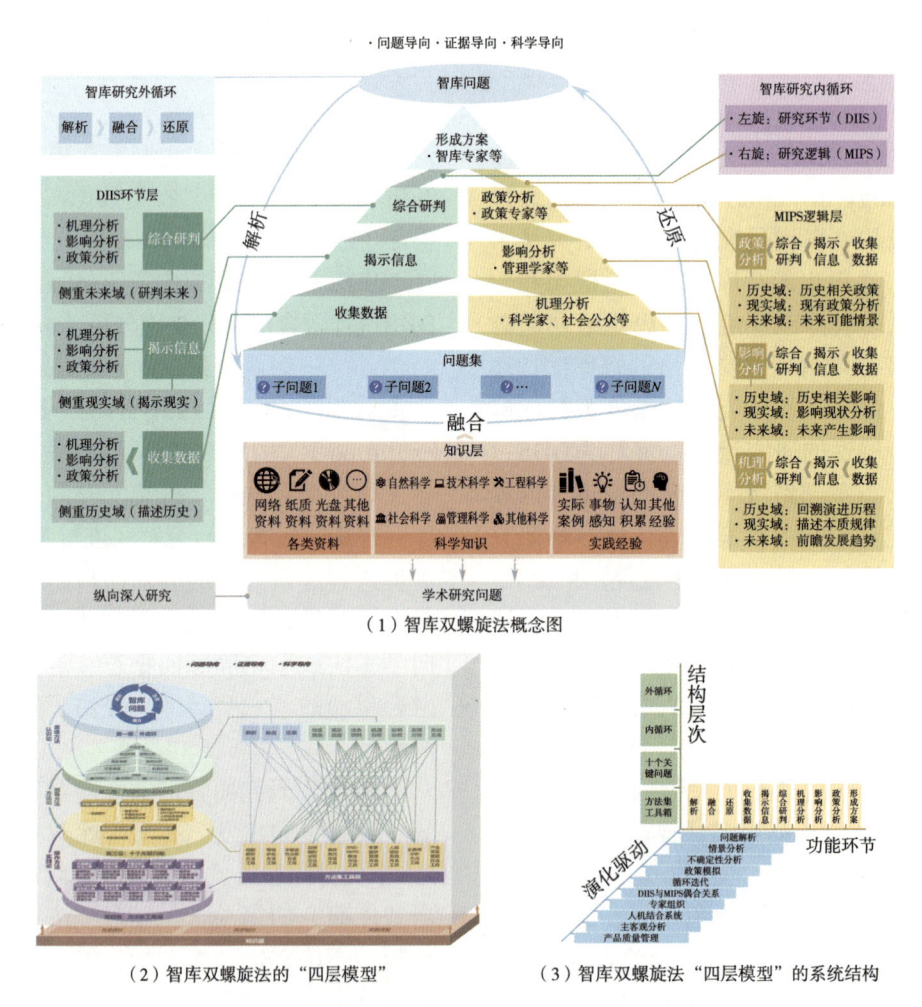

（1）智库双螺旋法概念图

（2）智库双螺旋法的"四层模型"

（3）智库双螺旋法"四层模型"的系统结构

图1　智库双螺旋法的组成要素

目前，智库双螺旋法已应用于科技前瞻、基础研究布局、区域创新、舆情治理、科技伦理、智库项目管理等多个领域。此外，潘教峰研究员也带领团队成员将其应用于科技支撑西部生态屏障战略研究、基础研究十年行动方案战略研究、"十四五"

战略性新兴产业重点问题研究与规划研究等一系列大规模的智库研究实践中。

参考文献（references）：

［1］潘教峰，等.智库双螺旋法理论［M］.北京：科学出版社，2022.

［2］潘教峰.智库双螺旋法应用1［M］.北京：中国言实出版社，2022.

［3］潘教峰.智库双螺旋法应用2［M］.北京：中国言实出版社，2022.

［4］潘教峰.智库研究的双螺旋结构［J］.中国科学院院刊，2020，35（7）：907-916.

［5］潘教峰，张凤，鲁晓.促进智库研究的"六个转变"［J］.中国科学院院刊，2021，36（10）：1226-1234.

［6］潘教峰，鲁晓，刘慧晖.智库双螺旋法的"十个关键问题"［J］.中国科学院院刊，2022，37（2）：141-152.

（刘慧晖 撰稿/ 鲁晓 审校）

195. 主路径分析
（main path analysis）

主路径分析（main path analysis）基于网络的连通性，将引文网络中获得高遍历权重的链接（edge或link）组成领域发展的主路径，用以描述科技演化脉络，揭示特定领域的发展规律。该方法最早由Hummon和Doreian于1989年提出，2003年Batagelj基于动态规划算法设计了链接权重的高效计算方法，提高了从大规模引文网络中提取主路径的效率，促进了主路径分析方法研究的发展。为了探测领域演化轨迹，主路径分析方法通常需要先构建一个蕴含领域发展的有向无环引文网络，然后度量这个网络中每条链接的重要性，最后基于优先级优先搜索算法（priority first search，PFS）提取整个网络的骨架结构（示例见图1）。

（a）引文网络

（b）SPC加权网络

（c）SPLC加权网络

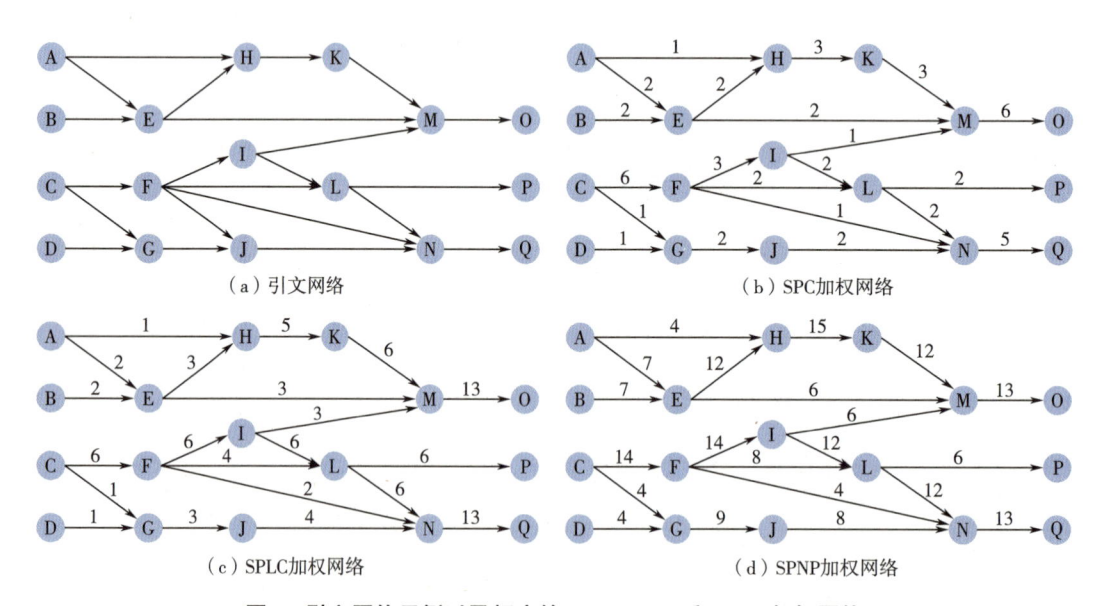

（d）SPNP加权网络

图1 引文网络示例以及相应的SPC，SPLC和SPNP加权网络

对于链接权重的计算，三种常见的遍历计数方法包括：①搜索路径计数法（search path count，SPC）；②搜索路径节点对计数法（search path node pair，

SPNP）；③搜索路径链接计数法（search path link count，SPLC）。为方便理解这些权重计算方法，需事先界定如下术语：①源节点（source node）是指入度为零但出度不为零的节点（比如图1中的A，B，C和D），目标节点（sink node）是指出度为零但入度不为零的节点（比如图1中的O，P和Q），中间节点是指入度和出度都不为零的节点（比如图1中的E，H和K）；②链接的头节点（head node）是该链接头部的节点，链接的尾节点（tail node）是该链接尾部的节点，比如图1中的链接H→K，K为头节点，H为尾节点；③节点的祖先节点（ancestor node）是从该节点沿箭头反方向回溯到源节点所经过的节点，节点的子孙节点（descendant node）是指从该节点沿箭头方向到达目标节点经过的节点，比如图1中的节点H，它的祖先节点为A，B和E，它的子孙节点为K，M和O。另外，需要说明的是用于主路径分析的引文网络，链接的箭头通常由被引文献指向施引文献，表明知识的流动方向。

从遍历计数原理来看，SPC表示从源节点到目标节点所有路径中，经过特定链接的次数。例如，经过E→M的路径包括A-E-M-O和B-E-M-O，则E→M的SPC权重值为2。SPLC表示特定链接的尾节点的祖先节点到达目标节点的所有路径中，经过给定链接的次数。例如，经过E→M的路径，尾节点是M，它的祖先节点是A，B，E，即有三个起点，终点是目标节点，即O，经过E→M的路径包括A-E-M-O、B-E-M-O、E-M-O，则E→M的SPLC权重值为3。SPNP表示从特定链接的尾节点的祖先节点到该链接的尾节点和它的子孙节点的所有路径中，经过此链接的次数。例如，经过E-M的路径，尾节点是M，它的祖先节点是A，B，E，即有三个起点，终点是M和O，即尾节点和它的子孙节点，有两个终点，经过E-M的路径包括A-E-M-O、A-E-M、B-E-M-O、B-E-M、E-M-O、E-M，则E→M的SPNP权重值为6。

从知识流量来看，SPC加权网络中流入每个节点的权重之和等于流出该节点的权重之和，表明中间节点仅起知识传递的作用；SPLC加权网络中流入每个节点的权重之和小于流出该节点的权重之和，表明中间节点不仅传递知识，而且创造新的知识；SPNP加权网络中流入每个节点的权重之和与流出该节点的权重之和没有明确的大小关系，表明该加权网络中的节点功能比较多样，可能传递知识，也可能创造新知识，甚至可能阻断部分知识的流通。总体来看，SPLC加权方法能够较好地反映知识通过引文网络传播的实际情形，最贴近科技发展的知识扩散场景，更加适合追溯知识传播轨迹，因此受到了学术界的青睐。

优先级优先搜索算法有两种，分为全局搜索路径和局部搜索路径。全局搜索路径包括两种：①全局主路径（global main path）。在整个网络中具有整体最大遍历权重的路径，即累积遍历权重之和最大的路径。②全局关键路由主路径（global key-route main path）。首先，根据链接的权重或其他标准确定某些链接作为关键路由，然后，从这些链接头节点向前搜索直到网络中的目标节点，从这些链接尾节点向后搜索直到网络中的源节点，在整个过程中，需要确保前向和后向搜索的路径权重和都最大。最后，将所有关键路由的前向路径和后向路径合并，形成全局关键路由主路径。局部搜索路径包括三种：①局部前向主路径（local forward main path）。从源节点到目标节点的前向搜索，即从源节点出发，不断搜寻下一个拥有最大遍历权重值的节点直到目标节点。②局部后向主路径

（local backward main path）。从目标节点到源节点的后向搜索，即从目标节点出发，不断搜寻下一个拥有最大遍历权重值的节点直到源节点。③局部关键路由主路径（local key-route main path）。首先，根据链接的权重或其他标准确定某些链接作为关键路由，然后，从这些链接头节点向前搜索下一个拥有最大遍历权重值的节点直到网络中的目标节点，从这些链接尾节点向后搜索下一个拥有最大遍历权重值的节点直到网络中的源节点，最后，将所有关键路由的前向路径和后向路径合并，形成局部关键路由主路径。以图1中的SPLC加权网络为例，图2给出了基于优先级优先搜索算法得到的主路径，这里的关键路由设定为网络中遍历权重最大的链接，即M→O和N→Q。

(a) 全局主路径

(b) 全局关键路由主路径

(c) 局部前向主路径

(d) 局部后向主路径

(e) 局部关键路由主路径

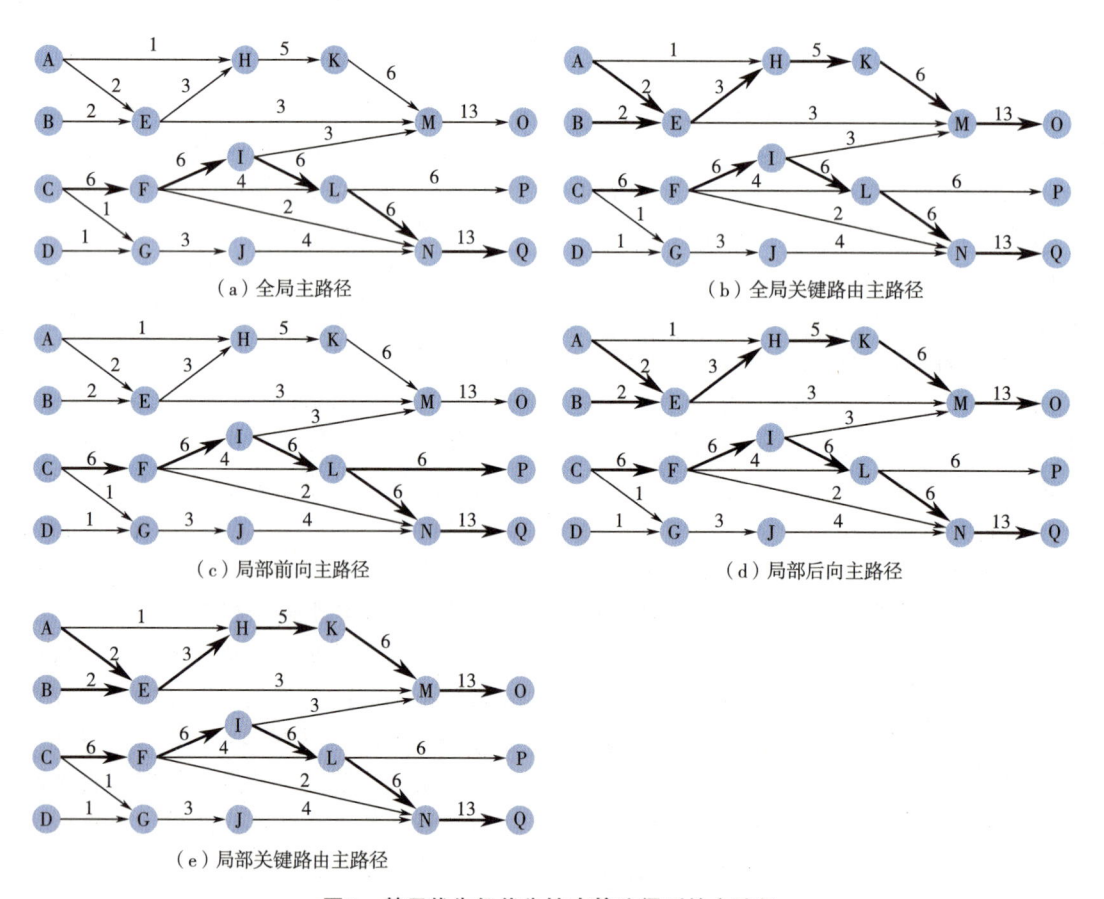

图2 基于优先级优先搜索算法得到的主路径

此外，学者们针对不同情况提出了多种变体，如基于知识遗传持久性的主路径分析，基于循环引用网络的主路径分析，以及结合链接权重和节点权重的主路径分析等。值得一提的是，网络分析软件Pajek集成了主流的主路径分析方法，为相关研究提供了强有力的支撑。

参考文献（references）：

[1] BATAGELJ V. Efficient algorithms for citation network analysis [R]. University of Ljubljana, 2003.

[2] HUMMON N P, DEREIAN P. Connectivity in a citation network: The development of DNA theory[J]. Social Networks, 1989, 11(1): 39-63.

[3] LIU J S, LU L Y Y. An integrated approach for main path analysis: Development of the Hirsch index as an example[J]. Journal of the American Society for Information Science and Technology, 2012, 63(3): 528–542.

[4] LIU J S, LU L Y Y, HO M H C. A few notes on main path analysis[J]. Scientometircs, 2019, 119(1): 379-391.

[5] KUAN C H. Regarding weight assignment algorithms of main path analysis and the conversion of arc weights to node weights[J]. Scientometrics, 2020, 124(1): 775-782.

[6] BATAGELJ V, MRVAR A. Pajek—Program for large network analysis[J]. Connections, 1998, 21(2): 47-57.

（徐硕 王聪聪 撰稿/李杰 张婷 审校）

196. 主谓宾三元组分析
（subject-action-object）

在进行文本分析时，利用单词或词组只能对文本进行简单的统计分析。若想要对文本进行更为复杂的分析，必须深入文本内部，从中提取更多有效的知识。对文本进行语法分析可以获取文本的结构特征，而语义分析则可以进一步获取文本的深层表示。因此，若想获得更有价值的文本信息，必须对文本的语义和语法信息进行收集。为了解决这个问题，美国埃默里大学的Roberto Franzosi教授对文本数据的量化进行了研究，并对主谓宾三元组（subject-action-object，以下简称"SAO"）进行了深入分析，发现文本通常围绕最基本、最简单的SAO结构以及其修饰语构建。因此，在计算机环境中使用SAO结构对文本进行处理，可以为文本数据的知识组织提供可靠的分析手段。

SAO分析是一种基于语义分析的文本挖掘方法。其中，S（subject，主体）表示动作的执行者，一般由名词或代词充当；A（action，行为）是指主体的动作，一般是动词，阐述主体的状态，通常描述主语和宾语实体间所具有的特定联系；O（Object，客体）是指动作的承受者。三者构成了语句最基本的组成元素，用以表示实体关系或实体属性等，可以形式化为（subject，action，object），统称为主谓宾三元组。例如：在（猫，吃，鱼）中，"猫"和"鱼"是两个实体，分别是语句的主语和宾语，"吃"是谓语，三者构成主谓宾三元组。SAO分析采用"主-谓-宾"作为一种基础模型，通过语法分析识别语句中的主体、行为和客体，构建功能单元（三元组）进行主体和客体之间的逻辑关系的描述，并在此基础上建立起知识网络，为文本挖掘提供便利（见图1）。

主体 Subject —行为 Action→ 客体 Object

图1　SAO模型

SAO分析首先需要进行实体和实体关系的抽取，即在确定要抽取的实体类型、关系类型之后，设计相应的模型进行抽取（如图所示）。常用方法包括：①基于依存句法与语义角色标注的SAO抽取。通过对句子进行依存句法分析，得到句子的核心动词以及与该动词直接依存的词，形成主谓关系、动宾关系、谓语关系等关系集合。在此基础上，以句子的动词为核心，先后找出其主语和谓语，并通过修饰关系、并列关系等进行主语和宾语的扩展，形成三元组。②基于词性模板的SAO

抽取。通过构造三元组的词性模板，如NP（nounphrase）名词短语、VP（verb phrase）动词短语等，基于词性模板规则匹配抽取句子中的三元组。

常见的SAO分析包括：①单独对S元素或O元素的分析，即实体分析。例如对S或O元素出现的频次进行分析。②单独对A元素的分析，即关系分析。例如在描述问题和解决方案的SAO中，通过对表示系统属性类的动词进行分析，可获得特定问题的解决方案。③将SAO结构作为一个整体的分析。例如从SAO组合中获取专利技术的功能和效果。④基于不同SAO结构之间关系的分析。例如构建SAO结构网络，使用社会网络分析具体领域中的核心技术、新颖技术和技术成熟度等。

采用SAO的形式来表示文献中的知识单元以及其语义关系，具有结构简单、语义丰富等特点。利用从文本中抽取出的SAO，进行知识图谱的构建，对其进行深入的挖掘和分析，可以清晰、直观地揭示具体领域的知识主题、重要概念及其关系等，既可用于针对专利技术的专利分类、专利侵权分析和高价值专利发现，还可用于针对科技文献的领域知识发现。

参考文献（references）：

[1] FRANZOSI R. From Words to Numbers: A Generalized and Linguistics-Based Coding Procedure for Collecting Event-Data from Newspaper [J]. Sociological Methodolog, 1989, 19: 263-98.

[2] FRANZOSI R. From words to numbers: A set theory framework for the collection, organization, and analysis of narrative data [J]. Sociological methodology, 1994, 24: 105-136.

[3] CASCINI G, FANTECHI A, SPINICCI E. Natural language processing of patents and technical documentation [C]. 6th International Workshop on Document Analysis Systems. ITALY: Florence, 2004: 508-520.

[4] GUO J F, WANG X F, LI Q R, et al. Subject-action-object-based morphology analysis for determining the direction of technological change [J]. Technological Forecasting and Social Change, 2016, 105: 27-40.

（黄福 撰稿/李杰 刘春江 审校）

197. 专利分类
（patent classification）

专利分类（patent classification）是指根据特定标准和目的对专利进行系统性的分类和组织，以便于专利检索、统计和管理。专利分类通常是基于专利申请的技术领域和技术特征进行的，能够帮助人们更好地了解和利用专利信息，促进技术创新和经济发展。专利分类的思想最初可追溯至英国专利律师Charles Devey在1827年出版的《专利与其它发明保护的一般性质的陈述》（*A Statement of the General Principles of the Law of Property in Intellectual Productions*），文中提出了依据技术工艺及所属技术领域对专利发明进行划分的设想。

随着专利分类体系不断改进和发展，分类标准涉及专利申请的诸多方面。其中，经济用途分类根据专利的经济用途进行划分，包括工业专利、商业专利、农业专利；申请人国别分类根据申请人的国籍进行划分，包括中国专利、欧洲专利、美国专利、日本专利等；职务分类根据发明的权利归属进行划分，包括职务发明与非职务发明；合作分类根据完成发明的人数进行划分，包括独立发明与共同发明；专利创新类型分类根据技术方案的类型进行划分，包括发明专利、实用新型专利与外观专利。在我国《专利法》中发明专利还可详细划分为产品发明与方法发明两种类型。

目前，依据技术领域与技术特征进行专利类目划分，是各国专利分类体系较为通用的划分方式。其中，国际专利分类体系（International Patent Classification，IPC）是一种基于技术特征的分类方式；联合专利分类体系（Cooperative Patent Classification，CPC）、美国专利分类体系（United States Patent Classification，USPC）以及欧洲专利分类体系（EPO Classification，ECLA）均选择技术领域与技术特征相结合的分类方式。图1展示了不同分类问题及应用场景下的专利分类体系。

国际专利申请、授权、查询及分析过程中，最常用的专利分类体系是世界知识产权组织（WIPO）负责开发和维护的国际专利分类体系（即IPC分类）。IPC分类由《斯特拉斯堡协定》建立，其层级结构呈金字塔形状，包含部类（section）、大类（class）、小类（sub-class）、大组（group）和小组（sub-group）五个层级，是一套独立于语言的符号构成的分级系统。以专利IPC号码A01B33/00和A01B33/08为例，分解见图2。

图1　专利分类体系

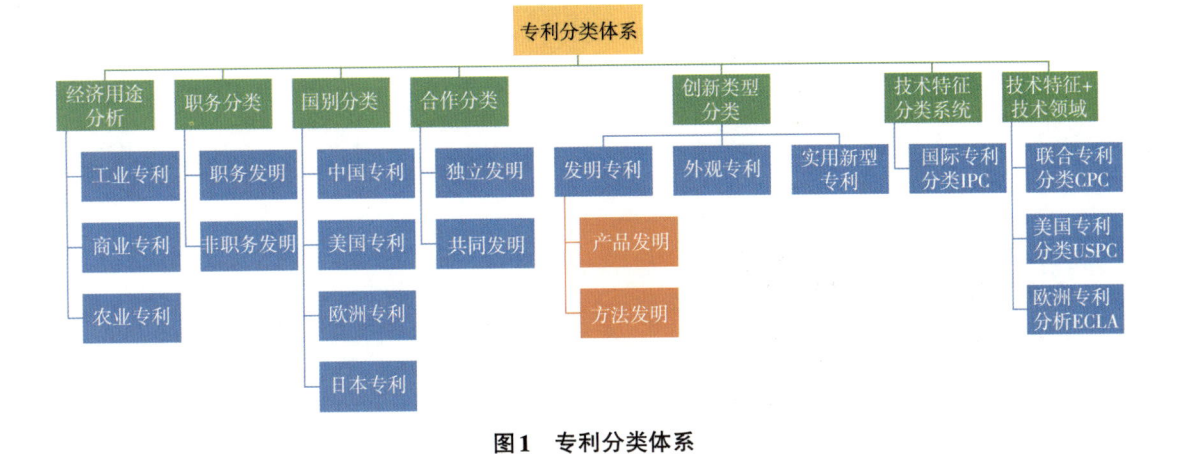

图2　专利文献IPC分类号码的层级分解示意图

参考文献（references）：

[1] Patent searching：Tools & techniques [M]. John Wiley & Sons，2012.

[2] WIPO. International Patent Classification（IPC）[EB/OL].[2023-03-03]. https://www.wipo.int/classifications/ipc/en.

[3] 国家知识产权局.国际专利分类定义（2023版）[EB/OL].[2023-03-03]. https://www.cnipa.gov.cn/art/2023/1/6/art_2152_181291.html.

（栾春娟 宋博文 黄航斌 撰稿/黄海瑛 审校）

198. 专利计量学（patentometrics）

专利计量学（patentometrics）是指以定量方法为主，对专利文献进行采集、加工、整理与分析，以形成专利竞争情报，获得有价值的信息，从而为国家和企业制定技术创新和专利战略服务的一种科学研究活动。专利计量也称为专利文献计量、专利信息计量、专利定量分析、专利统计分析等。最早由Francis Narin（纳林）于1994年提出，英文可用"patent bibliometrics"（专利文献计量学）或"patentometrics"（专利计量学）表示，并对专利计量的研究框架进行了界定：个人和国家的专利生产量（率）、引用及相关分析，也可以归纳为技术研发的生产力、影响力以及关联分析。Eric J. Iversen对专利计量进行了具体定义：将数学和统计学的方法运用于专利研究，以探索和挖掘其分布结构、数量关系、变化规律等内在价值的研究领域。

在国外，1949年，Seidel最早提出了专利引文分析的概念，但在当时并未引起足够的注意。20世纪70年代，美国知识产权咨询公司（CHI Research Inc.）和国家科学基金委员会（US National Science Foundation）合作研究了评价国家科学（文献）与技术（专利）之间关系的系列指标，并用于评估公司价值。1985年，Pavitt较早注意到专利统计与创新活动的关系。1994年，Narin发表了题为"patents bibliometrics"（专利文献计量学）的论文，提出了"patentometrics"（专利计量学）的概念，最早把专利计量作为一个独立的领域进行研究。专利计量逐渐从文献计量学、信息计量学、科学计量学中独立出来发展成为一个新的研究分支领域，引起了科学计量学、信息计量学和专利研究等领域的共同关注。Narin因此被称为专利计量和专利分析的鼻祖。在Narin、Verbeek等学者的持续推动下，专利计量的相关研究不断拓展和深入。2007年，在西班牙马德里举行的第十一届科学计量学与信息计量学国际研讨会上，"专利计量指标"成为会议的重要议题之一，专利计量及其应用研究受到科学计量学和信息计量学领域的特别关注。随着世界科技竞争和经济竞争的加剧，专利计量研究越来越受到政府部门、科技领域、产业领域、公司企业和研究者们的重视，应用范围日益广泛。

国外专利计量学研究以专利文献、专利信息和专利数据为基础，以统计分析、引文分析、专利挖掘和专利地图等为方法，主要围绕技术、科学、知识、创新、指标、模式、三螺旋、产业、工业、大学、企业、绩效、R&D等方面进行，专利计量与技术创新、技术转移、产业发展、绩效评估、经济增长研究等备受关注。

我国专利计量学研究起步较晚，始于20世纪80年代，虽然研究还不成熟，但已经引起了国内信息计量学、科学计量学、科技管理和法学等领域学者的高度关注。专利计量学主要围绕专利计量理论、指标、方法、工具、软件、应用与实证等方面展开，在技术创新、技术贸易、专利保护、专利制度、专利战略、知识转移、技术行业领域和公司企业竞争等方面得到广泛应用。

专利计量学主要研究专利文献中蕴含的数量特征、规律与结构关系。随着专利计量学研究的拓展与深入，专利计量学的研究对象和内容发生了巨大变化，专利计量学也从1.0时代进入到2.0时代，如图1所示。

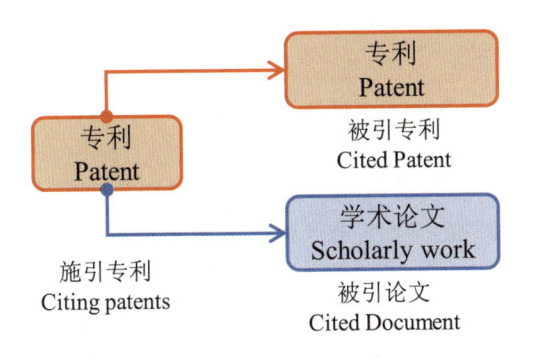

图（a）专利计量学1.0

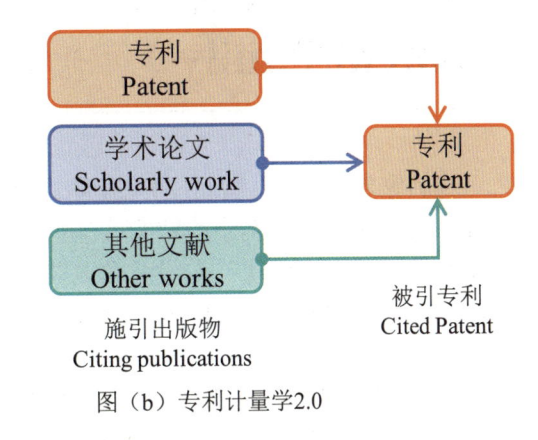

图（b）专利计量学2.0

图1　专利计量学1.0与专利计量学2.0

参考文献（references）：

［1］SEIDEL A H. Citation system for patent office［J］.Journal of the Patent Office Society，1949（31）：554-567.

［2］PAVITT K. Patent statistics as indicators of innovative activities：Possibilities and problems［J］.Scientometrics，1985，7（1-2）：77-99.

［3］NARLIN F. Patents bibliometrics［J］.Scientometrics，1994，30（1）：147-155.

［4］NARLIN F. Patents as indicators for the evaluation of industrial research output［J］.Seientometrics，1995，34（3）：489-496.

［5］NARLIN F，OLIVASTRO D. Linkage between patents and papers：An interim EPO/US comprison［J］.Seientometrics，1998，41（1）：51-59.

［6］VERBEEK A，DEBACKERE K，LUWEL M，et al. Linking science to technology：Using bibliographic references in patents to build linkage schemes［J］.Scientometrics，2002，54（3）：399-420.

［7］VERBEEK A，DEBACKERE K，LUWEL M. Science cited in patents：A geographic "flow" analysis of bibliographic citation patterns in patents［J］.Scientometrics，2003，58（2）：241-263.

［8］IVERSEN E J. An excursion into the patent-bibliometrics of Norwegian patenting［J］.Scientometrics，2000，49（1）：63-80.

［9］ORDUÑA-MALEA E，FONT-JULIÁN C I. Are patents linked on Twitter? A case study of Google patents［J］.Scientometrics，2022，127（11）：6339-6362.

［10］栾春娟.专利计量与专利战略［M］.大连：大连理工大学出版社，2012.

［11］文庭孝.专利信息挖掘研究［M］.北京：知识产权出版社，2022.

（文庭孝 撰稿/邱均平 审校）

199. 专利家族
（patent family）

专利家族（patent family），通常是指具有共同优先权的，在不同国家、地区或国际专利组织多次申请、多次公布或获得授权的内容相同或基本相同的一组专利文献。专利家族概念的提出可追溯至1883年的《保护工业产权巴黎公约》，旨在全球范围内扩展和保护发明者的专利权利。专利家族有广义与狭义之分，狭义的专利家族指具有相同发明内容的专利在不同国家/地区申请的专利合集。广义的专利家族在狭义的基础上，还包含了专利及其后续衍生的不同申请案，如连续案、分割案、部分连续案等。

专利家族成员之间存在至少一项相同的申请内容，通常是由同一组发明人或相同的申请人提交的专利申请。它们中的每一件专利文献被称为专利家族成员（patent family member），成员之间互为同族专利，其中优先权最早的专利被称为基本专利。专利家族的申请通常由一项发明的优先申请（priority application）开始，这是在第一个申请国或地区提交的申请，可以通过国际专利合作条约（patent cooperation treaty，PCT）或其他专利合作协议（例如欧洲专利组织）来申请专利保护。在优先申请获得认可后，发明人可以在其他国家/地区提交与优先申请相同或类似的专利申请，形成专利家族。专利家族通常包括三种类型，分别为简单专利族（simple patent family）、复杂专利族（complex patent family）和扩展专利族（extended patent family）。各类型专利族的具体含义是指：①简单同族，一组同族专利中的所有专利都以共同的一个或共同的几个专利申请为优先权；②复杂同族，一组同族专利中的所有专利至少共同具有一个专利申请为优先权；③扩展同族，一组同族专利中的每个专利与该组中的至少一个其他专利至少共同具有一个专利申请为优先权。具体如表1所示。

专利家族在知识产权商业运营中具有十分重要的作用，一方面专利家族能够提供全球范围的专利保护，使专利申请人能够保护其发明并防止他人侵犯其专利权利；另一方面通过专利的授权或交易行为，专利家族为专利申请者提供了更多的商业机会。需要注意的是不同国家/地区的专利法律和规定可能存在差异，因此申请人在管理和维护专利家族时需要仔细了解每个国家/地区的要求和程序。

表1　专利同族种类及与优先权的关系

专利文献	优先权情况	简单同族	复杂同族		扩展同族
文献D1	优先权P1	专利族F1	专利族F1		专利族F1
文献D2	优先权P1	专利族F1	专利族F1		专利族F1
文献D3	优先权P1-P2	专利族F2	专利族F1	专利族F2	专利族F1
文献D4	优先权P1-P2	专利族F2	专利族F1	专利族F2	专利族F1
文献D5	优先权P2	专利族F3		专利族F2	专利族F1

参考文献（references）:

[1] HALL B H, ZIEDONIS R H. The patent paradox revisited: an empirical study of patenting in the US semiconductor industry, 1979-1995 [J]. rand Journal of Economics, 2001: 101-128.

[2] MARTINEZ C. Patent families: When do different definitions really matter? [J]. Scientometrics, 2011, 86 (1): 39-63.

[3] World Intellectual Property Organization. Handbook on industrial property information and documentation [M]. WIPO, 1990.

（栾春娟 宋博文 撰稿/李睿 审校）

200. 专利权人合作网络
（patent assignees' collaboration networks）

专利权人合作网络（patent assignees' collaboration networks）以专利权人为节点，以它们之间的合作或专利转移关系为边。通过分析共同申请人（如基于研发合作）而产生的专利权人合作网络，可以发现专利权人在技术研发阶段整合或利用外界技术优势或资金优势的力度，这种合作网络属于无向网络；通过分析基于专利权转移而产生的专利权人合作网络，可以发现机构专利的产业化价值与市场潜力，这种合作网络属于有向网络。将基于技术研发阶段的无向网络图和基于专利权转移的有向网络图进行整合，则可以分析两种网络图的中心点是否存在重合或某种关联。

专利权人合作网络可以分为四种类型：①全球规模的专利权人合作网络，基于现有专利数据库，获取特定时间段内的全球所有的专利数据，进而对其进行分析；②特定学科领域（技术主题）的专利权人合作网络，通过数据库自身的分类体系、主题词检索等途径，构建分析某特定学科领域的专利数据集；③特定专利权人的合作网络，包括不同性质的专利权人（如高校、企业、科研院所）之间的合作关系，以及特定国家或地区的专利权人合作网络；④自我中心的专利权人合作网络，即以一个专利权人为中心，分析与其存在合作或专利转移关系的专利权人之间形成的网络。

分析专利权人合作网络可以揭示所选分析对象的竞争合作格局，发现合作伙伴与竞争对手，这些发现对剖析专利权人的研发和竞争行为具有重要意义，可以为专利权人制定研发战略、寻求研发合作伙伴以及专利转移或交易等竞争行为提供参考。

参考文献（references）：

[1] STERNITZKE C, BARTKOWSKI A, SCHRAMM R. Visualizing patent statistics by means of social network analysis tools [J]. World Patent Information, 2008, 30 (2): 115-131.

[2] CLEMENTS M M. A network analysis of inventor collaboration and diffusiveness on patents granted to US universities [C]. Proceedings of ISSI. 2009: 504-515.

[3] CHEN Y W, FANG S. Mapping the evolving patterns of patent assignees' collaboration networks and identifying the collaboration potential [J]. Scientometrics, 2014, 101 (2): 1215-1231.

（陈云伟 撰稿/王曰芬 审校）

201. 专利引文网络
（patent citation network）

专利引文网络是一种表示专利之间引用关系的网络结构。在这个网络中，每个专利被视为一个节点，而专利之间的引用关系被视为节点之间的链接。通过构建和分析这样的网络，我们可以研究和理解不同专利之间的引用模式和相互关系。专利引文网络分析可以揭示技术领域的发展趋势、创新路径以及各个专利之间的知识传播和影响关系，也是研究知识产权、技术创新和技术演化的重要工具，通过专利引文网络我们能够更好地理解技术系统的相互依存性以及不同技术领域之间的相互影响。

早期的专利分析方法通常只是简单地计算专利数量，并比较不同实体（如国家、公司、技术领域）所持有的专利数量。这种方法虽然简单，但由于专利价值的分布极为不均，仅通过计数专利数量来判断一个实体的重要性可能会产生相当大的偏见。专利引文网络分析则避免了这个问题，它不仅考虑了专利的数量，还考虑了专利之间的引用关系，从而能够更准确地反映技术的发展趋势和各个实体的重要性。

构建专利引文网络的过程包括确定节点（专利或其他实体）、确定链接（不同引用关系类型）、数据处理和网络构建。首先，研究者需要确定要研究的专利集合，这些专利将成为网络中的节点。然后，通过分析专利数据，识别出这些专利间的引用关系，这些引用关系将成为网络中的链接。接下来是数据处理，包括数据清洗、数据转换等，以确保数据的质量和可用性。最后，利用处理过的数据构建专利引文网络（见图1）。

构建专利引文网络过程中最关键的一环是确定链接。三种基础的引用关系类型决定了存在至少三种专利引文网络：①直接引用关系是最基础的引用关系类型，通常表现为有向无权网络，基于此构建的专利引文网络可以用来进行技术评价以及技术相似性分析。②耦合关系（coupling）是指当两篇专利共同引用了一篇或多篇专利时，这两篇专利之间的关系。耦合关系反映了专利间共享知识或技术基础的程度，因此，通过分析专利引文耦合网络，可以发现技术领域的共享和合作趋势，以及技术的交叉和融合情况。③专利共引关系或称同引专利（co-citation）关系是指当两篇专利被另一篇专利同时引用时，这两篇专利之间的关系。通过分析专利同引网络，可以发现技术的主题和分类，以及专利的关联和相似性。耦合网络和共引网络通常被视为无向有权网络。另外，尽管存在基于引用关系以及衍生的多个专利引文网络，但需要考虑的是：任何单一网络仍然是无法全面表征网络整体特征的。

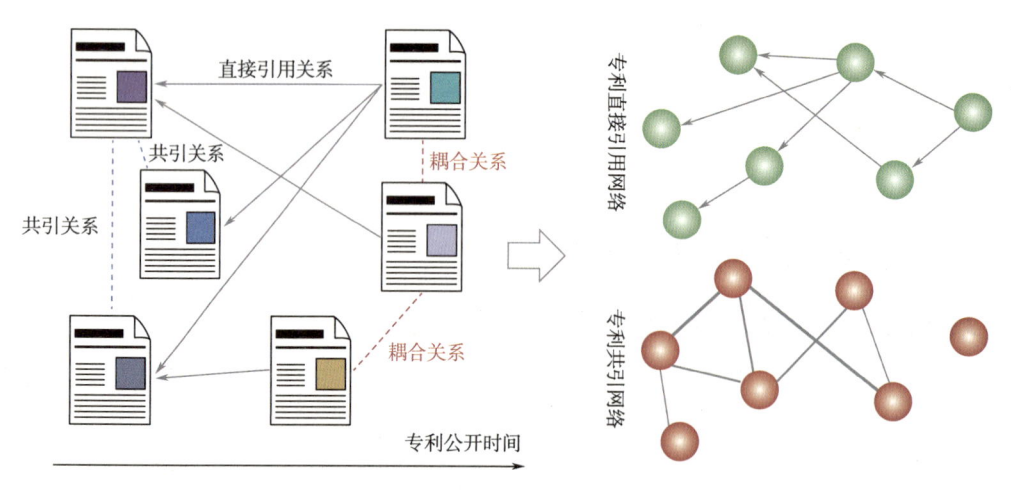

图1 构建专利引文网络的过程

当专利引文网络构建后，研究者就可以采用各类经典网络分析方法来进行更深入、全面的分析。这些方法包括网络结构分析、社区检测、中心性分析、结构洞分析以及主路径分析等。在各类研究和实际应用中，专利引文网络被广泛使用。例如，在科技决策和战略规划中，专利引文网络可以用来分析技术领域的竞争态势和技术演变。在技术预测和研发投资决策中，专利引文网络可以揭示技术发展趋势和创新热点。在企业知识产权管理和竞争情报分析中，专利引文网络可以帮助识别竞争对手的研发动态和策略。此外，专利引文网络也被广泛应用于科技政策分析、知识图谱构建、技术转移研究等领域。

参考文献（references）：

[1] ATALLAH G, RODRIGUEZ G. Indirect patent citations [J]. Scientometrics, 2006, 67（3）: 437-465.

[2] ALCÁCER J, GITTELMAN M, SAMPAT B. Applicant and examiner citations in U.S. patents: An overview and analysis [J]. Research Policy, 2009, 38（2）: 415-427.

[3] MEYER M. What is special about patent citations? differences between scientific and patent citations [J]. Scientometrics, 2000, 49（1）: 93-123.

[4] VELAYOS-ORTEGA G, LÓPEZ-CARREÑO R. Indicators for measuring the impact of scientific citations in patents [J]. World Patent Information, 2023, 72: 102171.

[5] YANG G C, LI G, LI C Y, et al. Using the comprehensive patent citation network（CPC）to evaluate patent value [J]. Scientometrics, 2015, 105: 1319-1346.

（杨冠灿 撰稿/徐硕 审校）

202. 自然语言处理
（natural language processing）

自然语言（natural language）是一种人类发展过程中形成的信息交流方式，包括口语和书面语，反映了人类的思维。与编程语言等为计算机设计的人造语言不同，自然语言处理是指计算机接受用户以自然语言形式输入的信息，并通过人类定义的算法进行加工、计算等操作，以模拟人类对自然语言的理解，并返回用户期望的结果。以聊天机器人为例，用户以自然语言的形式输入自己的需求，聊天机器人通过分词、句法分析、信息抽取和意图识别等环节理解用户的需求，然后基于这些信息生成合适的答案返回给用户。聊天机器人涉及自然语言处理的两类主要任务：自然语言理解和自然语言生成。自然语言理解是指利用计算机自动理解自然语言并推理其中的逻辑，而自然语言生成是指利用计算机自动生成可理解的自然语言文本。要注意的是，自然语言处理并非简单的一步操作，而是包含多个环节和技术的综合应用。通过优化自然语言处理算法、改进分词、句法分析、命名实体识别和意图识别等技术，可以提升聊天机器人的理解能力和生成质量，使其更加接近人类对自然语言的理解水平。

自然语言理解任务涵盖了词性标注、句法分析、文本表示、文本分类和信息抽取等方面。词性标注、句法分析和文本表示通常用于预处理和特征工程阶段。文本分类可用于新闻分类、评论情感分析、垃圾邮件分类等下游任务。信息抽取包括命名实体识别、实体关系抽取和事件抽取等，可用于知识图谱构建和信息检索等下游任务。自然语言生成可以划分为三类：文本到文本生成、数据到文本生成和图像到文本生成。文本到文本生成可应用于机器翻译、自动摘要和机器写作等下游任务。数据到文本生成可基于数据生成报告。图像到文本生成可应用于图片或视频标题生成等下游任务。

1950年，图灵提出了著名的图灵测试，用于衡量机器智能程度，标志着自然语言处理技术的起步。从1950年到现在，自然语言处理方法经历了四个发展阶段：基于规则的自然语言处理、基于统计机器学习的自然语言处理、基于深度学习的自然语言处理和基于大规模预训练语言模型的自然语言处理。在20世纪50年代到90年代，自然语言处理主要基于规则和专家系统的方法。该阶段依靠专家从语言学角度分析自然语言的结构规则来处理自然语言。从20世纪90年代开始，随着计算机运算速度和存储容量的快速增长，以及统计学习方法的成熟，研究人员开始使用基于统计机器学习的方法。在这一阶段，决策树、支持向量机、逻辑回归、条件随机场等方法被广泛应用。然而，此时自然语言的特征提取仍然依赖于人工，并受限于领域经验知识的积累。深度学习算法在2006年提出后广泛应用于自然语言处理领域。在这一阶段，基于循环神经网络的序列标注模型和基于编码器-解码器的生成式模型成为代表性方法。然而，深度学习模型的训练需要大规模标注数据。为利用大规模无标注文本数据，近年来，预训练语言模型被提出并使用掩码预测的方式进行训练，如BERT和GPT。在具体任务中，可以使用小规模标注数据对预训练语言模型进行微调，以便在各种自然语言处理任务中快速适应和收敛。

当前自然语言处理主要面临四个困难：大规模数据依赖、对强大计算资源的依赖、可解释性较低和存在错误预测结果。首先，大规模数据是一个挑战。深度学习网络结构复杂且参数众多，需要大量训练数据来支撑，但绝大多数自然语言处理任务的可用数据量有限。虽然迁移学习、无监督学习、弱监督学习和少样本学习等方法可以减少对数据的依赖，但在性能上仍然无法与监督学习相比。其次，自然语言处理依赖于强大的计算资源。基于深度学习的处理方法需要大量的计算资源。模型框架越大，用于训练和测试网络的矩阵运算就越多，从而带来巨大的计算和能量消耗。再次，自然语言处理的可解释性较低。基于深度学习的自然语言处理模型通常缺乏可解释性，或者解释效果不佳。这直接影响了模型的可信度和安全性。最后，自然语言处理结果存在错误。目前，在自然语言处理的各个任务中通常只报告最佳性能，很少提及平均水平、变化情况及最差性能，降低了模型的可信度与可用性。

自然语言处理的未来发展方向包括数据库建设、模型轻量化、模型可解释性研究和结果可信度研究。首先，数据库的建设至关重要。政府部门、研究机构和企业等可以在确保数据质量和安全性的基础上共享大量的标注数据。其次，模型的轻量化是一个关键方向。为了降低预训练模型的部署门槛，可以采用量化、剪枝、蒸馏等方法对模型进行压缩，从而创建更轻量级的预训练模型。再次，模型可解释性研究也十分重要。可以通过解释模型内部的参数或特征统计信息来解释深度学习模型的工作原理。最后，研究结果的可信度也需要关注。可以建立统一的模型评价标准，从更全面客观的角度评估模型的实际性能水平。例如，一些微小的噪声样本会导致模型结果发生实质性变化，因此，在实践中验证模型的鲁棒性非常重要。

目前，自然语言处理在科学计量领域得到广泛应用，主要体现在词语、句子、篇章等不同层次。在词语层次，自然语言处理可以用于关键词抽取及其应用。通过分析文本内容和上下文关系，自然语言处理算法可以自动提取出文本中最具代表性和关键性的词语。这些关键词对于文献分类、信息检索和知识发现等方面具有重要作用。此外，自然语言处理还可以进行学术实体抽取与计量应用。通过识别和提取学术文献中的作者、机构、引用文献、学术领域等实体信息，可以进行学术产出的计量和分析。在句子层次，自然语言处理的应用更加细粒度。其中包括一句话摘要生成，该技术可以将一篇文本自动概括为简洁准确的一句话，方便读者快速了解文本内容。另外，自然语言处理还能提取学术研究贡献句、研究问题句、研究方法句和未来研究工作句等。这些句子的提取有助于对学术论文进行综述和分析以及评估研究的质量和价值。在篇章层次，自然语言处理可应用于学术论文的篇章结构识别和论文写作风格度量等方面。篇章结构识别是指自动识别和划分论文中的不同部分，如引言、方法、结果和讨论等，以帮助读者快速定位和理解文本。此外，自然语言处理还能通过分析文本的语言风格、语法结构、修辞手法等方面的特征，对论文的写作风格进行度量和评估。

参考文献（references）：

[1] DANIEL J, JAMES H. 自然语言处理综论[M]. 冯志伟, 译.2版.北京：电子工业出版社, 2018.

[2] DENG L, YANG L. Deep Learning in Natural Language Processing [M]. Singapore: Springer Press, 2018.

[3] LU C, BU Y, WANG J, et al. Examining Scientific Writing Styles from the Perspective of Linguistic Complexity [J]. Journal of the American Society for Information Science & Technology, 2019, 70（5）: 462-475.

[4] MANNING C, SCHUTZE H. Foundations of statistical natural language processing [M]. Cambridge: MIT press, 1999.

[5] ZHANG C, XIANG Y, HAO W, et al. Automatic Recognition and Classification of Future Work Sentences from Academic Articles in a Specific Domain [J]. Journal of Informetrics, 2023, 17（1）: 101373.

[6] 车万翔, 郭江, 崔一鸣. 自然语言处理：基于预训练模型的方法[J]. 北京：电子工业出版社, 2021.

[7] 宗成庆. 统计自然语言处理[J]. 2版.北京：清华大学出版社, 2013.

（张颖怡 章成志 撰稿/徐硕 审校）

203. 自然指数
（nature index）

自然指数（nature index）于2014年11月由国际知名科技出版机构——施普林格-自然出版集团（Springer Nature）下属机构首次发布，是依托于全球顶级期刊（2014年11月开始选定68种，2018年6月改为82种）来衡量国家/地区或机构在国际自然科学领域的高质量研究产出与合作情况的数据库。自然指数通过提供简单、透明和最新的指标来展示高质量的研究和合作。

自然指数最初包括发文数（article count，AC）、分数式计量数（fractional count，FC）和加权分数式计量数（weighted fractional count，WFC）三个指标。AC指标考虑了每个机构的发文总数，FC指标考虑了单位作者贡献，WFC指标通过调整权重对FC指标进行了改进。2018年起，AC指标和FC指标被修订和重命名为计数（count）指标和份额（share）指标，WFC指标被删除。

当前，自然指数通过计数和份额两个指标来衡量国家/地区或机构的产出。计数指标基于"全计数法"计算，无论一篇文章的作者隶属于多少个国家/地区或机构，所涉及的国家/地区或机构的计数指标均加1。份额指标则基于"分数计数法"计算，该方法将自然指数收录的每一篇文章对于其所属国家/地区或机构的总贡献值设为1，并且认为每一位作者对于文章的贡献是相同的。以计算机构的份额指标为例，假设一篇文章有10位作者，则每位作者所属的机构的份额指标加0.1，若其中有3位作者来源于同一机构，该机构的份额指标加0.3；若某位作者隶属于两个机构，则两个机构的份额指标分别加0.05。国家/地区的份额指标的计算类似。

自然指数旨在跟踪顶尖文献、评估研究绩效以及探索合作参与特点。该数据库跟踪其所选自然期刊上的文章，以此为依据计算国家/地区或机构的计数指标和份额指标。具体而言，官方每年会发布基于计数指标和份额指标的年度排名，计数指标和份额指标能够反映一个国家/地区或机构的研究产出与绩效；两者之间的比例还能够表明国家/地区或机构的合作参与程度：若计数指标远大于份额指标，则表示该国家/地区或机构和外部高度合作，对外部资源有很强的依赖性，若计数指标接近份额指标，则表示该国家/地区或机构与外部合作有限，对内部资源有很强的依赖性。以上信息可为国家/地区或机构寻求合作伙伴提供参考。

该数据库以最近12个月为统计时段，

每月进行一次滚动更新。使用者可以访问自然指数主页（https://www.nature.com/nature-index/）来查询官方发布的统计报告，同时也可以在主页搜索栏处自定义查询、比较国家/地区或机构的研究产出并作深入分析。当前，自然指数已经发展为评价各高校及其他学术机构科研能力的重要标准之一，在全球范围内有较大影响力。

（张琳 李思佳 撰稿/黄颖 审校）

204. 综合集成方法学
（meta-synthesis approach）

综合集成方法学（meta-synthesis approach，MSA），是由钱学森、于景元和戴汝为提出的解决复杂系统问题的方法论。20世纪80年代初，钱学森在系统科学、思维科学、人体科学等方面进行了开创性的研究，其中在多年的科研和领导航天工程的实践中见证了还原论的局限性，验证了整体论的不足，开创性地建立了还原论和整体论相统一的系统论。1990年，钱学森、于景元、戴汝为等在《自然》杂志上发表了《一个科学新领域——开放的复杂巨系统及其方法论》，提出了"开放的复杂巨系统"（open complex giant system，OCGS）的概念，指出诸如生物体系统、人脑系统、人体系统、地理系统、社会系统、星系系统等都是复杂巨系统，并通过提炼、概括和抽象社会系统、人体系统和地理系统等3个复杂巨系统，提出了处理OCGS问题的不同于经典还原论方法的定性定量相结合的综合集成方法。在后续不断研究探讨中，钱学森和戴汝为等进一步提出了"从定性到定量的综合集成法"。1992年又进一步把该方法加以拓广，形成了综合集成研讨厅（hall for workshop on meta-synthetic engineering，HWMSE），作为综合集成方法论的实践平台。这是中国科学家在复杂系统研究方面提出的划时代科学方法论，形成了一个科学新领域。

综合集成（meta-synthesis）是在以往学术团体及科学技术文献中常用的分析（analysis）、综合（synthesis）、集成（integration）等名词基础上经过拓展与深化所构造的新概念。戴汝为认为，综合集成方法核心思想强调以人为主、人机结合的综合集成，强调把人的"心智"（human mind）与计算机的高性能结合起来。"心智"概括为"性智"与"量智"两部分，"性智"是一种从定性的、宏观的角度，从总的方面加以把握，与经验的积累以及形象思维有密切联系，可以通过文学艺术活动、不成文的实践感受得以形成；"量智"则是一种进行定量的、微观的分析、概括与推理的智慧，与严格的训练、逻辑思维有密切的联系，可以通过科学技术领域的实践与训练得以形成。综合集成法的理论基础是思维科学，方法基础是系统科学与数学，技术基础是以计算机为主的现代信息技术，哲学基础是马克思主义实践论与认识论，实践基础则是系统工程的实际应用。

综合集成方法关键是集成专家体系、机器体系，构成人机结合、人网结合的智能循环演化体系，包括实现定性综合集成、定性定量相结合综合集成、从定性到定量综合集成三个阶段。综合集成方法的工作过程通常包含：①专家研讨，明确问题并纳入系统框架；②系统建模，将一个实际系统的结构、功能、输入输出关系用数学模型、逻辑模型等描述出来；③系统仿真，在实验室内对系统进行实验、分析、优化；④专家再研讨，讨论结果不一致时修正模型和调整参数后再实验；⑤不断重复，直到各方面专家都认为结果可信，得出结论和政策建议。综合集成方法应用过程，如图1所示。

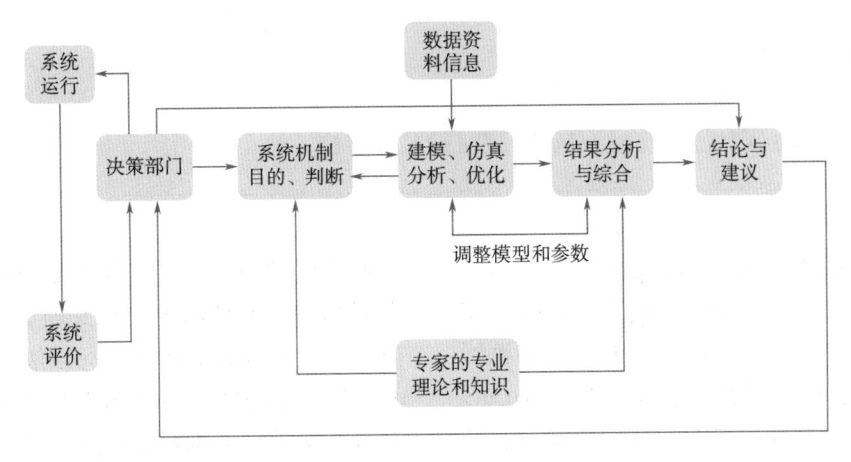

图1 综合集成方法应用过程图（钱学森等，1990）

综合集成方法是当前处理开放复杂系统问题的有效方法，已在宏观经济政策制定、产业经济分析、军事决策与装备论证等众多领域实践应用。面对当前的复杂信息环境，综合集成方法势必成为科学计量学领域信息分析重要方法体系。

参考文献（references）：
[1] 钱学森,于景元,戴汝为.一个科学新领域——开放的复杂巨系统及其方法论[J].自然杂志,1990（01）：3-10+64.
[2] 于景元.钱学森的现代科学技术体系与综合集成方法论[J].中国工程科学,2001（11）：10-18.
[3] 顾基发,唐锡晋.综合集成与知识科学[J].系统工程理论与实践,2002（10）：2-7.
[4] 戴汝为,操龙兵.综合集成研讨厅的研制[J].管理科学学报,2002（03）：10-16.
[5] 戴汝为.基于综合集成法的工程创新[J].工程研究-跨科学视野中的工程,2009,1（01）：46-50.
[6] 唐锡晋.综合集成研讨厅的几个示例[J].系统科学与数学,2009,29（11）：1507-1516.
[7] 安小米,马广惠,宋刚.综合集成方法研究的起源及其演进发展[J].系统工程,2018,36（10）：1-13.
[8] 薛惠锋,周少鹏,侯俊杰,等.综合集成方法论的新进展——综合提升方法论及其研讨厅的系统分析与实践[J].科学决策,2019,265（08）：1-19.
[9] 王丹力,郑楠,刘成林.综合集成研讨厅体系起源、发展现状与趋势[J].自动化学报,2021,47（08）：1822-1839.

（陈安 李杰 撰稿）

205. 综合影响指标
（integrated impact indicator）

综合影响指标（integrated impact indicator，I3）是由荷兰阿姆斯特丹大学路特·莱兹多夫（Loet Leydesdorff）和德国马克斯·普朗克学会的鲁茨·柏曼（Lutz Bornmann）共同提出的一种把引文分布转化为分位数分布并将分位数加权值加和构成的综合指标。I3使用非参统计的方式来评价论文被引频次呈偏态分布的期刊及科研人员的学术影响力，其计算思路为：首先将某一学科中的论文按照被引频次降序排列，然后将学科中全部论文按照被引频次划分成不同的等级，相同等级内的论文赋予相同的权值，最后计算评价对象相应论文获得的权值总和。I3的计算在等级数量上没有明确限定，指标提出者建议划分成100等分，相应的权值也调整成100，99，98，…，2，1，但其他划分标准也可以用于计算I3，如美国国家科学基金会使用的6等级划分方式，不过更细粒度的划分能让论文有更好的区分度。I3的计算公式如下：

$$I3 = \sum_i x_i \times f(x_i)$$

其中，x_i 表示第 i 等级的权值，$f(x_i)$ 表示该权值为 x_i 的论文出现数量。若期刊A发表论文共23篇，在对论文的被引频次进行数据处理时，采用6等级划分方式，找出期刊A的这23篇论文在其所属学科按照被引频次划分为top1%、top 5%、top10%、top25%、top50%和bottom50%等6个等级，对每一个等级分别赋予6、5、4、3、2、1的权重，将权重与对应级别的论文篇数予以乘积求和即可求得I3值，如表1所示，求得的I3值为65。

表1　I3计算示例

等级	权重	篇	加权和
99%~100%	6	3	18
95%~99%	5	3	15
90%~95%	4	1	4
75%~90%	3	3	9
50%~75%	2	6	12
0%~50%	1	7	7
总和		23	65

作为一种非参数统计的计算方法，I3将文献数量纳入期刊评价体系，评价结果兼顾了评价对象的文献数量和引文影响力。与期刊影响因子使用被引频次直接计算不同，在计算I3时，通过对每篇论文被引频次在所属学科内的归一化处理步骤，一定

程度上能减少论文被引频次的极大值和极小值对评价结果的影响。不过I3作为一种使用等级加权算法的绝对值评价指标，存在绝对值评价指标的普遍缺陷，例如累积优势明显，即I3评价结果易受到论文整体数量的影响，在评价论文体量存在较大差异的评价对象时，对于体量小的评价对象相对不公平。

参考文献（references）：

[1] LEYDESDORFF L, BORNMANN L. Integrated impact indicators compared with impact factors: an alternative research design with policy implications [J]. Journal of the American society for information science and technology, 2011, 62 (11): 2133-2146.

[2] LEYDESDORFF L, OPTHOF T. A rejoinder on energy versus impact indicators [J]. Scientometrics, 2012, 90 (2): 745-748.

（张琳 戴婷 撰稿/黄颖 审校）

206. 作者贡献分配
（authorship credit allocation）

作者贡献分配（authorship credit allocation）是指为确定学术论文中每个作者所做出的贡献而制定的一种方案或方法。作者身份以及贡献关系的研究由Lindsey在1980年最早关注到，随着科学研究问题的不断复杂化，以及解决研究问题所需专业知识的多样化和专业化，科研人员之间的合作越来越多，与此同时，由于多位作者对一篇文章贡献的差异性，作者贡献分配方案引起了更多关注。迄今为止，仍然没有一个普遍被接受的排列作者署名顺序的规定，但是在不同领域已经建立了相应规范，例如经济学和数学领域根据作者名字的字母序决定署名顺序，心理学和护理领域则通过事前协商来决定。较为通用的惯例是根据贡献大小排列作者的署名顺序，也就是说作者在署名列表中的位置从一定程度上反映了个人对学术文章的（部分）责任和贡献，因此大多数作者贡献分配方案只考虑署名信息。

为了量化作者的实际贡献，国内外学者已经提出了多种方案，例如无差别计数法（indiscriminate counting scheme）、算术计数法（arithmetic counting scheme）、几何计数法（geometric counting scheme）、调和计数法（harmonic counting scheme）、基于网络的计数法（network-based counting scheme）、公理计数法（axiomatic counting scheme）和黄金数计数法（golden number counting scheme）。在无差别计数法中，每位合著者的贡献相同，完全计数法（full counting scheme）和分数计数法（fractional counting scheme）都属于这一类。算数计数法为每个作者分配的贡献权重形成一个首项为 $\frac{1}{A_m}+\frac{1}{2}\lambda(A_m-1)$，公差为 λ 的等差数列。几何计数法计算得到的贡献权重形成一个首项为 λ^{A_m-1}，公比为 $\frac{1}{\lambda}(\lambda \geq 1)$ 的几何级数，参数 λ 越大，相邻两个合著者之间的贡献差别就越大。调和计数法分配给每位合著者的贡献权重与其署名顺序成反比，连续两个合著者之间的贡献权重的比值为 $\frac{i+1}{i}$。基于网络的计数法首先为每位合著者分配 $\frac{1}{A_m}$ 的初始贡献权重，然后除第一作者之外的合著者将他们自己的部分贡献权重（$\lambda \in [0,1]$）平均分给前面的作者。公理化计数法主要基于三个公理：排序偏好（ranking preference）、贡献归一化（credit normalization）和最大熵（maximum entropy），考虑了多种署名现象，比如多位第一作者、多位通讯作者、多位贡献相同的作者等。黄金数计数法借助黄金数 $\rho = \frac{\sqrt{5}-1}{2} \approx 0.618$，将全额贡献权重的 ρ 份分配给第一作者，将剩余贡献权重的 ρ 份分配给第二作者，即（$(1-\rho)*\rho$），依此类推，直到倒数第二位作者，最后一位作者得到剩余的贡献权重。

表1中展示了 7 种贡献分配方案的具体计算公式，公式统一使用以下符号：给定学术论文 m，A_m 为论文中的作者数目，$\vec{a}_m = [a_{m,1}, a_{m,2}, \cdots, a_{m,A_m}]$ 表示作者的署名信息列表，也就是说，$A_m = |\vec{a}_m|$。相应地，贡献分配表示为 $\vec{c}_m = [c_{m,1}, c_{m,2}, \cdots, c_{m,A_m}]$。此外，假定一篇论文的总体贡献权重为1。

表1　贡献分配方案

分配方案	贡献分配公式
无差别计数（indiscriminate counting scheme）	$c_{m,i} = \dfrac{1}{A_m}$
算术计数（arithmetic counting scheme）	$c_{m,i} = \dfrac{1}{A_m} + \dfrac{1}{2}\lambda(A_m - 2i + 1)$
几何计数（geometric counting scheme）	$c_{m,i} = \dfrac{\lambda^{A_m-i}}{\sum_{i'=1}^{A_m}\lambda^{i'-1}} = \dfrac{(\lambda-1)\lambda^{A_m-i}}{\lambda^{A_m}-1}$
调和计数（harmonic counting scheme）	$c_{m,i} = \dfrac{1/i}{\sum_{i'=1}^{A_m}1/i'}$
基于网络的计数（network-based counting scheme）	$c_{m,i} = \begin{cases} \dfrac{1}{A_m} + \dfrac{\lambda}{A_m}\sum_{i'=1}^{A_m-1}\dfrac{1}{A_m-i'}, & i=1 \\ \dfrac{1-\lambda}{A_m} + \dfrac{\lambda}{A_m}\sum_{i'=i}^{A_m-i}\dfrac{1}{A_m-i'}, & 1<i<A_m \\ \dfrac{1-\lambda}{A_m}, & i=A_m \end{cases}$
公理化计数（axiomatic counting scheme）	$c_{m,i} = \dfrac{1}{G_m}\sum_{j=i}^{G_m}\dfrac{1}{\sum_{k=1}^{j}g_{m,k}}$
黄金数计数（golden number counting scheme）	$c_{m,i} = \begin{cases} \rho(1-\rho)^{i-1}, & i=1,\cdots,A_m-1 \\ (1-\rho)^{A_m-1}, & i=A_m \end{cases}$

迄今为止，学术界仍然没有就"哪种贡献分配方案最好"达成共识，每种方案都有其优点和局限性，其适用性取决于具体的应用场景。此外，目前作者贡献分配的实证和理论比较研究也存在调查数据量规模较小、实际现象在调查数据中没有得到反映（共同第一作者、多个通讯作者、超级合作）等问题。值得注意的是，目前许多期刊内置了CRediT（Contributor Roles Taxonomy，贡献者角色分类体系），在投稿时要求声明每位作者的实际贡献，这为未来作者贡献分配方案的设计提供了一种新的数据来源。

参考文献（references）：

[1] LINDSEY D. Production and citation measures in the sociology of science: The problem of multiple authorship [J]. Social Studies of Science, 1980, 10 (2): 145-162.

[2] TRENCHARD P M. Hierarchical bibliometry: A new objective measure of individual scientific performance to replace publication counts and to complement citation measures [J]. Journal of Information Science, 1992, 18 (1): 69-75.

[3] EGGHE L, ROUSSEAU R, VAN HOOYDONK G. Methods for accrediting publications to authors or countries: Consequences for evaluation studies [J]. Journal of the American society for information science, 2000, 51 (2): 145-157.

[4] HAGEN N T. Harmonic allocation of authorship credit: Source-level correction of bibliometric bias assures accurate publication and citation analysis [J]. PLoS One, 2008, 3 (12): e4021.

[5] KIM J, DIESNER J. A network-based approach to coauthorship credit allocation [J]. Scientometrics, 2014, 101: 587-602.

[6] STALLINGS J, VANCE E, YANG J, et al. Determining scientific impact using a collaboration index [J]. Proceedings of the National Academy of Sciences, 2013, 110 (24): 9680-9685.

[7] ASSIMAKIS N, ADAM M. A new author's productivity index: p-index [J]. Scientometrics, 2010, 85 (2): 415-427.

（徐硕 张跃富 撰稿/李杰 审校）

组织机构篇

1.北京科学技术情报学会元科学专业委员会（Metasciences Committee, Beijing Science & Technology Information Society）

2023年3月30日，北京科学技术情报学会（Beijing Science & Technology Information Society）第十届理事会听取了李杰关于"元科学专业委员会"筹建的报告，审议通过了成立北京科学技术情报学会元科学专业委员会（Metasciences Committee）的决议，以促进从元科学视角认识科学发展的规律和特征，更好地服务于新时期科技情报与科技政策等工作。

元科学专业委员会的主题架构见图1，主要分为三个方面：①量化科学元勘研究（quantitative science studies），包含科学计量学、文献计量学、信息计量学以及替代计量学等主题。该主题群主要由数据科学家和科技情报专家组成，以科技数据驱动科学认知和情报发现。②科学学与科学哲学（science of science, philosophy of science），由涉及科技史、科技哲学以及科学学研究的专家学者组成。③科学、技术与创新政策研究（science, technology, innovation& policy），该方面主要由从事科技政策、智库科学与工程、区域与国别科技态势、创新原理等方面的专家组成。元科学专业委员会以综合集成科学（integrated science）方法论为指导思想，以形成多维度多视角的科学发展认知模式。专业委员会倡导在诚信、负责任的基础上开展创新活动，以开放、包容、透明和共享为基本理念开展学术研究和交流工作。

第一届元科学专业委员会由来自全国各地高校、研究所、企业等组织或单位的60位专家学者组成。其中，顾问1人，主任1人，副主任4人，秘书1人。专委会邀请樊春良研究员（中国科学院科技战略咨询研究院）担任顾问；主任委员由委员会的发起和组织者李杰副研究员（中国科学院文献情报中心）担任；副主任委员分别为赵勇研究馆员（中国农业大学）、吴登生研究员（中国科学院科技战略咨询研究院）、杜建助理教授（北京大学健康医疗大数据国家研究院）以及欧阳昭连研究员（中国医学科学院医学信息研究所）；专委会秘书由付宏（北京市科学技术研究院科技智库中心）担任。总体上，元科学专业委员会委员组成了以"量化科学研究"方向的学者为主，联合科学学、科技哲学、科学史学等领域学者的学术共同体。专委会倡导"以定性定量相结合的综合集成方法论来认识科学，并力求为复杂信息环境下的科技决策提供方案"。

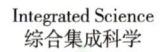

图1 元科学专业委员会主题架构图

元科学专业委员会成立以来，开通了微信公众号"开放科学计量学实验室"（Open Scientometrics Lab），并积极围绕"元科学专业委员会主题架构图"策划学术或科普活动。目前，专委会主要的学术活动有"元科学学术年会"（Metasciences Conference）和"数智时代的科技情报实践工作坊"等。

（李杰 撰稿/吴登生 审校）

2. 比利时研发监测中心
（Centre for Research & Development Monitoring，Belgium）

比利时研发监测中心（荷兰语为Expertisecentrum Onderzoek en Ontwikkelingsmonitoring，英语为Centre for Research & Development Monitoring, Belgium），简称为ECOOM，是比利时的一个大学校际联合体，其成员包括弗拉芒地区的五所大学，即荷语鲁汶大学、根特大学（UGent）、荷语布鲁塞尔自由大学（VUB）、安特卫普大学（UAntwerpen）和哈塞尔特大学（UHasselt）。ECOOM各成员间分工明确，有各自的研究侧重点。其中，鲁汶大学研究团队规模最大，研究领域涉及文献计量、技术计量和创新研究三个方向；根特大学研究团队关注科研绩效评价，其主要的研究领域为博士职业与变迁活动研究等；荷语布鲁塞尔自由大学研究团队主要负责设计和艺术领域等非书面研究产出的指标设计和评估机制建设；安特卫普大学研究团队主要负责弗拉芒地区人文社会科学学术题录数据库（Flemish Academic Bibliographic Database for Social Sciences and Humanities，VABB-SHW）的建设实施与技术维护；哈塞尔特大学团队主要负责研究学科、资助计划、研究成果和技术领域的分类方案的开发，以及有关研究资金、研究设备、研究数据集以及大学排名的元数据和语义的协调和建模。目前ECOOM总负责人为鲁汶大学的康塞尔·德贝克尔（Koenraad Debackere）教授，主任为鲁汶大学的沃尔夫冈·格兰泽（Wolfgang Glänzel）教授（1999年普赖斯奖获得者）。

ECOOM自成立以来，在为弗拉芒政府提供服务的过程中逐渐形成了三大发展特点：

（1）多学科交叉的研究团队背景。ECOOM主要研究人员具有数学、经济学、管理学、心理学等领域的博士学位和研究经历，同时依靠学校（如鲁汶大学商业与经济学院）的力量，吸收博士生、博士后或者访问学者参与项目或研究，进一步充实了研究团队的研究力量。

（2）专业化的数据基础与技术团队。由于Web of Science对人文社会科学领域数据覆盖不全面，弗拉芒政府委托ECOOM建设VABB-SHW数据库，涵盖了弗拉芒地区5所高校数据库中的所有题录数据，并由联盟中的安特卫普大学团队负责该数据库的建设和维护。

（3）稳定持续性的政府决策支撑。ECOOM是弗拉芒地区唯一一个由政府官方支持的定量评价高校科研绩效、为高校资金分配提供分析数据的机构。弗拉芒政府每年都会收集并呈交各个高校的定量数据及布置相应的分析任务给ECOOM。ECOOM为政府提供客观数据或基于客观数据进行分析，弗拉芒政府再根据这些定量数据和分析结果对弗拉芒地区的高校进行研究经费的拨付。其中，最具代表性的工作是《弗拉芒指标报告》（Flemish Indicator Book）。该报告包含弗拉芒地区科学、技术和创新方面的政策指标，自1999年起该报告每两年发布一次，为弗拉芒地区的科研评价、创新监测与科研经费分配等活动提供重要的参考依据。

ECOOM涉足的研究领域广泛而全面，主要包括文献计量学、技术计量学、创新研究、科研人员职业生涯、学科分类体系、科研信息的语义与模型研究、非书面研究产出评价指数、科学成果社会影响力评价、经济学研究等。自成立以来，ECOOM为弗拉芒政府提供服务的同时，在科研评价、创新监测、研究与开发评价等领域产出了大量创新性的、系统性的研究成果。如今ECOOM已成为欧洲著名的情报研究机构，在科学计量学、科研绩效评价、科学创新等研究领域具有举足轻重的国际地位。

（黄颖 王泽林 撰稿/张琳 审校）

3. 大连理工大学WISE实验室
（Webometrics-Informetrics-Scientometrics-Econometrics Lab，Dalian University of Technology）

大连理工大学WISE实验室成立于2005年9月21日，是大连理工大学第一个人文与社会科学实验室。WISE由webometrics、informetrics、scientometrics和econometrics四个英文单词的首字母构成，意喻这是一个将网络计量、信息计量、科学计量和经济计量融为一体的"智慧实验室"，创始主任是刘则渊教授和德国希尔顿·克里奇默（H. Kretscher）教授，现任实验室主任为陈悦教授。实验室隶属于大连理工大学科学学与科技管理研究所，主要开展科学计量学、科学知识图谱、科技评价等相关的科学学量化方法和应用研究，目前拥有全国唯一的科学学与科技管理专业硕士和博士点。实验室现有教授9人、副教授7人、在读的博士及硕士研究生50余人，实验室团队之间形成了致密的科研合作网络。

WISE实验室在科学计量学领域的主要贡献在于：

（1）深入开展了科学知识图谱理论、方法与应用方面的研究与探索。实验室在刘则渊教授等人的引领下，从科学学的理论出发，率先在国内提出了知识计量学和科学知识图谱的概念，引入陈超美教授开发的CiteSpace工具，开展了大量的方法探索和实践应用，多次举办科学知识图谱高级研讨班，大大推动了科学知识图谱方法和CiteSpace工具在国内学术界的广泛应用。

（2）较早参与和推动了科学计量学研究的国际交流。实验室成立之后，先后与德国著名科学计量学家克里奇默（H. Kretscher）教授，美国著名信息可视化专家陈超美教授，比利时著名科学计量学家罗纳德·鲁索教授、沃夫冈·格兰采尔教授，法国的Jean Charles Lamirel等建立了联系，开展国际合作与交流；在2009和2019年先后两次举办COLLNET国际会议，进一步推进了中国科学计量学研究的国际化。

（胡志刚 撰稿/陈悦 审校）

4. 复旦大学国家智能评价与治理实验基地（National Experiment Base for Intelligent Evaluation and Governance，Fudan University）

复旦大学国家智能评价与治理实验基地（以下简称"实验基地"）于2021年9月由中央网信办、国家发改委、教育部等八部委发文批建，由复旦大学牵头长三角地区十余家高水平大学和科研院所的相关机构、大数据与人工智能领先企业、数字化转型创新企业共同推进建设，是从国家层面推进的高层次智能社会治理实验基地之一。目前，实验基地由教育部首届人文学科"长江学者"特聘教授、复旦大学文科一级教授陈思和担任主任，由复旦大学大数据研究院教授赵星以及复旦大学图书馆副馆长王乐担任副主任。

实验基地重点关注智能评价与治理的理论、方法和实践问题，并逐步推进学术与教育评价、科技与科创评价、社会与治理评价等全社会要素评价和智能社会治理问题的研究，进而为国家数字化智能社会转型做好综合性服务。实验基地团队也与政府和产业界密切合作，致力于为国家的评价改革、科技进步与数字经济发展给出新方案和新实践。

实验基地通过大数据、人工智能与行业专家的大量交互性实验，实现"客观数据、智能算法、专家评议"三者和谐共生的评价与治理新范式，对智能技术在社会治理中可能的风险与挑战进行前瞻性研究，为国家新评价治理体制的建立贡献新范式。目前，该实验基地涵盖多个智能、评价、治理领域的重要研究平台、亿级基础数据库。团队独特创新理论已在学术、政府和商业治理领域有诸多应用和落地场景，并正与社会各界新建多个创新性交叉共建平台。

（耿哲 撰稿/王乐 审校）

5. 国际科学计量学与信息计量学学会（International Society for Scientometrics and Informetrics）

国际科学计量学与信息计量学学会（International Society for Scientometrics and Informetrics，ISSI）是科学计量学与信息计量学领域的国际最高学术组织，由科学计量、信息计量、网络计量和科学学与科技政策等交叉学科领域的全球学者组成，积极从事科学学、科学传播和科学政策的跨学科研究，专注于科学研究的定量方法，旨在促进相关领域的理论和实践研究、教育教学、公共讨论和科技政策决策。

该学会于1993年9月在德国柏林举行的第四届文献计量学、信息计量学和科学计量学国际会议上成立。1994年，ISSI在荷兰正式注册登记，并指定由来自德国的Hildrun Kretschmer博士为第一任主席。1995年，在芝加哥ISSI会议之后，Michael E.D. Koenig（美国）接任主席，任期两年。接下来的几年里，Bluma Peritz（以色列）担任1997—1999年ISSI主席；随后由César Macías-Chapula（墨西哥）（1999—2001）和Mari Davis（澳大利亚）（2001—2003）接任。2002年，ISSI理事会审查了有关职位选举的政策。2003年，主席和理事会的第一次公开投票以电子方式在学会所有成员中进行。Henry Small（美国）当选为第六任主席，也是第一位通过选举产生的ISSI主席。2007年，Ronald Rousseau（比利时）当选为该学会第七任主席，任期至2015年。2015年Cassidy R. Sugimoto（美国）当选为主席，任期至2023年。现任主席Giovanni Abramo于2023年当选并任职至今。历届ISSI理事会主席如图1所示。

ISSI学会旨在鼓励科学计量学和信息计量学领域的专业交流，完善相关标准与理论研究、实践应用，加强该领域的研究、教育以及培训，并参与相关公共政策的讨论交流。ISSI的目标是通过定量研究和数理建模分析来推进理论研究、方法建设与数理解释，具体讨论内容包括：科学技术，社会科学，人文艺术，信息的产生、传播与使用，信息系统（图书馆、档案馆、数据库等），信息过程的数学统计与计算机建模分析，等等。

Hildrun Kretschmer
（德国）
1993—1995

Michael E.D. Koenig
（美国）
1995—1997

Bluma Peritz
（以色列）
1997—1999

César Macías-Chapula
（墨西哥）
1999—2001

Mari Davis
（澳大利亚）
2001—2003

Henry Small
（美国）
2003—2007

Ronald Rousseau
（比利时）
2007—2015

Cassidy R. Sugimoto
（美国）
2015—2023

Giovanni Abramo
（意大利）
2023—

图1 历届ISSI理事会主席（1993—至今）

自1987年起，ISSI主办的国际科学计量学和信息计量学大会是国际文献计量学、信息计量学、科学计量学、网络计量学、知识计量学领域学术水平最高、影响最大的国际会议，每两年举办一次，吸引着全世界计量学及相关领域的众多专家学者参会。ISSI自1984年起设立了普赖斯纪念奖章（Derek de Solla Price Memorial Medal），现为每两年颁发一次，授予在科学计量研究领域做出杰出贡献的科学家。2005年起，ISSI开设了尤金·加菲尔德博士论文奖（Eugene Garfield Doctoral Dissertation Award），随两年召开一次的ISSI会议颁发，目的是鼓励和帮助该领域的博士生进行论文研究，促进信息计量学、文献计量学、科学计量学、网络计量学和替代计量学等领域的研究。2016年起，ISSI董事会设立了ISSI年度论文奖（ISSI Paper of the Year

Award），该奖项由ISSI成员提名，评比对象为当年或前两年发表的论文，旨在促进和表彰科学计量学和信息计量学领域的高质量研究。2019年起，ISSI官方发布《定量科学研究》（*Quantitative Science Studies*）开放获取期刊，主要发表关于科学和科学生产力的理论和实证研究，致力于对科学系统、科学工作的一般规律、学术交流、科学指标、科学政策等话题的研究。

（楼雯 张灵欣 撰稿/李杰 审校）

6.杭州电子科技大学中国科教评价研究院（Chinese Academy of Science and Education Evaluation, Hangzhou Dianzi University）

杭州电子科技大学中国科教评价研究院（CASEE）是杭州电子科技大学于2017年成立的、相对独立的重点评价研究机构。我国著名情报学家、评价管理权威专家、国务院特殊津贴专家和资深教授邱均平先生担任首任院长，副院长为汤建民教授和宋艳辉教授。研究院成立的主要目的是贯彻执行国家科教兴国战略、创新驱动发展战略和"双一流"建设与高等教育强国发展战略，适应国家在各个领域和工作中普遍采用"第三方评价"和"管、办、评分离"的需要，实行"人才培养、创新研究、评价服务"相结合，大力促进我国评价科学的发展，为各级政府部门、企事业单位的管理和决策的科学化、规范化提供定量依据和智力服务。杭州电子科技大学拥有管理科学与工程一级学科博士点，已经专门设立了信息计量与科教评价硕士生、博士生招生和培养方向，自2018年开始招生；研究院已获批成立图书情报专业硕士学位点，于2023年首次招生；目前在校生有30多人。

中国科教评价研究院的主要研究方向包括管理科学与工程、评价科学理论与方法、"五计学"的研究与应用、数据科学与大数据分析、计量与评价、评价与管理、教育经济与管理、国际教育比较研究、高等教育评价与管理、社会科学评价与管理、信息管理与信息系统、知识管理与知识创新、评价数据库设计与开发利用、评价信息"云"构建与智能服务，以及评价学在智库建设、政府管理、科技管理、教育管理、企业管理等各个领域的应用研究等。

中国科教评价研究院的发展目标是：立足浙江、面向全国、放眼世界，实行"人才强院"战略和跨越式发展战略，不断加强能力建设，努力提高科研水平，多出优秀人才、多出品牌成果、做好评价服务，进一步努力把"金平果（邱门）排行榜"（中评榜）做大做强，做到"科学、合理、客观、公正"，为国家经济和社会发展以及科学进步做出更大的贡献，经过5~10年的努力和积极奋斗，进一步建设成为"国内领先、世界著名"的科教领域高端智库和著名的评价研究重点基地。

（杨思洛 撰稿/邱均平 审校）

7. 加拿大科学计量公司
（Science–Metrix，Canada）

加拿大科学计量公司（Science-Metrix，https://www.science-metrix.com/）是位于加拿大蒙特利尔、国际公认的使用文献计量方法评估科技政策和活动的机构，支持各种类型的科学技术、研发和创新活动的绩效评估工作，并针对用户量身定制研究和文献计量指标。自2002年以来，加拿大科学计量公司已为全球数十家组织成功签订了500多项文献计量、研究和评估合同，在开放获取出版物的流行、女性对科学的参与，以及跨界、跨部门和跨学科的研究人员合作的政策影响等方面做出了开创性的工作。

加拿大科学计量公司建立了一种新的学科分类系统，该分类系统将期刊和文章按学科大类、学科和子学科（5个学科大类、20个学科和174个子学科）三个层级进行分类。与web of science和scopus的期刊分类系统不同的是，该分类系统的学科之间不存在重叠关系，即一篇论文只能属于一个学科。加拿大科学计量公司通过结合算法和专家判断的方法将期刊分配到单一的、相互排斥的学科类别。目前，加拿大科学计量公司学科分类已经从基于期刊的分类发展成为论文级别和混合分类两个版本。论文级别版本对单篇文献使用深度神经网络（一种人工智能技术）根据其标题、摘要、关键词、作者隶属关系和引用分类将其归入相应学科或子学科。在混合版本中，除了发表在多学科期刊（例如 Science、Nature、PNAS和PLOS ONE）上的论文按论文级别分类外，其余大多数论文仍按期刊级别分类。加拿大科学计量公司学科分类系统在知识共享许可下免费提供给用户，并以26种语言运行，鼓励在任何研究、教育和图书馆工作中使用此工具。

（陈仕吉 撰稿/李杰 审校）

8. 莱顿大学科学技术元勘中心
（Center for Science and Technology Studies, Leiden University）

莱顿大学科学技术元勘中心（德语为Centrum voor Wetenschaps- en Technologiestudies，CWTS）是荷兰莱顿大学的跨学科研究机构。CWTS致力于加深研究人员对科研质量、社会影响等内涵的理解。该中心特别关注文献计量和科学计量工具的价值，以支持科学研究的评价和管理工作。迄今为止，CWTS有三位学者获得了国际科学计量学最高奖——普赖斯奖：Anthony Van Raan（1995），Henk Moed（1999）和Ludo Waltman（2021）。

CWTS已经有40余年的历史。1983年，莱顿大学执行委员会成立了关于文献计量指标开发的研究小组，即CWTS的前身。自1983年起，该小组依靠莱顿大学执行委员会，教育、文化和科学部以及出版公司Elsevier的支持，取得了快速的发展。1986年，该小组成为莱顿大学社会和行为科学学院社会学Mark van de Vall 研究所的一个研究单元，以专门从事社会政策研究。随着研究部门进一步壮大，1989年CWTS正式成立，经过几次组织重组，CWTS最终成为一个独立的研究部门，并由Anthony van Raan担任首任主任。

20世纪80年代初期，CWTS主要侧重共引分析、共词映射、文献计量方法、同行评议以及文献计量指标应用研究。在20世纪80年代后半期，主要的研究集中在人文和社会科学的绩效研究、科学地图以及多维尺度分析应用。在此时期，共词和共被引分析的研究和应用得到了进一步发展。

20世纪90年代CWTS取得了众多成果。从学术地位来看，Anthony van Raan在1991年被任命为科学定量研究方向的教授，这是全球范围内该领域的第一位教授，对后来的科学计量学发展有重大意义。他使得CWTS具备了一个完善大学部门的水平，并使其能够在很大程度上自主组织博士生的培养工作。从研究实践活动来看，CWTS参与了大量的研究评估实践，直接促使文献计量指标和科学地图的改进。20世纪90年代初期，CWTS首次提出共引聚类结构，该时期的研究工作扩展到了共引和词分析的结合、跨学科研究分类、新共词分析方法、科学地图的改进、同行评审与引文分析结果之间的相关性、国际科学合作的测度、影响因子的影响因素、基于专利分析的技术映射以及通过作者发明人关系分析科学与技术的互动。在20世纪90年代后半期，CWTS侧重多种文献计量指标、关于引用和被引论文的认知相似性、期刊影响因子对于研究评价的不适用性、共词动态分析等方面的研究。

21世纪之初，CWTS发生了几个重要事件。21世纪第一个十年的后半期可以被描述为商业化、新数据源、新方法以及开放获取等因素影响强劲的时期。在此背景下，2002年CWTS成立了CWTS BV公司，并在2007年发布了莱顿排名（Leiden Ranking）。莱顿排名一经发布，引起了公众和政策制定部门对大学绩效评价的兴趣。自此，莱顿排名保持每年发布更新。2008年，荷兰教育、文化和科学部长决定向CWTS提供大量的专项资金，以提高其创新能力。这笔资金的注入使得建立一个具有多主题的长期研究计划和开展更大规模的博士生培养成为可能。在该时期，CWTS持续在多个领域发表高水平论文，内容涉及社会科学和人文学科研究绩效的文献计量分析、探寻数据的统计属性等，特别是文献计量指标的比例、WoS未涵盖的出版物的引文分析、评估开放获取对引文影响分析的影响、期刊引文影响力的新指标、SNIP标准化影响系数以及新的科学地图绘制技术。

2010年，Anthony van Raan卸任了CWTS主任职务。同年，Paul Wouters接管CWTS的事务，成为新的CWTS主任。他为CWTS规划了新的研究主题，例如负责任的评估实践、科学家职业生涯、科学的社会影响、创新研究和开放科学，并将almetrics（替代计量学）引入了CWTS。2010年，Robert Tijssen被任命为科学和创新方向的教授和CWTS第三个小组的组长。2010年，Nees van Eck和Ludo Waltman基于VOS可视化技术开发了针对文献知识单元分析的可视化工具VOSviewer，为科学计量学和文献计量学提供了新的可视化工具，2014年又进一步研发了CiteNetExplorer软件。Paul Wouters于2018年退休后，CWTS形成了以Sarah de Rijcke、Ludo Waltman和Ed Noyons为主的领导团队。其中，Sarah de Rijcke负责科学和评估研究小组，Ludo Waltman负责定量科学研究小组，Ed Noyons则负责CWTS BV的运营和发展。

2023年1月1日CWTS发布了其2023—2028年新的战略计划。未来六年，CWTS将在新的高层次战略规划的引领下运作。新的战略计划对CWTS未来发展提出新的使命和核心价值观。新的使命是改善科学的实践和管理方式以及科学服务社会的方式。为实现这一使命，CWTS将其目标定为在广泛的科学和社会利益相关者深入参与的基础上，全面透彻地了解科学知识生产动态。同时，CWTS旨在为研究评估的改革、开放科学实践、研究文化的变革以及研究分析的创新做出贡献。此外，CWTS还意识到作为研究系统的一部分，要努力实践其宣扬的研究理念并以身作则。新的核心价值观被用来指导CWTS的工作和决策，旨在使其创造的知识、研究文化和内部治理机制之间保持一致。CWTS的四个核心价值观包括：①变革性。CWTS希望通过激发科学实践、管理方式及其服务社会方式而有所作为。②循证。重视循证工作和决策。科学证据为改进科学的实践和管理方式提供了重要的见解，但对于这些见解要具体情况具体分析。③协作。重视协作工作，珍视多元化观点，努力平等地认可个体的利益和贡献。④负责任。提倡以更负责任的方式实践和管理科学，例如让研究过程更具有包容性、研究评估更公平、研究分析更透明。

作为2023—2028年新的战略计划启动

的一部分，2023年1月1日，CWTS创立了三个新的研究重点领域，替代了之前的三个研究小组。这些研究重点领域解决了科学实践和管理方式中的关键问题，尤其是CWTS为变革做出贡献的挑战。每个研究重点领域是由包括8~10位高级研究者组成的核心小组以及由博士生、初级研究者、访问学者组成的多样性小组。这三个研究重点领域包括：参与和包容（engagement & inclusion），评估和文化（evaluation & culture）以及信息和开放（information & openness）。

CWTS作为典型的跨学科研究机构，自创建以来就特别重视学术交流以及多元化的团队建设。为了在国际公认的学术研究领域推进文献计量研究制度化，1988年CWTS组织了第一届国际科学技术指标会议（International Conference on Science and Technology Indicators，STI会议），致力于研讨科学和技术指标。自1988年之后，STI会议每两年举办一次；自2010年开始在欧洲指标设计师网络（ENID）的赞助下成为年度会议。目前，STI吸引了来自多个国家或地区的科研管理决策者以及从事科研绩效评价的人员参加，已成为科技管理评价领域的重要国际会议。CWTS通过举办和参加这种高水平会议，增加了同领域学者的交流合作，也有助于了解同领域学者关注的热点和研究的前沿问题。在多元化的研究团队建设中，CWTS研究人员遍布多个国家和地区，具有数学、经济学、计算机、管理学、生物医学等多样化的研究背景。

同时，CWTS重视其科学计量基础设施的建设与商业运营：

（1）CWTS综合数据库系统。CWTS重视数据基础设施的建设和投入。目前，CWTS已经构建的核心综合数据库系统主要包括三个数据库：Web of Science Core Collection、Dimensions和Scopus。CWTS在购买的原始数据基础上，由专业技术人员对数据进行清洗、规范和集成。随着开放科学的发展，CWTS也逐渐纳入了OpenAlex数据。CWTS综合数据库系统由专门技术人员维护和更新，极大地缩短了科研人员收集清洗大数据的时间，提高了CWTS的科研效率。

（2）开放获取科学计量图谱工具的研发。CWTS独立自主开发了两款开放获取可视化软件：VOSviewer和CiteNetExplorer。2010年，Nees van Eck和Ludo Waltman基于VOS可视化技术开发了针对文献知识单元的可视化工具VOSviewer，为科学计量学和文献计量学提供了新的可视化工具。继VOSviewer之后，Nees van Eck和Ludo Waltman于2014年又研发了一款科学文献引文网络图谱分析软件——CiteNetExplorer。可直接分析来自Web of Science数据库的数据，并快速构建论文的引用网络。

（3）科学计量的商业化扩展。2002年，CWTS成立了下属公司CWTS BV，其核心使命是通过研究评估和战略决策来提供高质量的科研服务，为可持续的科学系统做出贡献。这些服务基于对各类研究机构的学术产出以及影响力的分析和可视化。CWTS BV主要提供三种类型的服务：①提供文献计量数据和研究绩效分析。CWTS BV基于CWTS综合数据库系统提供文献计量数据及定制化的全面、多维度分析服务，为研究评估和研究管理提供有价值的参考意见，此外还提供先进的文献计量绩效和基准分析，包括莱顿排名（CWTS Leiden Ranking）、期刊指标（CWTS journal indicators）分析等。②提供定制化的、复杂文献计量分析。CWTS BV结合强大的网络分析、文本挖掘和可视化技术为客户提供定制和复杂的文献计量分析，主要包括：科学地图分析——可直观显示一个国家、组织或者期刊的研究重点，揭示其优势和劣势；SPR（实力、前景和风险领域）分析——可帮助研究单位制订研究计划、设定优先事项和制定战略愿景；社会影响ABC分析——CWTS基于区域的连通性（ABC分析）来衡量社会影响，评估研究对社会的潜在贡献。③提供基于文献计量分析的研究管理和研究评估课程，主要包括评估性调查、文献计量数据源和指标、VOSviewer可视化课程以及基于开放数据的科学计量学等。

（李杰 谢前前 撰稿）

9. 美国科技战略公司（SciTech Strategies，USA）

美国科技战略公司（SciTech Strategies，USA）位于美国宾夕法尼亚州，是一个为学术和企业提供服务的一家数据分析公司。公司由美国Richard Klavans博士、战略和竞争情报专家、SCIP（竞争情报从业者协会）前总裁于1991年创办，最初主营业务是根据全球文献进行数据化处理并挖掘竞争情报和制定战略规划，从而为公共和私营部门提供定制的研究情报解决方案。成立30多年来，美国科技战略公司一直专注于绘制科研图谱，能够提供全球科学研究、技术开发和创新方面的优质科技情报。作为科技情报界的领导者，美国科技战略公司以其情报解决方案的创新性和定制化而受到国际认可。

美国科技战略公司拥有一支经验丰富的研究团队，团队成员学科背景广泛，包括经济学、统计学、社会学和公共政策等，擅长综合多种学科方法解决实际问题，将复杂的数据结果转化为便于操作的执行方案。团队主要成员包括：Richard Klavans博士——公司创始人，工作重点偏向战略管理、投资组合分析和科学中互动关系；Kevin Boyack博士——公司CEO，研究重点是科学与技术的映射关系、新兴主题识别与预测。鉴于在科学计量学研究中的贡献，两人于2023年共同获得了科学计量学领域的最高奖——普赖斯奖。此外，团队成员中，Caleb Smith主要研究科学发展与技术进步间的基本机制；Melissa Flagg博士（曾任美国国防部副助理部长）——公司高级顾问，凭借在海军研究办公室、国防部长研究和工程部长以及陆军研究实验室的工作经验将情报转化为实际政策；Mike Patek主要负责软件操作、扩展和流程自动化；曾任ISI研究总监和首席科学家Henry Small博士也曾就职于该公司，负责构建文献全文特征模型。

作为研究情报界的领军者，美国科技战略公司主营业务不断拓展，主要涉及三方面：一是技术情报分析，对创新创业、劳动力发展、数据科学和分析、科学和技术政策以及计划的评估，根据每个客户的独特需求和目标提供量身定制的解决方案；二是应用监测，主要监控研究主题和研究社区间的信息交流，识别全球具有科学和技术价值的应用程序；三是投资组合分析，包括识别、招聘和留住顶尖研究人才，定义战略研发平台，以及定量评估研究投资并确定资金组合中的转化差距，快速构建数据驱动的投资组合分析解决方案。此外，美国科技战略公司通过业务数据处理带动科学研究，在 *Nature*、*Research Policy*、*PLOS ONE*、*QSS*、*Research Article*、*Technological Forecasting and Social Change*、*Journal of Informetrics*、*Scientometrics* 上发表多篇学术论文。经过三十多年的不断发展，美国科技战略公司不仅在科学、技术和创新领域发表权威报告，还与联邦、州和地方各级政府机构以及世界银行和联合国等国际组织合作，成为科学研究领域中举足轻重的机构之一。

（陈悦 刘启巍 吴玲玲 撰稿/李杰 审校）

10. 美国科学信息研究所
（Institute for Scientific Information，USA）

尤金·加菲尔德（Eugene Garfield）是引文索引的创始人和信息科学的开拓者，他提出的引文检索和引文索引为信息检索领域带来了革命性的创新。1960年加菲尔德博士创立科学信息研究所（Institute for Scientific Information，ISI），用以研究和开发计算机辅助编制的引文索引，并于1964年出版了历史上第一套引文索引——科学引文索引（Science Citation Index，SCI），20世纪70年代又陆续推出了社会科学引文索引（Social Sciences Citation Index，SSCI）和艺术与人文引文索引（Arts & Humanities Citation Index，AHCI），这些引文索引集成在一起，于1997年形成了网络版的Web of Science数据库。加菲尔德博士开发的引文索引不仅为研究人员检索文献和揭示文献学术影响力带来了革命性的改变，也为科学史和科学社会学的量化研究奠定了基础，并最终催生了科学计量学。

随着全球学术共同体对引文索引的认可和广泛应用，ISI成为一个独特的集学术研究和商业业务为一体的机构。除了著名的引文索引，加菲尔德博士还发明了用于评估学术期刊的影响因子（journal impact factor），并在1975年出版了期刊引证报告（Journal Citation Reports，JCR）。此外，ISI根据Henry Small博士创建的共被引分析方法，于1980年出版了历史上第一本科学图谱 The ISI Atlas of Science。同时，ISI还定期出版 Current contents 和 The scientists 等出版物。Garfield博士和ISI的同事们积极与全球各地的学者开展合作（包括Derek John de Solla Price教授），为其提供引文索引数据，留下了很多传世之作，ISI对信息科学和科学计量学领域的发展做出了非凡的贡献。

1992年，ISI被汤姆森公司（Thomson Corporation）收购，2008年，汤姆森公司又与路透集团合并，成为汤森路透（Thomson Reuters），2016年汤森路透的知识产权与科技事业部从集团中拆分出来，独立后的新公司命名为Clarivate Analytics（科睿唯安），后更名为Clarivate™（科睿唯安）。

2018年2月，为传承加菲尔德博士的科学和创新精神，科睿唯安重新组建了声名卓著的科学信息研究所（ISI），致力于创新科学计量分析方法并加强与学术界的合作。注入新能量的ISI汇聚了科学计量学专家和数据专家，具有丰富的经验、深入的理解和洞察能力，不仅引领新的分析方法和指标的研究，还与学术界开展更密切的合作，并为科研人员、出版商、政府部门、行业机构、图书馆和基金资助机构提供更好的服务。

自成立以来，ISI以加菲尔德博士的宝贵遗产为指导，利用专业知识、丰富经验和深度思考能力不断适应和响应领域中的技术进步，并利用Web of Science的海量数据进行研究和分析，每年都发布多个研究报告，包括Global Research Reports系列报告，提倡使用综合客观数据而非单一指标的白皮书《全面画像，而非简单指标》，以及关于科学研究中的学科多样性、多作者著作权、科研评估和科研诚信等方面的专题报告；提出新的计量指标Collaborative CNCI；每年发布全球高被引科学家（highly cited researchers）榜单，积极参加学术会议；在知名学术期刊上发表了很多具有学术价值和应用前景的学术论文，成为科睿唯安知识创新的核心和灵魂。

ISI自成立伊始，半个多世纪以来一直引领着全球科学信息的研究。今天，ISI致力于推动研究诚信，提升科学信息的检索、分析和应用。作为科睿唯安学术研究业务的知识研究机构，ISI通过学术活动、会议与出版物对外进行知识传递，同时进行基础研究，让以引文索引为核心的知识库持续扩展、更臻完善，为科研人员和科研管理人员提供高质量的数据、先进的分析工具和重要见解以促进科学发现和创新。

（岳卫平 撰稿/宁笔 李杰 审校）

11. 全球跨学科研究网络（COLLNET）

全球跨学科研究网络（COLLNET）是一个由科学家和实践者组成的共同体，其目标是理解基于跨学科方法和跨文化背景下的科研活动，开展基础性理论研究，并讨论其在科技政策中的应用。该国际学术组织是由德国的Hildrun Kretschmer博士（ISSI首任主席）、中国的梁立明教授、印度的Ramesh Kundra博士于2000年1月1日共同创办的，最初旨在建立和扩大德国与印度以及德国与中国之间的双边合作关系，尤其是将文献计量学和科学计量学方法应用于社会心理学、社会学、科学史等相关学科，促进跨文化和跨学科研究方法的发展。

1993年9月在柏林召开的The 4th International Conference on Bibliometrics, Informetrics and Scientometrics（后来的International Conference on Scientometrics and Informetrics）和ISSI组织的创建为扩大科学定量研究的国际合作作出了重大贡献。比弗（Beaver）和普赖斯（Price）等著名学者在科学合作方面的开创性工作鼓励了许多COLLNET初建成员在这一领域开展工作。在德国科学基金会（DFG）、中国国家自然科学基金会（NSFC）和印度国家科学院（INSA）的支持下，中德和印德关于"科学合作"的项目成功获批，这促使德、中、印三方的合作者——H Kretschmer、梁立明和R Kundra于1999年9月在柏林进行了为期一个月的深入讨论，决定将中、印、德合作关系在全球范围内扩大，以柏林为虚拟中心建立一个全球跨学科研究网络或合作网络（COLLNET）。

COLLNET组织在过去二十余年中不断发展壮大，在科学共同体中的影响日益扩大，这主要归功于COLLNET成员本身的贡献。初始成员是来自16个国家的科学量化研究顶尖科学家，目前吸引了更多相关专业领域的研究者，他们将COLLNET的意图传播到其他领域，如计算机科学、知识组织或人工智能等。COLLNET组织自2000年在柏林举行第一届会议以来，每年都定期召开会议，以这种形式不断接纳新的成员。除了柏林附近的COLLNET中心Hohen Neuendorf之外，还形成了印度新德里的NISTADS和中国大连理工大学WISE实验室两个中心。另外，法国斯特拉斯堡大学的J. C. Lamirel教授在Nancy组织的会议，以及中国大连理工大学WISE实验室在刘则渊教授和陈悦教授领导下组织的会议都影响深远，2009年加菲尔德教授在大连参会期间的生日庆祝活动意义非凡。2019年陈悦教授经梁立明教授推荐接任该组织的亚洲区主席。

数据密集型科学已经成为科学发展的范式，它以最具可持续的方式改变了科学工作的方式，科学合作日益嵌入全球互联的环境中，科学产出的指数增长主要通过非传统的、动态的、相互关联的载体来表达，如数据集、软件、本体、幻灯片、视频、博客条目等，负责任的科学计量研究面临着很多挑战。COLLNET组织为应对这些挑战而存在，并通过其系列会议组织全球的科学家来讨论科学合作现象和规律，这对世界各地科学、技术和创新发展的影响都是广泛而深远的。

（Bernd Markscheffel 陈悦 撰稿/梁立明 审校）

12. 萨塞克斯大学科技政策研究中心
（Science Policy Research Unit，University of Sussex）

萨塞克斯大学科技政策研究中心（Science Policy Research Unit，University of Sussex）是英国萨塞克斯大学下属的一个独立研究机构，由创新研究先驱、经济学家克里斯托弗·弗里曼（Christopher Freeman）于1966年创立，简称SPRU，其宗旨是应对处理现实世界的重大问题和挑战，如社会不平等和气候变化等问题。现任主任为杰里米·霍尔（Jeremy Hall）教授，前任主任本·马丁（Ben Martin）教授曾于1997年获得普赖斯奖。

SPRU是全球最早的跨学科科技政策研究中心之一。在创建之初，SPRU的研究主要集中在宏观经济学和政治学领域的科学技术政策，研究人员关注科技创新对经济增长的贡献以及科技政策的制定与执行等问题。在20世纪70年代，SPRU开始关注科技创新与社会、文化、政治等因素的相互作用，逐渐形成了跨学科的研究特色。1981年，SPRU成为欧洲委员会"欧洲科技政策研究网络"的核心成员之一，标志着该机构在欧洲科技政策领域的影响力不断扩大。20世纪90年代初，SPRU开始关注可持续发展和环境政策问题，并深入探索气候变化、能源和环境政策等领域。随着全球化的加速和信息技术的发展，SPRU在21世纪初开始关注全球化、知识经济和创新网络等问题，为制定跨国科技政策提供理论和实践支持。

除了科学政策研究外，SPRU还致力于开创科技创新领域的教学和人才培养工作，在20世纪80年代初正式开设硕士和博士项目。SPRU的研究生课程涵盖了多个学科领域，包括科学政策、技术创新、能源和气候变化等。这些课程提供了多样化的教学和学习方法，助益学生提高专业技能和实践经验。SPRU的教学团队由一群经验丰富的教授和研究员组成，为学生提供个性化的指导和支持，以帮助学生更好地实现职业生涯发展。SPRU吸引了来自世界各地的优秀学生。许多SPRU博士或教职员工离开SPRU后，在世界各地从事科技政策的相关研究，并在学术界发挥领导作用。SPRU的国际影响力通过其在世界各地的毕业生、长期的访问研究员项目和广泛的学术网络得到不断的发展。

SPRU致力于通过创新的科技政策研究为创建更加可持续、安全和平等的社会提供方案。凭借其杰出的研究成果和领先的学术地位，SPRU赢得了全球智库和政策制定者的高度评价和认可。目前SPRU已成为全球最著名的科学、技术和创新政策研究机构之一。

（黄颖 王泽林 撰稿/张琳 审校）

13. 武汉大学科教管理与评价中心
（Center for Science, Technology & Education Assessment, Wuhan University）

武汉大学科教管理与评价中心（Center for Science, Technology & Education Assessment, Wuhan University）成立于2019年10月，是武汉大学人文社科领域的校级研究机构，简称CSTEA。CSTEA定位为"多学科、宽视野、高交叉、国际化"，围绕新形势下科技体制改革和"中国特色科技评价体系建设"的国家重大战略需求，以及国家"双一流"建设的迫切现实需求开展理论和应用研究，目标是逐步发展成为在科教管理与评价领域的一流研究机构。

CSTEA依托于武汉大学信息管理学院，共有专职研究人员10余名、顾问研究员和兼职研究人员30余人。CSTEA同美国、英国、德国、法国、比利时、挪威、西班牙、波兰、芬兰、澳大利亚等十余个国家的知名研究机构和学者建立了稳定的合作关系，形成了由领域内资深学者领衔，以长期从事信息计量与科学评价、科学学与科技政策、企业技术创新等研究的专家为骨干，并集成了青年骨干力量和年轻新锐的国际化研究团队。目前张琳教授任中心主任，黄颖副教授任中心副主任。

CSTEA在科技信息监测、学科发展评估、科教评价政策、技术创新管理等领域承担了多项国家级和省部级科研项目，发表了一系列中英文学术著作与论文，部分研究成果和政策建议得到了科技部、教育部、湖北省科技厅等相关决策部门的采纳实施。在研究实践中，CSTEA以科教数据为支撑，通过国际合作构建涵盖学术论文、专利文献、基金项目、高等教育信息、产业技术政策、学科评估的综合数据平台，全面追踪国内外相关科学技术领域的重大研究进展和产业应用情况，探索契合我国科技监测与评价的原创理论，推动科学技术创新管理和方法的有效应用，优化学科评估，以切实服务于国家和地方政府科教评价的实施与科教政策的制定。

（黄颖 王泽林 撰稿/张琳 审校）

14. 武汉大学中国科学评价研究中心
（Research Center for Chinese Science Evaluation, Wuhan University）

武汉大学中国科学评价研究中心（Research Center for Chinese Science Evaluation, Wuhan University, 以下简称"中心"）成立于2002年，2007年获批成为湖北省人文社会科学重点研究基地，是我国高校中第一个综合性的科教评价研究中心，是集科学研究、人才培养和评价咨询服务于一体的多功能中介性实体机构。中心创始人、首届主任为邱均平教授，现任主任是赵蓉英教授，常务副主任是杨思洛教授，副主任是刘霞研究馆员和董克副教授。

中心由武汉大学信息管理学院、学校图书馆、教育科学学院等机构组建而成，以科学评价与发展问题为主要研究对象，立足湖北、面向全国、走向世界，重点研究科学领域的评价和发展问题，努力建设成为湖北省优秀的人文社会科学重点研究基地、评价人才培养基地、学术交流中心和咨询服务中心，并以成为国内领先、国际知名的一流科教评价研究中心为发展方向。

中心围绕"科技评价与管理""社科评价与管理""大学及学科专业评价""期刊评价与管理"四个方向开展全面系统的研究工作，同时承担人才培养、大学诊断、企业评价、社会咨询等任务，较好地满足了社会各界对于评价的需求。中心定期出版"武大版"的《中国大学及学科专业评价报告》《中国研究生教育及学科评价报告》《世界一流大学与科研机构学科竞争力评价研究报告》《中国学术期刊评价研究报告》《大学排名与高考志愿填报指南》等五大系列报告，已成为国内外著名的评价品牌之一。

中心秉承"创新研究，评价服务"的宗旨，凝聚国内外社会资源，创新学术研究机制，加强评价人才培养，改善评价咨询工作，承担并完成了多项国家级重大研究项目，取得了丰富的研究成果和工作经验，为我国科教兴国战略和评价事业的发展贡献了重要的力量。中心面向全社会开展开放式的全方位服务，主要采用定性与定量相结合的综合集成方法，通过信息计量（包括文献计量、科学计量等）等多种途径对各个学科领域或行业进行综合性的定量研究和评价服务：接受企业、政府机构和个人的委托业务，为有关管理、决策和社会成员提供科研评价、项目论证、咨询等服务；为我国在网络文献资源管理与利用、信息化建设、高等学校人才培养与专业设置等方面提供决策支持和服务；为我国学术界、科教界、企业界以及有关政府管理部门提供科研评价、大学排序报告和咨询服务；为各类机构或个人提供论文发表及被引情况的信息查询和评价服务；大力提倡建立独立的社会化科研评价体系，满足社会各方面综合评价的需要，促进管理和决策的科学化。

（杨思洛 撰稿/邱均平 审校）

15. 西班牙Scimago实验室（Scimago Lab，Spain）

Scimago Lab既是一家西班牙咨询公司（https://www.scimagolab.com/），也是一个由多家西班牙和拉美科研机构形成的研究网络，这些机构都在科学计量学、科学出版和网站可视化方面进行专业性研究。Scimago是格拉纳达大学（University of Granada）和西班牙国家研究委员会（CSIC）研究团体的衍生机构（创始人是西班牙国家研究委员会成员Félix de Moya Anegón教授，他在计量学和信息科学领域备受尊敬，在科学计量学领域的突出贡献是科学研究影响力评估的新方法和新工具开发）。目前，该机构成员来自西班牙国家研究委员会、格拉纳达大学、埃斯特雷马杜拉大学、卡洛斯三世大学和阿尔卡拉德哈雷斯大学等多个机构。Scimago在评估研究活动的指标和方法方面处于世界领先地位，创建了被广泛应用的测度指标和创新工具，包括爱思唯尔Elsevier（Scopus）和科睿唯安Clarivate（Web of Science）都采用的SJR指标、Jounal四分位数、卓越指标等。Scimago是研究机构、地方和国家政府以及国际组织的重要合作伙伴，它通过提供一系列创新解决方案来提高科学显示度和增加管理知识，这些行动包括制定制度框架、加强人员能力建设、开发科研基础设施、提供科研产出和出版物的可视化策略。

Scimago Journal & Country Rank是该公司的一个公开门户网站，其中包括从Scopus数据库中提取的期刊和国家科学指标，可用于科学评估和分析。数据来自5 000多家国际出版商的34 100多本出版物，以及来自全球239个国家/地区的绩效指标。期刊可以按主题领域（27个主要主题领域）、学科类别（309个具体学科类别）或国家进行分组。该平台的名称来自Scimago Journal Rank（SJR）指标，该指标由Scimago基于Google PageRank开发，显示了1996年以来Scopus数据库收录期刊的可见性。

Scimago还开发了科学的形状（The Shape of Science）、Scimago机构排名、Scimago专利排名、科学地图集（Atlas of Science）和SCImago Graphica软件工具。"科学的形状"是一个揭示科学结构的信息可视化项目，其界面可以访问Scimago期刊和国家排名门户的计量指标数据库。"Scimago机构排名"是结合了研究绩效、创新产出和社会影响三组不同的指标，对科研机构进行综合排名。"Scimago专利排名"是基于PATSTAT数据提供了最可靠的专利统计数据。"科学地图集"项目倡导建立一个将伊比利亚美洲科学研究图形化表示的信息系统，这是交互式地图的集合，允许在地图形成的语义空间中实现导航功能。Scimago Graphica是一款非常灵活和复杂的免费软件，可用于所有数据类型的探索、分析和可视化，它可用于多个平台。

Scimago还提供专业咨询服务，包括科学计量学报告、学术搜索引擎优化、信息系统和门户网站开发以及工作坊和研讨会的组织，其产品和研究成果被广泛应用于学术研究、科研机构和政府部门，在全球范围内享有良好的声誉和很高的知名度，是科学研究领域中备受尊敬的机构之一。

（陈悦 王康 撰稿/李杰 审校）

16. 中国科学技术信息研究所
（Institute of Scientific and Technical Information of China）

中国科学技术信息研究所（以下简称"中信所"）是科学技术部直属的国家级公益类科技信息研究机构。在周恩来总理、聂荣臻元帅等党和国家领导人的指示和关怀下，根据国务院制订的《1956—1967年科学技术发展远景规划》第57项任务，中信所的前身中国科学院情报研究所于1956年10月在北京成立，1958年12月更名为中国科学技术情报研究所，1960年1月起归国家科学技术委员会（现科学技术部）领导，1992年9月起更名为中国科学技术信息研究所并沿用至今。2002年10月，科技部正式批复中国科学技术信息研究所改革为公益性科研机构。

中信所定位于"为科技部等政府部门提供决策支持，为科技创新主体（企业、高等院校、科研院所和科研人员）提供全方位的信息服务；成为全国科技信息领域的共享管理与服务中心、学术中心、人才培养中心和网络技术研究推广中心；成为国家科技创新体系的重要支撑，并在全国科技信息系统中发挥指导和示范作用"。中信所始终秉持"资源立所、技术强所、人才兴所、依法治所"的发展理念，不断深化改革，使中信所的科学研究、公益服务、决策支持和技术研发能力持续提升。中信所提出的以事实型数据为基础，综合集成"事实型数据+专用方法工具+专家智慧"的科技情报研究方法，已在行业内得到广泛推广和应用。

中信所开展新技术研发推广和先进服务平台管理工作，肩负着国家科技管理信息系统、国家科技报告服务系统、国家科技信息资源综合利用与公共服务中心、国家工程技术图书馆建设与发展的重任。2004年6月，国家工程技术图书馆院士著作馆开馆；2011年1月，情报行业第一家国家工程技术研究中心获批；2014年，国家科技报告系统正式上线；2018年3月，承担国家科技管理信息系统建设运行服务工作；2020年11月，国家科研论文和科技信息高端交流平台启动规划设计工作；2022年5月，全国科技信息共享联盟成立。

中信所坚持从事以"科技决策支持"为特色的信息分析研究、科技信息服务工作，承担了多项国家和省部级重大科研项目，完成的许多研究成果和重大项目荣获多项奖励，曾获得国家科学技术进步一等奖2项、二等奖4项、三等奖4项,以及240多项省部级科技成果奖、科技进步奖。

中信所担负科技信息领域高级人才培养和继续教育培训工作,1978年开始情报学硕士研究生培养工作,是国内首批招收情报学专业研究生的单位,拥有信息资源管理一级学科硕士学位授予权,1998年6月开始与北京大学联合培养情报学博士研究生。2002年10月,中信所被批准设立"图书馆、情报和档案管理"博士后科研工作站,同期开展同等学力硕士学位研究生课程进修教育、接收访问学者交流,以及招收在校大学生参加科研实习等活动。中信所多年来为社会不断培养、输出图书馆学、情报学、信息资源管理和竞争情报等方面的人才,成为全国科技信息领域的学术中心和人才培养中心。

中信所一直秉持开放办所的理念,积极开展国内外交流与合作。中信所同图书情报与档案管理领域重点高校在教学、合作研究、人才引进、学术交流等方面建立了常态交流机制,同各专业和地方科技情报机构开展了广泛而深入的交流与合作,其中,以全国科技情报机构情报研究成果共享为主要内容的"中国科技情报网"成为全国科技情报系统的研究成果共享中心和联系纽带。

中信所是我国科技信息领域对外合作与交流的重要窗口。1975年中信所首次代表国家加入国际组织UNISIST,其后,代表国家先后加入了国际信息文献联合会(FID)、联合国教科文组织政府间信息科学计划(IIP)、综合信息计划(PGI)、全民信息计划(IFAP)、国际科技信息委员会(ICSTI)、亚太互联网络信息中心(APNIC)等国际组织,并与欧美及亚洲主要国家和地区建立了官方合作关系。中信所与国际重要信息机构先后建立了"ISTIC-CLARIVATE ANALYTICS科学计量学联合实验室""ISTIC-ELSEVIER期刊评价研究中心""ISTIC-Taylor & Francis学科前沿发现联合实验室""ISTIC-Springer Nature开放科学联合实验室""ISTIC-EBSCO文献大数据发现与服务联合实验室"等,与美国千年研究所成立了"ISTIC-MI联合研究中心",与日本科技振兴机构和韩国科技情报研究院建立了中日韩三方技术部门定期合作交流机制。此外,中信所还与美国、加拿大、日本等30多个国家和地区的相关研究机构建立了长期稳定的业务合作关系。

中信所受托管理中国科学技术情报学会等全国性社团组织。中信所控股的北京万方数据股份有限公司是中国重要的中文信息资源产品和解决方案提供商。中信所参股的北京万博科文化传媒有限责任公司以图书、音像、期刊及互联网信息服务为主营业务,致力于科技知识和科技创新成果的传播普及,先后获得中宣部"五个一工程奖""中国图书奖"等荣誉。

中信所主要出版物包括《情报学报》《中国软科学》、《数字图书馆论坛》、《情报工程》、《中国科技资源导刊》、《全球科技经济瞭望》、《高技术通讯》(中文版 *The Journal of High Technology Letter*)。

(马峥 魏瑞斌 撰稿)

17. 中国科学学与科技政策研究会科技管理与评价专业委员会（Committee on Science and Technology Management and Evaluation, Chinese Association of Science of Science and S&T Policy Research）

中国科学学与科技政策研究会科技管理与评价专业委员会（Committee on Science and Technology Management and Evaluation, Chinese Association of Science of Science and S&T Policy Research, CASSSP, 以下简称"专委会"）是中国科学学与科技政策研究会下属的二级学会，于2016年正式成立。2018年，专委会正式使用现名，并加入了国际科研管理联盟（INORMS），作为其具体的办事处。专委会创办主任及现任主任是中国科学院管理创新与评估研究中心主任李晓轩研究员。专委会聚集了来自国内科研机构、高校、地方等科技评价领域的专家学者，承担并完成了来自国家、部门和企业委托的相关任务。

专委会以研究和探索科技评价理论、方法和政策，总结交流和推广科技评价经验为主要目的。专委会的宗旨是：研究和探索科技评价，特别是科技评价的理论方法、工具、实践和政策，推进科技评价学科的建设和发展；做好政府、企事业主管部门的助手和参谋；促进科技评价管理特别是重大科技评价的创新体系建设以及协同创新体系的有效形成，不断提高我国科技评价水平；加强科技评价的国际化，打造国内外学术交流平台；培养创新研究队伍，为国家科技评价提供政策和咨询服务。

2022年，专委会支持中国科学学与科技政策研究会完成了国家科技创新政策环境评估专题研究工作，围绕党的十八大以来的科技创新政策，重点对资源配置、人才人事、科技评价和知识产权与科技成果转化等四方面政策开展深入评估，形成了《我国科技创新政策环境评估报告》《关于进一步优化科技资金配置政策的建议》等研究专报，并被选入相关内参。在学术活动上，专委会负责"全国科技评价学术研讨会"和"全国科研管理创新百人论坛"的组织工作，自举办以来得到了政府部门、科研院所和高校各界同行的重点关注和支持。其中，"全国科技评价学术研讨会"已成功举办了22届，"全国科研管理创新百人论坛"已成功举办了9届，且两个会议都已入选《重要学术会议指南》（2021—2022年）。

（徐芳 撰稿/李杰 审校）

18. 中国科学学与科技政策研究会科学计量学与信息计量学专业委员会（Scientometrics and Informetrics Professional Committee, Chinese Association of Science of Science and S&T Policy Research）

中国科学学与科技政策研究会科学计量学与信息计量学专业委员会（以下简称"计量学专委会"）成立于1992年，由蒋国华教授担任第一届主任委员，历届主任委员分别为武夷山研究员和邱均平教授。2021年6月18日，计量学专委会在杭州召开会员代表大会，完成了换届工作（见图1）。第八届专委会名誉主任委员为邱均平教授，主任委员为杨思洛教授，副主任委员为李江教授、杨立英研究员、张琳教授、赵丹群教授、舒非教授、陈云伟研究员、杨瑞仙教授，秘书长为宋艳辉教授。截至2023年3月，计量学专委会共有委员85人、注册会员500多人，是中国科学学与科技政策研究会中会员注册数量最多的专委会。

图1　全国科学计量学与信息计量学专业委员会换届会议（2021年6月18日）

计量学专委会是国内科学计量学与信息计量学领域的重要交流平台和学术组织，通过QQ群、微信群、微信公众号等方式加强交流联系；积极与国际科学计量学与信息计量学学会（ISSI）沟通与协作；主办全国科学计量学与科教评价研讨会、科学计量学与信息计量学青年学者论坛、中国科学学与科技政策研究会年会计量学分会；协办科学计量与科技评价天府论坛；共同主办《评价与管理》、《数据科学与信息计量学》（DSI，英文刊，专委会会刊）期刊；共同组织"邱均平计量学奖"；提供相关计量与评价工具培训等。计量学专委会不断推动我国科学计量学科发展，对我国科学计量学学术研究、国内外交流合作起到了重要的推进作用。

计量学专委会每年召开一次委员全体会议。2022年9月23日晚，第八届科学计量学与信息计量学专业委员会第二次全体会议在郑州召开，80余名计量学专委会成员通过线上线下相结合的方式参会。会议听取了计量学专委会主任杨思洛教授的年度工作总结和计划，审议了副主任委员、委员的增补及下一届会议承办单位的推荐等事项。计量学专委会名誉主任邱均平教授做讲话，就重视人才培养、加强数据科学研究和支持DSI会刊发展提出了要求。

中国科技政策与管理学术年会计量学分会场是中国科学学与科技政策研究会年会的组成部分，近年来由计量学专委会每年连续举办。2020年10月30日，受新冠疫情影响，第十六届中国科技政策与管理学术年会计量学分会场在线召开，主题为"新时期的科学计量与科技评价"。2021年10月16日，第十七届中国科技政策与管理学术年会计量学分会场在深圳召开，主题为"服务国家发展需求的信息计量与科技评价创新"。2022年12月25日，第十八届中国科技政策与管理学术年会计量学分会场在线召开，主题为"数据科学与信息计量的融合发展"。

科学计量学与信息计量学青年学者论坛是由计量学专委会发起并主办的连续性会议，目前已举办3届。

（1）2020年6月20日，第一届科学计量学与信息计量学青年学者论坛线上召开。论坛分为上午"评价"专场和下午"计量"专场。其中，"评价"专场由赵蓉英教授（武汉大学）主持，"计量"专场由余厚强副教授（中山大学）主持。我国文献计量学和评价科学的主要奠基人之一邱均平教授担任点评专家。围绕"信息计量与科学评价：新时期、新需求、新发展"的主题，十三位青年学者代表（其中包含三位海外青年学者）进行了学术报告，主题新颖，内容前沿，方法科学，充分展示了信息计量与科学评价领域的风采。论坛通过腾讯会议平台在线进行，并开放腾讯直播。通过在线形式，会议实现了全国各地甚至海外学者的同时参与。在线人数达550多人，大家交流讨论互动频繁，会议取得了圆满成功。众多研究生同学通过在线学习交流，开阔了知识视野，加深了领域认识。

（2）2021年11月至2022年3月，第二届科学计量学与信息计量学青年学者论坛在线召开。本次论坛由科学计量学专委会主办，杭州电子科技大学中国科教评价研究院、武汉大学中国科学评价研究中心协办，《图书情报知识》、《图书情报工作》、《图书馆论坛》、《农业图书情报学报》、"图情会"公众号等提供媒体支持。论坛分为9期，围绕"信息计量与科学评价:新时期、新需求、新发展"的主题，邀请了十三位青年学者代表进行了学术报告，主题新颖，内容前沿，方法科学，充分展示了信息计量与科学评价领域的风采。论坛通过腾讯会议平台在线进行，并开放腾讯直播。每场人数近300人，大家讨论热烈，会议取得了圆满成功。

（3）2022年12月至2023年1月，第三届信息计量与科学评价青年学者论坛在线召开。论坛围绕"数智赋能的信息计量与科技评价创新"主题，分为3期，邀请了十五位青年学者代表进行了学术报告，主题新颖，内容前沿，方法科学，充分展示了信息计量与科学评价领域的风采。论坛通过腾讯会议平台在线进行，并开放微信视频号直播。与会人员积极参与互动，交流气氛活跃，会议取得圆满成功。论坛第一期召开期间，腾讯会议在线人数近200人，《农业图书情报学报》视频号直播观看人数达1 200余人，点赞数超过400次。

（杨思洛 撰稿/邱均平 审校）

19. 中国科学院成都文献情报中心科学计量与科技评价研究中心（Scientometrics & Evaluation Research Center, National Science Library [Chengdu], Chinese Academy of Sciences）

中国科学院成都文献情报中心科学计量与科技评价研究中心（Scientometrics & Evaluation Research Center, National Science Library [Chengdu], Chinese Academy of Sciences，SERC）成立于2017年10月15日，是跨学科、开放的科学计量与科技评价理论、方法与应用研究单元。SERC按照"专业型、计算型、战略型、政策型、方法型""五型融合"的发展范式的要求，聚焦以下四个方向。

（1）科学计量学理论方法研究：开展评价型科学计量学和以学科领域数据系统描述建模与知识发现为核心的学科信息学研究；探索大数据分析的理论、技术和方法在科学计量学、信息计量学中的应用研究，开展基于大数据的科学计量学理论方法与指标、面向大数据挖掘的复杂非线性网络分析方法研究；深入基于多源数据融合与关联的科学演化规律研究；拓展替代计量学（altermetrics）研究。

（2）科技评价理论方法与应用：加强科技评价理论方法与多指标融合的指标体系/指数/模型的研究；扩展针对宏观、中观创新主体（国家/机构/团队/个人）和创新领域态势与趋势分析（领域/学科/方向）的评价方法研究；探索科技前沿识别与技术预见方法研究；深化知识产权分析与评价模型、指标和算法研究。

（3）智库理论与实践研究：以支撑战略决策和科技决策为目标，围绕科技战略学、科技政策学和技术预见等领域的前沿研究方向，培育战略思维、强化战略预测，开展智库理论研究、智库发展评价研究、智库咨询方法研究，提升科技战略与政策分析领域的研究能力；为国家、中科院的战略规划、科技布局、机构建设、人才发展等开展实践研究并提出建设性建议。

（4）知识分析技术与工具：重点开发情报分析人员适用的面向大数据的计量评价工具，支持大数据获取、分析、计算与可视化功能，构建集成知识分析平台。

SERC的目标是聚焦评价型科学计量学、大数据新型科学计量学研究方向，开展科学计量学理论方法与应用研究，并基于科学计量学开展跨领域的科技评价研究，着力建设国内知名、国际上有一定影响力的科学计量与科技评价研究中心,成为成都文献情报中心开展专业型科技智库研究的特色创新型研究单元。

(陈云伟 撰稿)

20. 中国科学院文献情报中心计量与评价部（Center of Scientometrics, National Science Library, Chinese Academy of Sciences）

中国科学院文献情报中心计量与评价部（Center of Scientometrics, National Science Library, Chinese Academy of Sciences，CoS）由文献中心科学计量学与科研评价研究的主要业务团队组成。在借鉴国际顶级机构建设模式的基础上，CoS提出了四位一体的发展目标：开展高水平科学计量学研究、提供有效支撑科技决策的计量服务、发布科学计量学品牌产品、建设国际水准的信息平台。

CoS致力于开展科学计量学前沿研究，提出或改进了一系列具有国际影响力的科学计量指标，如引领指数、学科结构基尼系数、期刊超越指数等，研究成果曾入围ESI高被引论文、热点论文榜。在研究成果的基础上，CoS完成的国家级决策支撑课题超过百项。咨询报告《中国基础研究国际竞争力蓝皮书》《性别视角下的中国科研人员画像》《"一带一路"科研合作态势报告》得到了基金委、科技部及中国科学院的管理部门认可，并多次被国内外相关媒体报道。

作为第三方独立评估机构，CoS发布了一系列具有国际话语权的中国学术期刊评价标准，如《中国科学院文献情报中心期刊分区表》在国内外科研界和出版界具有广泛影响力。2023年，该分区表被纳入国际知名期刊评价平台Journal Finder，成为首个受到国际认可的中国期刊评价标准。《国际期刊预警名单》在治理学术不端现象中发挥了积极作用，2023年5月被SCIENCE进行了报道。被誉为中国SCI的CSCD数据库，是我国唯一一个与Web of Science、Scopus基于数据深层合作的文献数据库。CoS的工作还涉及科研诚信治理。2022年底，依托CoS，中国科学院文献情报中心建设了"科研诚信研究中心"，将参与国家诚信政策文件起草、支撑国家科研诚信治理、开展科研诚信教育与科学传播。

CoS虽然成立时间较短（成立于2022年），但业务团队建设已有20多年的历程，迄今已建成覆盖科学计量应用全链条（数据资源建设、高水平科学研究、专业科学计量服务）的大数据分析环境，大幅提升了定量分析的精准度、灵活度和可比性，建立了开展高水平科学研究和支撑决策的优良平台，具备为国家科研管理部门提供专业高效支撑的能力。英文期刊 *Journal of Data and Information Science* 依托CoS建设，成为图情档领域中国大陆第一本全英文学术期刊，创刊5年内相继被Scopus、Web of Science（ESCI）等国际知名数据库收录，是"中国科技期刊卓越行动计划"在该领域的唯一资助期刊，成为科学计量学领域重要的国际交流平台。

（杨立英 沈哲思 撰稿）

21. 中国社会科学评价研究院（Chinese Academy of Social Sciences Evaluation Studies）

中国社会科学评价研究院（Chinese Academy of Social Sciences Evaluation Studies, CASSES，以下简称"评价院"）是中国社会科学院直属研究单位，切实履行"制定标准、组织评价、检查监督、保证质量"的评价职责和科研诚信管理职责，旨在创建国内领先、国际知名的哲学社会科学评价研究机构。评价院前身为2013年12月26日成立的中国社会科学院中国社会科学评价中心，中心主任由时任中国社会科学院秘书长、党组成员的高翔教授担任。2017年7月，中央机构编制委员会办公室正式批复成立中国社会科学评价研究院，由时任中国社会科学院院长、党组书记的高翔教授主管，由荆林波担任院长。评价院始终坚持正确的政治方向和评价导向，坚持科研强院、人才强院和管理强院的办院方针，以制定和完善中国哲学社会科学评价标准、承担和协调中国哲学社会科学学术评价、构建和确立中国特色哲学社会科学评价体系为主要职能，加快构建中国特色哲学社会科学评价体系，为繁荣发展哲学社会科学服务，为中国特色社会主义服务。

目前，评价院共有9个内设机构：综合办公室、科研诚信管理办公室、评价理论研究室、机构与智库评价研究室、期刊与成果评价研究室、人才与学科评价研究室、评价数据研究室、公共政策评价研究室和评价成果编辑部。评价院形成了由评价领域的知名学者领衔，以长期从事期刊评价、智库评价、学科与人才评价、公共政策评价等研究的专家为骨干，并集成了中青年骨干力量和年轻新锐的跨学科研究团队。

评价院自成立以来，积极引领国内的社会科学评价工作。在期刊评价、智库评价、人才与学科评价、理论政策研究以及科学诚信管理方面做了大量的突破性、系统性的研究成果。

（1）期刊评价。自2014年起，评价院每四年开展一次中国人文社会科学期刊综合评价工作，在学界逐渐形成了口碑良好、信效度较强的期刊AMI综合评价品牌；推出了《中国人文社会科学期刊AMI综合评价报告（2018）》《马克思主义理论学科期刊评价报告（2015）》《中国人文社会科学期刊特色化发展案例选编（2019）》等系列研究成果。

（2）智库评价。评价院自2014年启动"全球智库评价"项目，并于2015年发布由中国研究机构推出的首份全球智库评价报告以来，截至2023年2月，已实施完成两轮全球智库评价研究项目（2015年、2019年），两轮中国智库综合评价研究项目（2017年、2021年），研创出"全球智库评价AMI指标体系"和"中国智库综合评价AMI指标体系"，相继出版发行或发布了《全球智库评价报告（2015）》《中国智库综合评价AMI研究报告（2017）》《全球智库评价研究报告（2019）》《中国智库AMI综合评价研究报告（2021）》等系列研究报告。

（3）人才与学科评价。评价院旨在以科学研究和评价工作的有效推进不断完善人才与学科发展评价体制机制，推进人才培养与使用，为我国人才评价和学科评价提供新的理论探索和实践经验。重点工作主要包括三个方面：①基础研究。评价院依托学科、学术、话语"三大体系"，研究哲学社会科学的发展动态，厘清学科特点与发展规律，在构建哲学社会科学人才与学科的评价指标体系方面进行探索；设立"基于'三大体系'的哲学社会科学人才评价""哲学社会科学人才高地评价"等创新工程系列项目；牵头开展"中国社会科学评价研究院AMI学科评价系列研究"等。②应用研究。评价院与中央有关部门和地方人才系统合作，推进人才评价方式的改进和创新，创新多元评价方式，科学设置人才评价周期，畅通人才评价渠道，激发各类人才创新活力。③服务哲学社会科学国家发展大局。评价院完成中组部人才工作局委托的"《国家中长期人才发展规划纲要（2010—2020年）》实施情况总结评估"中的十大人才政策评估任务，国家发改委战略规划司委托的"《国民经济和社会发展第十三个五年规划纲要》终期评估"中人才主题相关部分的评估任务以及社科院内部各研究所学科评价等。④承担甘肃省陇西县国情调研项目，依托甘肃陇西基地，围绕"人才"主题分别完成"人才与脱贫攻坚""中国药都中医药人才发展""人才与乡村振兴""人才与基层治理"等调查研究。

（4）理论政策研究。评价理论研究服务中国特色哲学社会科学评价实践，主要基于评价基础理论、评价应用理论研究，探索评价理论和方法创新，探索评价标准和评价框架体系规范，为评价实践提供理论和方法支撑，尝试构建中国特色学术评价理论体系，服务中国特色学术评价实践。公共政策评价研究致力于制定和完善中国公共政策科学评价标准，构建和确立中国特色公共政策科学评价体系，推动中国公共政策评价研究与应用。

（5）科研诚信管理。中国社会科学院在直属机构中国社会科学评价研究院下设立科研诚信管理办公室，作为哲学社会科学科研诚信建设联席会议的办事机构，负责哲学社会科学领域科研诚信建设的日常工作，主要包括：①对哲学社会科学领域各单位的科研诚信管理工作进行监督和指导；②组织协调相关部门调查重大及敏感的哲学社会科学科研诚信案件；③负责对哲学社会科学科研诚信建设联席会议成员单位的科研诚信管理工作进行协调和对接；④定期组织召开哲学社会科学科研诚信建设联席会议；⑤组织开展哲学社会科学科研诚信工作和相关法律法规的业务培训；⑥完成哲学社会科学科研诚信建设联席会议交办的其他工作。

（高畅 撰稿/苏金燕 审校）

22. 中国政法大学法治科学计量与评价中心（Scientometrics and Evaluation Center for Rule of Law, China University of Political Science and Law）

中国政法大学法治科学计量与评价中心（Scientometrics and Evaluation Center for Rule of Law, China University of Political Science and Law，以下简称"法治科学计量与评价中心"）于2019年5月20日由中国政法大学批准成立，是全国首家专门从事法治科学计量与评价的研究机构。中心实行理事会领导下的主任负责制，首任主任是中国政法大学副校长、教育部哲学社会科学实验室-中国政法大学数据法治实验室主任、数据法治研究院院长时建中教授。中心内设法学学科评价研究部、法治过程评价研究部、法治服务评价研究部、《法治科学计量与评价研究》编辑部和综合事务部等部门。

法治科学计量与评价中心作为教育部哲学社会科学实验室-中国政法大学数据法治实验室的分支研究机构，为数据法学研究方向提供支撑。2020年10月，中国政法大学将数据法学作为法学目录外二级学科在教育部完成备案。数据法学设有数据治理法学、网络与数据安全法学、数字技术与智慧法治、数据计量与评价等四个研究方向，主要研究内容包括：数据权属及体系构建，数据与网络安全保障，数字技术与智慧立法、智慧执法、智慧司法，法治数据的计量分析，等等。

法治科学计量与评价中心以法学和法治数据为基础资源，以科学计量为核心方法，以客观公正的评价过程和结果为保障，推动法学学科发展，服务法治建设进程，重点围绕法治环节、法治服务、法学学科、法学期刊、法学研究、法治人才等开展科学计量与评价工作。①法治环节方面，通过对立法、执法、司法、守法等法治环节和过程的科学计量与评价，服务于科学立法、严格执法、公正司法和司法改革以及全民守法；②法治服务方面，运用科学计量方法对仲裁机构、公证机构、司法鉴定机构、律师事务所以及相应从业人员的执业活动进行科学计量与评价，推动法治服务质量的提升；③法学学科方面，基于法学学科发展规划，通过学术影响力分析、科研态势分析与竞争力分析，动态追踪法学学科建设情况，为高校法学"双一流"建设提供科学决策支持；④法学期刊方面，根据法学学科特点，构建科学合理的法学学术期刊评价指标体系，为我国法学期刊群建设提供参考，促进法学学术期刊多元化、高质量发展；⑤法学研究方面，开展信息分析和情报服务满足法学科研人员的研究需要，助力推动法学基础理论研究与全面依法治国实践研究；⑥法治人才方面，制定符合法学学科特点的人才评价标准，完善人才评价体系，为我国法治建设提供人才保障。

法治科学计量与评价中心致力于构建客观、公正、规范的计量与评价过程，建立科学、合理、先进的评价指标体系，为繁荣发展法学学科、贯彻落实全面依法治国战略提供决策服务，自成立以来已通过学术期刊、会议、法治网站等发布学术论文、智库报告等成果百余篇，获得政府、媒体、学者等多方关注，被广泛采纳引用。

（刘鸿霞 韩正琪 撰稿/李杰 审校）

期刊会议篇

期刊会议篇

1.《COLLNET 科学计量学与信息管理》（*COLLNET Journal of Scientometrics and Information Management*）

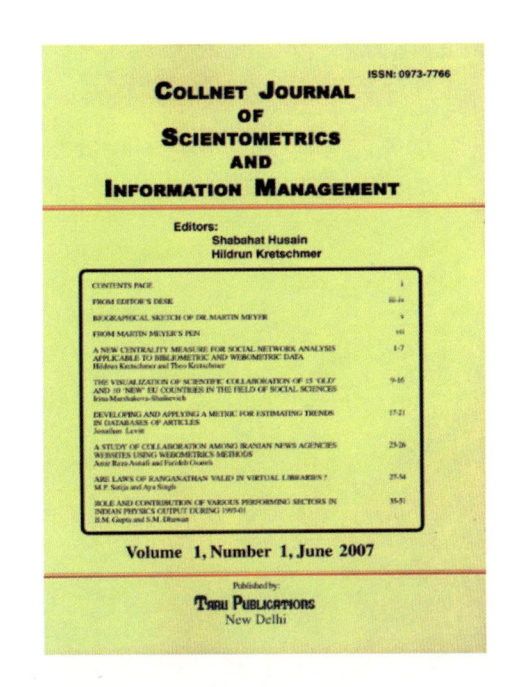

期刊主页：https://www.tandfonline.com/toc/tsim20/current

《COLLNET科学计量学与信息管理》（*COLLNET Journal of Scientometrics and Information Management*，ISSN：0973-7766，EISSN：2168-930X）由德国科学计量学家Hildrun Kretschmer博士在2006年12月创办，该期刊是COLLNET组织下的会刊，出版周期为1年2~3期。Hildrun Kretschmer任创始主编，印度的NG Satish教授任主编，印度的Parveen babbar博士任副主编，德国的Bernd Markscheffel博士为顾问编辑。该期刊2020年被ESCI收录，现由ROUTLEDGE JOURNALS，TAYLOR & FRANCIS LTD发行。《COLLNET科学计量学与信息管理》初创时期的编委会由14名来自西班牙、美国、德国、印度、中国、英国、伊朗、荷兰和加拿大等国家的学者组成，梁立明教授为唯一的中国成员。

该期刊征稿主题为科学计量学和信息管理，涉及但不限于以下研究领域：科学计量学、信息计量学、网络计量学中的新兴主题；理论和方法论研究；图书情报科学；引文、参考文献、影响因子、评价分析；科技政策与合作；学术研究与产业之间的协作关系；科学合作和可视化分析技术；科技创新定量分析；信息计量学规律和分布、科学交流或科学合作的数学模型；科学合作和科学增长的本质及其与技术产出的关系；学术社交网络。

该期刊除了发表各国学者提交的原创研究文章、研究报告和书评等外，还发表了在全球不同地区举办的COLLNET会议上发表的多篇同行评议文章，其中包括R. Rousseau、W. Glanzel、H. Kretschmer等著名科学计量和信息计量学家的研究性论文（论文提交系统为https：//mc.manuscriptcentral.com/tsim），截至2023年共发文353篇（印度、伊朗和中国合计贡献了超过一半的产出，占总产出的57.3%）。该期刊引起科学计量学、信息管理和跨学科领域的理论和应用科学家/研究人员的兴趣。目前依据期刊引文指标（JCI），该期刊在164本情报与图书科学类的期刊中排位第99位。

《COLLNET科学计量学与信息管理》被Baidu Scholar、British Library Inside、CNKI、CnpLINKer、DTU Findit、EBSCO Databases、Electronic Journals Library（EZB）、ESCI®（Web of Science）、Finnish Publication Forum（Julkaisufoorumi）、Genamics JournalSeek、Google Scholar、Microsoft Academic、Naver Academic、Portico、ProQuest LISA、SciBase、Ulrich's Periodicals Directory、WorldCat Local（OCLC）等数据库检索。

（陈悦 Bernd Markscheffel 撰稿/梁立明 审校）

2.《科学计量学》 (*Scientometrics*)

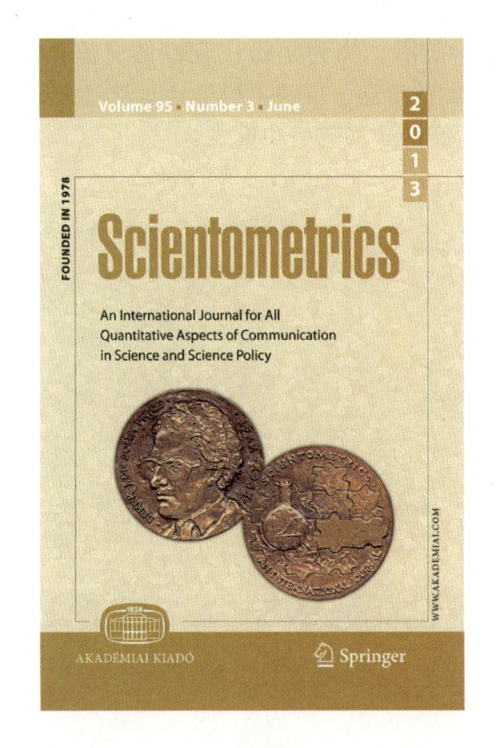

期刊主页：https://www.springer.com/journal/11192/

《科学计量学》（*Scientometrics*，ISSN：0138-9130）是在普赖斯（Price）等国际科学学界著名学者的倡导下，由普赖斯奖获得者布劳温（Braun）于1978年组织创刊，目前出版地在荷兰，并由施普林格负责出版发行，每年12卷。该刊的创刊主编有4位，分别是普赖斯（Price）、多勃罗夫（Dobrov）、加菲尔德（Garfield）和贝克（Beck），并由布劳温担任执行编辑。1987年之后，编辑部改组并由布劳温一人担任主编，直至2013年由比利时鲁汶大学的Wolfgang Glänzel继任主编。《科学计量学》现任主编为Wolfgang Glänzel教授和武汉大学的张琳教授，执行编辑为鲁汶大学的Pei-Shan Chi博士和匈牙利科学院的普赖斯奖得主András Schubert博士，助理编辑为鲁汶大学的Sarah Heeffer。

《科学计量学》按照主题和区域设置了副主编。其中，鲁汶大学的Julie Callaert、西班牙格拉纳达大学的Nicolas Robinson-Garcia、澳大利亚悉尼科技大学的Yi Zhang、美国德雷塞尔大学的Erjia Yan、墨西哥自治技术学院的Claudia González Brambila和巴西里约热内卢联邦大学的Jacqueline Leta分别担任各自领域的副主编。期刊目前有71名编委会成员，其中，来自中国的编委会成员有官建成、周萍、李江等，据期刊官网显示，现任编委会成员名单中有16位是普赖斯奖得主。2021年该刊影响因子为3.801，五年影响因子为4.133，位于信息与图书馆科学JCR-2区、JCI-1区。目前，《科学计量学》已经被包含Science Citation

Index Expanded（SCIE）、Social Science Citation Index、SCOPUS以及INSPEC等国际知名的索引平台收录。

作为科学计量学领域的重要国际期刊，领域最高奖普赖斯奖也由该刊组织评审，并在国际ISSI会议上颁发。目前，《科学计量学》主要发表科学计量学方面的原创研究、短文、原始报告（preliminary report）、书评等，主题涉及与科学的定量特性相关的研究成果，其重点是借助数学（统计）方法对科学的发展和科研机构进行调研。由于其完全跨学科的特点，该期刊对于研究人员和研究管理人员来说是不可或缺的，为研究机构、图书馆员和文献工作者提供了帮助。《科学计量学》的问世标志着科学计量学的成熟。进入20世纪80年代，科学计量学研究便迎来了繁荣的新时期，学者以《科学计量学》作为研究耕耘的阵地，以SCI、SCOPUS等索引型数据库作为主要研究资源，从理论和应用两个方面推进科学计量学的发展。该刊物的发行为全世界科学家发表科学学和科学政策的定量研究成果、探讨有关科学计量研究中的热点问题提供了国际论坛。

此外，科学计量学领域内所有的主要国际会议都在该期刊中有所报道，该刊为不同学术观点的争鸣以及最新科技信息的交流提供了最为广泛的国际平台。《科学计量学》不仅在科学计量学学科领域保持领先位置，在更广范围的情报学领域中同样处于前沿。作为学科代表性的交流渠道，《科学计量学》反映了科学计量学过去几十年研究的典型趋势和模式。

（梁国强 李杰 撰稿/张琳 审校）

| 期刊会议篇 |

3.《科学计量学研究》
(*Journal of Scientometric Research*)

期刊主页：https://www.jscires.org/

《科学计量学研究》(*Journal of Scientometric Research*, ISSN-Printed：2321-6654，EISSN：2320-0057) 创刊于2012年，在印度出版。该期刊是Phcog.Net（前身为 SciBiolMed.Org）的官方出版物，出版周期为一年三期，是经同行评审的且不收取任何出版费用的开放获取期刊。编委会由主编、编辑、副主编、助理编辑以及编委会顾问等组成。来自CSIR-国家科学通信与政策研究所（前身为NISTADS）的印度学者苏吉特·巴塔查里亚博士（Sujit Bhattacharya）担任期刊主编，编辑顾问是来自印度、美国、荷兰、中国等国家的11位学者，其中，Hildrun Kretschmer博士是大连理工大学和河南师范大学的外聘专家，中国科学院科技战略咨询研究院的穆荣平博士是唯一来自中国的学者。

作为面向科学计量学研究的国际期刊，《科学计量学研究》不仅发表科学计量学领域的研究论文，还包括专利研究论文（例如技术计量学）和基于网络的研究成果（例如网络计量学）等。此外，期刊也鼓励发表应用科学技术创新指标的文章及对当代重点领域（开放科学、新工具、新技术）研究的文章。该期刊接受并发表的论文类型主要包括研究型文章、评论性文章、前瞻性文章、研究进展文章、评述文章、研究笔记、政策论坛、书/数据库/网站评论和书评。2021—2022年，该期刊论文的重要贡献国家主要为印度、巴西和伊朗。目前该期刊的期刊引文指标在信息科学与图书馆学领域的164个期刊中排名为96位。

目前该期刊已经被来自多个国家或机构的索引系统收录，其中包含Scopus、ESCI、Dimensions、Crossref.org、EBSCO、

OpenJGate、ProQuest、Exlibris-Primo Content Index、CORE.ac.uk、CNKI、Google Scholar、HINARI、JournalGuide.com、DBLP、UGC-CARE LIST（印度）和TdNet等数据库。

（贺颖 刘小玲 撰稿/李杰 王曰芬 审核）

4.《科学学研究》
（*Studies in Science of Science*）

期刊主页：www.kxxyj.com

《科学学研究》（*Studies in Science of Science*，ISSN：1003-2053）是由中国科学学与科技政策研究会、中国科学院科技政策与管理科学研究所、清华大学科学技术与社会研究中心联合主办的综合性学术期刊。该刊于1983年创办，每年12期，由《科学学研究》编辑部编辑出版。该刊以推动创新研究、促进学术交流为主旨，主要发表科学学、科技政策、科技管理方面具有一定理论见解和研究水平的学术论文、调查报告和典型案例。

《科学学研究》立足于我国科技发展与改革实践，关注国内外科学学相关研究动态，以推进科学学研究对我国经济社会和科技发展的促进作用、反映科学学重大理论与政策问题研究的前沿与成果为抓手，开展科学学学科的研究探索。1983—1995年，该期刊为我国科技体制改革的启动提供了重要的理论宣传窗口，推动了国家重大科技政策制定、重大科技决策部署的实施；1996—2005年，随着学科交融、领域拓展，该期刊服务于中国特色社会主义现代化建设，关注经济体制与科技体制改革的突破性发展；2006年以来，该期刊实现跨越式发展，创新研究范式，探测科学学研究前沿的有效途径与方法，引领科学计量学和科学知识图谱的研究浪潮。该刊历任主编为陈益生、罗伟、方新，目前方新任主编，李正风、赵兰香、潜伟任副主编。该刊设编辑部主任和法律顾问各一人。目前该刊编委会由38位编委组成，包括来自中国、美国、比利时等多地的科学学、科技管理界的著名专家和学者，还拥有数百名国内外专家学者形成的咨询网络，为期刊保持学术水准、国际国内影响力提供了重要保障。截至2023年2月21日，中国知网显示《科学学研究》出版文献量为6 478篇，总下载量为6 710 554次，总被引量为199 164次，复合影响因子为4.96，被《中文核心期刊要目总览》列为"科学、科学研究"类的"中文核心期刊"，被中国社会科学院评为"中国人文社会科学核心期刊"，被国务院学位委员会办公室公布为"学位与研究生教育中文重要期刊"，被科学技术部认定为"中国科技论文统计源期刊"，是国家自然科学基金委员会管理科学部认定的"管理科学A级重要期刊"。此外，《科学学研究》还被中国科技论文与引文数据库（CSTPCD）、中文社会科学引文索引（CSSCI）、中国科学引文数据库（CSCD）、中国人文社会科学引文数据库（CHSID）和中国学术期刊综合评价数据库（CJID）等多家论文数据库列为统计源期刊，是《中国学术期刊（光盘版）》《中国期刊网》的全文收录期刊。

目前，《科学学研究》除设有科学学理论与方法、科技发展战略与政策、科技管理与知识管理、技术创新与制度创新等栏目外，还有科技论坛、书刊评介、学术动态等非常设栏目。"科学学理论与方法"栏目主要发表理论科学学、科技社会学、科学计量学、科技哲学、科学技术史、学会研究、学科分类研究等领域的理论性较强的研究论文。"科技发展战略与政策"栏目主要发表科技发展战略、科技规划、科技政策、科技传播、科技法研究、科技体制改革、科技园区、国外战略政策比较等领域的研究论文和报告。"科技管理与知识管理"栏目主要发表管理理论与方法、科技成果、科技评估、科技人才、科技经费、科技企业、技术市场、技术预测、知识管理、知识产权等方面的有见解的研究论文。"技术创新与制度创新"栏目包括技术创新、制度创新、知识创新、集成创新、区域创新、国家创新体系等方面的理论研究、实证研究和案例分析。

（王艳辉 陈悦 撰稿/潜伟 审校）

5.《科学学与科学技术管理》
（Science of Science and Management of S.&T.）

期刊主页：http://www.ssstm.org

《科学学与科学技术管理》（Science of Science and Management of S.&T.，ISSIN：1002-0241）是由天津市科学技术局主管、天津市科学技术发展战略研究院主办、中国科学学与科技政策研究会和清华大学技术创新研究中心协办的综合类科技期刊，创刊于1980年5月，每年12期。自创刊以来，《科学学与科学技术管理》为宣传科学精神和科学学理论、提高科技政策与科技管理水平、"科教兴国"战略的确立和实施，率先在理论和实践上做了大量超前研究和探索。其中就我国科技体制改革和经济体制改革中的许多重大理论与实践问题探讨的一些观点，还被中共中央、国务院关于科技体制改革的决定等一系列决策采纳。

《科学学与科学技术管理》是我国改革开放以来创刊最早、专门关注有关科学技术创新与管理理论和实践研究的学术名刊，处于我国同类期刊第一方阵。1980—1998年，该期刊明确了科学技术是第一生产力等重要论断，专注于科技体制机制改革的革命性探索；1999—2011年，该期刊多点突破、快速发展，聚焦技术产业化变革，关注企业技术创新问题；2012—2020年该期刊进入由量转质的关键阶段，全面聚焦创新引领，持续关注新兴产业；2020年，期刊创新发展，编委会由4位顾问、29位编委组成，柳卸林教授任主编，陈劲教授任副主编。目前该期刊拥有由五百名以上国内外专家学者形成的咨询网络，编委会中有十多名我国科技管理界著名专家和学者，为期刊多年来保持较高的学术水平、不断提升影响力起到了重要的支撑作用。截至2023年2月14日，中国知网显示，该刊出版文献量为12 184篇，总下载次数为6 267 958次，总被引次数为204 187次，复合影响因子为4.938。《科学学与科学技术管理》被评为国家基金委管理科学部重要期刊、中文社会科学引文索引（CSSCI）来源期刊，是中国学术期刊综合评价数据库（CAJCED）统计刊源，入选北京大学中文核心期刊要目总览、中国人文社会科学核心期刊要览（CASS）（中国社会科学院文献信息中心）等。

目前，《科学学与科学技术管理》主要发表创新创业专栏、日本科技战略研究专栏、科技创新治理专栏、中国学术的国际影响力专栏、意义创新专栏、技术创新与标准国际化专栏、科学学理论专栏、数字化研究专栏、技术预见专栏等重大专刊，期刊常设栏目有科学理论与方法、科技战略与政策、创新战略与管理、区域科技与创新、科技创新与创业、科技人力资源与管理等。

（孙兰 陈悦 撰稿）

6.《科研管理》
（*Science Research Management*）

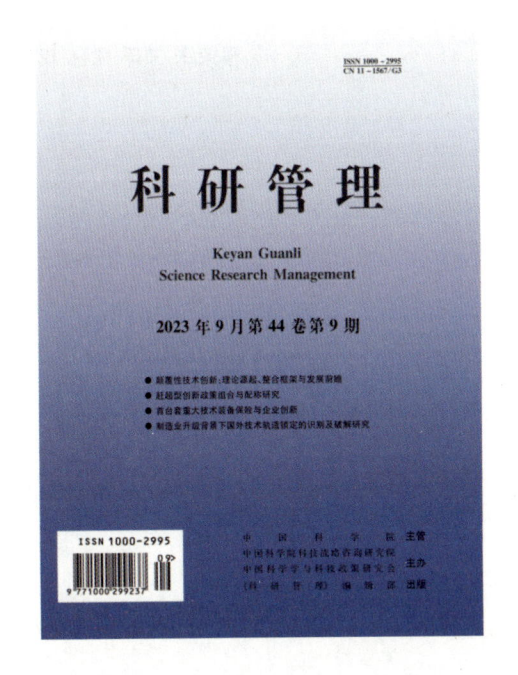

期刊主页：www.kygl.net.cn

《科研管理》（*Science Research Management*，ISSN：1000-2995）是由中国科学院主管、中国科学院科技战略咨询研究院和中国科学学与科技政策研究会主办的国内外公开发行的学术刊物，是国家自然科学基金委员会管理科学部遴选和认定的管理科学A级重要期刊，创刊于1980年，每年12期。自创刊以来，《科研管理》坚持理论与实践相结合，鼓励管理领域交叉与融合，宣传国家宏观发展战略与政策，介绍国际管理理论与方法研究前沿进展，推动国家创新体系建设面临的战略、政策和管理问题研究，促进国内外科技战略、科技政策、科技管理与评价等领域的学术交流与合作。

《科研管理》作为管理科学领域重大现实与理论问题相结合的重要学术交流平台，致力于解决我国科研管理实际问题、提高科研管理水平。1980—1999年，沐浴改革开放春风，该刊在科研环境大幅度改善的背景下肩负起向科学技术现代化进军的历史使命，致力于宣传我国科技体制改革方针政策和"科教兴国"发展战略，推动我国科技管理与科技评价等相关领域学术交流，为我国创新体系框架的建立和企业创新能力的提升提供学术参考；2000—2010年，顺应全球化进程，该刊关注企业技术追赶，探索提升核心技术以抢占国际高附加值市场的企业新发展模式，为增强我国在国际贸易中的竞争优势提供了理论借鉴与指导；2011年以来，该刊聚焦科技强国建设核心议题，围绕创新绩效、创新能力、创新网络、协同创新等领域展开深入探讨，有效促进了中国特色科研管理相关理论体系的构建。《科研管理》的历任主编为刘济舟、罗伟、连燕华、穆荣平，目前编委会由28位编委组成，拥有由数百名国内外专家学者组成的咨询网络，为期刊优良的学术水平和较高的业界影响力提供重要支撑。截至2023年2月22日，中国知网显示，《科研管理》出版文献量为6 985篇，总下载量为7 156 575次，总被引量为223 098次，复合影响因子为5.27，是"中国学术期刊综合评价数据库"（CAJCED）统计源期刊、"中国科技论文统计源期刊"（中国科技核心期刊CSTPCD）、"中文社会科学引文索引来源期刊"（CSSCI）、"中国科学引文数据库来源期刊"（CSCD）；被"中国人文社会科学核心期刊"、"中国学术期刊专题文献数据库"、"中国核心期刊（遴选）数据库"和"中国期刊全文数据库"（CJFD）全文收录；被"中国学术期刊文摘"和"中国知识资源总库·社会科学期刊精品据库"收录。

目前，《科研管理》重点关注以下领域研究成果：管理理论与方法、技术创新、科技战略与政策、创新政策与管理、科技管理与绩效评价、科技法与知识产权管理、企业创新与战略管理、知识与人才管理、研究开发与项目管理、农业技术创新与管理、地方科技与教育、高校科技与管理。

（穆荣平 王萍 陈悦 撰稿）

7.《量化科学元勘》
(*Quantitative Science Studies*)

期刊主页：https://direct.mit.edu/qss

《量化科学元勘》（*Quantitative Science Studies*，EISSN：2641-3337）是国际科学计量学与信息计量学学会（The International Society for Scientometrics and Informetrics，ISSI）旗下的官方会刊。《量化科学元勘》于2019年1月14日正式创刊，由ISSI联合麻省理工学院出版社（MIT Press）采取开放获取模式出版发行，其创刊号于2020年2月1日正式在线发表。《量化科学元勘》的出版地为荷兰，作为季刊，《量化科学元勘》每年发行4期。《量化科学元勘》的创刊主编是荷兰莱顿大学科学与技术研究中心（CWTS）的卢多·瓦特曼（Ludo Waltman）教授，现任主编是加拿大蒙特利尔大学的Vincent Larivière教授，现任副主编是CWTS的Rodrigo Costas研究员和复旦大学国际关系与公共事务学院的唐莉教授。

《量化科学元勘》的创刊起源于一次学术期刊编委会集体辞职事件。2019年1月10日，以*Journal of Informetrics*（简称*JOI*）时任主编Ludo Waltman教授为首的期刊编委会由于不满*JOI*期刊出版商爱思唯尔（Elsevier）长期以来对于开放科学的消极态度，决定集体辞去*JOI*编委会职务。在辞职信中，编委会成员表达了对爱思唯尔拒绝协商期刊所有权、拒绝调整开放获取文章处理费（article processing charges，APCs），尤其是拒绝签署开放引文倡议（initiative for open citations，I4OC）等做法的不满。从*JOI*集体辞职的编委会成员在麻省理工学院出版社的支持下创办了一本由学术共同体主导的开放获取期刊，并集体转任该刊的编委会职务，这便是《量化科学元勘》的诞生过程。

《量化科学元勘》的收稿范围涵盖各类学科视角下以科学为对象的理论或实证研究，侧重在科学系统、科学活动的普遍规律、学术交流、科学指标、科学政策和科研人员等方面有着重要研究发现的成果。为实现开放获取,《量化科学元勘》在创刊之初规定向已录用文章的作者收取800美元的文章处理费,若作者为ISSI会员,则收取600美元的文章处理费。从2023年起,《量化科学元勘》将非ISSI会员的文章处理费调整为1 200美元,ISSI会员的文章处理费调整为750美元,用于文章编辑、校对、排版、投稿系统、托管平台等各项支出。

作为一本开放获取期刊,《量化科学元勘》不但为全世界读者免费提供学术内容,也致力于推动其所发表文章的所有元数据在Crossref中开放获取,如文章摘要、引文、作者信息等。从2020年9月起,《量化科学元勘》开始提供开放同行评议,通过在Publons平台公开同行评议报告、作者回应、编辑决定函的方式提升编审环节的开放性与透明性,进一步践行开放科学的理念。截至2023年,《量化科学元勘》已被多个索引数据库收录,包括Scopus、Dimensions、Web of Science-ESCI等。

(方志超 撰稿/刘桂锋 审校)

8.《情报科学》
（*Information Science*）

期刊主页：www.qbkx.org

《情报科学》（*Information Science*，ISSN：1007-7634，CN：22-1264/G2），原名为《国外情报科学》，创办于1983年（季刊）；1998年更名为《情报科学》（月刊）。目前，《情报科学》是由中华人民共和国教育部主管、吉林大学主办的信息资源管理领域综合性学术期刊。期刊的现任编委会由51位领域专家组成，其中靖继鹏担任编委会主任，马费成、张海涛、郑彦宁以及金正铁担任编委会副主任。靖继鹏任荣誉主编，张海涛任主编，马捷任副主编。

创刊之初囿于当时获取国外文献开展科研工作的困难，该期刊旨在向我国情报界和广大对情报科学感兴趣的读者介绍各国情报科学和情报工作的发展及研究动向，借鉴国外情报科学理论方法及现代化技术，促进我国情报科学的发展，开辟了情报科学理论方法、情报检索、情报管理、情报服务、情报系统网络、情报政策与评价、情报教育、情报史、情报学家、情报术语等栏目。该期刊向我国情报学界推介了大量国外情报学研究的先进成果，为缩短和赶上世界先进水平、发展具有我国特色的情报科学做出了贡献。

20世纪90年代以后，随着计算机的普及和信息技术的发展，国内情报科学的研究开始蓬勃发展。1998年更名后，《情报科学》立足于我国情报学研究方兴未艾的背景，服务于图书情报事业和情报学教学科研，努力打造成为集理论性、知识性与实践性于一体的学术期刊，并始终坚守服务情报学理论研究的重要使命；坚持社会主义办刊方向，严格执行党的办刊方针和政策，坚持高水平、高质量的发文标准；力争站在学科研究的前沿，全面反映学科发展的最新动态，着力突出刊物与时俱进的时代特征，跟踪报道信息资源管理学界的研究热点，积极吸纳国家基金资助项目研究成果和业界知名学者、博士研究生论文，刊发了一系列既有理论水平又有学术影响的重要论文。随着网上稿件处理系统的开设、微信公众号的开通、编委会的多次召开，以及多渠道的约稿组稿等工作的进行，《情报科学》已经拥有了一大批热心读者及核心作者，成为同行之间进行学术研讨和业务交流的理想园地，取得了良好的社会效益，是信息资源管理领域的重要期刊之一。

经过四十年的发展，《情报科学》已经成为情报研究领域的重要期刊，现为"中文社会科学引文索引（CSSCI）来源期刊""全国中文核心期刊""中国人文社会科学核心期刊（AMI）""RCCSE中国核心学术期刊""复印报刊资料重要转载来源期刊"，并于2013—2022年被《中国学术期刊（光盘版）》电子杂志社、清华大学图书馆、中国学术文献国际评价研究中心三大权威机构连续十年评选为"中国最具国际影响力学术期刊"和"中国国际影响力优秀学术期刊"。

（张连峰 撰稿/李杰 审校）

9.《情报理论与实践》
(*Information studies*: *Theory & Application*)

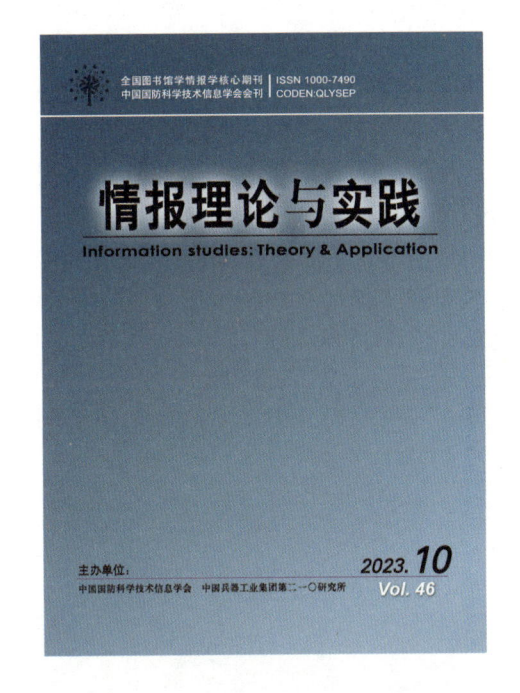

期刊主页：http://www.itapress.cn

《情报理论与实践》(*Information studies*: *Theory & Application*，ISSN：1000-7490，CN：11-1762/G3)创办于1964年，原名为《兵工情报工作》，1987年更名为《情报理论与实践》（双月刊）。1996年，《情报理论与实践》由中国国防科学技术信息学会和中国兵器工业集团第二一〇研究所联合主办，是中国国防科学技术信息学会会刊，2009年改为月刊。《情报理论与实践》历任主编为张力治、孙永发，现任主编为王忠军。

《情报理论与实践》始终坚守正确的定位、明确的办刊宗旨、鲜明的办刊特色，形成了朴实无华、报道新颖、独具特色的办刊风格；目标是面向国内外情报研究领域，成为一个精品学术期刊；宗旨是探索情报理论，服务情报实践，跟踪学科热点，引领学术前沿，普及学科知识，推动学术争鸣；特色是理论联系实践，注重报道国防科技信息，推进和探索装备科技信息工作方法研究。

《情报理论与实践》历经发展，在国内情报学界享有盛誉，在业界具有良好的口碑和认知度。《情报理论与实践》被北京大学《中文核心期刊要目总览》、南京大学CSSCI中文社会科学引文索引（2019—2020）来源期刊、RCCSE中国权威学术期刊（A+）、中国社会科学评价研究院《中国人文社会科学期刊AMI综合评价》A刊核心期刊、中国科学技术信息研究所《中国科技期刊引证报告（核心版）社会科学卷》、中国科学文献计量评价研究中心《世界学术期刊学术影响力指数（WAJCI）年报》Q1区中国社科期刊、中国学术期刊综合评价数据库（CAJCED）、JST 日本科学技术振兴机构数据库（2018）收录，被中国知网中国期刊全文数据库（CNKI）、超星期刊域出版平台全文收录。该刊已实现录用稿件在CNKI上网络首发。该刊为中国人民大学书报资料中心《复印报刊资料》转载来源刊，多次获得部级、中国国防信息学会期刊奖。该刊为同行评审期刊（a peer-reviewed journal）。

《情报理论与实践》辟有论坛、专题、理论与探索、实践研究、信息系统、综述与述评、在国外、摘编等栏目，涉及情报学研究发展、图书馆数字化、信息检索技术、网络信息资源管理、企业竞争情报、信息管理系统等图书情报工作的各个方面，具有内容丰富、针对性强、与实际结合紧密等特点，是我国图书馆学情报学专家、学者及从业人员的必读刊物，一直受到我国情报研究部门、图书馆、公司企业、高等院校信息管理专业师生的好评。

《情报理论与实践》在计量学理论探索与应用实践方面刊发了大量论文，其主题主要包括文献计量学、科学计量学、网络信息计量学、替代计量学（补充计量学）、数据计量学等；从计量评价的对象上看，包括文献评价（包括单篇论文评价）、学者评价、期刊评价、高校学科建设、微博用户学科关注特点等；在计量方法与模型方面包括引文分析、h指数、文献老化、信息老化、共现分析、合作网络、PageRank、共链分析、内容分析等；在计量与评价指标上涉及百分位数、特征因子百分位等，除此之外还关注计量工具、计量数据来源、计量偏差、核心形成机制等；在应用实践方面主要包括学科领域主题演化、关键共性技术识别、技术预见、知识增长模式、社科领域新兴主题预测等，与情报实践结合紧密。此外，该刊于1998年连续刊载了王崇德教授团队关于文献计量学术语的6篇文章，2000—2001年连续刊载了邱均平教授关于文献计量学的12篇文章。

（化柏林 王忠军 撰稿/李杰 审校）

| 期刊会议篇 |

10.《情报学报》
(Journal of The China Society for Scientific and Technical Information)

期刊主页：https://qbxb.istic.ac.cn

《情报学报》(Journal of The China Society for Scientific and Technical Information，ISSN：1000-0135)是由中国科学技术协会主管、中国科学技术情报学会与中国科学技术信息研究所主办的情报学领域的学术性刊物，是中国科学技术情报学会会刊。该刊于1982年在北京创刊，1982年至1986年为季刊；1987年至2000年为双月刊；2011年至今为月刊。现年发文量约为120篇。

中国科学院学部委员、中国科学技术情报学会理事长武衡在《情报学报》创刊时专门撰文《建立两个中心 搞好情报工作》。他认为，要搞好情报工作，应该建立两个中心，一个是情报服务中心，另一个是学术思想指导中心。《情报学报》应是情报界的学术指导中心。《情报学报》始终以汇聚学术资源、引领学科发展、紧跟学科重大专项最新进展和学术前沿动态、展现具有鲜明的学术创新导向和学术思想价值的高质量研究成果、促进学科国内外交流为己任，与全国情报学人一起推进情报学科的发展。它主要刊载情报科学领域的学术论文或高质量的综述评论，重点关注信息、知识、情报相关的理论、方法、技术与应用。

《情报学报》入选各种评价体系，成为领域内的重要期刊。2020年，《情报学报》被选入中国科协主导的三家学会联合发布的《管理科学高质量期刊推荐列表》中文期刊T1级别，成为情报学类唯一入选该级别的期刊。《情报学报》是国家自然科学基金委管理科学部认定的A类期刊、全国中文核心期刊、中国科技核心期刊。《情报学报》是《中文社会科学引文索引》来源期刊、社科院《中国人文社会科学核心期刊要览》《国家哲学社会科学学术期刊数据库》收录期刊、《中国人民大学复印报刊资料》重要转载来源期刊，是国家新闻出版总署首批认定的学术期刊，还被英国科学文摘（INSPEC）、美国图书馆和信息科学文摘（LISA）、俄罗斯文摘杂志（РЖ,）等国际检索系统收录。

《情报学报》创刊主编为袁翰青（名誉主编）、林自新。2015年起中国科学技术情报学会理事长戴国强研究员任主编，郑彦宁、曾建勋、潘云涛任副主编。该刊由32位来自国内外领军情报学专家组成国际化编委会，在业内具有极高的学术影响力和科研实力。期刊审稿专家团队涵盖国内学科博士点、硕士点高层次科技人才及活跃的青年科研人才，为期刊保持学术水准提供了重要保障。

《情报学报》自1982年创刊至2022年12月31日，累计刊发论文近5 000篇，总下载量近300万次，总被引近15万次，影响力位于本领域前列。

（王海燕 魏瑞斌 撰稿/李杰 审校）

11.《情报杂志》
(*Journal of Intelligence*)

期刊主页：http://www.qbzz.net

《情报杂志》(*Journal of Intelligence*，ISSN：1002-1965）是由陕西省科学技术情报研究院主办的我国情报学领域的学术性刊物，创刊于1982年，原名为《陕西情报工作》，1985年更名为《情报杂志》。该刊1982—1992年为季刊，1993—2000年为双月刊，2001年至今为月刊，面向国内外出版发行。

《情报杂志》以服务国家安全与发展为宗旨，致力于推动中国情报学理论体系构建和中国情报事业发展，特别关注国家安全情报学的理论研究。《情报杂志》坚持严谨求实的办刊风格，崇尚科学，鼓励创新培育新人，倡导学术争鸣，抵制学术造假，重点关注情报理论、情报实践、情报历史、情报技术、情报学教育、情报文化、科技情报、竞争情报、网络情报、舆情分析、技术预见、数据挖掘、科学计量、情报智库等研究方向。经过多年的不懈努力，《情报杂志》现已成为我国情报学领域的重要期刊。

《情报杂志》是CSSCI来源期刊（南京大学）、全国中文核心期刊（北京大学）、中国国际影响力优秀学术期刊（清华大学）、中国人文社会科学核心期刊（中国社会科学院）、RCCSE核心期刊（武汉大学）、"复印报刊资料"重要转载来源期刊（中国人民大学），入选世界影响力Q1期刊，是陕西省精品期刊。2022年12月5日，由中国知网、清华大学图书馆联合研制的权威期刊评价报告《中国学术期刊国际引证年报》（2022版）公布的"中国国际影响力优秀学术期刊（人文社会科学）"榜单中，《情报杂志》在入选的80种人文社科类学术期刊中排名第四,"国际他引总被引频次"居80种入选期刊之首,至此《情报杂志》已连续7年入选国际影响力品牌学术期刊。

《情报杂志》于2014年创办的"华山情报论坛"以推动中国情报事业发展为宗旨,以"促进学科建设,提升情报能力"为目标,以"多系统融合"为特征,以"国家安全情报"为特色,为中国情报业界和情报学界搭建了一个"学科交融、理论交流、观点交锋、业务切磋、共谋发展"的交流平台,现已成为中国情报界有影响力的重要论坛之一。2009年以来,编委会由来自国内科技情报、竞争情报、公安情报和军事情报等不同领域的30余位专家组成,张薇任主编。国内百余位知名专家学者组成的审稿队伍,为期刊保持高质量、高水准提供了重要保障。

(魏瑞斌 张薇 撰稿/李杰 审校)

12.《情报资料工作》
(*Information and Documentation Services*)

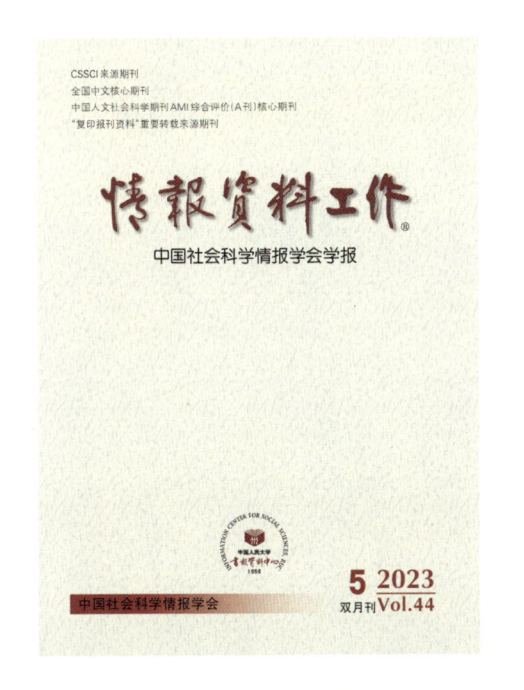

期刊主页：http://qbzl.ruc.edu.cn/CN/1002-0314/home.shtml

《情报资料工作》（*Information and Documentation Services*，ISSN：1002-0314）是由教育部主管、中国人民大学主办、中国人民大学书报资料中心编辑出版的信息资源管理类学术期刊。期刊创建于1980年（当时刊名为《资料工作通讯》），每年6期，是中国社会科学情报学会学报。

该刊以推动图书情报界、信息管理界、文献资料档案界学术创新研究和学术交流为主旨，具有追求理论精品、面向工作实际求实创新的学术风格，读者遍及高校、党校、社会科学院、军队院校、政府信息机构及公共图书馆系统。

《情报资料工作》立足于我国图书情报与档案管理实践，关注图书馆学、情报学、档案学的相关研究动态，重点反映信息资源管理学界学术前沿与研究趋势，关注信息资源研究对我国经济社会和科技发展的促进作用。1980—1998年，该刊蓬勃发展，专注于社科文献信息服务的探索，旨在为国内社科情报"五大系统"的文献情报工作者提供一个理想的交流平台；1999—2013年，该刊拓展领域，聚焦信息技术变革，关注信息技术在学科领域的理论研究与实践应用；2014年以来，该刊助力学科高质量发展的学术共同体平台搭建，引领学科发展。该刊编委会由48位编委组成，编委会成员包括学会正副理事长、图书情报领域的知名专家学者以及优秀的青年学者，对期刊多年来保持较高的学术水平、不断提升影响力起到了重要的支撑作用。截至2023年3月13日，中国知网显示，该刊出版文献量为5 210篇，总下载次数为

1 614 799次，总被引次数为45 340次，复合影响因子为3.643。《情报资料工作》被评为中文社会科学引文索引（CSSCI）来源期刊、全国中文核心期刊、中国人文社会科学期刊AMI综合评价（A刊）、"复印报刊资料"重要转载来源期刊等。

目前，《情报资料工作》常设栏目有专题研究、理论探讨、信息资源、信息技术、信息服务、实践研究等。此外，自2023年起，期刊设置了中国自主建构的知识体系系列专栏，包括年度学术热点、年度学术热点专家报告、年度学术热点深度解读等。

（徐亚男 石晶 撰稿/李杰 审校）

13.《数据分析与知识发现》
（*Data Analysis and Knowledge Discovery*）

期刊主页：http://www.infotech.ac.cn

《数据分析与知识发现》（*Data Analysis and Knowledge Discovery*，ISSN：2096-3467）是由中国科学院主管、中国科学院文献情报中心主办的学术性专业期刊，创刊于2017年，由《现代图书情报技术》（1985—2016）更名，出版周期为月刊。《数据分析与知识发现》聚焦各行各业中以大数据为基础、依靠复杂挖掘分析、进行知识发现与预测、支持决策分析和政策制定的研究与应用，致力于提供理论指导、技术支持和最佳实践。

中国科学院文献情报中心张晓林研究员担任《数据分析与知识发现》期刊主编，南京大学苏新宁教授、清华大学李涓子教授、中国科学院文献情报中心张智雄研究员担任期刊副主编，国内外50余位知名专家共同组成期刊编委团队。截至2023年3月22日，中国知网显示，该刊出版文献量7 586篇（含《现代图书情报技术》发文量），总下载次数为2 193 888次，总被引次数为65 722次，复合影响因子为3.259。目前，《数据分析与知识发现》期刊已被北大核心期刊要目总览、中文社会科学引文索引来源期刊（CSSCI）、中国人文社会科学期刊（AMI）、中国科技核心期刊（CSTPCD）、中国科学引文数据库扩展版（CSCD）等国内核心期刊体系收录。2020年，该刊入选中国优选法统筹法与经济数学研究会、管理科学与工程学会、中国系统工程学会《FMS管理科学高质量期刊推荐列表》，并正式被国际知名数据库SCOPUS收录。

《数据分析与知识发现》吸纳情报科学、计算机科学、数据科学、管理科学、计量学等领域的技术与方法,涵盖综述、研究论文、应用论文、评论等多种论文类型。该刊主题领域包括：基于大规模数据的数据挖掘和知识发现的新技术与新方法；基于知识组织、支持智能检索与分析的知识基础设施建设；利用知识计算和知识发现技术驱动、优化和监控各类管理、服务、创新流程与机制的方法、技术和系统。

（彭希珺 撰稿/李杰 审校）

14.《数据科学与信息计量学》
（*Data Science and Informetrics*）

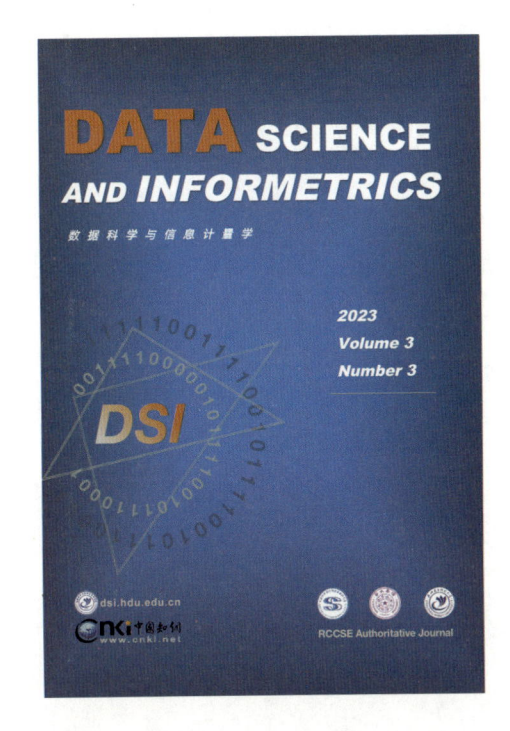

期刊主页：http://dsi.nseac.com/

《数据科学与信息计量学》（*Data Science and Informetrics*，ISSN：2694-6114，EISSN：2694-6106）于2020年创刊，由中国科学学与科技政策研究会、杭州电子科技大学和清华大学互联网产业研究院主办，中国科学技术协会主管，杭州电子科技大学数据科学与信息计量研究院、中国科教评价研究院和计算机学院共同承办的一本国际性的数据科学和计量科学领域综合性学术英文期刊，也是中国科学计量学与信息计量学专业委员会的会刊。《数据科学与信息计量学》的办刊宗旨为立足中国，面向世界，传播数据科学与计量科学成果，即创新发展数据科学、计量科学理论、方法和技术，探索数据驱动下的数据科学与计量科学跨学科的交叉研究，内容涉及数据科学的理论、方法和技术，"五计学"学科发展，基于学术数据、政府数据、企业数据、评价数据等的数据管理、数据挖掘和大数据分析，可视化展示和计量学领域的新理论、新方法和新技术等。

《数据科学与信息计量学》坚持学术规范，实行匿名同行评审，突出原创精神，对标国际一流期刊水准，致力于将其打造成为数据科学与计量科学领域专家学者们论文发表和思想交流的聚集高地。该刊目前每年编辑出版4期，面向国内外公开征稿和发行，征稿主题包括但不限于：①数据科学和信息计量学的理论和数学基础。②数据分析、知识发现、机器学习以及各类数据（包括文本、图像、视频、图表和网络）的智能处理。③数据科学在科学、商业、政府、文化、行为、社会经济、健康医疗、人文自然和人工领域的应用。④数据科学和大数据的伦理、质量、隐私、安全、信任和风险。⑤文献计量学、科学计量学、网络计量学、替代计量学、信息计量学和数据科学的融合。⑥应用其他学科定量研究方法解决信息计量问题，如数学、统计学、计算机科学、网络科学和数据科学。

（杨思洛 撰稿/邱均平 审校）

| 期刊会议篇 |

15.《数据与情报科学学报》
(*Journal of Data and Information Science*)

期刊主页：www.jdis.org

《数据与情报科学学报》(*Journal of Data and Information Science*，ISSN：2096-157X CN：10-1394/G2)，创刊于2016年，是中国大陆地区科学学及相关领域的第一本全英文学术期刊，由中国科学院主管、中国科学院文献情报中心主办。期刊现被WoS（ESCI）、Scopus、CSCD等数据库收录，是"中国科技期刊卓越行动计划"中相关领域唯一入选刊以及《FMS管理科学高质量期刊推荐列表》入选刊，连续四年荣获"中国最具国际影响力学术期刊"。该刊现任主编由国际科学计量学与信息计量学会（ISSI）前主席、国际科学计量学领域最高奖普赖斯奖得主Ronald Rousseau教授和中科院文献情报中心杨立英研究员共同担任，副主编由美国印第安纳大学社会和生物医学复杂中心主任Johan Bollen教授和中科院文献情报中心沈哲思副研究员共同担任，编委会由来自14个国家的50位知名学者组成。

《数据与情报科学学报》面向整个科学界，以基于跨学科方法和大型数据集揭示科学研究的基础机制为使命，以加深各界对科学主体（科学家、科研机构、国家等）之间相互作用的定量理解为愿景，为促进科学创新提供工具和决策参考。《数据与情报科学学报》采用全开放出版模式，接收包括原创研究、综述文章、观点、通信、笔记等在内的八种长、短文。自创刊以来，该刊始终密切关注学术研究前沿，推动学科间和国内外的交流和对话，刊发了一大批优秀的文章，是国内领域内最具代表性的英文期刊之一。

（孟平 沈哲思 撰稿/杨立英 审校）

16.《替代计量学杂志》
(*Journal of Altmetrics*)

期刊主页：https: //journalofaltmetrics.org/

《替代计量学杂志》(*Journal of Altmetrics*，EISSN：2577-5685）由以色列巴伊兰大学教授、普赖斯奖获得者朱迪特·巴尔-伊兰（Judit Bar-Ilan）于2018年和Gali Halevi共同组织创刊，出版地在美国纽约，由利维图书馆（Levy Library）负责出版发行，每年1卷。该刊在创刊时编委会成员有Mike Thelwall、Vincent Lariviere、Euan Aide、Henk Moed等众多学者，2019年起由英国伍尔弗汉普敦大学教授、2015年普赖斯奖得主迈克·塞沃尔（Mike Thelwall）担任主编。目前，期刊有主编1人和审查编辑2人，编委会由15人组成。

作为替代计量学领域的重要国际期刊，《替代计量学杂志》旨在帮助科研人员理解替代计量学在补充或预测传统计量指标中的作用，探究科学研究、学术交流和研究政策的社会影响。期刊关注的主题有：①与替代计量学相关的政策/国家/机构/科学家/研究领域/高等教育互动的研究；②替代计量学对学术交流、社交媒体和科学传播的影响；③替代计量指标的研发/比较研究；④替代计量学的含义/理论/框架/动机研究；⑤对替代计量学的学术态度；⑥社交媒体的学术利用；⑦提及学术文章的社交媒体帖子的文本分析等。《替代计量学杂志》接收的投稿类型主要有原创研究、学生论文（student papers）、会议摘要、信件、研究简报（short communications）、元分析（meta analysis）和系统综述。

该期刊对促进国际替代计量学的发展发挥了重要作用，为科研人员和科研管理工作提供了交流平台。自第15届科学计量学与信息计量学国际会议首次开设

"altmetrics"主题后,国际学界肯定了替代计量学研究及其地位,中国学界将其称为"大数据时代的科学计量学"。该刊物的创办为世界各地的科学家发表替代计量学最新研究成果、探讨有关替代计量研究中的热点问题提供了国际论坛。

《替代计量学杂志》现已被Dimensions和Google Scholar索引。在利维图书馆的资助下,作者无需支付版面费。该刊于2022年3月24日暂时关闭投稿,后续计划重新开放,投稿页面为https://journalofaltmetrics.org/about/submissions。

(余厚强 谢迎花 撰稿/刘春丽 审校)

17.《图书情报工作》
（*Library and Information Service*）

期刊主页：www.lis.ac.cn

《图书情报工作》（*Library and Information Service*，ISSN：0252-3116，CN：11-1541/G2）于1956年创刊，2009年起改为半月刊，是由中国科学院主管、中国科学院文献情报中心主办、《图书情报工作》杂志社出版的面向"信息资源管理"一级学科的国家级大型学术期刊，主要报道信息资源管理学科领域及相关领域的最新研究与实践进展。

《图书情报工作》创刊的这一年，"建立科学技术情报工作"被正式写入新中国第一个中长期科技规划——《1956—1967年科学技术发展远景规划》，这是中国图书情报事业史上具有特殊意义的一年。创刊以来，《图书情报工作》几经易名，又经历几代主编、编委和编辑团队的不辍耕耘，在广大评审专家、作者、读者的关心和支持下不断创新发展，从双月刊变为月刊又变为半月刊，出版频率高，发文量大，质量上乘，影响力不断提升，在业界树立了优质的期刊品牌和学术形象，为推动我国图书情报事业的发展做出了卓越的贡献，并持续引领信息资源管理学科领域的研究与实践进展。

《图书情报工作》办刊宗旨为：理论与实践相结合、弘扬学术精神、推动事业发展。该刊主要面向信息资源管理领域研究型机构及相关部门，重点关注数字网络和开放科学环境下的数据资源管理与服务、知识管理与服务、情报服务、智能服务等，并推动传统图书情报与档案工作转型发展，强调理论与实践相结合，始终秉承"精品意识、创新意识、服务意识"的办刊理念，恪守理论与实践相结合的原则，立足现实，面向未来。

《图书情报工作》自创刊以来，以其学术性、前沿性、权威性、创新性、实用性，在促进学术交流、指导工作实践、推动学科建设、培养专业人才等方面发挥了重要作用，在业界享有很高的声誉，多次荣获国家、中国科学院、中国图书馆学会等授予的各种奖项，是全国百强科技期刊、中国期刊方阵"双奖"期刊、国家期刊奖提名期刊、北京大学《中文核心期刊要目总览》收录期刊、南京大学中文社会科学引文索引（CSSCI）来源期刊、RCCSE中国权威学术期刊（A+）、中国人文社科期刊AMI综合评价A刊权威期刊、FMS管理科学高质量期刊推荐列表期刊、中国优秀图书馆学期刊、中国最具国际影响力学术期刊（位列Q1区）、学术期刊数字影响力100强期刊、《智库期刊群》收录期刊，曾入选2019年中国国际图书博览会（BIBF）"庆祝中华人民共和国成立70周年精品期刊展"。该刊在中国科学技术信息研究所各年编制的《中国科技期刊引证报告》"图书馆学、文献学类"和"情报学类"中综合评价得分均为第二；在中国人民大学各年"复印报刊资料转载指数排名"中，该刊全文转载量连年名列本学科第一。

《图书情报工作》历任主编为佟曾功、辛希孟、孟广均、周金龙、初景利。该刊设立以来，组建了十二届编委团队和两届青年编委团队。该刊设置了"专稿""专题""理论研究""工作研究""情报研究""知识组织""综述述评"等主要栏目，每年发布选题指南供广大作者参考，编辑部在积极组织高质量稿件的同时设置了严格的质量控制流程，实施双盲同行评议，确保论文质量。

《图书情报工作》积极探索学术期刊与新媒体融合发展之道，较早开通了微博、博客，建立了微信公众号、审稿专家微信群以及读者QQ群，2022年开通了《图书情报工作》视频号，在新媒体传播方面做出了持续的努力，实现了传播渠道多元化，较好地发挥了学术关注、论文速递、读者服务和品牌传播等功能。

《图书情报工作》通过举办各种学术会议和培训活动，加强与学界、业界的学术交流，在促进学科发展与交流、培育人才方面发挥重要作用。近年来，《图书情报工作》的学术会议与培训主题主要集中在知识管理与知识服务、学术论文写作、智慧图书馆、馆员及科研人员能力提升等方面，参与人员已达7万余人次，为信息资源管理领域学术交流做出了重要贡献。

（杜杏叶 撰稿／初景利 刘春丽 审校）

18.《图书情报知识》
（*Documentation，Information & Knowledge*）

期刊主页：http://dik.whu.edu.cn

《图书情报知识》（*Documentation，Information & Knowledge*，ISSN：1003-2797，CN：42-1085/G2）是教育部主管、武汉大学主办、武汉大学信息管理学院和武汉大学信息资源研究中心承办的国家一级学科"信息资源管理"综合性学术期刊。该刊于1984年创刊，坚持"关注公众知识状态，引领学科发展潮流"的宗旨，依托全国规模最大的图书情报档案及数据与信息管理领域教学科研机构武汉大学信息管理学院的办学优势和优质平台资源，追踪学术前沿，理论与实际相结合，为信息管理与数据科学领域教育及科研提供优良的学术交流平台。

期刊系同行评审期刊，立足信息资源管理、图书情报与档案管理学科，结合管理学、经济学、公共管理、社会学、计算机科学等相关跨学科领域，旨在探究个人、组织、社会层面的信息问题（包括理论、技术方法与应用），以及图书馆、信息与科技机构、档案部门等相关信息机构的业务实践等，以促进信息、技术、人之间的良性互动。

《图书情报知识》关注主题包括但不限于：①新时代图书馆的赋能与新发展，包括智慧图书馆、人工智能与图书馆、公共（数字）文化服务创新、全民阅读与阅读推广等。②不同环境和情境下的信息行为，包括信息搜寻/搜索/分享行为、信息规避/信息焦虑/信息倦怠、用户信息行为数据与其他技术方法的融合（如与自然语言处理（NLP）、文本挖掘（TM）等结合、用户画像）等。③数据共享与数据治理，包括政府数据开放与治理、科学数据共享/管理/出版/利用等。④数字人文研究、文化遗产智能计算、数据智能与文化计算、数字保存与数字记忆。⑤数字环境/开放科学/社交媒体下的科学交流。⑥大数据时代的科学计量学、政策文本分析、政策文献量化。⑦社群信息学、信息平等、数字包容。⑧科技情报体系与服务支撑平台。⑨大数据视域下的信息资源管理学科建设。⑩信息资源管理与数据管理领域的跨学科研究方法。

《图书情报知识》为国家社科基金资助期刊、中国人文社会科学期刊AMI综合评价（A刊）权威期刊、全国中文核心期刊、CSSCI来源期刊，入选《FMS管理科学高质量中文期刊列表》，连续多年获评人大复印报刊资料重要转载来源期刊、中国图书馆学优秀期刊、湖北省最具影响力学术期刊、湖北省优秀期刊等。期刊被中国学术期刊全文数据库、万方数据知识服务平台、中文科技期刊数据库（维普）、国家哲学社会科学学术期刊数据库（NSSD）、国际数据库Scopus、乌利希国际期刊指南等数据库收录，同时在期刊官网上实现全文开放获取。

《图书情报知识》在《中国学术期刊影响因子年报》、人大复印报刊资料全文转载等期刊评价系统中的排名位于本学科前列，享有广泛的学术声誉和影响力。

（杨思洛 撰稿/宋恩梅 审校）

19.《图书与情报》
(*Library & Information*)

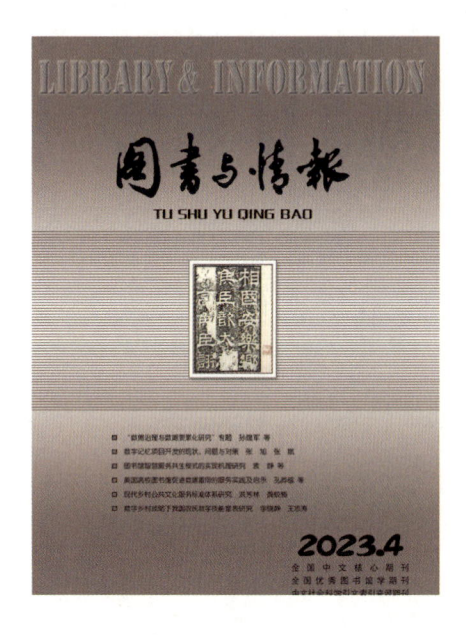

期刊主页：https://tsyqb.gslib.com.cn/

《图书与情报》（Library & Information，ISSN：1003-6938，CN：62-1026/G2）创刊于1981年，是由甘肃省图书馆、甘肃省科学技术情报研究所联合主办，甘肃省文化和旅游厅主管，经过同行评审（a peer-reviewed journal）的双月刊。该刊历任主编分别为梁鳣如、潘寅生、郭向东，现任主编为肖学智，常务副主编为魏志鹏。

《图书与情报》自创刊以来一直以学术质量建设为核心，关注图书与情报业界的最新学术热点与动态，注重刊发理论与实践相结合、国内与国外相融汇的科研学术成果。刊载的论文栏目主要有珍藏撷英、信息分析与科学评价、交流与探索、信息组织与服务、图情档青年学者专辑、信息技术与系统、知识管理与服务、用户服务与研究、信息素养与教育、信息管理与用户研究以及智库研究等。此外，该刊在不同时期专门设置了专家笔谈、专辑、专题或特别策划。目前《图书与情报》入选北京大学《中文核心期刊要目总览》、南京大学CSSCI中文社会科学引文索引来源期刊、中国人民大学书报资料中心《复印报刊资料》转载来源刊、RCCSE中国权威学术期刊、《中国人文社会科学期刊AMI综合评价》核心期刊、《中国科技期刊引证报告（核心版）社会科学卷》核心期刊、中国科学文献计量评价研究中心《世界学术期刊学术影响力指数（WAJCI）年报》Q2区中国社科期刊，被中国知网中国期刊全文数据库、超星期刊域出版平台、中国学术期刊综合评价数据库、JST日本科学技术振兴机构数据库（日）等收录，多次获得中国图书馆学会、中共甘肃省委宣传部等机构奖项。

（魏志鹏 撰稿/周文杰 审校）

| 期刊会议篇 |

20.《文献工作杂志》
（*Journal of Documentation*）

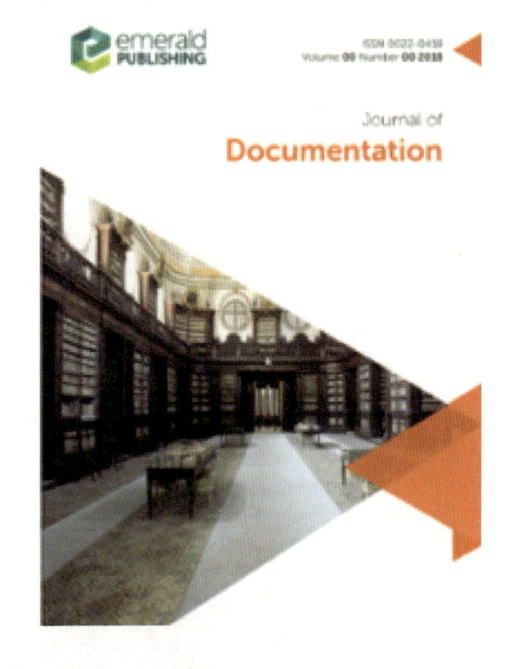

期刊主页：https://www.emerald.com/insight/publication/issn/0022-0418

《文献工作杂志》（*Journal of Documentation*，ISSN：0022-0418）是一本由Emerald出版社发行的高质量学术期刊，主要关注信息和图书馆领域的研究。该期刊致力于提高学术研究的质量和水平，为研究者们提供一个分享和交流研究成果的平台。该期刊的读者群包括信息科学、图书馆学、档案学等领域的学者、研究人员和从业人员。

当代社会面临着海量信息的挑战，如何高效地获取、存储、管理、传播和利用信息已成为人们亟待解决的问题。《文献工作杂志》是一份致力于探讨信息管理和知识组织的国际学术期刊，旨在推动信息学、图书馆学、档案学、信息科学等相关领域的发展。该杂志自1937年创刊以来，一直秉持着客观、深入、独立的学术态度，被广大学者和专业人士所认可和信赖。《文献工作杂志》涵盖了信息管理与组织的各个方面，如信息行为、信息检索、信息可视化、信息架构、数字图书馆、知识图谱等，旨在为研究者、从业人员和学生提供前沿的研究成果和实践经验。同时，该杂志为学者们提供了一个广泛的学术交流平台，鼓励学者们分享自己的观点、研究成果，促进学术研究的不断深入。

《文献工作杂志》目前每年发行四期，论文审稿和编辑工作非常严格，所有稿件都经过多轮评审和修改，确保论文的质量和可信度。《文献工作杂志》的编辑团队由经验丰富的学者和专业人士组成，他们在信息和图书馆领域拥有广泛的知识和研究经验。

作为该领域具有高度影响力的重要国际学术期刊,《文献工作杂志》在信息组织、检索、管理、分析和利用等领域的研究中发挥着重要作用。它为学者和研究人员提供了一个分享和交流研究成果的平台,促进了学术研究的发展。其发表的研究成果不仅对学术研究有着深远的影响,也为信息管理与组织领域的实践工作提供了有益的参考和借鉴。同时,它为从事信息和图书馆工作的专业人士提供了实用和有价值的信息和工具,帮助他们更好地开展工作。

(舒非 撰稿/李杰 审校)

21.《现代情报》
（*Journal of Modern Information*）

期刊主页：www.xdqb.net

《现代情报》（*Journal of Modern Information*，原名为《情报知识》，ISSN：1008-0821，CN：22-1182/G3）杂志是由吉林省科学技术厅主管，吉林省科学技术信息研究所、中国科学技术情报学会联合主办的信息资源管理领域综合性学术期刊。该刊于1980年创刊，每年12期，重点报道服务于国家战略需求的情报学理论研究与实践创新的最新进展，关注学科发展方向，聚焦前沿热点，建设特色鲜明的学术交流平台，促进学术共同体的发展壮大。

《现代情报》立足于我国情报事业发展与改革实践，紧扣情报学发展的理论与应用，及时跟踪国内外情报学科研究的发展动态和研究热点。1980—1990年，该刊刊名为《情报知识》，其办刊宗旨为为各级领导、广大情报工作者和情报工作服务。刊物以普及知识为主，针对读者需要，系统介绍情报业务知识，交流情报理论研究成果和工作经验，指导情报业务工作。1991年，《现代情报》杂志社成立。1991—2001年，该刊在完成宣传普及工作的基础上逐步开展情报科普理论研究与探索工作，推动情报科普事业向更高层次发展。2002—2017年，该刊逐步由科普类期刊转为学术类期刊，并在2014年被国家新闻出版广电总局认定为第一批学术期刊。这一时期，该刊快速发展，围绕图书馆学、情报学变革，持续关注新时代信息服务及科技情报服务方向，推进研究向科学化、信息化、智能化发展。2018年起，期刊全面创新发展，围绕情报学与情报工作领域，进一步定位于面向国家重大战略需求，立足于探索解决社会重大现实问题，引导研究者不断创新理论研究，拓展实践应用场景。目前，《现代情报》编委会由3位顾问、30位编委组成，魏忠宝研究员任主编，马卓副研究员任副主编。截至2023年3月12日，中国知网显示，该刊出版文献量为15 966篇，总下载次数为5 444 782次，总被引次数为120 261次，复合影响因子为3.943。《现代情报》被评为中文社会科学引文索引（CSSCI）来源期刊、中国学术期刊综合评价数据库（CAJCED）统计刊源、中国人文社会科学AMI核心期刊、中国科技核心期刊（社会科学卷）、RCCSE中国核心学术期刊等。

《现代情报》主要栏目有情报理论与前瞻观点、信息组织与信息检索、用户行为与用户研究、信息管理与知识管理、数据分析与大数据挖掘、信息分析与竞争情报、信息传播与信息规制、情报业务与情报服务、数据共享与数据治理、信息计量与科学评价、学科发展与人才培养、研究综述与前沿进展、他山之石等。"情报理论与前瞻观点"栏目主要发表思辨性的文章，情报学理论发展、研究方法创新；"信息组织与信息检索"栏目特别关注网络环境下和不同学科应用场景的相关问题，也包括元数据研究；"用户行为与用户研究"栏目主要发表以用户为中心的信息行为、用户需求、用户意愿及其影响因素研究；"信息管理与知识管理"主要发表信息资源、信息系统、商业管理、知识管理等相关领域的管理问题；"数据分析与大数据挖掘"主要发表数据分析与数据挖掘的相关问题，特别是在大数据、云计算背景下的方法与技术；"信息分析与竞争情报"主要发表决策支持、商业智能、智库、专利情报、竞争情报预警、情报保障等相关内容；"信息传播与信息规制"主要发表社会化媒体情境和大数据背景下的相关问题，也包括学术成果传播问题、信息安全与隐私保护问题；"情报业务与情报服务"主要发表情报实践、情报工作、情报服务的相关问题，也包括案例研究；"数据共享与数据治理"栏目主要发表数据开放、数据交易、数据监管等相关问题；"信息计量与科学评价"主要发表引文分析、链接分析、信息可视化、影响因子研究、科技评价等问题；"研究综述与前沿进展"栏目主要发表综述与述评性质的文章；"他山之石"栏目主要介绍海外研究进展与研究动态。

（马卓 撰稿/李杰 审校）

22.《信息计量学学报》
（*Journal of Informetrics*）

期刊主页：https://www.sciencedirect.com/journal/journal-of-informetrics

《信息计量学学报》（*Journal of Informetrics*，ISSN：1751-1577，EISSN：1875-5879）由国际著名信息计量学家、普赖斯奖获得者Leo Egghe教授于2007年创刊，目前出版地在荷兰，由爱思唯尔（Elsevier）集团出版发行，每年4期。2021年，该刊影响因子为4.373，在社会科学引文索引扩展版（Science Citation Index Expanded，SCIE）的Computer Science, Interdisciplinary Applications类别中排名为45/112，在社会科学引文索引（Social Sciences Citation Index，SSCI）的Information Science & Library Science类别中排名为26/84。

《信息计量学学报》先后由Leo Egghe（2007—2014，哈塞尔特大学）和Ludo Waltman（2014—2019，莱顿大学）担任总编辑。2019年以来，台湾大学的黄慕萱（Mu-Hsuan Huang）教授担任总编。目前Leo Egghe为创始编辑，Juan Gorraiz（维也纳大学）和李江（Jiang Li，南京大学）担任副主编，另有24位学者共同组成现有编委会。其中的中国籍编委会成员包括刘晓娟（Xiaojuan Liu，北京师范大学）、王贤文（Xianwen Wang，大连理工大学）、叶鹰（Ying Ye，南京大学）和赵星（Xing Zhao，华东师范大学）。

《信息计量学学报》的创刊标志着信息计量学的发展进入新阶段，为信息计量学的国际化和专业化发展及学术研究与交流提供分享平台。《信息计量学学报》致力于信息科学的定量研究，是信息计量学与科学计量学国际权威期刊。该刊主要关注的领域包括文献计量学、科学计量学、网络计量学、专利计量学、替代计量学以及研究评价等。《信息计量学学报》鼓励作者使用其他定量学科（如数学、统计学、计算机科学、经济学和网络科学等）的方法来研究信息计量研究问题。《信息计量学学报》同时关注理论和实证论文。通常情况下，除非包含创新的方法论元素，《信息计量学学报》不建议在本刊上发表案例研究，例如聚焦特定研究领域或国家的文献计量分析。

《信息计量学学报》被Academic Journal Guide、Academic Journal Guide、PubMed/Medline、Web of Science、Scopus、Computers & Applied Sciences Complete等引文索引数据库收录。

（柳美君 撰稿/刘桂锋 审校）

23.《信息科学学报》
(*Journal of Information Science*)

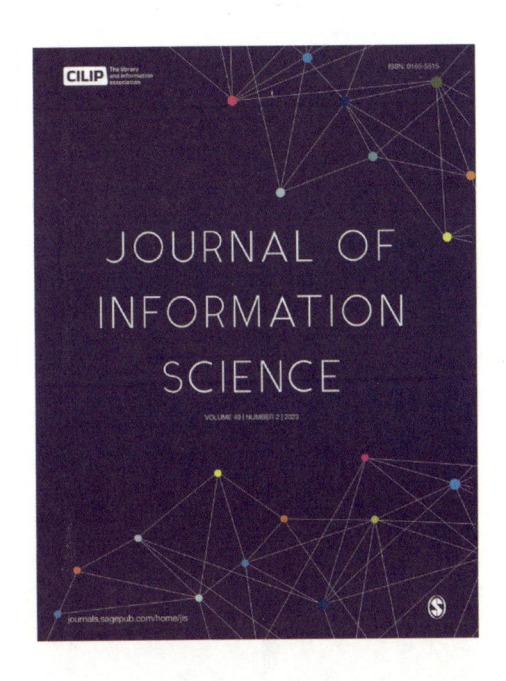

期刊主页：https://journals.sagepub.com/home/JIS

《信息科学学报》(*Journal of Information Science*，ISSN：0165-5515)是SAGE出版社发行的学术期刊之一。该期刊专注于信息科学研究，旨在推动信息科学领域的研究和发展。该期刊每年出版四期，内容涵盖信息科学的各个方面，包括但不限于信息检索、信息管理、信息技术、信息安全、计算机科学等，其目标是促进信息科学领域的研究和发展，促进不同领域之间的交叉学科合作，以及促进信息科学在社会和经济发展中的应用。

《信息科学学报》汇集了国内外优秀的信息科学学者和专家，他们致力于为该领域的发展做出贡献。该期刊主要发表具有原创性、高质量、创新性的研究成果，内容既包括研究论文，也包括综述、评论、案例分析等，为读者提供了深入了解信息科学最新研究成果的机会。该期刊的读者和投稿对象主要包括信息科学领域的研究人员、工程师、教育工作者和学生等。同时，该期刊欢迎其他领域的学者和读者参考阅读，以期促进不同学科领域之间的交流和合作。该刊的编辑团队由知名学者和专家组成，他们具有丰富的学术研究和编辑经验，确保期刊的学术水平和内容质量。编辑们欢迎任何有关信息科学理论、政策、应用或实践的材料，这些材料将推动该领域的思维进步。任何通信、查询或信息请求均应发送至编辑部，电子邮件地址为journal.information.science@gmail.com。

《信息科学学报》是一个国际性的学术期刊，拥有广泛的读者群体。它的文章被广泛引用，并被列入众多国际知名数据库和索引,包括SCI、SSCI、EI Compendex、Scopus、MEDLINE等。该期刊的出版质量备受认可,被广泛认为是信息科学领域的重要学术期刊之一。此外,该期刊是国际出版伦理委员会(COPE)的成员。

(舒非 撰稿/李杰 审校)

期刊会议篇

24.《信息科学与技术学会会刊》
(*Journal of the Association for Information Science and Technology*)

期刊主页：https://asistdl.onlinelibrary.wiley.com/journal/23301643

《信息科学与技术学会会刊》(*Journal of the Association for Information Science and Technology*，ISSN：2330-1635，EISSN：2330-1643）是由Wiley-Blackwell代表信息科学与技术协会（Association for Information Science and Technology，ASIS&T）每月以英文出版的同行评审国际学术期刊，涵盖信息科学的各个方面。其刊发信息科学与技术领域各方面的原创研究、快讯以及协会的书评和公告，通过发表原创性研究提供知识引领。2021年，该杂志期刊影响因子为3.275，在科学引文索引扩展版的计算机与信息系统（computer science information systems）类别中排名为84/164，在科学引文索引的信息科学与图书馆学（information science & library science）类别中排名为35/84。

《信息科学与技术学会会刊》有着悠久的发展历史，其前身为1950年美国文献研究会创办的会刊《美国文献》(*American Documentation*)。1968年，美国文献研究会更名为美国信息科学学会（American Society for Information Science，ASIS），其会刊随之更名为《美国信息科学学会杂志》。2000年，该学会再次更名，会刊随后更名为《美国信息科学与技术学会杂志》。2014年1月开始使用现名。该刊先后由Charles T. Meadow（1976—1984，University of Toronto）、Donald H. Kraft（1885—2008, Louisiana State

University）、Blaise Cronin（2009—2016，Indiana University Bloomington）、Javed Mostafa（2016—2020，University of North Carolina at Chapel Hill）担任总编辑。2020年12月以来，由美国雪城大学（Syracuse University）的Steven Sawyer博士担任总编，Donald H. Kraft为其名誉编辑，Mike Thelwall和Elaine Toms担任高级编辑，另有66位学者共同组成现有编委会。

《信息科学与技术学会会刊》通过刊载聚焦于信息的生产、发现、记录、存储、表示、检索、展示、操作、传播、使用和评估等领域的原创性研究，为信息科学领域研究提供知识引领。该期刊刊文主题范围涵盖数字图书馆、信息科学、信息技术、计算机科学、信息生成与记录、信息分发、信息存储、信息表示、信息检索、信息传播和文本分析等信息科学的多方面内容，并且明确欢迎来自信息科学以外的学者的贡献。论文投稿系统为https：//mc.manuscriptcentral.com/jasist?1，提交的材料应遵循与采取的方法相关的学术与科学严谨性的最高标准。

《信息科学与技术学会会刊》被Academic Search、Computer Science Index、Journal Citation Reports/Science Edition、Journal Citation Reports/Social Science Edition、Library Literature & Information Science Index、ProQuest、Science Citation Index Expanded、SCOPUS、Social Sciences Citation Index、Web of Science等引文索引数据库收录。

（楼雯 张灵欣 撰稿/李杰 审校）

期刊会议篇

25.《信息资源管理学报》
（*Journal of Information Resources Management*）

期刊主页：http：//jirm.whu.edu.cn

《信息资源管理学报》（*Journal of Information Resources Management*，ISSN：2095-2171，CN：42-1812/G2）是由教育部主管、武汉大学主办、武汉大学信息管理学院和武汉大学信息资源研究中心联合承办的学术期刊。该刊于2011年创刊（季刊），2020年起改为双月刊。该刊是信息资源管理领域第一份以学科名称命名的期刊，以信息资源管理过程中涉及的理论、方法、技术为主要内容，覆盖信息开发与利用、信息组织与检索、信息系统与集成、信息经济与政策、信息服务与用户、数据管理与政策、数字人文等广泛的研究领域。

该刊自创刊以来，刊物影响因子稳中有升，在学科40余种期刊中排名前20位，连续入选人大复印资料重要学术转载来源期刊；2017年入选"CSSCI（2017-2018）目录"扩展版来源期刊，2019年和2021年连续入选CSSCI来源期刊；2018年和2022年连续入选"中国人文社会科学期刊AMI综合评价"核心期刊。该刊是中国人文社会科学引文数据库（CHSSCD）、中国核心期刊（遴选）数据库、中国期刊全文数据库（CJFD）、中文科技期刊数据库、国家哲学社会科学学术期刊数据平台、国家科技学术期刊开放平台等来源期刊。

期刊办刊方针为：侧重信息资源管理领域理论研究，强调信息资源内容研究，办成国内外信息资源管理学术交流的领航者。办刊宗旨为：立足于学科，服务于行业，为信息资源管理研究提供园地，对信息资源管理实践给予理论指导，促进信息资源管理理论研究和学科建设。《信息资源管理学报》为高等院校信息资源管理专业师生，国内外相关专业机构研究人员，政府、企业参与信息资源管理人员，海内外相关行业从业者提供信息交流与研究成果发表平台。期刊全部论文已在自建网站上实现全文开放获取。

（杨思洛 撰稿/于嫒 审校）

26.《学术计量与分析前沿》
(*Frontiers in Research Metrics and Analytics*)

期刊主页：https://www.frontiersin.org/journals/research-metrics-and-analytics

《学术计量与分析前沿》(*Frontiers in Research Metrics and Analytics*，EISSN：2504-0537)是由德雷塞尔大学陈超美博士在Frontiers旗下于2016年7月创办的OA期刊。该刊的出版周期为每年1卷，每卷文章数量为8~100篇。编委会由栏目主编(field chief editor)、专业主编(specialty chief editors)、副主编(associate editors)和评审编辑(review editors)组成，共包括503位成员(栏目主编由陈超美博士担任，专业主编分别由西班牙国家研究委员会(CSIC)的Zaida Chinchilla-Rodríguez博士、奥塔哥大学的Ben Daniel博士、东京工业大学的Yuya Kajikawa、延世大学的Min Song、墨尔本皇家理工大学的Karin Verspoor博士、俄亥俄州立大学的Caroline S. Wagner博士以及威斯康辛大学米尔沃基分校的Dietmar Wolfram教授担任)。

《学术计量与分析前沿》期刊包括6个研究主题，分别是研究评估(research assessment)、研究方法(research methods)、研究政策和战略管理(research policy and strategic management)、学术交流(scholarly communication)、文本挖掘和基于文献的发现(text-mining and literature-based discovery)。该期刊接收以下文章类型：简要研究报告(brief research report)、社群案例研究(community case study)、概念分析(conceptual analysis)、更正(correction)、数据报告(data report)、社论(editorial)、一般评论(general commentary)、假设与理论(hypothesis & theory)、方法(methods)、迷你综述(mini review)、观点(opinion)、原创性研究(original research)、视角(perspective)、政策与实

践评论（policy and practice reviews）、综述（review）、研究方案（study protocol）、系统综述（systematic review）、技术与代码（technology and code）。

《学术计量与分析前沿》期刊提供了一个开放获取论坛，旨在测度、评估和改进所有学科研究和创新活动的有效性、可靠性和透明性。期刊欢迎超越特定学科或特定研究领域的贡献，对更广泛背景下的研究和创新具有深刻的理论和实践意义。例如，虽然原发性肺癌研究可能不在该刊的主题范围，但对肺癌研究中研究过程、研究评估、研究政策和学术交流的有效性的研究与该刊主题是高度相关的。

《学术计量与分析前沿》期刊已经被PubMed Central（PMC）、Google Scholar、DOAJ、CrossRef、Digital Biography & Library Project（dblp）、CLOCKSS等数据库检索。

（张丽华 撰稿/刘维树 审校）

27.《研究评价》
（Research Evaluation）

期刊主页：https://academic.oup.com/rev

《研究评价》（Research Evaluation，ISSN：0958-2029）是英国牛津大学出版社于1991年创办的一个跨学科同行评审的国际期刊，每年4期。该刊共有3位联合主编：2020年之前，由荷兰莱顿大学的Thed van Leeuwen、美国佐治亚理工学院公共政策学院的Diana Hicks及西班牙国家科学研究委员会的Jordi Molas-Gallart共同担任；2020年之后，Diana Hicks和Jordi Molas-Gallart离任，美国佐治亚理工学院公共政策学院的Julia Melkers和意大利国家研究委员会下属经济可持续发展研究机构的Emanuela Reale继任，与Thed van Leeuwen一起担任主编。

除了编辑部之外，《研究评价》还设有编辑顾问委员会，共有35位编委会成员，其中包括普赖斯奖得主荷兰莱顿大学的Anthony van Raan。2021年该刊影响因子为2.800，五年影响因子为3.295，处于信息与图书馆科学JCR-2区。目前，《研究评价》期刊已经被Social Science Citation Index、Scopus等国际知名的索引数据库收录。

作为科技评价领域具有一定影响力的国际专业期刊，《研究评价》的研究主题涵盖评价理论、评价实践等，主要开展对科学研究、技术开发与创新等相关活动的评价研究，评价对象包括受到基金资助和组织领导的个人、重视科研和创新绩效的国家、科研项目、科技干预政策等。该刊涵盖公共和私营部门以及众多学术领域的评价研究，能够给世界各地的大学、政府、研究委员会、资助机构和咨询公司的评估人员和管理人员提供参考和启示。同时，《研究评价》的众多研究成果与科学计量学之间存在着紧密的联系，许多论文都采用文献计量数据帮助解决评价问题，运用各种指标和分析技术开展研究和创新活动及政策的评价，科学计量学与《研究评价》的结合对于科学计量领域的发展具有重要意义。

由于科技评价领域议题广泛，《研究评价》的刊载内容无法全面覆盖所有议题，但作为该领域研究成果的一个重要据点，国内外学者可以通过《研究评价》探究国际科技评价领域的发展趋势，扩展研究视野，跟踪前沿方向，从而提高评价研究水平。

（杨国梁 宋瑶瑶 撰稿/李杰 审校）

| 期刊会议篇 |

28.《研究政策》
（*Research Policy*）

期刊主页：https://www.sciencedirect.com/journal/research-policy

《研究政策》（*Research Policy*，ISSN：0048-7333，EISSN：1873-7625）创刊于1971年，由著名的科技创新研究者Keith Pavitt创建，致力于发表关于创新、科技和研究政策的高质量论文，目前出版地在荷兰，由Elsevier Science负责出版发行，每年12卷。

《研究政策》是一份多学科期刊，致力于分析、理解和有效应对创新、技术、研发和科学所带来的经济、政策、管理、组织、环境等方面挑战，涉及知识创造，知识的传播和获取，以及以新的或改进的产品、流程或服务的形式进行利用。《研究政策》刊载科研政策、科研管理和规划等方面的研究论文，被公认为是在创新研究领域的高水平期刊。

《研究政策》的历任主编包括来自世界各地的杰出学者，如Dominique Foray、Bart Verspagen、Ammon Salter、Bronwyn Hall等。目前，《研究政策》的主编是来自荷兰的Albert Bravo-Biosca教授，他是欧洲创新政策研究中心的创始人之一，对欧洲创新政策领域有着广泛的研究经验和专业知识。以下是该期刊的历任主编介绍：

（1）Keith Pavitt（1972—1979）是《研究政策》的创始人和第一任主编，也是科技创新研究领域的杰出人物之一。他在20世纪60年代至70年代开展了大量的研究，深入探讨了技术创新和经济增长之间的关系。他的研究成果为创新政策制定提供了重要的理论基础。

（2）Richard Nelson（1979—1989）是普林斯顿大学经济学教授，也是研究政策领域的著名学者之一。他在20世纪80年代的研究中提出了"技术分工的新理论",强调技术创新和产业分工之间的关系。他的研究为技术创新政策的制定提供了新的视角和思路。

(3) Keith Smith (1989—1995) 是英国伦敦政治经济学院的教授,也是研究政策领域的杰出学者。他在20世纪80年代末至90年代初的研究中着重探讨了知识产权和创新政策的关系,为知识产权制度的研究提供了新的思路和方法。

(4) Dominique Foray (1995—2001) 是瑞士洛桑联邦理工学院的教授,也是研究政策领域的知名学者。他在20世纪90年代末至21世纪初的研究中探讨了知识经济和创新政策的关系,提出了"知识经济"概念,并强调了创新政策制定应当注重知识产权和知识转移等方面的因素。

(5) Bart Verspagen (2001—2007) 是荷兰马斯特里赫特大学的教授,也是研究政策领域的知名学者之一。他在21世纪初的研究中关注技术创新和经济增长之间的关系,提出了"生产力波动"的理论,并在研究政策方面做出了积极贡献。

2021年该刊影响因子为9.473,属于JCI分区的Q1区期刊,在393本管理学类期刊中位列16。目前,《研究政策》已经被Science Citation Index (SCI)、Social Science Citation Index (SSCI)、Emerging Sources Citation Index (ESCI)、SCOPUS等国际知名的索引平台收录。同时,《研究政策》被英国商学院协会 (Association of Business Schools, ABS) 评为4*级期刊,属于该协会最高等级的学术期刊,具有较高的学术声誉和影响力。

《研究政策》在创刊初期主要聚焦科技创新和技术变革的研究。随着时间的推移,该期刊逐渐扩大了研究领域的范围,包括知识产权、创新政策、科技和经济增长等诸多领域。如今,《研究政策》已经成为研究政策领域的权威期刊之一,广受学者和政策制定者的重视和信赖。创刊至今,《研究政策》不仅在学术界取得了广泛的影响力,在产业界也产生了重要的影响。该期刊所发表的研究成果被广泛引用和应用,成为科技创新和产业政策制定的重要参考。

(赵勇 撰稿/杜建 审校)

29. COLLNET会议
（COLLNET Meeting）

COLLNET会议是由国际科学合作组织COLLNET主办的国际学术会议，是国际科学计量学领域的三大会议之一。部分优秀论文会通过会议刊登在COLLNET期刊上。首任会议主席为COLLNET的创立者Hildrun Kretschtmer博士，现任主席是德国伊尔姆瑙工业大学的Bernd Markscheffel博士。首届COLLNET会议于2000年在德国柏林召开，在这之前曾召开过两次预备会议。随后COLLNET会议每年召开一次，成为COLLNET组织的学术年会。

• 1998年8月16日—19日，首届科学计量学与信息计量学研讨会"科学合作"（The First Berlin Workshop on Scientometrics and Informetrics "Collaboration in Science"）召开于德国柏林。

• 1999年9月6日，科学计量学和信息计量学柏林论坛"科学合作"（The Berlin Colloquium on Scientometrics and Informetrics "Collaboration in Science"）召开于德国柏林。

• 2000年9月1日—4日，第二届科学计量学和信息计量学研讨会：科学和技术合作暨首届COLLNET会议（Second Berlin Workshop on Scientometrics and Informetrics: Collaboration in Science and in Technology and First COLLNET Meeting）召开于德国柏林自由大学。

• 2001年2月20日—25日，科学与技术指标新趋势国际研讨会"合作的各个方面"暨第二届COLLNET会议（Nistads International Workshop on Emerging Trends in Science & Technology Indicators: Aspects of Collaboration and The Second Collnet Meeting）召开于印度国家科技发展研究院（印度新德里）。

• 2001年7月20日，第三届COLLNET会议"科学和技术中的合作"作为第八届ISSI会议的一部分（The 3rd COLLNET Workshop on "Collaboration in Science and Technology" was integrated as part of the 8th ISSI–Conference）召开于澳大利亚悉尼新南威尔士大学。

• 2003年8月29日，第四届COLLNET会议暨"合作"专门会议在第九届科学计量学与信息计量学国际会议的最后一天举行（The 4th COLLNET Meeting and a Special Session on "Collaboration" has been held at the last day of the 9th International Conference on Scientometrics and Informetrics），召开于中国科学院文献信息中心（中国北京）。

- 2004年3月2日—5日，首届网络计量学、信息计量学和科学计量学国际研讨会暨第五届COLLNET会议（First International Workshop on Webometrics, Informetrics and Scientometrics & Fifth COLLNET Meeting）召开于印度理工学院。
- 2003年8月2日—5日，第六届COLLNET会议"合作"专会在ISSI 2005会议最后一天（2005年7月28日）举行（Sixth COLLNET Meeting and an Extra Session on "Collaboration" at the last day (28 July, 2005) of the ISSI 2005 Conference）召开于瑞典斯德哥尔摩。
- 2006年5月10日—12日，第二届网络计量学、信息计量学和科学计量学国际研讨会暨第七届COLLNET会议——"网络计量学、信息计量学和科学计量学信息可视化"专会（Second International Workshop on Webometrics, Informetrics and Scientometrics & Seventh COLLNET Meeting in conjunction with the Extra Session on Information Visualization for Webometrics, Informetrics and Scientometrics）召开于法国南锡。
- 2007年3月6日—9日，第三届网络计量学、信息计量学、科学计量学和科学与社会国际会议暨第八届COLLNET会议（Third International Conference on Webometrics, Informetrics, Scientometrics and Science and Society & Eighth COLLNET Meeting）召开于印度新德里。
- 2008年7月28日—8月1日，第四届网络计量学、信息计量学和科学计量学国际会议（WIS）暨第九届COLLNET会议（Fourth International Conference on Webometrics, Informetrics and Scientometrics (WIS) & Ninth COLLNET Meeting）召开于德国柏林。
- 2009年9月13日—16日，第五届网络计量学、信息计量学和科学计量学国际会议（WIS）暨第十届COLLNET会议（Fifth International Conference on Webometrics, Informetrics and Scientometrics (WIS) & Tenth COLLNET Meeting）召开于中国大连。
- 2010年10月19日—22日，第六届网络计量学、信息计量学和科学计量学国际会议（WIS）暨第十一届COLLNET会议（Sixth International Conference on Webometrics, Informetrics and Scientometrics (WIS) & Eleventh COLLNET Meeting）召开于印度迈索尔。
- 2011年9月20日—23日，第七届网络计量学、信息计量学和科学计量学国际会议（WIS）暨第十二届COLLNET会议（Seventh International Conference on Webometrics, Informetrics and Scientometrics (WIS) & Twelfth COLLNET Meeting）召开于土耳其伊斯坦布尔。
- 2012年10月23日—26日，第八届网络计量学、信息计量学和科学计量学国际会议（WIS）和第十三届COLLNET会议（8th International Conference on Webometrics, Informetrics and Scientometrics (WIS) & 13th COLLNET Meeting）召开于韩国首尔。
- 2013年8月15日—17日，第九届网络计量学、信息计量学和科学计量学国际会议（WIS）暨第十四届COLLNET会议（9th International Conference on Webometrics, Informetrics and Scientometrics (WIS) & 14th COLLNET Meeting）召开于爱沙尼亚塔尔图。
- 2014年9月3日—5日，第十届网络计量学、信息计量学和科学计量学国际会议（WIS）暨第十五届COLLNET

会议（10th International Conference on Webometrics, Informetrics and Scientometrics（WIS）& 15th COLLNET Meeting）召开于德国伊尔姆瑙理工大学。

• 2015年11月26日—28日，第十一届网络计量学、信息计量学和科学计量学国际会议（WIS）暨第十六届COLLNET会议（11th International Conference on Webometrics, Informetrics and Scientometrics（WIS）& 16th COLLNET Meeting）召开于印度新德里。

• 2016年12月12日—15日，第十二届网络计量学、信息计量学和科学计量学国际会议（WIS）暨第十七届COLLNET会议（12th International Conference on Webometrics, Informetrics and Scientometrics（WIS）& 17th COLLNET Meeting）召开于法国南锡。

• 2017年7月9日—11日，第十三届网络计量学、信息计量学和科学计量学国际会议（WIS）暨第十八届COLLNET会议（13th International Conference on Webometrics, Informetrics and Scientometrics（WIS）& 18th COLLNET Meeting）召开于英国坎特伯雷。

• 2018年12月5日—7日，第十四届网络计量学、信息计量学和科学计量学国际会议（WIS）暨第十九届COLLNET会议（14th International Conference on Webometrics, Informetrics and Scientometrics（WIS）& 19th COLLNET Meeting）召开于中国澳门。

• 2019年11月6日—8日，第十五届网络计量学、信息计量学和科学计量学国际会议（WIS）暨第二十届COLLNET会议（15th International Conference on Webometrics, Informetrics and Scientometrics（WIS）& 20th COLLNET Meeting）召开于中国大连。

• 2022年11月10日—12日，第十六届网络计量学、信息计量学和科学计量学国际会议（WIS）暨第二十一届COLLNET会议（16th International Conference on Webometrics, Informetrics and Scientometrics（WIS）& 21st COLLNET Meeting）召开于泰国曼谷。

（陈悦 Bernd Markscheffel 撰稿/梁立明 审校）

30. 北欧文献计量与研究政策研讨会（Nordic Workshop on Bibliometrics and Research Policy）

北欧文献计量与研究政策研讨会是由北欧国家的文献计量学研究人员发起和主导的地区性会议，旨在探讨文献计量及其相关领域的研究进展、促进文献计量领域学者及博士生的交流合作。在瑞典于默奥大学（Umeå University）欧利·佩尔松（Olle Persson）和丹麦哥本哈根大学（University of Copenhagen）彼得·英格沃森（Peter Ingwersen）的倡导下，首届北欧文献计量与研究政策研讨会于1996年在芬兰赫尔辛基大学举办，随后每年召开一次。该会议最初被称为北欧文献计量研讨会（Nordic Workshop on Bibliometrics），从2002年起改为北欧文献计量与研究政策研讨会。北欧文献计量与研究政策研讨会每年在丹麦、芬兰、冰岛、挪威和瑞典等国轮换举行，向全球的文献计量和研究政策领域的参与者开放。历届的主要会议信息如下：

• 1996年，第一届北欧文献计量研讨会（1st Nordic Workshop on Bibliometrics）召开于芬兰赫尔辛基。

• 1997年，第二届北欧文献计量研讨会（2nd Nordic Workshop on Bibliometrics）召开于瑞典斯德哥尔摩。

• 1998年，第三届北欧文献计量研讨会（3rd Nordic Workshop on Bibliometrics）召开于挪威奥斯陆。

• 1999年8月27日—28日，第四届北欧文献计量研讨会（4th Nordic Workshop on Bibliometrics）召开于丹麦哥本哈根。

• 2000年10月5日—6日，第五届北欧文献计量研讨会（5th Nordic Workshop on Bibliometrics）召开于芬兰奥卢。

• 2001年10月4日—5日，第六届北欧文献计量研讨会（6th Nordic Workshop on Bibliometrics）召开于瑞典斯德哥尔摩。

• 2002年，第七届北欧文献计量与研究政策研讨会（7th Nordic Workshop on Bibliometrics and Research Policy）召开于挪威奥斯陆。

• 2003年10月2日—3日，第八届北欧文献计量、信息计量与研究政策研讨会（8th Annual Nordic Workshop on Bibliometrics, Informetrics and Research Policy）召开于丹麦奥尔堡。

• 2004年，第九届北欧文献计量与研究政策研讨会（9th Nordic Workshop on

Bibliometrics and Research Policy）召开于芬兰图尔库。

• 2005年9月22日—23日，第十届北欧文献计量、信息计量与研究政策研讨会（10th Annual Nordic Workshop on Bibliometrics, Informetrics and Research Policy）召开于瑞典斯德哥尔摩。

• 2006年9月28日—29日，第十一届北欧文献计量与研究政策研讨会（11th Nordic Workshop on Bibliometrics and Research Policy）召开于挪威奥斯陆。

• 2007年9月13日—14日，第十二届北欧文献计量与研究政策研讨会（12th Nordic Workshop on Bibliometrics and Research Policy）召开于丹麦哥本哈根。

• 2008年9月11日—12日，第十三届北欧文献计量与研究政策研讨会（13th Nordic Workshop on Bibliometrics and Research Policy）召开于芬兰坦佩雷。

• 2009年9月29日—30日，第十四届北欧文献计量与研究政策研讨会（14th Nordic Workshop on Bibliometrics and Research Policy）召开于瑞典斯德哥尔摩。

• 2010年9月28日—29日，第十五届北欧文献计量与研究政策研讨会（15th Nordic Workshop on Bibliometrics and Research Policy）召开于挪威卑尔根。

• 2011年9月22日—23日，第十六届北欧文献计量与研究政策研讨会（16th Nordic Workshop on Bibliometrics and Research Policy）召开于丹麦奥尔堡。

• 2012年10月11日—12日，第十七届北欧文献计量与研究政策研讨会（17th Nordic Workshop on Bibliometrics and Research Policy）召开于芬兰赫尔辛基。

• 2013年10月29日—31日，第十八届北欧文献计量与研究政策研讨会（18th Nordic Workshop on Bibliometrics and Research Policy）召开于瑞典斯德哥尔摩。

• 2014年10月11日—13日，第十九届北欧文献计量与研究政策研讨会（19th Nordic Workshop on Bibliometrics and Research Policy）召开于冰岛雷克雅未克。

• 2015年10月1日—2日，第二十届北欧文献计量与研究政策研讨会（20th Nordic Workshop on Bibliometrics and Research Policy）召开于挪威奥斯陆。

• 2016年11月2日—4日，第二十一届北欧文献计量与研究政策研讨会（21th Nordic Workshop on Bibliometrics and Research Policy）召开于丹麦哥本哈根。

• 2017年11月8日—10日，第二十二届北欧文献计量与研究政策研讨会（22th Nordic Workshop on Bibliometrics and Research Policy）召开于芬兰赫尔辛基。

• 2018年11月7日—9日，第二十三届北欧文献计量与研究政策研讨会（23th Nordic Workshop on Bibliometrics and Research Policy）召开于瑞典布罗斯。

• 2019年11月27日—29日，第二十四届北欧文献计量与研究政策研讨会（24th Nordic Workshop on Bibliometrics and Research Policy）召开于冰岛雷克雅未克。

• 2020年10月15日—16日，第二十五届北欧文献计量与研究政策研讨会（25th Nordic Workshop on Bibliometrics and Research Policy）召开于挪威奥斯陆（线上会议）。

• 2021年9月20日—22日，第二十六届北欧文献计量与研究政策研讨会（26th Nordic Workshop on Bibliometrics and Research Policy）召开于丹麦欧登塞。

• 2022年9月21日—23日，第

二十七届北欧文献计量与研究政策研讨会（27th Nordic Workshop on Bibliometrics and Research Policy）召开于芬兰图尔库。

• 2023年10月11日—13日，第二十八届北欧文献计量与研究政策研讨会（28th Nordic Workshop on Bibliometrics and Research Policy）召开于瑞典哥德堡。

（张琳 周乐心 撰稿/黄颖 审校）

31. 国际科学计量学与信息计量学学会会议（International Conference on Scientometrics and Informetrics）

国际科学计量学与信息计量学学会会议（ISSI会议）是科学计量学与信息计量学领域的国际顶级会议，每两年召开一次，参会人员是来自世界各国该领域的科研人员。ISSI会议起源于Leo Egghe和Ronald Rousseau 1987年在比利时迪彭贝克（Diepenbeek）组织的第一次文献计量学会议。他们当时的想法只是聚集志同道合的学者，从而衡量科学家对这一领域的兴趣程度。第一次会议被称为"文献计量学和信息检索理论方面国际会议"。1993年，国际科学计量学和信息计量学学会（International Society for Scientometrics and Informetrics，ISSI）成立。因此，从1995年第五届大会开始，会议名称正式定为国际科学计量学与信息计量学国际研讨会，又称国际科学计量学与信息计量学大会。其后，由国际科学计量学和信息计量学学会每两年举办一次大会，大会的举办已经形成较为稳定的模式，会议时间主要集中于每年6—9月，会期为3~5日。第一届大会会后出版了名为《科学计量学》（*Quantitative Science Studies*）的会议论文集，论文集的出版引起了文献计量学和科学计量学学界的巨大关注。此后，每届大会会后均出版会议论文集，并且将部分论文发表在顶尖国际期刊上。大会论文涵盖了文献计量学、信息计量学、科学计量学、技术计量学和网络计量学等领域，被录用论文的作者将在大会上作口头报告。

2023年ISSI会议于2023年7月2日—5日在美国Indiana University-ISSI-The International Society for Informmetrics and Scientomeics的支持下召开。会议的议题主要包含：信息计量理论（informetric theory），方法与技术（methods and techniques），引文与共被引分析（citation and co-citation analysis），研究合作、流动与国际化（research collaboration, mobility, and internationalization），知识传播、整合与跨学科（knowledge dissemination, integration, and interdisciplinarity），现在与未来的文献计量指标（bibliometric indicators-present and future），网络计量学与补充计量学（webometrics and altmetrics），学术地图与可视化（science mapping and visualization），信息计量学在多样性、平等性与包容性中的应

用（informetric applications of diversity, equity, inclusion），科学政策与研究评估（science policy and research assessment），大学政策与机构排名（university policy and institutional rankings），交流渠道：期刊、会议记录、书籍和电子出版物（communication channels: periodicals, proceedings, books, and electronic publications），知识发现，人工智能与数据挖掘（knowledge discovery, ai and data mining），文献计量辅助信息检索（bibliometrics-aided information retrieval），数据源与数据处理（data sources and data processing），数据协调与整合（data harmonization and integration），量子社会学应用（quantum social science applications），宏观-中观-微观研究（macro-, meso- and micro-level studies），开放科学-开放获取与开放数据（open science-open access and open data），专利分析（patent analysis）以及科学与技术关联（science-technology interface）。

ISSI提供了多个奖项，以表彰在科学计量学领域研究的典范成就。该领域的最高奖项是普赖斯纪念奖章（Derek de Solla Price Memorial Medal），这是一项终身成就奖，在两年一度的ISSI会议上颁发。此外，ISSI每年都会颁发年度论文奖，以促进高质量研究的传播；博士生的贡献由尤金·加菲尔德博士论文奖（Eugene Garfield Doctoral Dissertation Award）认可，在两年一次的会议上颁发。此外，为了鼓励年轻研究者，ISSI学生旅行奖（ISSI Student Travel Award）为学生提供资金参加两年一次的会议，旨在培养该领域的优秀储备人才。

每届会议将在北半球的"旧"世界国家和以南半球为主的"新"世界国家之间轮流举行，这已成为一种传统。会议地点为东道国提供了机会，鼓励其向国际观众展示本国机构的科学计量学和信息计量学研究，并能够邀请一系列原本可能无法参加的本国学者，可通过该会议促进国际学术交流与合作。

历届会议信息如下：

- 第一届，1987年8月25日—28日，比利时，迪彭贝克，Limburgs Universitair Centrum。
- 第二届，1989年7月5日—7日，加拿大，安大略省，University of Western Ontario。
- 第三届，1991年8月9日—12日，印度，班加罗尔，Indian Statistical Institute。
- 第四届，1993年9月11日—15日，德国，柏林，Association for the Promotion of the 4th International Conference of Science Measurement e.v.。
- 第五届，1995年6月7日—10日，美国，伊利诺伊州，Rosary College（now The Dominican University）。
- 第六届，1997年6月16日—19日，以色列，耶路撒冷，The Hebrew University of Jerusalem。
- 第七届，1999年7月5日—8日，墨西哥，科利马，Universidad de Colima。
- 第八届，2001年7月16日—20日，澳大利亚，悉尼，The University of New South Wales。
- 第九届，2003年8月25日—29日，中国，北京，中国科学学与科技政策研究会。
- 第十届，2005年7月24日—28日，瑞典，斯德哥尔摩，Karolinska Institute。
- 第十一届，2007年6月25日—27日，西班牙，马德里，Spanish Research

Council（CSIC）。

• 第十二届，2009年7月14日—17日，巴西，里约热内卢，Latin American and Caribbean Center on Health Sciences Information（BIREME）。

• 第十三届，2011年7月4日—7日，南非，德班，University of Zululand。

• 第十四届，2013年7月15日—19日，奥地利，维也纳，University of Vienna。

• 第十五届，2015年6月29日—7月4日，土耳其，伊斯坦布尔，Boğaziçi University。

• 第十六届，2017年10月16日—20日，中国，武汉，武汉大学。

• 第十七届，2019年9月2日—5日，意大利，罗马，Sapienza University。

• 第十八届，2021年6月12日—15日，比利时，鲁汶，KU Leuven。

• 第十九届，2023年7月2日—5日，美国，布卢明顿，Indiana University。

（楼雯 张灵欣 撰稿/李杰 审校）

32. 国际科学技术与创新指标会议（International Conference on Science, Technology and Innovation Indicators）

国际科学技术与创新指标会议（International Conference on Science, Technology and Innovation Indicators, STI）提供了一个"立足欧洲，面向全球"的学术论坛，用于展示和讨论科学技术指标方面研究的进展。STI有助于更好地理解在不同背景下应用科学技术（science & technology, S & T）指标，并将它们用作知识管理和科学政策中的分析工具。STI最初于1988年由荷兰莱顿大学科学技术元勘中心（CWTS）主办，随后每两年举办一次。2010年在欧洲指标设计师网络（ENID）的赞助下成为年度活动，从而将STI指标的应用范围扩大到不同领域，包括政策分析和评估、研究资助和治理研究以及高等教育系统和机构研究。当前STI会议征文方法类主题包括补充计量学（altmetrics）、文献计量学（bibliometrics）、目标群体的访谈（interviews and focus groups）、调查研究（surveys）、观测工作（observational work）以及网络计量学（webometrics）方法，研究主题涉及学术生涯（academic careers）、合作（collaboration）、平等、多样性与包容性（equity, diversity and inclusion）、资助影响评价（funding impact assessment）、跨学科与交叉学科（interdisciplinarity/transdisciplinarity）、开放研究信息（open research information）、开放科学（open science）、研究文化（research culture）、研究评估实践（research evaluation practices）、科研管理（research management）、学术交流（scholarly communication）、科学指标（science indicators）、科学政策（science policy）、研究的社会影响（societal impact of research）、评价与指标的系统效应和行为效应（systemic and behavioral effects of evaluations and indicators）、科学技术与创新（science, technology and innovation）、理论技术研究（theoretical foundations）以及大学排名（university rankings）的研究。自1988年开始共召开了27次STI会议，详细信息如下：

• 1988年，第一届国际科学技术指标会议（The 1st International Conference on Science and Technology Indicators）召开于荷兰莱顿。

• 1990年，第二届国际科学技术指标会议（The 2nd International Conference on

Science and Technology Indicators）召开于德国比勒费尔德。

• 1991年，第三届国际科学技术指标会议（The 3rd International Conference on Science and Technology Indicators）召开于荷兰莱顿。

• 1995年10月5日—7日，第四届国际科学技术指标会议（The 4th International Conference on Science and Technology Indicators）召开于比利时安特卫普。

• 1998年6月4日—6日，第五届国际科学技术指标会议（The 5th International Conference on Science and Technology Indicators）召开于英国剑桥。

• 2000年5月24日—27日，第六届国际科学技术指标会议（The 6th International Conference on Science and Technology Indicators）召开于荷兰莱顿。

• 2002年9月25日—28日，第七届国际科学技术指标会议（The 7th International Conference on Science and Technology Indicators）召开于德国卡尔斯鲁厄。

• 2004年9月23日—25日，第八届国际科学技术指标会议（The 8th International Conference on Science and Technology Indicators）召开于比利时鲁汶。

• 2006年9月，第九届国际科学技术指标会议（The 9th International Conference on Science and Technology Indicators）召开于荷兰莱顿。

• 2008年9月17日—20日，第十届国际科学技术指标会议（The 10th International Conference on Science and Technology Indicators）召开于奥地利维也纳。

• 2010年9月9日—11日，第十一届国际科学技术指标会议（The 11th International Conference on Science and Technology Indicators）召开于荷兰莱顿，会议主题为"为用户创造价值"（creating value for users）。

• 2011年9月7日—9日，第十二届国际科学技术指标会议（The 12th International Conference on Science and Technology Indicators）召开于意大利罗马。

• 2012年9月5日—8日，第十七届国际科学技术指标会议（The 17th International Conference on Science and Technology Indicators）召开于加拿大蒙特利尔。

• 2013年9月12日—14日，第十八届国际科学技术指标会议（The 18th International Conference on Science and Technology Indicators）召开于德国柏林，会议主题为"转化的曲折和波折：科学作为一项社会经济事业"（translational twists and turns: science as a socio-economic endeavor）。

• 2014年9月3日—5日，第十九届国际科学技术指标会议（The 19th International Conference on Science and Technology Indicators）召开于荷兰莱顿，会议主题为"情境至关重要：获取大数据和小数据的途径"（context counts: pathways to master big and little data）。

• 2015年9月2日—4日，第二十届国际科学技术指标会议（The 20th International Conference on Science and Technology Indicators）召开于瑞士卢加诺。

• 2016年9月14日—16日，第二十一届国际科学技术指标会议（The 21st International Conference on Science and Technology Indicators）召开于西班牙瓦伦西亚，会议主题为"边缘、前沿与超越"（peripheries, frontiers and beyond）。

• 2017年9月6日—8日，第二十二届国际科学技术指标会议（The 22nd International Conference on Science and Technology Indicators）召开于法国巴黎，会议主题为"开放指标：创新、参与和基于参与者的科学技术创新指标"（open indicators: innovation, participation and actor-based STI indicators）。

• 2018年9月12日—14日，第二十三届国际科学技术指标会议（The 23rd International Conference on Science and Technology Indicators）召开于荷兰莱顿，会议主题为"转型中的指标"（indicators in transition）。

• 2019年9月2日—5日，第二十四届国际科学技术指标会议作为第17届科学计量学和信息计量学国际会议一个特别专题（The 24th International Conference on Science and Technology Indicators as a Special track of the ISSI conference）召开于意大利罗马。

• 2021年9月13日—17日，第二十五届国际科学技术与创新指标会议（The 25th International Conference on Science, Technology and Innovation Indicators）于线上举办。

• 2022年9月7日—9日，第二十六届国际科学技术与创新指标会议（The 26th International Conference on Science, Technology and Innovation Indicators）召开于西班牙格拉纳达，会议主题为"从全球指标到本地应用"（from global indicators to local applications）。

• 2023年9月27日—29日，第二十七届国际科学技术与创新指标会议（The 27th International Conference on Science, Technology and Innovation Indicators）召开了荷兰莱顿，会议主题为"在文化变革的背景下改善学术评估实践，以更负责任、更可持续和更透明的研究方法开展学术评估工作"（Improving scholarly evaluation practices in the light of cultural change. Contributing to more responsible, sustainable and transparent methods to assess academic work）。

（李杰 谢前前 撰稿/陈悦 审校）

33. 科学计量与科技评价天府论坛
（Chengdu Conference on Scientometrics & Evaluation）

科学计量与科技评价天府论坛（以下简称"天府论坛"）是由中国科学院成都文献情报中心于2017年10月始创并主办，由其下设的创新型研究单元"科学计量与科技评价研究中心"（SERC）承办，由中国科学学与科技政策研究会科学计量与信息计量学专业委员会等机构协办，《图书情报工作》等媒体支持的年度性学术论坛。天府论坛定位为扎根中国、服务中国的国际化学术交流平台，交流科学计量与科技评价领域前沿问题与最新实践，讨论新时代科学计量与科技评价工作的发展方向，展望未来科学计量与科技评价工作的发展图景，推动并促进科学计量与科技评价领域的学术交流、合作研究和应用工作。

天府论坛规模通常为200~300人，主要为来自从事科技情报、科学学、科技政策、科技战略、科技管理研究与服务的科研院所研究人员，高校信息资源管理、信息管理与信息系统等相关院系师生，各类智库研究人员，中国科学学与科技政策研究会科学计量与信息计量学专业委员会会员，国际科学计量学者等。天府论坛通常于每年秋季在成都召开，目前共召开了5次。

- 2017年10月14日—15日，首届科学计量与科技评价天府论坛召开于四川成都。
- 2018年9月19日—21日，第二届科学计量与科技评价天府论坛召开于四川成都。
- 2019年11月11日—12日，第三届科学计量与科技评价天府国际论坛召开于四川成都。
- 2021年11月26日，第四届科学计量与科技评价天府论坛于线上召开。
- 2022年12月1日—2日，第五届科学计量与科技评价天府论坛召开于四川成都，同时举办线上会议。

（陈云伟 撰稿/李杰 审校）

34. 全国科技评价学术研讨会
（National Symposium on Science and Technology Evaluation）

全国科技评价学术研讨会是由中国科学学与科技政策研究会、中国科学学与科技政策研究会科技管理与评价专业委员会、《科研管理》期刊共同打造的品牌学术活动。自2000年首次举办以来，全国科技评价学术研讨会迄今已连续举办了22届。会议紧密围绕科技评价发展动态，设计年度主题内容，邀请来自政府部门、科研院所和高校的各界同行，围绕科技评价的理论与方法、问题与对策展开热烈讨论。会期总共2天，期间设置系列学术交流活动，包括大会特邀报告、热点对话、分论坛交流、与期刊主编面对面等。

研讨会的发展得到国家多个部委的重点关注和大力支持，会议特邀专家不仅来自科研院所，还有来自科技部、教育部、国家自然科学基金委等科技管理专家。近年来，研讨会年均收到投稿200余篇，参会人数在300人以上。随着会议在领域内的知名度和影响力的增加，近年来研讨会被多个中央主流媒体关注，如新华网、人民网以及光明日报等。同时，全国科技评价学术研讨会已连续被收录进中国科协《重要学术会议指南》（2021—2022）中。

历届全国科技评价学术研讨会信息如下：

- 2000年，第一届全国科技评价学术研讨会召开于北京，由《科研管理》期刊承办。
- 2001年，第二届全国科技评价学术研讨会召开于长沙，由国防科技大学承办。
- 2002年，第三届全国科技评价学术研讨会召开于成都，由中国科学院管理创新与评估研究中心承办。
- 2004年，第四届全国科技评价学术研讨会召开于北京，由《科研管理》期刊承办。
- 2005年，第五届全国科技评价学术研讨会召开于烟台，由烟台工商学院工商管理学院承办。
- 2006年，第六届全国科技评价学术研讨会召开于临汾，由山西师范大学管理学院承办。
- 2007年10月12日—14日，第七届全国科技评价学术研讨会召开于嘉兴，由浙江嘉兴学院承办。
- 2008年9月20日—21日，第八届全国科技评价学术研讨会召开于天津，由天津科学学研究所承办。

- 2009年11月6日—8日，第九届全国科技评价学术研讨会召开于武汉，由华中师范大学信息管理系承办。
- 2010年9月14日—15日，第十届全国科技评价学术研讨会召开于哈尔滨，由哈尔滨工业大学科学技术研究院、管理学院承办。
- 2011年11月5日—6日，第十一届全国科技评价学术研讨会召开于重庆，由重庆大学经济与工商管理学院承办。
- 2012年10月20日—21日，第十二届全国科技评价学术研讨会召开于北京，由中国科学院管理创新与评估研究中心承办。
- 2013年11月9日—10日，第十三届全国科技评价学术研讨会召开于上海，由上海大学管理学院、上海大学创新与知识管理研究中心承办。
- 2014年11月8日—9日，第十四届全国科技评价学术研讨会召开于成都，由西南财经大学科研处、西南财经大学工商管理学院承办。
- 2015年10月31日—11月1日，第十五届全国科技评价学术研讨会召开于西安，由长安大学中国人文社会科学评价研究中心、长安大学社科处承办。
- 2016年10月29日—30日，第十六届全国科技评价学术研讨会召开于杭州，由浙江工业大学政治与公共管理学院、中国中小企业研究院承办。
- 2017年9月23日—24日，第十七届全国科技评价学术研讨会召开于大连，由大连海事大学、大连海事大学综合交通运输协同创新中心承办。
- 2018年8月25日—26日，第十八届全国科技评价学术研讨会召开于哈尔滨，由哈尔滨工程大学、黑龙江区域创新驱动发展研究中心承办。
- 2019年9月21日—22日第十九届全国科技评价学术研讨会召开于重庆，由重庆工商大学管理学院承办。
- 2020年10月16日—17日，第二十届全国科技评价学术研讨会召开于呼和浩特，由内蒙古工业大学经管学院承办。
- 2021年12月11日和18日，第二十一届全国科技评价学术研讨会召开于杭州，由浙江工商大学工商管理学院承办。
- 2022年11月19日和26日，第二十二届全国科技评价学术研讨会召开于广州，由华南理工大学公共管理学院、华南理工大学社会科学处承办。

（徐芳 撰稿）

35. 全国科学计量学与科教评价研讨会（National Conference on Scientometrics and Scientific Evaluation）

全国科学计量学与科教评价研讨会是中国科学学与科技政策研究会科学计量学与信息计量学专业委员会主办的连续性会议，基本上每两年举办一次，从1998年至今已举办过13届。在历届会议中，大会名称稍有变化，从2004年的第四届开始增加了"大学评价"的主题，后来改为"科教评价"，适应了计量学应用重点的变化。其中，第四届（2004年，武汉大学）、第六届（2010年，武汉大学）、第七届（2012年，华中师范大学）、第八届（2013年，宁波）是国际研讨会，加强了与国际同行间的学术交流。

2016年6月4—5日，第九届全国科学计量学与科教评价研讨会在武汉大学举行，专家学者共议计量学、评价学如何促进我国智库建设。会议主题为"计量学与智库研究和评价"，吸引了来自全国各地的主要从事科学计量学、文献计量学、信息计量学、评价学、科技政策管理和智库研究的160多名专家学者，共收到学术论文60余篇。会议期间还召开了新一届全国科学计量学与信息计量学专业委员会工作会议。

2017年10月16日，第十届全国科学计量学与科教评价研讨会在武汉召开。来自全国各地的200多位专家学者参加了此次会议。大会议题覆盖文献计量学、科学计量学、信息计量学、网络计量学、知识计量学和科教评价的理论研究与实践等相关领域。会议面向国内外高校和研究机构征稿，经过严格评审，最终录用的67篇稿件在EI源刊（《武汉大学学报•信息科学版》）专辑（special issue）发表，并提交EI检索（JA类型）。

2019年4月27日—28日，第十一届全国科学计量学与科教评价研讨会在重庆召开，本次会议的主题为"大数据背景下五计学与评价科学的新发展"。来自全国40余家单位的科学计量学、科教评价领域的140余名专家学者出席了本次会议。本次会议特别邀请蒋国华教授、金碧辉研究员、梁立明教授、党亚茹教授莅临会议指导工作。在此期间，还召开了第七届科学计量学与信息计量会专业委员会第四次全体会议。

2021年6月17日—19日，第十二届全国科学计量学与科教评价研讨会在杭州电子科技大学顺利召开。会议的主题是"在《深化新时代教育评价改革总体方案》的指引下，促进'五计学'与科教评价的新发展：大数据、云计算与人工智能的应用"。来自全国20多个省（自治区、直辖市）的380多位专家、学者和研究生参加了会议。来自北京大学、中国人民大学、浙江大学、武汉大学、兰州大学、美国佐治亚理工学院、荷兰莱顿大学、中国科学院文献情报中心等海内外知名高校、科研机构的12名著名专家围绕科学计量学与科教评价的理论、应用和方法发表了主旨报告。

2022年9月23日—25日，第十三届全国科学计量学与科教评价研讨会在河南郑州顺利召开。本次会议的主题是"数据科学与信息计量学的交叉融合与发展研究"。会议采取线上线下相结合的方式进行，线下共有150余位专家学者参会，线上1 000余人次参会。24日上午，会议开幕式在郑州金桥商务酒店隆重举行。中国科学学与科技政策研究会理事长穆荣平，郑州大学纪委书记、监察专员许东升出席会议并致辞。

（杨思洛 撰稿/邱均平 审校）

36. 中国情报学年会
（China Information Science Annual Conference）

中国情报学年会暨情报学与情报工作发展论坛是中国情报学领域规模最大、层次最高的综合性学术会议，旨在加强中国情报学理论与实践的研究，促进中国情报学学界和业界的合作与交流，推动中国情报学与情报工作的发展。历次会议的基本信息如下：

• 2017年10月29日，首届情报学与情报工作发展论坛由南京大学承办，地点位于中国南京。论坛上发布了"情报学与情报工作发展南京共识"（以下简称"南京共识"）。"南京共识"针对新时代国家安全与发展对情报学与情报工作的要求，重点强调了5个"重新"：重新定位情报学发展目标，重新认识情报工作的性质和作用，重新设计情报学课程体系，重新认识理论、技术、方法的重要性，重新认识情报能力。

• 2018年11月10日，第二届情报学与情报工作发展论坛由武汉大学与华中师范大学共同承办，地点位于中国武汉。本次论坛在首届论坛（2017）形成的"南京共识"基础上，继续关注探讨情报学研究、情报学教育和情报工作未来发展路径。

• 2019年11月8日—9日，2019年中国情报学年会暨情报学与情报工作发展论坛由华中师范大学承办，地点位于中国武汉。会议主题为"新时代新使命新作为"。

• 2020年12月5日—8日，2020年中国情报学年会暨情报学与情报工作发展论坛、第十届全国情报学博士生学术论坛由中山大学承办，地点位于中国广州。会议主题为"应对不确定的未来：情报学和情报工作的使命与挑战"。

• 2021年9月28日—29日，2021年中国情报学年会暨情报学与情报工作发展论坛、第十一届全国情报学博士生学术论坛由吉林大学承办，地点位于中国长春。会议主题为"面向国家战略与重大需求的情报学与情报工作创新发展"。

• 2022年8月26日—28日，2022年中国情报学年会暨情报学与情报工作发展论坛、第十二届全国情报学博士生学术论坛由中国人民大学承办，地点位于中国北京。会议主题为"剧变中的守正与创新：情报学的智慧与方案"。

• 2023年7月12日—13日，2023年中国情报学年会暨情报学与情报工作发展论坛、第十三届全国情报学博士生学术论坛由湖南省科学技术信息研究所、湘潭大学、湖南省科学技术情报学会共同承办，地点位于中国长沙。会议主题为"面向中国式现代化的情报融合创新"。

（黄颖 周乐心 撰稿/张琳 审校）

数据库、工具与奖励篇

1. Altemetric数据库（Altmetric Database）

Altmetric数据库（https://www.altmetric.com/）是Altmetric公司的旗舰产品。Altmetric公司由Euan Adie在2011年创立，源于蓬勃发展的替代计量运动（altmetrics movement），总部设在英国伦敦。2012年2月，Altmetric Explorer的第一个独立版本发布。2012年7月，Altmetric数据库接受了Digital Science公司的额外投资，成为隶属于Digital Science旗下的一家公司。2019年，Altmetric公司获得谷歌数字新闻创新基金的资助，旨在"建立一个衡量新闻影响力的新工具"。Altmetric公司提供了五个方面的服务，分别是The Altmetric API、The Altmetric Bookmarklet、The Altmetric Explorer、The Altmetric Badges以及The Altmetric Consulting Services，主要面向期刊出版商、科研机构、研究人员和资金资助等主体，该公司也是Impactstory、Figshare等其他平台的数据提供商。

Altmetric数据库旨在跟踪、整理和分析Elsevier、Kluwer、Springer、Wiley等大型商业数据库和PLOS、BioMed Central、F1000等开放获取期刊上已发表学术研究成果的链接、DOI和参考文献等在线活动，提供学术成果被世界各地讨论和使用的情况。该数据库主要监测一系列非传统类型数据来源，包括政策文件、文献管理软件、同行评审平台、维基百科、博客、主流新闻媒体和社交媒体等，中国的新浪微博也是其跟踪的数据源之一（仅收录至2015年）。该数据库所提供的数据类型是与经典引文指标相辅相成的定性和定量数据，包括但不限于在维基百科和公共政策文件中的引用、在Mendeley等文献管理软件上的提及、在博客上的讨论、在主流媒体上的报道、在Twitter等社交网络上的提及等。在每个研究成果的详细信息页面，Altmetric数据库记录了单个成果在各个平台、国家和地区的提及情况，并综合计算了学术成果的替代计量关注度得分（altmetric attention score），该分数旨在反映研究成果的覆盖范围或受欢迎程度，以彩色甜甜圈图标（donut badge）的形式呈现，提供研究成果被关注的来源摘要（红色表示新闻，浅蓝色表示Twitter等）。如今，Altmetric数据库收录了超过3 500万项研究产出（包括期刊文章、数据集、图像、白皮书、报告等）的1.91亿次提及，并且还在不断增长。

Altmetric数据库在国际上的应用非常广泛，许多出版商和期刊（例如Springer、Nature等）均采用了Altmetric数据库的服务，将表示替代计量关注度得分的彩色甜甜圈图标（donut badge）嵌入期刊文章和书籍页面中，以显示出版商平台内单个成果获得在线关注的情况。在Altmetric数据库中，不同信息源所关注的学科方向和期刊有所差异，这可以反映出机构不同学科和期刊论文在各种媒体上的影响力。替代计量关注度得分考虑了不同媒体的覆盖面和影响范围，使得社会网络媒体的影响力的计算分值更加贴合实际，为替代计量学在科研产出评价中的应用提供了更多的工具。

（余厚强 谢迎花 撰稿／李杰 刘春丽 审校）

2. arXiv预印本数据库（arXiv Database）

arXiv预印本数据库（arXiv Database）是一个提供学术论文免费发布和开放共享的数字仓储服务系统，是数字开放获取的先驱。arXiv预印本数据库收录了物理学、数学、计算机科学、定量生物学、定量金融学、统计学、电气工程和系统科学以及经济学等领域的超过220万篇学术文献，是康奈尔大学（Cornell University）、西蒙斯基金会（Simons Foundation）、会员机构和捐助者共同资助的社群支持资源，在arXiv科学顾问委员会和会员顾问委员会的共同指导下进行管理，由康奈尔大学的康奈尔科技学院（Cornell Tech）维护和运营。

arXiv预印本数据库（前身为hep-th@xxx.lanl.gov）是世界上首个电子预印本交流服务系统，由物理学家Paul Ginsparg于1991年8月在美国洛斯阿拉莫斯国家实验室（Los Alamos National Laboratory）创建，旨在帮助高能理论物理领域200人的小型研究团体及时获取最新的研究成果，避免科研人员为跟踪最新研究进展而进行重复工作。arXiv预印本数据库是在计算机和网络技术带动下的早期预印本分发系统发展的产物，大大提高了科学交流效率和知识传播速度，并推动预印本的快速发展。arXiv预印本数据库在高能物理学领域的成功运行使得预印本在其他相关学科中开始流行，凝聚态物理和天体物理学也相继跟进，后来又加入了数学和计算机科学。至1994年，arXiv预印本数据库在短短三年内从最初服务于高能物理领域200人的小型研究团体扩展为拥有2万多用户的成功的预印本服务系统，这些用户来自60多个不同的国家，平台日均需要处理的信息超过3万次。至2014年，arXiv预印本数据库的论文总提交量已超过100万篇，而2022年初已超过200万篇，其中物理学、数学和计算机科学是arXiv预印本数据库的主要学科。

arXiv预印本数据库在科学交流中发挥着登记、审核、发表、通告、传播、信息检索和提供元数据等作用。注册用户可以向arXiv预印本数据库提交论文，无需支付任何费用。论文内容要经过平台审核，这一过程包括将论文分类到与研究主题相关的学科领域以及检查论文的学术价值，通常在48小时内完成审核。arXiv预印本数据库不提供论文的同行评审服务，意味着论文的内容完全由作者负责，平台不会对论文有任何修改和保证。aXiv预印本数据库为所有存档的论文分配唯一标识符arXiv Identifier（arXiv ID），论文原始提交版本与其所有的更新版共用同一个arXiv ID，这使得论文的传播交流轨迹（如引用、使用和讨论等）可以被追踪。arXiv预印本数据库不要求作者转让版权，但须获得论文提交者授权论文发布和传播的许可协议，目前平台提供的许可协议类型有CC-BY、CC BY-SA、CC BY-NC-SA、CC BY-NC-ND、arXiv.org永久非排他性许可以及CC Zero六种类型。arXiv预印本数据库提供的论文元数据（metadata）的许可协议为CC0 1.0公共领域贡献，并提供公共应用程序编程接口（API）访问，包括OAI-PMH接口、RSS摘要、旧版 arXiv API、批量数据下载、SWORD批量存储API和通过arXiv API网关提供的服务。这些增值服务提高了arXiv预印本数据库的开放性和互操作性，增加了论文的可见性，并为科学家和读者提供有价值的服务，从而促进了arXiv预印本数据库的宗旨目标的实现，即免费向作者和读者提供科学成果的快速传播和开放共享。

arXiv预印本数据库目前接受的论文格式包括（La）TeX、AMS（La）TeX、PDFLaTeX、PDF、包含JPEG/PNG/GIF图片格式的HTML，不接受TeX/LaTeX转换的PDF和扫描的文档，接受非英文论文，但提交者需要提供一个相应的英文摘要，以使论文能够被有效检索，并采取永久保存的策略以保证所有文献记录的永久访问。arXiv预印本数据库记录预印本首次提交和更新版本的时间，其首次提交版和所有更新版本均会被保留并可免费访问。对于撤回的论文全文，该数据库也依然提供公开免费访问，但会标记出已撤回并发布相应的撤回原因说明。

（王智琦 撰稿/陈悦 审校）

3. Crossref数据库（Crossref Database）

Crossref（曾用名为CrossRef）数据库是由出版商国际链接联合会（Publisher International Linking Association，PILA）于2000年创建的使用DOI技术的跨出版商参考文献链接系统。Crossref是全球第一家也是最大的一家DOI代理注册机构，为期刊的论文DOI注册提供服务。Crossref数据库并不掌握全文信息，但它基于DOI将各种内容、类型（如期刊、书籍、会议记录、工作稿、技术报告和数据集等）的数百万个项目相互链接起来，形成一个高效的、可扩展的链接系统，以便研究者们实现资源发现与利用。

Crossref机构的参与者包括出版商、图书馆、中介机构和科研人员，其中只有出版商是Crossref机构的成员，承担着管理工作，而其他参与者只能以会员身份加入。非出版商可以通过成为附属机构来参与Crossref机构。这些机构包括图书馆、在线期刊托管商（online journal hosts）、链接服务提供商、二级数据库提供商、搜索引擎和文章发现工具提供商。

2000年2月，Crossref机构的成员开始把他们出版的期刊文章元数据下载到Crossref数据库中。2000年6月6日参考引文与全文的链接启动。2002年Crossref数据库共收有5 700多种期刊、400多万篇学术文章。2009年，2 845家商业和非营利性质的出版商、协会作为会员加入Crossref数据库，提供了20 604种学术期刊、37 845 217篇文献资源。截至2022年，Crossref数据库含有来自146个国家的17 000多名会员、1.3亿多条记录，每月元数据查询量达6亿多个。Crossref数据库提供了两种检索元数据的途径（检索者无需成为会员）：一种是人类易用的界面（用于查找少量元数据记录或DOI），包括元数据搜索（metadata search）和简单文本查询（simple text query）；另一种是通过API检索（用于批量查找元数据记录或DOI），包括REST API、XML API、OAI-PMH和OpenURL，以及Crossref数据库提供的付费Metadata Plus服务。

Crossref数据库作为一种较为成熟的开放式参考链接系统，本身具备许多功能，主要表现在以下几个方面：

（1）定位功能。出版商改变论文的URL后，只要在中心的DOI目录中进行更新，每一个与之相关的DOI就会自动更新，而成员出版商和会员单位可随时得到最新版本的副本，以实现更新链接，这样就保证了链接的稳定性。

（2）链接功能。Crossref数据库本身并不提供期刊论文的全文或文摘，它只为成员出版商之间提供一个参考引文与其全文或文摘所在的电子资源网址的链接平台，用户通过该链接获取论文的文摘或全文，方便地实现跨数据库之间的交叉检索。

（3）信息挖掘功能。Crossref数据库的索引机制将一次文献、二次文献以及其他事实型文献整合，将学术期刊会议录、技术报告、百科全书、教材等各种来源的学术信息根据内容相关性整合在一起，从而为研究人员提供从检索到获取的一站式服务。

（4）知识产权保护功能。由于Crossref数据库只提供一个获取论文原文的链接，并不储存文件的原文，这样就可以避免随意下载的现象，因此使用者只能获得文件的基本资料，不能获取文件原文，从而保护了著者的版权。

（5）扩展服务。①预约链接，从一篇给定的文章到引用它的所有其他文章都提供链接。②Crossref数据库搜索导航，允许用户使用 Google 搜索引擎技术来搜索全文文章和其他有关出版商的内容，可以让我们评价它的功能，并收集出版商、图书馆和研究人员的反馈信息。③相似性检查（similarity check），Crossref数据库提供得到iThenticate 技术支持的服务——相似性检查，通过将出版社和编辑与Turnitin的iThenticate工具连接起来，为编辑提供检测文章原创性的服务。所提交的手稿会在由数以千万计的已发表的学术文章以及数十亿计的网页组成的数据库进行检查，最终生成检测报告以突出显示手稿与数据库中内容的相似之处。④事件数据（event data）。对于各项研究或社交媒体网站中提及的在线数据，Crossref数据库会捕获该事件并提供未处理的数据让任何人以自己的方式使用。⑤连接论文与资助基金（funder registry）。出版商在为其出版的论著内容注册DOI时会将相关基金资助信息也包含在元数据中，Crossref数据库会公布这些资助数据，在"Crossref 基金注册表"中为研究论文中的资助基金分配唯一ID，便于研究者将其纳入自己构建的工具中加以利用。此外，每个人都可以透彻了解学术基金及其资助的成果：研究人员可以在了解背景后再阅读学术论著；出版商可以追踪谁在为作者提供资助；资助者可以在一个地方集中看到他们的资助成果。

（吴胜男 刘春丽 撰稿/赵蓉英 李杰 审校）

4. Dimensions数据库（Dimensions Database）

Dimensions数据库（https://app.dimensions.ai/）由伦敦Digital Science公司联合ReadCube、Altmetric、Figshare、Symplectic、Digital Science Consultancy 和 ÜberResearch创建，在2018年1月正式上线，专门从事学术信息的搜集、加工、更新与分析。该数据库涵盖多语言、全学科资源，是基于大数据理念的新型综合科研信息数据平台，收录了大量的文献、基金、专利和临床试验数据，是将学术文章、引文、资助项目、专利、试验研究、数据集和政策文件关联起来的数据库，也是世界上最大的关联研究信息数据库之一。Dimensions数据库还包括来自Figshare、Dryad、Zenodo等存储库的数据集，以及针对热点研究话题撰写的报告。

Dimensions数据库在构建丰富数据环境的基础上，提供了跨多种内容类型的单一搜索入口。截至目前，数据库中包含1.34亿份学术文章、1.51亿份专利、75.9万份临床试验指南、93.3万份政策文件、2.35亿个替代计量得分等数据。同时，Dimensions数据库支持科研工作者开发并传播指标，指标范围包括但不限于研究投入、科研产出、引文影响、替代计量影响以及衡量协作活动和开放获取的指标等。

通过对一系列科研大数据的挖掘并建立关联关系，Dimensions数据库打破了不同类型学术成果之间的信息壁垒，帮助学术界从研究主题、合作网络等维度梳理科研发展脉络：在科研人员层面，利用增强型元数据，实现文章层级的学科分类，支持国家、城市、机构以及个人维度的科研产出分析；在科研机构层面，帮助科研人员追踪文献的开放获取状态、出版商信息等，支持机构进行出版管理；在科研管理层面，追踪科研过程的多种产出，为科研经费提供者提供决策依据，为科研影响力的评价工作提供独特价值。

Dimensions数据库在文献收录范围和引文量上较传统引文数据库有优势。截至2021年，Dimensions数据库在各学科门类的引文量仅略低于Scopus，在除了物理数学和化学材料外的其他六大学科分类中，引文量都超过了Web of Science。此外，知识图谱可视化软件Citespace已基于Dimensions数据库提供的API接口实现了级联引文扩展功能（cascading citation expansion functions）。Dimensions数据库还提供了将数据导出为VOSviewer或CiteSpace可分析的数据格式的功能，进而可以进行文献图谱的分析。

（余厚强 谢迎花 撰稿/李杰 刘春丽 审校）

5. incoPat专利数据库
（incoPat Patents Database）

incoPat专利数据库（https://www.incopat.com）是由北京合享智慧科技有限公司提供的全球知识产权数据服务产品。截至目前，incoPat专利数据库收录了全球166个国家/组织/地区的超过1.75亿条的专利文献数据，并在2021年引进了德温特世界专利索引（Derwent World Patents Index，DWPI），拥有全球唯一的中文DWPI数据。该平台每周至少动态更新3次，提供的检索方式包括简单检索、高级检索、批量检索、法律检索、AI检索、引证检索、语义检索、扩展检索、图形检索等。

incoPat专利数据库对全球专利均提供了中英双语的标题和摘要，对中国、美国、俄罗斯、德国等重要国家的专利提供中英双语的全文信息，支持通过中文、英中和多个小语种检索全球专利。通过全面的数据整合加工，incoPat专利数据库可以检索的字段达到400多个，融合了专利诉讼、转让、许可、复审无效、通信标准声明、海关备案信息，并深度加工了一系列专利同族引证信息；支持在原始文献数据库和同族数据库间切换检索。在同族数据库中检索，专利家族各成员的标题、摘要、专利权人等信息高度融合互补，使用户检索结果更全面；在同族数据库中浏览，相同发明合并为一个文件，使用户阅读更清晰；在同族库中统计和分析，一个专利族仅统计一次，结果更科学。incoPat专利数据库支持110余个数据维度的自定义统计分析，可实现折线图、饼图、柱形图、条形图、世界地图、中国地图、气泡图、堆积柱形图、雷达图等可视化表现形式，并支持自动生成报告。

（黄颖 叶冬梅 撰稿/张琳 审校）

6. Lens数据库（Lens Database）

Lens数据库（https://www.lens.org）是由总部位于澳大利亚的非营利组织Cambia提供的在线专利和学术文献搜索平台，旨在促进创新系统更加高效、公平、透明和包容。该数据库在2000年推出，其所有的核心数据集都面向全球免费开放，任何人都可以访问、使用和共享，从而构建一个面向知识的创新世界的开放映射。2013年，Lens数据库正式上线新网站，在专利分析和工作空间管理的视觉呈现方面做出了改进，同时允许搜索、分析和共享专利中公开的生物序列。

经过20多年的发展，在一些著名慈善组织的支持下，Lens数据库不仅收集全球近95%的专利文献，还收集了来自PubMed等多个数据库中的期刊文献，共吸收、清洗、聚合、规范化了超过2.25亿部学术著作、1.27亿份全球专利记录和超过3.7亿份专利序列。Lens数据库整合了来自不同数据源的信息，数据库中的每一条记录都拥有丰富的元数据，包括产生这些知识的人和机构以及它们之间的联系。目前，Lens数据库每3~4周更新一次。

作为同类机构中唯一的非营利机构，Lens数据库在构建丰富的数据环境基础上，提供了专利与非专利文献链接的方式。截至目前，数据库已提供超过1亿个专利文献与100多万篇学术论文相互关联的信息，其中，Lens数据库的一个子集测量了200家机构的专利引用情况，创建了Normalized Lens Influence Metric，也就是Lens指标。专利与论文的链接信息打破了不同类型成果之间的信息壁垒，帮助学术界从科学、技术两个维度梳理科技发展脉络，为科研人员的跨领域工作提供了独特价值。

（黄颖 徐畅 撰稿/张琳 审校）

7. OpenAlex数据库
（OpenAlex Database）

OpenAlex数据库（https://openalex.org/）是一个基于开源代码开发的、包含全球学术论文的免费开源数据库。OpenAlex数据库由非营利组织OurResearch创建，创建初衷是延续于2021年12月31日停止维护的微软学术（Microsoft Academic Graph，MAG），为学术研究提供全面开源的科研成果数据。OpenAlex数据库在微软学术基础上扩展了包括来自ORCID、ROR、DOAJ、Unpaywall、PubMed、PubMed Central以及The ISSN International Centre的数据。

目前，OpenAlex数据库包含五个相互关联的子数据库：研究成果（works）、作者（authors）、研究机构（institutions）、刊集（venues）以及概念（concepts）。

（1）研究成果数据库包括期刊论文、书籍、数据库和学位论文，共计2.4亿条数据。研究成果数据库收录了发表日期、摘要、题目、参考文献以及DOI等信息，并为每一个研究成果分配了唯一ID。

（2）作者数据库包括研究成果的作者信息，共计2.13亿条数据。作者数据库收录了作者姓名、作者顺序、作者的ORCID等信息，并通过研究成果ID与研究数据库关联。OpenAlex数据库通过内部开发的作者姓名消歧算法为每一个作者分配了唯一ID。

（3）研究机构数据库包括研究成果对应作者的研究机构，共计10.9万条数据。研究机构数据库收录了机构名称、地址以及地理坐标等信息，并通过作者ID与作者数据库关联。

（4）刊集数据库包括研究成果发表的期刊、会议、预印本平台等信息，共计22.6万条。刊集数据库收录了刊集的类型、名称等信息，并通过研究成果ID与研究成果数据库关联。

（5）概念数据库包括研究成果对应的抽象概念（abstract ideas），共计6.5万条。概念是一个六层的树状结构，由OpenAlex数据库的自动标注算法生成。概念数据库通过研究成果ID与研究成果数据库关联。

相比其他数据库，OpenAlex数据库对于科学计量研究有三大优势。第一，开源与免费属性，为科学计量学研究提供全面、可靠且容易获得的数据支撑。第二，对作者进行姓名消歧处理，为个体层面研究（例如科学家的科研评价）提供便利。第三，将研究领域细分为研究概念，为研究科研演变提供便利。OpenAlex数据库定期更新，研究人员可以通过OpenAlex数据库提供的API访问数据，也可以通过Amazon Web Services一次性下载全部数据到研究者本地。OpenAlex数据库可通过openalexR（R语言）与OpenAlexAPI（Python）等访问。此外，OpenAlex数据可直接用于VOSviewer分析。

（史冬波 撰稿/李杰 审校）

8. Overton政策引文数据库
（Overton Policy Citation Database）

Overton政策引文数据库（https://www.overton.io/）是由位于英国伦敦的开放政策公司（Open Policy Ltd）建设并维护的数据库。Overton政策引文数据库由其创始人Euan Adie于2019年正式创立，旨在为研究者、图书馆员、科研管理者、基金机构、出版商、政策决策者等类型的用户提供政策全文及引文检索服务，帮助用户发现、理解和度量学术文献或政策文件本身的政策影响力。Euan Adie亦是数字科学公司（Digital Science）旗下的替代计量学（altmetrics）数据提供平台Altmetric.com的创始人。他于2011年创立Altmetric.com，后于2018年离开该公司，并于次年创立Overton。

Overton政策引文数据库聚焦索引全球范围内其所追踪的政策来源发布的政策文件全文，以及挖掘政策文件全文中指向的学术文献、政策文件或新闻媒体的引文信息。截至2023年，Overton政策引文数据库共收录来自全球180余个国家的逾3万个政策来源发布的逾770万篇政策文件，并通过文本挖掘技术提取并整理了所收录政策文件的题录数据与引文数据，支持用户对政策文件标题与全文（search policy documents）、政策文件引用或提及的人名（search people）、政策文件引用的学术文献（search scholarly articles）等字段进行检索，以发现相关政策文件。Overton政策引文数据库提供的政策文件检索结果字段包括但不限于政策文件标题、发表日期、文献类型、提要、主题词、实体词、主题领域、作者、来源、来源类型、来源国家与地区、全文链接、相关可持续发展目标（SDGs）、参考文献、施引文献。

Overton政策引文数据库广义地将政策文件定义为"主要为了政策制定者或经由政策制定者撰写的文档"，故而其收录的政策文件来源较为广泛，既包括各级政府机构，也包括政府间组织（IGOs）、非政府组织（NGOs）、智库、开放存取库（如PubMed Central和Analysis & Policy Observatory）。相应地，Overton政策引文数据库所收录的文件类型也涵盖政策文件、法律文件、工作文件、新闻稿、博客博文、医学临床指南等。

尽管Overton政策引文数据库追踪的政策来源较为广泛，但其收录的政策文件表现出一定的倾向性。例如，在来源地区方面，绝大部分政策文件来自美国、英国、加拿大等欧美国家；在语种方面，绝大部分政策文件用英文书写；在来源类型方面，政府机构类型的政策来源占主导地位；在发表日期方面，2015年及之后发表的政策文件收录数量较多，而发表于2009年之前的政策文件则较少。

由于绝大部分政策文件并不具备如学术文献般规范的参考文献列表，Overton政策引文数据库首先在政策文件全文中识别与提取疑似参考文献字段，如包含作者名、期刊名、引文常用短语、数字上标或用斜体表示的字段。然后，Overton政策引文数据库根据疑似参考文献字段的特征计算疑似度得分，并在疑似度得分高于特定阈值的字段中识别提取出参考文献字段的不同部分，如来源、标题、发表年等。最后，Overton政策引文数据库将提取出的参考文献字段与Crossref收录的学术文献以及Overton政策引文数据库自身收录的政策文件进行匹配，保留相似度得分高于特定阈值的匹配结果，从而确定政策文件中引用的学术文献或其他政策文件，形成引文数据。Overton政策引文数据库提供的政策文件引文数据是研究政策间以及科学文献与政策间引用关系的重要数据来源。

（方志超 撰稿/李杰 审校）

9. PATSTAT数据库（PATSTAT Database）

长期以来，专利数据在科技评价、科学计量中占据重要地位，其全面、规范且易于使用的特点受到理论界和学术界的关注。专利数据库作为专利数据分析的主要来源发展迅速，然而现有专利数据库之间的差异很大，并不能满足专利数据分析与研究的需求，主要问题体现在三个方面：①数据质量不一，不同数据库的数据来源、数据覆盖范围存在较大差异；②数据加工过程不透明，商业机构的数据加工规则往往是不公开的，导致研究人员无法了解与专利相关的核心规则，如专利家族、法律状态；③数据检索、导入、导出受到限制，现有专利分析主要依赖由商业机构提供的检索分析平台，虽然各种专利检索与分析平台的技术已经发展成熟，但检索与分析界面的诸多限制对于研究人员而言是十分不利的。

基于上述问题，在经济合作与发展组织（OECD）的专利统计工作组的倡导下，由欧洲专利局（EPO）创建了一个全新的面向专利统计分析决策需求的全球专利统计数据库（worldwide Patent Statistical Database，以下简称"PATSTAT"），该数据库是由EPO创建的以欧专局专利文献主数据库（EPO DOCDB）为主要数据源的快照数据库，收录了全球100多个国家或组织的专利信息。PATSTAT数据库旨在为研究者提供可完全运行于个人电脑的面向统计分析的专利数据库。自2007年向公众发布以来，PATSTAT数据库由于其面向统计分析、数据遵循统一规范、数据开放等特点，在学界得到广泛应用。该数据库收集的数据时间跨度非常广泛，截至2021年，该数据库包含超过1亿份专利文件。

PATSTAT数据库由四部分构成：源数据、法律事件数据、专利登记信息数据和在线数据库。源数据是核心部分，包含与专利有关的著录项信息、法律事件数据、专利登记信息数据。PATSTAT数据库包含六大类信息：号码、技术、法律、人、时间和地址信息。

PATSTAT数据库体现出六个特点：①为统计决策分析而设计，源于OECD专利统计工作组；②广泛的数据覆盖范围，整合了DOCDB、INPADOC和EPR三大数据库，并包括人名、地址和技术分类等多方面信息，涵盖90多个国家的1亿条专利数据；③深层次的专利数据集成，包括专利家族、摘要、发明人信息等方面；④具有数据仓库特性，将多源异构数据集成到统一的系统下，支持复杂查询和数据转换；

⑤实现资源共享和协同创新，分享核心数据文档并逐渐发展为专利数据深加工平台；⑥公开化的数据处理过程，提供透明、可复制、可追踪的专利分析数据资源。然而，PATSTAT数据库也存在局限性：数据主要来自官方，审查员工作流程影响数据质量，如优先权和引文数据质量较高，而发明人和申请人地址信息质量较低；同时，数据具有地域倾向性，EPO来源的专利数据质量较高，其他区域的数据质量相对较低。

相较于市场上的其他领先商业数据库（如Orbit数据库和Thomson Innovation数据库），PATSTAT数据库对于科学计量学研究的贡献直接体现在以下几个方面：①侧重统计决策，具有强大的理论支撑；②开放的心态，分享数据库设计和操作规范，使数据操作过程透明；③直接提供数据，可利用SQL直接检索，检索方式高效。但我们也需要注意该数据库存在的缺点：仅限于统计决策用途，不包含全文、说明书和插图信息，且数据检索、操作方式较专业，一般用户难以使用。

（杨冠灿 撰稿/张嶷 审校）

10. PlumX数据库（PlumX Database）

PlumX数据库是Plum Analytics公司的旗舰产品（https://plumanalytics.com/）。Plum Analytics公司由企业家Andrea Michalek和Mike Buschman联合创立于2011年。2013年，Plum Analytics宣布推出PlumX数据库。同年，OCLC与Plum Analytics建立了合作关系，利用WorldCat数据帮助研究人员更好地分析和测量其工作的影响力。2014年，Plum Analytics被EBSCO收购，成为EBSCO的全资子公司。同年，ORCID和Plum Analytics开始合作，允许ORCID标识符被添加到PlumX数据库配置中，从而最大化地挖掘和利用学术活动信息。2017年，PlumX数据库被Elsevier收购，所有Scopus界面下都可以查到由PlumX数据库提供的文章相关替代计量数据。自2020年11月1日起，PlumX Metrics不再从EBSCO接收使用（usage）和捕获（captures）数据，PlumX Metrics也将不再出现在EBSCOhost和EBSCO Discovery Service中。

PlumX数据库旨在给科研人员和机构提供研究影响的最新方法。PlumX数据库利用信息检索专业知识，帮助学者收集有关各种学术成果的信息，包括但不限于同行评审期刊上的论文、计算机代码、数据集、视频、演示文稿等，以及上述成果被使用的相关指标。

PlumX数据库提供的影响力指标主要分为五类：引用（citations）、使用（usage）、捕获（captures）、提及（mentions）和社交媒体（social media）。其中，引用（citations）信息既包含传统引文索引（例如Scopus）的信息，也包含有助于表明社会影响的引文（例如临床医学指南或政策文件引文）；使用（usage）信息可以表明是否有人正在阅读文章或以其他方式使用研究，主要包括文章的网页点击量、下载量、文摘阅读量、视频播放次数等；捕捉（captures）信息主要收集用户收藏、添加书签、文献管理工具集等；提及（mentions）信息主要收集被博客、新闻、维基百科等提及的情况；社交媒体（social media）信息可以衡量研究的推广程度，主要包括各种社交媒体上的分享、点赞、评论、转推等。PlumX数据库提供的计量指标被许多平台和期刊网站广泛使用，包括Mendeley、Science Direct、Scopus和SSRN等。

PlumX数据库能够提供非常全面的科研产出计量服务，具有众多优势：①拥有灵活的统计功能，支持用户按照对象或指标自由组合统计结果，灵活度较高；②将统计结果整合到机构页面上，可以提供机构知识库的下载量和浏览量等信息；③提供的可视化分析工具能够展现详细的引用分布图，帮助科研工作者进行对比分析，最大限度满足科研需求；④根据评估策略确定具体的评价指标，对从不同数据源收集的数据进行聚类归并，是分类评价、全面评价工作的重要平台。

（余厚强 谢迎花 撰稿/李杰 刘春丽 审校）

11. PubMed数据库（PubMed Database）

PubMed数据库（https://pubmed.ncbi.nlm.nih.gov/）是美国国立医学图书馆（National Library of Medicine，NLM）下属的国家生物技术信息中心（National Center for Biotechnology Information，NCBI）开发和维护的一个免费生物医学文献检索系统，是国际上最重要、最权威的医学文献检索系统之一。

Pubmed数据库的前身可追溯到1964年NLM开发的医学文献分析及检索系统（Medical Literature Analysis and Retrieval System，MEDLARS），该系统实现了文献加工、编制和检索的计算机化。此后，NLM于1971年推出MEDLINE联机检索服务，即MEDLARS Online，用户可以在大学图书馆等机构内进行在线访问。1996年，NLM推出了基于互联网、以MEDLINE为核心的Pubmed检索系统，向全球用户免费开放使用。

PubMed数据库涵盖超过3 500万篇文献的题录和摘要，内容主要涉及生物医学和健康领域及相关学科，如生命科学、行为科学、化学和生物医学工程。PubMed数据库不提供期刊论文的全文，但可能提供指向PubMed Central和出版商网站的全文链接。

用户可以在PubMed数据库对多个NLM文献资源进行跨库检索。MEDLINE是PubMed数据库最主要的数据来源，主要涵盖MEDLINE所选期刊的文献题录信息。MEDLINE收录的文献使用医学主题词（medical subject headings，MeSH）进行索引，并提供基金、基因信息、化学物质信息和其他元数据信息。PubMed Central（PMC）是PubMed数据库的第二大数据来源。PMC是一个全文档案库，其中包括由NLM审查和选择的期刊所发表的文献，以及根据资助政策收集的其他存档文献。PubMed数据库的第三大数据来源是Bookshelf涵盖的书籍和一些单独章节的题录信息。Bookshelf是一个包含与生物医学、健康和生命科学相关的书籍、报告、数据库及其他文档的全文档案库。

PubMed数据库提供了一个强大的检索系统，可以根据标题、主题、关键词、MeSH、作者、期刊、日期等多种条件进行检索，以获取最新的、最准确的医学文献信息。MeSH检索是PubMed数据库的一大特色，对于提高查全率和查准率具有十分重要的意义。此外，PubMed数据库还提供了一些额外的功能，如收藏夹、搜索历史记录、搜索结果分享等，可以帮助用户更好地管理和分析文献信息。

除了提供检索功能之外，PubMed数据库在信息计量和科学计量领域的使用也日趋广泛。2023年4月22日，在Web of Science数据库中以"PubMed"为主题词进行检索，并将学科分类限定在Information Science & Library Sciences类别下，共获得11 224条文献记录，其中，发表于科学计量领域主流期刊*Scientometrics*、*Journal of Informetrics*以及*JASIST*上的论文共有134篇。从内容来看，这些论文涉及基于PubMed数据库的生物医药文献挖掘、知识图谱、信息检索、引文分析、作者姓名消歧、信息计量分析和实体计量学等。这意味着，随着人工智能技术及算力的不断提升，PubMed数据库所涵盖的大批量数据将成为文献情报挖掘的重要数据来源，其对于推动医学研究将发挥更加重要的作用。

（柳美君 撰稿/欧阳昭连 审校）

12. Scopus索引数据库
（Scopus Abstract & Citation Database）

Scopus索引数据库是全球著名的学术出版公司爱思唯尔（Elsevier）于2004年推出的同行评议摘要与引文数据库。Scopus索引数据库的名称来源于一种名叫Phylloscopus Collybita的鸟，这种鸟具备非常强大的导航功能。目前，Scopus索引数据库是全球最大的同行评议摘要与引文数据库。截至2023年4月，Scopus索引数据库已经收录了来自全球105个国家和地区超过7 000家出版社的期刊、14.9万个会议记录、1 160万篇会议文献、260万篇图书记录数据和来自五家专利组织（WIPO、EPO、USTPO、JPO、UK IPO）的4 930万条专利数据，覆盖物质科学、医学、社会科学和生命科学等全学科领域，最早文献记录可追溯到1788年，引用可追溯到1970年。

Scopus索引数据库主要包含科研文献、作者、归属机构和来源出版物检索等功能，提供论文的题录信息和参考文献、来源出版物指标、度量标准、化学物质和CAS注册号、SciVal主题等信息。度量标准方面，除了论文的引用次数外，Scopus索引数据库还提供自主研发的期刊引文分数指标（citescore）、特色的期刊声望指标（scimago journal rank，SJR）、领域权重引用影响力指数指标（field-weighted citation impact，FWCI）和Plum Metrics社会影响力指标，如媒体提及次数、专利家族引用次数、政策引用次数和临床指南引用次数等。

Scopus索引数据库被广泛应用于科研文献检索和发现、学科分析服务、科研评估评价。目前全球重要的大学排名机构（泰晤士高等教育世界大学排名、QS世界大学排名、上海软科的中国大学排名等）均采用Scopus索引数据库的数据作为排名依据。广受科研界关注的中国高被引学者（highly cited chinese researchers）、Stanford大学全球前2%顶尖科学家（world's top 2% scientists）等学者榜单，也将Scopus索引数据库作为可信赖的数据源。美国国家科学委员会（National Science Board，NSB）每逢偶数年需要向美国政府提交《科学与工程指数》（science and engineering indicators）报告，也以Scopus作为科研文献统计的数据依据。

目前，爱思唯尔与我国的科技出版业建立了深入的合作关系，2018年与中国图书进出口（集团）总公司一起发起并成立了中国学术期刊"走出去"专家委员会暨Scopus中国学术委员会，旨在为中国期刊的遴选收录提供权威的学术意见，遴选高质量的中国期刊被Scopus索引数据库索引，Scopus文摘和引文数据库实现对接，直接进入国际权威的学术评价系统，提升中国期刊的国际知名度和影响力。截至2023年3月，已有超过1 080本中国大陆期刊被Scopus索引数据库收录。

（万敬 李杰 撰稿/张志杰 审校）

13. Web of Science数据库
（Web of Science Database）

Web of Science数据库有两种理解：一种指Web of Science核心合集数据库（Web of Science Core Collection，包括著名的SCI数据库）；另一种指Web of Science平台（曾用名为Web of Knowledge），此平台上有包括Web of Science核心合集数据库在内的十几个数据库。

Web of Science核心合集数据库提供来自期刊、学术专著和会议录的元数据和引文信息，涵盖自然科学、社会科学、艺术和人文学科。Web of Science核心合集数据库包括科学引文索引（Science Citation Index Expanded，SCIE）、社会科学引文索引（Social Sciences Citation Index，SSCI）、艺术与人文引文索引（Arts & Humanities Citation Index，AHCI）、新兴资源引文索引（Emerging Sources Citation Index，ESCI）、会议录引文索引（Conference Proceedings Citation Index，CPCI）和图书引文索引（Book Citation Index，BKCI）等。截至2023年4月，Web of Science核心合集数据库收录8 800多万条记录（其中1 800多万条有开放获取的全文链接）、20多亿条引用记录、2.2万多种期刊、30多万次会议和13多万种学术著作，最早追溯到1900年。Web of Science核心合集数据库的内容经过精挑细选从而具有独特的选择性（selective），收录时一般遵循完整收录原则（cover to cover），如收录某期期刊时会收录这期期刊里除广告外的全部文章。

1997年，Web of Knowledge平台（后更名为Web of Science平台）正式发布，其主要内容为科学引文索引、社会科学引文索引和艺术与人文引文索引的网络版本。截至2023年4月，Web of Science平台除了Web of Science核心合集数据库外，还有德温特专利数据库（Derwent Innovations Index，DII）、研究数据引文索引（Data Citation Index，DCI）、预印本引文索引（Preprint Citation Index）；区域引文索引数据库包括中国科学引文数据库（Chinese Science Citation Database，CSCD）、韩国期刊数据库（Korean Journal Database，KCI）、SciELO引文索引（SciELO Citation Index）和阿拉伯引文索引（Arabic Citation Index）等；特定学科数据库包括Medline、BIOSIS引文索引（BIOSIS Citation Index）、动物学记录（Zoological Record）、INSPEC、CABI和FSTA等。一条记录如果被Web of Science平台的多个子库收录，一般会在底层关联并互联互通，如一篇SCI论文如果也是INSPEC数据库的记录，在Web of Science平台的INSPEC数据库里查看这条记录时，也会有参考文献等引文信息。

（宁笔 撰稿/岳卫平 李杰 审校）

14. 德温特创新平台（Derwent Innovation）

德温特创新平台（Derwent Innovation）（https://derwentinnovation.clarivate.com.cn）是科睿唯安（Clarivate）公司提供的专利检索和分析工具。该平台的专利检索资源主要包括增值专利信息德温特世界专利索引（Derwent World Patents Index，DWPI）和德温特专利引文索引（Derwent Patent Citation Index，DPCI）以及按地区划分的全球专利集合。

DWPI 是一个增强型专利文献数据库，包含超过 5 650 万个专利家族，涵盖超过 1.106 亿份专利文献，覆盖全球 156 个国家/地区的专利信息（截至 2022 年 11 月）。DWPI 提供独家的世界专利文献访问权限，全面覆盖农业和兽医学、电子/电气工程、化学、药物和聚合物等领域。同时，Derwent的专家团队重新编写原始专利的标题和摘要，以使其更易于理解、更有意义，尤其突出了每个发明的新颖性和独特性及其用途，使用户能够更轻松快速地找到做出决策所需的信息。

DPCI是一个专注于专利引用并经过编辑增强的可用数据库，包含超过 1 910 万个同族专利（发明）的增值专利引用信息，涵盖来自超过26家不同国际专利授权机构提供的1.43亿个引用的专利、1.36亿个施引专利和3 320万个科技文献引证。除了将编辑流程应用于DWPI记录外，DPCI还对发明专利和科技文献引用进行系统整理，验证其准确性并更正错误，从而提供单个发明专利的完整引用信息。

德温特创新平台提供多种检索方式，包括公开号检索、表单检索和专家检索。对于检索结果，该平台提供文本高亮显示；对包括专利权人/发明人、趋势和市场、技术类别、引证信息等进行可视化的图表分析，还可以自定义图表分析，以及利用文本聚类和主题景观（ThemeScape）专利地图功能对检索结果进行技术挖掘。此外，该数据库提供创新订单功能支持专利文献下载与传递，以及多级文件夹构建、自动预警和监控等功能，帮助用户实现便捷的信息存储、共享、追踪。

（黄颖 叶冬梅 撰稿/ 张琳 审校）

15.万方数据库
（Wanfang Database）

万方数据库（https://wanfangdata.com.cn/）是万方知识服务平台的核心，由北京万方数据股份有限公司开发并运营。万方数据库面向国家科技创新发展的形势、特征及要求，构建了科技资源内容遴选、搜集、加工、整合、服务的全套数字业务流程，从早期集中于自然科学领域中文科技信息资源的集成，逐步扩展至全学科、全球多语种的科技信息资源聚合，基于多维度、跨领域、深层次的学术知识网络，构建了海量科技资源统一发现和原文保障体系。

截至2023年1月，万方数据库与国内8 000多家科技期刊、近千所高校、国际近百家出版平台商有着稳定合作，收录的资源总量超过10亿条，其中自有全文数量为9 400多万条，可安全、稳定获取全文的数量达1.6亿条，全文资源覆盖了国内三大核心期刊（北大核心期刊目录、南大核心期刊目录、中国科技核心期刊目录）的99.7%。万方数据库收录的科技资源品类丰富，包括期刊论文、会议论文、学位论文、专利、科技报告、科技成果、标准、法规、地方志、视频、科研基金等各类一次文献资源，还包括专家库、机构库、引文库、词条等二次文献资源，涵盖自然科学、工程技术、医药卫生、农业科学、哲学政法、社会科学、科教文艺等各个学科，其中中文期刊论文最早可追溯至1799年，中文学位论文可追溯至1977年，中文会议论文可追溯至1948年。

除检索发现与原文保障服务外，万方数据库关注科技信息资源与政产学研用整个科技创新链条的深度结合，在先进的知识组织技术和智能技术的基础上，打破不同类型科技资源之间的信息屏障，充分挖掘各类型科技资源深层内容及彼此之间的关联关系。万方数据库一方面借助科技资源所处的不同科技创新节点，持续推动科研基金与各类学术产出（论文、专利、科学数据等）、学术产出的各类引用（文献引用、专利引用、数据引用）的关联，形成了数十亿条关联信息；另一方面借助主题、学者、机构、学科、期刊、地区六大科研主体，结构化、知识化重组海量的多源科技资源，构建科研主体描绘的多维、动态事实数据，为科研人员、科研机构、科研管理机构等提供多类型科研主体的标准化计量分析、个性化比对、智能化推荐、专业性报告等服务，从而为科学研究、学科建设、科技决策、期刊投递、地区合作等提供数据支持和科学的解决方案。

（刘建华 撰稿/黄颖 审校）

16. 智慧芽全球专利数据库
（Zhihuiya Patents Database）

智慧芽全球专利数据库（https://analytics.zhihuiya.com）是PatSnap旗下产品，涵盖的专利数据来自全球170个受理局，包括中国、美国、欧专局、日本、韩国、德国、英国、法国、澳大利亚及世界知识产权组织（WIPO）等主要国家/组织，共提供超过1.7亿条全球专利数据，覆盖164个国家/地区，收录时间范围为1970年至今，更新频率为每日更新。该数据库提供的特色数据有PatSnap扩展同族、PatSnap标准化申请人、PatSnap专利价值、PatSnap分类体系、专利诉讼数据、专利转让&许可数据等。

为帮助用户实现高效信息查询，智慧芽全球专利数据库提供9大检索方式：高级搜索、批量搜索、语义搜索、扩展搜索、分类号搜索、法律搜索、图像搜索、化学搜索和文献搜索。该数据库支持相似专利、引用分析、同族专利和法律信息等多维度专利信息情报，挖掘专利背后的竞争关系、公司战略、市场机会、技术风险等；同时，通过邮件、微信的方式，跟踪竞争对手的专利动态，以便用户及时发现风险与机会，调整研发策略。

（黄颖 叶冬梅 撰稿/张琳 审校）

17. 中国科学引文数据库
（Chinese Science Citation Database）

中国科学引文数据库（Chinese Science Citation Database，CSCD）创建于1989年，收录我国数学、物理、化学、天文学、地学、生物学、农林科学、医药卫生、工程技术和环境科学等领域出版的中英文科技优秀期刊千余种；截至2023年4月积累论文记录600余万篇，引文记录9 800余万条。

CSCD构建了论文与引文的检索路径，提供作者、关键词、机构、基金等基于论文特征的检索，同时提供被引作者、被引第一作者、被引机构、被引文献等引文特征的检索。CSCD利用文献耦合、共引关系，揭示科学研究的脉络。用户可以以一篇论文为起点，通过参考文献、施引文献获得更多的相关文献。在全面了解科学研究进程的同时，CSCD还构建了多元服务链接机制，支持用户即时获取全文；开展文献与科学数据关联工作，为用户提供相关的科学数据集；集成了图书馆原文传递和参考咨询系统，为用户提供解决问题的途径。

CSCD是我国第一个引文数据库，自提供服务以来深受用户好评，被誉为"中国的SCI"。CSCD曾获得中国科学院科技进步二等奖。1995年，CSCD出版了我国的第一本印刷版《中国科学引文索引》；1998年，出版了我国第一张科学引文数据库检索光盘；1999年，基于CSCD和SCI数据，出版了利用文献计量学原理制作的《中国科学计量指标：论文与引文统计》《中国科学计量指标：期刊引证报告》；2003年，CSCD推出了网络版，形成了CSCD、CSCD-JCR、CSCD-ESI三个数据库，从文献检索、期刊引证指标、中国科技论文产出及影响力等维度面向用户提供多层次的服务。2007年，中国科学引文数据库与科睿唯安公司合作，实现CSCD与Web of Science的跨库检索，CSCD是Web of Science平台上第一个非英语语种的引文数据库。CSCD将中国1 200种期刊带入了国际知名的文献检索平台，通过两个数据库之间的文献引用关系为用户提供"中国看世界、世界看中国"的便捷途径。2019年，CSCD与Scopus数据库合作，实现双平台的文献计量指标的调用。CSCD成为我国唯一一个与两大知名检索平台合作的文献数据库。

（刘筱敏 撰稿）

18. 中国知网
（China National Knowledge Infrastructure）

中国知网（China National Knowledge Infrastructure，CNKI，主页：https://www.cnki.net/）始创于清华大学，致力于全方位、立体化、体系化打通国内国际知识生产、传播和利用的全过程，建设促进知识学习、交流和创新的"中国知识基础设施工程"。CNKI目前已经整合了我国期刊、博/硕士学位论文、工具书、会议论文、报纸、年鉴、专利、标准、科技成果、古籍等各类文献资源，形成了大型全文数据库和二次文献数据库，并对收录的各类学术文献的文后参考文献和注释建立了规范的引文数据库。

在CNKI学术期刊数据库中，CNKI实现了中、外文期刊整合检索，累计中外文文献量逾5亿篇，其中包括来自80余个国家和地区、900多家出版社的8万余种期刊、百万册图书等。截至2022年1月，CNKI全文文献总量达8 000余万篇，是进行科学文献计量分析的重要中文数据库之一。

在CNKI中国引文数据库可查询科技和社科各领域中外各类文献的引用情况，包括期刊、图书、博/硕士学位论文、国际/国内会议论文、专利、标准、年鉴、报纸等中外文资源。中国引文数据库还提供基于CNKI的作者、机构、期刊、基金、学科、地域、出版社等对象的实时统计分析工具，为其科研产出管理和学术影响力评估服务。2022年，在中国引文数据库的基础上，中国知网遴选了近十年各学科各年度被引频次排名前10%的期刊、会议论文收录于学术精要数据库，并提供单篇文献评价报告，以全面了解论文影响力的发展趋势及同行的引用评论内容。学术精要数据库按PCSI、被引频次、下载频次的高低分别遴选出前1%的论文为高影响力论文，为代表作遴选、衡量学者研究成果影响力提供决策参考。

（李杰 撰稿/刘鸿霞 审校）

19. 中文社会科学引文索引
（Chinese Social Sciences Citation Index）

中文社会科学引文索引（Chinese Social Sciences Citation Index，CSSCI）创建于1998年，是由南京大学中国社会科学研究评价中心独立设计、开发研制的引文数据库，收录期刊为马克思主义理论、哲学、宗教学、语言学、中国文学、外国文学、艺术学、历史学、经济学和管理学等24个人文社会学科和两个大类（综合性社会科学和高校学报）出版的中文人文社会科学来源期刊615种（其中台湾地区学术期刊30种），从2021年开始收录两种报纸，分别是《光明日报》理论版和《人民日报》理论版。目前，CSSCI涵盖了1998—2023年的来源文献除正文外的基本题录信息。截至2023年4月积累论文记录200万余条，引文记录1 500万余条。

CSSCI构建了来源文献检索与被引文献检索两大途径：来源文献检索提供篇名、作者、关键词、期刊名称、作者机构、作者地区、中图类号、基金等基于论文特征的检索途径；被引文献检索提供被引作者、被引文献篇名、被引文献期刊、被引文献年代等引文特征的检索。CSSCI利用文献耦合、共引关系，揭示学术研究的进程。研究者以一篇论文为起点，通过参考文献、施引文献，在全面了解学术研究的起源和进程的同时扩大获取相关主题文献的途径。

在信息的检索和呈现上，CSSCI具有全面性和便捷性等特征。在全面性上，CSSCI涵盖了篇名、作者、作者所在地区、机构、刊名、关键词、中图类号、学科类别、学位类别、基金类别及项目、期刊年代卷期以及被引文献的作者、篇名、刊名、出版年代等人文社会科学期刊的主体题录信息。在便捷性上，CSSCI设计了精确检索、模糊检索、逻辑检索、二次检索等检索途径并支持文本信息下载。

作为中国人文社会科学评价领域的标志性工程之一，基于海量的人文社会科学期刊论文及引文数据，通过提供高质量的被引频次、影响因子、即年指标、期刊影响广度、地域分布、半衰期等计算数据，CSSCI结合多种定量指标的分析统计，从整体上推动了中国人文社会科学评价的发展。而CSSCI对人文社会科学的研究者和管理者均具有重要的价值和意义，对于前者有助于打通实现知识创新的途径，对于后者有利于提高决策参考的科学性和合理性。

（沈思 王东波 白云 撰稿/张琳 魏瑞斌 审校）

20. BibExcel软件
（BibExcel Software）

BibExcel文献计量学从业者工具箱（BibExcel-A tool box for bibliometricians）是2011年普赖斯奖获得者、瑞典于默奥大学社会学系奥利·佩尔松（Olle Persson）教授开发的非营利学术文献计量分析工具。BibExcel开发的初衷主要是帮助用户更便捷地分析书目数据，或分析以类似书目数据方式组织的结构化文本数据。BibExcel的最大特色是，在分析过程中，处理得到的中间结果文件可以快捷地导入Excel中进行进一步的分析和处理。BibExcel的这种设计理念，对科学计量分析初学者理解科学计量分析及知识单元共现的原理和方法有很大的帮助。在科学计量学领域，BibExcel的开发极大地促进了早期科学计量学与知识图谱的应用与实践研究。

用户可以直接访问BibExcel软件主页（https://homepage.univie.ac.at/juan.gorraiz/bibexcel/）来下载该软件。目前，最新版的BibExcel发布于2017年（实际显示版本为Version 2016-02-20）。为了帮助用户更好地理解和应用BibExcel软件，在其下载主页中，奥利·佩尔松还提供了测试数据、练习案例等丰富的软件学习资料。下载后的BibExcel软件无需繁琐的安装，用户双击BibExcel.exe即可进入软件界面。BibExcel的软件界面主要包括左上的文件选择（Select file here）区域、左中的频次分布统计区域（Frequency distribution）、左下的知识单元标记字段分析（Old Tag、New Tag）区域、右上选择分析字段分隔符（Prep执行）区域以及右下显示所分析文件详细数据信息（The list）区域。

在文献计量学分析研究中，用户可以通过BibExcel实现数据转换、数据清洗、科研合作分析、文献耦合的分析、共词网络的分析、h指数的计算、普赖斯指数的计算、网络聚类、矩阵的构建等分析需求。下面以BibExcel对Web of Science的数据分析为例进行简要说明。首先，用户需要从Web of Science核心合集中下载包含参考文献信息的纯文本文献题录数据（full record and cited references），然后在BibExcel中对数据进行格式转换。在数据转换结束后，用户可以在软件界面中设置要分析的字段标记（例如：这里输入DE，表示对关键词信息的抽取）和所分析对象知识单元的分割方式（分隔符通常为空格、分号等形式）。设置后，在软件界面右上方点击Prep，即可快速提取所分析文本在DE字段中的关键词信息。随后，用户按照分析的流程，可以在BibExcel中进行词频提取、对象关键词的选择以及对象关键词共现关系的构建等分析任务。值得注意的是，在可视化工具蓬勃发展的背景下，Bibexcel放弃了可视化功能部件的开发，而将核心功能聚焦于科学计量可视化所需结果数据的生成。目前，通过BibExcel导出的结果，

| 数据库、工具与奖励篇 |

用户可以直接导入Excel、Tableau、Pajek以及SPSS等外部软件或系统中进行更深入的统计分析或可视化展示。BibExcel软件分析文献数据的流程如图1所示。

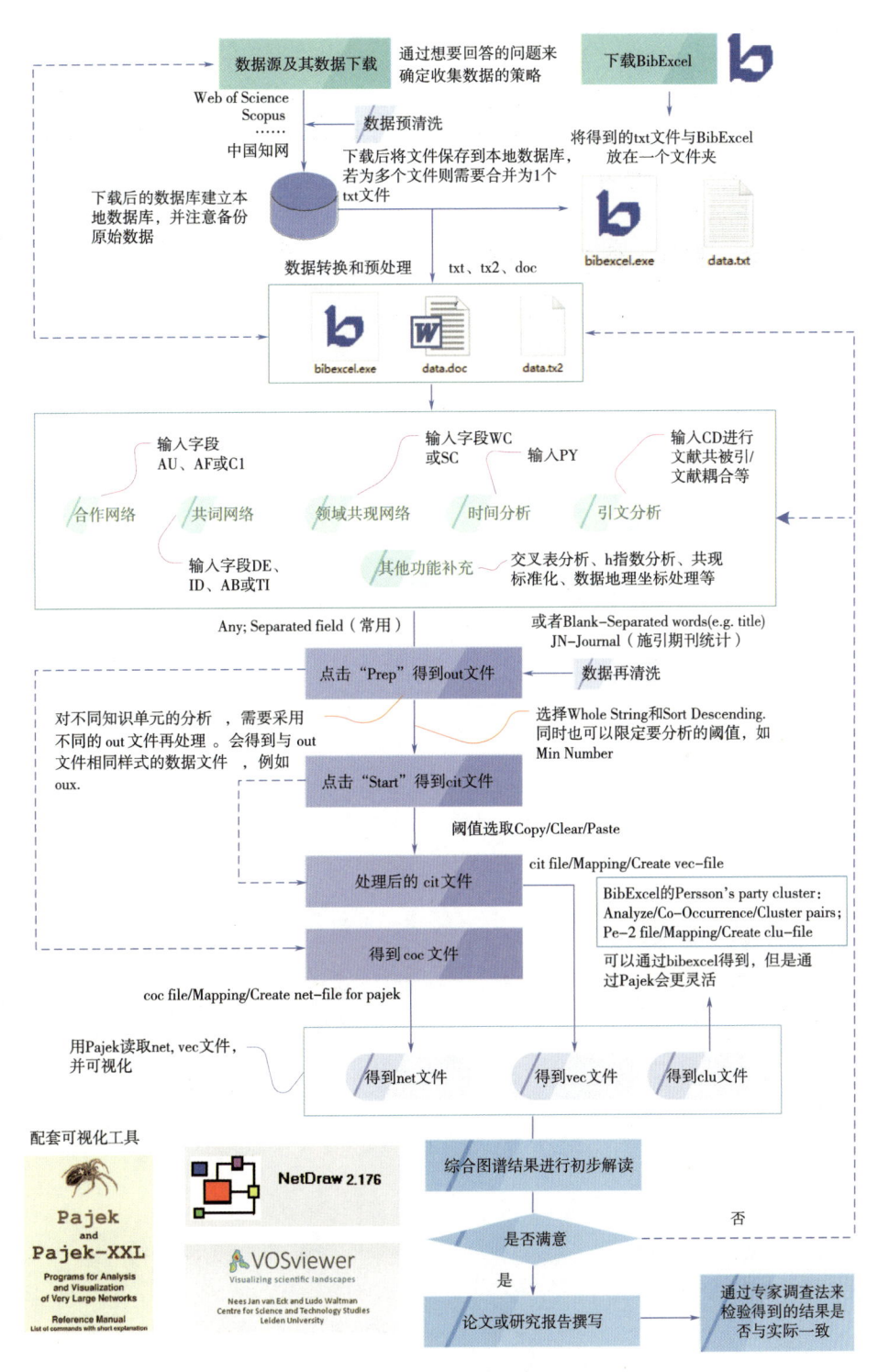

图1 BibExcel分析文献数据的流程

Bibexcel在文献计量中的功能是极其丰富的，用户很难一次性掌握所有功能。因此对于用户而言，在分析目的尚不明确的情况下，学习难度比较大。软件的开发者奥利·佩尔松推荐用户在使用BibExcel时尽可能地结合具体的分析场景或需求，既能提高分析的效率，也能在一定程度上提升分析的质量和效果。

软件开发者：奥利·佩尔松（Olle Persson）

详细介绍请参见人物词条。

参考文献（references）：

[1] PERSSON O, DANELL R, SCHNEIDER J W. How to use Bibexcel for various types of bibliometric analysis [M]. Celebrating scholarly communication studies: A Festschrift for Olle Persson at his 60th Birthday, 2009, 5: 9-24.

[2] 李杰.BibExcel科学计量与知识网络分析[M].3版.北京：首都经济贸易大学出版社，2023.

（李杰 撰稿/付慧真 审校）

21. Bibliometrix R工具包
（Bibliometrix R Package）

Bibliometrix R是一款用于进行科学计量数据分析与可视化的开源、免费的R语言工具包，由来自意大利的统计学者Massimo Aria和Corrado Cuccurullo共同开发。Bibliometrix R于2016年首次发布，截至2023年3月1日，在CRAN网站（https://cran.r-project.org/）已更新至4.1.1版本。用户可以在CRAN和github网站免费下载该工具包的压缩文件，并在R语言环境中安装该压缩文件，或者在R语言环境中通过函数直接下载并安装该工具包。Bibliometrix R作为R语言工具包，具有可重复性、开放性、较快的更新频率等特征，能够便捷地基于科技文献数据生成科学计量可视化结果，极大地促进科学计量学的应用发展。

Bibliometrix R不但涵盖了主要的文献计量学与科学计量学方法，还整合或集成了数据处理、统计分析、网络分析、可视化等多个R语言工具包函数，能够提供数据科学分析的全流程服务，使其成为一款功能全面的科学计量学分析工具。用户通过使用该工具包可以一站式完成与科学计量分析相关的操作流程，从数据收集→数据格式转换→数据清洗与处理→数据分析→数据可视化，实现文献、学者、研究机构、国家、出版源、关键词、引文等题录信息的结构化分析，达到追踪研究的多维动态，展示研究的全貌的目的。

基于Bibliometrix R工具包的科学计量数据可视化分析的一站式功能包含：

（1）数据收集：该包可根据作者ID从数据库中检索并提取相应文献题录信息和作者信息。可分别使用pubmedR、dimensionsR、rscopus工具包，通过API从PubMed、Dimensions、Scopus数据库中获取数据。

（2）数据格式转换：Bibliometrix R支持Web of Sciences、Scopus、PubMed、Dimensions、Cochrance、LENS.ORG、OpenAlex等数据库的分析。其中，部分数据库访问需要注册或订阅权限。用户还可以通过convert2df将数据导入并转换为数据框格式。不同数据库数据兼容格式详见bibliometrix R官网介绍或参考手册。

（3）数据清洗与处理：该工具包提供了缺失数据检查、不同数据库数据合并、数据除重、时间切片、提取参考文献作者/出版源信息、提取作者国家/机构信息、从题目和摘要提取主题词、关键词合并等数据前处理功能。

（4）数据分析与可视化：①基于文献、作者、机构、国家、出版源、参考文献等信息，提供基本的科学计量可视化分析功能。例如，文献的时间分布、作者/机构/国家文献产出、作者和出版源的h指数/g指数/m指数、布拉德福定律、洛特卡定律、关键词增长以及引文分析（包括被引次数、本地被引次数、被引次数标准化、文献出版年谱）等功能。②基于关键词、论文标题和摘要可做主题分析与可视化，例如，通过关键词共现聚类形成主题图，通过主题战略坐标图展示主题重要程度与发展程度，通过主题桑基图揭示主题演化规律等。③矩阵构建与标准化，例如，文档×文档单元（作者/机构/国家/关键词/参考文献等）矩阵，通过矩阵运算可转换为对称矩阵，如合作矩阵、共词矩阵、耦合矩阵、同被引矩阵等，并可以采用不同的标准化方法对矩阵进行处理，包括"association""jaccard""inclusion""salton""equivalence"等标准化算法。④该工具包能够基于参考文献进行引文分布、直引网络、耦合网络、同被引网络分析，基于作者、机构和国家构建合作网络，基于关键词信息提取关键词的共词网络，并对网络进行进一步的统计分析与可视化。⑤该工具包生成的网络图还可以通过net2VOSviewer函数将生成的结果导入VOSviewer中进行可视化。需要注意的是，由于标准化算法不一致，可能会导致在VOSviewer中链接强度出现变化。

在对Bibliometrix R工具包不断更新的基础上，两位学者进一步开发了网页版的应用程序Biblioshiny。该平台无需任何代码，实现了基于Bibliometrix R内核的用户操作界面。例如，用户可以通过Biblioshiny实现数据的导入与格式转换、数据合并、数据筛选、科学计量与可视化等（见图1）。在实际的应用中，用户可以通过bibliometrix::biblioshiny函数启动该平台。Biblioshiny对于无编程基础的科学计量学研究者非常友好，在科学计量数据分析与可视化上可实现快速上手操作。

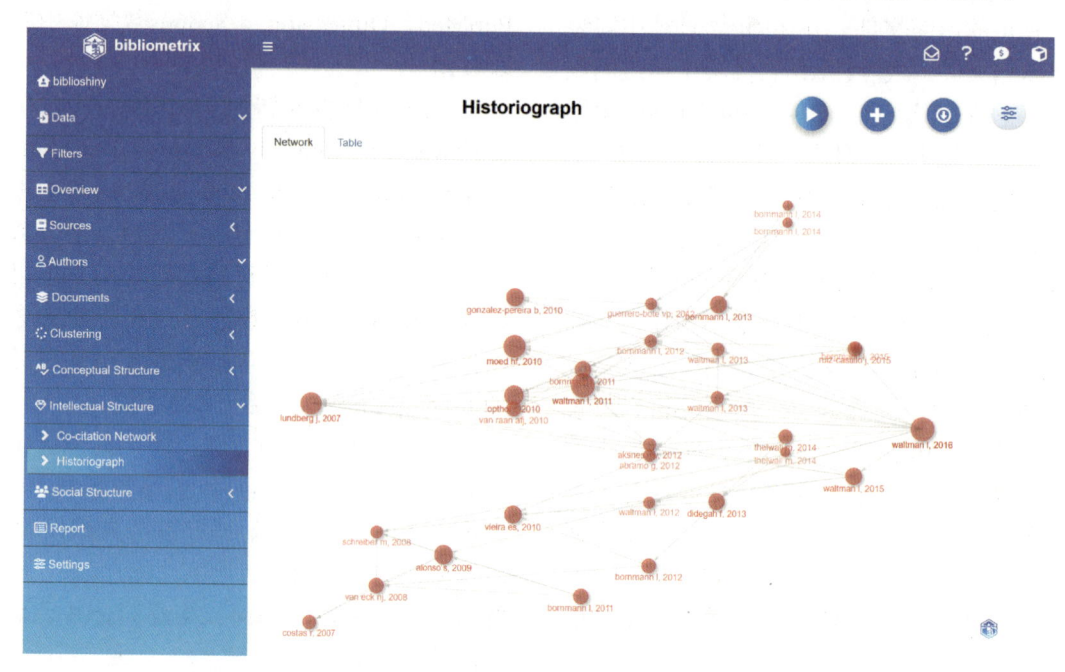

图1　Biblioshiny绘制的*Journal of Informetrics*引文网络

软件开发者：Massimo Aria 和 Corrado Cuccurullo

Massimo Aria（见图2），男，1973年生，意大利人，博士，教授，欧洲科学计量学暑期学校教师成员。2004年毕业于那不勒斯费德里科二世大学，获计算统计学专业博士学位。同年，加入那不勒斯费德里科二世大学经济与统计系，任助理教授，2014年11月晋升为副教授，2019年12月晋升为正教授。主要研究领域为文献计量学、科学知识图谱、系统文献综述、统计调查和机器学习。2007年成为国际统计研究所（International Statistical Institute，ISI）和国际统计计算协会（International Association for Statistical Computing，IASC）的会士。2010年与Corrado Cuccurullo共同领导那不勒斯费德里科二世大学文献计量学与科学知识图谱研究小组。截至2023年3月9日，Aria已在国际期刊上发表100多篇科学文章，总被引次数为4 520次，h指数为25。在那不勒斯费德里科二世大学开设了社会科学统计、统计推断、商业决策统计、R编程、MatLab编程等课程。

Corrado Cuccurullo（见图3），男，意大利人，博士，教授。2003年毕业于罗马第二大学，获公共管理专业博士学位。主要研究领域为文献计量学、系统文献综述、战略与绩效度量与管理、经济/商业评估等。2017年任坎帕尼亚大学经济与管理系教授，兼任意大利杂志 *Health Services Management Research* 副主编，*Healthcare Management* 编委。在坎帕尼亚大学开设财务报告与分析、绩效管理、企业治理、循证管理、企业战略与治理等课程。

图2 Massimo Aria

图3 Corrado Cuccurullo

参考文献（references）：

［1］ARIA M，CUCCURULLO C. Bibliometrix：An R-tool for comprehensive science mapping analysis［J］. Journal of Informetrics，2017，11（4）：959-975.

［2］李杰，余云龙，李彬彬. R科学计量数据可视化［M］.北京：首都经济贸易大学出版社，2022.

（余云龙 李杰 撰稿）

22. CiteSpace软件
（CiteSpace Software）

CiteSpace（Citation Space，"引文空间"）是一款着眼于分析科学文献中蕴含的潜在知识，在科学计量学和信息可视化的背景下逐渐发展起来的一款多元、分时、动态的引文可视化分析软件。该软件主要基于库恩的科学发展模式理论、普赖斯的科学前沿理论、社会网络分析的结构洞理论、科学传播的信息觅食理论和知识单元离散与重组理论等，对CNKI、CSSCI、Web of Science、Scopus等数据库中特定领域文献数据集进行计量，以探寻出学科领域演化的关键路径及其知识拐点，并通过一系列可视化图谱的绘制来形成对学科演化潜在动力机制的分析和学科发展前沿的探测。它是一个展示"科学结构"的著名工具，设计者的初衷是使知识领域分析专家和科学家清晰地辨别和认识科学发展的结构和态势。用户可以借助CiteSpace进行科学文献常见指标的描述性统计分析，也可以构建科学知识图谱，分析科学协作网络、研究科学研究的趋势和模式，以及确定特定领域的关键文章或作者，深度理解知识领域内的研究动态和学术关系。

CiteSpace的开发始于2003年（Chen，2004），并自2004年起对外免费公开分享，并不断更新升级（Chen，2006；Chen et al.，2010；Chen，2012；Chen，2017；Chen and Song，2019）。CiteSpace的最初灵感来自库恩（Thomas Kukn，1962）的科学革命的结构，其主要观点为"科学研究的重点随着时间变化，有些时候速度缓慢（incrementally），有些时候会比较剧烈（drastically）"，科学发展是可以通过其足迹从已经发表的文献中提取的。用户可通过CiteSpace主页下载软件包（https：//citespace.podia.com/），根据提示进行软件安装。面向不同的数据库需要下载不同的数据格式，如分析CNKI数据库需要下载Refwork格式文件，分析Web of Science 数据库需要下载带引用参考文献的纯文本格式文件，分析 Scopus 数据库需要下载ris格式文件等，然后将下载的数据导入软件即进行可视化分析。

CiteSpace提供了多种计量指标和图谱展示方式，用户可以用来进行与科学计量和可视化相关的分析。软件提供了作者、机构、关键词、被引文献等论文单元的频次、中介中心性、Burst指数、Sigma指数、PageRank指数等指标，用于衡量分析知识单元的影响力。中介中心性是测度节点在网络中重要性的一个指标，CiteSpace使用此指标来发现和衡量文献、作者、机构、关键词的重要性，尤其是研究的转折点（turning points）；Burst指数是采用Kleinberg算法来探测节点出现频次（或被引频次）在某时间段内突然发生增长的变化率，用于判断节点的突增程度，可用来判断研究的前沿足迹；Sigma指数由中介中心性和突发性这两个指标复合而成，主要用于衡量科学创新能力，识别创新性文献；PageRank指数最初作为互联网网页重要度的计算方法，用于谷歌搜索引擎的网页排序，它在科学计量学中可用来测度科学网络中有影响力的节点，包括作者、机构、关键词和文献等。

CiteSpace最主要的功能是显示科学发展的结构和态势，构建科学单元之间的全貌图，通过关系构建网络图谱，能够定位到特定领域内的科学结构、核心知识单元和趋势演化。该软件提供了三种可视化常见视图：聚类视图（cluster view）、时间线视图（timeline）和时区视图（timezone）。

（1）聚类视图分为默认视图和自动聚类标签视图，侧重分析不同研究领域的知识结构。默认视图中的节点代表分析的对象，出现频次（或被引频次）越多，节点就越大。节点内圈中的颜色及厚薄度表示不同时间段出现（或被引）的频次。节点之间的连线则表示共现（或共引）关系，其粗细表明共现（或共引）的强度，颜色则对应节点第一次共现（或共引）的时间。颜色从蓝色的冷色调到红色的暖色调的变化表示时间从早期到近期的变化。默认视图已经能够显示出形成的知识聚类、聚类之间的联系及其随时间的演变。自动聚类标签视图在默认视图的基础上，通过谱聚类算法生成知识聚类，在聚类视图中提供了两个指标对聚类效果进行评价：模块度（modularity）和平均轮廓值（mean Silhouette），模块度>0.3就意味着划分出来的社团结构是显著的，一般的当轮廓值在0.7时，聚类是高效率令人信服的，在0.5以上是合理的。聚类标签词来源于施引文献，可以从施引文献的"标题词条"或"索引词条"或"摘要词条"中提取；提取方法基于三种算法，即LSI算法、对数似然率（log-likelihood rate）算法以及互信息（mutual information）算法。

（2）时间线视图侧重勾画聚类之间的关系和某个聚类中文献的历史跨度。CiteSpace首先对默认视图进行聚类，并给每一个聚类赋予合适的标签，即完成自动聚类和自动标签的过程。然后根据节点所属的聚类（纵坐标）和发表的时间（横坐标），将各节点设置在相应的位置上，从而生成时间线视图。由于同一聚类的节点按照时间顺序被排布在同一水平线上，所以每个聚类中的文献就像串在一条时间线上，展示出该聚类的历史成果。

（3）时区视图是另一种侧重从时间维度上来表示知识演进的视图，可以清晰地展示出文献的更新和相互影响。CiteSpace将所有的节点定位在一个横轴为时间的二维坐标中，根据首次被引用的时间，节点被设置在不同的时区中，所处位置随着时间轴依次向上，因而一个从左到右、从下而上的知识演进图就直观地展示出来了。时区视图展示了领域文献数量的增长，某一时区中的文献越多，说明这一时间段中发表的成果越多，该领域处于繁荣时期；某一时区中的文献越少，说明这一时间段中发表的成果越少，该领域处于低谷时期。通过各时间段之间的连线关系，可以看出各时间段之间的传承关系。

此外，在进入CiteSpace可视化界面后，用户还可以对节点字体、大小、样式等属性进行调整。在科学网络图中，每个节点代表一个知识单元（作者、机构、关键词、文献等），节点的大小表示该知识单元的影响力。软件支持将结果保存为图片，可通过右击鼠标或者点击界面左上角的"Save visualization as a PNG file"来保存结果。

聚类视图和时间线视图示例见图1和图2。

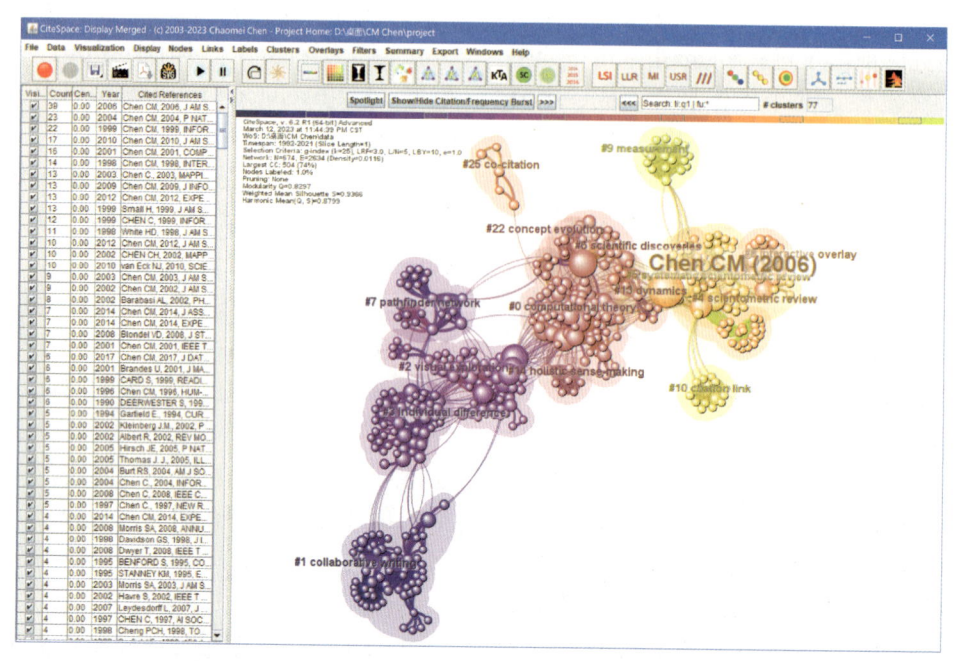

图1 陈超美教授学术论文参考文献的共被引网络聚类视图（cluster view）

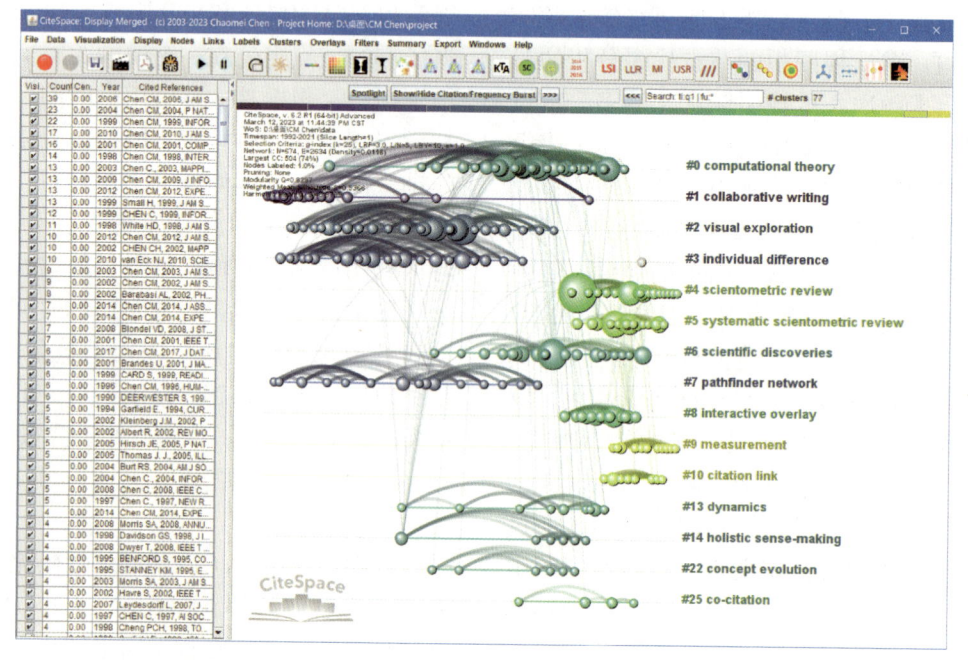

图2 陈超美教授学术论文参考文献的共被引网络时间线视图（timeline view）

| 数据库、工具与奖励篇 |

软件开发者：陈超美（Chen Chaomei）

陈超美（见图3），男，1960年生于北京，先后就读于南开大学数学专业（1979—1983年）、牛津大学计算专业（1990—1991年）和英国利物浦大学计算机专业（1991—1995年）；先后就职于英国格拉斯哥卡利多尼安大学（1995—1997年）、英国布鲁内尔大学（1998—2001年）和美国德雷塞尔大学（2001年至今）；目前担任美国德雷塞尔大学计算与信息学院教授。2003年以来，创建开发了广泛应用于识别和了解科学文献中结构及动态的可视化分析软件CiteSpace。主要研究领域包括视觉分析推理、复杂自适应系统结构和动态关键信息的评估以及科学和技术发展中新兴趋势和潜在变革性变化的识别，特别是运用计算和视觉分析方法。著有 Representing Scientific Knowledge: The Role of Uncertainty（Springer, 2017）、The Fitness of Information: Quantitative Assessments of Critical Information（Wiley, 2014）、Turning Points: The Nature of Creativity（Springer, 2011）（中译本：《转折点：创造性的本质》）和 Mapping Scientific Frontiers: The Quest for Knowledge Visualization（Springer, 2003, 2013）（中译本：《科学前沿图谱：知识可视化的探索》）。分别于2002年和2016年创办国际期刊 Information Visualization 和 Frontiers in Research Metrics and Analytics，并任主编。发表学术论文300余篇，出版著作10余部，Google Scholar被引28 000余次。研究项目获得来自美国国家科学基金会（NSF）、欧盟、英国工程和物理科学研究委员会、英国图书馆和信息委员会，以及Elsevier、IMS Health、Lockheed Martin 和 Pfizer 等资助。

图3 陈超美

参考文献（references）：

[1] CHEN C. Searching for intellectual turning points: Progressive knowledge domain visualization [J]. Proceedings of the National Academy of Sciences of the United States of America, 2004, 101 (suppl): 5303-5310.

[2] CHEN C. CiteSpace II: Detecting and visualizing emerging trends and transient patterns in scientific literature [J]. Journal of the American Society for Information Science and Technology, 2006, 57 (3): 359-377.

[3] CHEN C, IBEKWE-SANJUAN F, HOU J. The structure and dynamics of cocitation clusters: A multiple-perspective cocitation analysis [J]. Journal of the Association for Information Science & Technology, 2010, 61 (7): 1386-1409.

[4] CHEN C. Predictive effects of structural variation on citation counts [J]. Journal of the Association for Information Science & Technology, 2012, 63 (3): 431-449.

[5] CHEN C. Science Mapping: A Systematic Review of the Literature [J]. Journal of Data and Information Science, 2017, 2 (2): 1-40.

[6] CHEN C, SONG M. Visualizing a field of research: A methodology of systematic scientometric reviews [J]. PLoS One, 2019, 14 (10): e0223994.

（陈悦 李杰 撰稿/陈超美 审校）

23. CitNetExplorer软件
（CitNetExplorer Software）

CitNetExplorer（Citation Network Explorer）是一款用于分析和可视化科学文献引文网络的软件工具（van Eck，2014），由荷兰莱顿大学科学技术元勘中心（Centre for Science and Technology Studies，CWTS）Nees Jan van Eck研究员与Ludo Waltman教授合作开发，可免费用于非商业研究和教学。CitNetExplorer可用于分析和直观显示科学文献之间的引文联系，其思想是将一个领域中最重要的文献按出现的年份排序，通过该排序以及这些文献之间的引用关系获得一个领域随时间发展的图景（Garfield，2014）。CitNetExplorer亦可用于研究个体研究人员的学术成果，通过展示一个研究者所有文章之间的引用关系，了解研究成果之间的关联性及其研究脉络。

通过CitNetExplorer的官方网站可以免费下载CitNetExplorer软件，该软件自发布后并未更新，目前官网上可供下载的版本是2014年3月10日发布的CitNetExplorer1.0.0版本，需在Java 6或更高版本环境下运行。CitNetExplorer只支持导入来自Web of Science数据库的文件，除了科学文献的引文网络外，也可用于研究其他类型的引文网络，特别是专利引文网络。该软件可以处理包括数百万篇文献和引文关系的大规模数据（van Eck，2014）。由于绘制引文网络需要文献出版时间信息，所以在下载数据时需要排除提前上线（early access）类型的文章，避免软件在导入数据时出现报错。

CitNetExplorer的应用程序提供了丰富的功能，软件界面由网络面板、选择参数面板、信息面板和可视化面板四部分组成，包含打开（open）、保存（save）、截屏（screenshot）、选项（options）、返回（back）、前进（forward）、全部网络（full network）、清除选择（clear selection）、深度探索（drill down）、扩展（expand）、群组（groups）、分析（analysis）和帮助（help）等菜单选项。用户可以在信息面板中获得关于当前引文网络中的文献数量和引文链接数量等信息，也可以通过改变参数筛选呈现的文献，可选择参数包括一个或多个被标记的文献、文献时间段、组别。

在CitNetExplorer的可视化引文网络中，文献沿着纵向时间轴显示，颜色指示文献所属的聚类集群（van Eck，2017），用户可以获得引文网络中最常被引用的文献、这些文献之间的引用关系以及文献所属聚类集群的概览（示例见图1）。

CitNetExplorer通常只显示部分高被引文献的引文关系，默认显示40篇。此外，CitNetExplorer包含软件内文献检索功能，用户可以查找特定的文献并进行标记，检索字段包括标题、出版年份、作者姓名和期刊名称等信息。

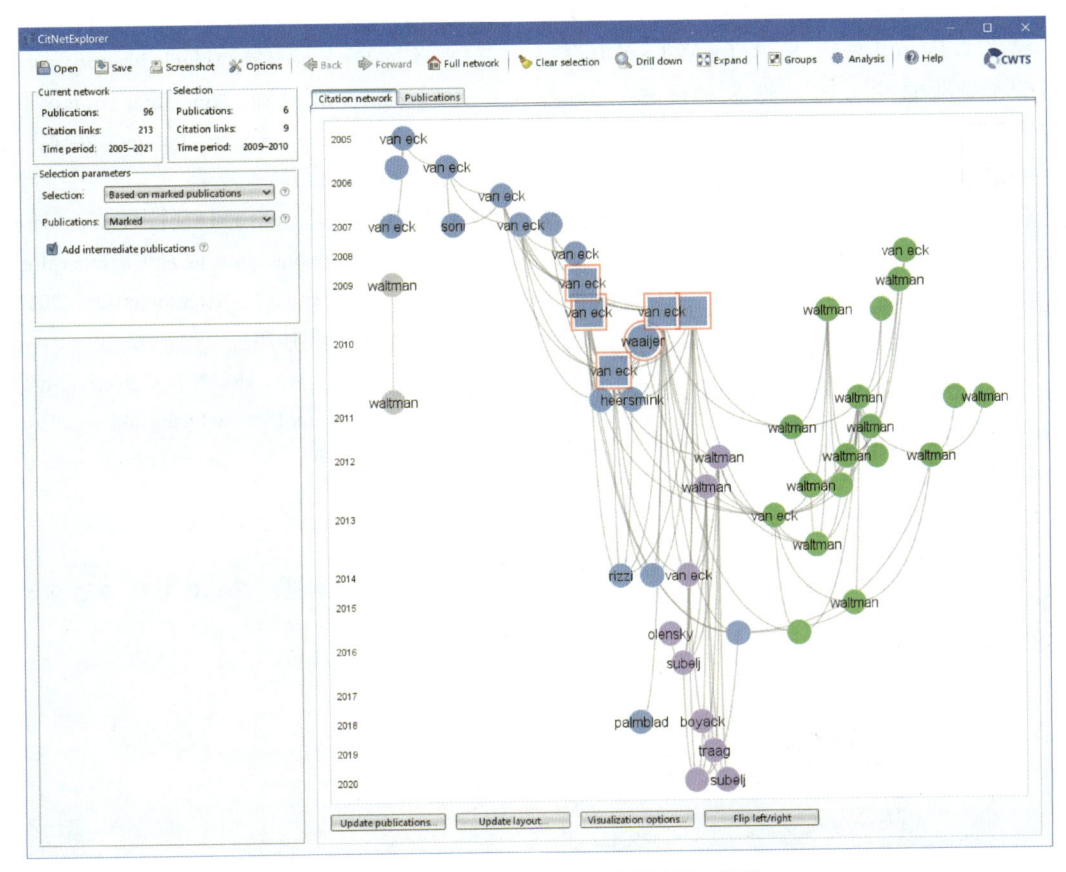

图1　Nees Jan van Eck论文形成的引文网络

　　CitNetExplorer支持深入研究引文网络，深度探索（drill down）和拓展（expand）提供了引文网络局部和扩展的不同呈现方式，类似于网络浏览器，可以使用返回（back）和前进（forward）来前后移动。如果想深入研究某个集群的信息，可以通过深度探索（drill down）使该集群显示在面板中，向下钻取到一个或多个选定的文献，呈现由属于选定聚类的文献组成的子网络（van Eck，2017）。用户可以从由数百万文献组成的完整网络开始，然后逐步深入研究这个网络，直至一个小的子网络。主菜单的分析可以实现核心文献分析、最长和最短路径分析等功能。

　　用户也可以通过聚类（group）对引文网络进行进一步分析。聚类可以设置集群的分辨率、集群的最少包含节点数量和优化系数，信息面板会显示节点所在集群的信息。在可视化和交互方面，CitNetExplorer引文网络的可视化可以使用缩放和滚动功能，软件的智能标签算法可以确保标签不重叠。

　　软件开发者：**Nees Jan van Eck和Ludo Waltman**

Nees Jan van Eck（见图2），男，现为荷兰莱顿大学科学技术元勘中心（CWTS）的高级研究员，主要从事文献计量学和科学计量学领域的研究，研究重点是开发可视化工具和算法，并担任CWTS的ICT主管，负责该中心的数据基础设施。van Eck是两个著名的文献计量数据可视化软件——VOSviewer和CitNetExplorer软件的主要开发者，参与了各种文献计量学研究项目和培训课程。此外，van Eck专注于文献计量数据源的研究和科学文献全文的分析，已经发表了70多篇论文，担任 Journal of the Association for Information Science and Technology 期刊简讯编辑，是 Journal of Data and Information Science 和 Quantitative Science Studies 期刊编委会成员、国际信息计量学和科学计量学协会（International Society for Informetrics and Scientometrics，ISSI）理事会成员。

Ludo Waltman详细介绍参见学者篇。

参考文献（references）：

[1] GARFIELD E, PUDOVKIN A I, ISTOMIN V S. Why do we need algorithmic historiography? [J]. Journal of the American society for information science & technology, 2014, 54（5）: 400-412.

[2] VAN ECK N J, WALTMAN L. Citation-based clustering of publications using CitNetExplorer and VOSviewer [J]. Scientometrics, 2017, 111（2）: 1053-1070.

[3] VAN ECK N J, WALTMAN L. CitNetExplorer: a new software tool for analyzing and visualizing citation networks [J]. Journal of informetrics, 2014, 8（4）: 802-823.

（付慧真 陈姝颖 撰稿/李杰 审校）

图2　Nees Jan van Eck

数据库、工具与奖励篇

24. CRExplorer软件
（CRExplorer Software）

　　CRExplorer（全称为Cited References Explorer，下载地址为https://andreas-thor.github.io/CRExplorer/）由德国莱比锡应用科学大学Andreas Thor教授主持设计和开发，主要用于对施引论文的参考文献进行系统分析。该软件于2015年12月30日首次发布，并迅速受到了学界的关注和应用。

　　CRExplorer的基本功能是提取并分析施引文献的参考文献信息。它可以对施引文献的参考文献发表时间分布进行可视化，并分析参考文献的其他详细信息，如总被引频次、作者和期刊信息。通过该软件，用户可以了解某领域的高被引论文及其演化的历史根源（historical root），研究某一特定学者的高被引文献信息，获得对其有重要学术影响的文献信息。此外，CRExplorer还可以对参考文献进行消歧，并通过引文出版年谱分析研究主题的演化过程。

　　用户在首次使用CRExplorer前还需要安装和配置JAVA环境。从整体上来看，CRExplorer的分析界面共包含两个部分，左侧为可视化（该可视化曲线是被引文献的时间谱线，或称"引文出版年谱"），右侧为参考文献详细信息的列表（见图1）。界面中的图和表可以通过菜单栏File中的Setting来设置。目前，CRExplorer可以直接读取来自Web of Science、Scopus以及Crossref数据库的数据。软件界面菜单栏的File→import可以用来选择导入数据的类型。数据导入后，软件会自动生成所分析数据的引文出版年谱。出版年谱共包括两条曲线，其中Number of cited references代表被引文献的数量，Deviation from the 5-year-median代表"中位数绝对偏差"处理后的曲线。用户可以借助曲线上的峰值来判断和分析整个文献演化历程中的关键点。对于分析结果，用户可以通过菜单File→Save as CSV file将当前文献信息列表进行保存，并可以在EXCEL中查看和分析结果。

　　为了保证结果分析的精度，CRExplorer提供数据的移除、参考文献消歧等功能。在数据的移除功能上，软件提供了四种方法，分别为移除选定的文献（remove selected cited references）、通过被引文献时间移除（remove by cited reference year）、通过文献被引次数来删除（remove by number of cite references）和按照引证百分位来删除（remove by percent in year）。在数据的消歧方面，该软件使用莱文斯坦相似性（Levenshtein similarity）方法对参考文献的相似性进行计算。两篇参考文献字符串S_1和S_2的相似度计算公式为：

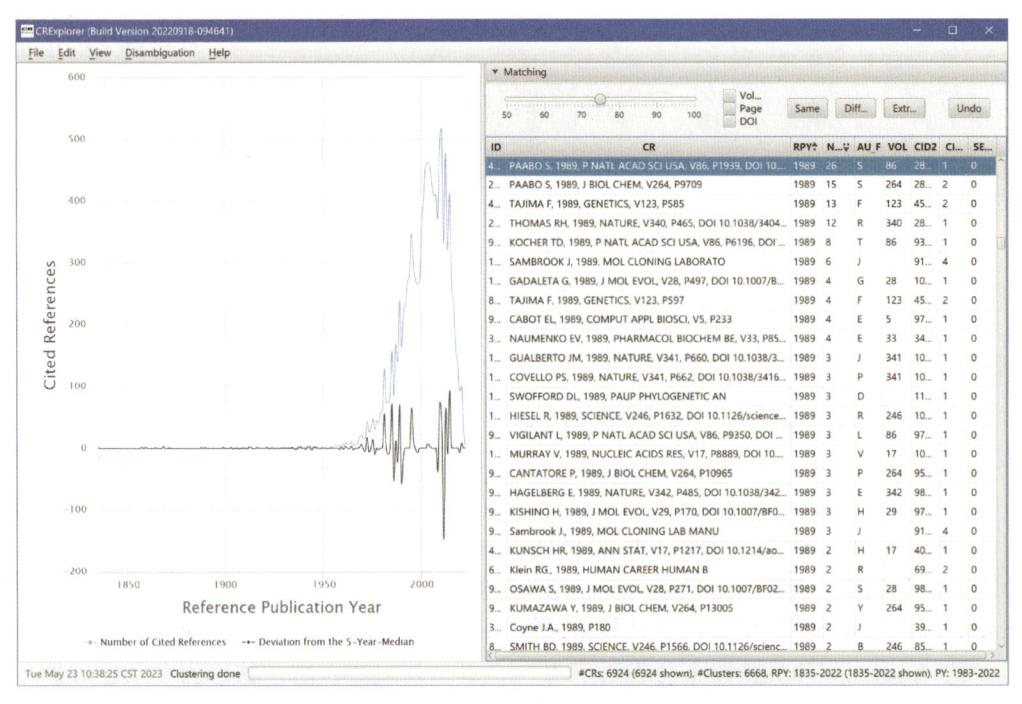

图1 2022年诺贝尔生理学或医学奖获得者Svante Pääbo论文的引文出版年谱

$$\text{sim}(s_1, s_2) = 1 - \frac{LD(s_1, s_2)}{\max(|s_1|, |s_2|)}$$

其中，$|s|$为字符的长度，$LD(s_1, s_2)$为Levenshtein距离，$LD(s_1, s_2) \in [s_1, s_2]$。对于相等的字符，$LD(s_1, s_2)$等于0，对于完全不同的字符，$LD(s_1, s_2)$等于$\max(|s_1|, |s_2|)$。上式的计算结果$\text{sim}(s_1, s_2) \in [0,1]$。若计算结果为0，则代表两个字符完全不同，若计算结果为1，则代表两个字符完全相同。在默认情况下，软件给出的该参数阈值为0.75，用户可以自行调整。初始运行计算时，该软件仅考虑了通过作者的姓（last name）和出版物（source title）来识别相同文献。

自CRExplorer开发以来，该软件已经成为其他科学计量分析工具的有效补充。有大量研究者使用该软件进行了研究领域或主题的历史根源和演化分析。

软件开发者：Andreas Thor

Andreas Thor（见图2），男，目前是莱比锡应用科学大学（HTWK Leipzig University of Applied Sciences）教授，分别在2002年和2008年从莱比锡大学计算机科学专业获得学士学位和博士学位。目前主要从事数据库、数据分析和在线学习等方面的研究，并承担数据库系统、数据管理的本科生教学和云数据管理、数据集成和数据仓库方面的研究生教学。

图2 Andreas Thor

在该软件的开发过程中，Andreas Thor主要负责软件系统开发，Robin Haunschild（德国马普所）和Lutz Bornmann（德国马普所）进行内容开发（content development）。Loet Leydesdorff（荷兰阿姆斯特丹大学）、Werner Marx（德国马普所）以及Rüdiger Mutz（苏黎世联邦理工学院）也给予了一定的开发支持。

参考文献（references）：

[1] THOR A, MARX W, LEYDESDORFF L, et al. Introducing CitedReferencesExplorer (CRExplorer): a program for reference publication year spectroscopy with cited references standardization [J]. Journal of informetrics, 2016, 10 (2): 503-515.

[2] MARX W, BORNMANN L, BARTH A, et al. Detecting the historical roots of research fields by reference publication year spectroscopy (RPYS) [J]. Journal of the association for information science and technology, 2014, 65 (4): 751-764.

[3] MARX W, BORNMANN L. Tracing the origin of a scientific legend by reference publication year spectroscopy (RPYS): the legend of the Darwin finches [J]. Scientometrics, 2014, 99: 839-844.

[4] LEYDESDORFF L, BORNMANN L, MARX W, et al. Referenced publication years spectroscopy applied to iMetrics: scientometrics, journal of informetrics, and a relevant subset of JASIST [J]. Journal of informetrics, 2014, 8 (1): 162-174.

[5] BORNMANN L, THOR A, MARX W, et al. Identifying seminal works most important for research fields: software for the reference publication year spectroscopy (RPYS) [J]. CollNet journal of scientometrics and information management, 2016, 10 (1): 125-140.

（李杰 侯剑华 撰稿/李信 审校）

25. HistCite软件
（HistCite Software）

HistCite（History of Cite）是科学计量和引文图谱（historiography）分析工具，专门用于Web of Science（WoS）数据库的引文分析。它由美国著名情报学家和科学计量学家、Science Citation Index（SCI）数据库创始人尤金·加菲尔德（Eugene Garfield）教授及其同事设计（Garfield, 2001），并由汤森路透（Thomson Reuters）公司开发。用户可以借助HistCite进行科学文献常见指标的描述性统计分析，绘制引文网络图，快速识别一个领域中的关键研究，并跟踪其历史发展，进而深度理解某一领域的研究动态和学术关系（Garfield, 2004; Lucio-Arias et al., 2008）。

用户通过科睿唯安（Clarivate）公司的HistCite网页可以免费下载获得HistCiteInstaller.zip文件，根据提示进行软件安装。该软件界面显示版本时间跨度为2004—2009年。网站已停止了该软件的更新，目前为2009年版本（12.3.17版）。该软件能够在Windows XP/Vista、Windows 7及其以上版本运行。由于Web of Science数据格式更新，目前Web of Science下载的数据需进行处理后再导入HistCite。具体方法为：使用文本编辑工具打开数据，将数据首行名称中的"FN Clarivate Analytics Web of Science"修改为"FN Thomson Reuters Web of Knowledge"再进行导入。

HistCite提供了多种计量指标，用户可以用来进行与科学计量相关的分析。软件包含每篇文献的引用频次和参考文献数量信息，具体包括LCS（本地引用次数，local citation score）、GCS（全局引用次数或总被引次数，global citation score）、CR（文章引用的参考文献数量，cited references）、LCR（文献引用本地论文的数量，local cited references）。LCS是某篇文章在当前数据库中被引用的次数（即被所下载数据中的其他论文引用的次数），表示受同行关注的程度，LCS越大，说明此文献受到本领域关注越高。LCS一定是小于或等于GCS的。LCS/t=local citation score per year，表示从该论文发表年份到数据获取年份的年均本地引用次数；LCSx=local citation score excluding self-citations，表示排除自引的本地引用次数。GCS考察文献在Web of Science中被其他文献引用的总频次。GCS/t=global citation score per year，表示从某论文发表的年份到当前年份的年均全局引用次数；OCS全称为other citation score，表示其他引用分数。如果某篇文献引用了100篇参考文献，则CR为100，这个指标可以协助初步识别某篇文献是一般论文还是综述性论文。如果某篇论文引用了30篇本地数据库中的论文，那么LCR为30。通常引用本地论文数量越大，则表明该论文与所下载的主题论文相关性越强或在所调研主题下具有越高的引文影响力（Garfield et al., 2006）。

在HistCite中还有一些与LCS相关的指标，包括：①LCSb（local citations at beginning of the time period），是指某论文在刚发表一段时间内被引用的次数。②LCSe（local citations at the end of the time period covered），是指某论文在近期某一段时间内被引用的次数，这里LCS不一定等于（LCSb+LCSe）。③LCS e/b（ratio of local citations in the end and beginning periods），表示的是某篇论文近期被本地文献引用的次数与该论文刚发表一段时间引用次数的比值。若LCS e/b>1，则说明该论文在近期被引用次数要大于刚发表的一段时期，此数值越大则越能反映该论文在近期的关注度高；LCS e/b<1，则说明该论文刚发表时被关注较多，但是后来关注很少（Garfield et al., 2006）。

HistCite最主要的功能是显示不同年代文献之间的知识传承，构建文献之间的引用全貌图，通过文献引用的溯源，能够定位到特定领域内的关键文献（Lucio-Arias et al., 2008; Garfield, 2009）。在数据导入结果的界面中，点击菜单栏Tools，选择Graph Maker。进入Graph Maker界面后，点击Make Graph即可得到引文网络（图1为*Journal of Informetrics*被引TOP 30论文所形成的历史引文网络）。使用左侧的工具栏可以进一步调整参数，在网络中引入更多或更少的文献。

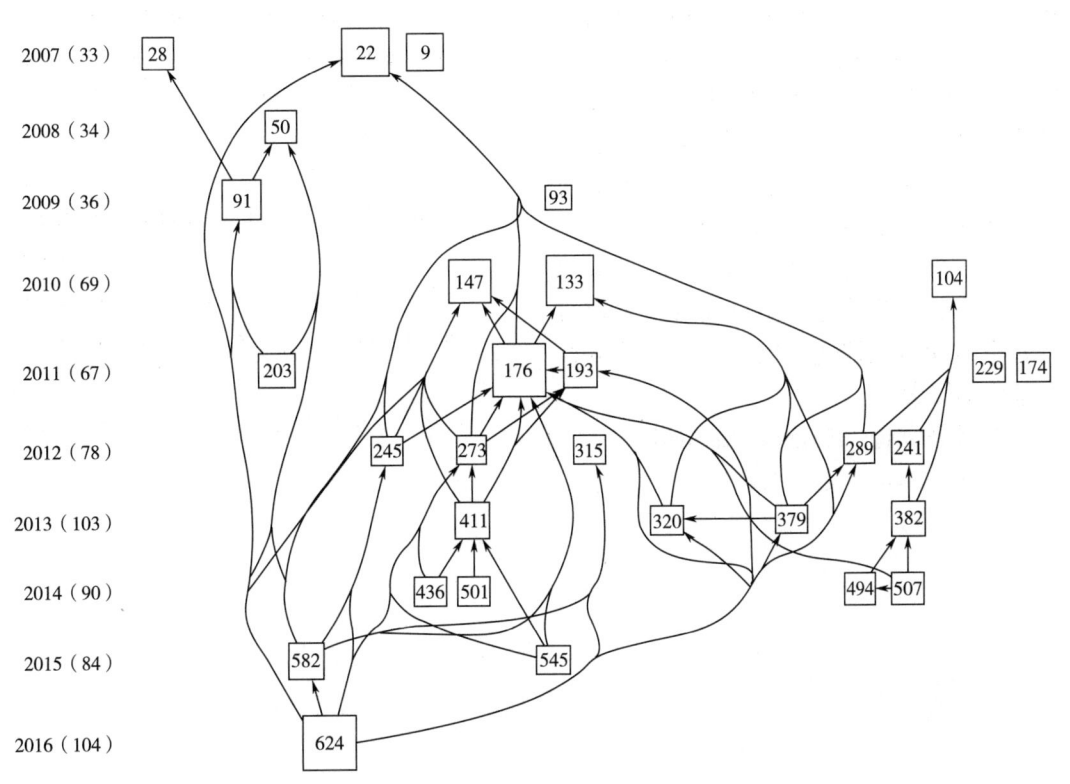

图1 *Journal of Informetrics*期刊被引排名TOP 30论文的历史引文网络

HistCite提供的默认节点提取方式为LCS值，用户也可以选择LCS排名。在设置参数后，还可以对节点字体、大小、样式等信息进行调整。在引文网络图中，每个节点代表一篇论文，节点的大小表示该论文的被引次数。软件支持将结果保存为图片，可通过右击鼠标或者点击界面左上角的Print graph、Print text、Keep graph或PostScript来保存结果。

在HistCite开发初期，Garfield（2001）介绍了HistCite绘制引文编年图的内在机理，并详细阐述了软件的具体应用功能，如计算文献被引频次、提供集合外参考文献列表、生成引文矩阵与编年图等（Garfield等，2006）。Lucio-Arias等（2008）指出在HistCite中能够运用主路径分析法，以突出引文网络中研究领域的主干文献结构。近年来，HistCite虽然已停止更新，但依然获得持续关注，相关研究主要侧重应用与实践。在科学计量学领域，Leydesdorff等（2017）开发了将Scopus数据与WoS数据相互转换的方法，拓宽了HistCite的数据分析范围；其他领域的学者更多地尝试将HistCite与VOSviewer、CiteSpace等文献计量软件结合，辅助对教育、经济、生物等诸多学科或特定主题的计量分析和研究综述，以及相关领域热点与前沿的探索。

软件开发者：Eugene Garfield
详细介绍请参见学者篇。

参考文献（references）:

[1] GARFIELD E. From computational linguistics to algorithmic historiography [C]. Symposium in Honor of Casimir Borkowski at the University of Pittsburgh School of Information Sciences. 2001.

[2] GARFIELD E. From the science of science to Scientometrics visualizing the history of science with HistCite software [J]. Journal of Informetrics, 2009, 3（3）: 173-179.

[3] GARFIELD E. Historiographic mapping of knowledge domains literature [J]. Journal of Information Science, 2004, 30（2）: 119-145.

[4] GARFIELD E, PAIRS S, STOCK W G. HistCite™: A software tool for informetric analysis of citation linkage [J]. Information Wissenschaft und Praxis, 2006, 57（8）: 391.

[5] LEYDESDORFF L, THOR A, BORNMANN L. Further steps in integrating the platforms of WoS and Scopus: Historiography with HistCite™ and main-path analysis [J]. Profesional de la información, 2017, 26（4）: 662-671.

[6] LUCIO-ARIAS D, LEYDESDORFF L. Main-path analysis and path-dependent transitions in HistCite™-based historiograms [J]. Journal of the American Society for Information Science and Technology, 2008, 59（12）: 1948-1962.

（付慧真 郑尔特 李杰 撰稿/罗昭锋 审校）

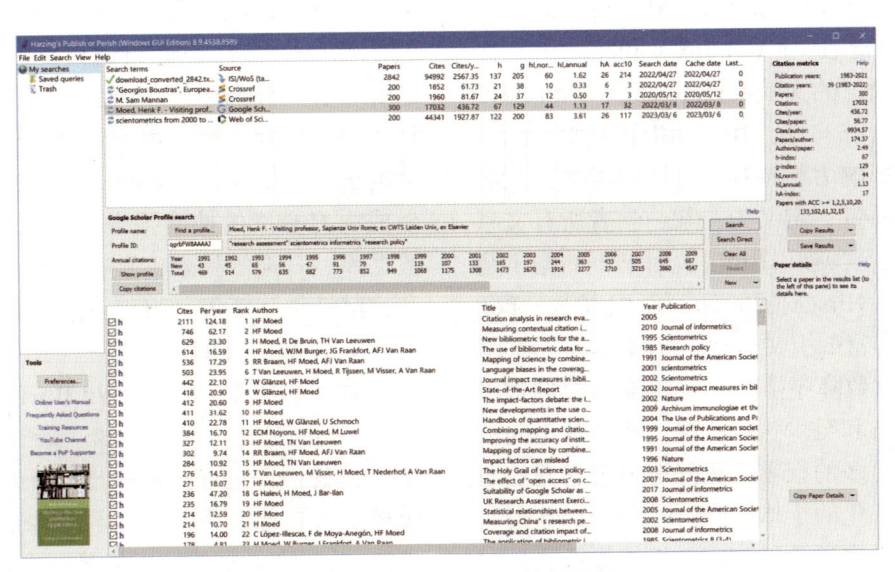

26. Publish or Perish软件
（Publish or Perish Software）

Publish or Perish（简称PoP）是一款文献爬取和科学计量软件（Harzing，2022），由英国密德萨斯大学国际管理学教授Anne-Wil Harzing设计，并由软件研发与咨询公司Tarma Software Research Ltd开发。PoP软件是一个强大的学术影响力分析工具，它能够集中访问多个引文数据库，快速获取数据，并计算和展示丰富的引文指标，从而对文献、学者、期刊、主题或学科领域进行监测和评估。用户通过使用PoP可以协助完成职称或基金申请、投稿期刊选择、寻找合作者、撰写文献综述、开展文献计量研究等需求（Harzing，2010）。

PoP于2006年首次发布，到2021年已更新至Publish or Perish 8，用户可以从Anne-Wil Harzing教授的个人主页（harzing.com）免费下载，并能够在Windows 7与MacOS 10.13及其以上版本运行。PoP支持文献检索的数据库包括Crossref、Google Scholar、Google Scholar Profile、OpenAlex、PubMed、Scopus、Semantic Scholar和Web of Science，部分数据访问需要注册或订阅权限。另外，PoP软件还支持来自Google Scholar/Citations、Scopus、Web of Science、EndNote等平台或工具的数据导入。图1为PoP软件用户界面，展示了所检索的数据结果。

图1　Publish or Perish软件界面

不同数据库中各学科的覆盖范围和被引次数统计等指标存在差异（Harzing，2020），在检索过程中检索项也存在不同，主要有作者检索、机构检索、出版物/期刊检索、标题检索、关键词检索及其组配检索。用户可以通过合理搭配布尔运算符（NOT、AND、OR）和通配符（?、*）等高级检索方式，进一步提高查全率与查准率。此外，将相同的检索词预先填入检索框，然后使用创建新搜索（New）功能可以轻松地跨数据库复制搜索和比较指标。PoP还为用户提供了详细的检索提示及帮助功能，可通过点击搜索窗格右上方或菜单栏的Help选项实现。

PoP通过分析用户当前所选文献，可以在界面中即时呈现多个引文指标，包含出版年份范围（publication years）、被引用年份范围（citation years）、文献总数（papers）、被引用总次数（citations）、年均被引用次数（cites/year）、篇均被引用次数（cites/paper）、每篇文献的平均作者数（authors/paper）、h指数（h-index）、g指数（g-index）、归一化的个体h指数（hI, norm）、年均个体h指数（hI, annual）、平均引用h指数（hA-index）和年均引用次数超过阈值的文献数量（papers with ACC >= 1, 2, 5, 10, 20）。h指数是常用的衡量学术影响力的指标，它同时考察文献的数量和质量，定义为：某一学者所有文献中有h篇至少被引用h次，而剩下的均不超过h次（Hirsch，2005）。除了h指数，PoP引入了丰富的引文指标。g指数是指将文献按被引次数降序排序后，前g篇文献的被引用次数总和至少达到g^2次，通过赋予高被引文献更多的权重以更好地展现它们的情况。归一化的个体h指数在计算h指数前通过将被引次数除以该篇文献的作者数，对每篇论文的被引次数进行归一化处理，减

少了合著模式的影响。年均个体h指数在归一化个体h指数的基础上除以作者的学术年龄（自首次发表文献以来经过的年数），减少了作者职业生涯长度的影响。若年均个体h指数为1，表明某一学者每年持续发表一篇文献，且根据合著者的数量进行处理后，该文献的被引次数足以纳入h指数。同时，年均个体h指数相比h指数能缩小不同数据库中各学科之间的差异，因而也可以用来比较不同学科的被引水平（Harzing，2020）。平均引用h指数则将每篇文献的被引次数除以该篇文献的年龄，得到平均每年至少被引用h_a次的文献的最大数量，表示文献持续被引用的情况。此外，PoP计算的指标还包括每位作者的平均被引次数（cites/author）、每位作者的平均论文数（papers/author）、按文献年龄进行加权的被引率（age-weighted citation rate，AWCR）等（Adams，2021）。

在PoP中用户所选的文献和引文指标可以复制或导出为BibTeX、CSV、Excel、EndNote、ISI/WOS Export、JSON、RIS、APA/Chicago/CSIRO/Harvard/MLA/Vancouver Reference等多种格式，包括文献的卷、期、开始页和结束页、期刊的ISSN、DOI和摘要等在内的详细信息，这便于用户管理文献或进一步分析。为简化数据记录的保存，PoP从版本6.x开始可以生成内容全面的搜索报告，涵盖检索词、数据库、日期等检索信息，以及引文指标和文献结果列表等，报告可以复制或保存为富文本格式（RTF）。

软件开发者：Anne-Wil Harzing

Anne-Wil Harzing，女，荷兰籍（见图2）。2014年起任英国密德萨斯大学国际管理教授、荷兰蒂尔堡大学国际管理客座教授，2019年入选国际商务学会（Academy of International Business，AIB）院士。主

图2 Anne-Wil Harzing

要研究领域为国际人力资源管理、外籍人士管理、总部-子公司关系、跨文化管理、人力资源管理实践的转移、语言在国际商业中的作用、国际研究过程以及学术研究的质量和影响。此外，Anne Wil积极参与和推动期刊质量、研究绩效指标和学术界的多样性和包容性相关的问题研究，是*Journal Quality List*的编辑、Publish or Perish软件的提供者、伦敦地区女性学者网络CYGNA的创始人。她在个人主页（harzing.com）上发布了350多篇学术相关的博客文章，还拥有一个包含学术资源的YouTube频道。截至2022年11月，Anne-Wil已在国际期刊上发表130多篇学术论文和书籍，在Web of Science中被引近1 2000次，在Google Scholar中被引超过25 000次，h指数为70。2007年以来被列入Web of Science全球经济与商业领域被引次数最高的1%学者，2020年以来入选爱思唯尔（Elsevier）全球商业与管理领域被引次数最高的50位学者。

参考文献（references）：

[1] HARZING A W. Everything you always wanted to know about research impact [M]. How to Get Published in the Best Management Journals. Edward Elgar Publishing，2020.

[2] HARZING A W. The publish or perish book [M]. Melbourne：Tarma Software Research Pty Limited，2010.

[3] HIRSCH J E. An index to quantify an individual's scientific research output [J]. Proceedings of the National academy of Sciences，2005，102（46）：16569-16572.

（付慧真 蒋思雯 撰稿/李杰 审校）

27. Sci2软件
（Sci2 Software）

Sci2软件（Science of Science Software）是由美国印第安纳大学图书情报专家Katy Börner教授及其团队开发的科学知识图谱分析工具（Sci2 Team，2009）。其加载数据资源丰富，过程透明性与兼容性高，可视化功能强大，便于整合各种数据资源、模型和工具。Sci2是一个独立的桌面应用程序，可以在所有常见操作系统上安装和运行，它需要在本地计算机上预安装Java SE 5（版本1.5.0）或更高版本。Sci2菜单结构遵循用户从左到右运行的广义工作流，主要有文件（file）、数据准备（data preparation）、预处理（preprocessing）、分析（analysis）、建模（modeling）、可视化（visualization）、R软件（R）和帮助（help）等8个一级菜单栏。Sci2用户界面主要包括菜单栏、控制台（console）、数据管理器（data manager）、调度器（scheduler）和工作流程管理器（workflow manager）等模块。其中，控制台、数据管理器、调度器窗口记录数据处理过程的详细信息，当程序运行出现问题时提供错误日志便于用户寻找错误点。数据导入是开展数据分析的基础，Sci2软件可以识别并加载多种通用格式数据，包括.xml、.net、.isi、.csv、.bib、.enw、.nsf等，也可以直接识别常用数据库的导出数据，如Web of Science和Scopus，以满足不同用户的需求。

Sci2主要数据分析与可视化功能为时序分析、地理分析、主题分析和网络分析，各功能均可按照"预处理—数据分析—可视化"流程进行操作（见图1）。

时序分析在实际应用中常与其他功能配合使用，如地理分析、主题分析、网络分析等。时序分析的主要功能为时间切片与突发探测，时序分析的可视化展示为软件特有的水平条形图。时间切片可以分为累积切片和完全切片，累积切片中每个切片的子数据包含来自所有更早时间的数据，而完全切片中每个切片子数据只包含来自其自身时间段的数据。Kleinburg（2003）的突发检测算法通过识别学术实体属性中出现频率突然变化的词汇，来反映一段时间内测度对象在不同时间段的趋势变化，Sci2以其作为突发检测内嵌算法。Sci2通过"Analysis > Temporal > Burst Detection"中使用Kleinberg算法，提供了三个参数供用户设置：伽马值（Gamma）、密度规模（density scaling）和突发状态数（bursting states），并为所有参数设置了默认值。

数据库、工具与奖励篇

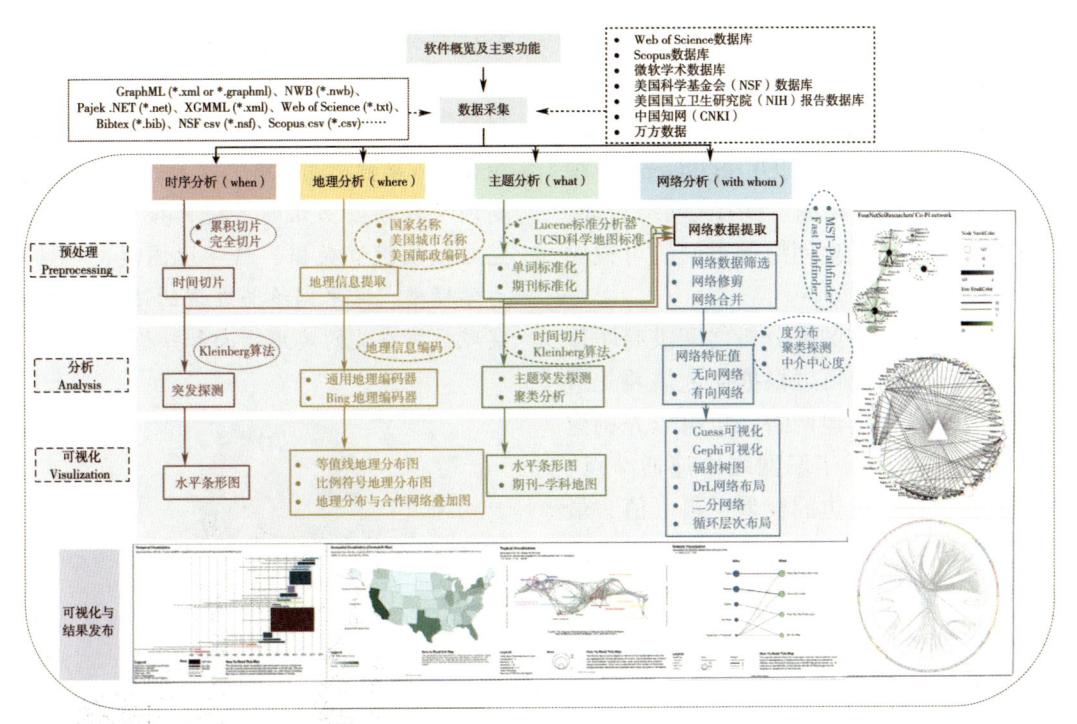

图1 Sci2主要功能与操作流程

地理分析的数据来源为地址信息，主要功能涉及地址预处理、地理编码器、地理分布图、地理分布与合作网络叠加图等。一般原始地理数据为国家、邮政编码或者含有地理位置信息的描述类信息，无法直接显现为可视化的数值型数据，因此需要通过地理编码器将这些地理信息映射至相应的经纬度数值信息，并通过经纬度转化为二维坐标系从而确定该地理位置。导入地理数据后，运行"Visualization > Geospatial > Proportional Symbol Map"，可形成比例符号地理分布图。

主题分析的数据对象包括标题、摘要与关键词等，由于标题和摘要为自然语言，需要进行停用词、分词分析，软件提供了Lucence标准分析器对其进行单词标准化处理。主题分析通常与突发检测、时间切片与网络分析功能联合使用。进行文本规范化处理具体可通过"Preorocessing > Tropical"菜单下的相关操作进行。"Lowercase, Tokenize, Stem, and Stopword Text"利用Lucene提供的标准分析器进行文本规范化处理。在期刊分析中，通过"Reconciled Journal Name"对期刊名称进行规范化处理，内嵌UCSD科学地图，USCD科学地图包含554个子学科和13个大类学科，每个期刊都对应着地图中相应的位置（Börner et al., 2012）。

网络分析的数据对象较为多元，包括地址、主题、作者、参考文献等信息，主要功能包括网络提取、网络数据筛选、网络修剪、网络统计特征值分析、多类网络可视化布局等。Sci2可直接提取出多种网络，如有向网络（directed network）、二分网络（bipartite network）、引文网络（paper citation network）、作者-论文网络（author paper network）、共现网络（co-occurrence network）、共词网络（word co-occurrence network）、作者合作网络（co-author network）、参考文献共现（文献耦合）网

731

络（reference co-occurrence（bibliographic coupling）network）、文献共被引网络（document co-citation network）。软件中网络可视化丰富，内置了GUESS和Gephi可视化插件，还有辐射树图、DrL大网络布局、二分网络和环形层次网络等不同的可视化布局形式。

数据预处理与数据分析之间没有明显的先后次序。用户可以根据研究需要先进行数据处理，再构建网络；也可以先构建网络，在此基础上了解网络中连通节点、孤立节点个数以及边的权重（最大值、最小值、均值）等，再根据具体研究需求选择性对数据进行处理，如去除一些孤立节点、抽取前N个节点和边等，降低数据噪声，凸显核心数据特征。

Sci2在操作的每一个步骤中产生的数据文件均可以单独保存与编辑，便于用户按需随时调整或者检查数据文件；此外，用户还可以交互式地探索与分析前期数据分析保存后的数据集，不同功能之间可以共享数据集，兼容性高。

软件开发者：Katy Börner

Katy Börner（见图2），是美国印第安纳大学信息科学与情报学系、智能系统工程系、信息与计算学院荣誉教授，统计系与文理学院兼职教授，信息基础设施——网络科学中心创始人与主任，信息可视化中心主任，科学可视化展览负责人，认知科学中心核心成员。她在1991年获得莱比锡理工大学电子工程学硕士学位，1997年获得凯泽斯拉夫顿大学计算机科学博士学位。她致力于信息访问、信息理解与信息管理相关的数据分析与可视化技术，研究兴趣涉及学科的框架体系与演化、网络在线活动的分析和可视化、大规模科学合作与计算的网络基础设施的发展。Katy Börner教授发表了200多篇论文，在网络科学与可视化领域的成就尤为突出，相关论文有6篇被引用100次以上，出版书籍主题涉及数字图书馆的可视化接口、联邦研究与发展投资数据、科学地图集、科学动力学模型、学术网络与发现的语义学方法、实现数据意义的实用指南和知识地图集。

图2　Katy Börner

参考文献（references）：

[1] BÖRNER K, KLAVANS R, PATEK M, et al. Design and Update of a Classification System, The UCSD Map of Science[J]. PLoS One, 2012, 7(7): e39464.

[2] KLEINBERG J. Bursty and hierarchical structure in streams[J]. Data Mining and Knowledge Discovery, 2003 7(4): 373-397.

[3] Sci2 Team. Science of Science (Sci2) Tool. Indiana University and SciTech Strategies[EB/OL].[2023-06-25]. https://sci2.cns.iu.edu.

[4] 付慧真，周萍，刘爱原，等. 知识图谱与网络可视化——Science of Science（Sci2）[M]. 哈尔滨：哈尔滨工业大学出版社，2021.

（付慧真 刘爱原 撰稿/李杰 审校）

28. SciMAT软件
（SciMAT Software）

SciMAT全称为Science Mapping Analysis Tool，是由来自西班牙格拉纳达大学的研究组在2012年通过JAVA开发的开源知识图谱分析工具（Cobo et al., 2012），开发者为西班牙计算机与人工智能系的M.J. Cobo，A.G. Lopez-Herrera，E. Herrera-Viedma以及 F. Herrera。软件在2016年已更新到1.1.04版本，在Windows、Linux、MacOS环境均可操作，可在官网免费下载，配合Java8以上环境使用，软件包含从数据采集预处理到结果可视化的知识图谱分析的通用流程和算法。SciMAT软件界面见图1。

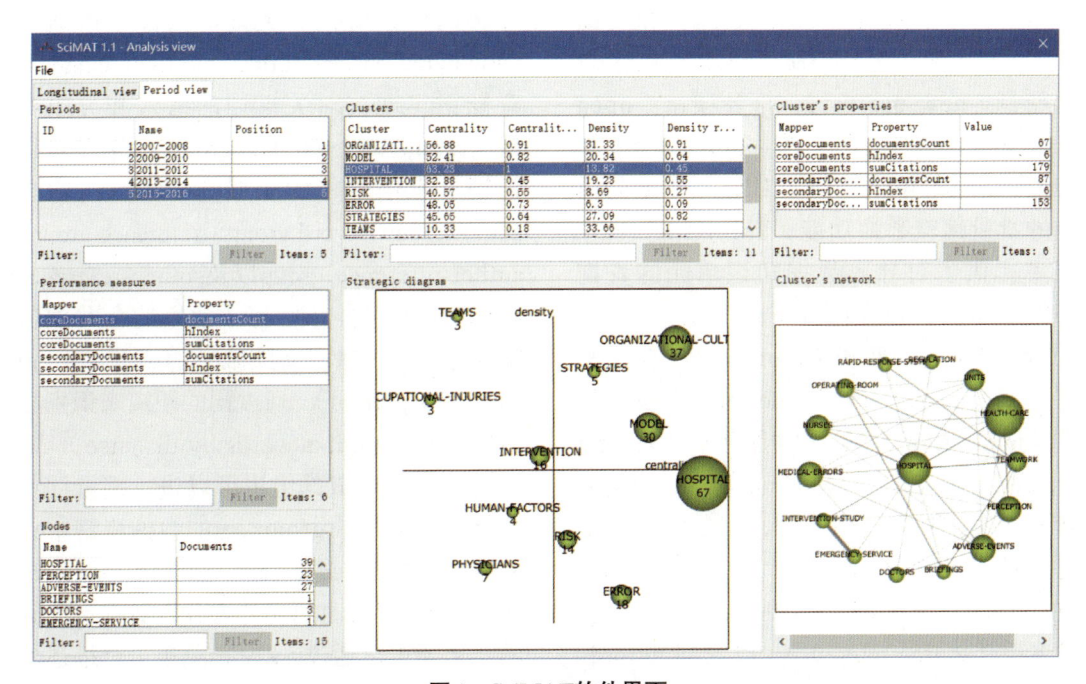

图1　SciMAT软件界面

SciMAT基于一种纵向的科学图谱方法（Cobo et al., 2011），提供了建立主要

733

文献计量网络的方法、进行标准化与图谱生成的各种相似性测度指标和聚类算法以及辅助结果阐释的不同可视化方案。工具包含专门用于管理知识库及其实体的模块、负责进行科学图谱分析的模块以及用于可视化生成的结果模块，以帮助分析人员执行科学图谱工作流的步骤。其主要分析步骤为：首先通过对每个研究期的文献计量分析（文献耦合、合著、共被引或共词分析），检测研究领域所包含的子结构（主要是作者、关键词或参考文献集群）；其次将聚类的结果布置在一个低维空间，分析所检测到的集群在不同时期的演变情况，寻找核心主题领域、它们的起源及其相互关系；最后通过文献计量方法，对不同时期、集群和主题领域进行比较分析。

软件初始界面的菜单栏包含文件（file）、编辑（edit）、知识库（knowledge base）、群组设置（group set）、分析（analysis）、统计（statistics）和帮助（help）功能。其中file菜单中提供了新建项目（new project）、打开项目（open project）、添加数据文件（add files）等功能；edit菜单中提供了对导入数据的信息的批量编辑替换功能；knowledge base菜单提供了对导入数据知识单元的查询和编辑功能，包含作者（authors）、文档（documents）、期刊（journals）、参考文献（references）、时段（periods）、发表日期（publishing dates）、主题领域（subject categories）以及词（words）；group set菜单指相同实体共同所在的群，菜单中提供了对作者（author）、作者-参考文献（author-reference）、参考文献（reference）、来源-参考文献（source-reference）以及词（word）的相似、重复、错误拼写的识别和合并功能；analysis菜单是数据分析的核心功能区域，该菜单中的make analysis提供了数据的分析功能，load analysis则读取分析所得到的结果；statistics菜单主要提供了作者群统计（author groups statistics）、参考文献的群分析（reference groups statistics）和词群统计分析（Word groups statistics）功能，主要用于对已经进行时间设置和群设置数据的描述性统计分析。总体而言，SciMAT软件具有操作界面简单易上手、支持数据预处理、能够进行聚类分析与时序分析、可多种图谱展示主题演化等优势，但存在不支持中文数据、不支持批量数据融合、大数据量样本处理耗时长等局限性。

SciMAT支持英文文献数据输入与广泛的数据预处理功能。数据输入通过file菜单中的add files选项加载数据，包含ISI Web of Knowledge以及主要用于处理Scopus数据的RIS、CSV文件三种格式。数据预处理功能则主要包含检测重复和拼写错误、时间切片、数据缩减和网络预处理等，例如，对某一关键词的修改可通过knowledge base→words→words manager对应修正实现，对关键词的清洗和分组则借助group set→words，group set菜单可以识别文献信息中的相似知识单元（包含author group、word group、reference group、author-reference group以及source-reference group）用于合并处理，常用的合并项包括通过单复数来识别相似词（find similar words by plurals）、通过词的距离来识别相似词（find similar words by distance）等，关键词合并形成的组也可以进行部分词或整体组的撤销。group set的数据清洗结束后需要在knowledge base→periods→periods manager中定义时间切片来分析数据，得到的结果还可以通过statistics菜单进行描述性统计。SciMAT通过对导入数据的清洗与时段划分操作，服务于进一步的文献计量分析与图谱生成。

SciMAT在数据分析上主要有三大功能：①网络分析，将Callon的密度和中心度指标（Callon and Courtial et al., 1991）作为网络测度添加到每个选定时期的各集群中，Callon中心度和密度分别衡量网络的外部与内部凝聚力，测度结果有助于之后战略坐标图的集群分类；②绩效和质量分析，对不同组的出版物数量和引用情况等进行描述性测度，其中引用测度包括求和、最值、平均引用或更复杂的h指数、g指数、hg指数或q2指数等；③时序分析，在纵向框架中进行知识图谱分析，跟踪一个研究领域在连续时间段内的概念、知识或社会演变。软件中的statistics选项与analysis选项可分别帮助实现分组描述性统计与数据的深入分析。

在数据的具体分析（analysis）阶段，SciMAT的analysis→make analysis选项提供了易操作的导引式图谱生成过程，包含选择时间段→选择分析单元→数据精简→选择矩阵→网络剪裁→网络标准化→聚类算法的选择→文件映射→质量指标选择→演化图及覆盖图的标准化方法选择→分析，共11个步骤。用户可选择作者、主题、参考文献、作者-参考文献以及文献来源-参考文献五种分析单元之一，并通过频次阈值设置的方式进行精简；矩阵的选择上，选择co-occurrence、basic coupling、aggregated coupling based on authors以及aggregated coupling based on journals之一，并通过设置所分析矩阵网络连线的最小阈值进行网络裁剪。在网络标准化环节，需选择相似度指标对网络进行标准化，提取的信息计算项目间的相似性根据关键字共现的频率计算(Cobo et al., 2011)，提供的指标包括关联强度（association strength）、等价指数（equivalence index）、包容性指标（inclusion index）、Jaccard系数和Salton余弦，在之后演化图及覆盖图的标准化方法选择中同样可以分别选择这五种之一进行。软件的绘图基于聚类算法，提供的方法包括simple centers algorithm（简单中心算法）、single-linkage（单链接）、complete-link（完全链接）、average-link（平均链接）和sum-link（求和链接）聚类。SciMAT提供了core mapper、intersection mapper、k-core mapper、secondary mapper以及union mapper五个不同的共现网络文档映射工具，并提供了h-index、g-index、q2-index、hg-index、average citations、sum citations、max citations以及min citations多种文献计量指标的选择，以计算所分析对应知识单元的测度指标，确定后可进入最终的分析图谱生成阶段。

SciMAT在具体可视化中可绘制战略坐标图（strategic diagram）、集群网络（cluster network）、覆盖图（overlapping map）、演化图（evolution map）等，如使用演化图分析领域研究热点、演化及新兴方向，使用战略坐标图观测研究领域的成熟方向、未来发展的潜力方向，使用覆盖图分析活跃或老化程度以及研究的连续性和稳定性。经过标准化最终分析得到的结果中，longitudinal view窗口主要用来呈现领域的演化情况，period view窗口主要呈现各个时间切片中的战略坐标图及其共现网络图，分析结果可以通过file保存在本地电脑，报告可导出为HTML、HTML（Full）、LaTex以及LaTeX（Full）格式。

软件开发者：Manuel J. Cobo、Antonio G. Lopez-Herrera、Enrique Herrera-Viedma、Francisco Herrera

Manuel J. Cobo（见图2），男，1982年生，西班牙籍，博士，于2008年和2011年在西班牙格拉纳达大学获得计算机科学硕士和博士学位，现任西班牙加迪斯大学计算机科学与工程系的副教授，是加迪斯大学IntellSOK研究小组（Intelligent Social Knowledge Based Systems Research Group）的主要负责人。主要研究领域包括文献计量学、科学图谱、社会网络、人工智能、数据挖掘和信息科学，在推荐系统、质量评估系统和决策系统等领域也进行了多项合作。截至2023年3月24日，他已在国际期刊发表论文130余篇，总被引8 690次，h指数为35。他开发的工具应用于计算机科学、动物科学、商业、市场营销、社会工作和运输业等领域。

图3　Antonio G. Lopez-Herrera

图2　Manuel J. Cobo

Antonio G. Lopez-Herrera（见图3），男，西班牙籍，博士，副教授。2006年在格拉纳达大学获得博士学位，2008年起任格拉纳达大学计算机科学与人工智能系副教授。主要研究领域为信息检索与过滤、文本挖掘、科学计量与可视化、推荐系统等。在格拉纳达大学开设信息系统和数据库、智能决策支持系统、信息检索、软计算、网络信息管理等课程。

Enrique Herrera-Viedma（见图4），男，西班牙籍，博士，教授。分别于1993年和1996年获得格拉纳达大学计算机科学学士及博士学位。现任格拉纳达大学计算机科学和人工智能系的教授，2015年起担任格拉纳达大学研究和知识转移副校长。主要研究领域包括群体决策、共识模型、语言建模、信息聚合、信息检索、文献计量学、数字图书馆、网络质量评估、推荐系统和社交媒体。2015年至2022年被科睿唯安评为计算机科学和工程领域高被引学者。

图4　Enrique Herrera-Viedma

Francisco Herrera（见图5），男，西班牙籍，博士，教授。他在格拉纳达大学学习数学，于1988年和1991年在西班牙格拉纳达大学获得数学硕士和博士学位，现任计算机科学和人工智能系教授，是格拉纳达大学"软计算和智能信息系统"研究小组（SCI^{2}S）以及安达卢西亚数据科学和计算智能研究所（DaSCI）的主任。主要研究领域包括计算智能、可解释人工智能、进化算法和数据科学等，在谷歌学术中被引用超过120 000次。2010年获得西班牙国家计算机科学奖，2014年至2022年均被科睿唯安评为计算机科学和工程领域高被引学者。

图5　Francisco Herrera

参考文献（references）：

[1] COBO M J, LOPEZ-HERRERA A G, HERRERA-VIEDMA E, et al.SciMAT: a new science mapping analysis software tool [J].Journal of the American society for information science and technology, 2012, 63（8）: p. 1609-1630.

[2] COBO M J, LOPEZ-HERRERA A G, HERRERA-VIEDMA E, et al.An approach for detecting, quantifying, and visualizing the evolution of a research field: a practical application to the fuzzy sets theory field [J].Journal of informetrics, 2011, 5（1）: 146-166.

[3] CALLON M, COURTIAL J P, LAVILLE F.Co-word analysis as a tool for describing the network of interactions between basic and technological research: the case of polymer chemsitry [J].Scientometrics, 1991, 22（1）: 155-205.

（付慧真 宋宜嘉 撰稿/李杰 审校）

29. VOSviewer软件
（VOSviewer Software）

VOSviewer（全称为Visualization of Similarities viewer）是一款用于构建和可视化文献计量网络的软件，于2009年由荷兰莱顿大学科学技术元勘中心（Centrum voor Wetenschaps-en Technologiestudies，简称CWTS）尼斯·杨·凡·艾克（Nees Jan van Eck）研究员与卢多·瓦特曼（Ludo Waltman）教授合作开发。经过十余年的发展和完善，VOSviewer已经成为CWTS的明星产品和科学计量图谱分析领域应用最为广泛的开源免费软件之一。在全球开放科学（open science）运动的号召下，Nees Jan van Eck又积极组织团队开发了在线版的VOSviewer（https://app.vosviewer.com/），并在GitHub上公开了该软件的源代码，极大地促进了VOSviewer相关算法在有关数据库平台和数据分析与可视化中的应用。

用户可以通过VOSviewer的官方网站（https://www.vosviewer.com/）免费下载VOSviewer软件，当前（2023年6月29日）VOSviewer的最新版本为1.6.19，发布于2023年1月23日。近年来，VOSviewer以每年更新一次的频率进行迭代更新。特别要注意的是，VOSviewer需在Java 8及其更高版本环境下运行，因此用户需要在使用前配置好Java环境。目前，VOSviewer支持导入三种类型的文件，分别是网络文件（create a map based on network data）、文献数据（create a map based on bibliographic data）和文本数据（create a map based on text data），网络文件主要包括节点数据（mapfile，保存节点的信息）和网络数据（networkfile，保存节点关系的信息），文献数据主要包括来自国际主流文献数据库直接导出的数据，如来自Web of Science、Scopus、Dimensions、Pubmed以及CNKI等数据库的数据。目前，在基于文本数据的主题分析的功能模块中，VOSviewer仅仅支持对英文文献数据的主题挖掘。

通过VOSviewer，用户可以实现对五种常见科技文献网络的可视化分析：①合著网络分析（co-authorship analysis）。用户可以从作者合作维度、机构合作维度和国家/地区合作维度对特定数据对象的科研合作状态进行分析。②共现网络分析（co-occurrence analysis）。一方面，用户可以通过VOSviewer，从文献的补充关键词（key words plus）、作者关键词（authors keywords）以及"补充关键词+作者关键词"维度来构建关键词的共词网络；另一方面，VOSviewer中的自然语言处理功能也可用于构建和可视化从科学文献的标题和摘要中提取的重要术语的共现网络。③引文分析（citation network analysis），可以构建施引文献、期刊、作者、机构和国家/地区之间的相互引用网络。在VOSviewer中，引文网络知识实体之间的关联采用无向网络的形式表示。④耦合网络分析（bibliographic coupling analysis），VOSviewer基于耦合理论，可以构建施引文献、期刊、作者、机构以及国家/地区等耦合网络。⑤共被引网络分析（co-citation analysis），可以构建参考文献的共被引网络、期刊的共被引网络和作者的共被引网络。VOSviewer的核心功能及其应用流程见图1。

在VOSviewer中，主要包含三种不同的可视化类型，分别为网络可视化（network visualization）、叠加可视化（overlay visualization）以及密度图可视化（density visualization）。图2中，以*Journal of Informetrics*、*Scientometrics*以及*Journal of the Association for Information Science and Technology*的文献数据为例，构建了三种类型的主题可视化图谱，它们从不同方面呈现了科学计量学领域研究主题的特征。其中，网络可视化是软件中最常用的一种可视化呈现方式，CWTS团队提出的莱顿网络聚类方法（Leiden cluster algorithm）内置于软件中，可以通过知识实体之间关联强度将分析对象进行聚类，以快速实现知识单元在二维空间映射（mapping）和聚类（clustering）的一体化处理。在网络聚类可视化中，不同类别会被赋予不同的颜色。聚类结果在软件左边窗口（items）呈现，包括具体的聚类（cluster）数量和特定聚类中知识单元（item）的数量。在左侧窗口栏中，还包含分析（analysis）选项，用户可以在标准化（normalization）中选择不同的矩阵标准化方式，以实现对结果的优化。此外，用户还可以通过布局（layout）优化可视化在二维空间的布局，可以通过聚类（clustering）功能模块实现聚类分辨率、单个聚类最小成员数以及迭代次数等参数的调整。叠加可视化（overlay visualization）则可以在网络可视化上进一步叠加时间或者引用等信息，以呈现知识网络更丰富的分析维度。需要特别注意的是，在叠加可视化图形中，颜色不再用来表示聚类信息，而是用来表达叠加的时间、空间或被引信息等，并会在可视化的右下角生成相应的图例。在密度可视化视图（density visualization）中，密度大小依赖于对象自身的出现频次和周围区域知识单元的数量。在当前所分析的案例中，主题的密度由蓝色向红色逐渐加强，用户通过密度图可以快速查看所分析对象整体分布情况。

在VOSviewer中分析结果后，用户可以将完成的可视化结果保存为png、gml以及json等格式，并可以与Pajek、Gephi以及SCImagoGraphic进行连接以实现可视化的交互。

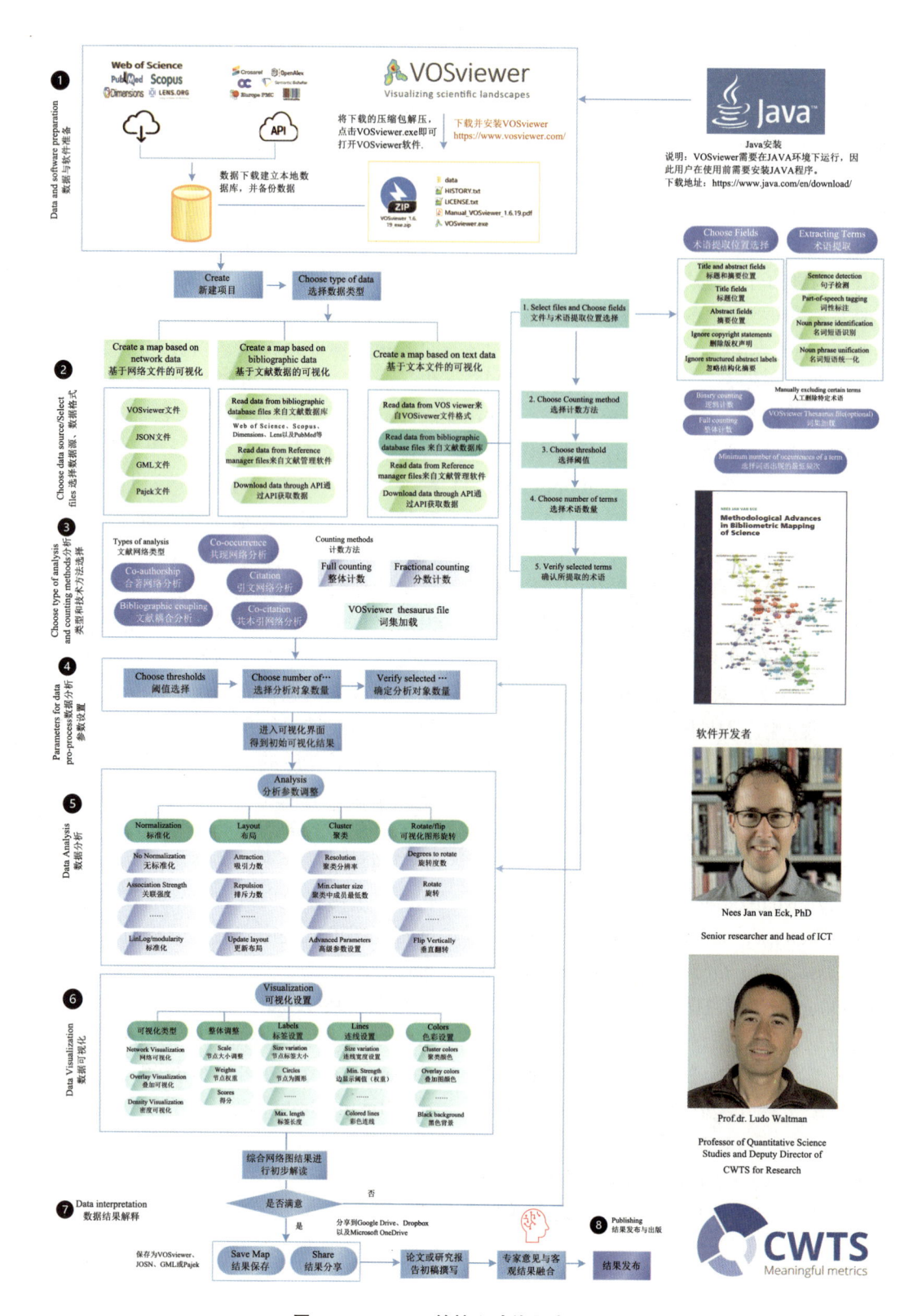

图1 VOSviewer的核心功能及应用流程

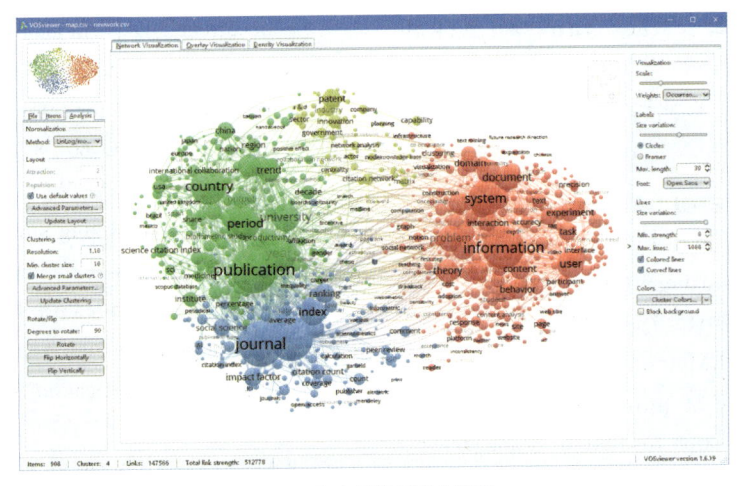

（1）网络可视化视图

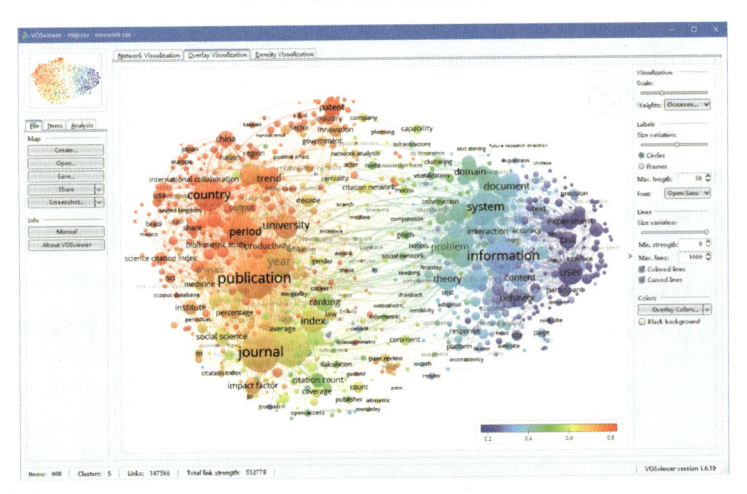

（2）叠加可视化视图

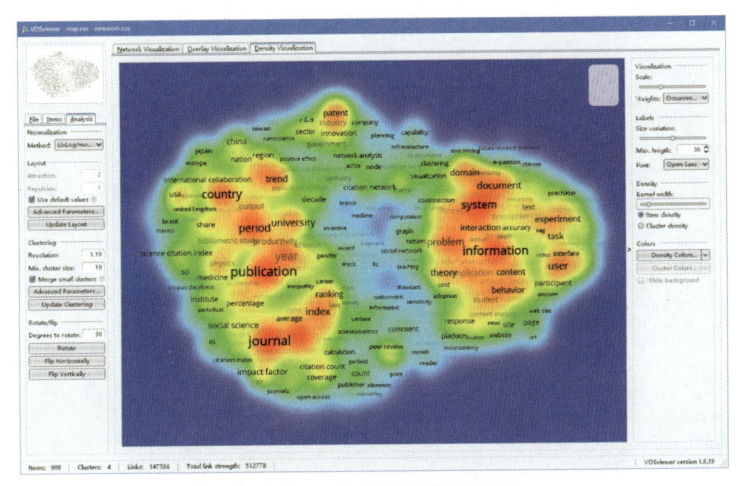

（3）密度可视化视图

图2　VOSviewer的可视化类型

软件开发者：Nees Jan van Eck和Ludo Waltman

详细介绍请参见词条。

参考文献（references）：

［1］VAN ECK N, WALTMAN L. Text mining and visualization using VOS viewer［J］. ISSI Newsletter, 2011, 7（3）: 50-54.

［2］VAN ECK N.Methodological Advances in Bibliometric Mapping of Science［D］. Erasmus Research Institute of Management, 2011.

［3］VAN ECK N, WALTMAN L, NOYONS E, et al. Automatic term identification for bibliometric mapping［J］. Scientometrics, 2010, 82（3）: 581-596.

［4］VAN ECK N, WALTMAN L. Software survey: VOSviewer, a computer program for bibliometric mapping［J］. Scientometrics, 2009, 84（2）: 523-538.

［5］VAN ECK N, WALTMAN L. How to normalize cooccurrence data? An analysis of some well-known similarity measures［J］. Journal of the American Society for Information Science & Technology, 2009, 60（8）: 1635–1651.

［6］VAN ECK N, WALTMAN L.VOS: a new method for visualizing similarities between objects［M］. In H.-J. Lenz, & R. Decker（Eds.）, Advances in Data Analysis: Proceedings of the 30th Annual Conference of the German Classification Society.2007. 299-306.

［7］WALTMAN L, VAN ECK N. A smart local moving algorithm for large-scale modularity-based community detection［J］. The European Physical Journal B, 2013, 11（86）: 1-14.

［8］WALTMAN L, VAN ECK N, NOYONS E C M. A unified approach to mapping and clustering of bibliometric networks［J］. Journal of Informetrics, 2010, 4（4）: 629-635.

（李杰 谢前前 撰稿/付慧真 审校）

30. ISSI年度论文奖
（ISSI Paper of the Year Award）

国际科学计量学和信息计量学学会（International Society for Scientometrics and Informetrics，ISSI）于1993年成立于柏林。2016年，国际科学计量学和信息计量学学会设立ISSI年度论文奖。该奖项旨在通过表彰科学计量学和信息计量学研究领域的高质量文章，激励领域内优秀学者，促进科学计量学和信息计量学的发展。ISSI年度论文奖每两年评选一次，颁奖典礼在国际科学计量学和信息计量学学会两年一度的大会中举行。ISSI年度论文评奖主要分为提名和评审两个环节，任何与科学计量学和信息计量学领域相关的论文均可获得提名；论文作者不需要是ISSI成员，但只有ISSI成员才有资格提名论文。ISSI理事会任命五人组委会来进行评审，组委会在确认提名有效性的前提下，对论文在信息计量学和科学计量学领域的贡献做出评估，并基于论文质量和提名人的观点选出一篇获奖论文和最多两篇荣誉提名论文。论文获奖者将在国际科学计量学和信息计量学学会大会上领奖并受邀就其获奖论文发表演讲。截至2023年3月，ISSI年度论文奖共评选了三届，获奖论文如下（获奖年份，第一获奖作者，论文题目，国别，获奖者单位）：

2017年，Jesper Schneider, Null hypothesis significance tests. A mix-up of two different theories: the basis for widespread confusion and numerous misinterpretations, United States, Indiana University Bloomington.（零假设显著性检验：两种理论之源的混淆与该检验的广泛误释）

2019年，Thijs Bol, The Matthew effect in science funding, The Netherlands, University of Amsterdam.（科学基金的马太效应）

2021年，Allison C. Morgan, The unequal impact of parenthood in academia, United States, University of Colorado.（为父还是为母对个人学术发展的不平等影响）

更多信息请参考：https://www.issi-society.org/awards/issi-paper-of-the-year-award/。

参考文献（references）

[1] SCHNEIDER J W. Null hypothesis significance tests. A mix-up of two different theories: the basis for widespread confusion and numerous misinterpretations[J]. Scientometrics, 2015, 102(1): 411-432.

[2] BOL T, DE VAAN M, VAN DE RIJT A.

The Matthew effect in science funding [J]. Proceedings of the National Academy of Sciences, 2018, 115 (19): 4887-4890.

[3] MORGAN A C, WAY S F, HOEFER M J D, et al. The unequal impact of parenthood in academia [J]. Science Advances, 7 (9): eabd1996.

（唐莉 姚怡 撰稿/李杰 刘维树 审校）

31. 德瑞克·德索拉·普赖斯纪念奖章（the Derek de Solla Price Memorial Medal）

德瑞克·德索拉·普赖斯纪念奖章（the Derek de Solla Price Memorial Medal，简称"普赖斯奖"）为纪念"科学计量学之父"普赖斯（Derek John de Solla Price）而设立，该奖项由《科学计量学》期刊的创始人和前主编Tibor Braun发起，是科学计量学领域的最高奖项。1984年至1992年，普赖斯奖每年由国际学术期刊《科学计量学》定期向在科学计量学领域做出杰出贡献的学者颁发。自1993年国际科学计量学与信息计量学学会（International Society for Scientometrics and Informetrics，简称ISSI）成立后，改为每两年颁发一次，由ISSI在国际学术大会期间颁发。

普赖斯奖的评奖流程分为提名和投票两部分，提名由《科学计量学》期刊编辑、评审委员会成员和前普赖斯奖获奖者组成小组进行。提名小组首先会提名六位他们认为对科学定量研究领域贡献最大的科学家，形成候选人名单，然后由委员会成员进行投票，最终得票最多的科学家（或团队）为获奖者。普赖斯奖的第一位获奖者是美国情报学家和科学计量学家尤金·加菲尔德（Eugene Garfield），其也是文献计量学和科学计量学的创始人之一。

迄今（2023年7月）为止，共有来自12个国家的30位学者获得该奖项，其中美国以11位获奖者的数量独占鳌头（见图1），英国、匈牙利和荷兰分别以四位获奖者的数量并列第二。普赖斯奖的获奖者主要集中在欧美国家，目前为止中国未有该奖项的获得者。

完整获奖名单如下（年份，获奖者，国家，单位）：

• 1984年，Eugene Garfield，United States，Institute for Scientific Information。

• 1985年，Michael J. Moravcsik，United States，University of Oregon。

• 1986年，Tibor Braun，Hungary，Loránd Eötvös University。

• 1987年，Vasily V. Nalimov，Soviet Union，Russian Academy of Sciences。

• 1987年，Henry Small，United States，Thomson ISI。

• 1988年，Francis Narin，United States，CHI Research。

科学计量学手册
Handbook of Scientometrics

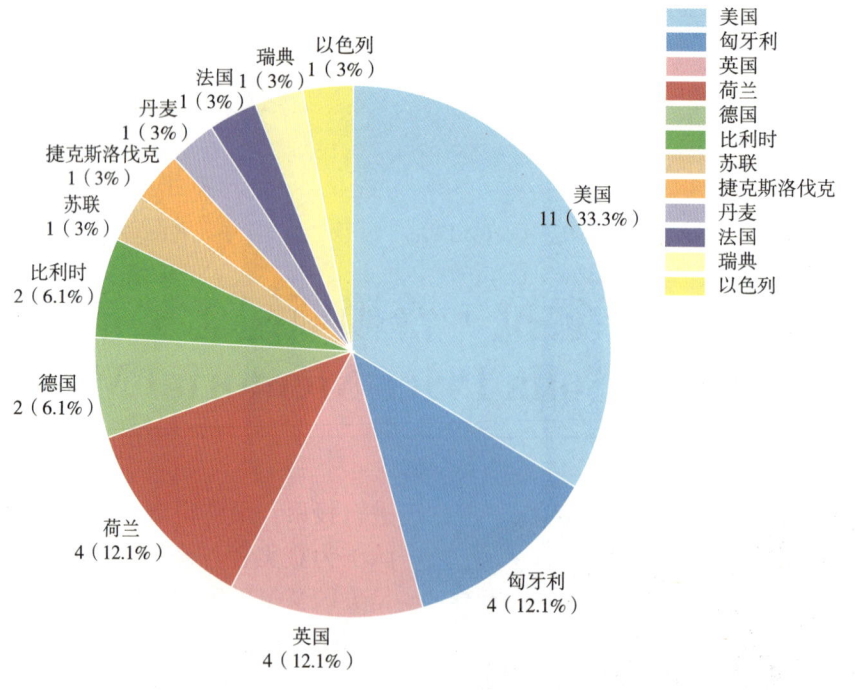

图1 普赖斯奖获得者国籍分布

图例：美国、匈牙利、英国、荷兰、德国、比利时、苏联、捷克斯洛伐克、丹麦、法国、瑞典、以色列

- 美国 11（33.3%）
- 匈牙利 4（12.1%）
- 英国 4（12.1%）
- 荷兰 4（12.1%）
- 德国 2（6.1%）
- 比利时 2（6.1%）
- 苏联 1（3%）
- 捷克斯洛伐克 1（3%）
- 丹麦 1（3%）
- 法国 1（3%）
- 瑞典 1（3%）
- 以色列 1（3%）

- 1989年，Bertram C. Brookes，United Kingdom，City University London。
- 1989年，Jan Vlachy，Czechoslovakia，Czechoslovak Academy of Sciences。
- 1993年，András Schubert，Hungary，Hungarian Academy of Sciences。
- 1995年，Anthony F. J. Van Raan，The Netherlands，Leiden University。
- 1995年，Robert K. Merton，United States，Columbia University。
- 1997年，John Irvine，United Kingdom，London School of Economics and Political Science。
- 1997年，Ben Martin，United Kingdom，University of Sussex。
- 1997年，Belver C. Griffith，United States，Drexel University。
- 1999年，Wolfgang Glänzel，Germany/Hungary，KU Leuven。
- 1999年，Henk F. Moed，The Netherlands，Leiden University。
- 2001年，Ronald Rousseau，Belgium，University Antwerp。
- 2001年，Leo Egghe，Belgium，Hasselt University。
- 2003年，Loet Leydesdorff，The Netherlands，University of Amsterdam。
- 2005年，Peter Ingwersen，Denmark，Royal School of Library and Information Science。
- 2005年，Howard D. White，United States，Drexel University。
- 2007年，Katherine W. McCain，United States，Drexel University。
- 2009年，Péter Vinkler，Hungary，Hungarian Academy of Sciences。
- 2009年，Michel Zitt，France，

Lereco lab。

• 2011年，Olle Persson，Sweden，Umeå University。

• 2013年，Blaise Cronin，United States，Indiana University Bloomington。

• 2015年，Mike Thelwall，United Kingdom，University of Wolverhampton。

• 2017年，Judit Bar-llan，Israel，Bar-llan University。

• 2019年，Lutz Bornmann，Germany，Max Planck Society。

• 2021年，Ludo Waltman，The Netherlands，Leiden University。

• 2023年，Kevin W. Boyack，United States，SciTech Strategies Inc。

• 2023年，Richard Klavans，United States，SciTech Strategies Inc。

（刘维树 姚怡 唐莉 撰稿/李杰 审校）

32. 邱均平计量学奖
（Qiu Junping Metrology Award）

根据许多计量学家的提议，借鉴国际上普赖斯奖（The Derekde Solla Price Award）的做法和经验，"邱均平颜金莲教育发展基金"和 Data Science and Informetrics 编辑部共同发起设立"邱均平计量学奖"，其目的是：贯彻落实"科教兴国"战略，适应数智时代的需要，大力提高计量学学科群的吸引力和凝聚力；弘扬科学精神，奖励在计量与评价领域做出重要贡献的学者；激励后学，推动我国科学计量与科教评价事业的快速、健康发展和国际化进程。全国计量学专家代表15人组成全国评审委员会，负责开展评审工作。秘书处设在杭州电子科技大学，设秘书1人，负责日常事务和联络工作。蒋国华教授担任主任委员，宋艳辉教授任秘书。

"邱均平计量学奖"分三个级别，不同年龄段的计量学学者可以分别参加相应奖项的评选。①卓越贡献奖，授予"优秀青年计量学家"称号。45岁以下的计量学学者可以申请或被推荐参加评选。②杰出贡献奖，授予"著名计量学家"称号。45岁至70岁的计量学学者可以申请或被推荐参加评选。③终身成就奖，授予"杰出计量学家"称号。70岁以上的计量学学者可以申请或被推荐参加评选。参评对象包括中国的计量学学者，以及合作十分密切并为中国计量学发展做出重要贡献的国际学者。每年总评选3人左右，给每位获奖者分别颁发奖牌，由"邱均平颜金莲教育发展基金"分别颁发5万元（终身成就奖）、3万元（杰出贡献奖）、2万元（卓越贡献奖）奖金。

2022年9月24日，首届邱均平计量学奖颁奖仪式在第十三届全国科学计量学与科教评价研讨会的开幕式后进行，由杭州电子科技大学资深教授、中国科教评价研究院院长邱均平教授主持。中国管理科学研究院蒋国华研究员获"终身成就奖"并被授予"杰出计量学家"称号；武汉大学中国科学评价研究中心主任赵蓉英教授获"杰出贡献奖"并被授予"著名计量学家"称号；南京大学信息管理学院李江教授获"卓越贡献奖"并被授予"优秀青年计量学家"称号。杭州电子科技大学中国科教评价研究院院长邱均平教授，郑州大学纪委书记、监察专员许东升，中国民航大学党亚茹教授为获奖者颁奖。

（杨思洛 撰稿/邱均平 审校）

33. 尤金·加菲尔德博士论文奖
（Eugene Garfield Doctoral Dissertation Award）

尤金·加菲尔德博士论文奖由尤金·加菲尔德（Eugene Garfield）创立。该奖项旨在通过鼓励和资助科学计量学领域的博士生和青年学者致力于促进包括文献计量学、科学计量学、网络计量学在内的高质量研究。该奖项由尤金·加菲尔德基金会赞助，由International Society for Scientometrics and Informetrics（简称ISSI）理事会管理。获奖者将获得3 000欧元研究费用奖金和在国际科学计量学和信息计量学学会大会进行讲座的机会。创立人尤金·加菲尔德（1925—2017）是美国科学信息研究所（Institute for Scientific Information）及科学引文索引（Science Citation Index）的创始人、《科学家》（The Scientist）杂志的发行人兼主编。加菲尔德1984年获得约翰·普赖斯·韦瑟里尔奖和获得普赖斯奖。

奖项获得者必须为使用信息计量学、文献计量学、科学计量学、网络计量学或替代计量学方法进行研究的在读博士生，且博士论文研究计划书已被所在机构或导师认可。奖项申请者首先需要提交博士研究计划书和学位导师的确认材料，然后由尤金加菲尔德博士论文奖组委会进行评奖。论文评奖组委会由四人组成，其中必须包含一名国际科学计量学和信息计量学学会理事会成员。截至2023年2月，共有8个国家的9位青年学者获得该奖项（见表1）。

表1 获奖名单

年份	获奖者	机构	国家
2005	Kayvan Kousha	University of Tehran	Iran
2007	Sonia Vasconcelos	Universidade Federal do Rio de Janeiro（UFRJ）	Brazil
2009	Vincent Larivière	McGill University	Canada
2011	Stefanie Haustein	Forschungszentrum Jülich	Germany
2013	Ehsan Mohammadi	University of Wolverhampton	United Kingdom
2015	Cathelijn J. F. Waaijer	CWTS Leiden University	The Netherlands
2017	Philippe Mongeon	Université de Montréal	Canada
2019	Jiangen He	Drexel University	United States
2021	Joshua Eykens	University of Antwerp	Belgium

（唐莉 姚怡 撰稿/李杰 刘维树 审校）

34. 尤金·加菲尔德引文分析创新奖（Eugene Garfield Award for Innovation in Citation Analysis）

科睿唯安（Clarivate™）于2017年设立"尤金·加菲尔德引文分析创新奖"，旨在纪念具有远见卓识的引文索引的创始人和信息科学的开拓者尤金·加菲尔德博士（Dr Eugene Garfield）对信息科学和科学计量学领域做出的非凡贡献。加菲尔德博士开发的引文索引为研究人员检索文献和揭示文献学术影响力带来了革命性的改变，而基于引文索引的引文分析早已成为文献计量学和科学计量学研究的重要方法之一。

为支持更多的研究者推动文献计量学和科学计量学领域的发展，并在加菲尔德博士所做出的非凡贡献的基础上继续前进，该奖项针对处于早期职业生涯的科学计量学领域的研究人员（early career researchers），致力于发现和表彰引文分析中的创新技术和指标的研究和开发，以加深对科学和学术交流的理解，解决科学计量学和科学学中的重要问题，研究方向包括但不限于利用引文数据或与其他数据源组合在科研诚信、科研评估、研究团队的多样性和包容性、可持续性和创新追踪等方面开发新的指标和新的研究方法。

申请人必须是博士毕业未超过十年的研究人员，由知名科学计量学学者所组成的委员会根据申请人学术研究的新颖性、实用性和创新性，评选出获奖者。该奖项每年颁发给至少一位为引文分析带来创新、提高科学计量学影响力的具有发展潜力的研究人员。

尤金·加菲尔德引文分析创新奖的获奖者会得到2.5万美元的奖金，科睿唯安同时为获奖者提供Web of Science引文数据库的免费访问权限用于学术研究。此外，获奖者在开展学术研究时还有机会与科睿唯安的科学信息研究所（ISI）和学术研究事业部的专家进行合作。2017—2022年，已经有6位学者荣获尤金·加菲尔德引文分析创新奖，获奖名单如下（获奖年份-获奖者-机构-国家）：

2017年，Jian Wang，Faculty of Science，Leiden University，The Netherlands。

2018年，Orion Penner，College of Management of Technology，École polytechnique fédérale de Lausanne，Switzerland。

2019年，Erija Yan，College of Computing and Informatics，Drexel University，United States。

2020年，Giacomo Livan，Department of Computer Science，University College London，United Kingdom。

2021年，Elena Pallari，Institute of Clinical Trials and Methodology，University College London，United Kingdom。

2002年，Saeed Ul Hassan，Department of Computing and Mathematics，Manchester Metropolitan University，United Kingdom。

历届获奖人如图1所示。

Jian Wang
2017 年获奖者

Orion Penner
2018 年获奖者

Erija Yan
2019 年获奖者

Giacomo Livan
2020 年获奖者

Elena Pallari
2021 年获奖者

Saeed Ul Hassan
2022 年获奖者

图1 2017—2022年加菲尔德引文分析创新奖历届获奖人

（岳卫平 撰稿/李杰 宁笔 审校）

词条中文索引
(index of articles in Chinese) *

A

阿尔弗雷德·詹姆斯·洛特卡　3
埃尔德什数　143
艾伦·林赛·马凯　6
艾伦·普里查德　9
安德拉斯·舒伯特　11
安东尼·范瑞安　13
奥利·佩尔松　15

B

北京科学技术情报学会元科学专业
　　委员会　563
北欧文献计量与研究政策研讨会　664
贝尔韦尔德·格里菲斯　17
贝特拉姆·克劳德·布鲁克斯　19
本·马丁　21
比利时研发监测中心　565
彼得·温克勒　23
彼得·英格森　25
标准化影响系数　145
波普尔"三个世界"理论　148
布拉德福定律　150
布莱斯·克罗宁　27

C

参考文献出版年谱　152

词频分析　154
词频-逆文档频率　157

D

大连理工大学WISE实验室　567
大数据　159
德瑞克·德索拉·普赖斯纪念奖章　745
德瑞克·约翰·德索拉·普赖斯　29
德温特创新平台　702
蒂博尔·布劳恩　31
颠覆性技术　161
颠覆性指数　163
点互信息　165
多层网络分析　167
多维尺度分析　169
多样化测度指标　171
多源文献数据融合　174

E

二分图　176

F

分数计数　178
弗朗西斯·纳林　33
复旦大学国家智能评价与治理实验
　　基地　568

---

　　* 说明：《科学计量学手册》全书共收录了346个词条。其中，学者篇（scholars）48条，术语篇（terminologies）206条，组织机构篇（organizations）22条，期刊会议篇（journals and conferences）36条以及数据库、工具与奖励篇（database, tools and prizes）34条。

复杂网络　182

G

概率主题模型　184
共词分析　186
共现分析　188
共引分析　190
关联分析　192
关联数据　194
国际科学计量学与信息计量学学会　569
国际科学计量学与信息计量学学会
　　会议　667
国际科学技术与创新指标会议　670

H

"黑天鹅"文献与"白天鹅"文献　199
"灰犀牛"技术　203
杭州电子科技大学中国科教评价
　　研究院　572
核心期刊　197
亨克·莫德　35
亨瑞·斯莫尔　38
互信息　201
回归分析　206
活跃度指数　208
火花型文献　210
霍华德·怀特　40

J

机器学习　212
基尼系数　214
计量语言学　216
计算社会学　219
技术会聚　221
技术挖掘　223
加菲尔德文献集中定律　225
加拿大科学计量公司　573
简·弗拉奇　42

蒋国华　44
金碧辉　46
《旧金山宣言》　227
巨型期刊　230
距离测度　232
聚类分析　236
卷积神经网络　238

K

开放存取　241
开放科学　243
开放数据　244
开放同行评议　246
开放引文　248
凯瑟琳·麦凯恩　48
凯文·博亚克　50
科技政策学　249
科学编史学　251
科学传播　253
科学叠加图　255
科学发现的采掘模型　258
科学发展节律指标　261
科学范式　263
科学合作　265
科学基金　268
科学计量学　270
《科学计量学》　609
《科学计量学研究》　611
科学计量与科技评价天府论坛　673
科学-技术关联　272
科学家声望　274
科学交流　276
科学经济学　278
科学社会学　280
科学史　282
科学学　284
《科学学研究》　613
《科学学与科学技术管理》　615

科学研究的智力常数 287
科学哲学 289
科学知识图谱 291
《科研管理》 617
科研评价 294
空间科学计量学 297
跨学科、多学科与超学科 299

L

莱顿大学科学技术元勘中心 574
莱顿网络聚类算法 302
《莱顿宣言》 305
理查德·克拉凡斯 52
利欧·埃格赫 54
链路分析 308
链路预测 310
梁立明 56
《量化科学元勘》 619
领域加权引用影响力 312
刘则渊 58
卢茨·博曼 60
卢多·瓦特曼 62
鲁汶网络聚类算法 314
路特·莱兹多夫 64
轮廓系数 318
论文致谢 320
罗伯特·金·默顿 66
罗纳德·鲁索 68
逻辑斯蒂曲线 322
洛特卡定律 324
掠夺性期刊 316

M

马太效应 326
迈克·塞沃尔 70
迈克尔·莫拉夫奇克 72
美国科技战略公司 578

美国科学信息研究所 580
米歇尔·齐特 74
幂律分布 328

P

帕累托分布 330
普赖斯指数 332

Q

期刊超越指数 334
期刊分区 336
期刊即时指数 338
期刊引证报告 339
期刊引证分数 341
期刊引证指标 343
期刊影响力指数 345
期刊影响因子 347
齐普夫定律 349
潜语义分析 352
潜在狄利克雷分配模型 356
乔治·金斯利·齐普夫 76
《情报科学》 621
《情报理论与实践》 623
《情报学报》 625
《情报杂志》 627
《情报资料工作》 629
情感分析 358
邱均平 79
邱均平计量学奖 748
全国科技评价学术研讨会 674
全国科学计量学与科教评价研讨会 676
全球跨学科研究网络 582
全文引文分析 361

R

人工智能 364
人工智能生成内容 366

词条中文索引

S

萨缪尔·克莱门特·布拉德福　81
萨塞克斯大学科技政策研究中心　584
三螺旋模型　369
熵　371
社会网络分析　373
社区发现　375
深度学习　377
神经网络　379
数据包络分析　382
《数据分析与知识发现》　631
《数据科学与信息计量学》　633
数据挖掘　384
《数据与情报科学学报》　635
数字对象标识符　387

T

汤浅现象　389
特征因子分数　391
替代计量学　394
《替代计量学宣言》　396
《替代计量学杂志》　636
同行评议　399
突发检测算法　401
图机器学习　403
《图书情报工作》　638
《图书情报知识》　640
《图书与情报》　642
团队科学学　405
托马斯·塞缪尔·库恩　83

W

瓦西里·瓦西列维奇·纳利莫夫　85
万方数据库　703
王冠指数　407
网络计量学　409
网络密度　412

网络模块化Q值　414
网络中心性　416
《文献工作杂志》　643
文献计量学　419
文献老化规律　421
文献类型　423
文献耦合分析　425
文献网络结构变异分析　427
文章处理费用　430
沃尔夫冈·格兰泽　88
无标度网络　432
无向网络　434
无形学院　436
武汉大学科教管理与评价中心　585
武汉大学中国科学评价研究中心　586
武夷山　90
物理-事理-人理方法论　438

X

《现代情报》　645
《信息计量学学报》　647
《信息科学学报》　649
《信息科学与技术学会会刊》　651
《信息资源管理学报》　653
《学术计量与分析前沿》　655
西班牙Scimago实验室　588
小世界网络　441
新兴技术　443
信息计量学　446
信息检索　448
学科分类　450
学科规范化引文影响力　453
学术话语权　454
学术链　456
学术年龄　459
学术型发明人　462
学术影响力　464

Y

《研究评价》 657
《研究政策》 659
研究前沿 466
叶鹰 92
一阶科学与二阶科学 468
异质性网络 469
引文半衰期 471
引文分析 473
引文桂冠奖 476
引文俱乐部效应 478
引文空间模型 480
引用动机 482
引用认同 485
引用延迟 487
优先连接 490
尤金·加菲尔德 94
尤金·加菲尔德博士论文奖 749
尤金·加菲尔德引文分析创新奖 750
有向网络 492
有向引文网络 493
语义网 495
预印本 498
元分析 500
元科学 502
元数据 504
约翰·戴斯蒙德·贝尔纳 97
约翰·欧文 99

Z

战略坐标图 507
赵红州 101
整数计数 509
政策计量学 510
政策信息学 512
支持向量机 514
知识共享许可协议 517
知识计量学 520
知识图谱 522
知识网络 524
知识系统工程 525
指数随机图模型 527
智慧芽全球专利数据库 704
智库DIIS理论方法 529
智库双螺旋法 531
中国科学技术信息研究所 590
中国科学学与科技政策研究会科技管理
　　与评价专业委员会 592
中国科学学与科技政策研究会科学计量学
　　与信息计量学专业委员会 593
中国科学引文数据库 705
中国科学院成都文献情报中心科学计量
　　与科技评价研究中心 596
中国科学院文献情报中心计量与
　　评价部 598
中国情报学年会 678
中国社会科学评价研究院 600
中国政法大学法治科学计量与评价
　　中心 602
中国知网 706
中文社会科学引文索引 707
朱迪特·巴伊兰 103
主路径分析 534
主谓宾三元组分析 538
专利分类 540
专利计量学 542
专利家族 544
专利权人合作网络 546
专利引文网络 547
自然语言处理 549
自然指数 552
综合集成方法学 554
综合影响指标 556
作者贡献分配 558

字母

《COLLNET科学计量学与信息管理》　607
Altemetric数据库　681
arXiv预印本数据库　683
BERT模型　107
BibExcel软件　708
Bibliometrix R工具包　711
CiteSpace软件　714
CitNetExplorer软件　718
COLLNET会议　661
CPM算法　110
CRExplorer软件　721
Crossref数据库　685
DIKW模型　113
Dimensions数据库　687
ESI高影响力论文　115
e指数　116
g指数　118
h指数　122
HistCite软件　724
HITS算法　120
incoPat专利数据库　688
ISSI年度论文奖　743
Lens数据库　689
OpenAlex数据库　690
Overton政策引文数据库　691
PageRank算法　125
p指数　129
PATSTAT数据库　693
PI指数　127
PlumX数据库　695
Publish or Perish软件　727
PubMed数据库　697
R指数　131
Sci2软件　730
Scimago期刊排名　133
SciMAT软件　733
Scopus索引数据库　699
VOSviewer软件　738
VOS算法　135
w指数　137
Web of Science数据库　701
Y指数　138
z指数　140
π指数　142

词条英文索引
(index of articles in English) *

A

Academic Age　459
Academic Influence　464
Academic Inventor　462
Acknowledgement　320
Activity Index　208
Alan Lindsay Mackay　6
Alan Pritchard　9
Alfred James Lotka　3
Altemetric Database　681
Altmetrics　394
Altmetrics: A Manifesto　396
András Schubert　11
Anthony van Raan　13
Article Processing Charge　430
Artificial Intelligence Generated Content　366
Artificial Intelligence　364
arXiv Database　683
Association Analysis　192
Authorship Credit Allocation　558

B

Belver Griffith　17
Ben Martin　21
Bertram Claude Brookes　19
BibExcel Software　708
Bibliographic Coupling Analysis　425
Bibliometrics　419
Bibliometrix R Package　711
Bidirectional Encoder Representations from Transformers Model　107
Big Data　159
Bipartite Graph　176
Black and White Swans Publications　199
Blaise Cronin　27
Bradford's Law　150
Burst Detection Algorithm　401

C

Category Normalized Citation Impact　453
Category of Disciplines　450
Center for Science and Technology Studies, Leiden University　574
Center for Science, Technology & Education Assessment, Wuhan University　585
Center of Scientometrics, National Science Library, Chinese Academy of Sciences　598
Centre for Research & Development Monitoring, Belgium　565
Chengdu Conference on Scientometrics & Evaluation　673
China Information Science Annual Conference　678

---

* Notes:The *Handbook of Scientometrics* includes a total of 346 articles. Among them, there are 48 articles in the Scholars section, 206 articles in the Terminologies section, 22 articles in the Organizations section, 36 articles in the Journals and Conferences section, and 34 articles in the Database, Tools, and Prizes section.

China National Knowledge Infrastructure   706
Chinese Academy of Science and Education Evaluation, Hangzhou Dianzi University   572
Chinese Academy of Social Sciences Evaluation Studies   600
Chinese Science Citation Database   705
Chinese Social Sciences Citation Index   707
Citation Analysis   473
Citation Club Effect   478
Citation Delay   487
Citation Half-life   471
Citation Identity   485
Citation Laureate   476
Citation Motivation   482
Citation Space Model   480
CiteScore   341
CiteSpace Software   714
CitNetExplorer Software   718
Clique Percolation Method   110
Clout Index   345
Cluster Analysis   236
Co-Citation Analysis   190
COLLNET Journal of Scientometrics and Information Management [Journal]   607
COLLNET Meeting   661
COLLNET   582
Committee on Science and Technology Management and Evaluation, Chinese Association of Science of Science and S&T Policy Research   592
Community Detection   375
Complex Networks   182
Computational sociology   219
Convolutional Neural Networks   238
Co-Occurrence Analysis   188
Core Journals   197
Co-Word Analysis   186

Creative Commons Licenses   517
CRExplorer Software   721
Crossref Database   685
Crown Indicator   407

D

Data Analysis and Knowledge Discovery [Journal]   631
Data Envelopment Analysis   382
Data Mining   384
Data Science and Informetrics [Journal]   633
Data-Information-Knowledge-Wisdom Model   113
Deep Learning   377
Derek John de Solla Price   29
Derwent innovation   702
Digital Object Identifier   387
DIIS Theory and Methodology in Think Tanks   529
Dimensions Database   687
Directed Citation Network   493
Directed Network   492
Disruption Index   163
Disruptive Technology   161
Distance Measures   232
Diversity Measurement Index   171
Document Type   423
Documentation, Information & Knowledge [Journal]   640
Double Helix Methodology in Think Tanks   531

E

Economics of Science   278
Eigenfactor Score   391
e-index   116
Emerging Technology   443
Entropy   371

759

Erdős Number　143
ESI top papers　115
Eugene Garfield Award for Innovation in Citation Analysis　750
Eugene Garfield Doctoral Dissertation Award　749
Eugene Garfield　94
Excavating Models of Scientific Discovery　258
Exponential Random Graph Model　527

F

Field Normalized Citation Success Index　334
Field Weighted Citation Impact　312
First-Order Science and Second-Order Science　468
Fractional Counting　178
Francis Narin　33
Fred Y. Ye　92
Frontiers in Research Metrics and Analytics [Journal]　655
Full Counting　509
Full-Text Citation Analysis　361

G

Garfield's Law of Concentration　225
George Kingsley Zipf　76
g-Index　118
Gini Coefficient　214
Graph Machine Learning　403
Grey-Rhino Technologies　203

H

Henk Moed　35
Henry Small　38
Heterogeneous Network　469
h-index　122
HistCite Software　724

Historiography of Science　251
History of Science　282
Howard White　40
Hyperlink Induced Topic Search Algorithm　120

I

Immediacy Index　338
incoPat Patents Database　688
Indicator of the Rhythm of Science　261
Information and Documentation Services [Journal]　629
Information Retrieval　448
Information Science [Journal]　621
Information studies: Theory & Application [Journal]　623
Informetrics　446
Institute for Scientific Information, USA　580
Institute of Scientific and Technical Information of China　590
Integrated Impact Indicator　556
Intelligence Constant of Scientific Work　287
Interdisciplinary, Multidisciplinary and Transdisciplinary　299
International Conference on Science, Technology and Innovation Indicators　670
International Conference on Scientometrics and Informetrics　667
International Society for Scientometrics and Informetrics　569
Invisible College　436
ISSI Paper of the Year Award　743

J

Jan Vlachý　42
Jiang Guohua　44
Jin Bihui　46
John Desmond Bernal　97

John Irvine   99
Journal Citation Indicator   343
Journal Citation Reports   339
Journal Division   336
Journal Impact Factor   347
Journal of Altmetrics [Journal]   636
Journal of Data and Information Science [Journal]   635
Journal of Documentation [Journal]   643
Journal of Information Resources Management [Journal]   653
Journal of Information Science [Journal]   649
Journal of Informetrics [Journal]   647
Journal of Intelligence [Journal]   627
Journal of Modern Information [Journal]   645
Journal of Scientometric Research [Journal]   611
Journal of the Association for Information Science and Technology [Journal]   651
Journal of The China Society for Scientific and Technical Information [Journal]   625
Judit Bar-Ilan   103

K

Katherine McCain   48
Kevin Boyack   50
Knowledge Graph   522
Knowledge Network   524
Knowledge Systems Engineering   525
Knowledgometrics   520

L

Latent Dirichlet Allocation Model   356
Latent Semantic Analysis   352
Leiden Network Cluster Algorithm   302
Lens Database   689
Leo Egghe   54
Liang Liming   56
Library & Information [Journal]   642
Library and Information Service [Journal]   638
Link Analysis   308
Link Prediction   310
Linked Data   194
Literature Aging Law   421
Liu Zeyuan   58
Loet Leydesdorff   64
Logistic Curve   322
Lotka's Law   324
Louvain Network Cluster Algorithm   314
Ludo Waltman   62
Lutz Bornmann   60

M

Machine Learning   212
Main Path Analysis   534
Map of Science   291
Matthew Effect   326
Mega Journal   230
Meta-analysis   500
Metadata   504
Metascience   502
Metasciences Committee, Beijing Science & Technology Information Society   563
Meta-Synthesis Approach   554
Michael Moravcsik   72
Michel Zitt   74
Mike Thelwall   70
Modularity Q   414
Multidimensional Scaling   169
Multi-Layer Network Analysis   167
Multi-Source Literature Data Fusion   174
Mutual Information   201

N

National Conference on Scientometrics and Scientific Evaluation   676
National Experiment Base for Intelligent

Evaluation and Governance, Fudan University 568
National Symposium on Science and Technology Evaluation 674
Natural Language Processing 549
Nature index 552
Network Centrality 416
Network Density 412
Neural Network 379
Nordic workshop on bibliometrics and research policy 664

O

Olle Persson 15
Open Access 241
Open Citation 248
Open Data 244
Open Peer Review 246
Open Science 243
OpenAlex Database 690
Overton Policy Citation Database 691

P

PageRank algorithm 125
Pareto Distribution 330
Patent Assignees' Collaboration Networks 546
Patent Citation Network 547
Patent Classification 540
Patent Family 544
Patentometrics 542
PATSTAT Database 693
Peer Review 399
Peter Ingwersen 25
Péter vinkler 23
Philosophy of Science 289
p-Index 129
PlumX Database 695
Point Mutual Information 165

Policy Informatics 512
Policymetrics 510
Popper's Three World 148
Power of Academic Discourse 454
Power-Law Distribution 328
Predatory Journals 316
Preferential Attachment 490
Preprints 498
Price Index 332
Probabilistic Topic Model 184
Productivity Index 127
Publish or Perish Software 727
PubMed Database 697

Q

Qiu Junping Metrology Award 748
Qiu Junping 79
Quantitative linguistics 216
Quantitative Science Studies [Journal] 619

R

Reference Publication Year Spectroscopy 152
References Network Structural Variation Analysis 427
Regression Analysis 206
Research Center for Chinese Science Evaluation, Wuhan University 586
Research Evaluation [Journal] 657
Research Evaluation 294
Research Fronts 466
Research Policy [Journal] 659
Richard Klavans 52
R-Index 131
Robert King Merton 66
Ronald Rousseau 68

S

Samuel Clement Bradford 81

词条英文索引

Scale-Free Network   432
Sci2 Software   730
Science Chain   456
Science Communication   253
Science Funding   268
Science of Science and Management of S.&T [Journal]   615
Science of Science Policy   249
Science of Science   284
Science of Team science   405
Science Overlay Maps   255
Science Policy Research Unit, University of Sussex   584
Science Research Management [Journal]   617
Science-Metrix, Canada   573
Science-Technology Linkage   272
Scientific Collaboration   265
Scientific Communication   276
Scientific Paradigm   263
Scientist Reputation   274
Scientometrics & Evaluation Research Center, National Science Library [Chengdu], Chinese Academy of Sciences   596
Scientometrics [Journal]   609
Scientometrics and Evaluation Center for Rule of Law, China University of Political Science and Law   602
Scientometrics and Informetrics Professional Committee, Chinese Association of Science of Science and S & T Policy Research   593
Scientometrics   270
Scimago Journal Rank   133
Scimago Lab, Spain   588
SciMAT Software   733
SciTech Strategies, USA   578
Scopus Abstract & Citation Database   699
Semantic Web   495

Sentiment Analysis   358
Silhouette Coefficient   318
Small-World Network   441
Social Network Analysis   373
Sociology of Science   280
Source Normalized Impact Per Paper   145
Sparking Foundational Publications   210
Spatial Scientometrics   297
Strategic Diagram   507
Studies in Science of Science [Journal]   613
Subject-Action-Object   538
Support Vector Machine   514

T

Technology Convergence   221
Technology Mining   223
Term Frequency and Inverse Document Frequency   157
the Derek de Solla Price Memorial Medal   745
The Leiden Manifesto   305
The San Francisco Declaration   227
Thomas Samuel Kuhn   83
Tibor Braun   31
Triple Helix Model   369

U

Undirected Networks   434

V

Vasiliy Vasilevich Nalimov   85
Visualization of Similarities algorithm   135
VOSviewer Software   738

W

WanFang Database   703
Web of Science Database   701
Webometrics   409

Webometrics-Informetrics-Scientometrics-Econometrics Lab, Dalian University of Technology   567
w-Index   137
Wolfgang Glänzel   88
Word Frequency Analysis   154
Wu Yishan   90
Wuli- Shili- Renli System Approach   438

Y

Y-Index   138

Yuasa Phenomenon   389

Z

Zhao Hongzhou   101
Zhihuiya Patents Database   704
z-Index   140
Zipf's law   349

π

π-Index   142

后记（afterword）

2016年7月24日（星期日），我刚刚获得博士学位整整一个月，工作尚未落定。旅途中，在记事本上写下了三件事，其中"继续推进降低科学知识图谱的应用门槛，协助提升研究人员知识图谱绘制质量"在三件事中排在首位。因此，自2016年以来，撰写一本系统介绍科学计量学基础知识的入门书籍是我的愿望。前期虽然已经组织撰写了6本"科学计量与知识图谱系列丛书"，奈何能力有限，《科学计量学导论》在很多场合总被提起，但从未落笔。2022年，随着工作的变动，我借机梳理了相关素材，随之汇集成了《科学计量学导论》。该书严格意义上就是个简单的资料汇编，作为科学计量学入门的参考素材勉强可用，但与正式出版的入门读物或教材相比则有巨大差距。

2023年1月15日（星期日），与以往一样，我和武夷山老师电话沟通最近关于研究的一些想法，却意外收获了撰写《科学计量学导论》的新解决方案。武老师一直是我敬佩的学者，我们建立联系已经有十年时间。在博士毕业之前曾当面拜访过1次，那是2013年左右，在中国科学技术信息研究所，交流结束后，武老师向我赠送了他审译的《穿越歧路花园-司马贺传》（亨特·克劳瑟-海克著）和参与翻译的《高风险技术与"正常"事故》（查尔斯·佩罗著），这两本书对我后来进行安全科学跨学科研究思考有重要影响。2015年，我与陈超美教授出版《CiteSpace科技文本挖掘及可视化》时，也专门邀请武夷山先生做了序言。2016年博士毕业后，我准备到上海谋生，特地到中国科学技术发展战略研究院专程拜访过武老师两次，向他告别。之后，对于很多在科学计量学上的研究想法或出版的成果，我常与武老师有通信和交流。撰写《科学计量学手册》（以下简称《手册》）的想法以及初步的构思就是在这次通话中不经意形成的。《手册》撰写期间，我与武老师曾数十次通过邮件、微信、电话联系，其中武老师就词条的形式和内容给出了诸多建设性的意见。可以说，目前《手册》得以呈现给大家，与武老师的支持和帮助密不可分。

在《手册》撰写期间，前前后后发生了很多事情，令我印象深刻。2023年1月15日，在形成完整撰写思路之后，由我直接负责《手册》的整体规划、具体撰写要求制定和进度安排。期间，我陆陆续续联系了张琳、黄颖、陈悦、胡志刚以及杨思洛等学者，希望他们能参与《手册》的撰写工作，并予以支持。几位学者都积极响应，认可该工作的实际价值和现实意义，并主动承担了较多的词条撰写工作。我想读者从所撰写或所审校词条的数量上，也能直观地看到几位学者的贡献。期间，为了推进词条撰写工作的顺利进行，我们也进行了三次短时间的在线讨论。最后，由我邀请五位学者共同组成了本《手册》的主编和副主编。我还要特别感谢参与《手册》撰写工作的250余名词条撰写者、审校者以及顾问，我们共同组成了虚拟的跨学科协作团队（成员除了来自科学计量学外，还包含计量语言学、社会计算、大数据、科学学与科技政策、智库科学与工程、人工智能以及复杂网络等领域），共同推进了《手册》的撰写进程。特别是他们当中的很多人直接帮助或激励了我把这件事情做下去。在联系撰写词条过程中，我被很多学者的热心感动，他们不仅积极参加了词条的撰写工作，而且对如何撰写高质量的词条提出了自己的建议，我也体会到了单纯为了学术问题而进行的辩论是一种享受（当然，我也发现了数位纯粹的学者）。为了撰写好词条，他们当中的数十人与我进行了数十次开诚布公的电话和微信沟通，令我难以忘怀。例如，在撰写词条过程中，付慧真、唐莉、赵星、余厚强、曾安、曾利、杨冠灿、李际超、徐硕、宁笔、贺颖、白如江、梁国强、黄伟以及吴登生等学者就词条的撰写与我开展了多次深入的讨论。启动该项目前后，我通过电话、面谈、邮件等形式与多位专家进行了交流和沟通。2023年3月15日我当面拜访了导师冯长根院士，咨询了他主持编写《中国大百科全书（第三版）·安全科学与工程》和《学术链索引》（Science Chain Index）的经验和注意事项。冯老师进行了详细的解答和指导，并给予了工作上的支持和鼓励；本书的顾问Ronald Rousseau教授、Howard D. White教授、蒋国华教授、梁立明教授、邱均平教授、叶鹰教授、王曰芬教授、赵丹群教授、赵蓉英教授、胡小君教授以及樊春良研究员等也给予了不同程度的支持和建议，甚至参与了词条的撰写和审校工作。例如：项目执行期间Ronald Rousseau教授与我进行了视频会议和数十份邮件的沟通，他不仅提供了大量的词条素材，而且主动帮忙联系了两位普赖斯奖获得者。当然，该工作执行过程也并不是一帆风顺的，其中发生了一些"小插曲"和很多令人回味的"故事"（有挫折也有惊喜），我想这是做任何事情都必须经历的过程吧，坦然面对即可。此外，在学者词条撰写的收尾阶段，我先后与在世的21位普赖斯奖获得者进行了邮件联系，其中有19位获奖者回复了邮件。他们不仅提供了相关资料，并表达了对本项工作的支持，他们是Kevin Boyack、Richard Klavans、Ronald Rousseau（Leo Egghe、Lutz Bornmann通过Rousseau提供了相关资料）、Howard D. White、Wolfgang Glänzel、Henry Small、Katherine McCain、Péter Vinkler、Olle Persson、Thelwall Michael、Ludo Waltman、Andras Schubert、Peter Ingwersen、Ben Martin、Anthony F. J. Van Raan、Michel Zitt以及Francis Narin，其中，莱顿大学的Anthony F. J. Van Raan教授更是直接给予了积极正面的评价——Your Handbook will be an important contribution to the early as well as recent history of the field of Scientometrics! 与此同时，有17位普赖斯奖获得者应邀为本《手册》的特殊序言撰写了"给年轻一代的寄语（Special Preface—To the younger generation）"，在此对他们一并表示感谢。

此外，一些组织和个人，对《手册》的撰写提供了思路、经费或早期的研究支持。2022年1月入职中国科学院文献情报中心以来，我得到了诸多领导和同事的关心和支持，特别是文献情报中心给我提供了高水平的学术交流平台，极大地促进了《手册》的完成。2022年7月14日下午，我与同事拜访了集智俱乐部，他们工作室的《雅典学院》油画令我影响深刻。他们的"集智"思维对这项工作的开展产生了积极影响。集智的王婷老师还为《手册》推荐了撰写复杂网络词条的相关学者。还要特别感谢给予本《手册》出版大力支持的首都经济贸易大学出版社。2023年1月18日，在出版社社长杨玲老师的支持下，《手册》完成了初步选题申请，并在2023年2月10日签署了出版合同，由出版社立项全力支持该项目的推进，并提供出版经费的支持。与此同时，邱均平教授等学者以及信息服

后记

务公司的相关科研人员也积极关心和关注《手册》的出版工作。其中，由杭州电子科技大学教育发展基金会设立的"邱均平计量学奖"全国评审委员会、中国医学科学院医学与健康科技创新工程（项目编号：2021-I2M-1-056）医学知识管理与智能化知识服务关键技术研究项目以及湖南赤道银河科技有限公司更是慷慨地直接给予了一定的经费支持。这使得出版这样一本大部头作品没有了经费上的担忧。还要感谢我的忘年交，当代书法家宫双华先生。我们的友谊已经有十六个年头，他为本《手册》封面的题字，使得《手册》更加具有中国味。我还想感谢已经年过九旬的恩师，中国安全科学的创始人刘潜先生。先生是我从事安全科学计量学的领路人。在早期的科研过程中，先生将赵红州教授和蒋国华教授的科学学或科学计量学著作转送或复印给我学习。与先生认识近10年来，他在科研上的时常嘱咐我不会忘记。今年，蒋国华教授告诉我，已经年过九旬的恩师刘潜先生还专门发微信给他，希望蒋老师能多多指导我，以促进我在科学研究事业上的健康成长，殷殷嘱托令人动容。最后，还要感谢CiteSpace引文空间分析软件的开发者陈超美教授以及大连理工大学的刘则渊教授，他们对我在科学研究中的关心，特别是在科学知识图谱研究中的无私帮助，我将铭记于心。完成这样一部工具书，要感谢的人还有很多，奈何篇幅有限，不能一一列举，甚是遗憾。我想每一位撰写者、审校者以及为本《手册》推进起积极作用的学者都应该被铭记。最后，我们还想借此机会感谢一直默默无闻地耕耘在科学计量学理论与实践一线的学者们，是大家的共同努力使得科学计量学逐渐成为一门"显学"，才形成了今天的科学计量学词条合集。

以上内容更多的是为大家交代做这件事情的缘起以及那些为该工作提供思想、提供人力和财力的专家学者们。该工作作为一项系统工程，下面，我想向大家简要介绍一下《手册》词条选择的准则和工作流程等方面的情况。

2023年1月15日，在思路形成之后，利用春节放假和新冠疫情居家时间，我查阅了大量资料（例如：《中国大百科全书》第三版网络版https://www.zgbk.com/、集智百科、维基百科等），由此初步完成了《手册》词条遴选准则和撰写流程、《词条撰写要求和规范》、《词条自查提示》以及词条对应潜在撰写者的遴选等工作。现对《手册》词条遴选做以下说明：

（1）学者词条的遴选。国内学者以曾经担任全国科学计量学与信息计量学专业委员会主任的学者为核心样本，并通过调查形成当前的名单。同时还定下两个基本的遴选标准：其一，入选者当时必须已经退休；其二，已经入选情报学百科全书的学者不再在本《手册》中出现；其三，对于国外的学者，主要选取公认的对科学计量学影响深刻的科学学学者和普赖斯奖获得者。

（2）组织机构词条的遴选。通过科学计量学方法，遴选了在计量评价领域活跃的国内外机构。此外，还补充了部分成体系和建制的新兴研究机构或组织。

（3）期刊会议词条的遴选。对于国外期刊，通过对 *Scientometrics*、*Journal of Informetrics* 以及 *JASIST* 的期刊共被引分析，提取了部分共被引关系密切的期刊作为候选名单。国内由于缺少科学计量学的专门性期刊，主要选择了被CSSCI收录的情报学期刊作为候选期刊。对国内外会议的遴选，主要通过网络和专家调研，选择了具有一定连续性且与科学计量学有直接或间接联系的会议。

《手册》试图回答：谁在做科学计量？科学计量都在关注什么？从事科学计量需要了解哪些工具和数据库？等问题。

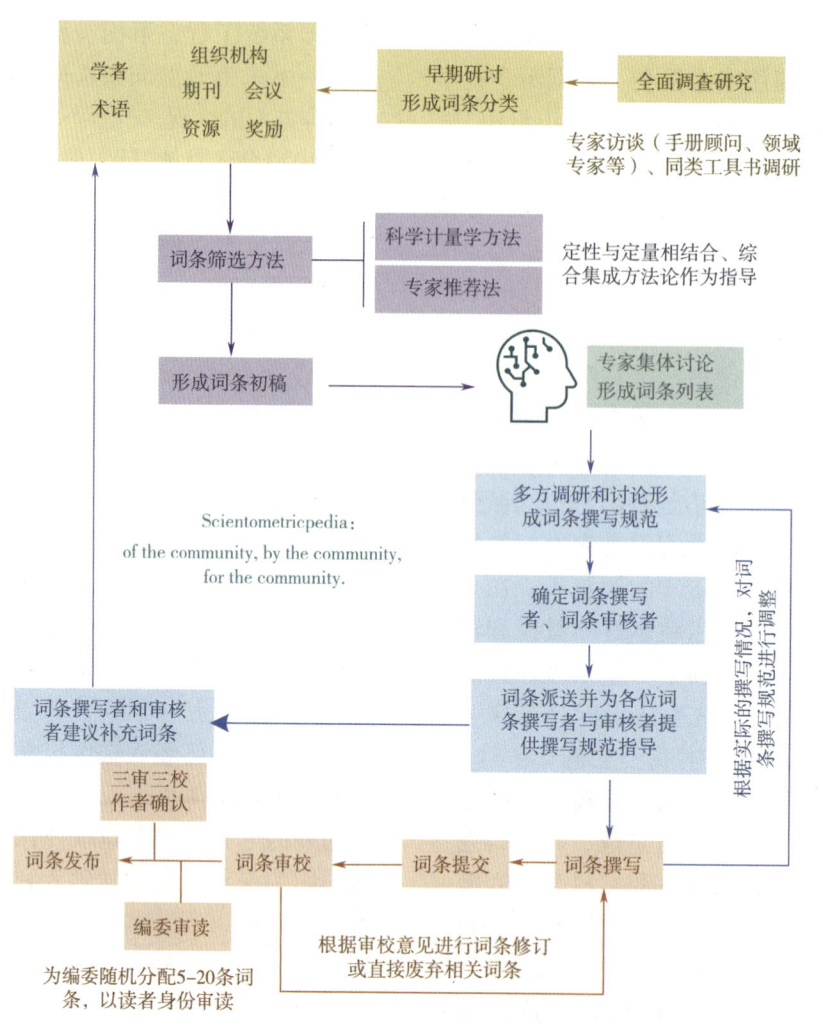

图1 《手册》词条筛选、撰写、审核发布流程

（4）术语词条的遴选。对 *Scientometrics*、*Journal of Informetrics* 以及 *JASIST* 数据构建了关键词共词网络，利用得到的高频关键词列表形成了初步的术语词条。为了撰写工作的方便，初期我们将词条分为通用术语、指标术语、新兴术语与边缘术语。

（5）资源与奖励词条的遴选。主要选取了科学计量研究中的免费分析工具和相关的数据库资源。对于奖励的词条，则是在全面调研的基础上选取了科学计量学领域的主要奖项（例如：普赖斯奖，邱均平计量学奖以及加菲尔德引文分析创新奖等）。

为了保证词条的权威性，在向撰写者发出邀请时，建议其优先从当前候选词条中选择撰写。同时，鼓励撰写者在当前的候选词条目录的基础上增加、删除或修改相关词条。从而形成了目前呈现在大家面前的最终词条列表。

为了保证词条的规范性和整体质量，

后记

在词条撰写过程中，我提出了二十字的基本撰写要求，即："学术规范、叙述客观、依据充分、脉络清晰、结构完整"，并为每一位词条认领者提供了相关类别词条的撰写说明和案例。我在文件中特别指出："在引用文献时，需要引用一次文献，不建议多次转引。尽可能在词条的参考文献列表中，列出对应词条的开创性文献。尽可能保证词条的客观性和科学性"。并提示词条撰写者"尽量引用对应词条权威学者的论述，尽可能不要引用自己的论文、著作，除非自己在该词条上有重大的发现或研究成果与词条内容特别相关"。同时，鼓励词条撰写者邀请1~2名学者作为词条的审校者，对词条进行补充完善和修订。特别是在词条的提交阶段，设计了若干问题以供词条的撰写者自查。问题如下：①词条的中英文对照是否准确？注意英文不要翻译错误。②词条句子逻辑和段落逻辑是否恰当？③词条中，是否存在尚未形成共识的表达，或有明显带有个人感情色彩的论述？④词条中，表格、图片、公式等信息是否有遗漏或错误？⑤是否遗漏了重要的参考文献，或者引用了不该引用的文献？坚决杜绝对词条无实质贡献的引用或过度自引等引文不端行为。⑥参考文献格式是否规范和完整（格式参照GB/T 7714—2015，检查是否缺少页码、卷期等信息)？⑦是否对词条有贡献的学者都进行了署名？以确认不存在署名不当的问题。

词条提交后，首先按照《手册》词条的撰写规范对词条进行了初审，以保证词条在形式上满足基本要求；提出若干修改意见后，将词条返回给撰写者进行补充完善。通常每一个词条在初审阶段需要经过至少3次的修改。初审后，邀请对词条熟悉的相关学者进行审校，并将意见返回给撰写者。通常每个词条至少要经过3次的审校。若提交的词条经过修改仍不能满足基本要求，该词条将从《手册》列表中删除。最后，由我对所提交词条的插图进行了重新绘制或调整，并在词条的撰写者确认后完成词条的提交流程。提交后的所有词条由我进行整体统稿，打印交由出版社启动"三审三校"流程。

《手册》词条撰写比预想要艰难许多，可谓困难重重，内心也是五味杂陈（虽然不曾后悔做这件事，但是有好几次感觉难以支撑下去）。《手册》词条撰写工作本身是比较简单的，但来自"非学术"问题的讨论和干扰似乎很难处理。每当我经历科研挫折的时候，我都会用自创的座右铭来激励自己——"Do something for the community"（为学术共同体做点事情吧！）。《手册》工作组织期间也发生了很多值得铭记的事情，现在看来无论是经验还是教训，都是组成完成《手册》这项工作不可或缺的部分。多年之后，或许这段后疫情初期的美好跨学科协同合作过程会成为每一位亲历者值得回忆的事情。《手册》编写人员以青年学者为主，词条的撰写精度难免有所疏漏或不足，诚挚地希望各位专家学者能给予谅解，并欢迎各位专家学者提出建议或意见，以便我们能在未来可能的时候补充和完善。最后，真诚地希望《手册》能为构建中国自主的"科学计量学"知识体系起到一定的作用。

"像牛一样劳动，像土地一样奉献"

（Jie Li）

2023年5月14日凌晨于北京（第1稿）

2023年7月8日晚于北京（定稿）

科学计量与知识图谱系列丛书
（Book Series of Scientometrics and Map of Science）

丛书主编（editor in chief）：李杰

丛书目录（books of the series）：

◎ BibExcel 科学计量与知识网络分析（第三版）

◎ CiteSpace 科技文本挖掘及可视化（第三版）

◎ Gephi 网络可视化导论

◎ MuxViz 多层网络分析与可视化（译）

◎ Python 科学计量数据可视化

◎ R 科学计量数据可视化（第二版）

◎ VOSviewer 科学知识图谱原理及应用

◎ 专利计量与数据可视化（译）

◎ 引文网络分析与可视化（译）

◎ 现代文献综述指南（译）

◎ 科学学的历程

◎ 科学知识图谱导论

◎ 科学计量学手册